Hermann J. Schmelzer/Wolfgang Sesselmann

Geschäftsprozessmanagement in der Praxis

Hermann J. Schmelzer/Wolfgang Sesselmann

GESCHÄFTSPROZESS-MANAGEMENT IN DER PRAXIS

Kunden zufriedenstellen, Produktivität steigern, Wert erhöhen

8., überarbeitete und erweiterte Auflage

HANSER

MIX
Papier aus verantwortungsvollen Quellen
FSC
www.fsc.org
FSC® C014889

Bibliografische Information der Deutschen Nationalbibliothek

Die Deutsche Nationalbibliothek verzeichnet diese Publikation in der Deutschen Nationalbibliografie; detaillierte bibliografische Daten sind im Internet über <http://dnb.d-nb.de> abrufbar.

http://www.hanser-fachbuch.de

Lektorat: Lisa Hoffmann-Bäuml
Herstellung: Thomas Gerhardy
Satz: Kösel, Krugzell
Umschlaggestaltung: Stephan Rönigk
Druck & Bindung: Druckerei Pustet, Regensburg
Printed in Germany

ISBN 978-3-446-43460-8

Vorwort zur ersten Auflage

Kundenorientierung und Produktivität sind Schlüssel des geschäftlichen Erfolges. Viele Unternehmen haben Probleme mit diesen Erfolgsfaktoren. Die Ursachen beider Problembereiche liegen zumeist im fehlenden oder unzureichenden Management der Geschäftsprozesse. Konsequentes Geschäftsprozessmanagement bietet die Möglichkeit, Unternehmen

- auf Bedürfnisse von Kunden und Stakeholdern auszurichten,
- effizient zu organisieren,
- zielorientiert zu steuern und
- ständig zu verbessern.

In dem Buch wird ein integriertes Konzept des Geschäftsprozessmanagements dargestellt, das die Führung, die Organisation, das Controlling und die Optimierung von Geschäftsprozessen umfasst. Das Buch gibt Antworten auf folgende Fragen:

- Wie werden Geschäftsprozesse identifiziert und gestaltet?
- Wie werden Geschäftsprozesse in die Organisation eingebunden?
- Wie wird die Leistung von Geschäftsprozessen gemessen?
- Wie werden Kundenorientierung, Produktivität und Unternehmenswert durch Geschäftsprozessmanagement systematisch gesteigert?
- Wie wird Geschäftsprozessmanagement erfolgreich eingeführt?
- Welche Wirkungen sind mit Geschäftsprozessmanagement zu erzielen?

Die Empfehlungen des Buches beruhen auf Praxiserfahrungen, welche die Autoren in Industrieprojekten gesammelt haben.

Das Buch richtet sich an Führungs- und Fachkräfte sowie Berater, aber auch an Lehrende und Studierende. Die Theoretiker erfahren, wie mühsam und dornenreich der Weg vom theoretischen Konzept zur praktischen Umsetzung ist. Den Praktikern wird gezeigt, wie Geschäftsprozesse erfolgreich implementiert, gesteuert und optimiert werden können. Die Empfehlungen richten sich an große, aber auch an mittelständische Unternehmen.

Ziel des Buches ist es, einen Beitrag zur Verbreitung des Geschäftsprozessmanagements in der Praxis zu leisten. Das Buch soll Mut machen, Geschäftsprozessmanagement und Prozessorganisationen einzuführen und nicht vor Widerständen zurückzuschrecken.

Das Buch ist in 15 Kapitel gegliedert. Kapitel 1 beschreibt Ziele und Komponenten des Geschäftsprozessmanagements und zeigt seine Beziehungen zu anderen Managementkonzepten und -methoden auf. Kapitel 2 befasst sich mit den Hauptmerkmalen von Geschäftsprozessen. Kapitel 3 weist auf die enge Verbindung zwischen Geschäftsstrategie und Geschäftsprozessmanagement hin. Kapitel 4 sagt, wie Geschäftsprozesse identifiziert, definiert und dokumentiert sowie in die Organisation eingebettet werden. Kapitel 5 beschreibt Geschäftsprozesse, die in der Praxis eine hohe Relevanz haben. Kapitel 6 befasst sich mit der Standardisierung von Geschäftsprozessen. Kapitel 7 gibt Auskunft, wie Geschäftsprozesse geplant, kontrolliert und gesteuert werden. Kapitel 8 führt aus, wie die Leistungen in Geschäftsprozessen systematisch gesteigert werden. Kapitel 9 und 10 zeigen, wie Geschäftsprozessmanagement erfolgreich eingeführt wird. In den Kapiteln 11 bis 14 beschreiben vier Unternehmen die Einführung und Anwendung ihrer Geschäftsprozessmanagementsysteme. Kapitel 15 gibt Auskunft über die Wirkungen des Geschäftsprozessmanagements in der Praxis.

Die Autoren danken vielen Mitarbeitern in der Siemens AG, mit denen sie zum Thema Geschäftsprozessmanagement eng zusammengearbeitet haben, insbesondere Frau Dipl.-Ing. Birgit Bussler, Frau Dipl.-Ing. Christine Zich, Herrn Dr. Markus Braun, Herrn Dipl.-Ing. Hans-Jörg Freyer, Herrn Dr. Werner Friedrich, Herrn Dr. Alexander Gogoll, Herrn Dipl.-Ing. Karl Kühl, Herrn Dipl.-Ing. Volker Steubing, Herrn Dr. Thomas Voigt und Herrn Dr. Christian Zich.

Besonders danken wir Herrn Prof. Dr. Erich Reinhardt, Vorsitzender des Vorstandes von Siemens Medical Solutions. In Herrn Prof. Reinhardt hatten wir einen beispielhaften „Machtpromotor", der uns bei der Konzeption und Umsetzung des Geschäftsprozessmanagements immer tatkräftig unterstützt hat.

Ferner gebührt Dank unseren Familien, die es zugelassen haben, dass wir viele Stunden der Freizeit in dieses Buch investieren konnten.

Nicht zuletzt danken wir dem Hanser Verlag, der sehr zum Gelingen des Buches beigetragen hat.

München, im August 2000

Hermann J. Schmelzer
Wolfgang Sesselmann

Vorwort zur achten Auflage

Das große Interesse am Geschäftsprozessmanagement ist weiterhin ungebrochen. Die erfreuliche Entwicklung wird getrübt durch die nach wie vor niedrige Reife vieler Anwendungen des Geschäftsprozessmanagements. Die meisten Anwendungen bleiben bei der IT-unterstützten Modellierung und Dokumentation der Geschäftsprozesse stehen. Damit haben sie den aufwendigsten Teil des Geschäftsprozessmanagements bewältigt, ohne daraus adäquaten Nutzen zu ziehen. Die Potenziale des Geschäftsprozessmanagements werden erst mit der zielorientierten Messung, Steuerung und Optimierung der Geschäftsprozesse ausgeschöpft. Voraussetzung für diese Schritte sind kulturelle, organisatorische und personelle Weichenstellungen, die das Management treffen muss. In dieser Auflage werden unter anderem die Gründe für den Umsetzungsstau diskutiert und Empfehlungen gegeben, wie die Hemmnisse überwunden werden können.

Das gesamte Buch wurde gründlich überarbeitet. Die bewährte Grundstruktur haben wir weitgehend beibehalten. Die 8. Auflage berücksichtigt neue Erfahrungen sowie neue Veröffentlichungen und Studien zum Prozessmanagement. Die inhaltliche Aktualisierung betrifft besonders folgende Themenbereiche:

- Strategisches Geschäftsprozessmanagement (Kapitel 3),
- Prozessorganisation (Kapitel 4),
- Prozesscontrolling (Kapitel 6),
- Risikomanagement im Geschäftsprozessmanagement (Kapitel 8),
- IT im Geschäftsprozessmanagement (Kapitel 10),
- Change Management und Erfolgsfaktoren des Geschäftsprozessmanagements (Kapitel 11),
- Nutzen des Geschäftsprozessmanagements (Kapitel 15),
- Stand des Geschäftsprozessmanagements (Kapitel 16).

Als Anwendungsbeispiele haben wir uns für zwei mittelständische Unternehmen entschieden. Geschäftsprozessmanagement ist nicht nur ein Schwerpunktthema in Großunternehmen, sondern ebenso in kleinen und mittleren Unternehmen, wobei letztere der Thematik häufig aufgeschlossener gegenüberstehen.

Herr Pauls berichtet über die achtjährige Erfahrung der Firma SCANSONIC mit Geschäftsprozessmanagement. Herr Lederer beschreibt die Einführung des Geschäftsprozessmanagements in der Firma Brainlab AG. Beiden Autoren danken wir sehr für ihre Beiträge.

Das Buch greift auf Beispiele aus der Industrie zurück. Die Aussagen und Empfehlungen des Buches richten sich jedoch an alle Anwender des Geschäftsprozessmanagements, unabhängig von Branche und Größe der Organisation.

Sehr erfreut sind wir über die vielen Praktiker, die bereits von dem Buch profitiert haben. Daneben freuen wir uns über die große Zahl von Dozenten und Studenten, die unser Buch in Lehre und Studium nutzen. Diese Neuauflage will dazu beitragen, dass sich Geschäftsprozessmanagement noch stärker in Praxis und Lehre etabliert.

Unser Dank gilt allen, die durch ihre Unterstützung, ihre Anregungen und ihre Erfahrungen das Buch bereichert haben. Wir danken dem Carl Hanser Verlag für die stets gute und angenehme Zusammenarbeit. Dank sagen wir auch der Siemens AG. Sie war uns eine große Hilfe, da wir ihre Fachbibliothek mit dem ausgezeichneten Bestand an einschlägiger Literatur nutzen konnten.

München, im Frühjahr 2013

Hermann J. Schmelzer
Wolfgang Sesselmann

Inhalt

Abkürzungsverzeichnis

AAP	Auftragsabwicklungsprozess
AB	Auditbereich
ABPMP	Association of Business Process Management Professionals
AG	Aktiengesellschaft
AIP	Action in Process
AP	Arbeitspaket
AP-PZ	Arbeitspaket-Prozesszeit
APQC	American Productivity & Quality Center
ArbSichG	Arbeitssicherheitsgesetz
ARIS	Architecture of Integrated Information Systems
Aufl.	Auflage
B2B	Business-to-Business
B2C	Business-to-Customer
B2E	Business-to-Employee
BAM	Business Activity Model
BAM	Business Activity Monitoring
BDSG	Bundesdatenschutzgesetz
BetrVG	Betriebsverfassungsgesetz
BI	Business Intelligence
BIC	Business Information Center
BIT	Business Improvement Team
BoA	belastungsorientierte Auftragsfreigabe
BPEL	Business Process Execution Language
BPG	Business Process Governance
BPM	Business Process Management
BPMI	Business Process Management Initiative
BPMM	Business Process Maturity Model
BPMN	Business Process Modeling Notation
BPMS	BPM-Suite
BPMS	BPM-System
BPO	Business Process Outsourcing
BPP	Business Process Platform
BPR	Business Process Reengineering
BRT	Barrier Removal Team
BSC	Balanced Scorecard
BTO	Business Transformation Outsourcing

BVW	betriebliches Vorschlagswesen
BW-Referenzmodell	betriebswirtschaftliches Referenzmodell
bzw.	beziehungsweise
ca.	circa
CAD	Computer Aided Design
CAO	Chief Accounting Officer
CBPP®	Certified Business Process Professional®
C-Business	Collaborative Business
CEO	Chief Executive Officer
CFR	Code of Federal Regulations
CHRO	Chief Human Resources Officer
CIM	Computer-Integrated Manufacturing
CIO	Chief Information Officer
CIP	Continuous Improvement Process
CMM	Capability Maturity Model
CMMI	Capability Maturity Model Integration
CMMI-ACQ	CMMI for Acquisition
CMMI-DEV	CMMI for Development
CMMI-SVC	CMMI for Services
COBIT	Control Objectives for Information and Related Technology
CoE	Center of Excellence
COO	Chief Operating Officer
CoP	Community of Practice
C_p	Process Capability (Prozessfähigkeit)
C_{pk}	Critical Process Capability (kritische Prozessfähigkeit)
CPM	Continuous Process Management
CPO	Chief Process Officer
CQO	Chief Quality Officer
CRM	Customer Relationship Management
CS	Customer Satisfaction
CSA	Corporate Service ARIS
CT	Computertomografie
CT	Cycle Time
CTQ	Critical to Quality
d. h.	das heißt
d. Vf.	der Verfasser
DFSS	Design for Six Sigma
DIN	Deutsches Institut für Normung e. V.
DLZ	Durchlaufzeit
DMADV	Define, Measure, Analyse, Design, Verify
DMAIC	Define, Measure, Analyse, Improve, Control
DoE	Design of Experiments
DPMO	Defects per Million Opportunities
DPZ	dynamische Prozesszeit
DSM	Design-Struktur-Matrix
DSS	Decision Support System
DTS	Down Time System
DV	Datenverarbeitung
DWH	Data Warehouse

EA	Enterprise Architecture
EABPM	European Association of Business Process Management
EAI	Enterprise Application Integration
EBIT	Earnings Before Interests and Taxes
EBS	European Business School
E-Business	Electronic Business
E-Collaboration	Electronic Collaboration
eCRM	electronic Customer Relationship Management
ed.	edition
EDEN	erfolgreich, durchgängig, effizient, nachhaltig
EDI	Electronic Data Interchange
EEA	EFQM Excellence Award
eEPK	Erweiterte Ereignisgesteuerte Prozesskette
EF	Erfolgsfaktor
EFQM	European Foundation for Quality Management
EN	Europäische Norm
EPK	Ereignisgesteuerte Prozesskette
ERP	Enterprise Resource Planning
eSCM	electronic Supply Chain Management
et al.	und andere
etc.	et cetera/und so weiter
ETL	Extract, Transform, Load
ETO	Engineer to Order
eTOM	enhanced Telecom Operations Map
EVA	Economic Value Added
F&E	Forschung und Entwicklung
f./ff.	folgende
FAP	flown as planned
FDA	Food and Drug Administration
FH	Fachhochschule
FIFO	first in first out
FMEA	Fehlermöglichkeits- und -einflussanalyse
FpE	Fehler pro Einheit
FpM	Fehler pro Möglichkeit
FpMM	Fehler pro Million Möglichkeiten
FPY	First Pass Yield
gfo	Gesellschaft für Organisation
ggf.	gegebenenfalls
GMI	Geschäftsprozessmodell für Industrieunternehmen
GMP	Good Manufacturing Practice
GP	Geschäftsprozess
GPM	Geschäftsprozessmanagement
GPO-WM	geschäftsprozessorientiertes Wissensmanagement
GRIPS	Growth & Results by Improving Processes & Services
GWB	Geschäftswertbeitrag
HR	Human Resources
Hrsg.	Herausgeber
HS	Health Services
HTTP	Hypertext Transfer Protocol

HW	Hardware
IAS	International Accounting Standards
IM	Instant Messaging
incl.	inklusive
IPMA	International Project Management Association
I-PQMS	integriertes Prozess- und Qualitätsmanagementsystem
ISACA	Information Systems Audit and Control Association
ISO	International Organization for Standardization
Iss.	Issue
IT	Informationstechnik/-technologie
ITIL	Information Technology Infrastructure Library
KDV NRW	Kompetenzzentrum Digitale Verwaltung Nordrhein-Westfalen
KMP	kompetenzorientierte Matrix-Prozessorganisation
KMU	kleine und mittelständische Unternehmen
KonTraG	Gesetz zur Kontrolle und Transparenz im Unternehmensbereich
KOZ	kürzeste Operationszeit
KPA	Key Process Area
KPI	Key Performance Indicator
KVP	Kontinuierlicher Verbesserungsprozess
KZI	Kundenzufriedenheitsindex
LCAG	Lufthansa Cargo AG
LMP	leistungsorientierte Matrix-Prozessorganisation
MbO	Management by Objectives
MDA	Model Driven Architecture
MDD	Medical Device Directive
Med	Medical Solutions
Mh	Mitarbeiterstunden
Min.	Minuten
Mio.	Millionen
MIT	Massachusetts Institute of Technology
MMS	Multimedia Messaging Service
MTBSC	Mean Time Between Service Call
MTO	Make to Order
NFD	Notification of Freight and Documents' availability
NPS	Net Promoter Score
Nr.	Nummer
o. O.	ohne Ort
OCEB	OMG-Certified Expert in Business Process Management
OEM	Original Equipment Manufacturer
OGC	Office of Government Commerce
OHSAS	Occupational Health and Safety Assessment Series
OID	Organizational Innovation and Deployment
OLAP	Online Analytical Processing
OMG	Object Management Group
OPD	Organizational Process Definition
OPF	Organizational Process Focus
OPP	Organizational Process Performance
OSBC	Open Standards Benchmarking Collaborative
OT	Organizational Training

OTD	On-time Delivery
ÖVO	Österreichische Vereinigung für Organisation und Management
p.	page
PaaS	Process as a Service
PCF	Process Classification Framework
PDCA	Plan, Do, Check, Act
PDM	Produktdatenmanagement
PE	Prozesselement
PEF	Prozesserfolgsfaktoren
PEMM	PEM-Model
PEM-Model	Process and Enterprise Maturity Model
PEP	Produktentstehungsprozess
PH	Personalstunden
PK	Prozesskosten
PLM	Product Lifecycle Management
PM	Projektmanagement
PMF	Process Maturity Framework
PMIG	Process Management Implementation Guide
PMMA	Process Management Maturity Assessment
PO-Diagramm	Prozess-Organisations-Diagramm
pp.	pages
PPI	Process Performance Indicator
ppm	parts per million
PPM-System	Process-Performance-Management-System
PZ	Prozesszeit
QFD	Quality Function Deployment
QM	Qualitätsmanagement
QMS	Qualitätsmanagementsystem
RACI	Responsible, Accountable, Consulted, Informed
RADAR	Results, Approach, Deployment, Assessment, Review
RG	Reifegrad
RGPM-Modell	Reifegradmodell für das Geschäftsprozessmanagementsystem
RGP-Modell	Reifegradmodell für Geschäftsprozesse
RM	Referenzmodell
RM	Risikomanagement
RMP	ressourcenorientierte Matrix-Prozessorganisation
ROI	Return on Investment
RPH	Referenz-Prozesshaus
RPZ	Risikoprioritätszahl
RTY	Rolled Throughput Yield
S.	Seite
SaaS	Software as a Service
SASC	Shared Accounting Service Center
SCAMPI	Standard CMMI Appraisal Method for Process Improvement
SCC	Supply Chain Council
SCM	Supply Chain Management
SCOR	Supply Chain Operations Reference
SEI	Software Engineering Institute
SEM	Staufen Exzellenz Modell

SGO	Schweizerische Gesellschaft für Organisation und Management
SLA	Service Level Agreement
SMART	spezifisch, messbar, akzeptiert, realistisch, terminiert
SMED	Single Minute Exchange of Die
SOA	Sarbanes-Oxley Act
SOA	serviceorientierte Architektur
SPC	Statistische Prozesskontrolle
SPF	Siemens Process Framework
SPICE	Software Process Improvement and Capability Determination
SPS	Siemens Production System
SPZ	statische Prozesszeit
SSC	Shared Service Center
SW	Software
SWOT	Strengths, Weaknesses, Opportunities, Threats
TCT	Total Cycle Time
TOGAF	The Open Group Architecture Framework
TPS	Toyota Production System
TQM	Total Quality Management
TT	Termintreue
u.a.	unter anderem
UCC	Unified Communication and Collaboration
UM	Unified Messaging
UML	Unified Modeling Language
USMEPCOM	United States Military Entrance Processing Command
usw.	und so weiter
VA	Vertriebsauftrag
VCG	Value Chain Group
Verf.	Verfasser
vgl.	vergleiche
VOC	Voice of Customer
Vol.	Volume
VRM	Value Reference Model
vs.	versus
VSM	Value Stream Mapping
WA	Wertanalyse
WAP	Warenannahmeprüfung
WAP	Wireless Application Protocol
WE	Wareneingang
WEB	World Wide Web
WEP	Wareneingangsprüfung
WS-CDL	Web Services Choreography Description Language
XML	Extensible Markup Language
z.B.	zum Beispiel
ZE	Zeiteffizienz
ZHAW	Zürcher Hochschule für Angewandte Wissenschaften
ZZ	Zykluszeit

1 Warum Geschäftsprozessmanagement?

In diesem Kapitel werden folgende Fragen beantwortet:

- Mit welchen Anforderungen werden Unternehmen heute konfrontiert?
- Mit welchen Problemen haben Unternehmen zu kämpfen?
- Warum ist Geschäftsprozessmanagement geeignet, heutige und zukünftige Probleme in Unternehmen zu lösen?
- Welche Merkmale kennzeichnen das Geschäftsprozessmanagement?
- In welcher Beziehung steht das Geschäftsprozessmanagement zu anderen Managementkonzepten und -methoden?
- Wie hat sich das Geschäftsprozessmanagement historisch entwickelt?

1.1 Anforderungen an Unternehmen

Das wirtschaftliche Umfeld ist dynamischer, unsicherer und komplexer als je zuvor. Zu den dringlichsten Herausforderungen zählen, Veränderungen zu meistern und Komplexität zu beherrschen. Für den künftigen Erfolg eines Unternehmens werden Fähigkeiten wie hohe Veränderungs- und Innovationsbereitschaft, Geschwindigkeit und Flexibilität eine entscheidende Rolle spielen. „Marktpositionen, etwa in Form spezieller Produkte, lassen sich kaum noch dauerhaft verteidigen, sodass nur mit ständig wechselnden Strategien operiert werden kann. Dies führt jedoch nur dann zum Erfolg, wenn auch die Organisationen diese schnellen Veränderungen mittragen" (Roghé/Strack 2010, S. 16). Die Aussage trifft für alle Branchen und Unternehmensgrößen zu. Der größte Veränderungsbedarf liegt bei Unternehmensstrukturen und -prozessen (vgl. KPMG 2009, S. 20 ff.).

Veränderungen in Unternehmen werden am stärksten beeinflusst durch (vgl. IBM 2010; Kotter 2011, S. 15 ff.):

- Marktfaktoren
  - Globalisierung und Internationalisierung der Märkte,

  - stärkere Marktregulierung,
  - Verschiebung der Wirtschaftskraft hin zu Schwellenländern.
- Technologische Faktoren
  - schnellere technologische Entwicklungen,
  - kürzere Produktlebenszyklen.
- Makroökonomische Faktoren
  - Inflation,
  - Staatsverschuldung,
  - Offenheit der Volkswirtschaft.
- Mitarbeiterqualifikation
  - langfristige Sicherung von qualifizierten Fach- und Führungskräften.

Die Veränderungen zwingen Unternehmen, sich schneller als bisher anzupassen und den Wandel als kontinuierlichen Prozess zu beherrschen. Der Wandel umfasst das gesamte Unternehmen:

- Strategie,
- Führung, Mitarbeiter und Unternehmenskultur,
- Organisation und Controlling
- Prozesse und Produkte,
- finanzielle und technische Ressourcen.

Geschäftsprozessmanagement befähigt Organisationen, flexibel auf Veränderungen zu reagieren und erforderliche Anpassungen vorzunehmen. Es leistet wichtige Beiträge zur Steigerung der Organisationskompetenz und -effizienz.

In der Studie „Organisation 2015" der Boston Consulting Group (BCG) bewerten Führungskräfte die Organisationskompetenz in Unternehmen „als erschreckend gering". Führung/Leadership, Mitarbeitermotivation/Empowerment, individuelle Verantwortlichkeiten, Gestaltung der Unternehmenskultur sowie Change Management/Umsetzung sind die Kompetenzen, die am stärksten mit dem wirtschaftlichen Erfolg korrelieren (vgl. Roghé/Strack 2010, S. 15 f.). Im Geschäftsprozessmanagement spielen diese Faktoren eine zentrale Rolle.

1.2 Probleme in Unternehmen

Den Herausforderungen auf der einen Seite stehen Probleme auf der anderen Seite gegenüber. Die Probleme lassen sich anhand der Begriffe „Effektivität" und „Effizienz" beschreiben (vgl. Osterloh/Frost 2006, S. 185 ff.).

Effektivität bedeutet „die richtigen Dinge tun". Eine Organisation ist effektiv, wenn sie die richtigen Ziele setzt und verfolgt, wie z. B. die richtigen Kernkompetenzen aufbaut, die richtigen Märkte auswählt und die richtigen Produkte entwickelt. Maßgeblichen Einfluss auf die Effektivität haben Unternehmensstrategie und Unternehmensziele.

Viele Unternehmen haben Defizite, was ihre Effektivität anbelangt. Beispiele sind:

- kein überzeugendes Leitbild,
- unklare strategische Ziele,
- mangelhafte Kenntnis von Erfolgsfaktoren und Erfolgspotenzialen,
- unklare Marktziele,
- unzureichende Kenntnis der Kundenprobleme, -bedürfnisse, -anforderungen und -erwartungen,
- unklare Prozess- und Produktziele.

Das Ergebnis mangelhafter Effektivität sind unzufriedene Kunden und unzufriedene Mitarbeiter. Von der Zufriedenheit der Kunden hängen Umsatz sowie Ergebnis und damit der wirtschaftliche Erfolg ab. Die Zufriedenheit der Mitarbeiter ist ausschlaggebend für die Leistungsfähigkeit einer Organisation. Hohe Leistungsbereitschaft setzt Ziele voraus, welche die Mitarbeiter verstehen, überzeugen und motivieren. Seit Mitte der 1980er-Jahre nimmt die Arbeitszufriedenheit in Deutschland kontinuierlich ab und hat 2009 im internationalen Vergleich ein sehr niedriges Niveau erreicht (vgl. Bohulskyy/Erlinghagen/Scheller 2011).

Effizienz bedeutet „die Dinge richtig tun". Eine Organisation ist effizient, wenn sie mit möglichst geringem Mitteleinsatz ihre Geschäftsziele erreicht. Hierbei sind der optimale Einsatz von Ressourcen (Ressourceneffizienz) und der optimale Ablauf der Prozesse (Prozesseffizienz) entscheidende Parameter. Besonders stark verbreitet sind Effizienzprobleme in Prozessen (siehe Abbildung 1.1). Eine niedrige Prozesseffizienz wirkt sich nicht nur negativ auf die Produktivität aus, sondern belastet über unzureichende Produktqualität, geringe Termintreue und lange Durchlaufzeiten zusätzlich die Kundenzufriedenheit und damit den Umsatz.

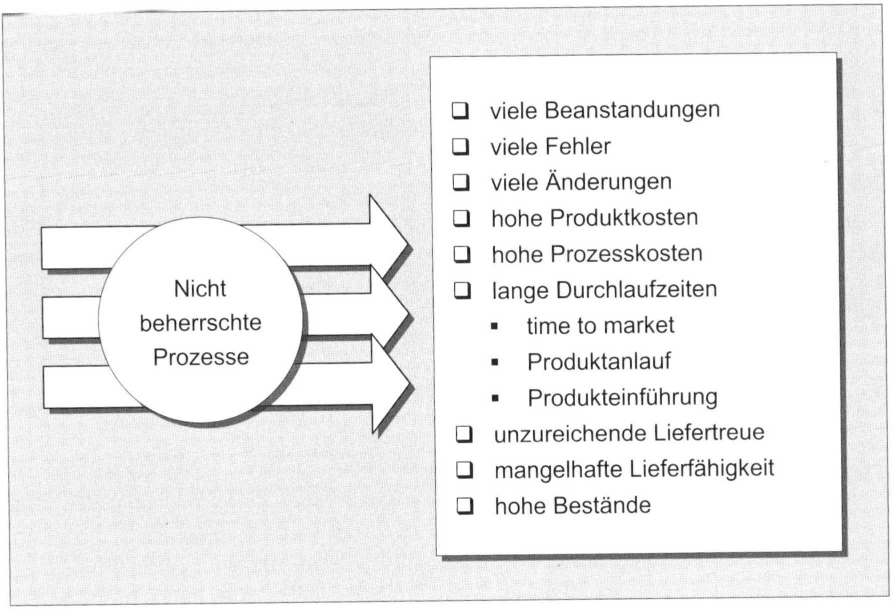

Abb. 1.1 Effizienzprobleme in Prozessen und ihre Auswirkungen

In der Praxis dominieren die Kosten als Steuerungsgröße der Effizienz. In deutschen Unternehmen hat es Tradition, finanzielle Ergebnisprobleme über Kostensenkungsprogramme zu lösen. Krisenbewältigungsprogramme sind zu 75 % Kostensenkungsprogramme (vgl. Vahs 2012, S. 355).

Die *Süddeutsche Zeitung* schrieb am 09.11.2012, Manager folgen in kritischen Ergebnissituationen gerne dem „Klassiker aus dem BWL-Handbuch“. Sie streichen Stellen und drücken Kosten. Typische Maßnahmen von Kostensenkungsprogrammen sind: Personalabbau, integrierte Einkaufsoffensiven, Outsourcing, Investitionskürzungen bzw. -streckungen sowie Abbau sozialer Leistungen.

Dazu folgende Beispiele:

- Am 02.05.2012 kündigte die Deutsche Lufthansa AG das milliardenschwere Sparprogramm „Score“ an. Dieses soll wegen eines hohen operativen Verlustes die Kosten bei der Lufthansa erheblich senken. Ein Schwerpunkt ist die Streichung von weltweit 3500 Stellen vorwiegend in der Verwaltung. Ein anderer Schwerpunkt ist, „Doppelfunktionen zusammenlegen und auf Tätigkeiten verzichten, die dem Kunden nach ihrer Ansicht keinen Mehrwert bringen“ (*Spiegel online* vom 03.05.2012: „Lufthansa streicht 3500 Stellen“).
- Der Gewinn von Siemens ist im Geschäftsjahr 2011/12 um 27 % auf 4,6 Milliarden Euro eingebrochen. Siemens will mit einem harten Sparprogramm wieder profitabler werden und in den nächsten zwei Jahren die Kosten um mindestens sechs Milliarden Euro senken. „Das erste Ziel ist nicht Stellenabbau. Aber es wird sich am Ende auf die Arbeitsplätze auswirken“ (*Frankfurter Allgemeine Zeitung*, Wirtschaft, vom 08.11.2012: „Arbeitsplatzabbau – Siemens will sechs Milliarden Euro sparen“).
- Wegen des Einbruchs beim operativen Ergebnis will die Commerzbank mit einem harten Sanierungsprogramm gegensteuern und besonders das Privatkundengeschäft wieder flottmachen. Die Bank kündigte eine „Anpassung der Personalkapazitäten“ an, ohne konkrete Zahlen zu nennen. Im Raum steht ein Personalabbau von bis zu 6000 Stellen – quer durch die Bank (*Financial Times Deutschland* vom 08.11.2012: „Schlechte Quartalszahlen – Neue Bescheidenheit bei der Commerzbank“).

Kostensenkungsprogramme können die finanzielle Situation kurzfristig entlasten, bieten aber langfristig zumeist keine Lösung. „Jedes noch so klug geplante Kostensenkungsvorhaben ist spätestens dann beendet, wenn die Belegschaft wieder zum *business as usual* übergeht“ (Kratz 2002).

Zielführender als Kosten zu senken ist, die Ursachen mangelhafter Effizienz zu beseitigen. Diese liegen in den Prozessen und können nur über eine integrierte Steuerung von Prozesszeiten, -qualität und -kosten im Abgleich mit der Kundenzufriedenheit behoben werden.

Der Gesamtbetriebsrat von Siemens empfahl im Juli 2012 dem Vorstand, sich auf Abläufe zu konzentrieren, statt Werke zu schließen. „Viele Kollegen leiden unter umständlichen und langwierigen Prozessen und unnötiger Bürokratie“ (*Süddeutsche Zeitung* vom 27.07.2012, S. 21). Einer der stärksten Hebel zur Steigerung der Effizienz ist die kontinuierliche Beseitigung von „Verschwendungen“ in den Prozessen.

In vielen Fällen sind die Ursachen finanzieller Ergebnisprobleme nicht Effizienz-, sondern Effektivitätsprobleme, wie z. B. falsche strategische Entscheidungen bezogen auf Märkte, Produkte, Unternehmenskäufe bzw. Verkäufe von Unternehmensteilen. Über Effizienzsteigerungen, insbesondere über einseitige Kostensenkungen, lassen sich Effektivitätsprobleme nicht lösen.

Notwendig ist, der Effektivität eine ebenso hohe Aufmerksamkeit wie der Effizienz zu schenken. Effizientes Handeln bedeutet nicht, auch effektiv zu sein. „Die richtigen Dinge sind richtig zu tun."

Viele Effektivitätsprobleme und die meisten Effizienzprobleme haben ihre Ursache in nicht vorhandenen bzw. mangelhaft beherrschten Geschäftsprozessen. Unternehmen, die Geschäftsprozesse einführen, zielgerichtet steuern und kontinuierlich verbessern, steigern permanent ihre Effektivität und Effizienz. Sie sind besser gewappnet, kritische Ergebnissituationen von vornherein zu vermeiden. ■

Geschäftsprozessmanagement setzt durch seine Orientierung an Kunden, Mitarbeitern und Nachhaltigkeit eine entsprechende Unternehmens- und Führungskultur voraus. Diese ist mit Unternehmenszielen wie Maximierung des Shareholder-Value und „kompromisslose Ausrichtung auf den Nutzen für die Aktionäre" nicht verträglich.

■ 1.3 Geschäftsprozessmanagement als Lösungsweg

1.3.1 Begriff, Konzept und Ziele des Geschäftsprozessmanagements

Geschäftsprozessmanagement bzw. Prozessmanagement werden weltweit als **Business Process Management (BPM)** bezeichnet. Der Begriff BPM ist von der Informationstechnologie (IT) geprägt. Oft wird BPM mit IT-Lösungen für das Prozessmanagement gleichgesetzt. So definiert z. B. die Fraunhofer-Gesellschaft: „Unter Business Process Management (BPM) versteht man alle Aktivitäten, um die modellbasierten automatisierten Geschäftsprozesse (samt manuellen Aktivitäten) eines Unternehmens (und unternehmensübergreifend) stets optimal ablaufen lassen zu können" (Fraunhofer ISST 2009, S. 1).

IDS Scheer unterscheidet zwischen betriebswirtschaftlichem BPM (Business-BPM) und technologischem BPM (Technology-BPM) (vgl. Scheer et al. 2006, S. 6). Das **Business-BPM** (auch fachliches oder betriebswirtschaftliches BPM genannt) wird als Managementkonzept im Unternehmen und das Technology-BPM (auch **IT-BPM** genannt) als Konzept zur IT-Unterstützung und Automatisierung von Geschäftsprozessen verstanden (vgl. auch Snabe et al. 2009, S. 1; Becker/Mathas/Winkelmann 2009, S. 4; Slama/Nelius 2011, S. 5 f.; Komus 2011, S. 5 ff.). „Technisches BPM baut immer auf einem fachlichen BPM auf und hängt deshalb vom Vorhandensein eines fachlichen BPM ab. Demgegenüber ist ein fachliches BPM auch ohne technisches BPM denk- und umsetzbar" (Stähler et al. 2009, S. 16).

Das in diesem Buch beschriebene Geschäftsprozessmanagement legt seinen Schwerpunkt auf das Business-BPM, d. h. Führung, Organisation und Controlling von Geschäftsprozessen. Geschäftsprozessmanagement wird dabei wie folgt definiert:[1]

Geschäftsprozessmanagement ist ein integriertes System aus Führung, Organisation und Controlling zur zielgerichteten Steuerung und Optimierung von Geschäftsprozessen. Es ist auf die Erfüllung der Bedürfnisse der Kunden sowie anderer Interessengruppen ausgerichtet und dient dazu, die strategischen und operativen Ziele der Organisation bzw. des Unternehmens zu erreichen. Integriert bedeutet, dass Aufgaben, Teilsysteme, Methoden, Tools und IT-Unterstützung des Geschäftsprozessmanagements aufeinander abgestimmt geplant, koordiniert, kontrolliert sowie gesteuert werden. ■

Zielsetzung des Geschäftsprozessmanagements ist, die Prozesseffektivität und -effizienz so zu steuern, dass Organisationen bzw. Unternehmen auf Dauer im Wettbewerb erfolgreich sind. „Durch seine innovativen Elemente kann der prozessorientierte Gestaltungsansatz einen wichtigen **Beitrag zur Effektivitäts- und Effizienzsteigerung** der Unternehmensorganisation leisten“ (Vahs 2012, S. 278).

Zentrales Bezugsobjekt des Geschäftsprozessmanagements ist der Geschäftsprozess. Ein **Geschäftsprozess** besteht aus der funktions- und organisationsübergreifenden Folge wertschöpfender Aktivitäten, die von Kunden erwartete Leistungen erzeugen und die aus der Geschäftsstrategie und den Geschäftszielen abgeleiteten Prozessziele erfüllen (vgl. Kapitel 2.1.1).

Wesentliche Merkmale von Geschäftsprozessen sind:

- Sie erstrecken sich vom Bedarf des Kunden bis zur Bereitstellung der gewünschten Leistungen an den Kunden (vom Kunden zum Kunden; End-to-End-Prozesse).
- Sie sind auf die Erfüllung der Kundenanforderungen sowie der Ziele der jeweiligen Organisation ausgerichtet.
- Sie bilden eine auf Dauer angelegte organisatorische Einheit, die sich über Abteilungs- und Funktionsgrenzen hinweg (cross-functional process) und/oder über Unternehmensgrenzen hinweg (inter-enterprise process) erstreckt.
- Sie werden über Prozessziele und Prozesskennzahlen (Process Performance Indicators) gesteuert.
- Sie werden von einem Geschäftsprozessverantwortlichen geführt und gelenkt.

---

[1] Andere Definitionen für Geschäftsprozess- bzw. Prozessmanagement sind:

- Gaitanides: „Prozessmanagement umfasst planerische, organisatorische und kontrollierende Maßnahmen zur zielorientierten Steuerung der Wertschöpfungskette eines Unternehmens hinsichtlich Qualität, Zeit, Kosten und Kundenzufriedenheit“ (Gaitanides/Scholz/Vrohlings 1994, S. 3).
- European Association of Business Process Management (EABPM): „BPM ist ein systematischer Ansatz, um sowohl automatisierte als auch nicht automatisierte Prozesse zu erfassen, zu gestalten, auszuführen, zu dokumentieren, zu messen, zu überwachen und zu steuern und damit nachhaltig die mit der Unternehmensstrategie abgestimmten Ziele zu erreichen. BPM umfasst die bewusste und zunehmend IT-gestützte Bestimmung, Verbesserung, Innovation und Erhaltung von End-to-End-Prozessen“ (EABPM 2009, S. 38 f.).
- SAP: „Managementdisziplin, die sich auf die integrierte und laufende Analyse, Gestaltung, Implementierung, Ausführung und Überwachung von Geschäftsprozessen bezieht, um Effektivität und Effizienz unter Berücksichtigung der Unternehmensstrategie zu steigern“ (vgl. Snabe et al. 2009, S. 191).

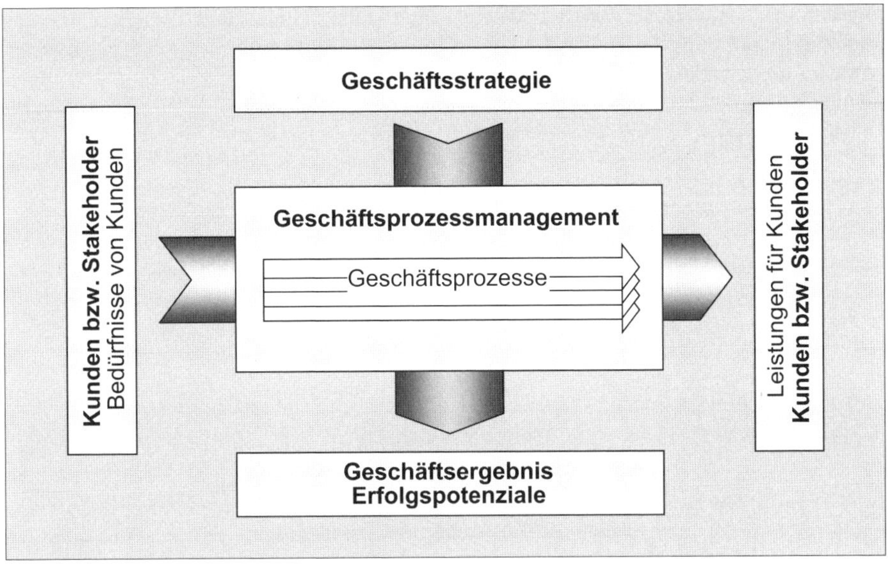

Abb. 1.2 Bezugspunkte des Geschäftsprozessmanagements

Geschäftsprozessmanagement und Geschäftsprozesse haben zwei Bezugspunkte (siehe Abbildung 1.2). Der erste Bezugspunkt ist die Geschäftsstrategie (vertikale Achse). Sie bestimmt, welche Geschäftsprozesse erforderlich („Was") und welche strategischen Ziele in den Geschäftsprozessen („Wie") umzusetzen sind. Das „Was" und „Wie" auf der vertikalen Achse bilden die Basis für die Identifizierung und Zielausrichtung der Geschäftsprozesse. Änderungen der Geschäftsstrategie ziehen Änderungen der Geschäftsprozesse nach sich.

Der zweite Bezugspunkt ist die Verbindung zu Kunden (horizontale Achse). Aufgabe von Geschäftsprozessen ist es, Bedürfnisse, Erwartungen und Anforderungen der Kunden zu erfüllen. Auf der horizontalen Achse wird festgelegt, welche Objekte („Was") mit welchen Anforderungen („Wie") in den einzelnen Geschäftsprozessen bearbeitet werden. Hier beziehen sich „Was" und „Wie" auf die einzelnen Objekte bzw. Leistungen[2] innerhalb der Geschäftsprozesse.

Strategiebezug und Kundenbezug sind in Geschäftsprozessen aufeinander abzustimmen. Bei einer zu einseitigen Ausrichtung auf Kunden besteht die Gefahr, den strategischen Auf- bzw. Ausbau von Erfolgspotenzialen und Kernkompetenzen zu vernachlässigen. Bei einer Überbetonung der Strategieorientierung wird den Kundenbedürfnissen und operativen Geschäftsergebnissen ein zu geringes Gewicht beigemessen. ■

[2] Der Begriff Leistung hat mehrere Bedeutungen (vgl. Gleich 2011, S. 35 ff.). Im Prozessmanagement werden unter Leistung zum einen die erzielten Prozessergebnisse (Output) im Sinne erzeugter Produkte oder Dienstleistungen für Kunden (Kundenleistungen) verstanden. Zum anderen wird von Leistung eines Prozesses gesprochen, wenn darunter seine Leistungsfähigkeit im Hinblick auf seine Effektivität und Effizienz gemeint ist. In diese Kategorie fallen die Begriffe Leistungsindikator, -parameter, -niveau, -messung. In diesem Buch wird für die zweite Kategorie der Begriff Performance verwendet, wie z. B. Performanceindikator, -parameter, -niveau und -messung (vgl. auch Burger 2009, S. 11 ff.).

Neben Kunden gibt es weitere Stakeholder, die an Geschäftsprozessen interessiert sind. **Stakeholder** sind interne oder externe Personen oder Gruppen, die Anforderungen an Geschäftsprozesse stellen oder Ansprüche geltend machen (vgl. Kapitel 2.3). In den weiteren Ausführungen des Buches werden Kunden im Mittelpunkt stehen, da sie die wichtigste Stakeholder-Gruppe für das Geschäftsprozessmanagement darstellen.

Geschäftsprozessmanagement hat sicherzustellen, dass die Geschäftsprozesse sowohl die strategischen Ziele als auch die Kundenbedürfnisse und operativen Ziele erfüllen. Dazu dienen Prozessführung, Prozessorganisation und Prozesscontrolling. Sie schaffen die Voraussetzungen für die Zielerreichung und Optimierung der Geschäftsprozesse (siehe Abbildung 1.3). ■

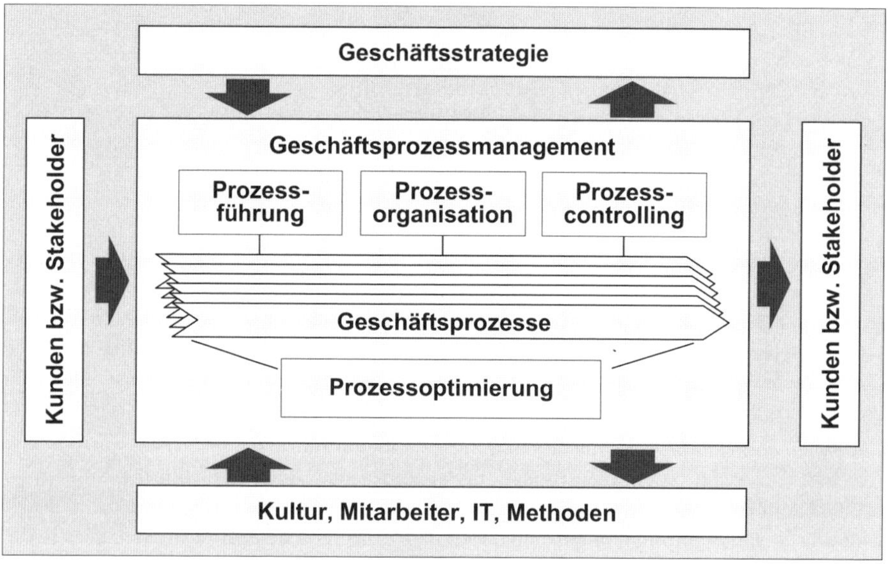

Abb. 1.3 System des Geschäftsprozessmanagements

1.3.2 Aufgaben des Geschäftsprozessmanagements

Eine Übersicht über die einzelnen Aufgabenfelder des Geschäftsprozessmanagements vermittelt Abbildung 1.4.

Prozessführung bezieht sich auf die Führung (Leadership) der Menschen in Geschäftsprozessen.[3] Ziel der Prozessführung ist, Einstellungen und Verhalten der Prozessmitarbeiter so zu beeinflussen, dass sie den Zielen und Orientierungen des Geschäftsprozessmanagements zustimmen und diese motiviert umsetzen (vgl. Leistert 2006, S. 187 ff.; Kotter 2011, S. 22 ff.).

[3] Im Unterschied zur Führung umfassen die Aufgaben des Managements die zielorientierte Gestaltung, Planung, Kontrolle und Steuerung von Organisationen oder Teilen davon (vgl. Kapitel 11.1.3).

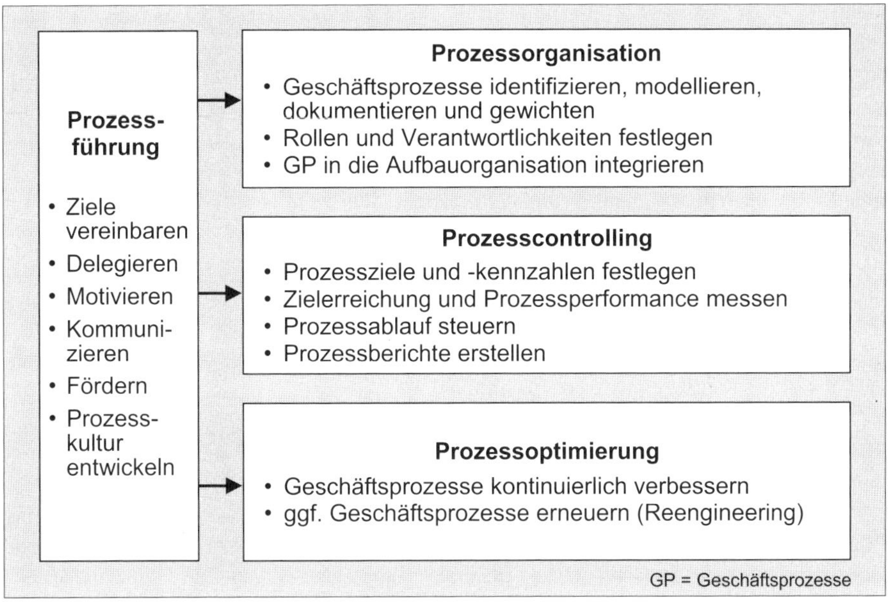

Abb. 1.4 Aufgabenfelder des Geschäftsprozessmanagements

Die Prozessführung umfasst folgende Aufgaben (vgl. auch ISO 9004:2009):

- eine Prozessvision und -mission sowie Prozessziele klar zu definieren und überzeugend zu kommunizieren,
- Mitarbeiter für die neue Denk- und Arbeitsweise des Geschäftsprozessmanagements zu gewinnen,
- eine Vertrauensorganisation aufzubauen,
- das Zusammengehörigkeitsgefühl (Wir-Gefühl) zu stärken,
- mit Mitarbeitern klare prozessorientierte Ziele zu vereinbaren,
- Verantwortung an Mitarbeiter zu delegieren,
- Mitarbeiter zu qualifizieren und ausreichend auf veränderte/erweiterte Aufgaben vorzubereiten,
- Mitarbeiter mit den erforderlichen Prozessressourcen auszustatten,
- Mitarbeiter zur kontinuierlichen Steigerung der Prozessperformance zu motivieren,
- sicherzustellen, dass erreichte Verbesserungen stabilisiert und weiterentwickelt werden,
- Mitarbeiter und Teams bei Schwierigkeiten zu unterstützen,
- Konflikte offenzulegen und konstruktiv zu lösen,
- Leistungsanreize zu schaffen, Erfolge anzuerkennen und zu belohnen,
- mit den Verantwortlichen, Mitarbeitern und Teams intensiv zu kommunizieren.

Führung prägt durch ihren Führungsstil (z. B. kooperativ, partizipativ) maßgeblich die Prozesskultur. „Process demands that people at all levels of the organization put the customer first, be comfortable working in teams, accept personal responsibility for outcomes, and be willing to accept change. [...] If the enterprise culture is not aligned with these values, leadership must change the culture so that it does“ (Hammer 2010, S. 10).

Prozessführung beginnt an der Spitze bei der Geschäftsleitung. Führungsaufgaben nehmen ferner der Chief Process Officer sowie die Geschäfts- und Teilprozessverantwortlichen wahr. Der Chief Process Officer ist für das gesamte Geschäftsprozessmanagement des Unternehmens verantwortlich. Die Geschäfts- und Teilprozessverantwortlichen tragen die Verantwortung für die einzelnen Geschäfts- und Teilprozesse. Aber auch Leiter oder Moderatoren von Teams (z. B. Kaizen-Teams) leisten auf ihren Ebenen Führungsarbeit.

Die **Prozessorganisation** beinhaltet alle Aufgaben, die sich auf die Identifizierung und Gestaltung der Geschäftsprozesse sowie ihre Integration in die Aufbauorganisation des Unternehmens beziehen. Daneben umfasst die Prozessorganisation die Definition von Rollen und Institutionen des Geschäftsprozessmanagements. Sie legt fest, wer welche Aufgaben, Verantwortung und Befugnisse hat (vgl. Kapitel 4).

Die Schwerpunkte des **Prozesscontrollings** liegen auf der Planung der Prozessziele sowie der Kontrolle und Steuerung der Zielerreichung. Ergänzende Aufgaben sind die für Planung und Kontrolle erforderliche Koordination und Informationsversorgung (vgl. Kapitel 6). Wichtige Komponenten des Prozesscontrollings sind Prozessziele, Prozesskennzahlen und das Prozessberichtswesen. Mithilfe der Prozesskennzahlen werden das Erreichen der Prozessziele und die Prozessperformance gemessen. Die Prozessberichte stellen Transparenz über die Prozessperformance her und sind eine wichtige Informationsbasis für die Prozessoptimierung.

> Hauptziel des Geschäftsprozessmanagements ist es, durch **Prozessoptimierung** die Effektivität und Effizienz des Unternehmens nachhaltig zu erhöhen sowie den Unternehmenswert zu steigern. Nachhaltig bedeutet, die Prozessziele dauerhaft und zukunftsverträglich zu erreichen. ■

1.3.3 „Befähiger“ des Geschäftsprozessmanagements

1.3.3.1 Überblick

Der Erfolg des Geschäftsprozessmanagements hängt maßgeblich von Prozessstrategie, Prozesskultur, Prozessmitarbeitern, Informationstechnik (IT) sowie Prozessmethoden ab (siehe Abbildung 1.5; vgl. auch Hammer 2007; Rosemann/Brocke 2010, S. 112 ff.; Knuppertz/Feddern 2011, S. 65 ff.).

1.3.3.2 Prozessstrategie

Aus der Geschäftsstrategie wird die **Prozessstrategie** abgeleitet. Sie gibt den strategischen Ziel- und Gestaltungsrahmen für die mittel- und langfristige Entwicklung des Geschäftsprozessmanagements vor. Dazu zählen erfolgskritische Positionen, Potenziale und Kompetenzen, die über die Geschäftsprozesse zu halten bzw. auf- und auszubauen sind, um nachhaltig die Wettbewerbsfähigkeit des Unternehmens zu sichern (vgl. Kapitel 3).

Prozess-strategie	Prozess-kultur	Prozess-mitarbeiter / Kompetenzen	IT	Prozess-methoden
• Strategische Prozessziele, -erfolgsfaktoren und -potenziale • Prozessbezogene Kernkompetenzen • Prozessarchitektur und -modell • Strategisches Prozessprogramm	• Vertrauen • Verantwortung • Identifikation • Fairness • Zusammenarbeit • Anerkennung • Änderungsbereitschaft • Organisationales Lernen • Kunden-, Prozessorientierung	• Mitarbeiterfähigkeiten • GPM-Wissen • GPM-Erfahrungen • GPM-Akzeptanz • GPM-Motivation • GPM-Anreizsystem • Mitarbeiterzufriedenheit	• IT-Strategie • IT-Architektur • IT-Applikationen (ERP ...) • BPM-Tools für BPM-Lifecycle • BPM-Systeme/SOA • BPM-Portale, -Plattformen • Workflow Management System • Social BPM	• Methoden für: - Prozessführung - Prozessorganisation - Prozesscontrolling - Prozessoptimierung - Prozesskommunikation - Prozesseinführung - Prozessausführung
GPM = Geschäftsprozessmanagement, BPM = Business Process Management				

Abb. 1.5 „Befähiger" des Geschäftsprozessmanagements

1.3.3.3 Mitarbeiter

Mit Einführung des Geschäftsprozessmanagements ändert sich die Rolle der Mitarbeiter. Die **Mitarbeiter** führen nicht nur Prozessaufgaben aus, sondern beteiligen sich auch aktiv an der Steuerung und Verbesserung der Geschäftsprozesse.[4] Der Erfolg des Geschäftsprozessmanagements hängt wesentlich von Fähigkeiten, Kreativität, Sachverstand und Erfahrungen der Mitarbeiter ab, wobei Eigenständigkeit und Motivation einen hohen Stellenwert haben (vgl. Kapitel 9). Großer Wert wird auf Teamarbeit, offenen Umgang mit Problemen, kreative Problemlösungen und Eigeninitiative gelegt. Der Zunahme von Selbständigkeit und Eigenverantwortung der Mitarbeiter steht eine Abnahme von Anordnung und Aufsicht durch die Führung gegenüber. Diese kann sich dadurch verstärkt den eigentlichen Führungsaufgaben wie der Förderung der Mitarbeiter widmen.

1.3.3.4 Prozesskultur

Die durch das Geschäftsprozessmanagement angestoßenen Veränderungen gelingen nur, wenn die Mitarbeiter von einer Kultur getragen werden, die ihnen Orientierung, Vertrauen, Identifikation, Motivation und Sicherheit gibt. Diese Aufgabe hat die **Prozesskultur** zu erfüllen. Sie vermittelt gemeinsame Werte, Normen, Überzeugungen, Spielregeln, Verhaltenswei-

[4] Die Rolle der Mitarbeiter und die Rollen anderer Beteiligter am Geschäftsprozessmanagement werden besonders im Konzept des subjektorientierten Prozessmanagements betont. Es stellt die Prozessbeteiligten (Subjekte) und deren Interaktion in den Mittelpunkt, wobei die natürliche Sprache für die Beschreibung, Modellierung, Validierung und Optimierung von Geschäftsprozessen verwendet wird (vgl. Fleischmann et al. 2011; vgl. Kapitel 10.2.2.1).

sen und Umgangsformen, an denen sich die Prozessmitarbeiter in ihrem Handeln orientieren. Ob Geschäftsprozesse funktionieren und gelebt werden, hängt besonders von den Menschen und weniger von Struktur, Ablauf oder Methoden der Geschäftsprozesse ab. Entscheidend ist, wie die Menschen die Prozesse verstehen und sich mit den Prozesszielen und Rahmenbedingungen identifizieren. „The cultural fit is an important issue since people and processes must combine to produce output" (Kohlbacher/Gruenwald/Kreuzer 2011, S. 17.; vgl. auch Kotter 2011, S. 123 ff.; Gaitanides 2012, S. 99 ff.).[5]

Die Prozesskultur fördert:

- Identifikation: Akzeptanz von Zielen, Inhalten, Aufgaben und Herausforderungen des Geschäftsprozessmanagements.
- Koordination: gemeinsames Verständnis und Handeln durch gemeinsame Orientierungen (Prozess-, Kunden-, Wertschöpfungs-, Lernorientierung).
- Integration und Stabilität: Wir-Gefühl, Solidarität, Rollensicherheit, Abbau persönlicher Unsicherheiten und Befürchtungen, Teamorientierung, Zusammenarbeit.
- Motivation: Engagement, Kreativität.

Die Prozesskultur übt starken Einfluss auf das Zusammenleben innerhalb der Organisation und auf das Auftreten außerhalb der Organisation aus. Wirkungsbereiche innerhalb der Organisation sind, z. B. Konflikte im Geschäftsprozessmanagement offenzulegen, Probleme konstruktiv zu lösen, fair miteinander umzugehen, Geschäftsprozesse kontinuierlich zu verbessern sowie Erfolge anzuerkennen und zu honorieren.

Über die Ausprägung der Prozesskultur geben z. B. folgende Fragen Auskunft:

- Wie werden Prozess- und Mitarbeiterziele vereinbart?
- Wie wird Transparenz über Prozessziele, -strukturen, -leistungen, -probleme und -ergebnisse hergestellt?
- Wie hoch sind Verständnis und Akzeptanz des Geschäftsprozessmanagements bei den Mitarbeitern?
- Wie stark ist die Kundenorientierung bei Prozessmitarbeitern ausgeprägt?
- Wie werden Prozessmitarbeiter qualifiziert und auf ihre Aufgaben vorbereitet?
- Wie eigenständig steuern und verbessern Prozessmitarbeiter die Geschäftsprozesse?
- Wie werden Konflikte und Fehler in Geschäftsprozessen behandelt?
- Wie werden Prozessmitarbeiter bei Schwierigkeiten unterstützt?
- Wie werden Prozesserfolge anerkannt und honoriert?
- Wie hoch ist die Zufriedenheit der Prozessmitarbeiter?

[5] Die Prozesskultur „hat einen hochsignifikanten (p = 0,000) und stark positiven Einfluss (β = 0,769) auf die Prozesseffizienz" und ebenso auf alle anderen Dimensionen der Organisationseffizienz wie Ressourcen-, Anpassungs-, Delegations-, Motivations- und Markteffizienz. Im Vergleich dazu zeichnen sich Aufbau- und Ablaufstruktur der Prozessorganisation „vorwiegend durch negative oder schwach positive Effektstärken aus" (vgl. Liebert 2012, S. 106 und 116 f.).

Die Prozesskultur wird maßgeblich durch Führungsstil, Führungsverhalten, Anreizsystem sowie Erfolge bzw. Misserfolge der Organisation geprägt. Den stärksten Einfluss auf ihre Entstehung hat die Prozessführung. Sie fördert das Entstehen einer Prozesskultur durch mitarbeiterorientiertes, verantwortungsvolles, eindeutiges und ehrliches Handeln. Hohes Gewicht ist auf den Dreiklang von Führung, Kultur und Mitarbeiter zu legen. Führung prägt die Kultur und die Kultur prägt die Mitarbeiter.

Bereits bei der Einführung des Geschäftsprozessmanagements sind Maßnahmen zur Gestaltung der Prozesskultur zu planen und umzusetzen. Dazu zählen z. B.:

- Ausrichtung des Anreizsystems auf Prozessziele und Prozessverbesserungen (vgl. Gleich 2011, S. 295 f.),
- Information der Mitarbeiter über Ziele und Vorgehen des Geschäftsprozessmanagements,
- Training der Mitarbeiter in Prozessmethoden,
- Generierung und Transfer von Prozesswissen,
- richtige Personalauswahl für die Rollen im Geschäftsprozessmanagement.

Kotter charakterisiert die Kultur des 20. und 21. Jahrhunderts mit den Merkmalen in Abbildung 1.6. Die Kulturmerkmale des 21. Jahrhunderts treffen auch für die Prozesskultur zu.

Kultur 20. Jahrhundert	Kultur 21. Jahrhundert
▪ nach innen gerichtet	▪ nach außen gerichtet
▪ zentralisiert	▪ Empowerment
▪ langsame Entscheidungsfindung	▪ schnelle Entscheidungsfindung
▪ politisch	▪ offen und ehrlich
▪ risikoavers	▪ risikobereit

Abb. 1.6 Kultur des 20. und 21. Jahrhunderts im Vergleich (vgl. Kotter 2011, S. 146)

Vgl. zum Thema Unternehmens- und Prozesskultur: Schober 2002, S. 175 ff.; Bea/Haas 2009, S. 509 ff.; Nicolai 2009, S. 90 ff.; Vahs/Weiand 2010, S. 60 ff. und 157 ff.; Fleischmann et al. 2011, S. 54; Ahlrichs/Knuppertz 2010, S. 46 ff.; Knuppertz/Feddern 2011, S. 160 f.; Kotter 2011, S. 123 ff. und 145 f.; Kohlbacher/Gruenwald/Kreuzer 2011, S. 16 ff.

1.3.3.5 IT

Die **Informationstechnologie (IT)** ist einer der stärksten Hebel zur Steigerung der Effizienz in Geschäftsprozessen. Diese Rolle füllt die IT aus, wenn sie sich als Dienstleister der Geschäftsprozesse betrachtet und deren Anforderungen erfüllt. Von der Reife der Geschäftsprozesse hängt es ab, wie stark die Effizienzpotenziale der IT genutzt werden können. Die IT stellt im Geschäftsprozessmanagement eine der wichtigsten unterstützenden Komponenten dar. Auf die Bedeutung der IT im Geschäftsprozessmanagement geht Kapitel 10 ein.

1.3.3.6 Methoden und Tools

Bei der Einführung und Durchführung des Geschäftsprozessmanagements kommen neben der IT viele andere **Methoden und Tools** zum Einsatz. Abbildung 1.7 gibt einen Überblick über verwendete Methoden und Instrumente (vgl. Schmelzer 2004; Hiller/Minar-Hödel/Zahradnik 2010, S. 237 ff.; Göppel 2011, S. 177 ff.).

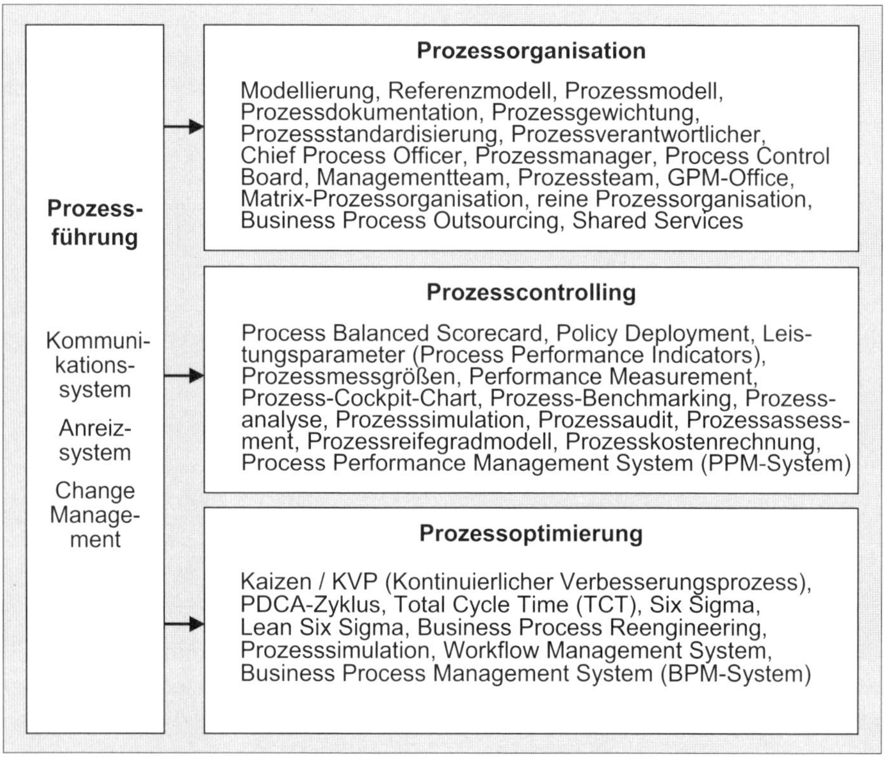

Abb. 1.7 Methoden, Tools und Rollen des Geschäftsprozessmanagements

Methoden und Tools dienen im Geschäftsprozessmanagement dazu, die Prozessziele zu erreichen (vgl. Spanyi 2007, S. 148 f.; Knuppertz/Feddern 2011, S. 44 ff.; Bergsmann 2012, S. 197 ff.). Ihr Einsatz ist sorgfältig abzuwägen und zu steuern. Er hängt ab von der Prozessstrategie, den Prozesszielen, der jeweiligen Prozesssituation, den Rahmenbedingungen des Prozesses, dem Verbesserungsbedarf, der Wirkung im Verbund mit anderen Prozessmethoden und -tools und vor allem auch von der Akzeptanz sowie den Methodenkenntnissen der Prozessmitarbeiter. Der integrierte Ansatz des Geschäftsprozessmanagements unterstützt den gezielten und abgestimmten Einsatz von Methoden und Tools. Die Entscheidung über den Methodeneinsatz trifft der Geschäftsprozessverantwortliche.

1.3.4 Orientierungen des Geschäftsprozessmanagements

Geschäftsprozessmanagement lässt sich zusammenfassend mit folgenden Schlagworten charakterisieren:

- Prozessorientierung
  - Die Organisation und das Controlling orientieren sich an Geschäftsprozessen.
- Strategieorientierung
  - Die Geschäftsstrategie bestimmt, welche Geschäftsprozesse erforderlich sind und welche Prozessziele verfolgt werden.
- Kundenorientierung
  - Gestaltung und Steuerung der Geschäftsprozesse sind auf die Erfüllung der Anforderungen und Erwartungen der Kunden bzw. Stakeholder ausgerichtet (End-to-End-Prozesse).
- Wertschöpfungsorientierung
  - Geschäftsprozesse konzentrieren sich auf wertschöpfende Aktivitäten. Aktivitäten ohne Wertschöpfung werden eliminiert.
- Performanceorientierung
  - Effektivität und Effizienz der Geschäftsprozesse werden kontinuierlich gesteigert.
- Mitarbeiterorientierung
  - Die Mitarbeiter werden motiviert und durch Training, Erfahrungsaustausch und Tools ertüchtigt, eigenständig die Geschäftsprozesse zu steuern und zu verbessern.
- Lernorientierung
  - Die kontinuierliche Verbesserung der Geschäftsprozesse durch die Mitarbeiter verstärkt und beschleunigt das organisationale Lernen. Sie ist zudem Basis für die permanente Steigerung des Prozesswissens.
- Kompetenzorientierung
  - Geschäftsprozesse unterstützen den systematischen Auf- und Ausbau von Kernkompetenzen.

Mit diesen Schlagworten schmücken sich auch andere Konzepte, Vorgehensweisen und Methoden. Diese decken allerdings jeweils nur Teilaspekte ab.

Das in diesem Buch dargestellte Geschäftsprozessmanagement bietet ein abgestimmtes Vorgehens- und Methodenkonzept an, das alle vorgenannten Orientierungen berücksichtigt und sich durch folgende Merkmale auszeichnet:

- strategie- und kundenorientierte Definition und Zielausrichtung der Geschäftsprozesse,
- Integration von Prozessführung, Prozessorganisation und Prozesscontrolling,
- multidimensionale Prozesssteuerung über Effektivitäts- und Effizienzparameter,
- Prozessoptimierung durch Prozesserneuerung (Business Process Reengineering) und kontinuierliche Prozessverbesserung (Total Cycle Time, Kaizen, Six Sigma),
- Integration von IT und Geschäftsprozessmanagement,
- Integration von Qualitätsmanagement und Geschäftsprozessmanagement,
- Einführung des Geschäftsprozessmanagements als Prozess des organisatorischen Wandels.

1.3.5 Anwendung des Geschäftsprozessmanagements

Seit Ende der 1990er-Jahre ist Geschäftsprozessmanagement in der Praxis als ganzheitliches Konzept zur Steigerung von Effektivität und Effizienz anerkannt (vgl. u. a. Matzler et al. 2004, S. 82 ff.). **Geschäftsprozesse spielen heute in fast allen Branchen sowie in vielen Managementkonzepten, Normen und Vorschriften eine wichtige Rolle.** Verbreitet ist Geschäftsprozessmanagement nicht nur in der Industrie, sondern ebenso in Dienstleistungsbereichen (Banken, Versicherungen, Handel, Verkehr, Gesundheits- und Sozialwesen) bis hin zu Hochschulen. Auch die politische Verwaltung setzt sich intensiv mit Geschäftsprozessmanagement auseinander. Beispiele sind die EU-weit verbindliche Vorgabe zur Umsetzung des E-Governments oder das vom Bundesministerium des Innern im August 2010 gestartete Programm zur Modernisierung der Bundesverwaltung. „Die Sicht auf die Geschäftsprozesse und die systematische Dokumentation von Arbeitsabläufen auf der Basis standardisierter und allgemeingültiger Methoden hilft den verantwortlichen Akteuren, Potenziale für Effizienz- und Qualitätssteigerungen aufzudecken und transparent zu machen. Insbesondere in Zeiten finanziell angespannter Haushalte soll damit eine konsequente Ausschöpfung von Effizienzpotentialen in der öffentlichen Verwaltung erreicht werden“ (vgl. Bundesministerium des Innern 2012).

Zwischen theoretischen Konzepten und gelebtem Geschäftsprozessmanagement liegen allerdings Welten (vgl. Kapitel 16.2.1). Für viele Manager haben nach wie vor Fragen der Aufbauorganisation

- Welche Aufgaben haben Abteilungen?
- Wer ist für was zuständig?
- Wer darf wem Weisungen erteilen?
- Wer berichtet wem?

ein höheres Gewicht als Fragen des Geschäftsprozessmanagements:

- Wie können die Umsetzung der Geschäftsstrategie und die Geschäftsziele mithilfe von Geschäftsprozessen besser erreicht werden?
- Wie können Geschäftsprozesse dazu beitragen, die Kundenorientierung, Kundenzufriedenheit und Mitarbeiterzufriedenheit zu erhöhen?
- Wie können Erfolgspotenziale sowie Handlungs- und Problemlösungskompetenz in der Organisation kontinuierlich gesteigert werden?
- Wie können Geschäftsprozesse die Anpassungsfähigkeit der Organisation verbessern?

Auf die Rolle des Managements und der Führungskräfte im Geschäftsprozessmanagement geht besonders Kapitel 11 ein.

1.4 Geschäftsprozessmanagement im Vergleich mit anderen Managementkonzepten und -methoden

1.4.1 Überblick

Literatur und Praxis kennen zahlreiche Konzepte, Vorgehen und Methoden, deren Ziel es ist, die Wettbewerbsfähigkeit zu stärken und die Unternehmensprobleme zu lösen. Zwischen diesen Managementkonzepten und -methoden sowie dem Geschäftsprozessmanagement bestehen häufig enge Beziehungen (siehe Abbildung 1.8; vgl. auch Schnaitmann 2000, S. 366 ff.). Diese werden nachfolgend erläutert.

• Strategisches Management	⇨	Voraussetzung für GPM
• Balanced Scorecard	⇨	wichtig für GPM
• Restrukturierung	⇨	günstig für GPM
• Wertorientiertes Management	⇨	von GPM unterstützt
• Asset Management	⇨	von GPM unterstützt
• Change Management	⇨	notwendig für GPM
• Wissensmanagement	⇨	von GPM unterstützt
• Customer Relationship Management	⇨	in GPM integriert
• Supply Chain Management	⇨	in GPM integriert
• Lean Management	⇨	von GPM unterstützt
• Simultaneous Engineering	⇨	von GPM unterstützt
• Business Process Reengineering	⇨	in GPM integriert
• Kaizen / KVP	⇨	in GPM integriert
• Six Sigma	⇨	in GPM integriert
• Prozesskostenrechnung	⇨	in GPM integriert
• Benchmarking	⇨	wichtig für GPM
• Outsourcing	⇨	von GPM unterstützt
• Qualitätsmanagement, TQM	⇨	von GPM unterstützt
• Risikomanagement	⇨	von GPM unterstützt
• Compliance Management	⇨	von GPM unterstützt
• Governance	⇨	von GPM unterstützt

Abb. 1.8 Beziehungen zwischen Geschäftsprozessmanagement (GPM) und anderen Managementkonzepten und -methoden

1.4.2 Strategisches Management, Kernkompetenzen

Das strategische Management hat die Aufgabe, das Fortbestehen und die Werthaltigkeit des Unternehmens langfristig zu sichern. Es legt die Aktionsfelder (Produkte/Leistungen) des Unternehmens bezogen auf Branchen und Märkte fest, identifiziert die erfolgsentscheidenden Faktoren und ermittelt die strategischen Leistungspotenziale (Kernkompetenzen) (vgl. Hinterhuber 1992; Gausemeier/Fink 1999; Kohlöffel 2000; Hinterhuber 2004; Grant/Nippa 2006; Bea/Haas 2009). Schwerpunkte des strategischen Managements sind u. a.:

- Entwicklung einer Unternehmensvision und eines Unternehmensleitbildes.
- Frühzeitiges Erkennen von sich ändernden Rahmenbedingungen, Risiken/Chancen sowie Stärken/Schwächen.
- Identifizierung von zukünftigen Tätigkeitsfeldern, Geschäftsfeldern und strategischen Geschäftseinheiten.
- Definition der Unternehmens- und Geschäftsstrategien inklusive der Wettbewerbsstrategien.
- Identifizierung, Schaffung und Erhaltung von Leistungspotenzialen bzw. Kernkompetenzen, strategischen Erfolgsfaktoren und strategischen Erfolgspositionen.
- Umsetzung der Strategien in Aktionsprogramme.
- Kontrolle der Strategieprämissen und der kritischen Einflussfaktoren.

Besonders der Kernkompetenzansatz hat in den 1990er-Jahren viel Beachtung gefunden (vgl. Prahalad/Hamel 1990; Krüger/Homp 1997). Kernkompetenzen verkörpern einzigartige Kombinationen aus Ressourcen, Fähigkeiten oder Technologien, die bei einem koordinierten Einsatz dauerhafte Wettbewerbsvorteile begründen und von der Konkurrenz nur schwer imitierbar oder substituierbar sind. Sie setzen das Unternehmen in die Lage, flexibel und schnell auf zukünftige Veränderungen zu reagieren und neue überlegene Leistungen anzubieten. Für den langfristigen Unternehmenserfolg sind sie von zentraler Bedeutung.

Kernkompetenzen beeinflussen Performance und Erfolg von Geschäftsprozessen. Auf der anderen Seite stellen Geschäftsprozesse selbst Kernkompetenzen dar und bilden die Grundlage für die Hervorbringung neuer und nachhaltiger Kernkompetenzen.

Das strategische Management beeinflusst die Gestaltung, Organisation und Steuerung der Geschäftsprozesse. Umgekehrt spielen Geschäftsprozesse bei der Umsetzung der Geschäftsstrategie eine wichtige Rolle. Dank ihrer organisatorischen Flexibilität erfüllen sie die strategische Forderung nach wandelbaren Strukturen. „Die dadurch erzielbaren Wettbewerbsvorteile können enorm hoch sein" (Fink 2003, S. 23). Zwischen Geschäftsstrategie und Geschäftsprozessmanagement bestehen enge Verbindungen und Abhängigkeiten. Beide sind aufeinander angewiesen (vgl. Kapitel 3.2).

1.4.3 Balanced Scorecard

Die Balanced Scorecard beinhaltet ein Bündel von Leistungskennzahlen, das dem Management eine strategiekonforme Steuerung des Unternehmens ermöglicht (vgl. Kaplan/Norton

1997; Horváth/Gaiser 2000, S. 17 ff.). Dabei wird besonderes Gewicht auf die Verbindung zwischen strategischen und operativen Zielen sowie auf die Kontrolle der Strategieumsetzung gelegt. Die Balanced Scorecard dient der Strategieumsetzung, nicht der Strategiefindung.

In der Vergangenheit wurden vorwiegend Finanzgrößen (Umsatz, Gewinn, Renditen, Kosten) zur Steuerung des Unternehmens verwendet. Im Konzept der Balanced Scorecard wird die finanzielle Sicht um drei zusätzliche Perspektiven erweitert: Kunden-, Prozess- und Potenzialsicht. Aus diesen Sichten werden nicht-finanzielle Kennzahlen abgeleitet, die das finanzielle Ergebnis maßgeblich beeinflussen.

Zwischen Geschäftsprozessmanagement und der Balanced Scorecard bestehen enge Beziehungen. Zum einen liefert die Balanced Scorecard die Basis für die Definition der Prozessziele. Dadurch wird sichergestellt, dass Prozessziele kompatibel mit der Unternehmensstrategie und den Unternehmenszielen sind. Zum anderen stellt das Prozesscontrolling der Balanced Scorecard Performancedaten bereit, anhand derer das Erreichen der Geschäftsziele beurteilt werden kann. Beide Methoden ergänzen sich (vgl. Kapitel 3.1.4.2). ■

1.4.4 Restrukturierung und Ressourcenanpassung (Turnaround, Rightsizing, Downsizing)

Restrukturierung (Umstrukturierung/Turnaround) beinhaltet die Neustrukturierung und Ressourcenanpassung von Organisationen. Auslöser können tief greifende Probleme, Gefahren, Risiken, aber auch Unternehmensfusionen oder -käufe sein. Restrukturierungsmaßnahmen sind z. B.:

- Aufgabe verlustreicher Geschäftsfelder, Produkte und Aktivitäten,
- Konzentration auf Kerngeschäfte,
- Neuausrichtung strategischer Geschäftsfelder.

Mit der Restrukturierung sind zumeist Anpassungen der Ressourcen im Sinne von Rightsizing oder Downsizing verbunden. Rightsizing bedeutet, die Ressourcen qualitativ und quantitativ auf die zukünftigen Geschäftsziele, Geschäftsfelder, Geschäftsvolumina und Unternehmensstruktur abzustimmen. Häufig sind Überkapazitäten vorhanden, die abgebaut werden müssen, um in Zukunft wettbewerbsfähiger zu sein (Downsizing).

Zwischen Zielen, Inhalten und Wirkungen der Restrukturierung/Ressourcenanpassung und dem Geschäftsprozessmanagement bestehen erhebliche Unterschiede. Bei der Restrukturierung geht es neben der strukturellen Neuorientierung um kurzfristig wirksame Produktivitätssteigerungen (Kostensenkung plus Umsatzsteigerung). Geschäftsprozessmanagement zielt dagegen auf nachhaltige und dauerhafte Leistungsverbesserungen ab. Auf der anderen Seite sind die Geschäftsprozesse unmittelbar von Restrukturierungsmaßnahmen betroffen. Änderungen der Geschäftsstrategie und Unternehmensstruktur haben Änderungen der Geschäftsprozesse zur Folge. Der Erfolg von Restrukturierungsmaßnahmen hängt u. a. davon ab, wie schnell die Geschäftsprozesse an die neuen Rahmenbedingungen angepasst werden können.

Ist eine Restrukturierung absehbar, sollte diese zunächst durchgeführt und erst anschließend das Geschäftsprozessmanagement eingeführt werden. Ist das Geschäftsprozessmanagement bereits eingeführt, hat es die Restrukturierungsergebnisse zu berücksichtigen. Das Geschäftsprozessmanagement ist durch seine enge Verbindung zur Geschäftsstrategie und seine hohe Anpassungsfähigkeit in der Lage, auf strategische Veränderungen flexibel zu reagieren (vgl. Kapitel 3.2). ■

1.4.5 Wertmanagement

Ziel des Wertmanagements ist es, den Wert des investierten Vermögens (Geschäftswert) zu erhöhen. Der Unternehmenserfolg wird an der Steigerung des Unternehmens- bzw. Geschäftswertes gemessen. Der Geschäftswert ist der von dem Unternehmen geschaffene Wert (Market Value Added). Er wird als Differenz aus den erwirtschafteten Werten des Unternehmens und dem möglichen Zinsertrag des investierten Kapitals ermittelt. Alle Projekte und Investitionen werden an dem Ziel der Wertsteigerung ausgerichtet. Als Mess- und Steuergröße für den Wertzuwachs dient der Geschäftswertbeitrag (GWB), der zumeist als Economic Value Added (EVA) bezeichnet wird (vgl. Günther 1997; Stern/Shiely/Ross 2002). Für jeden Geschäftsbereich und jedes Geschäftsgebiet werden GWB-Ziele formuliert. Viele Unternehmen haben die wertorientierte Unternehmenssteuerung eingeführt und verwenden den Wertbeitrag als Spitzenkennzahl zur Steuerung ihrer Geschäfts- und Produktbereiche (vgl. Neubürger 2000; Kümmel/Watterott 2005, S. 14).

Die nachhaltige Steigerung des Geschäftswertes setzt eine Steigerung von Innovation und Wachstum voraus, die wiederum von einer hohen Kunden- und Mitarbeiterzufriedenheit sowie einer hohen Produktivität getragen werden. Das Geschäftsprozessmanagement beeinflusst in hohem Maße Kunden- und Mitarbeiterzufriedenheit sowie Innovation und Produktivität. Es wirkt damit stark auf die Schaffung von Unternehmenswerten. „Die wertorientierte Unternehmenssteuerung muss [...] an den Geschäftsprozessen ansetzen. Die konstruktiven Merkmale der Kernprozesse wie Kostensatz, Menge, Zeit oder Qualität bilden die Werttreiber, durch die der Wertbeitrag eines Geschäftsprozesses bestimmt werden kann“ (Gaitanides 2012, S. 244; vgl. auch Gaitanides 2002; Gaitanides 2012, S. 153ff.). ■

1.4.6 Asset Management

Asset Management ist eine Komponente der wertorientierten Unternehmensführung. Unter „Asset“ wird die Summe des im Unternehmen gebundenen Vermögens verstanden. Es setzt sich zusammen aus:

- Fixed Assets: Anlagevermögen und Beteiligungen,
- Working Capital: Umlaufvermögen, bestehend aus Vorräten, Forderungen minus Verbindlichkeiten, erhaltenen Anzahlungen und Rückstellungen.

Die Ziele des Asset Management sind:

- Verringerung des im Unternehmen gebundenen Vermögens und
- optimaler Einsatz des verbleibenden Vermögens.

Asset Management soll dazu beitragen, mit einem möglichst geringen Kapitaleinsatz viel zu erwirtschaften, d.h., das Kapital effizient einzusetzen und einen hohen „Return on Investment" zu erzielen.

Mit einer Freisetzung gebundener Mittel steigt der Cashflow, d.h. der Saldo zwischen Mittelzufluss und -abfluss aus laufendem Geschäft und Investitionen. Ein hoher positiver Geldsaldo erweitert die unternehmerischen Handlungsräume. Zudem führt eine Verringerung des Vermögens zu einer Senkung der Kosten bei gleichzeitiger Steigerung des Geschäftswertbeitrages (GWB).

Geschäftsprozesse bieten eine Vielzahl von Möglichkeiten, auf das betriebliche Umlaufvermögen (Working Capital) einzuwirken, wie z.B. durch Optimierung der Lagerbestände, Reduktion der Teilevielfalt, Verkürzung der Durchlaufzeiten, fehlerfreie Auslieferungen sowie das effiziente Management von Forderungen und Verbindlichkeiten. Prozessoptimierung schließt die Optimierung des Umlaufvermögens mit ein und wirkt sich positiv auf das Anlagevermögen aus, wie z.B. durch Reduktion des Flächenbedarfs oder Verbesserung der Instandhaltung.

1.4.7 Total Quality Management (TQM), EFQM Excellence Model

Totales Qualitätsmanagement ist ein umfassender Managementansatz, der die Qualität als zentralen Bestandteil der Unternehmensphilosophie betrachtet. Übergeordnete TQM-Ziele sind nachhaltige Wettbewerbsfähigkeit und langfristiger Erfolg durch überlegene Produkte, fähige Prozesse sowie motivierte Mitarbeiter (vgl. Zink 1995; Zollondz 2011, S. 323ff.).

Qualität im Sinne von TQM bedeutet, Anforderungen und Erwartungen aller Interessengruppen zu erfüllen bzw. adäquat zu berücksichtigen (= umfassende Unternehmensqualität). Der Qualitätsbegriff beinhaltet nicht nur die Qualität von Produkten und Dienstleistungen, sondern auch die Qualität der Geschäftsprozesse, die Qualität der Arbeitsbedingungen und die Qualität der Beziehungen zur Umwelt. Im Vordergrund von TQM steht die permanente Steigerung von Effektivität und Effizienz des Unternehmens. Dabei spielt die kontinuierliche Verbesserung der Geschäftsprozesse unter Einbeziehung aller Mitarbeiter eine herausragende Rolle.

Die Inhalte von TQM konkretisiert das Modell für Excellence der European Foundation for Quality Management (EFQM) (siehe Abbildung 1.9; vgl. EFQM 2012). Das Modell liegt dem europäischen Qualitätspreis (EFQM Excellence Award = EEA) sowie vielen nationalen und regionalen Qualitätspreisen zugrunde.

Excellence definiert EFQM als überragende Praxis beim Management einer Organisation und beim Erzielen von Ergebnissen. Das EFQM-Modell unterscheidet zwischen Befähigern und Ergebnissen. Befähiger sind Mittel und Wege, um die gewünschten Ergebnisse zu erreichen. Zu den Befähigern zählen Führung, Mitarbeiter, Strategie, Partnerschaften, Ressourcen und Prozesse. Die Ergebnisse beziehen sich auf Kunden, Mitarbeiter, Gesellschaft und das Unternehmen (Geschäftsergebnisse). Die Kernfrage bei den Befähigern lautet: Welche Voraussetzungen müssen erfüllt sein und welche Mittel, Vorgehensweisen und Fähigkeiten müssen eingesetzt werden, um Exzellenz zu erreichen? Exzellente Ergebnisse setzen voraus, dass alle Befähiger ein hohes Niveau haben.

Exzellente Unternehmen zeichnen sich nach EFQM durch strategieorientierte Geschäftsprozesse aus, die durch eine faktenbasierte Steuerung ausgewogene und nachhaltige Ergebnisse liefern. Das EFQM-Modell bewertet eine Organisation danach, wie sie ihre Geschäftsprozesse gestaltet, managt und verbessert, um die Unternehmensstrategie zu unterstützen, die Kunden voll zu befriedigen und die Wertschöpfung zu steigern. ■

Geschäftsprozesse haben in dem EFQM-Modell eine zentrale Transformationsfunktion zwischen Befähigern und Ergebnissen. Nach EFQM sind Prozesse so zu gestalten, dass sie die Strategie durch eine End-to-End-Orientierung über die klassischen Organisationsgrenzen hinweg unterstützen. Bis 2010 hatten die Geschäftsprozesse mit 140 Punkten das höchste Gewicht unter den Befähigern. In dem EFQM-Modell 2010 wurde jeder Befähiger mit 100 Punkten gleich gewichtet (siehe Abbildung 1.9; Zollondz 2011, S. 343 ff.).

Das EFQM-Modell existiert bereits seit über 20 Jahren und ist weitverbreitet. Laut Erhebung des Fraunhofer-Instituts wenden 40 % von mehr als 1600 befragten Industrieunternehmen EFQM an (vgl. Fraunhofer ISI 2009, S. 3 ff.). EFQM-Anwender setzen in höherem Maße Strategien zur Prozessoptimierung ein als andere. Zudem schneiden sie in der Qualität ihrer Produkte, in der Flexibilität, beim Einhalten von Lieferterminen und auch in der Innovationsleistung besser ab.

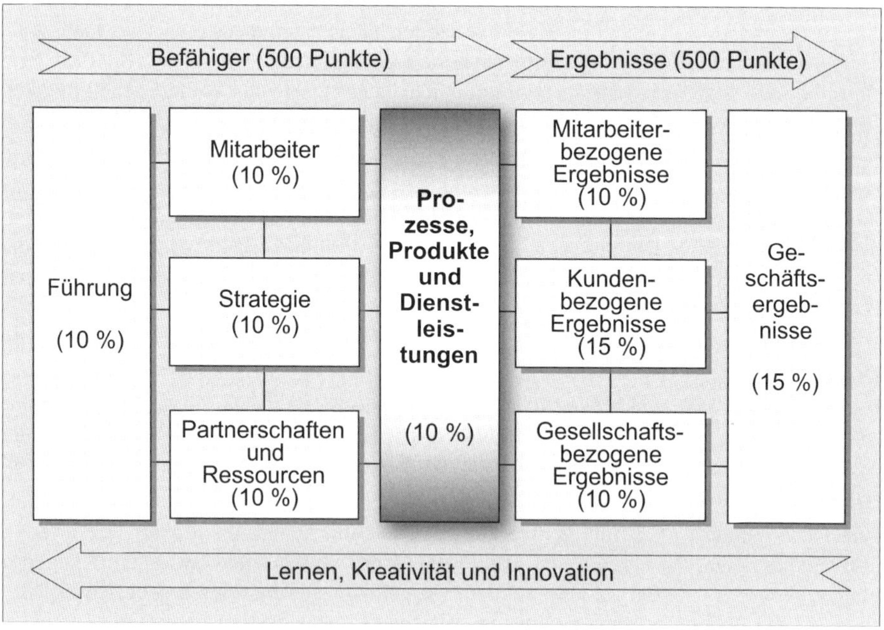

Abb. 1.9 EFQM Excellence Model (vgl. EFQM 2012)

Geschäftsprozessmanagement unterstützt direkt die TQM-Ziele und stellt einen wesentlichen Baustein von TQM dar. Die Anforderungen, die TQM bzw. das EFQM-Modell an Geschäftsprozesse stellt, deckt das in diesem Buch beschriebene Konzept des Geschäftsprozessmanagements ab. ■

1.4.8 Change Management

Change Management (= Management des Wandels) ist ein ganzheitlicher Ansatz, Veränderungen sowohl der harten Faktoren (z.B. Struktur, Prozesse) als auch der weichen Faktoren (z.B. Führungsstil, Rollen, Verhalten, Zusammenarbeit) dauerhaft zu realisieren. Wesentliche Komponenten des Change Management sind Wandlungsbedarf, -bereitschaft und -fähigkeit (vgl. Krüger 2009, S. 27 ff.).

Change Management läuft als Prozess ab. Er beginnt mit einer Vision, leitet daraus Sachziele ab, bindet in einem Kaskadensystem schrittweise viele Mitarbeiter ein, weist über ein integriertes Mess- und Steuerungssystem Erfolge der Veränderung nach und stößt notwendige Korrekturmaßnahmen an (vgl. Doppler/Lauterburg 2008; Krüger 2009). Der Erfolg ist der Motor der Veränderung. Er stimuliert den persönlichen Bewusstseinswandel von Mitarbeitern und Führungskräften.

Erfolgsfaktoren des Change Management sind:

- klar strukturiertes und programmatisches Vorgehen,
- Unternehmensleitung, die glaubwürdig ist, Veränderung will und diese vorlebt,
- offene Kommunikation über Ziele und Fortschritte,
- Schulung und Training neuer Methoden und Verhaltensweisen,
- Wecken und Fördern der Eigenverantwortung und Eigeninitiative aller Mitarbeiter.

Geschäftsprozessmanagement bedeutet Unternehmenswandel und ist eine Daueraufgabe. Es löst Veränderungen aus und unterliegt selbst Veränderungen. Change Management als Management des Wandels ist nicht nur bei der Einführung, sondern auch bei der Ausführung des Geschäftsprozessmanagements unentbehrlich (vgl. Kapitel 11.1). ■

1.4.9 Wissensmanagement

Wissensvorsprünge sind ein wichtiger strategischer Wettbewerbsvorteil. In Zukunft wird die Bedeutung der Ressource Wissen weiter zunehmen. Heute liegt beachtliches Wissen in Unternehmen brach und wird als unternehmensinternes Potenzial zu wenig genutzt.

Wissensmanagement umfasst Strategien und Konzepte, um Wissen zu erzeugen, zu speichern, zu transferieren und anzuwenden. Ziel ist, die Gesamtheit der Kenntnisse und Fähigkeiten in einem Unternehmen zur Lösung von Problemen einzusetzen und das Wissen systematisch weiterzuentwickeln (vgl. Bullinger 2001; ISO 9004:2009, Abschnitt 6.7; Probst/Raub/Romhardt 2003). Wissen basiert auf Informationen sowie Erfahrungen und ist grundsätzlich an Personen gebunden. Bei der Identifikation, dem Erwerb, der Entwicklung, Nutzung, Bewahrung und Verteilung von Wissen können IT-Tools eine wichtige Rolle spielen. Doch die größere Rolle spielt der Mensch.

Zwischen Wissensmanagement und Geschäftsprozessmanagement bestehen enge Verbindungen (vgl. auch Engelhardt/Hall/Ortner 2004; Kohl/Orth 2010, S. 169 ff.):

- In Geschäftsprozessen wird Wissen erzeugt, gespeichert und verteilt.
- In Geschäftsprozessen wird Wissen angewendet, um sie zu gestalten, zu steuern und zu verbessern.
- Qualität, Verteilung und Zugänglichkeit von Wissen beeinflussen den Output von Geschäftsprozessen.
- Geschäftsprozesse erleichtern die Einführung von Wissensmanagement.

Wissens- und Geschäftsprozessmanagement sind zu integrieren, um die organisationale Lernfähigkeit zu steigern und das Wissen gezielt zur Verbesserung von Effektivität und Effizienz der Geschäftsprozesse einzusetzen. Eine wichtige Rolle spielt das Wissen bei der Verbesserung bzw. Optimierung von Geschäftsprozessen (vgl. Kapitel 9.6).

1.4.10 Customer Relationship Management (CRM)

Unter Customer Relationship Management wird die Gesamtheit aller organisatorischen Maßnahmen und IT-Maßnahmen zur Planung, Steuerung und Kontrolle der Kundenbeziehungen verstanden. Die Ziele von CRM sind, die Qualität und Intensität der Kundenbeziehungen zu steigern, dauerhafte und profitable Partnerschaften mit Kunden aufzubauen und dadurch den unternehmerischen Erfolg zu erhöhen (vgl. u. a. Hippner/Wilde 2002).

Geschäftsprozesse beeinflussen stark das Customer Relationship Management. Sie gehen aber über die partielle Prozesssicht und die thematischen Schwerpunkte von CRM hinaus, indem sie sich direkt auf den Kundenbedarf beziehen, kundenbezogene Geschäftsfälle komplett bearbeiten und den Kunden die Leistungen bereitstellen, die sie spezifisch wünschen. Geschäftsprozesse richten die gesamte Organisation, vor allem auch die Orientierungen von Führung und Mitarbeitern, auf interne und externe Kunden aus und legen ihren Fokus nicht nur auf kundenbezogene Aufgaben und Methoden.

1.4.11 Supply Chain Management (SCM)

Unter Supply Chain wird die Integration der Aufgaben der Versorgungskette verstanden. Diese besteht aus Beschaffung, Herstellung und Lieferung von Produkten, Systemen, Anlagen und Dienstleistungen einschließlich Retouren und Recycling. SCM umfasst die Organisation, das Controlling, die Steuerung und die Optimierung der Supply Chain. Ziel von SCM ist, eine hohe Performance zu erreichen, wobei Lieferfähigkeit, -treue und -qualität bei niedrigen Prozess- und Bestandskosten im Vordergrund stehen.

Zwischen Supply Chain Management und dem Geschäftsprozess „Produkt liefern“ bestehen enge Verbindungen. In diesem Geschäftsprozess werden alle Aktivitäten gebündelt, die für die komplette Bearbeitung kundenspezifischer Aufträge erforderlich sind. Dabei greift der Geschäftsprozess auf die Logistikleistungen zu, die SCM bereitstellt. ■

1.4.12 Product Lifecycle Management (PLM)

Aufgabe des Product Lifecycle Management ist es, den Produkterfolg über den Produktlebenszyklus hinweg zu gewährleisten. PLM beginnt mit der Produktidee und endet mit der letzten Wartungsverpflichtung beim Auslauf eines Produktes. Den Kern von PLM bilden die Verwaltung und Bereitstellung der im Laufe des Produktlebenszyklus benötigten Produktdaten sowie die Integration der dabei eingesetzten Systeme, wie z. B. das Produktdatenmanagement (PDM-System). PLM bietet Partnern die Möglichkeit, durch Austausch der Produktdaten, Anwendung einheitlicher Verfahren sowie Wissenstransfer gemeinsam Produkte zu konzipieren, zu entwickeln und zu warten.

Zwischen PLM und dem Geschäftsprozessen „Produkt innovieren“ sowie „Produkt entwickeln“ bestehen enge Verbindungen. Diese Geschäftsprozesse bedienen sich der Leistungen von PLM. ■

1.4.13 Simultaneous Engineering

Unter Simultaneous Engineering wird die integrierte und zeitparallele Planung und Entwicklung von Produkten sowie der benötigten Produktionsmittel und -prozesse verstanden (vgl. Bullinger et al. 1995; Eversheim/Bochtler/Laufenberg 1995). Im Mittelpunkt steht die interdisziplinäre Zusammenarbeit von Entwicklern, Fertigungsingenieuren, Produktionsmittelherstellern, Zulieferern und Kunden. Planung und Kontrolle der Realisierung liegen in der Verantwortung und Regie der Simultaneous-Engineering-Teams. Die interdisziplinäre Abstimmung und Kommunikation ermöglichen es, die Entwicklung von Werkzeugen und sonstigen Fertigungsmitteln zu parallelisieren. Dadurch werden Abstimmungs-, Übergabe- und Fertigungsanlaufzeiten eingespart, Produktkosten gesenkt, und der Änderungsaufwand wird deutlich reduziert.

Geschäftsprozesse bieten günstige Voraussetzungen für Simultaneous Engineering, da sie Durchlaufzeitverkürzungen und Parallelisierung intensiv unterstützen. Ferner verbessert die Teamorientierung in Geschäftsprozessen die Kommunikationskultur, was sich positiv auf die interdisziplinäre Zusammenarbeit auswirkt. Das teamorientierte Vorgehen wird im Geschäftsprozessmanagement ablauforganisatorisch, aufbauorganisatorisch und durch das Controlling unterstützt. ■

1.4.14 Business Process Reengineering (BPR)

Business Process Reengineering bedeutet fundamentales Überdenken und radikales Redesign von Geschäftsprozessen (vgl. Hammer/Champy 1994). Es stellt bestehende Strukturen, Systeme und Verhaltensweisen infrage. Das Resultat sind dramatische Verbesserungen der Performancefaktoren Zeit, Qualität und Kosten sowie Kundenzufriedenheit. Hauptmerkmale von BPR sind:

- strikte Kundenorientierung,
- Ausrichtung des gesamten Unternehmens auf Geschäftsprozesse,
- grundlegende Erneuerung von Prozessen, Strukturen und Systemen,
- Quantensprünge der Prozessleistung.

BPR ist eine Methode des Geschäftsprozessmanagements, die über radikale Veränderungen sprunghafte Performancesteigerungen erzielt. Den Chancen auf der einen Seite stehen erhebliche Projektrisiken auf der anderen Seite gegenüber. Die Erfolgsaussichten von BPR sind deutlich höher, wenn es im Rahmen eines umfassenden Konzeptes des Geschäftsprozessmanagements zum Einsatz kommt, wie es in diesem Buch beschrieben wird. ■

Ziele, Inhalte und Vorgehen des BPR werden im Kapitel 9.2 behandelt.

1.4.15 Kaizen, KVP (Kontinuierlicher Verbesserungsprozess)

Kaizen/KVP ist eine japanische Managementphilosophie, in deren Mittelpunkt die ständige, systematische und schrittweise Verbesserung unter Einbindung der Mitarbeiter steht (vgl. Imai 1992). Sie zielt auf die Identifizierung und Beseitigung von Verschwendung in Organisationen ab. Wichtige Merkmale von Kaizen/KVP sind:

- Fokussierung auf den Prozess zur Erzeugung des Ergebnisses und weniger auf das Ergebnis selbst,
- permanente Steigerung der Prozessperformance durch Verbesserungen in kleinen Schritten,
- Orientierung an den Wünschen der internen und externen Kunden,
- Nutzung der Fähigkeiten aller Mitarbeiter zur Lösung vorhandener Probleme.

Kaizen/KVP ist ein wichtiger Baustein des Geschäftsprozessmanagements, der sich hervorragend zur Stabilisierung von großen Leistungssprüngen in Geschäftsprozessen, zur kontinuierlichen Steigerung der Prozessperformance, zur Generierung von Prozesswissen sowie zum organisationalen Lernen eignet. ■

Die Schwerpunkte von Kaizen/KVP liegen auf der Verbesserung der Prozess- und Arbeitsschritte innerhalb der Geschäftsprozesse. Prozessführung, -organisation und -controlling bieten Kaizen/KVP ausgezeichnete Rahmenbedingungen. In dem hier vorgestellten Konzept wird Kaizen/KVP als integrierter Bestandteil des Geschäftsprozessmanagements betrachtet. Auf Ziele, Inhalte und Vorgehen von Kaizen/KVP geht Kapitel 9.3.3 näher ein.

1.4.16 Six Sigma

Six Sigma ist eine auf Daten gestützte Methodik zur Vermeidung von Fehlern und Verbesserung von Prozessen. Die Methode verfolgt das Ziel, Fehler weitgehend auszuschließen und Abweichungen von den Prozesszielen zu minimieren. Als Zielmarke werden 6 σ (Sigma) vorgegeben. 6 σ bedeuten, eine Ausbeute in Höhe von 99,99966% bzw. 3,4 Fehler bei einer Million Möglichkeiten zu erreichen. Six Sigma kommt damit dem Null-Fehler-Ziel sehr nahe.

Kernpunkte von Six Sigma sind die kundenorientierte Festlegung der Prozessziele, die systematische Messung der Prozessqualität, der Einsatz bewährter statistischer Werkzeuge zur Analyse der Messergebnisse und Abweichungsursachen, die intensive Ausbildung von Six-Sigma-Experten und die konsequente Durchführung von Projekten zur Prozessverbesserung (vgl. Harry/Schroeder 2000; Magnusson/Kroslid/Bergman 2001; Rehbehn/Yurdakul 2005; Töpfer 2007). Die zentrale Frage von Six Sigma lautet: Wie kann ein Prozess im Sinne des Kundennutzens verbessert werden?

Zur Anwendung kommt die Methode, wenn

- Prozessprobleme unscharf definiert sind,
- die Ursachen von Fehlern unbekannt sind,
- es sich um komplexe Situationen mit vielen Variablen handelt.

Six Sigma ist eine anspruchsvolle und relativ aufwendige Methode zur Verbesserung von Geschäftsprozessen. Sie entfaltet ihre Wirkung am stärksten, wenn sie in das Geschäftsprozessmanagement integriert wird. Dabei macht sie nicht andere Verbesserungsmethoden des Geschäftsprozessmanagements (Total Cycle Time, Kaizen) überflüssig, sondern ergänzt sie (vgl. Kapitel 9.3.4).

1.4.17 Lean Management

Der Begriff Lean Management geht auf eine Studie des Massachusetts Institute of Technology (MIT) zurück, in der japanische, US-amerikanische und europäische Kraftfahrzeughersteller miteinander verglichen wurden (vgl. Womack/Jones/Roos 1992). Ursprünglich bezog sich der Begriff auf die Produktion (Lean Production), wurde dann aber auf das gesamte Unternehmen und seine Partner ausgeweitet. Lean Management bedeutet schlanke Unternehmensführung. Im Mittelpunkt von Lean Management steht weiterhin die Produktion, d. h. die Erstellung von Produkten und Dienstleistungen. „Von ihnen nimmt *Lean Management* ihren Ausgang und auf sie ist *Lean Management* deswegen auch zugeschnitten“ (Springer 2009, S. 45).

Der Hauptakzent von Lean Management liegt auf der Effizienzsteigerung und nicht gleichzeitig auf Kunden- und Kernkompetenzorientierung wie beim Geschäftsprozessmanagement. Auch der Ansatz, die Organisation durch Geschäftsprozesse weiterzuentwickeln und das organisationale Lernen systematisch zu unterstützen, fehlt im Lean Management weitgehend. Geschäftsprozessmanagement bietet ferner im Unterschied zum Lean Management Vorgehensmodelle und konkrete Gestaltungsempfehlungen an, die sich auf das gesamte Unternehmen beziehen (vgl. Kapitel 9.3.6). ■

Die Einschränkungen des Lean Management im Vergleich zum Geschäftsprozessmanagement gelten auch für die Kombination von Lean Management und Six Sigma (Lean Six Sigma), das von Beratungsunternehmen stark propagiert wird (vgl. Kapitel 9.3.6.3).

1.4.18 Prozesskostenrechnung

Die Prozesskostenrechnung ermöglicht es, indirekte Bereiche (Gemeinkostenbereiche) besser zu steuern und Produkte/Leistungen verursachungsgerechter zu kalkulieren als die klassische Kostenrechnung (vgl. u. a. Horváth & Partners 1998). Die Ziele der Prozesskostenrechnung sind:

- Herstellen von Transparenz über die Kosten in Gemeinkostenbereichen,
- Beeinflussen der Gemeinkosten über die gemeinkostentreibenden Faktoren (Cost Driver),
- verursachungsgerechtes Zuordnen der Gemeinkosten auf Produkte und Leistungen,
- Aufzeigen der Kosten von Prozessen und Vorgängen.

Die Prozesskostenrechnung setzt das Vorhandensein von Geschäftsprozessen voraus. Sie ist Bestandteil des Geschäftsprozessmanagements und deckt ein Teilgebiet des Prozesscontrollings ab.

In vielen Prozessanwendungen der Vergangenheit wurden Prozesse nur für den Zweck der Prozesskostenrechnung implementiert. Der bessere Weg ist, Geschäftsprozessmanagement einzuführen und damit u. a. günstige Voraussetzungen für eine aufwandsarme Prozesskostenrechnung zu schaffen. ■

Ziele und Inhalte der Prozesskostenrechnung werden im Kapitel 6.4.7 näher erläutert.

1.4.19 Benchmarking

Benchmarking ist ein systematisches Vorgehen zur Bewertung von Organisationen, Prozessen, Produkten und Diensten. Die Bewertung wird durch Vergleiche mit anderen Unternehmen oder anderen Unternehmensteilen, die als Vertreter bester Praktiken bekannt sind, durchgeführt (vgl. Camp 1994; Mayer 1996). Benchmarking zeigt Leistungsunterschiede auf, stellt deren Ursachen fest, schlägt Möglichkeiten für Performancesteigerungen vor und empfiehlt Ziele, die sich an den Besten orientieren. Die wichtigsten Fragen des Benchmarkings lauten: Was machen „Best-in-Class-Unternehmen“ besser? Warum machen sie es besser? Was ist zu tun, um Performancelücken zum Klassenbesten zu schließen?

Ziel des Benchmarkings ist es, die Denk- und Arbeitsweisen der eigenen Organisation zu überprüfen sowie die besten Lösungen ausfindig zu machen, mit denen überdurchschnittliche Wettbewerbsvorteile erreicht werden. Benchmarking setzt eine ausreichende Kenntnis der eigenen Leistungserstellung voraus. Nicht selten ist es leichter, Performancedaten über andere Unternehmen zu erhalten, als die eigene Performance ausreichend genau zu bewerten.

Benchmarking kann helfen, die Notwendigkeit des Geschäftsprozessmanagements zu begründen und Vorbehalte gegenüber seiner Einführung abzubauen. Deshalb ist es empfehlenswert, vor der Entscheidung zur Einführung des Geschäftsprozessmanagements ein Prozess-Benchmarking durchzuführen. Es gibt Auskunft über Struktur und Leistung der Geschäftsprozesse anderer Organisationen und vermittelt Anhaltspunkte für die Definition, Gestaltung oder Erneuerung der eigenen Geschäftsprozesse. Benchmarking ist zusätzlich ein wichtiges Instrument zur Festlegung wettbewerbsorientierter Prozessziele (vgl. Kapitel 6.3.2.5.3). ■

1.4.20 Outsourcing, Insourcing

Outsourcing bedeutet Auslagerung (externes Outsourcing) oder Ausgliederung (internes Outsourcing) von Unternehmensfunktionen. Beim Insourcing geht man den umgekehrten Weg und verlagert Funktionen in das Unternehmen hinein (vgl. Picot/Maier 1992). Die Gründe für Outsourcing können sein:

- Konzentration auf Kernkompetenzen und Kerngeschäfte,
- Einsparung bzw. Freisetzung bisher gebundener Ressourcen,
- höhere finanzielle Flexibilität,
- Reduktion der Komplexität,
- Nutzung der Überlegenheit anderer (z. B. Kosten-, Zeitvorteile),
- Zugang zu innovativen Technologien, Talenten und Methoden.

Outsourcing birgt auch Gefahren in sich:

- Abwandern von Know-how,
- Schwächung von Kerngeschäften,
- Stärkung der Position des Partners auf Kosten der eigenen Position.

Bei Outsourcing- und Insourcing-Entscheidungen sind langfristige Kompetenzvorteile bzw. -nachteile zu beachten. Bestehende Kernkompetenzen dürfen nicht geschwächt und zukünftige nicht eingeschränkt werden.

In Geschäftsprozessen hat Outsourcing in Form des Business Process Outsourcing (BPO) und des Business Transformation Outsourcing (BTO) Bedeutung (vgl. Kapitel 3.3.6). Durch Ausgliederung oder Auslagerung von Geschäftsprozessen, Teilprozessen oder Prozessschritten können Effizienzvorteile erzielt sowie Kernkompetenzen gestärkt werden. ■

1.4.21 Beurteilung der Managementkonzepte und -methoden nach ihrer Prozessorientierung

Nach der Studie „Prozessorientierung in deutschen Industrieunternehmen" beeinflusst der Grad der Prozessorientierung die Höhe der Effizienz von Organisationen. Je höher der Grad der Prozessorientierung ist, desto höher ist die Organisationseffizienz[6] (vgl. Liebert 2012, S. 116 f.). Der Grad der Prozessorientierung wird über folgende Dimensionen definiert und gemessen (vgl. Liebert 2012, S. 39 ff.; vgl. auch Kohlbacher/Gruenwald 2011b, S. 278 ff.):

- Prozessorientierte Aufbaustruktur der Organisation
  - Grad der Prozessorientierung in der primären Strukturorganisation.
- Prozessorientierte Ablaufstruktur der Organisation
  - Ausgestaltung der Prozessverantwortung: fachliche und disziplinarische, Weisungsbefugnisse, Verantwortung für Prozessbudget, hierarchische Stellung,
  - Detaillierungsgrad, Transparenz und Aktualität des Unternehmensprozessmodells,
  - Kundenorientierung und Durchgängigkeit der Geschäftsprozesse (cross-functional, End-to-End).
  - Ausrichtung der Prozessziele auf Kunden- und Geschäftsziele,
  - Performance Measurement der Geschäftsprozesse,
  - kontinuierliche Verbesserung der Geschäftsprozesse,
  - Institutionalisierung des Geschäftsprozessmanagements durch zentrale Verantwortung und Prozesssupport (z. B. Chief Process Officer, Prozess-Office),
  - Existenz, Transparenz und Aktualität der Process Governance.
- Prozessorientierte Unternehmenskultur
  - Verbindung zwischen Geschäftsstrategie und Geschäftsprozessmanagement,
  - Unterstützung der Prozessorientierung durch Topmanagement,
  - Akzeptanz und Umsetzung des Geschäftsprozessmanagements durch Führung und Mitarbeiter,
  - Befähigung und Empowerment der Prozessmitarbeiter,
  - Bedeutung von Prozessteams und prozessorientierten Formen der Zusammenarbeit im Hinblick auf organisationales Lernen und prozessorientiertes Wissensmanagement,
  - Prozessorientierung des Anreiz- und Vergütungssystems.

---

[6] Die Effizienz einer Organisation setzt sich zusammen aus Prozess-, Ressourcen-, Anpassungs-, Delegations-, Motivations- und Markteffizienz (vgl. Theuvsen 1996; Liebert 2012, S. 52 ff.).

Bei vielen der oben dargestellten Managementkonzepte und -methoden spielen der Prozessbezug und die Prozessorientierung eine wichtige Rolle. Gemessen an den vorgenannten Dimensionen der Prozessorientierung decken sie aber jeweils nur Teilaspekte ab. Eine umfassende Prozessorientierung erfordert ein ganzheitliches System, das alle Dimensionen umfasst, um die positiven Wirkungen der Prozessorientierung zu nutzen. Diese Forderung erfüllt nur das ganzheitliche Geschäftsprozessmanagement. Zudem stellt es sicher, dass die beschriebenen Managementkonzepte und -methoden integriert angewendet und an den Geschäftszielen ausgerichtet werden. ■

Ahlrichs und Knuppertz kommen bei ihrer Analyse bestehender Managementkonzepte ebenfalls zu dem Ergebnis, dass diese der Prozessorientierung nicht oder nur teilweise gerecht werden (vgl. Ahlrichs/Knuppertz 2006, S. 22 ff.):

- In allen Konzepten ist die funktionale Sicht auf Unternehmen vorherrschend.
- Sämtliche Konzepte vernachlässigen die Bedeutung eines aktiven Prozessmanagements.
- Der Ansatz „Strategie bedingt die Struktur“ und „Struktur bedingt die Prozesse“ ist zentraler Bestandteil der meisten Konzepte. Dieser Ansatz ist aber der größte Verhinderer auf dem Weg zur Prozessorientierung.
- In allen Konzepten fehlt eine konsistente und ganzheitliche Betrachtung der Prozesse. Prozesse werden ausschließlich der operativen Ebene zugeordnet und nicht in die Strategieplanung einbezogen.

1.5 Geschäftsprozessmanagement und Qualitätsmanagement

1.5.1 Grundsätze und Grundlagen des Qualitätsmanagements

Qualitätsmanagement umfasst alle planerischen, organisatorischen und kontrollierenden Maßnahmen zur zielorientierten Steuerung der Qualität von Produkten, Prozessen oder Leistungen in einer Organisation.[7] Aufgabe des Qualitätsmanagements ist es, sicherzustellen, dass die Forderungen der Kunden und anderer Interessengruppen (Mitarbeiter, Kapitalgeber, Eigentümer, Lieferanten, Partner, Gesellschaft) an eine Organisation erfüllt werden.

Die Anforderungen an Qualitätsmanagementsysteme sowie deren Grundsätze, Grundlagen und Begriffe sind in der **Normenreihe ISO 9000 ff.** festgelegt. In Bezug auf die Prozessorientierung nimmt die Normenreihe ISO 9000 ff. eine Leitfunktion ein, an der sich andere Normen wie z. B. ISO/TS 16949:2002 (Serien und Ersatzteilproduktion der Automobilindustrie), VDA 6, Teil 2 (Vermarktung von Fahrzeugen und Dienstleistungen, interne und externe Dienstleister der Automobilindustrie) und ISO 13485:2003 (Medizinprodukte) orientieren.

[7] ISO 9000:2005 definiert Qualitätsmanagement als Managementsystem zum Leiten und Lenken einer Organisation bezüglich der Qualität (vgl. ISO 9000:2005).

Die Normenreihe ISO 9000 ff. besteht aus folgenden Normen:

- ISO 9000:2005: Qualitätsmanagementsysteme – Grundlagen und Begriffe,
- ISO 9001:2008: Qualitätsmanagementsysteme – Anforderungen,
- ISO 9004:2009: Qualitätsmanagementsysteme – Leiten und Lenken für den nachhaltigen Erfolg einer Organisation – Ein Qualitätsmanagementansatz.

ISO 9000 enthält Grundlagen und Begriffe zu Qualitätsmanagementsystemen. ISO 9001 legt Anforderungen an ein Qualitätsmanagementsystem fest, die der Zertifizierung zugrunde liegen. ISO 9004 beinhaltet einen Leitfaden, um ein Unternehmen auf Total Quality Management (TQM) auszurichten. ISO 9004 hat nur Empfehlungscharakter. Sie will der Leitung einer Organisation Anleitung geben, „in einem komplexen, anspruchsvollen und sich ständig ändernden Umfeld nachhaltigen Erfolg durch einen Qualitätsmanagementansatz zu erreichen. Der nachhaltige Erfolg einer Organisation wird durch die Fähigkeit erreicht, die Erfordernisse und Erwartungen ihrer Kunden und sonstiger interessierter Parteien langfristig und in ausgewogener Weise zu erfüllen“ (ISO 9004:2009, Einleitung).

Das Qualitätsmanagement basiert auf **acht Grundsätzen** (ISO 9000):

- Kundenorientierung
  - Verstehen der Kundenerfordernisse sowie Erfüllen der Kundenanforderungen und Treffen der Kundenerwartungen.
- Führung
  - Schaffen und Erhalten des internen Umfeldes, in dem sich die Personen voll und ganz für die Erreichung der Organisationsziele einsetzen.
- Einbeziehung von Personen
  - Vollständiges Einbeziehen der Personen, um ihre Fähigkeiten in der Organisation zu nutzen.
- Prozessorientierter Ansatz
  - Leiten und Lenken der Tätigkeiten und Ressourcen als Prozesse, um die gewünschten Ergebnisse effizient zu erreichen.
- Systemorientierter Managementansatz
  - Erkennen, Verstehen, Leiten und Lenken von miteinander in Wechselbeziehung stehenden Prozessen als System.
- Ständige Verbesserung
  - Ständige Verbesserung der Gesamtleistung der Organisation.
- Sachbezogener Ansatz der Entscheidungsfindung
  - Analyse von Daten und Informationen, um wirksame Entscheidungen zu treffen.
- Lieferantenbeziehungen zum gegenseitigen Nutzen
  - Pflege der Beziehungen zwischen Organisation und Lieferanten, den Nutzen und die Wertschöpfung beider Seiten zu erhöhen.

1.5.2 Prozessorientiertes Qualitätsmanagement

Die Prozessorientierung spielt in ISO 9000 ff. eine zentrale Rolle. Die Norm orientiert sich an dem prozessorientierten Ansatz und versteht darunter: „Die Anwendung eines Systems von Prozessen in einer Organisation, um das gewünschte Ergebnis zu erzeugen, gepaart mit dem Erkennen und den Wechselwirkungen dieser Prozesse sowie deren Management" (ISO 9001:2008, Abschnitt 0.2).

Das **Modell des prozessorientierten Qualitätsmanagements** geht von den Anforderungen der Kunden aus (siehe Abbildung 1.10). Die Anforderungen werden in Realisierungsprozessen in Produkte oder sonstige Leistungen umgesetzt, die für die Kunden einen Mehrwert darstellen. Von dem Kauf dieser Produkte/Leistungen hängt der Erfolg der Organisation ab. Neben den Realisierungsprozessen spielen unterstützende Prozesse eine wichtige Rolle. Sie tragen zwar nur indirekt zur Wertschöpfung bei, beeinflussen aber die Effizienz der Realisierungsprozesse. Zu den unterstützenden Prozessen zählt das Management der Ressourcen. Darunter wird die Planung und Bereitstellung des erforderlichen Personals, der finanziellen Mittel und der erforderlichen Infrastruktur (Gebäude, Versorgungseinrichtungen, Prozessausrüstung, unterstützende Dienstleistungen wie Transport und Kommunikation) verstanden. Besonders wird in dem Modell die Verantwortung der Leitung herausgestellt. Sie hat den wirksamen und effizienten Ablauf der Realisierungs- und Unterstützungsprozesse sicherzustellen, sodass die Organisation die Fähigkeit besitzt, ihre Kunden zufriedenzustellen. Die Performance des Realisierungsprozesses und die Kundenzufriedenheit werden gemessen und analysiert, um daraus Ansatzpunkte für Verbesserungen abzuleiten. Das Gesamtsystem unterliegt der ständigen Verbesserung, die alle Prozesse umfasst.

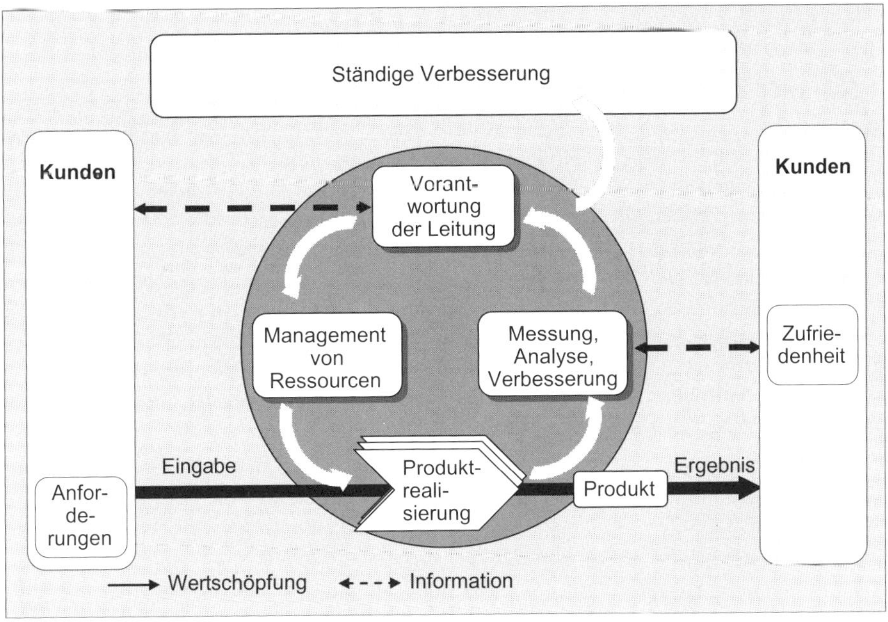

Abb. 1.10 Modell des prozessorientierten Qualitätsmanagements nach ISO 9001:2008

Das prozessorientierte Qualitätsmanagement soll dazu beitragen:

- die Anforderungen der Kunden bzw. Interessengruppen zu verstehen und zu erfüllen,
- Prozesse aus Sicht der Wertschöpfung zu betrachten,
- wirksame Ergebnisse zu erzielen und
- Prozesse auf der Grundlage objektiver Messungen ständig zu verbessern.

ISO 9001:2008 stellt folgende **Forderungen an die Prozessorientierung**. Sie hat:

- die erforderlichen Prozesse und ihre Anwendung in der gesamten Organisation festzulegen (Abschnitt 4.1),
- die Abfolge und Wechselwirkung dieser Prozesse aufzuzeigen (Abschnitt 4.1),
- die erforderlichen Prozesse einzuführen, zu verwirklichen und aufrechtzuerhalten (Abschnitt 5.5.2),
- die erforderlichen Kriterien und Methoden festzulegen, um das wirksame Durchführen und Lenken dieser Prozesse sicherzustellen (Abschnitt 4.1),
- die Verfügbarkeit von Ressourcen und Informationen sicherzustellen, die zur Durchführung und Überwachung dieser Prozesse benötigt werden (Abschnitt 4.1),
- die Prozesse zu überwachen und soweit zutreffend zu messen und zu analysieren (Abschnitte 4.1, 8.2.3),
- die erforderlichen Maßnahmen zu treffen, um die geplanten Ergebnisse sowie eine ständige Verbesserung dieser Prozesse zu erreichen (Abschnitt 4.1),
- die Lenkung von ausgegliederten Prozessen sicherzustellen, wenn diese die Produktkonformität mit den Anforderungen beeinflussen (Abschnitt 4.1).

1.5.3 ISO 9000 ff. und Geschäftsprozessmanagement

Die ISO-9000-Familie weist an vielen Stellen auf die Notwendigkeit von Prozessen hin. Nach dem **Prozessbegriff der ISO 9000** ist ein Prozess ein „Satz von in Wechselbeziehung oder Wechselwirkung stehenden Tätigkeiten, der Eingaben in Ergebnisse umwandelt" (ISO 9000:2005). Nach dieser Definition ist bereits die Verknüpfung weniger Tätigkeiten, die ein Ergebnis erzeugen, ein Prozess. So definierte Prozesse gibt es zu Hunderten oder Tausenden in einem Unternehmen. Ziele, Inhalte, Output und Begrenzungen von Prozessen lässt die ISO-Definition offen. Im Unterschied zu dem allgemeinen Prozessbegriff der ISO 9000 wird unter Geschäftsprozess die funktionsübergreifende Folge wertschöpfender Aktivitäten verstanden, die von Kunden erwartete Leistungen erzeugen und die aus der Geschäftsstrategie abgeleiteten Prozessziele erfüllen (vgl. Kapitel 2.1).

ISO 9000 ff. sagt, „was" die Prozesse tun müssen, aber nicht, „wie". Die Norm gibt kaum Hinweise darauf, wie Prozesse zu strukturieren, zu verknüpfen, zu leiten und zu lenken sind, um den Grundsätzen des Qualitätsmanagements wie Kundenorientierung, Prozessorientierung, systemorientierter Ansatz und ständige Verbesserung gerecht zu werden.

Aus Unsicherheit über das „Wie" gehen Unternehmen teilweise den Weg, aus den Abschnitten 6 bis 8 der ISO 9001 ein Prozessmodell mit folgenden (Geschäfts-)Prozessen abzuleiten:

- Prozesse für Leitungstätigkeiten,
- Bereitstellung von Ressourcen,

- Produktrealisierung
  - Planung der Produktrealisierung,
  - kundenbezogene Prozesse,
  - Entwicklung,
  - Beschaffung,
  - Produktion und Dienstleistungserbringung,
  - Lenkung von Überwachungs- und Messmitteln,
- Messung, Analyse und Verbesserung.

Problematisch an dem **Prozessmodell der ISO 9001** ist, dass es unterschiedliche Prozesstypen (z. B. Hauptprozesse, Unterstützungsprozesse) sowie verschiedene Prozessebenen vermischt. Zum Beispiel werden die für das Unternehmen erfolgskritischen „kundenbezogenen Prozesse“ mit dem unterstützenden Teilprozess „Lenkung von Überwachungs- und Messmitteln“ auf die gleiche Stufe gestellt.

Um den prozessorientierten Anforderungen der ISO 9001 zu genügen, wird häufig in der Praxis eine „Umdeklarierung“ bestehender Funktionen in Prozesse zusammen mit einer Pro-forma-Ernennung von Funktionsträgern als Prozessverantwortliche vorgenommen. Mit diesen Namensänderungen und Umwidmungen sind in der Regel keine inhaltlichen Verbesserungen und Leistungssteigerungen verbunden. Sie sind vielmehr ein Anzeichen dafür, dass eine ernsthafte Umsetzung der Prozessorientierung nicht stattfindet.

Die Umsetzung der Prozessorientierung wird dadurch erschwert, dass ISO 9001 und ISO 9004 die Anforderungen an Prozesse bzw. die Anleitungen für Prozesse nicht bündeln und abgestimmt darstellen. Auch werden wichtige Aspekte des Geschäftsprozessmanagements, wie z. B. die Aufgaben von Prozessverantwortlichen (Prozesseigner), als Empfehlung in ISO 9004, aber nicht als Anforderung in ISO 9001 ausgewiesen. Im Vergleich zu ISO 9001:2008 stellt z. B. die Norm VDA 6, Teil 2 klarere Anforderungen an Prozesse (vgl. VDA 6.2 2004, S. 12):

- Jeder die Qualität und Wirtschaftlichkeit beeinflussende Prozess muss festgelegt und von den Beteiligten verstanden werden.
- Die Verantwortlichkeiten sind festzulegen (Aufgabe, Kompetenz und Verantwortung für Prozesseigner).
- Die Risiken sind in den Prozessen zu identifizieren.
- Eine angemessene und wirksame Dokumentation ist vorzulegen.
- Für jeden Prozess sind Kennwerte festzulegen.
- Die Wirksamkeit und Effizienz der Prozesse sind regelmäßig und systematisch zu bewerten.
- Jeder Prozess unterliegt einem geschlossenen Regelkreis (z. B. Plan, Do, Check, Act).

Die prozessorientierten Anforderungen der Norm VDA 6, Teil 2 sind keineswegs branchenspezifisch, sondern gelten generell für das Geschäftsprozessmanagement, egal ob im Krankenhaus, in der Verwaltung oder in kleinen oder großen Industrie- oder Dienstleistungsunternehmen.

Kritisch ist ferner anzumerken, dass sich die ISO-9001-Terminologie von der Terminologie des Geschäftsprozessmanagements wesentlich unterscheidet. Es wird der Praxis überlassen, die unterschiedlichen Begriffswelten zu interpretieren, was ebenfalls die Umsetzung der Prozessorientierung erschwert.

In Summe betrachtet wird **ISO 9001:2008** der Prozessorientierung aus dem Blickwinkel des Geschäftsprozessmanagements nur punktuell gerecht. Die Vorgaben der Norm decken nicht die Anforderungen an ein wirksames Prozessmanagement ab. Ein Zertifikat auf der Grundlage von ISO 9001 lässt keine Rückschlüsse auf ein funktionsfähiges und wirksames Prozessmanagement in einer Organisation zu. ■

Weltweit sind inzwischen über eine Million QM-Systeme nach ISO 9001 zertifiziert (vgl. Zollondz 2011, S. 321). Eine positive Wirkung auf das Geschäftsprozessmanagement hat die Zertifizierung bisher nicht ausgeübt. „Ich wage zu behaupten, dass die vielen unglücklichen ISO-9001-Implementierungen auch deswegen unzureichend gelungen sind, weil der Prozessgedanke nicht systematisch und für alle (Management und Mitarbeiter) verständlich umgesetzt wurde“ (Zollondz 2011, S. 270 f.).

Die Reife des Geschäftsprozessmanagements ist in der Praxis nach wie vor sehr niedrig. Sie liegt überwiegend bei den Reifegraden 2 und 3 auf der CMMI-Skala von 1 bis 5. Der CMMI-Reifegrad 2 reicht in den meisten Fällen für eine ISO-9001-Zertifizierung aus (vgl. Kapitel 7.2.1). Die Prozessorientierung wäre heute in der Praxis vermutlich stärker verankert, wenn sie in der ISO 9001 umfassender, konsequenter und verständlicher dargestellt sowie von der Zertifizierung gefordert würde. ■

Erfreulicher fällt die Beurteilung der ISO 9004:2009 aus dem Blickwinkel des Geschäftsprozessmanagements aus. **ISO 9004:2009** nähert sich mit folgenden Norminhalten stärker dem Geschäftsprozessmanagement an:

- Ausrichtung des Unternehmens auf interessierte Parteien (Stakeholder) (Abschnitt 4.4),
- strategieorientierte Planung der Prozesse (Abschnitte 5.2, 5.3 und 7.2),
- proaktive Leitung und Lenkung aller Prozesse (Abschnitt 7.1),
- Aufzeigen wichtiger Prozessaspekte: Eingabe, Ergebnisse, Ressourcen, Informationen, Tätigkeiten, Verfahren, Messung, Überwachung, Analyse, Verbesserung (Abschnitt 7.2),
- Prozessverantwortung und -befugnis (Abschnitt 7.3),
- Auswahl, Messung und Überwachung von Performancekennzahlen (Key Performance Indicators) (Abschnitte 8.3.1 und 8.3.2),
- Selbstbewertung von Prozessen (Abschnitte 8.3.4, Anhang A),
- Benchmarking von Prozessen (Abschnitt 8.3.5),
- Verbesserung von Prozessen z. B. mit PDCA-Zyklus (Abschnitt 9.2),
- Innovation von Prozessen (Abschnitt 9.3),
- organisatorisches Lernen (Abschnitt 9.4).

Aus der Sicht des Geschäftsprozessmanagements sind in ISO 9004:2009 die Ausweitung auf Stakeholder (interessierte Parteien), die Betonung der Strategieorientierung sowie die besondere Herausstellung des Prozessmanagements mit den Aspekten Prozessverantwortung, Messung, Selbstbewertung, Verbesserung und organisatorisches Lernen zu begrüßen. Ein

Mangel ist, dass die Norm die genannten operativen Prozesse bzw. Schlüsselprozesse nicht näher definiert. Generell ist das Fehlen eines Prozessmodells ein Defizit in der ISO 9000 ff. Die Prozesse in Abbildung 1.11 werden einem Prozessmodell nicht gerecht und geben der Praxis keine ausreichende Orientierung.

Abgesehen von diesen Schwachstellen decken die prozessbezogenen Empfehlungen der ISO 9004:2009 wichtige Gestaltungsaspekte des Geschäftsprozessmanagements ab. Leider handelt es sich bei ISO 9004:2009 nur um eine Anleitung und nicht um eine Zertifizierungsrichtlinie. Es ist deshalb anzunehmen, dass die ISO 9004:2009 trotz guter Empfehlungen die Prozessorientierung in der Praxis kaum stärken wird. ■

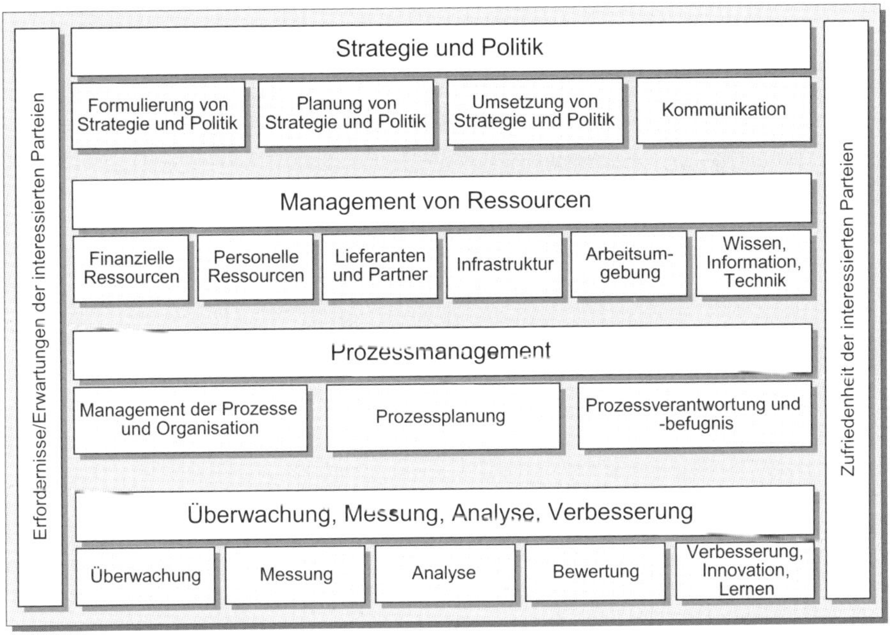

Abb. 1.11 Prozesse der ISO 9004:2009

Es wäre wünschenswert, wenn sich die ISO-9000-Normenreihe bei zukünftigen Revisionen in Terminologie und Inhalt stärker an das Geschäftsprozessmanagement anlehnen würde. Sie würde damit einen Beitrag leisten, dass ISO-9001-zertifizierte Prozesse nicht nur regulatorische Anforderungen erfüllen, sondern gleichzeitig auch die Effektivität und Effizienz von Organisationen erhöhen. Ein Fortschritt wäre bereits, die Empfehlungen der ISO 9004:2009 als Anforderungen in die ISO 9001 zu übernehmen und damit der Zertifizierung zugrunde zu legen. Was grundsätzlich in der ISO 9000 ff. fehlt, ist ein Prozessmodell, an dem sich die Praxis orientieren kann.

Das in diesem Buch beschriebene Geschäftsprozessmanagement deckt die prozessorientierten Forderungen und Empfehlungen der ISO-9000-Normenreihe vollständig ab. Darüber hinaus wird es den Bewertungskriterien des EFQM-Excellence-Modells für Prozesse gerecht. Es beantwortet nicht nur das „Was", sondern auch das „Wie" der Prozessorientierung:

- Wie ist bei der Konzeption und Implementierung des prozessorientierten Ansatzes vorzugehen?
- Wie werden Geschäftsprozesse strategisch ausgerichtet?
- Wie werden Geschäftsprozesse identifiziert und dokumentiert?
- Wie werden Verantwortung und Rollen in Geschäftsprozessen festgelegt?
- Wie werden Geschäftsprozesse in die Organisation integriert?
- Wie werden Geschäftsprozesse durchgeführt, analysiert, gemessen, überwacht und gesteuert (gelenkt, geleitet)?
- Wie werden Geschäftsprozesse laufend verbessert und gegebenenfalls innoviert?
- Wie wird die Reife von Geschäftsprozessen bewertet?
- Wie wird die Kundenorientierung bzw. Stakeholder-Orientierung des Unternehmens durch Geschäftsprozesse gewährleistet?
- Wie wird gewährleistet, dass die Geschäftsprozesse das Erreichen der strategischen und operativen Geschäftsziele unterstützen?
- Wie wird das organisatorische Lernen durch Geschäftsprozesse gefördert?
- Wie trägt das Geschäftsprozessmanagement dazu bei, die Managementsysteme im Unternehmen zu integrieren?
- Wie werden Hindernisse bei der Einführung von Geschäftsprozessen überwunden?

1.6 Geschäftsprozessmanagement und Governance

Unter **Governance** wird allgemein gute und verantwortungsvolle Unternehmensführung und -kontrolle verstanden. Sie umfasst die Gesamtheit aller Regeln, Vorschriften, Werte und Grundsätze, die der organisatorischen und inhaltlichen Ausgestaltung der Führung und Überwachung dienen. Ziel der Governance ist es, eine verantwortungsvolle zielgerichtete und transparente Führung und Überwachung zu gewährleisten. Bei der **Corporate Governance** bezieht sich Governance auf das gesamte Unternehmen. Der Deutsche Corporate Governance Kodex enthält folgende Empfehlungen (vgl. DCGK 2012). Der Vorstand hat:

- die Belange der Aktionäre, der Arbeitnehmer und der sonstigen dem Unternehmen verbundenen Gruppen (Stakeholder) zu berücksichtigen,
- im Einklang mit den Prinzipien der sozialen Marktwirtschaft für den Bestand des Unternehmens und seine nachhaltige Wertschöpfung zu sorgen,
- die strategische Ausrichtung des Unternehmens zu entwickeln und umzusetzen,
- die gesetzlichen Bestimmungen und die unternehmensinternen Richtlinien einzuhalten (Compliance),
- für ein angemessenes Risikomanagement und Risikocontrolling zu sorgen,
- über zeitnahe und gleichmäßige Information Transparenz herzustellen.

Eine Komponente der Corporate Governance ist die **Process Governance**. Sie umfasst die unternehmensweit gültigen Regeln, Vorschriften, Werte und Grundsätze bezogen auf Führung, Organisation, Kontrolle, Steuerung und Optimierung der Geschäftsprozesse und das gesamte Geschäftsprozessmanagementsystem (vgl. Markus/Jacobson 2010, S. 201 ff.; Spanyi 2010a, S. 223 ff.; Kapitel 3.3.8).

1.7 Geschäftsprozessmanagement und Compliance Management

Immer häufiger werden Unternehmen mit nationalen und internationalen Regularien, Gesetzen und Vorschriften konfrontiert. Beispiele sind Sarbanes-Oxley Act (SOA), International Accounting Standards (IAS), Basler Eigenkapitalvereinbarung (Basel II), Gesetz zur Kontrolle und Transparenz im Unternehmensbereich (KonTraG), Solvabilitätsvorschriften der EU (Solvency II), Bundesdatenschutzgesetz (BDSG), Betriebsverfassungsgesetz (BetrVG) oder Qualitätsvorschriften wie Good Manufacturing Practice (GMP) der Food and Drug Administration (FDA) (vgl. Übersicht in Wagner/Patzak 2007, S. 354 ff.).

Unternehmen und Organisationen sind verpflichtet, diese Auflagen, Anforderungen und Richtlinien zu befolgen („to comply"). Um die Einhaltung von unternehmensexternen und -internen Regularien sicherzustellen, zu fördern und nachzuweisen, setzen Unternehmen **Compliance Management** ein. Es umfasst alle Maßnahmen zum regelkonformen Verhalten eines Unternehmens. Compliance ist ein wichtiges Element der Corporate Governance.

Fehlende Compliance kann ein hohes Risiko darstellen. Regelverstöße werden geahndet. Bei Nichtbeachtung externer Regelwerke können Compliance Anforderungen behördlich/gerichtlich zwangsweise durchgesetzt werden. Neben dem wirtschaftlichen Schaden entstehen Imageschäden. Wie Beispiele aus der jüngsten Vergangenheit zeigen, distanzieren sich Kunden, Geschäftspartner oder auch die Öffentlichkeit von Unternehmen, denen regelwidriges Verhalten nachgewiesen wird. Jede Unternehmensleitung muss sich aufgrund von drohenden juristischen und ökonomischen Nachteilen mit Compliance befassen. Das Risiko einer Nichteinhaltung ist bei unternehmensexternen Regelwerken höher als bei unternehmensinternen.

Die Sicherstellung von Compliance in Unternehmen unterstützen organisatorische und technische Maßnahmen. Im organisatorischen Bereich spielen dabei Geschäftsprozesse eine wichtige Rolle. Zwischen Compliance Management und Geschäftsprozessmanagement bestehen enge Verbindungen (vgl. Triller/Schwiderski/Schatte 2006, S. 456 ff.; Langenbahn 2006, S. 151 ff.; Wagner/Klückmann 2006, S. 129 ff.; Sadiq/Governatori 2010, S. 159 ff.).

Viele Compliance-Anforderungen richten sich an Geschäftsprozesse und sind von diesen zu erfüllen. Das Compliance Management hat die betroffenen Geschäftsprozesse zu adressieren, die prozessspezifischen Anforderungen zu definieren und die Wirksamkeit der Überwachung zu kontrollieren. Das Geschäftsprozessmanagement unterstützt dabei das Compliance Management und ist eine wichtige Voraussetzung für dessen Erfolg.

Die Compliance-Anforderungen werden in die Prozessbeschreibungen aufgenommen. Die Prozessmitarbeiter erhalten so an den relevanten Stellen im Prozessablauf alle Informationen, um die Anforderungen zu erfüllen. Damit wird eine wichtige Voraussetzung für die Beachtung und Einhaltung der Compliance-Anforderungen im Arbeitsalltag erfüllt. „Die Integration von Compliance in den Geschäftsalltag ist entscheidend für den nachhaltigen Erfolg des Compliance-Programms" (*SiemensWelt* 2009, S. 2). Über ein Prozessportal kann jederzeit abgefragt werden, ob und wo welche Compliance-Vorschriften und -Richtlinien in den Geschäftsprozessen hinterlegt sind, wer für die Einhaltung verantwortlich ist und ob sie ausreichend eingehalten werden. Dank dieser Transparenz ist es möglich, Änderungen von Compliance-Vorschriften und -Richtlinien schnell und effizient zu berücksichtigen.

Das Vorgehen erfordert keine zusätzliche Organisation. Durchführung, Kontrolle und Verantwortung der Compliance-Maßnahmen werden im Rahmen des vorhandenen Geschäftsprozessmanagements geregelt. Die Übertragung von Aufgaben des Compliance Management an das Geschäftsprozessmanagement wird sich in Zukunft verstärken. „We envisage that more and more governance will be included in the main stream of business process management. This will reduce risks that governance and compliance are isolated ‚ivory tower' activities" (Jeston/Nelis 2008, S. XXV).

Compliance Management selbst stellt auch einen Prozess dar, der häufig zusammen mit dem Risikomanagement als Teilprozess in den Controllingprozess eingebunden wird.

Abgestimmt mit dem Geschäftsprozessmanagement hat die IT wesentlichen Anteil an der Umsetzung der Compliance-Anforderungen. Die IT unterstützt das Compliance Management im Rahmen von BPM-Tools und -Systemen. Eine Produktübersicht und -beschreibung ist in Fraunhofer IAO 2008, S. 102 ff. enthalten. Die Tools und Systeme stellen die Verbindung zwischen Prozessmanagement und Compliance Management her. Zusätzlich helfen Prozess- und IT-Standards, wie z. B. COBIT (Control Objectives for Information and Related Technology) und ITIL (Information Technology Infrastructure Library), die Compliance-Anforderungen zu erfüllen.

1.8 Anstöße zur Einführung des Geschäftsprozessmanagements

Die Initiative zur Einführung des Geschäftsprozessmanagements kann ausgehen von (siehe Abbildung 1.12; vgl. auch Komus 2011, S. 16 ff.; Knuppertz/Feddern 2011, S. 4 f. und 181 f.):

- Unternehmensstrategie,
- Qualitätsmanagement,
- Informationstechnologie (IT),
- Unternehmenscontrolling.

Oft geht der Anstoß zur Einführung des Geschäftsprozessmanagements in der Praxis vom **Qualitätsmanagement** aus. Der Grund sind Qualitätsvorschriften, die den Nachweis der Prozessorientierung in einer Organisation fordern, wie z. B. die weitverbreitete Normenreihe ISO 9000. Bei einem qualitätsgetriebenen Geschäftsprozessmanagement besteht die Gefahr, dass auf die Einhaltung formaler Richtlinien mehr Gewicht als auf prozessorientierte Inhalte

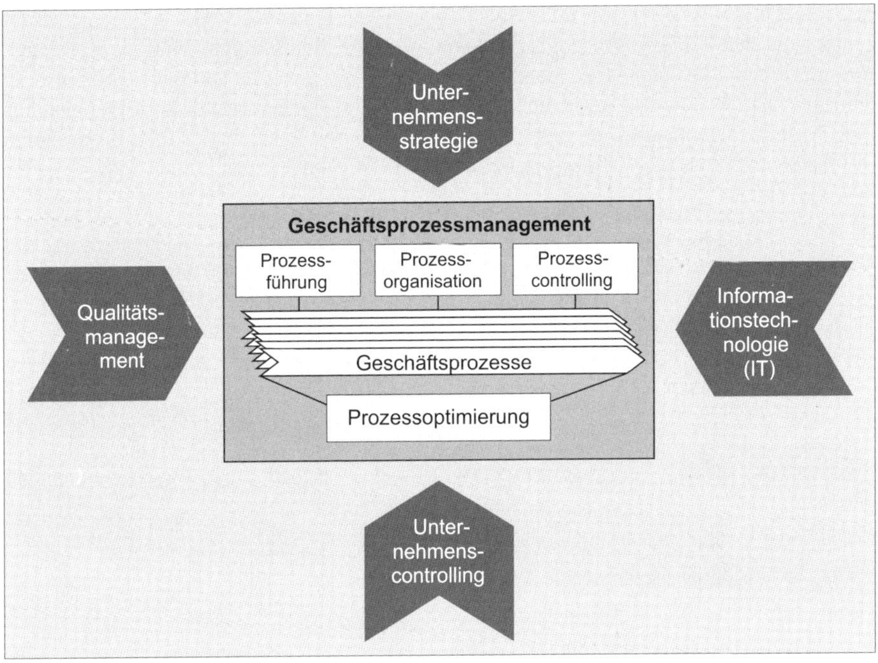

Abb. 1.12 Anstöße zur Einführung des Geschäftsprozessmanagements

gelegt wird (vgl. Bergsmann 2012, S. 200f.). Ob die Qualitätsrichtlinien den Zielen und Potenzialen eines umfassenden Geschäftsprozessmanagements gerecht werden, bleibt zu meist ungeprüft.

Ähnlich ist die Situation, wenn aus Gründen der Corporate Governance, des Compliance Management, des Risikomanagements oder von Standards wie z.B. ITIL oder COBIT Geschäftsprozessmanagement eingeführt wird. Auch bei diesen Anstößen geht es primär um wichtige normative Aspekte, aber zumeist nicht um einen strategischen Lösungsansatz zur Verbesserung der Wettbewerbsfähigkeit.

Ein wichtiger Initiator und Treiber des Geschäftsprozessmanagements ist die **IT**. Zwischen IT und Geschäftsprozessmanagement bestehen enge Beziehungen und Abhängigkeiten. Integrierte IT-Systeme und IT-Applikationen erfordern das Vorhandensein von Geschäftsprozessen. Auf der anderen Seite unterstützt die IT das Geschäftsprozessmanagement mit Softwaretools zur Visualisierung, Modellierung, Analyse, Simulation, Messung, Steuerung, Automatisierung und Optimierung von Geschäftsprozessen. Bei der IT-Orientierung stehen Effizienz- und Produktivitätssteigerungen im Vordergrund. Andere wichtige Aspekte des Geschäftsprozessmanagements, wie durchgehende Kundenorientierung, Wertschöpfungsorientierung, Performanceorientierung (kontinuierliche Verbesserung), Mitarbeiterorientierung, Lernorientierung und Kompetenzorientierung (Kernkompetenzen), die alle wettbewerbswirksam sind, bleiben beim IT-Ansatz weitgehend unberücksichtigt. Eine zu einseitige informationstechnische Ausrichtung ist ebenso wie ein zu einseitig auf Normen und Regularien ausgerichtetes Geschäftsprozessmanagement kritisch zu beurteilen. Beide Anstöße tragen dem strategischen und ganzheitlichen Ansatz des Geschäftsprozessmanagements nicht Rechnung.

Auch das **Controlling** kann die Rolle eines Initiators und Treibers einnehmen. In der Vergangenheit war der Auslöser oft die Prozesskostenrechnung. Heute sind es controllingrelevante Anforderungen des Compliance Management, Risikomanagements und der Governance. In der Praxis tritt das Controlling kaum in Erscheinung, um eine Steigerung der Organisations- und Prozesseffizienz sowie das Erreichen einer größeren Performancetransparenz durch Geschäftsprozessmanagement zu initiieren und zu unterstützen (vgl. Kapitel 6.9).

Die tragfähigste Basis ist gegeben, wenn das Geschäftsprozessmanagement **aus strategischen Gründen** eingeführt wird. Ziel dabei ist, das gesamte Unternehmen auf Kunden auszurichten sowie die Wettbewerbsfähigkeit und den Geschäftserfolg nachhaltig zu sichern. Gleichzeitig deckt dieser umfassende Ansatz die regulatorischen Anforderungen ab und nutzt gezielt die Möglichkeiten zur Effizienzsteigerung durch den Einsatz der IT.

Auslöser einer strategisch orientierten Einführung des Geschäftsprozessmanagements sind häufig:

- neue oder veränderte Geschäftsmodelle,
- anspruchsvollere Geschäftsziele,
- stärkerer Markt- und Mitbewerberdruck,
- Unternehmenszusammenschlüsse, neue Partnerschaften, Unternehmensnetzwerke,
- unternehmensinterne Defizite wie unzureichende Performance, unzureichende Geschäftsergebnisse oder gefährdete Wettbewerbsfähigkeit.

Der strategische Anstoß setzt klare strategische Ziele sowie die Identifikation des Managements mit dem Geschäftsprozessmanagement voraus. Nicht wenige Unternehmen haben Schwierigkeiten, diese Voraussetzungen zu erfüllen (vgl. Bach/Biemann 2004, S. 11; Feldmayer/Seidenschwarz 2005, S. 34 f.). Der relativ geringe Anteil eines strategieorientierten Geschäftsprozessmanagements in der Praxis zeigt, dass das Topmanagement in vielen Unternehmen das strategische Potenzial des Geschäftsprozessmanagements noch nicht erkannt hat bzw. noch nicht nutzt (vgl. Kapitel 3.5).

1.9 Historische Entwicklung

Die theoretischen Grundlagen des Geschäftsprozessmanagements sind seit den 1930er-Jahren bekannt. Nordsieck, der Begründer der Organisationslehre, hat bereits 1932 auf die Dualität von Aufbau- und Ablauforganisation (Betriebsaufbau und Betriebsgeschehen) hingewiesen und die Notwendigkeit betont, die Aufbauorganisation an den Abläufen auszurichten (vgl. Nordsieck 1932; Nordsieck 1934; auch Hennig 1934).

Von der deutschen Betriebswirtschaftslehre wurde Nordsiecks ablauforientierte Organisationsgestaltung weitgehend ignoriert (vgl. Osterloh/Frost 2006, S. 136; Gaitanides 2012, S. 22). Die betriebswirtschaftliche Forschung und Lehre legte den Schwerpunkt auf die Aufbauorganisation und beschäftigte sich nur am Rande mit der Gestaltung betrieblicher

Abläufe. Unter Aufbauorganisation versteht die deutsche Organisationslehre die „strukturierende Gestaltung", welche die Bildung und hierarchische Gliederung von Abteilungen und Stellen sowie die Festlegung von Weisungsbefugnissen umfasst (= vertikale Sicht). Gegenstand der Ablauforganisation ist die Gestaltung der Abläufe unter Berücksichtigung von Raum, Zeit und Ressourcen (= horizontale Sicht). Im klassischen Organisationsverständnis ist zunächst die Aufbauorganisation festzulegen und daran die Ablauforganisation auszurichten.

Eine Rückbesinnung auf die Ablauforganisation (Prozessorganisation) als zentralen Ansatzpunkt für die Organisationsgestaltung leitete Anfang der 1980er-Jahre insbesondere Gaitanides ein (vgl. Gaitanides 1983; vgl. auch Krüger 1983; Striening 1988; Picot et al. 2012, S. 375). Der Begriff Prozessorganisation erweitert den Begriff Ablauforganisation, indem nicht nur einzelne abteilungs- bzw. funktionsinterne Abläufe, sondern die funktions- und unternehmensübergreifenden Prozesse betrachtet werden (vgl. Fließ 2006, S. 24; Wilhelm 2007, S. 10; Fischermanns 2012, S. 11).

Trotz dieser Impulse steht die Organisationslehre auch heute noch dem prozessorientierten Organisationsansatz reserviert gegenüber. Prozessmanagement „als originär betriebswirtschaftliches Problem" führt in der betriebswirtschaftlichen Forschung und Lehre immer noch ein Schattendasein. „Der Einbau des Prozessmanagements in das Theoriegebäude der Organisationsforschung fehlt fast gänzlich. Effizienzforschung auf diesem Gebiet gibt es so gut wie gar nicht" (Gaitanides 2007, S. 3). Spanyi weist darauf hin, dass Prozessmanagement in den meisten Universitäten der USA kein zentrales Managementthema ist, sondern eingeengt im Rahmen der „Operations" und Informationssysteme behandelt wird. „Essential process concepts are rarely part of MBA courses on leadership (which is precisely where they belong). Given the resistance to change in the academic world, this is not likely to change in the near future" (Spanyi 2010a, S. 227).

In der Praxis haben sich in den 1970er- und 1980er-Jahren die klassischen Vertreter des Qualitätsmanagements wie Deming, Juran, Feigenbaum und Ishikawa intensiv mit Prozessen auseinandergesetzt und deren Bedeutung für die Qualität und den Unternehmenserfolg herausgestellt. Ende der 1980er-Jahre und Anfang der 1990er-Jahre verstärkten Prozesskostenrechnung, Business Process Reengineering (vgl. Davenport 1993; Hammer/Champy 1994) und das Modell für „Business Excellence" der European Foundation for Quality Management (EFQM) den Blick auf Prozesse und das Prozessmanagement. Starke Impulse zur Weiterentwicklung des Prozessmanagements gingen seit Anfang der 1990er-Jahre besonders von der Informatik aus. Das Engagement der Informatik, vor allem auch der Wirtschaftsinformatik, hat nicht dazu geführt, dass sich die traditionelle Betriebswirtschaftslehre vergleichsweise intensiv dem Thema Prozessmanagement gewidmet hat.

Das Wichtigste in Kürze

Viele Effektivitäts- und Effizienzprobleme in Unternehmen haben ihre Ursache in nicht vorhandenen oder unzureichenden Geschäftsprozessen. Geschäftsprozessmanagement gibt Antworten, wie die Probleme gelöst und die wachsenden Anforderungen erfüllt werden können.

Unter Geschäftsprozessmanagement wird ein integriertes System aus Führung, Organisation und Controlling verstanden, das eine zielgerichtete Steuerung der Geschäftsprozesse ermöglicht. Es ist auf die Erfüllung der Bedürfnisse der Kunden und anderer Interessengruppen ausgerichtet und trägt wesentlich dazu bei, die strategischen und operativen Ziele des Unternehmens zu erreichen.

Hauptziel des Geschäftsprozessmanagements ist es, durch Optimierung der Geschäftsprozesse die Effektivität und Effizienz des Unternehmens zu erhöhen, strategische Erfolgspotenziale aufzubauen und den Unternehmenswert nachhaltig zu steigern. Nachhaltig bedeutet, die Ziele zu erreichen und langfristig aufrechtzuerhalten.

Wichtige Orientierungen des Geschäftsprozessmanagements sind:

- Prozessorientierung,
- Strategieorientierung,
- Kundenorientierung,
- Wertschöpfungsorientierung,
- Performanceorientierung,
- Mitarbeiterorientierung,
- Lernorientierung,
- Kompetenzorientierung.

Das in diesem Buch dargestellte Geschäftsprozessmanagement bietet ein abgestimmtes Vorgehens- und Methodenkonzept an, das die vorgenannten Orientierungen beinhaltet und sich durch folgende Merkmale auszeichnet:

- strategie- und kundenorientierte Definition und Zielausrichtung der Geschäftsprozesse,
- Integration von Prozessführung, Prozessorganisation und Prozesscontrolling,
- multidimensionale Prozesssteuerung über Effektivitäts- und Effizienzparameter,
- Prozessoptimierung durch Prozesserneuerung und Prozessverbesserung,
- Integration von IT und Geschäftsprozessmanagement,
- Integration von Qualitätsmanagement und Geschäftsprozessmanagement.

Zwischen Geschäftsprozessmanagement und anderen Ansätzen, Vorgehensweisen und Methoden wie z. B. strategisches Management, Change Management, Total Quality Management, Benchmarking und Outsourcing bestehen enge Beziehungen. Business Process Reengineering, Kaizen (kontinuierliche Verbesserung), Six Sigma und Prozesskostenrechnung sind Komponenten bzw. wichtige Erweiterungen des Geschäftsprozessmanagements.

ISO 9000 ff. weist an vielen Stellen auf die Notwendigkeit von Prozessen und des Prozessmanagements hin. Die Norm sagt, „was“ zu tun ist, aber nicht, „wie“. Antworten auf das „Wie“ gibt das Geschäftsprozessmanagement. Eine Orientierung an Geschäftsprozessen erleichtert und beschleunigt die Umsetzung des prozessorientierten Ansatzes im Qualitätsmanagement.

Jedes qualitätsbewusste Unternehmen muss sich intensiv mit Geschäftsprozessmanagement auseinandersetzen. Prozessorientierte Qualitätsmaßstäbe setzen das Excellence-Modell der EFQM und verschiedene Normen (ISO-

9000-Familie, ISO/TS 16949, VDA 6, ISO 15504, ISO 12207 und andere). Das in diesem Buch beschriebene Konzept des Geschäftsprozessmanagements erfüllt u. a. die Zertifizierungsanforderungen der Normen und wird den Kriterien gerecht, nach denenGeschäftsprozesse im Rahmen des EFQM-Excellence-Modells bewertet werden.

Wegen der engen Beziehungen zywischen Qualitätsmanagement und Geschäftsprozessmanagement sind beide Systeme miteinander zu verbinden. Nur so kann gewährleistet werden, dass die Prozesse die regulatori schen Anforderungen erfüllen und gleichzeitig eine hohe Effektivität und Effizienz aufweisen.

Wie verschiedene Studien zeigen, sind viele Geschäftsprozesse heute noch ineffizient und haben erst eine niedrige Reife (im Mittel Stufe zwei und drei von fünf Reifegradstufen). Die Produktivitäts- und Rationalisierungspotenziale entlang der Wertschöpfungsketten sind noch lange nicht ausgeschöpft. Defizite bestehen auch bei der strategischen Ausrichtung des Geschäftsprozessmanagements und der Verankerung der Prozessorientierung in der Aufbauorganisation sowie im Controlling. Die Unternehmen haben jedoch die Notwendigkeit des Geschäftsprozessmanagements und den Handlungsbedarf erkannt.

1.10 Literatur zu Kapitel 1

Agamus Consult (1996): Fröschle, U.; Geiger, W.: Weck, L.: Die KVP-Studie. Lagefeststellung und -beurteilung, Starnberg 1996.

Ahlrichs, F.; Knuppertz, T. (2006): Controlling von Geschäftsprozessen. Prozessorientierte Unternehmenssteuerung umsetzen, Stuttgart 2006.

Ahlrichs, F.; Knuppertz, T. (2010): Controlling von Geschäftsprozessen. Prozessorientierte Unternehmenssteuerung umsetzen, 2. Aufl., Stuttgart 2010.

Bach, N.; Biemann, T. (2004): Geschäftsprozessmanagement in Deutschland, Ergebnisse einer Befragung im April 2004, in: Ellringmann, H.; Schmelzer, H.J. (Hrsg.): Geschäftsprozessmanagement inside, München 2004.

Bea, F.X.; Haas, J. (2009): Strategisches Management, 5. Aufl., Stuttgart 2009.

Becker, J.; Mathas, C.; Winkelmann, A. (2009): Geschäftsprozessmanagement, Informatik im Fokus, Berlin/Heidelberg 2009.

Bergsmann, S. (2012): End-to-End-Geschäftsprozessmanagement. Organisationselement - Integrationsinstrument - Managementansatz, Wien 2012.

Bertels, T. (2009): Integrating Lean and Six Sigma. The Power of an Integrated Roadmap, unter: http://www.isixsigma.com/library/, Zugriff am 10.12.2009.

Bohulskyy, Y.; Erlinghagen, M.; Scheller, F. (2011): Arbeitszufriedenheit in Deutschland sinkt langfristig, Universität Duisburg-Essen, IAQ-Report 2011-3, 02.08.2011, unter: http://www.iaq.uni-due.de/iaq-report/2011/report2011-03.pdf, Zugriff am 22.07.2012.

Bornhöft, F.; Faulhaber, N. (2007): Lean Six Sigma erfolgreich implementieren, Frankfurt am Main 2007.

BPTrends (2010): Wolf, C.; Harmon, P.: The State of Business Process Management - 2010,

BPTrends-Report, February 2010, unter: http://www.bptrends.com/surveys_landing.cfm, Zugriff am 05.02.2010.

Bullinger, H.-J. (Hrsg.) (2001): Knowledge meets Process. Wissen und Prozesse managen im Intranet, Stuttgart 2001.

Bullinger, H.-J.; Warschat, J.; Berndes, S.; Stanke, A. (1995): Simultaneous Engineering, in: Zahn, E. (Hrsg.): Handbuch Technologiemanagement, Stuttgart 1995, S. 377–394.

Bundesministerium des Innern (2012): Regierungsprogramm Vernetzte und transparente Verwaltung. Projekt Prozessmanagement. Reifegradanalyse, 23.02.2012, unter: http://www.verwaltung-innovativ.de, Zugriff am 16.06.2012.

Burger, A. (2009): Effizienzanalyse auf Prozessebene. Benchmarking von Transaktionen mit der Data Envelopment Analysis am Beispiel eines bankbetrieblichen Prozesses, Berlin 2009.

Camp, R. C. (1994): Benchmarking, München et al. 1994.

Davenport, T. H. (1993): Process Innovation, Reengineering Work through Information Technology, Boston, Massachusetts 1993.

DCGK (2012): Deutscher Corporate Governance Kodex, Fassung vom 15.05.2012, unter: http://www.corporate-governance-code.de, Zugriff am 05.07.2012.

Doppler, K.; Lauterburg, C. (2008): Change Management. Den Unternehmenswandel gestalten, 12. Aufl., Frankfurt am Main 2008.

EABPM (2009): European Association of Business Process Management EABPM (Hrsg.): Business Process Management. Common Body of Knowledge – BPM CBOK®. Leitfaden für das Prozessmanagement, Gießen 2009.

EFQM (2012): European Foundation for Quality Management, unter: http://www.efqm.org/en/tabid/132/default.aspx, Zugriff am 05.12.2012.

Engelhardt, C.; Hall, K.; Ortner, J. (Hrsg.) (2004): Prozesswissen als Erfolgsfaktor. Effiziente Kombination von Prozessmanagement und Wissensmanagement, Frankfurt am Main 2004.

Eversheim, W.; Bochtler, W.; Laufenberg, L. (1995): Simultaneous Engineering, Erfahrungen aus der Industrie für die Industrie, Berlin 1995.

Feldmayer, J.; Seidenschwarz, W. (2005): Marktorientiertes Prozessmanagement. Wie Process Mass Customization Kundenorientierung und Prozessstandardisierung integriert, München 2005.

Fink, C. A. (2003): Prozessorientierte Unternehmensplanung. Analyse, Konzeption und Praxisbeispiele, Wiesbaden 2003.

Fischermanns, G. (2012): Praxishandbuch Prozessmanagement, 10. Aufl., Gießen 2012.

Fleischmann, A.; Schmidt; W.; Stary, C.; Obermeier, S.; Börger, E. (2011): Subjektorientiertes Prozessmanagement. Mitarbeiter einbinden, Motivation und Prozessakzeptanz steigern, München 2011.

Fließ, S. (2006): Prozessorganisation in Dienstleistungsunternehmen, Stuttgart 2006.

Fraunhofer IAO (2008): Spath, D.; Weisbecker, A. (Hrsg.): Business Process Management Tools 2008, Fraunhofer-Institut Arbeitswirtschaft und Organisation IAO, Stuttgart 2008.

Fraunhofer ISI (2009): Lay, G.; Schat, H.-D.; Jäger, A.: Mit EFQM zu betrieblicher Exzellenz, PI-Mitteilung Nr. 49, Fraunhofer-Institut für System- und Innovationsforschung ISI, Karlsruhe 2009.

Fraunhofer ISST (2009): Weißenberg, N.; Stemmer, M.: Moderne IT-Plattformen für Geschäftsprozessmanagement und Portale. Vergleichende Bewertung der Toolsuiten von IBM, IDS Scheer & SAP sowie Intalio & Liferay, Kurzfassung, Fraunhofer-Institut für Software- und Systemtechnik ISST und Brücker GmbH, Dortmund 2009.

Gaitanides, M. (1983): Prozeßorganisation. Entwicklung, Ansätze und Programme prozeßorientierter Organisationsgestaltung, München 1983.

Gaitanides, M. (2002): Processonomics – Prozessmanagement ist Wertmanagement, in: Zeitschrift Führung + Organisation (zfo), 71 (2002) 4, S. 196–200.

Gaitanides, M. (2007): Prozessorganisation. Entwicklung, Ansätze und Programme des Managements von Geschäftsprozessen, 2. Aufl., München 2007.

Gaitanides, M. (2012): Prozessorganisation. Entwicklung, Ansätze und Programme des Managements von Geschäftsprozessen, 3. Aufl., München 2012.

Gaitanides, M.; Scholz, R.; Vrohlings, A. (1994): Prozeßmanagement – Grundlagen und Zielsetzungen, in: Gaitanides, M. et al.: Prozeßmanagement. Konzepte, Umsetzungen und Erfahrungen des Reengineering, München 1994, S. 1 – 19.

Gausemeier, J.; Fink, A. (1999): Führung im Wandel. Ein ganzheitliches Modell zur zukunftsorientierten Unternehmensgestaltung, München 1999.

Gleich, R. (2011): Performance Measurement. Konzepte, Fallstudien und Grundschema für die Praxis, 2. Aufl., München 2011.

Göppel, R. (2011): Praxiswissen Prozessmanagement, 2. Aufl., Stuttgart 2011.

Grant, R.M.; Nippa, M. (2006): Strategisches Management. Analyse, Entwicklung und Implementierung von Unternehmensstrategien, 5. Aufl., München 2006.

Grönke, K. (2005): Prozesstransformation durch Restrukturierung, in: Horváth & Partners (Hrsg.): Prozessmanagement umsetzen. Durch nachhaltige Prozessperformance Umsatz steigern und Kosten senken, Stuttgart 2005, S. 87 – 105.

Günther, T. (1997): Unternehmenswertorientiertes Controlling, München 1997.

Hammer, M. (2002a): Der Weg zum supereffizienten Unternehmen, in: Harvard Businessmanager, (2002) 2, S. 40 – 52.

Hammer, M. (2007): Der große Prozess-Check, in: Harvard Businessmanager, (2007) 5, S. 35 – 52.

Hammer, M. (2010): What is Business Process Management?, in: Brocke, J. v.; Rosemann, M. (Hrsg.): Handbook on Business Process Management 1. Introduction, Methods and Information Systems, Berlin 2010, S. 3 – 16.

Hammer, M.; Champy, J. (1994): Business Reengineering, Frankfurt am Main/New York 1994.

Harry, M.; Schroeder, R. (2000): Six Sigma. Prozesse optimieren, Null-Fehler-Qualität schaffen, Rendite radikal steigern, Frankfurt am Main 2000.

Hennig, K.W. (1934): Einführung in die betriebswirtschaftliche Organisationslehre, Berlin 1934.

Hiller, C.; Minar-Hödel, P.; Zahradnik, H. (2010): Prozessmanagement. Komplexe Prozesse einfach steuern, Wien 2010.

Hinterhuber, H.H. (1992): Strategische Unternehmensführung, I. Strategisches Denken, 5. Aufl., Berlin/New York 1992.

Hinterhuber, H.H. (2004): Strategische Unternehmensführung, II. Strategisches Handeln, 7. Aufl., Berlin/New York 2004.

Hippner, H.; Wilde, K.H. (2002): CRM – Ein Überblick, in: Helmke, S.; Uebel, M.; Dangelmaier, W. (Hrsg.): Effektives Customer Relationship Management, 2. Aufl., Wiesbaden 2002, S. 3 – 37.

Horváth & Partners (Hrsg.) (1998): Prozesskostenmanagement. Methodik und Anwendungsfelder, 2. Aufl., München 1998.

Horváth & Partners (Hrsg.) (2005): Prozessmanagement umsetzen. Durch nachhaltige Prozessperformance Umsatz steigern und Kosten senken, Stuttgart 2005.

Horváth, P.; Gaiser, B. (2000): Implementierungserfahrungen mit der Balanced Scorecard im deutschen Sprachraum – Anstöße zur konzeptionellen Weiterentwicklung, in: Betriebswirtschaftliche Forschung und Praxis (BFuP), (2000) 1, S. 17 – 35.

IBM (2010): IBM Deutschland GmbH: Unternehmensführung in einer komplexen Welt. Global CEO Study, Ehningen 2010.

Imai, M. (1992): Kaizen. Der Schlüssel zum Erfolg der Japaner im Wettbewerb, 3. Aufl., München 1992.

ISO 9000:2005: Deutsches Institut für Normung e.V. (Hrsg.): DIN EN ISO 9000:2005, Qualitätsmanagementsysteme – Grundlagen und Begriffe, Berlin 2005.

ISO 9001:2008: Deutsches Institut für Normung e.V. (Hrsg.): DIN EN ISO 9001:2008, Qualitätsmanagementsysteme, Berlin 2008.

ISO 9004:2009: Deutsches Institut für Normung e.V. (Hrsg.): DIN EN ISO 9001:2009, Leiten und Lenken für den nachhaltigen Erfolg einer Organisation – Ein Qualitätsmanagementansatz, Berlin 2009.

Jeston, J.; Nelis, J. (2008): Business Process Management. Practical Guidelines to Successful Implementations, 2nd ed., Amsterdam et al. 2008.

Jost, W. (2002): Geschäftsprozessmanagement gewinnt zunehmend an Bedeutung, in: Information Management & Consulting (IM), 17 (2002) 10 Sonderausgabe, S. 102 ff.

Kaplan, R.S.; Norton, D.P. (1997): Balanced Scorecard – Strategien erfolgreich umsetzen, Stuttgart 1997.

Kirchmer, M. (2010): Management of Process Excellence, in: Brocke, J. v.; Rosemann, M. (Hrsg.): Handbook on Business Process Management 2. Strategic Alignment, Governance, People and Culture, Berlin 2010, S. 39 - 56.

Kirchmer, M. (2011): High Performance Through Process Excellence. From Strategy to Execution with Business Process Management, 2nd ed., Berlin 2011.

Knuppertz, T.; Feddern, U. (2011): Prozessorientierte Unternehmensführung. Prozessmanagement ganzheitlich einführen und verankern, Stuttgart 2011.

Kohl, I.; Orth, R. (2010): Prozessmanagement und Wissensmanagement, in: Jochem, R.; Mertins, K.; Knothe, T. (Hrsg.): Prozessmanagement. Strategien. Methoden, Umsetzung, Düsseldorf 2010, S. 169 - 192.

Kohlbacher, M.; Gruenwald, S. (2011b): Process orientation. Conceptualization and measurement, in: Business Process Management Journal, 17 (2011) 2, pp. 267 - 283.

Kohlbacher, M.; Gruenwald, S.; Kreuzer, E. (2011): Corporate Culture in Line with Business Process Orientation and Its Impact on Organizational Performance, in: Muehlen, M. z.; Jianwen, S. (Hrsg.): Business Process Management 2010 Workshops, Berlin/Heidelberg 2011, pp. 16 - 24.

Kohlöffel, K.M. (2000): Strategisches Management, München 2000.

Komus, A. (2011): BPM Best Practice – Erfolgsfaktoren der Prozessorientierung, in: Komus, A. (Hrsg.): BPM Best Practice. Wie führende Unternehmen ihre Geschäftsprozesse managen, Berlin 2011, S. 3 - 57.

Komus, A.; Wauch, F. (2008): Wikimanagement. Was Unternehmen von Social Software und Web 2.0 lernen können, München 2008.

Kotter, J.P. (2011): Leading Change. Wie Sie Ihr Unternehmen in acht Schritten erfolgreich verändern, München 2011.

KPMG (2009) (Hrsg.): Ziele definieren – sicher ankommen. Professionelle Steuerung von Veränderungsprozessen und der Beitrag des Human Resource Managements, KPMG-Studie 2009, o.O.

Kratz, C. (2002): In vier Phasen zur Produktivität, in: Süddeutsche Zeitung, 15.04.2002, S. 24.

Krüger, W. (1983): Grundlagen der Organisationsplanung, Gießen 1983.

Krüger, W. (1993): Organisation der Unternehmung, 2. Aufl., Stuttgart 1993.

Krüger, W. (2009): Excellence in Change. Wege zur strategischen Erneuerung, 4. Aufl., Wiesbaden 2009.

Krüger, W.; Homp, C. (1997): Kernkompetenz-Management. Steigerung von Flexibilität und Schlagkraft im Wettbewerb, Wiesbaden 1997.

Kümmel, G.; Watterott, R. (2005): Neue Entwicklungen im internationalen Konzerncontrolling am Beispiel Bosch – Durchgängige Konzernsteuerung, in: Horváth, P. (Hrsg.): Organisationsstrukturen und Geschäftsprozesse wirkungsvoll steuern, Stuttgart 2005, S. 11 - 32.

Langenbahn, S. (2006): Erfolgsrezept für das regulierte Wirtschaftsumfeld – Sicherheit durch Compliance Management, in: Scheer, A.-W. et al. (Hrsg.): Agilität durch ARIS Geschäftsprozessmanagement, Jahrbuch Business Process Excellence 2006/2007, Berlin 2006, S. 151 - 161.

Leistert, O. (2006): Führungskoordinierendes Geschäftsprozesscontrolling, Hamburg 2006.

Liebert, T. (2012): Prozessorientierung in der Unternehmensorganisation. Eine empirische Untersuchung in deutschen Industrieunternehmen, Wiesbaden 2012.

Liker, J.K. (2006): Der Toyota-Weg. 14 Managementprinzipien des weltweit erfolgreichsten Automobilkonzerns, München 2006.

Liker, J.K.; Hoseus, M. (2009): Die Toyota-Kultur, München 2009.

Magnusson, K.; Kroslid, D.; Bergman, B. (2001): Six Sigma umsetzen. Die neue Qualitätsstrategie für Unternehmen, München 2001.

Markus, M. L.; Jacobson, D. D. (2010): Business Process Governance, in: Brocke, J. v.; Rosemann, M. (Hrsg.): Handbook on Business Process Management 2. Strategic Alignment, Governance, People and Culture, Berlin 2010, S. 201 - 238.

Matzler, K.; Rier, M.; Renzl, B.; Hinterhuber, H. H. (2004): Die wichtigsten Managementkonzepte und -methoden: Die Sicht der Unternehmensberater, in: ZfCM - Zeitschrift für Controlling & Management, 47 (2004) 2, S. 82 - 85.

Mayer, R. (1996): Prozeßkostenrechnung und Prozeß(kosten)optimierung als integrierter Ansatz - Methodik und Anwendungsempfehlungen, in: Berkau, C.; Hirschmann, P. (Hrsg.): Kostenorientiertes Geschäftsprozeßmanagement, München 1996, S. 43 - 67.

Neubürger, H. J. (2000): Wertorientierte Unternehmensführung bei Siemens, in: Zeitschrift für betriebswirtschaftliche Forschung (zfbf), 52 (2000) 3, S. 188 - 196.

Nicolai, C. (2009): Betriebliche Organisation, Stuttgart 2009.

Nordsieck, F. (1932): Die schaubildliche Erfassung und Untersuchung der Betriebsorganisation, Stuttgart 1932.

Nordsieck, F. (1934): Grundlagen der Organisationslehre, Stuttgart 1934.

Osterloh, M.; Frost, J. (2006): Prozessmanagement als Kernkompetenz. Wie Sie Business Reengineering strategisch nutzen können, 5. Aufl., Wiesbaden 2006.

Picot, A.; Dietl, H.; Franck, E.; Fiedler M.; Royer, S. (2012): Organisation. Theorie und Praxis aus ökonomischer Sicht, 6. Aufl., Stuttgart 2012.

Picot, A.; Maier, M. (1992): Analyse- und Gestaltungskonzepte für das Outsourcing, in: Information Management, (1992) 4, S. 14 - 27.

Prahalad, C. K.; Hamel, G. (1990): The Core Competence of the Corporation, in: Harvard Business Review, 68 (1990) 3, S. 79 - 91.

Probst, G.; Raub, S.; Romhardt, K. (2003): Wissen managen. Wie Unternehmen ihre wertvollste Ressource optimal nutzen, 4. Aufl., Wiesbaden 2003.

Rehbehn, R.; Yurdakul, Z. B. (2005): Mit Six Sigma zu Business Excellence. Strategien, Methoden, Praxisbeispiele, 2. Aufl., Erlangen 2005.

Roghé, F.; Strack, R. (2010): Die Organisation der Zukunft. Wettbewerbsvorteil: „weiche" Faktoren, in: MQ Management und Qualität, (2010) 4, S. 14 - 16.

Rosemann, M.; Brocke, J. v. (2010): The Six Core Elements of Business Process Management, in: Brocke, J. v.; Rosemann, M. (Hrsg.): Handbook on Business Process Management 1. Introduction, Methods and Information Systems, Berlin 2010, S. 107 - 122.

Sadiq, S.; Governatori, G. (2010): Managing Regulatory Compliance in Business Processes, in: Brocke, J. v.; Rosemann, M. (Hrsg.): Handbook on Business Process Management 2. Strategic Alignment, Governance, People and Culture, Berlin 2010, S. 159 - 175.

Scheer A.-W.; Kruppke, H.; Jost, W.; Kindermann, H. (Hrsg.) (2006): Agilität durch ARIS Geschäftsprozessmanagement, Jahrbuch Business Process Excellence 2006/2007, Berlin 2006.

Scheer, A.-W.; Werth, D. (2005): Geschäftsprozessmanagement und Geschäftsregeln, Heft 183, Institut für Wirtschaftsinformatik im Deutschen Forschungszentrum für Künstliche Intelligenz (DFKI), Saarbrücken 2005.

Scheer, A.-W.; Zimmermann, V. (1996): Geschäftsprozeßmanagement und integrierte Informationssysteme: Prozeßmodellierung, Referenzmodelle und Softwaretechnologien, in: Töpfer, A. (Hrsg.): Geschäftsprozesse analysiert & optimiert, Neuwied 1996, S. 267 - 286.

Schmelzer, H. J. (2004): Grundlagen des Geschäftsprozessmanagements, in: Ellringmann, H.; Schmelzer, H. J. (Hrsg.): Geschäftsprozessmanagement inside, München 2004.

Schnaitmann, H. (2000): Prozeßorientierte Unternehmensführung, Frankfurt am Main 2000.

Schober, H. (2002): Prozessorganisation. Theoretische Grundlagen und Gestaltungsoptionen, Wiesbaden 2002.

SiemensWelt (2009): Compliance-Performance-Index wurde verbessert, in: SiemensWelt, 11-2009, S. 2.

Slama, D.; Nelius, R. (2011): Enterprise BPM. Erfolgsrezepte für unternehmensweites Prozessmanagement, Heidelberg 2011.

Snabe, J . H.; Rosenberg, A.; Moeller, Ch.; Scavillo, M. (2009): Business Process Management: The SAP Roadmap, Galileo Press, Boston (M) 2009.

Spanyi, A. (2007): More for Less. The Power of Process Management, Tampa, Florida 2007.

Spanyi, A. (2010a): Business Process Management Governance, in: Brocke, J. v.; Rosemann, M. (Hrsg.): Handbook on Business Process Management 2. Strategic Alignment, Governance, People and Culture, Berlin 2010, S. 223 - 238.

Springer, R. (2009): Survival of the Fittest. So verbessern Spitzenunternehmen mit Lean Management gleichzeitig ihre Prozesse und Führungskultur, München 2009.

Stähler, D.; Meier, I.; Scheuch, R.; Schmülling, Ch.; Somssich, D. (2009): Enterprise Architecture, BPM und SOA für Business-Analysten. Leitfaden für die Praxis, München 2009.

Stern, J. M.; Shiely, J. S.; Ross, I. (2002): Wertorientierte Unternehmensführung mit E(conomic) V(alue) A(dded) (EVA). Strategie, Umsetzung, Praxisbeispiele, München 2002.

Striening, H.-D. (1988): Prozess-Management, Frankfurt am Main 1988.

Striening, H.-D. (1995): Möglichkeiten und Grenzen des Prozeßmanagements, in: Corsten, H.; Will, T. (Hrsg.): Unternehmungsführung im Wandel, Stuttgart/Berlin/Köln 1995, S. 161 - 178.

Theuvsen, L. (1996): Business Reengineering. Möglichkeiten und Grenzen einer prozeßorientierten Organisationsgestaltung, in: Zeitschrift für betriebswirtschaftliche Forschung (zfbf), 48 (1996) 1, S. 65 - 82.

Töpfer, A. (2001): Harmonisch im Dreiklang. Six Sigma, Balanced Score Card und EFQM-Modell im Wirkungsverbund, in: Qualität und Zuverlässigkeit (QZ), 46 (2001) 8, S. 1023 - 1027.

Töpfer, A. (Hrsg.) (2007): Six Sigma. Konzeption und Erfolgsbeispiele für praktizierte Null-Fehler-Qualität, 4. Aufl., Berlin 2007.

Töpfer, A. (Hrsg.) (2009): Lean Six Sigma. Erfolgreiche Kombination von Lean Management, Six Sigma und Design for Six Sigma, Berlin 2009.

Triller, C.; Schwiderski, H. v.; Schatte, M. (2006): Sarbanes-Oxley Act (SOA), Controlling, Strategiemanagement: unterschiedliche Baustellen oder integrierter Ansatz?, in: CM Controller Magazin, 31 (2006) 5, S. 456 - 461.

Vahs, D. (2012): Organisation. Ein Lehr- und Managementbuch, 8. Aufl., Stuttgart 2012.

Vahs, D.; Weiand, A. (2010): Workbook Change Management. Methoden und Techniken, Stuttgart 2010.

VDA 6.2 (2004): Verband der Automobilindustrie (VDA): Qualitätsmanagement in der Automobilindustrie, Band 6 Teil 2, QM-Systemaudit - Dienstleistungen. Besondere Anforderungen analog ISO/TS 16949:2002 für Dienstleister rund um das Automobil, Oberursel 2004.

Wagner, K. W.; Klückmann, J. (2006): Prozessdesign als Grundlage von Compliance Management, Enterprise Architecture und Business Rules, in: Scheer, A.-W. et al. (Hrsg.): Agilität durch ARIS Geschäftsprozessmanagement, Jahrbuch Business Process Excellence 2006/2007, Berlin 2006, S. 125 - 136.

Wagner, K. W.; Patzak, G. (2007): Performance Excellence. Der Praxisleitfaden zum effektiven Prozessmanagement, München 2007.

Wilhelm, R. (2007): Prozessorganisation, 2. Aufl., München 2007.

Womack, J. P.; Jones, D. T. (2004): Lean Thinking. Ballast abwerfen, Unternehmensgewinn steigern, Frankfurt am Main 2004.

Womack, J. P.; Jones, D. T.; Roos, D. (1992): Die zweite Revolution in der Automobilindustrie, 7. Aufl., Frankfurt am Main et al. 1992.

Zink, K. J. (1995): TQM als integratives Managementkonzept. Das europäische Qualitätsmodell und seine Umsetzung, München/Wien 1995.

Zollondz, H.-D. (2011): Grundlagen Qualitätsmanagement. Einführung in Geschichte, Begriffe, Systeme und Konzepte, 3. Aufl., München 2011.

2 Was sind Geschäftsprozesse?

In diesem Kapitel werden folgende Fragen beantwortet:

- Worin unterscheiden sich Geschäftsprozesse von Prozessen?
- Welche Merkmale kennzeichnen Geschäftsprozesse?
- Welche Arten und Typen von Geschäftsprozessen gibt es?
- Wie wird eine hohe Kundenorientierung in Geschäftsprozessen erreicht?
- Sind Geschäftsprozesse notwendig?

2.1 Unterschiede zwischen Prozessen und Geschäftsprozessen

2.1.1 Begriffe Prozess und Geschäftsprozess

Der Zweck von Unternehmen ist es, Leistungen zu erzeugen, welche die Bedürfnisse und Erwartungen der Kunden befriedigen und deren Vermarktung den wirtschaftlichen Erfolg sichert. Leistungen, seien es Sach- oder Dienstleistungen, werden in Prozessen erzeugt. Allgemein wird unter einem **Prozess** eine Folge von Aktivitäten verstanden, die aus definierten Inputs definierte Outputs erzeugen (siehe Abbildung 2.1). ISO 9000:2005 definiert Prozess als einen „Satz von in Wechselbeziehung oder Wechselwirkung stehenden Tätigkeiten, der Eingaben in Ergebnisse umwandelt" (ISO 9000:2005). Jede Aktivität in einer Organisation ist Teil eines Prozesses.

Der **allgemeine Prozessbegriff** lässt Ziel, Anstoß, Reichweite, Inhalt, Struktur sowie Ergebnisse und Empfänger der Ergebnisse des Prozesses offen. Bereits die Verknüpfung weniger Aktivitäten zur Erstellung eines Arbeitsergebnisses ist nach dieser Begriffsdefinition ein Prozess. In diesem Sinne laufen Hunderte oder Tausende von Prozessen in einem Unternehmen ab. An der Erstellung von Leistungen für Kunden sind viele dieser Prozesse beteiligt. Die Herausforderung ist, diese Prozesse so zu organisieren, zu koordinieren und zu steuern, dass die Ergebnisse die Wünsche, Anforderungen und Erwartungen der Kunden erfüllen. Der Praxis bereitet es erhebliche Probleme, diese Komplexität zu bewältigen.

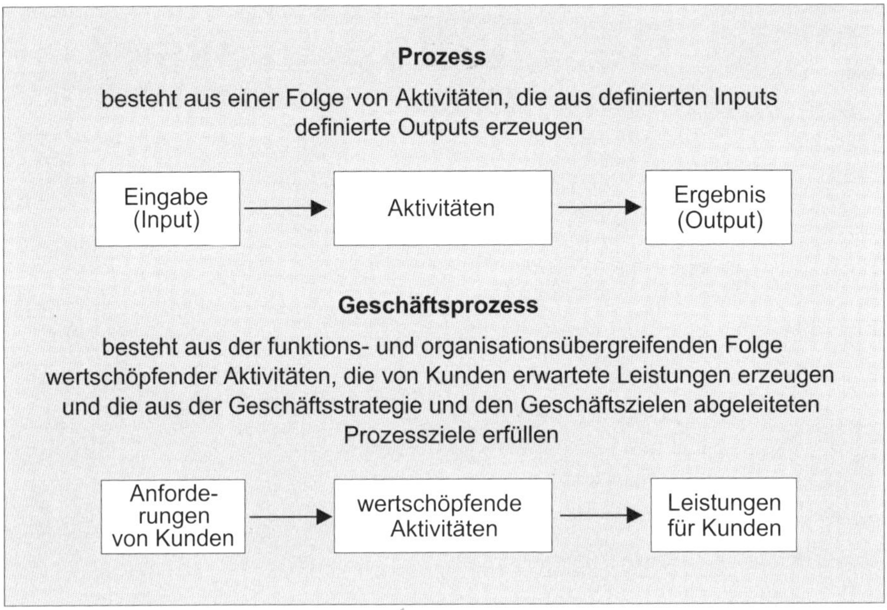

Abb. 2.1 Definition von Prozess und Geschäftsprozess

Geschäftsprozesse dienen dazu, die Prozesskomplexität besser zu beherrschen und die Organisation stärker auf Kunden auszurichten. Dies wird über die organisatorische Bündelung der Aktivitäten, die an der Erstellung von Kundenleistungen beteiligt sind, erreicht.

Ein **Geschäftsprozess** besteht aus der funktionsübergreifenden Folge wertschöpfender Aktivitäten, die von Kunden erwartete Leistungen erzeugen und die aus der Geschäftsstrategie und den Geschäftszielen abgeleiteten Prozessziele erfüllen.[1] ■

2.1.2 Komponenten und Merkmale von Geschäftsprozessen

Geschäftsprozesse bestehen aus den in Abbildung 2.2 aufgezeigten Komponenten (vgl. Suter 2004, S. 87 f.; Fischermanns 2012, S. 14 ff.; Bergsmann 2012, S. 20 ff.).

[1] Andere Definitionen für Geschäftsprozesse sind (vgl. auch Staud 2006, S. 7 ff.; Gadatsch 2012, S. 35 ff.):

- Bündel von Aktivitäten, für das ein oder mehrere unterschiedliche Inputs benötigt werden und das für den Kunden ein Ergebnis von Wert erzeugt (Hammer/Champy 1994).
- Eine zusammengehörende Abfolge von Unternehmungsverrichtungen zum Zweck einer Leistungserstellung. Ausgang und Ergebnis des Geschäftsprozesses ist eine Leistung, die von einem internen oder externen „Kunden" angefordert und abgenommen wird (Scheer 2002).
- Bündelung und strukturierte Reihenfolge von funktionsübergreifenden Aktivitäten mit einem Anfang und einem Ende sowie klar definierten Inputs und Outputs (Osterloh/Frost 2006).
- Koordinierte Aktivitäten, die Ressourcen und Fähigkeiten nutzen, um ein Ergebnis zu erzeugen, das – direkt oder indirekt – einen Nutzen für Kunden oder Stakeholder erzeugt (ITIL 2007).

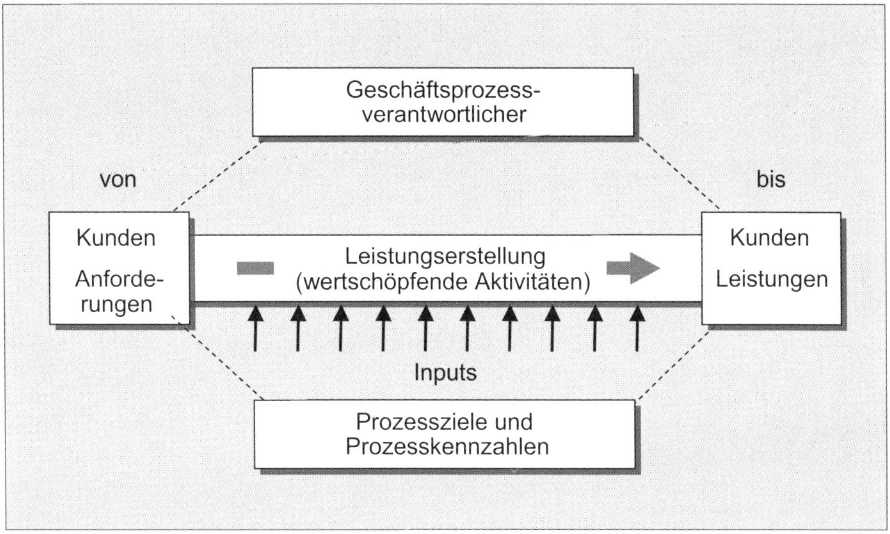

Abb. 2.2 Komponenten von Geschäftsprozessen

Aufgabe und **Ziel von Geschäftsprozessen** sind, Bedürfnisse, Erwartungen oder Anforderungen von Kunden zu erfüllen. Wie bereits in Kapitel 1.3 erwähnt stellen nicht nur Kunden, sondern auch andere Interessengruppen (Stakeholder) Anforderungen an Geschäftsprozesse (vgl. Kapitel 2.3). Wir beschränken uns hier auf die Betrachtung von Kunden.

Geschäftsprozesse **beginnen und enden bei Kunden**. Am Anfang steht der Kundenbedarf und am Ende die Leistung(en), welche der Kunde erhält. Alle Geschäftsprozesse werden vom Kunden aus betrachtet (Outside-in-Perspektive). Wegen ihrer Beziehung „vom Kunden zum Kunden" werden Geschäftsprozesse auch als „**End-to-End-Prozesse**" oder kundenfokussierte Prozesse bezeichnet (vgl. u.a. EABPM 2009, S. 38; Burlton 2010, S. 7 f.; Bergsmann 2012, S. 22 ff.).

Prozessleistungen für Kunden sind Produkte, die aus Sach-, Dienst- oder Informationsleistungen bzw. aus deren Kombination bestehen. Für das Unternehmen sind Produkte Umsatz- und Ergebnisträger, die seinen Bestand und seine Zukunft sichern. Die Kombination aus Sach-, Dienst- oder Informationsleistungen wird oft auch als Lösung (Problemlösung) bezeichnet. So bieten große Bauunternehmen komplette Lösungen an, die das Konzipieren, Erstellen und Betreiben von Gebäuden umfassen.

Alle Aktivitäten (Aufgaben, Verrichtungen, Tätigkeiten), die für die Erstellung bestimmter Kundenleistungen erforderlich sind, werden in einem Geschäftsprozess **funktionsübergreifend** gebündelt und ganzheitlich gesteuert. Die Integration erstreckt sich über aufbauorganisatorische Grenzen wie z.B. Abteilungen und Funktionen hinweg (cross-functional). „Einigkeit herrscht darüber, dass es sich bei Prozessen um ein Organisationskonzept handelt, das ‚funktionsübergreifend' angelegt ist" (Gaitanides 2012, S. 54).

Den **Unterschied zwischen Geschäftsprozessen und Funktionen** verdeutlichen die Abbildungen 2.3 und 2.4. Abbildung 2.3 zeigt den horizontalen Verlauf von Geschäftsprozessen, die bei Kunden beginnen und bei Kunden enden, wie z.B. „Produkt planen" und „Produkt liefern". Die Funktionen stehen diametral zu den Geschäftsprozessen. Sie sind auf bestimmte Aufgaben (Verrichtungen) wie Marketing, Entwicklung und Vertrieb fokussiert und haben

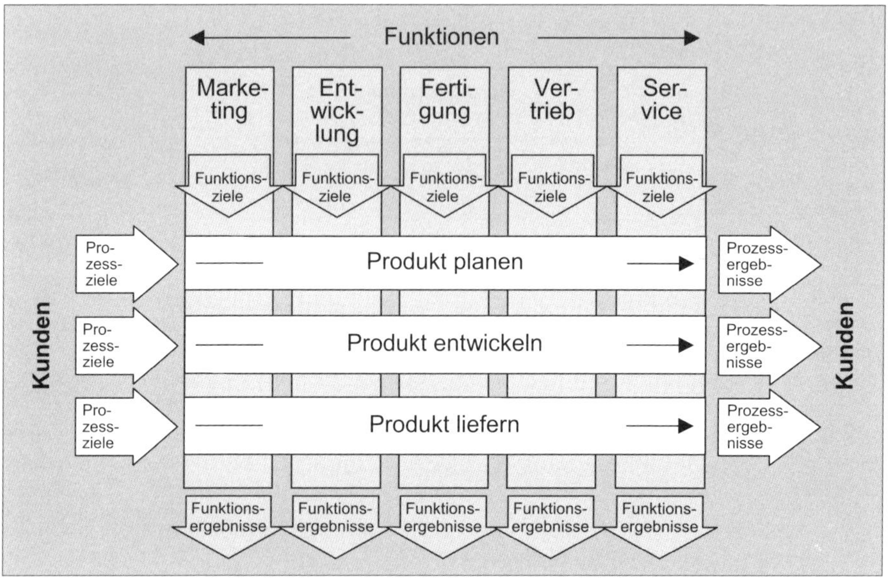

Abb. 2.3 Funktions- versus Prozessorientierung

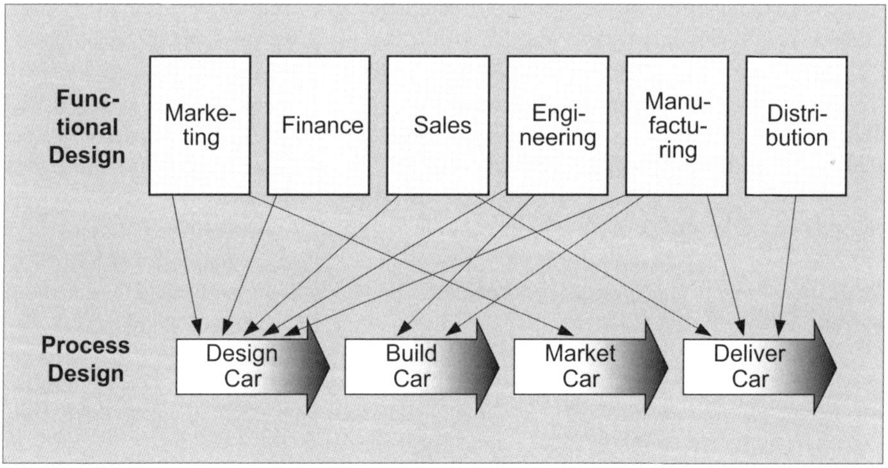

Abb. 2.4 Funktions- versus Prozessorganisation in einem Automobilunternehmen (in Anlehnung an Weiler/Schemel 2003)

keinen direkten Kundenbezug. Abbildung 2.4 zeigt, dass Geschäftsprozesse Aufgaben und Ressourcen aus unterschiedlichen Funktionen integrieren und diese kundenorientiert ausrichten.

Geschäftsprozesse überwinden die strukturbedingte Zerstückelung der Prozessketten in Funktionsorganisationen und richten die Organisation auf die Erfüllung von Kundenanforderungen sowie auf das Erreichen der Geschäftsziele aus. ■

Die Wirkung funktionsübergreifender Geschäftsprozesse geht über die Integration von Funktionen und die Summe der Eigenschaften der involvierten Funktionseinheiten weit hinaus (vgl. Nippa/Picot 1996a, S. 14; Remme 1997, S. 31 f.). „Addressing large-scale, truly end-to-end processes means focusing on high-leverage aspects of the organization's operations and so leads to far greater results and impacts" (Hammer 2010, S. 4). „Processes are the mechanism that link and combine the functional capabilities *across* the organization to create value for the business and customers" (Rummler et al. 2010, S. 215). Geschäftsprozesse können auch über Unternehmensgrenzen hinausreichen (extended enterprise concept) und Aktivitäten von Kunden, Zulieferern oder Partnern einbinden (vgl. unternehmensübergreifende Geschäftsprozesse in Kapitel 3.3.7).

Prozesse, die sich an Funktions- und Abteilungsgrenzen orientieren und damit organisationsbedingte Schnitt- und Bruchstellen aufweisen, fehlt die abteilungsübergreifende, auf Kunden bezogene End-to-End-Ausrichtung. Abteilungsorientierte Prozesse sind auf die Optimierung von Funktionen, aber nicht auf die Optimierung des Kundennutzens und des Geschäftes als Ganzes ausgerichtet. „Delays, nonvalue-adding overhead, errors, and complexity that inevitably result when work transcends different organizations that have different priorities, different information sources, and different metrics" (Hammer 2010, S. 4). „These functionally-oriented approaches, however, have actually led to value streams and workflows full of disconnects and waste" (Burlton 2010, S. 7).

Geschäftsprozesse werden wiederholt ausgeführt. Angestoßen wird die Ausführung durch ein auslösendes Ereignis wie z. B. einen erteilten Kundenauftrag. Das **Startereignis** initiiert einen **Geschäftsfall**.[2] In dem Geschäftsfall wird das Objekt des Geschäftsfalls (Prozessobjekt) bis zu seinem Ergebnis komplett bearbeitet, wie z. B. ein Kundenauftrag. Abgeschlossen wird der Geschäftsfall durch ein Endereignis, wie z. B. die Annahme der gewünschten Leistung durch den Kunden oder die bezahlte Rechnung.

Um Leistungen in Geschäftsprozessen zu erstellen, ist es notwendig, die zeitlich-logische Abfolge (Folgebeziehungen) der Aktivitäten festzulegen. Die Verknüpfung der Folgebeziehungen determiniert die Ablaufstruktur des Geschäftsprozesses, welche die Prozesseffizienz beeinflusst. Einen weiteren starken Einfluss auf die Prozesseffizienz hat die Selektion der Aktivitäten ohne **Wertschöpfung**. Nicht wertschöpfende Aktivitäten stellen Verschwendung dar. Ziel von Geschäftsprozessen ist es, alle Aktivitäten zu eliminieren, die aus dem Blickwinkel der Kunden keinen Nutzen und Wert haben. Die Wertschöpfungsorientierung in Geschäftsprozessen wird durch ihren direkten Bezug zu Kunden wesentlich erleichtert (vgl. Kapitel 4.2.6).

Für die Ausführung von Geschäftsfällen benötigt ein Geschäftsprozess materielle oder immaterielle **Inputs**, wie z. B.:

- personelle Ressourcen: Personalkapazität,
- finanzielle Ressourcen: Prozessbudget,
- technische Ressourcen: Material, Zwischenprodukte, Equipment, IT, Tools, Methoden,
- Dienstleistungen,
- Informationen: Vorschriften, Richtlinien etc.

Diese Inputs werden dem Geschäftsprozess von externen oder internen Lieferanten bereitgestellt.

---

[2] Ein Geschäftsfall wird auch als Transaktion bezeichnet (vgl. Burger 2009, S. 61 f.). Die IT verwendet den Begriff Prozessinstanz (vgl. Kapitel 4.2.3).

Die Steuerung der Geschäftsprozesse erfolgt über **Prozessziele und Prozesskennzahlen** (Process Performance Indicators). Die Prozessziele werden aus den Geschäftszielen abgeleitet und orientieren sich an den strategischen Erfolgsfaktoren.

Wie bereits ausgeführt, ist das Ziel des Geschäftsprozessmanagements, die Effektivität und Effizienz des Unternehmens zu erhöhen. Geschäftsprozesse sind effektiv, wenn ihre Ziele und Ergebnisse die Bedürfnisse und Erwartungen der externen Kunden erfüllen und gleichzeitig dazu beitragen, die strategischen und operativen Geschäftsziele zu erreichen. Eine wichtige Zielgröße der **Prozesseffektivität** ist die Kundenzufriedenheit.

Geschäftsprozesse sind effizient, wenn die Kundenleistungen mit möglichst geringem Ressourceneinsatz, d. h. wirtschaftlich erzeugt werden. Von der **Prozesseffizienz** hängt es ab, wie hoch die Kosten der Leistungserstellung sind und ob die von den Kunden akzeptierten Preise ausreichen, den angestrebten Gewinn zu erzielen. Ferner bestimmt die Prozesseffizienz, wie schnell, termingerecht und fehlerfrei Leistungen den Kunden bereitgestellt werden. Wichtige Zielgrößen der Prozesseffizienz sind Prozesszeiten, -qualität und -kosten. Hohe Prozesseffizienz erfordert ein abgestimmtes Zusammenspiel dieser drei Parameter.

Die Verantwortung für einen Geschäftsprozess und damit für das Erreichen der Prozessziele trägt der **Geschäftsprozessverantwortliche**. Über die Messung der Prozesskennzahlen erhält er laufend Informationen über den Stand der Zielerreichung und der Performance seines Geschäftsprozesses. Anhand dieser Informationen kann er entscheiden, ob gegebenenfalls zusätzliche Maßnahmen notwendig sind, die Prozessziele zu erreichen und Performancelücken zu schließen. Mit der durchgängigen Verantwortung „vom Anfang bis zum Ende“ ist es Geschäftsprozessverantwortlichen möglich, Geschäftsprozesse effizient zu koordinieren und zu steuern.

Wegen der ganzheitlichen Bearbeitung von Leistungen für Kunden haben Geschäftsprozesse geringe Überschneidungen mit anderen Geschäftsprozessen. Dank ihrer Eigenständigkeit

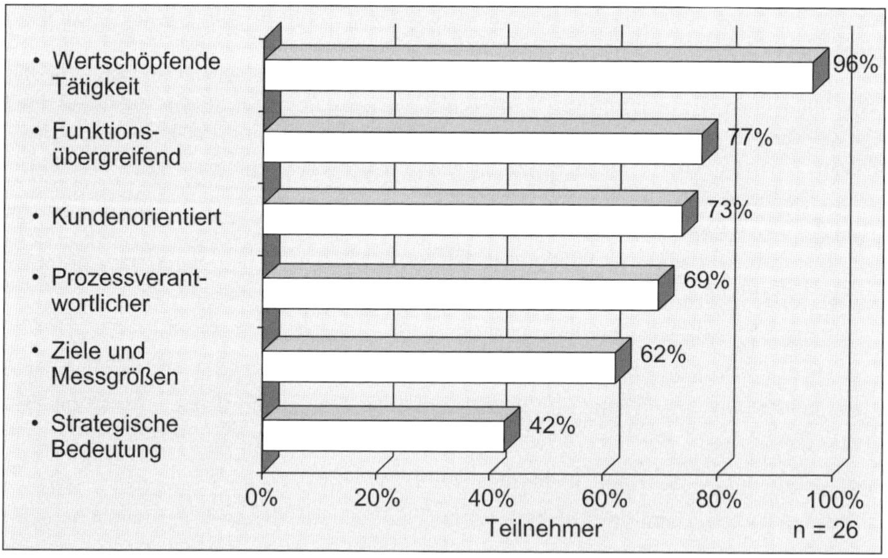

Abb. 2.5 Bedeutung der Merkmale von Geschäftsprozessen aus Sicht der Praxis (vgl. Koch/Hess 2003, S. 18 f.)

können sie schnell und flexibel auf Änderungen reagieren und ihre Organisation anpassen. Die Gestaltung und Optimierung der Geschäftsprozesse liegt ebenfalls in der Hand der Prozessverantwortlichen. Sie beziehen dabei Fähigkeiten, Wissen und Erfahrungen der Prozessmitarbeiter aktiv ein. Das Vorgehen gewährleistet Problemnähe, **Anpassungsflexibilität** und kurze Reaktionszeiten. Die Organisationsgestaltung und -verbesserung unterscheidet sich wesentlich von der traditionellen Organisationspraxis. In diesen nehmen Organisationsexperten aus zentralen Organisationsabteilungen Anpassungen der Organisation vor. Die Nachteile dieses Vorgehens sind Fremdbestimmung, Problemferne, Akzeptanzprobleme, hoher Aufwand und langsame Reaktion.

Die vorgenannte Definition von Geschäftsprozessen stimmt weitgehend mit der Praxissicht überein (siehe Abbildung 2.5; vgl. Koch/Hess 2003, S. 18f.). Eine Ausnahme bildet das Kriterium „strategische Bedeutung für das Unternehmen". Diesem stimmen in der Umfrage von Koch und Hess nur 42,3% der Teilnehmer zu. Dies ist ein Hinweis darauf, dass die strategische Ausrichtung der Geschäftsprozesse in der Praxis noch einen vergleichsweise geringeren Stellenwert hat. Diesen Sachverhalt bestätigen auch andere Studien (vgl. Kapitel 1.8 und 3.5).

2.2 Kundenorientierung als zentrale Leitlinie

Geschäftsprozessmanagement dient dazu, Kundenprobleme zu lösen, Kundennutzen zu schaffen und Kunden zufriedenzustellen. Die Kundenorientierung ist **einer der wichtigsten Erfolgsfaktoren:**

- „Die erfolgreichsten Unternehmen entwickeln Produkte und Services gemeinsam mit Kunden und binden ihre Kunden in Kernprozesse ein. Sie nutzen neue Kommunikationskanäle, um ihre Kunden einzubeziehen und sich stets an deren Wünschen und Bedürfnissen zu orientieren. [...] In einer in hohem Maße vernetzten Welt räumen CEOs der Kundennähe einen höheren Stellenwert als je zuvor ein. [...] Unternehmen müssen stärker berücksichtigen, was Kunden heute wichtig ist, und die Art und Weise der Wertschöpfung neu bewerten" (IBM 2010, S. 9f. und 14).
- „Wir wollen die Erwartungen unserer Kunden möglichst noch übertreffen, indem wir unsere Geschäftsprozesse ständig optimieren. Ziel ist der größtmögliche Nutzen für den Kunden. Jeder Kunde, den wir erfolgreicher machen, stärkt auch unsere eigene Position." (Siemens 2001, S. 5).

Kundenorientierung ist auch zentrales Anliegen des Qualitätsmanagements. Die Normenreihe ISO 9000 ff. versteht darunter (vgl. ISO 9004:2009, Anhang B.2):

- Erfordernisse und Erwartungen der Kunden kennen,
- Ziele der Organisation auf die Erfordernisse und Erwartungen der Kunden ausrichten,
- Erfordernisse und Erwartungen der Kunden in der gesamten Organisation kommunizieren,
- Kundenzufriedenheit messen und auf Ergebnisse reagieren,
- Kundenbeziehungen systematisch pflegen.

Abbildung 2.6 zeigt die **Beziehung zwischen Kundenorientierung und Unternehmenserfolg** (vgl. Homburg/Bucerius 2012, S. 56; vgl. auch Kapitel 6.3.2.4.1). Ohne ausreichende Kundenorientierung kann keine ausreichende Kundenzufriedenheit und kein ausreichender Unternehmenserfolg erzielt werden.

Auf die Kundenorientierung haben Aufbau- und Ablauforganisation, Personalführung, Informationssystem, Planung und Kontrolle sowie Unternehmenskultur Einfluss. In der Aufbauorganisation wirken sich z. B. Begrenzung der Hierarchietiefe und Vermeidung von Überspezialisierung positiv auf die Kundenorientierung aus. Charakteristisch für die in der Praxis weitverbreiteten Funktionsorganisationen sind dagegen tiefe Hierarchien und viele interne Schnittstellen. In 80 % der Unternehmen sind drei und mehr Organisationseinheiten an der Bearbeitung eines Kundenauftrags beteiligt. Dies ist ein Hauptgrund für unzuverlässige Leistungserbringung, die sich negativ auf Kundenzufriedenheit und Effizienz auswirkt (vgl. Fraunhofer IPA 2006a).

Die Ablauforganisation beeinflusst ebenfalls die Kundenorientierung. Positiven Einfluss haben eine nicht zu starke Prozessstandardisierung, Delegation von Entscheidungen an Mitarbeiter (Empowerment), Verankerung des Prinzips des „internen Kunden“, Schaffung von Transparenz bei kundenbezogenen Prozessen sowie kontinuierliche Prozessverbesserungen (vgl. Homburg/Bucerius 2012, S. 69 ff.).

Im Geschäftsprozessmanagement sind alle vorgenannten Einflussgrößen der Kundenorientierung wichtige Orientierungs- und Gestaltungsparameter. Für den positiven Einfluss des Geschäftsprozessmanagements auf die Kundenorientierung sind ausschlaggebend (vgl. auch Bergsmann 2012, S. 30 ff.):

- Ziele und Aufgaben der Geschäftsprozesse orientieren sich am Bedarf der Kunden.
- Über Geschäftsprozesse wird die gesamte Organisation auf Kunden ausgerichtet.

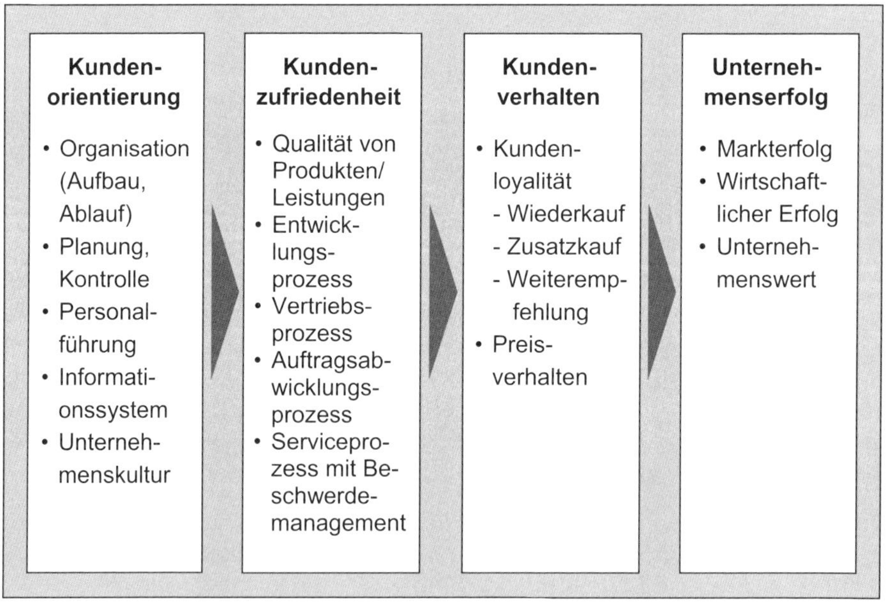

Abb. 2.6 Verbindung zwischen Kundenorientierung, Kundenzufriedenheit, Kundenverhalten und Unternehmenserfolg (in Anlehnung an Homburg/Bucerius 2012, S. 56)

- Prozesskultur, Prozessführung, Prozessgestaltung sowie Zielplanung und -kontrolle der Geschäftsprozesse sind auf die Erfüllung von Kundenanforderungen fokussiert.
- Die prozessorientierte Aufbauorganisation unterstützt die Kundenorientierung durch:
  - Reduktion der Hierarchietiefe,
  - Vermeidung von Überspezialisierung,
  - Förderung von Selbstorganisation, -abstimmung und -steuerung der Prozessmitarbeiter,
  - Verankerung des Prinzips des „internen Kunden“,
  - hohe Prozessstruktur- und Performancetransparenz,
  - kontinuierliche Prozessoptimierung.

Geschäftsprozesse bieten die Möglichkeit, Kundenorientierung und Kundenzufriedenheit kontinuierlich zu steigern. Über Geschäftsprozesse wird das Denken und Handeln der gesamten Organisation auf Kunden ausgerichtet. Je effizienter die Geschäftsprozesse die Kundenforderungen und -erwartungen erfüllen, umso zufriedener sind die Kunden und umso erfolgreicher ist das Unternehmen. ■

Das Beispiel einer Autoreparatur zeigt die Bedeutung und die Wirkungsweise von Geschäftsprozessen im Alltag. Die Kundenerwartung lautet: schnelle, termingerechte, kostengünstige und zuverlässige Reparatur des Autos. Der Geschäftsprozess „Reparaturabwicklung“ beginnt beim Kunden (Anstoß: Reparaturauftrag) und endet beim Kunden (Ergebnis: bezahlte Rechnung). Wie die Autowerkstatt intern den Prozess abwickelt, welche Subunternehmer und Lieferanten sie einschaltet, ist für die Kunden weitgehend uninteressant. Je besser und effizienter eine Autoreparaturwerkstatt diesen Geschäftsprozess beherrscht und die Kundenerwartungen erfüllt, umso erfolgreicher wird sie sein.

Beispiele für Geschäftsprozesse mit direktem Bezug auf externe Kunden zeigt Abbildung 2.7 (vgl. auch Kapitel 4.2.2). Aufgabe eines jeden Geschäftsprozesses ist es, die Forderungen und Erwartungen der Kunden so effizient wie möglich zu erfüllen. Daran wird ihr Erfolg gemessen.

Kunden werden in Geschäftsprozessen in zwei Gruppen unterteilt:

- externe Kunden und
- interne Kunden.

Externe Kunden sind die potenziellen Abnehmer bzw. Anwender der angebotenen Leistungen. In vielen Fällen handelt es sich dabei um Endkunden, welche die Produkte oder Dienstleistungen selbst nutzen bzw. anwenden, wie bei Haushaltsgeräten, PCs oder Automobilen. Häufig entscheiden die Nutzer/Anwender des Produktes aber nicht selber über den Kauf. Bei medizinischen Geräten treffen z. B. spezialisierte Einkaufsorganisationen der Kliniken die Kaufentscheidungen und nicht die Klinikärzte als Anwender. In derartigen Fällen sind sowohl Kaufentscheider als auch Nutzer/Anwender als externe Kunden zu betrachten. Beide Kundengruppen erwarten vom Unternehmen spezifische Leistungen. Die Kaufentscheider benötigen Informationen, um ihre Kaufentscheidung fundiert treffen zu können. Die Anwender/Nutzer benötigen ein Produkt, das dem Anwendungsbedarf gerecht wird.

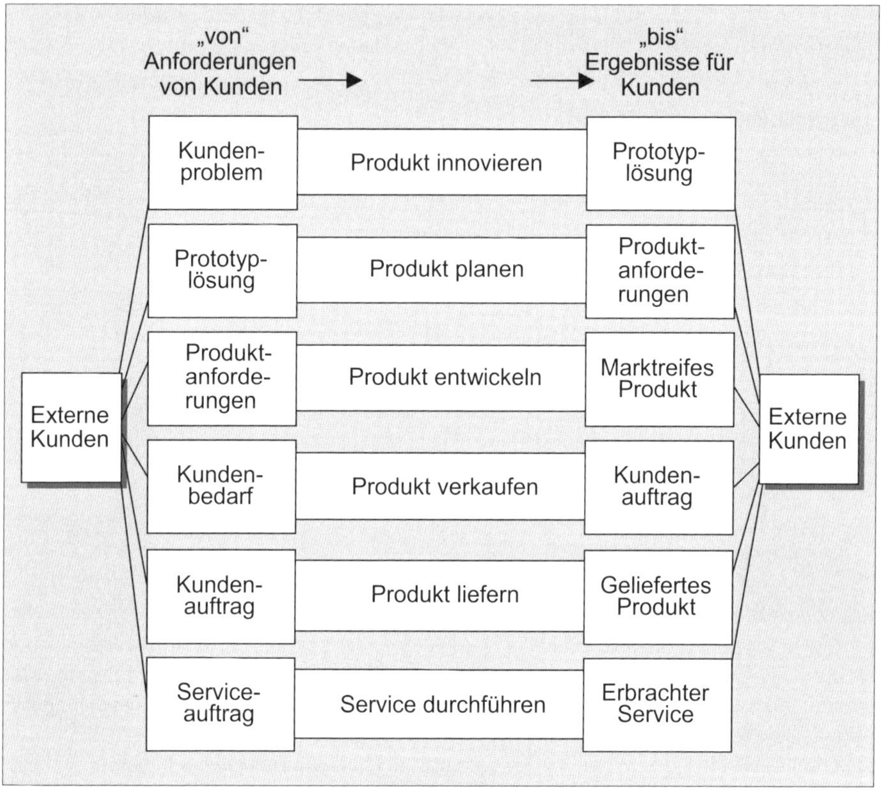

Abb. 2.7 Primäre Geschäftsprozesse in Industrieunternehmen

Neben externen Kunden spielen **interne Kunden** in Geschäftsprozessen eine wichtige Rolle. Interne Kunden sind Teilprozesse oder Prozessschritte, welche Ergebnisse vorhergehender Teilprozesse oder Prozessschritte als Input verwenden und weiterbearbeiten. In einem Geschäftsprozess ist jeder Teilprozess, Prozess- oder Arbeitsschritt interner Kunde eines vorhergehenden und zugleich interner Lieferant eines nachfolgenden Teilprozesses, Prozess- oder Arbeitsschrittes (siehe Abbildung 2.8).

In Geschäftsprozessen können drei Gruppen von Lieferanten unterschieden werden (vgl. Wilhelm 2007, S. 24 ff.):

- prozessinterne Lieferanten,
- unternehmensinterne Lieferanten,
- unternehmensexterne Lieferanten.

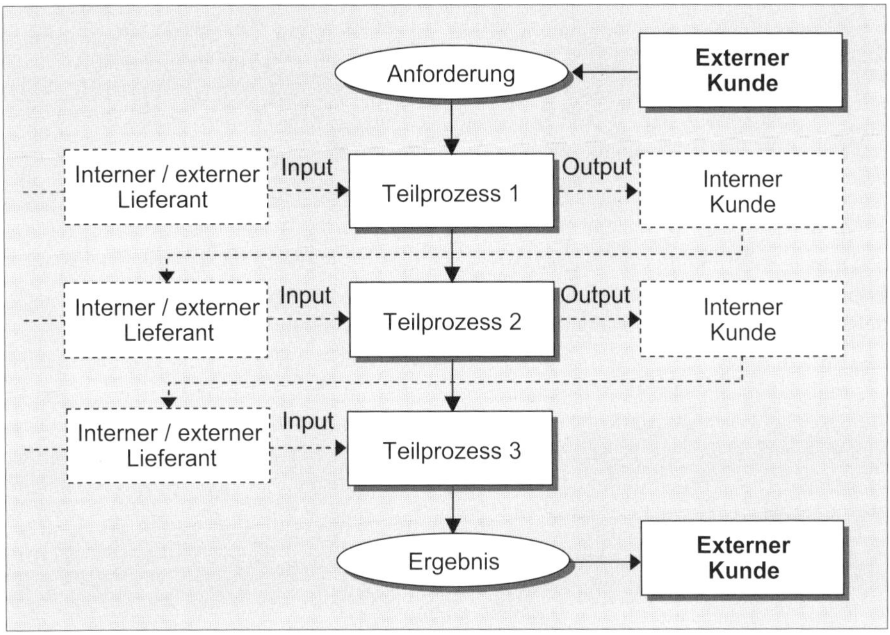

Abb. 2.8 Kunden-Lieferanten-Beziehungen in Geschäftsprozessen

Prozessinterne Kunden erwarten von prozessinternen Lieferanten, dass die Qualität des Inputs ebenso hoch ist wie die von prozessexternen Lieferanten. „Jeder Lieferant von Prozessergebnissen muss genau verstehen, welche Wünsche seine (internen) Kunden haben, und diese mit derselben Sorgfalt erfüllen wie die Erwartungen des externen Kunden" (Wilhelm 2007, S. 26). ■

Interne Kunden Lieferanten-Beziehungen werden in der Praxis zumeist weniger intensiv gepflegt als externe. Oft fehlt das richtige Verständnis für die Bedürfnisse interner Kunden, obwohl jeder Mitarbeiter sowohl interner Lieferant als auch interner Kunde ist. Häufig verhalten sich interne Lieferanten wie Monopolisten, die ihre Leistungen zu teuer, zu langsam und in unzureichender Qualität bereitstellen.

2.3 Anforderungen der Stakeholder

Geschäftsprozesse haben nicht nur die Bedürfnisse, Erwartungen und Forderungen der Kunden, sondern aller Stakeholder zu berücksichtigen (vgl. Burlton 2001, S. 83 ff.; Jeston/Nelis 2008, S. 268 ff.; Burlton 2010, S. 17 ff.; Gleich 2011, S. 24 und 270 ff.; CMMI-Praktiken, in: Chrissis/Konrad/Shrum 2012, S. 241 ff.).

Bei **Stakeholdern** (Interessengruppen, Anspruchsgruppen, Beteiligte) handelt es um Personen oder Organisationen, die ein Interesse an Ergebnissen oder am Ablauf von Geschäftsprozessen haben. Stakeholder üben Einfluss auf Ziele, Ergebnisse und Rahmenbedingungen der Geschäftsprozesse aus. Nicht selten sind sie Auslöser für die Einführung des Geschäftsprozessmanagements.

Auf die besondere Rolle von Stakeholdern weist auch ISO 9004:2009 hin: „Das Erfüllen der Erfordernisse und Erwartungen der interessierten Parteien trägt zum Erreichen eines nachhaltigen Erfolgs der Organisation bei" (ISO 9004:2009, Abschnitt 4.4).

Es kann zwischen **internen und externen Stakeholdern** unterschieden werden. Zu den internen zählen alle Personen, die in die Organisation von Geschäftsprozessen eingebunden sind, wie z. B. Prozessverantwortliche, Prozessmitarbeiter, interne Kunden und interne Lieferanten. Beispiele für externe Stakeholder sind externe Kunden, externe Lieferanten, Partner, Betriebsrat, Auditoren, eventuell auch Kapitalgeber, Gläubiger, Kommunen, Gewerkschaften, Verbraucher- und Umweltschutzverbände (siehe Abbildung 2.9).

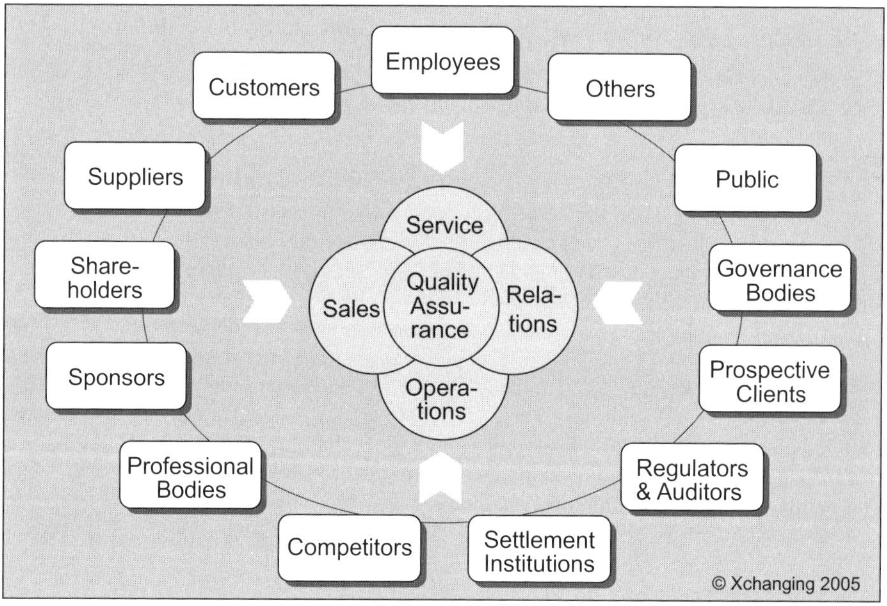

Abb. 2.9 Stakeholder bei Xchanging (vgl. Ritz 2005)

Das Interesse der Stakeholder an Geschäftsprozessen kann unterstützend, ablehnend oder neutral sein. Die Interessenlage ist oft unterschiedlich, gegenläufig oder widersprüchlich. Häufig ändern sich Interessen, Bedürfnisse, Einstellungen und Ansprüche im Laufe der Zeit oder durch bestimmte Ereignisse.

Stakeholder werden in aktive und passive unterteilt. Die Unterscheidung hilft bei der Identifizierung, Strukturierung und Gewichtung der Stakeholder. Im Geschäftsprozessmanagement sind **aktive Stakeholder** z. B. Geschäftsleitung, Betriebsrat, alle Rollen des Geschäftsprozessmanagements, interne/externe Kunden sowie interne/externe Lieferanten und Partner der Geschäftsprozesse. Zu den **passiven Stakeholdern** zählen alle nicht unmittelbar involvierten Verantwortlichen und Mitarbeiter des Unternehmens sowie auch externe nicht direkt tangierte Personen und Gruppen mit Interesse an den Geschäftsprozessen.

Bereits vor Einführung des Geschäftsprozessmanagements ist über eine Stakeholder-Analyse zu klären, wer die maßgeblichen Stakeholder sind und welche Anforderungen sie stellen. Die Aufgaben der **Stakeholder-Analyse** umfassen (vgl. Tietmeyer 2005, S. 622 ff.; Gausemeier/Plass/Wenzelmann 2009, S. 170 ff.; Brehm/Petry 2009, S. 379 ff.; Vahs/Weiand 2010, S. 141 ff.; Melbinger 2010, S. 589 ff.; Picot et al. 2012, S. 566 ff.):

- Identifizieren der Stakeholder des Geschäftsprozessmanagements:
  - Wer ist direkt oder indirekt, heute oder in der Zukunft von Geschäftsprozessen betroffen?
  - Wer hat Interesse am Geschäftsprozessmanagement?
  - Wer hat konkrete Forderungen/Erwartungen an das Geschäftsprozessmanagement und seine Ergebnisse?
  - Auf wen ist das Geschäftsprozessmanagement angewiesen?
- Feststellen der Erwartungen und Forderungen sowie der Betroffenheit der Stakeholder.
  - Welche Vor- und Nachteile bzw. Chancen und Risiken haben Stakeholder durch das Geschäftsprozessmanagement?
  - Welche Forderungen/Erwartungen haben die Stakeholder?
  - Wie sind die Forderungen/Erwartungen der Stakeholder zu gewichten?
  - Wie stark sind die Stakeholder vom Geschäftsprozessmanagement betroffen?
- Ermitteln der Bedeutung und Einflussstärke der Stakeholder:
  - Welche Einstellung haben die Stakeholder zum Geschäftsprozessmanagement (Befürworter, Gegner, Neutrale)?
  - Welche Einflussmöglichkeiten haben die Stakeholder auf das Geschäftsprozessmanagement (direkt, indirekt)?
  - Wie stark sind die Einflüsse und Wirkungen der Stakeholder auf das Geschäftsprozessmanagement (gering, mittel, hoch)?
- Festlegen und Gewichten der Key Stakeholder.
- Planen geeigneter Maßnahmen zur Beeinflussung der Key Stakeholder.
  - Wie können potenzielle Befürworter gewonnen werden?
  - Wie ist mit Gegnern und Neutralen umzugehen?
  - Welche Maßnahmen sind zu empfehlen? Mögliche Maßnahmen sind:
    - frühzeitige und laufende Information,
    - gemeinsame Workshops mit Stakeholdern über Ziele und Vorgehen des Geschäftsprozessmanagements,
    - Anhörung und Berücksichtigung von Vorschlägen, Bedenken und Einwänden der Stakeholder,
    - Einbeziehung der Stakeholder in Steuerungs- und Lenkungsgremien.

Ziel der Maßnahmen ist, Stakeholder von der Notwendigkeit des Geschäftsprozessmanagements zu überzeugen, Akzeptanz zu erhöhen, Widerstände abzubauen sowie Stakeholder als

Ideengeber und Unterstützer zu gewinnen. Günstig ist, Stakeholder-Analysen in gemeinsamen Workshops mit den Stakeholdern durchzuführen, die Ergebnisse zu kommunizieren und die Kommunikation mit den Stakeholdern bei Einführung und Durchführung des Geschäftsprozessmanagements aufrechtzuerhalten.

Ein Auswertungsergebnis der Stakeholder-Analyse ist die **Stakeholder-Matrix** in Abbildung 2.10. Hohe Priorität haben die Stakeholder in Feld B, da sie dem Geschäftsprozessmanagement positiv gegenüberstehen und großen Einfluss ausüben. Die Stakeholder in Feld A erfordern besondere Aufmerksamkeit. Für sie ist eine Kommunikationsstrategie zu entwickeln, um ihren möglichen Negativeinfluss zu begrenzen. Eine ergänzende Auswertung der Stakeholder-Analyse ist, den Einfluss und die Beeinflussbarkeit der Stakeholder in einer Stakeholder-Matrix auszuweisen (vgl. Brehm/Petry 2009, S. 380).

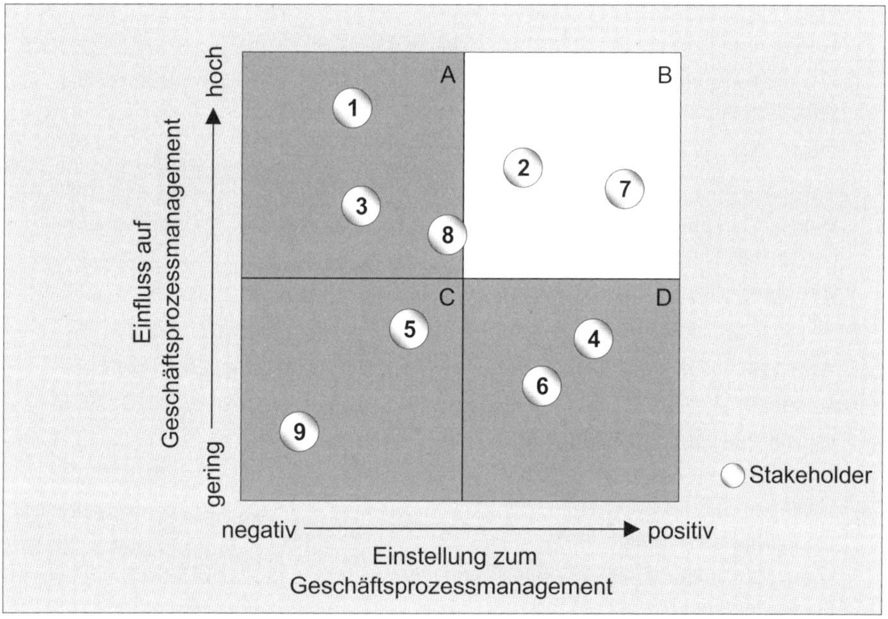

Abb. 2.10 Stakeholder-Matrix

Die Ergebnisse der Stakeholder-Analyse fließen u.a. in den Zielfindungsprozess sowie die Erstellung eines Zielportfolios für das Geschäftsprozessmanagement ein (vgl. Kapitel 3.1.2 und 12.4.4). Anhand des Zielportfolios können die Ziele des Geschäftsprozessmanagements dargestellt, festgelegt, gewichtet und kontrolliert werden. Die Akzeptanz des Geschäftsprozessmanagements hängt u.a. davon ab, ob und wie die Stakeholder an dem Zielfindungsprozess beteiligt werden.

Wie bereits erwähnt, werden die weiteren Ausführungen des Buches besonders auf Kunden Bezug nehmen, da sie neben den Mitarbeitern die wichtigste Stakeholder-Gruppe für das Geschäftsprozessmanagement darstellen.

2.4 Primäre und sekundäre Geschäftsprozesse

2.4.1 Charakterisierung von primären und sekundären Geschäftsprozessen

Geschäftsprozesse haben unterschiedlichen Einfluss auf Kundennutzen und Unternehmenserfolg. Einige Geschäftsprozesse erzeugen Leistungen für externe Kunden, andere nehmen unterstützende Aufgaben wahr. Zur Unterscheidung werden deshalb Geschäftsprozesse in Prozesskategorien unterteilt (siehe Abbildung 2.11).

European Foundation for Quality Management (EFQM)	Process Classification Framework (PCF)	ISO/IEC 12207 SPICE/ ISO/IEC 15504	BPM CBOK (European Association of Business Process Management)	SAP IDS Scheer
• Management Processes • Operating Processes • Support Processes	• Management and Support Processes • Operating Processes	• Primary Processes • Organizational Processes • Supporting Processes	• Führungsprozesse • Ausführungsprozesse • Unterstützungsprozesse	• Führungsprozesse • Kernprozesse • Unterstutzungsprozesse

Abb. 2.11 Prozesskategorien

In der Praxis ist die Unterteilung der Geschäftsprozesse in Managementprozesse, Leistungs- oder Ausführungsprozesse und Unterstützungsprozesse am weitesten verbreitet. Diese Dreiteilung hat jedoch Mängel. Zum einen bereitet die inhaltliche Abgrenzung zwischen Management- und Unterstützungsprozessen Schwierigkeiten. Zum anderen sind die Begriffe Ausführungs- oder Leistungsprozess mehrdeutig. Auch Management- und Unterstützungsprozesse werden ausgeführt und erstellen Leistungen. Ebenso sind Prozesskategorien wie Führungs-, Mess-, Analyse-, Koordinations- und Verbesserungsprozesse missverständlich, da Führung, Messung, Analyse, Koordination und Verbesserung substanzielle Aufgaben in jedem Geschäftsprozess sind.

Um der Mehrdeutigkeit zu entgehen, empfehlen wir, Geschäftsprozesse in die Kategorien **primäre und sekundäre Geschäftsprozesse** zu unterteilen (siehe Abbildung 2.12; vgl. Picot et al. 2012, S. 375 f.).

Primäre Geschäftsprozesse erzeugen Leistungen (Produkte und/oder Dienstleistungen) für externe Kunden, um deren Bedarf zu befriedigen. Sie stiften unmittelbaren Kundennutzen. Die Kunden sind bereit, dafür einen Preis zu zahlen. Die Leistungen für externe Kunden sind Umsatzträger und haben entscheidenden Einfluss auf den Geschäftserfolg und die Wettbewerbsfähigkeit.

Für einen effektiven und effizienten Ablauf benötigen primäre Geschäftsprozesse strategische Vorgaben sowie Ressourcen wie z. B. Personal, Finanzen, technische Ressourcen und IT. Diese stellen ihnen die **sekundären Geschäftsprozesse** bereit. Die Bereitstellung bedarfsgerechter Ressourcen beeinflusst wesentlich die Funktionsfähigkeit und Effizienz der primären Geschäftsprozesse.

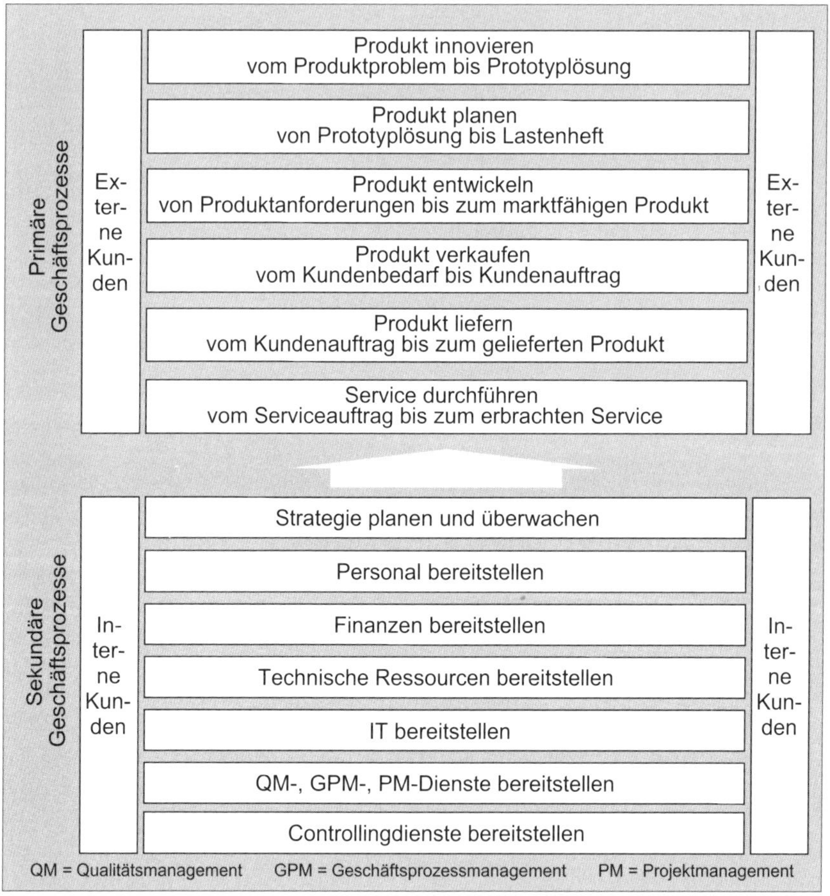

Abb. 2.12 Beispiele für primäre und sekundäre Geschäftsprozesse[3]

[3] Beschreibungen von Geschäftsprozessen enthalten Kapitel 4.2.2; Kapitel 13; Wilhelm 2007, S. 97ff.; Schmelzer/Sesselmann 2008, S. 195ff.; Gaitanides 2012, S. 176ff. und Bach et al. 2012, S. 145ff.

Sekundäre Geschäftsprozesse werden in der Praxis zumeist in Management- und Unterstützungsprozesse unterteilt. Zutreffender sind die Bezeichnungen Unternehmenssteuerungs- und Bereitstellungsprozesse (vgl. Rummler/Ramias/Rummler 2010, S. 57; Bergsmann 2012, S. 68 ff.; Bach et al. 2012, S. 172 ff.). Die **Unternehmenssteuerungsprozesse** stellen zum einen sicher, dass strategische und operative Ziele des Unternehmens systematisch geplant werden und ihre Umsetzung überwacht wird (= ergebnisorientierte Steuerung). Zum anderen tragen sie dafür Sorge, dass Regelungen (Gesetze, Normen, Verordnungen, Vorschriften oder Richtlinien) der Corporate Governance, der Process Governance oder des Compliance Management eingehalten werden (= normative Steuerung). Zu den Steuerungsprozessen zählen z. B. „Strategie planen und überwachen", „Controllingdienste bereitstellen", „Governance planen und überwachen". Aufgabe der **Bereitstellungsprozesse** ist, den primären Geschäftsprozessen die Ressourcen und die Infrastruktur bereitzustellen, die sie für die Prozessausführung benötigen (vgl. Bergsmann 2012, S. 68 ff.).

Sekundäre Geschäftsprozesse haben in der Regel keinen direkten Marktbezug und wirken sich auf die Wettbewerbsfähigkeit nur indirekt aus. Eine Ausnahme bildet der Strategieprozess („Strategie planen und überwachen"). In ihm wird die Geschäftsstrategie geplant, welche die Weichen für das Erzielen nachhaltiger Wettbewerbsvorteile stellt.

Ausgangspunkt für die Identifizierung der sekundären Geschäftsprozesse sind der Bereitstellungs- und Unterstützungsbedarf aller Geschäftsprozesse sowie normative Regelungen. Maßgeblich für das Leistungsprofil der sekundären Geschäftsprozesse ist der Bedarf der primären Geschäftsprozesse.

Beispiele für sekundäre Geschäftsprozesse sind (siehe Abbildung 2.12):

- Strategie planen und überwachen (vgl. Kapitel 3.4)
  - Planen, Anpassen und Kontrollieren von Geschäftsfeldern, Erfolgspotenzialen, Kernkompetenzen, Erfolgsfaktoren, Wettbewerbsstrategien und Unternehmenszielen.
- Personal bereitstellen
  - Planen, Beschaffen, Qualifizieren, Bereitstellen und Betreuen von Personal.
- Finanzmittel bereitstellen
  - Planen, Beschaffen, Bereitstellen und Kontrollieren von finanziellen Mitteln.
- Technische Ressourcen bereitstellen
  - Planen, Beschaffen, Bereitstellen, Instandhalten und Kontrollieren technischer Ressourcen (z. B. Gebäude, Anlagen, Material, Werkzeuge).
- IT bereitstellen
  - Planen, Beschaffen, Bereitstellen, Anpassen und Kontrollieren von IT-Tools und IT-Ressourcen.
- QM-, GPM-, PM-Dienste bereitstellen
  - Planen, Beschaffen, Einführen und Trainieren von Methoden; Beraten und Unterstützen.
- Controllingdienste bereitstellen
  - Planen, Beschaffen, Einführen und Trainieren von Controllingmethoden und Tools; Beraten und Unterstützen.

Mit Einführung von sekundären Geschäftsprozessen wird den internen Dienstleistern eine neue Rolle zugewiesen. Welche internen Leistungen benötigt werden, bestimmen nicht mehr sie selbst, sondern die internen Kunden. Leistungsangebot und Leistungsfähigkeit der Dienstleister unterliegen einer ständigen Kontrolle und Beurteilung durch ihre internen „Auftraggeber". Bei dem Bezug und der Beurteilung interner Leistungen sollten die gleichen Maßstäbe wie bei externen Lieferanten angelegt werden. Der Leistungsbezug ist wie im externen Bereich über Service Level Agreements zu regeln (vgl. Kapitel 4.2.7), in denen die Leistungen und ihre Bereitstellung spezifiziert werden. ■

Sekundäre Geschäftsprozesse werden wie primäre Geschäftsprozesse über Prozessziele und Prozesskennzahlen gesteuert. Die Messung der Prozesskennzahlen stellt Transparenz über die Prozesseffizienz her und schafft quasi Marktgegebenheiten (vgl. Scholz/Vrohlings 1994a, S. 21 ff.). Bei einer zu teuren Leistungserstellung ist den primären Geschäftsprozessen die Möglichkeit zu geben, auf externe Lieferanten auszuweichen, wenn nicht strategische Gründe dagegensprechen. Die Performancetransparenz motiviert die Bereitstellungsprozesse, sich stärker am externen Performanceniveau und am Kundennutzen auszurichten.

Die Trennung zwischen primären und sekundären Geschäftsprozessen ist fließend. Je nach Art und Leistungsangebot eines Geschäftes kann ein bestimmter Geschäftsprozess/Teilprozess in einem Unternehmen ein primärer Geschäftsprozess/Teilprozess und in einem anderen Unternehmen ein sekundärer Geschäftsprozess/Teilprozess sein. Auch können bestimmte sekundäre Prozesse primären Geschäftsprozessen als Teilprozesse zugeordnet werden, wenn sich dadurch Ressourcen- und Prozesseffizienz steigern lassen.

2.4.2 Anzahl der Geschäftsprozesse

Primäre Geschäftsprozesse beziehen sich auf Geschäftseinheiten (vgl. Kapitel 3.1.3). In größeren Unternehmen mit mehreren Geschäftseinheiten hat jede Geschäftseinheit ihre spezifischen primären Geschäftsprozesse. Kleine Unternehmen sind zumeist nicht in Geschäftseinheiten aufgeteilt, sodass die primären Geschäftsprozesse für das Unternehmen gelten.

In der Regel wird das Leistungsspektrum einer Geschäftseinheit mit fünf bis acht **primären Geschäftsprozessen** abgedeckt. Manche Autoren plädieren für zwei bis drei primäre Geschäftsprozesse.

Nach unseren Erfahrungen reichen zwei bis drei primäre Geschäftsprozesse nicht aus, um ein Geschäft kundenorientiert, effizient und transparent zu steuern. Auf der anderen Seite sollte die Zahl der primären Geschäftsprozesse möglichst nicht über acht hinausgehen. Unsere Empfehlung liegt bei sechs bis acht primären Geschäftsprozessen pro unternehmerische Einheit. ■

Die Zahl der **sekundären Geschäftsprozesse** liegt zumeist ebenfalls bei sechs bis acht. Maßgeblich für die Definition von eigenständigen sekundären Geschäftsprozessen sind Personalvolumen, Strukturiertheit, Spezialwissen und -fähigkeiten. Es macht wenig Sinn, unterstützende Stellen, die aus wenigen spezialisierten Mitarbeitern mit einem heterogenen Leistungsangebot bestehen, als eigenständige sekundäre Geschäftsprozesse auszuweisen. Das betrifft z. B. Stellen für Revision, Recht, Umwelt, Gesundheit oder Immobilienmanagement. Oft werden diese Stellen in einem Dienstleistungsprozess zusammengefasst. Die Akkumulation unterschiedlicher Aufgaben in einem Prozess ist jedoch problematisch, da dieser kaum Prozess- und Performancetransparenz herstellt und deshalb nicht zielorientiert gesteuert werden kann. Die bessere Lösung ist zumeist, hoch spezialisierte Stellen als funktionsorientierte Kompetenzzentren bzw. Corporate Center auszuweisen (vgl. Bach et al. 2012, S. 294 f.; Kapitel 4.4.2.3.3).

2.4.3 Typen von Geschäftsprozessen

Geschäftsprozesse unterschieden sich in wichtigen Merkmalen, wie z. B. in:

- strategischem Gewicht (vgl. Kapitel 3.3.4),
- Zielorientierung (Effektivität, Effizienz),
- Aufgabenkomplexität, Variabilität,
- Determiniertheit,
- Wiederholungsgrad,
- Ressourceneinsatz,
- Wissensintensität.

Diese Unterschiede beeinflussen die Ausprägung der Gestaltungsfelder von Geschäftsprozessen, wie:

- Aufbaustruktur (Tiefe der Prozessstruktur),
- Dokumentation (Umfang und Detaillierungsgrad),
- Zielplanung (Zielschwerpunkte und -detaillierung),
- Messung und Steuerung (Umfang und Intensität),
- Optimierung (Umfang und Intensität),
- Standardisierung (Umfang),
- Automatisierung (Umfang).

Anhand der Unterschiede können Geschäftsprozesse bestimmten **Prozesstypen** zugeordnet werden (vgl. auch Nippa 1996, S. 54). Die in Abbildung 2.13 abgebildete Unterteilung von Geschäftsprozessen in drei Typen stellt ein grobes Raster dar. Es soll veranschaulichen, dass jeder Geschäftsprozess in Abhängigkeit von seinen Merkmalen zu gestalten ist und demzufolge die Gestaltungsfelder je nach Typ unterschiedlich ausgeprägt sind. Im Folgenden werden die beiden Typen I (wissensintensive Geschäftsprozesse) und III (Routinegeschäftsprozesse) beschrieben. Typ-II-Geschäftsprozesse sind eine Kombination von Merkmalsausprägungen von Typ-I- und Typ-III-Geschäftsprozessen.

Geschäftsprozesstyp	I	II	III
Beispiele Geschäftsprozesse	• Produkt innovieren • Strategie planen und überwachen	• Produkt planen • Produkt entwickeln • Produkt verkaufen	• Produkt liefern • Service durchführen
Prozessmerkmale			
• Effektivitätsorientierung	stark	mittel bis stark	mittel bis schwach
• Effizienzorientierung	schwach	mittel bis stark	sehr stark
• Aufgabenkomplexität	sehr hoch	mittel	niedrig
• Determiniertheit	sehr niedrig	mittel bis hoch	sehr hoch
• Wiederholungsgrad	niedrig	mittel	sehr hoch
• Ressourceneinsatz	gering	mittel bis hoch	hoch
• Wissensintensität	sehr hoch	mittel	gering
Gestaltungsfelder			
• Tiefe der Prozessstruktur	niedrig	mittel	sehr hoch
• Detaillierung der Prozessdokumentation	niedrig	mittel	sehr hoch
• Schwerpunkte Zielplanung	Effektivität	Effektivität, Effizienz	Effizienz
• Prozesscontrolling	schwach	mittel	sehr intensiv
• Prozessoptimierung	Ergebnis	Ergebnis / Ablauf	Ablauf
• Standardisierung	keine	mittel	sehr hoch
• IT-Unterstützung	Technische Software E-Collaboration Social BPM	ERP, CRM, PLM Technische Software E-Collaboration Social BPM	ERP, SCM Workflow-Management-Systeme E-Collaboration

Abb. 2.13 Prozesstypen: Merkmale und Ausprägungen ihrer Gestaltungsfelder

Typ-I-Geschäftsprozesse

Besonderes Merkmal der Typ-I-Geschäftsprozesse ist ihre Wissensintensität. Deshalb werden sie auch **Know-how-intensive Geschäftsprozesse** bzw. Emergent Business Processes genannt (siehe Abbildung 2.14; vgl. Marjanovic 2005; Kirchmer 2011, S. 120 ff.). Determinanten des Prozesserfolgs sind Kreativität, Wissen und Erfahrungen der Mitarbeiter sowie ein intensiver prozessinterner und -externer Wissensaustausch. „The four principles for emergent work help people achieve their shared goal by working off flexible plans, holding conversations, knowing what others know and acting upon it, engaging customers, and constantly shifting leadership" (Majchrzak et al., 2006, S. 12).

In Know-how-intensiven Prozessen hängt der Prozessablauf von Zwischenergebnissen ab, die nur grob planbar sind. Sie bestimmen das weitere Vorgehen in dem Prozess. „The actual route/flow through an Emergent process will often be a matter for decision-making on a case-by-case basis“ (ISC 2009, S. 3). Entscheidungen über den Prozessablauf sind situativ zu treffen und können nicht vordefiniert werden. Dabei spielen Wissen, Erfahrungen und Einschätzungen der Verantwortlichen sowie der Mitarbeiter eine ausschlaggebende Rolle.

Emergent Business Process	Routine Business Process
▪ May occur infrequently	▪ Occurs regularly, transaction-based
▪ Route/flow depends on situation and needs	▪ Pre-determined route/flow through the process
▪ Many parallel and optional flows	▪ Mostly sequential and conditional (if, then) flows
▪ Should mainly be documented at high-level	▪ Can be documented and standardised in detail
▪ Resources and staffing are decided based on need	▪ Resources and staffing can be pre-planned
▪ Ideal for Tacit Knowledge Management approaches	▪ Ideal for Explicit Knowledge Management approaches

Abb. 2.14 Charakterisierung von wissensintensiven Geschäftsprozessen (Emergent Business Processes) und Routinegeschäftsprozessen (vgl. ISC 2009, S. 4)

Die Prozesstiefe beschränkt sich in Typ-I-Geschäftsprozessen zumeist auf Teilprozesse, in denen das grundsätzliche Vorgehen vorgegeben wird. Diese Grobstruktur dient der Berücksichtigung von Rahmenvorgaben, wie z. B. der Projekt- und Ressourcenplanung. Sie ist auch für die Erfahrungsakkumulation hilfreich. Für eine Standardisierung kommen Typ-I-Geschäftsprozesse ebenso wenig in Betracht wie für eine Automatisierung.

Der Fokus von Typ-I-Geschäftsprozessen liegt auf der Effektivität, d. h. dem Erzielen von verwertbaren Sachergebnissen. Effizienzparameter (Prozesskosten, -termine, -zeit) haben als Rahmenvorgaben Bedeutung, dienen aber nicht zur detaillierten Prozesssteuerung. Entsprechend niedrig ist auch die Messintensität. Messungen werden zumeist nur zur Gewinnung von Erfahrungswerten sowie zur Einhaltung von finanziellen und zeitlichen Rahmenvorgaben durchgeführt.

Prozessoptimierungen haben in Typ-I-Geschäftsprozessen die Steigerung der Effektivität zum Ziel. Hierzu zählt, Arbeitsumgebungen und Methoden bereitzustellen, welche die Kreativität und Ideenfindung für innovative Lösungen unterstützen und den Wissensaustausch fördern. In allen Know-how-intensiven Prozessen können E-Collaboration und Social BPM (vgl. Kapitel 10.8.4) helfen, kollaboratives Wissen schneller zu generieren, zu transferieren und zu nutzen.

Typ-III-Geschäftsprozesse

Bei Typ-III-Geschäftsprozessen handelt es sich um **Routineprozesse**. Diese werden sehr häufig ausgeführt, haben eine klare sowie stabile Struktur und profitieren von einer breiten

Erfahrungsbasis. Die Prozesse werden tief gegliedert sowie umfassend dokumentiert, sodass eine hohe Prozesstransparenz besteht. Diese ist u. a. erforderlich, um die zumeist umfangreichen normativen Anforderungen zu erfüllen sowie die Prozesse zu automatisieren.

Der Ressourceneinsatz (personelle, technische und finanzielle Ressourcen) ist bei Typ-III-Geschäftsprozessen in der Regel deutlich höher als bei Typ-I-Geschäftsprozessen. Der Zielschwerpunkt liegt auf hoher Effizienz, d. h. der zeit-, termin-, kosten- und qualitätsgerechten Durchführung der Prozessaufgaben. Termintreue und Ergebnisqualität beeinflussen unmittelbar die Kundenzufriedenheit, sodass die Prozesse nicht nur wegen ihrer Effizienz- bzw. Produktivitätswirkung intensiv kontrolliert werden.

Die Ziele für Prozesszeiten, -termine, -qualität und -kosten werden in Typ-III-Geschäftsprozessen differenziert geplant und über alle Prozessebenen bis zu den Mitarbeitern heruntergebrochen. Die Prozessziele und die auf sie abgestimmten Prozesskennzahlen sind die Basis für laufende Prozessmessungen und eine intensive Prozesssteuerung. Dank der Prozessmessungen wird Transparenz über die Prozessperformance erreicht, die zusammen mit der Prozesstransparenz günstige Voraussetzungen für kontinuierliche Prozessverbesserungen schafft. Als Verbesserungsmethoden kommen je nach Prozesssituation und Prozesszielen TCT, Kaizen oder Six Sigma zum Einsatz. Die IT-Unterstützung ist intensiv bis hin zur Automatisierung von Teilprozessen/Prozessschritten.

Bereitstellungs- und Unternehmenssteuerungsprozesse

In Abbildung 2.13 sind keine **Bereitstellungsprozesse** aufgeführt. Sie weisen eine zu große Spannweite auf und sind jeweils einzeln zu betrachten. Gemeinsame Merkmale der Bereitstellungsprozesse sind eine schwache Effektivitätsorientierung, starke Effizienzorientierung und starke Prozessorientierung. Ihre Wiederholhäufigkeit ist unterschiedlich. Demzufolge sind Standardisierungsgrad, Tiefe der Prozessstrukturierung, Detaillierung der Prozessdokumentation, Intensität der Prozessmessung sowie Ausprägung der Prozessoptimierung jeweils verschieden ausgeprägt. Der Schwerpunkt der Zielplanung liegt bei den Bereitstellungsprozessen zumeist auf Effizienzzielen, wobei die Prozesskosten wegen des hohen Ressourceneinsatzes oft besonderes Gewicht haben. Für Bereitstellungsprozesse steht zumeist Standardsoftware mit Best-Practice-Lösungen zur Verfügung, deren Einsatz weitverbreitet und vorteilhaft ist.

Von den Unternehmenssteuerungsprozessen enthält die Tabelle nur den Geschäftsprozess „Strategie planen und überwachen“. Dieser ist den Typ-I-Geschäftsprozessen zuzuordnen. Bei den übrigen Aktivitäten der Unternehmenssteuerung ist jeweils zu prüfen, ob sie Typ-I-, Typ-II- oder Typ-III-Geschäftsprozessen entsprechen oder besser als Kompetenzzentren ausgewiesen werden sollten.

2.4.4 Prozesslandkarte

Zwischen Kunden und Geschäftsprozessen sowie innerhalb der Geschäftsprozesse bestehen Verbindungen und Abhängigkeiten. Sie beruhen auf dem Transfer von Leistungen und Informationen. Die Kenntnis dieser Wechselbeziehungen ist für das Verständnis, die Steuerung und Verbesserung der Geschäftsprozesse unerlässlich.

Ein weitverbreitetes Hilfsmittel zum Aufzeigen der Wirkungszusammenhänge und Nahtstellen zwischen Geschäftsprozessen ist die **Prozesslandkarte**. Sie zeigt die Verbindung zwischen Leistungsforderungen der Kunden und Geschäftsprozessen, die Wechselwirkungen zwischen den Geschäftsprozessen sowie die Beziehungen zwischen Geschäftsprozessen und Leistungen für die Kunden auf. Neben Kunden können auch externe Partner aufgeführt werden, wie z. B. Lieferanten wichtiger Prozessinputs.

Die Prozesslandkarte stellt zusammen mit dem Geschäftsprozessmodell die oberste Darstellungsebene von Geschäftsprozessen dar. Hierbei sollten nicht alle, sondern nur die für das Unternehmen wichtigsten Geschäftsprozesse einer Geschäftseinheit ausgewiesen werden. Dazu zählen besonders die primären Geschäftsprozesse, da sie einen direkten Bezug zu externen Kunden haben und maßgeblich Umsatz und Ergebnis des Unternehmens beeinflussen. Bei zu vielen Prozessen in einer Prozesslandkarte besteht die Gefahr der Unübersichtlichkeit, worunter die Aussagekraft leidet. Abbildung 2.15 zeigt das Schema einer Prozesslandkarte für primäre Geschäftsprozesse.

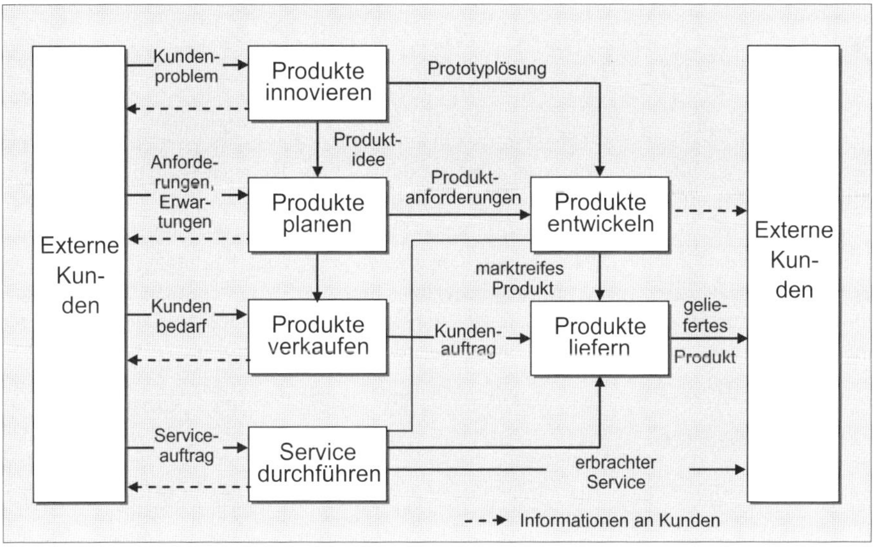

Abb. 2.15 Prozesslandkarte

Zu empfehlen ist, an den Nahtstellen zwischen Geschäftsprozessen bzw. Teilprozessen Leistungsvereinbarungen zu treffen, Messpunkte einzurichten und den Leistungstransfer regelmäßig zu messen. Leistungsvereinbarungen sorgen dafür, dass zwischen Leistungsgebern und -empfängern Klarheit über Inhalt und Konditionen der Leistungsbereitstellung besteht (vgl. Kapitel 4.2.7). So können Missverständnisse ausgeschlossen und Koordinationsaufwendungen reduziert werden.

Prozesslandkarten können sich auch auf die Ebene der Teilprozesse erstrecken und weitere Parameter einbeziehen. Diese **integrativen Prozesslandkarten** umfassen z. B. Kundenbedarf, Leistungen für Kunden, Geschäftsprozesse und ihre Teilprozesse sowie die erbrachten

Wertschöpfungsanteile externer Partner. Die von mehreren Geschäftsprozessen gemeinsam genutzten Teilprozesse werden besonders gekennzeichnet (vgl. Bergsmann 2012, S. 187 ff.; Hanschke/Lorenz 2012, S. 85 ff.). Die integrative Prozesslandkarte zeigt:

- welche Leistungen das Unternehmen erbringt und wie sie erbracht werden,
- welche Leistungen selbst erbracht und welche zugekauft werden,
- wie die einzelnen Schritte der Leistungserbringung und wo Prozesse miteinander verknüpft sind,
- welche wichtigen Prozessvarianten bestehen (z. B. Eigenfertigung versus Zukauf),
- wo sich wichtige Schnittstellen zu Lieferanten und Kunden befinden.

Die Erstellung von Prozesslandkarten unterstützen Modellierungstools, welche die grafische Darstellung, Konsistenzprüfung und Pflege der Prozesslandkarten übernehmen.

Vgl. zum Thema Prozesslandkarte: Wilhelm 2007, S. 34 ff.; ISO 9004:2009, Abschnitt 7.1; Snabe et al. 2009, S. 159 ff.; Göppel 2011, S. 199 ff.; Hanschke/Lorenz 2012, S. 82 ff.; Bergsmann 2012, S. 187 ff.

2.5 Begriffsvielfalt bei Geschäftsprozessen

Begriffe im Geschäftsprozessmanagement zeichnen sich durch große Vielfalt aus und werden oft unterschiedlich interpretiert (siehe Abbildung 2.16; vgl. auch Fischermanns 2012, S. 92 ff.). Die verschiedenen Disziplinen und Anwendungsbereiche wie z. B. IT, Betriebswirtschaft, Qualitätsmanagement (Normen), Referenz- und Reifegradmodelle, Supply Chain Management und Customer Relationship Management verwenden häufig eigene Prozessbegriffe für vergleichbare Sachverhalte. Die Begriffsvielfalt erschwert die Kommunikation und führt häufig zu Missverständnissen. Bisher hat sich noch keine einheitliche Terminologie durchsetzen können.

GP-Begriffe	GP-Kategorien	GP-Ebenen
• Geschäftsprozess • Unternehmensprozess • Leistungserstellungsprozess • Basisprozess • Kernprozess • Schlüsselprozess • Hauptprozess • Prozesskette • Organisationsprozess	• Primäre, sekundäre Geschäftsprozesse • Management-, Leistungs-, Unterstützungsprozesse • Leistungserstellungs-, Bereitstellungs-, Steuerungsprozesse • Geschäfts-, Haupt-, Nebenprozesse • Realisierungs-, Unterstützungsprozesse	• Geschäftsprozess, Teilprozess, Prozessschritt, Arbeitsschritt, Aktivität • Prozessgruppe, Hauptprozess, Unterprozess, Tätigkeitsschritt • Arbeitsprozess, Detailprozess GP = Geschäftsprozess

Abb. 2.16 Begriffsvielfalt im Geschäftsprozessmanagement (Auswahl)

In diesem Buch werden folgende Begriffe verwendet:

- Oberbegriff: Geschäftsprozess.
- Geschäftsprozesskategorien: primäre und sekundäre Geschäftsprozesse, wobei für die sekundären Geschäftsprozesse die Unterscheidung in Unternehmenssteuerungs- und Bereitstellungsprozesse empfohlen wird.
- Geschäftsprozessebenen: Geschäftsprozess, Teilprozess, Prozessschritt, Arbeitsschritt, Aktivität (vgl. Kapitel 4.2.3).

Kernprozesse und Schlüsselprozesse sind besondere Typen von primären Geschäftsprozessen, die in den Kapiteln 3.3.2 und 3.3.4 näher erläutert werden.

2.6 Sind Geschäftsprozesse notwendig?

Der Einwand ist berechtigt, dass Unternehmen bzw. Organisationen auch ohne Geschäftsprozesse Leistungen für Kunden erzeugen, diese zufriedenstellen, Umsatz tätigen, wirtschaftliche Ergebnisse erzielen und Erfolg haben. „Trotz verhältnismäßig chaotischer Abläufe werden die Kunden nur selten enttäuscht. [...] Der Grund dafür ist, dass die Mitarbeiter durch Improvisation, Feuerwehraktionen und zusätzliche Arbeit die bestehenden Mängel kompensieren und dadurch das Schlimmste abwenden“ (Wilhelm 2007, S. 5). Der Preis dafür ist hoch: Ineffizienz, hohe Kosten, Hektik, enorme Arbeitsbelastung, ständige Anspannung, Schuldzuweisungen, schlechtes Betriebsklima und nicht zuletzt hohe Unzufriedenheit der Mitarbeiter. Aufgabe von Geschäftsprozessen ist es, genau das Gegenteil zu bewirken. Sie stellen Transparenz sowie Ziel- und Verantwortungsklarheit her, von der nicht nur die Mitarbeiter profitieren, sondern das gesamte Unternehmen und die Kunden. Geschäftsprozesse ermöglichen es Führung und Mitarbeitern, sich auf die Effektivität und Effizienz des Geschäftes zu konzentrieren und „Katastrophenfälle“ zu dezimieren (vgl. Rummler/Brache 1995, S. 47).

Für Geschäftsprozesse sprechen folgende Argumente (vgl. Wilhelm 2007, S. 4 f.):

- Geschäftsprozesse tragen wesentlich dazu bei, die Effektivität und Effizienz des Unternehmens zu steigern sowie die strategischen und operativen Unternehmensziele zu erreichen.
- Geschäftsprozesse sind eine Voraussetzung für die Rentabilität des Unternehmens.
- Geschäftsprozesse bewirken, dass die Kunden mit den Leistungen des Unternehmens zufrieden sind.
- Geschäftsprozesse liegen im Interesse der Partner (z. B. Lieferanten), da sie eine zuverlässige Zusammenarbeit gewährleisten.
- Geschäftsprozesse intensivieren das organisatorische Lernen und die Erfahrungsakkumulation.
- Geschäftsprozesse verbessern die Arbeitssituation und steigern die Zufriedenheit der Mitarbeiter.

■ Das Wichtigste in Kürze

Ein Geschäftsprozess besteht aus der funktions- und organisationsüberschreitenden Verknüpfung wertschöpfender Aktivitäten, die von Kunden erwartete Leistungen erzeugen und die aus der Geschäftsstrategie abgeleiteten Prozessziele umsetzen. Geschäftsprozesse unterscheiden sich damit deutlich von sonstigen Prozessen.

Am Anfang eines Geschäftsprozesses stehen die Anforderungen bzw. Erwartungen der Kunden, und am Prozessende steht die Bereitstellung der gewünschten Leistungen an die Kunden. Die Prozessleistungen können einzelne Produkte oder Dienstleistungen oder aber auch eine Kombination aus beiden sein.

Ein Geschäftsprozess besteht aus den Komponenten:

- Anstoß: Anforderungen der Kunden,
- Inputs: benötigte Ressourcen für die Prozessausführung,
- Prozessablauf: Abfolge wertschöpfender Aktivitäten,
- Ergebnisse: Leistungen für Kunden,
- Geschäftsprozessverantwortlicher: verantwortlich für Zielerreichung und Prozessperformance,
- Prozessziele und Prozesskennzahlen zur Prozesskontrolle und -steuerung.

Geschäftsprozesse ermöglichen es, die strukturbedingte Zerstückelung der Prozessketten in Funktionsorganisationen zu überwinden und die Aktivitäten eines Unternehmens auf die Erfüllung von Kundenanforderungen und die Erreichung der Geschäftsziele auszurichten.

Kunden werden in Geschäftsprozessen in externe und interne Kunden unterteilt. Externe Kunden sind die Abnehmer der extern vermarkteten Prozessergebnisse. Interne Kunden sind Empfänger von Teilergebnissen, die sie weiterbearbeiten.

Geschäftsprozesse werden in primäre und sekundäre Geschäftsprozesse unterteilt. In den primären Geschäftsprozessen findet die originäre Wertschöpfung statt, d. h. die unmittelbare Erstellung und Vermarktung von Produkten und Dienstleistungen für externe Kunden. In der Regel wird das Leistungsspektrum eines Unternehmens mit sechs bis acht primären Geschäftsprozessen abgedeckt.

Sekundäre Geschäftsprozesse werden in Unternehmenssteuerungs- und Bereitstellungsprozesse unterteilt. Die Unternehmenssteuerungsprozesse dienen der strategischen und operativen Gesamtsteuerung des Geschäftes. Sie beinhalten auch die Einhaltung normativer Anforderungen. Die Bereitstellungsprozesse versorgen die primären Geschäftsprozesse mit internen Leistungen, wie z. B. mit finanziellen, personellen und technischen Ressourcen.

Mit der Einführung von Geschäftsprozessen wird den internen Dienstleistern eine neue Rolle zugewiesen. Welche Leistungen benötigt werden, bestimmen nicht mehr sie selbst, sondern die primären Geschäftsprozesse als Abnehmer und Kunden.

■

2.7 Literatur zu Kapitel 2

Bach, N.; Brehm, C.; Buchholz, W.; Petry, T. (2012): Wertschöpfungsorientierte Organisation. Architekturen – Prozesse – Strukturen,Wiesbaden 2012.

Bergsmann, S. (2012): End-to-End-Geschäftsprozessmanagement. Organisationselement – Integrationsinstrument – Managementansatz, Wien 2012.

Brehm, S. R.; Petry, T. (2009): Toolbox – Denkwerkzeuge für Change Manager, in: Krüger, W.: Excellence in Change. Wege zur strategischen Erneuerung, 4. Aufl., Wiesbaden 2009, S. 367 – 404.

Burger, A. (2009): Effizienzanalyse auf Prozessebene. Benchmarking von Transaktionen mit der Data Envelopment Analysis am Beispiel eines bankbetrieblichen Prozesses, Berlin 2009.

Burlton, R. T. (2001): Business Process Management. Profiting from Process, Indianapolis, Indiana 2001.

Burlton, R. (2010): Delivering Business Strategy Through Process Management, in: Brocke, J. v.; Rosemann, M. (Hrsg.): Handbook on Business Process Management 2: Strategic Alignment, Governance, People and Culture, Berlin 2010, S. 5 – 37.

Chrissis, M. B.; Konrad, M.; Shrum, S. (2012): CMMI® Version 1.3 für die Entwicklung. Richtlinien für Prozessintegration und Produktverbesserung, München et al. 2012.

EABPM (2009): European Association of Business Process Management EABPM (Hrsg.): Business Process Management. Common Body of Knowledge – BPM CBOK®. Leitfaden für das Prozessmanagement, Gießen 2009.

EFQM (2012): European Foundation for Quality Management, unter: http://www.efqm.org/en/tabid/132/default.aspx, Zugriff am 05. 12. 2012.

Fischermanns, G. (2012): Praxishandbuch Prozessmanagement, 10. Aufl., Gießen 2012.

Fraunhofer IPA (2006a): Wittenstein, A.-K. et al.: Lean Office 2006, Fraunhofer-Institut Produktionstechnik und Automatisierung IPA, Stuttgart 2006.

Gadatsch, A. (2012): Grundkurs Geschäftsprozess-Management. Methoden und Werkzeuge für die IT-Praxis: Eine Einführung für Studenten und Praktiker, 7. Aufl., Wiesbaden 2012.

Gaitanides, M. (2012): Prozessorganisation. Entwicklung, Ansätze und Programme des Managements von Geschäftsprozessen, 3. Aufl., München 2012.

Gaitanides, M.; Scholz, R.; Vrohlings, A.; Raster, M. (Hrsg.) (1994): Prozeßmanagement: Konzepte, Umsetzungen und Erfahrungen des Reengineering, München 1994.

Gausemeier, J.; Plass, C.; Wenzelmann, C. (2009): Zukunftsorientierte Unternehmensgestaltung. Strategien, Geschäftsprozesse und IT-Systeme für die Produktion von morgen, München 2009.

Gleich, R. (2011): Performance Measurement. Konzepte, Fallstudien und Grundschema für die Praxis, 2. Aufl., München 2011.

Göppel, R. (2011): Praxiswissen Prozessmanagement, 2. Aufl., Stuttgart 2011.

Hammer, M. (2010): What is Business Process Management?, in: Brocke, J. v.; Rosemann, M. (Hrsg.): Handbook on Business Process Management 1. Introduction, Methods and Information Systems, Berlin 2010, S. 3 – 16.

Hammer, M.; Champy, J. (1994): Business Reengineering, Frankfurt am Main/New York 1994.

Hanschke, I.; Lorenz, R. (2012): Strategisches Prozessmanagement – einfach und effektiv. Ein praktischer Leitfaden, München 2012.

Homburg, C.; Bucerius, M. (2012): Kundenzufriedenheit als Managementherausforderung, in: Homburg, C. (Hrsg.): Kundenzufriedenheit. Konzepte – Methoden – Erfahrungen, 8. Aufl., Wiesbaden 2012, S. 53 – 91.

IBM (2010): IBM Deutschland GmbH: Unternehmensführung in einer komplexen Welt. Global CEO Study, Ehningen 2010.

ISC (2009): Improvement Skills Consulting: Routine vs. Emergent Processes, unter: http://ianjseath.files.wordpress.com/2009/09/routine-vs-emergent-processes.pdf, Zugriff am 21. 10. 2012.

ISO 9000:2005: Deutsches Institut für Normung e.V. (Hrsg.): DIN EN ISO 9000:2005, Qualitätsmanagementsysteme – Grundlagen und Begriffe, Berlin 2005.

ISO 9004:2009: Deutsches Institut für Normung e.V. (Hrsg.): DIN EN ISO 9001:2009, Leiten und Lenken für den nachhaltigen Erfolg einer Organisation – Ein Qualitätsmanagementansatz, Berlin 2009.

ITIL (2007): IT Infrastructure Library (ITIL), unter: http://www.itil-officialsite.com, Zugriff am 28.12.2009.

Jeston, J.; Nelis, J. (2008): Business Process Management. Practical Guidelines to Successful Implementations, 2nd ed., Amsterdam et al. 2008.

Kirchmer, M. (2011): High Performance Through Process Excellence. From Strategy to Execution with Business Process Management, 2nd ed., Berlin 2011.

Koch, D.; Hess, T. (2003): Business Process Redesign als nachhaltiger Trend? Eine empirische Studie zu Aktualität, Inhalten und Gestaltung in deutschen Großunternehmen, Arbeitsbericht Nr. 6/2003 des Instituts für Wirtschaftsinformatik und Neue Medien (WIM), Ludwig-Maximilians-Universität München, München 2003.

Majchrzak, A.; Logan, D.; McCurdy R.; Kirchmer, M. (2006): Managing Emergent Work. Revisiting Jazz Lessons, http://flexiblelearning.net.au/knowledgetree, February 2006.

Marjanovic, O. (2005): Towards IS supported coordination in emergent business processes, in: Business Process Management Journal, 11 (5), pp. 476 – 487.

Melbinger, W. (2010): Stakeholdermanagement für IT-Projekte, in: Tiemeyer, E.: Handbuch IT-Projektmanagement. Vorgehensmodelle, Managementinstrumente, Good Practices, München 2010, S. 589 – 604.

Nippa, M. (1996a): Anforderungen an das Management prozessorientierter Unternehmen, in: Nippa, M.; Picot, A. (Hrsg.): Prozeßmanagement und Reengineering. Die Praxis im deutschsprachigen Raum, 2. Aufl., Frankfurt am Main/New York 1996, S. 39 – 60.

Nippa, M.; Picot, A. (Hrsg.) (1996): Prozeßmanagement und Reengineering. Die Praxis im deutschsprachigen Raum, 2. Aufl., Frankfurt am Main/New York 1996.

Osterloh, M.; Frost, J. (2006): Prozessmanagement als Kernkompetenz. Wie Sie Business Reengineering strategisch nutzen können, 5. Aufl., Wiesbaden 2006.

Picot, A.; Dietl, H.; Franck, E.; Fiedler M.; Royer, S. (2012): Organisation. Theorie und Praxis aus ökonomischer Sicht, 6. Aufl., Stuttgart 2012.

Remme, M. (1997): Konstruktion von Geschäftsprozessen. Ein modellgestützter Ansatz durch Montage generischer Prozeßpartikel, Wiesbaden 1997.

Ritz, S. (2005): IT Quality Engineering bei Exchanging, Vortrag auf dem gfo-Forum Prozessmanagement am 02.09.2005 in Bad Nauheim.

Rummler, G.A.; Brache, A.P. (1995): Improving Performance. How to Manage the White Space on the Organization Chart, 2nd ed., San Francisco 1995.

Rummler, G.A.; Ramias, A.J.; Rummler, R.A. (2010): White Space Revisited. Creating Value through Process, San Francisco 2010.

Scheer, A.-W. (2002): ARIS – Vom Geschäftsprozess zum Anwendungssystem, 4. Aufl., Berlin 2002.

Schmelzer, H.J.; Sesselmann, W. (2008): Geschäftsprozessmanagement in der Praxis, 6. Aufl., München 2008.

Scholz, R.; Vrohlings, A. (1994a): Realisierung von Prozeßmanagement, in: Gaitanides, M. et al.: Prozeßmanagement. Konzepte, Umsetzungen und Erfahrungen des Reengineering, München 1994, S. 21 – 36.

Siemens (2001): Siemens Geschäftsbericht 2001, München 2001.

Snabe, J.H.; Rosenberg, A.; Moeller, Ch.; Scavillo, M. (2009): Business Process Management: The SAP Roadmap, Galileo Press, Boston (M) 2009.

Staud, J. (2006): Geschäftsprozessanalyse. Ereignisgesteuerte Prozessketten und objektorientierte Geschäftsprozessmodellierung für Betriebswirtschaftliche Standardsoftware, 3. Aufl., Berlin 2010.

Suter, A. (2004): Die Wertschöpfungsmaschine. Wie Strategien ihre Stosskraft entwickeln, Zürich 2004.

Tietmeyer, E. (2005): Projektumfeldanalyse – Stakeholdermanagement, in: Litke, H.-D. (Hrsg.): Projektmanagement. Handbuch für die Praxis. Konzepte, Instrumente, Umsetzung, München 2005, S. 622–639.

Vahs, D.; Weiand, A. (2010): Workbook Change Management. Methoden und Techniken, Stuttgart 2010.

Weiler, J.; Schemel, B. (2003): ICH Value Chain Method. Actionable Architectures for Value Chains and Value Coalitions, Interoperability Clearinghouse 2003, unter: http://www.ichnet.org/, Zugriff am 20.11.2009.

Wilhelm, R. (2007): Prozessorganisation, 2. Aufl., München 2007.

3 Welchen Einfluss hat die Geschäftsstrategie auf Geschäftsprozesse und Geschäftsprozessmanagement?

In diesem Kapitel werden folgende Fragen beantwortet:

- Welche Abhängigkeiten bestehen zwischen Geschäftsstrategie und Geschäftsprozessen?
- Welche Auswirkungen hat die Wettbewerbsstrategie auf Geschäftsprozesse?
- Welchen Einfluss haben Geschäftsprozesse auf Kernkompetenzen?
- Wie werden Kernprozesse bestimmt und Geschäftsprozesse strategisch gewichtet?
- Welche Geschäftsprozesse eignen sich für Shared Services und Outsourcing?
- Welche strategische Bedeutung hat Process Governance?
- Wie kann der Prozess zur Planung und Überwachung der Geschäftsstrategie gestaltet werden?

3.1 Strategisches Geschäftsprozessmanagement

3.1.1 Notwendigkeit und Aktualität des strategischen Geschäftsprozessmanagements

In der Vergangenheit wurde Geschäftsprozessmanagement vielfach als Hebel zur Steigerung der operativen Effizienz eingesetzt. Nachhaltige Wettbewerbsvorteile lassen sich jedoch erst erzielen, wenn das Geschäftsprozessmanagement strategisch ausgerichtet wird. Die **Notwendigkeit einer Strategieorientierung** des Geschäftsprozessmanagements belegen folgende Zitate:

- „A high-performing organization in today's marketplace must not only understand how to identify and correct process weaknesses (an age old practice), but it must also be able to leverage process strengths and opportunities for strategic advantage" (Smith 2007, S. 1).
- „Die Organisation betrieblicher Prozesse muss in dem Sinne ‚strategiegerecht' sein, dass die Prozesse die Umsetzung der Unternehmensstrategie ermöglichen bzw. fördern" (Wilhelm 2007, S. 21).
- „Processes that are aligned with the strategy and objectives are most effective in achieving these objectives and are more sustainable in the medium to long term" (Jeston/Nelis 2008, S. 72 f.).
- „BPM ist wesentlich für den langfristigen Erfolg der Unternehmensstrategie" (Snabe et al. 2009, S. 101).
- „Processes are, on the one hand, the means by which enterprise strategies are realized. On the other, they can also be determinants of such strategies" (Hammer 2010, S. 16).
- „The prime role of Business Process Management (BPM) at this enterprise level is to ensure that various developed capabilities are aligned with one another and together they deliver traceable process performance back to the stated strategic goals and objectives of the ‚Organization-in-Focus' (OIF). The prime role of enterprise level process management, then, is to ensure that capability investment decisions for change and ongoing management of process operations are always in synchronization with a set of agreed strategic criteria" (Burlton 2010, S. 6).
- „The core business processes enable organizational solutions to optimally support the chosen strategy" (Scheer/Brabänder 2010, S. 242).

3.1.2 Aufgaben und Komponenten des strategischen Geschäftsprozessmanagements

Das strategische Geschäftsprozessmanagement stellt die Verbindung zwischen Geschäftsstrategie und Geschäftsprozessen her. Es umfasst strategische Führung, Organisation, Controlling und Optimierung zur langfristigen Ausrichtung, Ausgestaltung und Ausstattung der Geschäftsprozesse und des Geschäftsprozessmanagementsystems. **Zielsetzung** des strategischen Geschäftsprozessmanagements ist, erfolgskritische Potenziale auf- und auszubauen, um die Wettbewerbsfähigkeit und damit die Überlebensfähigkeit von Unternehmen langfristig zu sichern (vgl. Krüger 2009, S. 48 ff.; Atzert 2011, S. 53 ff.; Hanschke/Lorenz 2012, S. 13). Im Fokus des strategischen Geschäftsprozessmanagements stehen alle wettbewerbsrelevanten Geschäftsprozesse. Diese sind in der Regel primäre Geschäftsprozesse.

Folgende Fragen sollte das strategische Geschäftsprozessmanagement beantworten.

- Wie ist das Geschäftsprozessmanagement langfristig auszurichten (Prozessvision, strategische Prozessziele)?
- Wie können Geschäftsprozesse auf die Schaffung, Bewahrung und Stärkung von Erfolgspotenzialen sowie die Erfüllung strategischer Erfolgsfaktoren einwirken?
- Welche Geschäftsprozesse stellen Kernkompetenzen dar oder sind am Aufbau von Kernkompetenzen beteiligt?
- Welche Kernkompetenzen in Geschäftsprozessen müssen um wie viel verbessert werden, um die strategischen Prozessziele zu erreichen?

- Welches strategische Gewicht haben die Geschäftsprozesse?
- Welche Leistungen sollen in Geschäftsprozessen erzeugt (Eigenleistungstiefe) und welche über Process Outsourcing oder Shared Services ausgelagert werden?
- Welchen Beitrag soll Process Governance zur Steuerung des Unternehmens leisten?

Die Komponenten und **Aufgaben des strategischen Geschäftsprozessmanagements** gehen aus Abbildung 3.1 hervor. Sie umfassen:

- Strategische Prozessführung
  - Entwicklung einer Prozesskultur,
  - Schaffung von prozessorientierten Motivations- und Anreizsystemen.
- Strategische Prozessorganisation
  - Identifizierung und Gewichtung der wettbewerbsentscheidenden Geschäftsprozesse (vgl. Kapitel 3.3.4),
  - prozessorientierte Ausrichtung der Aufbauorganisation (vgl. Kapitel 4.4.2),
  - organisatorische Verankerung des Geschäftsprozessmanagementsystems im Unternehmen (Chief Process Officer, GPM-Office, Process Governance) (vgl. Kapitel 4.3.2.4, 4.3.3.5),
  - Integration von Geschäftsprozessmanagement und anderen Managementsystemen (z. B. Qualitäts-, Risiko-, Compliance-, Umweltmanagement).
- Strategisches Prozesscontrolling (strategische Planung, Überwachung und Informationsversorgung)
  - Planung von Prozessvision und -mission sowie der Ziele des Geschäftsprozessmanagements,
  - Planung strategischer Prozesserfolgsfaktoren, strategischer Erfolgspotenziale und Kernkompetenzen in Geschäftsprozessen, strategischer Prozessziele sowie strategischer Prozessmaßnahmen und des strategischen Prozessprogramms (vgl. Kapitel 3.3, 3.4, 6.1.2),
  - Abstimmung von Prozess- und IT-Strategie (Business-IT-Alignment) (vgl. Kapitel 10.9),
  - Kontrolle der Umsetzung strategischer Prozessziele, -vorgaben und -maßnahmen (Kapitel 3.1 und 6.3),
  - Identifizierung und Bewertung strategischer Leistungslücken,
  - Berichterstattung über strategische Maßnahmenumsetzung und Zielerreichung,
  - Koordination der strategischen Prozessziele und -maßnahmen,
  - prozessorientierte Ausrichtung des Unternehmenscontrollings.
- Strategische Prozessoptimierung
  - Maßnahmen zur langfristigen Optimierung der Geschäftsprozesse und des Geschäftsprozessmanagementsystems,
  - Entscheidung über Reengineering-Projekte.

Ausgangspunkt des strategischen Geschäftsprozessmanagements ist die Festlegung der Prozessvision und -mission sowie der Ziele des Geschäftsprozessmanagements. Die **Prozessvision** beantwortet kurz und einprägsam die Frage, was das Unternehmen in Zukunft mit Geschäftsprozessmanagement erreichen möchte. Sie „soll eine kreative Spannung zwischen dem gegenwärtigen Zustand (Ist) und einem angestrebten Zustand (Soll) erzeugen und damit als Führungs- und Motivationsinstrument dienen“ (Fleischmann et al. 2011, S. 52; vgl. auch

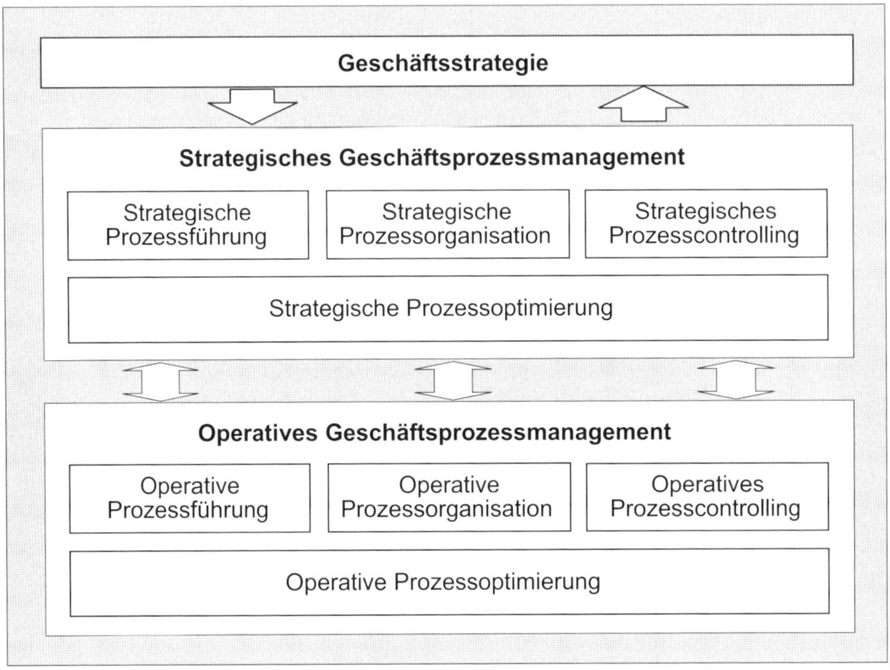

Abb. 3.1 Strategisches und operatives Geschäftsprozessmanagement

Smith 2007, S. 26 ff.; Wagner/Käfer 2008, S. 26 ff.; ISO 9004:2009, Abschnitt 5; Knuppertz/Feddern 2011, S. 56 f.; Kotter 2011, S. 60 ff.; Fischermanns 2012, S. 57 ff. und 125 ff.). Eine Prozessvision könnte z. B. lauten: „Wir wollen höchste Kundenzufriedenheit durch exzellente Prozesse erreichen." Die Prozessvision gibt die Marschrichtung vor. Sie vermittelt Orientierung, welche die Mitarbeiter zu Handlungen motiviert sowie ihr Handeln effizient koordiniert.

Die Merkmale einer effektiven Vision sind (vgl. Kotter 2011, S. 63):

- vorstellbar: vermittelt konkretes Bild über die Zukunft,
- erstrebenswert: entspricht langfristigen Interessen,
- machbar: enthält realistische Ziele,
- fokussiert: ist ausreichend spezifisch,
- flexibel: hat auch bei sich ändernden Bedingungen Gültigkeit,
- kommunizierbar: ist leicht verständlich.

Die **Prozessmission** konkretisiert die Prozessvision und zeigt den Handlungsrahmen auf (siehe Abbildung 3.2). Sie weist den Weg, um die Vision zu erfüllen. Prozessvision und -mission bestimmen gemeinsam den Prozesszweck. Ausgehend von Prozessvision und -mission sind die strategischen Prozessziele festzulegen. Strategische Prozessziele geben vor, was konkret in dem strategischen Planungszeitraum erreicht werden soll. Diese Vorgaben sind die Basis für die Festlegung der operativen Prozessziele.

Nach Klärung der Prozessvision und -mission sind die **strategischen Ziele des Geschäftsprozessmanagements** festzulegen. Zur Darstellung eignet sich das in Abbildung 3.3 darge-

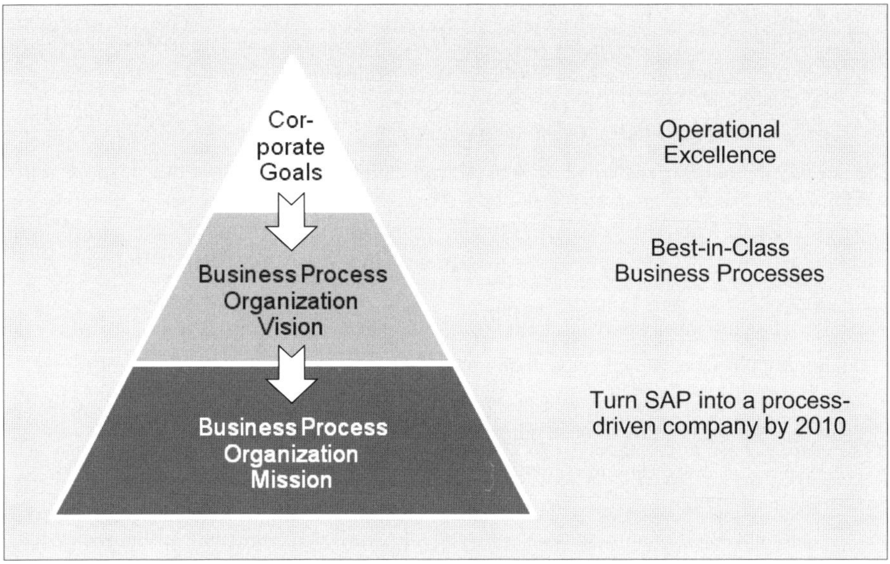

Abb. 3.2 Prozessvision und -mission von SAP (vgl. Snabe et al. 2009, S. 104)

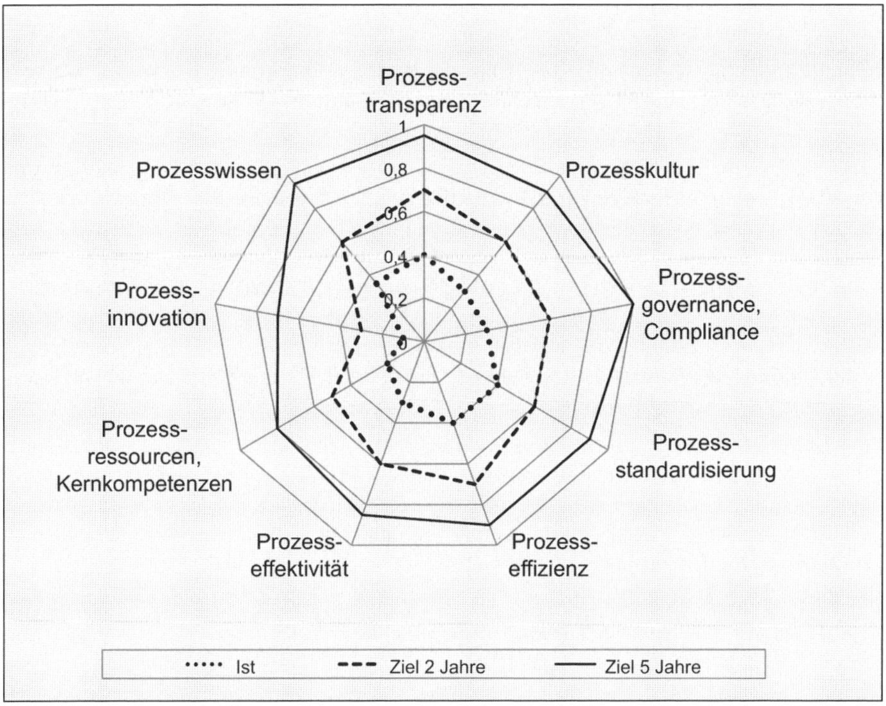

Abb. 3.3 Beispiel eines Zielportfolios für das Geschäftsprozessmanagement (in Anlehnung an Bergsmann 2012, S. 206)

stellte Zielportfolio (vgl. auch Kapitel 12.4.4). Es weist die Ziele des Geschäftsprozessmanagements mit ihren angestrebten kurzfristigen (z. B. zwei Jahre) und langfristigen (z. B. fünf Jahre) Zielpositionen aus. Das Zielportfolio stellt Transparenz über Ziele, Orientierungen und Schwerpunkte des Geschäftsprozessmanagements her und bietet die Möglichkeit, deren kurz- und langfristige Umsetzung zu kontrollieren.

Die gewichteten Ziele in dem Zielportfolio bilden die Basis für die Ausrichtung **strategischer Maßnahmen**. Diese können sich z. B. auf Führung, Organisation, Controlling, Personalressourcen oder IT-Unterstützung im Geschäftsprozessmanagement beziehen. Strategische Maßnahmen, die das Geschäftsprozessmanagement in seiner Gesamtheit betreffen, können sein:

- stärkere Positionierung der Geschäftsprozesse in der Aufbauorganisation,
- engere Kopplung zwischen zentralem Controlling und dezentralem Prozesscontrolling,
- Aufbau bzw. Ausbau der Process Governance: Unternehmensprozessmodell, Standards für Prozessorganisation, Prozessrollen, Prozesscontrolling, Prozessverbesserung,
- Integration der Managementsysteme: Geschäftsprozess-, Risiko-, Compliance-, Qualitäts-, Umweltmanagement,
- Geschäftsprozess-Outsourcing oder Verlagerung von Prozessaufgaben in Shared Service Center,
- Qualifizierungsprogramme für Prozessmitarbeiter,
- Einführung einheitlicher Methoden zur Prozessverbesserung wie z. B. Kaizen,
- Einführung der Prozesskostenrechnung,
- Einführung einheitlicher BPM-Tools und -Systeme in Abstimmung mit der IT-Strategie: Prozessmodellierungstool, Prozessportal, Prozessplattform, BPM-System, serviceorientierte Architektur (SOA), Unternehmensarchitektur.

Eine weitere Aufgabe des strategischen Geschäftsprozessmanagements ist die **Bestimmung von Erfolgspotenzialen** (vgl. Kapitel 3.3.2 und 3.3.3). Über diese wird festgelegt, welche strategischen Ressourcen und Kernkompetenzen in den Geschäftsprozessen auf- und auszubauen sind, um im Wettbewerb mittel- und langfristig erfolgreich zu sein. In enger Beziehung zu Erfolgspotenzialen stehen die strategischen Erfolgsfaktoren der Geschäftsprozesse. Sie dienen u. a. zur strategischen Gewichtung der Geschäftsprozesse und als Basis für operative Prozessentscheidungen. Die strategische Prozessplanung legt fest, welche Beiträge die einzelnen Geschäftsprozesse leisten müssen, um die strategischen Geschäftsziele und -programme erfolgreich umzusetzen.

Ein weiterer Schwerpunkt sind notwendige Anpassungen der Geschäftsprozesse an Veränderungen der Geschäftsstrategie und des Geschäftsmodells (vgl. Kapitel 3.2). Die daraus resultierenden Änderungen im Geschäftsprozessmanagement und in Geschäftsprozessen sind von der strategischen Prozessplanung aufzuzeigen und über entsprechende Maßnahmen zu konkretisieren und anzustoßen.

Die **Umsetzung** des strategischen Prozessprogramms erfolgt im Rahmen des operativen Geschäftsprozessmanagements. Verantwortlich für die Umsetzung sind Geschäftsprozess-, Teilprozessverantwortliche oder speziell mit der Maßnahmenumsetzung beauftragte Projektleiter. Zusammen mit der Planung des strategischen Prozessprogramms werden die Budgetmittel für seine Umsetzung festgelegt. Das strategische Prozessbudget bildet zusammen mit den operativen Prozessbudgets das Gesamtbudget für die Geschäftsprozesse (vgl. Fink 2003, S. 181 f.).

Alle strategischen Prozessprojekte und -maßnahmen sind in einem strategischen Prozessprogramm mit Angabe von Prioritäten, Terminen, Meilensteinen, Umsetzungsverantwortlichen und Ressourcen zusammenzufassen (vgl. Kapitel 3.4.2). Das **strategische Prozessprogramm** bildet den Kern der Prozessstrategie. Es gibt darüber Auskunft, welche Geschäftsprozesse mit welchen Maßnahmen das Erreichen der Geschäftsstrategie zu gewährleisten haben. In der Matrix-Prozessorganisation hat die strategische Geschäftsplanung dafür Sorge zu tragen, dass das strategische Prozessprogramm mit dem strategischen Programm für Funktionen abgestimmt wird. ■

Der **Planungshorizont** der strategischen Prozessplanung ist von Organisation zu Organisation unterschiedlich und liegt zumeist zwischen drei und fünf Jahren. Für die operative Umsetzung wird aus dem strategischen Prozessprogramm ein Jahresprogramm für die einzelnen Geschäftsprozesse mit den Geschäftsprozessverantwortlichen vereinbart (vgl. Bergsmann 2012, S. 215 ff.). Der operative Planungshorizont erstreckt sich zumeist über einen Zeitraum von ein bis zwei Jahren.

Die strategische Prozessplanung ist in enger Abstimmung mit der strategischen Planung der Geschäftseinheit durchzuführen. Dies gelingt am besten, wenn die Planung der Prozessstrategie in den Strategieprozess der Geschäftseinheit eingebunden wird (vgl. Kapitel 3.4).

3.1.3 Strategische Geschäftseinheiten als Bezugsbasis der Geschäftsprozesse

Ab einer bestimmten Größe sind Unternehmen vielfach in **strategische Geschäftseinheiten** (strategic business units) aufgeteilt, die nachfolgend als Geschäftseinheiten bezeichnet werden. Entscheidungen über die Bildung und gegebenenfalls Auflösung von Geschäftseinheiten sowie über deren Integration in die Unternehmensorganisation werden im Rahmen der strategischen Unternehmensplanung getroffen. Große Unternehmen fassen häufig mehrere Geschäftseinheiten in Geschäftsbereiche (Divisionen, Sparten) zusammen, sodass sich die Unternehmensstruktur aus den Ebenen Geschäftsbereiche und Geschäftseinheiten zusammensetzt. Geschäftsbereichsorganisationen sind in den USA der vorherrschende Strukturtyp und seit Mitte der 1960er-Jahre auch in fast allen deutschen Wirtschaftszweigen verbreitet (vgl. Schulte-Zurhausen 2010, S. 266 ff.).

Eine Geschäftseinheit ist eine weitgehend eigenständige Organisationseinheit, die aus einem oder mehreren strategischen Geschäftsfeldern (Produkt-Markt-Kombinationen) besteht. Geschäftseinheiten „beherrschen bestimmte Kernkompetenzen und/oder verfügen über bestimmte Kernprodukte, die dem Unternehmen auf bestimmten Märkten dauerhafte Vorteile gegenüber Wettbewerbern verschaffen" (Vahs 2012, S. 212). Sie sind quasi ein Unternehmen im Unternehmen. ■

Geschäftseinheiten kennzeichnen folgende **Merkmale:**

- spezifische Geschäftsstrategie,
- Herstellung und Vermarktung einer definierten Gruppe von Produkten und/oder Dienstleistungen,
- klar definierte Marktsegmente, Kundengruppen und Marktstrategie, Wettbewerber und Wettbewerbsstrategie, Technologien und Technologiestrategie,
- spezifische Ressourcen, Kernkompetenzen und Ressourcenstrategie,
- eigenständige Führungsverantwortung für Planung und Umsetzung der Geschäftsstrategie,
- eigenständige Ergebnisrechnung, -steuerung und -verantwortung (Profit Center).

Vgl. zum Thema Geschäftseinheiten: Müller-Stewens/Lechner 2003, S. 252 ff.; Hinterhuber 2004, S. 149 ff.; Suter 2004, S. 52 ff.; Bea/Haas 2009, S. 150 ff.; Schulte-Zurhausen 2010, S. 83 ff., 117 ff. und 325 ff.; Gleich 2011, S. 276 f.).

Primäre Geschäftsprozesse erfordern eine relativ homogene strategische Ausgangsbasis, d. h. relativ homogene Kundengruppen, Kundenleistungen und Wettbewerbsstrategien. Diese Voraussetzungen sind im Allgemeinen auf der Ebene der Geschäftseinheiten, aber nicht auf der Ebene der Geschäftsbereiche oder des Unternehmens erfüllt.

In Unternehmen mit mehreren Geschäftseinheiten sind deshalb die primären Geschäftsprozesse auf die einzelnen Geschäftseinheiten und nicht auf die Geschäftsbereiche oder das Gesamtunternehmen zu beziehen (siehe Abbildung 3.4; vgl. Leistert 2006, S. 49 ff.; Rummler/Ramias/Rummler 2010, S. 47; Atzert 2011, S. 65 ff.). Kleine Unternehmen bestehen zumeist nur aus einer Geschäftseinheit.

Die Forderung nach homogenen Strategien, Kundengruppen, Kundenleistungen und Wettbewerbern besteht deshalb, weil diese Parameter die Identifizierung, Organisation, Gewichtung, Zielsetzung und Steuerung der Geschäftsprozesse maßgeblich beeinflussen. Je inhomogener die Ausgangsparameter sind, umso stärker müssen Geschäftsprozesse differenziert werden (z. B. Parallelprozesse, Prozessvarianten) und umso höher ist die Prozesskomplexität.

Zwischen Geschäftsstrategie (Strategie einer Geschäftseinheit) und Geschäftsprozessen bestehen wechselseitige Beziehungen:

- Die Geschäftsstrategie beeinflusst:
  - Identifizierung, Abgrenzung, Zielvorgabe, Gewichtung und Steuerung der Geschäftsprozesse,
  - Einbettung der Geschäftsprozesse in die Aufbauorganisation.
- Geschäftsprozesse bilden die Basis für die Umsetzung der Geschäftsstrategie (Atzert 2011, S. 67 ff.):
  - Umsetzung der Produkt-Markt-Strategie (Marktdurchdringung, Marktentwicklung, Marktparzellierung, Produktprogramm, Diversifikation),
  - Umsetzung der Wettbewerbsstrategie (Kostenführerschaft, Leistungsdifferenzierung, Konzentration auf Schwerpunkte),
  - Umsetzung der Ressourcenstrategie (Aufbau und Ausbau von Kernkompetenzen).

- Eine Änderung der Geschäftsstrategie zieht Änderungen der Geschäftsprozesse nach sich (vgl. Kapitel 3.2).

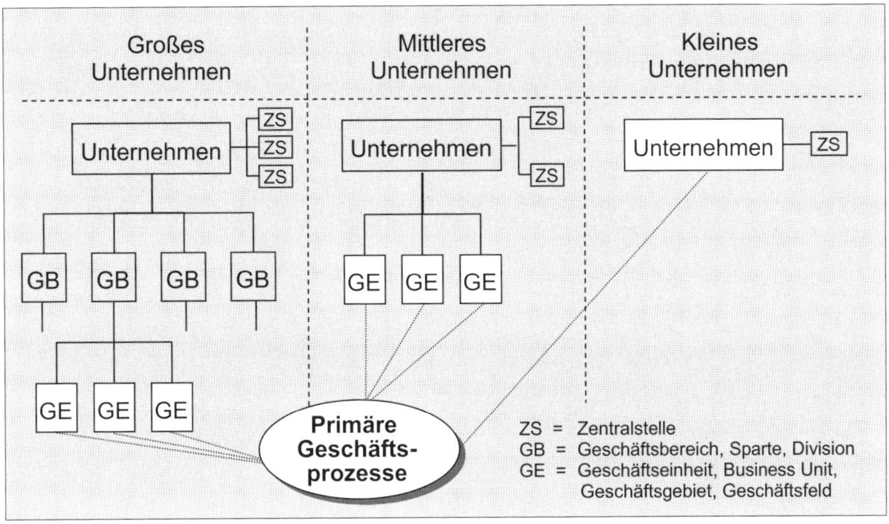

Abb. 3.4 Bezugsbasis primärer Geschäftsprozesse

Die enge Verbindung zur Geschäftsstrategie bezieht sich auf primäre Geschäftsprozesse, vor allem auf Kernprozesse. Bei **sekundären Geschäftsprozessen** besteht die Notwendigkeit einer Anbindung an Geschäftseinheiten zumeist nicht. Sie können deshalb unterschiedlichen Unternehmensebenen zugeordnet sein (siehe Abbildung 3.5).

So werden z. B. in vielen Unternehmen Leistungen des Personalmanagements oder der IT zentral für alle/mehrere Geschäftseinheiten bereitgestellt. Andere sekundäre Geschäftsprozesse wie der Qualitätsmanagementprozess sind in großen Unternehmen häufig sowohl zentral als auch dezentral angesiedelt.

In sekundären Geschäftsprozessen liegen vielfach hohe Potenziale zur Effizienzsteigerung, die oft mithilfe von Standardisierung, Bündelung (Shared Service) oder Outsourcing ausgeschöpft werden können (vgl. Kapitel 3.3.5 und 3.3.6). Aufgabe des strategischen Prozessmanagements ist, diese strategischen Optionen zu prüfen und gegebenenfalls zu nutzen.

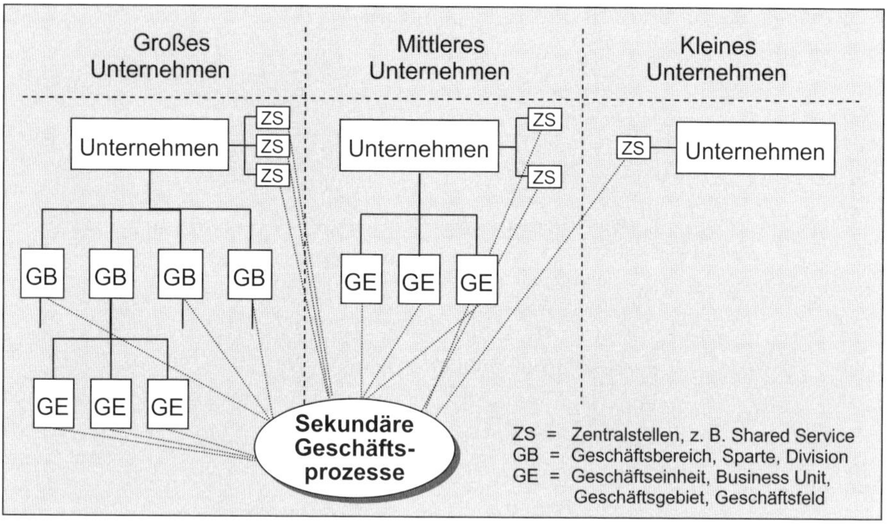

Abb. 3.5 Bezugsbasis sekundärer Geschäftsprozesse

3.1.4 Methoden des strategischen Geschäftsprozessmanagements

3.1.4.1 Überblick

Bei der Planung und Überwachung der Geschäfts- und Prozessstrategie kommen viele Methoden zur Anwendung, wie z. B. Umweltanalyse, Kreativitätstechniken, Szenariotechnik, Delphi-Befragung, SWOT-Analyse, Benchmarking, Portfolioanalyse, Target Processing und Balanced Scorecard (vgl. Strategieprozess in Kapitel 3.4). Die Methoden werden in der Literatur ausführlich beschrieben (vgl. Buchholz 2009; Klein 2010; Gleich 2011; Vahs/Weiand 2010; Atzert 2011, S. 311 ff.; Hanschke/Lorenz 2012). Nachfolgend wird nur auf die Balanced Scorecard (BSC) und die Strategy Map eingegangen, weil diesen im strategischen Geschäftsprozessmanagement besondere Bedeutung zukommt.

3.1.4.2 Balanced Scorecard und Strategy Map

Unter **Balanced Scorecard (BSC)** wird die strukturierte Sammlung von Zielen verstanden, die eine schnelle und gleichzeitig umfassende Sicht der Unternehmens- bzw. Geschäftsstrategie vermittelt. Durch die schrittweise Operationalisierung der Ziele bietet die BSC die Möglichkeit, das gesamte Unternehmen mithilfe relativ weniger Kennzahlen strategiekonform zu steuern. „Balanced" bedeutet, dass die abgeleiteten Ziele unterschiedliche Sichtweisen (Perspektiven) berücksichtigen und aufeinander abgestimmt sind.

Vgl. zum Thema BSC: Kaplan/Norton 1997; Horváth & Partners 2001, S. 18 ff.; Greischel 2003; Spanyi 2007, S. 135 ff.; Ahlrichs/Knuppertz 2010, S. 222 ff.; Gleich 2011, S. 72 ff.; Gaitanides 2012, S. 246 ff.; Kapitel 1.4.3.

Im Standardansatz der BSC werden vier Perspektiven betrachtet, die Finanz-, Kunden-, Prozess- und Potenzialperspektive (siehe Abbildung 3.6). Auf Unternehmensebene sollte jede Perspektive nicht mehr als zwei bis drei strategische Ziele mit zugehörigen Zielwerten,

Kennzahlen (Messgrößen) und Maßnahmen umfassen. Bei mehr als zwölf Zielen wird die Steuerung zu komplex. Die vier Perspektiven beantworten folgende Fragen:

- Finanzperspektive: Wie sollen wir gegenüber Teilhabern auftreten, um finanziellen Erfolg zu haben?
- Kundenperspektive: Wie sollen wir gegenüber unseren Kunden auftreten, um unsere Vision zu verwirklichen?
- Prozessperspektive: In welchen Geschäftsprozessen müssen wir die besten sein, um unsere Teilhaber und Kunden zu befriedigen?
- Potenzialperspektive: Wie können wir unsere Veränderungs- und Wachstumspotenziale fördern, um unsere Vision zu verwirklichen?

Die Kennzahlen der Kunden-, Prozess- und Potenzialperspektive stellen Treiber der finanziellen Kennzahlen dar. Sie sind untereinander und mit den finanziellen Zielen über Ursache-Wirkungs-Beziehungen verbunden. Die Summe der Ziele spiegelt die Strategie des jeweiligen Betrachtungsfeldes (Unternehmen, Geschäftsbereich, Geschäftseinheit, Geschäftsprozess) wider.

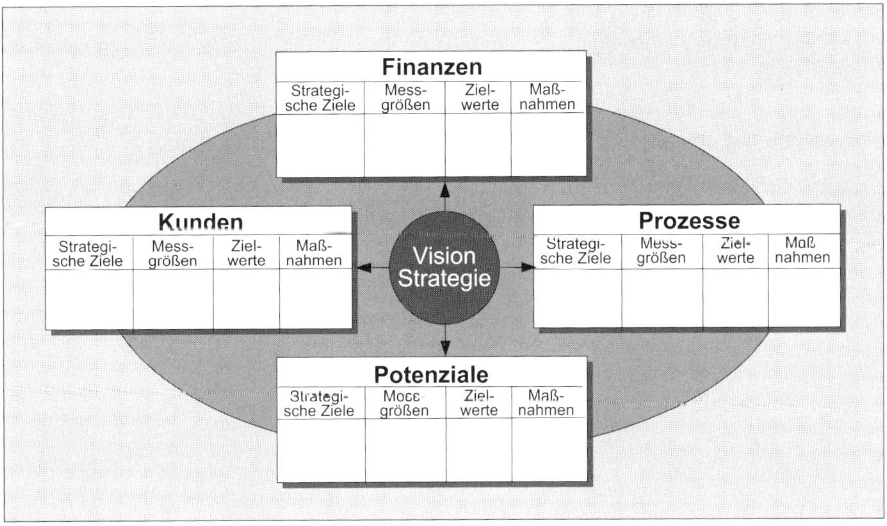

Abb. 3.6 Prinzip der Balanced Scorecard

Die Balanced Scorecard (BSC) stellt eine direkte Verbindung zwischen Geschäftsstrategie, Geschäftsplan, Geschäftsmodell und Geschäftsprozessen her. Die über die BSC abgeleiteten Prozessziele und Zielwerte berücksichtigen die Markt- und Wettbewerbssituation sowie die strategischen Schwerpunkte und Ziele. Die BSC bietet damit eine wichtige Basis für die Festlegung strategieorientierter Geschäftsprozessziele (vgl. auch Mayer/Brenner 2009, S. 156). ■

Die BSC ist mehr als nur ein Kennzahlensystem. Sie ermöglicht es, die Strategie auf den verschiedenen Ebenen im Unternehmen umzusetzen und die Umsetzung zu überwachen.

Mit der Einführung der BSC sind folgende **Vorteile** verbunden (vgl. Horváth/Gaiser 2000, S. 17 ff.):

- Die Geschäftsstrategie wird in operative Ziele und Steuerungsgrößen übersetzt.
- Das Strategieverständnis wird über Hierarchieebenen hinweg gefördert.
- Die Akzeptanz der strategischen Ziele wird bei allen Mitarbeitern erhöht.
- Die Ressourcenzuordnung wird strategisch ausgerichtet.
- Die operative Planung und Budgetierung werden verbessert und beschleunigt.
- Die Kontrolle der Strategieumsetzung wird erleichtert.
- Das organisationale Lernen wird durch laufendes Feedback intensiviert.

Bosch hat mit Erfolg die BSC in seinen Geschäfts- und Produktbereichen, Werken und Regionalgesellschaften eingeführt. Als Gründe für den Erfolg nennt Bosch die systematische und transparente Verbindung zwischen:

- langfristiger strategischer Planung,
- kurzfristiger operativer Wirtschaftsplanung,
- dem ganzheitlichen Verbesserungsmanagement gemäß EFQM,
- dem Zielentfaltungsprozess mit Zielvereinbarungen für die Mitarbeiter (vgl. Kümmel/Waterott 2005, S. 17).

Unternehmen mit mehreren Geschäftsgebieten (Divisionen, Sparten) und Geschäftseinheiten arbeiten mit einem hierarchischen System von BSCs (siehe Abbildung 3.7). Zunächst

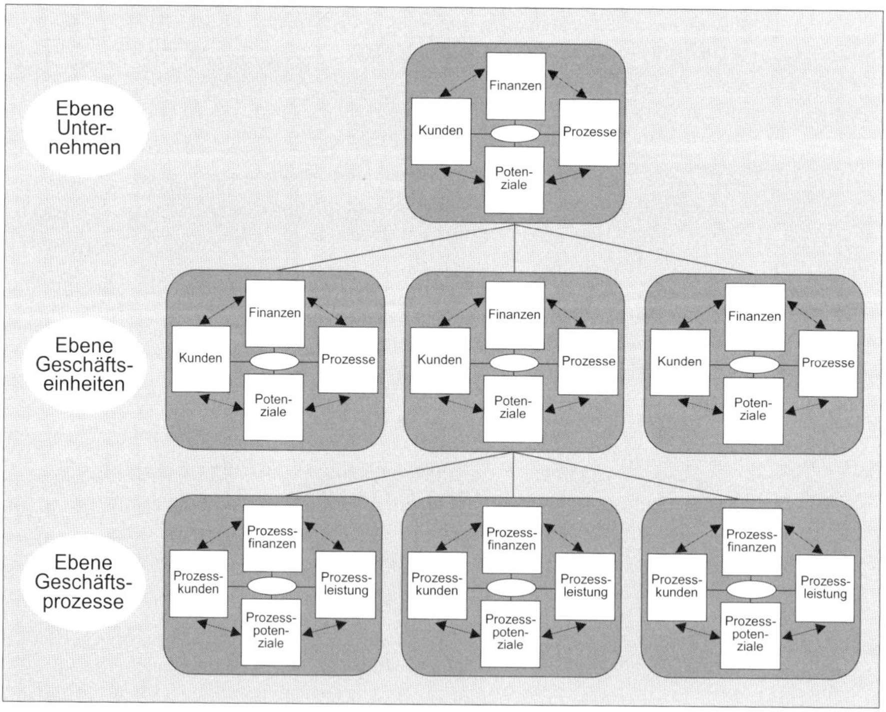

Abb. 3.7 Balanced-Scorecard-System

wird die BSC für das Unternehmen entwickelt. Dann werden daraus die BSCs für die tieferen Strukturebenen wie z. B. für die Geschäftsbereiche, Geschäftseinheiten und Geschäftsprozesse abgeleitet. Die Systematik ermöglicht, eine durchgehende logische Verbindung zwischen Unternehmensstrategie, Geschäftsstrategie und Geschäftsprozessstrategie herzustellen.

Ausgangsbasis für die Planung von Geschäftsprozesszielen ist die BSC der jeweiligen Geschäftseinheit. Daraus werden **Prozess-Balanced-Scorecards** mit den BSC-Perspektiven Prozessfinanzen, Prozesskunden, Prozessleistungen und Prozesspotenziale abgeleitet (siehe Abbildung 3.8). Für jede Perspektive werden Zielwerte mit korrespondierenden Kennzahlen (Messgrößen) definiert und Maßnahmen zur Zielerreichung festgelegt.

Die Übertragung der Planungssystematik der BSC auf Geschäftsprozesse gewährleistet strategiekonforme Geschäftsprozessziele und stellt die Verbindung zur operativen Planung und Kontrolle her (vgl. Fink 2003, S. 165 f. und 288 f.; Wagner/Patzak 2007, S. 361 ff.; Wagner/Käfer 2008, S. 33 ff. und 273 ff.; Burger 2009, S. 77 ff.; Harmon 2010, S. 66 f.; Ahlrichs/Knuppertz 2010, S. 225 ff.; Atzert 2011, S. 277 ff.).

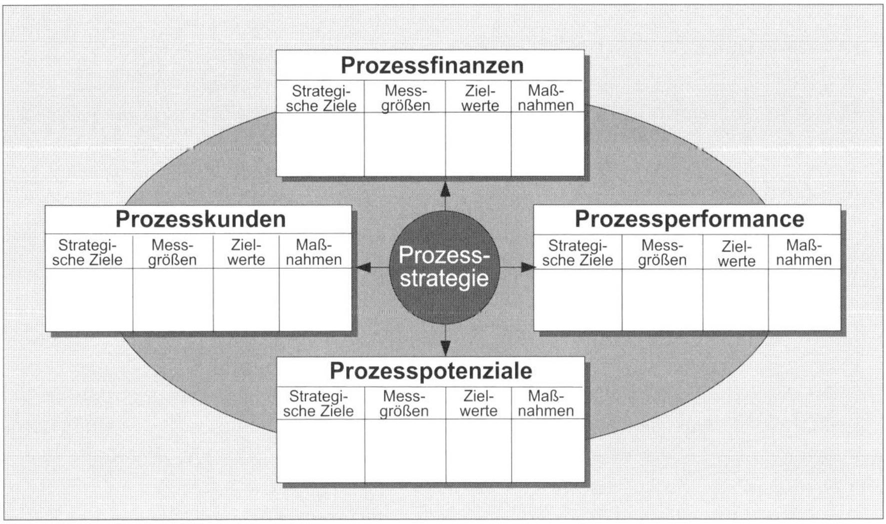

Abb. 3.8 Konzept der Prozess-Balanced-Scorecard

Beispiele für Ziele in den einzelnen **Perspektiven der Prozess-BSC** sind (vgl. auch Gaitanides 2012, S. 248 f.):

- Prozessfinanzen: Prozesswertbeitrag (Prozessertrag), Prozessumsatz, Prozesskosten, Prozesserlöse, Prozessproduktivität, Prozessrendite.
- Prozesskunden: Kundenzufriedenheit, Kundenbindung, Marktanteil, Kundenbeschwerden, Liefertreue.
- Prozessleistung: Prozesszeiten, Prozessqualität, Prozesstermintreue, Prozesskostentreue.

- Prozesspotenziale: Prozesskultur, Kundenorientierung, Mitarbeiterzufriedenheit, Prozesswissen, organisationales Lernen, Prozessreifegrad, Prozesskernkompetenz, Prozessinnovation.

Die **Vorteile der BSC-Anwendung** in Geschäftsprozessen beziehen sich auf:

- strategiekonforme und systematische Ableitung der Geschäftsprozessziele,
- Berücksichtigung mehrerer Sichten bei der Festlegung von Prozesszielen,
- Einbeziehung von Prozesspotenzialen und -ressourcen in das Zielsystem,
- Aufzeigen der Abhängigkeiten von Prozesszielen und Voraussetzungen,
- Verwendung der Prozess-BSC als Basis für Zielvereinbarungen mit Prozessverantwortlichen und -mitarbeitern,
- regelmäßige Überprüfung der strategischen Geschäftsprozessziele im Rahmen der strategischen Planung.

Vgl. zum Thema prozessorientierte Balanced Scorecard: Fink 2003, S. 165 f. und 288 f.; Wagner/Patzak 2007, S. 361 ff.; Wagner/Käfer 2008, S. 33 ff. und 273 ff.; Burger 2009, S. 77 ff.; Harmon 2010, S. 66 f.; Walter 2010, S. 528 f.; Ahlrichs/Knuppertz 2010, S. 225 ff.; Atzert 2011, S. 277 ff.

BSCs haben inzwischen eine hohe **Verbreitung** und Reife erreicht. „Jedes zweite der befragten Unternehmen wendet die BSC seit über fünf Jahren an, knapp 30 % führten sie bereits 2001 oder früher ein. Über 60 % der DAX-Unternehmen setzen die BSC ein. 80 % der befragten Unternehmen sind mit dem Konzept insgesamt sehr zufrieden“ (Horváth & Partners 2008). Nach der Studie von Horváth & Partners sind die BSC-Anwender überdurchschnittlich erfolgreich und erzielen ein höheres Umsatzwachstum als Wettbewerber. „Je intensiver die Nutzung, desto größer ist der Erfolg. So sehen 40 % aller Unternehmen, die das Konzept intensiv nutzen, bei sich selbst absolute Stärken in der Strategieumsetzung“ (Horváth & Partners 2008; vgl. auch Gleich 2011, S. 79 f.).

Allerdings gibt es auch kritische Stimmen, da Unternehmen trotz hoher Akzeptanz und Verbreitung der BSC kaum Fortschritte bei der Strategieplanung und -umsetzung gemacht haben. Die BSC wird zwar häufig eingeführt, aber nicht stetig, durchgängig, konsequent und über mehrere Ebenen angewendet (vgl. Ahlrichs/Knuppertz 2010, S. 222 f.; Gleich 2011, S. 82).

In der Praxis werden BSC-Ziele und Prozessziele oft nur unzureichend gekoppelt. „Jedes Ziel einer Balanced Dimension benötigt für seine Erreichung einen Prozess. [...] Daraus wird dann ein abgeleitetes Prozessziel festgelegt, das die Erreichung des allgemeinen BSC-Zieles konsistent adressiert“ (Ahlrichs/Knuppertz 2010, S. 223). Die Verbindung zu Geschäftsprozessen ist nicht nur bei der BSC-Perspektive „Geschäftsprozesse“, sondern bei den Zielen aller BSC-Dimensionen herzustellen. Dabei ist jeweils zu prüfen, ob die abgeleiteten Ziele auch in den Geschäftsprozessen umgesetzt werden können. Einen wesentlichen Einfluss darauf hat die Prozessorganisation. Bei der Einfluss-Prozessorganisation sind die Umsetzungsvoraussetzungen wegen Divergenzen zwischen Funktions- und Prozessstrategien ungünstig. Bei der Matrix-Prozessorganisation hängt der Umsetzungserfolg von dem Autonomiegrad der Geschäftsprozesse ab. Günstige Bedingungen bietet die reine Prozessorganisation, die allerdings in der Praxis kaum vertreten ist. Soweit sich die BSC-Ziele in den Prozesszielen niederschlagen, sind für ihre Umsetzung die Geschäftsprozessverantwortlichen zuständig. Die strategische Umsetzungskontrolle wird durch diese direkte Verantwortungszuordnung einfacher, effizienter und verlässlicher (vgl. Ahlrichs/Knuppertz 2010, S. 224 ff.).

Beim Herunterbrechen der BSC-Ziele auf die Prozessziele wird nicht nur die Prozessperformance angesprochen. Die BSC-Ziele können auch Kernkompetenzen (Fähigkeiten), Ressourcen, Methoden, IT-Einsatz oder sonstige Prozesspotenziale zum Gegenstand haben. In diesen Fällen sind die Performancekennzahlen auf weitere strategische Prozesskennzahlen auszuweiten.

Die BSC weist strategische Ziele aus. Die **Strategy Map** visualisiert die Kausalitäten, d. h. Ursache-Wirkungs-Beziehungen zwischen diesen Zielen (vgl. Kaplan/Norton 2004; Smith 2007, S. 127 ff.). Die Wirkungszusammenhänge werden über die vier Perspektiven der BSC dargestellt (siehe Abbildung 3.9). Die Strategy Map dient der Kontrolle der Vollständigkeit sowie der logischen Abhängigkeiten zwischen den Zielen. „The strategy map is a critical precursor to the scorecard because it ensures that the right themes have been identified, that they fit together cohesively, and that all stakeholders understand the direction of the organization" (Smith 2007, S. 165).

Strategy Maps eignen sich gut zur Beschreibung, Visualisierung und Kommunikation von Strategie, Zielen und Leistungstreibern. Sie unterstützen die Zielfindung für Geschäftsprozesse und sind bei Zielvereinbarungsgesprächen mit Mitarbeitern hilfreich. Ihre Anwendung empfiehlt sich als Ergänzung zur Balanced Scorecard.

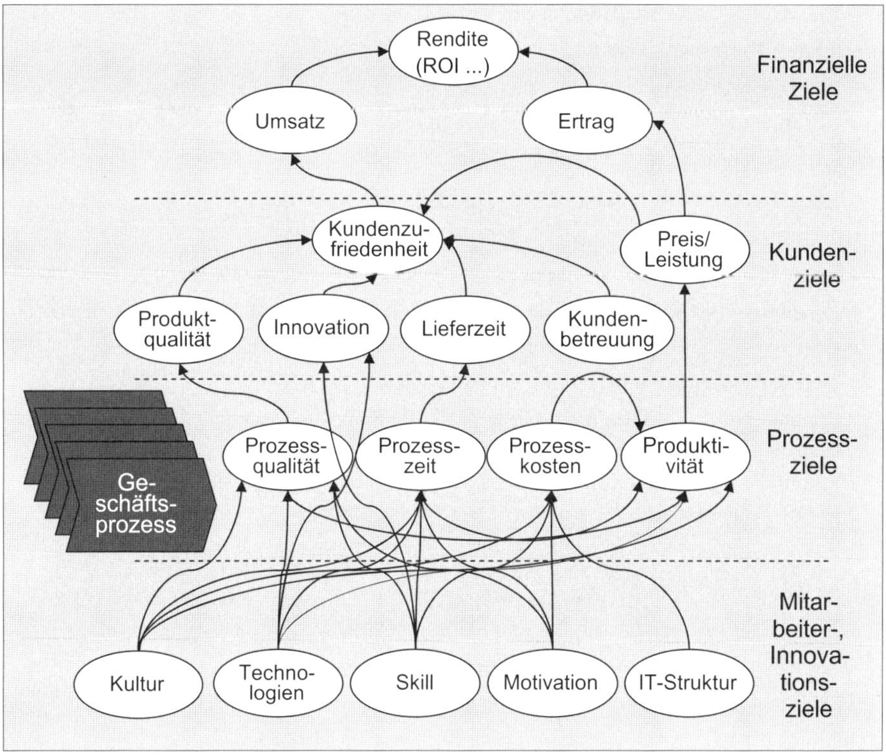

Abb. 3.9 Schema einer Strategy Map

In die Strategy Map werden nur Ziele aufgenommen, die wettbewerbsrelevant sind und für die ein Handlungsbedarf besteht. Bei der Projektion dieser Ziele auf die Ebene der Geschäftsprozesse wird sichtbar, welche Geschäftsprozesse und welche Geschäftsprozessziele für das Erreichen der strategischen Finanz-, Kunden- und Potenzialziele ausschlaggebend sind.

3.1.5 Verbindung zwischen strategischem und operativem Geschäftsprozessmanagement

Während das strategische Geschäftsprozessmanagement der Schaffung von prozessorientierten Erfolgspotenzialen und der Zukunftssicherung dient, ist das operative Geschäftsprozessmanagement auf das Erreichen der Geschäftsziele in der Gegenwart und nahen Zukunft fokussiert. Den Ziel- und Handlungsrahmen des operativen Geschäftsprozessmanagements legt das strategische Geschäftsprozessmanagement fest (siehe Abbildung 3.10).

Das **operative Geschäftsprozessmanagement** bezieht sich auf alle Geschäftsprozesse, die primären wie sekundären. Seine Aufgabenschwerpunkte sind:

- Operative Prozessführung
  - Treffen prozessorientierter Zielvereinbarungen mit den Prozessmitarbeitern,
  - Förderung und Motivation der Prozessmitarbeiter,
  - Beschaffung und Disposition der Prozessressourcen.
- Operative Prozessorganisation
  - Strukturierung des Aufbaus und Ablaufs der einzelnen Geschäftsprozesse,
  - Erstellen und Aktualisieren der Prozessdokumentation,
  - Definition prozessspezifischer Rollen,
  - Integration der Geschäftsprozesse in die Aufbauorganisation.
- Operatives Prozesscontrolling
  - Ableiten operativer Prozessziele aus den strategischen Prozesszielen,
  - Bestimmen der Kennzahlen zur Messung von Zielabweichung und der Prozessperformance,
  - laufende Messung und Kontrolle der Prozessperformance,
  - periodisches Durchführen von Prozessanalysen, Prozessassessments und Prozessaudits,
  - Erstellen von Prozessberichten (Cockpit Charts) mit Ausweis der Zielerreichung und Performanceentwicklung der Geschäftsprozesse,
  - Koordination der operativen Prozessziele und -maßnahmen.
- Operative Prozessoptimierung
  - Laufende Prozessverbesserungen und Steigerungen der Prozessperformance,
  - Maßnahmen zur Reduktion operativer Performancelücken,
  - Umsetzung von Reengineering-Projekten.

Abbildung 3.10 zeigt die Verbindungen zwischen Geschäftsstrategie, Geschäftsprozessen und operativem Geschäftsprozessmanagement. Die Geschäftsstrategie bildet zusammen mit dem aus ihr abgeleiteten Geschäftsmodell die Basis für die Identifizierung der Geschäftsprozesse und das Erstellen des geschäftsspezifischen Prozessmodells. Im Rahmen des operativen Geschäftsprozessmanagements werden die Geschäftsprozesse top-down in tiefere Prozessebenen unterteilt (Teilprozesse, Prozessschritte, Arbeitsschritte, Aktivitäten). Ebenso werden auch die Prozessziele top-down aus der Geschäftsstrategie und den Geschäftszielen abgeleitet sowie auf die einzelnen Prozessebenen heruntergebrochen.

Die Top-down-Identifizierung und -Zerlegung der Geschäftsprozesse sowie der Prozessziele gewährleisten, dass sich alle Prozessebenen auf die Geschäftsstrategie ausrichten und Beiträge zur Erfüllung der strategischen und operativen Geschäftsziele leisten. Ändern sich Geschäftsstrategie und Geschäftsmodell, so sind Geschäftsprozessmodell und Geschäftsprozesse entsprechend anzupassen. Der Anstoß dazu geht von der strategischen Geschäftsplanung aus.

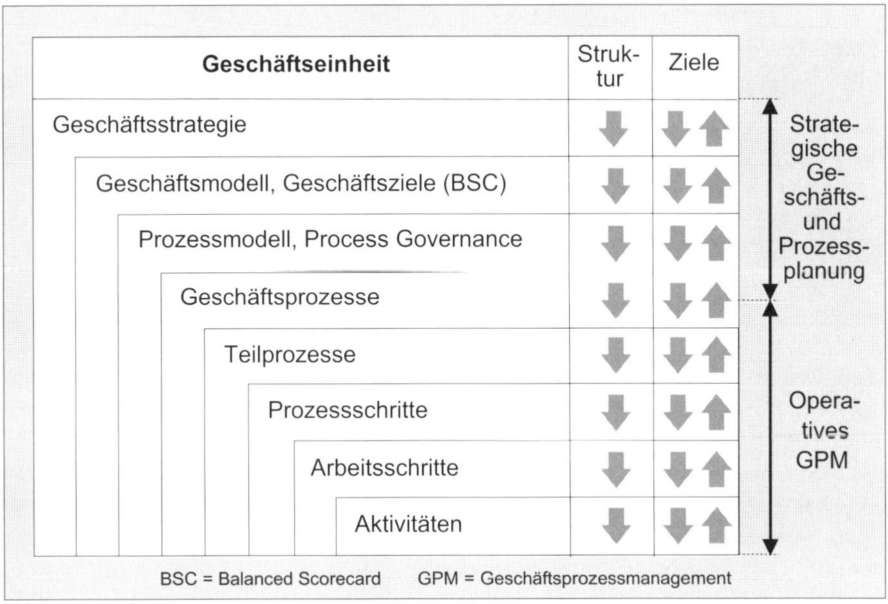

Abb. 3.10 Verbindung zwischen Geschäftsstrategie und Geschäftsprozessen

3.2 Auswirkungen strategischer Änderungen auf das Geschäftsprozessmanagement

Unternehmen sind einem ständigen Wandlungsprozess unterworfen, der ausgelöst werden kann durch (vgl. Kapitel 1.1):

- Änderungen der Kunden- und Stakeholder-Erwartungen,
- Änderungen der Geschäftstätigkeit (Produkt-, Leistungsprogramm),
- Änderungen des Absatzmarktes (Kundenbedürfnisse, -verhalten, Wettbewerber),
- Änderungen des Beschaffungs- und Finanzmarktes,
- Änderungen der Ressourcen (z. B. Standort, Personal, IT, Technologien) und Kernkompetenzen,
- Änderungen der Unternehmensstruktur (z. B. durch Mergers, Akquisitionen, Joint Ventures, Outsourcing),
- Änderungen der strategischen Erfolgsfaktoren,
- Änderungen der regulatorischen Anforderungen.

Diese Änderungen beeinflussen direkt die Geschäftsstrategie, das Geschäftsmodell, das Prozessmodell sowie Organisation und Controlling der Geschäftsprozesse (vgl. Ahlrichs/Knuppertz 2010, S. 237 ff.; siehe Abbildung 3.10).

Nach dem HR-Barometer 2011 von Capgemini haben 80 % der befragten Unternehmen innerhalb von zwei Jahren (2009 und 2010) eine Reorganisation mit unternehmensweiten Auswirkungen auf Strukturen, Abläufe, Personalkapazität und Kompetenz durchgeführt (vgl. Capgemini 2011, S. 81 f.). Als Hauptgründe werden Veränderungen des Geschäftsmodells (41 %), Strategiewechsel (28 %) und Wachstum (29 %) genannt (vgl. auch Minone 2011, S. 33). Als zukünftige Auslöser für Veränderungen werden die in Abbildung 3.11 genannten Gründe aufgeführt.

Die Änderungen erfordern Anpassungen der Prozessstrategie und der Geschäftsprozesse. „Depending on the business model and market environment, organizations often adjust their strategies within very short periods. These changes in strategy need to be reflected in business processes. Thus, with every strategy change, a company must pay careful attention to the underlying business process strategy and the changes to business processes" (Scheer/Brabänder 2010, S. 242 f.; vgl. auch Rummler/Ramias/Rummler 2010, S. 46 ff.; Hanschke/Lorenz 2012, S. 148 ff.; Kirchmer 2011, S. 55).

Auch die Studie „Zukunftsthema Qualität im Geschäftsprozessmanagement" kommt zu dem Ergebnis, dass Unternehmen ihre Prozesse mit steigender Frequenz ändern und anpassen. „So geben 44 % der Unternehmen an, ihre Prozesse mindestens einmal pro Jahr in größerem Umfang zu ändern oder neu zu gestalten, bei einem Viertel dieser Unternehmen geschieht dies mehr als viermal im Jahr" (Komus/taraneon Process TestLab 2012, S. 22).

Wie Abbildung 3.11 zeigt, sind Veränderungen des Geschäftsmodells häufigster Auslöser für unternehmensweite Änderungen. **Geschäftsmodelle** weisen Geschäftsaktivitäten und deren Erlöserzielung aus. Sie beschreiben, wer die Kunden bzw. Stakeholder sind, welchen Nutzen die Leistungen des Unternehmens bei Kunden bzw. Stakeholdern stiften, in welchen Ge-

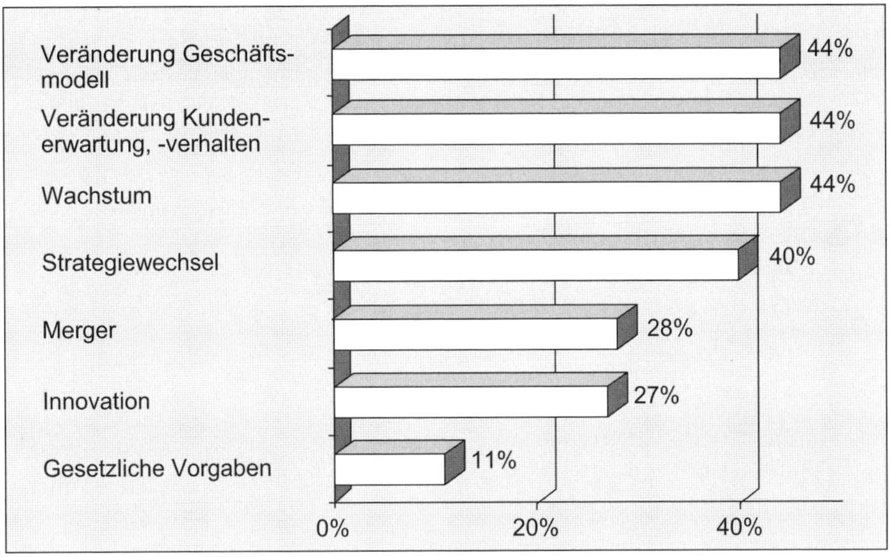

Abb. 3.11 Zukünftige Auslöser für Änderungen in Unternehmen (vgl. Capgemini 2011, S. 82)

schäftsprozessen welche Leistungen erstellt, wie über Leistungen Erlöse erzielt und wie Transaktionen zwischen Marktpartnern abgewickelt werden (vgl. Alt 2008, S. 170 ff.). „Viele der tradierten Geschäftsmodelle funktionieren unter den heutigen gesellschaftlichen und marktwirtschaftlichen Gegebenheiten nicht mehr und werden angepasst" (Capgemini 2011, S. 82).

Zum einen liefern Geschäftsmodelle wichtige Inputs für die Identifizierung von Geschäftsprozessen. Zum anderen stoßen sie Änderungen des geschäftsspezifischen Prozessmodells und der Geschäftsprozesse an. Umgekehrt können auch **Geschäftsprozessinnovationen** zu Änderungen von Geschäftsmodellen führen. „Prozessmanagement initiiert Innovation, wenn etablierte Kompetenzen innovativen Anwendungen zugeführt und neue Kunden bzw. Märkte erschlossen werden. Andererseits kann Prozessmanagement auch radikale Innovationen dadurch herbeiführen, dass die verfügbaren Ressourcen neu gebündelt und integriert werden" (Gaitanides 2012, S. 144). So beeinflussen neue Geschäftsprozesse, Geschäftsprozesse mit neuen oder stark verbesserten Leistungen oder Geschäftsprozesse, die sich an neue Zielkunden oder Zielmärkte richten, die Geschäftsaktivitäten und deren Erlöserzielung. Auch technologische Prozessinnovationen können sich auf das Geschäftsmodell auswirken, wie z. B. die höhere Anpassungsflexibilität von SOA-Applikationen oder neue Formen der Kommunikation und Zusammenarbeit durch „Web 2.0" (vgl. Kirchmer 2011, S. 22 ff.; Kapitel 10).

Erfolgreiche Unternehmen sind in der Lage, ihre Geschäftsprozesse schneller und häufiger zu ändern und anzupassen. Nach der Studie „Qualität im Geschäftsprozessmanagement" benötigen Unternehmen im Durchschnitt mehr als zwei Jahre von der Feststellung des Änderungsbedarfs bis zum Abschluss der organisatorischen Implementierung. Die technische Implementierungsdauer von Änderungen liegt dagegen im Durchschnitt unter einem Jahr. Die Gründe für die langsamen organisatorischen Anpassungen sind fehlende standardisierte Vorgehensweisen, unzureichende Prozessdokumentation und -transparenz, fehlende Einbindung der Mitarbeiter, hohe Ressourcenbindung durch mangelhafte Prozessqualität (Nacharbeiten) sowie Mangel an Prozesswissen bei Prozessverantwortlichen und -mitarbeitern (vgl. Komus/taraneon Process TestLab 2012, S. 22 ff.). Die Situationsanalyse macht deutlich, dass ein strategisch ausgerichtetes Geschäftsprozessmanagement auf ein effizientes operatives Prozessmanagement angewiesen ist. Fehlt dieses, werden strategisch notwendige Änderungen und Anpassungen der Geschäftsprozesse unzureichend oder zu langsam umgesetzt.

Um Geschäftsstrategien schnell umzusetzen, bedarf es nicht nur einer flexiblen „Hardware" des Geschäftsprozessmanagements (z. B. Prozessstrukturen, -abläufe, IT-Unterstützung). Ebenso wichtig, ja noch wichtiger sind die weichen Faktoren, wie Wandlungs-, Führungs- und Kooperationsfähigkeit, Mitarbeitermotivation und systematisches Change-Management (vgl. Roghé/Strack 2010, S. 16).

Anpassungen der Geschäftsprozesse und des Geschäftsprozessmanagements werden in der Geschäftsstrategieplanung entschieden. Die Verantwortung dafür trägt die Geschäftsleitung.

3.3 Ausgewählte Themen des strategischen Geschäftsprozessmanagements

3.3.1 Wettbewerbsstrategie und Geschäftsprozesse

In der Geschäftsstrategie wird zwischen Marktsicht (market based view of competitive advantage) und Ressourcensicht (resource based view of competitive advantage) unterschieden (vgl. Schober 2002, S. 118 ff.; Grant/Nippa 2006, S. 310 ff.; Osterloh/Frost 2006, S. 171 ff.; Becker/Meise 2008, S. 112 ff.; Bea/Haas 2009, S. 28 ff.; Atzert 2011, S. 89 ff.; Gaitanides 2012, S. 111 ff.).

Ziel beider Strategiesichten ist, Wettbewerbsvorteile zu schaffen, zu halten oder auszubauen, um den Erfolg und die Zukunft des Unternehmens zu sichern.

Bei der **marktorientierten Strategie** bilden Marktstruktur und Marktverhalten den Ausgangspunkt der strategischen Überlegungen. Unter Marktstruktur werden die organisatorischen Merkmale des Marktes verstanden, wie z. B. Zahl und Größenverhältnisse der Anbieter und Nachfrager, Grad der Produktdifferenzierung sowie Markteintrittsbedingungen.

Mit Marktverhalten sind die unternehmensspezifischen Vorgehensweisen auf dem jeweiligen Markt angesprochen. Dabei werden in Anlehnung an Porter die Wettbewerbsstrategien der Kostenführerschaft, Leistungsdifferenzierung sowie Konzentration auf Schwerpunkte (Nischenpolitik) unterschieden (vgl. Porter 1999; vgl. Gaitanides 2012, S. 119 ff.). Die Strategie der Kostenführerschaft strebt Kostenvorteile gegenüber Wettbewerbern an, um vergleichbare Leistungen zu besseren Konditionen anbieten zu können (Preis, Finanzierung etc.). Erfolgreiche Kostendifferenzierung schafft Preisspielräume und erzielt bei gleichen Preisen höhere Renditen. Die Strategie der Differenzierung zielt darauf ab, Wettbewerbsvorteile durch überlegene Produkte oder Dienstleistungen zu erreichen, welche die Kundenbedürfnisse besser erfüllen. Erfolgreiche Leistungsdifferenzierung schafft Eintrittsbarrieren, erhöht die Kundenloyalität und führt zu höheren Umsatzrenditen. Bei der Konzentration auf Marktnischen werden nur eng begrenzte Marktsegmente bearbeitet, um in diesen Kosten- oder Differenzierungsvorteile zu erzielen.

Tendenziell wird die Strategie der **Kostenführerschaft** stärker von der Funktionsorganisation als von der Prozessorganisation unterstützt. Ausschlaggebend dafür ist die funktionale Spezialisierung, mit der Skalenerträge und Erfahrungskurveneffekte und damit Kostenvorteile erzielt werden (vgl. Schober 2002, S. 31; Atzert 2011, S. 105 ff.; Gaitanides 2012, S. 124 ff.; Kapitel 4.4.1). Demgegenüber hat die Prozessorganisation Kostenvorteile dank kontinuierlicher Prozessverbesserungen. Diese reduzieren die Fehlerkosten durch Steigerung der Prozessqualität und senken die Koordinationskosten durch Abbau von Schnittstellen. In der ressourcen-, leistungs- oder kompetenzorientierten Matrix-Prozessorganisation können die Kostendegressionseffekte von Funktions- und Prozessorganisation miteinander kombiniert werden (vgl. Kapitel 4.4.2.3 und 4.4.2.5).

Die Anforderungen der **Leistungsdifferenzierung** kann die Prozessorganisation durch stärkere Kundenorientierung, schnellere Reaktion auf Kundenforderungen und crossfunktionale Integration besser als die Funktionsorganisation erfüllen. „Die Einzigartigkeit von Produkten und Dienstleistungen innerhalb einer Branche ist nicht ohne einzigartige Geschäftsprozesse realisierbar“ (Gaitanides 2012, S. 125; vgl. auch Reiß 2009; Atzert 2011, S. 108 ff.).

Wird die **Nischenstrategie** verfolgt, muss eine Organisation über die Fähigkeit verfügen, gleichzeitig die Strategien der Kostenführerschaft und Leistungsdifferenzierung zu realisieren. „Allein die Prozessorganisation kann in dieser Situation ihre produktive Wirkung entfalten. Ihr Kostensenkungspotenzial liegt in den Koordinationskosten, ihr Differenzierungspotenzial in der crossfunktionalen Integration, durch die Zusatznutzen für Kunden geschaffen worden kann“ (Gaitanides 2012, S. 127; vgl. auch Atzert 2011, S. 115 ff.). Um der Dualität in der Nischenstrategie gerecht zu werden, können z. B. in der Prozessorganisation jeweils spezifische Geschäftsprozesse für Marktsegmente mit Differenzierungsstrategie und Marktsegmente mit Kostenführerschaft implementiert werden.

In der **ressourcenorientierten Strategie** stellen überlegene Ressourcen (Potenziale, Kompetenzen) die Quelle des langfristigen Unternehmenserfolgs dar. Nicht die Absatzmärkte, sondern die Entwicklung und Nutzung einzigartiger Ressourcen bilden die Grundlage für Wettbewerbsvorteile und den Geschäftserfolg.

Ressourcen lassen sich klassifizieren in (vgl. Atzert 2011, S. 118; Gaitanides 2012, S. 129 f.):

- Technische Ressourcen: z. B. Technologien, Materialien, Standort, Equipment, Tools, Patente, Lizenzen.
- Personelle Ressourcen: z. B. Ausbildung, Kenntnisse, Fähigkeiten, Erfahrungen, Motivation, Zusammenarbeit der Mitarbeiter.

- Organisatorische Ressourcen: z.B. Unternehmenskultur, Organisationsform, Planungs- und Kontrollsysteme, Geschäftsprozesse, Innovationsfähigkeit, organisationale Lernfähigkeit, Kundenorientierung, Flexibilität, Markenname, Image.
- Finanzielle Ressourcen: z.B. Eigen-, Fremdkapital.

Bea und Haas unterteilen Ressourcen bzw. Potenziale in Leistungs- und Führungspotenziale (siehe Abbildung 3.12; vgl. Bea/Haas 2009, S. 123 ff. und 539 ff.). Leistungspotenziale umfassen Geschäftsprozesse, Kapital, Personal und Technologien. Führungspotenziale decken Planung, Kontrolle, Information, Organisation und Unternehmenskultur ab.

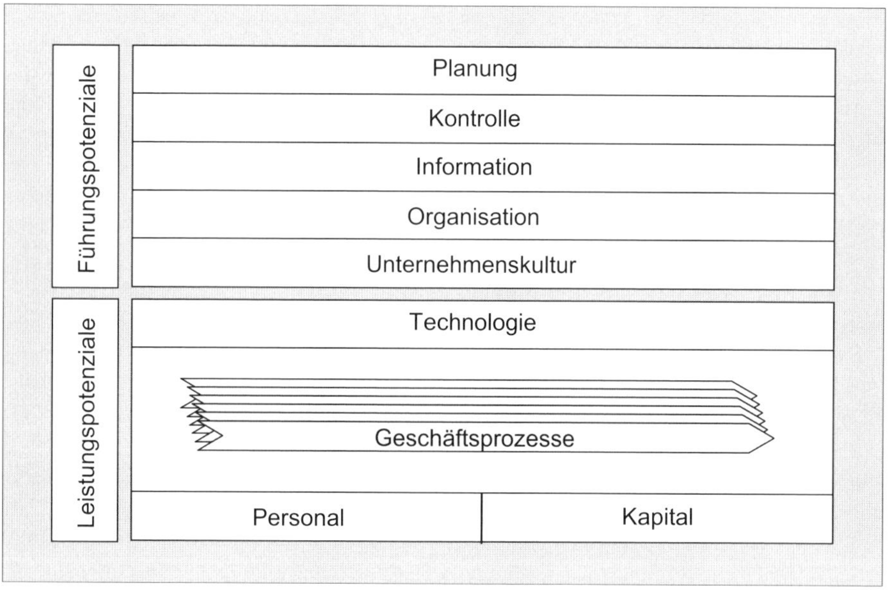

Abb. 3.12 Strategische Potenziale (in Anlehnung an Bea/Haas 2009, S. 123)

Die beiden Strategieansätze Marktsicht und Ressourcensicht stellen keine Gegensätze dar. Vordergründig sowie kurz- und mittelfristig findet der Wettbewerb auf der Markt-Produkt-Ebene statt. Langfristig wird der Wettbewerb auf der Ebene der Ressourcen und damit zwischen Unternehmen entschieden. Die Ressourcensicht stellt eine „sachliche und zeitliche Vorverlagerung des Wettbewerbsgedankens" dar (vgl. Bea/Haas 2009, S. 33; vgl. auch Krüger/Homp 1997, S. 67 f.; Atzert 2011, S. 199 ff.). Die Marktsicht kommt stärker in reifen und stabilen Märkten, die Ressourcensicht stärker in dynamischen Märkten zum Tragen.

In beiden Strategieansätzen spielen Geschäftsprozesse eine zentrale Rolle, da sie die Verbindung zwischen Kundenleistungen und Ressourcen herstellen. Geschäftsprozesse können selbst wettbewerbsentscheidende Ressourcen darstellen, tragen zum Aufbau und Ausbau dieser Ressourcen bei oder nutzen sie, um bei der Erzeugung von Kundenleistungen Wettbewerbsvorteile zu realisieren (vgl. Schober 2002, S. 128 ff.). ■

3.3.2 Kernkompetenzen und Kernprozesse

In der ressourcenorientierten Strategie bilden **Kernkompetenzen** die „Wurzeln der Wettbewerbsfähigkeit". Kernkompetenzen setzen sich aus einer Kombination von Fähigkeiten zusammen, die Unternehmen zu einzigartigen Marktleistungen befähigen und Wettbewerbsvorteile nachhaltig sichern. „Unter Kernkompetenzen sind die gebündelten technologischen, fertigungstechnischen und prozessualen Fähigkeiten eines Unternehmens zu verstehen" (Vahs 2012, S. 212). Sie entstehen durch das Zusammenspiel personengebundener Fähigkeiten (Wissen, Erfahrung, Lösungskompetenz), organisatorischer Handlungsmuster (Routinen) und materieller Ressourcen (Technologien, Materialien, Equipment, IT, Methoden, Tools, Finanzmittel).

Kernkompetenzen zeichnen sich durch folgende **Merkmale** aus (vgl. Krüger/Homp 1997, S. 25 ff.; Schober 2002, S. 138 ff.; Osterloh/Frost 2006, S. 179 ff.; Bea/Haas 2009, S. 32 f.; Atzert 2011, S. 120 ff.; Fischermanns 2012, S. 74 ff.; Gaitanides 2012, S. 129 ff.): Sie

- stiften hohen Kundennutzen,
- basieren auf spezifischen Kenntnissen, Fähigkeiten und Erfahrungen,
- sind nicht auf dem Markt verfügbar, nur schwer imitierbar und substituierbar,
- generieren neue oder verbesserte Produkte, Leistungen oder Anwendungen,
- erschließen neue Märkte.

Kernkompetenzen versetzen Unternehmen in die Lage, sich flexibel und schnell auf zukünftige Veränderungen einzustellen. Die erzielten Wettbewerbsvorteile bieten einen nachhaltigen Schutz vor Wettbewerbern und zeichnen sich durch eine größere zeitliche Reichweite als die produktbezogenen Wettbewerbsvorteile des marktorientierten Strategieansatzes aus. ■

Aufbau und Weiterentwicklung von Kernkompetenzen zählen zu den wichtigsten strategischen Aufgaben in Organisationen. Dabei fällt den Geschäftsprozessen eine wichtige Rolle zu. Sie stellen selbst Kernkompetenzen dar, bilden die Basis für die Entwicklung von Kernkompetenzen und nutzen Kernkompetenzen. „Gerade die Schaffung innovativer Prozesse und spezieller, im Wettbewerb hinsichtlich Zeit, Kosten und Qualität überlegener Ablaufstrukturen kann Kernkompetenzen schaffen, die ein essentieller Bestandteil der Strategie sind" (Bergsmann 2012, S. 213; vgl. auch Krüger/Homp 1997, S. 41 ff.; Suter 2004, S. 45 ff. und 240 f.; Atzert 2011, S. 133 ff.).

Die für die Entstehung von Kernkompetenzen notwendigen Interaktionen zwischen individuellen Fähigkeiten, Handlungsmustern und materiellen Ressourcen finden in Geschäftsprozessen statt. Sie sind das Bindeglied zwischen Ressourcen und Kompetenzen. Besonders kollektive Lernprozesse in Geschäftsprozessen unterstützen das Entstehen von Kernkompetenzen (vgl. Gaitanides 2012, S. 136; Kapitel 9.5 und 9.6). ■

Kernkompetenzen in Geschäftsprozessen beziehen sich auf wettbewerbsentscheidenden Fähigkeiten wie z. B.:

- schnell in neuen Märkten Fuß zu fassen,
- Kundenbedürfnisse frühzeitig zu erkennen,
- Produkte mit hohem Kundennutzen effizient zu erstellen,
- innovative Problemlösungen durch überlegene Beherrschung von Technologien anzubieten,
- Produktinnovationen schnell auf den Markt zu bringen,
- mit Problemlösungskompetenz und nutzenorientierten Systemlösungen zu überzeugen,
- Kunden besser und schneller als Konkurrenten zufriedenzustellen,
- schnell auf Veränderungen des Marktes, der Kundenanforderungen und der Technologien zu reagieren.

Die Ausprägung von Kernkompetenzen in Geschäftsprozessen ist unterschiedlich (vgl. Rohm 1998, S. 213 ff.; Atzert 2011, S. 152 f.):

- Das gesamte Geschäftsprozessmanagement ist eine Kernkompetenz.
- Einzelne Geschäftsprozesse oder Teilprozesse stellen Kernkompetenzen dar.
- Eine Gruppe von Geschäftsprozessen oder Gruppen von Teilprozessen bilden Kernkompetenzen.

Nicht nur Geschäftsprozesse, auch das gesamte Geschäftsprozessmanagementsystem kann dazu beitragen, nachhaltige Wettbewerbsvorteile zu generieren. Beispiele sind:

- das geschäftsspezifische Prozessmodell,
- die einzigartige Bündelung und Nutzung unternehmensspezifischer Ressourcen,
- die inhaltliche und zeitliche Synchronisation zwischen den Geschäftsprozessen,
- die horizontale Koordination innerhalb der Geschäftsprozesse,
- organisationales Lernen, z. B. durch Erfahrungsakkumulation und Wissenstransfer in Prozess- und Kaizen-Teams.

Das strategische Geschäftsprozessmanagement hat, bezogen auf Kernkompetenzen, folgende Fragen zu beantworten:

- Von welchen Kernkompetenzen hängt die gegenwärtige und zukünftige Wettbewerbsfähigkeit (Kernkompetenzportfolio, Kompetenzbewertung) ab?
- Welche Kernkompetenzen sind in welcher Art und Weise und in welchem Umfang weiterzuentwickeln oder neu zu entwickeln?
- Welche Beziehungen bestehen zwischen Kernkompetenzen und Geschäftsprozessen?
- Welche Kernkompetenzen benötigen die Geschäftsprozesse zur Erzielung einer hohen Wettbewerbsfähigkeit?
- Welchen Geschäftsprozessen bzw. Teilprozessen sind Aufbau und Ausbau spezifischer Kernkompetenzen zu übertragen?
- Wer hat die Umsetzung der Kernkompetenzziele in den Geschäftsprozessen zu verantworten und zu steuern?

Wenn Geschäftsprozesse Kernkompetenzen repräsentieren oder maßgeblich zum Aufbau oder Ausbau von Kernkompetenzen beitragen, werden sie **Kernprozesse** genannt. „Erst das Prozessergebnis eines Kernprozesses versetzt ein Unternehmen in die Lage, sich durch ‚Einzigartigkeit' von Produkten und Leistungen auszuzeichnen" (Gaitanides 2012, S. 137 f.).

Kernprozesse haben folgende Merkmale (vgl. Helbig 2003, S. 47 ff.; Osterloh/Frost 2006, S. 36 ff.; Becker/Meise 2008, S. 128 f.):

- direkter Bezug zu Kernkompetenzen,
- hohe strategische Bedeutung für die Zufriedenheit der Kunden,
- hohe strategische Bedeutung für das Erreichen bzw. Halten eines Wettbewerbsvorteils.

Kandidaten für Kernprozesse sind in der Regel die primären Geschäftsprozesse. Ihre Festlegung erfolgt im Strategieprozess (vgl. Kapitel 3.4). Die Identifizierungskriterien sind analog zu Kernkompetenzen Nutzenstiftung der Prozessleistung, Nicht-Substituierbarkeit, Nicht-Imitierbarkeit sowie Spezifität des Geschäftsprozesses. Aus diesen Kriterien leitet sich auch ab, ob vorhandene Kernprozesse noch den Anforderungen gerecht werden. „Stiften die Kernkompetenzen der generierenden Geschäftsprozesse keinen besonderen Kundennutzen, sind sie standardisiert und Prozessleistungen gegebenenfalls problemlos beschaffbar, leicht imitierbar oder einfach zu substituieren, dann bedarf es einer ‚tiefgreifenden' Veränderung einzelner Kernprozesse oder gar der gesamten *Prozessarchitektur*, um die noch verbliebenen Lebenschancen des Unternehmens wahrzunehmen" (Gaitanides 2012, S. 143).

Kernkompetenzen können innerhalb von Kernprozessen, über prozessbegleitende oder über prozessübergreifende Programme und Maßnahmen auf- und ausgebaut werden. Prozessübergreifende Maßnahmen sind notwendig, wenn Kernkompetenzen gleichzeitig in mehreren Geschäftsprozessen verankert sind oder aber Kernprozesse bei Aufbau, Erhaltung oder Ausbau ihrer Kernkompetenzen auf die Unterstützung anderer Geschäftsprozesse angewiesen sind. Dies ist z.B. der Fall, wenn Kernprozesse Leistungen von dem sekundären Geschäftsprozess „Personal bereitstellen" benötigen.

Kernkompetenzen und Kernprozesse sind nicht konstant, sondern ändern sich. Die Prozessstrategie hat die Aufgabe, den **Lebenszyklus von Kernkompetenzen und Kernprozessen** zu steuern (vgl. Gaitanides 2012, S. 135 ff. und 233 ff.). Sie gibt vor, ob, wann und wie sie erzeugt, entwickelt oder erneuert werden sollen. Defizite in der Wettbewerbsfähigkeit einzelner Ressourcen, Prozesse und Kompetenzen können häufig über kontinuierliche Prozessverbesserungen beseitigt werden. Das gesamte Geschäftsprozessmodell zu verändern erfordert dagegen außerordentliche und tief greifende Maßnahmen.

Ein neuerer Ansatz der ressourcenorientierten Strategie sind **dynamic capabilities** (vgl. Osterloh/Frost 2006, S. 179 ff.; Atzert 2011, S. 129 ff. und 138 ff.; Gaitanides 2012, S. 144). Ihr Schwerpunkt liegt auf der kontinuierlichen Weiterentwicklung gegenwärtiger Kompetenzen sowie der Erneuerung von Kompetenzen, um zukünftige Bedürfnisse von Kunden befriedigen und neue Märkte zu erschließen. Durch die Kombination von Kompetenzausbau und -erneuerung wird eine zukünftige Ressourcenbasis geschaffen, aus der neue Strategien abgeleitet werden. Dafür ist die Organisation entsprechend auszugestalten. Sie muss vorhandene Kompetenzen intensiv nutzen, den Schwerpunkt auf Teamarbeit und Know-how-Transfer legen, das individuelle und organisationale Lernen fördern und sich schnell an Veränderungen anpassen. Prozessorientierte Organisationen werden diesen Anforderungen weitgehend gerecht und sind besonders gut für die dynamische Entwicklung von Kompetenzen geeignet.

In der Wirtschaftsinformatik ist **Business Capability Management** ein aktuelles Thema. Es stellt die Verbindung zwischen Geschäftsstrategie und IT her. „Business Capabilities sind (Geschäfts-)Fähigkeiten, die eine Organisation, eine Person oder ein System besitzt und auf die sich das Unternehmen stützt, um seine Geschäftsziele zu erreichen" (Hanschke/Lorenz 2012, S. 171; vgl. auch Krüger 2009, S. 33 ff.; Dombrowski 2011, S. 81 ff.; Hanschke/Lorenz 2012, S. 169 ff.; Beims 2012, S. 24 f.).

Business Capabilities können modelliert und mit IT-unterstützten Geschäftsprozessen in Beziehung gesetzt werden. Damit besteht die Möglichkeit, Business Capabilities zu optimieren und Veränderungen von Geschäftsmodellen schneller umzusetzen. Das Konzept ist noch nicht in allen Punkten ausgereift. „Bislang hat sich für Business Capabilities oder ‚Geschäftsfähigkeiten' noch kein ganz einheitliches Verständnis herauskristallisiert, und auch die Abgrenzung von Capabilities zu betrieblichen Funktionen und Geschäftsprozessen wird immer wieder diskutiert" (Allweyer 2012). Erschwerend kommt hinzu, dass der Begriff Business Capabilities unscharf ist und nicht mit Kernkompetenz gleichgesetzt werden kann.

3.3.3 Strategische Erfolgsfaktoren des Geschäftes und der Geschäftsprozesse

Strategische Erfolgsfaktoren sind Schlüsselgrößen, die für den Erfolg im Wettbewerb von zentraler Bedeutung sind (vgl. Vahs 2012, S. 255 f.). Sie hängen von externen und internen Gegebenheiten eines Geschäftes ab und unterscheiden sich deshalb von Geschäftseinheit zu Geschäftseinheit. Strategische Erfolgsfaktoren werden im Rahmen der strategischen Planung ermittelt und finden ihren Niederschlag in Geschäftsstrategie, Geschäftszielen, Prozesszielen und Geschäftsprozessen. Strategische Erfolgsfaktoren einer Geschäftseinheit können z. B. sein:

- Produktprogramm,
- Preis-Leistungs-Verhältnis der Produkte,
- Produktinnovationen,
- Produktqualität,
- Flexibilität (Veränderungsfähigkeit),
- Lieferzeiten und Liefertreue,
- Kundenservice,
- Reputation und Image,
- Kundenbeziehungen,
- Kompetenzen (Qualifikation, Motivation).

Von **kritischen Erfolgsfaktoren** wird gesprochen, wenn Erfolgsfaktoren eine hohe Bedeutung, aber einen niedrigen Erfüllungsgrad aufweisen, d. h. die Kundenerwartungen nicht ausreichend erfüllen. Abbildung 3.13 zeigt ein **Erfolgsfaktorenportfolio**, das die kritischen Erfolgsfaktoren anhand der Parameter Bedeutung und relative Wettbewerbsstärke ausweist. Die relative Wettbewerbsstärke sagt aus, wie stark ein Erfolgsfaktor im Wettbewerbsvergleich ist. Die Ergebnisse der Erfolgsfaktorenanalyse ermöglichen, die Erfolgsfaktoren den Kategorien kritische, ausgeglichene oder überbewerte Erfolgsfaktoren zuzuordnen und entsprechend zu gewichten.

Auf die Erfüllung der Erfolgsfaktoren des Geschäftes haben Geschäftsprozesse entscheidenden Einfluss. So wird z. B. der Erfolgsfaktor Preis-Leistungs-Verhältnis maßgeblich von den Geschäftsprozessen „Produkt entwickeln" und „Produkt liefern" beeinflusst. Für den Erfolgsfaktor Kundenservice spielt der Geschäftsprozess „Service durchführen" eine entscheidende Rolle. ■

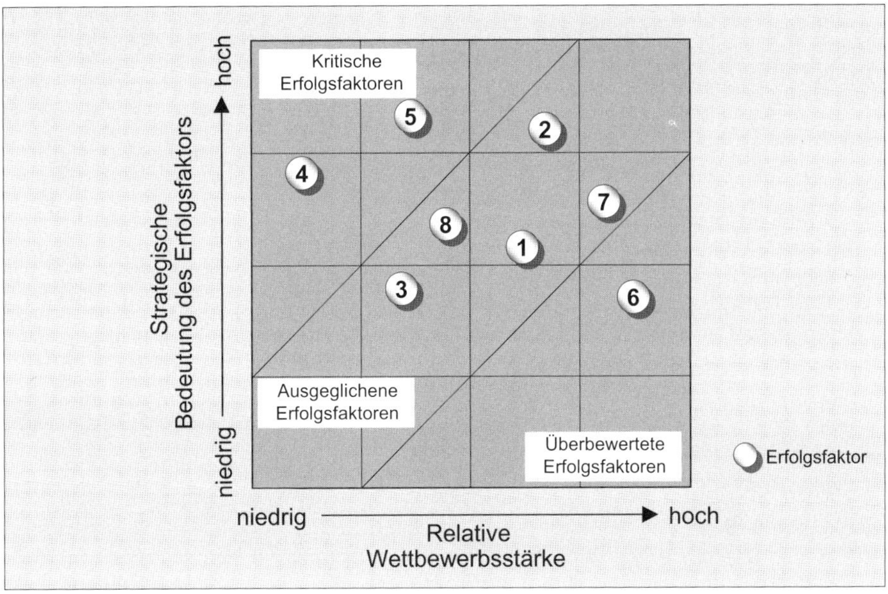

Abb. 3.13 Erfolgsfaktorenportfolio (vgl. Gausemeier/Plass/Wenzelmann 2009, S. 159)

Damit die Geschäftsprozesse positiv auf die strategischen Erfolgsfaktoren des Geschäftes wirken, sind diese mit den Erfolgsfaktoren der Geschäftsprozesse in Beziehung zu setzen. Beispiele für **Prozesserfolgsfaktoren** sind:

- Prozessreifegrad,
- Prozessführung,
- Prozesskultur,
- Mitarbeitermotivation,
- Mitarbeiterqualifikation,
- Prozessinputs,
- IT-Unterstützung,
- Prozessmethoden.

Abbildung 3.14 stellt dar, wie mithilfe der Methode des paarweisen Vergleichs der Einfluss eines jeden Prozesserfolgsfaktors auf die einzelnen Geschäftserfolgsfaktoren ermittelt werden kann. So hat in dem Beispiel der Prozessreifegrad keinen Einfluss auf das Produktprogramm, aber einen hohen Einfluss auf die Produktqualität. Aus den Bewertungsergebnissen lässt sich die **Gewichtung der** einzelnen **Prozesserfolgsfaktoren** ableiten. Prozesserfolgsfaktoren mit einem hohen Gewicht beeinflussen die Erfüllung der Geschäftserfolgsfaktoren und damit den Geschäftserfolg stärker als Prozesserfolgsfaktoren mit einem geringen Gewicht. Die Gewichtung der Prozesserfolgsfaktoren wird u. a. zur Gewichtung der Prozessziele herangezogen (vgl. Kapitel 6.3.2.3).

Prozesserfolgsfaktoren unterliegen ebenso wie Geschäftserfolgsfaktoren Änderungen. Ihr Gewicht kann sich ändern, es können neue hinzukommen oder bisherige ausscheiden. Deshalb ist es notwendig, ihre Aktualität und Gewichtung im Rahmen der Strategieplanung

Strategische Erfolgsfaktoren des Geschäftes \ Prozess-erfolgsfaktoren (PEF)	Prozessreifegrad	Prozessführung, -kultur	Mitarbeitermotivation	Mitarbeiterqualifikation	Prozessinputs	IT-Unterstützung	Methoden, Tools
Produktprogramm	0	3	0	2	1	0	0
Preis / Leistung	3	2	2	2	2	3	2
Produktinnovation	1	3	1	3	1	0	2
Produktqualität	3	2	2	2	3	3	2
Flexibilität	2	3	3	2	1	1	1
Lieferzeit	3	1	2	3	3	3	2
Kundenservice	2	2	2	3	1	1	2
Reputation, Image	0	3	3	3	1	0	1
Summe Prozess-erfolgsfaktoren (PEF)	14	19	15	20	13	11	12
Gewichtungsfaktor PEF	0,14	0,18	0,14	0,19	0,12	0,11	0,12
Gewicht PEF (1 bis 10)	7	9	7	10	6	5	6

Bewertung des Einflusses: 0 = kein; 1 = gering; 2 = mittel; 3 = hoch

Abb. 3.14 Gewichtung der Prozesserfolgsfaktoren

jeweils neu zu justieren. Wichtig ist auch, den Prozesserfolgsfaktoren Ziele vorzugeben und deren Erreichen anhand von Kennzahlen zu kontrollieren und zu steuern (vgl. u.a. Heckl/Moormann 2010, S. 131 f.; Heckl 2010, S. 248 ff.).

3.3.4 Strategische Gewichtung von Geschäftsprozessen

Die Gewichtung der Geschäftsprozesse spiegelt ihre strategische Bedeutung wider. Die **Prozessgewichtung** sagt aus, wie stark die einzelnen Geschäftsprozesse auf die strategischen Erfolgsfaktoren wirken und damit den Geschäftserfolg beeinflussen. Die Kenntnis der strategischen Relevanz der Geschäftsprozesse wird z.B. für folgende strategische und operative Entscheidungen benötigt:

- Bestimmung der geschäftskritischen Geschäftsprozesse,
- Aufbau oder Ausbau von Kernkompetenzen in Geschäftsprozessen,

- Steigerung der Prozessperformance aus Wettbewerbsgründen,
- Zuteilung finanzieller, personeller oder technischer Prozessressourcen,
- Auslagerung/Rückverlagerung von Geschäftsprozessen oder Teilprozessen (Outsourcing/Insourcing),
- Erneuerung von Geschäftsprozessen (Business Process Reengineering).

Über die Gewichtung der Geschäftsprozesse werden diesen Prioritäten zugeordnet. Geschäftsprozesse mit einem hohen Gewicht sind als geschäftskritisch einzustufen und werden **Schlüsselprozesse** genannt. Diese erfordern besondere Aufmerksamkeit des Managements. An sie werden höhere Ansprüche in Bezug auf Prozessführung, -organisation, -controlling, -steuerung und -optimierung gestellt als an Geschäftsprozesse mit niedrigerer Priorität. ■

Die Gewichtung von Geschäftsprozessen kann nach unterschiedlichen Kriterien und Methoden vorgenommen werden. Gewichtungskriterien können sein (vgl. Helbig 2003, S. 56 f.; Merzenich 2005, S. 63 ff.; Friedli/Kurr/Stich 2007, S. 51 ff. und 119; Snabe et al. 2009, S. 191 ff.; Burlton 2010, S. 31 ff.):

- Einfluss des Geschäftsprozesses auf strategische Erfolgsfaktoren, Wettbewerbsvorteile und Kernkompetenzen,
- Einfluss des Geschäftsprozesses auf Kundennutzen und Kundenzufriedenheit,
- Verbesserungspotenzial des Geschäftsprozesses,
- relative Performance (Effektivität und Effizienz) des Geschäftsprozesses.

Als **Gewichtungsmethoden** eignen sich z. B. Checklisten, SWOT-Analyse (Strengths, Weaknesses, Opportunities, Threats), ABC-Analyse, Erfolgsfaktorenanalyse, Prozessprofile, Prozessportfolios oder Process Function Deployment (vgl. Helbig 2003, S. 57 ff.; Fischermanns 2012, S. 153 ff.; Ahlrichs/Knuppertz 2010, S. 203 ff.; Hanschke/Lorenz 2012, S. 9 - 100 und 104 ff.).

Abbildung 3.15 zeigt das Beispiel eines **Prozessportfolios**, in dem die Geschäftsprozesse nach ihrer Wirkung auf Kundennutzen und Unternehmenserfolg bewertet sind. Die höchste Priorität haben Geschäftsprozesse im Feld B. Geschäftsprozesse in diesem Segment sind Schlüsselprozesse, da sie die Kundenzufriedenheit und den Geschäftserfolg am stärksten beeinflussen. Haben diese Prozesse ein zu niedriges Performanceniveau, sind sie bevorzugte Kandidaten für eine Neugestaltung im Sinne des Business Process Reengineering.

Sekundäre Geschäftsprozesse werden zumeist den Feldern A oder C zugeordnet. Diese Prozesse sind zwar für den Unternehmenserfolg notwendig, steigern aber nicht unmittelbar den Kundennutzen und die Wettbewerbsfähigkeit. Sie werden deshalb auch „Commodity-Prozesse" genannt (vgl. Bergsmann 2012, S. 211). Eine hohe Priorität kommt dem Geschäftsprozess „Strategie planen und überwachen" zu (vgl. Kapitel 3.4). Er bestimmt die strategische Ausrichtung und Zielsetzung des Unternehmens. In ihm werden die Weichen für die Zukunft gestellt. Geschäftsprozesse im Feld C liefern Hinweise auf mögliche Outsourcing-Kandidaten. Die Aussagekraft des Prozessportfolios steigt, wenn nicht nur Geschäftsprozesse, sondern auch kritische Teilprozesse einbezogen werden.

Die Bewertungskriterien im Prozessportfolio sind geschäftsspezifisch zu definieren. Durch die Bildung von Kriterienklassen können auch mehr als zwei Einzelkriterien in die Bewer-

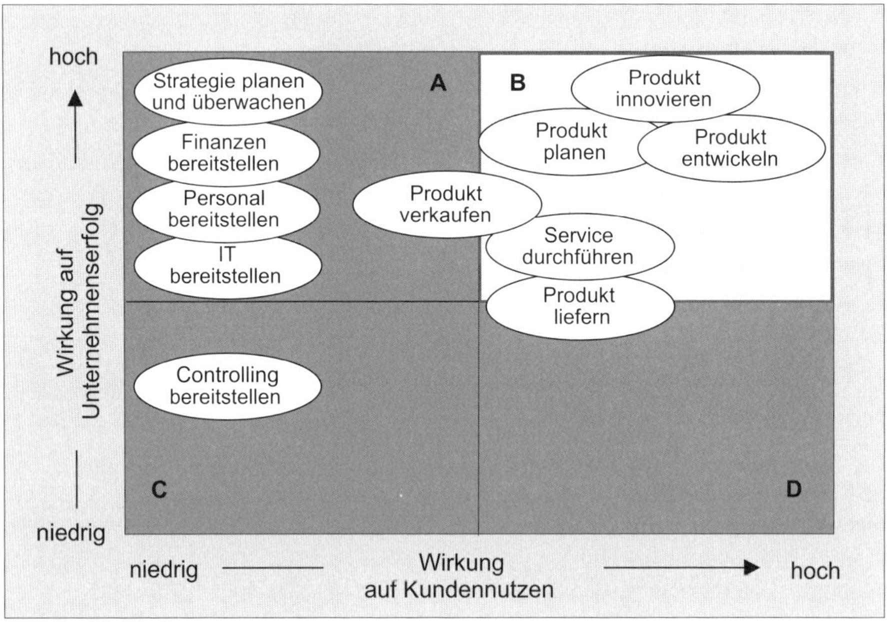

Abb. 3.15 Prozessportfolio (Beispiel 1)

tung einfließen. Jede Kriterienklasse umfasst mehrere Kriterien. Pro Kriterienklasse werden die Kriterien im Rahmen einer Vorbewertung zu einem Gesamtkriterium aggregiert.

Die Abbildungen 3.16 und 3.17 zeigen ein weiteres Vorgehen zur Gewichtung von Geschäftsprozessen.

Im ersten Schritt werden die strategischen Erfolgsfaktoren des Geschäftes bestimmt und gewichtet. Im nächsten Schritt folgt dann die Gewichtung der Geschäftsprozesse (siehe Abbildung 3.16, vgl. auch Schulte-Zurhausen 2010, S. 86 ff.). Die Gewichtung kann auf einfache Weise mithilfe des paarweisen Vergleichs vorgenommen werden. Aussagefähiger ist es, die Gewichtung aus Kundensicht festzulegen (vgl. Best/Weth 2003, S. 32 ff.). Im Anschluss daran wird der Einfluss der einzelnen Geschäftsprozesse auf die Erfolgsfaktoren bewertet, wobei der Einfluss mit 1 (schwach) bis 5 (stark) anzugeben ist. Aus der Multiplikation von Einfluss und Gewicht wird die Gewichtungszahl pro Erfolgsfaktor ermittelt. Die Addition sämtlicher Gewichtungszahlen ergibt die Gewichtungssumme je Geschäftsprozess. Aus dieser lassen sich dann strategische Bedeutung sowie Gewicht und Rangfolge der Geschäftsprozesse ableiten. In dem Beispiel Abbildung 3.16 sind die Geschäftsprozesse 6 und 5 für das Unternehmen wettbewerbsentscheidend.

Im nächsten Schritt ist z. B. mithilfe des Prozess-Benchmarkings die relative Wettbewerbsstärke der Geschäftsprozesse anzugeben. Das Ergebnis wird in einem Prozessportfolio visualisiert (siehe Abbildung 3.17). Feld D zeigt, in welchen Geschäftsprozessen die Leistung gesteigert werden muss, um die Wettbewerbsposition zu halten bzw. zu verbessern. In dem Beispiel trifft das für die Geschäftsprozesse „Produkt entwickeln“ und „Produkt innovieren“ zu. Dem Prozessportfolio können auch andere Gewichtungsfaktoren zugrunde gelegt werden, wie z. B. das Verbesserungspotenzial. Geschäftsprozesse mit hoher Bedeutung und hohem Verbesserungspotenzial sind vordringlich zu verbessern bzw. zu reorganisieren (vgl. Fischermanns 2012, S. 158 ff.).

Strategische Erfolgsfaktoren des Geschäftes	Gewicht EF	Geschäftsprozesse (Einflussgrad 1–5) 1		2		3		4		5		6	
Produktprogramm	5	2	10	1	5	1	5	5	25	5	25	4	20
Preis / Leistung	8	1	8	5	40	2	16	1	8	3	24	5	40
Produktinnovation	5	3	15	5	25	2	10	4	20	3	15	5	25
Produktqualität	7	4	28	4	28	5	35	3	21	3	21	4	28
Flexibilität	9	2	18	1	9	1	9	4	36	5	45	3	27
Lieferzeit	6	1	6	1	6	5	30	2	12	3	18	2	12
Kundenservice	7	3	21	5	35	4	28	2	14	3	28	5	35
Summe GP		106		148		133		136		176		187	
Rang		6		3		5		4		2		1	
Gewicht GP		1,06		1,48		1,33		1,36		1,76		1,87	

GP = Geschäftsprozess EF = Erfolgsfaktor

Abb. 3.16 Prozess-Erfolgsfaktoren-Matrix (PE-Matrix)

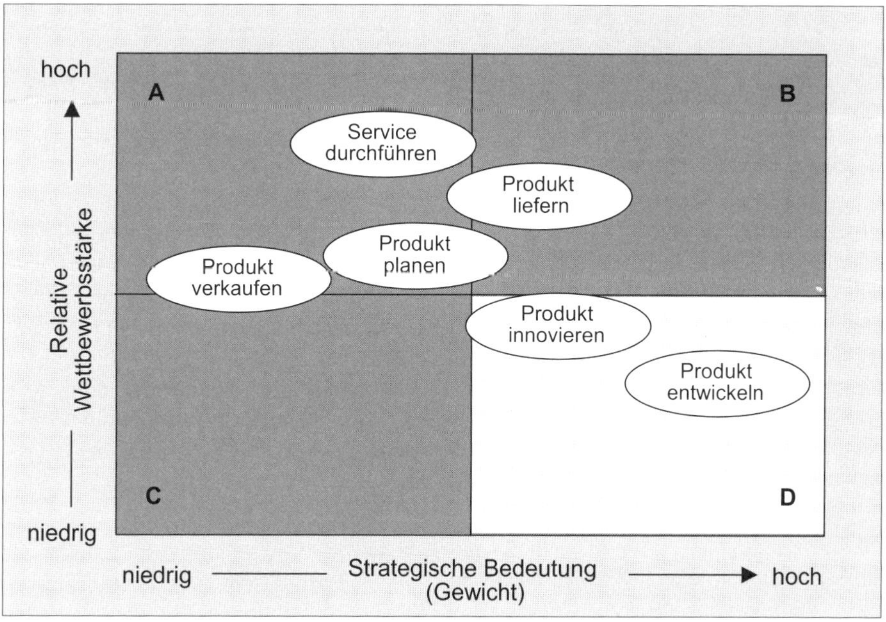

Abb. 3.17 Prozessportfolio (Beispiel 2)

SAP verwendet zur Gewichtung seiner Geschäftsprozesse eine **Priorisierungsmatrix**, in die neben dem Prozessreifegrad weitere Bewertungskriterien eingehen (siehe Abbildung 3.18; vgl. Snabe et al. 2009, S. 193 ff.). Prozessreifegrad und Bewertungskriterien werden zunächst gewichtet. Dann wird pro Geschäftsprozess bestimmt, inwieweit er auf einer Skala von 1 (kaum) bis 10 (vollständig) die einzelnen Kriterien erfüllt. Durch Multiplikation von Gewicht und Erfüllungsgrad ergibt sich die Summe pro Kriterium. Zum Beispiel erreicht der Geschäftsprozess 1 in Abbildung 3.18 bei dem Kriterium B durch Multiplikation von 7 (Erfüllungsgrad) und 5 (Gewicht Kriterium) 35 Punkte und in der Summe über alle Kriterien 104 Punkte. Die maximale Anzahl der Punkte ist pro Geschäftsprozess 160 (Summe der Gewichtungen multipliziert mit 10). Geschäftsprozess 1 erfüllt zu 65% die Kriterien und erreicht damit Rang 2.

Kriterium / Prozesse	Prozessreifegrad	Kriterium A	Kriterium B	Kriterium C	gewichtete Summe	Rang	%
Gewicht	1	3	5	7			
Geschäftsprozess 1	5 / 5	5 / 15	7 / 35	7 / 49	104	2	65
Geschäftsprozess 2	3 / 3	7 / 21	6 / 30	6 / 42	96	3	60
Geschäftsprozess 3	1 / 1	8 / 24	8 / 40	8 / 56	121	1	76

Abb. 3.18 SAP-Priorisierungsmatrix für Geschäftsprozesse (vgl. Snabe et al. 2009, S. 195)

3.3.5 Shared Services

Viele Unternehmen bündeln und/oder verlagern sekundäre Geschäftsprozesse ganz oder teilweise, um Effizienz- und Wettbewerbsvorteile zu erzielen. Verbreitete Konzepte der Bündelung sind Shared Service Center und Business Process Outsourcing (BPO). Entscheidungen über diese Konzepte sind wegen ihrer unternehmerischen Tragweite im Rahmen der Geschäfts- und Prozessstrategie zu treffen.

Shared Service Center (SSC) sind unternehmenseigene Dienstleistungszentren mit wirtschaftlicher und/oder rechtlicher Selbständigkeit, die Unterstützungsaufgaben für interne Kunden ausführen. Sie können sich auf Teile des Unternehmens oder auf das ganze Unternehmen beziehen (vgl. Bach et al. 2012, S. 297 f.).

Günstige Voraussetzungen für Shared Services bieten unterstützende Prozesse mit einem hohen Transaktionsaufkommen sowie einem hohen Standardisierungs- und Wiederholungsgrad. Mit der multiplen Abwicklung von Dienstleistungsprozessen in einem SSC lassen sich Kosteneinsparungen, Qualitätssteigerungen, Durchlaufzeitverkürzungen sowie höhere Transparenz und Compliance erreichen. ■

Die Kostensenkungen werden durch Beseitigung redundanter Aufgaben, effizienteren Ressourceneinsatz, niedrigere Ressourcenpreise, Volumeneffekte und Prozessstandardisierung erreicht. Besonders hoch ist die Senkung der IT-Kosten. Insgesamt entlasten Shared Services Geschäftseinheiten, die sich dadurch stärker auf ihre Kernaufgaben konzentrieren können (vgl. Quinn/Cooke/Kris 2000; Grönke/Höhner/Sima 2005, S. 280 ff.; Dressler 2007, S. 10 ff.; Fischermanns 2012, S. 128 ff.; Bach et al. 2012, S. 297 ff.; PwC 2011b, S. 20 f.).

Die Leistungserbringung in einem SSC wird über Verträge (Service Level Agreements) geregelt. Bei **Service Level Agreements** handelt es sich um Vereinbarungen, die Inhalt, Umfang und Preise der zu erbringenden Leistungen, die Qualität (service level) und Messgrößen der Leistung (agreed measures), die Mitwirkungs- und Beistellungspflichten des Auftraggebers sowie die Sanktionen bei Nichteinhaltung der Vereinbarung festlegen (vgl. Kapitel 4.2.7; KPMG 2007, S. 14; PwC 2011 b, S. 22).

Beispiele für Dienstleistungsprozesse, die häufig einem SSC übertragen werden, sind (vgl. KPMG 2007, S. 13; PwC 2012, S. 6):

- Personalverwaltung,
- Rechnungswesen,
- Finanzen,
- Reisemanagement,
- Interne Beschaffung,
- Controlling, Cost Accounting,
- IT,
- Steuern.

Die **Einführung eines SSC** umfasst folgende Schritte (vgl. Dressler 2007, S. 40 ff.):

- Analyse und Bewertung SSC-relevanter Geschäftsprozesse,
- Ermittlung und strategische Bewertung des SSC-Potenzials,
- Ermittlung und Bewertung strategischer Alternativen (z. B. Standardisierung, Reengineering, BPO),
- SSC-Priorisierung und -Entscheidung,
- SSC-Detailplanung,
- Prozesstransfer und SSC-Implementierung,
- SSC-Pilotbetrieb,
- SSC-Betrieb und -Optimierung.

SSC haben inzwischen weite Verbreitung gefunden. Die meisten SSC-Standorte deutscher Unternehmen liegen im Inland (Onshoring). Große Unternehmen siedeln ihre SSC häufig in Mittel- und Osteuropa an (Offshoring oder Nearshoring) (vgl. Dressler 2007, S. 29 ff. und 122 ff.).

Die realisierten **Kosteneinsparungen** liegen zwischen 5 % und 50 % (vgl. KPMG 2007, S. 17; Dressler 2007, S. 29 f.; PwC 2012, S. 4 f.). Siemens hat z. B. 2004 ein „Shared Accounting Service Center“ (SASC) in Prag eröffnet, in dem Kreditoren- und Debitorenbuchhaltung, Anlagenbuchhaltung, konzerninterne Rechnungszuordnung und Bankkontenverwaltung für Siemens-Bereiche gebündelt, harmonisiert und abgewickelt werden. Siemens nennt 50 bis 70 % geringere Kosten bei der Rechnungserfassung und -bearbeitung bei einer Fehlerquote, „die fast bei null liegt“ (Siemens 2004b, S. 11). Andere Shared-Services-Einheiten existieren für Personaldienstleistungen, interne Revision, Marketing-Services, IT, Miet- und Wartungsabwicklung im Anlagengeschäft, Import- und Exportabwicklung sowie Reise- und Fahrzeugmanagement. Als Shared-Services-Organisation sieht Siemens konsolidierte Einheiten, die aus einer Hand alle relevanten Dienstleistungen für jeweils eine Weltregion wie z.B. für Europa oder Lateinamerika bereitstellen (vgl. Siemens 2005a, S. 14ff.).

3.3.6 Outsourcing von Geschäftsprozessen

Unter **Business Process Outsourcing** (BPO) wird die Verlagerung von Prozessaufgaben auf externe Dienstleister (BPO-Dienstleister, Serviceprovider) verstanden. Ziel von BPO ist es, sich stärker auf Kernkompetenzen zu konzentrieren und die Prozesseffizienz zu steigern. **Kandidaten für BPO** sind Geschäftsprozesse, die keine hohe strategische Geschäftsrelevanz haben (vgl. Hilgert 2010, S. 25f.). Verbreitet ist BPO bei sekundären Geschäftsprozessen, wie z.B. IT-Management (Rechenzentrum, Systembetreuung, Training), Personalmanagement (Lohn- und Gehaltsabrechnung, Personalbeschaffung, Training), Finanz- und Rechnungswesen (Anlagen-, Kreditoren-, Debitorenbuchhaltung) und Ressourcenmanagement (Instandhaltung, Gebäudemanagement) (vgl. Oehler 2005, S. 384ff.; Schewe/Kett 2007, S. 81ff.; Dressler 2007, S. 59ff.; Fischermanns 2012, S. 137ff.; Gaitanides 2012, S. 264ff.; Minone 2011, S. 35f.).

Die **Vorteile von BPO** können Produktivitätssteigerungen, Kosteneinsparungen durch Ausnutzung von Mengeneffekten, Umwandlung von Fixkosten in variable Kosten, geringere Kapitalmittelbindung, Minimierung und Verlagerung von Risiken, Ressourcenentlastung, Zugang zu spezialisierten Ressourcen, flexiblere Strukturen und Freisetzung von Managementkapazität sein. Oft sind ineffiziente und unbefriedigende IT-Lösungen der Grund für BPO. Wichtiger als Effizienzaspekte sind aber häufig Überlegungen, sich auf Kernkompetenzen zu konzentrieren, die Kräfte zu bündeln und die operative Flexibilität zu erhöhen. Als mögliche Risiken sind Ausfall-, Abhängigkeits-, Kompetenz-, Qualitäts- und Vertragsrisiko zu nennen (vgl. Oehler 2005, S. 373ff.; Hollekamp 2005, S. 40ff.; Schewe/Kett 2007, S. 10ff.; Jeston/Nelis 2008, S. 431ff.; Ahlrichs/Knuppertz 2010, S. 212ff.; Hilgert 2010, S. 21ff.; Minone 2011, S. 36; Gaitanides 2012, S. 261ff.).

BPO-Entscheidungen erfordern eine sorgfältige Planung. Zunächst ist die BPO-Ausgangssituation eines Unternehmens bzw. einer Geschäftseinheit zu beurteilen. Dafür eignet sich das **BPO-Kontextraster** (siehe Abbildung 3.19; vgl. Schewe/Kett 2007, S. 30ff.). Es dient der Identifizierung und Bewertung der Einflussfaktoren des BPO. Das Raster gibt Aufschluss, ob für BPO günstige Voraussetzungen bestehen und welche Maßnahmen bei der BPO-Umsetzung zu beachten sind.

Die vier Determinanten umfassen folgende Einflussfaktoren:

- Strategieposition: Unternehmenssituation, BPO bei Wettbewerbern, Erfahrungen mit BPO, Erfahrungen mit Change-Projekten, Innovationsbereitschaft, Standortvor- und -nachteile.
- Prozessposition: Reifegrad der Geschäftsprozesse, Unabhängigkeit der Geschäftsprozesse, Grad der Prozessstandardisierung, Erfahrungen mit Prozessoptimierung, Prozess-Know-how.
- Technologieposition: Aktualität, Homogenität, Komplexität, Leistungsfähigkeit und Standardisierung der IT-Systeme, IT-Know-how.

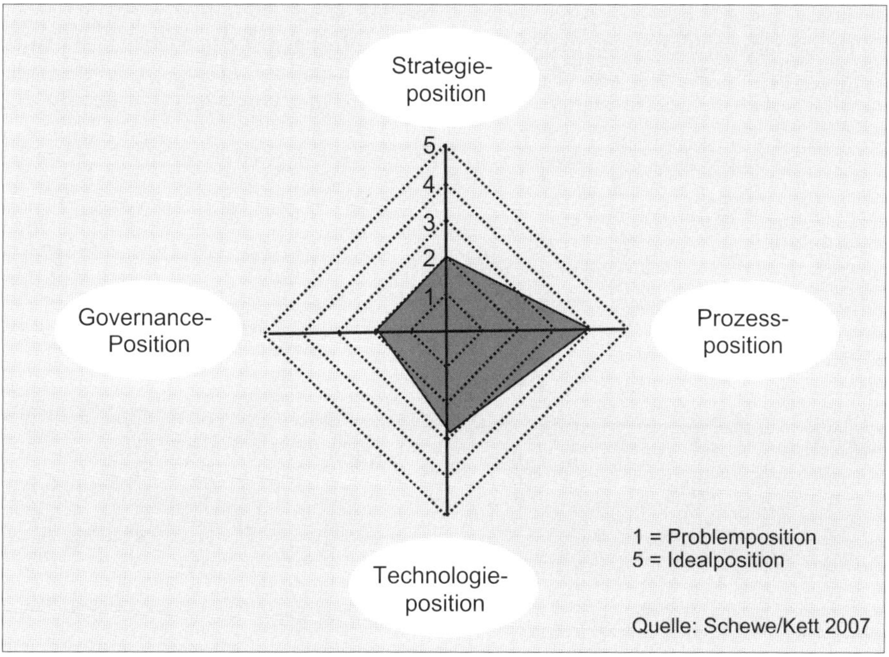

Abb. 3.19 BPO-Kontextraster am Beispiel ThyssenKrupp Steel, Finanz- und Rechnungswesen (vgl. Schewe/Kett 2007, S. 75)

- Governance-Position: Unabhängigkeit des Unternehmens, Struktur und Autonomie der Geschäftseinheiten, Eigenständigkeit des Topmanagements, Erfahrungen mit Kooperationen, Zusammenarbeit mit Betriebsrat, Flexibilität des Personals.

Für jede Determinante ist die Ausprägung auf einer Skala von 1 (Problemposition) bis 5 (Idealposition) anzugeben. Je größer die ausgefüllte Fläche ist, umso besser sind die BPO-Voraussetzungen.

Bei einer günstigen Ausgangssituation sind im nächsten Schritt die Geschäftsprozesse auszuwählen, welche für BPO infrage kommen. **Auswahlkriterien für BPO-geeignete Geschäftsprozesse** sind (vgl. Dittrich/Braun 2004, S. 27 ff. und 87 ff.; Schewe/Kett 2007, S. 85 ff.):

- relativ geringe strategische Bedeutung,
- geringe Wertschöpfung bei relativ hohem Kostenrisiko,
- relativ geringe Prozesseffizienz,
- relativ geringe organisatorische Integration, z. B. Zahl und Komplexität der Schnittstellen zu anderen Geschäftsprozessen,
- intensive IT-Unterstützung, hohe und/oder fortlaufende Investitionen,
- hoher Standardisierungsgrad, großes Datenvolumen und hohe Wiederholhäufigkeit,
- relativ geringe Kosten (einmalige und laufende) der Auslagerung.

Geschäftsprozesse mit hoher strategischer Bedeutung, hohem Wertschöpfungsanteil, hoher Prozesseffizienz, starker organisatorischer Verzahnung und geringer IT-Intensität scheiden im Allgemeinen als BPO-Kandidaten aus. Wichtige Kriterien für die BPO-Priorisierung der restlichen Geschäftsprozesse sind Kosteneinsparungen und BPO-Risiken. Im nächsten Schritt des Auswahlprozesses sind deshalb die noch vorhandenen Kandidaten nach diesen Kriterien zu bewerten und die Ergebnisse in ein **BPO-Portfolio** zu übertragen (siehe Abbildung 3.20). Anhand des Portfolios ist dann die endgültige BPO-Entscheidung zu treffen.

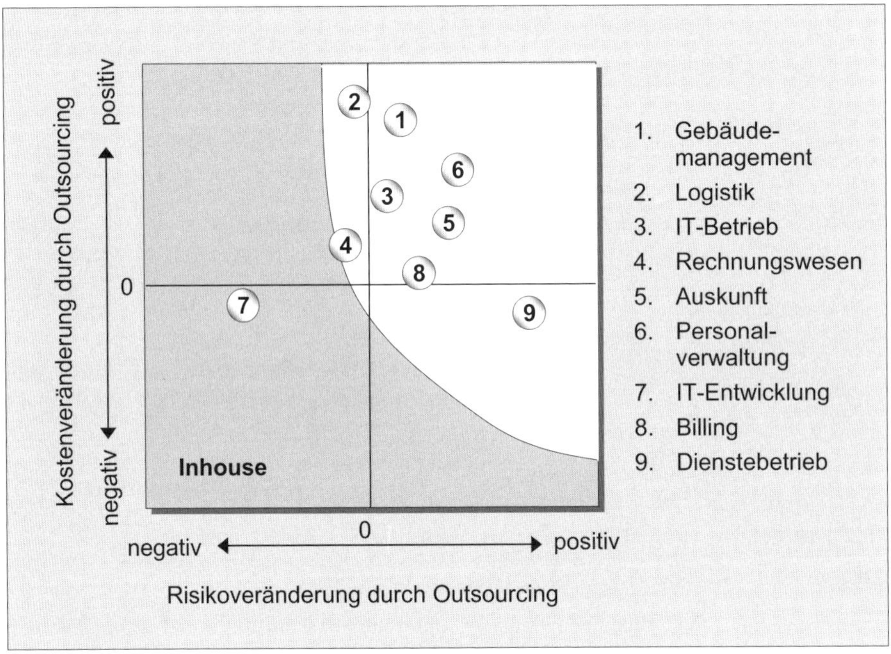

Abb. 3.20 BPO-Portfolio (vgl. Nettesheim/Grebe/Kottmann 2003, S. 25)

Vor einer unternehmensexternen Auslagerung von Geschäftsprozessen ist zu prüfen, ob **Alternativen zum Outsourcing** bestehen, wie z. B. Insourcing, unternehmensweite Standardisierung, Bündelung (Shared Services) oder Off-, Near- und Onshoring. Beim Insourcing werden ausgelagerte Aktivitäten wieder in das Unternehmen zurückgeholt. Offshoring bedeutet, Leistungen an Standorten im entfernten Ausland durchzuführen und dabei Gefälle der Personal- und Infrastrukturkosten auszunutzen. Mit Nearshoring wird die Verlagerung in ein anderes Land auf dem gleichen Kontinent und mit Onshoring die Verlagerung in eine andere Region im gleichen Land bezeichnet. Vor Start des Outsourcings sollten auf jeden Fall interne Optimierungsmaßnahmen durchgeführt werden, um nicht Potenziale an BPO-Dienstleister zu verschenken (vgl. Nettesheim/Grebe/Kottmann 2003, S. 27 ff.; Dittrich/Braun 2004, S. 87 ff.).

Generell sind in dem **BPO-Entscheidungsprozess** die in Abbildung 3.21 aufgestellten Regeln zu beachten.

Durch die Auslagerung von Geschäftsprozessen, Teilprozessen oder Prozessschritten verschieben sich die Unternehmensgrenzen. Bei Outsourcing-Entscheidungen ist festzulegen, wo die zur Disposition stehenden Geschäftsprozesse bzw. Teilprozesse oder Prozessschritte zu schneiden sind, um langfristig eine kostenoptimale Lösung zu erreichen. Falsche Schnitte können zur Erhöhung der organisatorischen Komplexität führen und die erhofften Kostenreduktionen verringern oder zunichtemachen. Als Lösungsansatz bietet sich die **Prozessmo-**

- ❑ Strategische Abhängigkeiten vermeiden
- ❑ Erst starten, wenn eigene Kosten transparent sind
- ❑ Nachhaltigen Kostenvorteil sichern
- ❑ Kein internes Optimierungspotenzial verschenken
- ❑ Geschäftsszenarien rechnen und berücksichtigen
- ❑ Risiken effizient zwischen Abnehmer und Dienstleister allokieren
- ❑ Originäre Outsourcing-Risiken minimieren
- ❑ Attraktivität von Outsourcing gegenüber Sourcing-Alternativen sicherstellen
- ❑ Zeitliche Taktung und Laufzeiten der Vereinbarung strategisch planen
- ❑ Outsourcing strategisch mit interner Optimierung und Offshoring verzahnen

Abb. 3.21 Regeln des Business Process Outsourcing (vgl. Nettesheim/Grebe/Kottmann 2003, S. 30)

dularisierung an (vgl. Kapitel 4.2.3). Dabei werden Prozesselemente, die eine hohe Bindung untereinander haben, zu Prozessmodulen zusammengefasst. Dadurch können Interdependenzen zu anderen Prozessmodulen minimiert und kann die organisatorische Komplexität reduziert werden. Outsourcing-Grenzen sollten sich jeweils an Prozessmodulgrenzen orientieren. Über die Ermittlung von Prozess- und Transaktionskosten[1] für die einzelnen Prozessmodule können Handlungsalternativen ermittelt und kostenoptimale Positionierungen der Outsourcing-Grenzen bestimmt werden (vgl. Hilgert 2010, S. 279 ff.).

BPO beschränkt sich nicht nur auf sekundäre Geschäftsprozesse. Es werden auch Teilprozesse von primären Geschäftsprozessen oder sogar ganze primäre Geschäftsprozesse ausgelagert. Eine Vorreiterrolle spielen dabei Finanzdienstleister, die verstärkt primäre Geschäftsprozesse von Banken und Versicherungen abwickeln. Die Entwicklung wird durch Prozessstandardisierung beschleunigt (siehe Abbildung 3.22).

An **Kosteneinsparungen** durch BPO wird eine große Spannweite von 10 bis 75 % angegeben (vgl. Oehler 2005, S. 372 ff.; Schewe/Kett 2007, S. 17). Dämpfend wirken sich Misserfolge von Outsourcing-Projekten aus. Gründe sind zumeist: mangelhafte Analyse der eigenen Geschäftsprozesse, zu geringe Standardisierbarkeit der ausgelagerten Geschäftsprozesse, Inkompatibilitäten zwischen eigener Standardisierung und Standardisierung des BPO-Dienstleisters, zu starke Interdependenz der ausgelagerten Geschäftsprozesse mit anderen Geschäftsprozessen des Unternehmens, unzureichende Service Level Agreements, Leistungsprobleme der BPO-Dienstleister und kulturelle Differenzen mit BPO-Dienstleistern (vgl. auch Minone 2011, S. 37).

Die Studie „Business Process Management 2011 Status quo und Zukunft" ermittelte die in Abbildung 3.23 ausgewiesenen Ergebnisse zur **Verbreitung des BPO** in den deutschsprachigen Ländern Europas. Daraus geht hervor, dass BPO nicht weitverbreitet ist.

---

[1] Transaktionskosten sind die Kosten der Anbahnung, Vereinbarung, Abwicklung, Kontrolle und Anpassung, die bei einem Leistungsaustausch (z. B. Kauf, Verkauf, innerbetriebliche Leistungen) zwischen Tauschpartnern anfallen (vgl. Picot et al. 2012, S. 70 f.)

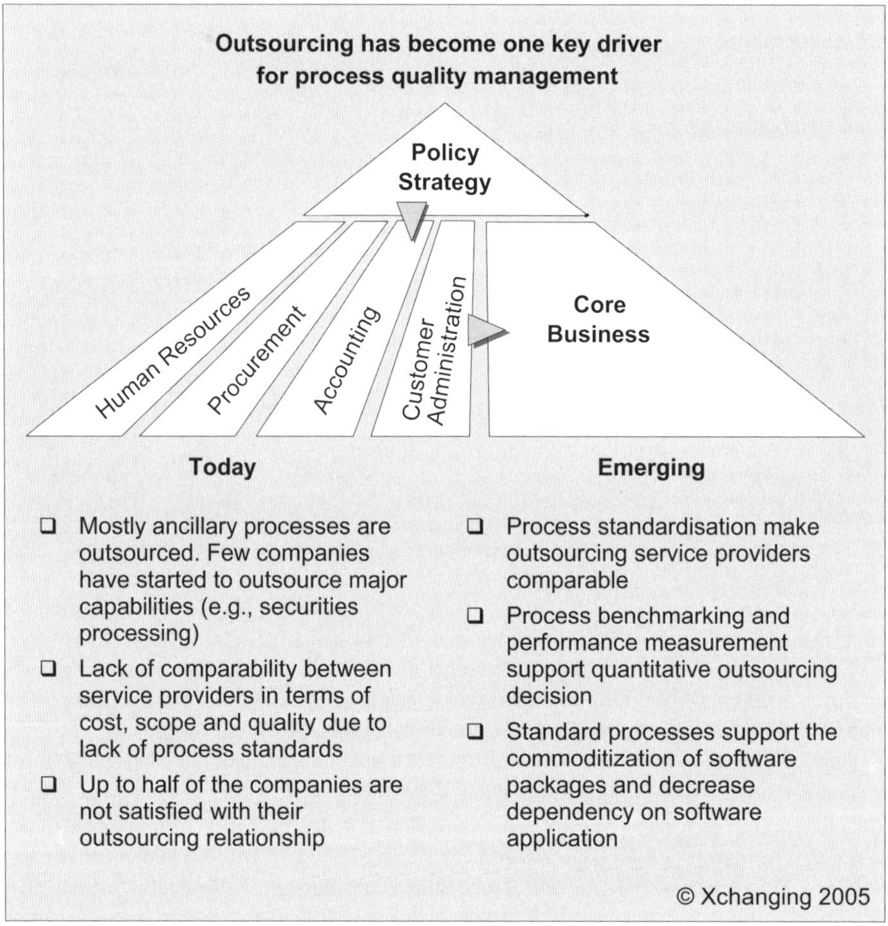

Abb. 3.22 Standardisierung beschleunigt Outsourcing (vgl. Ritz 2005)

In Deutschland bestehen im Unterschied zu den USA Vorbehalte gegenüber BPO. Sie werden u. a. mit Governance-Risiken (z. B. Verlust an intellektuellem Kapital wie Beziehungs-, Human- und Strukturkapital) und Skepsis gegenüber BPO-Vorteilen begründet. Auf der anderen Seite können BPO-Anbieter Effizienzvorsprünge durch hohe Qualitätsstandards, Expertise, Erfahrung mit Offshoring sowie hohe Leistungsmotivation und Serviceorientierung der Mitarbeiter nachweisen. ■

BPO und SSC haben viele Gemeinsamkeiten. Der Hauptunterschied ist, dass beim SSC die Leistungen unternehmensintern und beim BPO unternehmensextern erbracht werden. Der Übergang von SSC auf BPO wird durch die Gemeinsamkeiten erleichtert. Tendenziell wird BPO eine größere Bedeutung in Zukunft beigemessen als SSC.

BPO und SSC sind Investitionen mit langfristiger Wirkung. Sie beruhen auf Entscheidungen, die im Rahmen des strategischen Geschäftsmanagements zu treffen sind.

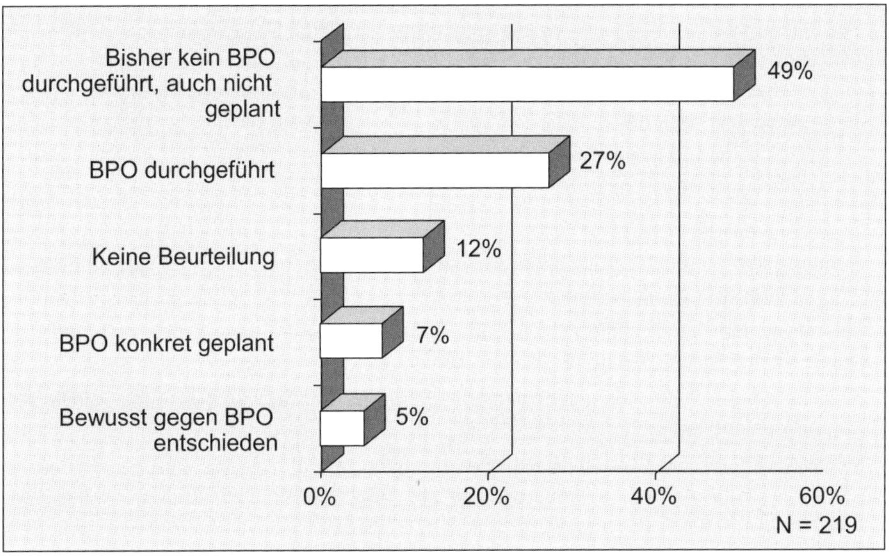

Abb. 3.23 Nutzung von BPO (vgl. Minone 2011, S. 34)

3.3.7 Unternehmensübergreifende Geschäftsprozesse

Shared Services und Outsourcing beziehen sich hauptsächlich auf sekundäre Geschäftsprozesse. Gegenstand von unternehmensübergreifenden Geschäftsprozessen (Inter-enterprise Business Processes) sind zumeist primäre Geschäftsprozesse, die Unternehmen zusammen mit Partnern ausführen.

Bei **unternehmensübergreifenden Geschäftsprozessen** handelt es sich um die durchgängige, kommunikations- und transaktionsorientierte Abwicklung von gemeinsamen Geschäftsprozessen zwischen verschiedenen Organisationen mittels Informations- und Kommunikationstechnologien. Für unternehmensübergreifende Geschäftsprozesse werden auch die Begriffe kollaborative Geschäftsprozesse, Netzwerke, Wertschöpfungsnetzwerke oder Wertschöpfungsarchitekturen verwendet (vgl. Bach et al. 2012, S. 183 ff.).

Merkmale von unternehmensübergreifenden Geschäftsprozessen sind:

- gemeinsame Ziele,
- Ausführung inhaltlich und zeitlich abhängiger Aufgaben durch eigenständige Partner,
- gemeinsame Nutzung von Ressourcen, Fähigkeiten und Kompetenzen,
- enge Zusammenarbeit zwischen den beteiligten Organisationen und Mitarbeitern (kollaborative Beziehungen),
- geteilte Verantwortung (vgl. Alt 2008, S. 7 ff. und 118 f.).

Unternehmensübergreifende Geschäftsprozesse bieten die Möglichkeit, Kompetenzen von Partnern zu nutzen und über den Kompetenzzuwachs strategische Differenzierungs-, Innovations- und Flexibilitätsvorteile zu erreichen. „Deutsche Unternehmen, die weltweit Produktionsnetzwerke und hocheffiziente Lieferketten aufbauen, stabilisieren damit auch den Standort Deutschland" (Bullinger 2010). ■

Folgende Varianten unternehmensübergreifender Geschäftsprozesse lassen sich unterscheiden (vgl. Gaitanides 2012, S. 303 f.):

- Zukauf: gemeinsame Erfüllung von Kundenaufträgen durch komplementäre Ergänzung der Geschäftsprozesse beteiligter Unternehmen.
- Betriebsgemeinschaft: eine gemeinsame Stelle, in der Geschäftsprozesse zur Auftragserfüllung konzentriert sind.
- Beauftragung: Vergabe von Teilkomponenten eines Gesamtprojektes an einen Netzwerkpartner, welcher die dazu notwendigen Geschäftsprozesse oder Outsourcing-Partner organisiert.
- Kospezialisierung: kooperative Arbeitsteilung von aufeinander bezogenen Kernprozessen der Netzwerkpartner, wie z. B. von Entwicklungs- oder Logistikprozessen.

Beispiele für unternehmensübergreifende Geschäftsprozesse in Netzwerken finden sich in vielen Branchen. Besonders bekannt sind Wertschöpfungsnetzwerke in der Automobilindustrie, in denen Teile- und Komponentenlieferanten standardisierte Teile produzieren, Systemspezialisten innovative Produktlösungen entwickeln, Modullieferanten umfangreiche Montageleistungen ausführen (Modular Sourcing) und Systemintegratoren komplette Systeme wie Motor, Getriebe oder Fahrwerk entwickeln, fertigen und fertigungssynchron anliefern (System Sourcing). Besonders eng ist die Verknüpfung mit Systemlieferanten, um diese systematisch zu qualifizieren (= Lieferantenentwicklung, -aufbau und -förderung). Die Ziele dieser **vertikalen Kooperation**, besonders mit Systemlieferanten, sind (vgl. Appelfeller/Buchholz 2011, S. 123 ff.; Gaitanides 2012, S. 305 ff.):

- Risikostreuung,
- Kostenreduktion,
- Konzentration auf Kernkompetenzen,
- Verkürzung der Durchlaufzeiten,
- Ressourcenpooling und -teilung,
- Know-how-Aufbau,
- beschleunigter Marktzugang.

Neben der beschriebenen vertikalen Kooperation in Wertschöpfungsnetzwerken zur Reduktion der Fertigungstiefe sind **horizontale Kooperationen** verbreitet (vgl. Appelfeller/Buchholz 2011, S. 143 ff.). Hierbei handelt sich um die Verknüpfung von Geschäftsprozessen mehrerer Unternehmen auf derselben Wertschöpfungsstufe. Über diese „Partnereinbindung" nutzen die beteiligten Unternehmen komplementäre Kompetenzen und/oder freie Kapazitäten. Die Zusammenarbeit ermöglicht es z. B., kooperativ einzukaufen (Beschaffungskooperationen), Ressourcen flexibel und rasch zu kombinieren, komplexe Systemleistungen anzubieten und Größenvorteile zu realisieren. Ein weiteres Beispiel der horizontalen Kooperation sind Fluggesellschaften, die ihre Geschäftsprozesse unternehmensübergreifend integrieren, wie z. B. Star Alliance. Sie wickeln Reservierung, Check-in und Passagierabfertigung gemeinsam ab.

Charakteristisch für unternehmensübergreifende Geschäftsprozesse ist die arbeitsteilige Leistungserstellung durch Kooperation unterschiedlicher Organisationen. Teile dieser Geschäftsprozesse laufen in einzelnen Organisationen ab und werden von diesen kontrolliert. Um die Teilergebnisse effizient zu dem gewünschten Gesamtergebnis zusammenzufügen, ist eine ausreichende organisationsübergreifende Gestaltung, Synchronisation, Koordination und Steuerung der unternehmensübergreifenden Geschäftsprozesse durch das Prozessnetzwerk erforderlich. ■

Aus organisatorischer Sicht sind klare **Verantwortlichkeiten** festzulegen. Günstig ist, wenn einem Unternehmen die Führungsrolle im Netzwerk übertragen wird. Ungünstig sind dagegen gleichberechtigte Rollen bzw. Autonomie der Beteiligten (vgl. Werth et al. 2010, S. 294 ff.; Bach et al. 2012, S. 318 ff.). Für unternehmensübergreifende Geschäftsprozesse sollte jeweils ein Prozessverantwortlicher und ein IT-Verantwortlicher ernannt werden. Fehlende oder unzureichende organisatorische Regelungen können hohen Koordinations- und Steuerungsaufwand verursachen, die mit entsprechenden Effizienzeinbußen und Ergebnisrisiken verbunden sind.

An die **IT** stellen unternehmensübergreifende Geschäftsprozesse ebenfalls hohe Anforderungen. Beispielsweise müssen Lösungen für heterogene IT-Landschaften, Medienbrüche, unterschiedliche Standards sowie Datenintegrität in parallel ablaufenden Prozessen (Nebenläufigkeit) gefunden werden. Weitere Problemzonen stellen Sicherheits- und Vertrauensaspekte, gesetzliche Rahmenbedingungen sowie soziale und kulturelle Unterschiede dar.

Bach et al. beschreiben ein **Vorgehensmodell** zur Konzeption und Umsetzung von unternehmensübergreifenden Geschäftsprozessen bzw. Wertschöpfungsstrukturen. Es umfasst die Phasen (vgl. Bach et al. 2012, S. 27 ff.):

- Aufnahme der Wertschöpfungsstruktur,
- Analyse der Wertschöpfungsstruktur,
- Konzeption der Wertschöpfungsstruktur,
- Umsetzung der Wertschöpfungsstruktur.

Werth et al. haben ein Modell für die technische Umsetzung von unternehmensübergreifenden Geschäftsprozessen bzw. des kollaborativen Geschäftsprozessmanagements entwickelt. Es besteht aus den Phasen (vgl. Werth et al. 2010, S. 305 ff.):

- Verteilte Geschäftsprozessmodellierung
  - Definition der Prozessmodule,
  - Definition der Prozessintentionen,
  - Zusammenstellung der Prozessmodule,
  - Konsistenzanalyse des Prozessmodells.
- Verteilte Ausführung der Geschäftsprozesse
  - Auflösung des gemeinsamen Prozessmodells in disjunkte Prozessfragmente, die von einem Akteur ausgeführt werden,

  - Überführung der Prozessfragmente von einer Modellierungs- in eine Ausführungssprache,
  - Ausführung der Workflow-Modelle auf Basis der Prozessfragmente und in Summe Ausführung des Prozesses.
- Verteiltes Geschäftsprozesscontrolling: Messung der Performance des unternehmensübergreifenden Geschäftsprozesses
  - Speichern der elementaren Performancedaten der ausgeführten Prozessfragmente,
  - Aggregation der elementaren Performancedaten und Berechnung von Performanceindikatoren für den Gesamtprozess.

Kirchmer nennt folgende **Anforderungen**, die bei der Implementierung und Ausführung von unternehmensübergreifenden Geschäftsprozessen zu beachten sind (vgl. Kirchmer 2011, S. 108 ff., S. 116):

- Each organization of an enterprise network plays a specific role in a specific scenario. The definition of these roles is very important for the definition of the entire scenario.
- Responsibilities must be clearly assigned to the different partners of an enterprise network.
- The specific realization activities for inter-enterprise processes vary heavily, depending on the specific situations in the various organizations involved.
- A continuous process improvement must begin immediately after „go live" to ensure that the targeted goals are actually achieved and to adapt to changing environments. Because of the higher rate of change, this is even more important in an inter-enterprise environment than for intra-enterprise processes.
- The major challenge of continuous improvement activities in an inter-enterprise environment is that there is generally not one company who can make the necessary decisions, so third-party service providers may be used.

Es ist zu erwarten, dass die Prozessintegration über Unternehmensgrenzen hinweg zukünftig eine noch stärkere Rolle spielen wird. Dabei geraten die internen Prozesse ins Visier. Unternehmensübergreifende Geschäftsprozesse fordern von den tangierten internen Prozessen eine ausreichende Struktur- und Performancetransparenz, ausreichende Performance und einen hohen Standardisierungsgrad. Diese Themen nehmen in fortschrittlichen Unternehmen inzwischen eine hohe Priorität ein.

Bei unternehmensübergreifenden Geschäftsprozessen handelt es sich um strategische Weichenstellungen mit Auswirkungen auf die Wettbewerbsfähigkeit. Sie bieten Chancen, bergen aber auch Risiken. Deshalb sind derartige Arrangements im Rahmen der strategischen Geschäfts- und Prozessplanung zu bewerten und zu entscheiden.

Vgl. zum Thema unternehmensübergreifende Geschäftsprozesse: Hammer 2002a; Sydow 2006; Suter 2004, S. 144 ff.; Alt 2008; Walter 2009, S. 75 ff.; Werth et al. 2010, S. 291 ff.; Krcmar 2010, S. 445 ff.; Kirchmer 2011, S. 103 ff.; Bach et al. 2012, S. 184 ff. und 313 ff.; Gaitanides 2012, S. 279 ff.

3.3.8 Process Governance

Wie bereits in Kapitel 1.6 ausgeführt, umfasst **Process Governance** die unternehmensweit gültigen Werte, Grundsätze, Regeln und Vorschriften, die sich auf Führung, Organisation, Kontrolle, Steuerung und Optimierung der Geschäftsprozesse und des umfassenden Geschäftsprozessmanagementsystems beziehen. Process Governance gibt den Ordnungsrahmen vor, an dem sich die Geschäftsprozesse orientieren und über die das Geschäftsprozessmanagement unternehmensweit gesteuert wird. „BPG [Business Process Governance] ‚governs' BPM [Business Process Management]" (Kirchmer 2011, S. 81).

Ziel der Process Governance ist, eine einheitliche, zielgerichtete, transparente und anforderungsgerechte Anwendung des Geschäftsprozessmanagements in allen Organisationseinheiten eines Unternehmens zu gewährleisten. Process Governance hat sicherzustellen, dass die regulatorischen Anforderungen erfüllt werden, eine hohe Prozesseffektivität und -effizienz erreicht und dadurch ein nachhaltiger Geschäftserfolg erzielt wird. Mit der Process Governance gibt das Topmanagement allen Führungskräften und Mitarbeitern ein klares Zeichen, dass Geschäftsprozessmanagement ein dauerhaftes, wichtiges und zentrales Thema ist, das mit einer Umorientierung vom funktionalen zum prozessualen Denken und Handeln einhergeht. ■

„Good business process governance is necessary for the success of business processes which in turn are essential for business success" (Markus/Jacobson 2010, S. 201). Process Governance ist besonders in größeren Unternehmen mit mehreren eigenständigen Geschäftseinheiten unverzichtbar. Ohne Process Governance driften die Teilsysteme des Geschäftsprozessmanagements auseinander, gehen die integrativen Wirkungen verloren und bereitet die Erfüllung normativer Anforderungen Schwierigkeiten.

Zur Process Governance zählen **Regelungen, wie** in einem Unternehmen

- die Prozessstrategie aus der Geschäftsstrategie sowie das Unternehmensprozessmodell und die Geschäftsprozesse aus dem Geschäftsmodell abzuleiten sind,
- Unternehmensprozessmodell und Geschäftsprozesse bei Änderungen der Geschäftsstrategie und des Geschäftsmodells anzupassen sind,
- Geschäftsprozesse zu identifizieren, zu modellieren, zu dokumentieren, zu implementieren und zu ändern sind,
- Prozessziele an der Geschäftsstrategie und den Erwartungen der Stakeholder zu orientieren, Prozessleistungen zu messen sowie Prozessrisiken zu steuern sind und das Prozessberichtswesen zu gestalten ist,
- Rollen des Geschäftsprozessmanagements zu definieren, zu beschreiben und organisatorisch einzuordnen sind,
- Geschäftsprozesse in die Aufbauorganisation einzubetten sind,
- Prozesse laufend zu verbessern bzw. zu erneuern sind,
- Prozesse und Prozessmanagement durch IT zu unterstützen sind,
- Prozessmitarbeiter zu qualifizieren und an den Prozesserfolgen zu beteiligen sind,
- Prozessmitarbeiter durch Anreizsysteme zu motivieren sind,

- Risiken in Geschäftsprozessen zu überwachen und zu steuern sind,
- Regularien, Gesetze und Vorschriften bezogen auf Geschäftsprozesse zu erfüllen sind,
- Kernkompetenzen in und durch Geschäftsprozesse aufzubauen, zu erhalten bzw. auszubauen sind.

Die **Inhalte der Process Governance** können wie folgt gegliedert werden (vgl. Richardson 2006; Burlton 2010, S. 28ff.; Kirchmer 2010, S. 51ff.; Kirchmer 2011, S. 70ff.; BPTrends 2011a):

1. **Prozessterminologie**
   Eine einheitliche Prozessterminologie ist Voraussetzung, um sich unternehmensweit bezogen auf Geschäftsprozesse und Geschäftsprozessmanagement verständigen und gemeinsame Lösungen finden zu können (vgl. Snabe et al. 2009, S. 154ff.). Unzureichende Terminologie oder deren Missachtung führen zu Konfusion und nutzlosen Debatten.
2. **Prozessstandards**
   Prozessstandards beziehen sich auf alle Aufgabenfelder des Geschäftsprozessmanagements inklusive des IT-Einsatzes. Beispiele sind:
   - Prozessmodell und Prozessarchitektur (vgl. Kapitel 4.2.8),
   - Prozessidentifizierung, -strukturierung und -dokumentation (vgl. Kapitel 4.1 und 4.2),
   - Modellierungsmethoden, Notationen (vgl. Kapitel 10.2.2),
   - Prozessplattformen (vgl. Kapitel 10.6.2),
   - Behandlung von Geschäftsregeln (vgl. Kapitel 10.6.2),
   - Integrationsstandards z.B. für Web Services, Enterprise Application Integration (EAI) und eigenentwickelte Software (vgl. Kapitel 10),
   - Regeln zur Planung von Prozesszielen, Prozesskennzahlen (KPIs) und zur Prozessmessung (vgl. Kapitel 6.3.2 und 6.4),
   - Regeln zur Durchführung von Prozessassessments mit Reifegradmodellen (vgl. Kapitel 6.5.3.1 und 7.2),
   - Methoden der Prozessverbesserung (vgl. Kapitel 9.3).
3. **Rollenbeschreibungen**
   Der unternehmensweite Einsatz des Geschäftsprozessmanagements erfordert, dass die Rollen im Geschäftsprozessmanagement einheitlich und eindeutig definiert, Aufgaben und Verantwortung in Rollenbeschreibungen dokumentiert und einheitlich angewandt werden (vgl. Kapitel 4.3).
4. **Projektstandards**
   Projektstandards beziehen sich auf Projekte zur Einführung des Geschäftsprozessmanagements (GPM-Projekte, vgl. Kapitel 12.1) sowie auf Projekte zur Prozessverbesserung (z.B. Six-Sigma-Projekte) oder zur Prozesserneuerung (Reengineering-Projekte). Die Regeln betreffen die Bewertung, Auswahl, Planung, Organisation, Kontrolle und Durchführung dieser Projekte.
5. **Normative Anforderungen**
   Gesetzliche Anforderungen; Qualitäts-, Zertifizierungs-, Umwelt-, Arbeitssicherheits-, Risiko- und Compliance-Anforderungen.

Spanyi nennt vier **Prinzipien**, welche die Process Governance berücksichtigen sollte (Spanyi 2010a, S. 233; vgl. auch Kirchmer 2011, S. 76ff.):

- The highest-level process model for the enterprise must explicitly address the need for cross-functional collaboration and management accountability for the firm's end-to-end business processes.
- Operational performance must be measured from both the customer's and the company's point of view.
- The organization needs to have a plan in place that outlines the top priorities for the improvement of operational performance.
- Enabling information technology (IT) is one of the most powerful catalysts.

Process Governance einzuführen, an neue Gegebenheiten und Anforderungen anzupassen sowie konsequent zu verfolgen beruht auf unternehmensweiten strategischen Entscheidungen. Diese sind im Rahmen der Strategieplanung zu treffen und im Rahmen der Strategieumsetzung zu kontrollieren.

Verantwortlich für Process Governance ist der Chief Process Officer bzw. ein Mitglied oder Beauftragter des Leitungskreises (vgl. Kapitel 4.3.2.4). Alle operativen Aufgaben der Process Governance, wie Entwicklung, Dokumentation, Aktualisierung, Schulung, Verbreitung und Anwendungskontrolle, liegen in der Hand des GPM-Office (vgl. Kapitel 4.3.3.5). Dokumentiert werden sollte die Process Governance in einem Prozessmanagementhandbuch.

Vgl. zum Thema Process Governance: Richardson 2006; Snabe et al. 2009, S. 96 ff.; EABPM 2009, S. 222 f.; Knuppertz 2009, S. 289 ff.; Markus/Jacobson 2010, S. 201 ff.; Spanyi 2010a, S. 223 ff.; Kirchmer 2010, S. 51 ff.; Kirchmer 2011, S. 69 ff.; Knuppertz/Feddern 2011, S. 50 f.

3.4 Geschäftsstrategie planen, umsetzen und überwachen

3.4.1 Strategiekommission und Strategieprozess

Planung und Kontrolle der Geschäfts- und Prozessstrategie liegen in der Verantwortung der Geschäftsleitung. Erfolgreiche Unternehmen zeichnen sich durch eine iterative, kontinuierliche Strategieplanung und -entwicklung aus (vgl. IBM 2010, S. 26). Hierbei bieten eine Strategiekommission sowie ein Strategieprozess („Strategie planen und überwachen") wertvolle Unterstützung (vgl. auch ISO 9004:2009, Abschnitt 5.3). „Regardless of the selected strategy, long-term success will only occur if the strategy gets implemented via a strategic management process" (Heckel/Moormann 2010, S. 128).

Die **Strategiekommission** setzt sich aus Mitgliedern des Leitungskreises (z. B. CEO, CAO, COO, CHRO, CIO, CPO) und Planungsexperten zusammen. Die Kommission bewertet Strategieanalysen und -vorschläge, koordiniert die strategische Planung, kontrolliert die Strategieumsetzung und steuert die Strategiekommunikation. Die strategischen Entscheidungen trifft die Geschäftsleitung. Die Geschäftsprozesse sind in dem Gremium durch den Chief Process Officer bzw. die Rolle vertreten, welche für das Geschäftsprozessmanagement des Unternehmens bzw. der Geschäftseinheit verantwortlich ist.

Der **Strategieprozess** ist ein Vorgehensmodell für die Strategieplanung, -umsetzung und -überwachung. Er legt fest, wie die Planung und Umsetzung der Geschäftsstrategie ablaufen soll, wer welche Inputs zu liefern und wer welche Aufgaben durchzuführen hat, welche Methoden und Werkzeuge anzuwenden und welche Ergebnisse zu erstellen sind. ■

Wichtige **Ergebnisse des Strategieprozesses** sind Geschäftsstrategie, Geschäftsmodell, Geschäftsplan, Strategieprogramm sowie die Balanced Scorecard. In die Planung der Geschäftsstrategie sind die Prozessstrategie und IT-Strategie einzubeziehen. Dadurch wird die zeitliche und inhaltliche Synchronisierung dieser Strategien gewährleistet. Die Prozessinputs für die Strategieplanung liefert das GPM-Office in Abstimmung mit dem zentralen Prozesscontrolling und den Geschäftsprozessverantwortlichen (vgl. auch Ahlrichs/Knuppertz 2010, S. 219).

Die Anwendung des Strategieprozesses hat folgende **Vorteile**. Sie trägt dazu bei:

- die Strategieplanung und -umsetzung effektiv und effizient durchzuführen,
- eine strategische Wissens- und Erfahrungsbasis auf- und auszubauen,
- Planungsinformationen rechtzeitig und in ausreichender Qualität bereitzustellen,
- die Strategieumsetzung transparent zu kontrollieren,
- die Strategieergebnisse ausreichend zu dokumentieren,
- die Strategie einheitlich und umfassend zu kommunizieren.

Die Praxis bestätigt die Vorteile des Strategieprozesses. „Die bisherigen Erfahrungen haben gezeigt, dass die konsequente Anwendung eines klar strukturierten Strategieprozesses die strategische Kompetenz im Unternehmen erheblich steigert. Trotz aller Prozesstreue ist es allerdings notwendig, den Prozess als Kreativprozess flexibel, innovativ und lernfähig zu gestalten“ (Broß/Krumey 2010, S. 190).

Der Strategieprozess wird zumeist jährlich, in sehr dynamischen Geschäften in noch kürzeren Perioden durchgeführt. „Aufgrund der hohen Markt- und Wettbewerbsdynamik bedarf die Planung der Unternehmensentwicklung einer jährlichen Revision und Anpassung des Businessplans an die sich verändernden Umstände. [...] Die nachhaltige Steuerung und die Verfolgung der Strategieimplementierung werden durch quartalsweise Reviewmeetings mit dem Topmanagement sichergestellt“ (Gänßlen 2010, S. 29 und 32).

Der Strategieprozess kann als eigenständiger Geschäftsprozess oder als Teilprozess des Business-Controlling-Prozesses ausgewiesen werden. Wegen seiner überragenden Bedeutung ist ein eigenständiger Geschäftsprozess zu empfehlen. Gestaltung und Weiterentwicklung sowie Durchführungsorganisation des Strategieprozesses sind Aufgaben des zentralen Controllings. Die **Prozessverantwortung** für den Strategieprozess sollte die Geschäftsleitung übernehmen, da in dem Prozess weitreichende strategische Entscheidungen getroffen werden.

3.4.2 Teilprozesse des Strategieprozesses

Abbildung 3.24 zeigt als Beispiel einen Strategieprozess, der in fünf Teilprozesse unterteilt ist. Nachfolgend werden die Aufgaben und Ergebnisse der Teilprozesse kurz beschrieben.

Teil-prozess	1 Geschäfts-situation und Trends aufzeigen	2 Geschäfts- und Prozess-situation bewerten	3 Geschäfts- und Prozess-strategie festlegen	4 Geschäfts-plan und Prozess-modell erstellen	5 Geschäfts- u. Prozess-strategie kontrol-lieren
Objekte	Geschäft	Geschäft	Geschäfts-strategie	Geschäfts-strategie	Geschäfts-strategie
Inputs	Markt-, Kunden-, Wett-bewerber-, Technologie-, Geschäfts-daten	Geschäfts-, Markt-, Wett-bewerbs-, Technologie-, Prozess-situation und Trends	Vision, Stärken / Schwächen, Erfolgsfak-toren, Kernkompe-tenzen	Geschäfts-, Wettbewerbs-, Technologie-, IT-, Prozess-strategie	Geschäftsziel, -modell, Balanced Scorecard, Strategie-projekte, Prozess-modell
Ergeb-nisse	Geschäfts-, Markt-, Wett-bewerbs-, Technologie-, Prozess-situation und Trends	Vision, Stärken / Schwächen, Erfolgsfak-toren, Kernkompe-tenzen	Geschäfts-, Wettbewerbs-, Technologie-, IT-, Prozess-strategie	Geschäftsziel, -modell, Balanced Scorecard, Strategie-projekte, Prozess-modell	umgesetzte Strategie, realisierte Strategie-projekte
Metho-den	Corporate Foresight, Roadmapping, Szenario-technik, Umfeld-, Trend-analysen	Bench-marking, Stärken / Schwä-chen (SWOT)-, GAP-Analyse, EEA-Assessment	Portfolios, Roadmaps	Strategy Map, Balanced Scorecard	Projekt-management, Balanced Scorecard, Strategisches Reporting

Abb. 3.24 Beispiel des Prozesses „Strategie planen und überwachen"

Teilprozess 1 beantwortet die Fragen: Wo stehen wir und warum ist das so? Welche Veränderungen sind mit welchen Wirkungen zu erwarten?

Es wird die Geschäftssituation aufgezeigt und das Unternehmensumfeld beobachtet, um Trends und frühzeitig Veränderungen zu erkennen (Corporate Foresight). Dabei werden alle Faktoren identifiziert, die Veränderungen des Geschäfts herbeiführen können. Im Blickpunkt stehen z. B. Technologien, Innovationen, Märkte, Stakeholder, Kundenstruktur, Kundenbedürfnisse, Wettbewerber, Kapitalmarkt, Arbeitsmarkt, Beschaffungsmarkt, Wertewandel bei Mitarbeitern, Gesetze und Regulierungen sowie Umwelt (vgl. Gleich et al. 2010, S. 42 ff.; Burlton 2010, S. 12 ff.).

Teilprozess 2 bewertet die Geschäfts- und Prozesssituation unter Berücksichtigung der voraussichtlichen Veränderungen. Die Frage heißt: Wie wirken sich die Veränderungen auf das heutige und zukünftige Geschäft aus?

Es werden Stärken und Schwächen sowie Chancen und Risiken des heutigen und zukünftigen Geschäfts ermittelt. Dabei werden vor allem die Auswirkungen auf strategische Wettbewerbsstrategie, Erfolgsfaktoren, Erfolgspotenziale, Kernkompetenzen, Geschäftsmodell (Zielmarkt, Zielkunden, Leistungsangebot, Ressourcen, Partner, Beschaffung, Distribution, Erlös/Finanzierung) und Geschäftsprozesse aufgezeigt.

Im Teilprozess 2 liegen auch die strategische Bewertung der Geschäftsprozesse sowie die Festlegung von Kern- und Schlüsselprozessen. Dabei sind folgende Fragen zu beantworten (vgl. Smith 2007, S. 44 ff.; Jeston/Nelis 2008, S. 75 ff.):

- Welche Geschäftsprozesse sind für die Umsetzung der Geschäftsstrategie entscheidend?
- Welche Schwächen und Risiken müssen in den strategisch wichtigen Geschäftsprozessen beseitigt und welche Stärken und Chancen ausgebaut werden?
- Welche Kompetenzen und Fähigkeiten werden für den strategischen Ausbau der Geschäftsprozesse benötigt?

In **Teilprozess 3** werden Handlungsoptionen erarbeitet. Die Fragen lauten: Müssen wir uns neu positionieren? In welcher Richtung müssen wir uns entwickeln? Was machen wir weiterhin selbst, was nicht?

Handlungsoptionen, die sich auf Geschäftsprozesse beziehen, können z. B. sein:

- Business Process Outsourcing von Geschäftsprozessen oder Teilprozessen,
- Shared Services von Geschäftsprozessen oder Teilprozessen,
- unternehmensübergreifende Geschäftsprozesse und Netzwerke,
- Business Process Reengineering bestimmter Geschäftsprozesse.

Teilprozess 4 leitet aus der Geschäftsstrategie u. a. das Geschäftsmodell, den Geschäftsplan und das Unternehmensprozessmodell bzw. Geschäftsprozessmodell ab. Das Geschäftsprozessmodell umfasst alle Geschäftsprozesse des Geschäftsgebietes mit Ausweis der Kernprozesse und ihrer Gewichtung. Eine wichtige Komponente des Geschäftsplanes ist die Balanced Scorecard, in der für die strategisch wichtigsten Geschäftsprozesse strategische Geschäftsziele definiert, quantifiziert und mit Messgrößen sowie Maßnahmen unterlegt werden. Die Balanced Scorecard bildet die Basis für die Ableitung von operativen Prozesszielen (vgl. Kapitel 3.1.4.2).

Ein weiteres Ergebnis des Teilprozesses 4 ist das strategische Prozessprogramm. Dieses bündelt alle strategischen Maßnahmen und Projekte. Seine Umsetzung erfordert ein **Programm-Management** mit einer Programmorganisation. Das Programm-Management hat die Voraussetzungen für die Programmumsetzung aufzuzeigen und zu schaffen. Dazu zählen z. B. das strategische Programmbudget, die Festlegung von Verantwortlichen für die einzelnen strategischen Projekte und Maßnahmen sowie Vorgaben, wie die Umsetzungskontrolle und das Reporting zu erfolgen haben (vgl. Spanyi 2007, S. 64 ff.; Krüger 2009, S. 243 ff.; Broß/Krumey 2010, S. 188 f.; Gleich 2011, S. 268 f.).

Teilprozess 5 hat die Umsetzung und **Umsetzungskontrolle** des Strategieprogramms zum Inhalt. Soweit strategische Projekte und Maßnahmen in Geschäftsprozessen realisiert werden, tragen diese dafür die Verantwortung. Für die Umsetzungskontrolle greifen sie auf das Prozesscontrolling zurück. Handelt es sich um eigenständige strategische Projekte, sind die jeweiligen Projektleiter für die Umsetzung verantwortlich. Alle Kontrollergebnisse werden vom Programm-Management in Statusberichten zusammengefasst und der Strategiekommission vorgelegt. Diese bewertet die Ergebnisse und veranlasst gegebenenfalls Korrekturmaßnahmen. Dabei sind auch die Planungsprämissen zu überprüfen, die der bisherigen Geschäfts- und Prozessstrategie zugrunde lagen.

Vgl. zum Thema Strategieprozess: Currle/Schwertner 2005, S. 31 f.; Keil et al. 2005, S. 25 f.; Wollmann 2005, S. 139 ff.; Grant/Nippa 2006, S. 273 ff.; Smith 2007, S. 27 ff.; Doppler/Lauterburg 2008, S. 199 ff.; Knuppertz 2009, S. 179 ff.; Heckl/Moormann 2010, S. 127 f.; Broß/Krumey 2010, S. 179 ff.; Burlton 2010, S. 10 ff.; Heckl 2010, S. 243 ff.; Gleich 2011, S. 270; Atzert 2011, S. 82 ff., Knuppertz/Feddern 2011, S. 73 ff.

3.4.3 Mitwirkung des Geschäftsprozessmanagements im Strategieprozess

Die Prozessinputs für den Strategieprozess liefert das GPM-Office in enger Abstimmung mit den Prozesscontrollern und Geschäftsprozessverantwortlichen. Verantwortlich für die Planung und Kontrolle des strategischen Prozessprogramms ist der Chief Process Officer. Das Programm wird zusammen mit der Geschäftsleitung im GPM-Control-Board diskutiert und vereinbart. Die Programmüberwachung führt entweder das GPM-Office oder das zentrale Controlling durch. An die Programmüberwachung ist die strategische Informationsversorgung gekoppelt (vgl. Atzert 2011, S. 286 ff.). Das GPM-Control-Board analysiert die Ergebnisse der quartalsweisen Programmüberwachung und beschließt notwendige Korrekturmaßnahmen. Als Methode für die Umsetzungskontrolle bietet sich die Härtegradsystematik an (vgl. Kapitel 9.3.7).

3.4.4 IT-Unterstützung des Strategieprozesses

Die Einsatzmöglichkeiten der IT im Strategieprozess sind wegen der geringen Wiederholhäufigkeit, des niedrigen Strukturierungsgrads sowie der hohen Komplexität begrenzt. Bei der Strategieplanung können Decision Support Systems (DSS), Business Intelligence (BI) und Data Mining (vgl. Kapitel 10.7.1) sowie IT-Tools für strategische Planungsmethoden wie z. B. Balanced Scorecard, SWOT-Analysen oder Portfolioanalysen Hilfestellung geben (vgl. Oehler 2006, S. 231 ff.). Bei der strategischen Kontrolle werden IT-Tools für Projektmanagement und Prozesscontrolling genutzt. Ein Beispiel für ein IT-Tool, das den gesamten Strategieprozess unterstützt, ist das strategische Führungssystem STRATOS bzw. SOLYP3 (vgl. Broß/Krumey 2010, S. 185; Zimmermann 2010).

3.5 Stand des strategischen Geschäftsprozessmanagements in der Praxis

Strategieorientiertes Geschäftsprozessmanagement ist in der Praxis noch nicht weitverbreitet (siehe Abbildung 3.25). „Meist wird Prozessmanagement als reiner Verbesserungsansatz des operativen Geschäfts verstanden; Potenziale des Prozessmanagements für die Strategieentwicklung und -umsetzung bleiben dagegen meist ungenutzt“ (Bergsmann 2012, S. 51; vgl. auch Spanyi 2007, S. 66; vgl. Jeston/Nelis 2008, S. 25 f.; Komus 2011, S. 22).

Diese Aussagen werden durch Ergebnisse diverser Studien gestützt:

- Studie „Prozessorientierung in deutschen Industrieunternehmen“: 39,8 % nutzen Prozessmanagement als essenzielles Hilfsmittel zur Umsetzung der Unternehmensstrategie. In stark prozessorientierten Unternehmen ist der Anteil mit 77 % deutlich höher (vgl. Liebert 2012, S. 85 f.).
- Umfrage „Status Quo Prozessmanagement 2010/2011“: „Den meisten Unternehmen gelingt es nur sehr zögerlich, strategische Herausforderungen mit den Prozessen zu verbinden. Als Trend lässt sich hier eine leichte Verbesserung feststellen. Kernaufgabe bleibt daher weiterhin, die Verbindung zwischen strategischem Wollen und Zielen mit dem systematischen Umsetzen über Prozesse herzustellen“ (siehe Abbildung 3.25; vgl. BPM&O 2011, S. 4 ff.).
- Studie „Business Process Management 2011 – Status quo und Zukunft“: Lediglich 14 % der Befragten leiten ihre Geschäftsprozesse mehrheitlich oder vollständig von der Organisationsstrategie ab (vgl. Minone 2011, S. 17).
- BPTrends-Report 2012: 31 % orientieren das Geschäftsprozessmanagement an der Strategie (vgl. BPTrends 2012a).

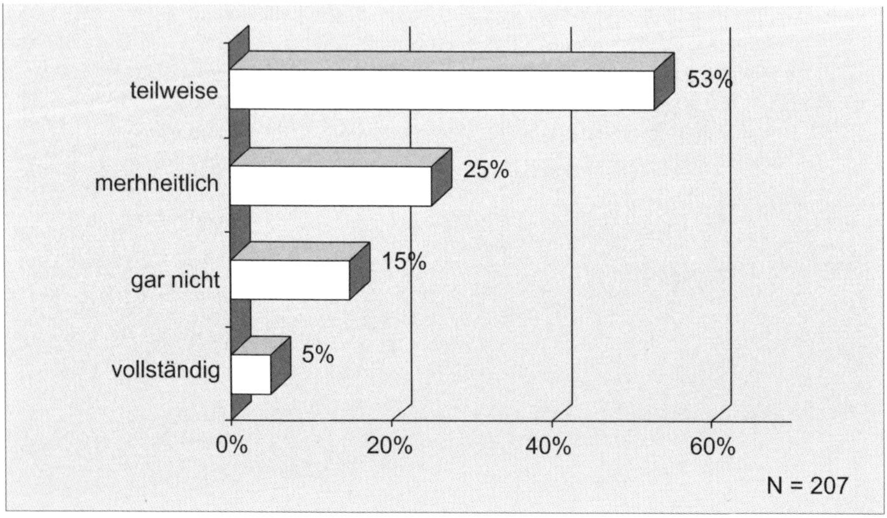

Abb. 3.25 Verbindung von Strategie und Geschäftsprozessen (vgl. BPM&O 2011, S. 7)

■ Das Wichtigste in Kürze

Das Geschäftsprozessmanagement unterteilt sich in das strategische und operative Geschäftsprozessmanagement. Gegenstand des strategischen Geschäftsprozessmanagements sind die langfristige Ausrichtung, Ausgestaltung und Ausstattung des Geschäftsprozessmanagements sowie die Entwicklung von strategischen Leistungspotenzialen in und durch die Geschäftsprozesse. Der Fokus des operativen Geschäftsprozessmanagements liegt auf der Gestaltung, Durchführung und Optimierung einzelner Geschäftsprozesse unter Nutzung der strategischen Leistungspotenziale.

Die Basis für die Definition der Prozessstrategie bildet die Geschäftsstrategie. Die Geschäftsstrategie beeinflusst maßgeblich Identifizierung, Zielsetzung und Gewichtung der Geschäftsprozesse. Eine Änderung der Geschäftsstrategie zieht unmittelbar Änderungen der Geschäftsprozesse nach sich.

Die Geschäftsprozesse bilden umgekehrt die Basis für die Umsetzung der Geschäftsstrategie, wie z. B. die Umsetzung der Wettbewerbsstrategie (Kostenführerschaft, Leistungsdifferenzierung, Konzentration auf Schwerpunkte etc.) sowie Aufbau und Ausbau von Kernkompetenzen.

In der Unternehmensstrategie wird zwischen Marktsicht (market based view of competitive advantage) und Ressourcensicht (resource based view of competitive advantage) unterschieden. Bei der marktorientierten Strategie bilden Branchen und Wettbewerber die Orientierungsbasis für das strategische Vorgehen. Bei einer ressourcenorientierten Strategie werden die Ressourcen oder Ressourcenkombinationen als Quelle des Unternehmenserfolgs betrachtet. Auf die Umsetzung dieser Strategien haben Geschäftsprozesse maßgeblichen Einfluss.

Kernkompetenzen müssen im Unternehmen selbst entwickelt werden. Bei der Generierung von Kernkompetenzen spielen die Geschäftsprozesse eine zentrale Rolle. Geschäftsprozesse stellen selbst Kernkompetenzen dar oder bilden die Basis für die Schaffung von Kernkompetenzen.

Repräsentieren Geschäftsprozesse Kernkompetenzen oder tragen sie maßgeblich zum Aufbau oder Ausbau von Kernkompetenzen bei, werden sie Kernprozesse genannt. Kernprozesse sind direkt wettbewerbswirksam, erfolgskritisch und wegen ihrer Kernfähigkeiten kaum imitierbar. Sie stellen Erfolgspotenziale dar, welche die Wettbewerbsfähigkeit dauerhaft sichern.

Für Entscheidungen über

- Auslagerung/Rückverlagerung von Geschäftsprozessen oder Teilprozessen (Outsourcing/Insourcing),
- Zuteilung personeller, finanzieller und technischer Ressourcen sowie
- Erneuerung von Geschäftsprozessen (Business Process Reengineering)

ist eine strategische Gewichtung der Geschäftsprozesse erforderlich. Als Gewichtungsmethoden kommen dabei Checklisten, Prozessprofile, Prozessportfolios und Prozess-Erfolgsfaktoren-Matrizen zur Anwendung.

Unternehmen bündeln oder verlagern sekundäre Geschäftsprozesse ganz oder teilweise, um Effizienz- und Wettbewerbsvorteile zu erzielen. Die Bündelung erfolgt über Shared Service Center (SSC) und die Verlagerung über Business Process Outsourcing (BPO).

Shared Services und Outsourcing beziehen sich hauptsächlich auf sekundäre Geschäftsprozesse. Gegenstand der Integration von Geschäftsprozessen in Netzwerken sind dagegen primäre Geschäftsprozesse. Bei Prozessnetzwerken handelt es sich um die unternehmensübergreifende (interorganisatorische) Gestaltung, Durchführung, Steuerung und/oder Koordination von Geschäftsprozessen. Ziele der Prozessintegration sind Differenzierungs-, Innovations- und Flexibilitätsvorteile sowie Kompetenzzuwachs, die über die unternehmensindividuellen Möglichkeiten hinausgehen.

Bei Shared Services, Outsourcing und der Prozessintegration in Netzwerken handelt es sich um langfristig wirksame Entscheidungen mit Auswirkungen auf die Wettbewerbsfähigkeit. Deshalb sind sie im Rahmen der strategischen Geschäfts- und Prozessplanung zu bewerten und zu entscheiden.

Planung und Kontrolle der Geschäfts- und Prozessstrategie liegen in der Verantwortung der Geschäftsleitung. Zur Unterstützung sollte sie einen Strategieprozess einrichten, für den sie selbst die Verantwortung übernimmt. Der Prozess soll u. a. gewährleisten, dass

- die Strategieplanung regelmäßig und systematisch durchgeführt wird,
- eine strategische Wissensbasis auf- und ausgebaut wird,
- der Teilnehmerkreis feststeht und Ergebnisse gemeinsam erarbeitet werden,
- die Strategieergebnisse ausreichend dokumentiert werden,
- die Kommunikation der Strategie sichergestellt wird.

■

3.6 Literatur zu Kapitel 3

Ahlrichs, F.; Knuppertz, T. (2010): Controlling von Geschäftsprozessen. Prozessorientierte Unternehmenssteuerung umsetzen, 2. Aufl., Stuttgart 2010.

Allweyer, T. (2012): Modellierung für das strategische Prozessmanagement, in: Kurze Prozesse, 26.04.2012, unter: http://www.kurze-prozesse.de, Zugriff am 02.08.2012.

Alt, R. (2008): Überbetriebliches Prozessmanagement. Gestaltungsalternativen und Vorgehen am Beispiel integrierter Prozessportale, Berlin 2008.

Appelfeller, W.; Buchholz, W. (2011): Supplier Relationship Management. Strategie, Organisation und IT des modernen Beschaffungsmanagements, 2. Aufl., Wiesbaden 2011.

Atzert, S. (2011): Strategisches Prozesscontrolling. Koordinationsorientierte Konzeption auf der Basis von Beiträgen zur theoretischen Fundierung von strategischem Prozessmanagement, Wiesbaden 2011.

Bach, N.; Brehm, C.; Buchholz, W.; Petry, T. (2012): Wertschöpfungsorientierte Organisation. Architekturen – Prozesse – Strukturen,Wiesbaden 2012.

Bea, F. X.; Haas, J. (2009): Strategisches Management, 5. Aufl., Stuttgart 2009.

Becker, J.; Meise, V. (2008): Strategie und Ordnungsrahmen, in: Becker, J.; Kugeler, M.; Rosemann, M. (Hrsg.): Prozessmanagement. Ein Leitfaden zur prozessorientierten Organisationsgestaltung, 6. Aufl., Berlin 2008, S. 105 – 154.

Beims, M. (2012): IT Service Management in der Praxis mit ITIL®. ITIL Edition 2011, ISO 20000:2011 und PRINCE2® in der Praxis, 3. Aufl., München 2012.

Bergsmann, S. (2012): End-to-End-Geschäftsprozessmanagement. Organisationselement – Integrationsinstrument – Managementansatz, Wien 2012.

Best, E.; Weth, M. (2003): Geschäftsprozesse optimieren. Der Praxisleitfaden für erfolgreiche Reorganisation, Wiesbaden 2003.

BPM&O (2011): Knuppertz, T.; Schnägelberger, S.; Clauberg, K.: Umfrage Status Quo Prozessmanagement 2010/2011, März 2011, BPM&O GmbH in Zusammenarbeit mit Fachhochschule Bonn-Rhein-Sieg und European Business School (EBS), Köln 2011, unter: http://www.bpmo.de/bpmo/export/sites/default/de/know_how/downloads/Status_Quo_Prozessmanagement_2011.pdf, Zugriff am 07.12.2012.

BPTrends (2011a): Paim, R.; Flexa, R. (2011): Process Governance: Definitions and Framework, Part I and Part II, BPTrends-Report, November 2011 and December 2011, unter: http://www.bptrends.com/publicationfiles/11-01-2011, Zugriff am 10.11.2012.

BPTrends (2012a): Wolf, C.; Harmon, P.: The State of Business Process Management 2012, BPTrends-Report, March 2012, unter: http://www.bptrends.com/surveys_landing.cfm, Zugriff am 05.12.2012.

Broß, P.; Krumey, M. (2010): Organisation des strategischen Planungs- und Umsetzungsprozesses bei Giesecke & Devrient – eine Fallstudie, in: Klein, A. (Hrsg.): Strategische Controlling-Instrumente, Freiburg im Breisgau 2010, S. 177 – 190.

Buchholz, L. (2009): Strategisches Controlling. Grundlagen – Instrumente – Konzepte, Wiesbaden 2009.

Bullinger, H.-J. (2010): Schnell sein ist alles, in: Süddeutsche Zeitung, 05./06.01.2010, S. 2.

Burger, A. (2009): Effizienzanalyse auf Prozessebene. Benchmarking von Transaktionen mit der Data Envelopment Analysis am Beispiel eines bankbetrieblichen Prozesses, Berlin 2009.

Burlton, R. (2010): Delivering Business Strategy Through Process Management, in: Brocke, J. v.; Rosemann, M. (Hrsg.): Handbook on Business Process Management 2: Strategic Alignment, Governance, People and Culture, Berlin 2010, S. 5 – 37.

Capgemini (2011): Capgemini Consulting: HR-Barometer 2011. Bedeutung, Strategien, Trends in der Personalarbeit. Schwerpunkt: Organisationsdesign und -entwicklung, München 2011.

Computerwoche (2009): Shared Services senken die Kosten. Einsparungen bis zu 60 Prozent, 09.03.2009, unter: http://www.computerwoche.de/management/it-services/1889464/, Zugriff am 20.11.2012.

Currle, M.; Schwertner, K. (2005): Ausrichtung der Prozesse an der Unternehmensstrategie, in: Horváth & Partners (Hrsg.): Prozessmanagement umsetzen. Durch nachhaltige Prozessperformance Umsatz steigern und Kosten senken, Stuttgart 2005, S. 29 – 46.

Deimel, K.; Quante, S. (2003): Prozessoptimierung durch Shared Service Center, in: Controlling, 15 (2003) 6, S. 301 – 307.

Dittrich, J.; Braun, M. (2004): Business Process Outsourcing. Entscheidungs-Leitfaden für das Out- und Insourcing von Geschäftsprozessen, Stuttgart 2004.

Dombrowski, B. (2011): Business Capability Management. Gezielte Ausrichtung der Artefakte einer Unternehmensarchitektur, Juni 2011, unter: http://www.generate-value.com/wp-content/uploads/2011/06/Business_Capabilities_Dombrowski_300_t.pdf, Zugriff am 04.08.2012.

Doppler, K.; Lauterburg, C. (2008): Change Management. Den Unternehmenswandel gestalten, 12. Aufl., Frankfurt am Main 2008.

Dressler, S. (2007): Shared Services, Business Process Outsourcing und Offshoring. Die moderne Ausgestaltung des Back Office – Wege zur Kostensenkung und mehr Effizienz im Unternehmen, Wiesbaden 2007.

EABPM (2009): European Association of Business Process Management EABPM (Hrsg.): Business Process Management. Common Body of Knowledge – BPM CBOK®. Leitfaden für das Prozessmanagement, Gießen 2009.

Fink, C. A. (2003): Prozessorientierte Unternehmensplanung. Analyse, Konzeption und Praxisbeispiele, Wiesbaden 2003.

Fischermanns, G. (2012): Praxishandbuch Prozessmanagement, 10. Aufl., Gießen 2012.

Fleischmann, A.; Schmidt; W.; Stary, C.; Obermeier, S.; Börger, E. (2011): Subjektorientiertes Prozessmanagement. Mitarbeiter einbinden, Motivation und Prozessakzeptanz steigern, München 2011.

Friedli, T.; Kurr, M. A.; Stich, V. (2007): Tools des Prozessmanagements, in: Schuh, G.; Friedli, T.; Kurr, M. A.: Prozessorientierte Reorganisation, München 2007, S. 23 – 79.

Gaitanides, M. (2012): Prozessorganisation. Entwicklung, Ansätze und Programme des Managements von Geschäftsprozessen, 3. Aufl., München 2012.

Gänßlen, S. (2010): Strategisches Controlling: Best-Practice-Konzept der Hansgrohe AG, in: Klein, A. (Hrsg.): Strategische Controlling-Instrumente, Freiburg im Breisgau 2010, S. 21 – 34.

Gausemeier, J.; Plass, C.; Wenzelmann, C. (2009): Zukunftsorientierte Unternehmensgestaltung. Strategien, Geschäftsprozesse und IT-Systeme für die Produktion von morgen, München 2009.

Gleich, R. (2011): Performance Measurement. Konzepte, Fallstudien und Grundschema für die Praxis, 2. Aufl., München 2011.

Gleich, R.; Schneider, Ch.; Sommer, L. P.; Tyssen, M. (2010): Corporate Foresight: Organisation der Zukunftsorientierung im strategischen Controlling, in: Klein, A. (Hrsg.): Strategische Controlling-Instrumente, Freiburg 2010, S. 35 – 54.

Greischel, P. (2003): Balanced Scorecard. Erfolgsfaktoren und Praxisberichte, München 2003.

Grant, R. M.; Nippa, M. (2006): Strategisches Management. Analyse, Entwicklung und Implementierung von Unternehmensstrategien, 5. Aufl., München 2006.

Grönke, K.; Höhner, M. A.; Sima, T. (2005): Management der Internal-Services-Prozesse, in: Horváth & Partners (Hrsg.): Prozessmanagement umsetzen. Durch nachhaltige Prozessperformance Umsatz steigern und Kosten senken, Stuttgart 2005, S. 277 – 292.

Hamel, G.; Prahalad, C. (1995): Wettlauf um die Zukunft. Wie Sie mit bahnbrechenden Strategien die Kontrolle über Ihre Branche gewinnen und die Märkte von morgen schaffen, Wien 1995.

Hammer, M. (2002a): Der Weg zum supereffizienten Unternehmen, in: Harvard Businessmanager, (2002) 2, S. 40 – 52.

Hanschke, I.; Lorenz, R. (2012): Strategisches Prozessmanagement – einfach und effektiv. Ein praktischer Leitfaden, München 2012.

Harmon, P. (2010): The Scope and Evolution of Business Process Management, in: vom Brocke, J.; Rosemann, M. (Hrsg.): Handbook on Business Process Management 1: Introduction, Methods and Information Systems, Berlin 2010, S. 37 – 81.

Heckl, D. (2010): Steuerung der Performance von Dienstleistungsprozessen. Konzeption eines Frameworks zur Steuerung der Prozessperformance am Beispiel des Kreditprozesses, Berlin 2010.

Heckl, D.; Moormann, J. (2010): Process Performance Management, in: Brocke, J. v.; Rosemann, M. (Hrsg.): Handbook on Business Process Management 2. Strategic Alignment, Governance, People and Culture, Berlin 2010, S. 115 – 135.

Helbig, R. (2003): Prozessorientierte Unternehmensführung. Eine Konzeption mit Konsequenzen für Unternehmen und Branchen dargestellt an Beispielen aus Dienstleistung und Handel, Heidelberg 2003.

Hilgert, T. (2010): Verortung von Unternehmensgrenzen auf Prozessebene, Berlin 2010.

Hinterhuber, H. H. (2004): Strategische Unternehmensführung, II. Strategisches Handeln, 7. Aufl., Berlin/New York 2004.

Hollekamp, M. (2005): Strategisches Outsourcing von Geschäftsprozessen. Eine empirische Analyse der Wirkungszusammenhänge und der Erfolgswirkungen von Outsourcingprojekten am Beispiel von Großunternehmen in Deutschland, München 2005.

Horváth, P.; Gaiser, B. (2000): Implementierungserfahrungen mit der Balanced Scorecard im deutschen Sprachraum – Anstöße zur konzeptionellen Weiterentwicklung, in: Betriebswirtschaftliche Forschung und Praxis (BFuP) (2000) 1.

Horváth & Partners (Hrsg.) (2001): Balanced Scorecard umsetzen, Stuttgart 2001.

Horváth & Partners (2008): Vierte Balanced-Scorecard-Studie von Horváth & Partners, unter: http://www.competencesite.de/Geschaeftsprozessmanagement/ vom 26.08.2008.

IBM (2010): IBM Deutschland GmbH: Unternehmensführung in einer komplexen Welt. Global CEO Study, Ehningen 2010.

ISO 9004:2009: Deutsches Institut für Normung e. V. (Hrsg.): DIN EN ISO 9001:2009, Leiten und Lenken für den nachhaltigen Erfolg einer Organisation – Ein Qualitätsmanagementansatz, Berlin 2009.

Jeston, J.; Nelis, J. (2008): Business Process Management. Practical Guidelines to Successful Implementations, 2nd ed., Amsterdam et al. 2008.

Kaplan, R. S.; Norton, D. P. (1997): Balanced Scorecard – Strategien erfolgreich umsetzen, Stuttgart 1997.

Kaplan, R. S.; Norton, D. P. (2004): Strategy Maps. Der Weg von immateriellen Werten zum materiellen Erfolg, Stuttgart 2004.

Keil, C.; Reiners, F. G.; Leierseder, M.; Prem, B. (2005): Geschäftsprozessmanagement bei Knorr-Bremse AG, in: Ellringmann, H.; Schmelzer, H. J. (Hrsg.): Geschäftsprozessmanagement inside, München 2005.

Kirchmer, M. (2010): Management of Process Excellence, in: Brocke, J. v.; Rosemann, M. (Hrsg.): Handbook on Business Process Management 2. Strategic Alignment, Governance, People and Culture, Berlin 2010, S. 39 – 56.

Kirchmer, M. (2011): High Performance Through Process Excellence. From Strategy to Execution with Business Process Management, 2nd ed., Berlin 2011.

Klein, A. (Hrsg.) (2010): Strategische Controlling-Instrumente, Freiburg im Breisgau 2010.

Knuppertz, Th. (2009): Prozessmanagement für Dummies, Weinheim 2009.

Knuppertz, T.; Feddern, U. (2011): Prozessorientierte Unternehmensführung. Prozessmanagement ganzheitlich einführen und verankern, Stuttgart 2011.

Komus, A. (2011): BPM Best Practice – Erfolgsfaktoren der Prozessorientierung, in: Komus, A. (Hrsg.): BPM Best Practice. Wie führende Unternehmen ihre Geschäftsprozesse managen, Berlin 2011, S. 3 – 57.

Komus, A.; taraneon Process TestLab (2012): Zukunftsthema Qualität im Geschäftsprozessmanagement. Die Studie zur Qualität im Geschäftsprozessmanagement von deutschen und internationalen Unternehmen, Koblenz/Bad Homburg 2012.

Kotter, J. P. (2011): Leading Change. Wie Sie Ihr Unternehmen in acht Schritten erfolgreich verändern, München 2011.

KPMG (2007): Shared Service Center Controlling. Ergebnisse einer empirischen Studie, Hamburg und Nürnberg 2007.

Krcmar, H. (2010): Informationsmanagement, 5. Aufl., Heidelberg 2010.

Krüger, W. (2009): Excellence in Change. Wege zur strategischen Erneuerung, 4. Aufl., Wiesbaden 2009.

Krüger, W.; Homp, C. (1997): Kernkompetenz-Management. Steigerung von Flexibilität und Schlagkraft im Wettbewerb, Wiesbaden 1997.

Kümmel, G.; Watterott, R. (2005): Neue Entwicklungen im internationalen Konzerncontrolling am Beispiel Bosch – Durchgängige Konzernsteuerung, in: Horváth, P. (Hrsg.): Organisationsstrukturen und Geschäftsprozesse wirkungsvoll steuern, Stuttgart 2005.

Leistert, O. (2006): Führungskoordinierendes Geschäftsprozesscontrolling, Hamburg 2006.

Liebert, T. (2012): Prozessorientierung in der Unternehmensorganisation. Eine empirische Untersuchung in deutschen Industrieunternehmen, Wiesbaden 2012.

Markus, M.L.; Jacobson, D.D. (2010): Business Process Governance, in: vom Brocke, J.; Rosemann, M. (Hrsg.): Handbook on Business Process Management 2: Strategic Alignment, Governance, People and Culture, Berlin 2010.

Mayer, R.; Brenner, M. (2009): Prozessmanagement als Controlleraufgabe, in: Controlling - Zeitschrift für erfolgsorientierte Unternehmenssteuerung, 21 (2009) 3, S. 153 - 160.

Merzenich, M. (2005): Prozessmanagement im Customer Relationship Management. Gestaltung und Implementierung kundenorientierter Geschäftsprozesse, Berlin.

Minone, C. (Hrsg.) (2011): Zürcher Hochschule für Angewandte Wissenschaften (ZHAW): Business Process Management 2011 - Status quo und Zukunft. Eine empirische Studie im deutschsprachigen Europa, Zürich 2011.

Müller-Stewens, G.; Lechner, C. (2003): Strategisches Management, 2. Aufl., Stuttgart 2003.

Nettesheim, C.; Grebe, M.; Kottmann, D. (2003): Business Process Outsourcing - aber richtig!, in: Information Management & Consulting (IM), 18 (2003) 3, S. 24 - 30.

Oehler, K. (2005): Business Process Outsourcing: Betriebswirtschaftlicher Rahmen und Prozessauswahl, in: Der Controlling Berater (CB), 2005 (3), S. 365 - 400.

Oehler, K. (2006): Corporate Performance Management mit Business Intelligence Werkzeugen, München 2006.

Osterloh, M.; Frost, J. (2006): Prozessmanagement als Kernkompetenz. Wie Sie Business Reengineering strategisch nutzen können, 5. Aufl., Wiesbaden 2006.

Peters, P.; Bloch, M. (2002): Erfolgsfaktoren beim Outsourcing von Geschäftsprozessen, in: Information Management & Consulting (IM), 17 (2002) 10 Sonderausgabe, S. 31 - 35.

Picot, A.; Dietl, H.; Franck, E.; Fiedler M.; Royer, S. (2012): Organisation. Theorie und Praxis aus ökonomischer Sicht, 6. Aufl., Stuttgart 2012.

Picot, A.; Liebert, T. (2011): Stand von Prozesscontrolling und -management in deutschen Großunternehmen - Ergebnisse einer empirischen Untersuchung bei Industrieunternehmen, in: ZfCM - Zeitschrift für Controlling & Management, 55 (2011) Sonderheft 2, S. 89 - 98.

Porter, M.E. (1999): Wettbewerbsvorteile, 10. Aufl., Frankfurt am Main 2000.

Prahalad, C.K.; Hamel, G. (1990): The Core Competence of the Corporation, in: Harvard Business Review, 68 (1990) 3, S. 79 - 91.

PwC (2011b): PricewaterhouseCooper: Shared service centres - the 2nd generation. A global PwC survey on how SSCs are currently performing and their future potentials, o.O. 2011.

PwC (2012): PricewaterhouseCoopers: Shared Service Center. Besser, günstiger, schneller. Durch Bündelung von Kompetenzen schneller und besser ans Ziel kommen, unter: http://www.pwc.com/at/de/publikationen/global-best-practices/shared-service-center-deutsch.pdf, Zugriff am 10.11.2012.

Quinn, B.; Cooke, R.; Kris, A. (2000): Shared Services - mining for corporate gold, London 2000.

Reiß, M. (2009): Management von Wettbewerbsprozessen, in: Controlling - Zeitschrift für erfolgsorientierte Unternehmenssteuerung, 21 (2009) 3, S. 161 - 166.

Richardson, C. (2006): Process Governance Best Practices: Building a BPM Center of Excellence, September 2006, unter: http://ww.w.bptrends.com/publicationfiles/09-06-ART-ProcessGovernanceBestPractices-Richardson1.pdf, Zugriff am 10.09.2010.

Ritz, S. (2005): IT Quality Engineering bei Exchanging, Vortrag auf dem gfo-Forum Prozessmanagement am 02.09.2005 in Bad Nauheim.

Roghé, F.; Strack, R. (2010): Die Organisation der Zukunft. Wettbewerbsvorteil: „weiche" Faktoren, in: MQ Management und Qualität, (2010) 4, S. 14 - 16.

Rohm, C. (1998): Prozeßmanagement als Fokus im Unternehmungswandel, Gießen 1998.

Rummler, G.A.; Brache, A.P. (1995): Improving Performance. How to Manage the White Space on the Organization Chart, 2nd ed., San Francisco 1995.

Rummler, G.A.; Ramias, A.J.; Rummler, R.A. (2010): White Space Revisited. Creating Value through Process, San Francisco 2010.

Schaarschmidt, R. (2003): Business Transformation Outsourcing: Der Weg in die on-demand-Welt, in: Information Management & Consulting (IM), 18 (2003) 3, S. 46 - 50.

Scheer, A.-W.; Brabänder, E. (2010): The Process of Business Process Management, in: Brocke, J. v.; Rosemann, M. (Hrsg.): Handbook on Business Process Management 2. Strategic Alignment, Governance, People and Culture, Berlin 2010, S. 239 - 265.

Schewe, G.; Kett, I. (2007): Business Process Outsourcing. Geschäftsprozesse kontextorientiert auslagern, Berlin 2007.

Schober, H. (2002): Prozessorganisation. Theoretische Grundlagen und Gestaltungsoptionen, Wiesbaden 2002.

Schulte-Zurhausen, M. (2010): Organisation, 5. Aufl., München 2010.

Siemens (2004b): Kontinuität und Wandel, in: SiemensWelt, (2004) 11 - 12, S. 8 - 11.

Siemens (2005a): Gemeinsam stark, in: SiemensWelt, (2005) 1, S. 14 ff

Smith, R.F. (2007): Business Process Management and the Balanced Scorecard. Using Processes as Strategic Drivers, Hoboken, New Jersey 2007.

Snabe, H.J. et al. (2009): Business Process Management. The SAP Roadmap, Boston, Massachusetts 2009.

Spanyi, A. (2007): More for Less. The Power of Process Management, Tampa, Florida 2007.

Spanyi, A. (2010a): Business Process Management Governance, in: Brocke, J. v.; Rosemann, M. (Hrsg.): Handbook on Business Process Management 2. Strategic Alignment, Governance, People and Culture, Berlin 2010, S. 223 - 238.

Suter, A. (2004): Die Wertschöpfungsmaschine. Wie Strategien ihre Stosskraft entwickeln, Zürich 2004.

Sydow, J. (2006): Management von Netzwerkorganisationen, 4. Aufl., Wiesbaden 2006.

Vahs, D. (2012): Organisation. Ein Lehr- und Managementbuch, 8. Aufl., Stuttgart 2012.

Vahs, D.; Weiand, A. (2010): Workbook Change Management. Methoden und Techniken, Stuttgart 2010.

Wagner, K.W.; Käfer, R. (2008): PQM - Prozessorientiertes Qualitätsmanagement. Leitfaden zur Umsetzung der neuen ISO 9001, 4. Aufl., München 2008.

Wagner, K.W.; Patzak, G. (2007): Performance Excellence. Der Praxisleitfaden zum effektiven Prozessmanagement, München 2007.

Walter, J. (2009): Geschäftsprozessmanagement umsetzen. Prozesse am Kunden orientieren, transparent und flexibel gestalten, München 2009.

Walter, J. (2010): Zehn Jahre Geschäftsprozessmanagement bei Siemens Healthcare, in: Schmelzer, H.J.; Sesselmann, W.: Geschäftsprozessmanagement in der Praxis, 7. Aufl., München 2010, S. 517 - 538.

Werth, D.; Kupsch, F.; Vanderhaeghen, D.; Walter, Ph.; Loos P. (2010): Unternehmensübergreifendes Prozessmanagement, in: Jochem, R.; Mertins, K.; Knothe, Th. (Hrsg.): Prozessmanagement. Strategien. Methoden, Umsetzung, Düsseldorf 2010, S. 291 - 319.

Wilhelm, R. (2007): Prozessorganisation, 2. Aufl., München 2007.

Wollmann, P. (2005): Strategieprozess im fusionierten Unternehmen, in: Hirzel, M.; Kühn, F. (Hrsg.): Prozessmanagement in der Praxis. Wertschöpfungsketten planen, optimieren und erfolgreich steuern, Wiesbaden 2005, S. 137 - 146.

Zimmermann, A. (2010): Praxisorientierte Unternehmensplanung mit harten und weichen Daten. Das strategische Führungssystem, Berlin 2010.

4 Wie werden Geschäftsprozesse gestaltet und organisiert?

In diesem Kapitel werden folgende Fragen beantwortet:

- Welche Regeln sind bei der Gestaltung von Geschäftsprozessen zu beachten?
- Wie werden Geschäftsprozesse identifiziert und strukturiert?
- Wie werden Geschäftsprozesse beschrieben und dokumentiert?
- Welche Rollen erfordert das Geschäftsprozessmanagement und welche Verantwortung, Aufgaben und Befugnisse haben diese?
- Welche Unterschiede bestehen zwischen einer Funktions- und einer Prozessorganisation?
- Welche Formen der prozessorientierten Aufbauorganisation gibt es und wie sind diese zu beurteilen?

4.1 Identifizierung von Geschäftsprozessen

4.1.1 Vorgehensweisen

Am Anfang des Geschäftsprozessmanagements steht die Identifizierung der Geschäftsprozesse. Die Prozessidentifizierung beantwortet die Frage, welche Geschäftsprozesse eine Geschäftseinheit benötigt, um die Bedürfnisse der Kunden bzw. Interessengruppen zu erfüllen und die Geschäftsziele zu erreichen.

Mit der Prozessidentifizierung werden Zahl, Reichweite, Begrenzung, Inhalte und Ausrichtung der Geschäftsprozesse einer Geschäftseinheit festgelegt. Die Ergebnisse sind grundlegend und richtungsweisend für das gesamte Geschäftsprozessmanagement. „Bei der Prozessidentifikation handelt es sich fraglos um die alle weiteren Aktivitäten determinierende und damit zugleich erfolgsbestimmende Phase“ (Gaitanides 2012, S. 56; vgl. auch Bergsmann 2012, S. 49 f.).

Geschäftsprozesse können top-down oder bottom-up identifiziert werden. Beide Vorgehensweisen unterscheiden sich wesentlich in ihren Ergebnissen.

Vgl. zum Thema Top-down- und Bottom-up-Identifizierung: Suter 2004, S. 255 ff.; Scheer/Jost/Wagner 2005, S. 54 ff. und 73 f.; Wilhelm 2007, S. 21 ff.; Speck/Schnetgöke 2008, S. 186 ff. und 198 ff.; Becker/Meise 2008, S. 129 ff.; Schwegmann/Laske 2008, S. 155 ff.; Knuppertz 2009, S. 77 ff.; Bergsmann 2012, S. 62 ff.; Gaitanides 2012, S. 150 ff.; Bach et al. 2012, S. 202 ff.

4.1.1.1 Top-down-Vorgehen

Der **Top-down-Ansatz** geht von der Strategie der Geschäftseinheit aus. Die in der Geschäftsstrategie definierten Geschäftsfelder und Kundengruppen bilden zusammen mit den Geschäftszielen, dem Kundenbedarf bzw. -forderungen, dem Leistungsprogramm (Produkte, Dienstleistungen), strategischen Erfolgsfaktoren, der Wettbewerbsstrategie und den Kernkompetenzen die Ausgangsbasis für die Prozessidentifizierung. Aus ihnen wird abgeleitet, welche Geschäftsprozesse benötigt werden, wie sie zu gewichten sind und welche Prozessziele verfolgt werden. Der Top-down-Ansatz setzt voraus, dass eine aktuelle Geschäftsstrategie vorhanden ist (vgl. Kapitel 3.4). Sonst fehlt die Basis für die strategie- und kundenorientierte Identifizierung, Gestaltung und Steuerung der Geschäftsprozesse und gleichzeitig auch für die strategische Ausrichtung, Zielorientierung, Steuerung und Verbesserung der gesamten Organisation (vgl. Rummler/Brache 1995, S. 31 - 36 und 41 f.).

Zunächst werden die primären Geschäftsprozesse in einem Workshop identifiziert. Anfang und Ende der primären Geschäftsprozesse beziehen sich auf externe Kunden (vgl. Kapitel 2.1.2). Am Anfang steht der Kundenbedarf und am Ende die Bereitstellung der geforderten Leistungen an die Kunden (End-to-End-Prozesse). Die Ergebnisse der Top-down-Identifizierung sind Prozesskurzbeschreibungen der primären Geschäftsprozesse. Es handelt sich dabei um „einfache offene Prozessmuster, die ca. 80 % der Fälle erfassen“ (Gaitanides 2012, S. 153).

Nach der Identifizierung der primären Geschäftsprozesse werden diese in einem weiteren Schritt in Teilprozesse, Prozessschritte und gegebenenfalls in Arbeitsschritte und Aktivitäten heruntergebrochen. Diese Dekomposition geht von den Grenzen des jeweiligen primären Geschäftsprozesses aus, sodass der Bezug zu den externen Kunden über alle Prozessebenen gewährleistet ist. Das Vorgehen wird in den Kapiteln 4.2.3 und 12.5 beschrieben. Die Modellierung der primären Geschäftsprozesse erfolgt nach ihrer Dekomposition.

> Das Ergebnis der Top-down-Identifizierung und Dekomposition sind Soll-Prozesse, die in direkter Verbindung zu Kunden, Geschäftsstrategie und Geschäftszielen stehen. Sie bilden die gesamte Leistungserstellung vom Kunden zum Kunden der betrachteten Geschäftseinheit ab. Die bereits bei der Identifizierung und Dekomposition erkannten Verbesserungsmöglichkeiten werden in den Soll-Prozessen berücksichtigt. ■

Die Definition und Strukturierung der sekundären Geschäftsprozesse wird nach der Implementierung der primären Geschäftsprozesse vorgenommen. Das Vorgehen entspricht grundsätzlich dem der primären Geschäftsprozesse. Hauptkunden der sekundären Geschäftsprozesse sind die primären Geschäftsprozesse. Daneben haben auch alle sekundären Geschäftsprozesse Bedarf an Sekundärleistungen.

Analysen des Ist-Zustands werden bei der Top-down-Identifizierung nur in begrenztem Umfang durchgeführt. Sie dienen der Ermittlung einer Vergleichsbasis (Baseline) für die Bewertung zukünftiger Performancesteigerungen. Diese Analysen erfordern keine aufwendige Modellierung der Ist-Prozesse. Auf Schwachstellenanalysen wird ebenfalls weitgehend verzichtet, da sie den Schwerpunkt der sich später anschließenden kontinuierlichen Prozessverbesserung bilden.

Charakteristisch für die Top-down-Identifizierung ist, dass sie sich nicht an der bestehenden Aufbauorganisation mit ihren Funktions- und Abteilungsstrukturen orientiert. „Unsere dringende Empfehlung lautet, sich in einem ersten Schritt auf die Abläufe zu konzentrieren und von der Aufbauorganisation zunächst bewusst zu abstrahieren. Nur wenn die Betrachtung der Abläufe von den Fesseln der Aufbauorganisation befreit ist, können echte Prozessverbesserungen bis hin zu Prozessinnovationen erwartet werden" (Schönthaler et al. 2011, S. 10).

Die Top-down-Identifizierung und Dekomposition der primären Geschäftsprozesse bildet die Basis für weitere Schritte:

- Prozessmodellierung (vgl. Kapitel 4.2.3 und 10.2.2),
- Gewichtung der Geschäftsprozesse anhand von strategischen Erfolgsfaktoren, Kernkompetenzen und der Wettbewerbsstrategie (vgl. Kapitel 3.3.4),
- Ableiten der Prozessziele für die primären Geschäftsprozesse aus den Geschäftszielen sowie Dekomposition der Prozessziele auf Teilprozesse, Prozessschritte und gegebenenfalls Arbeitsschritte bis hin zu Zielvereinbarungen mit Prozessmitarbeitern (vgl. Kapitel 6.3.2.5 und 6.3.2.6).

4.1.1.2 Bottom-up-Vorgehen

Der **Bottom-up-Ansatz** geht von der bestehenden Aufbauorganisation aus und definiert Prozesse innerhalb dieses Rahmens. Die Aktivitäten auf der untersten Prozessebene werden nach ablauf, informations- und kostenrechnungstechnischen Gesichtspunkten oder Effizienzkriterien gebündelt und zu Teil- und Gesamtprozessen aggregiert.

Das Bottom-up-Vorgehen besteht aus den **Stufen** (vgl. Scheer/Jost/Wagner 2005, S. 54 ff. und 73 f.; Speck/Schnetgöke 2008, S. 186 ff.):

- Erhebung und Modellierung der Ist-Prozesse,
- Schwachstellenanalyse der Ist-Prozesse,
- Modellierung von Soll-Prozessen, die auf den von Schwachstellen bereinigten Ist-Prozessen basieren.

Die Modellierung und Analyse der **Ist-Prozesse** wird durchgeführt, um Transparenz über die Ist-Prozesse zu gewinnen sowie Schwachstellen ausfindig zu machen. Die Schwachstellen dienen dazu, **Soll-Prozesse** zu konzipieren, die durch Eliminieren der Schwachstellen eine höhere Effizienz aufweisen.

Kritikpunkte am Bottom-up-Vorgehen sind (vgl. auch Remme 1997, S. 56 ff.; Schwegmann/Laske 2008, S. 156 ff.; Friedrichsen 2010, S. 4 f.; Fischermanns 2012, S. 103 f.):

- erheblicher Zeit- und Kostenaufwand für die Modellierung der Ist-Prozesse,
- Prozesse orientieren sich an Abteilungs- bzw. Organisationsgrenzen,

- Redundanzen zu anderen vergleichbaren Prozessen werden nicht aufgedeckt,
- Vorgehen ist eher auf Krisenbewältigung (Beseitigung von Schwachstellen) als auf Chancennutzung ausgerichtet,
- der Ist-Zustand wird nicht infrage gestellt und bleibt im Prinzip erhalten,
- Kreativität wird gehemmt, um bessere Lösungen zu finden,
- das funktionale Denken wird konserviert.

Die über den Bottom-up-Ansatz identifizierten Prozesse decken wesentliche Merkmale von Geschäftsprozessen nicht ab, wie:

- direkter Bezug zu Kunden (End-to-End-Prozess),
- direkter Bezug zur Geschäftsstrategie, zum Geschäftsmodell, zu Geschäftszielen und zu Kernkompetenzen,
- Durchgängigkeit der Geschäftsprozesse über Abteilungen, Funktionen und gegebenenfalls über mehrere Unternehmen hinweg (cross-functional processes bzw. inter-enterprise processes).

„When processes are defined from the bottom up [...], they are disconnected from the business; the subsequent process management system is disconnected from the business management system. If, in the preceding scenario, process owners are assigned, there can be confusion and hostility among the roles and contributions of the process owner and the existing functional management structure" (Rummler/Ramias/Rummler 2010, S. 74).

4.1.1.3 Zusammenfassende Beurteilung

Top-down identifizierte Geschäftsprozesse haben einen direkten Bezug zu Geschäftsstrategie, Geschäftszielen und Kunden. Sie werden auf diese ausgerichtet und entsprechend gesteuert. Ihre Beziehung zu Kernkompetenzen ermöglicht es, Erfolgspotenziale aufzubauen und gezielt einzusetzen. „Diese Entwurfslogik führt zu unternehmensspezifischen Prozessen, da sie entsprechend den konkreten Kundenbedürfnissen und der Wettbewerbssituation entworfen werden" (Gaitanides 2012, S. 152). Durch ihre End-to-End-Ausrichtung überwinden top-down identifizierte Geschäftsprozesse funktionale Barrieren, minimieren Schnittstellen und reduzieren die Kosten für Koordination und Kommunikation (Transaktionskosten). Schwachstellen werden im Rahmen der Prozessoptimierung kontinuierlich beseitigt, und das Verbesserungspotenzial zur Verbesserung der Wettbewerbsposition wird ausgeschöpft.

Bottom-up identifizierte Prozesse stellen keine direkte Verbindung zu Kunden, Geschäftsstrategie und Kernkompetenzen her. Eine aus der Strategie abgeleitete Definition von Kernprozessen stößt auf Schwierigkeiten. Ferner bereitet es bottom-up identifizierten Prozessen Probleme, sich schnell und flexibel an Änderungen der Geschäftsstrategie und der Geschäftsziele anzupassen. Eine durchgängige Prozessorientierung kann sie ebenfalls nicht gewährleisten und die damit verbundenen Potenziale nicht ausschöpfen.

Als Resümee ist der Top-down-Ansatz für die Identifizierung von Geschäftsprozessen zu empfehlen. „Die Argumente sprechen mehrheitlich für die Top-down-Vorgehensweise" (Fischermanns 2012, S. 104; vgl. auch Knuppertz/Feddern 2011, S. 86). Sie zeichnet sich gegenüber dem Bottom-up-Vorgehen durch folgende Merkmale und Vorteile aus:

- Geschäftsstrategie und Kunden bilden die Ausgangsbasis.
- Die Ergebnisse sind strategiekonform und überschneidungsfrei.
- Anfang und Ende der Geschäftsprozesse haben die geforderte Verbindung zu Kunden (End-to-End).
- Die Geschäftsprozesse erstrecken ich über Abteilungs-, Funktions- und gegebenenfalls Unternehmensgrenzen hinweg.
- Redundanzen, Überschneidungen und Aktivitäten ohne Kundenbezug werden aufgedeckt.
- Die Gefahr ist geringer, auf dem Bestehenden zu beharren und sich im Detail zu verlieren.
- Das Vorgehen erfordert deutlich weniger Aufwand und Zeit, da es keine detaillierte Modellierung und Analyse der Ist-Prozesse voraussetzt.

In der Literatur wird Kritik an dem Top-down-Vorgehen geäußert, wie geringe Praxistauglichkeit, geringe Akzeptanz der Ergebnisse oder Scheitern der Umsetzung (vgl. u.a. Schuh/Friedli/Kurr 2007, S. 17). Diese Kritikpunkte werden durch positive Praxiserfahrungen widerlegt.

Kritiker des Top-down-Vorgehens bleiben die Antwort schuldig, wie sie Geschäftsprozesse definieren, die sich sowohl auf Kunden als auch auf Geschäftsstrategie und Geschäftsziele beziehen. „Ohne einen guten, möglichst optimal an den Geschäftserfordernissen ausgerichteten Soll-Zustand werden die ermittelten Veränderungsschritte meist nur kleinere, lokale Optimierungen des Ist-Zustands sein und keine konsequente Verbesserung in Richtung der Unternehmenserfordernisse“ (Friedrichsen 2010, S. 5).

4.1.2 Ausgangsdaten der Prozessidentifizierung

Für die Identifizierung und Gewichtung der Geschäftsprozesse nach dem Top-down-Ansatz sowie die spätere Ableitung von Prozesserfolgsfaktoren und Prozesszielen werden folgende Daten benötigt, die im Allgemeinen der Geschäftsstrategie und dem Geschäftsplan entnommen werden können (siehe Abbildung 4.1; vgl. auch Gaitanides 2012, S. 154 ff.):

- Ausgangsdaten für die Identifizierung von Geschäftsprozessen sind:
  - Zielmärkte und Kundengruppen,
  - Kundenbedürfnisse, -anforderungen und -erwartungen,
  - Wettbewerbsstrategie,
  - Produkt- und Leistungsprogramm,
  - Kernkompetenzen.
- Ausgangsdaten für die Gewichtung von Geschäftsprozessen sind:
  - kritische Erfolgsfaktoren des Geschäftes,
  - Wettbewerbsstrategie,
  - Kernkompetenzen,
  - Stärken und Schwächen des Geschäftes.

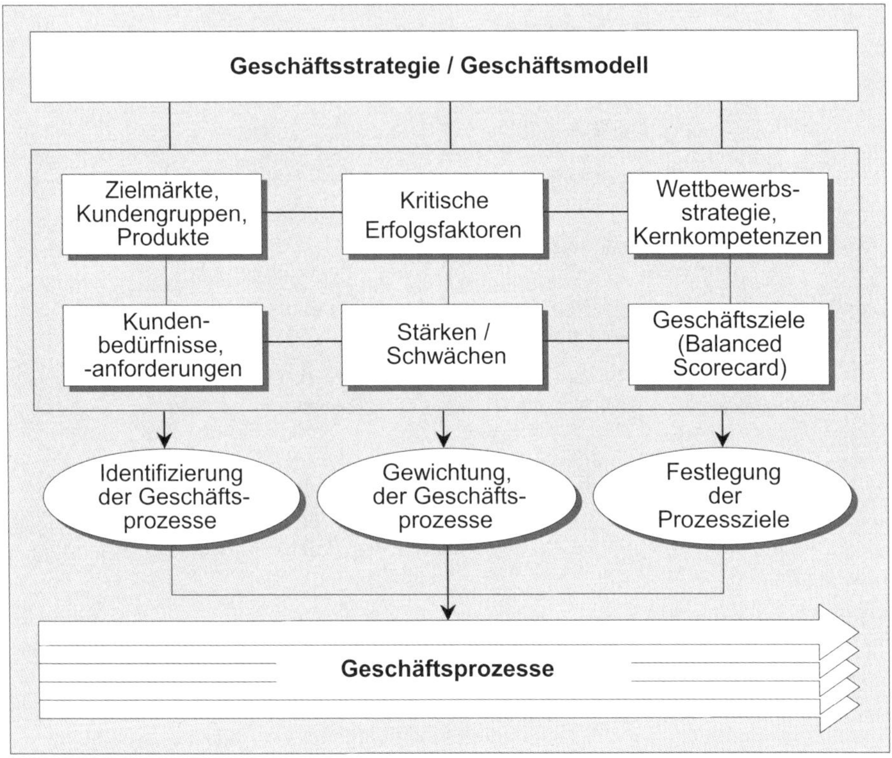

Abb. 4.1 Ausgangsdaten für die Identifizierung und Gewichtung der Geschäftsprozesse sowie die Festlegung der Prozessziele

Im ersten Schritt der Prozessidentifizierung sind die **Zielmärkte und Kundengruppen** zu klären, welche die Geschäftseinheit bedient bzw. in Zukunft bedienen wird. Dabei sind folgende Fragen zu beantworten:

- Wer sind die Kunden?
- Auf welche Kundengruppen will sich die Geschäftseinheit in Zukunft konzentrieren?
- Welche Bedürfnisse haben die Kunden heute und in Zukunft?
- Welche Produkte/Leistungen erwarten die Kunden heute und in Zukunft?
- Welche Bedürfnisse will die Geschäftseinheit heute und zukünftig mit ihrem Produkt-/Leistungsangebot befriedigen?
- Wie zufrieden sind die Kunden mit den heute angebotenen Produkten/Leistungen?
- Welche Leistungsmerkmale sind den Kunden besonders wichtig?
- Wo liegen die Wettbewerbsvorteile des heutigen Produkt-/Leistungsangebotes?
- Welche Wettbewerbsstrategie wird heute und in Zukunft verfolgt?
- Welche Wettbewerbsvorteile sollte das zukünftige Produkt-/Leistungsangebot auszeichnen?
- Welche Produkte/Prozesse/Technologien beherrscht die Geschäftseinheit besonders gut?
- Welche Kernkompetenzen spielen in Zukunft eine entscheidende Rolle?

Können Kunden ihren Bedarf und ihre Leistungsanforderungen nicht ausreichend präzisieren, muss sich die Geschäftseinheit selbst mit den Problemen und Prozessen der Kunden auseinandersetzen, um daraus die Kundenbedürfnisse und -erwartungen abzuleiten.

Die Geschäftseinheit sollte in der Lage sein, folgende Fragen zu beantworten:

- Womit und wie verdienen die Kunden ihr Geld?
- Welches sind die Bedürfnisse, Erwartungen und kritischen Erfolgsfaktoren der Kunden?
- Welches sind die kritischen Prozesse der Kunden?
- Welche Probleme beschäftigen die Kunden am stärksten?
- Wie kann die Geschäftseinheit den Kunden bei der Lösung ihrer Probleme am besten helfen?

Aus der Kenntnis der Kundenprobleme und -präferenzen lassen sich die Geschäftsprozesse und **Leistungen** ableiten, die den Vorstellungen und Erwartungen der Kunden entsprechen. „Nur die Unternehmen, die stets ein aktuelles Bild über die Erwartungen der Kunden an die Prozesse und Produkte haben, können diese auch in effizienter Weise gestalten und anbieten“ (Fischermanns 2012, S. 66).

Geschäftsprozesse werden von außen aus der Sicht der Kunden („outside-in“) und nicht aus der Innenperspektive („inside-out“) betrachtet (vgl. Spanyi 2010b, S. 12). Der Ausgangspunkt für die Definition von Geschäftsprozessen und Leistungen ist nicht, was das Unternehmen kann, sondern was der Kunde braucht. Zu den Leistungen, die Kunden erhalten, zählen nicht nur die Erstellung und Bereitstellung von Produkten oder Dienstleistungen, sondern alle Aktivitäten, die der Gewinnung und Betreuung der Kunden dienen. Zwischen Kunden und Unternehmen bestehen viele Kontakte. An jeder dieser Nahtstellen werden Leistungen bzw. Informationen transferiert, welche die Kundenzufriedenheit beeinflussen. Die Frage nach den Leistungen Informationen und Leistungsanforderungen ist nicht nur in Bezug auf (externe) Kunden, sondern auch bezogen auf die sonstigen Interessengruppen (Stakeholder) des Unternehmens zu beantworten (vgl. Rupp/Sophist Group 2004, S. 119 ff.; Kapitel 2.3).

Mit Kenntnis der Kundenprobleme und -erwartungen lässt sich die Frage beantworten:

- Welche Geschäftsprozesse sind notwendig, um die von den Kunden (bzw. Stakeholdern) geforderten bzw. erwarteten Leistungen bereitzustellen?

Nach der Identifizierung („Was“) werden die Ziele („Wie“) der Geschäftsprozesse definiert. Die Frage lautet:

- Wie sind die Leistungen in den Geschäftsprozessen zu erbringen, um die Erwartungen der Kunden (bzw. Stakeholder) zu erfüllen?

Das „Was“ bildet die Basis für die Gestaltung, das „Wie“ die Basis für die Steuerung der Geschäftsprozesse.

Konkrete Hinweise auf das „Wie“ geben Kundenanforderungen (vgl. auch Knuppertz 2009, S. 137 ff.). Beispiele sind:

- bedarfs- und preisgerechte Produkte,
- kompetente Beratung,
- termingerechte Auslieferung,
- vollständige Lieferung,
- schnelle Lösung von Problemen.

Das in der Softwareentwicklung angewandte Requirements Engineering sowie das in IT-Services verbreitete Demand Management bieten Methodiken und Vorgehensweisen zur Ermittlung, Dokumentation, Priorisierung, Prüfung und Verwaltung von Kundenanforderungen an. Sie können in abgewandelter Form im Rahmen des Geschäftsprozessmanagements genutzt n (vgl. Rupp/Sophist Group 2004; Schmied et al. 2008, S. 177 ff.; CMMI-Praktiken, in: Chrissis/Konrad/Shrum 2012, S. 562 ff. und 581 ff.; Hruschka 2012, S. 411 ff.; Beims 2012, S. 49 ff.).

Bei der Identifizierung und Steuerung der Geschäftsprozesse sollte die Wichtigkeit der Kundenanforderungen bekannt sein, d. h. der Einfluss, den die Erfüllung der Anforderungen auf die Kundenzufriedenheit hat. Das aus der Produktplanung bekannte **Kano-Modell** (auch als Mehr-Faktoren-Modell der Kundenzufriedenheit bezeichnet) unterscheidet drei Anforderungsgruppen: Basis-, Leistungs- und Begeisterungsanforderungen (vgl. Kano et al. 1994; Sauerwein 2002; Hinterhuber 2004, S. 20 ff.; Smith 2007, S. 114 ff.; Homburg 2012, S. 32 ff.). Ihre Merkmale sind:

- **Basisanforderungen**
  - werden von Kunden nicht explizit genannt,
  - Kunden setzen ihre Erfüllung als selbstverständlich voraus,
  - ein hoher Erfüllungsgrad bewirkt keine Zufriedenheit,
  - ihre Nichterfüllung führt zu Unzufriedenheit.
- **Leistungsanforderungen**
  - werden von Kunden explizit gefordert,
  - Kunden erwarten ihre Erfüllung,
  - ihr Erfüllungsgrad (erfüllt, übererfüllt, nicht erfüllt) bestimmt den Grad an Zufriedenheit bzw. Unzufriedenheit der Kunden.
- **Begeisterungsanforderungen**
  - werden von Kunden nicht genannt und nicht erwartet,
  - ihre Erfüllung löst bei Kunden Begeisterung aus und hat einen überproportional starken Einfluss auf Kundenzufriedenheit und Kundenloyalität,
  - ihre Nichterfüllung führt nicht zur Unzufriedenheit.

Die Ansprüche der Kunden sind nicht konstant, sondern nehmen im Zeitablauf zu. So wandeln sich Begeisterungsanforderungen im Laufe der Zeit zu Leistungsanforderungen und schließlich zu Basisanforderungen.

Aufgabe der Geschäftsprozesse ist es, den Basis-, Leistungs- und Begeisterungsanforderungen der Kunden gerecht zu werden. Hohe Priorität hat die Erfüllung von Basis- und Leistungsanforderungen, da ihre Nichterfüllung Unzufriedenheit bei Kunden auslöst. Ein Übertreffen erwarteter Leistungsanforderungen erhöht die Kundenzufriedenheit. Die überlegene Erfüllung der Leistungsanforderungen schafft Wettbewerbsvorteile und ist eine Kernkompetenz mit Imitationsschutz. Besondere Beachtung verdienen auch Begeisterungsanforderungen. Ihre Erfüllung wirkt sich am stärksten auf die Kundenzufriedenheit aus. Sie stiften allerdings keinen nachhaltigen Wettbewerbsvorteil, da sie zumeist schnell imitiert werden können. Damit stellen sie keine Kernkompetenz dar (vgl. Gaitanides 2012, S. 212 ff.). ■

4.1.3 Vorgehen bei der Prozessidentifizierung

Bei der Identifizierung von Geschäftsprozessen werden oft betriebswirtschaftliche **Referenzmodelle** oder vergleichbare Geschäftsprozesse anderer Unternehmen herangezogen (vgl. Kapitel 5.2.2). Sie dienen als Vorgabe oder helfen, die Vollständigkeit und Konsistenz der identifizierten Geschäftsprozesse zu überprüfen.

Die Adaption betriebswirtschaftlicher Referenzmodelle oder von Geschäftsprozessen anderer Unternehmen ist kritisch zu beurteilen. Beiden fehlt der Bezug zur Geschäftsstrategie der eigenen Organisation. Sie ermöglichen es nicht, primäre Geschäftsprozesse strategisch auszurichten und zu steuern. Bei ihrer Anwendung besteht die Gefahr, strategische Potenziale zu vernachlässigen und Wettbewerbsvorteile preiszugeben.

Betriebswirtschaftliche Referenzmodelle sollten aus den vorgenannten strategischen Gründen nicht bei der Top-Identifizierung von primären Geschäftsprozessen verwendet werden. Anders ist die Situation bei den sekundären Bereitstellungsprozessen. Ihre strategische Relevanz ist deutlich geringer. Damit reduzieren sich die Bedenken gegen die Adaption von Geschäftsprozessmodellen. Im Gegenteil, bei sekundären Geschäftsprozessen haben Referenzmodelle Vorteile. Es können Best Practice-Lösungen übernommen werden, die den meisten betriebswirtschaftlichen Referenzmodellen zugrunde liegen (vgl. Kapitel 5.2.2.3). ■

Es hat sich bewährt, die Top-down-Identifizierung der Geschäftsprozesse in Workshops gemeinsam mit dem Management der jeweiligen Geschäftseinheit durchzuführen. In dieser Phase ist noch kein Modellierungstool erforderlich. Es reichen als Hilfsmittel Kärtchen und Whiteboard bzw. Flipcharts aus. Erfahrungen zeigen, dass für die Grobdefinition der Geschäfts- und Teilprozesse einer Geschäftseinheit eineinhalb bis zwei Tage ausreichen.

Dieser erste noch grobe Entwurf wird dann in weiteren Workshops von Prozessteams im Rahmen der Dekomposition überprüft, verbessert und verfeinert. Das Vorgehen bezieht die Mitarbeiter bei der Gestaltung der Geschäftsprozesse ein, erfüllt die Anforderungen an Transparenz und erhöht die Akzeptanz der Ergebnisse.

Im Kapitel 12.5 werden Inhalt, Ablauf und Ergebnisse dieser Workshops beschrieben.

4.1.4 Überprüfung der Prozessidentifizierung

Märkte, Kunden, Lieferanten, Technologien und andere strategische Einflussfaktoren des Unternehmens können sich ändern. Diese Änderungen haben Auswirkungen auf Inhalt, Struktur und Ziele der Geschäftsprozesse. Deshalb ist es notwendig, das „Was" und „Wie" der Geschäftsprozesse periodisch zu überprüfen und bei Bedarf an die neue Situation anzupassen.

Bei der Überprüfung des „Was" sollten folgende Fragen gestellt werden:

- Haben sich die Prioritäten der Kundengruppen verschoben?
- Gibt es neue Kundengruppen und Wettbewerber?

- Sind Kundengruppen oder Wettbewerber weggefallen?
- Sind die angebotenen Leistungen für die Kunden noch attraktiv?
- Bieten Wettbewerber aus Sicht der Kunden bessere Leistungen bzw. günstigere Preis-Leistungs-Verhältnisse an?
- Wünschen Kunden Leistungen, die bisher nicht angeboten wurden?
- Sind Zahl und Varianz der angebotenen Leistungen wirtschaftlich sinnvoll?

Das „Wie" kann durch folgende Fragen überprüft werden:

- Haben sich Inhalt und Gewichtung der Erfolgsfaktoren geändert?
- Gibt es Veränderungen bei den Stärken und Schwächen gegenüber Wettbewerbern?
- Wurde die Wettbewerbsstrategie geändert?
- Wurden die Geschäftsziele erreicht und waren die Ergebnisbeiträge der Geschäftsprozesse ausreichend?
- Gibt es neue Geschäftsziele?
- Welche Ergebnisbeiträge sollen die Geschäftsprozesse zur Zielerreichung leisten?
- Können die notwendigen Effizienzsteigerungen durch Verbesserung der vorhandenen Geschäftsprozesse erreicht werden oder ist eine Neugestaltung (Business Process Reengineering) bestimmter Geschäftsprozesse erforderlich?

Die periodische Überprüfung der Ausgangsdaten (Kundengruppen, Kundenanforderungen, Kundenleistungen, Geschäftsziele, Wettbewerbsstrategie, Wettbewerbsstärken und -schwächen) zur Identifizierung der Geschäftsprozesse ist Aufgabe der strategischen Geschäftsplanung (vgl. Kapitel 3.4). Das strategische Prozessmanagement hat das „Was" (Zahl, Art, Inhalt, Struktur) und „Wie" (Prozessziele) der Geschäftsprozesse zu kontrollieren und gegebenenfalls Änderungen anzustoßen. ■

4.2 Gestaltung der Geschäftsprozesse

4.2.1 Organisatorische Gestaltungsregeln

Sind die Geschäftsprozesse identifiziert, werden sie im nächsten Schritt gestaltet und strukturiert. Eine wichtige Komponente der Prozessgestaltung ist die Prozessmodellierung. Darunter wird die vollständige, formale, präzise und konsistente Beschreibung von Geschäftsprozessen verstanden (vgl. Kapitel 4.2.5 und 10.2.2).

Bei der organisatorischen Gestaltung der Prozesse sind die in Abbildung 4.2 zusammengefassten **Gestaltungsregeln** zu beachten (vgl. auch Suter 2004, S. 87 ff.; EABPM 2009, S. 130 ff.; Beims 2012, S. 250). Sie werden in den folgenden Kapiteln näher erläutert. Die Regeln gelten für alle Geschäftsprozesse.

1. Geschäftsprozesse beginnen und enden bei Kunden.
2. Jeder Geschäftsprozess ist in Teilprozesse, Prozess- und Arbeitsschritte zu unterteilen (Aufbaustruktur).
3. In Geschäftsprozessen werden Geschäftsfälle bzw. Prozessobjekte komplett bearbeitet.
4. Für jeden Geschäftsprozess ist ein zeit- und ressourcengünstiger Ablauf festzulegen (Ablaufstruktur).
5. Nicht wertschöpfende Teilprozesse, Prozess- und Arbeitsschritte sind zu eliminieren.
6. Mit den Lieferanten der Geschäftsprozesse sind Leistungsvereinbarungen (Service Level Agreements) zu treffen.
7. Geschäftsprozesse sind zu dokumentieren und zu gewichten.
8. Jeder Geschäftsprozess hat einen Verantwortlichen.
9. Geschäftsprozesse sind in die Unternehmensorganisation zu integrieren.

Abb. 4.2 Organisatorische Gestaltungsregeln für Geschäftsprozesse

Die organisatorischen Gestaltungsregeln für Geschäftsprozesse werden ergänzt um die Gestaltungsregeln für das Prozesscontrolling. Letztere beziehen sich auf die Planung von Prozesszielen, Festlegung von Prozesskennzahlen, Durchführung von Prozessmessungen (Process Performance Measurement), das Prozessberichtswesen sowie die Prozessbewertung (Prozessassessments, Reifegradmodelle). Die Gestaltungsregeln des Prozesscontrollings werden in Kapitel 6 behandelt.

4.2.2 Begrenzung der Geschäftsprozesse

Regel 1: Geschäftsprozesse beginnen und enden bei Kunden.

■

Wie bereits in Kapitel 4.1.1 ausgeführt bilden die externen Kunden und die von ihnen gewünschten bzw. erwarteten Leistungen die Ausgangsbasis für die Identifizierung der primären Geschäftsprozesse. Die Definition der sekundären Geschäftsprozesse erfolgt nach den gleichen Regeln, wobei hier die Kunden die primären Geschäftsprozesse oder andere interne Kunden wie z. B. andere sekundäre Geschäftsprozesse sind.

Die **Geschäftsprozessgrenzen** sind so festzulegen, dass jeder Geschäftsprozess mit dem Bedarf bzw. den Anforderungen des Kunden **(„von“)** beginnt und mit der Übergabe der Prozessergebnisse an den Kunden **(„bis“)** endet (vom Kunden zum Kunden). Um Verwechselungen mit Funktionsbezeichnungen auszuschließen, sollte bei jedem Geschäftsprozess „von“ und „bis“ angegeben werden. Beispielsweise beginnt der Prozess „Produkt liefern“ mit den Aufträgen der Kunden und endet mit den Lieferungen der Prozessleistungen an die Kunden. Die Begrenzung lautet in diesem Fall „vom Kundenauftrag bis zum gelieferten Produkt“.

Abbildung 4.3 enthält primäre Geschäftsprozesse mit direkten Bezügen zu externen Kunden, die nicht immer sofort erkennbar sind. Bei dem Prozess „Produkt innovieren" besteht ein direkter Kundenbezug, wenn Prototypen in enger Abstimmung mit Kunden entwickelt werden, um die Machbarkeit von technischen Lösungsideen zu überprüfen. Dies ist z.B. bei Herstellern von Medizinprodukten der Fall, die eng mit Kliniken zusammenarbeiten. Über die Ergebnisse des Innovationsprozesses erfahren die Kunden, welche neuen oder verbesserten Problemlösungen das Unternehmen weiterverfolgen und gegebenenfalls in Produkte umsetzen wird. Mit diesen Informationen lässt sich das Kaufverhalten der Kunden direkt beeinflussen.

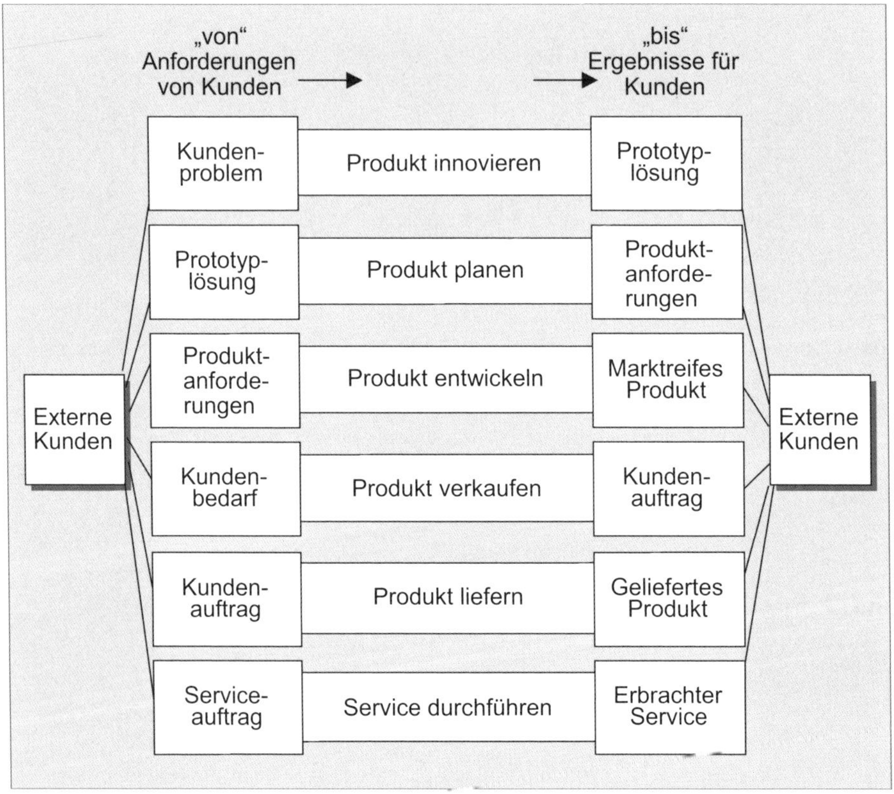

Abb. 4.3 Primäre Geschäftsprozesse in Industrieunternehmen

Im Prozess „Produkt planen" werden aufbauend auf den Ergebnissen des Prozesses „Produkt innovieren" und anhand von Markt-, Kunden- und Wettbewerberanalysen die Anforderungen an neue oder verbesserte Produkte festgelegt. Der Prozess beinhaltet die Entscheidung, welche Produkte bzw. Produktversionen entwickelt werden sollen. Das Prozessergebnis sind die mit den Kunden abgestimmten Produktanforderungen (z.B. Lastenheft). Am Ende des Prozesses „Produkt planen" erhalten die Kunden Informationen, ob, wann, mit welchen Leistungsmerkmalen sie ein neues Produkt oder eine neue Produktversion erwarten können.

Im Prozess „Produkt entwickeln" werden aufbauend auf den Entscheidungen und Ergebnissen des Prozesses „Produkt planen" neue Produkte bzw. neue Produktversionen entwickelt. Der Prozess wird durch die Produktanforderungen (Lastenheft) angestoßen und endet mit dem getesteten, fertigungsreifen und lieferfähigen System/Produkt sowie allen für Fertigung, Beschaffung, Logistik, Vertrieb und Service notwendigen Dokumenten. Das Ende des Prozesses „Produkt entwickeln" hat einen unmittelbaren Bezug zu externen Kunden, da das Produkt nunmehr lieferfähig ist.

Der Prozess „Produkt verkaufen" beginnt mit der Ermittlung des Kundenbedarfs und der Akquisition von Kunden. Er setzt sich über den Kundenauftrag, die Kundenbetreuung bis zur Akquisition von Folgeaufträgen fort. Ergebnisse des Prozesses sind Kundenaufträge, die den Prozess „Produkt liefern" anstoßen. Dieser Prozess endet je nach Produkt und Festlegung mit der Lieferung, Installation, Einweisung oder Abnahme des Produktes/Systems bzw. mit der bezahlten Rechnung.

Der Geschäftsprozess „Service durchführen" betreut die Kunden nach dem Kauf der Produkte (after sales). Angestoßen wird der Prozess durch den Serviceauftrag. Das können Beschwerden (Kundenbeanstandungen, Reklamationen), Fehlermeldungen, Servicecalls, Änderungen oder Produktwünsche sein. Die Prozessaktivitäten sind darauf ausgerichtet, den Kunden bei Schwierigkeiten zu helfen, Produktmängel und -fehler zu beheben und den dauerhaften Einsatz des Produktes zu sichern. Das Prozessergebnis ist die Lösung des vom Kunden gemeldeten Problems. Zumeist beinhaltet der Prozess auch die Installation und Wartung der Produkte. Der Geschäftsprozess „Service durchführen" hat erheblichen Einfluss auf Kundenzufriedenheit, Kundenloyalität und Kundenbindung.

Es kann eingewendet werden, dass die Prozesse „Produkt innovieren", „Produkt planen" und „Produkt entwickeln" keine echten **End-to-End-Prozesse** sind, weil die Kunden für die Prozessergebnisse (Prototyplösung, Produktanforderungen, marktfähiges Produkt) keinen Preis zahlen und die Prozessergebnisse damit keinen Wert für die Kunden haben. Dem ist entgegenzuhalten:

- Im Prozess „Produkt innovieren" gibt es durchaus Fälle, in denen Kunden an der Machbarkeitsprüfung konkreter Produktideen so stark interessiert sind, dass sie die Entwicklung eines Prototyps in Auftrag geben und dafür zahlen. Im Prozess „Produkt entwickeln" sind die Fälle zahlreich, dass Kunden „kundenspezifische" Produktentwicklungen oder -erweiterungen veranlassen und die Zahlung der Prozessergebnisse übernehmen. Auch im Prozess „Produkt planen" gibt es häufig Fälle, dass sich Kunden an den Kosten für die Konkretisierung von Produktanforderungen im Lastenheft beteiligen, um ihre Produktanforderungen zu platzieren.
- Ob der Prozess „Produkt innovieren" als eigener Geschäftsprozess oder als Teilprozess des Prozesses „Produkt entwickeln" ausgewiesen wird, hängt von der Spezifität[1] des Kundenbedarfs ab. Für eine Integration in den Prozess „Produkt entwickeln" würden folgende Sachverhalte sprechen:
  - die Produktinnovationen decken keinen spezifischen Kundenbedarf ab,
  - die Innovationsergebnisse beeinflussen nicht direkt Kaufentscheidungen,
  - die Innovationen können effizient im Prozess „Produkt entwickeln" realisiert werden.
- Das Argument des Zahlens einer Prozessleistung als Indikator für die Kundenrelevanz und den Kundenwert eines Prozessergebnisses sollte nicht überdehnt werden. Ebenso wichtig ist die Wirkung von Prozessergebnissen auf Kaufentscheidungen der Kunden. Wie bereits erwähnt können Ergebnisse der Geschäftsprozesse „Produkt innovieren", „Produkt pla-

[1] Werden z. B. für die Entwicklung von Kundenleistungen spezifische personelle oder technische Ressourcen benötigt, liegt eine hohe Spezifität vor.

nen" und „Produkt entwickeln" starke Wirkungen auf Kundenbindung und Kaufentscheidungen ausüben.

- In der Praxis werden die Prozesse „Produkt innovieren", „Produkt planen" und „Produkt entwickeln" oft zu einem Geschäftsprozess zusammengefasst. Dieser wird dann beispielsweise Produktentstehungsprozess genannt. Er erstreckt sich von der Analyse der Kundenprobleme über das Selektieren von Produktideen, das Entwickeln von Prototypen, das Durchführen von Markt- und Wettbewerbsanalysen, das Spezifizieren technischer und wirtschaftlicher Produktanforderungen (Lastenheft), das Entwickeln von Produkten bis zur Lieferfähigkeit. Der Prozess schließt oft auch das Auslaufen und Recyceln von Produkten ein. Durch die Aggregation dieser vielschichtigen Aufgaben entsteht ein äußerst komplexer Prozess. Die Komplexität beruht auf der Heterogenität und dem Umfang der Prozessaufgaben, der großen Anzahl involvierter Fachdisziplinen, dem hohen Ressourcenbedarf sowie den unterschiedlichen Ablaufzyklen der Einzelprozesse. Zum anderen hat der Prozess viele Schnittstellen zu unterschiedlichen Partnern bei Kunden. Die Erfahrungen zeigen, dass derartige Mammutprozesse in der Praxis nicht lange Bestand haben. Sie werden aus pragmatischen Gründen wieder in die drei oben genannten Geschäftsprozesse aufgeteilt, um die Komplexität zu beherrschen und eine effiziente Kontrolle und Steuerung zu gewährleisten.

Die Namensgebung von Geschäftsprozessen sollte die Prozessorientierung kenntlich machen und das Prozessdenken unterstützen (vgl. EABPM 2009, S. 235; Spanyi 2010a, S. 233 f.; Bergsmann 2012, S. 47 ff.). Deshalb sind wie bereits erwähnt möglichst **keine Funktions- oder Abteilungsbezeichnungen** wie z. B. Marketing, Entwicklung oder Vertrieb in Prozessnamen zu verwenden. Die Beibehaltung von Funktionsbezeichnungen kann zu dem Missverständnis führen, dass zwischen Funktionen und Geschäftsprozessen keine großen Unterschiede bestehen.

Ebenfalls werden falsche Assoziationen geweckt, wenn Geschäftsprozesse nach einer Methode oder einem Managementkonzept benannt werden. So können z. B. Irritationen entstehen, wenn Geschäftsprozesse mit Customer Relationship Management (CRM), Product Lifecycle Management (PLM) oder Supply Chain Management (SCM) bezeichnet werden (vgl. z. B. Walter 2009, S. 229 ff.; Gadatsch 2012, S. 267 ff.; Kapitel 5.2.4.2). Bei CRM, PLM und SCM handelt es sich um die Bündelung von zumeist funktionsorientierten Aufgaben. PLM umfasst alle Aktivitäten des Lebenszyklus von Produkten. In ihm sind Aktivitäten der Produktinnovation, der Produktplanung, der Produktentwicklung, des produktbezogenen Service und des Auslaufs von Produkten subsumiert (vgl. Kapitel 1.4.12). CRM ist auf den Lebenszyklus von Kunden fokussiert und umfasst das produktübergreifende Marketing, den Vertrieb sowie die Betreuungsaktivitäten des Service (vgl. Kapitel 1.4.10). SCM beinhaltet die Planung und Steuerung der Warenflüsse von den Lieferanten zu den Kunden (vgl. Kapitel 1.4.11).

CRM, PLM und SCM folgen nicht der Regel, Geschäftsprozesse auf Kunden zu beziehen („vom Kunden zum Kunden"). Sie gehen nicht vom Kundenbedarf aus und bearbeiten nicht komplett kundenbezogene Geschäftsfälle. Vielmehr fassen sie Aufgaben bezogen auf den Lebenszyklus von Kunden (CRM), Produkten (PLM) und Aufträgen (SCM) zusammen, die für das Unternehmen zwar essenziell sind, aber nur einen indirekten Bezug zu Kunden haben. „Customer Relationship Management, Product Lifecycle Management und Supply Chain Management sind damit im Regelfall keine End-to-End-Geschäftsprozesse, sondern stellen eine partielle Prozesssicht aus einem bestimmten thematischen Blickwinkel dar, ähnlich wie dies auch bei Unternehmensfunktionen wie etwa Produktmanagement, Preismanagement, Supplier Relationship Management oder Brandmanagement der Fall ist" (Bergsmann 2012, S. 44 f.).

4.2.3 Gestaltung des Prozessaufbaus

Regel 2: Jeder Geschäftsprozess ist in Teilprozesse, Prozess- und Arbeitsschritte zu unterteilen (Aufbaustruktur). ■

Jeder Geschäftsprozess hat eine vertikale Aufbaustruktur, die aus mehreren Prozessebenen besteht. Für die Bezeichnung der **Prozessebenen** gibt es in Theorie und Praxis viele Vorschläge (siehe z.B. Abbildung 4.4; vgl. auch Fischermanns 2012, S. 92 ff.).

Process Classification Framework (PCF)	SAP	ARIS	Horváth & Partners	REFA-Verband
1. Prozess-kategorie 2. Prozess-gruppe 3. Prozess 4. Aktivität	1. Prozess-szenario 2. Prozess 3. Sub-Prozess 4. Prozess-aktivität 5. Trans-aktion	1. Prozess-bereich 2. Haupt-prozess 3. Prozess 4. Aktivität 5. Trans-aktion	1. Geschäfts-prozess 2. Prozess 3. Teil-prozess 4. Aktivität	1. Unterneh-mens-prozess 2. Haupt-prozess 3. Teil-prozess 4. Arbeits-system-prozess

Abb. 4.4 Ebenen und Bezeichnungen der Aufbaustruktur von Geschäftsprozessen

In diesem Buch werden folgende Begriffe verwendet (siehe Abbildung 4.5):

- Prozessebene 1: Geschäftsprozesse,
- Prozessebene 2: Teilprozesse,
- Prozessebene 3: Prozessschritte,
- Prozessebene 4: Arbeitsschritte,
- Prozessebene 5: Aktivitäten.

Die einzelnen Prozessebenen liefern abgestimmte Teilleistungen, aus denen sich die Gesamtleistung bzw. das Ergebnis des Geschäftsprozesses zusammensetzt.

Die Festlegung der Prozessaufbaustruktur ist notwendig, um Transparenz über Prozessanforderungen, -aufgaben, -ergebnisse, -rollen und -verantwortung herzustellen. Oft mangelt es in der Praxis an dieser Prozesstransparenz. „Beispielsweise kennen operative Mitarbeiter im administrativen Bereich teilweise weder die Erfordernisse vor- und nachgelagerter Prozessschritte noch den Grund, warum bestimmte Schritte durchgeführt werden und welche prozessualen Konsequenzen bestimmte Fehler nach sich ziehen“ (Fraunhofer IPA 2011, S. 9). Auch Messungen der Prozessperformance sowie Prozessverbesserungen, wie z.B. das Eliminieren nicht wertschöpfender Aktivitäten, setzen eine Strukturierung der Geschäftsprozesse (Prozessstrukturtransparenz) voraus.

Die **Zerlegung** (**Dekomposition**) eines Geschäftsprozesses in Prozessebenen wird am Beispiel der Unterteilung des Geschäftsprozesses in Teilprozesse erläutert (siehe Abbildung 4.6;

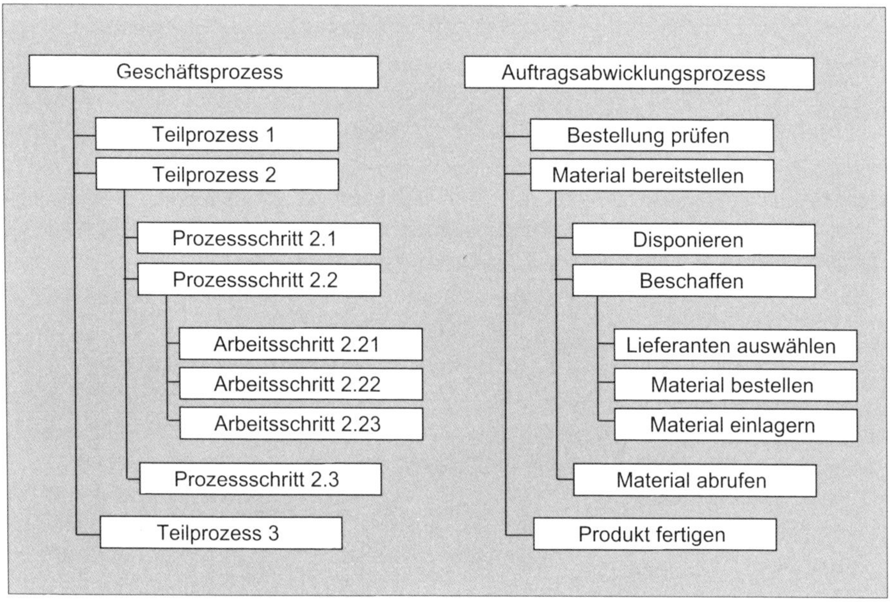

Abb. 4.5 Prozessaufbaustruktur

vgl. auch Bogaschewsky/Rollberg 1998, S. 219 ff.; Knuppertz/Feddern 2011, S. 82 ff.; Kirchmer 2011, S. 3; Bergsmann 2012, S. 86 ff. und 167 f.). Jeder Teilprozess wird wie jeder Geschäftsprozess durch „von" und „bis" definiert. „Von" bedeutet Anstoß und „bis" bedeutet Ergebnis. Das „von" des ersten Teilprozesses ist identisch mit dem „von" des übergeordneten Geschäftsprozesses. Das „bis" des letzten Teilprozesses korrespondiert mit dem Prozessergebnis des übergeordneten Geschäftsprozesses. Ausgehend von diesen beiden Eckpunkten werden nun horizontal die Leistungen der einzelnen Teilprozesse bestimmt. Praxiserfahrungen empfehlen, fünf bis acht Teilprozesse und damit fünf bis acht Teilleistungen pro Geschäftsprozess zu definieren. Die Teilprozesse sollten sich wegen der Vergleichbarkeit in ihrer Ressourcenausstattung bzw. Personalkapazität nicht zu stark voneinander unterscheiden. Das Ergebnis eines Teilprozesses ist der Input des nächsten oder eines nachfolgenden Teilprozesses und wird dort weiterbearbeitet. Jeder Teilprozess ist somit interner Lieferant eines nachfolgenden Teilprozesses sowie interner Kunde und Leistungsempfänger eines vorhergehenden Teilprozesses.

Die Prozessdekomposition wird auf den nächsttieferen Ebenen fortgesetzt. Sie gewährleistet, dass alle Prozesselemente auf allen Prozessebenen in einer definierten Beziehung zueinander und zum übergeordneten Geschäftsprozess und damit zu Kundenanforderungen, Kundenleistungen und Zielen des Geschäftsprozesses stehen. Teilprozesse und Prozessschritte werden eindeutig einem Geschäftsprozess zugeordnet. Überschneidungen zwischen den Prozesselementen schließt die Dekomposition aus. Dabei ist eine Mehrfachverwendung von Teilprozessen, Prozessschritten oder Arbeitsschritten in verschiedenen Geschäftsprozessen nicht ausgeschlossen. Diese sind jeweils einem bestimmten Geschäftsprozess zuzuordnen. Die Verknüpfung mit anderen Geschäftsprozessen wird über Service Level Agreements (SLA) gesteuert.

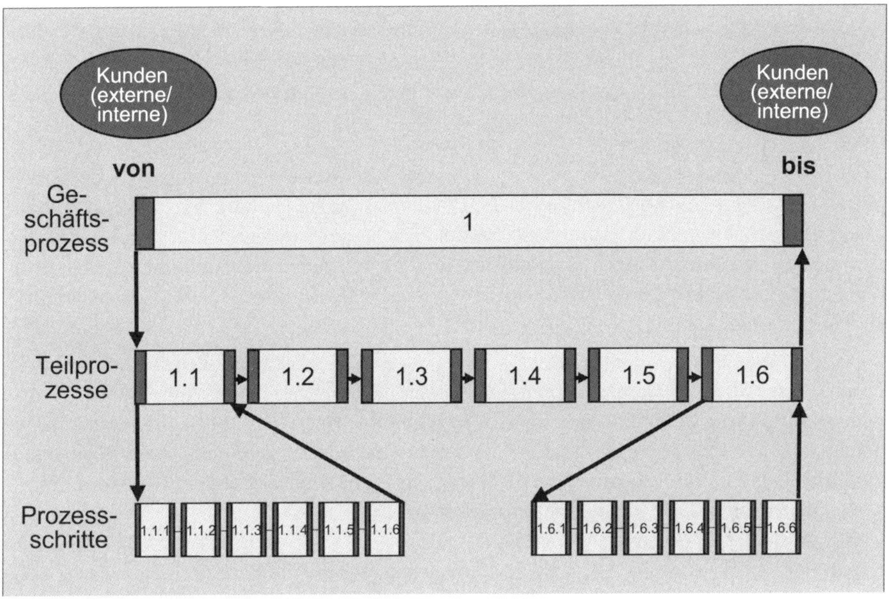

Abb. 4.6 Dekomposition der Geschäftsprozesse

Wichtig ist, das Top-down-Vorgehen bei der Prozessdekomposition konsequent einzuhalten. Mit der Ableitung der nächsttieferen Prozessebene ist erst dann zu beginnen, wenn die jeweils übergeordnete Ebene vollständig definiert ist. Nur so lässt sich sicherstellen, dass jedes Prozesselement seinen spezifischen und notwendigen Beitrag zur Erstellung des Gesamtergebnisses für den Kunden leistet. Bei einem Abweichen vom Top-down-Vorgehen wird das Beziehungsgeflecht unterbrochen. Bei einer Unterbrechung können die Leistungs- und Zielbeiträge der Prozesselemente und Prozessebenen nicht mehr eindeutig festgestellt und gesteuert werden, sodass Lücken oder Überlappungen in der Leistungserstellung entstehen. ■

Die einzelnen Elemente der Prozessebenen werden bei der Dekomposition jeweils detailliert beschrieben. Beschreibungsattribute sind u.a. Prozessanstoß, -objekt, -zulieferungen, Lieferanten, Verfahren, Vorschriften, Prozessergebnisse und -kunden. Das Ergebnis der Zerlegung ist die komplett dokumentierte Prozessstruktur des jeweiligen Geschäftsprozesses.

Der Gliederungstiefe der Prozessstruktur ist prozessspezifisch festzulegen und hängt von den Merkmalen des jeweiligen Prozesstyps ab (vgl. Kapitel 2.4.3; Bogaschewsky/Rollberg 1998, S. 220f.). Teilprozessverantwortliche und Prozessmitarbeiter wissen vielfach am besten, welchen Detaillierungsgrad sie benötigen, um den Prozess steuern und verbessern zu können. Oft reichen dafür die Prozessebenen 2 (Teilprozesse) und 3 (Prozessschritte) aus. Bei Bedarf kann jederzeit eine weitere Zerlegung vorgenommen werden.

Der Einsatz von Workflow-Management-Systemen erfordert eine tiefe Strukturierung bis auf Ebene 5 (Aktivitäten). Ein Workflow ist eine Abfolge von Aktionen, die IT-unterstützt ablaufen und detailliert in Arbeitsanweisungen beschrieben werden müssen.

Mit zunehmender Gliederungstiefe steigen Detaillierung und Umfang der Prozessdokumentation überproportional an. Auf der Ebene der Geschäftsprozesse reichen zumeist Prozesssteckbriefe mit relativ wenigen Angaben aus. Auf den tieferen Ebenen umfassen die Beschreibungen alle Angaben, die für die Ausführung des jeweiligen Prozesselementes erforderlich sind (vgl. Kapitel 4.2.9.1).

Die Zerlegung eines Geschäftsprozesses bildet auch die Basis für die **Prozessmodularisierung**. Bei der Modularisierung von Prozessen werden Prozesselemente mit einer engen Aufgabenverknüpfung in einem Prozessmodul gebündelt (Prinzip der hohen Bindung). „Besonders leicht lassen sich jene Prozesse zu Prozessmodulen zusammenfassen, die wenige Schnittstellen zu anderen Prozessen aufweisen, geringe Datenvolumina mit anderen Prozessen austauschen, selten mit anderen Prozessen interagieren und über dedizierte Ressourcen (z.B. Mitarbeiter, IT-Systeme) [...] verfügen“ (Hilgert 2010, S. 161). Die Modulbildung wird durch die Design-Struktur-Matrix (DSM) unterstützt, welche die Beziehungen zwischen den einzelnen Prozesselementen darstellt (vgl. Hilgert 2010, S. 168 ff.). Die Kommunikation und der Leistungsaustausch zwischen den einzelnen Prozessmodulen erfolgen über standardisierte Schnittstellen (Prinzip der losen Kopplung). Prozessdekomposition und Prozessmodularisierung sind keine Gegensätze, sondern bauen aufeinander auf. Der erste Schritt ist die Prozessdekomposition, der zweite Schritt die Modulbildung.

Ziel der Prozessmodularisierung ist, voneinander unabhängige Prozessmodule zu definieren, die in sich geschlossene Wertschöpfungsschritte abbilden. Dadurch wird Prozesskomplexität reduziert. Die Vorteile liegen in der Reduktion von Schnittstellen, Beschleunigung der Kommunikation, Verringerung der Durchlaufzeiten und Verminderung von Fehlern. Die Prozessmodularisierung spielt u.a. bei der Auslagerung von Prozessen (vgl. Kapitel 3.3.6) sowie bei unternehmensübergreifenden Geschäftsprozessen eine wichtige Rolle (vgl. Hilgert 2010, S. 160 ff.; Heckl 2010, S. 185 ff.).

Bei Einführung des Geschäftsprozessmanagements wird die Prozessaufbaustruktur in Workshops erarbeitet (vgl. Kapitel 12.5.5). Dabei spielen Prozessmitarbeiter eine aktive Rolle. Nur über ihre Einbeziehung sind Prozessverständnis, Prozessakzeptanz und kontinuierliche Prozessverbesserung zu erreichen. Im operativen Geschäftsprozessmanagement ist es Aufgabe der Prozess- und Kaizen-Teams, die Prozessstruktur laufend zu optimieren.

4.2.4 Festlegung der Prozessobjekte

Regel 3: In Geschäftsprozessen werden Geschäftsfälle bzw. Prozessobjekte komplett bearbeitet.

Die Ausführung von Geschäftsprozessen wird durch Geschäftsfälle angestoßen. In einem **Geschäftsfall** wird ein Prozessobjekt komplett bearbeitet. Durch die „Wertschöpfung“ ändert sich der Zustand des Prozessobjektes im Zuge der Prozessausführung bis zum abschließenden Prozessergebnis (Output).

In jedem Geschäftsprozess, Teilprozess und Prozessschritt sollten nur homogene **Prozessobjekte** bearbeitet werden. Dies ist erforderlich, um die Komplexität zu beschränken und den Prozess anhand der Prozessobjekte eindeutig messen und steuern zu können. Unter homogenen Prozessobjekten werden Prozessobjekte mit identischen bzw. ähnlichen Eigenschaften verstanden. Im Prozess „Produkt entwickeln" werden z. B. nur Entwicklungsprojekte und im Prozess „Produkt liefern" nur Kundenaufträge bearbeitet. Bei einer starken Varianz dieser Objekte in einem Prozess kann es notwendig sein, Prozessvarianten zu bilden (vgl. Kapitel 4.2.5.3).

Das Objekt eines Geschäftsprozesses wird über Dekomposition in Teilobjekte aufgespalten. Wie jeder Geschäftsprozess komplett das Prozessobjekt eines Geschäftsfalles bearbeitet, bearbeiten die Teilprozesse, Prozessschritte sowie gegebenenfalls Arbeitsschritte und Aktivitäten jeweils komplett die ihnen zugeordneten Teilobjekte.

Die komplette Bearbeitung eines Teilobjektes wird als **Transaktion** bezeichnet. Ein Geschäftsfall setzt sich aus vielen Transaktionen zusammen, die auf den unterschiedlichen Prozessebenen ablaufen. Die Informatik verwendet dafür den Begriff Prozessinstanz. Prozessobjekte und Prozessinstanzen sind wichtige Parameter der Modellierung von Geschäftsprozessen (vgl. Weske 2007, S. 7; Schönthaler et al. 2011, S. 13 f.; Fleischmann et al. 2011, S. 108 ff.; Freund/Rücker 2012, S. 211 ff.).

Transaktionen verbrauchen Ressourcen und Zeit und erzeugen Ergebnisse von bestimmter Qualität. Transaktionen bieten damit die Möglichkeit, innerhalb von Geschäftsprozessen die Effizienzparameter Prozesszeit, -qualität und -kosten sowie Termintreue und damit die Prozessperformance zu messen (vgl. Burger 2009, S. 11, 25 ff. und 61 ff.).[2]

So wird z. B. die Prozesszeit eines Prozessschrittes über den Mittelwert der Durchlaufzeiten aller abgeschlossenen Transaktionen dieses Prozessschrittes in einem bestimmten Zeitraum gemessen. Die Prozesszeit des übergeordneten Teilprozesses ergibt sich aus der Aggregation der Prozesszeiten aller ihm zugeordneten Prozessschritte und die Prozesszeit des Geschäftsprozesses aus der Aggregation der Prozesszeiten aller ihm zugeordneten Teilprozesse (Kapitel 6.4.4). Analog werden Prozessqualität, -kosten und Termintreue gemessen. Die Aggregationsergebnisse geben Auskunft über die Performance von Prozessschritten, Teilprozessen wie auch über die Performance des gesamten Geschäftsprozesses. Die Kenntnis der Prozessperformance ist Voraussetzung für die Steuerung und Verbesserung der Geschäftsprozesse bzw. der einzelnen Prozessebenen.

Transaktionen sind auch wichtige Größen der Prozesssteuerung. Der Durchfluss eines Geschäftsprozesses hängt von der Zahl der Transaktionen ab, die gleichzeitig ausgeführt werden. Die Transaktionen sind so in den Geschäftsprozess einzusteuern, dass keine Überlastung entsteht. Um dies zu erreichen, ist die Einsteuerung in Abhängigkeit von der Prozessgeschwindigkeit vorzunehmen. Wie dabei vorzugehen ist, wird im Kapitel 6.7.1 im Rahmen der AIP-Steuerung (= Action-in-Process-Steuerung) beschrieben.

---

2 Zwischen Transaktionen in Prozessen und Arbeitspaketen in Projekten bestehen Parallelen. Arbeitspakete erzeugen auch Teilergebnisse und dienen ebenfalls der Messung von Zeiten, Qualität, Kosten und Termintreue. Über die Akkumulation der Messwerte der Arbeitspakete wird analog zu Prozessen die Performance des jeweiligen Projektes ermittelt (vgl. Kapitel 6.4.4.2).

4.2.5 Gestaltung des Prozessablaufs

Regel 4: Für jeden Geschäftsprozess ist ein zeit- und ressourcengünstiger Ablauf festzulegen (Ablaufstruktur).

4.2.5.1 Folgebeziehungen in Prozessabläufen

Aufgabe der Ablaufstrukturierung ist es, die logische und zeitliche Ablauffolge der in der Aufbaustruktur definierten Teilprozesse, Prozess-, Arbeitsschritte bzw. Aktivitäten festzulegen. Ziel ist, den Prozessablauf so zu planen, dass die Ergebnisse des Gesamtprozesses mit hoher Effizienz (kurze Prozesszeiten, hohe Prozessqualität, geringer Ressourcenverbrauch) erstellt werden.

Prozessabläufe bestehen aus Reihenfolgen von Aufgaben, die logisch miteinander in Beziehung stehen. Die **Folgebeziehungen** basieren auf den Elementen „UND" und „ODER". Alle Prozessabläufe können auf folgende sieben Grundformen zurückgeführt werden (siehe Abbildung 4.7; vgl. Schmidt 2009, S. 401 ff.; Wilhelm 2007, S. 44 ff.; Fischermanns 2012, S. 189 ff.):

- UND-Verkettung,
- UND-Verzweigung,
- UND-Verknüpfung,
- ODER-Verzweigung,
- ODER-Verknüpfung,
- ODER-Rückkopplung,
- UND-Rückkopplung.

Die Zahl und Art der Folgebeziehungen (z. B. Verkettung, Verknüpfung, Verzweigung, Rückkopplung) bestimmen zusammen mit der Anzahl der Prozesselemente (z. B. Prozess- und Arbeitsschritte) die Komplexität der Prozessabläufe.

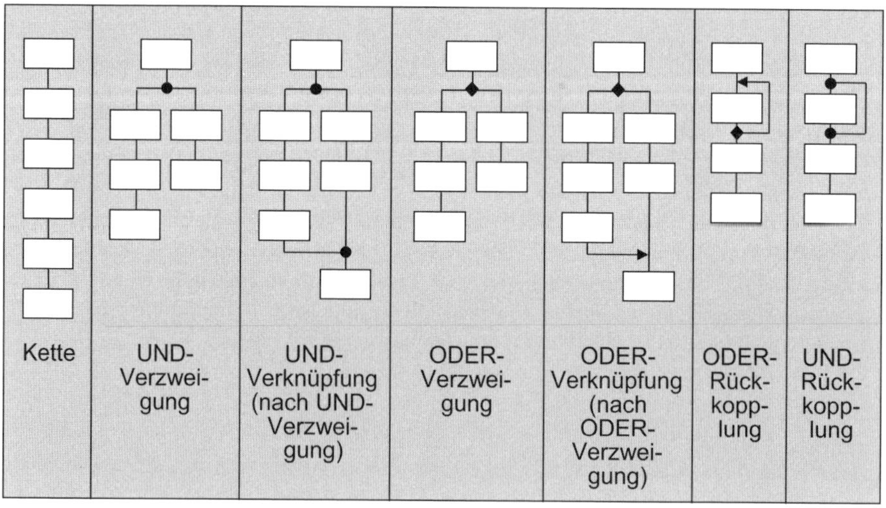

Abb. 4.7 Grundformen der Ablaufstruktur (vgl. Schmidt 2009, S. 405)

Es gibt viele Möglichkeiten, über den Prozessablauf die **Prozesseffizienz** zu **steigern** (siehe Abbildung 4.8; vgl. u.a. Ahlrichs/Knuppertz 2010, S. 287 f.; Fischermanns 2012, S. 316 ff. und 332 ff.; Klimmer 2012, S. 140 ff.):

- Weglassen: Eliminieren nicht wertschöpfender (überflüssiger) Teilprozesse, Prozess- oder Arbeitsschritte wie z.B. von Doppelarbeiten, Mehrfacherfassungen.
- Zusammenlegen: Bündeln von zusammengehörigen Teilprozessen, Prozess- oder Arbeitsschritten (z.B. durch Prozessmodularisierung).
- Aufteilen: Trennen von Teilprozessen, Prozess- oder Arbeitsschritten.
- Ergänzen: Einfügen von zusätzlich erforderlichen Teilprozessen, Prozess- oder Arbeitsschritten.
- Parallelisieren: zeitparalleles/simultanes Ausführen von Teilprozessen, Prozess- oder Arbeitsschritten (z.B. Simultaneous Engineering).
- Überlappen: Starten nachfolgender Teilprozesse, Prozess- oder Arbeitsschritte, bevor die vorhergehenden abgeschlossen sind.
- Auslagern: Ausgliedern von Teilprozessen, Prozess- oder Arbeitsschritten (z.B. über Shared Services, Outsourcing).
- Vermeiden von Schleifen und Rücksprüngen.
- Ändern der Reihenfolge von Teilprozessen, Prozess- oder Arbeitsschritten.
- Reduzieren von Schnittstellen zwischen Geschäftsprozessen, Teilprozessen, Prozess- oder Arbeitsschritten (z.B. durch Prozessmodularisierung).
- Standardisieren von Teilprozessen, Prozess- oder Arbeitsschritten.
- Automatisieren von Teilprozessen, Prozess- oder Arbeitsschritten.
- Minimieren von Liegezeiten und zeitlichen Puffern.
- Beseitigen von Ressourcenengpässen.

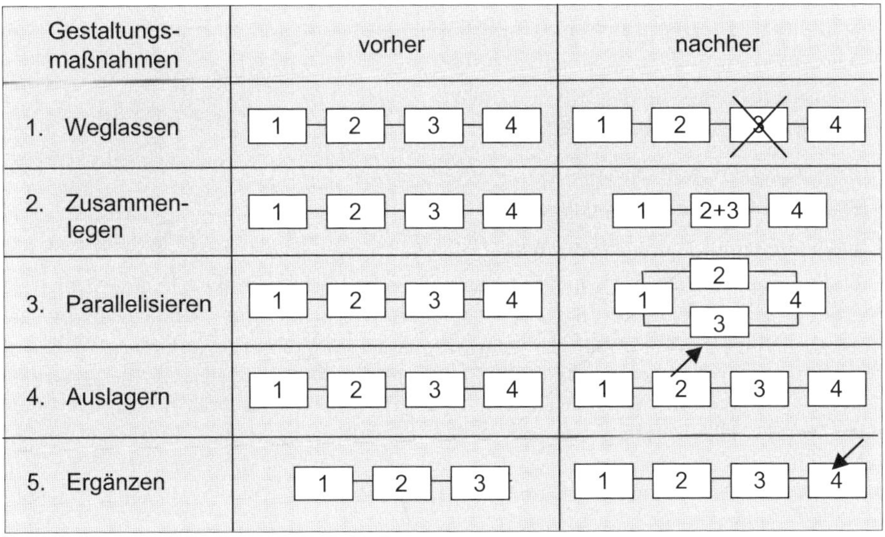

Abb. 4.8 Ablauforganisatorische Maßnahmen zur Steigerung der Prozesseffizienz

Besonders durch Wegfall oder Parallelisierung von Teilprozessen, Prozess- oder Arbeitsschritten können Zeit- und Ressourceneinsparungen in Geschäftsprozessen erzielt werden. Auch ist es in vielen Fällen effizienter, bestimmte Leistungen nicht in den Prozessen selbst zu erstellen, sondern über (interne oder externe) Lieferanten zu beziehen. Die Steigerung der Prozesseffizienz über ablauforganisatorische Maßnahmen ist eine Kernaufgabe der kontinuierlichen Prozessverbesserung (vgl. Kapitel 9). ▪

4.2.5.2 Darstellung des Prozessablaufs

Den Kern der Ablaufstrukturierung bilden Festlegung und Darstellung bzw. Visualisierung der Prozessabläufe. Prozessdarstellungen ermöglichen es, Ablaufprobleme und Ineffizienzen zu identifizieren und Anhaltspunkte für die Beschleunigungen und Effizienzsteigerungen von Prozessen zu gewinnen. Ferner fördert die Prozessvisualisierung das Prozessverständnis bei den Mitarbeitern. Zudem fordern regulative Vorgaben die Prozessvisualisierung bzw. -transparenz (vgl. Compliance Management in Kapitel 1.7). ▪

Für die Darstellung von Prozessabläufen steht eine Reihe von Methoden zur Verfügung, wie z. B. Prozessablaufpläne, Flussdiagramme, Vorgangskettendiagramme, Swimlane-Diagramme, Netzpläne oder Petri-Netze (vgl. Wagner/Patzak 2007, S. 109 ff.; Fischermanns 2012, S. 112 ff.; Hanschke/Lorenz 2012, S. 88 ff.).

Stark verbreitet sind **IT-Tools für die Prozessvisualisierung**, wie z. B. Visio, Office-Paket von Microsoft, FlowCharter und ViFlow. Immer häufiger werden für die Ablaufgestaltung Modellierungssprachen (Notationen) und Modellierungswerkzeuge eingesetzt, deren Funktionen weit über die Visualisierung hinausgehen (vgl. Kapitel 10.2.2).

Beurteilungskriterien für Darstellungsmethoden von Geschäftsprozessen sind (vgl. Fischer/Fleischmann/Obermeier 2006, S. 63 ff.):

- Erlernbarkeit, Verständlichkeit, Akzeptanz,
- Korrektheit und Genauigkeit,
- Beherrschung von Komplexität,
- IT-Kompatibilität und -Unterstützung,
- Erstellungs- und Änderungsaufwand.

Die Auswahl der Darstellungs- und Dokumentationsform hängt vom Verwendungszweck ab. Für die Top-down-Identifizierung der Geschäftsprozesse reichen zunächst einfache Visualisierungsmethoden aus. Die weitere Ausgestaltung und Differenzierung erfordern jedoch formale Prozessdarstellungen unter Verwendung von **Notationen**, wie sie Modellierungswerkzeuge verwenden. Eine Notation umfasst grafische Symbole und Beschreibungselemente, mit denen Modellierungsaspekte dargestellt werden können, wie z. B. Prozessleistungen, -aktivitäten, -daten, -ressourcen und Organisationseinheiten. Weitverbreitete Notationen sind EPK (Ereignisgesteuerte Prozesskette), BPMN (Business Process Modeling Notation) und UML (Unified Modeling Language) (vgl. Kapitel 10.2.2).

Die Notwendigkeit des Einsatzes von Notationen und Modellierungswerkzeugen ist unstrittig. Sie setzen allerdings voraus, dass wesentliche Gestaltungsaufgaben des Geschäftsprozessmanagements wie Prozessidentifizierung, Prozessaufbaustrukturierung, Prozessablaufstrukturierung, Prozessrollenfestlegung und Festlegung der prozessorientierten Aufbauorganisation durchgeführt werden. „Es ist jedoch wichtig festzuhalten, dass derartige Tools dem Prozessteam die angesprochenen Problemstellungen und Herausforderungen der Prozessidentifikation und -detaillierung sowie in weiterer Folge das Managen der Prozesse nicht abnehmen können. Sie können einzig und allein die Modellierungsarbeit effizienter machen“ (Bergsmann 2012, S. 98). Die Praxis setzt sich leider oft intensiver mit Fragen des technischen Einsatzes von Modellierungswerkzeugen als mit der Erfüllung der Voraussetzungen für ihre effektive und effiziente Anwendung auseinander. ■

In der Vergangenheit wurde das Hauptgewicht des Prozessmanagements auf die grafische Darstellung von Geschäftsprozessen („Mapping“) gelegt. Nur Prozesse zu visualisieren und zu beschreiben, ohne sie systematisch zu messen und zu verbessern, hat nur einen sehr geringen Nutzeffekt. „Business Process Management führt nur dann zu einem sinnvollen Ergebnis, wenn die Geschäftsprozesse nicht nur toolgestützt dokumentiert, sondern tatsächlich optimiert werden“ (Gadatsch/Knuppertz/Schnägelberger 2004, S. 17; vgl. auch Walter 2009, S. 10).

4.2.5.3 Festlegung von Prozessvarianten

Bei der Gestaltung von Prozessabläufen kann es notwendig sein, **Prozessvarianten** zu bilden. Dies ist der Fall, wenn Prozessobjekte aufgrund ihrer Eigenschaften (z. B. Volumen, Komplexität) und/oder ihrer Bearbeitungsanforderungen (z. B. Ressourceneinsatz) eine vom Standardablauf abweichende Ablauffolge erfordern (vgl. Suter 2004, S. 128 ff. und 267 f.; Ahlrichs/Knuppertz 2010, S. 62 f.; Fischermanns 2012, S. 227 ff.; Gaitanides 2012, S. 78 und 173 ff.).

So kann es im Prozess „Produkt liefern“ je nach Kundensegment und Auftragsart (z. B. Kleinkunden, Großkunden, Standard-, Individual-, Spezialaufträge) unterschiedliche Objektkategorien geben. Kategorie A durchläuft z. B. alle Teilprozesse und Prozessschritte, Kategorie B eine bestimmte Kombination von Teilprozessen und Prozessschritten und Kategorie C eine andere Kombination von Teilprozessen und Prozessschritten. In diesem Fall unterteilt sich der Auftragsabwicklungsprozess in drei Prozessvarianten.

Variantenbildung kann auch notwendig sein, wenn Objekte eines Geschäftsprozesses an unterschiedlichen Orten oder von unterschiedlichen Stellen bzw. Ressourcen bearbeitet werden. Weitere **Beispiele für Prozessvarianten** sind:

- Erstellen von Angeboten: wenige, aber technisch anspruchsvolle Angebote, viele Routineangebote.
- Vertreiben von Produkten: Key-Account-Kunden, Kleinkunden.
- Entwickeln von Produkten: kundenspezifische Produkte, Standardprodukte; Systeme, Anlagen, Dienstleistungen.
- Fertigen von Produkten: kundenspezifische Produkte, Standardprodukte; Eigenfertigung, Fremdbezug (Fertigungstiefe).

- Aufträge bearbeiten: Einzelaufträge, Abrufaufträge, Routineaufträge.
- Service durchführen: Systeminstallation durch Kunden, durch Entwicklung, durch Service oder durch Dritte vor Ort.

Für jede Variante wird ein spezifischer, vom Standardablauf abweichender Prozessablauf festgelegt. Dadurch entfallen komplizierte Ausnahmeregelungen. Die Vorteile gegenüber einem „Universalprozess“ sind Differenzierung der Leistungserstellung, Verringerung der Prozesskomplexität, Reduktion der Durchlaufzeiten und Prozesskosten, Erhöhung der Prozessstrukturtransparenz und Erleichterung der Prozesssteuerung. Auf der anderen Seite steigen mit der Zahl der Varianten der Dokumentations- und der Koordinationsaufwand an.

Bei der Variantenbildung ist die Entscheidung zu treffen, ob die Varianz auf einer niedrigen Stufe (Prozess-, Arbeitsschritte) oder höheren Stufe (Teilprozesse) stattfinden soll. Anzustreben ist eine Variantenbildung auf der Ebene der Teilprozesse. Dabei wird ein Teilprozess anhand bestimmter Differenzierungsmerkmale in verschiedene Prozessvarianten unterteilt (vgl. Speck/Schnetgöke 2008, S. 208 f.). In jedem Fall sollte zwischen Standardprozess und Prozessvarianten unterschieden und der Standardprozess deutlich gekennzeichnet werden.

Die Variantenbildung erfolgt innerhalb eines Geschäftsprozesses. Die Zahl der Geschäftsprozesse wird dadurch nicht erhöht. Die Steuerung der Prozessvarianten liegt in der Hand des Geschäftsprozess- bzw. des jeweiligen Teilprozessverantwortlichen.

4.2.6 Konzentration auf Wertschöpfung

Regel 5: Nicht wertschöpfende Teilprozesse, Prozess- und Arbeitsschritte sind zu eliminieren.

Betriebswirtschaftlich wird **Wertschöpfung** als Wertzuwachs betrachtet. Er wird gemessen als Differenz zwischen den vom Unternehmen abgegebenen Leistungen und dem wertmäßigen Verbrauch der von Dritten bezogenen Vorleistungen (Wertschöpfung = Gesamtleistung – Vorleistung). Im Geschäftsprozessmanagement wird Wertschöpfung als Wertsteigerung im Sinne von Zusatznutzen für Kunden verstanden (vgl. Leistert 2006, S. 32 ff.; Bach et al. 2012, S. 3 ff.).

Aktivitäten, die keinen Wertbeitrag leisten, werden in der Praxis häufig als „Verschwendung“ oder „Ersatzprozesse“ bezeichnet. Ersatzprozesse existieren, um auftretende Probleme und Schwierigkeiten aus dem Weg zu räumen oder zu umgehen. Zum Beispiel können Fehlermeldewesen, Änderungswesen oder Endkontrollen als Ersatzprozesse bezeichnet werden. Hinter diesen Aktivitäten verbirgt sich ein erhebliches Verbesserungspotenzial. „Die meisten Geschäftsprozesse enthalten zu 90 % überflüssige Elemente und nur zu 10 % werthaltige Arbeit“ (Liker 2006, S. 136). Ziel ist, alle nicht werthaltigen Elemente zu eliminieren und dadurch die Prozesseffizienz zu steigern.

Nach Tomys setzt sich die Gesamtleistung eines Unternehmens wie folgt zusammen (vgl. Tomys 1995, S. 72 ff.; auch Knuppertz 2009, S. 155 ff.):

- Nutzleistung ca. 25 %: Trägt direkt zur Wertsteigerung bei.
- Stützleistung ca. 45 %: Unterstützt die Nutzleistung, trägt indirekt zur Wertsteigerung bei.
- Blindleistung ca. 20 %: Trägt nicht zur Wertsteigerung bei.
- Fehlleistung ca. 10 %: Trägt zur Wertminderung bei.

Aus diesen Leistungsanteilen lässt sich der **Prozesswirkungsgrad** ermitteln.

$$\text{Prozesswirkungsgrad} = \frac{\text{Nutzleistung}}{\text{Nutzleistung} + \text{Stützleistung} + \text{Blindleistung} + \text{Fehlleistung}}$$

Er ist das Verhältnis aus der werterhöhenden Leistung (Nutzleistung) und der aufgewendeten Gesamtleistung des Prozesses, die sich aus der Summe von Nutzleistung, Stützleistung, Blindleistung und Fehlleistung zusammensetzt (vgl. Friedberg/Schrödter 2005, S. 29 ff.; Schmitt/Pfeifer 2010, S. 784 f.). Je höher der Prozesswirkungsgrad ist, umso höher ist die Prozesseffizienz.

Über **Wertschöpfungsanalysen** werden in der Praxis Wertschöpfungsbeiträge einzelner Prozesselemente (Teilprozesse, Prozessschritte, Arbeitsschritte, Aktivitäten) ermittelt. Wertschöpfung wird dabei als Differenz zwischen Wert eines Prozessobjektes vor und nach der Bearbeitung verstanden. Ziel von Wertschöpfungsanalysen ist, Fehl- und Blindleistungen zu beseitigen, Stützleistungen auf das unbedingt Notwendige zu reduzieren und die Nutzleistungen zu optimieren (vgl. Wagner/Patzak 2007, S. 141 ff.; Zollondz 2011, S. 204 f.).

Der Ablauf einer Wertschöpfungsanalyse ist in Abbildung 4.9 dargestellt. Ziel ist, die Prozesselemente (PE) zu bestimmen und zu eliminieren, die nicht wertschöpfend sind. Prozessele-

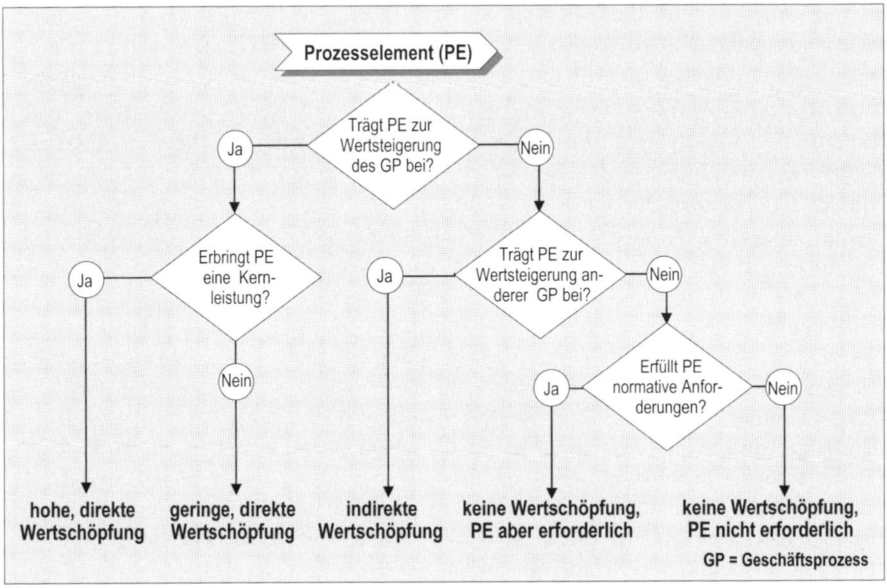

Abb. 4.9 Ablauf der Wertschöpfungsanalyse (vgl. Zollondz 2011, S. 204)

mente, die regulatorische Anforderungen erfüllen, sind erforderlich, auch wenn sie keinen Wertbeitrag leisten. Über die Entwicklung des Wertzuwachses im Zeitablauf können grafische Darstellungen in Form von Wertschöpfungsgebirgen Aufschluss geben (vgl. Töpfer 2009, S. 34 f.; Gorecki/Pautsch 2011, S. 26 f.).

Ein weiteres Instrument, das Aufschluss über die Wertanteile in Geschäftsprozessen gibt, ist die **Wertstromanalyse** (Wertstromdesign, Value Stream Mapping) (vgl. Rother/Shook 2004; Womack/Jones 2004, S. 28 ff., 50 ff. und 371 ff.; Fraunhofer IPA 2006b; Erlach 2007; Lindner/Becker 2010).

Bei der Wertstromanalyse wird der gesamte Geschäftsprozess ausgehend von den Anforderungen der Endkunden nach der Systematik des „Value Stream Mapping" abgebildet. Dabei werden Symbole verwendet, die Sachverhalte bildlich darstellen. Sie unterstützen die Identifikation nicht wertschöpfender Aktivitäten (Verschwendungen) und erleichtern die Analyse der Ursachen. Im nächsten Schritt wird ein Soll-Prozess entwickelt, der sich durch einen hohen Grad an Wertschöpfung, hohen Flussgrad und kurze Durchlaufzeiten auszeichnen soll (Wertstromdesign). Der Flussgrad zeigt an, in welchem Umfang das Fließprinzip (z. B. wenige Unterbrechungen und geringe Wartezeiten) und der Verschwendungsabbau in dem Geschäftsprozess realisiert sind. Die erforderlichen Maßnahmen zur Umsetzung des Soll-Prozesses werden in einem Aktivitätenplan festgehalten, der Schritt für Schritt abgearbeitet wird. Die Wertstromanalyse ist ohne aufwendige Hilfsmittel anwendbar. Entwickelt wurde sie von Toyota. Sie stellt eine zentrale Komponente des Toyota-Produktionssystems (TPS) dar. Das Toyota-Produktionssystem analysiert Prozesse nach den Wertkategorien:

- werthaltig,
- nicht werthaltig (= Verschwendung),
- nicht werthaltig, aber notwendig (z. B. Dokumentation, Audits).

Kaizen-Teams bei Toyota nutzen die Wertstromanalyse, um nicht werthaltige Verschwendungsanteile in Prozessen aufzudecken, deren Ursachen zu analysieren und Maßnahmen zur Reduzierung zu entwickeln (vgl. Liker 2006, S. 379 ff. und 415 ff.). Die Wertstromanalyse ist in der Produktion weitverbreitet, wird aber auch zunehmend in anderen Bereichen eingesetzt. Im Lean Management zählt die Wertstromanalyse zu einer der wichtigsten Methoden.

Auch die **Prozesswertanalyse** (Wertkettenanalyse) ist eine Methode, um die Werthaltigkeit von Prozessen aus Kundensicht zu analysieren und zu bewerten (vgl. Willeke 2001, S. 195 ff.; Fließ 2006, S. 200 ff.; Buchholz 2009, S. 93 ff.). In der Prozesswertanalyse wird der Prozesswert mit Kundennutzen gleichgesetzt.

Traditionell geht die Prozesswertanalyse von einer funktionalen Organisation aus. Sie ermittelt zunächst Prozessstrukturen und -abläufe. Den Prozessen werden Mengengerüste und Wertgrößen zugeordnet. Die Wertgrößen resultieren aus einer Kostenbewertung in Anlehnung an die Prozesskostenrechnung. Im nächsten Schritt wird der Wertschöpfungsgrad der Teilprozesse ermittelt, der durch den Kundennutzen der Endabnehmer bestimmt wird. Es folgt dann die Ermittlung der Prozesskosten für wertschöpfende Aktivitäten nach dem Vorgehen der funktionsorientierten Prozesskostenrechnung (vgl. Kapitel 6.4.7). Die Prozesskosten dienen dazu, die relative Kostenposition der wertschöpfenden Aktivitäten über Wettbewerbsvergleiche zu bestimmen. Aus der Gegenüberstellung von Wertschöpfung und Wettbewerbsposition werden für die erfolgskritischen Aktivitäten Optimierungsmaßnahmen abgeleitet. Diese können darin bestehen, Leistungen zu streichen oder effizienter zu erbringen. Prozesswertanalysen werden in größeren Zeitabständen (z. B. alle drei Jahre) als Projekt mit kleinen interdisziplinären Teams durchgeführt.

Durch das Geschäftsprozessmanagement wird die Anzahl der Schritte in der Prozesswertanalyse deutlich reduziert, da Prozessstrukturen und Prozesskosten bereits vorhanden sind. Dies gilt auch für andere funktionsorientierte Methoden, die zunächst Prozessstrukturen und -abläufe und/oder Prozesskosten ermitteln, um Prozessanalysen und -bewertungen durchführen zu können. Das Geschäftsprozessmanagement reduziert den Durchführungsaufwand dieser Methoden erheblich. Die Eigenständigkeit dieser Methoden wird an Bedeutung verlieren, da ihre Kernelemente im Rahmen der kontinuierlichen Prozessverbesserung Berücksichtigung finden. ■

Die Fraunhofer-Gesellschaft hat in der Studie „Lean Office 2010" das Ausmaß der **Verschwendung** (= nicht wertschöpfende Aktivitäten) **in indirekten Bereichen** untersucht. Die indirekten Bereiche umfassen alle Geschäftsprozesse mit Ausnahme der Prozesse, die Produktionsaufgaben ausführen. Im Durchschnitt liegt der Verschwendungsanteil in den indirekten Bereichen bei 27 %, d. h. bei knapp einem Drittel der verfügbaren Arbeitszeit. Am höchsten (29 %) ist die Verschwendung in Unternehmen mit mehr als 5000 Mitarbeitern. Das größte Optimierungspotenzial liegt in den Prozessen (55 %) gefolgt von den Arbeitsplätzen (30 %) (siehe Abbildung 4.10). Schlecht abgestimmte Prozesse verursachen Warte- und Liegezeiten, Qualitätsmängel, unnötige Informations- und Abstimmungsschleifen und mindern damit die Effizienz (vgl. Fraunhofer IPA 2011, S. 26).

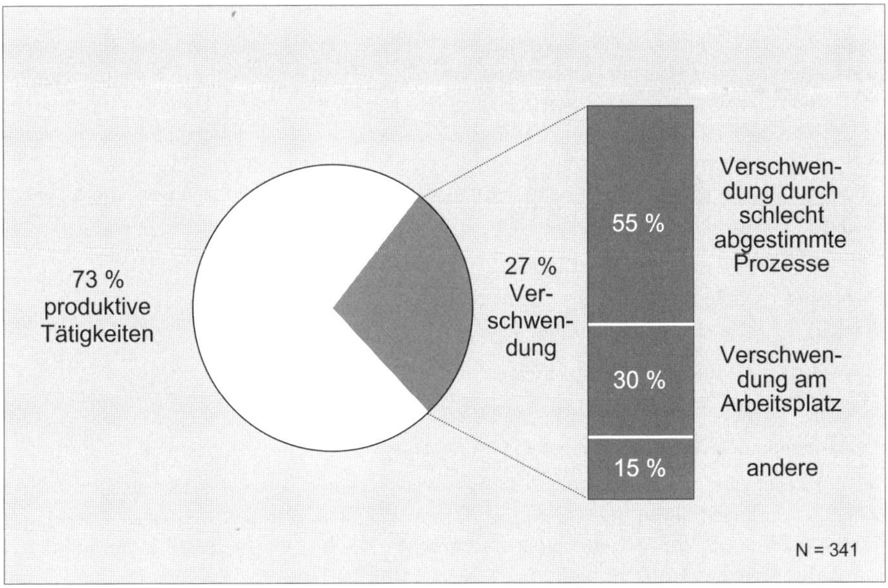

Abb. 4.10 Verschwendung in indirekten Bereichen (vgl. Fraunhofer IPA 2011, S. 26)

Die Eliminierung nicht wertschöpfender Aktivitäten spielt im Geschäftsprozessmanagement eine zentrale Rolle. Nicht wertschöpfende Teilprozesse, Prozess- und Arbeitsschritte werden zum einen bei der Identifizierung von Geschäftsprozessen eliminiert. Daneben bilden sie den Schwerpunkt der kontinuierlichen Prozessverbesserung (vgl. Kapitel 9.3). Im Geschäftsprozessmanagement ist die Steigerung der Wertschöpfung ein permanenter Prozess und im Unterschied zu traditionellen funktionsorientierten Wertsteigerungsansätzen keine sporadische Aktivität. ■

4.2.7 Festlegung von Prozessinputs

Regel 6: Mit den Lieferanten der Geschäftsprozesse sind Leistungsvereinbarungen (Service Level Agreements) zu treffen. ■

Jeder Geschäftsprozess benötigt Inputs für die Bearbeitung der Prozessobjekte und die Erzeugung der gewünschten Ergebnisse. Inputs können Personal, technische Ressourcen, Werkstoffe, Teile, Methoden, Werkzeuge, IT-Tools, Dienstleistungen, Richtlinien oder Informationen sein. Die Ergebnisse vorgelagerter Teilprozesse sind Inputs nachgelagerter Teilprozesse.

Inputs werden von Lieferanten zur Verfügung gestellt. Lieferanten können Geschäftsprozesse, prozessinterne oder -externe Teilprozesse, sonstige unternehmensinterne Leistungsstellen oder externe Lieferanten sein. Interne Lieferanten sollten wie externe Lieferanten behandelt werden. Deshalb ist den Geschäfts- und Teilprozessverantwortlichen zu empfehlen, mit ihren externen und internen Lieferanten Leistungsverträge bzw. **Service Level Agreements** abzuschließen. Bei Service Level Agreements handelt es sich um Vereinbarungen, die folgende Festlegungen beinhalten (siehe Abbildung 4.11; vgl. ISO/IEC 20000; auch Kapitel 3.3.5):

- Inhalt, Umfang, Termine und Preise/Kosten der zu erbringenden Leistungen,
- geforderte Qualität (service level) der Leistung,
- Messgrößen der Leistung (agreed measures) sowie Modalitäten der Messung,
- Mitwirkungs- und Beistellungspflichten des Auftraggebers,
- Anforderungen an Berichterstattung der Lieferanten,
- Sanktionen bei Nichteinhaltung der Vereinbarung.

Service Level Agreements haben den Status rechtsverbindlicher Vereinbarungen und sind schriftlich zu formulieren. Die Leistungen sollten möglichst genau spezifiziert werden, um Missverständnissen und Streitigkeiten vorzubeugen. Die Einhaltung dieser Vereinbarungen ist kontinuierlich zu kontrollieren.

Mit Service Level Agreements werden in Geschäftsprozessen folgende Ziele verfolgt:

- Zufriedenheit mit bereitgestellten Prozessinputs:
  - termingerechte Bereitstellung,
  - hohe Qualität,
  - marktgerechte Kosten/Preise.

<table>
<tr><td colspan="6">Leistungsvereinbarung</td><td colspan="6">Geschäftsprozess
Teilprozess</td></tr>
<tr><td colspan="6">Lieferant</td><td colspan="6">Dauer der Vereinbarung</td></tr>
<tr><td colspan="4">Leistungsinhalt</td><td>Menge</td><td colspan="2">Termin</td><td colspan="2">Qualität</td><td colspan="2">Mess-
größe</td><td>Kosten/
Preis</td></tr>
<tr><td colspan="4"></td><td></td><td colspan="2"></td><td colspan="2"></td><td colspan="2"></td><td></td></tr>
<tr><td colspan="3">Mitwirkung/Beistellungen
Auftraggeber:</td><td colspan="5">Einzuhaltende
Vorschriften:</td><td colspan="4">Regelungen (Bonus/
Malus, Haftung):</td></tr>
<tr><td colspan="6">Prozessverantwortlicher:
Datum, Unterschrift</td><td colspan="6">Lieferant:
Datum, Unterschrift</td></tr>
</table>

Abb. 4.11 Leistungsvereinbarung mit Lieferanten

- Klarheit über zu erfüllende Anforderungen und Erwartungen.
- Objektive Bewertung des Prozessinputs.
- Reduktion von Missverständnissen und Konflikten sowie schnelle Einigung in Konfliktfällen.
- Förderung der Kommunikation und Zusammenarbeit mit Inputlieferanten.
- Übertragung bewährter Marktmechanismen in das Unternehmen.
- Verstärkung des Dienstleistungsgedankens im Unternehmen.

Service Level Agreements schaffen Klarheit über bereitzustellende Prozessinputs, ermöglichen eine effiziente Überwachung und Überprüfung der Inputqualität und erleichtern die Koordination. Mangelhafte Prozessinputs aufgrund fehlender oder falscher Informationen werden reduziert. Hierdurch können Prozesskosten gespart und Prozesszeiten gesenkt werden. ■

Geschäftsprozessverantwortliche sollten Leistungsvereinbarungen nicht nur mit Lieferanten, sondern auch mit Kunden (Leistungsempfängern) abschließen, es sei denn, dass die Kundenaufträge alle wesentlichen Angaben von Leistungsvereinbarungen enthalten. Über Service Level Agreements können die Geschäftsprozesse schneller auf Leistungsabweichungen reagieren, Probleme mit Kunden zügiger beseitigen und die Kundenbeziehungen intensiver pflegen.

Vgl. zum Thema Service Level Agreements: Burr 2006, S. 29 ff.; Oehler 2006, S. 418 ff.; Krcmar 2010, S. 490 ff.; Scholderer 2011, S. 11 ff., 134 ff. und 181 ff.; Beims 2012, S. 77 ff.

4.2.8 Geschäftsprozessmodell und Prozessarchitektur

Die Ergebnisse der Top-down-Prozessidentifizierung und der Prozessstrukturierung bilden die Basis für die Festlegung des Geschäftsprozessmodells und der Prozessarchitektur (vgl. auch Jeston/Nelis 2008, S. 85 ff.; CMMI-Praktiken, in: Chrissis/Konrad/Shrum 2012, S. 373 ff.). Große Unternehmen mit mehreren Geschäftseinheiten verfügen zumeist über ein übergeordnetes **Unternehmensprozessmodell**, das als Rahmen für die Erstellung von Geschäftsprozessmodellen in den einzelnen Geschäftseinheiten dient. In kleinen Unternehmen mit einer Geschäftseinheit existiert nur ein Geschäftsprozessmodell.

Das **Geschäftsprozessmodell** weist die primären und sekundären Geschäftsprozesse einer Geschäftseinheit aus (siehe Abbildung 4.12). Es bildet die oberste Ebene der Prozessstruktur (siehe Abbildung 4.13). Die **Prozessarchitektur** umfasst neben dem Unternehmens- bzw. Geschäftsprozessmodell und den einzelnen Prozessebenen der Geschäftsprozesse zusätzlich Regeln, Prinzipien, Standards sowie Methoden für Gestaltung, Controlling, Optimierung, Dokumentation und Änderung der Geschäftsprozesse. Die Prozessarchitektur ist eine Komponente der Process Governance.

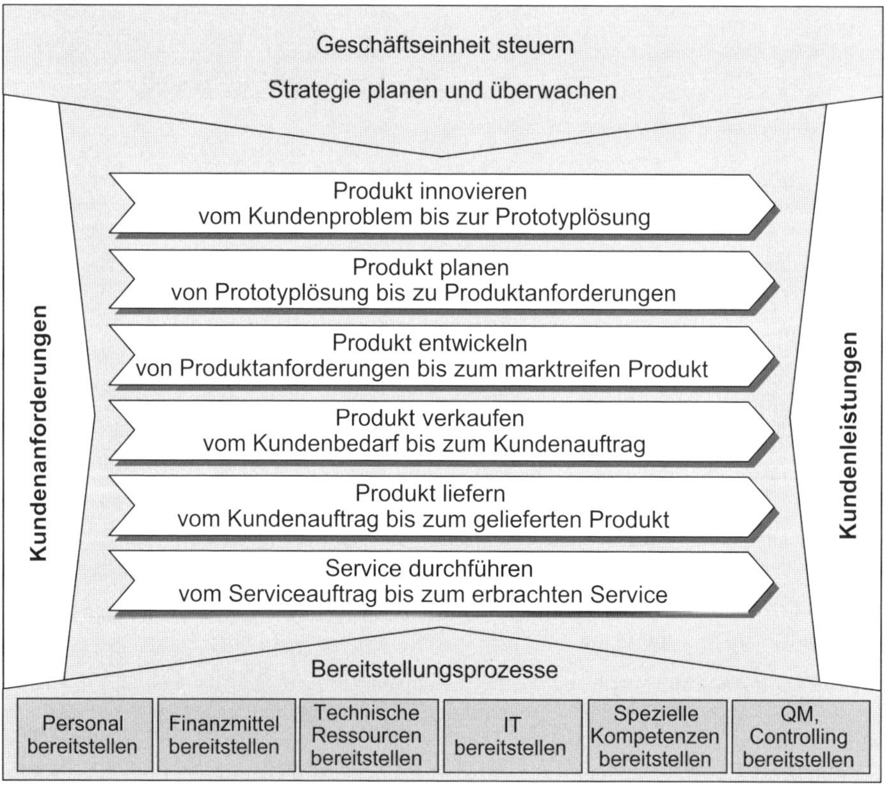

Abb. 4.12 Beispiel eines Geschäftsprozessmodells

Die Prozessarchitektur wird zunächst im Rahmen des Einführungsprojektes für das Geschäftsprozessmanagement (GPM-Projekt) erarbeitet. Nach Abschluss des Projektes übernimmt das GPM-Office die weitere Komplettierung und laufende Anpassung der Prozessarchitektur. Die Verantwortung für die Anwendung der Prozessarchitektur tragen die jeweiligen Geschäftsprozessverantwortlichen. ■

Die Prozessarchitektur unterliegt einer Dynamik und ist an Änderungen des Geschäftes, wie z. B. des Geschäftsmodells, anzupassen. Angestoßen werden diese Änderungen durch die jährliche Planung der Geschäfts- und Prozessstrategie (vgl. Kapitel 3.4).

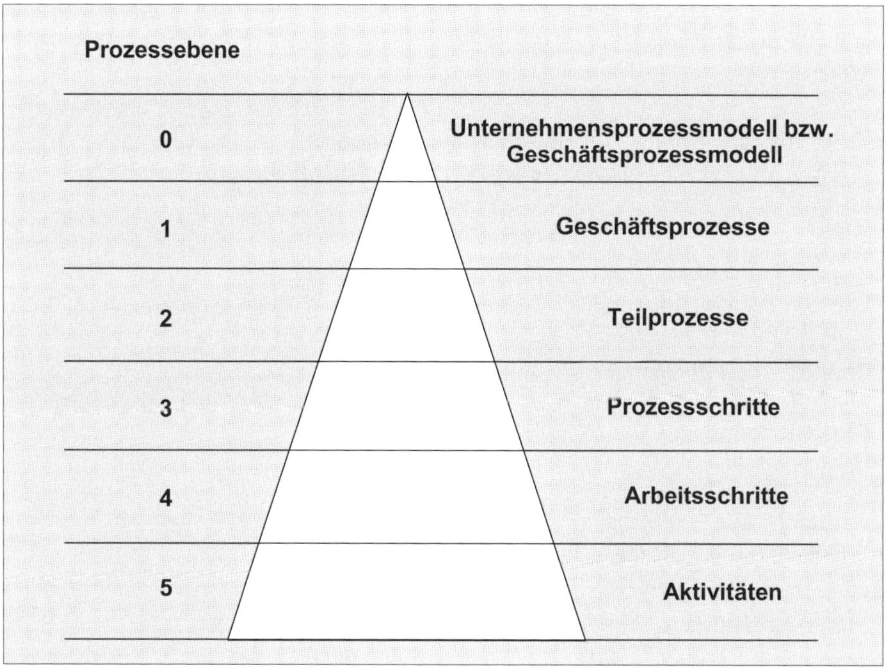

Abb. 4.13 Prozessstruktur

Unternehmens- bzw. Geschäftsprozessmodelle sind in der Praxis weitverbreitet. Nach der Studie „Prozessorientierung in deutschen Industrieunternehmen" verfügen zwei Drittel der befragten Unternehmen über ein Unternehmensprozessmodell, das hohe Transparenz (90,8 %), hohen Detaillierungsgrad (66,7 %) sowie hohe Aktualität (62,9 %) aufweist. „Kritisch bleibt anzumerken, dass alleine die Dokumentation und die Veröffentlichung von Prozessmodellen nicht mit dem Vorhandensein eines intakten Prozessmanagements gleichgesetzt werden können, was jedoch in der Praxis oftmals der Fall ist" (Liebert 2012, S. 81).

4.2.9 Beschreibung und Dokumentation von Prozessen

Regel 7: Geschäftsprozesse sind zu dokumentieren und zu gewichten. ■

Die Gewichtung von Geschäftsprozessen wurde bereits in Kapitel 3.3.4 behandelt. Nachfolgend wird auf die Beschreibung und Dokumentation von Prozessen eingegangen.

Wichtige Prozessdokumente sind:

- Geschäftsprozessmodell (vgl. Kapitel 4.2.8),
- Prozesslandkarte (vgl. Kapitel 2.4.4),
- Beschreibungen der Geschäftsprozesse, Teilprozesse, Prozessschritte und gegebenenfalls der Arbeitsschritte,
- Prozess-Organisations-Diagramm (PO-Diagramm).

4.2.9.1 Beschreibung von Geschäftsprozessen

Abbildung 4.14 zeigt die **Kurzbeschreibung** eines Geschäftsprozesses.

Prozessname: Produkt entwickeln **von:** Produktanforderungen **bis:** marktreifes Produkt	**Prozessverantwortlicher:** Name
Objekt: Entwicklungsprojekt	
Prozessinputs: Produktanforderungen (z. B. Lastenheft), Projektplan, wirtschaftlicher Produktplan, Prototypen, Basislösungen	**Lieferanten:** Geschäftsprozesse: Produkt planen Produkt innovieren
Prozessergebnisse: integriertes, getestetes und marktreifes Produkt mit vollständiger Dokumentation	**Kunden:** Geschäftsprozesse: Produkt liefern Produkt verkaufen Service durchführen

Abb. 4.14 Kurzbeschreibung des Geschäftsprozesses „Produkt entwickeln"

In der Kurzbeschreibung werden Prozessname, Anfangs- und Endereignis („von", „bis"), Prozessverantwortlicher, Objekt, Inputs mit den zugehörigen Lieferanten und Ergebnisse mit den zugehörigen Empfängern bzw. Kunden ausgewiesen.

Pro Teilprozess, Prozess- und gegebenenfalls Arbeitsschritt sind ebenfalls Kurzbeschreibungen zu erstellen. Abbildung 4.15 enthält eine Übersicht über **Prozessattribute**, welche die Kurzbeschreibungen von Geschäftsprozessen, Teilprozessen und Prozessschritten ergänzen (vgl. auch Wagner/Patzak 2007, S. 126 ff.).

Auf den tieferen Prozessebenen haben Prozessbeschreibungen wegen der hohen Zahl von Attributen einen großen Umfang. Sie werden um Hinweise auf Richtlinien und Standards ergänzt, die sich auf die Ausführung beziehen. Alle Beschreibungen werden mithilfe des jeweiligen Modellierungstools erfasst, gespeichert, verwaltet und aktualisiert.

Prozessattribute		Geschäftsprozess	Teilprozess	Prozessschritt
Prozessname		x	x	x
von: ...... bis:		x	x	x
Prozesszweck		x	x	x
Prozessobjekt		x	x	x
Prozessinput	Lieferanten			
• Eingangsdokumente (Anstoß)		x	x	x
• Zulieferungen (Sach-, Dienstleistungen)		x	x	x
• Personal		x	x	x
• Budget		x	x	x
• Equipment, IT-Applikationen, IT-Tools			x	x
• Verfahren, Methoden			x	x
• Richtlinien, Standards (Qualität, Risiko, Compliance, Umwelt ...)			x	x
Prozessergebnisse	Kunden			
• Ergebnisdokumente		x	x	x
• Sachleistungen		x	x	x
• Dienstleistungen		x	x	x
Messsystem				
• Prozessziele		x	x	x
• Prozesskennzahlen (Messgrößen)		x	x	x
• Messsystem: Verantwortung, Messobjekte, -punkte, -zyklen, IT-Unterstützung			x	x
• Prozessberichte: Empfänger, Berichtszyklen		x	x	x
Prozessrollen				
• Verantwortlicher		x	x	x
• Prozessteam		x		
• Verbesserungsteams			x	x
Methoden der Prozessverbesserung		x	x	x
Stakeholder		x		
Prozesserfolgsfaktoren		x		

Abb. 4.15 Attribute von Geschäfts-, Teilprozessen und Prozessschritten

Bei Richtlinien und Standards handelt es sich um Regularien, Gesetze, Normen, Verfahrens- oder Ausführungsanleitungen, die zu berücksichtigen sind. Sie stellen u. a. die Verbindung zwischen Geschäftsprozessmanagement und anderen Managementsystemen her, wie z. B. zu Qualitäts-, Compliance-, Umwelt-, Arbeitssicherheits- und Risikomanagement. Die Anforderungen dieser Managementsysteme an die Prozesse werden in die Prozessbeschreibungen

z. B. in Form von Verweisen aufgenommen. Die Verweise werden dort platziert, wo die Anforderungen zu beachten bzw. umzusetzen sind. Dies kann auf der Ebene eines Teilprozesses, eines Prozessschrittes oder auf einer noch tieferen Ebene (Arbeitsschritt, Aktivität) der Fall sein.

Über das Prozessportal erhalten die Prozessmitarbeiter an den für sie relevanten Stellen im Prozessablauf alle Informationen, die sie für die Umsetzung der Anforderungen benötigen (vgl. Kapitel 10.6.1). Damit ist eine wichtige Voraussetzung geschaffen, dass Richtlinien und Standards beachtet werden. „Die Integration eines Standards in die Prozesse gewährleistet, dass die Prozessbeteiligten sich in ihren Aktionen nach den Standards richten" (Walter 2009, S. 216). Zudem wird die Kontrolle der Einhaltung von Vorschriften und Richtlinien erleichtert und beschleunigt.

Die Einbeziehung von Richtlinien und Standards in Prozessbeschreibungen ist ein wichtiger Schritt zur **Integration der Managementsysteme**. In der Vergangenheit und zum Teil auch noch heute existieren Managementsysteme vielfach unabhängig voneinander. Die Folge sind Überschneidungen zwischen diesen Systemen. „Dadurch steigt die Gefahr, dass durch parallele Regelungen unklare Verantwortlichkeiten, umfangreichere Dokumentation, Doppelarbeiten, widersprüchliche Lösungsansätze und hohe Informationsverluste verursacht werden. Die Ineffizienz und der höhere Kostenaufwand voneinander isolierter Teilmanagementsysteme gefährden den kontinuierlichen Verbesserungsprozess und letztendlich die Wirksamkeit des Gesamtsystems" (Bayer. Wirtschaftsministerium 2011, S. 41).

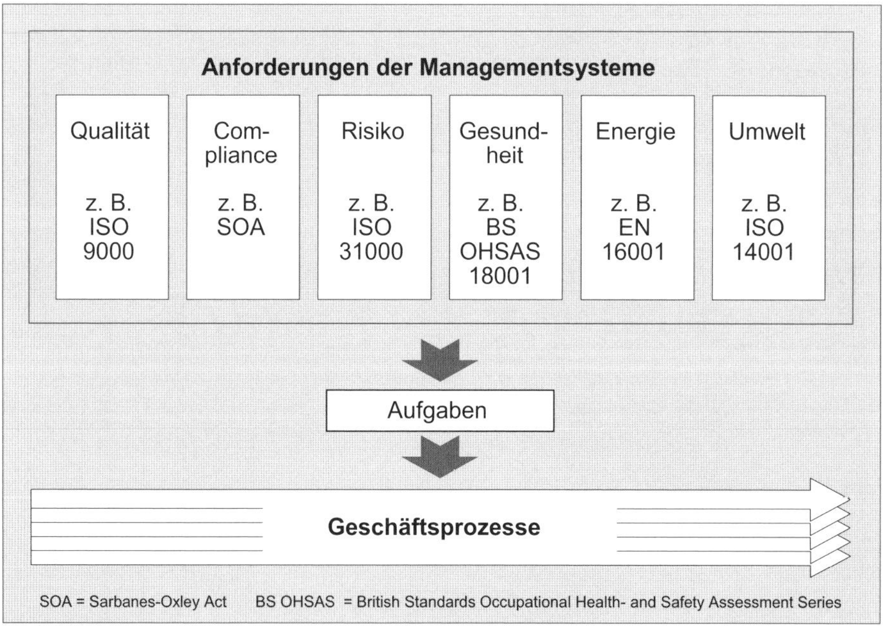

Abb. 4.16 Integration der Managementsysteme in Geschäftsprozesse (in Anlehnung an Bayer. Wirtschaftsministerium 2011, S. 41)

Die Integration der Managementsysteme in die Geschäftsprozesse hat viele **Vorteile** (siehe Abbildung 4.16; vgl. Steinbeis 2007 und 2009a; Bayer. Wirtschaftsministerium 2011, S. 41; Meier 2011, S. 78 ff.; Zollondz 2011, S. 380 ff.):

- Nutzung von Synergieeffekten (z. B. einheitliche Verfahren und Instrumente),
- Reduzierung des Pflegeaufwandes durch gemeinsame Dokumentation der Einzelsysteme,
- Identifizierung und Optimierung von Schnittstellen,
- Steigerung der Effizienz durch Vermeidung von Doppelarbeiten und Redundanz,
- Vereinfachung komplexer Prozess- und Organisationsstrukturen,
- Aufdeckung widersprüchlicher Anforderungen und möglicher Zielkonflikte,
- Einsparung von Kosten und Zeit,
- Reduzierung des Zertifizierungsaufwandes u. a. durch gebündelte Zertifizierung mehrerer Teilmanagementsysteme.

Mit der Integration übernimmt das Geschäftsprozessmanagement einen Großteil der Durchführungsaufgaben der Managementsysteme.

4.2.9.2 Prozess-Organisations-Diagramm (PO-Diagramm)

Prozess-Organisations-Diagramme zeigen die Beziehungen zwischen den Teilprozessen und der Aufbauorganisation auf (siehe Abbildung 4.17). Im oberen Teil des PO-Diagramms werden die am Geschäftsprozess beteiligten Organisationseinheiten ausgewiesen. Ein ausgefüllter Kreis im Knotenpunkt zwischen organisatorischer Einheit und Teilprozess besagt, dass die Organisationseinheit für die Leistungserstellung in dem Teilprozess verantwortlich ist. Ein leerer Kreis bedeutet, dass die jeweilige Organisation an der Leistungserstellung mitarbeitet. Als Organisationseinheiten werden nicht nur interne Stellen, sondern auch externe Kunden und externe Lieferanten aufgeführt. Der untere Teil der Darstellung zeigt die logische Ablauffolge der Teilprozesse.

An die Stelle von Organisationseinheiten können auch Rollen gesetzt werden. Dadurch wird eine organisationsunabhängige Beschreibung der Geschäftsprozesse erreicht. Die Beziehung zur Organisation wird dann über eine Rollen-Organisations-Matrix hergestellt.

Bei dem Beispiel in Abbildung 4.17 handelt es sich um das PO-Diagramm des Geschäftsprozesses „Produkt planen". Bereits ein flüchtiger Blick zeigt, dass in dem Prozess die Verantwortung mehrmals wechselt. An einer Stelle liegt Doppelverantwortung vor. Es ist anzunehmen, dass der Prozess wegen der vielen Verantwortungswechsel und Schnittstellen keine hohe Effizienz hat. Geschäftsprozesse sollten mit möglichst wenigen Verantwortungswechseln und Schnittstellen auskommen, um Koordinationsprobleme sowie schnittstellenbedingte Reibungsverluste zu minimieren.

Das PO-Diagramm ist eine wichtige Informationsquelle für die Identifizierung organisatorischer Schwachstellen. Die Übersicht lässt schnell erkennen, wie häufig Verantwortungswechsel in der Prozesskette stattfinden. Die Zahl der Verantwortungswechsel ist ein Beurteilungskriterium für die Effizienz eines Geschäftsprozesses und die Prozessorientierung einer Organisation.

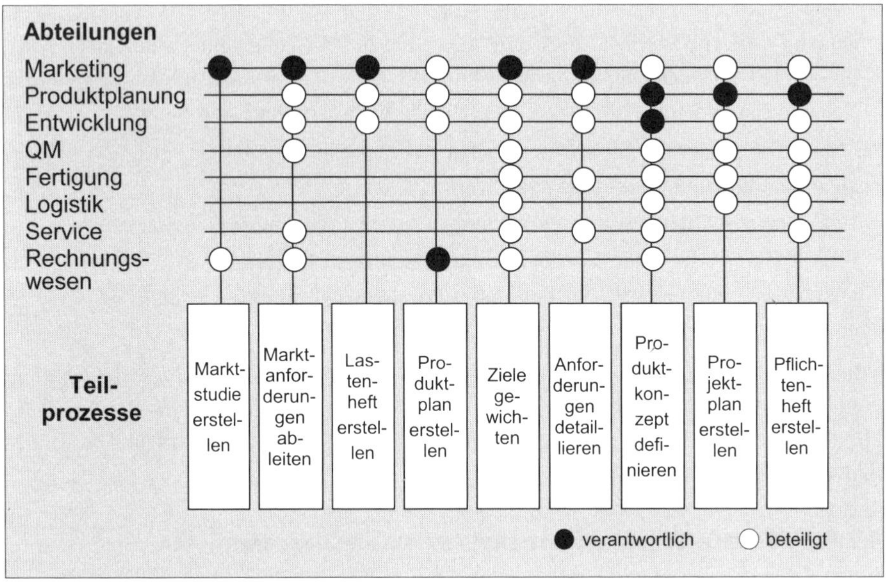

Abb. 4.17 Prozess-Organisations-Diagramm

4.2.9.3 Prozessdokumentation

Die **Prozessdokumentation** umfasst alle Dokumente, die im Rahmen der Prozessgestaltung erstellt werden. Sie dient als Informationsbasis für:

- prozessinterne und -externe Kommunikation,
- Prozesskoordination (Aufgaben, Abläufe, Zuständigkeiten, Nahtstellen, Inputs, Outputs, Methoden, Tools, Richtlinien, Normen),
- Prozessanalysen, -assessments, -reviews und -bewertungen,
- Prozesscontrolling (Zielplanung, Zielkontrolle, Performancemessung, Budgetierung),
- Prozessverbesserung und -optimierung,
- Prozessauditierung und Zertifizierung z. B. nach ISO 9001,
- Compliance Management,
- Process Governance,
- Unterstützung des Qualitäts- und Umweltmanagements,
- internes und externes Benchmarking,
- Einarbeitung und Training von Mitarbeitern,
- Sichern von Wissen,
- Best Practice.

Für **kleine Unternehmen** ist die Prozessdokumentation ebenso wichtig wie für größere: „Die Prozessdokumentation erwies sich für diese kleine Organisation als hilfreich. Sie machte es einfacher, neue Mitarbeiter zu integrieren und sicherzustellen, dass sie schneller ihre Beiträge leisten. Ohne diese Dokumentation hätte ein Wachstum der Organisation größere Schwierigkeiten bereitet. Menschen, die sich gewöhnlich von kleinen Organisationen angezogen fühlen, sind nicht notwendigerweise prozessorientiert. Die Dokumentation der Prozesse trug dazu bei, klare Grundregeln für neue Mitarbeiter zu etablieren und eine prozessorientierte Firmenkultur durchzusetzen“ (El Emam 2012, S. 125). Abbildung 4.18 zeigt eine Übersicht über wichtige Prozessdokumente. Häufig reichen die drei dargestellten Dokumentationsebenen für die Steuerung und Optimierung der Geschäftsprozesse aus. Wie bereits erwähnt ist es beim Einsatz von Workflow-Management-Systemen notwendig, die Dokumentation auf Prozess- und Arbeitsschritte auszuweiten. Mit jeder weiteren Dokumentationsebene steigt der Erstellungs- und Änderungsaufwand überproportional an.

Ebene	Prozessdokumentation
1.	Übersicht • Geschäftsprozessmodell, Prozesslandkarte
2.	Geschäftsprozesse • Beschreibung Geschäftsprozesse • Aufbaustruktur Geschäftsprozesse • Rollenbeschreibung Geschäftsprozessverantwortlicher, Managementteam, Prozessteam
3.	Teilprozesse • Beschreibung Teilprozesse • Ablaufstruktur Toilprozesse • PO-Diagramm Teilprozesse • Rollenbeschreibung Teilprozessverantwortlicher, Kaizen-Team • Leistungsvereinbarungen mit Lieferanten

Abb. 4.18 Prozessdokumentation

Das Geschäftsprozessmodell (vgl. Kapitel 4.2.8) bildet zusammen mit der Prozesslandkarte (vgl. Kapitel 2.4.4) die oberste Dokumentationsebene. Sie vermittelt einen Überblick über die Geschäftsprozesse einer Organisation und zeigt den Informations- und Leistungsaustausch sowie die Schnittstellen zwischen den Geschäftsprozessen bzw. Teilprozessen und Kunden.

Die Beschreibung der Geschäftsprozesse, Teilprozesse, Prozessschritte und gegebenenfalls Arbeitsschritte sowie Aktivitäten dokumentiert alle wichtigen Eckdaten eines Prozesses (siehe Abbildung 4.14): Name, Anfang und Ende des Prozesses, Prozessverantwortlicher, Objekt, Prozessinputs, Lieferanten, Prozessergebnisse und -kunden. Häufig werden Prozessziele und -kennzahlen sowie wichtige Vorschriften und Richtlinien ebenfalls in die Beschreibung aufgenommen.

Die Aufbaustruktur (siehe Abbildung 4.5) zeigt, aus welchen Teilprozessen und Prozessschritten sich ein Geschäftsprozess zusammensetzt und wie diese Elemente hierarchisch miteinander verbunden sind. Die Prozessablaufstruktur gibt Auskunft über die ablauflogische Verknüpfung der Teilprozesse bzw. Prozessschritte. Das PO-Diagramm (siehe Abbildung 4.17) weist die Beziehungen zwischen den Teilprozessen und der Aufbauorganisation aus. Leistungsvereinbarungen mit Lieferanten und gegebenenfalls Kunden spezifizieren die zu erbringenden Leistungen (siehe Abbildung 4.11).

Wichtige Prozessdokumente sind ferner Rollenbeschreibungen. In diesen werden Aufgaben, Verantwortung und Befugnisse der Aufgabenträger in Geschäftsprozessen schriftlich festgelegt (vgl. Kapitel 4.3).

Bei der Erstellung von Prozessdokumenten sind formale Anforderungen zu beachten, wie z. B. Ordnungsnummer, Versionsnummer, Ausgabe- bzw. Änderungsdatum, Erstell-, Prüf- und Freigabevermerk (siehe Abbildung 4.19; vgl. Wagner/Käfer 2008, S. 78 ff.).

Organisation	**Prozessbeschreibung**	*Dokument* PB 01.030.01	*Seite* 1 von 3
	Name des Geschäftsprozesses	*Änd.-Datum* 02.10.2002	*Version* 1.2

0. Inhaltsverzeichnis
1. Anwendungsbereich
2. Begriffe, Abkürzungen
3. Beschreibung des Geschäftsprozesses (z. B. Prozesssteckbrief)
4. Teilprozesse
5. Verantwortung
6. Mitgeltende Dokumente
7. Anlagen (z. B. Dokumentvorlagen, Templates)
8. Verweise, Literatur
9. Verteiler

Erstellt:	Geprüft:	Freigegeben:
Name:	Prozessteam:	Prozessverantwortlicher:
Datum:	Datum:	Datum:
Unterschrift:	Unterschrift:	Unterschrift:

Abb. 4.19 Prinzipieller Aufbau eines Prozessdokuments

Die Prozessdokumente sind wichtige Bestandteile des Qualitätsmanagementsystems und deshalb in die Qualitätsmanagementdokumentation einzubinden. Diese besteht aus **Qualitätsmanagementhandbuch**, verfahrens- und prozessbezogenen Dokumenten wie Prozessbeschreibungen sowie vorgangsbezogenen Dokumenten wie Arbeitsanweisungen (vgl. Rausse 2008, S. 175 ff.). Die Zuordnung der Prozessdokumente zu diesen Ebenen zeigt Abbildung 4.20.

Ergänzend wird häufig ein **Prozessmanagementhandbuch** empfohlen (vgl. u. a. Keil et al. 2005, S. 29 ff.; Friedli/Kurr/Stich 2007, S. 61 f.; Hiller/Minar-Hödel/Zahradnik 2010, S. 122 ff. und 272 ff.; Fischermanns 2012, S. 465 ff.). Es dokumentiert nicht nur die einzelnen Prozessstandards und -richtlinien, sondern die gesamte Process Governance (vgl. Kapitel 1.6 und 3.3.8).

ISO 9001:2008 stellt Forderungen an die **Lenkung der Qualitätsdokumente** und damit an die Prozessdokumente. Die Forderungen betreffen Erstellung, Genehmigung, Bewertung, Änderung, Prüfung, Freigabe, Verteilung und Speicherung/Aufbewahrung der Dokumente (vgl. ISO 9001:2008, Abschnitt 4.2.3; vgl. auch Schmied et al. 2008, S. 190 ff.; Wagner/Käfer 2008, S. 137 ff.; Chrissis/Konrad/Shrum 2012, S. 235 ff.). Ziel der Dokumentenlenkung ist, die Integrität der Prozessdokumente über ihre gesamte Lebensdauer zu gewährleisten. Für die Aufgaben der Dokumentenlenkung können die in der Entwicklung und in IT-Services verbreitet eingesetzten Vorgehensweisen und Methoden des Konfigurationsmanagements und Release Management genutzt werden. **Konfigurationsmanagement** und Release Management weisen den Prozessdokumenten eindeutige Kennzeichnungen zu, identifizieren die Dokumente, steuern die Durchführung von Änderungen (Bewertung, Koordination, Genehmigung bzw. Ablehnung, Umsetzung von Änderungen), geben Änderungen frei, stellen geänderte Dokumente bereit und überprüfen die Erfüllung der Lenkungsanforderungen (vgl. CMMI-Praktiken in: Chrissis/Konrad/Shrum 2012, S. 297 ff.; Beims 1012, S. 120 ff.).

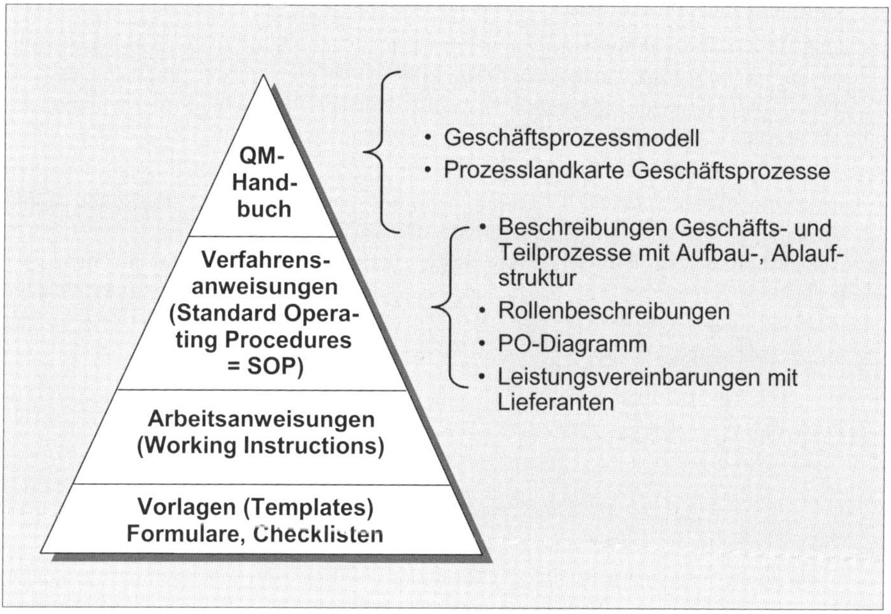

Abb. 4.20 Prozessdokumente im Rahmen der Qualitätsmanagementdokumentation

Bei der Auswahl und Anwendung von IT-Tools (BPM-Tools) zur Prozessdokumentation ist darauf zu achten, dass diese nicht nur die Bedürfnisse der Dokumentenersteller und -verwalter, sondern auch die der Nutzer und Interessenten berücksichtigen. ■

Zu den Nutzer-Zielgruppen der Prozessdokumente zählen u. a. Geschäftsleitung, Chief Process Officer, Prozessmanager, Controller, Verantwortliche/Mitarbeiter von Geschäftsprozessen, involvierten Funktionen, der IT und von Managementsystemen (Qualität, Umwelt, Arbeitssicherheit, Datensicherheit, Compliance Management, Risikomanagement). Notwendig ist, diesen Nutzern spezifische Benutzeroberflächen und **Prozess-Views** anzubieten. Die Prozess-Views enthalten benutzerrelevante Prozessausschnitte, die spezifisch aufbereitet und dargestellt werden.

Folgende benutzerorientierte Versionen können unterschieden werden:

- Verwalterversion
  - Es werden über eine zentrale Schnittstelle alle Informationen bereitgestellt, die für die Verwaltung (Erstellung, Änderung, Verteilung und Speicherung/Aufbewahrung) des

Managementsystems und der Geschäftsprozesse erforderlich sind. Alle Dokumente (Prozessbeschreibungen und -darstellungen, Qualitätsmanagementhandbuch, Auditberichte, Revisionsberichte etc.) werden integriert bearbeitet und normkonform verwaltet.

- Nutzerversion
  - Es werden Prozessinformationen für unterschiedliche Nutzergruppen spezifisch ausgewählt und aufbereitet, die diese anfordern, benötigen oder interessieren.

Die benutzerorientierte Bereitstellung der Prozessdokumente führt zu einer Akzeptanzsteigerung des Geschäftsprozessmanagements im Unternehmen (vgl. Oehme 2005). Ein weiterer Akzeptanzfaktor ist die hohe Aktualität einer über Web bereitgestellten Prozessdokumentation. Diese Anforderungen können Prozessportale erfüllen (vgl. Kapitel 10.6.1).

Prozessportale unter Verwendung von Webtechnologien mit Hyperlinks erleichtern den Zugang zu Prozessdokumenten. Die Portale verwalten die Prozessinformationen und stellen sie den Interessenten über Such-, Navigations- und Verwaltungsfunktionen zur Verfügung. Sie ermöglichen es, auf die ungeliebten traditionellen Richtlinienwerke zu verzichten. Prozessportale erfüllen weitere Anforderungen, die an die Prozessdokumentation gestellt werden:

- geringer Änderungsaufwand,
- aktueller Benachrichtigungsdienst bei Änderungen (Korrekturen, Hinzufügungen, Löschungen),
- automatische Versionierung (Versionsmanagement),
- klare Verantwortung für Erstellung und Aktualisierung,
- sichere elektronische Ablage.

Über Groupware-Lösungen lässt sich die Verbindung zwischen Dokumenten und den dafür Verantwortlichen herstellen. Damit kann ein automatischer Approval Cycle eingeführt werden, der in bestimmten Zeitabständen (z. B. einmal halbjährlich) durchgeführt wird.

> Die Prozessdokumentation erfordert erheblichen Zeit- und Ressourcenaufwand. Zu viel Dokumentation ist zu vermeiden, da nicht nur das Erstellen, sondern besonders auch das Ändern von Dokumenten erhebliche Kosten verursacht. Bei jedem Dokument ist zu fragen, für was es benötigt wird. Nutzen-Kosten-Gesichtspunkte sollten darüber entscheiden, wie detailliert Geschäftsprozesse dokumentiert werden (vgl. Friedrichsen 2010, S. 3 f.).

Umfang und Detaillierungsgrad der Prozessdokumentation hängen ab von (vgl. auch Kapitel 2.4.3):

- Anzahl der Geschäftsprozesse pro Geschäftseinheit,
- Anzahl der Prozessebenen der jeweiligen Geschäftsprozesse,
- regulatorische und gesetzliche Anforderungen,
- Arbeitsorganisation: Grad der Selbststeuerung der Geschäftsprozesse durch Mitarbeiter,
- Automatisierungsgrad der Geschäftsprozesse.

Die Prozessdokumentation hat in der Praxis einen relativ hohen Reifegrad (vgl. Minone 2011, S. 27 ff.; Liebert 2012, S. 80 f.). Besonders hoch ist ihre Transparenz bei einer Intranetveröffentlichung. Die Prozessdokumentation allein ist jedoch nicht ausreichend für ein funktionsfähiges Geschäftsprozessmanagement. „Ohne eine entsprechende strategische und kulturell verträgliche Kommunikation und Verankerung sowie eine Koppelung an prozessorientierte Controllinginstrumente werden die Geschäftsprozesse lediglich auf Halde erfasst - ohne ausreichende Bindung an operative Unternehmensabläufe“ (Picot/Liebert 2011, S. 95).

4.2.10 Ernennung von Prozessverantwortlichen

Regel 8: Jeder Geschäftsprozess hat einen Verantwortlichen. ■

Die Führungsaufgaben in Geschäftsprozessen werden Geschäftsprozessverantwortlichen (Process Owner, Prozesseigner) übertragen. Der Geschäftsprozessverantwortliche ist für das Erreichen der Prozessziele verantwortlich. Geschäftsprozessverantwortliche nehmen ihre Funktion auf Dauer wahr. Ihre Nominierung sollte die Festlegung ihrer Aufgaben, Verantwortung und Befugnisse einschließen (vgl. Kapitel 4.3.2.6). Verantwortlich für das Erreichen der Teilprozessziele sind Teilprozessverantwortliche.

Der Geschäftsprozessverantwortliche nimmt die zentrale Rolle im Geschäftsprozessmanagement wahr. Seine Ernennung zählt zu den wichtigsten Entscheidungen im Geschäftsprozessmanagement. In der Regel bereitet diese Entscheidung Probleme. Ein Grund dafür ist, dass mit der Ernennung von Geschäftsprozessverantwortlichen deren Aufgaben, Verantwortung und Befugnisse festzulegen und mit denen der Funktionsverantwortlichen abzugleichen sind. Die Entscheidung impliziert die Verankerung der Prozessorientierung in der Aufbauorganisation. Vor den weitreichenden Auswirkungen schrecken viele Manager zurück. Deshalb wird die Entscheidung häufig hinausgezögert oder nur unverbindlich getroffen. ■

Die Ernennung von Geschäftsprozessverantwortlichen verändert das Führungssystem in traditionellen Funktionsorganisationen. Die Verantwortung für die Leistungserstellung wird in die Hand von Prozessverantwortlichen gelegt. Sie werden damit Hauptgesprächspartner der Geschäftsleitung. Der Verantwortungsrahmen der Funktionsverantwortlichen wird dadurch verkleinert. Diese Verlagerung stößt zumeist auf Widerstände der Funktionsträger. In der Rolle der Geschäftsprozessverantwortlichen kollidieren die beiden Welten „Funktionsorientierung“ und „Prozessorientierung“.

Mit der Ernennung bzw. Nichternennung von Prozessverantwortlichen sowie deren Ausstattung mit Befugnissen dokumentiert die Geschäftsleitung, wie überzeugt sie vom Geschäftsprozessmanagement ist. ■

Aufgaben und Befugnisse der Verantwortlichen für Geschäfts- und Teilprozesse werden im Kapitel 4.3.2.6 beschrieben.

4.2.11 Integration der Geschäftsprozesse in die Organisation des Unternehmens

Regel 9: Geschäftsprozesse sind in die Unternehmensorganisation zu integrieren. ■

Weitverbreitete Praxis ist, Geschäftsprozesse zu definieren, zu modellieren und zu dokumentieren. Erhebliche Defizite bestehen jedoch, die definierten Geschäftsprozesse effizient in die Aufbauorganisation einzubinden.

Ein Blick auf die Organisationspläne von Unternehmen zeigt, dass dort in der Regel Funktionen mit ihren Strukturen, aber nicht Geschäftsprozesse ausgewiesen werden. „This is largely due to the simple fact that most leaders have a strong functional bias, which has been nurtured by both their academic and business experience“ (Spanyi 2007, S. 16.; vgl. auch Spanyi 2010b, S. 4 ff.).

Das **Festhalten an der Funktionsorganisation** blockiert nicht nur das Geschäftsprozessmanagement, sondern verursacht zusätzliche Probleme. Viele Prozesse enden an Abteilungsgrenzen oder werden von diesen unterbrochen. „Dadurch entstehen erhebliche Unwirtschaftlichkeiten im Unternehmen, welche sowohl direkte finanzielle Auswirkungen haben (höhere Kosten), aber auch Auswirkungen auf die allgemeine Wettbewerbsfähigkeit wie längere Reaktionszeiten, geringere Flexibilität etc.“ (Ahlrichs/Knuppertz 2010, S. 1).

Das Nebeneinander von Funktionen und Geschäftsprozessen behindert nicht nur die Geschäftsprozesse, sondern steigert zusätzlich die organisatorische Komplexität. Die Zahl der Schnittstellen erhöht sich, unklare Verantwortlichkeiten nehmen zu und die Unzufriedenheit der Mitarbeiter wächst. Negative Auswirkungen auf die Effektivität und Effizienz des Unternehmens sind unausweichlich. „Any process that requires even a moderate degree of cross-functional cooperation is bound to be handicapped by this type of structure“ (Smith 2007, S. 4). ■

Das Denken in Geschäftsprozessen ist für viele Manager schwieriger als das Denken in Funktionen und Hierarchien. Häufig sind Führungskräfte und Mitarbeiter nicht auf ihre Aufgaben und Verantwortung in prozessorientierten Organisationen vorbereitet. Ausnahmen bilden die Bereiche Fertigung und Logistik, für die das Denken in Prozessen Tradition hat.

Möglichkeiten und Wege, wie Geschäftsprozesse in die Aufbauorganisation eingebunden werden können, zeigt Kapitel 4.4 auf.

4.3 Rollen im Geschäftsprozessmanagement

4.3.1 Überblick

Die Aufgaben im Geschäftsprozessmanagement werden Rollen zugeordnet. Eine **Rolle** ist eine personenunabhängige Bündelung von Aufgaben, Kompetenzen und Verantwortung. Jede Rolle erfordert bestimmte Fähigkeiten und Kenntnisse und ist mit bestimmten Kompetenzen (Verpflichtungen und Befugnissen) ausgestattet. Aufgaben, Verantwortung, Zuständigkeiten, Kompetenzen und Anforderungen der Rollen werden in Rollenbeschreibungen dokumentiert (vgl. Knuppertz/Feddern 2011, S. 86 ff.). Der **Vorteil von Rollen** ist, dass sie keinen Bezug auf bestimmte Personen nehmen und die Organisation von Personen entkoppeln. Rollenträger können einzelne Personen oder Gremien/Teams sein.

Die Definition von Verantwortlichkeiten und Zuständigkeiten unterstützt die RACI-Methode. **RACI** bedeutet:

- Responsible: Ist für die Durchführung der Aktivität zuständig.
- Accountable: Ist verantwortlich im Sinne von „genehmigen", „billigen" oder „unterschreiben".
- Consulted: Muss/soll beteiligt werden, liefert Input.
- Informed: Ist über den Fortschritt zu informieren.

In der Regel sollte pro Geschäftsprozess, Teilprozess, Prozessschritt und Aktivität nur eine Rolle accountable sein. Dagegen können mehrere Rollen responsible, consulted oder informed sein. Ebenso kann eine Rolle gleichzeitig accountable und responsible sein. Consulted und informed stellen sicher, dass alle benötigten Rollen integriert werden und die Prozessaufgaben unterstützen. Häufig wird zur Darstellung eine RACI-Matrix verwendet, in der die Zuordnung von Rollen zu Prozessaufgaben durch Eintragen der Buchstaben RACI ausgewiesen wird.

Im Geschäftsprozessmanagement hängen Art und Inhalt der Rollen von der Form der Prozessorganisation ab. Da es viele Ausprägungen gibt, finden wir in der Praxis auch viele unterschiedliche Rollen und **Rollenbezeichnungen** wie z. B. Process Sponsor, Prozesspate, Chief Process Officer, Head of BPM, Process Driver, Managementsystembeauftragter, Process Executive, Process Coach, Prozessmanager, Prozesskoordinator IT, Process Owner, Prozessbetreuer, Prozessverantwortlicher, Prozessleiter, Durchführungsverantwortlicher, Process Controller, Process Auditor, Prozessarchitekt, Prozessanalyst, Prozessingenieur, Prozessmodellierer, Workflow-Modellierer, Process Council, BPM Steering Committee, Process Board, Prozesssteuerungsausschuss, Prozessteam, KVP-Team, Barrierenbeseitigungsteam, Prozesszirkel, Reengineering-Team (vgl. u. a. EABPM 2009, S. 205). Die Vielfalt der Rollenbezeichnungen ist verwirrend und erschwert die Orientierung.

Nachfolgend werden Rollen im Geschäftsprozessmanagement beschrieben (siehe Abbildung 4.21; vgl. auch die teilweise abweichenden Vorschläge in: Madison 2005, S. 49 ff.; Gareis/Stummer 2007, S. 213 ff.; Wagner/Patzak 2007, S. 91 ff.; Neumann/Probst/Wernsmann 2008, S. 318 ff.; Gadatsch 2009, S. 37 ff.; EABPM 2009, S. 200 ff.; Snabe et al. 2009, S. 118 ff.; Knuppertz 2009, S. 274 ff.; Hiller/Minar-Hödel/Zahradnik 2010, S. 50 ff.; Scheer/Brabänder 2010, S. 258 ff.; Göppel 2011, S. 52 ff.; Ahlrichs/Knuppertz 2010, S. 474 ff.; Knuppertz/Feddern 2011, S. 90; vgl. Minone 2011, S. 25 f.; Fischermanns 2012, S. 399 ff.; Hanschke/Lorenz 2012, S. 42 ff.).

Abb. 4.21 Von Personen wahrgenommene Rollen im Geschäftsprozessmanagement

Verantwortlich für die Einführung des Geschäftsprozessmanagements ist der GPM-Projektleiter. Er erhält Unterstützung von dem Prozesssponsor. Dieser ist Mitglied der Leitung und setzt sich in schwierigen Situationen für das Projekt kraft seiner Position ein. In vielen Fällen nehmen GPM-Projektleiter die Hilfe von professionellen Prozessberatern bei der Planung und Durchführung des GPM-Projektes in Anspruch.

Bei der Durchführung des Geschäftsprozessmanagements spielen Prozessverantwortliche (Geschäfts- und Teilprozessverantwortliche) die zentrale Rolle. Sie sind für die laufende Steuerung und Optimierung der Geschäfts- bzw. Teilprozesse verantwortlich. Von besonderer Bedeutung ist dabei das Prozesscontrolling. Je nach Größe und Komplexität der Geschäftsprozesse nehmen Prozessverantwortliche die Aufgaben des Prozesscontrollings selbst wahr oder stützen sich auf Prozesscontroller ab. Die operative Ausführung der Prozessaufgaben liegt in der Hand der Prozessmitarbeiter. Parallel dazu sind die Prozessmitarbeiter maßgeblich an der kontinuierlichen Verbesserung der Prozesse beteiligt. Die Rollenbeschreibungen sollten den Mitarbeitern ein klares Verständnis ihrer Rolle vermitteln. In den Rollenbeschreibungen ist u.a. festzuhalten, wie die Leistungen der Mitarbeiter gemessen und wie sie am Erfolg von Prozessverbesserungen beteiligt werden.

Das Geschäftsprozessmanagementsystem ist mit seiner Einführung nicht abgeschlossen, sondern ebenso wie die einzelnen Geschäftsprozesse weiterzuentwickeln und zu optimieren. Diese Aufgabe nimmt unternehmensweit der Chief Process Officer bzw. der Prozessmanager wahr. Eine Gesamtverantwortung für das Geschäftsprozessmanagement ist notwendig, um das Geschäftsprozessmanagement ganzheitlich auf die Geschäftsstrategie auszurichten, es laufend an strategische Veränderungen anzupassen, Geschäftsprozesse soweit sinnvoll zu standardisieren und zu harmonisieren sowie die Anforderungen der Process Governance zu erfüllen.

Abhängig vom Einzelfall ist zu klären, wann welche Rollen im Geschäftsprozessmanagement benötigt werden. Oft übernehmen GPM-Projektleiter oder interne Prozessberater nach der Einführungsphase die Rollen der Prozessverantwortlichen in der Durchführungsphase. Auch ist zu prüfen, ob die Aufgaben verschiedener Rollen zusammengelegt werden können. Häufig nehmen z. B. Geschäftsprozessverantwortliche zusammen mit ihren Teilprozessverantwortlichen die Aufgaben des Prozesscontrollers wahr. ■

Neben Einzelpersonen spielen Gremien und Teams im Geschäftsprozessmanagement eine wichtige Rolle. **Prozessgremien/Teams** werden eingesetzt, um bestimmte Prozessmanagementaufgaben zu lösen. Der Schwerpunkt liegt auf der Verbesserung der Prozesse. In der Praxis hat sich eine hierarchische Organisation von Gremien/Teams bewährt, in welche die Geschäftsleitung, der Chief Process Officer/Prozessmanager, die Geschäftsprozessverantwortlichen sowie Prozessmitarbeiter eingebunden sind (siehe Beispiel in Abbildung 4.22). Die Gremien/Teams gewährleisten eine schnelle Top-down- und Bottom-up-Kommunikation. Es werden nicht nur Strategien, Ziele und wichtige geschäftliche Informationen von oben nach unten weitergegeben, sondern auch Probleme, Unterstützungsanforderungen und Verbesserungserfolge von unten nach oben kommuniziert.

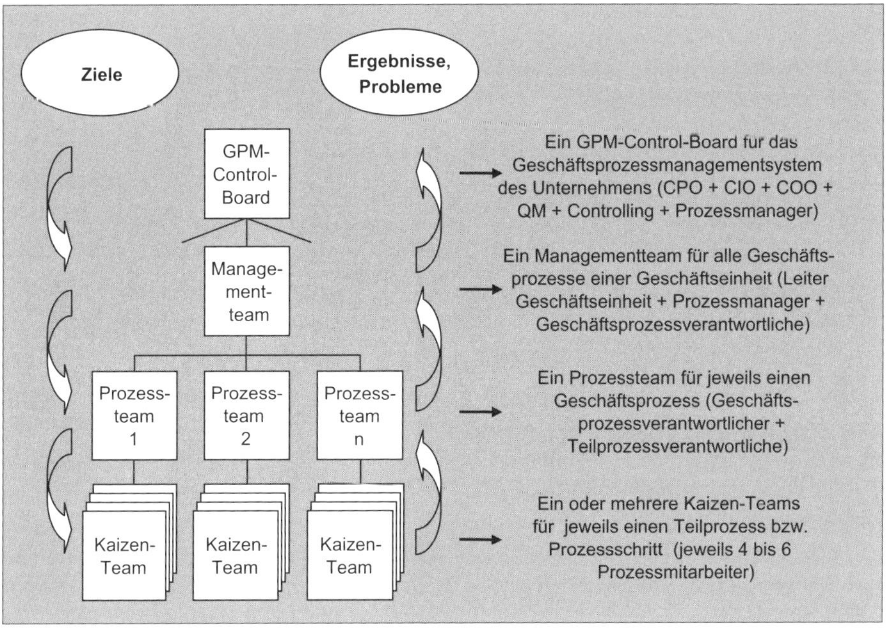

Abb. 4.22 Von Gremien/Teams wahrgenommene Rollen im Geschäftsprozessmanagement

4.3.2 Von Personen wahrgenommene Rollen in Prozessorganisationen

4.3.2.1 GPM-Projektleiter

Der **GPM-Projektleiter** ist für die Einführung des Geschäftsprozessmanagementsystems verantwortlich (vgl. Kapitel 12.1). Er plant das Einführungsprojekt und setzt es um. Sein **Aufgaben- und Anforderungsprofil** zeigt die Rollenbeschreibung in Abbildung 4.23.

Aufgaben des GPM-Projektleiters

- Planung der Einführung des Geschäftsprozessmanagements: Zielsetzung, Nutzenrechnung, Anwendungsbreite und -tiefe, Einführungsphasen, Meilensteine, Termine, Projektorganisation, Projektbudget, Projektkommunikation, Training
- Laufende Kontrolle des Projektfortschritts
- Veranlassung notwendiger Korrekturmaßnahmen
- Disposition der personellen, finanziellen und technischen Projektressourcen
- Führung der Projektmitarbeiter
- Laufende Information des Managements und aller Mitarbeiter über den Projektfortschritt (Ziele, Ergebnisse, Probleme)
- Vertretung des Projektes nach außen

Verantwortung des GPM-Projektleiters

- Zielerreichung des Einführungsprojektes

Befugnisse und Pflichten des GPM-Projektleiters

- Dispositions-, Informations-, Kontroll-, Eskalations-, Vertretungsrecht
- Kontroll-, Berichtspflicht

Anforderungen an GPM-Projektleiter

- **Kenntnisse/Erfahrungen:** Erfahrungen als Projektleiter in Organisationsprojekten sowie als Prozessverantwortlicher oder Prozessberater
- **Fähigkeiten:** analytisches und konzeptionelles Denkvermögen, hohe soziale Kompetenz, teamfähig, kommunikativ, integrativ, führungs- und durchsetzungsstark

Abb. 4.23 Rollenbeschreibung GPM-Projektleiter

Von der Person des GPM-Projektleiters hängt wesentlich der Erfolg der GPM-Einführung ab. „The selection of an experienced BPM business project manager is one of the most important decisions with regard to a BPM project. Spend the necessary time and money to ensure that the right person is appointed; it will pay for itself throughout the life of the project“ (Jeston/Nelis 2008, S. 131).

4.3.2.2 Prozesssponsor

Der GPM-Projektleiter ist auf die Unterstützung der Geschäftsleitung angewiesen. Er benötigt einen Prozesssponsor, der dem obersten Leitungskreis angehört. Der **Prozesssponsor** ist Meinungsführer, „treibende Kraft" und bildet den Rückhalt des Projektes. Er fördert die Einführung dank seiner Position, Macht, Autorität und seines persönlichen Einflusses. Dem GPM-Projektleiter gibt er die notwendige Rückendeckung. Viele Widerstände bei der Einführung können nur mit seiner Hilfe ausgeräumt werden (vgl. Scheer/Brabänder 2010, S. 259 f.).

Der Prozesssponsor vermittelt der Organisation drei Arten von Botschaften: ausdrückliche (was er sagt), vorgelebte (was er tut) und bestätigende (was er belohnt). „Bei widersprüchlichen Aussagen werden die Mitarbeiter einer Organisation immer den vorgelebten und bestätigten Botschaften glauben statt den ausdrücklichen" (Mogilensky 2012, S. 170). Starke Sponsoren zeichnen sich durch Übereinstimmung von Aussagen, Handeln und Verhalten aus. Schwache Sponsoren stellen ein Risiko für den Erfolg des Geschäftsprozessmanagements dar.

Starke Prozesssponsoren sind nicht nur bei der Einführung, sondern auch bei der Ausführung des Geschäftsprozessmanagements, wie z. B. bei größeren Verbesserungs- oder Reengineering-Projekten erfolgsentscheidend. Nach der Einführung kann der Chief Process Officer die Rolle des Prozesssponsors übernehmen, soweit er über die dafür erforderlichen persönlichen Voraussetzungen und Kompetenzen verfügt.

Der Prozesssponsor kann nur agieren, wenn er offen und ehrlich über Stand und Schwierigkeiten der Ein- bzw. Durchführung des Geschäftsprozessmanagements informiert wird. Deshalb ist es wichtig, dass sich der GPM-Projektleiter bzw. die Geschäftsprozessverantwortlichen regelmäßig mit dem Prozesssponsor treffen, um über Fortschritte, Hindernisse und Verbesserungen des Geschäftsprozessmanagements und der Geschäftsprozesse zu kommunizieren.

4.3.2.3 Prozessberater

Die Unterstützung durch Prozessberater ist besonders in der Initialisierungs- und Konzeptionsphase des GPM-Projektes wertvoll. **Prozessberater** begleiten das Projekt, bis die Implementierung der Geschäftsprozesse, der Aufbau des Prozesscontrollings und die organisatorische Verankerung der Verbesserungsmethoden abgeschlossen sind (vgl. Kapitel 12.3). Aber auch später im laufenden Betrieb sowie in Reengineering-Projekten können Wissens- und Erfahrungsdefizite durch Prozessberater ausgeglichen werden. Schwerpunkt der Prozessberatung ist neben dem Prozess- und Methodentraining vor allem die Unterstützung bei der (vgl. BPTrends 2012a, S. 30 f.):

- Definition der Prozessstrategie,
- Konzeption einer Unternehmensprozessarchitektur,
- Konzeption eines unternehmensweiten Systems der Performancemessung.

Das Aufgaben- und Anforderungsprofil des Prozessberaters geht aus der **Rollenbeschreibung** in Abbildung 4.24 hervor. Organisationen, die geringe Erfahrungen mit Geschäftsprozessmanagement oder Erfahrungslücken haben, sollten auf jeden Fall Prozessberater einschalten.

Prozessberater müssen den geschäftlichen Kontext und die Kultur der Organisation verstehen, um effektive Lösungen vorschlagen zu können. Ihre Hauptvorteile sind neben der Expertise ihre Neutralität. Erfahrene Prozessberater erkennen schnell und zutreffend, wie Organisationen funktionieren, wo zentrale Prozessprobleme liegen und welche Prozesslö-

Aufgaben des Prozessberaters

- Beratung und Information
- Erarbeiten von Vorgehenskonzepten zur GPM-Einführung
- Methodische Unterstützung der GPM-Einführung
- Durchführung von Organisations-, Prozess- und Schwachstellenanalysen
- Bereitstellung und Training von Prozessmethoden und -tools
- Organisation und Moderation von GPM-Workshops
- Coaching des GPM-Projektleiters und der Geschäftsprozessverantwortlichen
- Beratung von Prozessteams und Kaizen-Teams
- Unterstützung beim Change-, People- und Stakeholder-Management
- Transfer von Best-Practice-Erfahrungen aus anderen GPM-Projekten

Verantwortung des Prozessberaters

- Professionelle, fachgerechte und unabhängige Beratung
- Umsetzungsverantwortung zusammen mit dem GPM-Projektleiter

Befugnisse und Pflichten des Prozessberaters

- Informations-, Mitwirkungs-, Vorschlagsrecht
- Verschwiegenheit nach außen

Anforderungen an den Prozessberater

- **Kenntnisse/Erfahrungen:** exzellente Kenntnisse von Methoden und Tools des Projekt- und Prozessmanagements; mehrjährige Erfahrungen als Prozessverantwortlicher oder GPM-Projektleiter; Erfahrungen in Analyse, Identifikation, Modellierung, Beschreibung, Bewertung, Controlling, Verbesserung und Optimierung von Geschäftsprozessen; Erfahrungen als Moderator, Trainer und Coach

- **Fähigkeiten:** analytisches und konzeptionelles Denkvermögen, anpassungsfähig, teamfähig, integrativ, kommunikativ

Abb. 4.24 Rollenbeschreibung Prozessberater

sungen am günstigsten sind. Die Lösungen bestehen zumeist aus dem Zusammenspiel mehrerer Faktoren und nicht aus der organisationsspezifischen Anwendung einer bestimmten Methode. Bedenken sind deshalb bei Methoden- und Toolexperten angebracht. Sie sind oft auf vordefinierte Lösungen fixiert.

Bei Prozessberatern ist zwischen unternehmensexternen und -internen Beratern zu unterscheiden (siehe Abbildung 4.25). Bei **externen Prozessberatern** ist die Breite ihrer Prozesserfahrung das ausschlaggebende Kriterium. Vorteilhaft ist, wenn sie diese in mehreren Unternehmen gesammelt haben. Externe Prozessberater sollten nur für bestimmte Unterstützungsaufgaben und einen begrenzten Zeitraum eingesetzt werden. Die Schwerpunkte

	Vorteile	Nachteile
Externe Prozess-berater	• theoretisches und praktisches Expertenwissen • konzeptionelle Stärken • Neutralität, Mut zur Wahrheit • Erfahrungen aus anderen Unternehmen • Akzeptanzverstärker • Kontakte zur Geschäftsleitung	• keine Umsetzungs-verantwortung • unzureichende Kenntnis der Unternehmenskultur • nur punktuelle/zeitlich befristete Unterstützung • Know-how-Abfluss • Kosten
Interne Prozess-berater	• Vertrautheit mit Unternehmenskultur • Vertrautheit mit Regularien, Richtlinien, Tools (IT) • persönliche Beziehungen • zeitliche Verfügbarkeit • Know-how-Sicherung für das eigene Unternehmen	• fehlender Expertenstatus • eingeschränkte Objektivität (Betriebsblindheit) • zumeist geringere Projekt-, Prozess- und Change-Management-Erfahrungen • kein Know-how-Transfer aus anderen Unternehmen

Abb. 4.25 Merkmale unternehmensinterner und -externer Berater

liegen auf der methodischen und konzeptionellen Unterstützung sowie der Übernahme von Trainings-, Moderations- und Coachingaufgaben.

Die Stärken **interner Prozessberater** sind die guten Kenntnisse der Unternehmenskultur und -organisation, die sich besonders bei der Umsetzung des Geschäftsprozessmanagements auszahlen. Ein weiterer Pluspunkt ist, dass die gewonnenen Prozesserfahrungen dem Unternehmen erhalten bleiben. Nachteilig ist, dass sie zum Thema Geschäftsprozessmanagement oft Wissens- und Erfahrungslücken haben und auf externe Expertise angewiesen sind. Interne Prozessberater können sich nur größere Unternehmen leisten. Für kleinere Unternehmen scheidet diese Möglichkeit wegen fehlender Kandidaten und schwankender Auslastung zumeist aus.

Bei der Rekrutierung interner Prozessberater sind folgende Kriterien anzuwenden:

- fachliche und soziale Kompetenz,
- Akzeptanz im Unternehmen,
- Eignung als Berater,
- Unternehmenszugehörigkeit von mindestens drei Jahren,
- Praxiserfahrungen in möglichst zwei Funktionen.

Die Ausbildung zum internen Prozessberater stellt eine Qualifizierungsmaßnahme für jüngere Mitarbeiter mit Entwicklungspotenzial dar. Die Qualifizierung können externe Berater oder entsprechend erfahrene interne Prozessexperten übernehmen. Die Einsatzdauer sollte nicht über drei Jahre hinausgehen. Günstig ist, Mitarbeiter aus verschiedenen Funktionen in das Beraterteam abzuordnen. Ein Prozessberater kann erfahrungsgemäß zwei Geschäftsprozesse betreuen, sodass eine Geschäftseinheit etwa drei bis vier Prozessberater für einen Zeitraum von zwei bis drei Jahren benötigt. Größere Unternehmen fassen die internen Prozessberater, auch Business Process Professionals genannt, organisatorisch in dem GPM-Office zusammen, das dem Chief Process Officer direkt zugeordnet ist (vgl. Kapitel 4.3.3.5).

Vgl. zum Thema Beratung und Prozessberatung: Doppler/Lauterburg 2008, S. 524 ff.; Jeston/Nelis 2008, S. 23 f.; Krüger 2009, S. 187 f.; Hiller/Minar-Hödel/Zahradnik 2010, S. 227 ff.; Vahs/Weiand 2010, S. 27 ff.; Knuppertz/Feddern 2011, S. 166 ff.

4.3.2.4 Chief Process Officer

„The ultimate way to ensure that processes receive the maximum commitment and attention from executive management is to appoint a dedicated chief process officer (CPO)" (Jeston/Nelis 2008, S. 338).

Der **Chief Process Officer** (CPO) trägt die Verantwortung für die Etablierung und Optimierung des gesamten Geschäftsprozessmanagements in einem Unternehmen (vgl. Scheer/Brabänder 2010, S. 260). Gebräuchliche Bezeichnungen sind auch Head of BPM, Prozesskoordinator, Leiter des Kompetenzcenters Prozessmanagement oder Leiter des zentralen Prozessmanagements. Hauptaufgaben des CPO sind die strategische Ausrichtung, Einführung, Harmonisierung, Verbesserung, Anpassung und Weiterentwicklung des unternehmensweiten Geschäftsprozessmanagements. Anpassungen und Weiterentwicklungen können durch strategische Veränderungen der Kunden, Märkte, Wettbewerber, Zulieferer, Partner, Technologien und Mitarbeiter, daraus resultierende Änderungen des Geschäftsmodells, normative Anforderungen sowie Optimierungsmaßnahmen ausgelöst werden (vgl. Kapitel 3.2). Der CPO ist auch verantwortlich für Process Governance. Process Governance umfasst unternehmensweit gültige Grundsätze, Leitlinien und Vorschriften der Organisation, Führung und Überwachung des Geschäftsprozessmanagements (vgl. Kapitel 1.6 und 3.3.8).

Das Aufgabenfeld des CPO, das sich auf das übergreifende Geschäftsprozessmanagementsystem eines Unternehmens bezieht, wird auch als Makrodesign, (**Makroprozessmanagement**, Multiprozessmanagement) bezeichnet. Im Unterschied dazu umfasst das Mikrodesign (**Mikroprozessmanagement**, Einzelprozessmanagement) das Management einzelner Geschäftsprozesse (vgl. Suter 2004, S. 25 ff.; Gareis/Stummer 2007, S. 75 ff.). „Das *Makrodesign* definiert dabei die Geschäftsprozesse des Unternehmens sowie deren Schnittstellen zur Umwelt und untereinander. Insbesondere die Rollen zwischen den Geschäftsprozessen und Unternehmensteilen werden geklärt. Der Kontext für diese grundlegende Gestaltung ist durch die Geschäftsstrategie gegeben." [...] „Unter *Mikrodesign* wird die Optimierung eines ausgewählten Geschäfts- oder Teilprozesses verstanden, wo auch die Ressourcenausstattung in qualitativer und quantitativer Sicht festgelegt wird" (Suter 2004, S. 26 f.). Oft werden einzelne Prozesse (Mikrodesign) ohne Einbettung in ein übergreifendes Geschäftsprozessmanagement gestaltet und ausgeführt. Verbesserungen haben dann nur lokale Wirkung und sind suboptimal. Eine signifikante Reduzierung von Schnittstellen und Koordinationsvorgängen, ein strategieorientierter Ressourceneinsatz sowie die Verbesserung der gesamten Wertschöpfungskette lassen sich nur über ein Makrodesign erreichen.

Laut Umfrage „Status Quo Prozessmanagement 2010/2011" werden in der Praxis als **Hauptaufgaben des CPO** gesehen (vgl. BPM&O 2011, S. 11):

- Aufbau und Pflege des Prozessmodells (90 %),
- Prozessmanagement Beratung (79 %),
- Einordnung der Kernprozesse in die Unternehmensstrategie (66 %),
- unternehmensübergreifende Steuerung von Prozessen (52 %),
- Vereinbaren von Prozesszielen mit Prozessmanagern (50 %).

Die Rollenbeschreibung des CPO enthält Abbildung 4.26. Zur Unterstützung der vielfältigen Aufgaben steht dem CPO das GPM-Office zur Seite, das er auch leitet (vgl. Kapitel 4.3.3.5).

Aufgaben des Chief Process Officer

- Planung der Prozessstrategie und Abstimmung mit der IT-Strategie
- Entwicklung und Aktualisierung der Process Governance inklusive des unternehmensspezifischen Prozessmodells
- Planung und Kontrolle der strategischen und operativen Ziele des Geschäftsprozessmanagementsystems
- Anpassung und Verbesserung des Geschäftsprozessmanagementsystems
- Standardisierung von Geschäftsprozessen
- Ermittlung von Reife und Wirkung des Geschäftsprozessmanagement-systems
- Koordination prozessübergreifender Verbesserungsprojekte
- Lösung interprozessualer Probleme
- Koordination unternehmensübergreifender Geschäftsprozesse
- Bereitstellung von Prozessmethoden und -tools
- Integration von Geschäftsprozess- und Qualitätsmanagement
- Integration von Compliance- und Risikomanagement
- Organisation des Best Practice Sharing
- Organisation und Leitung des GPM-Control-Board
- Leitung des GPM-Office
- Vertretung der GPM-Interessen in externen Gremien

Verantwortung des Chief Process Officer

- Zielerreichung und Optimierung des Geschäftsprozessmanagementsystems

Befugnisse und Pflichten des Chief Process Officer

- Informations-, Kontroll-, Eskalations-, Vertretungsrecht
- Kontroll-, Berichtspflicht

Anforderungen an den Chief Process Officer

- **Kenntnisse/Erfahrungen:** gute Kenntnisse/Erfahrungen in Prozessmanagement, IT, strategischer Planung; Erfahrungen als Prozessverantwortlicher, Prozessberater oder als GPM-Projektleiter; Erfahrungen als Moderator, Trainer und Coach
- **Fähigkeiten:** strategisches, analytisches und konzeptionelles Denken, anpassungsfähig, kommunikativ, integrativ

Abb. 4.26 Rollenbeschreibung Chief Process Officer

Für die **organisatorische Einordnung** des CPO im Unternehmen bieten sich verschiedene Möglichkeiten an:

- Mitglied im obersten Leitungskreis (Board of Directors),
- Wahrnehmung der Aufgaben durch:
  - Chief Operating Officer (COO),
  - Chief Information Officer (CIO),
  - Chief Quality Officer (CQO),
  - das zentrale Controlling,
  - die zentrale Organisationsabteilung.

Welche der Möglichkeiten gewählt wird, hängt von der Ausrichtung des Geschäftsprozessmanagements und dem Gewicht ab, welches ihm die Unternehmensleitung beimisst.

Die Mitgliedschaft des CPO im Leitungskreis hat den Vorteil, dass die strategische Bedeutung und unternehmensweite Wirkung des Geschäftsprozessmanagements betont werden (vgl. auch Fischermanns 2012, S. 441). Die Lösung wirkt sich positiv auf die strategische Ausrichtung des Geschäftsprozessmanagements und der Prozessziele sowie deren Umsetzung aus. Vorteilhaft ist auch, dass die unternehmensweiten Prozesskenntnisse des CPO für strategische Entscheidungen wie z. B. Ausbau von Kernkompetenzen, Outsourcing und Restrukturierung genutzt werden können. Bei Beauftragung des COO mit den Aufgaben des CPO besteht die Gefahr, dass zu starkes Gewicht auf Effizienzaspekte der operativen Prozesse gelegt wird und strategische Belange sowie sekundäre Geschäftsprozesse zu wenig Beachtung finden.

In der Praxis wird die Zuordnung des CPO zum zentralen Qualitätsmanagement (CQO) oder zum CIO favorisiert (vgl. Abholhassan 2005, S. 371 ff.; Garimella/Lees/Williams 2008, S. 29). Bei dieser Lösung besteht die Gefahr, dass Qualitäts- bzw. IT-Gesichtspunkte ein zu starkes Gewicht erhalten und andere Schwerpunkte des Geschäftsprozessmanagements wie Prozessorganisation, Prozesscontrolling (Process Performance Management), Prozessoptimierung und organisationales Lernen vernachlässigt werden. Auch wenn die Integration von Business-BPM und IT-BPM zunimmt, sollten die Verantwortungsbereiche von CIO und CPO getrennt bleiben, da die Orientierungen, Anforderungen und Voraussetzungen zu unterschiedlich sind (vgl. Kapitel 10.9).

Die Zuordnung zum zentralen Controlling findet bisher wenig Beachtung. Naheliegender ist, die Aufgaben des CPO mit denen des zentralen Organisationsbereiches zu verbinden, der seit einigen Jahren an Bedeutung verloren hat. Die Integration könnte das betriebswirtschaftliche Gewicht stärken und die weitverbreitete Dominanz der IT und des Qualitätsmanagements im Geschäftsprozessmanagement relativieren. Noch einen Schritt weiter geht der Vorschlag, die Aufgaben des CPO mit denen des zentralen Organisationsbereiches und des CIO zusammenzuführen (vgl. Komus 2011, S. 50 ff.; vgl. auch Gadatsch 2012, S. 8 f.).

Über **Verbreitung und Stellung des CPO** in der Praxis geben folgende Studien und Umfragen Auskunft:

- Umfrage „Status Quo Prozessmanagement 2010/2011“: „Erfreuliche Trenderkenntnis: Viele Unternehmen (43 %) ordnen die Gesamtverantwortung für Prozessmanagement nun im Bereich Organisation oder Unternehmensentwicklung zu. Damit wird der Gestaltungsspielraum im Regelfall deutlich verbessert. Im Umkehrschluss gilt: Der sichtbare Rückgang der expliziten Besetzung dieser Rolle des CPO von 27 auf 21 % zeigt auf, dass die Etablierung von Prozessmanagement nach wie vor nicht erfolgreich gelungen ist. Ohne gut positionierten Kapitän kein gutes Team!“ (BPM&O 2011, S. 4).

- Studie „Zukunftsthema Geschäftsprozessmanagement“: Nur bei 11% der Befragten ist ein CPO etabliert. „Dieser Umstand ist äußerst kritisch zu beurteilen, da somit keine der Geschäftsführung oder dem Vorstand nahe Position im Unternehmen existiert, die Unternehmensziele auf Ebene der Prozessstrategie verfolgt und innerhalb des Geschäftsprozessmanagements umsetzt. [...] Gerade die enge Verzahnung mit der IT-Abteilung verlangt einen CPO oder eine vergleichbare Position, die auf Augenhöhe mit dem Chief Information Officer (CIO) verhandeln kann“ (PwC 2011a, S. 29).
- BPTrends-Report „The State of Business Process Management 2012“: „There are only a few organizations that have gone so far as to establish a Chief Process Officer, but many have established Business Process Management Centers of Excellence (BPM CoE) and many more are talking about BPM and putting a major emphasis on the centralized management of the organization's process initiatives. If the lack of such central coordination is really the major problem that half our respondents' organizations face, then we can expect that centralization is going to become a growing issue in the near future“ (BPTrends 2012a, S. 44).

4.3.2.5 Prozessmanager

In großen Unternehmen, die in Geschäftsbereiche und Geschäftseinheiten unterteilt sind, fallen auf diesen Ebenen ebenfalls übergreifende Koordinationsaufgaben des Geschäftsprozessmanagements an. Dafür werden in der Praxis häufig **Prozessmanager** eingesetzt. In kleinen Geschäftseinheiten können die Aufgaben auch einem Geschäftsprozessverantwortlichen übertragen werden. Die Aufgaben des Prozessmanagers leiten sich aus denen des CPO ab:

- Die Prozessorientierung des Geschäftsbereichs bzw. der Geschäftseinheit in Übereinstimmung mit den Grundsätzen und Regeln der Process Governance forcieren.
- Geschäftsspezifische Vorgehensweisen, Vorgaben und Ziele des Geschäftsprozessmanagements in enger Abstimmung mit dem Managementteam festlegen.
- Geschäftsspezifisches Prozessmodell entwickeln und anpassen.
- Geschäftsspezifische Verbesserungsprogramme zur Leistungssteigerung der Geschäftsprozesse in enger Abstimmung mit dem Managementteam initiieren und steuern.
- Geschäftsspezifische Prozessassessments und Leistungsvergleiche in den Geschäftseinheiten durchführen.
- Geschäftsspezifische Trainingsprogramme konzipieren und durchführen.
- Den geschäftsinternen Erfahrungsaustausch organisieren und lenken.
- Die prozessorientierten Anforderungen an die übergeordneten Ebenen bündeln, priorisieren und weitergeben.
- In übergeordneten Koordinierungsgremien (z. B. im GPM-Control-Board) mitarbeiten und dort die Interessen der Organisationseinheit vertreten.

4.3.2.6 Geschäfts- und Teilprozessverantwortliche

Die Leitung eines Geschäftsprozesses liegt in der Hand des Geschäftsprozessverantwortlichen (auch als Prozesseigner, Prozesstreiber, Process Owner, Prozessbesitzer, Prozesskoordinator bezeichnet). Er ist dem Kunden gegenüber für die Kundenleistungen und dem Management gegenüber für die Zielerreichung des Geschäftsprozesses verantwortlich. „Ein

Prozessverantwortlicher ist eine Person, die dauerhaft die Verantwortung dafür trägt, komplette End-to-End-Prozesse erfolgreich zu gestalten, umzusetzen und auszuführen, und die Rechenschaft über den Erfolg des Prozesses ablegen muss" (EABPM 2009, S. 200; vgl. auch ISO 9004:2009, Abschnitt 7.3; Snabe et al. 2009, S. 164 ff.; EABPM 2009, S. 222 f.; Scheer/Brabänder 2010, S. 261; PwC 2011a, S. 29; Bergsmann 2012, S. 144 ff.).

Geschäftsprozessverantwortliche können die Verantwortung für das Erreichen der Prozessziele nur erfüllen, wenn sie über ausreichende Befugnisse verfügen. Für die Ausgewogenheit hat die Geschäftsleitung Sorge zu tragen. Unter Diskrepanzen zwischen Verantwortung und Befugnissen leiden nicht nur Prozessverantwortliche, sondern auch Prozessmitarbeiter. Sie müssen dadurch mit größeren Unsicherheiten und Konflikten leben, die Kraft kosten und Unzufriedenheit verursachen. ■

Bei Befugnissen ist zwischen fachlichen und disziplinarischen Befugnissen zu unterscheiden. **Fachliche Weisungsbefugnisse** sind Weisungsrechte, die sich auf Aufgabeninhalte, die Art und Weise der Aufgabenausführung sowie die anzuwendenden Methoden und Instrumente beziehen. Die **disziplinarischen Weisungsbefugnisse** umfassen Mitarbeiterführung (Zielvereinbarung, Motivation, Coaching), Mitarbeiterbetreuung (Arbeitszeit, Anwesenheit, Urlaub, Unterstützung bei betrieblichen Problemen) und Mitarbeiterentwicklung (Einstellung, Aus- und Weiterbildung, Beurteilung, Be- und Entlohnung, Beförderung, Entlassung) (vgl. Nicolai 2009, S. 52 f.).

Ein erfolgreicher und mit adäquaten Befugnissen ausgestatteter Geschäftsprozessverantwortlicher wird mit folgenden Worten zitiert: „Ich fühle mich als Unternehmer, als Mittelständler. Ich nutze meinen Entscheidungsspielraum und trage für meinen Prozess und meine Entscheidungen die Verantwortung. Ein Prozessverantwortlicher braucht unternehmerische Freiheit. Wenn ein Lieferant nicht die vereinbarte Performance bringt, verpflichte ich einen anderen" (Walter 2009, S. 151).

Das Rollenprofil des Geschäftsprozessverantwortlichen zeigt Abbildung 4.27. Disziplinarische Weisungsbefugnisse hat der Geschäftsprozessverantwortliche nur, wenn er über eigene Personalressourcen verfügt (vgl. Kapitel 4.4.2.3 und 4.4.2.4).

Die Aufgaben der Geschäftsprozessverantwortlichen sind so umfangreich, dass sie mit einem Geschäftsprozess in der Regel voll ausgelastet sind. Deshalb sollte ihnen nicht die Verantwortung für mehrere Geschäftsprozesse übertragen werden. Auch die gleichzeitige Wahrnehmung von Funktions- und Prozessverantwortung ist kritisch zu beurteilen.

Geschäftsprozessverantwortliche tragen persönlich die Verantwortung für das Erreichen der Prozessziele. Dieser unternehmerischen Verantwortung sowie den damit verbundenen Führungsaufgaben können Prozessmitarbeiter, Teams oder Stabsstellen nicht gerecht werden, denen in der Praxis nicht selten die Prozessverantwortung übertragen wird.

Weiterhin ist problematisch, Geschäftsprozessverantwortliche auf einer zu niedrigen Ebene in der Organisation einzuordnen. Sie sollten Sitz und Stimme im Leitungskreis der Geschäftseinheit haben. Nur so erhalten sie aktuelle Informationen über Änderungen der geschäftlichen Ziele und Prioritäten sowie über aktuelle Herausforderungen, Störgrößen und Probleme des Geschäftes, auf welche die Geschäftsprozesse reagieren müssen. Ferner bietet dieses Forum die Möglichkeit, Zielkonflikte und Probleme in und zwischen den Geschäftsprozessen sowie mit Funktionen schnell zu klären und zu lösen.

Aufgaben des Geschäftsprozessverantwortlichen

- Gestaltung des Geschäftsprozesses: Prozessstruktur, -ablauf, -modellierung, -dokumentation
- Gestaltung des Prozesscontrollings: Festlegung von Prozesszielen, Prozesskennzahlen, Messsystem, Prozessberichtswesen
- Festlegung der Rollen im Geschäftsprozess
- Ableitung/Vereinbarung der Ziele und kritischen Erfolgsfaktoren für den Geschäftsprozess
- Planung und Disposition der personellen, finanziellen und technischen Prozessressourcen
- Festlegung von Leistungsvereinbarungen mit internen und externen Lieferanten (Service Level Agreements) sowie mit Kunden
- Laufende Prozessmessungen und Kontrollen der Zielerreichung und der Prozessperformance, Durchführung des Prozessberichtswesens
- Veranlassung von Prozessaudits, -validierungen und -assessments
- Steuerung der Prozessdurchführung, Prozessverbesserung und -innovation
- Führung (Zielvereinbarung, Motivation, Förderung) und Weiterbildung der eigenen Prozessmitarbeiter
- Vertretung des Geschäftsprozesses nach außen
- Leitung des Prozessteams

Verantwortung des Geschäftsprozessverantwortlichen

- Leistungserbringung gegenüber Kunden
- Erreichung der Prozessziele

Befugnisse und Pflichten des Geschäftsprozessverantwortlichen

- Fachliche Weisungsbefugnisse (Planungs-, Kontroll-, Steuerungs-, Koordinations-, Informations-, Vertretungsrecht bezogen auf den Geschäftsprozess)
- Disziplinarische Weisungsbefugnisse für eigene Personalressourcen
- Kontroll-, Berichtspflicht

Anforderungen an den Geschäftsprozessverantwortlichen

- **Kenntnisse/Erfahrungen:** gute Kenntnisse des Prozessmanagements und Controllings; Führungserfahrung

- **Fähigkeiten:** motivierend, kommunikativ, überzeugend, analytisches und konzeptionelles Denkvermögen, in tegrativ, durchsetzungsstark

Abb. 4.27 Rollenbeschreibung Geschäftsprozessverantwortlicher

Die Leitung von Teilprozessen wird **Teilprozessverantwortlichen** übertragen. Teilprozessverantwortliche tragen in Abstimmung mit dem Geschäftsprozessverantwortlichen die Verantwortung für Gestaltung, Durchführung und Ergebnisse des Teilprozesses. Zumeist bilden Teilprozessverantwortliche die unterste Führungsebene in Geschäftsprozessen. Ihre Aufgabe ist es, Prozessmitarbeiter in den Teilprozessen zu führen, zu beraten und zu coachen. Die Teilprozessverantwortlichen werden von dem Geschäftsprozessverantwortlichen in Abstimmung mit der Geschäftsleitung ernannt. Sie sind den Geschäftsprozessverantwortlichen fachlich, in der reinen und teilweise auch in Matrix-Prozessorganisationen disziplinarisch unterstellt. Bei der Auswahl der Geschäftsprozess- und Teilprozessverantwortlichen sind hohe Anforderungen an soziale Kompetenz, Prozessverständnis und -wissen sowie Veränderungsbereitschaft zu stellen.

Über **Verbreitung und Status von Geschäftsprozessverantwortlichen** in der Praxis geben folgende Studien und Kommentare Auskunft:

- „In many organizations, the process owner is responsible for the process performance but can't make decisions concerning personnel. This is a classic mismatch between responsibility and authority" (Madison 2005, S. 14).
- IDS Business Process Report 2007: 30% der Unternehmen erfüllen nicht die Forderung nach einer klaren Regelung der Prozessverantwortung (vgl. IDS Scheer 2007, S. 3).
- Umfrage „Status Quo Prozessmanagement 2010/2011": „In den meisten Unternehmen wird die Rolle der Prozessverantwortlichen bzw. des Prozessmanagers weiterhin eher als koordinierende Rolle interpretiert. Ermutigend ist es, dass zumindest eine leichte Steigerung bei der Übertragung von Budgetverantwortung auf die prozessbezogenen Rollen erfolgt. Aber auch hier gilt: Mit 25% ist dieser Wert deutlich zu niedrig. Alle Unternehmen sind damit herausgefordert, die Verantwortlichkeit von prozessbezogenen Führungskräften auch endlich erfolgreich zu etablieren" (BPM&O 2011, S. 4).
- Studie „Prozessorientierung in deutschen Industrieunternehmen": Von den befragten Unternehmen haben 67,5% Prozessverantwortliche benannt. Sie tragen die Verantwortung für die Prozessergebnisse, sind aber in ihren Befugnissen stark eingeschränkt. Verantwortlich für das Prozessbudget sind 38,5% und disziplinarische Weisungsbefugnisse haben 30,3%. Eine Kopplung von Anreizsystem und Prozesszielen besteht bei 32,1%. Die Anreizgestaltung für Prozessverantwortliche ist also gering ausgeprägt. „Eine zentrale Erkenntnis der Untersuchung ist, dass Prozessverantwortung zumeist lediglich eine ‚leere Hülse' darstellt, ohne dass sie durch entsprechende Kompetenzen, Befugnisse oder eine adäquate Gestaltung des Anreizsystems gefüllt wäre" (Liebert 2012, S. 98; vgl. auch Liebert 2012, S. 78ff. und Picot/Liebert 2011, S. 89).

  Liebert hat in seiner empirischen Untersuchung ermittelt, dass die Ausgestaltung der Prozessverantwortung einen signifikant positiven Einfluss auf alle Dimensionen der Organisationseffizienz wie Ressourcen-, Anpassungs-, Delegations-, Motivations- und Markteffizienz hat. „Daher sollte auf diesen Sachverhalt bei der Implementierung einer stärkeren Prozessorientierung in der Unternehmensorganisation ein besonderes Augenmerk gelegt werden. Die Prozessverantwortungsrolle sollte mit entsprechenden Kompetenzen und Verantwortungen ausgestattet werden" (Liebert 2012, S. 117).
- Studie „Business Process Management 2011 – Status quo und Zukunft": bei 65% der Befragten sind Prozessverantwortliche etabliert (vgl. Minone 2011, S. 25f.).

4.3.2.7 Prozesscontroller

Voraussetzung für eine zielgerichtete Steuerung der Geschäftsprozesse ist ein wirksames strategisches und operatives Prozesscontrolling. Das strategische Prozesscontrolling legt die Prozessstrategie und das strategische Prozessprogramm fest. Das operative Prozesscontrolling unterstützt die einzelnen Geschäftsprozesse bei der Erzielung einer hohen Prozesseffektivität und -effizienz. Es liefert die für die Planung, Kontrolle, Steuerung und Optimierung der Geschäftsprozesse notwendigen Informationen und führt die erforderlichen Koordinationsaufgaben durch. Schwerpunkte bilden die Planung der operativen Prozessziele, die Festlegung von Prozesskennzahlen, die Messung, Kontrolle und Steuerung von Zielerreichung und Prozessperformance und schließlich das Prozessberichtswesen (vgl. Kapitel 6).

Der **Prozesscontroller** ist der „unternehmerische, kaufmännische und methodische Berater" für den Chief Process Officer (CPO), Prozessmanager, die Geschäftsprozessverantwortlichen, die Prozessteams, Kaizen-Teams und Prozessmitarbeiter (vgl. Ahlrichs/Knuppertz 2010, S. 76). Die Befugnisse der Prozesscontroller hängen u.a. von der Form der Aufbauorganisation sowie von der Aufgabenteilung zwischen zentralem und dezentralem Controlling ab (vgl. Leistert 2006, S. 251 ff.). Da das Prozesscontrolling eine Unterstützungsfunktion hat, stehen hier leitungsunterstützende Befugnisse (Rechte, Kompetenzen) im Vordergrund. Dazu zählen Ausführungs-, Verfügungs-, Informations- und Anhörungsbefugnisse. Hinzu kommen Antrags-, Anordnungs-, Mitsprache- und Kontrollkompetenzen, damit die Prozesscontroller die ihnen übertragenen Kontroll- und Koordinationsfunktionen ausüben können.

Das **Aufgaben- und Anforderungsprofil** des Prozesscontrollers geht aus der Rollenbeschreibung in Abbildung 4.28 hervor. Die prozessübergreifenden Aufgaben werden von zentralen Prozesscontrollern, die prozessbezogenen Aufgaben von Verantwortlichen innerhalb der Geschäftsprozesse wahrgenommen. Komplexe Geschäftsprozesse setzen für die Durchführung des operativen Prozesscontrollings eigene Prozesscontroller ein. In weniger komplexen übernehmen die Geschäftsprozessverantwortlichen zusammen mit ihrem Prozessteam und Prozessmitarbeitern das prozessbezogene Controlling. Dabei nehmen sie die Beratung und Unterstützung der zentralen Prozesscontroller in Anspruch (vgl. Kapitel 6.8.2).

Aufgaben des Prozesscontrollers

- **Prozessbezogene Controllingaufgaben**
  - Planung der Prozessziele, der Prozesskennzahlen und des Messsystems
  - Planung des Prozessbudgets und der Prozessressourcen
  - Messung der Prozessperformance
  - Soll-Ist-Vergleiche, Abweichungsanalysen
  - Erstellen von Prozessberichten
  - Umsetzungskontrolle strategischer Prozessmaßnahmen
  - Durchführung von Prozessassessments

- **Prozessübergreifende Controllingaufgaben**
  - Konzeption, Einführung und Weiterentwicklung des strategischen und operativen Prozesscontrollings
  - Mitwirkung bei der Planung der Prozessstrategie
  - Planung und Umsetzungskontrolle des strategischen Prozessprogramms
  - Koordination des strategischen und operativen Prozesscontrollings
  - Koordination des Prozesscontrollings mit dem Geschäftscontrolling
  - Erstellung von Rahmenrichtlinien für das operative Prozesscontrolling
  - Auswahl und Bereitstellung von Controllingmethoden und -tools
  - Controllingberatung: Vorgehen, Methoden, Tools; Training, Moderation
  - prozessübergreifende Analysen, Auswertungen, Berichte

Verantwortung des Prozesscontrollers

- Konzeption und Optimierung des prozessspezifischen und prozessübergreifenden Controllings

Befugnisse und Pflichten des Prozesscontrollers

- Informations-, Kontrollrecht
- Kontroll-, Berichtspflicht

Anforderungen an den Prozesscontroller

- **Kenntnisse/Erfahrungen:** gute Methodenkenntnisse (Prozessmanagement, Controlling, strategische Planung, Balanced Scorecard); SAP-Erfahrungen; Erfahrungen im Projekt- oder Funktionscontrolling

- **Fähigkeiten:** kommunikativ, analytisches und konzeptionelles Denkvermögen

Abb. 4.28 Rollenbeschreibung Prozesscontroller

4.3.2.8 Prozessmitarbeiter

Neben den Geschäftsprozessverantwortlichen kommt den Prozessmitarbeitern im Geschäftsprozessmanagement die wichtigste Rolle zu. Prozessmitarbeiter führen nicht nur Prozessaufgaben aus, sondern sind auch die maßgeblichen Initiatoren und Realisierer von Prozessverbesserungen. Niemand kennt die Stärken und Schwächen der Geschäftsprozesse so gut wie die Prozessmitarbeiter. Ihre Erfahrungen und Ideen werden bei der Gestaltung und Ausführung intensiv genutzt. „You can have the most effective and efficient new or redesigned processes in the world, but unless you can convince people to use them efficiently or at all then you have nothing" (Jeston/Nelis 2008, S. 7).

In Prozessorganisationen sind Mitarbeiter nicht mehr „gesteuerte und kontrollierte Objekte", sondern „gestaltende Subjekte". Ihnen werden **Handlungsspielräume** mit entsprechenden Planungs-, Entscheidungs- und Kontrollbefugnissen eingeräumt. Sie können dadurch schneller und angemessener auf unerwartete Situationen reagieren und ihr Wissen und Können voll einbringen. Dem Empowerment auf der einen Seite steht das Commitment auf der anderen Seite gegenüber. Von den Mitarbeitern wird **Bereitschaft** erwartet, Verantwortung zu übernehmen und die übertragenen Gestaltungsräume wahrzunehmen. Inwieweit diese Selbstverpflichtung wirkt, hängt maßgeblich von der Unternehmens- und Prozesskultur sowie der Führung ab (vgl. Kapitel 1.3.3.4).

Die Bereitschaft der Mitarbeiter, sich einzubringen, ist stark ausgeprägt. In der Studie „Was ist gute Arbeit?" des Internationalen Instituts für Empirische Sozialökonomie (INIFES) geben 66 % der befragten deutschen Erwerbstätigen an, dass es ihnen wichtig oder sehr wichtig ist, ihre Fähigkeiten weiterentwickeln zu können. 27 % fühlen sich hinsichtlich ihrer fachlichen Kompetenz und Fertigkeiten sowie bezüglich ihrer Fähigkeiten, zu organisieren oder zu planen, unterfordert. 65 % halten es für wichtig, verantwortungsvolle Aufgaben zu übernehmen (vgl. INIFES 2006). Geschäftsprozessmanagement bietet nicht nur die Chance, sondern ist auch darauf angewiesen, diese Mitarbeiterpotenziale zu nutzen. Durch Zielklarheit, Partizipation und Eigenverantwortung wirkt sich Geschäftsprozessmanagement positiv auf die Motivation und Zufriedenheit der Mitarbeiter aus (vgl. Wagner/Patzak 2007, S. 42 f. und 247 ff.).

Im Zuge der Ausweitung der Fachaufgaben um Prozessaufgaben verändern sich die **Qualifikationsanforderungen** der Prozessmitarbeiter. Die erforderlichen Prozess- und Methodenkenntnisse werden ihnen in Schulungen und Workshops vermittelt. Darüber hinaus sind sie über Personalentwicklungsmaßnahmen auf die erweiterte Verantwortung, intensivere Kommunikation und kooperative Zusammenarbeit (z. B. in Kaizen-Teams) vorzubereiten. Erforderlich ist, dass die Mitarbeiter die Entfaltungs- und Einflussmöglichkeiten in der Prozessorganisation erkennen und akzeptieren.

Toyota schenkt als prozessorientiertes Unternehmen den Mitarbeitern besonders hohe Aufmerksamkeit. „Der absolute Kernsatz der Toyota-Philosophie lautet, dass die Kultur dazu dient, die Menschen bei ihrer Arbeit zu unterstützen" (Liker 2006, S. 254). Während Maschinen abgeschrieben werden und einen Wertverlust erleiden, lernen Menschen dazu und stellen einen Wertzuwachs dar. Toyotas Führungskräfte pflegen diesen langfristigen Vermögenswert intensiv. Mitarbeitermotivation und -unterstützung haben bei Toyota hohe Priorität und sind wesentliche Erfolgsfaktoren für kontinuierliche Prozessverbesserungen und unternehmensweites Lernen. Toyota beachtet konsequent die zwei Determinanten menschlichen Handelns: Können (Kenntnisse, Fähigkeiten, Erfahrungen, Wissen, fachliche und soziale Kompetenz) und Wollen (Motivation, Handlungsbereitschaft). Die Motivation ist die Triebkraft des Handelns. Das Können liegt brach, wenn die Motivation fehlt. Umgekehrt läuft Motivation ins Leere, wenn das Können nicht entwickelt ist (vgl. Rosenstiel 2006, S. 116).

4.3.3 Von Gremien und Teams wahrgenommene Rollen in Prozessorganisationen

4.3.3.1 GPM-Control-Board

Das **GPM-Control-Board** (auch Process Council, Prozessrat, BPM Steering Committee genannt) ist ein zentrales Koordinierungs- und Entscheidungsgremium, das Vorschläge zur Verbesserung und Optimierung des gesamten Geschäftsprozessmanagementsystems bewertet, priorisiert und über sie entscheidet (vgl. auch Snabe et al. 2009, S. 195 ff.; EABPM 2009, S. 207; Hammer 2010, S. 10; Scheer/Brabänder 2010, S. 261; Lutterbeck 2011, S. 128; Bergsmann 2012, S. 158 f.). Das Gremium ist ein wichtiges Kommunikations- und Abstimmungsforum des Chief Process Officer (CPO), der auch das GMP-Control-Board leitet. In großen Unternehmen sind die Mitglieder des GMP-Control-Board die Prozessmanager der einzelnen Geschäftseinheiten. In kleinen Unternehmen werden die Aufgaben des GMP-Control-Board vom Managementteam in speziellen Sitzungen wahrgenommen. Die Aufgaben des GMP-Control-Board zeigt Abbildung 4.29.

Aufgaben des GPM-Control-Board

- Diskutiert und verabschiedet die Prozessstrategie
- Priorisiert Vorschläge zur Änderung, Weiterentwicklung und Optimierung des Geschäftsprozessmanagementsystems und des Prozessmodells
- Priorisiert Standardisierungsempfehlungen
- Analysiert Ergebnisse von Assessments des Geschäftsprozessmanagementsystems und empfiehlt Verbesserungsvorschläge
- Priorisiert Anforderungen des Geschäftsprozessmanagements an die IT-Strategie
- Diskutiert und empfiehlt Möglichkeiten für Shared Services und Business Process Outsourcing
- Forciert und unterstützt den unternehmensweiten Erfahrungsaustausch zum Geschäftsprozessmanagement
- Forciert und unterstützt die unternehmensweite Anwendung wichtiger Methoden wie z. B. Kaizen, Six Sigma, TCT

Abb. 4.29 Aufgaben des GMP-Control-Board

4.3.3.2 Managementteam

Das **Managementteam** ist ein prozessübergreifendes Gremium, das die Effektivität und Effizienz der Geschäftsprozesse in einer Geschäftseinheit überwacht und steuert. Geleitet wird es vom Geschäftsleiter. Seine Mitglieder sind die Verantwortlichen der primären Geschäftsprozesse, der Controller der Geschäftseinheit sowie ausgewählte Funktionsverantwortliche.

Das Managementteam trifft sich regelmäßig zu einem „Process Jour Fixe Meeting“, wobei zweiwöchentliche Sitzungen zu empfehlen sind.

Die Rolle des Managementteams schildert der Leiter des Siemens-Geschäftsgebiets Computertomografie (CT) wie folgt: „Seit elf Jahren treffen wir uns jeden Donnerstag um die gleiche Zeit. Hier wird alles von der wöchentlichen Produktionsplanung über Probleme mit Lieferanten bis zu Herausforderungen in Entwicklungsprojekten durchgesprochen. Entscheidungen fallen sofort. Die kurzen Entscheidungswege und das regelmäßige Reporting jedes Prozessverantwortlichen ermöglichen hohe Transparenz für die Mitarbeiter" (Siemens 2006, S. 19).

Die Aufgaben des Managementteams zeigt Abbildung 4.30.

Aufgaben des Managementteams

- Entscheidet über strategische Prozessmaßnahmen, wie z. B. Einführung neuer bzw. Eliminierung vorhandener Geschäftsprozesse, Business-Process-Reengineering-Projekte
- Kontrolliert die Umsetzung strategischer Prozessprojekte und -maßnahmen
- Vereinbart Prozessziele und -prioritäten zwischen Geschäftsleitung und Geschäftsprozessverantwortlichen
- Stattet Geschäftsprozesse mit personellen, finanziellen und technischen Ressourcen aus
- Verabschiedet prozessübergreifende Dokumente, wie z. B. Geschäftsprozessmodell, Prozesslandkarte, Prozessgewichtung und Rollenbeschreibungen
- Legt das prozessübergreifende Controlling fest: Prozesskennzahlen, Messsystem, Prozessberichte
- Beurteilt Stand und Entwicklung der Performance in den Geschäftsprozessen anhand der aktuellen Prozessberichte
- Veranlasst und kontrolliert Maßnahmen zur Korrektur gravierender Zielabweichungen
- Beurteilt Ergebnisse von Prozessreviews und -assessments
- Passt Prozessziele und -prioritäten bei Änderungen der Planungsprämissen oder bei gravierenden Zielabweichungen an
- Passt Ressourcen bei Änderungen von Zielen und Prioritäten der Geschäftsprozesse in der Geschäftseinheit an
- Veranlasst und kontrolliert Maßnahmen zur Verbesserung des Geschäftsprozessmanagementsystems der Geschäftseinheit
- Löst Konflikte und Probleme zwischen Geschäftsprozessen sowie zwischen Geschäftsprozessen und Funktionen in der Geschäftseinheit
- Veranlasst die Einführung einheitlicher Prozessmethoden wie TCT und Kaizen
- Priorisiert prozessübergreifende Anforderungen an die IT
- Organisiert den Erfahrungsaustausch zwischen den Geschäftsprozessen in der Geschäftseinheit
- Entwickelt und verabschiedet ein prozessorientiertes Anreizsystem

Abb. 4.30 Aufgaben des Managementteams

4.3.3.3 Prozessteam

Das **Prozessteam** ist ein Abstimmungs- und Steuerungsgremium innerhalb eines Geschäftsprozesses, das den Geschäftsprozessverantwortlichen unterstützt. Mitglieder sind die Teilprozessverantwortlichen des jeweiligen Geschäftsprozesses. Die Leitung hat der Geschäftsprozessverantwortliche.

Die Aufgaben des Prozessteams sind in Abbildung 4.31 aufgeführt.

Aufgaben des Prozessteams

- Legt die Prozessaufbaustruktur und Prozessablaufstruktur fest
- Verabschiedet die Dokumentation des Geschäftsprozesses inklusive der Rollenbeschreibungen
- Vereinbart Erfolgsfaktoren, Ziele und Prioritäten der Teilprozesse
- Definiert den Prozessbericht sowie das Messsystem für die Teilprozesse
- Kontrolliert Performance und Performanceentwicklung der Teilprozesse sowie des Geschäftsprozesses anhand der aktuellen Prozessberichte mit Feststellen der Ursachen bei Zielabweichungen
- Löst Konflikte und Probleme zwischen Teilprozessen
- Sammelt, priorisiert und entscheidet über Änderungsanträge (Change Requests) und über Verbesserungsvorschläge
- Veranlasst und kontrolliert die Umsetzung von Maßnahmen zur Verbesserung des Geschäftsprozesses und zur Korrektur von Zielabweichungen
- Setzt teilprozessübergreifende Prozessverbesserungen um
- Standardisiert bewährte Prozessverbesserungen
- Passt Teilprozessziele und -prioritäten bei gravierenden Zielabweichungen an
- Passt Ressourcen bei Engpässen sowie bei Änderungen der Prozessziele und -prioritäten an
- Bewertet die Ergebnisse von Prozessreviews und -assessments
- Setzt interdisziplinäre Optimierungsteams ein, die spezielle Optimierungsprojekte für den gesamten Geschäftsprozess durchführen
- Initialisiert und kontrolliert Six-Sigma-Projekte
- Organisiert den teilprozessübergreifenden Erfahrungsaustausch
- Unterstützt und fördert die TCT- und Kaizen-Anwendungen

Abb. 4.31 Aufgaben des Prozessteams

Das Prozessteam beseitigt Barrieren und Probleme, die den gesamten Geschäftsprozess betreffen. Als Methoden kommen die Total-Cycle-Time-Methode (TCT) und Six Sigma zum Einsatz (vgl. Kapitel 9.3.2 und 9.3.4).

Die Größe des Prozessteams hängt von der Zahl der Teilprozesse ab. In der Regel wird es aus fünf bis acht Mitgliedern bestehen. Das Team trifft sich wöchentlich ca. eine Stunde.

Die Einrichtung von Prozessteams hat mehrere **Vorteile:**

- gemeinsames Prozessverständnis und Prozessidentifikation,
- gemeinsames Zielverständnis und Zielidentifikation,
- gemeinsame Verantwortung für den Geschäftsprozess,
- schnelle Entscheidungsfindung und Problemlösung,
- Verringerung von Widerständen durch gemeinsame Entscheidungen,
- Vertretung der Interessen aller Teilprozesse.

4.3.3.4 Kaizen-Team

Aufgabe von **Kaizen-Teams** ist es, die Effizienz eines Geschäftsprozesses durch kontinuierliche Verbesserungen auf der Ebene der Prozess- und Arbeitsschritte zu steigern. Kaizen-Teams wenden dabei die Kaizen-Methode an, die in Kapitel 9.3.3 beschrieben wird.

Kaizen-Teams setzen sich aus Mitarbeitern eines Teilprozesses oder Prozessschrittes zusammen. Die Zahl liegt bei vier bis sechs Mitarbeitern. Die Teams koordinieren und steuern sich selbst. Sie sammeln Probleme (Verschwendungen), priorisieren und lösen sie. Bei Problemen, die sie nicht selbst lösen können, wird der Teilprozessverantwortliche bzw. das Prozessteam eingeschaltet.

Die Aufgaben des Kaizen-Teams sind in Abbildung 4.32 zusammengefasst.

Aufgaben des Kaizen-Teams

- Identifiziert und gewichtet Verschwendungen (Behinderungen, Fehler, Mängel, Schwachstellen, Probleme)
- Stellt Ursachen von Verschwendungen fest
- Erarbeitet und bewertet Lösungsvorschläge
- Wählt optimale Lösungsalternativen aus
- Setzt Lösungen um
- Kontrolliert die Umsetzung der Lösungen und misst deren Wirkung
- Berichtet über Maßnahmenumsetzung und Ergebnisse
- Standardisiert Lösungen bei positiven Erfahrungen
- Visualisiert und kommuniziert Probleme, Lösungen und Ergebnisse
- Tauscht Wissen und Erfahrungen aus

Abb. 4.32 Aufgaben des Kaizen-Teams

Mit der Einführung von Kaizen-Teams werden Wissen, Kreativität und Engagement eines jeden Prozessmitarbeiters für Prozessverbesserungen genutzt. Richtig vorbereitet und angeleitet entwickeln Kaizen-Teams eine große Eigendynamik, die sich positiv auf das Erreichen der Prozessziele auswirkt. Voraussetzung für den Erfolg ist, dass jeder Mitarbeiter auf Kaizen ausreichend vorbereitet wird.

4.3.3.5 GPM-Office

Das **GPM-Office** (auch BPM Group, BPM Center of Excellence [BPM CoE], BPM Services, BPM Support Office, BPM Team, Process Management Center, Process Support Center, Prozessrat, zentrales BPM genannt) ist eine zentrale Servicestelle, in deren Hand die unternehmensweite Implementierung, Koordination, Überwachung und Optimierung des Geschäftsprozessmanagements und der Process Governance liegt (= Process of Process Management). „In addition to process owners, enterprises need a process office (headed by a Chief Process Officer) that plans and oversees the program as a whole and coordinates process efforts, as well as a Process Council“ (Hammer 2010, S. 10).

> Während bei der Einführung des Geschäftsprozessmanagements das GPM-Einführungsprojekt Prozesskompetenzen bündelt, stellt das GPM-Office Kompetenzen bereit, die während der laufenden Ausführung der Geschäftsprozesse prozessübergreifend benötigt werden. ■

Die Erfahrungen des Expertenpools schließen neben dem Prozessmanagement auch die Schnittstellen zur Unternehmensstrategie, zur IT sowie zum Qualitätsmanagement, Risikomanagement, Controlling etc. ein. „Da die Geschäftsprozesse im Fokus von vielfältigen Managementdisziplinen stehen, sollte im Optimalfall in einem BPM Competence Center das Know-how jedes dieser Aufgabenfelder vertreten sein. Die Mitarbeiter bilden somit die Verbindung zu den verschiedensten Aufgaben im Konzern, die sich mit Geschäftsprozessen befassen: Unternehmensarchitektur, Qualitätsmanagement (QM), Risikomanagement (RM), Operational Excellence etc.“ (Bühler, Lufthansa AG, in: Slama/Nelius 2011, S. 359).

Abbildung 4.33 gibt einen Überblick über die Aufgaben des GPM-Office.

> Zu den Aufgaben des GPM-Office zählen auch die Entwicklung, Aktualisierung, Schulung und Verbreitung der Process Governance sowie die Anwendungskontrolle. Technisch wird die Process Governance durch das Business Process Repository als zentrale Informationsressource unterstützt (vgl. Kapitel 10.7.3). ■

Einen Schwerpunkt der Process Governance bildet das unternehmens- bzw. geschäftsspezifische **Prozessmodell** (vgl. Kapitel 4.2.8). Es dient dazu, Prozesse zu standardisieren, Prozesstransparenz herzustellen, Synergiepotenziale zu nutzen, Reibungsverluste zwischen Geschäftsprozessen zu minimieren, den Best-Practice-Transfer zu systematisieren, IT-Applikationen in Prozessen zu harmonisieren und gegenüber Kunden abgestimmt und kompetent aufzutreten. Entwicklung, Betreuung und Aktualisierung des Prozessmodells liegen in der Hand des GPM-Office (Glass 2005, S. 221 ff.; Scheer/Brabänder 2010, S. 255 ff.; Kirchmer 2010, S. 54 f.).

Eine wichtige Aufgabe des GPM-Office ist ferner das **Change Request Management** für das Geschäftsprozessmanagement (vgl. Beims 2012, S. 113 ff., 169 ff. und 243 f.; Hanschke/Lorenz 2012, S. 51 ff.; Bergsmann 2012, S. 159 ff.). Das GPM-Office filtert, dokumentiert und priorisiert die Änderungsanträge (Requests for Change), erarbeitet Umsetzungsvorschläge, führt Änderungen durch bzw. koordiniert und kontrolliert deren Durchführung. Die Annahme oder Ablehnung von Änderungsanträgen, die sich auf das unternehmensweite Ge-

Aufgaben des GPM-Office

- Unterstützung der Planung und Aktualisierung der Prozessstrategie
- Mitwirkung bei Planung und Aktualisierung der Unternehmensarchitektur
- Unterstützung bei Abstimmung zwischen Prozess- und IT-Strategie
- Multiprojektmanagement des strategischen Prozessprogramms
- Planung, Aktualisierung und Administration der Process Governance
- Planung, Einführung, Anpassung, Weiterentwicklung und Umsetzungskontrolle des Unternehmensprozessmodells, der Prozessstandards sowie von Prozessmethoden und -tools
- Organisation, Administration und Leitung des Change Request Management für das Geschäftsprozessmanagementsystem
- Durchführung von Änderungsmaßnahmen (Change Requests)
- Planung, Leitung und Koordination strategischer und operativer prozessübergreifender Projekte zur Prozessoptimierung
- Prozessübergreifendes strategisches und operatives Prozessberichtswesen
- Durchführung von GPM-Trainings und der GPM-Weiterbildung
- Durchführung von Prozessassessments (Reifegradanalysen)
- Durchführung interner und externer Prozess-Benchmarkings
- Koordination des prozessübergreifenden Erfahrungsaustauschs (Best Practice Sharing)
- Speicherung und Transfer von Prozesswissen (z. B. Process Repository)
- Beratung und Coaching von Prozessverantwortlichen, Prozessmitarbeitern, Proz ess- und Verbesserungsteams
- Mitarbeit in unternehmensinternen und -externen Prozessgremien
- GPM-Marketing

Abb. 4.33 Aufgaben des GPM-Office

schäftsprozessmanagement beziehen, trifft der Chief Process Officer bzw. das GMP-Control-Board. Über Änderungsanträge, bezogen auf einzelne Geschäftsprozesse, entscheidet der jeweilige Geschäftsverantwortliche.

Das GPM-Office spielt bei Auswahl und einheitlicher Anwendung von Methoden und Tools eine wichtige Rolle. Seine Aufgaben umfassen Bewertung, Auswahl, Empfehlung, Training, Einführung, Unterstützung, Konsistenz-, Akzeptanz- und Wirksamkeitsprüfung sowie den Erfahrungstransfer bezogen auf GPM-Methoden und Tools.

Es gibt verschiedene Möglichkeiten der **organisatorischen Zuordnung des GPM-Office**, wie z.B. zum CIO, COO, CQO, CPO (vgl. Rosemann 2010, S. 280f.; Slama/Nelius 2011, S. 357ff.; Bergsmann 2012, S. 154ff.). Bei einer Zuordnung zur IT (CIO) oder zum Qualitätsmanagement (CQO) besteht die Gefahr, dass die Schwerpunkte des GPM-Office aus dem Blickwinkel der jeweiligen Disziplin festgelegt werden. Die bessere Lösung ist, das GPM-

Office direkt dem Chief Process Officer (CPO) zu unterstellen, dem es ohnehin in vielen Punkten zuarbeitet.

Mit dem Chief Process Officer, dem GPM-Office und dem GMP-Control-Board wird das Geschäftsprozessmanagement in einem Unternehmen institutionalisiert. Das **institutionalisierte Geschäftsprozessmanagement** mit GPM-Offices ist inzwischen in der Praxis weitverbreitet:

- Studie: „BPM-Best-Practice“: „BPM-Best-Practice-Unternehmen verfügen praktisch durchgängig über zentrale BPM-Bereiche. Diese Bereiche sind Treiber der Methodik und dienen zugleich als Service-Stelle. Sie sind nicht als vorgesetzte Stelle oder als explizite Kontrollinstanz ausgeprägt und überzeugen durch gute Kommunikation und nachvollziehbaren Nutzen“ (Komus 2011, S. 34 f.).
- Studie „Prozessorientierung in deutschen Industrieunternehmen 2010“: Ein institutionalisiertes Geschäftsprozessmanagement ist in 50,6 % der befragten Unternehmen etabliert (vgl. Liebert 2012, S. 95).
- Studie „Business Process Management 2011 – Status quo und Zukunft“: Bei 79 % der Befragten gibt es eine zentrale Stelle für Geschäftsprozessmanagement. Dies hat folgende Aufgaben: Definition und Gestaltung (Modellierung) von Geschäftsprozessen (64 %), interne Beratung (63 %), Pflege und Optimierung von bestehenden Geschäftsprozessen (59 %) (vgl. Minone 2011, S. 24).
- BPTrends-Report 2012: 64 % der befragten Unternehmen haben GPM-Offices eingerichtet (vgl. BPTrends 2012a, S. 29 f.).

Vgl. zum Thema GPM-Office (BPM Center of Excellence): Burlton 2001, S. 235 ff.; Gareis/Stummer 2007, S. 216 ff. und 235 f.; Jeston/Nelis 2008, S. 335 ff.; EABPM 2009, S. 208; Slama/Nelius 2011, S. 355 ff.; Bergsmann 2012, S. 150 ff.; Fischermanns 2012, S. 440; Scheer/Brabänder 2010, S. 249 ff.; Rosemann 2010, S. 267 ff.; Kirchmer 2011, S. 81 f.; BPTrends 2012b.

4.4 Integration der Geschäftsprozesse in die Aufbauorganisation

4.4.1 Funktions- versus Prozessorganisationen

4.4.1.1 Überblick

Vor der Beantwortung der Frage, wie Geschäftsprozesse in die Aufbauorganisation des Unternehmens eingebunden werden können, werden zunächst die grundsätzlichen Unterschiede zwischen der Funktions- und Prozessorganisation dargestellt. In einer Funktionsorganisation wird die Struktur der Aufbauorganisation an Funktionen und in der Prozessorganisation an Geschäftsprozessen ausgerichtet. Funktions- und Prozessorganisationen unterscheiden sich in vielen Merkmalen (siehe Abbildung 4.34; vgl. Vahs 2012, S. 157 ff. und 225 ff.; Klimmer 2012, S. 54 f. und 99 ff.; Bach et al. 2012, S. 262 ff. und 267 ff.; Picot et al. 2012, S. 369 ff.).

Funktionsorganisation	Prozessorganisation
• Ziele: Ressourcen-, Kosteneffizienz	• Ziele: Kundenzufriedenheit, Prozesseffizienz
• vertikale Ausrichtung • abteilungs-, stellenbezogen	• horizontale Ausrichtung • abteilungsübergreifend, prozessbezogen
• Verrichtungsorientierung • Spezialisierung, Arbeitsteilung • Ressort-, Statusdenken • Machtorientierung • tiefe Hierarchie, viele Schnittstellen • hoher Koordinations- und Steuerungsbedarf	• Geschäftsfall-, Objektorientierung • Aufgabenintegration • unternehmerisches Erfolgsdenken • Kunden- und Teamorientierung • flache Strukturen • Selbstabstimmung und -steuerung
• zentrales Fremdcontrolling • kontrollierte Informationen • Rationalisierungsprojekte • Ersatzprozesse, Redundanz • Komplexität	• dezentrales Selbstcontrolling • freie und offene Informationen • kontinuierliche Verbesserung • Konzentration auf Wertschöpfung • Transparenz

Abb. 4.34 Merkmale von Funktions- und Prozessorganisationen

4.4.1.2 Funktionsorganisation

Charakteristisch für Funktionsorganisationen ist, dass sie Unternehmen vertikal nach Funktionen, z. B. in Marketing, Entwicklung, Fertigung, Vertrieb und Service unterteilen. Jede Funktion ist auf bestimmte Verrichtungen spezialisiert und bearbeitet definierte Bestandteile der Kundenleistung. Der Vorteil der **Spezialisierung** ist, dass die Aufgaben mit hoher Kosteneffizienz ausgeführt werden. Ausschlaggebend dafür sind Skaleneffekte, geringere Einarbeitungs- und Anlernkosten sowie hohe Stabilität der Organisation (vgl. Gaitanides 2012, S. 80). Nachteilig ist der schwach ausgeprägte Bezug zu Kunden. „In vielen Unternehmen kann man beobachten, dass Überspezialisierung Kundenorientierung zunehmend erschwert" (Homburg/Bucerius 2012, S. 71). Mit der fachlichen Spezialisierung ist eine stärkere Hierarchisierung verbunden. Sie verlangsamt Entscheidungs- und Koordinationsprozesse und reagiert **unflexibel auf Kundenwünsche und -anforderungen**.

Die Organisation in „Kästchen" mit ihren hierarchischen Zuständigkeiten und Abhängigkeiten prägt die Handlungs- und Denkweise von Management und Mitarbeitern. Kennzeichen sind Ressortegoismus, „Silos", Machtkonzentration und „Kamineffekte". „The silo culture forces managers to resolve lower-level issues, taking their time away from higher-priority customer and competitor concerns" (Rummler/Brache 1995, S. 7; vgl. auch Spanyi 2007, S. 28 f.). Fragen nach der Zuständigkeit (Wer ist zuständig? Wer berichtet wem?) nehmen einen breiteren Raum ein als Fragen nach den Kunden (Wer ist der Kunde? Welche Bedürfnisse hat der Kunde? Was wünscht der Kunde? Wie können wir am besten Kundenwünsche erfüllen?).

In Funktionsorganisationen sind Prozesse, die Leistungen für Kunden erzeugen, durch Abteilungsgrenzen unterbrochen (siehe Abbildung 4.35; vgl. auch Liebert 2012, S. 19). Je mehr Abteilungen eine Prozesskette durchläuft, umso häufiger sind Verantwortungsbrüche und **Schnittstellen** anzutreffen. Schnittstellen verursachen Koordinations- und Kontrollaufwand, erzeugen Missverständnisse und Fehler, verzögern Entscheidungen, verbrauchen Zeit, erschweren die Kommunikation, führen zu Informationsverlusten und mindern insgesamt die Ergebnisqualität sowie die Produktivität. „Jede Schnittstelle ist

- eine Liegestelle, weil zeitliche Abstimmungsprobleme bei der Übergabe entstehen,
- eine Irrtumsquelle, weil Informationsverluste über den gesamten Aufgabenzusammenhang entstehen,
- eine Quelle der organisatorischen Unverantwortlichkeit, weil Fehler und Unzulänglichkeiten nur noch schwer zurechenbar sind,
- eine *Barriere für die Übertragung von Wissen*, weil implizite Erfahrungen, Wissen und Kenntnisse an den Schnittstellen offengelegt werden müssen, um eindeutig und ohne Kontextverlust kommuniziert zu werden“ (Osterloh/Frost 2006, S. 22).

Werden Schnittstellen abgebaut, sinken die Transaktionskosten, verkürzen sich die Durchlaufzeiten, verbessert sich die Qualität, erhöht sich die Flexibilität und verstärkt sich die Motivation der Mitarbeiter. „The greatest opportunities for performance improvement often lie in the functional interfaces“ (Rummler/Brache 1995, S. 9; vgl. auch Suter 2004, S. 72 ff. und 223; Spanyi 2007, S. 106 f.; Kugeler/Vieting 2008, S. 225; Gaitanides 2012, S. 67 ff.).

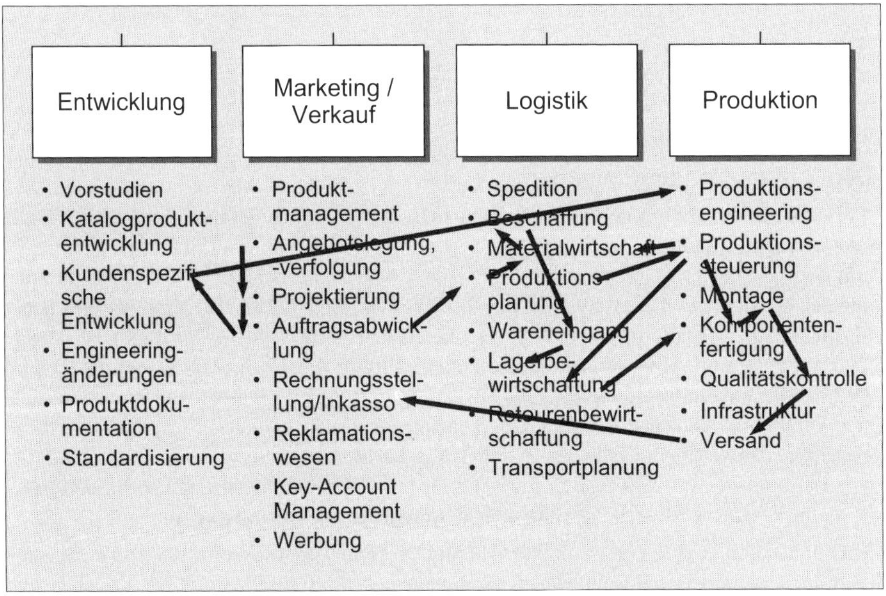

Abb. 4.35 Prozessablauf in einer Funktionsorganisation (vgl. Suter 2004, S. 12)

Die organisationsbedingte **Fragmentierung der Prozesse** in Funktionsorganisationen verhindert eine kundenorientierte und ganzheitliche Sicht. „As a natural course of being in a particular part of a given organization and possessed of a particular set of skills, they are fundamentally grounded in their own discipline or functional area (Engineering, Sales, Manufacturing, Customer Service, Product Development, Finance, HR, and so on) and tend not to look beyond their department boundaries“ (Rummler/Ramias/Rummler 2010, S. 23).

Die Mitarbeiter überblicken nur einen kleinen Ausschnitt des Wertschöpfungsprozesses. Der Einzelne erfährt nicht unmittelbar, wie sich sein Arbeitsergebnis auf die Qualität der Kundenleistung und das Erreichen der Geschäftsziele auswirkt (vgl. Wilhelm 2007, S. 13 ff.). Die Zerstückelung der Verantwortung hat zur Folge, dass sich keiner für die Gesamtleistung verantwortlich fühlt.

Die funktionale Optimierung ist häufig **suboptimal** und trägt nicht zur Optimierung des gesamten Unternehmens bei (vgl. Rummler/Brache 1995, S. 7). Die Ziele sind auf Funktions- und Stellenkosten fokussiert, für deren Planung und Kontrolle komplexe Controllingsysteme eingesetzt werden. Die Einhaltung von Abteilungs- und Kostenstellenbudgets hat deutlich höhere Priorität als die Erfüllung von Kundenforderungen. Bei den Kosten handelt es sich in der Regel um Funktionskosten und nicht um Prozesskosten, die sich durch größere Realitätsnähe auszeichnen.

Die Organisation von Unternehmen nach Geschäftsbereichen (Divisionen, Sparten) bedeutet keine Abkehr von der Funktionsorientierung. Die Unterteilung in Divisionen oder Sparten findet auf der ersten und teilweise der zweiten Unternehmensebene statt. Ab der zweiten bzw. dritten Ebene sind derartige Organisationen in der Regel wieder rein funktional aufgestellt.

Funktionale Organisationen hatten Vorteile in Zeiten überschaubarer Märkte, hoher Marktstabilität, homogener Produktprogramme, geringer Produktvielfalt, langer Produktlebenszyklen sowie stabiler Technologien und großer Stückzahlen. Wenn Beschaffungs- und Absatzmärkte sowie Technologien häufigen Veränderungen unterliegen, übersteigen die Flexibilitätsnachteile und höheren Transaktionskosten der Funktionsorganisation die Spezialisierungsvorteile. „In dynamischer Umwelt fehlen ihr die notwendige Anpassungsfähigkeit an qualitative Umweltveränderungen und die nötige Innovationskraft“ (Bea/Haas 2009, S. 422). Prozessorientierte Organisationen haben bessere Antworten auf diese Herausforderungen. ■

Vgl. zum Thema Funktionsorganisation: Rummler/Brache 1995, S. 8; Schober 2002, S. 124 ff.; Schuh/Friedli/Kurr 2007, S. 4 ff.; Spanyi 2010b, S. 5 ff.; Atzert 2011, S. 193 ff.; Picot et al. 2012, S. 369 ff.; Bach et al. 2012, S. 264 f.

4.4.1.3 Prozessorganisation

„An organization is only as effective as its processes“ (Rummler/Brache 1995, S. 45).

Wie ausgeführt, stehen im Mittelpunkt der Funktionsorganisation Funktionen. An ihnen werden die Prozesse ausgerichtet. „Im klassischen Konzept werden alle wesentlichen Entscheidungen – Art der Arbeitsorganisation, Leitungssystem, Befugnis und Verantwortung der Stellen – in der Phase der Aufbauorganisation festgelegt; die nachfolgende Ablauforganisation navigiert die Prozesse durch die vorab festgelegten Strukturen“ (Kugeler/Vieting 2008, S. 222; vgl. auch Gaitanides 2012, S. 34).

In der Prozessorganisation ist es umgekehrt. Hier stehen die **Geschäftsprozesse im Mittelpunkt**. Die Aufbauorganisation wird an den Geschäftsprozessen ausgerichtet. Mit der Prozessorganisation findet „eine Rückbesinnung auf den Wertschöpfungsprozess als zentralen Ansatzpunkt der Unternehmensorganisation“ statt (Picot et al. 2012, S. 375; vgl. auch Gaitanides 2012, S. 35 ff.). Prozessorganisationen orientieren sich an dem Leitsatz: „Die Struktur folgt den Prozessen."

Prozessorganisationen **orientieren sich an Kunden**. Welche Leistungen in den Geschäftsprozessen erzeugt werden, bestimmen die Bedürfnisse, Anforderungen und Erwartungen der (externen und internen) Kunden. Dabei werden die Aktivitäten auf Leistungen konzentriert, die für die Kunden einen Wert haben. Aktivitäten ohne Wertschöpfung stellen Verschwendung dar und werden im Zuge der kontinuierlichen Prozessverbesserung eliminiert.

Geschäftsprozesse folgen dem Fluss der Wertschöpfung und erstrecken sich **über Abteilungen und Funktionen hinweg** (siehe Abbildung 4.36). Alle Aktivitäten, die für die Erstellung einer spezifischen Kundenleistung notwendig sind, werden in einem Geschäftsprozess organisatorisch gebündelt. Dadurch wird die gesamte Organisation auf Kunden ausgerichtet. Über die mit der Prozessorientierung einhergehende Kundenorientierung können die Mitarbeiter erkennen, wie sich ihr Handeln auf den Gesamtprozess und den Kundennutzen auswirkt. Nicht mehr die effiziente Ausführung einzelner Verrichtungen stehen im Vordergrund, sondern die Erfüllung von Kundenbedürfnissen und die Optimierung des gesamten Wertschöpfungsprozesses. Die horizontale Aufgabenintegration in Geschäftsprozessen baut Hierarchiestufen ab und reduziert Schnittstellen. Dadurch sinkt der Koordinationsaufwand und steigt die Motivation. Die Effekte führen zu einer Erhöhung der Organisationseffizienz[3].

Die gemeinsame Orientierung wird durch Prozessverantwortliche verstärkt, die für jeden Geschäftsprozess und Teilprozess ernannt werden. Sie tragen dafür Sorge, dass Prozessziele aus den Geschäftszielen abgeleitet und mit hoher Effizienz erreicht werden.

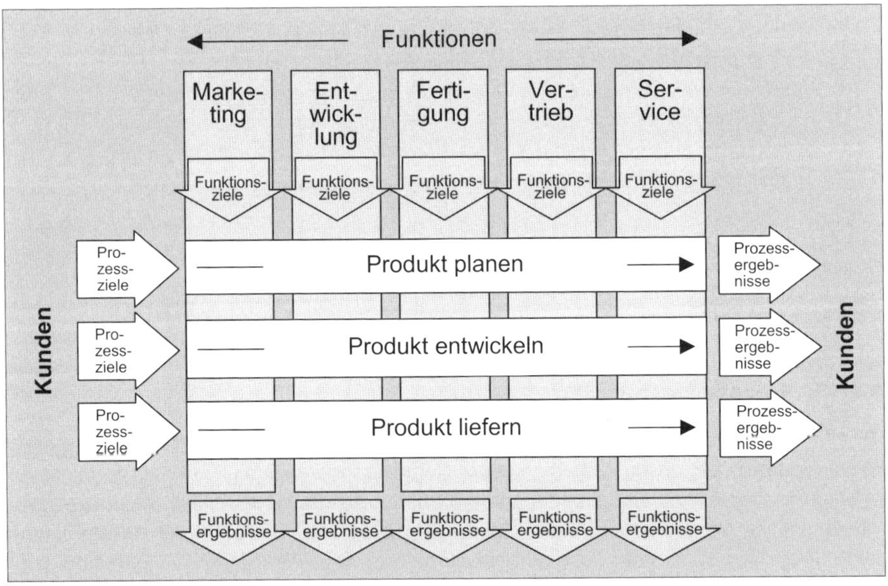

Abb. 4.36 Funktions- versus Prozessorientierung

[3] Die Effizienz einer Organisation setzt sich zusammen aus Prozess-, Ressourcen-, Anpassungs-, Delegations-, Motivations- und Markteffizienz (vgl. Liebert 2012, S. 52 ff.).

Prozessorientierte Organisationen ermöglichen es, flexibel auf Bedürfnisse und Forderungen des Marktes und der Kunden zu reagieren. Die Orientierung an Kunden bestimmt Ziele und Handeln der Mitarbeiter. Die gemeinsame Sicht übt eine starke Koordinationswirkung aus, die sich positiv auf die horizontale Kooperation und Zusammenarbeit in einer Organisation auswirkt. Kundenorientierung, Prozesseffizienz und Anpassungsfähigkeit befähigen die Organisation, unterschiedliche Wettbewerbsstrategien zu verfolgen, wie z. B. Markt- und Ressourcenstrategie (vgl. Kapitel 3.3.1; Schober 2002, S. 124 ff.). ■

Geschäftsprozesse werden über einen abgestimmten Satz von Zielen **multidimensional gesteuert**. An oberster Stelle steht die Kundenzufriedenheit, gefolgt von den Effizienzzielen Prozesszeit, -qualität und -kosten. Die Kontrolle und Steuerung der Zielerreichung wird dezentral in den Geschäftsprozessen durchgeführt. Die Selbstkoordination und -steuerung initiiert Lernprozesse. Diese nutzen nicht nur dem Einzelnen, sondern der gesamten Organisation. Das organisationale Lernen befähigt die Organisation, Fehler zu entdecken, zu korrigieren und die Wissensbasis so zu verbreitern, dass neue Problemlösungs- und Handlungskompetenzen entstehen. Je schneller die Organisation lernt, umso schneller kann sie auf Veränderungen reagieren und Reserven mobilisieren. In Zukunft wird die Anpassungsfähigkeit der entscheidende Faktor im Wettbewerb sein (Osterloh/Frost 2006, S. 175 ff.; Doppler/Lauterburg 2008, S. 130 f.; Vahs 2012, S. 458 ff.; Liebert 2012, S. 58 f.).

Zusammenfassend kennzeichnen die Prozessorganisation folgende **Vorteile** (vgl. Atzert 2011, S. 206 ff.; Bach et al. 2012, S. 271 f.; Gaitanides 2012, S. 79 ff.; Picot et al. 2012, S. 375 ff.):

- hohe Anpassungsfähigkeit an veränderte Kundenbedürfnisse und Marktanforderungen durch enge Beziehungen zu Kunden und hohe Problemlösungs- sowie Handlungskompetenz der Organisation,
- Aufbau und Ausbau von Kernkompetenzen durch gezielte Steuerung von Kernprozessen,
- erweiterte Möglichkeiten der Leistungsdifferenzierung durch crossfunktionale Integration,
- hohe Führungseffizienz durch klare Verantwortungsstrukturen, weniger Schnittstellen sowie Entscheidungsdelegation an Prozess- und Kaizen-Teams,
- hohe Anreizintensität durch klare Zielvorgaben, Kundenbezug, hohe Transparenz der Prozessstruktur und Prozessperformance sowie Handlungsspielräume,
- organisationales Lernen durch partizipativen Führungsstil, Empowerment, selbststeuernde Teams sowie kontinuierliche Verbesserungen.

Die Vorteile der Prozessorganisation kommen bei mittlerer Ausprägung von Spezifität, Unsicherheit (Umwelt- und Verhaltensunsicherheit) und Häufigkeit der Leistungserstellung zum Tragen. **Nachteile** bestehen, wenn hohe Spezifität, Unsicherheit und Häufigkeit gegeben sind. In diesen Fällen hat die Funktionsorganisation Vorteile bei der Ressourceneffizienz (vgl. Gaitanides 2012, S. 86 ff.). Spezifität sagt aus, inwieweit spezifische Ressourcen (z. B. spezielles Equipment, spezielle Fähigkeiten) für die Erstellung von Kundenleistungen eingesetzt werden. Wird die Wettbewerbsstrategie der Kostenführerschaft verfolgt, ist die Prozessorganisation wegen geringerer Ressourceneffizienz ebenfalls benachteiligt. Allerdings werden diese Nachteile durch Senkung der Koordinationskosten (z. B. weniger Schnittstellen, eindeutige Verantwortlichkeiten) und kontinuierliche Prozessverbesserungen (z. B. Eliminierung von Verschwendungen) zumindest teilweise kompensiert.

Funktions- und Prozessorganisation haben jeweils spezifische Effizienzvorteile. Die organisatorische Herausforderung besteht darin, die Geschäftsprozesse als kundenbezogene, funktionsübergreifende und organisatorisch eigenständige Einheiten so in die Aufbauorganisation zu integrieren, dass sie ihre Leistungsfähigkeit entfalten können und gleichzeitig die wettbewerbskritischen Spezialisierungsvorteile der Funktionsorganisation erhalten bleiben. Die Lösung kann deshalb nicht darin bestehen, die Funktionsorganisation vollständig aufzugeben, sie „um 90 Grad zu kippen" und durch eine „reine" Prozessorganisation zu ersetzen (vgl. Kapitel 4.4.2.4). ■

Im Folgenden werden verschiedene Formen der Integration von Geschäftsprozessen in die Aufbauorganisation beschrieben. Dabei wird der Überbegriff „prozessorientierte Aufbauorganisation" verwendet, um Verwechslungen mit der zuvor beschriebenen „reinen" Prozessorganisation auszuschließen.

4.4.2 Formen der prozessorientierten Aufbauorganisation

4.4.2.1 Überblick

Eine der wichtigsten und schwierigsten Fragen im Geschäftsprozessmanagement ist, wie Geschäftsprozesse in die bestehende, in aller Regel funktionale Aufbauorganisation eingebunden werden sollen. Im Kern geht es dabei um die Gewichtung von Funktionen gegenüber Geschäftsprozessen bzw. das **Abwägen zwischen Ressourceneffizienz in Funktionen und Prozesseffizienz in Geschäftsprozessen**. Ressourceneffizienz strebt den effizienten Einsatz von Ressourcen mit dem Ziel hoher Kostenwirtschaftlichkeit an. Positiven Einfluss auf die Ressourceneffizienz haben z. B. hohe fachliche Spezialisierung und hohe Ressourcenauslastung. Prozesseffizienz hat die Optimierung der Geschäftsprozesse in Bezug auf Prozesszeiten, -qualität und -kosten zum Ziel. Bei der Prozesseffizienz steht die Effizienz des gesamten Wertschöpfungsprozesses im Fokus. Prozesseffizienz verbunden mit Prozesseffektivität (hohe Kundenzufriedenheit) zählt zu den zentralen Erfolgsfaktoren vieler Unternehmen. Beispiele sind Münchener Rückversicherungs-Gesellschaft AG, Volkswagen AG, Deutsche Postbank AG, Beiersdorf AG, Siemens AG, BASF AG, Credit Suisse AG (vgl. Vahs 2012, S. 244).

Abbildung 4.37 zeigt schematisch die Effizienzausprägungen von funktionalen und (stark) prozessorientierten Aufbauorganisationen. Dabei werden alle Dimensionen der Organisationseffizienz (Prozess-, Ressourcen-, Anpassungs-, Delegations-, Motivations- und Markteffizienz) betrachtet.[4] Funktionale Aufbauorganisationen weisen eine Überlegenheit bei der Ressourceneffizienz aus. Bei den übrigen Effizienzparametern liegen die Vorteile bei (stark) prozessorientierten Formen der Aufbauorganisation.

Ressourcen- und Prozesseffizienz stehen nicht in Konkurrenz zueinander. Auch in Geschäftsprozessen ist auf eine ausreichend hohe Ressourceneffizienz zu achten. Bei der Gestaltung einer prozessorientierten Aufbauorganisation ist deshalb auf ein ausgewogenes Verhältnis aller Effizienzkriterien Wert zu legen.

[4] Nähere Hinweise zu den Effizienzkriterien in: Theuvsen 1996; Liebert 2012, S. 20ff. und S. 52ff.

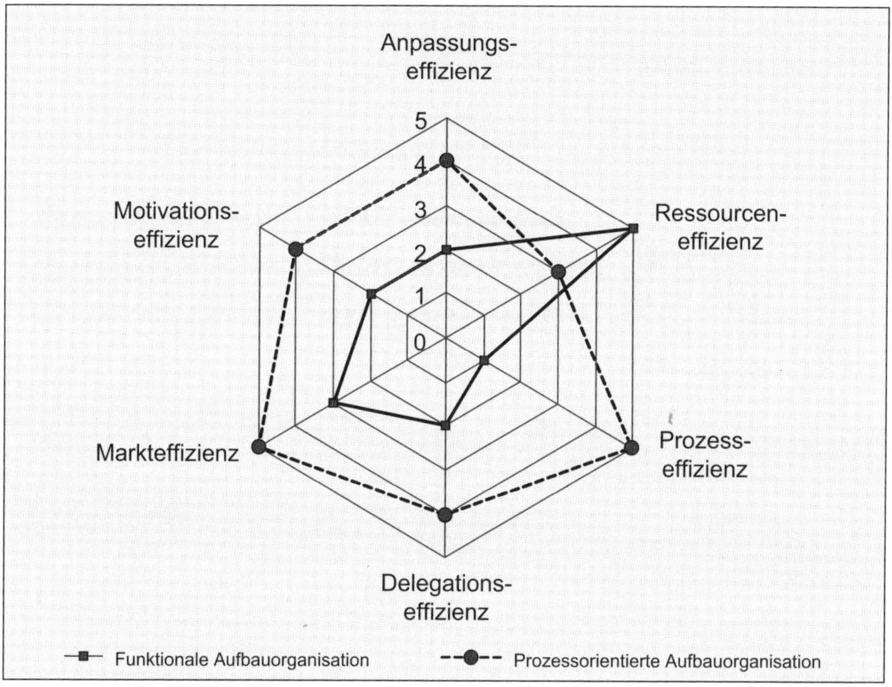

Abb. 4.37 Effizienzausprägungen funktionaler und (stark) prozessorientierter Aufbauorganisationen (in Anlehnung an Delfmann/Herwig/Stein 2007, S. 9)

Die beiden **Extremformen** prozessorientierter Aufbauorganisationen sind die „**Prozessmitberücksichtigung**" in Funktionsorganisationen auf der einen Seite und die „**totale Prozesspriorisierung**" auf der anderen Seite. „Diese zwei Formen stellen also quasi die jeweiligen Endpunkte des Kontinuums möglicher Formen der Prozessorganisation dar" (Picot et al. 2012, S. 383; vgl. auch Rohm 1998, S. 15 ff.; Brecht 2002, S. 231 ff.; Fink 2003, S. 57 ff.; Mayer/Fischer 2005, S. 208 ff.; Wagner/Patzak 2007, S. 38 f.; Osterloh/Frost 2006, S. 109 ff.; Kugeler/Vieting 2008, S. 233 ff.; Ahlrichs/Knuppertz 2010, S. 68 ff.; Knuppertz/Feddern 2011, S. 29 ff.; Bergsmann 2012, S. 120 ff.; Gaitanides 2012, S. 77 ff.).

Aus der Vielzahl möglicher prozessorientierter Aufbauorganisationsformen sind in Abbildung 4.38 drei ausgewählt, die näher beschrieben werden:

- **Einfluss-Prozessorganisation:** Erweiterung der Funktionsorganisation um prozessorientierte Koordinationsstellen (= „Prozessmitberücksichtigung").
- **Matrix-Prozessorganisation:** Mischformen aus Funktionen und Geschäftsprozessen.
- **Reine Prozessorganisation:** Ablösung der Funktionsorganisation durch eine Prozessorganisation (= „totale Prozesspriorisierung").

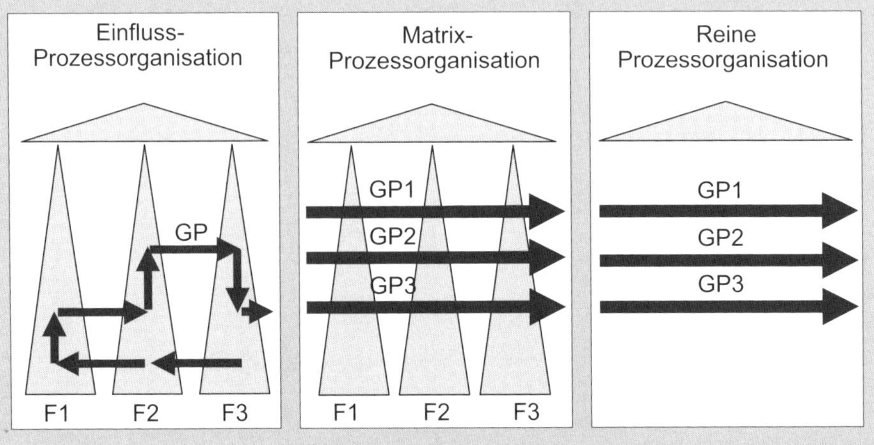

Ausprägung des Geschäftsprozessmanagements		
schwach	mittel bis stark	stark
• kein End-to-End-Prozess	• End-to-End-Prozesse	• End-to-End-Prozesse
• Geschäftsprozesse haben keine organisatorische Eigenständigkeit	• Geschäftsprozesse haben eingeschränkte organisatorische Eigenständigkeit	• Geschäftsprozesse haben volle organisatorische Eigenständigkeit
• Geschäftsprozesse haben keine eigenen Prozessressourcen	• Geschäftsprozesse haben begrenzte eigene Prozessressourcen	• Geschäftsprozesse haben umfassende eigene Prozessressourcen
• GPV hat nur Koordinationsbefugnisse	• GPV hat fachliche und eingeschränkte disziplinarische Weisungsbefugnisse	• GPV hat volle fachliche und disziplinarische Weisungsbefugnisse
• starke Funktionsorientierung	• ausgewogenen Funktions- und Prozessorientierung	• starke Prozessorientierung
• geringe Prozess-, hohe Ressourceneffizienz	• ausgewogene Prozess- und Ressourceneffizienz	• hohe Prozess-, geringe Ressourceneffizienz

F = Funktion GP = Geschäftsprozess GPV = Geschäftsprozessverantwortlicher

Abb. 4.38 Formen der prozessorientierten Aufbauorganisation (vgl. auch Rohm 1998, S. 17 und Fink 2003, S. 71)

4.4.2.2 Einfluss-Prozessorganisation

In der Einfluss-Prozessorganisation werden Prozesse der bestehenden funktionalen Organisationsstruktur untergeordnet und abteilungsbezogen festgelegt. Ihnen fehlen wesentliche Merkmale von Geschäftsprozessen, wie kundenbezogene End-to-End-Orientierung, funktionsübergreifende Durchgängigkeit und organisatorische Eigenständigkeit. Die abteilungsbezogene Prozessorientierung ermöglicht lokale Verbesserungen. Organisationsübergreifende Effekte wie stärkere Kundenorientierung und zusätzlicher Mehrwert für Kunden lassen sich aber mit der Einfluss-Prozessorganisation nicht oder nur schwer realisieren.

Die Aufgabe der Prozessverantwortlichen in der Einfluss-Prozessorganisation ist, die Prozesse funktionsübergreifend zu koordinieren. Sie sollen dafür Sorge tragen, dass die abteilungsbezogenen Prozesse zu einem „Geschäftsprozess" zusammengefügt und entsprechend gesteuert werden. Dieser durchgängigen Verantwortung kann der Geschäftsprozessverantwortliche in den meisten Fällen nicht gerecht werden. Er hat nur einen geringen Handlungsspielraum, besitzt keine fachlichen und disziplinarischen Weisungsbefugnisse und verfügt über keine finanziellen, personellen und technischen Prozessressourcen. Gegenüber den Funktionsverantwortlichen ist er in einer schwachen Position. Er kann seine Aufgaben nur kraft persönlichen Einflusses ausüben. Deshalb wird diese Organisationsform analog zur Einfluss-Projektorganisation als Einfluss-Prozessorganisation bezeichnet. Die Einflussmöglichkeiten hängen von der Persönlichkeit, dem Rollenverständnis, der organisatorischen Stellung des Prozessverantwortlichen und seiner Unterstützung durch das Management ab. Die Zusammenarbeit zwischen Prozess- und Funktionsverantwortlichen ist wegen der unterschiedlichen Orientierungen, Ziele und Befugnisse konfliktanfällig. Die Anreizgestaltung für die Prozessverantwortlichen ist schwierig, da eine eindeutige Erfolgszurechnung nicht möglich ist.

Performancemessungen werden in der Einfluss-Prozessorganisation zwar durchgeführt, basieren aber auf den vorhandenen funktionsorientierten Kennzahlen. Sie haben keinen oder nur geringen Bezug zu „Geschäftsprozessen". Damit fehlt dieser Organisationsform neben der Prozessstrukturtransparenz auch die für Prozessverbesserungen notwendige Transparenz über die Prozessperformance. Optimierungen des gesamten „Geschäftsprozesses" können nicht oder nur sehr begrenzt durchgeführt werden. In der Einfluss-Prozessorganisation kommt die Prozessorientierung nicht so gut zur Wirkung. Sie „stellt für die Prozessorientierung eher ein Hindernis dar" (Knuppertz/Feddern 2011, S. 34).

Die **Kritikpunkte** an der Einfluss-Prozessorganisation sind zusammengefasst (vgl. auch Gaitanides 2012, S. 84):

- Geschäftsprozesse erstrecken sich nicht vom Kunden zum Kunden und nicht über Abteilungen hinweg (crossfunktional).
- Die Transparenz über Prozessstruktur und Prozessperformance ist erheblich eingeschränkt.
- Die Geschäftsprozessverantwortlichen haben keine ausreichenden Befugnisse, um die Geschäftsprozesse erfolgreich steuern zu können.
- Interessenkonflikte zwischen Funktions- und Prozessverantwortlichen sind unvermeidbar.
- Die Anreizintensität ist durch unausgewogene Befugniserteilung und schwierige Erfolgszurechnung gering.
- Die Aufbauorganisation behindert die Geschäftsprozesse, anstatt sie zu unterstützen.

Trotz ihrer Nachteile ist die Einfluss-Prozessorganisation in der Praxis stark verbreitet. Vielen Managern ist sie sympathisch, da sie keine nennenswerten Änderungen der bestehenden Funktionsorganisation erfordert und sich ohne Widerstände realisieren lässt. Dabei wird in Kauf genommen, dass die Potenziale des Geschäftsprozessmanagements wie höhere Prozess-, Strategie-, Kunden-, Leistungs-, Wertschöpfungs-, Mitarbeiter- und Lernorientierung nicht zur Wirkung kommen.

4.4.2.3 Matrix-Prozessorganisation

Bei der Matrix-Prozessorganisation bleibt die funktionale Aufbauorganisation im Prinzip erhalten, wird aber von Geschäftsprozessen als weitgehend eigenständige, funktionsübergreifende Organisationseinheiten überlagert (vgl. Knuppertz/Feddern 2011, S. 38 ff.; Picot et al. 2012, S. 385).

Es gibt **viele Ausprägungen** der Matrix-Prozessorganisation. Sie hängen davon ab, wie die Ressourcen sowie fachlichen und disziplinarischen Weisungsbefugnisse den Funktionen und Geschäftsprozessen bzw. den Funktions- und Geschäftsprozessverantwortlichen zugeordnet werden.

Problematisch ist, wenn die Weisungsbefugnisse zwischen Funktions- und Geschäftsprozessverantwortlichen wegen „organisatorischer Kompromisse" nicht ausreichend klar definiert und die Rollen nicht eindeutig abgegrenzt sind. „Wenn aber die Rollen in einem Unternehmen unklar oder falsch festgelegt worden sind, wird lokal optimiert, und alltägliche Abstimmungsprobleme, Missverständnisse und Interpretationsschwierigkeiten – ja sogar Friktionen – sind unvermeidbar" (Suter 2004, S. 14). Konfliktpotenzial, Unzufriedenheit und Ineffizienz bergen vor allem Doppelunterstellungen unter einem Fach- und einem Disziplinarvorgesetzten.

Von möglichen Formen der Matrix-Prozessorganisation werden hier drei näher beleuchtet:

- **ressourcenorientierte Matrix-Prozessorganisation,**
- **leistungsorientierte Matrix-Prozessorganisation,**
- **kompetenzorientierte Matrix-Prozessorganisation.**

Die drei Organisationsformen haben folgende **Gemeinsamkeiten:**

- Die Funktionen bleiben als Primärorganisation erhalten.
- Es existieren eigenständige, funktionsübergreifende End-to-End-Geschäftsprozesse, welche die Funktionsorganisation überlagern.
- Jeder Geschäftsprozess hat einen Geschäftsprozessverantwortlichen, der für das Erreichen der Prozessziele verantwortlich ist.
- Der Geschäftsprozessverantwortliche ist mit fachlichen Weisungsbefugnissen ausgestattet (vgl. Kapitel 4.3.2.6).
- Die disziplinarischen Weisungsbefugnisse des Geschäftsprozessverantwortlichen beziehen sich nur auf Personalressourcen, die dem Geschäftsprozess auf Dauer organisatorisch zugeordnet sind (vgl. Kapitel 4.3.2.6).

4.4.2.3.1 Ressourcenorientierte Matrix-Prozessorganisation (RMP)

In der RMP stellen die Funktionen den Geschäftsprozessen benötigte Ressourcen nach Bedarf zur Verfügung. Die Disposition der Ressourcen in dem Geschäftsprozess übernimmt der Geschäftsprozessverantwortliche im Rahmen seiner fachlichen Weisungsbefugnisse. ■

Die Ressourcenverantwortung liegt bei den Funktionen (vgl. Ahlrichs/Knuppertz 2010, S. 77 f. und 269). Die Funktionsverantwortlichen verwalten ihren Ressourcenpool eigenständig und verfügen über die dafür erforderlichen fachlichen und disziplinarischen Weisungsbefugnisse. Die Ressourcenpools arbeiten als Cost Center und stellen den Geschäftsprozessen die angeforderten Ressourcen zu marktüblichen Bedingungen bereit (inside contracting). Die funktionale Spezialisierung bleibt in den Funktionen erhalten, sodass die Spezialisierungsvorteile weiter genutzt werden können. Wichtige Steuerungsgrößen der Ressourcenpools sind Ressourcenquantität, -qualität, -kosten und -auslastung sowie das erzielte finanzielle Ergebnis. Bei der Dimensionierung der Ressourcen orientieren sich die Funktionen am Bedarf der Geschäftsprozesse.

4.4.2.3.2 Leistungsorientierte Matrix-Prozessorganisation (LMP)

In der LMP stellen Funktionen den Geschäftsprozessen auf Anforderung Leistungen bereit. Ressourcenverantwortung, Eigenständigkeit, fachliche und disziplinarische Weisungsbefugnisse, fachliche Spezialisierung sowie Dimensionierung der Funktionen entsprechen denen in der RMP.

Zwischen Geschäftsprozessen und Funktionen besteht in der LMP eine Kunden-Lieferanten- bzw. Auftraggeber-Auftragnehmer-Beziehung (siehe Abbildung 4.39; vgl. Suter 2004, S. 118 ff.; Kohlbacher/Weitlaner 2011, S. 1344 ff.). Auftraggeber ist der Geschäftsprozessverantwortliche, Auftragnehmer der Funktionsverantwortliche. Die Steuerungsverantwortung trägt der Geschäftsprozessverantwortliche. „Das heißt, er muss vorgeben und definieren, welche Teilleistungen er in welcher Qualität benötigt, und die Erfüllung dieser Teilleistungen ergebnisbezogen überprüfen. [...] Die genaue Abfolge der Prozessschritte und die Ressourcenausstattung liegen jedoch in der Oberhoheit der übernehmenden Einheit als autonomen Auftragnehmer" (Bergsmann 2012, S. 145; vgl. auch S. 147 f.).

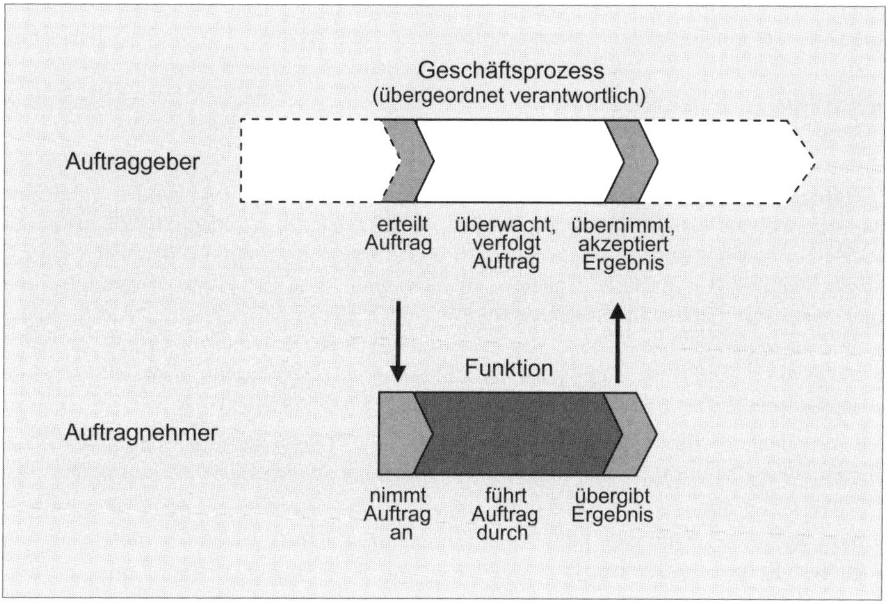

Abb. 4.39 Auftraggeber-Auftragnehmer-Beziehung zwischen Geschäftsprozessen und Funktionen (vgl. Suter 2004, S. 121)

„Die Rollenverteilung stellt sicher, dass erstens ein Auftrag klar durch den Auftraggeber bestimmt wird, was der Auftragnehmer durch die Auftrags*an*nahme bestätigt, und dass zweitens der Auftrag richtig erfüllt wird, was der Auftraggeber durch die *Über*nahme wiederum bestätigt" (Suter 2004, S. 20; vgl. auch Ahlrichs/Knuppertz 2010, S. 334 ff.). Die Zusammenarbeit wird über Leistungsvereinbarungen (Service Level Agreements) geregelt (vgl. Kapitel 3.3.5 und 4.2.7).

Ist das interne Leistungsangebot der Funktionen unbefriedigend oder werden Service Level Agreements nicht eingehalten, kann der Geschäftsverantwortliche auf andere interne oder externe Lieferanten ausweichen oder die Leistungen im eigenen Geschäftsprozess erbringen. Dies gilt entsprechend auch für RMP und KMP.

4.4.2.3.3 Kompetenzorientierte Matrix-Prozessorganisation (KMP)

Kompetenzzentren sind eigenständige funktionale Stellen, welche Kenntnisse und Fähigkeiten von Spezialisten auf einem bestimmten Betätigungsfeld oder Wissensgebiet bündeln und den Geschäftsprozessen bereitstellen. Das Leistungsangebot der Kompetenzzentren wird von mehreren oft auch wechselnden Geschäfts- bzw. Teilprozessen in Anspruch genommen, wobei der Abruf zumeist diskontinuierlich erfolgt. ■

Die Nutzung knapper Ressourcen durch mehrere Geschäfts- bzw. Teilprozesse ist ebenso in der RMP und LMP anzutreffen. Durch diese Ressourceninterdependenz entsteht zusätzlicher Koordinationsaufwand zwischen Funktions- und Prozessverantwortlichen, der die Transaktionskosten erhöht (vgl. Gaitanides 2012, S. 85 und 94).

Die Leiter der Kompetenzzentren sind mit fachlichen und disziplinarischen Weisungsbefugnissen ausgestattet. Die Bereitstellung von Spezialisten bzw. Leistungen wird verrechnet. Steuerungsgrößen der Kompetenzzentren sind wie in der RMP und LMP Personalkapazität, -qualität, -kosten und -auslastung sowie die erzielten finanziellen Ergebnisse.

Besonders in Zentralabteilungen existieren häufig Funktionsstellen mit Spezialwissen, geringer Strukturiertheit, Servicecharakter der Aufgaben sowie relativ geringer Kapazitätsausstattung. **Beispiele** sind Öffentlichkeitsarbeit, Rechtsabteilung, medizinischer Dienst, Training und Weiterbildung, technische Referate (Normung, Patentwesen, Qualitätsmanagement) sowie Inhouse-Beratung (z. B. Strategie-, Organisations-, Projekt-, Prozessberatung). Diese Stellen sind Kandidaten für Kompetenzzentren. Auch gibt es oft hoch spezialisierte technische Disziplinen, die aus Gründen der Arbeitsorganisation, Know-how-Sicherung und Auslastung von technischem Equipment als funktionale Kompetenzzentren organisiert sind. Beispiele sind Testzentren und IT-Dienste.

Oft bedienen sich Geschäftsprozessverantwortliche auch der Kompetenzzentren von Partnern, um die Leistungsfähigkeit ihrer Geschäftsprozesse durch zusätzliche Kompetenzen zu steigern (vgl. Walter 2009, S. 129 ff.).

Welche Funktionen ganz oder teilweise in **Kompetenzzentren** integriert werden, hängt von mehreren **Kriterien** ab, wie z. B.:

- strategische Bedeutung der Kompetenzen,
- Umfang und Teilbarkeit der Ressourcen,
- Spezialisierungsgrad der Ressourcen,

- Umfang und Wiederholungsgrad der Aufgaben,
- Sicherung und Ausbau der Kompetenzen,
- Effizienz der Ressourcennutzung,
- Zahl der Leistungsabnehmer,
- Affinität zu bestimmten Geschäftsprozessen.

4.4.2.3.4 Beurteilung der Matrix-Prozessorganisation

RMP, LMP und KMP bieten Geschäftsprozessen die Möglichkeit, je nach Bedarf Ressourcen, Leistungen oder Kompetenzen von Funktionen zu beziehen, aber auch Prozessaufgaben mit eigenen Ressourcen auszuführen. Die Organisationsformen zeichnen sich durch hohe Gestaltungsflexibilität aus und können unterschiedliche Anforderungsprofile der Geschäftsprozesse abdecken. Sie ermöglichen es, schnell auf interne und externe Veränderungen zu reagieren und gleichzeitig die spezifischen Konstellationen der einzelnen Geschäftsprozesse und Funktionen zu berücksichtigen. Vorteilhaft ist auch, dass organisatorische Anpassungen keine hierarchischen Abstimmungen erfordern (vgl. Gaitanides 2012, S. 90). ■

Neue Anforderungen, veränderte Prozessziele oder Effizienzüberlegungen können Änderungen in der Zusammenarbeit zwischen Funktionen und Geschäftsprozessen auslösen, wie z. B.:

- Geschäftsprozesse integrieren Ressourcen von Funktionsstellen, da sie diese kontinuierlich und auf Dauer benötigen.
- Geschäftsprozesse erbringen bestimmte Prozessleistungen mit eigenen Prozessressourcen und beziehen diese Prozessleistungen nicht mehr von Funktionsstellen.
- Funktionsstellen nähern sich den Geschäftsprozessen an, indem sie Teilprozesse, Prozess- oder Arbeitsschritte in ihrer Organisation abbilden und deren Ziele übernehmen.
- Geschäftsprozesse verlagern Ressourcen oder/und Aufgaben in die Funktionen zurück.

Bei einem **Ressourcentransfer** zwischen Geschäftsprozessen und Funktionen sind folgende **Kriterien** zu beachten:

- Umfang und Teilbarkeit der Ressourcen in den Funktionen,
- Nutzung der Ressourcen durch mehrere Geschäfts-, Teilprozesse (Ressourceninterdependenz),
- Umfang, Kontinuität und Dauer des Leistungsbezugs bzw. des Ressourcenbedarfs in den Geschäftsprozessen (Teilprozessen/Prozessschritten),
- Auswirkungen des Ressourcentransfers auf
  - Prozesseffizienz (Prozesskosten, -qualität, -zeit),
  - Ressourceneffizienz (Kosten),
  - Prozesseffektivität (z. B. Kundenzufriedenheit, Erreichen der Geschäftsziele, Wettbewerbsfähigkeit),
  - Kernkompetenzen.

Der interne Leistungs- und Ressourcenverbund wird über Auftragnehmer-Auftraggeber-Mechanismen gesteuert. Diese sind flexibel gestaltbar und werden über Service Level Agreements koordiniert. Besonders klar ist das Auftragnehmer-Auftraggeber-Verhältnis bei der LMP-Variante, da die angeforderten Leistungen eindeutig spezifiziert und gemessen werden können. Dies vereinfacht die Koordination und senkt die Transaktionskosten. Zudem wird die Anreizgestaltung erleichtert, da die Erfolgsanteile von Auftragnehmer und Auftraggeber eindeutig ermittelt werden können. Positiv ist auch bei der LMP-Variante, dass der Grad an Ressourcen- und Prozesseffizienz situativ festgelegt werden kann (vgl. auch Smith 2007, S. 20 ff.; Kugeler/Vieting 2008, S. 233 ff.; Komus 2011, S. 4; Gaitanides 2012, S. 84 f.).

In den dargestellten Formen der Matrix-Prozessorganisation haben die Geschäftsprozesse eine relativ hohe Selbständigkeit (Autonomie) gegenüber den Funktionen. Für diese **Dominanz der Geschäftsprozesse** sprechen folgende Argumente (vgl. Remme 1997, S. 35 f.):

- Zwischen strategischen Erfolgsfaktoren und Geschäftsprozessen besteht eine direkte Verbindung. Diese ist bei Funktionen nicht gegeben.
- Die Prozessziele werden aus den Geschäftszielen abgeleitet, sodass Geschäftsprozesse direkte Beiträge zur Erreichung der Geschäftsziele leisten. Eine vergleichbare direkte Verbindung besteht zwischen Funktionen und Geschäftszielen nicht.
- Geschäftsprozesse beeinflussen direkt den Kundennutzen und die Kundenzufriedenheit. Bei Funktionen kann dieser Bezug nur indirekt hergestellt werden.
- Die Verantwortung für Kundenleistungen liegt in Geschäftsprozessen in einer Hand. Bei Funktionen sind viele Stellen und Verantwortliche an der Erstellung von Kundenleistungen beteiligt.

Im Mittelpunkt von Funktionen stehen Ressourcen, im Mittelpunkt von Geschäftsprozessen Werte für Kunden und Werte für das Geschäft (Rummler et al. 2010, S. 214 ff.). Über Funktionen ist es komplexer, aufwendiger und risikoreicher, den Geschäftserfolg zu steuern, als über Geschäftsprozesse. Deshalb ist es gerechtfertigt, die Verantwortung für die Erstellung von Kundenleistungen den Geschäftsprozessen zu übertragen und sie dafür entsprechend auszustatten. „In an institutionalized Process Management environment, the greater good is that processes serve the organization strategy“ (Rummler/Brache 1995, S. 170).

Die Vorrangstellung der Geschäftsprozesse gegenüber den Funktionen erleichtert ihre Steuerung und reduziert Konflikte, Koordinationsprobleme sowie Erfolgsrisiken. Die Anreizgestaltung für die Prozess- und Funktionsverantwortlichen wird durch die relativ eindeutige Aufgaben- und Verantwortungsteilung und darauf abgestimmte Weisungsbefugnisse erleichtert. ■

„Bleibt die Prozessorientierung nur ein Denken in Prozessen, werden funktionale Barrieren weiterhin maßgeblichen Verbesserungen im Wege stehen. Entscheidend wird es sein, den Prozessgedanken auch durch Weisungsbefugnisse und Stellen in prozessorientierten Aufbaustrukturen zu institutionalisieren“ (Fischermanns 2012, S. 37; vgl. auch Fischermanns 2012, S. 150).

4.4.2.4 Reine Prozessorganisation

In der reinen Prozessorganisation richtet sich die Aufbauorganisation an den Geschäftsprozessen und deren Struktur aus (Knuppertz/Feddern 2011, S. 34 ff.; Picot et al. 2012, S. 383 f.; Liebert 2012, S. 13 f.).

Die Geschäftsprozesse sind autark und verfügen über eigene Führung, eigenständige Organisation und eigene Ressourcen (Budget, Personal, Equipment etc.). Die oberste Organisationsebene besteht aus den primären und sekundären Geschäftsprozessen. Die tieferen Organisationsebenen orientieren sich an den Strukturebenen des Prozessmodells. ■

Der **Geschäftsprozessverantwortliche** verantwortet in der reinen Prozessorganisation Planung, Durchführung, Ergebnisse und Zielerreichung seines Geschäftsprozesses. Er besitzt neben fachlichen auch disziplinarische Weisungsbefugnisse. Dies gilt ebenso für die Verantwortlichen auf den tieferen Strukturebenen (z.B. Teilprozessverantwortliche). Die klaren Unterstellungsverhältnisse vereinfachen Koordination, Steuerung und Optimierung sowie die Selbstorganisation und -steuerung der Verbesserungsteams in den Geschäftsprozessen.

Die **Vorteile** der reinen Prozessorganisation sind:

- hohe Prozessorientierung,
- hohe Organisationseffektivität durch Ausrichtung aller Aktivitäten auf Kundenbedürfnisse und Geschäftsziele,
- hohe Organisationseffizienz durch Abbau funktionaler Hierarchien und Schnittstellen,
- hohe Steuerungseffizienz durch Budget- und Ressourcenhoheit,
- hohe Struktur- und Performancetransparenz und damit günstige Voraussetzungen für Prozessverbesserungen und -optimierungen,
- hohe Anpassungsflexibilität,
- hohe Motivation und Anreizintensität.

Mit Einführung der reinen Prozessorganisation werden die funktionalen Aufgaben und Ressourcen in die Prozessstruktur integriert. Auf den unteren Prozessebenen (Prozessschritte, Arbeitsschritte, Aktivitäten) existiert zumeist ein relativ hoher Abdeckungsgrad von Prozessaufgaben mit Aufgaben funktionaler Organisationsstellen. Bei der Überleitung auf eine reine Prozessorganisation halten sich hier Änderungen in Grenzen. Bei den höheren Hierarchiestufen der Funktionsorganisation sind die Auswirkungen dagegen gravierend, da diese bei der Überleitung entfallen. Dies ist einer der Gründe, warum die reine Prozessorganisation vom mittleren Management in der Regel abgelehnt wird. Es werden Einbußen an Macht, Status und Einfluss befürchtet. Die Skepsis beruht aber auch auf der Sorge, dass die organisatorischen Veränderungen zu komplex und zu risikoreich sind. Insgesamt erweist sich die reine Prozessorganisation in der Praxis als schwer umsetzbar.

Reine Prozessorganisationen haben in der Praxis nur eine geringe Bedeutung. Das Management bewertet die Vorteile der gewachsenen Aufbauorganisation in der Regel deutlich höher als eine starke Prozessorientierung. Besonders ausgeprägt ist der Widerstand gegen die reine Prozessorganisation im mittleren Management, da es von den organisatorischen Anpassungen am stärksten betroffen ist. Gegen die reine Prozessorganisation spricht auch, dass bei der Überleitung von Funktionen auf Geschäftsprozesse funktionale Ressourcen geteilt werden. Die Ressourcenspaltung kann zu Einbußen an fachlicher Spezialisierung und damit zu Kompetenzverlusten führen. ■

Zusätzlich besteht das Risiko von unzureichender Ressourcenauslastung (Leerkapazität) und Fehlallokation. Negative Auswirkungen auf Produktivität, Kernkompetenzen und strategische Wettbewerbsvorteile sind nicht auszuschließen. „Just like a heavily functional organization can suffer from process inefficiency, a totally process oriented organization can suffer from lack of functional expertise" (Smith 2007, S. 20; vgl. auch Wilhelm 2007, S. 18 ff.; Picot et al. 2012, S. 385 ff.; Staud 2006, S. 242; Atzert 2011, S. 190 f.; Gaitanides 2012, S. 94 f.).

Um sowohl der Prozesseffizienz als auch der Ressourceneffizienz gerecht zu werden, ist die Funktionsorientierung für Aufgaben mit einer hohen Infrastruktur- und funktionalen Spezifität beizubehalten (vgl. Picot et al. 2012, S. 387). Damit rückt die reine Prozessorganisation in die Nähe der bereits zuvor beschriebenen Matrix-Prozessorganisation (vgl. Kapitel 4.4.2.3).

4.4.2.5 Prozessorientierte Aufbauorganisationen in der Praxis

4.4.2.5.1 „Structure follows process and process follows strategy"

Bezogen auf das Verhältnis von Strategie, Struktur und Geschäftsprozessen wird in der **Literatur** häufig auf die Maxime **„structure follows process and process follows strategy"** verwiesen (vgl. Bogaschewsky/Rollberg 1998, S. 200 ff.; Schober 2002, S. 30 und 120 ff.; Osterloh/Frost 2006, S. 40 und 165 ff.; Bach et al. 2012, S. 16 und 133). Die **Praxis** folgt dagegen zumeist dem umgekehrten Leitsatz **„process follows structure and structure follows strategy"**.

In der Praxis sind 91 % der Befragten der Meinung, dass die Aufbauorganisation an der Strategie auszurichten ist (vgl. Capgemini 2011, S. 76 f.). Dieser Vorgabe haben sich die Prozesse unterzuordnen. „Insofern ist es trotz anderslautender theoretischer Schlussfolgerungen in der Unternehmensrealität fast die Regel, dass zuerst die aufbauorganisatorischen Strukturen definiert und erst dann die Prozesse im Detail ausgestaltet werden *(process follows structure)*" (Bergsmann 2012, S. 118)

Wie fest „process follows structure" in der Praxis verankert ist, zeigen die dominante Stellung der Funktionen und die schwache Position der Geschäftsprozesse in vielen Organisationen. „Die funktionale Sicht auf Unternehmen ist klar in allen Konzepten vorherrschend. Prozessorientierte Organisationsformen werden nicht berücksichtigt und daher kaum in Unternehmen umgesetzt. [...] Unternehmen sind nur selten bereit, sich wirklich prozessorientiert auszurichten" (Ahlrichs/Knuppertz 2010, S. 42; vgl. auch Hess/Schuller 2005, S. 366 f.; Feldmayer/Seidenschwarz 2005, S. 2; IDS Scheer 2006, S. 5). Auf die Nachteile dieser Praxis verweisen die Kapitel 4.4.1.2 und 4.4.2.2. Um diese Nachteile abzumildern, sind Lösungen zu finden, in denen die Geschäftsprozesse den Funktionen nicht untergeordnet werden, sondern ein stärkeres Eigengewicht erhalten.

Zu der seit vielen Jahren kontrovers geführten Diskussion über die Abhängigkeit zwischen Strategie, Struktur und Geschäftsprozessen bemerkt Suter: „Strategien, die vorwiegend auf bestehenden Strukturen bauen, bestätigen tendenziell bestehende Strukturen, und bestehende Strukturen bestätigen tendenziell bisherige Strategien. Denn bei der Entwicklung von Strategien aus einer bestehenden Struktur heraus werden innovative Perspektiven ausgeblendet" (Suter 2004, S. 30). Nicht eine „Von-innen-nach-außen-Perspektive", sondern nur eine „Von-außen-nach-innen-Perspektive", die aus Änderungen von Kunden, Märkten, Wettbewerbern, Gesellschaft, Werten und Technologien strategische Folgerungen zieht, kann die Verbindung zwischen Strategie, Geschäftsprozessen, Struktur und Systemen in einem Unternehmen herstellen. „In dem Sinne haben Strukturen den Geschäftsprozessen und Letztere der Strategie zu folgen" (Suter 2004, S. 31; vgl. auch Spanyi 2007, S. 105).

Wie wichtig eine direkte Verbindung zwischen Strategie und Prozessen ist, führt Kapitel 3.2 aus. Strategische Änderungen von Geschäftsmodellen führen direkt zu Veränderungen von Prozessmodellen und damit zu Änderungen der Geschäftsprozesse. Um schneller auf strategische Änderungen reagieren zu können, muss nicht nur „structure follows strategy", sondern auch „process follows strategy" gewährleistet sein.

4.4.2.5.2 Übergang auf eine prozessorientierte Aufbauorganisation

Der Übergang von der funktionsorientierten auf eine prozessorientierte Organisationsstruktur erfordert Neuorientierung, Verhaltensänderung und Umsetzungsfähigkeit. Damit sind **kulturelle Aspekte** angesprochen. „The fact that there has not been a broad based movement to replace the functional structure with a process structure in mid-sized and larger firms is a testament to the deeply entrenched nature of the traditional functional mindset, which makes it difficult to achieve a high level of collaboration across various departments" (Spanyi 2007, S. 107).

Die meisten Unternehmen sagen zwar Ja zum Geschäftsprozessmanagement, schrecken aber vor den Konsequenzen einer prozessorientierten Aufbauorganisation zurück. Nicht wenigen Unternehmen fehlen Einsicht, Mut und Kraft, sich organisatorisch zu ändern und die Vorteile des Geschäftsprozessmanagements zu nutzen. Bedenklich ist, wenn das Festhalten an prozessfeindlichen Strukturen von Beratern und in der einschlägigen Fachliteratur propagiert wird, wie z.B. folgende Aussage eines namhaften Beratungsunternehmens dokumentiert: „Es ist klar, dass die Verantwortung für die Prozesse in den Fachabteilungen bleiben muss."

Nicht selten wird Prozessmanagement nur aus Rationalisierungsgründen eingeführt, um die abteilungsübergreifende Koordination zu verbessern, die Zahl der organisatorischen Schnittstellen zu reduzieren und Kosten zu senken. Häufig liegt der Hauptzweck des Prozessmanagements auch darin, regulatorische Anforderungen zu erfüllen, wie z.B. die Zertifizierungsanforderungen der ISO 9001. Als Organisationsform wählen diese Anwendungen zumeist die Einfluss-Prozessorganisation und damit die schwächste und problematischste Ausprägung einer prozessorientierten Aufbauorganisation (vgl. Kapitel 4.4.2.2).

Das Wirkungspotenzial des Geschäftsprozessmanagements, wie z.B. höhere Kundenorientierung sowie die Steigerung der Unternehmensleistung durch höhere Prozesseffektivität und -effizienz, kommt in der Einfluss-Prozessorganisation nicht zum Tragen. Ebenso kann sie die Orientierungen des Geschäftsprozessmanagements (Prozess-, Strategie-, Kunden-, Leistungs-, Wertschöpfungs-, Mitarbeiter-, Lernorientierung) nicht positiv beeinflussen.

Auch als Einstiegsorganisation für das Geschäftsprozessmanagement ist die Einfluss-Prozessorganisation weitgehend ungeeignet. Die Gefahr ist groß, dass aus der schlechten Einstiegslösung eine schlechte Dauerlösung wird. Die Anwendung der Einfluss-Prozessorganisation ist oft ein Zeichen dafür, dass Geschäftsprozessmanagement falsch verstanden wird und/oder dem Management Überzeugung, Wille oder/und Fähigkeit fehlen, Geschäftsprozessmanagement wirksam ein- und durchzuführen. ■

Die Erfolgswahrscheinlichkeit des Geschäftsprozessmanagements ist deutlich höher, wenn die Matrix-Prozessorganisation gewählt wird. Voraussetzung ist, dass die Geschäftsprozesse als funktionsübergreifende, autonome Einheiten agieren können und es klare Regelungen für die Weisungsbefugnisse von Geschäftsprozess- und Funktionsverantwortlichen gibt.

Folgende Erfahrungen eines Anwenders beleuchten die Unterschiede zwischen der Einfluss- und der Matrix-Prozessorganisation: „Ich war selbst einige Zeit davon überzeugt, dass man Prozessorientierung und Prozessmanagement unter Beibehaltung der alten Strukturen einführen kann, und bin eines Besseren belehrt worden. Inzwischen bin ich der Überzeugung, dass ein ‚burn the bridges‘ unvermeidlich ist, um jeden Mitarbeiter wachzurütteln, um genügend Aufmerksamkeit für das Thema zu erwecken. Hierbei ist bereits eine Matrix-Prozessorganisation, in der die Macht der Funktionen erheblich geschwächt wird, ein guter Schritt, eine Veränderung einzuleiten. Ich gebe der Einfluss-Matrix keine Chance, Benefit aus BPM zu profitieren. Aber an ihr erkennt man, welche Kräfte und welchen Einfallsreichtum ein Unternehmen aufbringen kann, um sich vor irgendetwas zu wehren“ (Atze, in: Diskussionsforum Prozessmanagement, http://www.qm-infocenter.de/forum/prozessmanagement, 29. August 2006).

Positiv an den beschriebenen Formen der Matrix-Prozessorganisation ist, dass sie Möglichkeiten bieten, Ressourcen- und Prozesseffizienz aufeinander abzustimmen. Nachteilig ist, dass sie die Prozesseffektivität, d. h. das Erzielen einer hohen Kundenzufriedenheit, das Erreichen der Geschäftsziele sowie die Erfüllung strategischer Zielvorgaben wie Aufbau und Ausbau von Kernkompetenzen zu wenig berücksichtigen. Auch ist zu kritisieren, dass ihr Fokus auf der Kostendegression (Skalenerträge, Spezialisierungs- bzw. Erfahrungskurveneffekte) liegt. Aus Prozesssicht sind nicht die Kosten die entscheidende Größe, sondern das Zusammenspiel von Kundenzufriedenheit, Prozessqualität, -zeit und -kosten. ■

Die reine Prozessorganisation hat vergleichsweise geringe Bedeutung in der Praxis. Sie stößt auf große Umsetzungswiderstände und kann zu Einbußen an fachlicher Spezialisierung sowie an Effizienz und Kompetenz führen.

4.4.2.5.3 Praxisorientierter Lösungsansatz

Einen Lösungsansatz bietet die leistungsorientierte Matrix-Prozessorganisation (LMP) (vgl. Kapitel 4.4.2.3.2). Ihre Hauptmerkmale sind weitgehende Autonomie der Geschäftsprozesse, Dominanz der Geschäftsprozesse gegenüber den Funktionen sowie Auftraggeber-Auftragnehmer-Beziehungen zwischen Geschäftsprozessen und Funktionen. ■

In der LMP entscheiden die Geschäftsprozesse darüber, wie die Zusammenarbeit zwischen Geschäftsprozessen und Funktionen auszugestalten ist, um sowohl den strategischen als auch operativen Zielen der Prozesseffektivität und Prozesseffizienz gerecht zu werden. Dabei werden Ressourcen- und Prozesseffizienz nach ihren Beiträgen zum Erreichen der operativen Prozessziele beurteilt. Den Prozesszielen wird eine höhere Priorität als der Ressourceneffizienz eingeräumt, da die Prozessziele in direkter Verbindung zu den Geschäftszielen stehen. Die Geschäftsprozessverantwortlichen werden daran gemessen, wie sie die Prozessziele erfüllen. Sie werden deshalb die Zusammenarbeit mit den Funktionen so gestalten, wie es für das Geschäft am besten ist. Dabei gibt es keinen Königsweg, da sich die Rahmenbedingungen der Geschäftsprozesse ständig ändern und die Zusammenarbeit darauf abzustimmen ist.

Die Geschäftsprozesse sind als Leistungsempfänger von der Performance der Funktionen abhängig. Sie können die Performance der Funktionen aber nicht direkt, sondern nur indirekt über die Leistungsanforderungen in den Service Level Agreements beeinflussen und steuern. Der bessere Weg ist, die Funktionsziele an den Prozesszielen und damit an Kundenanforderungen und Geschäftszielen auszurichten. „*Since the purpose of a function is to support processes, it should be measured on the degree to which it serves those processes. When we establish functional goals that bolster processes, we ensure that each department meets the needs of its internal and external customers*“ (Rummler/Brache 1995, S. 53).

Für Funktionsverantwortliche sind die mit dem skizzierten Lösungsansatz verbundenen Änderungen überschaubar. Das Aufgabenfeld der Funktionsverantwortlichen ändert sich nicht. Ebenso bleiben die fachlichen und disziplinarischen Weisungsbefugnisse wie auch die Organisation weitgehend erhalten. Was sich ändert, ist die **Abstimmung der Funktionsziele mit den Prozesszielen**. „In process-driven environment, each functional manager is still responsible for achieving results, allocating resources, and developing policies and procedures. *The only difference from traditional (purely vertical) organizations is that each function is measured against goals to reflect its contribution to processes.* Line managers have as much authority as in any traditional organization. There is no tug-of-war between two bosses, as in many matrix-managed organizations“ (Rummler/Brache 1995, S. 170).

Der vorgeschlagene Lösungsansatz stimmt in wichtigen Punkten mit der von Suter vorgeschlagenen „prozessbasierten Aufbauorganisation“ überein (vgl. Suter 2004, S. 119 ff. und 219 ff.; vgl. auch Kohlbacher/Weitlaner 2011, S. 1343 ff.).

Zusammenfassend charakterisieren den Lösungsansatz folgende Merkmale:

- Geschäftsprozesse sind organisatorische Einheiten innerhalb der Geschäftseinheiten und haben weitgehende Autonomie.
- Die Geschäftsprozessverantwortlichen nehmen die durchgängige Verantwortung für die Geschäftsprozesse wahr.

- Aufgaben, Verantwortung und Weisungsbefugnisse der Geschäftsprozessverantwortlichen sind aufeinander abgestimmt. Damit werden wichtige Voraussetzungen für das Erreichen strategischer und operativer Prozessziele erfüllt.
- Die Geschäftsprozessverantwortlichen entscheiden darüber, wen sie (z. B. Funktionen, externe Lieferanten) mit der Erbringung von Teilleistungen beauftragen, um u. a. die Vorteile einer leistungsbezogenen Spezialisierung (Ressourceneffizienz) zu nutzen.
- Bei der Auftragsvergabe liegt die Verantwortung für die Auftragserteilung, -überwachung, -verfolgung sowie Abnahme der Ergebnisse bei den Geschäftsprozessverantwortlichen. Die Verantwortung für Auftragsannahme, -ausführung und -übergabe tragen die Auftragnehmer, z. B. die Funktionen.
- Sind Funktionen Auftragnehmer von Geschäftsprozessen, haben sie ihre Ziele an den Prozesszielen auszurichten.
- Durch die Auftragsvergabe der Geschäftsprozesse an interne oder externe Lieferanten sind Prozessleistungen differenzierbar sowie Lernkurven- und Volumeneffekte realisierbar.
- Die strategischen Prozessziele der Funktionen sind mit denen der Geschäftsprozesse im Rahmen der Strategieplanung abzustimmen (z. B. Aufbau und Ausbau von Kernkompetenzen).

■

4.4.3 Projektorganisation und Prozessorganisation

Projekte sind einmalige, komplexe, zeitlich begrenzte Vorhaben von relativer Neuartigkeit und Unsicherheit, die im Rahmen einer temporären Projektorganisation abgewickelt werden (vgl. Schmelzer 1986, S. 2 ff.; Jankulik/Kuhlang/Piff 2005, S. 26 ff.). Demgegenüber sind Geschäftsprozesse auf Dauer angelegt und laufen im Rahmen einer dauerhaften Prozessorganisation ab. In ihnen werden viele gleichartige Objekte bearbeitet, wobei sich die Bearbeitungsfolgen wiederholen. In Abhängigkeit von der Projektdauer nehmen Projektleiter ihre Aufgabe und Verantwortung zeitlich befristet wahr. Demgegenüber werden Prozessverantwortliche zeitlich unbefristet eingesetzt.

Projekte und Prozesse sind keine Gegensätze, sondern unterschiedliche Organisationsformen für unterschiedliche Objekte. Dabei gibt es zwischen Prozessen und Projekten Berührungspunkte, Ergänzungen und Abhängigkeiten.

■

Trotz ihrer Einmaligkeit und Neuartigkeit werden **Projekte** häufig **im Rahmen von Geschäftsprozessen** durchgeführt. Dieser Fall ist in prozessorientierten Produktentwicklungen anzutreffen und umfasst nicht nur Weiter- und Anpassungsentwicklungen, sondern auch Neuentwicklungen. In Neuentwicklungen werden innovative und risikoreiche Architekturen, Technologien oder Komponenten „vorentwickelt". Nach erfolgreichem Abschluss der Vorentwicklung im Geschäftsprozess „Produkt innovieren" werden die Ergebnisse in den Geschäftsprozess „Produkt entwickeln" eingesteuert, in dem dann die „routinemäßige" Entwicklung des gesamten Produktes stattfindet. Die Verantwortung für die einzelnen Produktentwicklungsprojekte tragen Projektleiter. Diese werden vom Verantwortlichen für den Geschäftsprozess „Produkt entwickeln" mit der Durchführung der Projekte beauftragt. Die Planungs-, Realisierungs- und Kontrollaufgaben der Teilprojekte führt der Geschäftsprozess „Produkt entwickeln" durch. Auch das Projektcontrolling übernimmt weitgehend dieser Geschäftsprozess.

Die Durchführung von Entwicklungsprojekten im Geschäftsprozess „Produkt entwickeln" hat eine Reihe von **Vorteilen**. Die Zahl der Schnittstellen und die organisatorische Komplexität werden vermindert. Auf temporäre Projektteams mit den Problemen der Bildung und Auflösung kann weitgehend verzichtet werden. Die Projektleiter werden von Koordinations- und Durchführungsaufgaben entlastet und können sich stärker ihren Managementaufgaben widmen. Der noch größere Vorteil liegt jedoch darin, dass die in den Entwicklungsprojekten gewonnenen Erfahrungen im Geschäftsprozess „Produkt entwickeln" gesammelt und an zukünftige Entwicklungsprojekte weitergegeben werden. In funktionalen Bereichsorganisationen mit temporären Projektteams besteht demgegenüber die Gefahr, dass Projekterfahrungen verloren gehen und organisationales Lernen unzureichend stattfindet.

Eine mögliche Aufteilung von Aufgaben und Verantwortung zwischen Projektleitern und Prozessverantwortlichen zeigt Abbildung 4.40 am Beispiel des Geschäftsprozesses „Produkt entwickeln". Während der Projektleiter für das Erreichen der Projektziele verantwortlich ist, hat der Prozessverantwortliche für eine hohe Prozesseffektivität und -effizienz Sorge zu tragen. Jede Steigerung der Prozesseffektivität und -effizienz wirkt sich positiv auf die Zielerreichung aller Entwicklungsprojekte aus.

Aufgaben/Verantwortung	Projektleiter	Prozessverantwortlicher
• Gesamtverantwortung für das Projekt	X	
• Klärung Projektziele und Zieländerungen	X	
• Klärung und Disposition des Projektbudgets	X	
• Auftragsvergabe Gesamtprojekt und Teilprojekte	X	
• Festlegung Projektorganisation (Aufbau/Ablauf)		
» Gesamtprojekt	X	(X)
» Teilprojekte		X
• Planung/Kontrolle von Kosten, Terminen, Qualität		
» Gesamtprojekt	X	(X)
» Teilprojekte	(X)	X
• Beschaffung/Disposition personeller Ressourcen		X
• Beschaffung/Disposition technischer Ressourcen		X
• Systems Engineering, Systemintegration und -test		X
• Realisierung der Teilprojekte		X
• Qualitätsmanagement, Konfigurationsmanagement		X
• Projektberichtswesen		
» Gesamtprojekt	X	
» Teilprojekte		X
• Steuerung und Koordination Gesamtprojekt	X	
X = Verantwortung (X) = Abstimmung		

Abb. 4.40 Aufgaben/Verantwortung des Projektleiters und des Prozessverantwortlichen in dem Geschäftsprozess „Produkt entwickeln"

Ebenso wie im Geschäftsprozessmanagement wird auch im Projektmanagement von Prozessen und Prozessmodellen gesprochen (vgl. Jankulik/Kuhlang/Piff 2005, S. 118 ff.; Gareis/Stummer 2007, S. 192 ff.). So werden beispielsweise Entwicklungsprojekte auf Basis von F&E-Prozessmodellen (Standardprozesspläne, Stufenmodelle, Phasenmodelle, V-Modelle, Gate-Stage-Modelle) geplant, strukturiert und durchgeführt. Charakteristisch für diese F&E-Prozessmodelle ist die Strukturierung und Standardisierung des Projektablaufs in Phasen und Meilensteine bzw. Gates. Aus dem **F&E-Prozessmodell** werden pro Entwicklungsprojekt die spezifischen Projektphasen, Phasenergebnisse, Meilensteine und Gates abgeleitet. Der Begriff Prozess bezieht sich in diesem Zusammenhang auf den Ablauf der einzelnen Entwicklungsprojekte und das F&E-Prozessmodell auf die Rahmenvorgabe für die Definition der einzelnen Projektabläufe. Inhaltlich bestehen also Unterschiede zu Geschäftsprozessen und Prozessmodellen im Projektmanagement.

■ Das Wichtigste in Kürze

Am Anfang des Geschäftsprozessmanagements steht die Identifizierung der Geschäftsprozesse, bei der top-down oder bottom-up vorgegangen werden kann. Gegenüber dem Bottom-up-Ansatz zeichnet sich der Top-down-Ansatz durch folgende Vorteile aus:

- Geschäftsstrategie und Kunden bilden die Ausgangsbasis.
- Die Ergebnisse sind strategiekonform und überschneidungsfrei.
- Anfang und Ende der Geschäftsprozesse haben die geforderte Verbindung zu Kunden.
- Redundanzen, Überschneidungen und Aktivitäten ohne Kundennutzen werden aufgedeckt.
- Die Gefahr ist geringer, auf dem Bestehenden zu beharren und sich im Detail zu verlieren.
- Das Vorgehen erfordert weniger Aufwand und Zeit.

Beim Top-down-Vorgehen werden zunächst die primären Geschäftsprozesse und ihre Teilprozesse identifiziert. Anschließend folgt die Definition der sekundären Geschäftsprozesse, die sich an den Leistungsanforderungen der primären Geschäftsprozesse orientieren. Die weitere Strukturierung in Prozessschritte und Arbeitsschritte ist späteren Planungsschritten vorbehalten.

Es hat sich bewährt, die Identifizierung und Definition der Geschäfts- und Teilprozesse in Workshops gemeinsam mit dem Management zu erarbeiten. Bei der Identifizierung der sekundärer Geschäftsprozesse können Geschäftsprozessmodelle hilfreich sein.

Nach der Identifizierung werden die Geschäftsprozesse gestaltet und strukturiert. Dabei sind folgende Regeln zu beachten:

- Geschäftsprozesse beginnen und enden bei Kunden.
- In jedem Geschäftsprozess werden Geschäftsfälle mit jeweils einem Prozessobjekt komplett bearbeitet.
- Jeder Geschäftsprozess ist in Teilprozesse, Prozess- und Arbeitsschritte zu unterteilen (Aufbaustruktur).

- Für jeden Geschäftsprozess ist ein zeit- und ressourcengünstiger Ablauf festzulegen (Ablaufstruktur).
- Nicht wertschöpfende Teilprozesse, Prozess- und Arbeitsschritte sind zu eliminieren.
- Mit den Lieferanten der Geschäftsprozesse sind Leistungsvereinbarungen (Service Level Agreements) zu treffen.
- Geschäftsprozesse sind zu dokumentieren und zu gewichten.
- Jeder Geschäftsprozess hat einen Verantwortlichen.
- Geschäftsprozesse sind in die Unternehmensorganisation zu integrieren.

Die Ergebnisse der Prozessgestaltung sind zu dokumentieren. Die Dokumentation umfasst:

- Unternehmens- bzw. Geschäftsprozessmodell, Prozesslandkarte,
- Beschreibung der Geschäfts- und Teilprozesse,
- Prozessaufbaustruktur und -ablaufstruktur,
- PO-Diagramm (Prozess-Organisations-Diagramm),
- Leistungsvereinbarungen mit Lieferanten/Kunden,
- Rollenbeschreibungen (Aufgaben, Verantwortung, Befugnisse).

Wichtige Rollen in Geschäftsprozessen bzw. im Geschäftsprozessmanagement sind:

Personen:

- Prozesssponsor,
- GPM-Projektleiter,
- Prozessberater,
- Chief Process Officer,
- Prozessmanager,
- Prozessverantwortliche,
- Prozesscontroller,
- Prozessmitarbeiter.

Gremien/Teams:

- GMP-Control-Board,
- Managementteam,
- Prozessteam,
- Kaizen-Team,
- GPM-Office.

Abhängig vom Einzelfall ist festzulegen, wann welche Rollen benötigt werden.

Geschäftsprozessverantwortliche nehmen ihre Aufgaben auf Dauer wahr. Die Aufgaben sind so umfangreich, dass sie mit einem Geschäftsprozess in der Regel voll ausgelastet sind. Deshalb ist zu vermeiden, eine Person für mehrere Geschäftsprozesse verantwortlich zu machen. Geschäftsprozessverantwortliche sollten Sitz und Stimme im Leitungskreis der Geschäftseinheit haben.

Geschäftsprozessverantwortliche können die Verantwortung für das Erreichen der Prozessziele nur erfüllen, wenn sie über ausreichende Befugnisse verfügen.

Die Verantwortung für die Weiterentwicklung, Anpassung und Optimierung des gesamten Geschäftsprozessmanagementsystems eines Unternehmens trägt der Chief Process Officer (CPO). Er ist auch für die Process Governance, d. h. die unternehmensweit gültigen Grundsätze, Leitlinien und Vorschriften der Organisation, Führung und Überwachung des Geschäftsprozessmanagements verantwortlich.

Funktionale Organisationen hatten in Zeiten überschaubarer Märkte, hoher Marktstabilität, homogener Produktprogramme, geringer Produktvielfalt, langer Produktlebenszyklen sowie stabiler Technologien und großer Stückzahlen Vorteile. In der heutigen dynamischeren Umwelt haben funktionale Organisationen Probleme, sich schnell anzupassen.

Prozessorganisationen zeichnen sich im Vergleich mit funktionalen Organisationen durch folgende Vorteile aus:

- stärkere Kundenorientierung,
- weniger Schnittstellen,
- geringerer Koordinationsaufwand,
- klare Verantwortung für das Prozessergebnis,
- mehrdimensionale Steuerung über die Prozessziele Kundenzufriedenheit, Prozesszeit, -qualität und -kosten,
- kontinuierliche Steigerung der Prozesseffektivität und -effizienz,
- dezentrales Controlling,
- organisationales Lernen.

Funktions- und Prozessorganisationen haben jeweils spezifische Effektivitäts- und Effizienzvorteile. Die organisatorische Herausforderung besteht darin, Geschäftsprozesse als kundenbezogene, funktionsübergreifende und organisatorisch eigenständige Einheiten so in die Aufbauorganisation zu integrieren, dass sie ihre Leistungsfähigkeit entfalten können und gleichzeitig wettbewerbskritische Spezialisierungsvorteile der Funktionsorganisation erhalten bleiben.

Folgende Formen prozessorientierter Aufbauorganisationen können unterschieden werden:

- Einfluss-Prozessorganisation: Erweiterung der Funktionsorganisation um prozessorientierte Stellen.
- Matrix-Prozessorganisation: Bildung von Mischformen aus Funktions- und Prozessorganisation.
- Reine Prozessorganisation: Ablösung der Funktionsorganisation durch volle Integration der Geschäftsprozesse in die Organisationsstruktur.

Kritisch ist die Einfluss-Prozessorganisation zu beurteilen. Sie gibt dem Geschäftsprozessmanagement kaum eine Chance, signalisiert keine Veränderungen und unterstützt nicht das prozessuale und organisationale Lernen.

In der Matrix-Prozessorganisation bleibt die funktionale Aufbauorganisation im Prinzip erhalten, wird aber von Geschäftsprozessen als weitgehend eigenständige, funktionsübergreifende Organisationseinheiten überlagert. Matrix-Prozessorganisationen bieten eine hohe Gestaltungsflexibilität, können unterschiedliche Anforderungsprofile der Geschäftsprozesse abdecken und ermöglichen, eine Balance zwischen Ressourceneffizienz der Funktionen und Prozesseffizienz der Geschäftsprozesse herzustellen.

Eine praxisorientierte Lösung bietet die leistungsorientierte Matrix-Prozessorganisation mit folgenden Merkmalen:

- Geschäftsprozesse sind eigenständige Einheiten neben den Funktionen.
- Geschäftsprozessverantwortliche nehmen die durchgängige Verantwortung für Geschäftsprozesse wahr und sind mit entsprechenden Weisungsbefugnissen ausgestattet.
- Geschäftsprozesse beauftragen die Funktionen über Service Level Agreements mit der Bereitstellung spezifizierter Leistungen.
- Funktionen als Auftragnehmer erstellen eigenständig die angeforderten Leistungen, welche die Geschäftsprozesse abnehmen.
- Die Verantwortung für die Auftragsannahme, -ausführung und -übergabe liegt beim Auftragnehmer.
- Durch Auftragsvergaben der Geschäftsprozesse sind Prozessleistungen differenzierbar sowie Lernkurven- wie auch Volumeneffekte realisierbar.

In der reinen Prozessorganisation richtet sich die Aufbauorganisation an den Geschäftsprozessen und deren Struktur aus. Sie stößt auf große Umsetzungswiderstände und kann zu Einbußen an fachlicher Spezialisierung sowie an Ressourceneffizienz führen. Die reine Prozessorganisation hat deshalb eine vergleichsweise geringe Bedeutung in der Praxis.

4.5 Literatur zu Kapitel 4

Abholhassan, F. (2005): Vom CIO zum Chief Process Officer, in: Kuhlin, B.; Thielmann, H. (Hrsg.): Real-Time Enterprise in der Praxis, Berlin 2005, S. 371 – 381.

Ahlrichs, F.; Knuppertz, T. (2010): Controlling von Geschäftsprozessen. Prozessorientierte Unternehmenssteuerung umsetzen, 2. Aufl., Stuttgart 2010.

Atzert, S. (2011): Strategisches Prozesscontrolling. Koordinationsorientierte Konzeption auf der Basis von Beiträgen zur theoretischen Fundierung von strategischem Prozessmanagement, Wiesbaden 2011.

Bach, N.; Brehm, C.; Buchholz, W.; Petry, T. (2012): Wertschöpfungsorientierte Organisation. Architekturen – Prozesse – Strukturen,Wiesbaden 2012.

Bayer. Wirtschaftsministerium (2011): Bayerisches Staatsministerium für Wirtschaft, Infrastruktur, Verkehr und Technologie: Aktuelle normierte Managementsysteme. Qualitäts-, Umwelt-, Energie-, Arbeitsschutz-, Risiko- und Nachhaltigkeitsmanagement. Ein Überblick für kleine und mittlere Unternehmen, München 2011.

Bea, F. X.; Haas, J. (2009): Strategisches Management, 5. Aufl., Stuttgart 2009.

Becker, J.; Meise, V. (2008): Strategie und Ordnungsrahmen, in: Becker, J.; Kugeler, M.; Rosemann, M. (Hrsg.): Prozessmanagement. Ein Leitfaden zur prozessorientierten Organisationsgestaltung, 6. Aufl., Berlin 2008, S. 105–154.

Beims, M. (2012): IT Service Management in der Praxis mit ITIL®. ITIL Edition 2011, ISO 20000:2011 und PRINCE2® in der Praxis, 3. Aufl., München 2012.

Bergsmann, S. (2012): End-to-End-Geschäftsprozessmanagement. Organisationselement – Integrationsinstrument – Managementansatz, Wien 2012.

Bernhard, M. G.; Mann, H.; Lewandowski, W.; Schrey, J. (Hrsg.) (2006): Praxishandbuch Service-Level-Management. Die IT als Dienstleistung organisieren, 2. Aufl., Düsseldorf 2006.

Bogaschewsky, R.; Rollberg, R. (1998): Prozeßorientiertes Management, Berlin 1998.

BPM&O (2011): Knuppertz, T.; Schnägelberger, S.; Clauberg, K.: Umfrage Status Quo Prozessmanagement 2010/2011, März 2011, BPM&O GmbH in Zusammenarbeit mit Fachhochschule Bonn-Rhein-Sieg und European Business School (EBS), Köln 2011, unter: http://www.bpmo.de/bpmo/export/sites/default/de/know_how/downloads/Status_Quo_Prozessmanagement_2011.pdf, Zugriff am 07.12.2012.

BPTrends (2012a): Wolf, C.; Harmon, P.: The State of Business Process Management 2012, BPTrends-Report, March 2012, unter: http://www.bptrends.com/surveys_landing.cfm, Zugriff am 05.12.2012.

BPTrends (2012b): Harmon, P.; Wolf, C.: Business Process Centers of Excellence, BPTrends-Report, December 2012, unter: http://www.bptrends.com/surveys_landing.cfm, Zugriff am 05.12.2012.

Brecht, L. (2002): Process Leadership. Methode des informationsgestützten Prozessmanagement, Hamburg 2002.

Buchholz, L. (2009): Strategisches Controlling. Grundlagen – Instrumente – Konzepte, Wiesbaden 2009.

Burger, A. (2009): Effizienzanalyse auf Prozessebene. Benchmarking von Transaktionen mit der Data Envelopment Analysis am Beispiel eines bankbetrieblichen Prozesses, Berlin 2009.

Burlton, R. T. (2001): Business Process Management. Profiting from Process, Indianapolis, Indiana 2001.

Burr, W. (2006): Service-Level-Agreements, in: Bernhard, M. G. et al. (Hrsg.): Praxishandbuch Service-Level-Management. Die IT als Dienstleistung organisieren, 2. Aufl., Düsseldorf 2006, S. 29–43.

Capgemini (2011): Capgemini Consulting: HR-Barometer 2011. Bedeutung, Strategien, Trends in der Personalarbeit. Schwerpunkt: Organisationsdesign und -entwicklung, München 2011.

Chrissis, M. B.; Konrad, M.; Shrum, S. (2012): CMMI® Version 1.3 für die Entwicklung. Richtlinien für Prozessintegration und Produktverbesserung, München et al. 2012.

Delfmann, P.; Herwig, S.; Stein, A. (2007): Prozessorientierte Organisationsgestaltung. Überblick und Einordnung des Themas Workflow Management, Lehrveranstaltung am 23.10.2007, Universität Münster, ERCIS (European Research Center for Information Systems), unter: http://www.wi.uni-muenster.de/, Zugriff am 22.08.2012.

Doppler, K.; Lauterburg, C. (2008): Change Management. Den Unternehmenswandel gestalten, 12. Aufl., Frankfurt am Main 2008.

EABPM (2009): European Association of Business Process Management EABPM (Hrsg.): Business Process Management. Common Body of Knowledge – BPM CBOK®. Leitfaden für das Prozessmanagement, Gießen 2009.

El Emam, K. (2012): Prozessverbesserung in kleinen Unternehmen, in: Chrissis, M. B.; Konrad, M.; Shrum, S.: CMMI® Version 1.3 für die Entwicklung. Richtlinien für Prozessintegration und Produktverbesserung, München et al. 2012, S. 122–126.

Erlach, P. (2007): Wertstromdesign. Der Weg zur schlanken Fabrik, Berlin 2007.

Feldmayer, J.; Seidenschwarz, W. (2005): Marktorientiertes Prozessmanagement. Wie Process Mass Customization Kundenorientierung und Prozessstandardisierung integriert, München 2005.

Fink, C. A. (2003): Prozessorientierte Unternehmensplanung. Analyse, Konzeption und Praxisbeispiele, Wiesbaden 2003.

Fischer, H.; Fleischmann, A.; Obermeier, S. (2006): Geschäftsprozesse realisieren. Ein praxisorientierter Leitfaden von der Strategie bis zur Implementierung, Wiesbaden 2006.

Fischermanns, G. (2012): Praxishandbuch Prozessmanagement, 10. Aufl., Gießen 2012.

Fleischmann, A.; Schmidt; W.; Stary, C.; Obermeier, S.; Börger, E. (2011): Subjektorientiertes Prozessmanagement. Mitarbeiter einbinden, Motivation und Prozessakzeptanz steigern, München 2011.

Fließ, S. (2006): Prozessorganisation in Dienstleistungsunternehmen, Stuttgart 2006.

Fraunhofer IPA (2006b): Wittenstein, A.-K. et al.: Wertstromdesign – Schlanke Prozesse in der Administration, Fraunhofer-Institut für Produktionstechnik und Automatisierung IPA, Stuttgart 2006.

Fraunhofer IPA (2011): Westkämper, E.; Sihn, W. (Hrsg.): Lean Office 2010. Erfolgsfaktoren der Lean-Implementierung in indirekten Unternehmensbereichen, Fraunhofer-Institut für Produktionstechnik und Automatisierung IPA, Stuttgart 2010.

Freund, J.; Rücker, B. (2012): Praxishandbuch BPMN 2.0, 3. Aufl., München 2012.

Friedberg, G. B.; Schrödter, R. (2005): Komplexität beherrschen ist kein Kinderspiel. Mit dem Prozesswirkungsgrad Prozesse objektiv bewerten, in: Qualität und Zuverlässigkeit (QZ), 50 (2005) 12, S. 29 – 33.

Friedli, T.; Kurr, M. A.; Stich, V. (2007): Tools des Prozessmanagements, in: Schuh, G.; Friedli, T.; Kurr, M. A.: Prozessorientierte Reorganisation, München 2007, S. 23 – 79.

Friedrichsen, U. (2010): Darf's ein bisschen weniger sein? Nutzen und Grenzen von Geschäftsprozessmanagement, in: Business Technology, (2010) 3, S. 2 – 7, unter: http://www.codecentric.de/kompetenzen/publikationen/nutzen-und-grenzen-von-geschaeftsprozessmanagement-darfs-ein-bisschen-weniger-sein/, Zugriff am 10.10.2012.

Füermann, T.; Dammasch, C. (2003): Prozessmanagement. Anleitung zur Steigerung der Wertschöpfung, 2. Aufl., München 2003.

Gadatsch, A. (2009): Integriertes Geschäftsprozess- und Workflow-Management – Konzeption, Rollen und organisatorische Einbindung, in: Reinheimer, S. (Hrsg.): Prozessmanagement, HMD – Praxis der Wirtschaftsinformatik, Heft 266, Heidelberg 2009, S. 35 – 42.

Gadatsch, A. (2012): Grundkurs Geschäftsprozess-Management. Methoden und Werkzeuge für die IT-Praxis: Eine Einführung für Studenten und Praktiker, 7. Aufl., Wiesbaden 2012.

Gadatsch, A.; Knuppertz, T.; Schnägelberger, S. (2004): Geschäftsprozessmanagement – Umfrage zur aktuellen Situation in Deutschland, in: Schriftenreihe des Fachbereiches Wirtschaft der Fachhochschule Bonn-Rhein-Sieg, Band 9, St. Augustin 2004.

Gaitanides, M. (2012): Prozessorganisation. Entwicklung, Ansätze und Programme des Managements von Geschäftsprozessen, 3. Aufl., München 2012.

Gareis, R.; Stummer, M. (2007): Prozesse & Projekte, 2. Aufl., Wien 2007.

Garimella, K.; Lees, M.; Williams, B. (2008): BPM Basics for Dummies, Software AG Special Edition, Indianapolis, Indiana 2008.

Glass, D. (2005): Auslegung eines Prozessmanagement-Systems, in: Hirzel, M.; Kühn, F. (Hrsg.): Prozessmanagement in der Praxis. Wertschöpfungsketten planen, optimieren und erfolgreich steuern, Wiesbaden 2005, S. 221 – 236.

Göppel, R. (2011): Praxiswissen Prozessmanagement, 2. Aufl., Stuttgart 2011.

Gorecki, P.; Pautsch, P. (2011): Lean Management. Auf den Spuren des Erfolges der Managementphilosophie von Toyota und Co., 2. Aufl., München 2011.

Hammer, M. (2010): What is Business Process Management? in: Brocke, J. v.; Rosemann, M.

(Hrsg.): Handbook on Business Process Management 1. Introduction, Methods and Information Systems, Berlin 2010, S. 3 - 16.

Hanschke, I.; Lorenz, R. (2012): Strategisches Prozessmanagement - einfach und effektiv. Ein praktischer Leitfaden, München 2012.

Heckl, D. (2010): Steuerung der Performance von Dienstleistungsprozessen. Konzeption eines Frameworks zur Steuerung der Prozessperformance am Beispiel des Kreditprozesses, Berlin 2010.

Hess, T.; Schuller, D. (2005): Business Process Reengineering als nachhaltiger Trend? Eine Analyse der Praxis in deutschen Großunternehmen nach einer Dekade, in: Zeitschrift für betriebswirtschaftliche Forschung (zfbf), 57 (2005) 6, S. 355 - 373.

Hilgert, T. (2010): Verortung von Unternehmensgrenzen auf Prozessebene, Berlin 2010.

Hiller, C.; Minar-Hödel, P.; Zahradnik, H. (2010): Prozessmanagement. Komplexe Prozesse einfach steuern, Wien 2010.

Hinterhuber, H. H. (2004): Strategische Unternehmensführung, II. Strategisches Handeln, 7. Aufl., Berlin/New York 2004.

Homburg, C. (Hrsg.) (2012): Kundenzufriedenheit. Konzepte - Methoden - Erfahrungen, 8. Aufl., Wiesbaden 2012.

Homburg, C.; Bucerius, M. (2012): Kundenzufriedenheit als Managementherausforderung, in: Homburg, C. (Hrsg.): Kundenzufriedenheit. Konzepte - Methoden - Erfahrungen, 8. Aufl., Wiesbaden 2012, S. 53 - 91.

Horváth & Partners (Hrsg.) (2005): Prozessmanagement umsetzen. Durch nachhaltige Prozessperformance Umsatz steigern und Kosten senken, Stuttgart 2005.

Hruschka, P. (2012): Requirements Engineering, in: Tiemeyer, E.: Handbuch IT-Projektmanagement. Vorgehensmodelle, Managementinstrumente, Good Practices, München 2010, S. 411 - 444.

IDS Scheer (2006): Business Process Report 2006, Saarbrücken 2006.

IDS Scheer (2007): Business Process Report 2007, Saarbrücken 2007.

INIFES (2006): Internationales Institut für Empirische Sozialökonomie: Was ist gute Arbeit? - Anforderungen aus der Sicht von Erwerbstätigen, Forschungsbericht an die Bundesanstalt für Arbeitsschutz und Arbeitsmedizin, Stadtbergen 2006.

ISO 9001:2008: Deutsches Institut für Normung e. V. (Hrsg.): DIN EN ISO 9001:2008, Qualitätsmanagementsysteme, Berlin 2008.

ISO 9004:2009: Deutsches Institut für Normung e. V. (Hrsg.): DIN EN ISO 9001:2009, Leiten und Lenken für den nachhaltigen Erfolg einer Organisation - Ein Qualitätsmanagementansatz, Berlin 2009.

ISO/IEC 20000 (2005): IT-Service-Management, ISO/IEC 20000-1:2005 und ISO/IEC 20000-2:2005, unter: http://www.iso.org/iso/iso_catalogue.htm, Zugriff am 10. 11. 2009.

Jankulik, E.; Kuhlang, P.; Piff, R. (2005): Projektmanagement und Prozessmessung. Die Balanced Scorecard im projektorientierten Unternehmen, Erlangen 2005.

Jeston, J.; Nelis, J. (2008): Business Process Management. Practical Guidelines to Successful Implementations, 2nd ed., Amsterdam et al. 2008.

Jost, W. (2004): Vom CIO zum CPO, in: Harvard Businessmanager, (2004) September, S. 88 f.

Kano, N.; Seraku, N.; Takahashi, F.; Tsuji, S. (1984): Attractive Quality and Must-be Quality, in: Hinshitsu, The Journal of the Japanese Society for Quality Control, Vol. 14 (1984) No. 2, S. 39 - 48.

Keil, C. et al. (2005): Geschäftsprozessmanagement bei Knorr-Bremse AG, in: Ellringmann, H.; Schmelzer, H. J. (Hrsg.): Geschäftsprozessmanagement inside, München 2004.

Kirchmer, M. (2010): Management of Process Excellence, in: Brocke, J. v.; Rosemann, M. (Hrsg.): Handbook on Business Process Management 2. Strategic Alignment, Governance, People and Culture, Berlin 2010, S. 39 - 56.

Kirchmer, M. (2011): High Performance Through Process Excellence. From Strategy to Execution with Business Process Management, 2nd ed., Berlin 2011.

Klimmer, M. (2012): Unternehmensorganisation. Eine kompakte und praxisnahe Einführung, 3. Aufl., Herne 2012.

Knuppertz, T. (2009): Prozessmanagement für Dummies, Weinheim 2009.

Knuppertz, T.; Feddern, U. (2011): Prozessorientierte Unternehmensführung. Prozessmanagement ganzheitlich einführen und verankern, Stuttgart 2011.

Komus, A. (2011): BPM Best Practice – Erfolgsfaktoren der Prozessorientierung, in: Komus, A. (Hrsg.): BPM Best Practice. Wie führende Unternehmen ihre Geschäftsprozesse managen, Berlin 2011, S. 3 – 57.

Kohlbacher, M.; Weitlaner, D. (2011): Process Cascade- and Segmentation-Based Organizational Design. A Case Study, in: Proceedings of the IEEE International Conference on Industrial Engineering and Engineering Management, Singapore, December 6 – 9, 2011, pp. 1343 – 1347.

Krcmar, H. (2010): Informationsmanagement, 5. Aufl., Heidelberg 2010.

Krüger, W. (2009): Excellence in Change. Wege zur strategischen Erneuerung, 4. Aufl., Wiesbaden 2009.

Kümmel, G.; Watterott, R. (2005): Neue Entwicklungen im internationalen Konzerncontrolling am Beispiel Bosch – Durchgängige Konzernsteuerung, in: Horváth, P. (Hrsg.): Organisationsstrukturen und Geschäftsprozesse wirkungsvoll steuern, Stuttgart 2005, S. 11 – 32.

Kugeler, M.; Vieting, M. (2008): Gestaltung einer prozessorientierte(er)en Aufbauorganisation, in: Becker, J.; Kugeler, M.; Rosemann, M. (Hrsg.): Prozessmanagement. Ein Leitfaden zur prozessorientierten Organisationsgestaltung, 6. Aufl., Berlin 2008, S. 221 – 267.

Leistert, O. (2006): Führungskoordinierendes Geschäftsprozesscontrolling, Hamburg 2006.

Liebert, T. (2012): Prozessorientierung in der Unternehmensorganisation. Eine empirische Untersuchung in deutschen Industrieunternehmen, Wiesbaden 2012.

Liker, J.K. (2006): Der Toyota-Weg. 14 Managementprinzipien des weltweit erfolgreichsten Automobilkonzerns, München 2006.

Lindner, A.; Becker. P. (2010): Wertstromdesign. Praxiswissen erfolgreich anwenden, München 2010.

Lutterbeck, M. (2011): Von der ICS Compliance zum gelebten Mehrwert – Business Process Management bei Bayer HealthCare, in: Komus, A. (Hrsg.): BPM Best Practice. Wie führende Unternehmen ihre Geschäftsprozesse managen, Berlin 2011, S. 123 – 141.

Madison, D. (2005): Process Mapping, Process Improvement and Process Management. A Practical Guide for Enhancing Work and Information Flow, Chicago, California 2005.

Mayer, R.; Fischer, A. (2005): Prozessverantwortung wirkungsvoll umsetzen, in: Horváth & Partners (Hrsg.): Prozessmanagement umsetzen. Durch nachhaltige Prozessperformance Umsatz steigern und Kosten senken, Stuttgart 2005, S. 207 – 223.

Meier, P. (2011): Risikomanagement nach der internationalen Norm ISO 31000:2009. Konzept und Umsetzung im Unternehmen, Renningen 2011.

Minone, C. (Hrsg.) (2011): Zürcher Hochschule für Angewandte Wissenschaften (ZHAW): Business Process Management 2011 – Status quo und Zukunft. Eine empirische Studie im deutschsprachigen Europa, Zürich 2011.

Mogilensky, J. (2012): Erste Schritte zur Prozessverbesserung. Tipps und Warnungen, in: Chrissis, M.B.; Konrad, M.; Shrum, S.: CMMI® Version 1.3 für die Entwicklung. Richtlinien für Prozessintegration und Produktverbesserung, München et al. 2012, S. 168 – 173.

Neumann, S.; Probst, C.; Wernsmann, C. (2008): Kontinuierliches Prozessmanagement, in: Becker, J.; Kugeler, M.; Rosemann, M. (Hrsg.): Prozessmanagement. Ein Leitfaden zur prozessorientierten Organisationsgestaltung, 6. Aufl., Berlin 2008, S. 299 – 325.

Nicolai, C. (2009): Betriebliche Organisation, Stuttgart 2009.

Oehler, K. (2006): Corporate Performance Management mit Business Intelligence Werkzeugen, München 2006.

Oehme, O. (2005): Effizienz- und Akzeptanzsteigerung durch personalisierte Sichten auf Geschäftsprozesse, in: BPM-Guide.de, Mai 2005.

Osterloh, M.; Frost, J. (2006): Prozessmanagement als Kernkompetenz. Wie Sie Business Reengineering strategisch nutzen können, 5. Aufl., Wiesbaden 2006.

Picot, A.; Dietl, H.; Franck, E.; Fiedler M.; Royer, S. (2012): Organisation. Theorie und Praxis aus ökonomischer Sicht, 6. Aufl., Stuttgart 2012.

Picot, A.; Liebert, T. (2011): Stand von Prozesscontrolling und -management in deutschen Großunternehmen – Ergebnisse einer empirischen Untersuchung bei Industrieunternehmen, in: ZfCM – Zeitschrift für Controlling & Management, 55 (2011) Sonderheft 2, S. 89 – 98.

PwC (2011a): PricewaterhouseCoopers und Universität Würzburg: Zukunftsthema Geschäftsprozessmanagement. Studie zum Status quo des Geschäftsprozessmanagements in deutschen und österreichischen Unternehmen, o. O. 2011.

Rausse, G. (2008): Das Managementhandbuch zur Dokumentation der Prozesse, in: Kamiske, G. F. (Hrsg.): Managementsysteme. Begutachtung, Auditierung, Zertifizierung, Düsseldorf 2008, S. 175 – 210.

Remme, M. (1997): Konstruktion von Geschäftsprozessen. Ein modellgestützter Ansatz durch Montage generischer Prozeßpartikel, Wiesbaden 1997.

Rohm, C. (1998): Prozeßmanagement als Fokus im Unternehmungswandel, Gießen 1998.

Rosemann, M. (2010): BPM Center of Excellence, in: Brocke, J. v.; Rosemann, M. (Hrsg.): Handbook on Business Process Management 2. Strategic Alignment, Governance, People and Culture, Berlin 2010, S. 267 – 284.

Rosenstiel, L. v. (2006): Motivation – nur Aberglaube und Scharlatanerie?, in: Zeitschrift Führung + Organisation (zfo), 75 (2006) 2, S. 116 f.

Rother, M.; Shook, J. (2004): Sehen lernen. Mit Wertstromdesign die Wertschöpfung erhöhen und Verschwendung beseitigen, Aachen 2004.

Rummler, G. A.; Brache, A. P. (1995): Improving Performance. How to Manage the White Space on the Organization Chart, 2nd ed., San Francisco 1995.

Rummler, G. A.; Ramias, A. J.; Rummler, R. A. (2010): White Space Revisited. Creating Value through Process, San Francisco 2010.

Rupp, C.; Sophist Group (2004): Requirements-Engineering und -Management. Professionelle, iterative Anforderungsanalyse für die Praxis, München 2004.

Sauerwein, E. (2002): Das Kano-Modell der Kundenzufriedenheit, Wiesbaden 2002.

Scheer, A.-W.; Brabänder, E. (2010): The Process of Business Process Management, in: Brocke, J. v.; Rosemann, M. (Hrsg.): Handbook on Business Process Management 2. Strategic Alignment, Governance, People and Culture, Berlin 2010, S. 239 – 265.

Scheer A.-W.; Jost, W.; Wagner, K. (Hrsg.): Von Prozessmodellen zu ablauffähigen Anwendungen, ARIS in der Praxis, Berlin 2005.

Schmelzer, H. J. (1986): Einführung in das Projektmanagement von Forschungs- und Entwicklungsprojekten, in: Platz, J.; Schmelzer, H. J.: Projektmanagement in der industriellen Forschung und Entwicklung, Berlin 1986, S. 1 – 54.

Schmelzer, H. J. (2004a): Berufsbild im Aufwind. Die Praxis des Geschäftsprozessmanagements unter der Lupe, in: Qualität und Zuverlässigkeit (QZ), 49 (2004) 5, S. 178 f.

Schmelzer, H. J. (2004c): Methoden und Rollen des Geschäftsprozessmanagements, in: Ellringmann, H.; Schmelzer, H. J. (Hrsg.): Geschäftsprozessmanagement inside, München 2004.

Schmelzer, H. J. (2005a): Wer sind die Akteure im Geschäftsprozessmanagement?, in: Zeitschrift Führung + Organisation (zfo), 74 (2005) Heft 5, S. 273 – 277.

Schmelzer, H. J. (2005b): Prozessorientiertes F&E-Management in der Industrie, in: Amelingmeyer, J.; Harland, P. E. (Hrsg.): Technologiemanagement & Marketing, Herausforderungen eines integrierten Innovationsmanagements, Wiesbaden 2005, S. 45 – 62.

Schmidt, G. (2009): Organisation und Business Analysis. Methoden und Techniken, 14. Aufl., Gießen 2009.

Schmied, J. et al. (2008): Mit CMMI Prozesse verbessern! Umsetzungsstrategien am Beispiel Requirements Engineering, Heidelberg 2008.

Schmitt, R.; Pfeifer, T. (2010): Qualitätsmanagement. Strategien, Methoden, Techniken, 4. Aufl., München 2010.

Schober, H. (2002): Prozessorganisation. Theoretische Grundlagen und Gestaltungsoptionen, Wiesbaden 2002.

Schönthaler, F.; Vossen, G.; Oberweis, A.; Karle, Th. (2011): Geschäftsprozesse für Business Communities. Modellierungssprachen, Methoden, Werkzeuge, München 2011.

Scholderer, R. (2011): Management von Service Level Agreements. Methodische Grundlagen und Praxislösungen mit COBIT, ISO 20000 und ITIL, Heidelberg 2011.

Scholz, R.; Vrohlings, A. (1994b): Prozeß-Struktur-Transparenz, in: Gaitanides, M. et al.: Prozeßmanagement. Konzepte, Umsetzungen und Erfahrungen des Reengineering, München 1994, S. 37 - 56.

Schuh, G.; Friedli, T.; Kurr, M. A. (2007): Prozessorientierte Reorganisation, München 2007.

Schulte-Zurhausen, M. (2010): Organisation, 5. Aufl., München 2010.

Schwegmann, A.; Laske, M. (2008): Istmodellierung und Istanalyse, in: Becker, J.; Kugeler, M.; Rosemann, M. (Hrsg.) (2008): Prozessmanagement. Ein Leitfaden zur prozessorientierten Organisationsgestaltung, 6. Aufl., Berlin 2008, S. 155 - 184.

Siemens (2006): Schlüssel zum Erfolg, in: SiemensWelt, (2006) 6 - 7, S. 18 f.

Slama, D.; Nelius, R. (2011): Enterprise BPM. Erfolgsrezepte für unternehmensweites Prozessmanagement, Heidelberg 2011.

Smith, R. F. (2007): Business Process Management and the Balanced Scorecard. Using Processes as Strategic Drivers, Hoboken, New Jersey 2007.

Snabe, H. J. et al. (2009): Business Process Management. The SAP Roadmap, Boston, Massachusetts 2009.

Spanyi, A. (2007): More for Less. The Power of Process Management, Tampa, Florida 2007.

Spanyi, A. (2010a): Business Process Management Governance, in: Brocke, J. v.; Rosemann, M. (Hrsg.): Handbook on Business Process Management 2. Strategic Alignment, Governance, People and Culture, Berlin 2010, S. 223 - 238.

Spanyi, A. (2010b): Operational Leadership, in: Strategic Management Collection, New York 2010.

Speck, M.; Schnetgöke, N. (2008): Sollmodellierung und Prozessoptimierung, in: Becker, J.; Kugeler, M.; Rosemann, M. (Hrsg.) (2008): Prozessmanagement. Ein Leitfaden zur prozessorientierten Organisationsgestaltung, 6. Aufl., Berlin 2008, S. 185 - 220.

Staud, J. (2006): Geschäftsprozessanalyse. Ereignisgesteuerte Prozessketten und objektorientierte Geschäftsprozessmodellierung für Betriebswirtschaftliche Standardsoftware, 3. Aufl., Berlin 2006.

Steinbeis (2007): Göppel, R.: Managementsysteme aus heutiger Sicht, in: Tagungsband, Nuclearforum November 2007, unter: http://www.tms-ulm.de, Zugriff am 10.10.2009.

Steinbeis (2009a): Integrierte prozessorientierte Managementsysteme, TMS-Info, unter: http://www.tms-ulm.de, Zugriff am 10.10.2009.

Suter, A. (2004): Die Wertschöpfungsmaschine. Wie Strategien ihre Stosskraft entwickeln, Zürich 2004.

Suter, A. (2012): Das Prinzip „Wertschöpfungsmaschine“ - Grazer Ansatz für Prozess- und Organisationsgestaltung, Gastvorlesung TU Graz am 12.03.2012, Graz 2012.

Theuvsen, L. (1996): Business Reengineering. Möglichkeiten und Grenzen einer prozeßorientierten Organisationsgestaltung, in: Zeitschrift für betriebswirtschaftliche Forschung (zfbf), 48 (1996) 1, S. 65 - 82.

Töpfer, A. (Hrsg.) (2009): Lean Six Sigma. Erfolgreiche Kombination von Lean Management, Six Sigma und Design for Six Sigma, Berlin 2009.

Tomys, A.-K. (1995): Kostenorientiertes Qualitätsmanagement. Qualitätscontrolling zur ständigen Verbesserung der Unternehmensprozesse, München 1995.

Vahs, D. (2012): Organisation. Ein Lehr- und Managementbuch, 8. Aufl., Stuttgart 2012.

Vahs, D.; Weiand, A. (2010): Workbook Change Management. Methoden und Techniken, Stuttgart 2010.

Wagner, K. W.; Käfer, R. (2008): PQM - Prozessorientiertes Qualitätsmanagement. Leitfaden zur Umsetzung der neuen ISO 9001, 4. Aufl., München 2008.

Wagner, K. W.; Patzak, G. (2007): Performance Excellence. Der Praxisleitfaden zum effektiven Prozessmanagement, München 2007.

Walter, J. (2009): Geschäftsprozessmanagement umsetzen. Prozesse am Kunden orientieren, transparent und flexibel gestalten, München 2009.

Weske, M. (2007): Business Process Management. Concepts, Languages, Architectures, Berlin 2007.

Wilhelm, R. (2007): Prozessorganisation, 2. Aufl., München 2007.

Willeke, M. (2001): Prozeßwertanalyse, Aachen 2001.

Womack, J. P.; Jones, D. T. (2004): Lean Thinking. Ballast abwerfen, Unternehmensgewinn steigern, Frankfurt am Main 2004.

Zollondz, H.-D. (2011): Grundlagen Qualitätsmanagement. Einführung in Geschichte, Begriffe, Systeme und Konzepte, 3. Aufl., München 2011.

5 Prozessstandardisierung und Prozessmodelle

In diesem Kapitel werden folgende Fragen beantwortet:

- Warum ist Prozessstandardisierung ein wichtiges Thema?
- Welche Vor- und Nachteile hat die Prozessstandardisierung?
- Wie lässt sich Standardisierung in Geschäftsprozessen erreichen?
- Welchen Zweck, welche Vor- und Nachteile haben Geschäftsprozessmodelle?
- Welche Arten von Geschäftsprozessmodellen gibt es?
- Wie sind Geschäftsprozessmodelle aufgebaut?

5.1 Standardisierung von Geschäftsprozessen

Gegenstand der **Prozessstandardisierung** ist die Vereinheitlichung von Geschäftsprozessen in einer Organisation. Standardisierung bedeutet, einen Handlungsrahmen vorzugeben, um Vielfalt und Komplexität zu begrenzen. Dabei wird das Ziel verfolgt, die Leistungserstellung in Geschäftsprozessen sowie den Leistungsaustausch zwischen Geschäftsprozessen und mit externen Kunden, Lieferanten oder Partnern einheitlich, transparent und effizient zu gestalten. „Process standardization means the development of a standard or best-practice process to be used as a template for all instances of the process throughout the organization." (Tregear 2010, S. 308).

Objekte der Prozessstandardisierung sind die Geschäftsprozesse selbst sowie Methoden, Tools, Verfahren und Vorgehensweisen für deren Gestaltung, Controlling und Optimierung. **Günstige Voraussetzungen** für eine Standardisierung bieten Geschäftsprozesse, deren Strukturierungs- und Wiederholungsgrad hoch sind (vgl. Kapitel 2.4.3). Bei diesen können durch Standardisierung Fehler und Leerläufe vermieden werden, die Prozesssicherheit kann verbessert und die Prozesseffizienz kann gesteigert werden (vgl. Suter 2004, S. 109 ff.). Besonders geeignete Kandidaten für eine Standardisierung sind zumeist die primären Geschäftsprozesse „Produkt liefern" und „Service durchführen" sowie die meisten Bereitstellungsprozesse.

Wie im Kapitel 3.2 ausgeführt, beziehen sich Geschäftsprozesse auf Geschäftseinheiten. In Unternehmen mit mehreren Geschäftseinheiten kommen Geschäftsprozesse mehrfach vor. So können z. B. in einem Unternehmen mit fünf Geschäftseinheiten jeweils fünf Geschäftsprozesse für „Produkt innovieren", „Produkt planen", „Produkt entwickeln", „Produkt verkaufen", „Produkt liefern" und „Service durchführen" vorhanden sein. Häufig sind Aufbau- und Ablaufstruktur der mehrfach vorhandenen Geschäftsprozesse ähnlich. Unternehmen mit mehrfachen Geschäftsprozessen sind deshalb bestrebt, diese zu vereinheitlichen. Sie reduzieren dadurch Kosten für die unterstützenden IT-Systeme, intensivieren den Know-how-Transfer zwischen den Prozessen, beschleunigen Prozessverbesserungen und treten nach außen einheitlich auf. „Standardizing processes across all parts of an enterprise presents a single face to customers and suppliers, yields profound economics in support services such as training and IT systems, allows the redeployment of people from one business unit to another and yields a host of other benefits. These payoffs must be balanced against the intrinsically different needs of different units and their customers, but our bias should be in favor of standardization" (Hammer 2010, S. 11).

Anwendungsbeispiele für die Prozessstandardisierung sind:

- Ein Unternehmen besteht aus mehreren Geschäftseinheiten, die miteinander verflochten sind und ähnliche Geschäftsprozesse haben.
- Die Ausführung von Prozessen wird in Shared Services gebündelt oder es werden Geschäftsprozesse über Business Process Outsourcing nach außen verlagert (vgl. Kapitel 3.3.5 und 3.3.6).
- Aufgaben bzw. Prozesse werden zentral zusammengefasst und für mehrere Geschäftseinheiten ausgeführt, wie z. B. Technologie- und Plattformentwicklungen, zentraler Einkauf, Vertrieb oder Service.
- Mehrere Geschäftseinheiten unterhalten Geschäftsbeziehungen zu denselben Kunden und Lieferanten oder arbeiten mit denselben regionalen Vertriebs- und Servicestellen zusammen. Bei fehlender Prozessstandardisierung wickeln die Geschäftseinheiten den Geschäftsverkehr individuell ab. Kunden, Lieferanten und regionale Vertriebsorganisationen werden dann mit unterschiedlichen Schnittstellen und Regeln konfrontiert. Diese Heterogenität ist den Geschäftspartnern nicht zuzumuten. Gleichzeitig ist sie eine Quelle hoher Ineffizienz.
- Unternehmen entwickeln und verkaufen Systemlösungen, die sich aus Systemkomponenten verschiedener Geschäftseinheiten zusammensetzen. Die Bereitstellung der Gesamtlösung ist technisch und organisatorisch komplex und verlangt ein hohes Maß an Abstimmung und Koordination zwischen den beteiligten Prozessen. Die Kunden erwarten ein reibungsloses Zusammenspiel der Komponenten und ein koordiniertes Vorgehen des Anbieters bei Projektierung, Installation, Betrieb und Service des Systems.
- Die IT-Kosten sind zu hoch und die IT-Landschaft ist zu heterogen. Die Siemens AG hat 2002 weltweit zwischen drei und vier Milliarden Euro für Betrieb und Pflege der IT-Systeme aufgewendet. Der Hauptgrund für die hohen IT-Kosten war die Vielzahl unterschiedlicher, teilweise redundanter IT-Applikationen. Durch Prozessstandardisierung konnte die IT-Landschaft harmonisiert und konnten die IT-Kosten reduziert werden (vgl. Feldmayer/Seidenschwarz 2005, S. 94 f.).

- Unternehmensnetzwerke und -kooperationen gewinnen an Bedeutung (vgl. Kapitel 3.3.7). Von der Standardisierung bzw. „Anschlussfähigkeit" der internen Geschäftsprozesse hängt es ab, wie reibungslos die Geschäftsprozesse zwischen den Partnern ablaufen. Je spezifischer ein Unternehmen seine Geschäftsprozesse und IT-Systeme gestaltet, umso komplexer und schwieriger ist die Zusammenarbeit in Unternehmensnetzwerken und -kooperationen (vgl. Mercer Management Consulting/TU München 2005).

Mit standardisierten Geschäftsprozessen sind die in Abbildung 5.1 aufgeführten Vorteile verbunden (vgl. auch Feldmayer/Seidenschwarz 2005, S. 14 ff.; Wilhelm 2007, S. 58 ff.; Knuppertz 2009, S. 89 ff.; Tregear 2010, S. 315; Büdingen/Schlaf 2011, S. 79 ff.; Chrissis/Konrad/Shrum 2012, S. 103 ff.).

Vorteile der Prozessstandardisierung

- ❑ fördert eine einheitliche Prozesssprache und ein einheitliches Prozessverständnis in und zwischen Unternehmen
- ❑ schafft einheitliche Rollenbeschreibungen und Verantwortungsregelungen
- ❑ beschleunigt die Einführung von Geschäftsprozessen
- ❑ erzeugt Synergien und unterstützt die schnelle Umsetzung von Prozessverbesserungen (Best Practice Sharing)
- ❑ schafft höhere Prozesstransparenz (Prozessstrukturen, -schnittstellen, -leistungen) und senkt dadurch den Koordinationsaufwand
- ❑ erhöht die Effizienz des internen und externen Leistungsverbundes
- ❑ gewährleistet einheitliche Unternehmensschnittstellen mit Kunden Lieferanten und Partnern und erleichtert die Kommunikation
- ❑ erweitert die Möglichkeiten für Shared Services, Offshoring und Business Process Outsourcing
- ❑ beschleunigt die Umsetzung strategischer Ziele und strategischer Programme
- ❑ harmonisiert IT-Applikationen, reduziert IT-Kosten und Komplexitätskosten
- ❑ beschleunigt Einarbeitung, Qualifizierung und organisationales Lernen
- ❑ sichert Prozess-Know-how

Abb. 5.1 Vorteile der Prozessstandardisierung

Die Prozessstandardisierung eröffnet aber nicht nur Chancen, sondern birgt auch **Risiken** in sich. Diese bestehen in Einbußen an Flexibilität, Kundennähe und Wettbewerbsvorteilen (vgl. Kapitel 5.2.2.3). So kann sich Standardisierung negativ auf Kundennähe und -orientierung auswirken (vgl. Homburg/Bucerius 2012, S. 71). Eine zu starke Standardisierung schränkt die Möglichkeiten ein, geschäftsspezifische Strategien und Anforderungen zu berücksichtigen. Zudem können standardisierte Geschäftsprozesse leichter von Wettbewerbern imitiert werden. „Standardisierte Lösungen [...] sind eher ungeeignet, Wettbewerbsvorteile zu begründen" (Gaitanides 2012, S. 139; vgl. auch Osterloh/Frost 2006, S. 235 ff.). Verluste an Wettbewerbsvorteilen können nur mit großen Anstrengungen wieder ausgeglichen werden. Bei Standardisierungsentscheidungen ist deshalb darauf zu achten, dass keine Wettbewerbsvorteile gefährdet werden.

Nicht alle Geschäftsprozesse eignen sich gleichermaßen für die Standardisierung. Das gilt besonders für wissensintensive und kreative Prozesse, deren Inputs, Ablauf und Outputs variabel und nicht genau vorhersehbar sind (vgl. Kapitel 2.4.3; Hall/Johnson 2009, S. 80). Zu diesen Geschäftsprozessen zählen z. B. „Produkt innovieren" und „Strategie planen und überwachen".

Prozessstandards festzulegen, einzuführen und durchzusetzen erfordert Weitsicht, Kompetenz, Konsequenz sowie überzeugende Führung (vgl. Walter 2009, S. 240 ff.). Dieser Weg sollte erst beschritten werden, wenn ausreichende Erfahrungen mit Geschäftsprozessmanagement vorliegen. Bei der Umsetzung ist darauf zu achten, dass die Vorteile der Standardisierung nicht durch zu viele Vorschriften, hohe Bürokratie, übermäßige Kontrolle und den damit verbundenen Kosten und Motivationsbremsen geschmälert werden.

5.2 Prozessmodelle

5.2.1 Klassifizierung

Als Basis für die Prozessstandardisierung werden oft Prozessmodelle herangezogen. **Prozessmodelle** enthalten allgemeingültige Beschreibungen von Geschäftsprozessen, die als Vorlage oder Empfehlung dienen und für eine Vielzahl von Einzelfällen in einem bestimmten Anwendungsbereich konzipiert sind (vgl. Stahlknecht/Hasenkamp 2005, S. 215; Kirchmer 2011, S. 88 ff.). Es können drei Arten von Prozessmodellen unterschieden werden:[1]

- **Betriebswirtschaftliche Referenzmodelle (BW-Referenzmodelle)**

  BW-Referenzmodelle sind allgemeine, auf bestimmte Anwendungsbereiche (Funktionen, Branchen etc.) zugeschnittene Informationsmodelle, die als Orientierung und Empfehlung (Bauplan) für die Konstruktion von unternehmensspezifischen Prozessmodellen sowie für die Definition und Strukturierung von Geschäftsprozessen dienen.

- **Software-Referenzmodelle (SW-Referenzmodelle)**

  SW-Referenzmodelle werden von Softwareherstellern in Verbindung mit Standardsoftware angeboten. Sie enthalten Referenzprozesse, die von der Standardsoftware unterstützt werden. Die Referenzprozesse werden als Soll-Prozesse empfohlen, um den Aufwand für die Adaption der Standardsoftware möglichst gering zu halten.

- **Unternehmensprozessmodelle bzw. Geschäftsprozessmodelle**

  Ein Unternehmensprozessmodell ist spezifisch auf Ziele, Anforderungen und Gegebenheiten eines Unternehmens zugeschnitten. Es enthält Vorlagen und Regeln zur Definition und Strukturierung von Prozessmodellen für die Geschäftseinheiten (hier Geschäftsprozessmodelle genannt) und für geschäftsspezifische Geschäftsprozesse.

[1] Becker/Meise unterscheiden zwischen Referenz-Organisationsgestaltungsmodellen und Referenz-Anwendungssystemmodellen (Becker/Meise 2008, S. 124 f.). Kirchmer unterteilt Referenzmodelle (RM) in Industry RM, Software RM, Procedural RM und Company RM (vgl. Kirchmer 2011, S. 89).

5.2.2 Betriebswirtschaftliche Referenzmodelle

5.2.2.1 Überblick

Betriebswirtschaftliche Referenzmodelle (BW-Referenzmodelle) beschreiben idealtypische Geschäftsprozesse, welche die Identifikation, Definition, Gestaltung, Dokumentation und Analyse anwendungsbezogener (fachlicher) Geschäftsprozesse unterstützen. Ihr **Zweck** ist (vgl. Remme 1997, S. 59 ff.; Kirchmer 2011, S. 98 ff.):

- Identifizierung, Gestaltung und Reengineering von Geschäftsprozessen zu beschleunigen,
- vorhandene Geschäftsprozesse auf Vollständigkeit zu überprüfen und zu verbessern,
- Redundanzen und Inkompatibilitäten im Unternehmensprozessmodell und in den einzelnen Geschäftsprozessen aufzudecken,
- Geschäftsprozesse zu standardisieren,
- Prozesskennzahlen (Process Performance Indicators, Prozessmetriken) festzulegen,
- unternehmensinterne und -externe Vergleiche der Prozessperformance durchzuführen (Prozess-Benchmarking),
- eine gemeinsame Sprache und Terminologie bezogen auf Prozesse zu finden,
- die Einarbeitung von Mitarbeitern sowie den Erfahrungsaustausch zu erleichtern,
- die unternehmensspezifische Modellierung zu beschleunigen und die Modellierungsqualität zu verbessern.

BW-Referenzmodelle sind besonders bei der Einführung des Geschäftsprozessmanagements von **Nutzen**, um Diskussionen über Zweck, Zahl, Begrenzung, Struktur und Inhalt von Geschäftsprozessen abzukürzen. Oft helfen sie, defensives Verhalten in konstruktive Mitarbeit umzuwandeln. Auch bei Anpassungen von Geschäftsprozessen an veränderte strategische Rahmenbedingungen können BW-Referenzmodelle Hilfestellung geben. Ferner unterstützen sie die Harmonisierung und Standardisierung von Geschäftsprozessen innerhalb von Unternehmen und zwischen Unternehmen. Die meisten BW-Referenzmodelle basieren auf Best bzw. Good Practices und ermöglichen so, von den Erfahrungen anderer zu profitieren.

BW-Referenzmodelle sind generell anwendbar oder für bestimmte Branchen oder Anwendungsbereiche konzipiert. Angeboten werden sie von Softwareherstellern, Unternehmensberatern, Fachgremien, Anwenderforen oder auch von der Wissenschaft. **Beispiele** für BW-Referenzmodelle sind (vgl. auch Fraunhofer IAO 2008, S. 82 ff.):

- BAM: Business Activity Model, MIT Process Handbook (vgl. BAM 2009).
- PCF: Process Classification Framework des American Productivity & Quality Center (APQC) für unterschiedliche Industriebranchen (vgl. PCF 2009).
- VRM: Value Reference Model der Value Chain Group (VCG) für die Industrie (vgl. VRM 2012).
- REFA-Prozessmodelle für Industriebranchen (vgl. Binner 2003).
- eTOM: enhanced Telecom Operations Map für Telekommunikationsunternehmen und IT-Dienstleistungen (vgl. eTOM 2009).
- Handels-H-Modell für Handelsunternehmen (vgl. Becker/Schütte 2004).
- SCOR: Supply Chain Operations Reference for Supply Chains (vgl. SCOR 2012).
- Referenzmodell ISO 12207 für Softwareentwicklungsprozesse.

- ITIL: Infrastructure Library für den IT-Betrieb (vgl. ITIL 2012).
- COBIT: Control Objectives for Information and related Technology for IT-Governance (vgl. COBIT 2012).
- Referenzmodell für das Innovationsmanagement (vgl. Becker 2007).

5.2.2.2 Kurzbeschreibung ausgewählter betriebswirtschaftlicher Referenzmodelle

5.2.2.2.1 Process Classification Framework (PCF)

Das Process Classification Framework ist ein branchenneutrales, auf offenen Standards basierendes Regelwerk, das besonders in der Industrie weltweit Beachtung findet (vgl. PCF 2009). Abbildung 5.2 zeigt die oberste Ebene des PCF. Sie setzt sich aus fünf primären (Operating Processes) und sieben sekundären Geschäftsprozessen (Management and Support Processes) zusammen. Das PCF besteht aus vier Prozessebenen (Category, Process Group, Process und Activity) und umfasst über 1000 Prozesse mit zugehörigen Aktivitäten. Das Modell hat einen hohen Abstraktionsgrad und verzichtet auf detaillierte Beschreibungen.

Die Unterteilung der Prozesse wird beispielhaft anhand des Prozesses „Develop Vision and Strategy" aufgezeigt:

2 Develop Vision and Strategy

2.1 Monitor the external environment

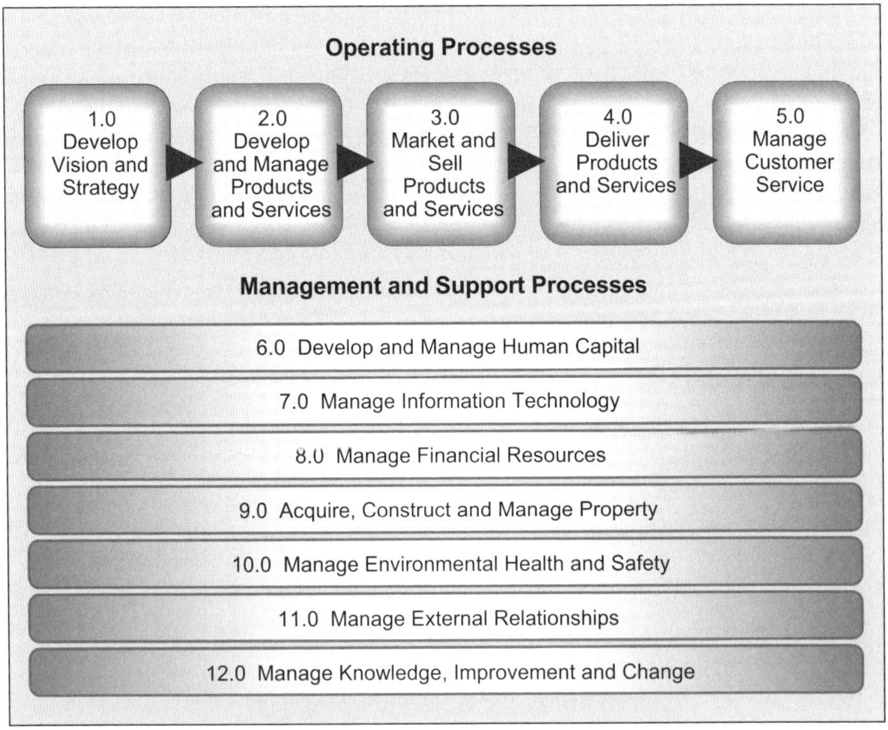

Abb. 5.2 Process Classification Framework (PCF) des American Productivity & Quality Center (APQC)

2.1.1 Analyze and understand competition
2.1.2 Identify economic trends
2.1.3 Identify political and regulatory issues
2.1.4 Assess new technology innovations
2.1.5 Understand demographics
2.1.6 Identify social and cultural changes
2.1.7 Understand ecological concerns
2.2 Define the business concept and organizational strategy
2.2.1 Select relevant markets
2.2.2 Develop long-term vision
2.2.3 Formulate business unit strategy
2.2.4 Develop overall mission statement
2.3 Design the organizational structure and relationships between organizational units
2.4 Develop and set organizational goals

PCF ist mit dem Open Standards Benchmarking Collaborative (OSBC) gekoppelt. Die OSBC-Datenbasis enthält 1.200 Performancemetriken, die sich auf die Prozesse in dem PCF-Rahmenwerk beziehen. APQC bietet kostenlos Performance-Prozess-Benchmarking auf Basis von OSBC an (vgl. OSBC 2009).

5.2.2.2.2 Value Reference Model (VRM)

Das Value Reference Model (VRM) wurde vom der Value Chain Group (VCG) entwickelt (vgl. VRM 2012). Das Modell besteht aus den Ebenen Corporate Planning, Execution Processes und Govern Processes (siehe Abbildung 5.3). Execution Processes ist in die drei Prozessgruppen Product Development, Supply Chain und Customer Relations unterteilt, denen die Execution Processes zugeordnet sind. Hierarchisch ist VRM gegliedert in Strategic Processes, Tactical Processes, Operational Processes, Activities und Actions.

VRM stellt Standardprozessbeschreibungen bis zur Ebene der Aktivitäten zur Verfügung. Ferner werden Metrikdefinitionen, Benchmarks sowie bewährte Vorgehensweisen bereitgestellt.

VRM nennt folgende Vorteile, die mit der Anwendung des Modells verbunden sind:

„VRM enables organizations to develop unique competitive Value Chains with highly integrated business processes that cut across corporate and functional boundaries supporting the strategy of the corporation through:

- being instituted with a structure enabling corporations to integrate the three critical domains of Global Product Development, Global Supply Network and Global Customer Success,
- having a hierarchical structure reflecting the layers of decisions and operations found in most corporations,
- Value Cards supporting strategic decisions and tactical deployment of the same decisions,
- Priority Dimensions linking Strategy and Tactics to operations on all levels of the model,
- being a process standard from a non-for-profit organization enabling internal and external collaboration with a ‚common language‘,

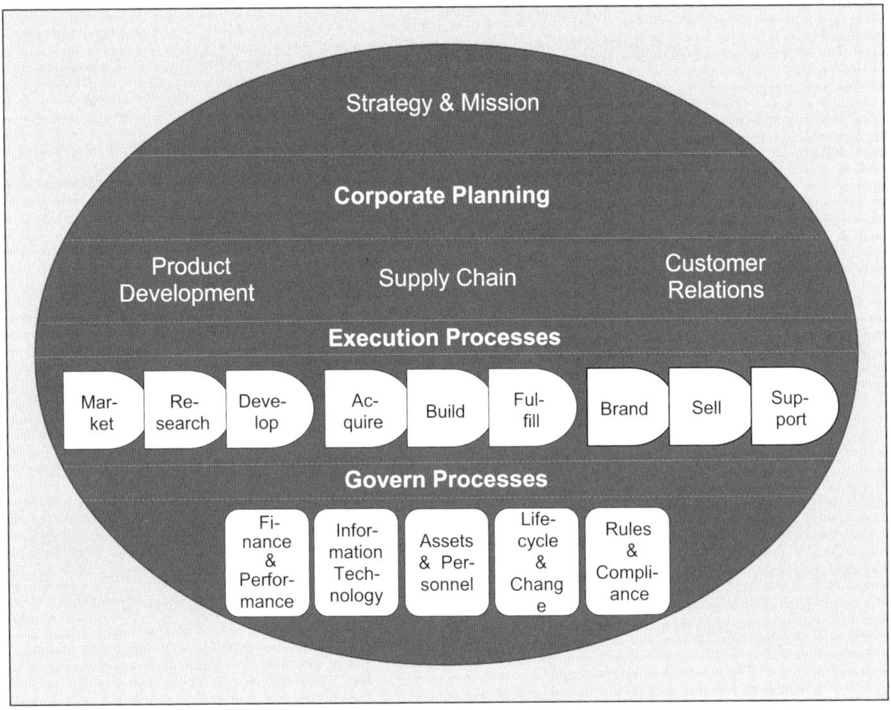

Abb. 5.3 Value Reference Model (VRM) der Value Chain Group (VCG)

- Tactical configurations enabling customization of value chains,
- Providing the framework for a successful integration of business processes and IT also having the capabilities of supporting the creations of a successful SOA game plan,
- ease of navigation in the model being available in an electronic format."

5.2.2.2.3 Supply Chain Operations Reference (SCOR)

SCOR wurde 1996 vom Supply Chain Council (SCC) für branchenübergreifende Supply Chains entwickelt (vgl. SCOR 2012; siehe Abbildung 5.4). Das Modell umfasst alle Abläufe der logistischen Kette und die Phasen der Bedarfsdeckung – vom Lieferanten des Lieferanten bis zum Kunden des Kunden. Es dient der Gestaltung, Beschreibung, Analyse und Bewertung von unternehmensinternen und unternehmensübergreifenden Lieferketten. Die Modellarchitektur wird auch für andere BW-Referenzmodelle sowie für Unternehmensprozessmodelle (siehe Kapitel 5.2.4.2) herangezogen.

Das SCOR-Modell besteht aus mehreren Ebenen (Level):

- Ebene 1 (Topebene: Prozesstypen): Die erste Ebene enthält fünf übergeordnete Prozesse (Basis- oder Kernprozesse): Planung (Plan), Beschaffung (Source), Herstellung (Make), Lieferung (Deliver) sowie Retourenprozesse (Return). Ebene 1 dient dazu, Umfang und Inhalt der Supply Chain auf oberster Ebene eines Unternehmens zu definieren.
- Ebene 2 (Konfigurationsebene: Prozesskategorien): Auf der zweiten Ebene werden den fünf Basisprozessen Prozesskategorien zugeordnet:

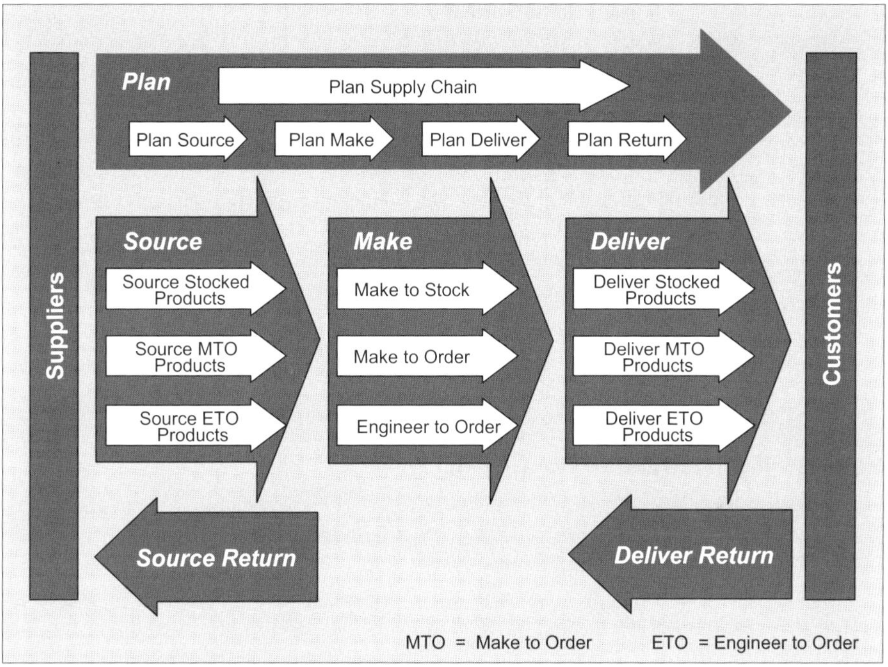

Abb. 5.4 Referenzmodell SCOR (Supply Chain Operations Reference)

- Planungsprozesse (Plan): Im Rahmen der Planungsprozesse werden Angebot und Nachfrage abgestimmt.
- Ausführungsprozesse (Execution): Ausführungsprozesse werden von der geplanten oder tatsächlichen Nachfrage ausgelöst. Für jeden der Ausführungsprozesse Beschaffen, Herstellen und Liefern wird eine lagerorientierte (MTS = Make To Stock), auftragsorientierte (MTO = Make To Order) und konstruktionsorientierte (ETO = Engineer To Order) Variante angeboten. Damit ergeben sich folgende Konstellationen:
  - Beschaffen: Produkte aus Lager beschaffen, auftragsbezogene Produkte beschaffen, auftragsspezifisch konstruierte Produkte beschaffen.
  - Herstellen: Produktion auf Lager, auftragsbezogene Produktion, auftragsspezifische Konstruktion und Herstellung.
  - Liefern: Produkte aus Lager liefern, auftragsbezogene Produkte liefern, auftragsspezifisch konstruierte Produkte liefern.
- Unterstützungsprozesse (Enable): Im Rahmen von Unterstützungsprozessen werden Informationen bzw. Beziehungen vorbereitet, gepflegt oder koordiniert, auf denen Planungs- und Ausführungsprozesse aufbauen.

- Aus der Verknüpfung der fünf Basisprozesse mit den Prozesskategorien entsteht eine Matrix mit Standardmodulen. Im Rahmen der Konfigurierung auf Ebene 2 wählt ein Unternehmen bzw. ein Anwendungsfall die Prozesskategorien bzw. die Module aus, die seiner Strategie, seinen Rahmenbedingungen und Anforderungen am besten entsprechen.
- Ebene 3 (Gestaltungsebene: Prozesselemente): Auf Ebene 3 werden die Prozesskategorien weiter in Prozesselemente und Transaktionen gegliedert. Jedes Prozesselement wird da-

bei anhand von Input- und Outputinformationen, Benchmarks zur Leistungsbeurteilung, unterstützenden Systemen und Prozesskennzahlen beschrieben. Verbreitete Kennzahlen sind: Durchlaufzeit, Lagerbestand, Service Level, Logistikkosten, Cash-to-Cash Cycle Time. Auf Ebene 3 detailliert ein Unternehmen die ausgewählte Prozesskategorie.

- Ebene 4 (Implementierungsebene: Zerlegung der Prozesselemente in Aktivitäten): Auf Ebene 4 werden die Prozesselemente weiter bis zur Ebene der operativen Durchführung detailliert. Da hierbei unternehmensspezifische Gegebenheiten ausschlaggebend sind, ist Ebene 4 nicht mehr im Modell enthalten. Beim Einsatz des SCOR-Modells müssen die Prozesse mindestens bis auf Ebene 4 abgeleitet werden, um das standardisierte Referenzmodell im Unternehmen umsetzen zu können.
- Auf Ebene 4 oder tiefer implementiert ein Unternehmen seine spezielle Supply Chain.

SCOR enthält ein Kennzahlensystem zur Prozesssteuerung und Performancemessung, das auch den Vergleich zwischen Supply Chains verschiedener Unternehmen ermöglicht.

5.2.2.2.4 IT Infrastructure Library (ITIL)

ITIL ist weltweit ein De-facto-Standard für das IT-Servicemanagement. Ziel von ITIL ist es, IT-Services optimal auf die Anforderungen der Geschäftsprozesse der Kunden abzustimmen und die Unterstützung der Geschäftsprozesse regelmäßig zu überprüfen. In dem Regel- und Definitionswerk sind die für den Betrieb einer IT-Infrastruktur notwendigen Prozesse, die Aufbauorganisation und die Werkzeuge beschrieben. ITIL basiert auf Good-Practice-Erfahrungen, die eine effiziente Gestaltung und Durchführung von IT-Serviceprozessen unterstützen. ITIL wird vom Office of Government Commerce (OGC), einer britischen Regierungsorganisation, aktualisiert und herausgegeben (vgl. Beims 2012, S. 12 ff.; ITIL 2012).

Das ITIL-Prozessmodell orientiert sich an dem Lebenszyklus von IT-Services von der Anforderung über die Gestaltung, Implementierung und den Betrieb bis hin zur kontinuierlichen Anpassung der Servicequalität. Es enthält folgende „Core-Disziplinen“, die in Prozesse unterteilt werden (siehe Abbildung 5.5):

- Servicestrategie (Service Strategy),
- Serviceentwurf (Service Design),
- Serviceüberführung (Service Transition),
- Servicebetrieb (Service Operation),
- kontinuierliche Verbesserung (Continual Service Improvement).

Servicestrategie und kontinuierliche Verbesserung werden unter Governance-Prozesse zusammengefasst. Serviceentwurf, Serviceüberführung und Servicebetrieb bilden zusammen die operativen Prozesse.

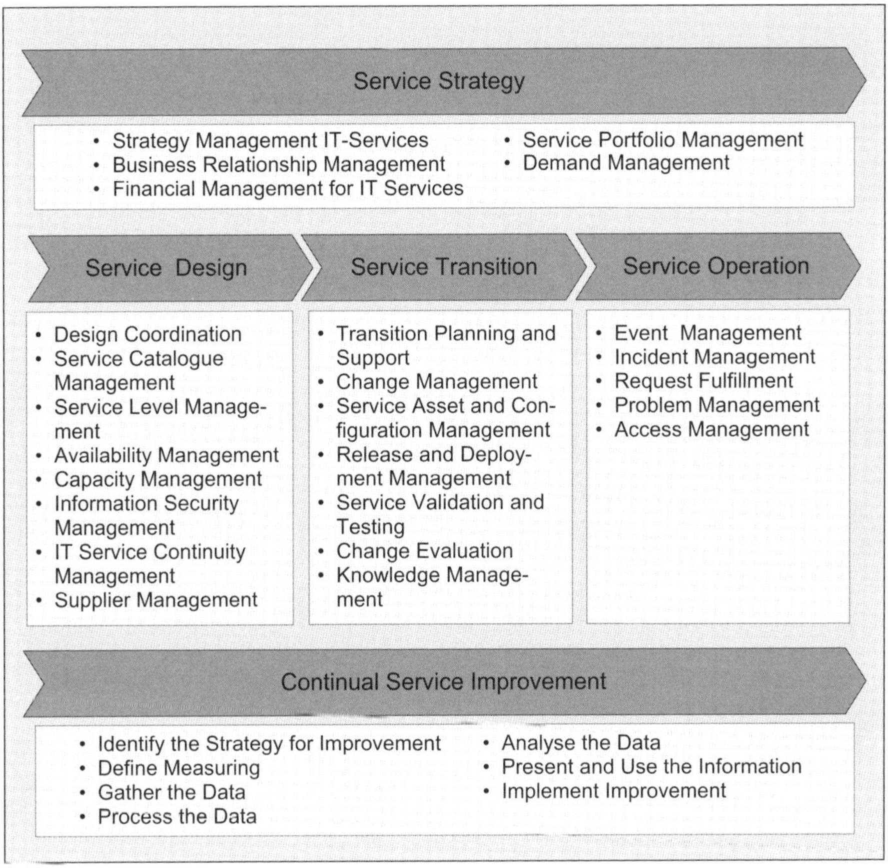

Abb. 5.5 Prozessmodell ITIL, Edition 2011

5.2.2.2.5 Control Objectives for Information and related Technology (COBIT)

COBIT ist ein international anerkannter Leitfaden für IT Governance, d. h. für die Gewährleistung der Sicherheit, Qualität und Ordnungsmäßigkeit in der Informationstechnologie (vgl. COBIT 2012; vgl. Beims 2012, S. 246 ff.). COBIT wird vor allem angewendet, um die Einhaltung gesetzlicher Anforderungen (Compliance) sicherzustellen und die Anforderungen an das IT-Risikomanagement zu erfüllen. Das Rahmenwerk basiert auf international anerkannten Prinzipien, Praktiken und Methoden. Es integriert über 35 nationale und internationale Qualitäts-, Sicherheits- und Revisionsstandards.

Entwickelt wurde COBIT von der Information Systems Audit and Control Association (ISACA), die 1996 Version 1 veröffentlichte. Seit dem Jahre 2000 wird COBIT von dem IT Governance Institute weiterentwickelt. Im Jahr 2012 wurde die Version COBIT 5 freigegeben (vgl. COBIT 2012). COBIT 5 stellt noch stärker die Verbindung zwischen Geschäftszielen, IT-Zielen und Prozesszielen inklusive der Aktivitäten und Verantwortlichkeiten her.

Den Kern von COBIT bildet das IT-Governance-Referenzmodell (siehe Abbildung 5.6). Das Prozessmodell unterscheidet fünf Governance- und 32 Managementprozesse. Die Governance-Prozesse stellen den Rahmen und die Regeln auf, denen die Managementprozesse folgen.

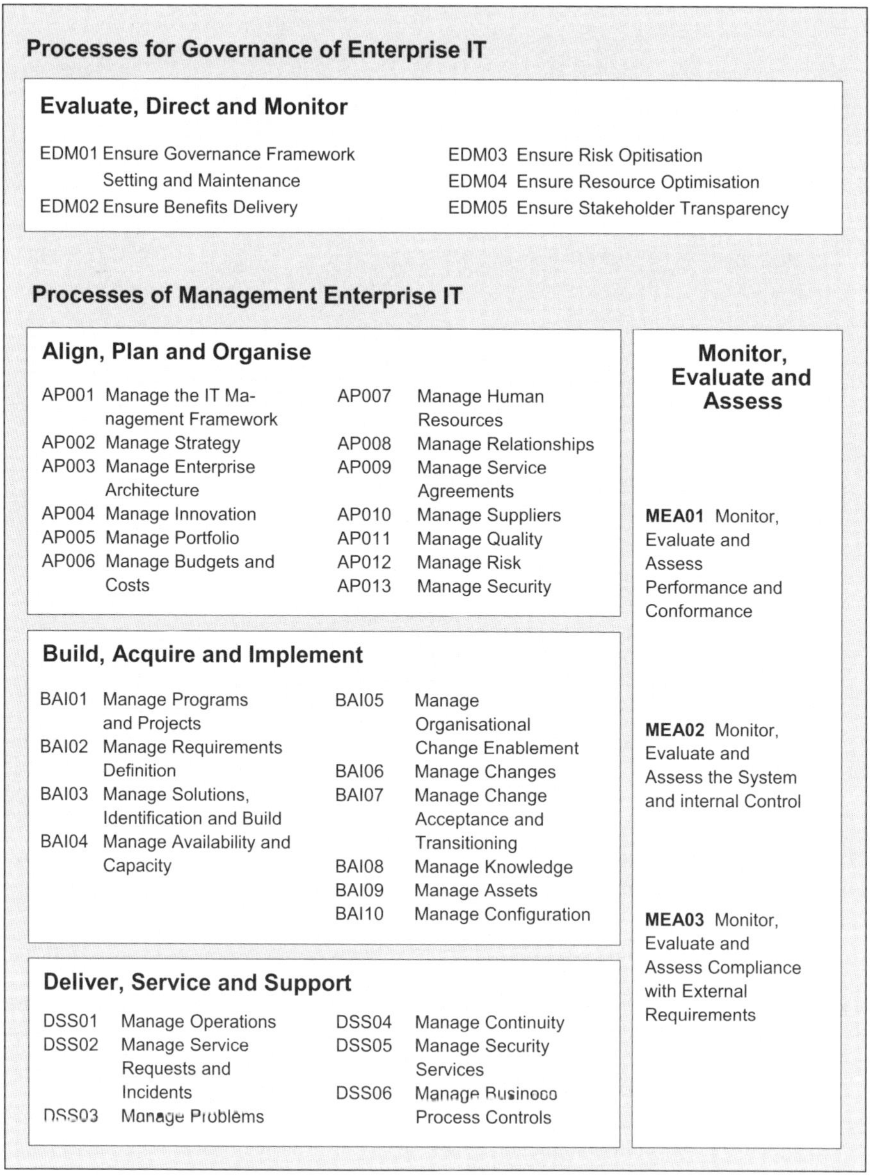

Abb. 5.6 Prozessmodell COBIT (Processes for Governance and Enterprise COBIT 5, vgl. COBIT 2012)

Die 32 Managementprozesse sind folgenden fünf Prozessdomänen zugeordnet:

- Evaluate, Direct and Monitor
- Align, Plan and Organise,
- Build, Acquire and Implement,
- Deliver, Service and Support,
- Monitor, Evaluate and Assess.

Die Prozesse dienen dazu, die aus den Geschäftszielen abgeleiteten IT-Ziele zu erreichen. Jeder COBIT-Prozess ist einheitlich strukturiert und anhand von Beispielen mit folgenden Prozesselementen definiert:

- Prozessbeschreibung,
- Prozessziel,
- Kompetenzmetriken und Aktivitäten,
- Inputs und Outputs des Prozesses,
- Aufgaben- und Zuständigkeitsmatrix (RACI-Matrix),
- Metriken zur Beurteilung des Prozesses und seines Beitrags zu den Prozesszielen.

5.2.2.2.6 Geschäftsprozessmodell für Industrieunternehmen (GMI)

Das GMI-Modell in Abbildung 5.7 wurde von den Autoren dieses Buches für Industrieunternehmen mit Serienprodukten konzipiert und findet auch darüber hinaus Anwendung. Das Modell liegt diesem Buch als Beispiel zugrunde.

Das GMI-Modell besteht aus sechs primären und acht sekundären Geschäftsprozessen (vgl. auch Schmelzer/Sesselmann 2008, S. 194 ff.; Kapitel 13 und 14).

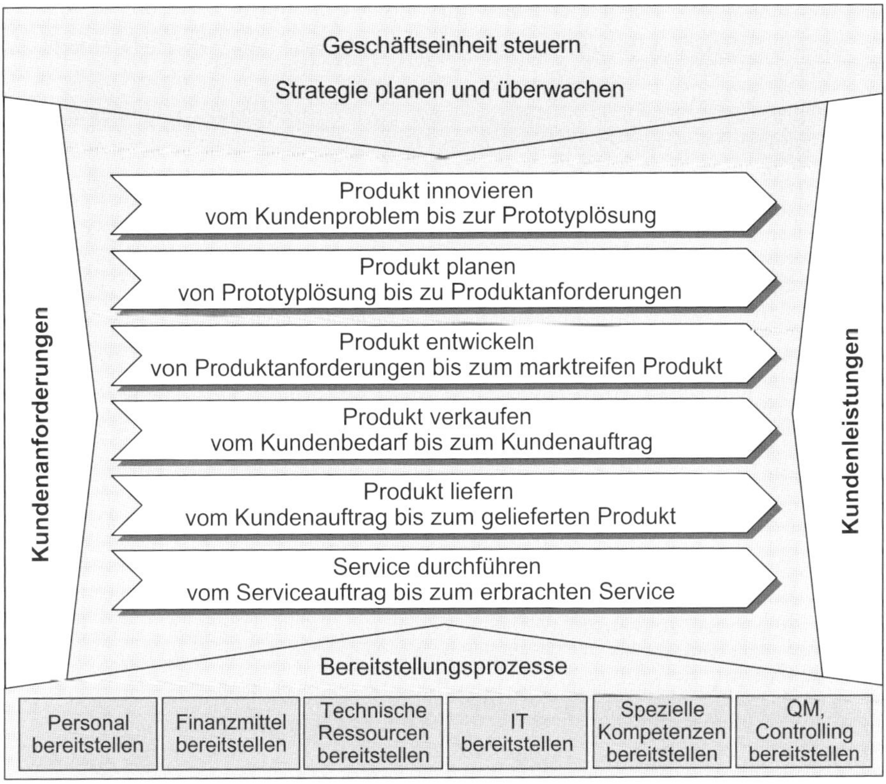

Abb. 5.7 GMI-Modell

5.2.2.3 Anwendung von betriebswirtschaftlichen Referenzmodellen

Die Einschränkungen der Prozessstandardisierung gelten auch für BW-Referenzmodelle. Wichtig ist, bei Auswahl und Anwendung eines BW-Referenzmodells die geschäftsspezifischen Gegebenheiten und Anforderungen ausreichend zu berücksichtigen. „Thus, it is important to customize these reference models and best practice models to the individual objectives and context of the organization. [...] It can be extremely difficult and highly risky to take a best practice process flow and expect it to translate into success for the particular organization" (Jeston/Nelis 2008, S. 165). ■

Mithilfe von Geschäftsprozessen können nachhaltige Wettbewerbsvorteile erzielt werden. Voraussetzung dafür ist, dass in den Geschäftsprozessen entsprechende Erfolgspotenziale bzw. Kernkompetenzen aufgebaut und genutzt werden. Dafür ist erforderlich, dass die Geschäftsprozesse spezifisch auf diese Anforderungen ausgerichtet werden. „Es hat sich schnell herausgestellt, dass aufgrund unterschiedlicher Märkte, unterschiedlicher Kunden und unterschiedlicher Geschäftsmodelle (Produktgeschäft in der Automobilindustrie versus Projektgeschäft in der Schienenfahrzeugindustrie) auch die Geschäftsprozesse unterschiedlich gestaltet und priorisiert werden müssen" (Knorr-Bremse AG, in: Keil et al. 2005, S. 23).

Mit der **unkritischen Adaption** eines BW-Referenzmodells können folgende **Nachteile** verbunden sein:

- Strategische Ziele und Anforderungen unterschiedlicher Geschäfte werden in den Geschäftsprozessen nicht ausreichend berücksichtigt.
- Differenzierungsmöglichkeiten gegenüber Wettbewerbern werden zu stark eingeschränkt.
- Die „fremden" Geschäftsprozesse werden von den Mitarbeitern nicht akzeptiert und nicht gelebt.

Demgegenüber zeichnet sich eine **geschäftsspezifische Modellanpassung** bzw. Gestaltung von Geschäftsprozessen durch folgende Vorteile aus (vgl. Osterloh/Frost 2006, S. 228):

- Die Imitierbarkeit und Substituierbarkeit der Geschäftsprozesse werden erschwert.
- Die Umsetzung der Geschäftsstrategie und der Aufbau/Ausbau von Kernkompetenzen werden stärker unterstützt.
- Auf Änderungen der Geschäftsstrategie und des Geschäftsmodells kann schnell und spezifisch reagiert werden.
- Die dynamische Weiterentwicklung der Geschäftsprozesse wird durch organisationales Lernen gefördert.

Ein Problem von BW-Referenzmodellen ist, dass sie Geschäftsprozesse zumeist funktionsbezogen und nicht kundenbezogen definieren. Sie werden damit grundlegenden Anforderungen von Geschäftsprozessen wie Kundenbezug und Durchgängigkeit (end-to-end and cross-functional orientation) nicht gerecht.

Geschäftsspezifische Einflüsse kommen auf unteren Prozessebenen stärker als auf höheren Prozessebenen zum Tragen. Kernkompetenzen entstehen z. B. durch die einzigartige Kombination von Kenntnissen, Fähigkeiten und Erfahrungen der Prozessmitarbeiter auf den unteren Prozessebenen. Deshalb ist Vorsicht geboten, diese Prozessebenen zu stark an BW-Referenzmodellen auszurichten und damit das Entstehen bzw. Entfalten von Kernkompetenzen zu behindern. Dies gilt ebenso für die Innovation von Geschäftsprozessen. BW-Referenzmodelle können Prozessinnovationen stärker bremsen als fördern. „Insofern sind Referenzprozessmodelle bestenfalls für nicht wettbewerbsrelevante Teile des Geschäfts oder für Nachahmer im Sinne einer ‚me-too'-Strategie ein sinnvoller Weg, jedoch nur bedingt für innovative Unternehmen" (Bergsmann 2012, S. 55).

BW-Referenzmodelle vereinfachen und beschleunigen zwar die Identifizierung und Strukturierung der Geschäftsprozesse. Die Gefahr besteht jedoch, dass ihre unkritische Anwendung strategische Wettbewerbsvorteile einschränkt. Deshalb sollte sich ihr Einsatzbereich auf wettbewerbsunkritische Geschäftsprozesse, wie z. B. die sekundären Geschäftsprozesse, beschränken. Wettbewerbskritische Geschäftsprozesse, vor allem Kernprozesse sollten unternehmensspezifisch definiert werden, um Wettbewerbsvorteile und Kernkompetenzen nicht zu gefährden. ■

Bucher und Winter unterscheiden zwischen standardisierter und individueller (maßgeschneiderter) Gestaltung des Prozessmanagements. GPM-Kollektivisten bevorzugen ein standardisiertes, GPM-Individualisten ein maßgeschneidertes Prozessmanagement. GPM-Kollektivisten stützen sich auf Prozessmodelle und Standards ab. Sie betrachten Prozessmodelle als „Blaupausen", die sie ohne größere Veränderungen und Anpassungen umsetzen. GPM-Individualisten orientieren sich zwar auch an Prozessmodellen, adaptieren diese aber und kommen zu unternehmensspezifischen Lösungen. In ihren Untersuchungen stellen Bucher und Winter fest, dass 86 % der befragten Unternehmen einen maßgeschneiderten Ansatz anstreben. 14 % favorisieren den standardbasierten Ansatz (vgl. Bucher/Winter 2009, S. 8 ff.).

5.2.3 SW-Referenzmodelle

Das IT-BPM setzt Software-Referenzprozessmodelle für Analyse, Entwurf und Implementierung betrieblicher Informationssysteme ein. Bei **SW-Referenzmodellen** handelt es sich um Soll-Modelle mit Empfehlungscharakter. Sie enthalten allgemeingültige Strukturen von Geschäftsprozessen und Daten, die für die Modellierung spezifischer Prozessmodelle geeignet sind.

SW-Referenzmodelle werden von Softwareherstellern bereitgestellt. Die Referenzprozesse beziehen sich auf das jeweils angebotene Standardsoftwaresystem. Ziel ist es, über die Referenzprozesse den Anpassungsaufwand für das Standardsoftwaresystem (Customizing) zu minimieren. Anwendern wird empfohlen, die Referenzprozesse zu übernehmen, zumal diesen oft **Good-Practice-Erfahrungen** zugrunde liegen.

Wie bei BW-Referenzmodellen kann auch die Verwendung von SW-Referenzprozessen mit **Problemen** verbunden sein. Wettbewerbsvorteile von Kernprozessen liegen gerade in ihrer Spezifität, d. h. Unterschiedlichkeit zu Referenzprozessen. Weniger problematisch, ja sogar vorteilhaft ist, Geschäftsprozesse von niedriger strategischer Bedeutung, wie z. B. Bereitstellungsprozesse, an SW-Referenzprozessen auszurichten. Sie können von den Good-Practice-Erfahrungen der SW-Referenzprozesse profitieren (vgl. Allweyer 2005a, S. 316 ff.; Snabe et al. 2009, S. 90 f.; Gadatsch 2012, S. 322 ff.; Kirchmer 2011, S. 41 f. und 88 ff.).

Die Firma SAP bietet SW-Referenzmodelle für unterschiedliche Branchen und Unternehmenstypen zusammen mit entsprechenden E-Commerce- bzw. C-Commerce-Lösungen an. Bei diesen Modellen handelt es sich um grafische Übersichtsdarstellungen und Beschreibungen von Geschäftsprozessen für spezielle Anwendungsbereiche, die mit den angebotenen Applikationslösungen kompatibel sind. „Sie bieten Orientierungshilfe bei der Visualisierung, Planung und Implementierung einer konsistenten, integrierten und umfassenden Unternehmenslösung" (SAP 2009).

SAP unterscheidet zwischen „Business Solution Maps" für die innerbetriebliche Anwendung und „Business Scenario Maps" für die branchenübergreifende Anwendung. **SAP Business Scenario Maps** bilden End-to-End-Geschäftsprozesse ab, sind Beispiele für unternehmensübergreifende Geschäftsprozessmodelle und stellen die Basis für Collaborative Commerce dar. Die Modelltypen erarbeitet SAP in enger Zusammenarbeit mit Kunden, Partnern und Branchenkennern. Sie werden jährlich aktualisiert.

Die **SAP Solution Maps** umfassen mehrere Ebenen. Level I vermittelt einen Gesamtüberblick über die wichtigsten Geschäftsprozesse. Level II gibt einen detaillierten Einblick in die speziellen Funktionen der einzelnen Prozesse. Wird z.B. in Abbildung 5.8 auf dem Bildschirm „Sales & Marketing" angestoßen, erscheinen die Funktionen:

- Marketing Management,
- Solution and Performance Selling,
- Quote/Sales Cycle Management,
- Channel Management.

Auf der dritten Ebene werden z.B. unter „Marketing Management" die Subprozesse des „Marketing Management" beschrieben, KPIs (Key Performance Indicators) vorgeschlagen, verfügbare SAP-Produkte oder Partnerprodukte genannt, und es wird auf zugehörige Business Scenario Maps verwiesen.

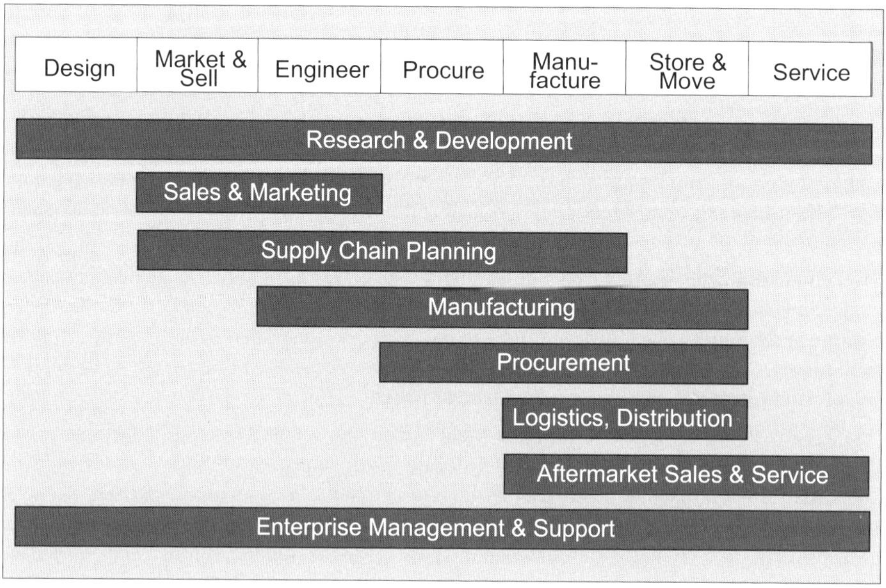

Abb. 5.8 SAP Solution Map für Industrial Machinery & Components (SAP 2009)

Die SAP Maps stehen inhaltlich den BW-Referenzmodellen nahe, da sie allgemeingültige Prozesse und Strukturen von Unternehmen bzw. einer Branche aufzeigen. Da die Maps mit SAP-Softwarelösungen korrespondieren, ist ihre generelle Anwendbarkeit allerdings eingeschränkt.

Der IT-Bezug ist deutlich stärker, wenn sich SW-Referenzmodelle auf Strukturen, Funktionen und Abläufe eines bestimmten Standardsoftwaresystems beziehen. So stellt z. B. das System SAP R/3 ein speziell auf diese Software zugeschnittenes SW-Referenzmodell zur Verfügung. Es dient dazu, die Einführung von SAP R/3 vorzubereiten und später dessen Einsatz zu optimieren.

Das R/3-Referenzmodell beschreibt auf einer betriebswirtschaftlichen Ebene den Leistungsumfang des R/3-Systems. Es bietet für verschiedene Geschäftsszenarien Konfigurationsempfehlungen an, um die betriebswirtschaftlichen Anforderungen an SAP R/3 festzulegen. Das Referenzmodell ermöglicht mithilfe der Modelltypen Prozess, Daten- und Objektmodell, Organisations- und Verteilungsmodell, wichtige Elemente des Unternehmens wie Organisationseinheiten, Geschäftsprozesse, Businessobjekte mit ihren Applikationen zu modellieren. Dadurch wird eine Verbindung zwischen betriebswirtschaftlichen Anforderungen und der tatsächlichen Implementierung des R/3-Systems hergestellt, die das Customizing erleichtert (vgl. SAP 2012, S. 40 f.). Die Anwendung von SW-Referenzmodellen bei der Einführung des jeweiligen SW-Systems führt zu erheblichen Kosteneinsparungen. Daher ist in jedem Fall sorgfältig abzuwägen, inwieweit das Referenzmodell übernommen werden kann, ohne auf strategische Vorteile und Kernkompetenzen zu verzichten.

5.2.4 Unternehmensprozessmodelle

5.2.4.1 Überblick

Ein **Unternehmensprozessmodell** repräsentiert die Geschäftsprozesse eines bestimmten Unternehmens, das aus mehreren Geschäftseinheiten mit jeweils einem Geschäftsprozessmodell besteht. Ein **Geschäftsprozessmodell** weist die primären und sekundären Geschäftsprozesse einer Geschäftseinheit aus (vgl. Kapitel 4.2.8). Das flexible Rahmenkonzept des Unternehmensprozessmodells ermöglicht es, die Geschäftsprozessmodelle und Geschäftsprozesse in den unterschiedlichen Geschäftseinheiten spezifisch zu definieren und dabei unternehmensweit gültige Standards zu berücksichtigen. ■

Ergänzt wird das Unternehmensprozessmodell zumeist um ein Regelwerk für die Gestaltung der Organisation, des Controllings sowie die IT-Unterstützung der Geschäftsprozesse. Unternehmensprozessmodelle sind eine zentrale Komponente der Process Governance und der Prozessarchitektur (vgl. Kapitel 4.2.8).

Die folgenden Ausführungen gelten sowohl für Unternehmensprozessmodelle als auch für Geschäftsprozessmodelle, sofern nicht explizit unterschieden wird. Unternehmensprozessmodelle **unterstützen folgende Aufgaben** (siehe Abbildung 5.9; vgl. auch Rosemann/Schwegmann/Delfmann 2008, S. 51 ff.):

- Standardisierung unternehmensinterner Geschäftsprozesse (Unternehmensprozessmodell),
- Ableitung, Modellierung, Anpassung und Dokumentation geschäftsspezifischer Geschäftsprozesse,
- Gestaltung der Prozessorganisation und des Prozesscontrollings,
- Definition der Anforderungen an unternehmensinterne Informationssysteme,
- Auswahl, Einführung und Anpassung von Standardsoftwaresystemen,
- Erstellung von Workflow-Modellen,
- Entwicklung individueller Applikationssoftware,
- Aufzeigen der Synergiepotenziale in und zwischen den Geschäftsprozessen,
- Aufspüren von Ineffizienzen in Geschäftsprozessen,
- Durchführung von Prozesssimulationen,
- Nutzung von Best-Practice-Erfahrungen,
- internes und externes Benchmarking,
- Erfüllung gesetzlicher Vorschriften, Zertifizierung (ISO 9000 ff. ...).

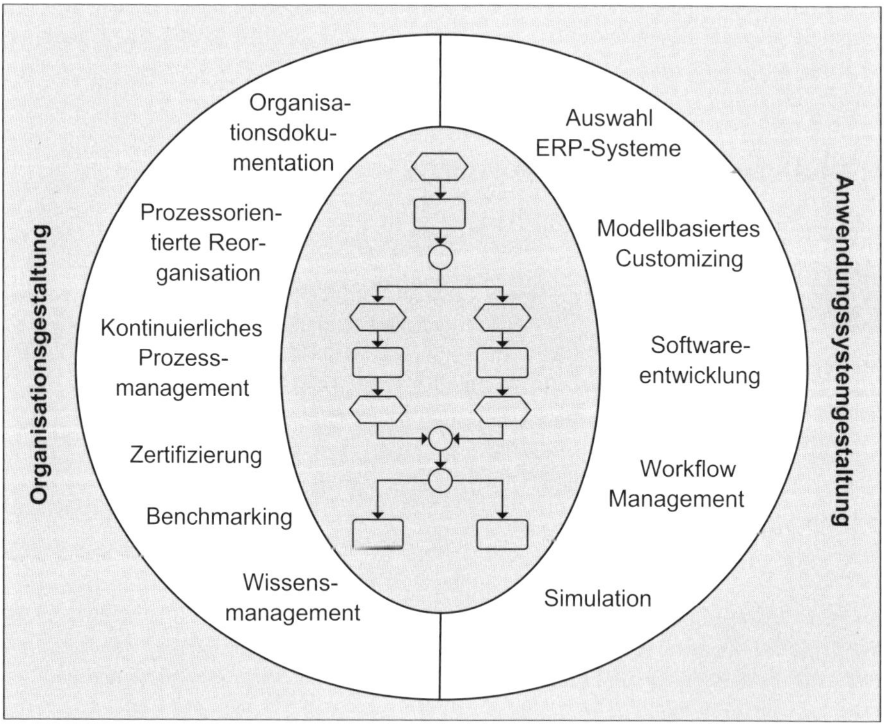

Abb. 5.9 Einsatzzwecke von Unternehmensprozessmodellen (nach Rosemann/Schwegmann/Delfmann 2008, S. 57)

Bei Bosch dient z. B. das Unternehmensprozessmodell folgenden Zwecken:

- strukturierte und vollständige Darstellung aller Geschäftsprozesse,
- Aufdecken von Potenzialen zur Effizienzsteigerung,
- Festlegung der Breite und Tiefe der Prozessstandardisierung,
- Definition der Anforderungen an IT-Systeme (vgl. Kümmel/Watterott 2005, S. 26).

Siemens verfolgt mit seinem Unternehmensprozessmodell (Siemens Process Framework) folgende Ziele (vgl. Gogoll 2006, S. 22 f.):

- nachhaltige Steigerung der Effektivität und Effizienz der Geschäftsprozesse,
- erhöhte Transparenz,
- bessere Durchgängigkeit,
- systematischer Best-Practice-Transfer,
- Verbesserung der bereichs- und regionenübergreifenden Zusammenarbeit,
- Erkennen und Nutzen von Synergiepotenzialen,
- systematischer Aufbau von Corporate Shared Services.

In großen Unternehmen mit mehreren Geschäftseinheiten ist das Unternehmensprozessmodell als Baukastensystem konzipiert, um den Geschäftseinheiten die Möglichkeit zu geben, die für sie relevanten Komponenten entsprechend ihren geschäftsspezifischen Anforderungen und Gegebenheiten auszuwählen.

Hohe Anforderungen werden an die **Anpassungsflexibilität** eines Unternehmensprozessmodells gestellt. Es hat die Balance zwischen Effizienz und Flexibilität herzustellen. Die Balance wird dadurch erreicht, dass für die oberen Ebenen des Unternehmensprozessmodells Prozessstandards vorgegeben und für die tieferen Prozessebenen Gestaltungsräume gewährt werden.

Die Erstellung komplexer Unternehmensprozessmodelle ist mit erheblichem Entwicklungs- und Betreuungsaufwand verbunden. Ihre Konzeption setzt voraus, dass die unterschiedlichen Anwendungskonstellationen des Unternehmens mit ihren Prozessbedingungen bekannt sind, um Prozessvarianten definieren zu können. Zusammen mit der Entwicklung des Modells sind die Modellierungsmethode und Modellierungskonventionen festzulegen. Die Modellierungsmethode wird durch die Auswahl des Modellierungstools bestimmt. Das Tool hat die Einheitlichkeit und korrekte Anwendung des Prozessmodells sicherzustellen (vgl. Kapitel 10.2.2; Rosemann/Schwegmann/Delfmann 2008, S. 76 ff.).

Unternehmensprozessmodelle bzw. Geschäftsprozessmodelle sind weitverbreitet. Nach der Studie „Prozessorientierung in deutschen Industrieunternehmen" haben über 60 % der an der Studie teilnehmenden Unternehmen ein Unternehmens- bzw. Geschäftsprozessmodell implementiert. Diese zeichnen sich durch hohen Detaillierungsgrad (66,7 %) sowie hohe Aktualität (62,9 %) aus und gewährleisten eine hohe Strukturtransparenz (90,8 %) (vgl. Picot/Liebert 2011, S. 94 f.; Liebert 2012, S. 80 f.).

Auch ein Unternehmens- bzw. Geschäftsprozessmodell ist keine Garantie für ein dauerhaftes, erfolgreiches und nachhaltiges Geschäftsprozessmanagement. Ein Wechsel im Topmanagement, kurzfristige Gewinnoptimierung oder Unternehmenskrisen durch strategische

Fehlentscheidungen können das Weiterbestehen des Geschäftsprozessmanagements gefährden. In derartigen Situationen spielt es oft eine untergeordnete Rolle, welcher materielle und immaterielle Aufwand bisher in das Geschäftsprozessmanagement investiert wurde, wie erfolgreich es war und welcher nachhaltige Schaden durch Aufgabe des Geschäftsprozessmanagements entsteht.

5.2.4.2 Beispiel Unternehmensprozessmodell Siemens Process Framework (SPF)

Das Siemens-Unternehmensprozessmodell Siemens Process Framework (SPF) wurde auf Initiative einiger Bereiche und Regionalgesellschaften in den Jahren 2000 bis 2003 entwickelt und ist seit 2003 im Einsatz. Es stellt den Geschäftsbereichen und -gebieten in der Siemens AG einen einheitlichen Rahmen für die Gestaltung ihrer Geschäftsprozesse bereit und bildet das Grundgerüst für ein umfassendes Prozessmanagement (vgl. Siemens 2005b; Feldmayer/Seidenschwarz 2005, S. 25 ff.; Naujoks/Gogoll 2006; Schmelzer/Sesselmann 2008, S. 241 ff.; Walter 2009, S. 227 ff.; Walter 2010, S. 521 ff.).

Ziel des SPF ist es, die Kunden- und Prozessorientierung im Unternehmen zu stärken, die Effizienz an den Schnittstellen zwischen Bereichen und Regionen zu steigern, die bereichsübergreifende und internationale Zusammenarbeit zu vertiefen sowie ein allumfassendes Benchmarking und Best Practice Sharing zu ermöglichen. „Das Siemens Process Framework gibt eine gemeinsame Sprache an die Hand und schafft ein konzernübergreifendes Prozessverständnis. Besonders da, wo Siemens als Lösungsanbieter auftritt, erleichtert dies die Zusammenarbeit im Haus“ (Siemens 2003a, S. 36).

SPF zeichnet sich durch folgende **Merkmale und Vorteile** aus:

- SPF kann flexibel konfiguriert und an die individuellen Anforderungen der einzelnen Geschäftsbereiche bzw. -einheiten angepasst werden. Es ermöglicht, Best-Practice-Geschäftsprozesse schnell einzuführen.
- Die Standardisierung der Geschäftsprozesse bietet die Möglichkeit, die IT-Tool-Landschaft zu harmonisieren und ihre Komplexität zu reduzieren. Dies führt zu hohen Einsparungen, da üblicherweise bis zu 90 % des IT-Budgets für die Aufrechterhaltung der Funktionalität der komplexen Toollandschaft aufgewendet werden.
- Neue Geschäfte und komplexe Systemlösungen können besser und schneller abgestimmt und effizienter realisiert werden.
- Einheitliche Regeln zur Prozessdefinition, -modellierung und -dokumentation ermöglichen ein wirkungsvolles internes Benchmarking und eine schnelle Übernahme von Best-Practice-Lösungen. Beide sind effektive und effiziente Treiber der kontinuierlichen Prozessverbesserung.
- Die Prozessverantwortlichkeiten sind unternehmensweit einheitlich geregelt. Damit ist eine wichtige Voraussetzung für den Erfolg des Prozessmanagements erfüllt.

Das Siemens Process Framework besteht aus mehreren **Komponenten** (siehe Abbildung 5.10).

- Reference Process House,
- Rollen und Gremien des Prozessmanagements,
- Prozessmodellierungsmethoden.

In dem Reference Process House sind die Prozesse des Siemens-Prozessmanagements beschrieben. Die Rollen enthalten Aufgaben und Ziele, welche die Verantwortlichen bei der Umsetzung und Optimierung der Soll-Prozesse zu beachten haben. Die Modellierungsmetho-

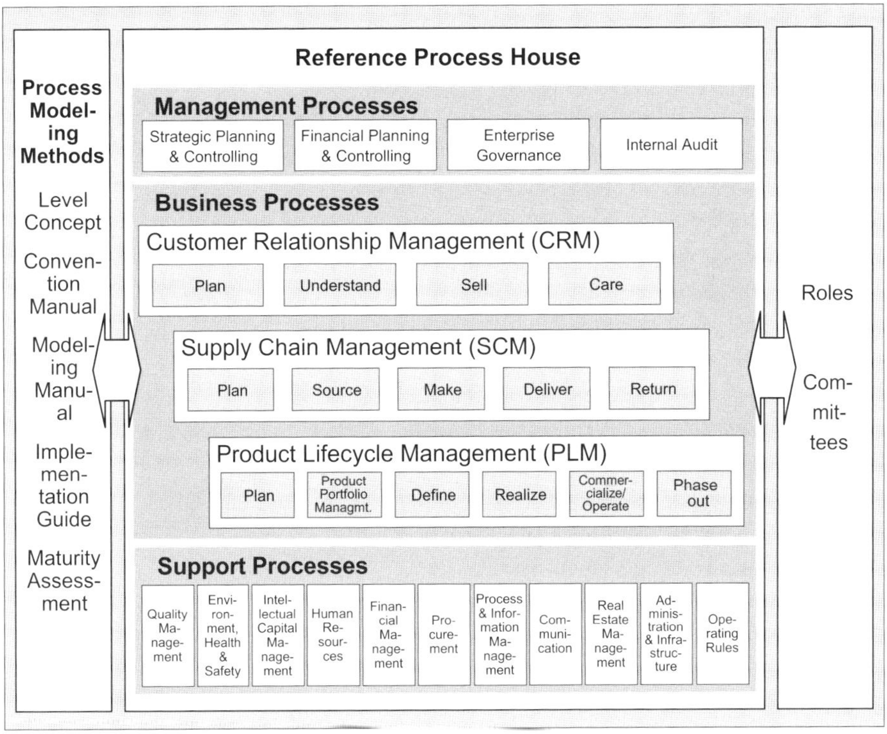

Abb. 5.10 Das Siemens Process Framework (Quelle: Naujoks/Gogoll 2006)

den umfassen Methoden und Werkzeuge zur Modellierung, Dokumentation, Implementierung und Reifegradmessung der Soll-Prozesse.

Den Mittelpunkt des Siemens Process Framework bildet das **Reference Process House**. Es beschreibt die Management-, Business- und Supportprozesse als Soll-Prozesse und ist die verbindliche Grundlage für das Prozessmanagement in den Bereichen, Regionen und Zentralen der Siemens AG. In dem Reference Process House werden drei Gruppen von primären Geschäftsprozessen unterschieden:

- Customer Relationship Management (CRM),
- Supply Chain Management (SCM),
- Product Lifecycle Management (PLM).

Der Fokus dieser Prozessgruppen ist die Erfüllung der Anforderungen und Bedürfnisse der externen Kunden. Die drei Prozessgruppen bilden jeweils den gesamten Lebenszyklus eines der folgenden Prozessobjekte ab:

- Kunde (CRM),
- Auftrag (SCM),
- Produkt (PLM).

Unter „Produkt" sind alle verkaufsfähigen Leistungen wie Anlagen, Systeme, Produkte, Komponenten, Kundenlösungen und Dienstleistungen zu verstehen.

Die sekundären Geschäftsprozesse bestehen aus den Management- und Supportprozessen.

Das Reference Process House lehnt sich an das SCOR-Modell an und hat dessen Levelkonzept übernommen:

- Level 0, Reference Process House mit Prozessgruppen:

  Management Processes, Business Processes (Customer Relationship Management [CRM], Supply Chain Management [SCM] und Product Lifecycle Management [PLM]) und Support Processes.
- Level 1, Kernprozesse:

  Unterteilung der Prozessgruppen in Kernprozesse.[2]
- Level 2, Prozesskategorien und -varianten:

  Ausprägungen der Kernprozesse für die unterschiedlichen Geschäftsarten (z.B. für Produkt-, System-, Anlagen-, Lösungs- und Dienstleistungsgeschäft).
- Level 3, Prozessketten mit Prozesselementen:

  geschäftsspezifische Beschreibung der Geschäftsprozesse in Form von Prozessketten, die sich jeweils aus Prozesselementen und Ereignissen zusammensetzen.
- Level 4 bis n, Ereignisgesteuerte Prozessketten mit Prozesselementen:

  Detaillierung der Arbeitsabläufe in der Notation Ereignisgesteuerter Prozessketten (EPK). Verknüpfung mit IT-Applikationen.

Das Levelkonzept bildet die Basis für eine einheitliche Vorgehensweise bei der Implementierung und Standardisierung der Referenzprozesse in allen Siemens-Bereichen und verbundenen Unternehmen. Level 0 bis 3 sind verbindlich. Ab Level 4 können Adaptionen vorgenommen werden, um den geschäftsspezifischen Anforderungen gerecht zu werden. Damit ist die Anwendungsflexibilität bei gleichzeitig unternehmensweiter Prozessstandardisierung gewährleistet.

Vorgegebene Prozessmodellierungsmethoden definieren die Struktur und Regeln für die einheitliche Modellierung und Dokumentation der Geschäftsprozesse. Zu diesen Methoden gehören das Konventionenhandbuch, das Modellierungshandbuch und ein einheitliches Modellierungstool. Das Konventionenhandbuch definiert die Symbole, Attribute und Namenskonventionen für die Prozessmodellierung. Mit dem Modellierungshandbuch wird ein Leitfaden für Prozessmodellierer zur Verfügung gestellt. Als Standardtool zur Prozessmodellierung und -dokumentation wird ARIS eingesetzt. Für die Modellierung und Dokumentation von Prozessen ist ein Corporate Service ARIS (CSA) eingerichtet. CSA betreibt eine Datenbank, auf der das Reference Process House sowie alle Prozessdarstellungen der Bereiche und Regionen abgelegt sind.

Für die Implementierung und fortlaufende Optimierung der Prozesse sind einheitliche **Rollen** definiert (siehe Abbildung 5.11).

Auf der operativen Ebene liegt die Verantwortung beim Process Owner und Process Manager. Der Process Owner konfiguriert seinen Geschäftsprozess, legt die Prozessziele und -messgrößen fest und überwacht diese. Der Process Manager ist für die Implementierung, Steuerung und Optimierung ausgewählter Teilprozesse innerhalb von Kernprozessen verantwortlich.

Für die Einführung des Siemens Process Framework steht der **Process Management Implementation Guide** (PMIG) zur Verfügung, in dem wichtige Handlungsfelder zusammengestellt sind. Der PMIG wird durch eine Wissensbasis im Intranet ergänzt, die praktische Arbeitshil-

[2] In der Terminologie dieses Buches handelt es sich um Geschäftsprozesse.

fen und konkrete Anwendungsbeispiele aus Bereichen und Regionen enthält. Ergänzend bietet ein Best Practice Marketplace allen Mitarbeitern weltweit die Möglichkeit, Best Practices aus den Bereichen gezielt zu suchen und zu finden. Zur Überwachung der Einführung wurde ein **Process Management Maturity Assessment** (PMMA) in Anlehnung an das CMMI-Reifegradmodell entwickelt. Es ermöglicht, den Reifegrad des Prozessmanagementsystems nach einem fünfstufigen Bewertungsschema zu bestimmen (siehe Abbildung 5.12).

Fokus	Rolle	Aufgaben	Corporate	Groups Regions	Divisions Units
Strategisch	Process Sponsor	unterstützt und treibt	●	●	
	Process Executive	standardisiert und optimiert	●	●	
	Process Framework Executive	standardisiert Methoden, sichert Kompatibilität	●	●	
Operativ	Process Owner	verantwortet Prozess und Umsetzung	●	●	●
	Process Manager	implementiert und optimiert	●	●	●

Abb. 5.11 Rollen im Siemens Process Framework (Quelle: Naujoks/Gogoll 2006)

Stufe	Leistungsniveau	Charakteristiken
5	Optimizing	• Best Practice Sharing, Benchmarking • Prozesse zur Fehlervermeidung • Management der Prozess-/Technologieänderung
4	Quantitatively Managed	• Regelmäßige Messung und Nachsteuerung • Management der Prozessperformance • Umsetzungscontrolling
3	Defined	• Standardprozess selektiert, projektspezifisch zugeschnitten und der Organisation zugeordnet • Rollen etabliert
2	Managed	• Handlungsbedarf erkannt • Situationsgetriebenes Vorgehen • Prozess variiert von Projekt zu Projekt
1	Initial	• Prozess ist nicht definiert • Zeitplan, Qualität und Kosten nicht vorhersagbar • Erfolg hängt von wenigen Spezialisten ab

Abb. 5.12 Process Management Maturity Assessment (PMMA) der Siemens AG

Folgende Themen werden im Rahmen eines PMMA-Assessments überprüft:

- Prozessmanagement und -organisation,
- Prozessdokumentation und Standardisierung,
- Zielsetzung und Incentives,
- Process Performance Controlling,
- Prozessportfolio und -optimierung,
- Infrastruktur, Applikationen, Tools und Methoden,
- Training,
- Kommunikation.

Siemens wendet das PMMA-Modell an, um

- den Reifegrad des Prozessmanagements in den untersuchten Einheiten zu analysieren,
- die Umsetzung von Standardisierungsprojekten zu überprüfen,
- die Konformität der Management-, Business- und Supportprozesse mit dem Reference Process House aufzuzeigen,
- Hinweise auf Verbesserungsmöglichkeiten zu erhalten,
- Prioritäten für das weitere Vorgehen festzulegen.

Das PMMA-Assessment wird einmal pro Jahr durchgeführt.

In den bisherigen Anwendungen des Siemens Process Framework konnten Vereinfachungen der Prozesse sowie Klärungen und Vereinheitlichungen von Schnittstellen erreicht und wesentliche Einsparungen erzielt werden.

■ Das Wichtigste in Kürze

Standardisierung von Geschäftsprozessen bedeutet, eine einheitliche und durchgängige Prozesslandschaft zu schaffen, um den unternehmensinternen Leistungsaustausch zwischen Geschäftseinheiten sowie mit externen Kunden, Lieferanten oder Partnern transparent und effizient zu steuern.

Den Vorteilen der Standardisierung steht das Risiko gegenüber, Flexibilität, Kundennähe und Wettbewerbsvorteile einzubüßen. Eine zu starke Prozessstandardisierung schränkt die Möglichkeiten ein, geschäftsspezifische Strategien und Anforderungen zu berücksichtigen. Zudem können standardisierte Geschäftsprozesse leichter von Wettbewerbern imitiert werden.

Prozessstandardisierung ist Voraussetzung für die Harmonisierung von IT-Applikationen, den effizienten Leistungsverbund in Unternehmen, die Zentralisierung (Shared Services) und Verlagerung (Process Outsourcing) von Geschäftsprozessen sowie die unternehmensübergreifende Verknüpfung von Geschäftsprozessen in Unternehmensnetzwerken.

Die Basis der Prozessstandardisierung bilden Prozessmodelle. Sie enthalten modellhafte Beschreibungen von Geschäftsprozessen, die als Vorlage oder Empfehlung dienen und für eine Vielzahl von Einzelfällen in einem bestimmten Anwendungsbereich konzipiert sind.

Prozessmodelle können in betriebswirtschaftliche Referenzmodelle (BW-Referenzmodelle), Software-Referenzmodelle (SW-Referenzmodelle) und Unternehmensprozessmodelle unterschieden werden.

Betriebswirtschaftliche Referenzmodelle (BW-Referenzmodelle) beschreiben idealtypische Geschäftsprozesse, welche die Identifikation, Definition, Gestaltung, Dokumentation und Analyse anwendungsbezogener (fachlicher) Geschäftsprozesse unterstützen. BW-Referenzmodelle sind generell anwendbar oder für bestimmte Branchen oder Anwendungsbereiche konzipiert. Ein Problem von BW-Referenzmodellen ist, dass die empfohlenen Prozesse zumeist funktionsbezogen und nicht kundenbezogen definiert sind. Sie werden damit grundlegenden Anforderungen von Geschäftsprozessen wie Kundenbezug und Durchgängigkeit (end-to-end and cross-functional orientation) nicht gerecht.

BW-Referenzmodelle vereinfachen und beschleunigen zwar die Identifizierung und Strukturierung der Geschäftsprozesse. Die Gefahr besteht jedoch, dass durch ihre Anwendung strategische Wettbewerbsvorteile eingeschränkt werden bzw. verloren gehen können. Deshalb sollte sich ihre Anwendung auf wettbewerbsunkritische Geschäftsprozesse, wie z. B. die Bereitstellungsprozesse, beschränken. Wettbewerbskritische Geschäftsprozesse, vor allem Kernprozesse, sollten geschäftsspezifisch definiert werden.

SW-Referenzmodelle werden zu Analyse, Entwurf und Implementierung betrieblicher Informationssysteme eingesetzt. Sie stellen Soll-Prozesse bereit, die auf die Software des jeweiligen Standardsoftwaresystems abgestimmt sind. Ziel ist, über die Referenzprozesse den Anpassungsaufwand des jeweiligen Standardsoftwaresystems (Customizing) zu minimieren.

Unternehmensprozessmodelle beziehen sich auf ein bestimmtes Unternehmen. Sie umfassen ein flexibles Prozesskonzept, welches die Definition und Strukturierung geschäftsspezifischer Geschäftsprozesse ermöglicht. ■

5.3 Literatur zu Kapitel 5

Allweyer, T. (2005a): Geschäftsprozessmanagement. Strategie, Entwurf, Implementierung, Controlling, Herdecke 2005.

BAM (2009): BAM Business Activity Model, MIT Process Handbook, unter: ccs.mit.edu/ph/, Zugriff am 10.10.2009.

Becker, J.; Meise, V. (2008): Strategie und Ordnungsrahmen, in: Becker, J.; Kugeler, M.; Rosemann, M. (Hrsg.): Prozessmanagement. Ein Leitfaden zur prozessorientierten Organisationsgestaltung, 6. Aufl., Berlin 2008, S. 105–154.

Becker, J.; Schütte, R. (2004): Handelsinformationssysteme, 2. Aufl., Landsberg am Lech 2004.

Becker, S. (2007): Innovationsprozessmanagement. Ein fachkonzeptionelles Referenzmodell, Münster 2007.

Beims, M. (2012): IT Service Management in der Praxis mit ITIL®. ITIL Edition 2011, ISO 20000:2011 und PRINCE2® in der Praxis, 3. Aufl., München 2012.

Bergsmann, S. (2012): End-to-End-Geschäftsprozessmanagement. Organisationselement – Integrationsinstrument – Managementansatz, Wien 2012.

Binner, H. F. (2003): Prozessorientierte Arbeitsorganisation. Kernkompetenz des REFA-Verbands, in: Zeitschrift für wirtschaftlichen Fabrikbetrieb (ZWF), 98 (2003) 1–2, S. 37 – 40.

Bucher, T.; Winter, R. (2009): Geschäftsprozessmanagement – Einsatz, Weiterentwicklung und Anpassungsmöglichkeiten aus Methodiksicht, in: Reinheimer, S. (Hrsg.): Prozessmanagement, HMD – Praxis der Wirtschaftsinformatik, Heft 266, Heidelberg 2009, S. 5 – 16.

Büdingen, G. v.; Schlaf, S. (2011): BPM-Methoden und -Tools als Basis für wirtschaftliche und compliancegerechte Abläufe im E.ON-Energie-Konzern, in: Komus, A. (Hrsg.): BPM Best Practice. Wie führende Unternehmen ihre Geschäftsprozesse managen, Berlin 2011, S. 77 – 89.

Chrissis, M.B.; Konrad, M.; Shrum, S. (2012): CMMI® Version 1.3 für die Entwicklung. Richtlinien für Prozessintegration und Produktverbesserung, München et al. 2012.

COBIT (2012): Control Objectives for Information and related Technology, COBIT 5, IT Governance Institute, unter: http://www.isaca.org/COBIT, Zugriff am 25.08.2012.

eTOM (2009): enhanced Telecom Operations Map (eTOM), unter: www.tmforum.org, Zugriff am 28.12.2009.

Feldmayer, J.; Seidenschwarz, W. (2005): Marktorientiertes Prozessmanagement. Wie Process Mass Customization Kundenorientierung und Prozessstandardisierung integriert, München 2005.

Fettke, P.; Loos, P. (2004): Referenzmodellierungsforschung, in: Wirtschaftsinformatik, 46 (2004) 5, S. 331 – 340.

Fraunhofer IAO (2008): Spath, D.; Weisbecker, A. (Hrsg.): Business Process Management Tools 2008, Fraunhofer-Institut Arbeitswirtschaft und Organisation IAO, Stuttgart 2008.

Gadatsch, A. (2012): Grundkurs Geschäftsprozess-Management. Methoden und Werkzeuge für die IT-Praxis: Eine Einführung für Studenten und Praktiker, 7. Aufl., Wiesbaden 2012.

Gaitanides, M. (2012): Prozessorganisation. Entwicklung, Ansätze und Programme des Managements von Geschäftsprozessen, 3. Aufl., München 2012.

Gogoll, A. (2006): Funktionen oder Prozesse? Die Siemens AG, in: Qualität und Zuverlässigkeit (QZ), 51 (2006) 8, S. 22 f.

Hall, J.M.; Johnson, M.E. (2009): Wie standardisiert müssen Prozesse sein?, in: Harvard Businessmanager, (2009) 5, S. 78 – 87.

Hammer, M. (2010): What is Business Process Management?, in: Brocke, J. v.; Rosemann, M. (Hrsg.): Handbook on Business Process Management 1. Introduction, Methods and Information Systems, Berlin 2010, S. 3 – 16.

Homburg, Ch.; Bucerius, M. (2012): Kundenzufriedenheit als Managementherausforderung, in: Homburg, Ch. (Hrsg.): Kundenzufriedenheit. Konzepte – Methoden – Erfahrungen, 8. Aufl., Wiesbaden 2012, S. 53 – 91.

ITIL (2012): IT Infrastructure Library (ITIL): ITIL 2011, unter: http://www.itil-officialsite.com/Publications/, Zugriff am 25.08.2012.

Jeston, J.; Nelis, J. (2008): Business Process Management. Practical Guidelines to Successful Implementations, 2nd ed., Amsterdam et al. 2008.

Keil, C.; Reiners, F.G.; Leierseder, M.; Prem, B. (2005): Geschäftsprozessmanagement bei Knorr-Bremse AG, in: Ellringmann, H.; Schmelzer, H.J. (Hrsg.): Geschäftsprozessmanagement inside, München 2005.

Kirchmer, M. (2011): High Performance Through Process Excellence. From Strategy to Execution with Business Process Management, 2nd ed., Berlin 2011.

Knuppertz, T. (2009): Prozessmanagement für Dummies, Weinheim 2009.

Krcmar, H. (2010): Informationsmanagement, 5. Aufl., Heidelberg 2010.

Kümmel, G.; Watterott, R. (2005): Neue Entwicklungen im internationalen Konzerncontrolling am Beispiel Bosch – Durchgängige Konzernsteuerung, in: Horváth, P. (Hrsg.): Organisationsstrukturen und Geschäftsprozesse wirkungsvoll steuern, Stuttgart 2005, S. 11 – 32.

Liebert, T. (2012): Prozessorientierung in der Unternehmensorganisation: Eine empirische Untersuchung in deutschen Industrieunternehmen, Wiesbaden 2012.

Loos, P.; Fettke, P. (2005): Referenzmodellierung – Entwicklungsstand und Perspektiven, in: Information Management & Consulting (IM), 20 (2005) Sonderausgabe, S. 21 – 26.

Mercer Management Consulting; TU München (2005): Management von Unternehmensnetzwerken in der Automobilindustrie, Ergebnisdokumentation, München, 28.07.2005.

Naujoks, O.; Gogoll, A. (2006): Geschäftsprozessmanagement in der Siemens AG. Konzept – Umsetzung – Assessment, in: Ellringmann, H.; Schmelzer, H.J. (Hrsg.): Geschäftsprozessmanagement inside, München 2006.

OSBC (2009): Open Standards Benchmarking Collaborative, American Productivity & Quality Center (APQC), www.apqc.org/portal/apqc/site?path=/research/bmm/osbc/index.html, Zugriff am 05.11.2009.

Osterloh, M.; Frost, J. (2006): Prozessmanagement als Kernkompetenz. Wie Sie Business Reengineering strategisch nutzen können, 5. Aufl., Wiesbaden 2006.

PCF (2009): Process Classification Framework (PCF) des American Productivity & Quality Center (APQC), unter: www.apqc.org/portal/apqc/site, Zugriff am 28.12.2009.

Picot, A.; Liebert, T. (2011): Stand von Prozesscontrolling und -management in deutschen Großunternehmen – Ergebnisse einer empirischen Untersuchung bei Industrieunternehmen, in: ZfCM – Zeitschrift für Controlling & Management, 55 (2011) Sonderheft 2, S. 89 – 98.

Remme, M. (1997): Konstruktion von Geschäftsprozessen. Ein modellgestützter Ansatz durch Montage generischer Prozeßpartikel, Wiesbaden 1997.

Rosemann, M.; Schwegmann, A.; Delfmann, P. (2008): Vorbereitung der Prozessmodellierung, in: Becker, J.; Kugeler, M.; Rosemann, M. (Hrsg.): Prozessmanagement. Ein Leitfaden zur prozessorientierten Organisationsgestaltung, 6. Aufl., Berlin 2008, S. 45 – 103.

Rummler, G.A.; Ramias, A.J.; Rummler, R.A. (2010): White Space Revisited. Creating Value through Process, San Francisco 2010.

SAP (2009): unter: http://www.sap.com/germany/plattform/netweaver/businessmaps/index.epx, Zugriff am 02.12.2009.

SAP (2012): unter: http://www.sap-press.de/download/dateien/232/, Zugriff am 20.10.2012.

Scheer, A.-W. (1997): Wirtschaftsinformatik. Referenzmodelle für industrielle Geschäftsprozesse, 7. Aufl., Berlin 1997.

Scheer, A.-W. (2004): 20 Jahre Gestaltung industrieller Geschäftsprozesse, in: Industrie Management, 20 (2004) 1, S. 11 – 18.

Scheer, A.-W.; Zimmermann, V. (1996): Geschäftsprozeßmanagement und integrierte Informationssysteme: Prozeßmodellierung, Referenzmodelle und Softwaretechnologien, in: Töpfer, A. (Hrsg.): Geschäftsprozesse analysiert & optimiert, Neuwied 1996, S. 267 – 286.

Schmelzer, H.J.; Sesselmann, W. (2008): Geschäftsprozessmanagement in der Praxis, 6. Aufl., München 2008.

SCOR (2012): Supply Chain Operations Reference, unter: http://supply-chain.org/resources/scor, Zugriff am 20.10.2012.

Siemens (2003a): Stark durch Standards, in: SiemensWelt, (2003) 5, S. 36.

Siemens (2005b): Siemens Prozess Rahmenwerk. Grundsätze des Prozess-Managements, Siemens-interne Veröffentlichung, 2005.

Snabe, J. H.; Rosenberg, A.; Moeller, Ch.; Scavillo, M. (2009): Business Process Management: The SAP Roadmap, Galileo Press, Boston (M) 2009.

Stahlknecht, P.; Hasenkamp, U. (2005): Einführung in die Wirtschaftsinformatik, 11. Aufl., Berlin/Heidelberg 2005.

Suter, A. (2004): Die Wertschöpfungsmaschine. Wie Strategien ihre Stosskraft entwickeln, Zürich 2004.

Tregear, R. (2010): Business Process Standardization, in: Brocke, J. v.; Rosemann, M. (Hrsg.): Handbook on Business Process Management 2. Strategic Alignment, Governance, People and Culture, Berlin 2010, S. 307 - 327.

VRM (2012): Value Reference Model der Value Chain Group (VCG); unter: http://www.value-chain.org/en/cms/1960/; Zugriff am 20.10.2012.

Walter, J. (2009): Geschäftsprozessmanagement umsetzen. Prozesse am Kunden orientieren, transparent und flexibel gestalten, München 2009.

Walter, J. (2010): Zehn Jahre Geschäftsprozessmanagement bei Siemens Healthcare, in: Schmelzer, H. J.; Sesselmann, W.: Geschäftsprozessmanagement in der Praxis, 7. Aufl., München 2010, S. 517 - 538.

Wilhelm, R. (2007): Prozessorganisation, 2. Aufl., München 2007.

Wirtschaftsinformatik (2004): Referenzmodellierung, Wirtschaftsinformatik, 46 (2004) 5 Sonderheft.

6 Wie werden Geschäftsprozesse geplant, kontrolliert und gesteuert?

In diesem Kapitel werden folgende Fragen beantwortet:

- Welche Aufgaben hat das Prozesscontrolling?
- Wie werden Ziele und Zielwerte für Geschäftsprozesse festgelegt?
- Über welche Kennzahlen werden Zielerreichung und Performance der Geschäftsprozesse gemessen?
- Wie werden Prozessmessungen durchgeführt?
- Wie ist das Prozessberichtswesen zu gestalten?
- Wie ist das Prozesscontrolling organisiert?

6.1 Überblick Prozesscontrolling

6.1.1 Ziele und Aufgaben

Wie bereits ausgeführt ist das Hauptziel des Geschäftsprozessmanagements, die Effektivität und Effizienz des Unternehmens zu steigern, um die strategischen und operativen Geschäftsziele zu erreichen. Voraussetzung dafür ist, dass Geschäftsprozesse auf Geschäftsstrategie, Geschäftsziele und Kundenbedürfnisse ausgerichtet werden und das Erreichen der Prozessziele gemessen und gesteuert wird. Die Planung der Prozessziele sowie die Kontrolle der Zielerreichung bilden die Kernaufgaben des Prozesscontrollings.

Unter **Prozesscontrolling** wird die Gesamtheit der Aufgaben, Methoden und Techniken zur Zielplanung und -kontrolle von Geschäftsprozessen sowie die damit verbundene Informationsversorgung und Koordination verstanden. Prozesscontrolling hat eine Servicefunktion. Es soll Führung und Mitarbeiter dabei unterstützen, Geschäftsprozesse zielgerichtet zu steuern und zu optimieren.[1]

[1] Zu weiteren Definitionen des Begriffs Prozesscontrolling vgl. Götze 2007, S. 325 ff.

Die Aufgaben des Prozesscontrollings stimmen weitgehend mit dem **Process Performance Management** überein (vgl. Rummler/Brache 1995, S. 134 ff.; Heckl/Moormann 2010, S. 115 ff.). Dessen Mittelpunkt bildet das **Process Performance Measurement**. Es umfasst Konzeption und Einsatz eines abgestimmten Satzes von Prozesskennzahlen, die zur Messung und Bewertung der Prozesseffektivität und -effizienz herangezogen werden (vgl. Gleich 2011, S. 17; auch Helbig 2003, S. 216 ff.; Mayer 2005; Burger 2009, S. 79 ff.).

Das Prozesscontrolling besteht aus strategischem und operativem Prozesscontrolling. Das **strategische Prozesscontrolling** legt den Fokus auf die Schaffung von prozessorientierten Erfolgspotenzialen bzw. Kernkompetenzen sowie auf die langfristige Ausrichtung des Geschäftsprozessmanagements. Der Schwerpunkt des **operativen Prozesscontrollings** liegt auf der Nutzung der Erfolgspotenziale zur Erzielung einer hohen Prozesseffektivität (hohe Kundenzufriedenheit) und Prozesseffizienz (kurze Prozesszeiten + hohe Prozessqualität + niedrige Prozesskosten).

Das strategische Prozesscontrolling wird prozessübergreifend und zentral auf der Geschäftsebene wahrgenommen. Die Durchführung des operativen Prozesscontrollings liegt dagegen dezentral in den Geschäftsprozessen. Strategisches und operatives Prozesscontrolling sind voneinander abhängig. Hat das strategische Prozesscontrolling Defizite, leidet darunter die strategische Ausrichtung des Geschäftsprozessmanagements. Ist das operative Prozesscontrolling schwach ausgeprägt, können weder operative noch strategische Ziele befriedigend umgesetzt werden. ■

Die **Koordinationsfunktion** im Prozesscontrolling bezieht sich auf die Gestaltung (systembildende Koordination) sowie den Ablauf (systemkoppelnde Koordination) des Prozesscontrollings (vgl. Leistert 2006, S. 138 ff. und 202 ff.). Dazu zählen:

- Gestaltung des strategischen und operativen Prozesscontrollings,
- Planung der strategischen und operativen Ziele des Geschäftsprozessmanagements und der Geschäftsprozesse,
- Planung, Kontrolle und Umsetzung von strategischen Prozessprogrammen,
- Planung, Kontrolle, Steuerung und Überwachung der operativen Prozessziele,
- Berichtswesen im Geschäftsprozessmanagement,
- Einsatz von Prozessmethoden und -tools im Prozesscontrolling,
- Koordination von dezentralem und zentralem Prozesscontrolling sowie zwischen Prozesscontrolling und Bereichscontrolling.

6.1.2 Strategisches Prozesscontrolling

Das strategische Prozesscontrolling deckt die **Aufgaben** des in Abbildung 6.1 dargestellten strategischen Controllingkreislaufes ab (vgl. auch Leistert 2006, S. 140; Götze 2007, S. 330 ff.; Mayer/Brenner 2009, S. 155 f.; Ahlrichs/Knuppertz 2010, S. 97 ff. und 187 ff.; Atzert 2011, S. 53 ff.). Dieser besteht aus:

- Strategische Prozessplanung: Definition der Prozessstrategie mit Festlegung des strategischen Prozessprogramms, Festlegung strategischer Prozessziele und strategischer Prozesskennzahlen.
- Strategische Prozessmessung: Messung der strategischen Prozesskennzahlen.
- Strategische Prozesskontrolle: Ermittlung von Soll-Ist-Abweichungen bei strategischen Zielen, Maßnahmen und Projekten.
- Strategische Prozesssteuerung: Analyse und Bewertung der strategischen Zielabweichungen, Veranlassen von Korrekturmaßnahmen,
- Strategische Prozessinformation: Erstellen von Prozessberichten mit Ausweis von Zielabweichungen, Stand und Fortschritt strategischer Maßnahmen und Projekte.

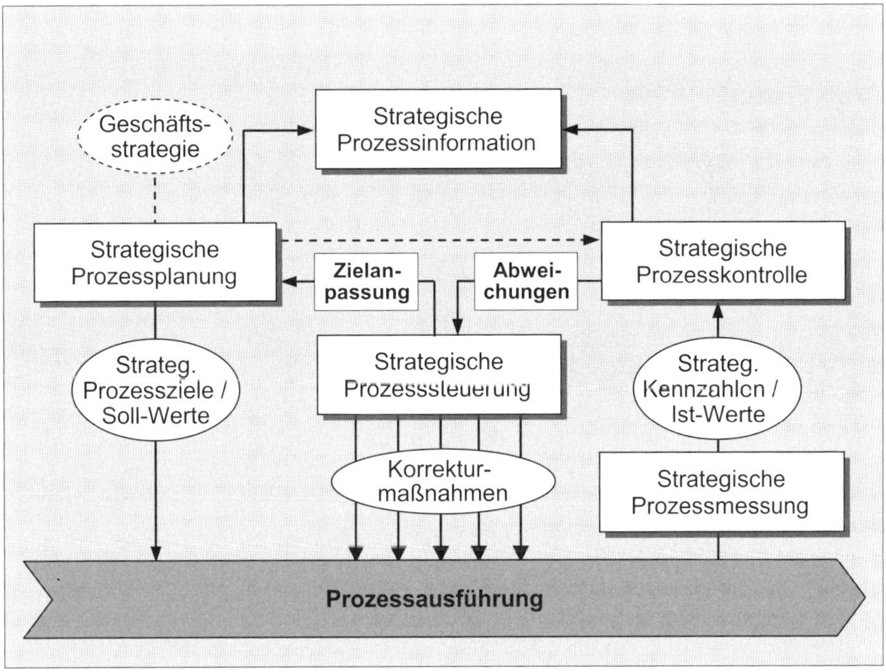

Abb. 6.1 Aufgaben und Komponenten des strategischen Prozesscontrollings

Die strategische Prozessplanung hat die Aufgabe, das Geschäftsprozessmanagementsystem und die einzelnen Geschäftsprozesse strategisch auszurichten. Seine Aufgaben gehen aus Abbildung 6.2 hervor.

Die strategische Prozessplanung hat nicht nur die strategischen Prozessziele und -maßnahmen zu planen, sondern auch die Kennzahlen festzulegen, mit denen die Umsetzung der Maßnahmen in den Geschäftsprozessen kontrolliert wird (vgl. Feldmayer/Seidenschwarz 2005, S. 41 ff.).

Aufgabe der strategischen Prozesskontrolle ist die Kontrolle der Umsetzung von strategischen Zielen und Maßnahmen. Neben der Ergebniskontrolle spielt die Kontrolle der Prämissen eine wichtige Rolle. Über sie wird die Gültigkeit der getroffenen Annahmen überprüft (vgl. Atzert 2011, S. 296 ff.).

- ❑ Planung von Vision und Zielen des Geschäftsprozessmanagements
- ❑ Bereitstellung der strategischen Ausgangsdaten zur Identifizierung bzw. strategischen Anpassung der Geschäftsprozesse
- ❑ Festlegung der kritischen Erfolgsfaktoren der Geschäftsprozesse
- ❑ Strategische Gewichtung der Geschäftsprozesse
- ❑ Bestimmung von Kernkompetenzen in Geschäftsprozessen
- ❑ Bestimmung der Kernprozesse
- ❑ Planung von strategischen Maßnahmen in den Geschäftsprozessen, wie z. B. Aufbau und Ausbau von Kernkompetenzen, Ausbau von Potenzialen zur Leistungs- oder Kostendifferenzierung sowie zur Flexibilitätssteigerung
- ❑ Planung der strategischen Prozessziele unter Berücksichtigung der jeweiligen strategischen Potenzial- bzw. Kernkompetenzmaßnahmen
- ❑ Anpassung des Geschäftsprozessmodells bei Änderungen des Geschäftsmodells
- ❑ Entscheidungen über die Erneuerung einzelner wettbewerbskritischer Geschäftsprozesse
- ❑ Anstoß zur Integration der Managementsysteme (z. B. Geschäftsprozess-, Risiko-, Compliance-, Qualitätsmanagement)
- ❑ Anstoß von Maßnahmen zur Höherqualifizierung von Führung und Mitarbeitern in Geschäftsprozessen
- ❑ Planung des strategischen Prozessbudgets
- ❑ Zusammenfassung der strategischen Prozessmaßnahmen und -projekte in einem strategischen Prozessprogramm mit jährlicher Aktualisierung

Abb. 6.2 Aufgaben der strategischen Prozessplanung

Wichtige Instrumente der strategischen Prozesskontrolle sind das Zielportfolio des Geschäftsprozessmanagements (vgl. Kapitel 3.1.2) sowie die Prozess-Balanced-Scorecard (vgl. Kapitel 3.1.4.2). Letztere weist Kennzahlen für die Kontrolle der strategischen Ziele aus.

Prozess-Balanced-Scorecards werden quartalsweise oder halbjährlich über die Ist-Daten aus der operativen Prozesskontrolle aktualisiert. Sie geben Auskunft über Abweichungen von strategischen Prozesszielen und weisen auf strategische Lücken hin. Können die Lücken nicht mit operativen Steuerungsmaßnahmen geschlossen werden, sind strategische Korrekturmaßnahmen wie z. B. Reengineering oder Outsourcing erforderlich. Über derartige Maßnahmen entscheidet die Geschäftsleitung bzw. das GPM-Control-Board (vgl. Ahlrichs/Knuppertz 2010, S. 227 f.).

Die strategische Kontrolle wird erleichtert, wenn strategische Maßnahmen im Rahmen von strategischen Projekten realisiert werden und die Umsetzung mit den Methoden des Projektmanagements geplant und kontrolliert wird. Die Verantwortung für die Umsetzung tragen die Projektleiter der strategischen Projekte. Sie sind direkt der Geschäftsleitung bzw. dem GPM-Control-Board verantwortlich.

Das Maßnahmencontrolling ist ein zusätzliches Instrument, um die strategische Kontrolle zu unterstützen. Es zeigt den Realisierungsstand und die Ergebniswirkung strategischer Maßnahmen auf (vgl. Kapitel 9.3.7). Ein weiteres Instrument ist das **strategische Prozessbudget**. Es wird in der strategischen Prozessplanung erstellt und im Rahmen der strategischen Kontrolle überwacht.

Voraussetzung für die strategische Prozesskontrolle ist die Kenntnis der Wechselwirkungen zwischen Geschäftsstrategie und Geschäftsprozessen. So bestehen z.B. direkte Verbindungen zwischen dem strategischen Ziel der Innovationsführerschaft auf der einen Seite sowie den Geschäftsprozessen „Produkt innovieren", „Produkt planen" und „Produkt entwickeln" auf der anderen Seite. Diese Beziehungen hat die strategische Prozessplanung aufzuzeigen sowie in ihren Planvorgaben und Maßnahmenplänen zu berücksichtigen.

Die Schwerpunkte des strategischen Prozessmanagements und des strategischen Prozesscontrollings wurden bereits in Kapitel 3 erläutert. Gegenstand der weiteren Ausführungen ist deshalb das operative Prozesscontrolling.

6.2 Operatives Prozesscontrolling

Wie bereits oben ausgeführt, dient das **operative Prozesscontrolling** der operativen Zielplanung und -kontrolle von Geschäftsprozessen sowie der damit verbundenen Informationsversorgung und Koordination. Es soll gewährleisten, dass die Effektivitäts- und Effizienzziele der Geschäftsprozesse erreicht werden.

Das operative Prozesscontrolling deckt die **Aufgaben** des in Abbildung 6.3 dargestellten Controllingkreislaufes ab (vgl. auch ISO 9004:2009; Ahlrichs/Knuppertz 2010, S. 101 ff.; CMMI-Praktiken in: Chrissis/Konrad/Shrum 2012, S. 250 ff., 351 ff. und 431 ff.). Diese sind:

- Operative Prozessplanung: Definition der Prozessziele, Prozesskennzahlen und des Prozessmesssystems.
- Operative Prozessmessung: Messung der Prozesskennzahlen und der Prozessperformance.
- Operative Prozesskontrolle: Ermittlung von Soll-Ist-Abweichungen, Kontrolle der Zielerreichung, Feststellen von Performancelücken.
- Operative Prozesssteuerung: Analyse und Bewertung der Zielabweichungen, Veranlassen von Korrekturmaßnahmen.
- Operative Prozessinformation: Erstellen von Prozessberichten mit Ausweis der Messergebnisse, Zielabweichungen sowie von Stand und Entwicklung der Prozessperformance.

Aus den Aufgaben des operativen Controllingkreislaufes leiten sich die in Abbildung 6.4 aufgeführten Regeln für das operative Prozesscontrolling ab, die grundsätzlich auch für das strategische Prozesscontrolling gelten.

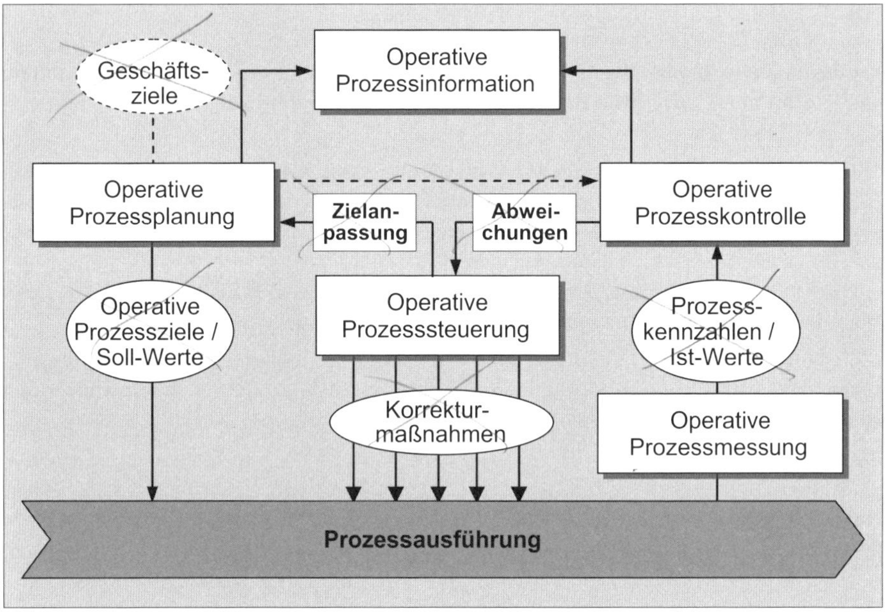

Abb. 6.3 Aufgaben und Komponenten des operativen Controllingkreislaufes

1. Für jeden Geschäftsprozess sind Prozessziele mit Zielwerten und darauf abgestimmte Prozesskennzahlen (Messgrößen) festzulegen
2. Für Kernprozesse sind die Prozessziele und Zielwerte aus den Geschäftszielen abzuleiten
3. Das Erreichen der Prozessziele und der Stand der Prozessperformance sind laufend über Prozesskennzahlen zu messen und zu kontrollieren
4. Bei Zielabweichungen sind die Ursachen zu analysieren und Korrekturmaßnahmen einzuleiten
5. Zielwerte, Zielabweichungen und Prozessperformance sind in Prozessberichten auszuweisen
6. Für jeden Geschäftsprozess sind periodisch Prozessassessments durchzuführen
7. Die Verantwortung für die Durchführung der Controllingaufgaben ist klar zu regeln

Abb. 6.4 Gestaltungsregeln des operativen Prozesscontrollings

Im Unterschied zum zentral ausgerichteten Funktionscontrolling läuft das operative Prozesscontrolling dezentral in den Geschäftsprozessen ab. Dabei werden die Controllinginstrumente und -methoden auf die prozessspezifischen Gegebenheiten sowie die Anforderungen der Prozesssteuerung und -verbesserung abgestimmt.[2]

[2] Vgl. zum Unterschied von Funktions- und Prozesscontrolling Atzert 2011, S. 226ff.

6.3 Operative Prozessplanung

6.3.1 Ziele und Aufgaben der operativen Prozessplanung

Die operative Prozessplanung umfasst folgende **Aufgabenschwerpunkte** (vgl. auch Leistert 2006, S. 148 ff.; Mayer/Brenner 2009, S. 157 f.):

1. Bestimmung und Gewichtung der Prozessziele pro Geschäftsprozess,
2. Festlegung der Zielwerte für die Prozessziele,
3. Definition der Prozesskennzahlen zur Kontrolle der Zielerreichung und zur Messung der Prozessperformance,
4. Festlegung des Messsystems.

Ausgangspunkt der operativen Prozessplanung ist die **Festlegung der operativen Prozessziele**. Nur wenn Prozessziele vorhanden sind, können Abweichungen von Zielen aufgezeigt, Korrekturmaßnahmen eingeleitet, kann das Erreichen der Kunden- und Geschäftsziele unterstützt und können Lerneffekte erzielt werden. Prozessziele müssen klar zum Ausdruck bringen, was wo in welchem Ausmaß und bis zu welchem Termin erreicht werden soll. Von den Prozesszielen hängt es ab, welche Geschäftsprozesse verbessert und welche Prozessperformance erreicht werden sollen.

Für die Prozessziele sind jeweils Zielwerte festzulegen. Sie sind Voraussetzung dafür, dass Abweichungen von den Zielen erkannt und korrigiert werden können. Mit den Zielwerten wird vorgegeben, welches Performanceniveau der Geschäftsprozess erreichen soll.

Die Kontrolle der Zielerreichung erfordert, dass das erreichte Zielausmaß (Ist) gemessen und mit dem geforderten Ausmaß des Prozessziels (Soll) verglichen wird. Dazu dienen **Prozesskennzahlen**. Sie stehen jeweils in direkter Beziehung zu den Prozesszielen. Die Messergebnisse der Prozesskennzahlen geben Auskunft über die Zielerreichung und die Prozessperformance. Die Messung der Prozesskennzahlen setzt ein **Messsystem** voraus. In ihm wird festgelegt, was, wo, wie, wann und wie häufig zu messen ist.

> Die Prozessplanung erfordert eine enge Abstimmung zwischen Prozessverantwortlichen und kaufmännischen Controllern. Sie haben sicherzustellen, dass die Prozessziele zusammen mit den Prozesskennzahlen Transparenz über die Performance der Geschäftsprozesse herstellen und die Prozessperformance auf das Erreichen der Geschäftsziele und die Steigerung der Geschäftsperformance ausgerichtet wird. Notwendig dafür ist eine enge Verbindung zwischen Prozess- und Geschäftscontrolling.

Die Inhalte der operativen Prozessplanung sind in dem Prozessschritt „Prozess planen" mit Angabe folgender Attribute festzulegen: Gegenstand, Anstoß, Inputs, Lieferanten, Outputs, Empfänger, Ablauf (Arbeitsschritte), Zyklus, Methoden, Instrumente, IT-Unterstützung und Verantwortlicher. Der Prozessschritt „Prozess planen" wird zusammen mit den Prozessschritten „Prozess messen", „Prozess kontrollieren" und „Prozessinformationen bereitstellen" dem Teilprozess „Prozesscontrolling durchführen" zugeordnet, der in jeden Geschäftsprozess zu integrieren ist.

6.3.2 Planung der operativen Prozessziele

6.3.2.1 Anforderungen an Prozessziele

Die Zielplanung der Geschäftsprozesse bildet die Ausgangsbasis für Prozessmessung, -steuerung und -optimierung. Häufig steht in der Praxis am Anfang nicht die Planung der Prozessziele, sondern die Definition von Prozesskennzahlen zur Messung der Prozessperformance (Performance Indicators). Für diese Prozesskennzahlen werden dann jeweils Zielwerte ermittelt, die zu erreichen sind.

Prozesskennzahlen wie auch Performancemessungen sind kein Selbstzweck, sondern Mittel zum Zweck. Ihr Zweck ist, das Erreichen der Prozessziele zu kontrollieren. Messen ohne Ziele hat keinen Wert und ist aus dem Blickwinkel von Kaizen Verschwendung. In der Praxis begegnen uns viele Beispiele, in denen Kennzahlen ohne Zielvorgaben gemessen werden (vgl. auch Rummler/Brache 1995, S. 47). Die Eliminierung derartiger Kennzahlen und zugehöriger Messungen stellt ein erhebliches, leicht zu realisierendes Verbesserungspotenzial dar. ■

Die Schrittfolge in der Prozessplanung sollte sein: Zuerst die Prozessziele festlegen, dann die Prozesskennzahlen bestimmen. Letztere sind auf die jeweiligen Ziele abzustimmen. „However, the starting point is setting the process objectives as well as for the process success factors. Again, the objectives [...] provide the foundation for the subsequent steps of deriving process measures“ (Heckl/Moormann 2010, S. 127).

Jedes Prozessziel besteht aus drei **Zieldimensionen:**

- Zielinhalt: Was ist zu erreichen? Beispiel: Reduzierung der Prozesszeit.
- Zielausmaß: Wie viel ist zu erreichen? Beispiel: Reduzierung der Prozesszeit um 15 % bei einer Toleranzbreite von 3 %.
- Zieltermin: Bis wann ist das Ziel zu erreichen? Beispiel: Reduzierung der Prozesszeit bis zum Ende des Geschäftsjahres mit einer Toleranzbreite von 0,5 Monaten.

Anforderungen an Ziele werden häufig mit der Abkürzung **SMART** beschrieben. SMART ist ein Akronym für **s**pezifisch, **m**essbar, **a**kzeptiert, **r**ealistisch und **t**erminiert (vgl. u. a. Eyer/Haussmann 2005, S. 34 f.). Bezogen auf Geschäftsprozesse bedeuten diese Anforderungen:

- Spezifisch: Prozessziele müssen sich konkret auf Geschäftsprozesse beziehen und in Verbindung zu den übergeordneten Geschäftszielen stehen.
- Messbar: Das Erreichen der Prozessziele muss über Prozesskennzahlen, die mit den Prozesszielen korrelieren, nachweisbar sein.
- Akzeptiert: Prozessziele müssen für die Mitarbeiter verständlich, nachvollziehbar und motivierend sein sowie in Zielvereinbarungen verankert werden.
- Realistisch: Prozessziele müssen unter den gegebenen Rahmenbedingungen erreichbar sein.
- Terminiert: Prozessziele müssen den Zeitpunkt der Zielerreichung ausweisen.

Prozessziele sind vertikal und horizontal zu planen und abzustimmen. Die Ziele für die einzelnen Prozessebenen werden bis hin zu Zielvereinbarungen mit den Prozessmitarbeitern bzw. Kaizen-Teams vertikal abgeleitet. Dies geschieht durch das Herunterbrechen der Prozessziele auf die einzelnen Prozessebenen (= Dekomposition die Ziele, Zielkaskadierung) (vgl. Kapitel 6.3.2.6). Die Ziele der Prozesselemente innerhalb der einzelnen Prozessebenen sind horizontal abzustimmen, wie z.B. die Ziele der Teilprozesse eines Geschäftsprozesses oder die Ziele der Prozessschritte eines Teilprozesses. Die vertikale und horizontale Zielplanung stellen sicher, dass alle Prozessebenen und alle Prozessmitarbeiter das Erreichen der Geschäftsprozessziele und damit der Geschäftsziele unterstützen.

6.3.2.2 Kernziele in Geschäftsprozessen

Prozessziele beziehen sich auf Prozesseffektivität und Prozesseffizienz. Im Fokus der **Prozesseffektivität** steht der Kunde. Geschäftsprozesse sollen die Anforderungen der Kunden so erfüllen, dass diese mit den bereitgestellten Prozessergebnissen zufrieden sind. Zufriedene Kunden kaufen die angebotenen Produkte bzw. Leistungen. Von dem Kauf hängen Umsatz, Marktanteil, Markterfolg und wirtschaftlicher Erfolg des Unternehmens ab. Das Prozessziel ist, die **Kundenzufriedenheit** so zu steigern, dass der geplante Umsatz, Marktanteil und Markterfolg erreicht werden.

Neben der Kundenzufriedenheit hat die **Prozesseffizienz** starken Einfluss auf die Geschäftsziele. Von der Prozesseffizienz hängt es ab, wie wirtschaftlich die Kundenleistungen erstellt werden. Die wichtigsten Zielgrößen der Prozesseffizienz sind **Prozesszeit, Prozessqualität und Prozesskosten**. „Erst die Berücksichtigung aller drei Leistungsparameter erlaubt eine ganzheitliche Bewertung der Prozessleistung" (Gaitanides 2012, S. 208; vgl. auch Kapitel 15.2; Österle 1995, S. 109f.; Leistert 2006, S. 62ff. und 135ff.; Alt 2008, S. 164ff.; Burger 2009, S. 12ff.; Heckl/Moormann 2010, S. 120f.; Heckl 2010, S. 233ff.; Kirchmer 2011, S. 14f.; Vahs 2012, S. 242ff.; Bergsmann 2012, S. 225). Eng verbunden mit der Prozesszeit ist die **Termintreue**, welche sowohl die Effizienz als auch die Kundenzufriedenheit stark beeinflusst.

Diese fünf Prozessziele Kundenzufriedenheit (hohe Kundenzufriedenheit), Prozesszeit (kurze Prozesszeit), Termintreue (hohe Termintreue), Prozessqualität (hohe Prozessqualität) und Prozesskosten (niedrige Prozesskosten) decken die Prozesseffektivität und -effizienz ganzheitlich ab (vgl. auch Kapitel 15.2). Sie werden nachfolgend als **Kernziele** von Geschäftsprozessen bezeichnet.[3] Darüber hinaus können auch weitere Prozessziele festgelegt werden. Sie hängen vom jeweiligen Geschäftsprozess und seiner spezifischen Konstellation ab. Insgesamt sollte die Anzahl der Prozessziele jedoch minimiert werden. Jedes zusätzliche Prozessziel erhöht den Aufwand für Zielplanung, -messung, -kontrolle sowie -koordination und schwächt die Fokussierung auf die Kernziele. Den weiteren Ausführungen werden die fünf Kernziele zugrunde gelegt.

6.3.2.3 Gewichtung der Prozessziele

Zwischen den fünf Kernzielen bestehen **Zielabhängigkeiten**.[4] Die Änderung eines Zieles kann sich positiv, negativ oder neutral auf die anderen Prozessziele auswirken. Ein Absinken der Prozessqualität kann z.B. negativ die Produktqualität, die Kundenzufriedenheit und die

---

[3] Häufig werden weitere Prozessziele, wie z.B. Flexibilität oder Innovationsfähigkeit, genannt. Flexibilität und Innovationsfähigkeit sprechen (qualitative) Fähigkeiten und Potenziale einer Organisation an, spiegeln aber nicht die (quantitative) Performance eines Geschäftsprozesses wider (vgl. auch Burger 2009, S. 16f.). Dies gilt auch für das Prozessziel „Einhaltung regulativer Anforderungen und Umweltanforderungen".

[4] Vgl. auch Qualität-Termin-Kosten-Kreis von Geiger, in: Zollondz 2011, S. 201ff.

Prozesskosten beeinflussen. Wenn Prozesszeiten durch verstärkten Einsatz von Ressourcen gesenkt werden, treiben sie die Prozesskosten in die Höhe. Stattdessen sollten Prozesszeiten z. B. durch Eliminieren nicht wertschöpfender Prozessschritte oder durch Parallelisieren von Prozessschritten verkürzt werden. Derartige Maßnahmen wirken sich positiv auf alle Kernziele aus.

> Die fünf Kernziele sind wegen ihrer Abhängigkeiten gemeinsam zu planen, zu bewerten, zu messen und zu kontrollieren (siehe magisches Fünfeck in Abbildung 6.6). Korrektur- und Verbesserungsmaßnahmen sind so auszuwählen, dass sie sich möglichst positiv auf alle Kernziele auswirken und kein Ziel negativ beeinflussen. ■

Die Kernziele haben unterschiedlichen Einfluss auf den Erfolg und die Wettbewerbsfähigkeit eines Geschäftsprozesses. Besonderes Augenmerk hat die Prozesssteuerung und -optimierung auf das Ziel mit der höchsten Priorität zu legen. Um die Zielpriorität zu ermitteln, sind Prozessziele zu gewichten.

Ausgangsbasis für die **Gewichtung der Prozessziele** sind die gewichteten Erfolgsfaktoren des Geschäftsprozesses (siehe Abbildung 6.5). Diese werden mit den Prozesszielen in Beziehung gesetzt. Als Prozessziele sind die Effizienzziele Prozesszeit, Termintreue, Prozessqualität und Prozesskosten aufgeführt. Für jedes Prozessziel wird sein Einfluss auf die Prozesserfolgsfaktoren bewertet, wobei der Einfluss zwischen dem Wert 1 (schwach) und 5 (stark) anzugeben ist. Aus der Multiplikation von Einflussgrad und Gewicht wird die Gewichtungszahl pro Erfolgsfaktor ermittelt. Über die Addition sämtlicher Gewichtungszahlen erhält man die Gewichtungssumme je Prozessziel. Aus dieser lassen sich dann das Gewicht und die Rangfolge der Prozessziele ableiten. In dem Beispiel hat die Prozessqualität das höchste

Prozesserfolgsfaktoren (PEF)	Gewicht PEF	Prozessziele (Einflussgrad 1–5)							
		Prozesszeit		Termintreue		Prozessqualität		Prozesskosten	
Prozessreifegrad	7	5	35	4	28	5	35	3	21
Prozessführung, -kultur	9	4	36	4	36	4	36	3	27
Mitarbeitermotivation	7	5	35	5	35	5	35	2	14
Mitarbeiterqualifikation	10	4	40	3	30	5	50	3	30
Prozessinputs	6	4	24	4	24	5	30	3	18
IT-Unterstützung	5	4	20	3	15	4	20	3	15
Prozessmethoden, -tools	6	3	18	3	18	5	30	2	12
Summe Prozessziele		208		186		236		137	
Rangfolge Prozessziele		2		3		1		4	
Gewichtungsfaktor		0,27		0,24		0,31		0,18	

EF = Erfolgsfaktor

Abb. 6.5 Gewichtung der Prozessziele anhand von Prozesserfolgsfaktoren

Gewicht. Die Zielgewichtung ist von Geschäftsprozess zu Geschäftsprozess unterschiedlich und kann sich im Zeitablauf ändern.

Abbildung 6.6 zeigt das **Performanceprofil** eines Geschäftsprozesses, welches die Ist-Situation der Prozessziele sowie ihre kurz- und mittelfristigen Zielperspektiven darstellt. Für die laufende Prozesssteuerung sind jeweils Soll und Ist der Prozessziele für die einzelnen Messperioden auszuweisen (siehe Abbildung 6.7). Die durchgehende Linie stellt die Ist-Situation, die gestrichelte die Soll-Situation dar. Kundenzufriedenheit, Prozesszeit und Termintreue haben ein höheres Niveau als Prozessqualität und Prozesskosten. Hier ist zu überprüfen, ob die Diskrepanz zielkonform ist oder ein Ausgleich über entsprechende Maßnahmen herbeigeführt werden soll.

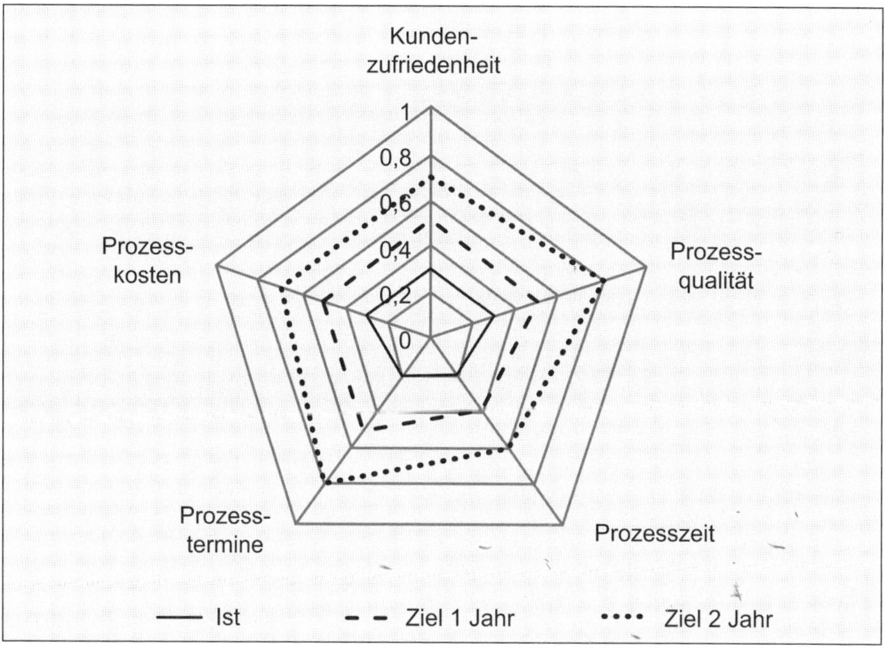

Abb. 6.6 Performanceprofil eines Geschäftsprozesses

Die Planung der Prozessziele und die Messung ihrer Zielerreichung sind mit Kosten verbunden. Deshalb sollte sich die **Anzahl der Prozessziele** pro Geschäftsprozess an Kosten-Nutzen-Gesichtspunkten orientieren. Grundsätzlich ist die Anzahl der Ziele stark zu begrenzen und jeweils an der Prozesseffektivität und -effizienz sowie an dem strategischen Gewicht eines Geschäftsprozesses auszurichten. Auf die Anzahl der Prozessziele haben ferner die Durchführungshäufigkeit und der Automatisierungsgrad der Geschäftsprozesse Einfluss. „Mit steigender Wiederholungszahl der Prozessdurchführungen steigt zugleich die Zahl der bei Wiederholungen potenziell realisierten Einsparungen" (vgl. Komus 2011, S. 46). Von ihnen hängt es ab, ob kostenintensivere Zielplanungen und Prozessmessungen wirtschaftlich gerechtfertigt sind oder nicht. Bei Geschäftsprozessen mit niedriger Priorität (vgl. Kapitel 3.3.4) können z. B. Zielwerte für die Kundenzufriedenheit und das Effizienzziel mit der höchsten Gewichtung ausreichen. Geschäftsprozesse mit hoher Priorität werden sich dagegen bei der Zielvorgabe an den fünf Kernzielen orientieren.

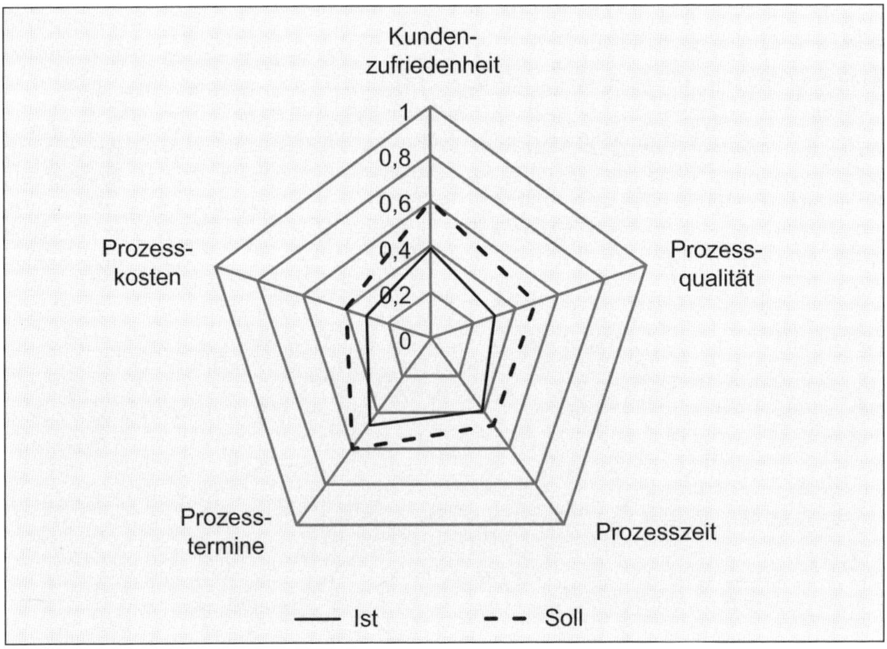

Abb. 6.7 Soll-Ist-Abweichungen der Prozessziele als Basis für prozessinterne Performanceanalysen

Werden für einzelne Prozessziele keine spezifischen Zielwerte geplant, ist jeweils ein **Performanceniveau** anzugeben, welches einzuhalten ist. Andernfalls besteht die Gefahr, dass die Gesamtperformance eines Geschäftsprozesses wegen der Abhängigkeiten zwischen den Prozesszielen absinkt. Aus diesem Grunde sollte auch immer die Performance aller fünf Kernziele gemessen werden.

Abbildung 6.8 zeigt die **Multidimensionalität der fünf Kernziele** mit ihren beispielhaften Prozesskennzahlen. „Process performance is multi-dimensional, that is, process performance cannot be determined on the basis of a single indicator, such as productivity“ (Heckl/Moormann 2010, S. 122). Die fünf Kernziele decken Prozesseffektivität und -effizienz, finanzielle und nicht finanzielle Aspekte sowie **Früh- und Spätindikatoren** ab. Kundenzufriedenheit und Prozesskosten zählen zu den Spätindikatoren. Sie werden zumeist erst längere Zeit nach dem Prozessdurchlauf ermittelt. Frühindikatoren sind Prozesszeit, Termintreue und Prozessqualität. Sie stellen Ergebnistreiber dar und geben frühzeitig Hinweise auf die Prozessperformance, die zukünftige Kostensituation sowie die zukünftige Kundenzufriedenheit (vgl. Gleich 2011, S. 280 ff.).

Die Steuerung von Geschäftsprozessen über den multidimensionalen Ansatz ist wesentlich wirksamer als eindimensionale Vorgehensweisen, die sich nur auf ein Prozessziel konzentrieren. Dazu zählen u. a. die Gemeinkostenwertanalyse und das Zero-Base-Budgeting. Beide haben die Senkung der Kosten zum Ziel. „Kostensenkungsprogramme können kurzfristig die Bilanz verbessern, eine langfristige Sicherung und Verbesserung der Wettbewerbsposition wird dadurch jedoch kaum erreicht“ (Gaitanides et al. 1994, S. 9; vgl. auch Grant/Nippa 2006, S. 313).

	Prozesskennzahl	Merkmale					
Kundenzufriedenheit	Kundenzufriedenheitsindex	Effektivität	■	□	□	□	Effizienz
		monetär	□	□	□	■	nicht monetär
		Frühindikator	□	□	□	■	Spätindikator
Prozesszeit	Durchlaufzeit (DLZ): Zeitaufwand für die Durchführung von Transaktionen	Effektivität	■	□	□	■	Effizienz
		monetär	□	□	□	■	nicht monetär
		Frühindikator	■	□	□	□	Spätindikator
Termintreue	Termintreue (TT): Anteil abgeschlossener Transaktionen ohne Terminabweichung	Effektivität	□	□	□	■	Effizienz
		monetär	□	□	□	■	nicht monetär
		Frühindikator	■	□	□	□	Spätindikator
Prozessqualität	First Pass Yield (FPY): Anteil abgeschlossener Transaktionen ohne Nacharbeit	Effektivität	□	□	□	■	Effizienz
		monetär	□	□	□	■	nicht monetär
		Frühindikator	■	□	□	□	Spätindikator
Prozesskosten	PK = Prozesskosten abgeschlossener Transaktionen	Effektivität	□	□	□	■	Effizienz
		monetär	■	□	□	□	nicht monetär
		Frühindikator	□	□	□	■	Spätindikator

Abb. 6.8 Multidimensionalität von Prozesszielen und Prozesskennzahlen

Die zusammenhängende Betrachtung der fünf Kernziele in Geschäftsprozessen gibt Aufschluss über die **Gesamtperformance** und damit über die Wirkung eines Geschäftsprozesses auf das Geschäftsergebnis. Darüber hinaus ermöglichen es die Frühindikatoren, auf die Entwicklung der Prozessergebnisse und -performance frühzeitig Einfluss zu nehmen.

6.3.2.4 Einflussfaktoren und Wirkungen der Kernziele

6.3.2.4.1 Kundenzufriedenheit

Kundenzufriedenheit entsteht aus dem Vergleich von Erwartungen und wahrgenommener Leistung eines Produktes. Kunden bewerten das gesamte Leistungsprofil, das sich aus Haupt- und Nebenleistungen zusammensetzt (vgl. Meister/Meister 2010, S. 105 ff.). Kunden sind zufrieden, wenn die von ihnen wahrgenommenen Haupt- und Nebenleistungen ihre Erwartungen erfüllen. So kann z. B. das Produkt die Hauptleistung und können die persönliche Kundenbetreuung sowie Wartungs- und Reparaturleistungen wichtige Nebenleistungen darstellen. ■

Ein wichtiger Einflussfaktor auf die Kundenzufriedenheit ist die Kommunikation des Unternehmens mit den Kunden. Hierzu zählen alle Kontakte bzw. Schnittstellen, die Kunden zu den Geschäftsprozessen „Produkt planen“, „Produkt entwickeln“, „Produkt liefern“, „Produkt verkaufen", „Service durchführen" und hier vor allem zu dem Teilprozess „Beschwerde bearbeiten" haben. „Es kann als gesicherte Erkenntnis bezeichnet werden, dass die Produkt- und Dienstleistungsqualität sowie die Qualität der kundenbezogenen Prozesse zentrale Ansatzpunkte für die Kundenorientierung an der Schnittstelle zum Kunden und in der Folge der Kundenzufriedenheit sind" (Homburg/Bucerius 2012, S. 80).

Die Kundenzufriedenheit beeinflusst über Kundenloyalität und Markterfolg den wirtschaftlichen Erfolg eines Unternehmens. Sie ist deshalb eine zentrale unternehmerische Ziel- und Steuerungsgröße (siehe Abbildung 6.9). Von der Kundenloyalität hängt es ab, ob der Kunde das gleiche Produkt wiederkauft, zusätzlich weitere Produkte des gleichen Anbieters kauft oder/und die Produkte bei potenziellen Kunden weiterempfiehlt. Das Preisverhalten des Kunden hängt von seiner Preistoleranz ab. Zufriedene Kunden achten weniger auf niedrigere Preise als unzufriedene (vgl. Homburg/Bucerius 2012, S. 56 ff.).

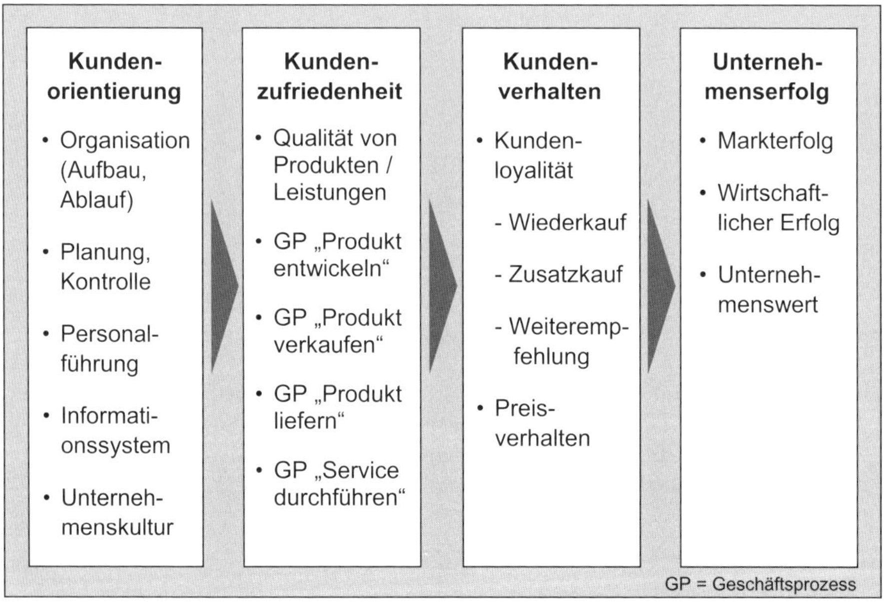

Abb. 6.9 Verbindung zwischen Kundenorientierung, Kundenzufriedenheit, Kundenverhalten und Unternehmenserfolg (in Anlehnung an Homburg/Bucerius 2012, S. 56)

Um hohe Kundenzufriedenheit zu erreichen, sind zwei **Voraussetzungen** zu erfüllen:

- richtige Kenntnis der Kundenanforderungen und -erwartungen,
- richtige Umsetzung der Kundenanforderungen und -erwartungen.

Probleme, Bedürfnisse, Ziele, Absichten, Wünsche und Erwartungen der Kunden müssen richtig verstanden werden, um die kaufentscheidenden Faktoren und Leistungsanforderungen zu erkennen und richtig zu definieren. Dieser Forderung muss der Geschäftsprozess „Produkt planen" gerecht werden. Hilfreich ist dabei, die Kundenwünsche nach dem Kano-Modell zu analysieren (vgl. Kapitel 4.1.2). Die Analyseergebnisse geben Aufschluss über die Erwartungshaltungen der Kunden, die bei der Erstellung von Kundenleistungen in den Geschäftsprozessen zu berücksichtigen sind.

An der Umsetzung externer Kundenanforderungen und der Erreichung der Kundenzufriedenheit sind alle Geschäftsprozesse beteiligt. Das Hauptgewicht liegt auf den primären Geschäftsprozessen, aber auch die sekundären tragen indirekt zur Erfüllung von Kundenanforderungen bei.

Die Bedeutung der Kundenzufriedenheit hebt auch das Qualitätsmanagement hervor. So fordert z. B. ISO 9001:2008, dass die Kundenzufriedenheit überwacht wird und für ihre Messung geeignete Methoden angewandt werden (vgl. ISO 9001:2008, Abschnitt 8.2.1).

6.3.2.4.2 Prozesszeit und Termintreue

Prozesszeiten haben Einfluss auf Effektivität, Effizienz, Reaktionsfähigkeit und Flexibilität einer Organisation.

Abbildung 6.10 zeigt, wie sich kürzere Prozesszeiten positiv auf Prozesseffektivität und Prozesseffizienz auswirken (vgl. Schmelzer 1990, S. 27 ff.; Wildemann 2010, S. 368 ff.). Produkte können früher auf dem Markt eingeführt und Kundenaufträge schneller bearbeitet werden. Bei einer frühen Markteinführung werden höhere Preise und Stückzahlen und damit Pioniergewinne erzielt. Diese ermöglichen es, die Entwicklungskosten frühzeitig zu amortisieren und die finanziellen Mittel früher in andere Zukunftsvorhaben zu investieren. Durch höhere Absatzmengen verschafft sich der Erstanbieter zudem Kostenvorteile gegenüber Mitbewerbern. Nachfolger müssen ihre Produkte zu niedrigeren Preisen anbieten. Dadurch steigt ihr Risiko, die Entwicklungskosten nicht abzudecken. Auch hat der Erstanbieter größere Chancen, nachhaltige Erfolgspotenziale aufzubauen. Diese kommen durch Erfahrungsvorsprünge, Imagevorteile sowie frühzeitigere Kundenbindung zustande.

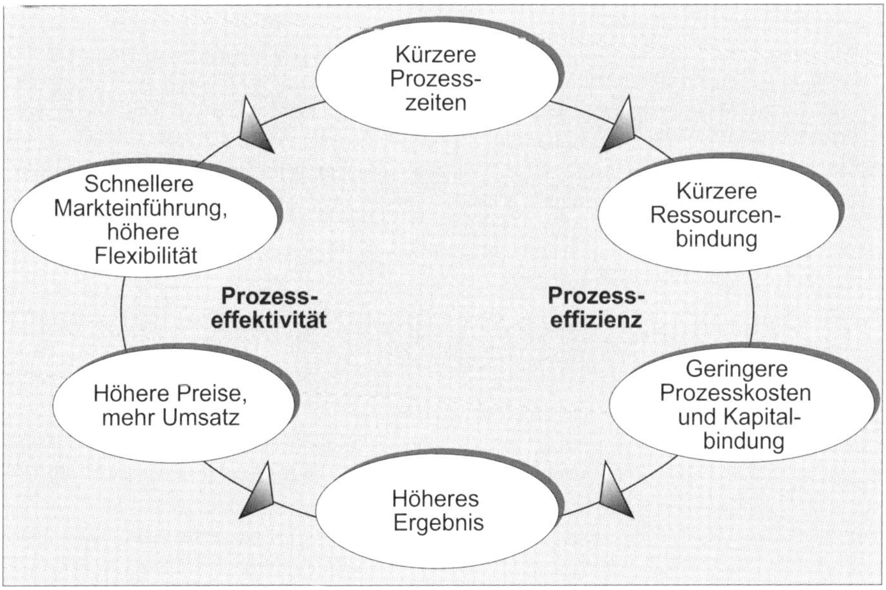

Abb. 6.10 Wirkungen der Verkürzung von Prozesszeiten

Kürzere Prozesszeiten wirken sich auch positiv auf die Prozesseffizienz aus. Die Bindungsdauer der Ressourcen ist kürzer und die Kapitalbindung geringer. Die früher frei werdenden Ressourcen können für die Erzeugung größerer Leistungsmengen, für die Beschleunigung der Leistungserstellung oder für die Bereitstellung zusätzlicher Leistungen eingesetzt werden.

Über kürzere Prozesszeiten können gleichzeitig Kosten reduziert, Qualität verbessert, die Termin- und Kostentreue erhöht sowie Risiken gemindert werden. Höhere Zeiteffizienz verkürzt ferner die Reaktionszeiten, was sich positiv auf Kundenzufriedenheit, Wettbewerbs- und Rentabilitätsposition auswirkt. „Wenn ein Zeitwettbewerber drei- bis viermal schneller reagiert als die Konkurrenten, wird er fast immer dreimal so schnell wachsen und doppelt so rentabel arbeiten wie alle Konkurrenten“ (Stalk/Hout 1990, S. 18).

Die positiven Effizienzwirkungen stellen sich nur ein, wenn sich zeitverkürzende Maßnahmen nicht negativ auf Prozessqualität und -kosten auswirken. Geschäftsprozesse bieten dafür viele Ansatzpunkte (vgl. auch Madison 2005, S. 98 ff.; Wildemann 2010, S. 378 ff.):

- Eliminierung nicht wertschöpfender Prozess- und Arbeitsschritte,
- Parallelisierung und Überlappung von Prozess- und Arbeitsschritten,
- Beseitigung von Engpässen,
- Abbau von Schnittstellen,
- Verkürzung von Rückkopplungsschleifen,
- Festlegung klarer Verantwortungen,
- Motivation und Empowerment der Mitarbeiter,
- intensive Kommunikation.

Eng mit der Prozesszeit ist die **Termintreue** verbunden. Bei der Prozesszeit liegt der Fokus auf der Zeitdauer für die Erstellung einer Prozessleistung, bei der Termintreue auf dem Zeitpunkt, zu dem die Leistung fertiggestellt sein soll. Meistens erhöht eine Verkürzung der Prozesszeit automatisch die Termintreue, da der Prozess leichter beherrschbar und stabiler geworden ist. Auf die Einhaltung und Verlässlichkeit von Terminen legen interne und externe Kunden großen Wert. Die Nichteinhaltung zugesagter Termine ist für jeden Kunden ein Ärgernis, da dadurch seine eigenen Termin- und Kostenplanungen gefährdet werden. Hohe Termintreue erfordert zeiteffiziente Geschäftsprozesse und ein wirksames Prozesscontrolling.

6.3.2.4.3 Prozessqualität

Kundenzufriedenheit setzt hohe Produktqualität voraus. Voraussetzung für hohe Produktqualität ist hohe Prozessqualität.

Qualität wird als Übereinstimmung von realisierten und geforderten Merkmalen verstanden.[5] Um hohe Prozess- und Produktqualität zu erreichen, sind Abweichungen zwischen den

[5] Die Norm EN ISO 9000:2005 definiert Qualität als „Grad, in dem ein Satz inhärenter Merkmale Anforderungen erfüllt“. Qualität gibt an, in welchem Maße z. B. ein Produkt oder Prozess die geforderten Merkmale erfüllt.

geforderten und realisierten Qualitätsmerkmalen zu vermeiden. Werden in einem Produkt oder Prozess geforderte Qualitätsmerkmale (Qualitätsforderungen) nicht erfüllt, handelt es sich um **Fehler**. Qualitätsforderungen an Produkte und Prozesse resultieren aus Erfordernissen und Erwartungen der Kunden. Sie können auch durch Gesetze, Vorschriften und Verordnungen festgelegt sein (vgl. Zollondz 2011, S. 171 ff.).

Fehler sind ein Zeichen mangelnder Qualität. Eine Fehlerrate von 2 % ist in der Industrie nicht ungewöhnlich. Sie bedeutet z. B., dass zwei von 100 Rechnungen nicht in Ordnung sind. Fehler verursachen enorm hohe Kosten. Bei 2 % Fehler werden die Fehlerkosten auf 15 bis 25 % des Umsatzes geschätzt. Bei einer Fehlerrate von 3 % betragen die Fehlerkosten 20 bis 30 % des Umsatzes (vgl. Harry/Schroeder 2000, S. 17; Töpfer 2007, S. 12 f.).

Es ist nicht außergewöhnlich, Fehlerraten in Produkten und Prozessen um 50 % zu reduzieren. Berater empfehlen, die jährliche Verbesserungsrate auf ca. 68 % festzulegen. Dies entspricht einer Steigerung von ungefähr 0,5 σ (Sigma) pro Jahr. Mit **Sigma** (σ) wird die Variation, d. h. die Abweichung des Prozessergebnisses vom tatsächlichen oder erwarteten Mittelwert des Prozessziels gemessen. Je höher das Sigma-Niveau ist, umso geringer ist die Anzahl der Fehler in einem Prozess bzw. Produkt. Ein hoher Sigma-Wert wirkt sich positiv auf die Prozessperformance und die Kundenzufriedenheit aus (vgl. Töpfer 2007, S. 7 ff.).

Im Durchschnitt liegen Unternehmen heute bei 4 σ, das entspricht 6219 Fehler pro Million Möglichkeiten (FpMM). Verwaltungs- und Dienstleistungsprozesse liegen im Bereich von 1,5 σ bis 3 σ. Der Zielwert, den die Verbesserungsmethodik Six Sigma anstrebt, ist 6 σ gleich 3,4 FpMM. 6 σ ist fast 2000-mal anspruchsvoller als 4 σ. Nur Spitzenunternehmen erreichen 6 σ, und das auch nur in Teilbereichen.

Die wirtschaftlichen Erfolge von Six-Sigma-Unternehmen zeigen, dass es sich lohnt, 6 σ konsequent zu verfolgen, auch wenn der Abstand zwischen dem Ist- und dem Zielwert groß ist (vgl. Harry/Schroeder 2000, S. 16 f.; Magnusson/Kroslid/Bergman 2001, S. 37; Rehbehn/Yurdakul 2005, S. 261 f.; Töpfer 2007, S. 89 ff.).

Wie bereits erwähnt treten Fehler auf, wenn Geschäftsprozesse festgelegte Anforderungen oder Erwartungen der Kunden und anderer Interessengruppen nicht zu 100 % erfüllen. Aber auch Qualitätsforderungen selbst können Gegenstand von Fehlern sein. Dies ist z. B. der Fall, wenn die Anforderungsdefinition von Produkten (Lastenheft, Requirements Specification) unvollständig, ungenau oder überfrachtet ist. Die Gefahr ist dann groß, dass Produkte „am Markt vorbeientwickelt" und von Kunden wegen unzureichender Qualität abgelehnt werden. Dadurch können Umsatzausfälle und Gewinneinbrüche entstehen, die Unternehmen nicht selten in eine kritische Situation bringen.

Jeder Fehler beeinträchtigt die Erwartungen der Kunden, unabhängig davon, ob es sich um externe oder interne Kunden handelt. Enttäuschte Kunden werden leicht zu unzufriedenen Kunden, die bei der nächsten Kaufentscheidung ein anderes Produkt vorziehen bzw. den Lieferanten wechseln. Eine Reduzierung von Fehlern steigert nicht nur die Kundenzufriedenheit, sondern auch die Prozesseffizienz und das Geschäftsergebnis. Denn mit jedem vermiedenen Fehler entfallen Zeiten, Ressourcen und Kosten, um diesen Fehler zu entdecken, zu analysieren und zu beheben.

6.3.2.4.4 Prozesskosten

Kosten dienen dazu, den Ressourcenverbrauch und die betrieblichen Leistungen monetär zu bewerten. Gefordert wird, dass die Kosten den betrieblichen Leistungen verursachungsgerecht, d. h. in Abhängigkeit von den in Anspruch genommenen Ressourcen zugerechnet werden. Die Aussagekraft der Kosten hängt wesentlich vom angewandten Kostenrechnungssystem ab. ■

Der **klassischen Kostenrechnung** bereitet die verursachungsgerechte Ermittlung von Kosten Probleme. Sie ordnet den betrieblichen Leistungen nur die Einzelkosten (z. B. Lohn- und Materialeinzelkosten) direkt zu, während die Gemeinkosten über Verteilungsschlüssel pauschal zugerechnet werden (Zuschlagskalkulation). Da in der Praxis die Gemeinkosten die Einzelkosten zumeist deutlich übersteigen, liefert die Pauschalierung der Gemeinkosten realitätsferne Ergebnisse. So werden beispielsweise komplexe und variantenreiche Produkte mit zu niedrigen Kosten und einfache sowie variantenarme Produkte mit zu hohen Kosten ausgewiesen. Die Folgen können strategische Fehlentscheidungen bei Investitionen, Preisfindungen, Reduzierung der Produkt-, Typen- und Teilevielfalt, Festlegung des Produktprogramms, Make-or-Buy-Entscheidungen sowie bei Entscheidungen über Auswahl und Abbruch von Entwicklungsprojekten sein.

Im Unterschied zur klassischen Kostenrechnung orientiert sich die **Prozesskostenrechnung** an Prozessen und nicht an Funktionen. Über die Erfassung der Kosten für Prozesse (z. B. für Teilprozesse, Prozessschritte, Arbeitsschritte) können Gemeinkosten verursachungsgerechter ermittelt und kann eine höhere Kosten- und Leistungstransparenz erreicht werden. Diese Transparenz verbessert die Planung und Kontrolle der Kosten in Geschäftsprozessen, deckt Prozessschwachstellen auf und ermöglicht insbesondere eine genauere Kalkulation der Prozessleistungen.

Anwendungen der Prozesskostenrechnung im Geschäftsprozessmanagement sind (vgl. Mayer/Conders/Hardt 2005, S. 125 f.; Kremin-Buch 2007, S. 62 ff.; Bergsmann 2012, S. 239 f.):

- Unterstützung von Prozessverbesserungen durch Kostenanalysen,
- kostenmäßige Bewertung von Prozessverbesserungen,
- Ressourcen- und Budgetplanung in Geschäftsprozessen,
- Kostenermittlung für innerbetriebliche Leistungsverrechnung,
- Unterstützung von Entscheidungen über Geschäftsprozess-Outsourcing.

Die Prozesskostenrechnung liefert nicht nur verursachungsgerechtere Ergebnisse, sondern unterstützt auch das prozessuale Vorgehen, indem sie die Verbindung zwischen Prozessleistungen, Ressourcenverbrauch und wirtschaftlichem Ergebnis herstellt. ■

Auf die Prozesskostenrechnung geht Kapitel 6.4.7 näher ein.

6.3.2.5 Methoden der Zielplanung

6.3.2.5.1 Vorgehensweise

Um Prozessziele mit ihren Zieldimensionen (Zielinhalt, -ausmaß und -termin) festzulegen, bieten sich zwei Vorgehensweisen an: die Top-down- und die Bottom-up-Zielplanung (siehe Abbildung 6.11; vgl. auch Knuppertz/Feddern 2011, S. 102 ff.):

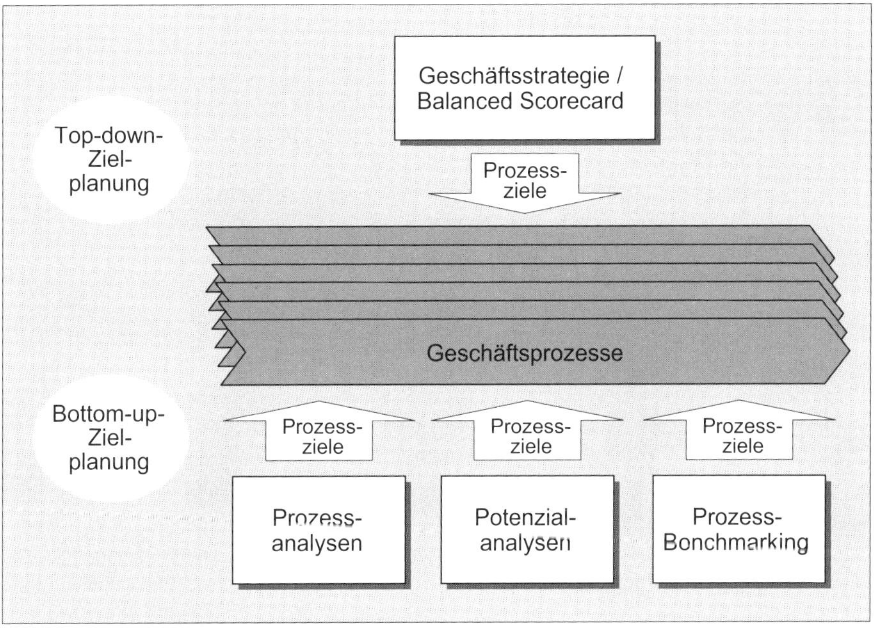

Abb. 6.11 Vorgehen bei der Planung von Prozesszielen

- **Top-down-Zielplanung**
  Ableitung von Prozesszielen aus der Geschäftsstrategie und den Geschäftszielen.
- **Bottom-up-Zielplanung**
  Ableitung der Prozessziele aus:
  - Prozessanalysen (Abweichungsanalysen im Rahmen von Performancemessungen, Problemanalysen, Potenzialanalysen, Prozessaudits und Prozessassessments),
  - Zeitvergleichen,
  - Kundenbefragungen,
  - Prozess-Benchmarking,
  - der Kombination mehrerer Informationsquellen.

Ausgangspunkt der Top-down-Zielplanung sind die Geschäftsziele, die zugleich die Anforderungen der Kunden sowie die Anforderungen des Geschäftes berücksichtigen (vgl. Rummler/Brache 1995, S. 47 f.). Aus ihnen werden die Prozessziele mit ihren Zieldimensionen abgeleitet. Eine wichtige Transformationsfunktion hat dabei die Prozess-Balanced-Scorecard (vgl. Harmon 2010, S. 66; Kapitel 3.1.4.2).

Bei der Bottom-up-Zielplanung stehen mehrere Methoden zur Auswahl. Prozessanalysen weisen auf Zielabweichungen, Schwachstellen und/oder Verbesserungspotenziale in den Geschäftsprozessen hin. Zeitvergleiche informieren über die Performanceentwicklung der Geschäftsprozesse in der Vergangenheit. Kundenbefragungen geben Aufschluss über die Zufriedenheit der Kunden mit den bereitgestellten Prozessergebnissen und vermitteln Hinweise auf Performanceaspekte, die für Kunden besonders wichtig sind (vgl. Kapitel 6.4.3). Prozess-Benchmarking zeigt die Performance der eigenen Geschäftsprozesse im Vergleich zu Geschäftsprozessen von Wettbewerbern oder Best-Practice-Unternehmen auf.

Die Top-down-Definition der Prozessziele stellt eine direkte Verbindung zu den Geschäftszielen her. Die so abgeleiteten Prozessziele gewährleisten, dass die Geschäftsprozesse das Erreichen der Geschäftsziele unterstützen. Die Top-down-Zielplanung ist besonders bei wettbewerbskritischen Geschäftsprozessen anzuwenden. Bei den übrigen Geschäftsprozessen werden Prozessziele zumeist nach dem Bottom-up-Ansatz festgelegt.

In der Praxis ist die Bottom-up-Zielplanung deutlich stärker als die Top-down-Zielplanung vertreten. Für das Erreichen der Geschäftsziele können Bottom-up-Ziele jedoch problematisch sein. Das gilt besonders für primäre Geschäftsprozesse. Bottom-up definierte Ziele lassen offen, ob sie den notwendigen Beitrag zum Erreichen der Geschäftsziele leisten (vgl. auch CMMI-Praktiken, in: Chrissis/Konrad/Shrum 2012, S. 410 ff. und 435 ff.).

Bei beiden Vorgehensweisen ist darauf zu achten, dass die Prozessziele einen ausreichend hohen Grad an Operationalität aufweisen, d. h. zur Kontrolle der Zielerreichung, zur Bewertung der Prozessperformance und zur Beurteilung von Handlungsalternativen geeignet sind. Beiden Planungsansätzen ist gemeinsam, dass sie die Ziele auf Geschäftsprozessebene festlegen, aus denen dann in weiteren Planungsschritten über Dekomposition (Zielkaskadierung) die Ziele für die tieferen Prozessebenen hergeleitet werden (vgl. Kapitel 6.3.2.6).

6.3.2.5.2 Top-down-Planung der Prozessziele

„Die Prozessziele müssen bei den Anforderungen der Kunden des Prozesses sowie den Anforderungen der Strategie ansetzen" (Bergsmann 2012, S. 225).

Diese Forderung erfüllt das Top-down-Vorgehen. Sie setzt eine strategische Geschäfts- und Prozessplanung voraus, die mindestens einmal jährlich zu aktualisieren ist (vgl. Kapitel 3.4). Ergebnisse dieser Planungen sind die **Balanced Scorecard** der Geschäftseinheit und daraus abgeleitet die Balanced Scorecards für die strategisch wichtigsten Geschäftsprozesse. Wie bereits in Kapitel 3.1.4.2 ausgeführt stellen Balanced Scorecards eine direkte Verbindung zwischen Geschäftsstrategie, Geschäftszielen und Geschäftsprozessen her. Die über die Balanced Scorecards abgeleiteten Prozessziele berücksichtigen die Kunden-, Markt- und Wettbewerbssituation sowie die strategischen Schwerpunkte und Ziele der jeweiligen Geschäftseinheit.

Sind nicht alle strategischen Ausgangsdaten für das Top-down-Vorgehen vorhanden, sollten die Defizite im Rahmen von Strategieworkshops behoben werden.

6.3.2.5.3 Bottom-up-Planung der Prozessziele

Als **Methoden der Bottom-up-Zielplanung** finden Prozessanalysen und Prozess-Benchmarking am häufigsten Anwendung.

Prozessanalysen

In **Prozessanalysen** werden Prozessprobleme aufgespürt, interpretiert, bewertet und ihre Ursachen ermittelt. Sie sind ein wichtiges Instrument, das an vielen Stellen im Geschäftsprozessmanagement zur Anwendung kommt, wie z. B.:

- strategische Analysen und Stakeholder-Analysen bei der Identifikation, Definition und Anpassung von Geschäftsprozessen,
- Analysen von Zielabweichungen im Rahmen des strategischen und operativen Controllings,
- Reifegradanalysen im Rahmen von Prozessassessments,
- Analysen des Prozessablaufs in automatisierten Prozessen, um z. B. Überlastungen und Engpässe zu erkennen,
- Analysen von Problemen, Schwachstellen und Verschwendungen im Rahmen der kontinuierlichen Prozessverbesserung (z. B. PDCA-Zyklus),
- Analysen von Prozessrisiken.

Prozessanalysen können in statische und dynamische unterteilt werden. In **statischen Prozessanalysen** werden strukturelle Schwachstellen bezogen auf Prozessführung, -organisation, controlling, -verbesserung, -mitarbeiter, -ressourcen und IT-Unterstützung festgestellt. In diese Kategorie fallen z. B. Reifegradanalysen (Prozessassessments) und Prozess-Benchmarking. **Dynamische Prozessanalysen** liefern Daten über Ablauf und Häufigkeit von Transaktionen in Geschäftsprozessen, wie z. B. Systemlast, Variantenhäufigkeiten, Warteschlangen, Wartezeiten, Kapazitätsauslastung, Ressourcenverbrauch, Prozesszeiten, -termine, -qualität und -kosten. Dabei unterstützt die IT die Bereitstellung und Auswertung der Prozessdaten z. B. durch Workflow-Management-Systeme und Process-Performance-Management-Systeme. Die Unterstützung ist umso intensiver, je automatisierter die Prozesse ablaufen. Ein Anwendungsfeld von dynamischen Prozessanalysen sind u. a. Prozesssimulationen (vgl. Kapitel 9.4).

> Prozessanalysen geben Hinweise auf vorhandene Verbesserungspotenziale, die häufig zur Zielplanung der Geschäftsprozesse herangezogen werden. Nachteilig bei diesem Vorgehen ist, dass die aus den Analyseergebnissen abgeleiteten Prozessziele keinen direkten Bezug zu Geschäftszielen, Kunden und Wettbewerbern haben. Offen bleibt deshalb, ob und in welchem Maße sie das Erreichen der Geschäftsziele unterstützen. ■

Besser ist es, Geschäftsprozessziele an den Bedürfnissen, Erwartungen und Anforderungen der Kunden bzw. Stakeholder auszurichten. Die so gewonnenen Informationen geben nicht nur Anhaltspunkte für Verbesserungen der Prozesseffizienz, sondern auch der Prozesseffektivität. Aber auch bei diesem Vorgehen wird kein direkter Bezug zu den strategischen und operativen Geschäftszielen hergestellt.

Die kritischen Anmerkungen zu Prozessanalysen beziehen sich nur auf die Verwendung der Analyseergebnisse für die Planung von Prozesszielen. Notwendigkeit und Nutzen von Prozessanalysen stehen außer Frage, wenn sie zur Kontrolle und Verbesserung von Prozessen eingesetzt werden.

Vgl. zum Thema Prozessanalysen: Madison 2005, S. 91 ff.; Spanyi 2007, S. 83 ff.; Wagner/Käfer 2008, S. 63 ff.; EABPM 2009, S. 85 ff.; Snabe et al. 2009, S. 201 ff.; Fleischmann et al. 2011, S. 199 ff.; Ahlrichs/Knuppertz 2010, S. 285 ff.; Mühlen/Shapiro 2010, S. 137 ff.; CMMI-Praktiken, in: Chrissis/Konrad/Shrum 2012, S. 351 ff. und 441 ff.; Fischermanns 2012, S. 220 ff. und 283 ff.

Prozess-Benchmarking

Prozess-Benchmarking vergleicht die Geschäftsprozesse der eigenen Organisation mit denen anderer Organisationen, die als Vertreter guter/bester Prozesspraktiken gelten (vgl. Kapitel 1.4.19). Es zeigt den Zielabstand der eigenen Geschäftsprozesse zu Geschäftsprozessen von Best-in-Class-Organisationen auf und sagt, wie hoch die Zielmarke zu legen ist, um sich im Wettbewerb behaupten zu können. Daneben hilft Prozess-Benchmarking, die Ursachen von Performancelücken aufzuzeigen und Möglichkeiten für deren Behebung zu erkennen. Die **Zielsetzungen** des Prozess-Benchmarkings sind:

- die besten Geschäftsprozesse zu identifizieren und ihre Stärken zu erkennen,
- die Stärken und Schwächen der eigenen Geschäftsprozesse besser einzuschätzen,
- Praktiken der besten Geschäftsprozesse gegebenenfalls zu adaptieren, um dadurch die Effektivität und Effizienz der eigenen Geschäftsprozesse zu steigern.

Besonders aussagefähig ist das **quantitative Prozess-Benchmarking**, bei dem die Geschäftsprozesse anhand der Prozessziele und Prozesskennzahlen für Kundenzufriedenheit, Prozesszeit, Prozessqualität und Prozesskosten miteinander verglichen, analysiert und bewertet werden (vgl. Gaitanides 2012, S. 236 ff.). Das quantitative Prozess-Benchmarking wird durch Referenzmodelle wie CMMI, SCOR oder PCF unterstützt, die Performancemetriken oder Reifegrade von Geschäftsprozessen bzw. Geschäftsprozessmanagementsystemen ausweisen (vgl. Kapitel 5.2.2). Die zur Verfügung gestellten Daten sind allerdings hoch aggregiert und lassen keine differenzierten Rückschlüsse auf Stärken und Schwächen der eigenen Geschäftsprozesse zu. Derartige Rückschlüsse können aber aus Good Practices gezogen werden, die z. B. CMMI oder SCOR aufzeigen.

Das Prozess-Benchmarking umfasst folgende **Vorgehensschritte:**

- Vorbereitung
  - Auswahl der Geschäftsprozesse als Benchmarking-Objekte,
  - Auswahl der Benchmarking-Partner,
  - Benennung des Benchmarking-Teams,
  - Abstimmung von Objekten, Prozesskennzahlen, Vorgehen, Zeitplan und Spielregeln.
- Analyse
  - Erfassung und Analyse der ausgewählten Geschäftsprozesse (Struktur, Ablauf, Controlling ...) auf Basis der aktuellen Prozessdokumentation,
  - Messung und Analyse der aktuellen Prozesskennzahlen,
  - Messung und Analyse zusätzlicher Prozessparameter.

- Bewertung
  - Prozessvergleich,
  - Identifikation von Performancelücken,
  - Identifikation der Ursachen von Performancelücken,
  - Auswahl und Interpretation der Benchmarks (Richt- und Zielwerte),
  - Aufbereitung der Ergebnisse.
- Verbesserung
  - Ableiten von Geschäftsprozesszielen und Maßnahmenvorschlägen aus den Benchmarks,
  - Diskussion, Festlegung und Umsetzung der Geschäftsprozessziele und -maßnahmen.

Voraussetzung für erfolgreiches externes Prozess-Benchmarking ist, Organisationen mit vergleichbaren Geschäftsprozessen und übertragbaren Praktiken zu finden. Bei der unterschiedlichen Ausprägung und Reife der Prozessorientierung ist die Suche nach geeigneten Benchmarking-Partnern schwierig. Hinzu kommt, dass Prozess-Benchmarking in der Regel mit hohem Aufwand verbunden ist.

Weniger problematisch ist **internes Prozess-Benchmarking**. Es bietet sich in größeren Organisationen an, um Stärken und Schwächen sowie gute Praktiken in vergleichbaren Geschäftsprozessen zu ermitteln. Durch Prozessstandardisierung wird die Durchführung des internen Prozess-Benchmarkings erleichtert.

Für die Ableitung von Geschäftsprozesszielen sollten Prozess-Benchmarks mit den Ergebnissen von Kundenbefragungen kombiniert werden, um die Präferenzen der Kunden zu berücksichtigon. Ergänzend sind Prozess-Benchmarks mit den Geschäftszielen abzugleichen.

Vgl. zum Thema Prozess-Benchmarking: Siebert 1998, S. 53 ff.; Kohl 2001, S. 253 ff.; Renner 2005, S. 69 ff.; Wagner/Käfer 2008, S. 307 ff.; ISO 9004:2009, Abschnitt 8.3.5; Burger 2009, S. 185 ff.; Knuppertz 2009, S. 163 ff.; Ahlrichs/Knuppertz 2010, S. 197 ff. und 295 ff.; Heckl 2010, S. 345 ff.; Bergsmann 2012, S. 342 f.

6.3.2.6 Dekomposition der Prozessziele

Die Ziele für wettbewerbs- und geschäftskritische Geschäftsprozesse werden aus der Geschäftsstrategie und den Geschäftszielen abgeleitet und horizontal zwischen den Geschäftsprozessen abgestimmt. Die Zielableitung und horizontale Zielabstimmung nimmt der Geschäftsleiter im Managementteam unter Mitwirkung des zentralen Prozesscontrollers vor. Für die Zielfestlegung der übrigen Geschäftsprozesse finden die Methoden der Bottom-up-Zielplanung Anwendung. Diese führen die Geschäftsprozessverantwortlichen ebenfalls in Abstimmung mit dem zentralen Prozesscontrolling durch.

Die so ermittelten Prozessziele werden anschließend für jeden Geschäftsprozess anhand der Prozessstruktur vertikal auf die einzelnen Prozessebenen heruntergebrochen (**Zieldekomposition**). Die Prozessziele je Prozessebene sind dann horizontal den einzelnen Prozesselementen zuzuordnen, wie z. B. den Teilprozessen eines Geschäftsprozesses oder den Prozessschritten eines Teilprozesses (siehe Abbildung 6.12). Die vertikale Zielableitung und horizontale Zielabstimmung innerhalb eines Geschäftsprozesses obliegt dem Geschäftsprozessverantwortlichen zusammen mit seinem Prozessteam.

Durch die Dekomposition der Prozessziele entsteht eine **Wertschöpfungshierarchie** (Value Creation Hierarchy), in der alle Prozessebenen und Prozesselemente auf die Prozessziele und damit auf Kundenforderungen und Geschäftsziele ausgerichtet und aufeinander abgestimmt werden (vgl. Rummler/Brache 1995, S. 53; Rummler et al. 2010, S. 35 ff.).

Die vertikale Ziel-Dekomposition und horizontale Zielabstimmung gewährleisten zusammen mit der Struktur-Dekomposition (vgl. Kapitel 4.2.3) eine hohe Organisations-, Ziel- und Performancetransparenz. Sie reduzieren die Anzahl der Schnittstellen, senken die Koordinationskosten und ermöglichen klare Verantwortungszuordnungen. „Die genannten Vorteile sind im Vergleich zu den heute bestehenden Vorgehensweisen von Unternehmen ungleich effektiver und effizienter" (Ahlrichs/Knuppertz 2010, S. 330). ■

Die Tiefe der Zielkaskadierung innerhalb der Geschäftsprozesse hängt u. a. von der Tiefe der jeweiligen Prozessstruktur (vgl. Kapitel 4.2.3), den Prozesskennzahlen und der Wirtschaftlichkeit der Prozessmessungen ab.

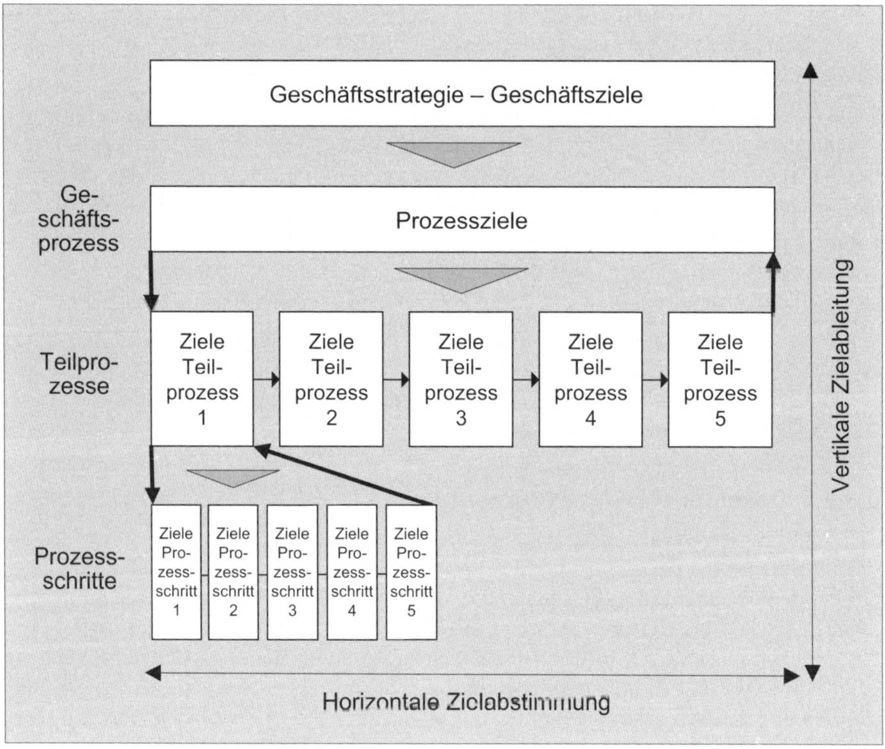

Abb. 6.12 Dekomposition der Prozessziele

6.3.2.7 Vereinbarung von Prozesszielen

Zielvereinbarungen sind ein Führungsinstrument, um das Handeln der Mitarbeiter auf die Geschäfts- bzw. Prozessziele auszurichten. Sie dienen dazu, den Mitarbeitern Prozessziele verständlich zu machen und sie zu motivieren, ihren Beitrag zur Erreichung der Ziele zu leisten. „These goals communicate to performers *what* they are expected to do and *how well* they are expected to do it" (Rummler/Brache 1995, S. 68). ■

Zielvereinbarungen zeichnen sich durch eine Reihe **positiver Wirkungen** aus. Sie bestärken die Zielidentifikation und Leistungsbereitschaft, die Voraussetzungen für Prozessverbesserungen sind.

Anhand von Zielvereinbarungen können Leistungen transparent beurteilt und finanziell belohnt werden. Ferner ermöglichen sie es, Mitarbeitern bzw. Teams einen hohen Grad an Selbständigkeit bei der Aufgabendurchführung einzuräumen (vgl. Koreimann 2003, S. 27 f.; Schwalb 2004, S. 688 ff.; Doppler/Lauterburg 2008, S. 269 ff.; Knuppertz 2009, S. 220 ff.; Bergsmann 2012, S. 216 f.).

Die positiven Wirkungen von Zielvereinbarungen kommen allerdings nur zum Tragen, wenn die Verantwortlichen (Geschäftsleiter, Geschäftsprozess- und Teilprozessverantwortliche) ihren Führungsaufgaben gerecht werden und folgende **Anforderungen** erfüllen:

- Regelmäßig Zielvereinbarungs- und Feedback-Gespräche führen.
- Prozessziele und persönliche Ziele aufeinander abstimmen.
- Persönlichen Kontakt mit den Mitarbeitern pflegen.
- Die Mitarbeiter aktiv unterstützen (Coaching).
- Ein motivierendes Umfeld schaffen.
- Über aktuelle Entwicklungen und Veränderungen informieren.
- Ziele bei gravierenden Zielabweichungen oder Änderung der Zielprämissen anpassen.
- Vor Ort präsent sein.

Günstig auf die Motivation und Identifikation der Mitarbeiter wirkt sich aus, Zielvereinbarungen mit **Anreizen** (Incentives) zu koppeln (vgl. Kapitel 11.2.4; Leistert 2006, S. 229 ff.). Trotz der hohen Identifikation mit der Arbeit geben in der INIFES-Umfrage 61 % der Befragten an, nie oder selten Anerkennung für ihre Arbeit zu erfahren (vgl. INIFES 2006). Eine Möglichkeit der Anerkennung ist die ergebnisabhängige Vergütung, die sich auf das Erreichen einzelner Prozessziele oder auf bestimmte Maßnahmen zur Umsetzung der Prozessziele bezieht (siehe Abbildung 6.13).

Geschäftsprozess: Verantwortlicher:								Jahr: Zielvereinbarung vom:					
Leistungs-parameter	**Ziel**	**Jan.**	**Feb.**	**Mrz.**	**Apr.**	**Mai**	**Jun.**	**Jul.**	**Aug.**	**Sep.**	**Okt.**	**Nov.**	**Dez.**
Termintreue	> 90%	89%	90%	90%	87%	88%	92%	91%	88%	87%	88%	90%	91%
Durchlaufzeit	3 Tage	3,2	3,1	2,9	2,9	3,5	3,4	3,0	2,9	3,0	2,9	2,9	3,1
First Pass Yield	> 80%	80%	78%	79%	78%	83%	82%	85%	84%	85%	83%	84%	84%
Kostentreue	> 95%	94%	90%	92%	98%	95%	87%	92%	93%	98%	100%	95%	97%
Kundenzufriedenheit intern	> 70%	73%			75%			72%			75%		
Kundenzufriedenheit extern	> 80%	80%			83%			85%			85%		

Abb. 6.13 Zielvereinbarung für Geschäftsprozessziele

6.3.2.7.1 Policy Deployment

Das Herunterbrechen und Vereinbaren von Zielen wird durch die Methoden Policy Deployment und Management by Objectives unterstützt.

Policy Deployment ist die amerikanische Bezeichnung für das japanische „Hoshin Kanri". Darunter wird ein methodisches Vorgehen zur Planung, Detaillierung, Abstimmung, Vereinbarung, Koordination und Verfolgung von Zielen verstanden (vgl. Hummel/Malorny 1996, S. 66 ff.; Teufel 2009, S. 679; Gleich 2011, S. 287 f.; Kostka/Kostka 2011, S. 106 ff.). Der Zielvereinbarungsprozess wird auch als Target Deployment bezeichnet.

Im Rahmen des Policy Deployment bzw. Target Deployment werden die über die Dekomposition aus den Prozesszielen abgeleiteten Teilziele mit den Verantwortlichen auf den verschiedenen Prozessebenen bis zu den Prozessmitarbeitern vereinbart. Dabei werden die Ziele mit den Realisierungsmöglichkeiten abgestimmt (siehe Abbildung 6.14). Eine Vereinbarung der Ziele mit der nächsttieferen Ebene erfolgt erst dann, wenn Aktionspläne zur Erreichung der Ziele verabschiedet worden sind. Ziele und Aktionspläne werden visualisiert und allen Mitarbeitern bekannt gegeben. „Dieses Vorgehen stellt sicher, dass jeder Mitarbeiter die Ziele kennt und sich so damit identifiziert, dass er seinen persönlichen Beitrag zur Zielerreichung leisten kann und leisten will" (Vogt/Junker 2001, S. 42; vgl. auch Fries/Seghezzi 1994, S. 339). Im Rahmen dieses Target Deployment werden auch die Zielvereinbarungen mit den Kaizen-Teams getroffen.

An dem Abgleich und der Abstimmung sind die Verantwortlichen von jeweils zwei Prozessebenen beteiligt bis hin zu den Mitgliedern der Kaizen-Teams bzw. den Mitarbeitern auf der untersten Deployment-Ebene. Zielvereinbarungen im Dialog gewährleisten, dass (vgl. Doppler/Lauterburg 2008, S. 274 f.):

- Ziele richtig verstanden und akzeptiert werden,

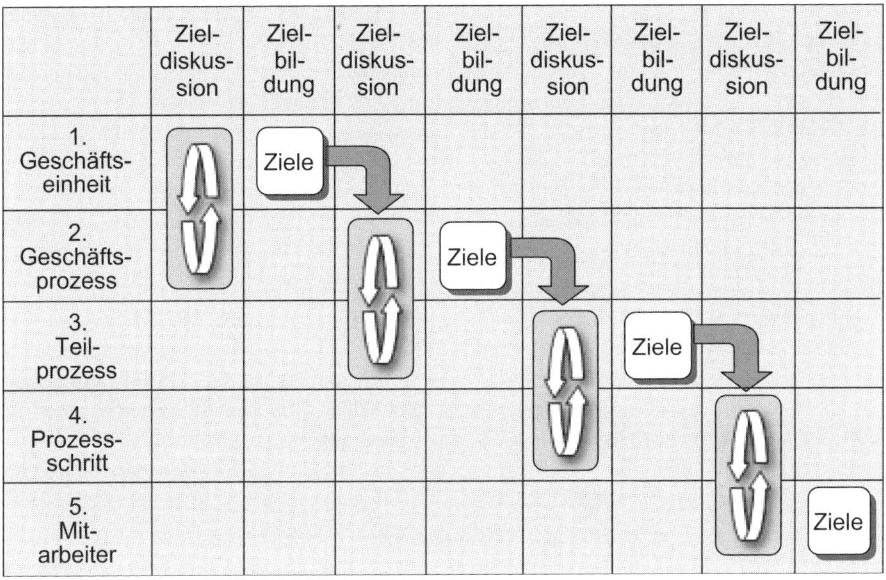

Abb. 6.14 Zielvereinbarungen durch Policy Deployment

- Zielprioritäten festgelegt und Zielkonflikte vermieden werden,
- die Voraussetzungen für die Zielerreichung geklärt werden.

In den Zielvereinbarungen sollten die in Kapitel 6.3.2.1 genannten SMART-Kriterien beach tet werden:

- Ziele müssen klar definiert sowie auf Mitarbeiter bezogen sein.
- Ziele müssen messbar sein.
- Ziele müssen realistisch, erreichbar und motivierend sein.
- Ziele müssen ergebnisorientiert sein.
- Zu jedem Ziel gehört eine klare Terminvorgabe.

Die Kombination von Zieldekomposition und Target Deployment hat eine Reihe von Vorteilen. Sie unterstützt ein zielkonsistentes und -konformes Verhalten der Mitarbeiter auf allen Prozessebenen. Durch Planungsbeteiligung, Information und Diskussion über Ziele, Alternativen, Voraussetzungen und Restriktionen wird ein hohes Maß an Zielverständnis und -identifikation erreicht. Die Verknüpfung der Geschäftsprozessziele mit Zielvereinbarungen erhöht die Verbindlichkeit der Prozessziele und fördert die Umsetzung von Prozessverbesserungsmaßnahmen. ■

Texas Instruments Europe legt die Geschäftsprozessziele jährlich mithilfe des Policy Deployment fest (vgl. Texas Instruments Europe 1995). In die Betrachtung werden die Leistungssteigerungen der Vergangenheit und die letzte Steigerungsrate der Prozessperformance einbezogen. Das Policy Deployment wird quartalsweise einem Review unterzogen, um das

Anspruchsniveau der Ziele zu überprüfen und gegebenenfalls Zielanpassungen vorzunehmen. Im Mittelpunkt dieser Reviews steht die Analyse der bisherigen Ziele, der gemessenen Prozessperformance und der Informationen aus dem permanenten Feedback. Zur Steuerung der Zielerreichung setzt Texas Instruments Europe Prozessmetriken ein. Die Überwachung der Prozessmetriken liegt in der Hand von Prozessteams (cross-functional teams). Ebenso wie die Ziele durch Policy Deployment kaskadenförmig nach unten heruntergebrochen werden, erfolgt die Überwachung der Zielerreichung kaskadenförmig nach oben. Auf den unteren Prozessebenen wird die Performance täglich überwacht, auf der Prozessebene monatlich und auf der Geschäftsebene quartalsweise.

Toyota bricht ebenfalls die strategischen Ziele der Unternehmensspitze bis auf die Ebene der Arbeitsgruppen nach dem Vorgehen des Policy Deployment herunter. Alle Teilziele werden so auf ein gemeinsames Ziel ausgerichtet. Alle Ziele werden anspruchsvoll formuliert und sind umso spezifischer, je weiter sie sich der Arbeitsebene nähern. Das Erreichen der Ziele wird konsequent gemessen. Dreijahresziele, Jahresziele, Monatsziele und die jeweilige Zielerreichung werden visualisiert und intensiv kommuniziert. „Die wichtige Erkenntnis besteht darin, dass allein das Setzen spezifischer, messbarer und anspruchsvoller Ziele und die Messung ihrer Erreichung hoch motivierend sind“ (Liker 2006, S. 364).

Zielvereinbarungen spielen auch im KVP-Prozess von **VW** eine zentrale Rolle. „Erstens existieren dauerhafte Gruppen, deren Aufgabe es u.a. ist, kontinuierlich ihre Prozeßabläufe zu verbessern. Zweitens hat sich damit das Potenzial zur Einbeziehung in den KVP in quantitativer und qualitativer Hinsicht vervielfacht. Und drittens ist allen Beteiligten mit dem Prozeß der Zielvereinbarung ein Instrument an die Hand gegeben worden, welches einerseits die unternehmensbezogenen Ziele erreichen hilft, und andererseits die Verpflichtung der Mitarbeiter auf Unternehmensziele verstärkt“ (Lacher 1998, S. 92).

6.3.2.7.2 Management by Objectives (MbO)

MbO ist eine Führungsmethode, die das Handeln der Mitarbeiter an klar umrissenen, operationalen Zielen und Zielvereinbarungen ausrichtet. Kennzeichen des MbO sind:

- Aufspalten der übergeordneten Ziele in widerspruchsfreie Einzelziele,
- Vereinbarung von Zielen in Zielvereinbarungsgesprächen,
- Darstellung und Diskussion von Inhalten, Wirkungen, Gültigkeitsbereich und Konkretisierungsgrad der Ziele in Gesprächen zwischen Vorgesetzten und Mitarbeitern,
- gemeinsames Erarbeiten der Ziele durch Abgleich mit den Realisierungsmöglichkeiten,
- Anwendung der SMART-Kriterien bei der Zielfestlegung,
- regelmäßige Zielüberprüfung,
- Kontrolle der Zielumsetzung anhand von Soll-Ist-Vergleichen.

Die oben dargestellte Dekomposition der Prozessziele in Kombination mit dem Target Deployment decken zusammen mit der Prozesskontrolle die Inhalte des MbO ab. Insgesamt geht das hier empfohlene Vorgehen im Hinblick auf methodische Klarheit, Durchgängigkeit sowie Konsistenz der Ergebnisse über das MBO hinaus.

6.4 Operative Prozesskennzahlen und Prozessmessungen

6.4.1 Aufgaben der Prozessmessung

Neben der Planung der Prozessziele zählt die Prozessmessung zu den wichtigsten Aufgaben des Prozesscontrollings. Sie dient dazu, die Zielerreichung und Performance der Geschäftsprozesse anhand von Prozesskennzahlen aufzuzeigen. Die Messergebnisse sind Basis für die Kontrolle und Verbesserung der Geschäftsprozesse (vgl. EABPM 2009, S. 147 ff.; Burger 2009, S. 23 ff.).

Prozessmessungen geben Auskunft über die erreichten Ist-Werte, die dann mit den Soll-Werten der Prozessziele verglichen werden. Bei Abweichungen sind die Abweichungsursachen zu ermitteln und zu analysieren. Abweichungen bilden den Anstoß für Korrektur- und Verbesserungsmaßnahmen. Können diese die Zielabweichungen nicht ausreichend abbauen, sind Anpassungen der Zielwerte oder/und in gravierenden Fällen auch grundlegende Änderungen des betreffenden Geschäftsprozesses in Erwägung zu ziehen (vgl. Gleich 2011, S. 28 f.). Die Ergebnisse der Prozessmessungen werden in Prozessberichten dokumentiert (vgl. Kapitel 6.6.2).

Objekte von Prozessmessungen sind die in den Geschäftsprozessen auf unterschiedlichen Prozessebenen ablaufenden Transaktionen. Angestoßen wird die Ausführung von Transaktionen durch einen Geschäftsfall auf der Ebene des Geschäftsprozesses. Eine Transaktion umfasst die komplette Bearbeitung eines Teilobjektes und erzeugt ein bestimmtes Teilergebnis. Die Teilobjekte werden aus dem Objekt des Geschäftsfalls bzw. des Geschäftsprozesses abgeleitet. Aus der Summe der Teilergebnisse setzt sich das Gesamtergebnis (Output) des Geschäftsfalls bzw. des Geschäftsprozesses zusammen. In den Transaktionen werden die Effizienzparameter Prozesszeit, -qualität und -kosten sowie Termintreue gemessen. Über die Aggregation der Performance der Transaktionen kann die Performance der Prozessschritte, der Teilprozesse und des gesamten Geschäftsprozesses ermittelt werden (vgl. Kapitel 4.2.4; Burger 2009, S. 25 ff.).

Die Inhalte der operativen Prozessmessung sind in dem Prozessschritt „Prozess messen" mit Angabe folgender Attribute festzulegen: Gegenstand, Anstoß, Inputs, Lieferanten, Outputs, Empfänger, Ablauf (Arbeitsschritte), Zyklus, Methoden, Instrumente, IT-Unterstützung und Verantwortlicher. Der Prozessschritt „Prozess messen" wird zusammen mit den Prozessschritten „Prozess planen", „Prozess kontrollieren" und „Prozessinformationen bereitstellen" dem Teilprozess „Prozesscontrolling durchführen" zugeordnet, der in jeden Geschäftsprozess zu integrieren ist.

6.4.2 Anforderungen an Prozesskennzahlen

Kennzahlen in Geschäftsprozessen können in drei Gruppen unterteilt werden:

- Potenzialkennzahlen,
- Struktur- und Ablaufkennzahlen,
- Performancekennzahlen.

Die **Potenzialkennzahlen** geben Auskunft über die Fähigkeit einer Organisation, eine hohe Effektivität und Effizienz der Geschäftsprozesse und des gesamten Geschäftsprozessmanagements zu erreichen. Zu Prozesspotenzialen zählen Prozesskultur, Prozessmitarbeiter, Prozesskompetenzen sowie Prozessmethoden und IT (vgl. Kapitel 1.3.3; siehe Abbildung 3.3). Erfolgsentscheidende Prozesspotenziale werden in der Prozess-Balanced-Scorecard definiert und dort mit Potenzialzielen und -kennzahlen ausgewiesen (vgl. Kapitel 3.1.4.2). Die Umsetzungskontrolle der Potenzialziele ist Aufgabe des strategischen Prozesscontrollings.

Strukturkennzahlen geben Hinweise auf strukturelle Stärken und Schwächen in Geschäftsprozessen und im Geschäftsprozessmanagement. Sie vermitteln Anhaltspunkte für strukturelle Verbesserungen, die sich positiv auf die Prozessorientierung und Prozessperformance auswirken. Strukturkennzahlen können sich beziehen auf:

- Aufbaustruktur von Geschäftsprozessen: z. B. Prozessgrenzen (von – bis), Prozessebenen, Prozessvarianten.
- Prozessablauf: z. B. Prozesskomplexität (Anzahl Konnektoren), Prozessschleifen, Prozessauslastung, Ressourcenengpässe, Lastverteilung.
- Leistungsmengen: z. B. Anzahl Prozessdurchläufe bzw. Geschäftsfälle, Transaktionen, Geschäftsobjekte oder Instanzen wie etwa Anzahl der bearbeiteten Aufträge pro Woche.
- Rollen im Geschäftsprozessmanagement und in den Geschäftsprozessen: z. B. Aufgaben, Verantwortung und Befugnisse des Chief Process Officer und der Geschäftsprozessverantwortlichen; Anzahl von Kaizen-Teams pro Geschäfts- bzw. Teilprozess.
- Anzahl Schnittstellen: innerhalb von Geschäftsprozessen, zu anderen Geschäftsprozessen, zu Funktionen, zu Kunden, zu internen und externen Lieferanten.
- Anteil Eigen- und Fremdleistung.
- Methodeneinsatz: z. B. Anwendungshäufigkeit von Prozess-Balanced-Scorecard, Prozessassessments, Kaizen oder Six Sigma.
- IT-Unterstützung, Automatisierungsgrad.

Aussagefähiger als die Erfassung und Verfolgung einzelner Prozessstrukturkennzahlen sind Reifegrade von Geschäftsprozessen. Hierbei wird über einen ganzheitlichen Ansatz die Reife (Güte, Qualität) eines Geschäftsprozesses oder des gesamten Geschäftsprozessmanagementsystems ermittelt (vgl. Kapitel 7.1 und 7.3). Reifegrade können mit Reifegradzielen gekoppelt werden, deren Umsetzung über Prozessassessments gemessen und kontrolliert wird.

Performancekennzahlen dienen dazu, das Erreichen der Prozessziele zu kontrollieren, die aktuelle Prozessperformance aufzuzeigen sowie Performancelücken und -trends sichtbar zu machen. Performancekennzahlen ermöglichen es, „Tendenzen zu erkennen, zu überwachen und zu prognostizieren [...] und bei Bedarf Vorbeugungs- und Korrekturmaßnahmen zu ergreifen“ (ISO 9004:2009, Abschnitt 8.3.2).

Bezogen auf die fünf Kernziele geben die zugehörigen Performancekennzahlen Antworten auf folgende Fragen:

- Kundenzufriedenheit
  - Wie zufrieden sind die (externen und internen) Kunden mit den Prozessergebnissen?
- Prozessqualität
  - Wie vollständig und fehlerfrei erfüllen die Prozessergebnisse die Kundenanforderungen und -erwartungen?
- Prozesszeit
  - Wie schnell werden die von den Kunden geforderten Leistungen bereitgestellt?
- Prozesstermine
  - Wie gut werden vereinbarte Termine mit den Kunden eingehalten?
- Prozesskosten
  - Welche Kosten bzw. welcher Ressourcenaufwand wird für die Erstellung der Kundenleistungen benötigt?

Für Performancekennzahlen werden auch die Begriffe Process Performance Indicators (PPI), Leistungsparameter, Performance Measures, Prozessmetriken oder Messgrößen verwendet (vgl. Snabe et al. 2009, S. 124 ff. und 172 ff.; Burger 2009, S. 19 f.; Ahlrichs/Knuppertz 2010, S. 125; Heckl/Moormann 2010, S. 119; Heckl 2010, S. 231 f.). Prozesskennzahlen, die sich auf Kernprozessziele beziehen, werden oft als **Key Performance Indicators** (KPI) bezeichnet.

Es gibt Vorschläge, auf Basis ausgewählter Performancekennzahlen Kennzahlen für die Gesamtperformance eines Prozesses zu ermitteln (vgl. Scholz/Vrohlings 1994c, S. 59; Burger 2009, S. 22 f., 226 ff. und 317). Diese hoch aggregierte Kennzahlen können u.a. als Vergleichsbasis im internen oder externen Prozess-Benchmarking nützlich sein. Bisher fehlen Untersuchungen über die praktische Relevanz derartiger Kennzahlen.

Nachfolgend werden wichtige Performancekennzahlen in Geschäftsprozessen näher beschrieben. Sie werden vereinfachend Prozesskennzahlen genannt. An Prozesskennzahlen werden folgende **Anforderungen** gestellt: (vgl. Rummler/Brache 1995, S. 137 f.; Leistert 2006, S. 229 ff.; EABM 2009, S. 149; Ahlrichs/Knuppertz 2010, S. 123 ff.; Burger 2009, S. 20 ff.; Burlton 2010, S. 26 ff.; Mühlen/Shapiro 2010, S. 145 ff.; Gleich 2011, S. 285 ff. und 304 ff.; Beims 2012, S. 201 ff.; Bergsmann 2012, S. 228 f.):

- Steuerungsrelevanz: Prozesskennzahlen sollen mit den Prozesszielen korrelieren, Handlungsbedarf aufzeigen sowie Rückschlüsse auf Auswirkungen von Maßnahmen erlauben.
- Verfügbarkeit: Die Daten des zu messenden Sachverhalts müssen verfügbar sein.
- Objektivität und Aktualität: Prozesskennzahlen sollen sich auf quantifizierbare Sachverhalte beziehen und diese realitäts- sowie zeitnah (mit geringen Verzögerungen) wiedergeben.
- Transparenz und Eindeutigkeit: Prozesskennzahlen sollen die Prozessperformance umfassend darstellen, eindeutig messbar, reproduzierbar und interpretierbar sowie widerspruchsfrei sein.
- Verständlichkeit und Akzeptanz: Prozesskennzahlen sollen leicht verständlich, von hoher Aussagekraft und aus Mitarbeitersicht sinnvoll und nützlich sein.
- Verantwortung: Die Verantwortung für Erfassung, Berichterstattung und Auswertung der Prozesskennzahlen soll klar geregelt sein.
- Beeinflussbarkeit: Prozesskennzahlen liefern wichtige Inputs für das Anreiz- und Vergütungssystem sowie für Verbesserungen. Sie müssen deshalb von den Mitarbeitern beeinflusst werden können.

- Aggregation: Prozesskennzahlen auf einer tieferen Prozessebene sollen sich zu Prozesskennzahlen auf höheren Prozessebenen aggregieren lassen.
- Anpassung: Prozesskennzahlen sind periodisch zu überprüfen und an Änderungen des Geschäftsprozessmanagements (z. B. Prozessstrategie, Prozessmodell, Prozessziele, Prozessorganisation) anzupassen.
- Wirtschaftlichkeit: Anzahl, Nutzen und Messaufwand der Prozesskennzahlen sollen in einem günstigen Verhältnis zueinander stehen.

Auch wenn Geschäftsprozessmanagement eingeführt wird, hält die Praxis in vielen Fällen an eingespielten **traditionellen Kennzahlen** und dem etablierten Berichtswesen fest. Manche Organisationen scheuen sich nicht, vorhandene Kennzahlen in Prozesskennzahlen „umzufirmieren". Das Vorgehen ist problematisch. Traditionelle Kennzahlen beziehen sich auf Funktionen. Sie sind ungeeignet, Transparenz über die Prozessperformance herzustellen und diese ziel- und strategieorientiert zu steuern (vgl. auch Liker 2006, S. 420). Das zentrale Controlling hätte es in der Hand, die notwendige Umorientierung anzustoßen. Es hält sich jedoch in der Praxis bei Prozesskennzahlen wie überhaupt beim Thema Geschäftsprozessmanagement auffallend zurück.

Prozesskennzahlen sollten in einem Steckbrief beschrieben werden, um eine einheitliche Interpretation, Erfassung und Auswertung zu gewährleisten (vgl. Keil et al. 2005, S. 36; Kütz 2009, S. 47; Knuppertz 2009, S. 235; Göppel 2011, S. 167; Beims 2012, S. 205 f.). Das Beispiel eines Kennzahlensteckbriefs zeigt Abbildung 6.15.

Prozesskennzahl		**Geschäftsprozess**
▪ Definition ▪ Beschreibung ▪ korrespondierendes Prozessziel ▪ Zielwert ▪ Toleranzbereich ▪ Eskalationsregel ▪ Gültigkeit ▪ Adressat		
Datenermittlung	**Datenaufbereitung**	**Reporting**
▪ Datenquelle ▪ Messverfahren ▪ Messpunkt ▪ Messmethode ▪ Messzyklus ▪ Verantwortlicher	▪ Berechnung ▪ Verantwortlicher	▪ Darstellung ▪ Aggregationsstufen ▪ Archivierung ▪ Verantwortlicher

Abb. 6.15 Kennzahlensteckbrief

Prozesskennzahlen stehen in direkter **Verbindung zu Prozesszielen**. Zu empfehlen ist, jedem Prozessziel möglichst nur eine Prozesskennzahl zuzuordnen, um den Messaufwand zu begrenzen. Die Prozesskennzahlen legt der Prozessverantwortliche in enger Abstimmung mit dem Prozesscontroller fest. Dabei ist wegen der Vergleichbarkeit der Geschäftsprozesse auf möglichst einheitliche Prozesskennzahlen zu achten.

Häufig werden ergänzend zu den Kennzahlen für die fünf Kernziele weitere vorgeschlagen, wie z. B. Leistungsmengen, Prozesswirtschaftlichkeit oder Process Value Added (vgl. Götze 2007, S. 326 ff.; Gaitanides 2012, S. 244 ff.). **Leistungsmengen** lassen sich über die Zahl der Geschäftsfälle erfassen. Sie spielen bei der Ermittlung der Prozesskostensätze im Rahmen der Prozesskostenrechnung eine wichtige Rolle. Auch für die Planung des Personalbedarfs und sonstiger Ressourcen sowie die Budgetierung werden Leistungsmengen herangezogen. Zur direkten Messung der Prozessperformance sind sie jedoch nur mit Einschränkungen geeignet (vgl. Ahlrichs/Knuppertz 2010, S. 157). Kennzahlen wie Prozesswirtschaftlichkeit oder Process Value Added werden in Geschäftsprozessen nicht direkt gemessen, sondern unter Einbeziehung mehrerer Faktoren vom Controlling errechnet.

Nachfolgend werden Prozesskennzahlen für die fünf Kernziele Kundenzufriedenheit, Prozesszeit, Termintreue, Prozessqualität und Prozesskosten beschrieben. Im Unterschied zu Kennzahlen für die Kundenzufriedenheit lassen sich Kennzahlen für Prozessqualität, Prozesszeit, Termintreue und Prozesskosten direkt aus dem Prozessablauf ableiten. Hohe Aktualität und Aussagekraft haben die Kennzahlen für Prozessqualität, Prozesszeit und Termintreue. Sie werden ereignisnah erfasst und von jedem Mitarbeiter ohne Schwierigkeiten verstanden.

6.4.3 Messung der Kundenzufriedenheit

Es gibt viele Möglichkeiten und Verfahren, die Kundenzufriedenheit zu messen. (vgl. Ahlrichs/Knuppertz 2010, S. 279 f.; Meister/Meister 2010, S. 123 ff.; Fürst 2012, S. 123 ff.). Hier werden vier praxisnahe Verfahren bzw. Vorgehensweisen zur Messung der Kundenzufriedenheit vorgestellt.

1. Messung der Kundenzufriedenheit beim Transfer von Prozessergebnissen

- **Beschreibung:** Gemessen wird, wie zufrieden ein Kunde mit einem transferierten Prozessergebnis ist. Beispiele: Zufriedenheit der Kunden mit Produktlieferung, Produktinstallation, Bearbeitung einer Reklamation oder Beantwortung einer Anfrage. Bei Unzufriedenheit weisen die Messergebnisse auf Defizite hin, die direkt einzelnen Geschäftsprozessen zugeordnet werden können. Die Geschäftsprozessverantwortlichen können bei unbefriedigenden Ergebnissen sofort reagieren und erforderliche Prozessverbesserungen anstoßen.
- **Beurteilung:**
  - Vorteil: geringer Aufwand; hohe Aktualität der Informationen; schnelle Reaktion bei Kunden möglich; Messungen liefern direkte Hinweise auf notwendige Prozessverbesserungen.
  - Nachteil: nicht für die umfassende Ermittlung der Kundenzufriedenheit eines Geschäftsprozesses geeignet, da sich Messung nur auf ein Ereignis bezieht.

2. Ableitung der Kundenzufriedenheit aus Kundenbeschwerden (vgl. Seidel/Stauss 2007; Meister/Meister 2010, S. 141 f.; Günter 2012, S. 336 ff.; Fürst 2012, S. 128)

- **Beschreibung:** Beschwerden (Kundenbeanstandungen, Reklamationen) weisen auf Qualitätsmängel in Produkten und Prozessen hin, die Unzufriedenheit bei Kunden auslösen. Eine schnelle Reaktion auf Beschwerden und ihre gründliche Behebung sind der beste

Weg, Kunden wieder positiv zu stimmen und an das Unternehmen zu binden. Kundenbeschwerden sollten deshalb schnell und eingehend analysiert werden, um die Beschwerdequellen und -ursachen zu identifizieren. Die Ursachen von Beschwerden liegen zumeist in Defiziten der Geschäftsprozesse. Oft wird mit der Behebung der Beschwerdeursachen nicht nur die Kundenzufriedenheit gesteigert, sondern auch die Effizienz der Geschäftsprozesse verbessert.

- **Beurteilung:**
  - Vorteil: kein Messaufwand, da Daten vorliegen; zumeist hohe Aktualität der Informationen; schnelle Reaktion bei Kunden möglich; Messung liefert direkte prozessbezogene Hinweise auf notwendige Prozessverbesserungen.
  - Nachteil: kein Rückschluss auf die umfassende Kundenzufriedenheit eines Geschäftsprozesses möglich, da sich ein Großteil unzufriedener Kunden nicht beschwert.

3. Messung des Net Promoter Score (NPS)

- **Beschreibung:** Zur Messung der Kundenloyalität wird in der Praxis der Net Promoter Score angewendet (vgl. Reichheld 2003). Dabei wird eine repräsentative Gruppe von Kunden gefragt, wie wahrscheinlich sie ein Produkt oder eine Leistung weiterempfehlen wird. Die Antworten werden skaliert von 0 (unwahrscheinlich) bis 10 (äußerst wahrscheinlich). Es wird der Prozentsatz der Kunden mit sehr hoher Weiterempfehlungsabsicht (9 oder 10) ermittelt (= Promotoren) sowie der Prozentsatz der Kunden mit mittlerer und niedriger Weiterempfehlungsabsicht (0 bis 6) festgestellt (= Kritiker). Kunden, die mit 7 oder 8 antworten, bleiben unberücksichtigt, da sie unentschieden (indifferent) sind. Die Differenz aus den Prozentsätzen der Promotoren und Kritiker ergibt den Net Promoter Score. Der Wertebereich des NPS liegt zwischen +100 % und −100 %.
- **Beurteilung:**
  - Vorteil: Der NPS ist recht einfach zu verstehen und zu kommunizieren.
  - Nachteil: Die Kundenbefragung ist aufwendig. Die Aussagekraft des NPS wurde bisher noch nicht empirisch erhärtet (vgl. Homburg/Bucerius 2012, S. 57). Hinweise auf Defizite in einzelnen Geschäftsprozessen lassen sich nur schwer ableiten, da die Kundenloyalität von vielen Faktoren abhängt.

4. Ermittlung des Kundenzufriedenheitsindex (multiattributive Messung)

- **Beschreibung:** Die Kundenzufriedenheit wird über mehrere Einzelaspekte (Leistungsparameter) gemessen (vgl. Meister/Meister 2010, S. 128 ff.; Fürst 2012, S. 132 ff.). Die Messung kann in Form von schriftlichen, persönlichen oder telefonischen Befragungen durchgeführt werden, wobei die objektivsten Ergebnisse schriftliche Befragungen liefern. Die Messwerte bilden die Basis für die Ermittlung des Kundenzufriedenheitsindexes (KZI), der sich als Mittelwert der zugrunde gelegten Leistungsparameter errechnet. Hinweise auf prozessspezifische Mängel liefert das Verfahren nur, wenn sich die Befragungen auf Prozessparameter (Prozessergebnisse, Prozesskennzahlen) beziehen. Bei der Ermittlung von Kundenzufriedenheitsindizes für Geschäftsprozesse (Prozess-KZI) sollten aus Aufwandsgründen nur wenige ausgewählte Prozessparameter herangezogen werden.
  Die Konzeption der multidimensionalen Messung umfasst die Schritte:
  - Auswahl der Zielgruppe der Befragung,
  - Identifikation der Ansprechpartner der Befragung,
  - Design der Stichprobe,
  - Festlegung der Messindikatoren,

  - Auswahl und Form der Befragung,
  - Gestaltung des Fragebogens.
- **Beurteilung:**
  - Vorteile: „Die Form der Zufriedenheitsmessung gilt heute als die valideste Form der Messung und dominiert sowohl in der Forschung als auch in der Praxis“ (Fürst 2012, S. 129). Kundenzufriedenheitsindizes für einzelne Geschäftsprozesse ermöglichen eine Gesamtaussage über deren Kundenzufriedenheit.
  - Nachteile: Die Aktualität der Messergebnisse hängt von der Häufigkeit der Messungen ab. Der Aufwand für die Messungen ist hoch.

5. Indirekte Messung der Kundenzufriedenheit

- **Beschreibung:** Das Prozesscontrolling ermittelt laufend Prozesskennzahlen, welche die Kundenzufriedenheit beeinflussen. Dazu zählen:
  - Lieferzeit, Liefertreue, Lieferbereitschaft,
  - Produkt- und Leistungszurückweisungen,
  - Ausfall- und Fehlerraten,
  - Down Time System (DTS),
  - Mean Time Between Service Call (MTBSC),
  - Reklamationsquote, Anzahl Gutschriften und Rechnungsänderungen,
  - Gewährleistungs- und Garantiefälle,
  - Auftragsverluste,
  - Kundenabgänge.

  Zielabweichungen bei diesen Prozesskennzahlen können die Kundenzufriedenheit beeinträchtigen. Nicht nur wegen dieser Negativwirkungen, sondern auch wegen der Verminderung der Prozessperformance sind die Ursachen der Zielabweichungen zu analysieren und entsprechende Verbesserungsmaßnahmen einzuleiten. Es ist Aufgabe der Geschäftsprozessverantwortlichen, besonders den Zielabweichungen nachzugehen, welche die Kundenzufriedenheit stark beeinflussen und damit eine hohe Wichtigkeit haben.
- **Beurteilung:**
  - Vorteil: Messdaten der Prozesskennzahlen stellt das Prozesscontrolling zur Verfügung und müssen nicht separat für Kundenzufriedenheitsanalysen erfasst werden; Zielabweichungen signalisieren Verbesserungsbedarf; die Verantwortung für die Analyse und Korrektur von Zielabweichungen ist im Rahmen der Prozessorganisation festgelegt.
  - Nachteil: keine Gesamtaussage über die Kundenzufriedenheit eines Geschäftsprozesses möglich, da Zielabweichungen isoliert betrachtet werden.

Die Messergebnisse der Kundenzufriedenheit sollten grafisch dargestellt werden, um ihre Interpretation zu erleichtern. Am besten eignet sich dafür die „Ampelskala“, auf der die Zufriedenheitsurteile auf einer Skala von 0 bis 100 transformiert werden. Im roten Bereich (= unterdurchschnittliche Kundenzufriedenheit) werden die Werte kleiner 70, im gelben Bereich (= durchschnittliche Kundenzufriedenheit) die Werte zwischen 70 und 80 und im grünen Bereich (= überdurchschnittliche Kundenzufriedenheit) die Werte größer 80 eingetragen. Der rote Bereich signalisiert dringenden Handlungsbedarf. Der gelbe Bereich wird als Indifferenzzone bezeichnet, da er zwischen unterdurchschnittlicher und überdurchschnittlicher Kundenzufriedenheit liegt. Kunden im grünen Bereich sind zufrieden bis begeistert (vgl. Fürst 2012, S. 138 f.). Die Ampelskala der Kundenzufriedenheit wird in den Prozessbericht aufgenommen.

Vor der Messung von Kundenzufriedenheit ist in Geschäftsprozessen zu klären, welche Bedeutung die einzelnen Prozessparameter für die Kunden haben. Relevante Prozessparameter sind Prozessergebnisse, welche die Kunden erhalten, aber auch Prozesszeit, Termintreue und Prozessqualität, welche die Kundenzufriedenheit beeinflussen. In die Messung der Kundenzufriedenheit sollten nur die Parameter einbezogen werden, die eine hohe Wichtigkeit haben.

Die **Wichtigkeit von Prozessparametern aus Kundensicht** kann direkt bei Kunden erfragt oder indirekt mithilfe statistischer Verfahren errechnet werden. Die direkte Befragung ist problematisch. Kunden neigen dazu, alles als wichtig zu betrachten (Anspruchsinflation). Die indirekte Berechnung der Wichtigkeit liefert bessere Ergebnisse, ist allerdings aufwendig. Als Berechnungsmethoden kommen z. B. multiple Regressionsanalyse, Kausalanalyse und Conjoint-Analyse zur Anwendung (vgl. Fürst 2012, S. 141 ff.). Als praktikabler Mittelweg bietet sich an, die Wichtigkeit der Prozessparameter in Gruppendiskussionen, z. B. in Fokusgruppen, zu bestimmen. ■

Coenen und Stauss haben Daten ermittelt, die Auskunft über die **Praxis von Kundenzufriedenheitsmessungen** in deutschen Unternehmen geben (Coenen/Stauss 2006). Zur Messung der Kundenzufriedenheit setzen 72 % der Unternehmen telefonische Interviews, 54 % persönliche Interviews und 51 % schriftliche Interviews ein. Eine nachgeordnete Rolle spielen elektronische Methoden (Webformular 16 %, E-Mail 15 %). 40 % der Unternehmen messen die Kundenzufriedenheit jährlich, 10 % halbjährlich. Die Messergebnisse erhalten die Geschäftsleitung (90 %), der Vertrieb (78 %) und das Marketing (60 %). „Auch wenn in der Messung und dem Reporting von Kundenzufriedenheit ein hoher Aktivitätsgrad zu verzeichnen ist, so kann von einem planmäßigen und systematischen Zufriedenheitsmanagement bei der Mehrheit der untersuchten Unternehmen nicht die Rede sein“ (Coenen/Stauss 2006, S. 23). Defizite bestehen bei der Weitergabe der Messergebnisse an die Stellen, welche die Kundenzufriedenheit direkt beeinflussen können, bei der systematischen Analyse der Messergebnisse und bei der Umsetzung konkreter Maßnahmen zur Verbesserung der Kundenzufriedenheit. Coenen und Stauss sehen folgende **Ursachen für Defizite bei Kundenzufriedenheitsmessungen:**

- Kundenzufriedenheit wird als wichtiges Unternehmensziel proklamiert, aber in vielen Fällen nicht als Zielgröße definiert und nicht in Zielvereinbarungen für Führungskräfte und Mitarbeiter aufgenommen.
- Kundenzufriedenheit wird als Messproblem, aber nicht als Managementherausforderung gesehen.
- Die Messungen finden in zu großen Zeitabständen statt und enthalten zu globale Aussagen.

Verantwortlich für Kundenzufriedenheitsmessungen ist in traditionellen Organisationen zumeist das Marketing, das selbst nur geringen Einfluss auf die Kundenzufriedenheit hat.

Vorteilhaft ist, die Kundenzufriedenheit nicht nur periodisch, sondern auch ereignisgesteuert zu messen, um eine direkte Verbindung zu den Geschäftsprozessen herzustellen. In Teilbereichen der Siemens AG hat sich folgendes **kombinierte Messkonzept** bewährt:

- Periodische Messungen der generellen Kundenzufriedenheit in den Vertriebsregionen
  - Frequenz: ein- bis zweimal jährlich,
  - Erhebung: schriftlich mittels Fragebogen.
- Messung der Zufriedenheit von Kunden nach der Installation von Produkten bzw. Systemen
  - Frequenz: fünf bis zehn Tage nach Auslieferung/Installation,
  - Erhebung: schriftlich mittels Fragebogen.
- Messung der Zufriedenheit von Kunden mit Neuprodukten
  - Frequenz: 90 Tage nach Auslieferung/Installation,
  - Erhebung: schriftlich mittels Fragebogen.

Dieses Messkonzept dient folgenden Zielen und Aufgaben:

- Messen der gegenwärtigen Zufriedenheit der Kunden,
- Errechnen von Kundenzufriedenheitsindizes,
- Erkennen der zentralen Erfolgsfaktoren der Kundenzufriedenheit,
- Ableiten von Handlungsbedarf zur Steigerung der Kundenzufriedenheit bezogen auf Leistungen/Produkte sowie Geschäftsprozesse,
- Einbeziehen der Messergebnisse in einen Regelkreis zur Steuerung der Kundenzufriedenheit,
- Identifizieren von Wettbewerbern, die Kunden in bestimmten Bereichen für vorbildlich halten.

Die jährlich bzw. halbjährlich durchgeführten periodischen Messungen beziehen sich auf:

- Produkte und Leistungen,
- Vertriebsprozess,
- Auftragsabwicklungsprozess,
- Serviceprozess.

Bezogen auf den Service werden z. B. folgende Fragen gestellt.

Wie zufrieden sind Sie mit ...

- Betreuung durch unser Servicepersonal?
- Erreichbarkeit unserer Servicestellen?
- Schnelligkeit unserer Terminzusagen?
- Zeitspanne bis zum Eintreffen unserer Servicemitarbeiter?
- Fachkompetenz unserer Servicemitarbeiter?
- Instandsetzungszeit?
- Preis-Leistungs-Verhältnis unseres Service?
- Angebotspalette an Wartungsverträgen?
- Preis-Leistungs-Verhältnis unserer Wartungsverträge?

Die Kundenantworten spiegeln die Stärken und Schwächen des Serviceprozesses aus Kundensicht wider. Bei den Schwächen weisen sie den Verantwortlichen auf Handlungsbedarf hin. Er erhält konkrete Hinweise auf notwendige Prozessverbesserungen, die zu einer Steigerung der Kundenzufriedenheit führen.

Ein Gesamtbild der Kundenzufriedenheit aller Geschäftsprozesse vermittelt das **Kundenzufriedenheitsprofil**. Es besteht aus einer Matrix, in der pro Geschäftsprozess die Kundenzufriedenheit (z.B. als Prozess-KZI) der Wichtigkeit für den Kunden gegenübergestellt wird (siehe Abbildung 6.16; vgl. auch Homburg/Rudolph 1995, S. 48; Fürst 2012, S. 144f.). Aus dem Profil lassen sich Handlungsempfehlungen ableiten. Geschäftsprozesse im Feld B sind optimal positioniert. Geschäftsprozesse im Feld A sollten mit hoher Priorität ihre Kundenzufriedenheit verbessern, um eine ausgewogene Relation von Wichtigkeit und Zufriedenheit zu erreichen. Kundenzufriedenheitsprofile sind periodisch zu erstellen, um positive wie auch negative Veränderungen zu erkennen und daraus Konsequenzen zu ziehen.

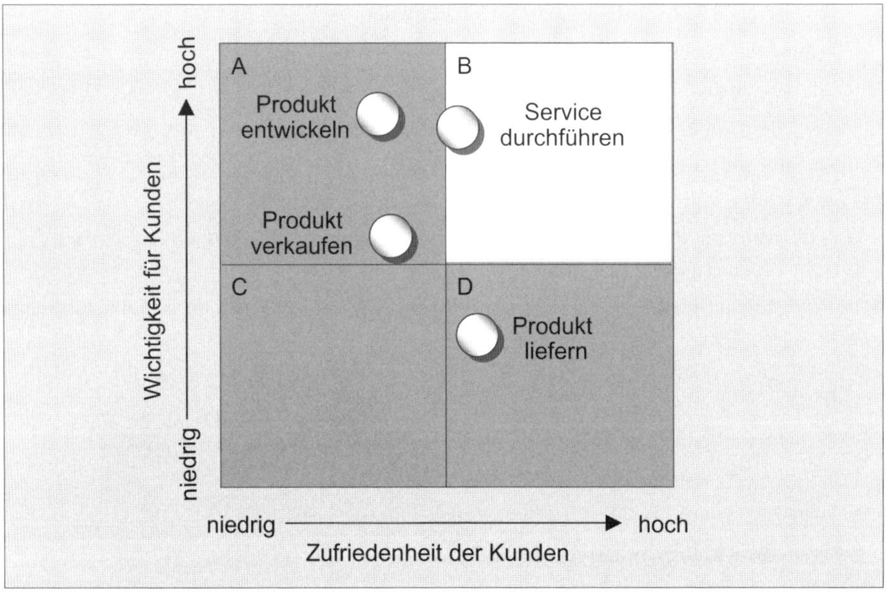

Abb. 6.16 Kundenzufriedenheitsprofil

Ziel von Geschäftsprozessen ist es, die Kundenzufriedenheit kontinuierlich zu steigern. Dafür ist nicht nur ihre regelmäßige Messung, sondern auch die Vorgabe von Zielen erforderlich, an denen die Messwerte gespiegelt werden. Zielabweichungen der Kundenzufriedenheit weisen auf die Notwendigkeit von Verbesserungsmaßnahmen hin. Die Wirksamkeit der getroffenen Maßnahmen wird erst bei regelmäßigen Messungen sichtbar.

6.4.4 Messung der Prozesszeit

6.4.4.1 Durchlaufzeit und Zykluszeit

Die Prozesszeit eines Geschäftsprozesses setzt sich aus den Prozesszeiten der einzelnen Teilprozesse zusammen. Sie kann als Durchlaufzeit oder Zykluszeit ermittelt werden.

- **Durchlaufzeit**

Die Durchlaufzeit sagt aus, wie lange die Bearbeitung eines Objektes bzw. einer Transaktion[6] dauert, bis das Ergebnis vorliegt (vgl. auch Fischermanns 2012, S. 247 ff.). Gemessen wird die Zeitstrecke vom Zeitpunkt des Beginns bis zum Zeitpunkt des Endes der Transaktion. Dabei werden zeitparallele Teilprozesse nicht berücksichtigt. Im Beispiel der Abbildung 6.17 setzt sich die Durchlaufzeit des Geschäftsprozesses aus der Summe der Prozesszeiten der Teilprozesse 1, 2, 3, 6 und 7 zusammen, wobei die Summe der Prozesszeiten der Teilstrecken 4 und 5 kleiner als die der Teilstrecken 2 und 3 ist.

Wenn kurze Reaktionszeiten gefordert werden, ist die Durchlaufzeit die geeignete Messgröße, wie z. B. bei der Erstellung von Angeboten im Geschäftsprozess „Produkt verkaufen", der Abwicklung von Aufträgen im Geschäftsprozess „Produkt liefern" oder der Behebung von Fehlern im Geschäftsprozess „Service durchführen".

- **Zykluszeit**

Die Zykluszeit errechnet sich durch Addition der Prozesszeiten aller Teilprozesse, auch die der zeitparallelen Teilprozesse. Im Beispiel der Abbildung 6.17 setzt sich die Zykluszeit des Geschäftsprozesses aus den Prozesszeiten der Teilprozesse 1, 2, 3, 4, 5, 6 und 7 zusammen.

Die Zykluszeit gibt Auskunft über den gesamten Zeitaufwand und die gesamte Zeitdauer der Ressourcenbindung. Sie bietet die Möglichkeit, die Effizienz eines Geschäftsprozesses zu messen. Gelingt es, die Zykluszeit zu verkürzen, erhöht sich dadurch die Prozesseffizienz.

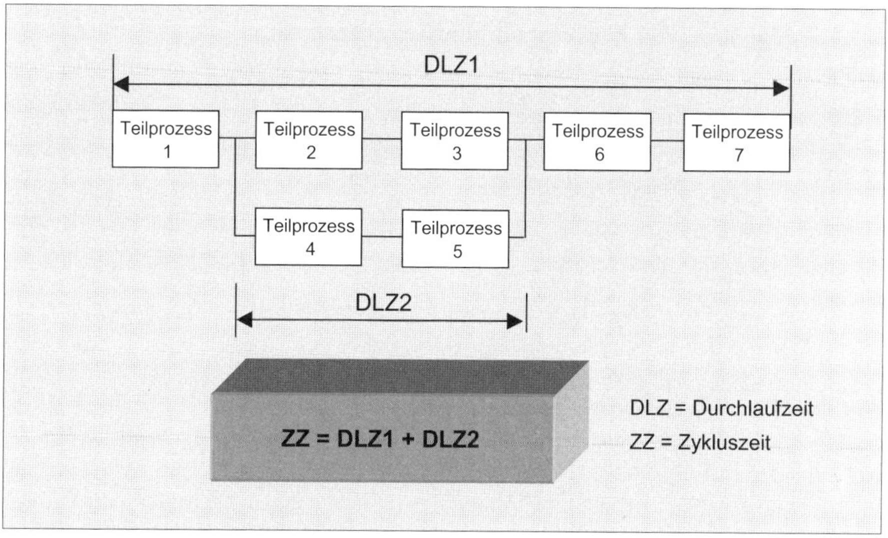

Abb. 6.17 Durchlaufzeit (DLZ) und Zykluszeit (ZZ)

[6] Eine Transaktion bearbeitet komplett ein Teilobjekt. Ein Geschäftsfall, der ein Prozessobjekt bearbeitet, setzt sich aus vielen Transaktionen zusammen, die auf verschiedenen Prozessebenen ablaufen (vgl. Kapitel 4.2.4).

Den Unterschied zwischen Durchlaufzeit und Zykluszeit macht folgendes Zahlenbeispiel deutlich (siehe dazu Abbildung 6.17):

Teilprozess	**Prozesszeit**
1	4 Tage
2	7 Tage
3	6 Tage
4	3 Tage
5	5 Tage
6	2 Tage
7	3 Tage

Die Durchlaufzeit beträgt:

Durchlaufzeit = (DLZ1) = 4 + 7 + 6 + 2 + 3 Tage = 22 Tage

Die Zykluszeit beträgt:

Zykluszeit = (DLZ1 + DLZ2) = 4 + 7 + 6 + 2 + 3 + 3 + 5 Tage = 30 Tage

Im Falle parallel ablaufender Teilprozesse ist die Zykluszeit länger als die Durchlaufzeit. Im Spezialfall rein sequenzieller Teilprozesse sind Zykluszeit und Durchlaufzeit identisch.

In der Praxis sollte in Geschäftsprozessen generell die Zykluszeit gemessen werden, um die Prozesseffizienz beurteilen und verbessern zu können. Wo sinnvoll, wie z. B. in den Geschäftsprozessen „Produkt verkaufen“ und „Produkt liefern“, ist zusätzlich die Durchlaufzeit zu ermitteln. ■

6.4.4.2 Messung von Prozesszeiten in Teilprozessen

Die Prozesszeit pro Teilprozess wird je nach Verhältnis von Messperiode und typischer Bearbeitungszeit der Transaktionen statisch (SPZ = statische Prozesszeit), dynamisch (DPZ = dynamische Prozesszeit) oder über Arbeitspakete (AP - PZ = Arbeitspaket-Prozesszeit) ermittelt. ■

Die einfachste Form ist die Messung der **statischen Prozesszeit (SPZ)**. Sie wird wie folgt ermittelt:

$$SPZ = \frac{\Sigma\,(\text{Endtermin} - \text{Beginntermin})\ \text{abgeschlossener Transaktionen in}\ (t_0 - t_{-1})}{\text{Anzahl abgeschlossener Transaktionen in}\ (t_0 - t_{-1})}$$

$(t_0 - t_{-1})$ ist dabei die Messperiode, z. B. eine Woche.

Die statische Prozesszeit kommt zur Anwendung, wenn in einem Teilprozess viele Transaktionen pro Messperiode abgeschlossen werden. Das ist der Fall, wenn z. B. im Geschäftsprozess „Produkt liefern“ viele Aufträge innerhalb von ein bis zwei Tagen abgewickelt werden.

Wenn die Messperiode und die typische Durchlaufzeit etwa gleich lang sind und nur relativ wenige Transaktionen in einer Messperiode abgeschlossen werden, verläuft die SPZ unstetig, und die Messergebnisse streuen von Messperiode zu Messperiode. Die Streuung kann durch Verlängerung der Messperiode reduziert werden, weil ein Mittelungseffekt eintritt. Der Nachteil ist jedoch, dass darunter die Aktualität der Messergebnisse leidet. Messperioden größer zwei Wochen sind nicht zu empfehlen. Oft lässt sich die Anzahl der Prozessergebnisse pro Messperiode dadurch erhöhen, dass die SPZ nicht auf der Ebene der Teilprozesse, sondern auf der Ebene der Prozessschritte gemessen wird.

Eine empfehlenswerte Alternative ist, statt der statischen Prozesszeit (SPZ) die **dynamische Prozesszeit (DPZ)** zu messen. Bei der Ermittlung der DPZ werden nicht nur die in der Messperiode abgeschlossenen, sondern auch die begonnenen, aber noch nicht abgeschlossenen Transaktionen berücksichtigt (vgl. auch Thomas 1990, S. 27 f.). Sie werden zur **Prozessgeschwindigkeit** in Beziehung gesetzt, d. h. dem Verhältnis aus der Zahl der abgeschlossenen Transaktionen und der Dauer der Messperiode. Die DPZ liefert bessere Informationen über den Arbeitsfluss als die SPZ.

Die Rechenformel für die DPZ lautet:

$$\text{DPZ} = \frac{\text{Anzahl Transaktionen in Arbeit am Ende der Messperiode } (t_0 - t_{-1})}{\text{Prozessgeschwindigkeit in } (t_0 - t_{-1})}$$

$$\text{Prozessgeschwindigkeit} = \frac{\text{Anzahl abgeschlossener Transaktionen in } (t_0 - t_{-1})}{\text{Messperiode } (t_0 - t_{-1})}$$

Typische Anwendungen der DPZ sind die Abwicklung von Aufträgen, Bearbeitung von Änderungen sowie Behebung von Fehlern, deren Bearbeitung länger als eine Messperiode dauert.

In Geschäftsprozessen, in denen wie im Geschäftsprozess „Produkt entwickeln" Projekte bearbeitet werden, ist die Dauer bis zum Projektabschluss oder bis zum Erreichen eines Projektmeilensteins zumeist deutlich länger als eine Messperiode. In derartigen Fällen ist die Messung der Prozesszeit auf Basis von Arbeitspaketen durchzuführen (vgl. Schmelzer/Friedrich 1997). Jedes Arbeitspaket, das im Messzeitraum bearbeitet wird, geht in die Ermittlung der Prozesszeit ein. Die Prozesszeit wird also fortlaufend und nicht nur am Ende des Projektes gemessen.

Die Arbeitspakete enthalten neben anderen Daten die geplanten und aufgewendeten Personenstunden. In komplexen Projekten mit längeren Laufzeiten werden die Arbeitspakete nicht detailliert für die gesamte Projektlaufzeit, sondern nur für ein definiertes Zeitfenster spezifiziert. Über dieses Zeitfenster hinaus wird eine grobe Planung der Arbeitspakete vorgenommen. Das Zeitfenster sollte etwa um den Faktor zehn größer als die Messperiode sein. Die auf Basis der Arbeitspakete ermittelte Prozesszeit wird als **Arbeitspaket-Prozesszeit (AP-PZ)** bezeichnet. Sie wird wie folgt berechnet:

$$\text{AP-PZ} = \frac{\text{Arbeitsvorrat am Ende der Messperiode } (t_0) \cdot \text{Messperiode } (t_0 - t_{-1})}{\text{Arbeitsvorrat zu Beginn der Messperiode } (t_{-1}) - \text{Arbeitsvorrat am Ende der Messperiode } (t_0)}$$

Der Arbeitsvorrat ist definiert als die Summe der geplanten Personenstunden über alle betrachteten Arbeitspakete multipliziert mit dem Fertigstellungsgrad der Arbeitspakete zum Messzeitpunkt. Dabei werden alle Arbeitspakete, die in dem Zeitfenster liegen, in die Summe einbezogen. Beträgt z.B. die Messperiode eine Woche, so wird das Zeitfenster auf zehn

Wochen festgelegt. Dies bedeutet, dass am Ende der Messperiode in dem Arbeitsvorrat die Arbeitspakete berücksichtigt werden, die am Beginn der Messperiode in dem Zeitfenster von elf Wochen lagen. Der Fertigstellungsgrad kann zwischen 0 (= 0 %) und 1 (= 100 %) liegen. Über die Angabe des Fertigstellungsgrades werden anteilig die begonnenen, aber noch nicht fertiggestellten Arbeitspakete in die Berechnung der AP-PZ einbezogen.

Die AP-PZ lässt sich anschaulicher mithilfe der Prozessgeschwindigkeit darstellen:

$$\text{Prozessgeschwindigkeit} = \frac{\text{Arbeitsvorrat zu Beginn der Messperiode } (t_{-1}) - \text{Arbeitsvorrat am Ende der Messperiode } (t_0)}{\text{Messperiode } (t_0 - t_{-1})}$$

Beträgt die Messperiode eine „Woche“, so hat die Prozessgeschwindigkeit die Einheit „abgearbeitete Personenstunden pro Woche“. Die AP-PZ lässt sich dann definieren als:

$$\text{AP-PZ} = \frac{\text{Arbeitsvorrat am Ende der Messperiode } (t_0)}{\text{Prozessgeschwindigkeit der Messperiode } (t_0 - t_{-1})}$$

Die AP-PZ wird zumeist in Wochen gemessen. Bei einer Messung in Tagen sind Arbeitstage zugrunde zu legen.

Mit der Darstellung der AP-PZ lässt sich abschätzen, ob das noch zu erledigende Arbeitsvolumen termingerecht abgearbeitet werden kann oder nicht. Beträgt z. B. der Arbeitsvorrat am Ende der Messperiode 600 Personenstunden und ist die augenblickliche Prozessgeschwindigkeit 50 Personenstunden pro Woche, so beträgt die AP-PZ zwölf Wochen. Dieser Wert ist mit der geplanten Zeit von zehn Wochen zu vergleichen. Zwölf Wochen werden noch benötigt, aber nur zehn Wochen stehen noch zur Verfügung. In diesem Fall ist es notwendig, die Prozessgeschwindigkeit zu erhöhen, wenn der geplante Termin gehalten werden soll.

Ein Ansteigen der DPZ bzw. AP-PZ weist auf eine Überlastung des Geschäftsprozesses hin und signalisiert längere Durchlaufzeiten. Diese können vereinbarte Termine gefährden und die Termintreue verschlechtern. Auslöser für ein plötzliches Absinken der Prozessgeschwindigkeit können temporäre Prozessprobleme, kurzfristig angestiegenes Arbeitsvolumen oder die Reduzierung verfügbarer Ressourcen sein. Ein kontinuierliches Absinken weist auf chronische Prozessprobleme hin. Die Ursachen können in Fehlplanungen, einem Abbau der Ressourcen oder in einer Abnahme der Prozesseffizienz liegen. ■

Mögliche Maßnahmen zur Reduzierung der Prozesszeit sind:

- Absenken bzw. zeitliches Strecken des Arbeitsvolumens,
- priorisierte und gesteuerte Einlastung der Bearbeitungsobjekte in den Geschäftsprozess,
- kontinuierliche Steigerung der Prozesseffizienz durch systematische Beseitigung zeitverbrauchender Barrieren,
- Erhöhung der Ressourcen, was allerdings zulasten der Prozesskosten geht.

Beispiele

Das folgende Zahlenbeispiel macht die Unterschiede zwischen SPZ und DPZ deutlich. Die Messperiode ($t_0 - t_{-1}$) beträgt in dem Beispiel zehn (Arbeits-)Tage.

Transaktions-Nr.	Beginntermin	Endtermin	Endtermin minus Beginntermin
1	Tag 1	Tag 2	1 Tag
2	Tag 1	Tag 7	6 Tage
3	Tag 2	Tag 5	3 Tage
4	Tag 5	–	–
5	Tag 7	Tag 9	2 Tage
6	Tag 7	–	–
7	Tag 10	–	–

Die SPZ wird wie folgt berechnet (siehe oben):

$$\text{SPZ} = \frac{\Sigma\text{ (Endtermin - Beginntermin) abgeschlossene Transaktionen in } (t_0 - t_{-1})}{\text{Anzahl aller abgeschlossenen Transaktionen in } (t_0 - t_{-1})}$$

$$\text{SPZ} = \frac{12}{4} = 3 \text{ Tage}$$

Die SPZ blickt in die Vergangenheit und sagt aus, „wie lange" die durchschnittliche Bearbeitungszeit gewesen ist. Beim vorliegenden Beispiel liegt sie im Mittel bei drei Tagen.

Die DPZ wird wie folgt berechnet (siehe oben):

$$\text{DPZ} = \frac{\text{Anzahl Transaktionen in Arbeit am Ende der Messperiode } (t_0 - t_{-1})}{\text{Prozessgeschwindigkeit in } (t_0 - t_{-1})}$$

$$\text{Prozessgeschwindigkeit} = \frac{\text{Anzahl abgeschlossener Transaktionen in } (t_0 - t_{-1})}{\text{Messperiode } (t_0 - t_{-1})}$$

$$\text{DPZ} = \frac{3}{\frac{4}{10}} = 7{,}5 \text{ Tage}$$

Die DPZ zeigt die Situation am Ende der Messperiode, d.h. in der Gegenwart. Sie sagt aus, „wie schnell" die Transaktionen durch den (Teil-)Prozess fließen. Die in Bearbeitung befindlichen Transaktionen werden zu der aktuellen Prozessgeschwindigkeit in Beziehung gesetzt. Im vorliegenden Beispiel liegt die DPZ bei 7,5 Tagen. Der Grund für die im Vergleich zur SPZ höhere DPZ ist, dass in der zweiten Hälfte der Messperiode weniger Prozessergebnisse fertiggestellt wurden, d.h. die Arbeitsgeschwindigkeit zurückging.

Wird das Beispiel geringfügig geändert, ergeben sich folgende Werte:

Die Messperiode ($t_0 - t_{-1}$) beträgt wieder zehn (Arbeits-)Tage.

Transaktions-Nr.	Beginntermin	Endtermin	Endtermin minus Beginntermin
1	Tag 1	Tag 2	1 Tag
2	Tag 1	Tag 7	6 Tage
3	Tag 2	Tag 5	3 Tage
4	Tag 5	Tag 8	3 Tage
5	Tag 7	Tag 9	2 Tage
6	Tag 7	Tag 10	3 Tage
7	Tag 10	–	–

$$SPZ = \frac{18}{6} = 3 \text{ Tage}$$

Die SPZ beträgt wieder drei Tage.

$$DPZ = \frac{1}{\frac{6}{10}} = 1{,}7 \text{ Tage}$$

Die DPZ geht auf 1,7 Tage zurück.

Die SPZ hat sich nicht verändert, da die Transaktionen 4 und 6 in der Größenordnung der früheren SPZ fertiggestellt wurden. Die DPZ ist deutlich kürzer geworden, da die Arbeitsgeschwindigkeit und damit die Leistung des Prozesses zum Ende der Messperiode zugenommen hat.

Das Beispiel macht deutlich, dass nur die DPZ die für die Praxis so wichtige Information über den aktuellen Leistungsstand des Prozesses liefert. Daher ist in den meisten Fällen die DPZ der SPZ vorzuziehen.

6.4.4.3 Messung der Zeiteffizienz

Die Prozesszeit eines Teilprozesses bzw. eines Geschäftsprozesses setzt sich aus Bearbeitungs-, Transfer- und Liegezeiten zusammen. Die Bearbeitungszeit wird in diesem Zusammenhang sehr eng definiert. Sie enthält nur die Zeitanteile, die unmittelbar für die Erstellung des Prozessergebnisses aufgewendet werden. Unter Transferzeit fallen die Zeiten, die für die Weitergabe von Zwischen- bzw. Endergebnissen benötigt werden. Als Liegezeiten werden die Zeiten verstanden, bei denen die Bearbeitung und der Transfer ruhen, weil benötigte Inputs oder Ressourcen nicht zur Verfügung stehen.

Transfer- und Liegezeiten sind „Totzeiten", die keine Beiträge zur Wertschöpfung leisten (vgl. Kapitel 4.2.6). Deshalb muss das Bestreben sein, Transfer- und Liegezeiten zu reduzieren. Besonders kritisch sind Liegezeiten zu beurteilen, da sie auf Prozessmängel und Verschwendung hinweisen. Auch Bearbeitungszeiten enthalten häufig nicht wertschöpfende Anteile, wie z. B. Qualitätskontrollen. Gegenüber den Transfer- und Liegezeiten nehmen diese Zeitanteile jedoch einen deutlich geringeren Umfang ein.

In der Praxis wird das Verhältnis aus der Summe von Bearbeitungszeiten und Durchlaufzeiten als **Zeiteffizienz (ZE)** bezeichnet. Je höher die Zeiteffizienz ist, umso geringer sind Unterbrechungen sowie Transfer- und Liegezeiten. Das Verhältnis aus Bearbeitungszeit und Durchlaufzeit wird oft auch **Fließgrad** und das Verhältnis aus Durchlaufzeit und Bearbeitungszeit **Flussgrad** genannt.

Die Berechnungsformel für die Zeiteffizienz lautet:

$$ZE(\%) = \frac{\text{Summe der Bearbeitungszeiten}}{\text{gesamte Durchlaufzeit}} \cdot 100\%$$

Zwei Beispiele sollen die Ermittlung und Bedeutung der Zeiteffizienz verdeutlichen:

1. Beispiel: Produktion

Teil X wird in 20 Minuten gefertigt. Es wird auf einer Montagelinie mit anderen Teilen zur Systemkomponente Y montiert. Die Montage von Y dauert je nach Fehlerhäufigkeit und Montageproblemen zwischen sechs und zehn Stunden. Der Mittelwert ist acht Stunden. Der Einbau von X dauert zehn Minuten. Sollte Teil X zum Montagestart von Y nicht verfügbar sein, droht ein Stillstand der Montagelinie, der mit hohen Kosten verbunden ist. Daher muss aus Kostengründen oder Gründen des Risikomanagements eine Pufferzeit von mindestens zwei Stunden für Teil X eingeplant werden, damit X bei Montagestart von Y verfügbar ist.

Die Zeiteffizienz bezogen auf X ist somit: ZE = (20 Min. + 10 Min.) : (20 Min. + > 120 Min. + 10 Min.) < 20 %. Wenn X ein Teil mit hohem finanziellem Wert ist, fallen hohe Bestandskosten an. Wird die Montage von Y verbessert, sodass der Prozess nur noch zwischen sechs und sieben Stunden schwankt (Mittelwert 7,5 Stunden), dann reicht eine Pufferzeit von nur noch mindestens 30 Minuten aus und es ergibt sich für X die Zeiteffizienz von: ZE = (20 Min. + 10 Min.) : (20 Min. + > 30 Min. + 10 Min.) < 50 %.

2. Beispiel: Service

Ein Serviceauftrag wird zum Zeitpunkt null angenommen. Der Bearbeiter ist überlastet und der Auftrag liegt im Mittel drei Stunden, bevor er bearbeitet wird. Die Bearbeitungszeit beträgt zehn Minuten. Um die Servicetechniker vor Ort volle acht Stunden pro Tag auszulasten, werden die Aufträge gesammelt und gehen im Mittel nach 24 Stunden an einen Servicetechniker, der sie dann im Durchschnitt nach vier Stunden mit einer Arbeitszeit von 60 Minuten ausführt. Die Zeiteffizienz beträgt in diesem Fall: ZE = (10 Min. + 60 Min.) : (180 Min. + 10 Min. + 1440 Min. + 240 Min. + 60 Min.) = 3,6 %.

Der Prozess der Auftragsannahme wird nun so verbessert, dass der Bearbeiter in drei Minuten den Auftrag bearbeiten kann und die maximale Liegezeit zehn Minuten beträgt. Sollten die Aufträge unregelmäßig eintreffen, so ist der Bearbeiter geschult, dass er andere Tätigkeiten übernehmen kann und keine Auslastungsprobleme auftreten. Ferner wird die Servicedurchführung so verbessert, dass die Servicetechniker über ein Rückmeldesystem örtlich lokalisierbar sind und ihre Verfügbarkeit bekannt ist. Jetzt können die Serviceaufträge direkt an die Servicetechniker weitergeleitet werden. Die Servicetechniker optimieren ihre Einsätze selbst, sodass sie im Durchschnitt nach zwei Stunden mit einer Arbeitszeit von 60 Minuten die Aufträge ausführen. Die Servicetechniker haben jetzt flexible Arbeitszeiten, sodass Auslastungsprobleme bei einer stabilen Auftragslage nicht auftreten.

Die Zeiteffizienz ist nun: ZE = (3 Min. + 60 Min.) : (10 Min. + 3 Min. + 120 Min. + 60 Min.) = 32,6 %.

Die Aussagekraft der Zeiteffizienz steigt, wenn als Bezugsgröße nicht die Durchlaufzeit, sondern die Zykluszeit gewählt wird. Der Nachteil der Durchlaufzeit ist, dass bei der Effizienzaussage die Tätigkeiten in den zeitparallelen Teilprozessen unberücksichtigt bleiben. Die Rechenformel für die Zeiteffizienz auf Basis der Zykluszeit lautet:

$$ZE(\%) = \frac{\text{Summe der Bearbeitungszeiten}}{\text{gesamte Zykluszeit}} \cdot 100$$

Die Zeiteffizienz liegt in Geschäftsprozessen häufig unter 5 %. Werte in diesem Bereich weisen auf eine schlechte Performance hin. Ziel sollte sein, Werte deutlich über 10 % zu erreichen.

6.4.5 Messung der Termintreue

Eine aussagefähige Kennzahl zur Einhaltung von Prozessterminen ist die Termintreue (TT). Hierunter wird der Anteil an Transaktionen verstanden, die in einer Messperiode ohne Terminverzug abgeschlossen werden (siehe Abbildung 6.18). Die Termintreue hat den Wert 1, wenn eine Transaktion ohne Terminverzug bereitgestellt wird. Sie ist gleich 0, wenn ein Terminverzug eingetreten ist.

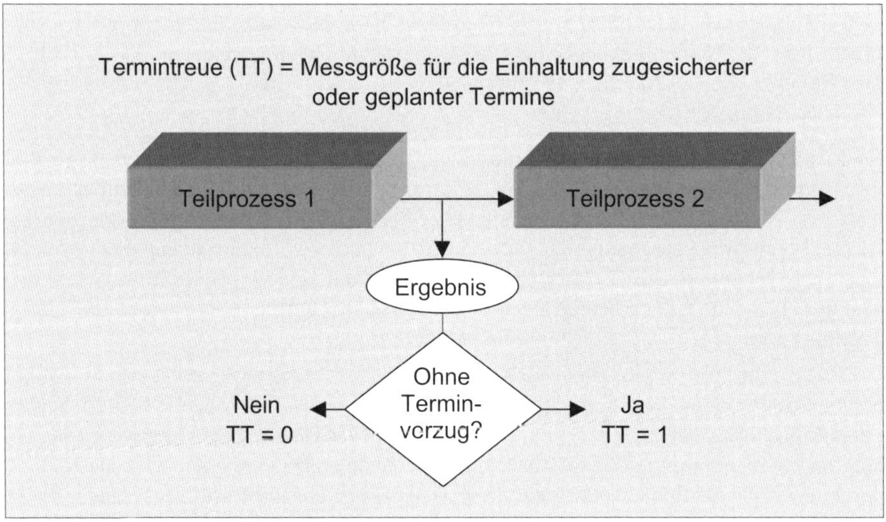

Abb. 6.18 Messung der Termintreue (TT)

$$TT(\%) = \frac{\text{Anzahl abgeschlossener Transaktionen in } (t_0 - t_{-1}) \text{ ohne Terminverzug}}{\text{Anzahl aller abgeschlossenen Transaktionen in } (t_0 - t_{-1})} \cdot 100$$

Terminverzögerungen verursachen Probleme in nachfolgenden Teilprozessen, Geschäftsprozessen oder direkt bei den Kunden. Deshalb sollten als Zielwert für die Termintreue 100 % angestrebt werden.

Mangelhafte Termintreue ist ein Signal für mangelhafte Terminplanung, Überlastung oder unzureichende Effizienz des Geschäftsprozesses. Nicht selten wird sie auch durch eine Kombination dieser Faktoren verursacht.

Maßnahmen zur Verbesserung der Termintreue sind weitgehend identisch mit den Maßnahmen zur Beeinflussung der Prozesszeit.

6.4.6 Messung der Prozessqualität

6.4.6.1 Überblick

In der Praxis wird die Prozessqualität über verschiedene Messgrößen ermittelt, wie z.B. Qualitätskosten, First Pass Yield (FPY) und Fehlerraten.

Viele Unternehmen erfassen und kontrollieren Qualitätskosten, um die Qualität zu verbessern. Qualitätskosten haben jedoch als Messgröße zur Steuerung der Prozessqualität einige Nachteile: geringe Aktualität, eingeschränkte Aussagekraft, keine direkte Beziehung zur Kundenzufriedenheit sowie zu den Ursachen der Qualitätsmängel. Diese Nachteile weisen First Pass Yield (FPY) und Fehlerraten nicht auf. Deshalb eignen sie sich besser zur Prozesssteuerung als Qualitätskosten.

6.4.6.2 Qualitätskosten

DIN 55350 Teil 11 versteht unter **Qualitätskosten** alle Kosten, die durch Tätigkeiten der Fehlerverhütung, durch planmäßige Qualitätsprüfungen sowie durch intern oder extern festgestellte Fehler verursacht werden (vgl. DIN 55350-11, 2008). In der Praxis bereitet die Aufteilung in Fehlerverhütungskosten, Prüfkosten und Fehlerkosten Probleme, da die einzelnen Kostenarten unterschiedlich auf die Effizienz wirken. Maßnahmen zur Fehlerverhütung helfen, Fehler zu vermeiden. Sie wirken positiv auf die Effizienz. Hinter den Fehlerkosten und einem Teil der Prüfkosten verbergen sich Fehlleistungen. Sie wirken negativ auf die Effizienz. Aus Prozesssicht ist deshalb eine Aggregation dieser drei Komponenten zu einer Kennzahl fragwürdig.

Zielführender ist die Aufteilung der Qualitätskosten in (vgl. u.a. Wildemann 1995):

- **Präventivkosten:** Kosten der Übereinstimmung der Qualität (Konformitätskosten) und
- **Fehlleistungskosten:** Kosten der Abweichung der Qualität (Nicht-Konformitätskosten).

Mit präventiven Maßnahmen wird das Erreichen der Qualitätsziele gesichert, werden Fehler vermieden und wird der Wertschöpfungsanteil erhöht. Sie dienen dazu, Fehlleistungskosten zu reduzieren und die Summe aus Präventiv- und Fehlleistungskosten zu minimieren. Die präventive Qualitätssicherung ist ein wichtiger Hebel zur Steigerung der Prozessqualität.

Fehlleistungskosten beinhalten die Kosten für das Suchen und Beseitigen von Fehlern und Fehlerursachen (vgl. Rehbehn/Yurdakul 2005, S. 40ff.). Mit Fehlleistungskosten sind Verschwendung von Ressourcen und eine Minderung der Effizienz verbunden. Die Höhe der Fehlleistungskosten sowie ihre Entwicklung im Zeitablauf geben Hinweise auf Schwachstellen in Geschäftsprozessen, zeigen Handlungsbedarf auf und spiegeln die finanzielle Wirkung von qualitätsverbessernden Maßnahmen wider.

Fehlleistungskosten und Präventivkosten haben als Messgrößen der Qualität einige **Schwächen**. Ihre Aussagekraft leidet an der häufig unvollständigen und ungenauen Kostenerfassung und -zurechnung. Häufig werden diese Kosten im betrieblichen Rechnungswesen überhaupt nicht oder nur für den Funktionsbereich Produktion ausgewiesen. Günstiger ist die Situation, wenn Fehlleistungskosten und Präventivkosten auf Basis von Prozesskosten ermittelt werden. In der Praxis sind diese Fälle jedoch noch relativ selten anzutreffen. Oft fehlt auch die notwendige Lifecycle-Betrachtung der Fehlleistungskosten. Zusätzlich besteht ein Zeitproblem. Der zeitliche Abstand zwischen Entstehung und Berichterstattung der Fehlleistungskosten steht einer schnellen Fehlerbehebung und Ursachenbeseitigung oftmals im Wege.

Günstiger als Qualitätskosten sind Messgrößen, die sich unmittelbar auf Qualitätsabweichungen beziehen und direkt aus den Geschäftsprozessen ableitbar sind. Zu diesen Messgrößen zählen First Pass Yield (FPY) und Fehlerrate.

6.4.6.3 First Pass Yield/Rolled Throughput Yield

Unter **First Pass Yield (FPY)** wird der Prozentsatz an Bearbeitungsobjekten verstanden, deren Ergebnisse bereits im ersten Prozessdurchlauf fehlerfrei sind und keine Nacharbeit erfordern (vgl. Thomas 1991, S. 117 f.; siehe Abbildung 6.19). Ist das Prozessergebnis im ersten Durchlauf fehlerfrei, hat der FPY den Wert 1, im umgekehrten Fall den Wert 0. Beispiele für einen FPY = 0 sind: fehlerhafte Angebote, Vertragskorrekturen, verspätete Aufträge, fehlerhafte Einbuchungen, unvollständige Auslieferungen, fehlerhafte Rechnungen.

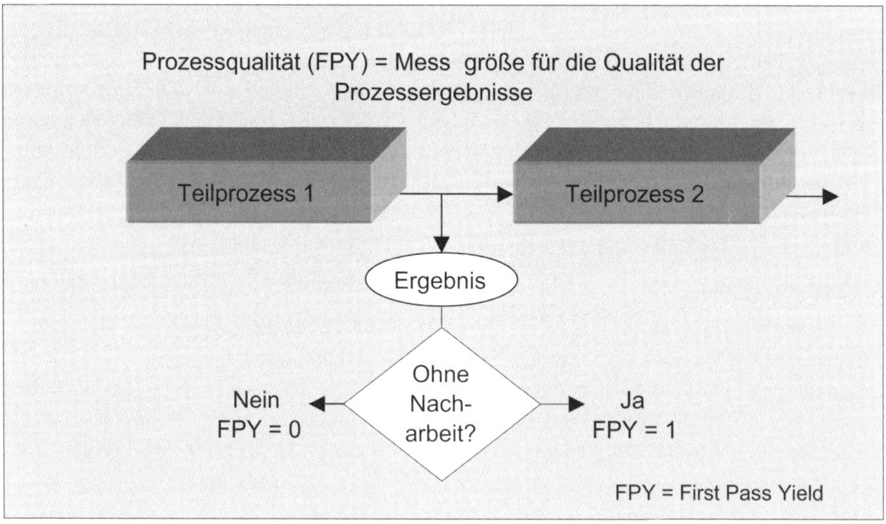

Abb. 6.19 Messung First Pass Yield (FPY)

Der FPY wird wie folgt errechnet:

$$FPY(\%) = \frac{\text{Anzahl abgeschlossener Transaktionen in } (t_0 - t_{-1}) \text{ ohne Nacharbeit}}{\text{Anzahl aller abgeschlossenen Transaktionen in } (t_0 - t_{-1})} \cdot 100$$

Der FPY eines Geschäftsprozesses wird durch Multiplikation der FPYs der Teilprozesse ermittelt (**Rolled Throughput Yield = RTY**). Bei Beginn der Messungen liegt der RTY nicht selten unter 20 %, wird dann aber durch Prozessverbesserungen relativ schnell auf 60 bis 80 % angehoben. Steigerungen über 90 % erfordern zumeist erhebliche Anstrengungen. Die Messung des FPY bzw. RTY ist nur der Anfang des Verbesserungskreislaufs, der sich aus Messung, Analyse der Abweichungen, Behebung der Abweichungsursachen und Kontrolle der Wirkung von Verbesserungsmaßnahmen zusammensetzt. Deshalb ist es unerlässlich, nicht nur den RTY zu ermitteln, sondern auch die Ursachen festzustellen und zu beseitigen, wenn der RTY < 100 % ist. Die Ursachenfeststellung erfordert es, den FPY mindestens auf der Teilprozessebene, häufig auch auf der Ebene der Prozess- und Arbeitsschritte zu erfassen. Auf die Erfassung des FPY auf den tieferen Ebenen kann verzichtet werden, wenn die Abweichungsursachen analysiert und beseitigt sind. Dann reicht die regelmäßige Messung des FPY auf der Teilprozessebene aus.

FPY und RTY sind leicht zu verstehen und ohne anspruchsvolle Methoden zu ermitteln. Sie lassen sich unmittelbar aus dem Prozessablauf ableiten und haben hohe Aktualität. Eine Erhöhung des FPY bzw. RTY führt gleichzeitig zur Senkung der Fehlleistungskosten und Steigerung der Kundenzufriedenheit. FPY bzw. RTY sind in allen Geschäftsprozessen anwendbar. ■

6.4.6.4 Fehlerrate, Sigma

Bei der **Fehlerrate** werden die Prozessfehler auf die Gesamtsumme der Prozessergebnisse bezogen. Die Messgröße wird in Prozent, „parts per million“ (ppm) oder „Fehler pro Million Möglichkeiten“ (FpMM)[7] angegeben (vgl. Schmitt/Pfeifer 2010, S. 97 f.). Fehler sind Abweichungen vom Soll. Sie treten auf, wenn die Ergebniswerte außerhalb der spezifizierten Grenzen liegen.

Die Verbesserungsmethodik Six Sigma verwendet FpMM und Sigma (σ) als Maßeinheiten für die Prozessleistung. Mit **Sigma** wird die Prozessstreuung bzw. Variation gemessen. Sie zeigt die Breite der Verteilung um den Mittelwert an (Standardabweichung). **Six Sigma** zielt darauf ab, die Prozessleistung durch Verbesserung der Variation zu steigern, indem die Prozessstreuung reduziert und die Prozesszentrierung verbessert wird. Die Prozesszentrierung gibt die Lage, d. h. den Mittelwert der Verteilung im Verhältnis zum Zielwert an. Beherrschte Prozesse haben geringe Zielabweichungen und geringe Streuung.

Wie bereits vorher erwähnt ist es das Ziel von Six Sigma, 6 σ zu erreichen. Ein Prozess bzw. ein Produkt erreicht eine Leistung von 6 σ, wenn bei seinen kritischen Merkmalen nicht mehr als 3,4 Fehler pro eine Million Möglichkeiten auftreten. 6 σ sind inzwischen zur Zielmarke für hervorragende Qualität von Prozessen und Produkten geworden.

[7] Entspricht Defects per Million Opportunities (DPMO).

Statistische Berechnungen ermöglichen es, FpMM bzw. Sigma selbst bei einer relativ geringen Anzahl von Messungen zu ermitteln und die Prozessleistung verlässlich zu schätzen. Die Messergebnisse können zu einer Kennzahl für die Leistung eines Prozesses und auch zu einer Kennzahl für die Prozessleistung einer Geschäftseinheit oder eines Unternehmens zusammengeführt werden.

Bei Anwendung von Six Sigma beziehen sich die FpMM- bzw. σ-Werte auf **kritische Qualitätsmerkmale** (Critical to Quality [CTQ] Characteristic) des Geschäftsprozesses. Qualitätsmerkmale sind kritisch, wenn sie aus Sicht der Kunden wichtig sind. Deshalb sind Kunden an der Identifizierung, Gewichtung und Auswahl der kritischen Qualitätsmerkmale sowie an der Festlegung der Zielwerte zu beteiligen. Als Methode kommt dabei Quality Function Deployment (QFD) zum Einsatz, mit deren Hilfe Kundenanforderungen in kritische Qualitätsmerkmale übersetzt werden können.

Sowohl FPY bzw. RTY als auch FpMM sind Messgrößen für die Ausbeute. Beim FPY/RTY wird die Trefferquote der Prozessergebnisse ermittelt. Die Zahl der Fehler bleibt dabei unberücksichtigt. Wenn ein fehlerhaftes Prozessergebnis durch mehrere Fehler verursacht worden ist, schlägt sich das im FPY/RTY nicht nieder. Ein hoher FPY/RTY sagt also noch nichts über die Fehlerrate und die damit verbundenen Fehlleistungskosten aus.

In die Ermittlung von FpMM geht dagegen die Zahl der Fehler direkt ein. FpMM liefert deshalb aussagefähigere Informationen über die Prozessqualität. Die Korrelation zu Fehlleistungskosten, Zykluszeit und Kundenzufriedenheit ist bei FpMM deutlich höher als bei FPY/RTY. Die FpMM-Werte sind auch deshalb aussagefähiger, weil sie an der Zielsetzung 6 σ gespiegelt werden. Der Erfassungs- und Analyseaufwand ist für FpMM bzw. σ allerdings deutlich höher als für FPY/RTY.

Den Unterschied zwischen FPY/RTY, FpMM und σ verdeutlicht das nachfolgende Beispiel:

In einem Teilprozess werden 960 Objekte (Einheiten) von insgesamt 1000 Bearbeitungsobjekten fehlerfrei bearbeitet. Damit ist der FPY = 960 : 1000 · 100 = 96 %.

In dem Teilprozess wurden 70 Fehler erfasst. Die Fehleranteil beträgt: FpE (Fehler pro Einheit) = 70 : 1000 = 0,07 oder 7 %. Die Zahl der kritischen Qualitätsmerkmale wird mit N = 12 angegeben. Damit beträgt der Fehler pro Möglichkeit: FpM = 0,07 : 12 = 0,0058. Als Fehler pro eine Million Möglichkeiten ergeben sich: FpMM = 0,0058 · 1 000 000 = 5800. Dies entspricht nach der Six-Sigma-Umrechnungstabelle ca. 4 σ. Die Ausbeute in dem Teilprozess ist 1 − 0,0058 = 0,9942.

Die Ermittlung von FpMM und σ erfordert, dass in jedem Teilprozess für jedes kritische Qualitätsmerkmal Fehlerdaten erfasst werden. Mit diesen Daten werden die Ausbeuten der Teilprozesse berechnet. Die Ausbeute für den Gesamtprozess ergibt sich durch Multiplikation der Ausbeuten der zugehörigen Teilprozesse. Besteht ein Geschäftsprozess z. B. aus fünf Teilprozessen und liegen deren Ausbeuten bei 0,995; 0,97; 0,93; 0,95; 0,94, dann beträgt der RTY des Geschäftsprozesses 0,995 · 0,97 · 0,93 · 0,95 · 0,94 = 0,80 bzw. 80 %. Das Beispiel zeigt, dass die laufende Durchgangsausbeute von der Ausbeute eines jeden Teilprozesses und der Zahl der Teilprozesse abhängt (vgl. Harry/Schroeder 2000, S. 102 ff.).

FpMM und Sigma können nicht nur auf die Prozessqualität, sondern auch auf die anderen Ziele eines Prozesses wie Kundenzufriedenheit, Prozesszeit, Termintreue und Ressourceneinsatz bezogen werden. Six-Sigma-Anwender beschränken FpMM- und Sigma-Messungen zumeist auf die Prozessqualität. Sie argumentieren, dass mit einer Steigerung der Prozessqualität gleichzeitig die Kundenzufriedenheit und die Termintreue steigen sowie die Zykluszeit und der Ressourcenverbrauch sinken. Ohne Frage bestehen zwischen den Prozesszielen direkte Abhängigkeiten. Die Prozessziele haben jedoch je nach Wettbewerbssituation unterschiedliches Gewicht. Zudem ist die Stärke der Abhängigkeiten zwischen den Prozesszielen von Fall zu Fall unterschiedlich. Es ist deshalb zu empfehlen, sämtliche Prozessziele zu kontrollieren und zu steuern und nicht nur FpMM und Sigma für die Prozessqualität zu messen. Im Rahmen des Messsystems ist festzulegen, für welche Prozessziele FpMM und Sigma als Messgrößen zum Einsatz kommen.

Im Kapitel 9.3.4 werden Organisation, Vorgehen und Instrumente der Verbesserungsmethode Six Sigma näher beschrieben.

6.4.7 Prozesskostenrechnung

Ziel der Prozesskostenrechnung ist eine verursachungsgerechte Zurechnung der Kosten auf die Leistungen der Prozesse (vgl. Kapitel 6.3.2.4.4). Dabei können zwei Ausprägungen der Prozesskostenrechnung unterschieden werden:

- Funktionsorientierte Prozesskostenrechnung: Prozesskosten werden über funktionsorientierte Kostenstellen ermittelt.
- Prozessorientierte Prozesskostenrechnung: Prozesskosten werden über Geschäftsprozesse bzw. die Elemente der Prozessstruktur ermittelt.

Der Hauptunterschied zwischen den beiden Formen der Prozesskostenrechnung liegt in der Definition und Abgrenzung der Prozesse. Da es in einer Funktionsorganisation keine Prozesse gibt, werden diese in der **funktionsorientierten Prozesskostenrechnung** „verrechnungstechnisch konstruiert" und „hypothetisch bestimmt" (vgl. Ahlrichs/Knuppertz 2010, S. 128 f.; Gaitanides 2012, S. 232). Dabei werden bottom-up Teilprozesse definiert, die sich auf vorhandene funktionsorientierte Kostenstellen beziehen. Die Teilprozesse werden dann „theoretisch" zu Hauptprozessen verdichtet. Die in den Teilprozessen anfallenden Kosten (Gemeinkosten) werden den in den Kostenstellen erbrachten Leistungen zugerechnet. Bei der Zurechnung erfolgt eine Differenzierung zwischen leistungsmengeninduzierten und leistungsmengenneutralen Gemeinkosten. Die leistungsmengeninduzierten Kosten werden über Maßgrößen (Bezugsgrößen, Kostentreiber, Einflussgrößen) den Teilprozessen zugeteilt. Diese spiegeln den Ressourcenverbrauch der Prozessleistungen in den Kostenstellen wider. Die Umlage der leistungsmengenneutralen Kosten erfolgt proportional zu den leistungsmengenabhängigen Kosten. Aus der Kostenstellenrechnung werden Kostensätze durch Division von Prozesskosten und Leistungsmengen ermittelt. Diese dienen der Verrechnung der Kosten auf Kostenträger bzw. der Kalkulation von Prozessleistungen.

Die Haupt- und Teilprozesse der funktionsorientierten Prozesskostenrechnung dienen nur dem Zweck, Prozesskosten in der Funktionsorganisation zu ermitteln. Die konstruierten Haupt- und Teilprozesse können zwar Prozesskosten in Teilbereichen ausweisen, sind aber nicht in der Lage, Prozesseffektivität (z. B. Kundenzufriedenheit) und Prozesseffizienz (Prozessqualität + Prozesszeit + Prozesskosten) zu erfassen, zu steuern und zu optimieren.

Die **prozessorientierte Prozesskostenrechnung** verwendet als Basis die bereits verfügbaren Geschäftsprozesse des Geschäftsprozessmanagements. Diese sind wie bekannt aus der Geschäftsstrategie abgeleitet und werden top-down auf Prozessebenen heruntergebrochen. Über die Zerlegung der Geschäftsprozesse in Teilprozesse, Prozessschritte oder Arbeitsschritte können die Prozesskosten diesen in Abhängigkeit vom Ressourcenverbrauch der Transaktionen direkt zugeordnet werden (= mengenabhängige Prozesskosten). Kosten eines Geschäftsprozesses, die nicht direkt zurechenbar sind (= mengenunabhängige Prozesskosten), können z. B. über die Anzahl der Transaktionen auf die einzelnen Teilprozesse, Prozessschritte oder gegebenenfalls Arbeitsschritte umgelegt werden.

Die Aussagekraft der Prozesskosten ist in der prozessorientierten Prozesskostenrechnung im Vergleich zur funktionsorientierten deutlich höher. Gleichzeitig ist der Planungs- und Durchführungsaufwand deutlich geringer. „Die gesamte Informationsbasis zum Einsatz der prozessorientierten Kostenrechnung wird vollständig aus der zwangsläufig vorhandenen Prozessdokumentation entnommen" (Ahlrichs/Knuppertz 2010, S. 133; vgl. auch Gaitanides 2012, S. 221 f.). ■

Folgende „Vorleistungen" des Geschäftsprozessmanagements kommen der prozessorientierten Prozesskostenrechnung zugute:

- Definition strategie- und leistungsbezogener Geschäftsprozesse mit einer daraus abgeleiteten Prozessstruktur (Teilprozesse, Prozessschritte, Arbeitsschritte).
- Definition von Bearbeitungsobjekten bzw. Transaktionen in den Geschäftsprozessen, Teilprozessen und Prozessschritten. Anhand derer können Leistungsmengen gemessen werden, die als Bezugsgrößen für die Zuordnung der mengenunabhängigen Prozesskosten dienen.
- Festlegung von Verantwortlichen für Geschäfts- und Teilprozesse.
- Festlegung der geplanten Leistungsmengen (Anzahl Transaktionen im Planungszeitraum) pro Teilprozess, Prozessschritt oder gegebenenfalls Arbeitsschritt.
- Erfassung der Ist-Leistungsmengen je Geschäfts- und Teilprozess im Rahmen des laufenden Prozesscontrollings.
- Laufende Messung des Ressourcenverbrauchs.
- Prozessberichtswesen mit Ausweis von Soll und Ist der Prozesskosten zusammen mit Prozesszeit, Termintreue und Prozessqualität.
- Laufende Optimierung der Geschäftsprozesse im Rahmen der kontinuierlichen Prozessverbesserung.

Die Vorteile der prozessorientierten Prozesskostenrechnung sind (vgl. Knuppertz/Feddern 2011, S. 146 f.):

- Der Anteil der pauschal umzulegenden Gemeinkosten wird deutlich reduziert, da die meisten Kosten direkt über den Ressourcenverbrauch den Teilprozessen, Prozessschritten, Aktivitäten sowie Prozessleistungen und -ergebnissen zugeordnet werden können. Dadurch entfallen weitgehend die Proportionalisierungsprobleme der funktionsorientierten Prozesskostenrechnung.

- Die Ermittlung der Prozesskosten erfolgt verursachungsgerechter und die Verrechnung von Leistungen aufwandsgerechter.
- Es wird eine höhere Transparenz der Kostenentwicklung in den Prozessen hergestellt.
- Die Ergebnis- und Abweichungsanalysen für Produkt- und/oder Kundenerfolgsrechnungen sind aussagefähiger.
- Die Aufwendungen für die prozessorientierte Prozesskostenrechnung sind deutlich geringer als in der herkömmlichen funktionsorientierten Prozesskostenrechnung.

Den Ablauf der funktionsorientierten und prozessorientierten Prozesskostenrechnung beschreiben detailliert: Knuppertz 2009, S. 299 ff.; Ahlrichs/Knuppertz 2010, S. 126 ff.; Fischermanns 2012, S. 261 ff.; Gaitanides 2012, S. 221 ff.

In einer prozessorientierten Aufbauorganisation umfasst die Prozesskostenrechnung alle Geschäftsprozesse. Sie stellt keine Ergänzung des traditionellen Kostenrechnungssystems dar, sondern ersetzt dieses durch eine vollständig prozessorientierte Kostenrechnung (siehe Abbildung 6.20).

Organisationsform / Merkmale	funktionsorientierte Organisation	prozessorientierte Organisation
Umfang des Einsatzes	selektiv	umfassend
berücksichtigte Prozesse	Gemeinkostenprozesse (Unterstützungsprozesse)	alle Geschäftsprozesse
Aufgabe im Rahmen der Kostenrechnung	Ergänzung der (Plan-)Kostenrechnung	eigenständiges Kostenrechnungssystem
primäre betriebswirtschaftliche Ziele	Verbesserung der Produktkalkulation	Prozesssteuerung, Bewertung der Prozessleistungen

Abb. 6.20 Vergleich der funktionsorientierten und prozessorientierten Prozesskostenrechnung (vgl. Ahlrichs/Knuppertz 2010, S. 132)

Prozesskosten sollten in Geschäftsprozessen nur in Kombination mit nicht finanziellen Prozesszielen und Prozesskennzahlen erfasst werden. Eine isolierte Anwendung der Prozesskosten hat folgende Nachteile:

- Kosten beruhen auf verdichteten Daten, die keine direkten Hinweise auf die Ursachen von Ineffektivität und Ineffizienz in Geschäftsprozessen geben.
- Probleme bei der Erfassung und Zuordnung der Kosten schränken ihre Aussagekraft ein.
- Kosten stellen für Prozessmitarbeiter eine abstrakte Größe dar, die keinen unmittelbaren Einblick in den operativen Prozessablauf und die Abwicklung der Prozessaufgaben gewährt. Sie sind deshalb zur Selbststeuerung nur bedingt geeignet.

6.4.8 Planung des Messsystems

„Während der Gedanke des Messens einfach erscheint, haben wir durchweg gesehen, dass die Unternehmen auf drei Hindernisse stoßen, wenn sie zu messen versuchen. Das erste Hindernis ist, zu wissen, was man überhaupt messen soll. Das zweite Hindernis ist, zu wissen, wie man messen soll. Das dritte (und wahrscheinlich gewaltigste) Hindernis ist, die Zusage der Leitung zu gewinnen, den richtigen Messungen nachzugehen“ (Harry/Schroeder 2000, S. 139 f.).

Die laufende Messung und Kontrolle der Zielerreichung setzt die Konzeption und Implementierung eines **Messsystems** voraus. Dieses umfasst die Festlegung von:

- Messobjekten: An welchem Objekt wird gemessen?
- Messgrößen: Über welche Prozesskennzahlen werden die Prozessziele gemessen?
- Messpunkten: Wo wird gemessen?
- Messzeitpunkten: Wann wird gemessen?
- Messzyklen: Wie häufig wird gemessen?
- Messverantwortung: Wer ist für die Messung verantwortlich?
- Messmethoden und -tools: Nach welcher Methode und mit welchen Werkzeugen wird gemessen (z. B. einfache Tools wie Excel oder Process-Performance-Management-Systeme)?
- Datenanforderungen: Welche Datenquellen und -strukturen benötigt das Messsystem?
- Empfängern der Messergebnisse: Wer erhält die Messergebnisse?

Um die Messgrundlagen, -methoden und -techniken in den Geschäftsprozessen zu vereinheitlichen, sollten vom zentralen Controlling in Abstimmung mit der IT Rahmenrichtlinien vorgegeben werden. Die Vereinheitlichung ist aus Gründen der Wirtschaftlichkeit und Vergleichbarkeit anzustreben. Ein wichtiger wirtschaftlicher Aspekt sind die automatische Extrahierung der Messdaten aus IT-Anwendungssystemen sowie die Auswertung und Aufbereitung der Daten mithilfe der IT (vgl. Process-Performance-Management-System in Kapitel 6.6.3). Verantwortlich für die prozessspezifische Festlegung des Messsystems und die Durchführung der Messungen ist der Geschäftsprozessverantwortliche. Bei der Konzeption und Durchführung stützt er sich auf das zentrale Prozesscontrolling und das Prozessteam ab.

Die Wirksamkeit des Messsystems ist jährlich zu überprüfen, da sich die Rahmenbedingungen ändern können.

6.4.9 Dokumentation der Prozessziele und Prozesskennzahlen

Die Ergebnisse der Prozessplanung sind bezogen auf Prozessziele und Prozesskennzahlen für jeden Geschäftsprozess zu dokumentieren (siehe Abbildung 6.21). Die Zielwerte werden mindestens einmal jährlich im Rahmen der operativen Geschäftsplanung festgelegt. Gleichzeitig ist zu überprüfen, ob die bisherigen Prozessziele und Prozesskennzahlen weiterhin den Anforderungen gerecht werden (vgl. Gleich 2011, S. 312 f.). Gründe für die Anpassung von Prozesskennzahlen können sein:

- Änderungen der Prozessziele,
- Änderungen der IT-Unterstützung wie Prozessautomatisierung,

- Änderungen der Organisation,
- Änderungen des Informationsbedarfs der Empfänger,
- unzureichende Transparenz über die Prozessperformance,
- fehlende Aktualität, Eindeutigkeit, Relevanz, Akzeptanz, Beeinflussbarkeit und Wirtschaftlichkeit der Messergebnisse,
- unzureichende Resonanz auf Messergebnisse,
- geringes Interesse der Führung an Prozessmessungen.

Geschäftsprozess / Teilprozess:		Verantwortlicher:	
Prozessziel	Definition Prozesskennzahl	Berechnung Prozesskennzahl	Zielwert
Kundenzufriedenheit	• Prozess-KZI (Kundenzufriedenheitsindex) • Net Promoter Score (NPS)	• Prozess-KZI: multiattributive Messung • NPS = Promotoren (%) – Kritiker (%)	
Prozesszeit	Durchlaufzeit (DLZ): Zeitaufwand für die Bearbeitung von Transaktionen	$DLZ = \frac{\sum \text{(Endtermin – Beginntermin) abgeschlossener Transaktionen}}{\sum \text{abgeschlossener Transaktionen}} \times 100$	
Termintreue	Termintreue (TT): Anteil abgeschlossener Transaktionen ohne Terminabweichung	$TT\ (\%) = \frac{\sum \text{abgeschlossener Transaktionen ohne Terminabweichung}}{\sum \text{abgeschlossener Transaktionen}} \times 100$	
Prozessqualität	First Pass Yield (FPY): Anteil abgeschlossener Transaktionen ohne Nacharbeit	$FPY\ (\%) = \frac{\sum \text{abgeschlossener Transaktionen ohne Nacharbeit}}{\sum \text{abgeschlossener Transaktionen}} \times 100$	
Prozesskosten	PK = Prozesskosten abgeschlossener Transaktionen	PK = $\sum$ Personalstunden (PH) abgeschlossener Transaktionen x Kosten pro PH	

Abb. 6.21 Dokumentation von Prozesszielen und Prozesskennzahlen

Auch ist zu empfehlen, für jede Kennzahl ein Formblatt auszufüllen (siehe Abbildung 6.15). Darin sind wesentliche Attribute einer Kennzahl enthalten.

6.4.10 Planung der Prozessressourcen und des Prozessbudgets

Die Planung und Kontrolle der Prozessressourcen ist eine weitere Aufgabe des operativen Prozesscontrollings. Die **Ressourcenplanung** zeigt auf, welche Ressourcen die Geschäftsprozesse benötigen, wie z. B. Personalressourcen, Finanzmittel, Betriebsmittel und IT-Applikationen. Die Ressourcenplanung basiert auf den geplanten Prozessmengen (Prozessdurchläufe) in der Planungsperiode (vgl. Knuppertz/Feddern 2011, S. 126 f.).

Die Ergebnisse der Ressourcenplanung bilden die Grundlage für die Festlegung des operativen Prozessbudgets (vgl. Rummler/Brache 1995, S. 57 ff.; Snabe et al. 2009, S. 222 f.; Ahlrichs/Knuppertz 2010, S. 269 f.). Das **Prozessbudget** ist der verbindliche Kostenplan eines Geschäftsprozesses für einen bestimmten Zeitraum. Es weist die Geldmittel aus, die der Geschäftsprozess für seine Ausführungen benötigt. Über das Prozessbudget wird die Allokation der Prozessressourcen gesteuert.

Die **Budgetplanung** ist eng mit der Prozesskostenrechnung verbunden und besteht aus folgenden Schritten. Sie wird für jeden Teilprozess durchgeführt (vgl. Brenner/Mayer 2005, S. 175 ff.; auch Knuppertz 2009, S. 209 ff.):

- Festlegung des Kostenziels für die Bearbeitung eines Prozessobjektes bzw. einer Prozessausführung (Transaktion) in dem Teilprozess.
- Planung der Leistungsmenge (Anzahl der Transaktionen) im Planungszeitraum pro Teilprozess.
- Ermittlung der Soll-Kosten (Budget) durch Multiplikation des für den Planungszeitraum ermittelten Prozesskostensatzes mit der geplanten Leistungsmenge.
- Ermittlung der Nettoplankapazität durch Multiplikation der Soll-Bearbeitungszeit je Transaktion mit der geplanten Leistungsmenge.

Ein **fixes Prozessbudget** schränkt die Flexibilität des Geschäftsprozessmanagements ein. Die Gefahr besteht, dass die Budgetvorgaben das Geschäftsprozessmanagement daran hindern, sich notwendigen Veränderungen seines Umfeldes anzupassen und die Ressourcen so einzusetzen, wie es für das Erreichen einer hohen Kundenzufriedenheit und der Geschäftsziele am besten ist. Eine fixe Budgetvorgabe ist auch nicht notwendig. Die Prozessziele haben einen stärkeren Bezug zu den Geschäftszielen als inflexible Budgetvorgaben.

Für das Geschäftsprozessmanagement sind Budgetansätze wie **Beyond Budgeting** oder Better Budgeting vorteilhafter als fixe Budgetvorgaben. Abbildung 6.22 zeigt die Nähe der Prinzipien des Beyond Budgeting zu wichtigen Gestaltungsmerkmalen des Geschäftsprozessmanagements (vgl. Daum 2003; Pfläging 2007; Schäffer 2012).

Führungsprinzipien	
• Lenkung	Mit klaren Zielen und Werten führen
• Selbständigkeit	Teams Freiräume geben
• Verantwortung	Verantwortung an Teams delegieren
• Organisation	Netzwerk aus selbständig agierenden Teams aufbauen
• Kunden	Alle Mitarbeiter auf Kunden ausrichten
• Transparenz	Informationen offen zugänglich machen
Steuerungsprinzipien	
• Ziele	Relative Ziele für kontinuierliche Verbesserung setzen
• Vergütung	Teamleistung und gemeinsamen Erfolg belohnen
• Planung	Kontinuierlich, integriert und aktionsorientiert planen
• Kontrolle	Über Indikatoren, Trends, Soll-Ist-Vergleiche kontrollieren
• Ressourcen	Ressourcen bedarfsbezogen bereitstellen
• Koordination	Dynamisch horizontal, nicht vertikal koordinieren

Abb. 6.22 Prinzipien des Beyond Budgeting

Die Festlegung von Prozessbudgets und deren Verantwortungsübertragung auf Geschäftsprozessverantwortliche sind in der Praxis heute eher die Ausnahme. „In der Budgetierung schlägt sich das Übergewicht der funktionalen Aufbauorganisation nieder: Ein geringer Anteil von 12 % der befragten Unternehmen richtet seine Kostenstellenstruktur an prozessualen Gesichtspunkten aus, wohingegen nur knapp 3,6 % dies bei der Budgetierung vornehmen" (Picot/Liebert 2011, S. 96; vgl. Liebert 2012, S. 84 f.).

6.5 Operative Prozesskontrolle

6.5.1 Ziele und Aufgaben

Die operative Prozesskontrolle dient unterschiedlichen **Zielen** (vgl. auch Leistert 2006, S. 156 ff.):

- Sicherung der Zielerreichung in Geschäftsprozessen durch frühzeitiges Erkennen und Korrigieren von Zielabweichungen (Handlungsaspekt),
- Steigerung der Effektivität und Effizienz in Geschäftsprozessen durch bessere Beherrschung der Einflussfaktoren (Erfahrungs- und Lernaspekt).

Bei der operativen Prozesskontrolle können zwei **Vorgehensweisen** unterschieden werden (siehe Abbildung 6.23):

- laufende Prozesskontrolle,
- periodische Prozesskontrolle.

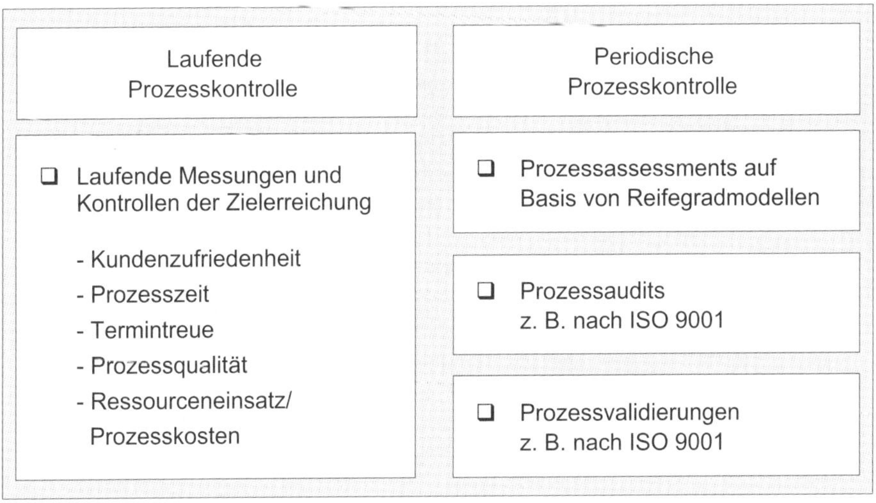

Abb. 6.23 Vorgehensweisen der operativen Prozesskontrolle

In der **laufenden Prozesskontrolle** wird in kurzen Zeitabständen (z. B. wöchentlich oder zweiwöchentlich) die Performance der Geschäftsprozesse gemessen. Den Messungen liegen die Prozesskennzahlen zugrunde, welche die Prozessplanung für die einzelnen Prozessziele festlegt. Es werden Abweichungen zwischen Soll und Ist aufgezeigt und bei Zielabweichungen Korrekturmaßnahmen erarbeitet.

Die **periodische Prozesskontrolle** überprüft die Voraussetzungen und Rahmenbedingungen, welche die Effektivität und Effizienz bzw. Performance der Geschäftsprozesse beeinflussen. Ziel der periodischen Prozesskontrolle ist, strukturelle und methodische Schwachstellen aufzudecken und zu beseitigen. Je höher der Reifegrad von Geschäftsprozessen ist, umso besser sind die Voraussetzungen für eine hohe Prozesseffektivität und -effizienz. ■

Die **Aufgaben der laufenden Prozesskontrolle** sind:

- Messung der Ist-Performance anhand der Prozesskennzahlen in den Geschäftsprozessen,
- Ermittlung von Zielabweichungen durch Vergleich von Zielwerten (Soll) und Messwerten (Ist),
- Beurteilung von Zielabweichungen und Analyse der Abweichungsursachen,
- Erarbeitung von Maßnahmen zur Beseitigung der Abweichungsursachen und Korrektur der Zielabweichungen,
- Kontrolle der Wirkung durchgeführter Korrektur- und Verbesserungsmaßnahmen,
- Gewinnung von Erfahrungsdaten.

Bekannte **Methoden der periodischen Prozesskontrolle** sind:

- Prozessassessments (Selbstbewertung),
- Prozessaudits und
- Prozessvalidierungen.

Periodische Prozessbeurteilungen und laufende Performancekontrollen ergänzen sich. Bei Einführung des Geschäftsprozessmanagements liegt der Schwerpunkt auf periodischen Prozesskontrollen, insbesondere auf Prozessassessments. Mit zunehmender Reife der Geschäftsprozesse etabliert sich die laufende Prozesskontrolle (vgl. Kapitel 12.3). Dann treten periodische Prozesskontrollen zunehmend in den Hintergrund, es sei denn, dass normative Regelungen sie fordern, wie z. B. bei Prozessaudits und Prozessvalidierungen. Im fortgeschrittenen Stadium ermöglicht die laufende Prozesskontrolle differenzierte Prozessanalysen, deren Ergebnisse gezielte Hinweise auf Schwachstellen und Optimierungsmöglichkeiten geben.

Die Inhalte der operativen Prozesskontrolle sind in dem Prozessschritt „Prozess kontrollieren" mit Angabe folgender Attribute festzulegen: Gegenstand, Anstoß, Inputs, Lieferanten, Outputs, Empfänger, Ablauf (Arbeitsschritte), Zyklus, Methoden, Instrumente, IT-Unterstützung und Verantwortlicher. Der Prozessschritt „Prozess kontrollieren" wird zusammen mit den Prozessschritten „Prozess planen", „Prozess messen" und „Prozessinformationen bereitstellen" dem Teilprozess „Prozesscontrolling durchführen" zugeordnet, der in jeden Geschäftsprozess zu integrieren ist.

6.5.2 Laufende Prozesskontrolle über Performancemessungen

Performancemessungen sind Voraussetzung für die Optimierung von Geschäftsprozessen. Sie bilden ferner die Basis für Leistungsbewertungen der Prozessverantwortlichen und -mitarbeiter sowie für Vergütungs- und Leistungsanreizsysteme im Geschäftsprozessmanagement (vgl. Komus 2011, S. 24; Wilhelm 2007, S. 83; Liebert 2012, S. 96 f.).

Für jeden Geschäftsprozess ist der **Messzyklus** festzulegen, d. h., wie häufig (z. B. täglich, wöchentlich, monatlich, quartalsweise) gemessen werden soll. Einflussfaktoren darauf sind:

- Priorität und Dimension (Zielinhalt, -ausmaß und -termin) der Prozessziele,
- Informationsbedarf der Entscheidungsträger,
- Durchlaufzeit der Bearbeitungsobjekte,
- Verfügbarkeit der Messdaten (prozessinterne oder prozessexterne Daten),
- Messverfahren z. B. Automatisierung der Messung,
- IT-Unterstützung der Messung und Auswertung,
- Wirtschaftlichkeit (Nutzen und Kosten) der Messung,
- normative Anforderungen.

ISO 9004:2009 gibt folgende **Anleitungen für Performancemessungen** (vgl. ISO 9004:2009, Kapitel 8.5; vgl. auch Wilhelm 2007, S. 81 f.; Beims 2012, S. 45 ff.; Ahlrichs/Knuppertz 2010, S. 278 ff.; Fischermanns 2012, S. 379 ff.):

- Die Messungen sollten in geplanten und regelmäßigen Zeitabständen durchgeführt werden, um das Aufzeigen von Tendenzen wie auch die Bestimmung des Fortschritts zu ermöglichen.
- Die Messergebnisse sollten dazu verwendet werden, die Möglichkeiten von Verbesserungen und Innovationen zu ermitteln.
- Die Messungen sollten zur Beurteilung und Evaluierung von zuvor durchgeführten Verbesserungsmaßnahmen herangezogen werden.

Die **Messwerte von Geschäftsprozessen** werden durch die Akkumulation der Messwerte der einzelnen Messstrecken gewonnen. Sie werden wie folgt ermittelt:

- Prozesszeit (PZ):

  $PZ_{Gesamtprozess}$ = Summe der PZ der Messstrecken
- Rolled Throughput Yield (RTY):

  $RTY_{Gesamtprozess}$ = Multiplikation der RTY der Messstrecken
- Termintreue (TT):

  $TT_{Gesamtprozess}$ = Multiplikation der TT der Messstrecken
- Prozesskosten (PK):

  $PK_{Gesamtprozess}$ = Summe der PK der Messstrecken
- Kundenzufriedenheit (KZ):

  $KZ_{Gesamtprozess}$ = gewichteter Durchschnitt der Einzelmessungen oder Ergebnis der Kundenzufriedenheitsmessung

Die Messung der Kundenzufriedenheit bezieht sich entweder auf den Gesamtprozess oder auf ausgewählte Teilprozesse. Da es weder sinnvoll noch wirtschaftlich ist, in allen Teilprozessen die Kundenzufriedenheit zu messen, findet hier keine Akkumulation bzw. Multiplikation der Teilprozessmessungen statt.

Nicht selten werden zu Beginn von Performancemessungen auf einzelnen Messstrecken Werte von 0 % für First Pass Yield und Termintreue ermittelt. Eine Multiplikation der Einzelwerte führt hier nicht weiter. Deshalb sollten am Anfang die Werte für First Pass Yield und Termintreue aus den Mittelwerten der Einzelmessungen der Messstrecken errechnet werden. Die „schärfere" Regel ist die Multiplikation. Ihre Anwendung ist jedoch erst sinnvoll, wenn das Termin- und Qualitätsniveau aller Messstrecken auf einem Niveau größer 50 % liegt. Bis zu diesem Zeitpunkt sind die Messergebnisse auf einem speziellen Berichtsblatt auszuweisen, um Transparenz über die jeweilige Situation und die erreichten Verbesserungen in den einzelnen Teilprozessen herzustellen.

Prozesszeiten, Termintreue und Prozessqualität sollten wöchentlich oder zweiwöchentlich gemessen werden. Prozesskosten werden dagegen in größeren Zeitabständen erfasst. Ausschlaggebend für die Messperioden der Prozesskosten sind Erfassungsaufwand und Entscheidungsrelevanz der Kosten.

Das Messintervall bei der Kundenzufriedenheit bestimmt die angewendete Methode. Werden indirekte Messgrößen herangezogen, wie z. B. Anzahl von Kundenreklamationen, Liefertreue, Anteil von „dead on arrival"-Lieferungen oder Anzahl von Gewährleistungsfällen, sind monatliche Messungen zu empfehlen. Bei direkten Kundenbefragungen liegt die Anzahl der Messungen bei ein oder zwei pro Jahr. Die Frequenz ist höher, wenn Kundenbefragungen an bestimmte Ereignisse wie z. B. Produktauslieferungen, Installationen oder Projektabschlüsse geknüpft werden. Bei internen Kunden sollten Messungen monatlich oder quartalsweise vorgenommen werden, da hier die Zahl der Leistungsübergaben deutlich höher ist.

Je kürzer die Messintervalle sind, umso schneller kann auf Abweichungen reagiert werden und umso intensiver sind die Lerneffekte. Deshalb sollte angestrebt werden, möglichst häufig zu messen und Abweichungskontrollen durchzuführen. Setzen die Kontrollen zu spät an, so besteht die Gefahr, dass die verfügbare Zeit für Korrekturen nicht mehr ausreicht. Der Aktualität der Messergebnisse ist ein größeres Gewicht als der Genauigkeit einzuräumen. ■

Wichtige Messpunkte sind die Übergänge zwischen Teilprozessen oder Prozessschritten, in denen die Ergebnisse eines vorangehenden Teilprozesses/Prozessschrittes als Input an den nachfolgenden Teilprozess/Prozessschritt weitergegeben werden. Die Übergänge werden auch als Quality Gates definiert. **Process Quality Gates** sind eine Weiterentwicklung der Meilensteintechnik im Projektmanagement. Im Prozessmanagement dienen Quality Gates dazu, die Qualität und Vollständigkeit der Prozessergebnisse während des Prozessablaufs zu bewerten (vgl. Naujoks/Gogoll 2006, S. 28 ff.). Ziel ist es, möglichst früh Hinweise auf Abweichungen zu erhalten, um gegensteuern zu können. Wichtig bei Process Quality Gates sind klare Zielvorgaben für Teilergebnisse, die regelmäßige Abstimmung der Teilergebnisse zwischen prozessinternen Kunden und Lieferanten anhand eines Bewertungssystems sowie die Behebung der Ursachen bei Abweichungen von den Zielvorgaben. Der Teilprozessverantwortliche bzw. Prozessschrittverantwortliche des Folgeprozesses nimmt die Prozessergebnisse des Vorgängerprozesses ab. Die Abnahmebedingungen sollten zusammen mit den Messobjekten sowie Ziel- und Messgrößen in Leistungsvereinbarungen festgelegt werden.

Die Aussagekraft der laufenden Performancekontrolle steht und fällt mit der richtigen Festlegung des Zielausmaßes, d. h. den quantifizierten Zielwerten sowie der Regelmäßigkeit der Messungen. Besteht Unsicherheit über die Zielwerte, sind die Prozessziele selbst zum Gegenstand der Kontrolle zu machen (Zielkontrolle). Diese Situation ist bei Einführung von Geschäftsprozessen häufig anzutreffen. Hier ist zunächst von groben Zielwerten auszugehen, die dann schrittweise präzisiert werden. Die Notwendigkeit von Zielwertkorrekturen kann auch durch unvorhersehbare Störungen des Prozessablaufs oder durch Veränderungen der Planungsprämissen ausgelöst werden. ■

Auch die Prozesskennzahlen sind z. B. jährlich einer Kontrolle zu unterziehen. Hierbei sind folgende Fragen zu klären:

- Ist der Bezug der Kennzahl zu dem Prozessziel ausreichend?
- Wer erhält die Messergebnisse der Kennzahl?
- Arbeiten die Empfänger aktiv mit den Messergebnissen der Kennzahl?
- Werden die Messergebnisse regelmäßig mit den Zielwerten verglichen?
- Sind die Vergleiche Auslöser für Korrektur- und Verbesserungsmaßnahmen?
- Wie wird die Aussagekraft der Messergebnisse von den Empfängern beurteilt?
- Welche Priorität ordnen die Empfänger den Kennzahlen zu?
- Sind die Messergebnisse aus Sicht der Empfänger ausreichend aktuell?
- Ist der Messaufwand im Hinblick auf den Nutzen gerechtfertigt?
- Lässt sich der Messaufwand reduzieren?
- Kann auf die Kennzahl verzichtet werden?
- Wird eine zusätzliche Kennzahl gefordert?
- Gibt es bessere Kennzahlalternativen?

Die Messung von Prozesskennzahlen und ihre Auswertung unterstützt die IT. Abbildung 6.24 zeigt, welche IT-Systeme in der Praxis für die Messung von Prozesskennzahlen und ihre Auswertung am häufigsten eingesetzt werden.[8] Die **IT-Unterstützung** beschleunigt nicht nur die Prozessmessungen, sondern erhöht auch die Verlässlichkeit der Daten und erweitert die Aggregations- und Auswertungsmöglichkeiten. Überwiegend werden Prozesskennzahlen in der Praxis halb automatisch mit Unterstützung von IT-Systemen (61 %) oder automatisch durch integrierte IT-Systeme (30 %) erhoben (vgl. PwC 2011a, S. 31).

In automatisierten Prozessen kommen Process Monitoring und Business Activity Monitoring zur Anwendung. Als **Process Monitoring** wird die laufende Messung der Ist-Performance sowie die Aufbereitung der Messdaten mithilfe von GPM-Tools bezeichnet. Process Monitoring besteht aus einer Mess- und Verarbeitungskomponente. Die Messkomponente erfasst die Daten im aktuellen Prozess, und die Verarbeitungskomponente errechnet aus den Messergebnissen Indikatoren zur Beurteilung der Prozessperformance. Process Monitoring ermöglicht es, neben den Performancekennzahlen auch organisatorische und technische Prozessstrukturkennzahlen zu erfassen, wie z. B. eingesetzte Ressourcen (Personalkapazität, Applikationen, Rechner, Netzwerk, technisches Equipment), Ressourcenauslastung, Ressour-

[8] Vgl. zu Business-Intelligence-Systemen bzw. Process-Performance-Management-Systemen Kapitel 6.6.3.

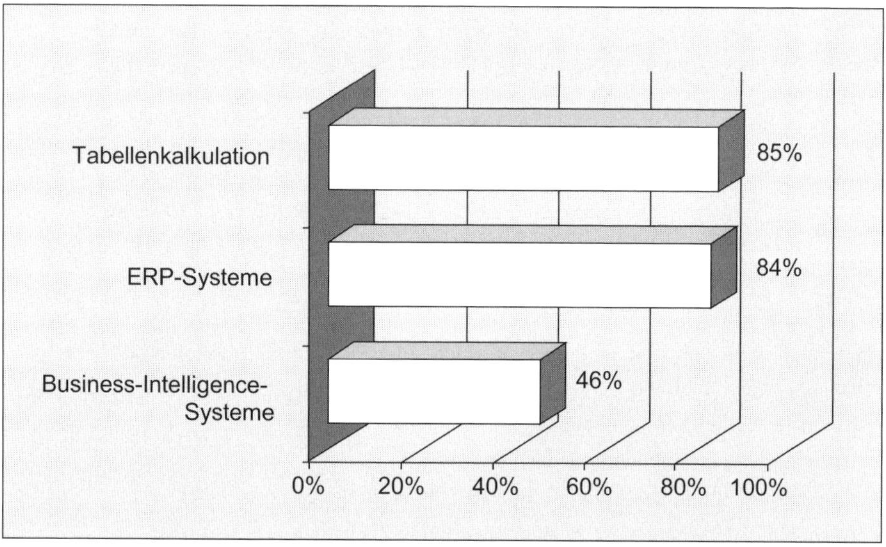

Abb. 6.24 IT-Unterstützung der Erfassung und Auswertung von Prozesskennzahlen in der Praxis (PwC 2011a, S. 30)

cenengpässe, Lastverteilung (vgl. Fleischmann et al. 2011, S. 260f.; Ahlrichs/Knuppertz 2010, S. 164ff.). Werden die Messdaten für das Process Monitoring in Echtzeit oder „near real-time" erfasst, aufbereitet und gespeichert, wird von **Business Activity Monitoring (BAM)** gesprochen (vgl. Jost 2008, S. 58; Stähler et al. 2009, S. 225ff.; Mühlen/Shapiro 2010, S. 149f.; Fleischmann et al. 2011, S. 263ff.; Bergsmann 2012, S. 230ff.).

Bei der Einführung von Prozessmessungen können folgende Praxiserfahrungen helfen, Fehler zu vermeiden:

- Die Messung von Prozesszeit, Termintreue und Prozessqualität (First Pass Yield) ist einfacher und weniger aufwendig als die von Prozesskosten und Kundenzufriedenheit. Deshalb sollte zunächst mit der Messung der ersten drei Prozesskennzahlen begonnen werden.
- Die Einführung der Prozessmessung sollte nicht durch fehlende oder unzureichende Softwareunterstützung aufgeschoben werden. Prozesszeit, Termintreue und Prozessqualität (First Pass Yield) können zunächst auch ohne Softwareunterstützung gemessen werden, bis sich eine geeignete IT-Unterstützung anbietet.
- Großer Wert ist auf Regelmäßigkeit der Prozessmessungen und deren grafische Auswertung in Prozessberichten zu legen. „Erst mit dauerhaften Messungen der Prozessperformance wird ein dauerhaftes Managen der Prozesse etabliert" (Bergsmann 2012, S. 250).
- Nur über eine Festlegung und Dokumentation des Messsystems sowie Ernennung von Messverantwortlichen werden Konsistenz und Kontinuität der Prozessmessungen gewährleistet.
- Prozessmessungen erfüllen nur dann ihren Zweck, wenn ihre Ergebnisse und Zielabweichungen in den Prozess- und Managementteams analysiert und als Basis für Prozessverbesserungen genutzt werden.

6.5.3 Periodische Prozesskontrolle

6.5.3.1 Prozessassessment (Selbstbewertung von Geschäftsprozessen)

Prozessassessments haben die Aufgabe, die Reife einzelner Geschäftsprozesse und des gesamten Geschäftsprozessmanagementsystems in einer Organisation zu bewerten (vgl. auch Fischermanns 2012, S. 416ff.). Ihr Ziel ist es, Stärken und Schwächen der Geschäftsprozesse bzw. des Geschäftsprozessmanagementsystems bezogen auf Konzept und Umsetzung festzustellen und über gezielte Maßnahmen deren Leistungsfähigkeit zu verbessern. Üblicherweise werden Prozessassessments als **Selbstbewertungen** von einem Team vorgenommen. „Die Selbstbewertung ist eine umfassende und systematische Bewertung der Tätigkeiten der Organisation und ihrer Leistung in Bezug auf den Reifegrad" (ISO 9004:2009, Abschnitt 8.3.4).

Die in Prozessassessments ermittelte **Prozessreife** gibt Auskunft über den Entwicklungsstand und das Entwicklungspotenzial der Geschäftsprozesse bzw. des Geschäftsprozessmanagementsystems. Folgende Fragen werden beantwortet:

- Wie breit wird Geschäftsprozessmanagement in einer Organisation angewendet?
- Wie vollständig ist Geschäftsprozessmanagement in einer Organisation umgesetzt?
- Inwieweit erfüllen Geschäftsprozesse und Geschäftsprozessmanagementsystem die Voraussetzungen für eine hohe Leistungsfähigkeit und das Erreichen der Geschäftsziele?

Kapitel 7 geht näher auf Prozessassessments und Prozessreifegradmodelle ein, die als Vergleichs- und Bewertungsbasis dienen.

6.5.3.2 Prozessaudit

In **Prozessaudits** wird die Erfüllung der von der Organisation festgelegten Prozessanforderungen und/oder die Übereinstimmung mit Normvorschriften, wie z. B. ISO 14001, ISO 9001, ISO 13485, VDA 6.7, CFR (Code of Federal Regulations) oder MDD (Medical Device Directive) kontrolliert (vgl. auch Wagner/Käfer 2008, S. 295ff.; ISO 9004:2009, Abschnitt 8.3.3; Ahlrichs/Knuppertz 2010, S. 297ff.). Es wird überprüft, ob die Anforderungen wirksam umgesetzt bzw. die Normvorschriften eingehalten werden (Konformität). Prozessaudits dienen als Hilfsmittel zur unabhängigen Prozessbewertung. Sie haben wie auch Prozessassessments nur dann Wirkung, wenn die Leitung auf die Ergebnisse reagiert und daraus Verbesserungsmaßnahmen ableitet.

ISO 9001 stellt folgende **Anforderungen** an Qualitätsaudits, die auch für Prozessaudits gelten (vgl. ISO 9001:2008, Abschnitt 8.2.2):

- Die Organisation muss in geplanten Abständen interne Audits durchführen.
- Ein Auditprogramm muss geplant werden, wobei Status und Bedeutung der zu auditierenden Prozesse sowie die Ergebnisse früherer Audits zu berücksichtigen sind.
- Die Auditkriterien, der Auditumfang und die Auditmethoden sind festzulegen.
- Die Auswahl der Auditoren und die Durchführung der Audits müssen Objektivität und Unparteilichkeit des Auditprozesses sicherstellen.
- Die Verantwortungen und Anforderungen zur Planung und Durchführung von Audits sowie zur Führung von Auditaufzeichnungen sind in einem dokumentierten Verfahren festzulegen.

- Die für den auditierten Bereich verantwortliche Leitung muss sicherstellen, dass alle notwendigen Korrekturen und Korrekturmaßnahmen ohne ungerechtfertigte Verzögerung zur Beseitigung erkannter Fehler und ihrer Ursachen ergriffen werden.

Ausführlich geht die Norm VDA 6.7 auf Prozessaudits ein, in der die Automobilindustrie Richtlinien für die Durchführung von Prozessaudits bei Einzelproduktion und Werkstattfertigung aufgestellt hat. Der **Ablauf von Prozessaudits** umfasst in VDA 6.7 die Schritte (vgl. VDA 6.7, 2005):

- Vorbereitung und Dokumentation,
- Durchführung,
- Bewertung,
- Abschlussgespräch,
- Auditbericht,
- Maßnahmenplan,
- Maßnahmendurchführung,
- Wirksamkeitsprüfung.

Jeder Prozess wird nach folgenden sechs Prozessmerkmalen bewertet:

- Output/Ergebnis/Zielerreichung,
- Input/Vorgaben/Eingaben,
- Regelung/Methoden/Verfahren/Durchführung,
- personelle Ressourcen,
- materielle Ressourcen,
- Wirkungsgrad.

Prozessaudits werden zumeist als interne Audits von der Organisation selbst durchgeführt, da das Ziel vorrangig die Ermittlung von Schwachstellen und deren Behebung ist. Externe Prozessaudits kommen zur Anwendung, wenn das Qualitätsmanagementsystem zum Zwecke der Zertifizierung überprüft wird oder Lieferantenaudits von Kunden durchgeführt werden.

6.5.3.3 Unterschiede zwischen Prozessaudit und Prozessassessment

Im Rahmen von Prozessassessments werden die Effektivität und Effizienz des Geschäftsprozessmanagements bewertet. Prozessaudits geben dagegen Auskunft darüber, ob die Geschäftsprozesse die an sie gestellten Anforderungen erfüllen. Ein Prozessassessment bewertet das „Wie" und ein Prozessaudit lediglich das „Ob". Bei Prozessassessments leiten sich die Anforderungen aus den Gestaltungsregeln des Geschäftsprozessmanagements ab, bei Prozessaudits aus den unternehmensspezifischen Vorgaben des Qualitätsmanagementsystems bzw. aus Normvorschriften.

Prozessassessments gehen von einem Bewertungsmodell des Geschäftsprozessmanagements (Reifegradmodell) aus, in dem die einzelnen Komponenten nach ihrer Wirkung auf die Effektivität und Effizienz gewichtet werden. Ein derartiges Konzept liegt Prozessaudits nicht zugrunde. In **Prozessaudits** wird vielmehr überprüft, inwieweit die von der Norm bzw. von der Organisation festgelegten Anforderungen erfüllt sind. Die Normanforderungen spiegeln jedoch kein umfassendes und integriertes Konzept des Geschäftsprozessmanagements wider. Deshalb ist die Gefahr gegeben, dass in Prozessaudits nicht alle wichtigen Aspekte und Komponenten des Geschäftsprozessmanagements überprüft und richtig gewichtet werden. Ein positiv abgeschlossenes Prozessaudit sagt wenig über die Reife des Geschäftsprozessmanagements aus. Inhaltlich ist Prozessassessments der Vorzug zu geben, da sie Geschäftsprozesse umfassender beurteilen und deswegen ihre Verbesserungsempfehlungen wirksamer sind.

Hinzu kommt, dass die **Auditoren** in Prozessaudits zumeist Normexperten, aber keine Prozessexperten sind. Dies kann zur Folge haben, dass das für die Prozessbeurteilung notwendige Konzept- und Erfahrungswissen unzureichend ist. Diese Gefahr ist bei Prozessassessments geringer, da sich diese auf Prozessexperten abstützen.

Unterschiedlich ist ferner der **Aufwand**. Dieser ist bei Prozessassessments geringer als bei Prozessaudits. Dabei wird davon ausgegangen, dass in beiden Fällen die Durchführung sorgfältig geplant wird und die notwendigen Hilfsmittel und Ressourcen zur Verfügung stehen.

Bei der Durchführung von Prozessaudits sind die generellen Anforderungen an Qualitätsaudits, wie sie z. B. in der ISO 9001:2008 und ISO 10011-1:1990 hinterlegt sind, zu beachten. Für Prozessassessments werden dagegen unterschiedliche Reifegradmodelle herangezogen, die je nach Situation ausgewählt und angepasst werden. Prozessassessments stellen ein internes Verbesserungsinstrument der Organisation dar, während Prozessaudits in Verbindung mit der Zertifizierung auch externe Bedeutung haben.

Die Verbindung zwischen Prozessassessments und Qualitätsmanagement lässt sich dadurch herstellen, dass die auf dem Reifegradmodell basierenden Bewertungskriterien als Anforderungen in das Qualitätsmanagementhandbuch aufgenommen werden und das Assessmentvorgehen als Vorschrift ausgewiesen wird. Auf diesem Wege können Prozessaudits durch die aussagefähigeren Prozessassessments abgelöst und Doppelgleisigkeiten vermieden werden.

6.5.3.4 Prozessvalidierung

Validierung definiert ISO 9000:2005 als „Bestätigung durch Bereitstellung eines objektiven Nachweises, dass die Anforderungen für einen spezifischen beabsichtigten Gebrauch oder eine spezifische beabsichtigte Anwendung erfüllt werden" (ISO 9000:2005, Abschnitt 3.8.5). Die **Prozessvalidierung** dient dem Nachweis, dass der Prozess fähig ist, die geplanten Ergebnisse zu erreichen und die vorgegebenen Spezifikationen und Qualitätsmerkmale zu erfüllen (vgl. Fleischmann et al. 2011, S. 176 ff.). Der Nachweis wird von ISO 9001:2008 für „Prozesse der Produktion und Dienstleistungserbringung" gefordert (vgl. ISO 9001:2008, Kapitel 7.5.2).

Im Rahmen der Prozessvalidierung werden die Einflussfaktoren auf den Prozess erfasst, überwacht, bewertet und analysiert. Wenn sich alle Einflussfaktoren in vordefinierten Bereichen bewegen, darf das Prozessergebnis ebenfalls nur in einem vordefinierten Bereich variieren. Während bei der Prozessverifizierung die Prozessergebnisse laufend geprüft werden, stellt die Prozessvalidierung sicher, dass durch die Überwachung der Einflussfaktoren die geforderte Qualität der Prozessergebnisse gewährleistet wird.

Die Prozessvalidierung besteht aus drei **Phasen:**

- Validierungsplan erstellen,
- Tests durchführen, um die Aussagen im Validierungsplan zu verifizieren,
- Prozessvalidierungsbericht erstellen, ein Review des Berichtes durchführen und die Validierung freigeben.

Im **Validierungsplan** sind folgende Punkte zu berücksichtigen:

- Definition des Geschäftsprozesses und seiner Teilprozesse.
- Spezifizierung der Ergebnisse des Prozesses und der Teilprozesse mit den zulässigen Varianzbereichen.
- Definition des Kompetenzprofils der benötigten Personen zur Durchführung des Prozesses.
- Festlegung der Anforderungen an Dokumentation und Standards zur Durchführung des Prozesses.
- Spezifizierung der Hilfsmittel im Prozess (Prüfmittel, Vorrichtungen, Softwaretools, Kalibrierung, Wartung etc.).
- Spezifizierung der Anforderungen (mit Varianzbereich) an die Prozessparameter (Materialien, Versorgungsmedien, Umgebungsmedien, Hilfs- und Betriebsstoffe, Vorrichtungen etc.) sowie Analyse, wie diese Prozessparameter das Prozessergebnis beeinflussen.
- Erstellung der Testpläne zur Untersuchung der Prozessfähigkeit und der Reproduzierbarkeit der Ergebnisse.
- Festlegung der Akzeptanzkriterien für die Ergebnisse der durchgeführten Tests.
- Festlegung der Revalidierungskriterien.
- Festlegung der laufenden Überwachung der Prozessparameter.

Die Vorgaben des Validierungsplans sind in der Testphase zu verifizieren. Zur Durchführung der Prozessvalidierung sollte ein Validierungsteam mit Sachkennern gebildet und ein Validierungsverantwortlicher ernannt werden. Dieser hat die Aufgabe, die Validierungsaktivitäten zu koordinieren, den Validierungsplan, den Validierungsbericht und den validierten Prozess freizugeben sowie zukünftige Revalidierungen anzustoßen.

Validierungen werden zunächst für die Teilprozesse durchgeführt. Im Anschluss daran wird überprüft, ob die Ergebnisse des gesamten Prozesses bei Variation der Teilprozessergebnisse ebenfalls innerhalb der spezifizierten Grenzen liegen.

6.6 Operative Informationsversorgung

6.6.1 Ziele und Aufgaben

Prozessplanung, -messung, -kontrolle, -steuerung und -optimierung basieren auf Informationen. Aufgabe des Prozesscontrollings ist es, eine ausreichende Informationsversorgung sicherzustellen. Es hat dafür Sorge zu tragen, dass die richtigen Prozessinformationen die richtigen Empfänger am richtigen Ort zur richtigen Zeit erreichen.

Die **Informationsversorgung** im Prozesscontrolling beinhaltet die Ermittlung des Informationsbedarfs sowie Beschaffung, Aufbereitung, Speicherung und Bereitstellung der für Management, Prozessverantwortliche, Prozessmitarbeiter und andere Stakeholder relevanten Prozessinformationen. Je besser die Informationsversorgung auf den Informationsbedarf der Empfänger abgestimmt ist, umso höher sind Entscheidungsqualität und Wahrscheinlichkeit, die Geschäftsprozessziele zu erreichen (vgl. Leistert 2006, S. 168 ff. und 177 ff.;

Snabe et al. 2009, S. 187 ff.; Ahlrichs/Knuppertz 2010, S. 148 ff.; Chrissis/Konrad/Shrum 2012, S. 362 ff.).

Den Kern der Informationsversorgung in Geschäftsprozessen bildet das **Prozessberichtswesen (Process Reporting)**. Dieses umfasst Organisation, Aufgaben, Methoden sowie IT-Unterstützung zur Erstellung, Weiterleitung, Bereitstellung und Speicherung von Prozessinformationen in Form von Prozessberichten. Das Prozessberichtswesen ist auf die Zyklen der Zielplanung und Prozessmessung abzustimmen. ■

Die Inhalte der operativen Informationsversorgung sind in dem Prozessschritt „Prozessinformationen bereitstellen" mit Angabe folgender Attribute festzulegen: Gegenstand, Anstoß, Inputs, Lieferanten, Outputs, Empfänger, Ablauf (Arbeitsschritte), Zyklus, Methoden, Instrumente, IT-Unterstützung und Verantwortlicher. Der Prozessschritt „Prozessinformationen bereitstellen" wird zusammen mit den Prozessschritten „Prozess planen", „Prozess messen" und „Prozess kontrollieren" dem Teilprozess „Prozesscontrolling durchführen" zugeordnet, der in jeden Geschäftsprozess zu integrieren ist.

6.6.2 Prozessberichte

Prozessberichte enthalten aggregierte Prozessinformationen, die über Status, Fortschritt und Performance der Prozessausführung Auskunft geben. ■

Wichtige **Merkmale von Prozessberichten** sind (vgl. Gleich 2011, S. 300 ff.):

- Berichtszweck: Prozessplanung, -kontrolle, -steuerung, -optimierung.
- Berichtsgegenstand: gesamtes Geschäftsprozessmanagement (Aggregation aller Geschäftsprozesse), Geschäftsprozesse, Teilprozesse sowie gegebenenfalls Prozessschritte und Prozessaktivitäten.
- Berichtsinhalte: Prozessziele, Prozesskennzahlen, Soll-Werte, Ist-Werte, Zielabweichungen, Vergangenheitsdaten, Trenddaten, Prognosedaten.
- Inhaltsdarstellung: qualitative Daten; quantitative Daten: absolute Werte, relative Werte, akkumulierte Werte.
- Auslöser: Zeitablauf, Ereignis, Informationsbedarf.
- IT-Unterstützung: Business Activity Monitoring (BAM), Event Processing, Process Data Warehouse, Online Analytical Processing (OLAP), Data Mining.
- Darstellungsform: verbal, tabellarisch, grafisch.
- Berichtsform: laufender Bericht, Ausnahmebericht, Standardbericht, individueller Bedarfsbericht.
- Berichtsfrequenz: kontinuierlich, periodisch, ad hoc.
- Berichtsdetaillierung: Detailinformationen, Überblicksinformationen.

An Prozessberichte werden folgende **Anforderungen** gestellt (vgl. Oehler 2006, S. 6 ff.):

- Relevanz: Die bereitgestellten Informationen sollen einen Zweckbezug haben und die Entscheidungsfindung unterstützen.
- Genauigkeit: Die Informationen sollen die Realität unverzerrt widerspiegeln.
- Sprachliche Adäquanz: Die Informationen sollen vom Nutzer verstanden werden.
- Zeitliche Adäquanz: Die Informationen sollen hohe Aktualität aufweisen und zum richtigen Zeitpunkt bereitstehen.
- Mehrdimensionale Sichten: Die Informationen sollten Ereignisse mehrdimensional beleuchten.
- Bereitstellung: Der Nutzer sollte Wahlmöglichkeiten haben, die Informationen zu erhalten (periodischer Bericht, Online-Abfrage, Ad-hoc-Auswertung).
- Flexibilität: Auswahl und Darstellung der Informationen sollten sich an Nutzeranforderungen orientieren.

Nachfolgend werden die drei **Formen der Berichterstattung** in Abbildung 6.25 beschrieben (vgl. Ahlrichs/Knuppertz 2010, S. 151; Fleischmann et al. 2011, S. 265 ff.; Knuppertz/Feddern 2011, S. 129 ff.):

- laufende Berichterstattung,
- periodische Berichterstattung,
- Ad-hoc-Berichterstattung.

Merkmale	Berichts-frequenz	Auslöser	Präsentation	Rolle des Berichts-empfängers
Laufende Berichterstattung	Kontinuierlich	Zeit oder Ereignis	Cockpit, Prozessleitstand auf Basis von Dashboards	Passiv (push)
Standard-berichterstattung	Periodisch	Zeit	Cockpit Charts	Passiv (push)
Ad-hoc-Berichterstattung	Ad hoc	Akuter Informations-bedarf	Situativ	Aktiv (pull)

Abb. 6.25 Formen des Prozessreportings (vgl. Fleischmann et al. 2011, S. 265)

6.6.2.1 Laufende Berichterstattung

Laufende Berichte dienen der permanenten Prozessüberwachung und -steuerung (Event Processing) automatisierter Geschäftsprozesse bzw. Teilprozesse. Die laufende Berichterstattung basiert auf Auswertungen des **Business Activity Monitoring (BAM)** und findet in automatisierten Prozessen Anwendung. Das Workflow-Management-System meldet die Messdaten laufend an das BAM. Es werden z. B. folgende Daten übermittelt:

- Anzahl neu gestarteter Transaktionen,
- Anzahl aktiver Transaktionen,

- Bearbeitungszeit aktiver Transaktionen,
- Durchlaufzeit abgeschlossener Transaktionen,
- Durchschnittliche Bearbeitungszeit abgeschlossener Transaktionen,
- Maximale Bearbeitungszeit abgeschlossener Transaktionen,
- Prozessqualität abgeschlossener Transaktionen.

Die Daten werden über **Dashboards** (Prozessleitstände, Cockpits) mit übersichtlichen und schnell erfassbaren Anzeigen (Tachometer, Ampeln, Kontrollleuchten) dargestellt. Die Einsatzgebiete von **Leitständen** in automatisierten Prozessen sind:

- Beobachten des Prozessverlaufes,
- Kontrolle der Einhaltung von Soll-Vorgaben des Prozesses,
- Analysieren von Abweichungen außerhalb der vorgegebenen Toleranzgrenzen,
- Vorhersage von wichtigen Kenngrößen zur effizienteren Steuerung des Prozesses.

Der Leitstand visualisiert den Prozessfortschritt, zeigt laufend die Soll- und Ist-Daten auf und informiert den Prozessüberwacher bei signifikanten Soll-Abweichungen.

6.6.2.2 Periodische Berichterstattung

Für die periodische Berichterstattung werden zumeist standardisierte **Prozessberichte** verwendet. Sie geben Auskunft über das Erreichen der Prozessziele sowie Stand und Entwicklung der Prozessperformance (vgl. Wagner/Patzak 2007, S. 186 ff.; Ahlrichs/Knuppertz 2010, S. 150 ff.; Atzert 2011, S. 290 ff.; Fischermanns 2012, S. 405 ff.). Die Erstellungstermine hängen von den Messzyklen der Prozesskennzahlen ab (z. B. wöchentlich oder zweiwöchentlich).

Prozessberichte sind auf den Informationsbedarf der Nutzer/Empfänger zuzuschneiden. Die Prozessinformationen werden adressatenabhängig verdichtet und visualisiert (z. B. Ampel-, Tachometer- oder Thermometerdarstellung). Prozessberichte können in Papierform veröffentlicht, als elektronisches Dokument per Intranet zugestellt, über ein einheitliches User Interface (Prozessportal) bereitgestellt oder auf einer Prozessinfotafel dargestellt werden. Im Regelfall wird für jeden Geschäftsprozess ein Bericht erstellt. Es empfiehlt sich, für kritische Teilprozesse und Prozessschritte ebenfalls Prozessberichte anzufertigen.

Prozessberichte sollten u. a. folgende Fragen beantworten:

- Werden die Prozessziele erreicht?
- Liegen die Abweichungen innerhalb oder außerhalb der Toleranzgrenzen?
- Verläuft die Prozessperformance stabil?
- Ist der Performancetrend positiv oder negativ?
- Nimmt die Streuung der Performance um den Mittelwert zu oder ab?
- Weist der Prozess ein ungewöhnliches Performanceverhalten auf (Ausreißer)?

Prozessberichte sind wichtige **Informationsquellen für** (Voormanns 2008, S. 55; Slama/Nelius 2011, S. 198 ff.; Fleischmann et al. 2011, S. 265 ff.):

- Prozesssteuerung,
- Prozessverbesserungen, z. B. im Rahmen von TCT, Kaizen oder Six Sigma,
- Balanced Scorecards der Geschäftsprozesse und des Unternehmens,

- Assessments und Reifegradanalysen,
- Auditierungen und Zertifizierungen.

In Prozessberichten sind jeweils die Prozesskennzahlen für die fünf Kernziele Kundenzufriedenheit, Prozessqualität, Prozesszeit, Termintreue und Prozesskosten/Ressourceneinsatz auszuweisen. Für jede Prozesskennzahl werden Ausgangswert, Soll-Wert, Ist-Wert und Trend dargestellt. Als Ausgangswert (Baseline) dient der als Durchschnitt errechnete Messwert des vorhergehenden Messzeitraumes (z. B. Geschäftsjahr). Die Soll-Werte sind durch das Zielausmaß der Prozessziele definiert. Sie enthalten obere und untere Toleranzwerte, die bei Über- bzw. Unterschreitung einen Alarm auslösen. Günstig ist, in den Prozessberichten Abweichungen von den Zielwerten mit Ampelfarben zu veranschaulichen (siehe Prozessrisikobericht in Abbildung 8.9). Die Farbe hängt von der Abweichungshöhe ab: Grün bedeutet geringe, Gelb mittlere und Rot große und kritische Abweichung.

Über **Zeitvergleiche**, z. B. Monats- oder Jahresvergleiche, kann festgestellt werden, wie sich die Prozessperformance über mehrere Perioden entwickelt. Ein positiver Trend signalisiert, dass die durchgeführten Maßnahmen greifen. Ist der Trend positiv, liegen aber Soll und Ist auseinander, sind zusätzliche Maßnahmen einzuleiten. Bei einem negativen Trend sind die Ursachen festzustellen und zu beseitigen. In Summe spiegeln die Prozessberichte der Geschäftsprozesse die Performance der gesamten Organisation wider. Sie zeigen, ob die Organisation die geplanten Ziele erreicht und wie sich ihre Performance entwickelt hat.

Die Prozessberichte stellen das wichtigste **Steuerungsinstrument** für Prozessverantwortliche, Prozessteams und Kaizen-Teams dar. Aus den Berichten erkennen sie, ob die bisherigen Anstrengungen für das Erreichen der Geschäftsprozessziele ausreichend waren oder nicht. Prozessberichte sind ebenso für die Prozessmitarbeiter von großem Interesse. Sie benötigen die Informationen, um sich selbst ein Bild über die Performancesituation ihres Prozesses zu machen und die Wirkungen ihrer Verbesserungsaktivitäten zu erkennen. Prozessberichte sollten deshalb Prozessverantwortlichen, Prozessteams und Kaizen-Teams und allen Prozessmitarbeitern in kurzen Zeitabständen, z. B. wöchentlich, zugänglich gemacht werden. „Ein solches ‚Realtime-Feedback‘ ermöglicht schnelle Reaktionen und verhindert zu späte, nicht ursachengerechte Maßnahmen“ (Gleich 2011, S. 302). Wege zur Bereitstellung der Berichtsinformationen bieten Aushänge, Infotafeln und insbesondere Prozessportale. Für andere Stakeholder reichen längere, z. B. monatliche oder quartalsweise Berichtszyklen mit hoch aggregierten Daten auf Geschäftsprozessebene aus.

Wichtig ist, dass das **Management** die Prozessberichte aktiv für Analysen, Beurteilungen und Entscheidungen nutzt. Bei Desinteresse des Managements sinkt die Motivation der Mitarbeiter, sich für Prozessverbesserungen zu engagieren.

Schädlich ist ebenso, wenn das Management die Prozessberichte als Kontrollinstrument nutzt, um Fehl- und Minderleistungen aufzudecken und zu ahnden. „Es ist zwingend erforderlich, dass das Management die Informationen aus den Messungen und das Performance Management zutreffend verwendet. Es sollte niemals zur Bestrafung eingesetzt werden. Es sollte immer als Mittel zum Coaching, zur Steigerung der Performance und zur Verbesserung der Entscheidungsfähigkeit von Management und Mitarbeitern eingesetzt werden“ (Jeston/Nelis 2008, S. 188).

Abbildung 6.26 zeigt das Beispiel eines Prozessberichts, in dem je Standardprozessziel der Ausgangswert (Baseline), Zielwert sowie Ist-Werte und Trend ausgewiesen werden. Der Bericht wurde mit der BIC-Plattform (BIC = Business Information Center) von arvato systems erstellt.

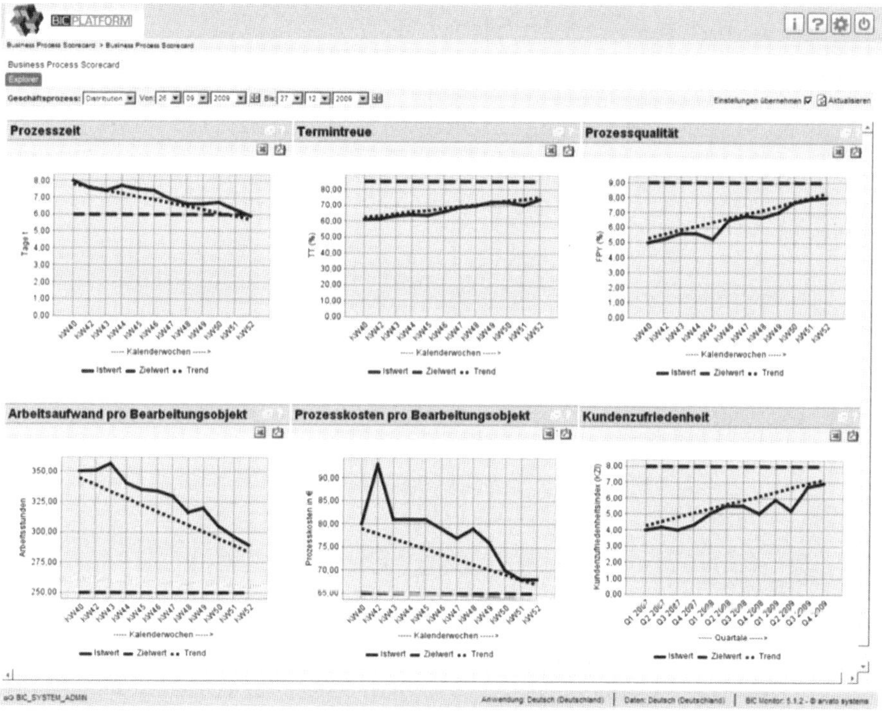

Abb. 6.26 Beispiel eines mit BIC-Monitor erstellten Prozessberichts

Abbildung 6.27 zeigt einen Ausschnitt aus einem Prozessbericht. Er weist für den Geschäftsprozess „Produkt liefern" Ausgangs-, Ist- und Zielwerte für Zykluszeit, First Pass Yield und Termintreue aus. Die Messperiode beträgt in dem Beispiel eine Kalenderwoche. Die Ergebnisse zeigen deutliche Verbesserungen bei Zykluszeit und First Pass Yield. Die Zykluszeit hat sich dem Zielwert genähert und ihre Variation deutlich verringert. Der First Pass Yield nähert sich ebenfalls der Ziellinie. Die Reduzierung der Zielabweichungen lässt auf eine zunehmende Prozessbeherrschung schließen. Unbefriedigend ist der Trend bei der Termintreue. Hier sind noch deutliche Verbesserungen notwendig. Zu klären ist auch, warum sich Zykluszeit und First Pass Yield deutlich verbessert haben, die Termintreue aber nicht.

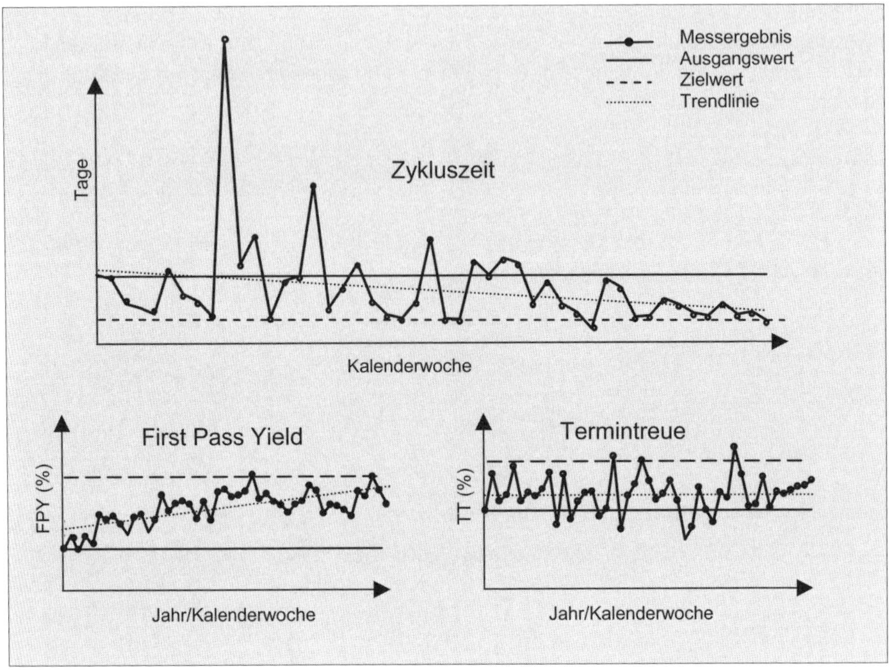

Abb. 6.27 Cockpit Chart (Ausschnitt) eines Geschäftsprozesses „Produkt liefern"

6.6.2.3 Ad-hoc-Berichterstattung

Bei der Ad-hoc-Berichterstattung werden Informationen bzw. Auswertungen bereitgestellt, die einen **fallbezogenen Informationsbedarf** zeitnah und individuell abdecken. Der Nutzer ruft die gewünschten Informationen selbständig ab, wie z. B. den Status einer Bestellabwicklung oder Bestandsentwicklung.

Für Auswertungen bei Ad-hoc-Anfragen wird **Online Analytical Processing (OLAP)** eingesetzt. OLAP ist ein Analysewerkzeug, das Hypothesen der Nutzer bestätigt oder widerlegt. OLAP greift auf Daten aus dem Data-Warehouse-System zu.

Periodische Standardberichte werden oft zu wenig genutzt und fallbezogene Berichte zu häufig angefordert. Ad-hoc-Berichte können wegen unpräziser Fragestellungen bzw. Hypothesenbildung größere Unschärfen aufweisen. Sie dienen dann nicht der Klärung, sondern erhöhen die Unsicherheit (vgl. Oehler 2006, S. 387 f.).

Ad-hoc-Berichte werden nicht nur auf Anforderung, sondern auch automatisch erstellt, wenn Limits und Schwellenwerte unter- oder überschritten werden, wie z. B. die Unterschreitung eines minimalen Lagerbestandes. Auslöser sind auch unvorhergesehene Veränderungen oder Risikosituationen, die kurzfristig Gegenmaßnahmen erfordern, um Schäden abzuwenden.

6.6.3 Process-Performance-Management-System (PPM-System)

Wünschenswert ist, Prozessauswertungen und -berichte mit Unterstützung der IT zu erstellen. Dieser Aufgabe widmen sich **Process-Performance-Management-Systeme** (PPM-Systeme). Bei PPM-Systemen handelt es sich um analytische Informationssysteme (**Business-Intelligence-Systeme**), welche die Ermittlung und Auswertung von Prozesskennzahlen unterstützen bzw. durchführen (vgl. Allweyer 2005, S. 385 ff.; Kronz 2005, S. 31 ff.; Oehler 2006, S. 49 ff.; Scheer/Heß 2009, S. 145 ff.; Loos/Balzert/Werth 2010, S. 461 ff.; Ahlrichs/Knuppertz 2010, S. 164 ff.; Slama/Nelius 2011, S. 149 f.).

Ein PPM-System führt die ermittelten Messgrößen aus den Geschäftsprozessen zusammen, wandelt sie in eine einheitliche Struktur um, speichert sie in einem Data Warehouse bzw. Process Warehouse und erstellt unterschiedliche Auswertungen. Die Messdaten werden von IT-Applikationen und Workflow-Management-Systemen bereitgestellt oder manuell erfasst. Das Data Warehousing übernimmt die formale Bereinigung, inhaltliche Prüfung und Verdichtung der Daten. Das PPM-System errechnet unterschiedliche Kennzahlen, analysiert diese mithilfe der Methoden Business Intelligence (BI) und des Data Mining und erstellt daraus Berichte oder Cockpit Charts mithilfe von Dashboards (Instrumententafeln). Auch können mithilfe von OLAP Ad-hoc-Anfragen an das System gestellt werden (siehe Abbildung 10.11 und 10.12; vgl. Kapitel 10.7.1). PPM-Systeme stehen über das Data Warehouse mit dem Corporate Performance Management in Verbindung, sodass die Prozessberichte in Geschäftsauswertungen und -analysen integriert werden können (vgl. Oehler 2006, S. 38 ff.).

Ein Beispiel für ein PPM-System ist das ARIS Process Performance Management System (ARIS PPM). Es unterstützt u. a. die Messung der Prozessperformance (Mengen, Zeiten, Kosten, Qualität), Ad-hoc-Analysen sowie die Statusüberwachung und Frühwarnung erfolgskritischer Kennzahlen (siehe Abbildung 6.28; vgl. Heß 2004, S. 119 ff.; Driesch/Blickle 2005, S. 45 - 63). Auch der oben erwähnte BIC-Monitor ist den PPM-Systemen zuzuordnen.

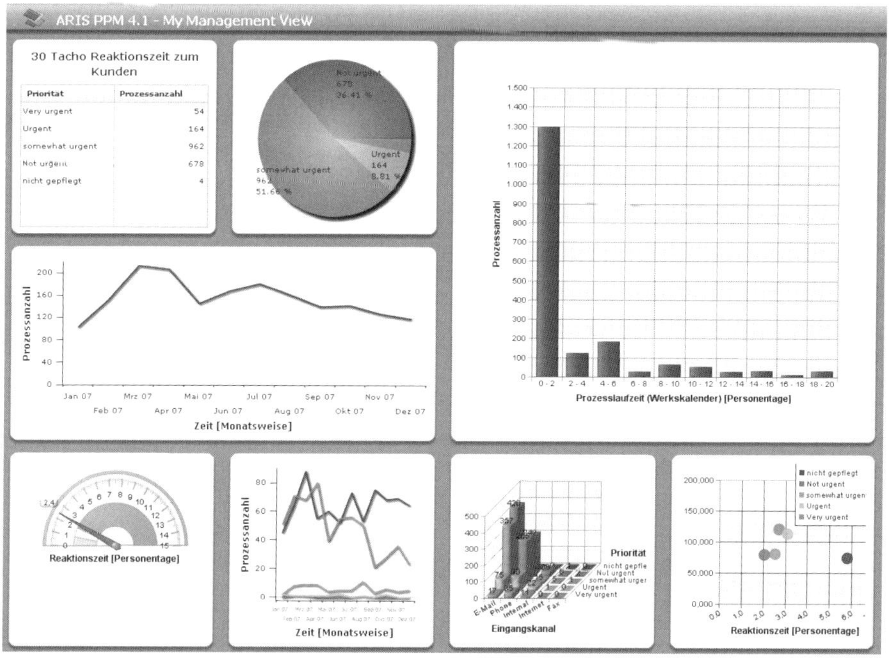

Abb. 6.28 Auswertung eines Process-Performance-Management-Systems (ARIS PPM)

6.7 Operative Prozesssteuerung

6.7.1 Prozesssteuerung

Bei der operativen Steuerung der Geschäftsprozesse ist zu unterscheiden zwischen:

- Steuerung der Performance und
- Steuerung des Ablaufs.

Gegenstand der **Performancesteuerung** ist die Zielerreichung der Geschäftsprozesse. Die Basis dafür legen die Prozessziele (Soll), Messungen der Prozesskennzahlen (Ist) sowie Soll-Ist-Abweichungen. Die Soll-Ist-Abweichungen weisen auf die Notwendigkeit von Korrektur- bzw. Verbesserungsmaßnahmen hin. Die Performancesteuerung wählt vorgeschlagene Maßnahmen aus und veranlasst ihre Umsetzung. Wichtigste Informationsquellen der Performancesteuerung sind Prozessberichte. Sie zeigen die Abweichungen zwischen Soll und Ist der operativen Prozessziele auf. Bei negativen Abweichungen ist zu klären, ob es sich um Performanceschwankungen oder Störungen handelt. Aufgabe der Performancesteuerung ist es, darauf mit geeigneten Maßnahmen zu reagieren. Korrekturmaßnahmen können sich z. B. beziehen auf:

- Behebung von Prozessfehlern,
- Beseitigung von Prozessschwachstellen bzw. -problemen,
- Beschleunigung des Prozesses durch ablauforganisatorische Maßnahmen,
- Anpassung von Prozessressourcen (z. B. Personal, Tools),
- Qualifizierungsmaßnahmen,
- Änderung der Prozessziele.

Die vorgeschlagenen Maßnahmen sind anhand der Erfolgsfaktoren des Prozesses zu priorisieren. Bei der Auswahl der Maßnahmen sind neben dem Aufwand auch die Risiken der Umsetzung zu berücksichtigen.

Der zweite Bereich der operativen Prozesssteuerung ist die **Ablaufsteuerung**. Ziel der Ablaufsteuerung ist es, einen reibungslosen Durchfluss bei der Ausführung von Prozessen zu gewährleisten. Bei der Ablaufsteuerung ist zwischen manueller und automatischer Steuerung zu unterscheiden.

Bei der manuellen Steuerung ist vor Ausführung eines Geschäfts-, Teilprozesses oder Prozessschritts jeweils zu prüfen, ob die Startvoraussetzungen für die Ausführung von Geschäftsfällen erfüllt sind, wie z. B. eindeutige Definition des geforderten Ergebnisses, Klarheit des Zieltermins, Verfügbarkeit der notwendigen Inputs. Wenn ja, wird die Einsteuerung in Abhängigkeit von der Prozessbelastung vorgenommen. Als Instrument kann dabei die **AIP-Steuerung (AIP = Action in Process)** eingesetzt werden. Ziel der AIP-Steuerung ist es, den reibungslosen Durchfluss von Geschäftsfällen bzw. Transaktionen sicherzustellen und eine Überlastung der Prozesse zu verhindern. Auskunft über den Durchfluss gibt die Prozessgeschwindigkeit (vgl. Thomas 1990, S. 27 f.). Zur Ermittlung der Prozessgeschwindigkeit wird die Anzahl abgeschlossener Transaktionen pro Messperiode mit der Dauer der Messperiode ins Verhältnis gesetzt. Die Rechenformel lautet (vgl. Beispiel in Kapitel 6.4.4.2):

$$\text{Prozessgeschwindigkeit} = \frac{\text{Anzahl abgeschlossener Transaktionen in } (t_0 - t_{-1})}{\text{Messperiode } (t_0 - t_{-1})}$$

Die Prozessgeschwindigkeit hängt u.a. von der Dimensionierung des jeweiligen Prozesses wie z.B. von den verfügbaren technischen und personellen Ressourcen sowie der Prozesseffizienz ab. Gründe für ein plötzliches Absinken der Prozessgeschwindigkeit können kurzfristig angestiegene Arbeitsvolumina oder Ressourcenengpässe sein. Ein kontinuierliches Absinken weist auf chronische Prozessprobleme hin. Die Ursachen können in Fehlplanungen, einem Abbau der Ressourcen oder in einer Abnahme der Prozesseffizienz liegen.

Auskunft darüber, wie gut der Durchfluss gesteuert wird, gibt die dynamische Prozesszeit (DPZ). Bei ihrer Ermittlung werden die am Ende der Messperiode noch in Arbeit befindlichen Transaktionen mit der Prozessgeschwindigkeit in Beziehung gesetzt. Die Rechenformel lautet (vgl. Beispiel in Kapitel 6.4.4.2):

$$DPZ = \frac{\text{Anzahl Transaktionen in Arbeit am Ende der Messperiode } (t_0 - t_{-1})}{\text{Prozessgeschwindigkeit in } (t_0 - t_{-1})}$$

Ein Ansteigen der DPZ weist auf eine Überlastung des Geschäftsprozesses hin und signalisiert längere Durchlaufzeiten.

Bei Anwendung der AIP-Steuerung werden neue und bisher noch nicht eingesteuerte Transaktionen in einem AIP-Speicher gesammelt und anschließend gewichtet. Gewichtungskriterien sind z.B.:

- Bearbeitungsdauer der Transaktion,
- Beanspruchung von Engpassressourcen durch die Transaktion,
- Empfänger des Ergebnisses (A-, B- oder C-Kunde),
- Auswirkung des Ergebnisses auf Zufriedenheit und Loyalität der Kunden,
- Zieltermin des Ergebnisses,
- Erfüllung der Startvoraussetzungen,
- Termin-, Qualitäts-, Kosten- und Ergebnisrisiko.

Die Gewichtungskriterien dienen dazu, die Transaktionen zu priorisieren. Bei der Einsteuerung werden zunächst die Transaktionen ausgewählt, die eine hohe Priorität aufweisen. Die Einsteuerung kann auch nach Regeln erfolgen, die in der Produktionslogistik bei der Auftrags- und Fertigungssteuerung Anwendung finden, wie z.B.:

- FIFO-Regel (first in first out): Die Prioritäten orientieren sich an der Reihenfolge des Eintreffens der Transaktionen.
- KOZ-Regel: Höchste Priorität erhalten die Transaktionen, welche die kürzeste Bearbeitungszeit benötigen.
- BoA-Regel (belastungsorientierte Auftragsfreigabe): Die anstehenden Transaktionen werden in Abhängigkeit von der augenblicklichen Kapazitätsbelastung freigegeben (vgl. Wildemann 2010, S. 144ff.).

Die **Vorteile der AIP-Steuerung** sind:

- Prioritätskonflikte werden reduziert.
- Verzögerungen und Unterbrechungen der Bearbeitung werden minimiert.
- Transaktionen können wegen kürzerer Durchlaufzeiten später gestartet werden.
- Fehlleistungen (z.B. Ausschuss, Nacharbeit, Störungen) und Blindleistungen (z.B. Koordinationsaufwand, Feuerwehraktionen, Zwischenlager) werden abgebaut.

- Zeit- und Kostenplanungen haben eine höhere Genauigkeit.
- Termintreue und Qualität der Prozessergebnisse steigen.

Auf der Ebene des Geschäftsprozesses und der Teilprozesse liegt die operative Prozesssteuerung (Performance- und Ablaufsteuerung) in der Hand der Geschäftsprozess- und Teilprozessverantwortlichen. Auf der Ebene der Prozess- und der Arbeitsschritte wird sie von Prozessmitarbeitern oder Kaizen-Teams wahrgenommen.

In automatisierten oder teilautomatisierten Prozessen übernehmen Workflow-Management-Systeme die Steuerung der Vorgangsbearbeitung (vgl. Kapitel 10.2.3). Auch in nicht automatisierten Prozessen unterstützt die IT immer stärker die Prozesssteuerung, wie z.B. durch BPM-Systeme (vgl. Kapitel 10.3; vgl. Ahlrichs/Knuppertz 2010, S. 161 ff.).

6.7.2 Prozessbeherrschung und Prozessfähigkeit

Prozessbeherrschung und Prozessfähigkeit sind Begriffe der statistischen Prozessregelung. Ziel der statistischen Prozessregelung ist es, durch Beobachtung und Nachkorrektur der Prozesse Ausschuss und Nacharbeit zu vermeiden. Gegenstand der Beobachtung sind wenige ausgewählte Qualitätsmerkmale, die für die Kunden hohe Bedeutung haben (kritische Qualitätsmerkmale). Ihren Anwendungsschwerpunkt hat die statistische Prozessregelung in automatisierbaren Prozessen. Sie wird besonders in der Produktion bei höheren Stückzahlen eingesetzt, ist aber auch in anderen Prozessen anwendbar.

Auf Prozesse wirken zufällige und systematische Einflüsse, die zu Abweichungen von dem Soll-Wert des kritischen Qualitätsmerkmals führen. Zufällige Einflüsse setzen sich aus vielen kleinen Einflüssen zusammen und sind immer vorhanden. Sie werden auch als „allgemeine Ursachen" (= normale Bedingungen) bezeichnet. Zufällige Einflüsse zu reduzieren ist schwierig. Im Unterschied zu zufälligen Einflüssen ist die Zahl der systematischen Einflüsse gering. Sie werden auch als „besondere Ursachen" (= ungewöhnliche Ereignisse) bezeichnet. Gelingt es, die zufälligen und systematischen Einflüsse zu reduzieren, können Fehler, Ausschuss und Nacharbeit vermindert bzw. vermieden werden.

Die Beherrschung von Prozessen ist Voraussetzung für hohe Prozessperformance. Nicht beherrschte Prozesse führen zu Fehlern, Terminverzögerungen, Reklamationen und Mehrkosten. **Prozessbeherrschung** liegt vor, wenn die systematischen Einflüsse eliminiert werden und die Ergebnisse eines Prozesses nur noch zufällig streuen (siehe Abbildung 6.29). Bei einem beherrschten Prozess ändern sich die Parameter der Verteilung der Merkmalswerte des Prozesses (z.B. Mittelwert und Standardabweichung) praktisch nicht oder nur in bekannter Weise oder in bekannten Grenzen. Ein beherrschter Prozess „überrascht" nicht. **Prozessfähigkeit** ist gegeben, wenn ein Prozess in der Lage ist, Qualitätsmerkmale, wie z.B. den Anteil verspäteter Lieferungen von 0%, innerhalb der vorgegebenen Toleranzgrenzen zu erzeugen. Ein fähiger Prozess erfüllt die Qualitätsanforderungen und liefert quasi keinen Ausschuss.

Gemessen wird die Prozessfähigkeit über die Kennzahlen C_p (process capability) und C_{pk} (critical process capability). C_p ist ein Maß für die Streubreite eines Prozesses im Vergleich zu seinen Toleranzvorgaben. Der C_{pk}-Wert gibt zusätzlich den Abstand des Prozessmittelwer-

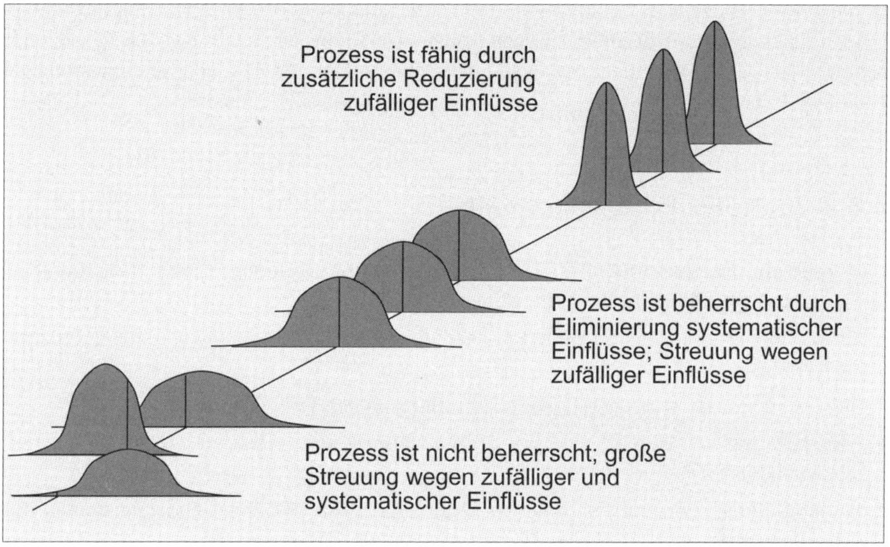

Abb. 6.29 Fähige und beherrschte Prozesse

tes vom Soll-Wert an (vgl. Rehbehn/Yurdakul 2005, S. 58 f. und 120 ff.; Wappis/Jung 2006, S. 152 ff.). Prozessbeherrschung und Prozessfähigkeit sind Ziele, die im Rahmen von Six Sigma eine wichtige Rolle spielen (vgl. Kapitel 9.3.4).

6.8 Organisation des Prozesscontrollings

6.8.1 Abhängigkeiten zwischen Prozessorganisation und operativem Prozesscontrolling

Die Organisation des operativen Prozesscontrollings hängt von der Form der Aufbauorganisation ab (vgl. Fink 2003, S. 201 ff.). In der **Einfluss-Prozessorganisation** nehmen Geschäftsverantwortliche nur Koordinationsaufgaben wahr. Wegen unzureichender fachlicher Weisungsbefugnisse können sie eine wirksame Prozessplanung, Prozesskontrolle und Prozesssteuerung nicht sicherstellen. Das operative Prozesscontrolling ist deshalb in einer Einfluss-Prozessorganisation nur rudimentär vorhanden.

Günstiger sind die Bedingungen in **Matrix-Prozessorganisationen**. Hier hängt die Wirksamkeit des operativen Prozesscontrollings von der Aufteilung der fachlichen und disziplinarischen Weisungsbefugnisse auf Funktions- und Geschäftsprozessverantwortliche ab. Gute Voraussetzungen bieten ressourcenorientierte, leistungsorientierte und kompetenzorientierte Matrix-Prozessorganisationen (vgl. Kapitel 4.4.2.3). In diesen sind die Geschäftsprozessverantwortlichen für die Erreichung der Prozessziele verantwortlich und verfügen über die dafür erforderlichen fachlichen Weisungsbefugnisse, die das Controlling des jeweiligen Geschäftsprozesses einbeziehen.

In der **reinen Prozessorganisation** sind die Geschäftsprozessverantwortlichen mit umfassenden fachlichen und disziplinarischen Weisungsbefugnissen sowie eigenen Ressourcen ausgestattet. Damit bietet diese Organisationsform beste Voraussetzungen für ein wirksames operatives Prozesscontrolling.

6.8.2 Zentrales Prozesscontrolling

Das **zentrale Prozesscontrolling** nimmt **prozessübergreifende Controllingaufgaben** sowie Beratungsaufgaben wahr. Dazu zählen:

- Konzeption, Einführung und Weiterentwicklung des strategischen und operativen Prozesscontrollings,
- Integration des strategischen Prozesscontrollings in den Strategieprozess,
- Unterstützung der Durchführung des Strategieprozesses seitens des Geschäftsprozessmanagements zusammen mit dem GPM-Office,
- Planung und Umsetzungskontrolle des strategischen Prozessprogramms zusammen mit dem GPM-Office,
- Koordination des Prozesscontrollings mit dem Geschäftscontrolling,
- Erstellung von Rahmenrichtlinien für das operative Prozesscontrolling bezogen auf:
  - operative Planung der Prozessziele,
  - Festlegung von Prozesskennzahlen,
  - Durchführung von Prozessmessungen,
  - Auswertung von Prozessmessungen, z. B. Soll-Ist-Abweichungen,
  - Prozessreporting,
  - Durchführung von Prozessassessments,
  - Durchführung von Prozessaudits,
  - Einsatz von Methoden und IT-Tools für das operative Prozesscontrolling.
- Erstellen eines Referenzprozesses „Prozesscontrolling durchführen",
- Ableitung von Prozesszielen für Kernprozesse aus den strategischen Zielen zusammen mit den jeweiligen Geschäftsprozessverantwortlichen,
- Integration der Prozessberichte in das übergeordnete Geschäftsberichtswesen,
- Unterstützung bei der Durchführung von Prozess-Benchmarking (intern und extern),
- Unterstützung bei der Durchführung von Prozessassessments,
- Auswahl und Bereitstellung von Methoden und Tools für das strategische und operative Prozesscontrolling,
- Unterstützung der Geschäftsprozessverantwortlichen bei Controllingfragen und -aufgaben,
- Durchführung von Reviews des operativen Prozesscontrollings in den Geschäftsprozessen,
- Erstellung prozessübergreifender Analysen, Auswertungen und Berichte.

Einen Schwerpunkt des zentralen Prozesscontrollings bildet die Erarbeitung von Leitlinien zur Definition von Prozesszielen, Prozesskennzahlen, des Messsystems und zur Erstellung von Prozessberichten. Diese Vorgaben sollen gewährleisten, dass alle Geschäftsprozesse das Prozesscontrolling nach einem einheitlichen Grundraster (Vorgehen, Inhalte, Methoden, IT-Unterstützung, Auswertungen) durchführen, sodass ein ausreichend hohes Controllingniveau erreicht wird. Die Standards sind auch Voraussetzung für einen effizienten internen Best Practice Transfer und das interne Prozess-Benchmarking. Leitlinien und Empfehlungen des zentralen Prozesscontrollings werden im GPM-Control-Board diskutiert, verabschiedet und in die Process Governance integriert (vgl. Kapitel 1.6 und 3.3.8).

Die Aufgaben des zentralen Prozesscontrollings sollten dem **Teilprozess „Prozesscontrolling bereitstellen“** zugeordnet werden, der in den Geschäftsprozess „Geschäftscontrolling bereitstellen“ eingeht (vgl. Ahlrichs/Knuppertz 2010, S. 172 ff.). Damit werden günstige organisatorische Voraussetzungen für eine enge Abstimmung zwischen Geschäfts- und Prozessstrategie sowie zwischen strategischem und operativem Prozesscontrolling geschaffen.

Der Verantwortliche für den Prozess „Prozesscontrolling bereitstellen“ sollte Sitz und Stimme im Managementteam sowie im GPM-Control-Board haben. In dieser Rolle wird er laufend über Stand und Entwicklung der Prozessperformance und die Umsetzung der Prozessstrategie in den einzelnen Geschäftsprozessen informiert. Seine Aufgabe ist es, die wirtschaftlichen Auswirkungen von Zielabweichungen in den Geschäftsprozessen abzuschätzen und die Geschäftsleitung auf die sich daraus ergebenden Risiken für das Geschäftsergebnis hinzuweisen (vgl. auch Leistert 2006, S. 240 ff.).

Problematisch ist, wenn es keine zentrale Verantwortung für Koordination, Standardisierung und Weiterentwicklung des Prozesscontrollings sowie dessen Integration in das Geschäftscontrolling gibt. Einer strategie- und geschäftsorientierten Steuerung der Geschäftsprozesse fehlt dann das Fundament. Ebenso kritisch ist zu beurteilen, wenn die Planungs-, Koordinations- und Unterstützungsaufgaben des zentralen Prozesscontrollings auf unterschiedliche Funktionen, Stellen oder Aufgabenträger aufgeteilt und nicht dem zentralen Controlling zugeordnet werden. ■

6.8.3 Dezentrales Prozesscontrolling

Die Durchführung des operativen Prozesscontrollings liegt zumeist in der Hand der Geschäftsprozessverantwortlichen, die diese Aufgaben zusammen mit ihren Prozessteams (Teilprozessverantwortlichen) und ausgewählten Prozessmitarbeitern dezentral wahrnehmen. ■

Das Selbstcontrolling funktioniert in den meisten Fällen gut, da wegen des hohen Grades an Selbststeuerung alle Beteiligten ein großes Eigeninteresse daran haben. Vorteilhaft ist auch, dass die notwendige Koordination und Kommunikation in der Regel gut funktioniert.

Die **Aufgaben des operativen Controllings** in den Geschäftsprozessen umfassen:

- Planen der Prozessziele, der Prozesskennzahlen und des Messsystems,
- Herunterbrechen der Prozessziele auf Teilprozesse und gegebenenfalls Prozessschritte,
- Treffen von Zielvereinbarungen mit den verschiedenen Prozessebenen,

- Planen des Prozessbudgets und der Prozessressourcen,
- Messen der Prozessperformance anhand der Prozesskennzahlen,
- Soll-Ist-Vergleiche,
- Analyse von Zielabweichungen und Abweichungsursachen,
- Erarbeiten von Korrekturmaßnahmen,
- Kontrolle der Umsetzung und Wirkung der Korrekturmaßnahmen,
- Erstellen von Prozessberichten,
- Umsetzungskontrolle strategischer Prozessmaßnahmen,
- Durchführen von Prozessassessments.

Die Planung der operativen Prozessziele und die Festlegung der Prozesskennzahlen werden in Abstimmung zwischen Geschäftsprozessverantwortlichen und zentralem Controlling durchgeführt.

Die Aufgaben des operativen Prozesscontrollings setzen sich aus den Prozessschritten „Prozess planen“ (vgl. Kapitel 6.3), „Prozess messen“ (vgl. Kapitel 6.4), „Prozess kontrollieren“ (vgl. Kapitel 6.5) und „Prozessinformationen bereitstellen“ (vgl. Kapitel 6.6) zusammen. Diese sind in dem **Teilprozess „Prozesscontrolling durchführen“** zusammengefasst, der in jeden Geschäftsprozess integrieret werden sollte (vgl. auch Leistert 2006, S. 148 ff.; Ahlrichs/Knuppertz 2010, S. 172 ff.).

In sehr komplexen Geschäftsprozessen wird die Durchführung des operativen Controllings speziellen Prozesscontrollern übertragen. Diese können disziplinarisch dem zentralen Prozesscontrolling und fachlich dem Geschäftsprozessverantwortlichen zugeordnet werden. Andere Unterstellungsalternativen beschreiben Leistert 2006, S. 243 ff. und Atzert 2011, S. 358 ff. Notwendig ist, dass in allen Fällen das zentrale Prozesscontrolling volle Transparenz über Ablauf und Ergebnisse des dezentralen Prozesscontrollings hat.

Mit der Dezentralisierung des operativen Prozesscontrollings ändert sich die Ausrichtung des Controllings. Der Selbstkontrolle und -steuerung wird ein höheres Gewicht als der traditionellen Fremdkontrolle und -steuerung eingeräumt. „Denn wenn Kosten, Qualität und Durchlaufzeiten unmittelbar am Ort der Wertschöpfung von den Mitarbeitern innerhalb eines Zielkorridors überwacht werden, dann sind traditionelle Aufgaben des Fremdcontrollings zwangsläufig nicht mehr notwendig. Im Gegenteil: Sie bremsen die Informationsprozesse und hemmen wegen ihrer Fremdbestimmtheit Maßnahmen zur kontinuierlichen Verbesserung“ (Wildemann 1995, S. 310).

6.9 Stand des Prozesscontrollings

Dem Prozesscontrolling wird in der Praxis hohe Bedeutung beigemessen (siehe Abbildung 6.30). Die Umsetzung des Prozesscontrollings wird seiner Bedeutung in den meisten Fällen nicht gerecht. Die Defizite beginnen bereits bei der unzureichenden theoretischen Aufbereitung des Themas.

Folgende Zitate belegen die unbefriedigende Situation:

- „In höherem Maße wie für das Controlling generell gilt für das Prozesscontrolling die Feststellung, dass sein Entwicklungsstand noch nicht als ausgereift eingestuft werden kann, da u.a. Uneinigkeit bezüglich der von ihm zu übernehmenden Aufgaben und Weiterentwicklungsbedarf bei der theoretischen Fundierung wie beim Instrumentarium besteht" (Götze 2007, S. 323; vgl. auch Leistert 2006, S. 5f.).
- „Die **Transparenz** über die Prozesse anhand von Kennzahlen fehlt – damit ist an vielen Stellen jede Aussage über die Leistung eines Prozesses reines Bauchgefühl" (Fraunhofer IPA 2006a, S. 2).
- „Es besteht weiterhin die Tendenz, an den vorhandenen, grundlegenden Finanzkennzahlen und der traditionellen Budgetierung von funktionalen Organisationseinheiten festzuhalten und eher kosmetische Aktivitäten zum Prozesscontrolling aufzugreifen. Controlling wird damit selbst als Führungsfunktion zu einem **Hindernis für die erfolgreiche Etablierung der Prozessorientierung im Unternehmen**" (Ahlrichs/Knuppertz 2010, S. 3.).
- „Gerade die Gewährleistung von Mess- und Steuerbarkeit betrieblicher Abläufe und die adäquate Verantwortungsallokation sind noch zu bewältigende Kernherausforderungen, um Prozessmanagement nicht weiter nur als Synonym für die Dokumentation und Erfassung interner Leistungserstellung zu verwenden" (Picot/Liebert 2011, S. 98).

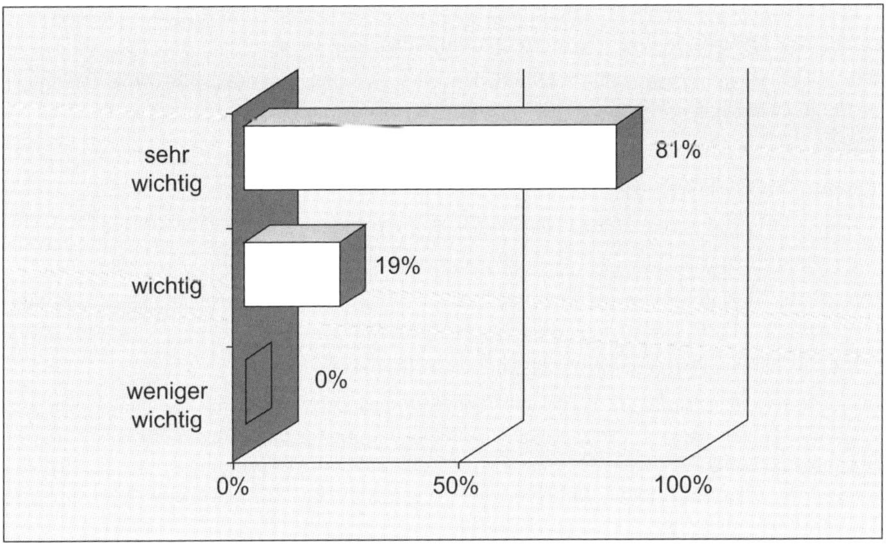

Abb. 6.30 Bedeutung des Prozesscontrollings in der Praxis (vgl. Knuppertz 2008, S. 43)

Ein Kerngebiet des Prozesscontrollings ist das Messen von Prozesskennzahlen. Über die Durchführung von Prozessmessungen in der Praxis geben folgende Studien Auskunft:

- IDS Business Process Report 2006: 29% der Unternehmen führen Prozessmessungen durch (vgl. IDS Scheer 2006, S. 20).
- Studie „BPM-Best-Practice": Knapp 50% der Teilnehmer arbeiten systematisch mit Zielen, Kennzahlen und deren Messung. Die übrigen Teilnehmer haben nur für einige Geschäftsprozesse Ziele und Kennzahlen definiert, die sie messen (vgl. Komus 2011, S. 23).

- Studie „Prozessorientierung in deutschen Industrieunternehmen“: „Der größte Handlungsbedarf wird in der Messbarkeit von Prozessen [...] gesehen. Fast 80% sehen hier zumindest in Teilen die Notwendigkeit, diese zu verbessern, 40% sehen darin eine große bis sehr große Schwäche ihrer Organisation“ (Liebert 2012, S. 96).
- „The study contributes to the understanding of the construct by focusing on two key dimensions – i.e. process performance measurement and the process owner role – and their impact on organizational performance. Managers must put their effort into implementing process owners as well as process performance measurement as both concepts are needed in order to achieve firm performance improvements“ (Kohlbacher/Gruenwald 2011a, S. 718).
- Studie „Zukunftsthema Geschäftsprozessmanagement“: Prozesskennzahlen spielen bei vielen Unternehmen eine untergeordnete Rolle. Sie dienen selten der Kontrolle der Prozessperformance und des Verbesserungserfolges, sondern nur zur Überwachung aktueller Schwachstellen. „Hier müssen Unternehmen kräftig aufholen.“ Bei einer Definition der Prozesskennzahlen durch das Controlling besteht die Gefahr, dass sie die finanzielle Sicht abdecken, aber nicht die kontinuierlichen Verbesserungen und Performancesteigerungen der Geschäftsprozesse widerspiegeln (vgl. PwC 2011a, S. 22 und 32 ff.).
- „CMMI Process Maturity Profile 2012“: Von den erfassten 5159 Organisationen weisen nur 1,6% den Reifegrad 4 „ Quantitatively Managed“ auf. Auf Reifegradstufe 4 wird die Performance der Prozesse quantitativ gemessen, analysiert und anhand vorgegebener Zielwerte überwacht (vgl. CMMI 2012 und Kapitel 16.2.1).

Wie die CMMI-Reifegradprofile zeigen, bricht die Umsetzung des Geschäftsprozessmanagements in der Praxis dort ab, wo das Controlling gefordert ist mit:

- Planung der Prozessziele,
- Kontrolle der Zielerreichung,
- Herstellung von Transparenz über die Prozessperformance,
- Informationsversorgung der Geschäftsprozesse insbesondere für die Prozesssteuerung,
- Nachweis der quantitativen und qualitativen Wirkungen des Geschäftsprozessmanagements,
- Integration des Prozesscontrollings in das Geschäftscontrolling.

Insgesamt ist festzustellen, dass Controller dem Geschäftsprozessmanagement reserviert gegenüberstehen. Es gibt nur wenige Prozessprojekte und Anwendungen des Geschäftsprozessmanagements, in denen sie eine aktive Rolle spielen. „Es scheint so, als ob sich das Controlling überhaupt nicht um Prozesse in Unternehmen kümmern möchte“ (Ahlrichs/Knuppertz 2010, S. 253).

Controller tendieren dazu, an eingefahrenen funktionsorientierten Vorgehensweisen, Verfahren und Methoden festzuhalten. Ein Beispiel sind Kennzahlen. Wenn das Controlling funktionsorientierte Kennzahlen ohne klare Zielvorgaben aufgeben würde, ließe sich die Controllingeffizienz erheblich steigern. Die Effizienzsteigerungen würden noch höher ausfallen, wenn prozessorientierte Kennzahlen an die Stelle von funktionsorientierten treten würden (vgl. Wilhelm 2007, S. 81).

Es wäre wünschenswert und notwendig, dass sich Controller eingehender mit dem strategischen und operativen Prozesscontrolling auseinandersetzen, die zielorientierte und kennzahlengestützte Performancesteuerung in Geschäftsprozessen forcieren, die Etablierung eines wirksamen Prozesscontrollings unterstützen und dieses in das Geschäftscontrolling integrieren. Dieses Engagement würde voll mit dem Controller-Leitbild übereinstimmen, das die International Group of Controlling herausgegeben hat (siehe Abbildung 6.31). ■

Das Controller- Leitbild

Controller gestalten und begleiten den Managementprozess der Zielfindung, Planung und Steuerung und tragen Mitverantwortung für die Zielerreichung.

- Sie sorgen für Strategie-, Ergebnis-, Finanz-, Prozesstransparenz und tragen somit zu höherer Wirtschaftlichkeit bei.
- Sie koordinieren Teilziele und Teilpläne ganzheitlich und organisieren unternehmensübergreifend das zukunftsorientierte Berichtswesen.
- Sie moderieren und gestalten den Managementprozess der Zielfindung, der Planung und der Steuerung so, dass jeder Entscheidungsträger zielorientiert handeln kann.
- Sie leisten den dazu erforderlichen Service der betriebswirtschaftlichen Daten- und Informationsversorgung.
- Sie gestalten und pflegen die Controllingsysteme.

Abb. 6.31 Controller-Leitbild der International Group of Controlling (Quelle: www.igc-controlling.com)

Die Distanz der etablierten Controller zum Geschäftsprozessmanagement hat zur Folge, dass das Management weiterhin mit traditionellen funktionsorientierten Kennzahlen versorgt und nicht über Prozesseffektivität und -effizienz ausreichend informiert wird. Das Management ist dadurch nicht in der Lage, sich ein eigenes Bild über die Wirkungen des Geschäftsprozessmanagements zu machen.

Geschäftsprozessmanagement ist auf die aktive Unterstützung des Controllings angewiesen. Ohne diese Unterstützung hat es auf Dauer keine Chance. ■

■ Das Wichtigste in Kürze

Die zielgerichtete Steuerung von Geschäftsprozessen setzt Planung, Kontrolle, Koordination, Steuerung und eine ausreichende Informationsversorgung (Berichtswesen) voraus. Diese Aufgaben nimmt das Prozesscontrolling wahr.

Ziel des Prozesscontrollings ist es, Transparenz über Prozesspotenziale, das Erreichen der Prozessziele sowie über Stand und Entwicklung der Prozessperformance herzustellen. Die Performancetransparenz ist Voraussetzung für die Optimierung von Geschäftsprozessen.

Das Prozesscontrolling setzt sich aus dem strategischen und operativen Prozesscontrolling zusammen. Gegenstand des strategischen Prozesscontrollings ist der Aufbau von Erfolgspotenzialen bzw. Kernkompetenzen in und mit Geschäftsprozessen. Aufgabe des operativen Prozesscontrollings ist die Sicherstellung einer hohen Effektivität und Effizienz der Geschäftsprozesse unter Nutzung der Erfolgspotenziale.

Wichtige Komponenten des operativen Prozesscontrollings sind Prozessziele, Prozesskennzahlen (Process Performance Indicators) und Prozessberichte.

Die Kernziele in Geschäftsprozessen beziehen sich auf:

- Kundenzufriedenheit,
- Prozesszeit,
- Termintreue,
- Prozessqualität und
- Prozesskosten.

Die fünf Kernziele decken die Prozesseffektivität und -effizienz ganzheitlich ab. Sie sind voneinander abhängig und müssen deshalb zusammenhängend betrachtet und gesteuert werden.

Prozessziele können top-down aus den Geschäftszielen abgeleitet oder bottom-up auf Basis von Prozessanalysen, Zeitvergleichen oder Prozess-Benchmarking festgelegt werden. Bei geschäftskritischen Geschäftsprozessen ist die Top-down-Zielplanung anzuwenden.

Prozessziele werden über Dekomposition auf die einzelnen Prozessebenen bis zu den Mitarbeitern heruntergebrochen. Bei der Vereinbarung von Zielen mit Mitarbeitern und Kaizen-Teams findet das Policy Deployment (Target Deployment) Anwendung.

Die Prozessziele geben mit ihren Zielwerten das Soll vor, das zu erreichen ist. Für jedes Prozessziel ist eine Prozesskennzahl festzulegen, über deren Messung das Ist ermittelt wird. Die Messergebnisse geben Auskunft über das Erreichen der Prozessziele und die Performance des Geschäftsprozesses.

Die Messung der Prozesskennzahlen setzt ein Messsystem voraus. Es legt fest, was, wo, wie, wann und wie häufig zu messen ist.

Prozesszeit, Termintreue und Prozessqualität lassen sich unmittelbar aus dem Prozessgeschehen ableiten. Sie besitzen hohe Aktualität und Aussagekraft, weil sie ereignisnah erfasst und von jedem Mitarbeiter ohne Schwierigkeiten verstanden werden.

Die Prozesszeit eines Geschäftsprozesses setzt sich aus den Prozesszeiten der einzelnen Teilprozesse zusammen. Sie kann als Durchlaufzeit oder Zykluszeit gemessen werden.

Prozesstermine werden in Geschäftsprozessen über die Termintreue gemessen. Sie wird definiert als Anteil der Prozessergebnisse, die ohne Terminverzug in einer Messperiode fertiggestellt werden.

Messgrößen der Prozessqualität sind First Pass Yield (FPY) und Fehlerraten in Verbindung mit Sigma (σ). Je höher das Sigma-Niveau ist, umso geringer ist die Anzahl der Fehler in einem Prozess. Qualitätskosten scheiden als Messgröße der Prozessqualität zumeist aus, da ihre Kostenerfassung problembehaftet ist.

Prozesskosten sind eine wichtige Ergänzung der übrigen Prozessziele und Kennzahlen, da sie u. a. die wirtschaftlichen Auswirkungen von Zielabweichungen und Performanceänderungen sichtbar machen. Das Geschäftsprozessmanagement bietet sehr günstige Voraussetzungen für die effiziente Durchführung der Prozesskostenrechnung.

Zur Messung der Kundenzufriedenheit in Geschäftsprozessen gibt es viele Verfahren, wie z. B. indirekte Messungen über die Analyse von Kundenbeschwerden, direkte Messungen über Kundenbefragungen oder die Ermittlung von Net Promoter Scores und von Kundenzufriedenheitsindizes,

Bei der laufenden Prozessmessung und -kontrolle sollte auf kurze Intervalle Wert gelegt werden. Je kürzer die Mess- und Kontrollzyklen sind, umso schneller kann auf Abweichungen reagiert werden und umso intensiver sind die Lerneffekte.

Den Schwerpunkt der Informationsversorgung bilden Prozessberichte. Sie geben Auskunft über den Erreichungsgrad der Prozessziele sowie über Stand, Entwicklung und Trends der Prozessperformance. Dabei wird zwischen laufender, periodischer und Ad-hoc-Berichterstattung unterschieden. Prozessberichte stellen das wichtigste Steuerungsinstrument für Prozessverantwortliche, Prozessteams und Kaizen-Teams dar.

Das operative Prozesscontrolling wird dezentral in den Geschäftsprozessen durchgeführt. Diese Dezentralisierung führt zu einer Neuorientierung des gesamten Controllings.

In der Praxis ist das Prozesscontrolling zumeist noch unterentwickelt. Das gilt sowohl für das strategische als auch für das operative Prozesscontrolling.

■

6.10 Literatur zu Kapitel 6

Ahlrichs, F.; Knuppertz, T. (2010): Controlling von Geschäftsprozessen. Prozessorientierte Unternehmenssteuerung umsetzen, 2. Aufl., Stuttgart 2010.

Allweyer, T. (2005): Geschäftsprozessmanagement. Strategie, Entwurf, Implementierung, Controlling, Herdecke 2005.

Alt, R. (2008): Überbetriebliches Prozessmanagement. Gestaltungsalternativen und Vorgehen am Beispiel integrierter Prozessportale, Berlin 2008.

Atzert, S. (2011): Strategisches Prozesscontrolling. Koordinationsorientierte Konzeption auf der Basis von Beiträgen zur theoretischen Fundierung von strategischem Prozessmanagement, Wiesbaden 2011.

Beims, M. (2012): IT Service Management in der Praxis mit ITIL®. ITIL Edition 2011, ISO 20000:2011 und PRINCE2® in der Praxis, 3. Aufl., München 2012.

Bergsmann, S. (2012): End-to-End-Geschäftsprozessmanagement. Organisationselement – Integrationsinstrument – Managementansatz, Wien 2012.

Bleidt, P.; Weidt, T. (2003): Controller in prozessorientierten Unternehmen. Servicemanager in Sachen Effizienz und Effektivität, in: Controller Magazin (CM), 28 (2003) 3, S. 593 ff.

Brenner, M.; Mayer, R. (2005): Aufbau eines permanenten Prozesscontrolling, in: Horváth & Partners (Hrsg.): Prozessmanagement umsetzen. Durch nachhaltige Prozessperformance Umsatz steigern und Kosten senken, Stuttgart 2005, S. 159 – 179.

Burger, A. (2009): Effizienzanalyse auf Prozessebene. Benchmarking von Transaktionen mit der Data Envelopment Analysis am Beispiel eines bankbetrieblichen Prozesses, Berlin 2009.

Burlton, R. (2010): Delivering Business Strategy Through Process Management, in: Brocke, J. v.; Rosemann, M. (Hrsg.): Handbook on Business Process Management 2. Strategic Alignment, Governance, People and Culture, Berlin 2010, S. 5 – 37.

Chrissis, M. B.; Konrad, M.; Shrum, S. (2012): CMMI® Version 1.3 für die Entwicklung. Richtlinien für Prozessintegration und Produktverbesserung, Addison-Wesley, München et al. 2012.

CMMI (2012): Carnegie Mellon, Software Engineering Institute: Process Maturity Profile, 2012 Mid-Year Update, September 2012, unter: http://www.sei.cmu.edu/searchresults.cfm, Zugriff am 08. 11. 2012.

Coenen, C.; Stauss, B. (2006): Nicht nur drüber reden! Kundenzufriedenheitsmanagement in Deutschland, in: Qualität und Zuverlässigkeit (QZ), 51 (2006) 9, S. 22 – 27.

Currle, M.; Lusebrink, P. (2003): Strategisch Prozesse verbessern. Mit der Balanced Scorecard gemeinsam Strategien finden und umsetzen, in: Qualität und Zuverlässigkeit (QZ), 48 (2003) 12, S. 1178 – 1182.

Daum, J. H. (2003): Von der Budgetsteuerung zum Beyond Budgeting: Motivation, Fallbeispiele der Pioniere und Zukunftsperspektiven, in: Controlling & Management/Kostenrechnungspraxis (krp), Sonderheft (2003) 1, S. 77 – 93.

DIN ISO 10011-1 (1990): Deutsches Institut für Normung e. V. (Hrsg.): DIN ISO 10011-1, Leitfaden für das Audit von Qualitätssicherungssystemen – Teil 1: Auditdurchführung, Berlin 1990.

DIN 55350-11 (2008): DIN 55350-11:2008-05, Begriffe zum Qualitätsmanagement – Teil 11: Ergänzung zu DIN EN ISO 9000:2005, Berlin 2008.

Doppler, K.; Lauterburg, C. (2008): Change Management. Den Unternehmenswandel gestalten, 12. Aufl., Frankfurt am Main 2008.

Driesch, M. v.; Blickle, T. (2005): Operatives, toolgestütztes Corporate Performance Management mit dem ARIS Process Performance Manager, in: Scheer, A.-W. et al. (Hrsg.) (2005): Corporate Performance Management, ARIS in der Praxis, Berlin 2005, S. 45 – 63.

EABPM (2009): European Association of Business Process Management EABPM (Hrsg.): Business Process Management. Common Body of Knowledge – BPM CBOK®. Leitfaden für das Prozessmanagement, Gießen 2009.

Eyer, E.; Haussmann, T. (2005): Zielvereinbarung und variable Vergütung. Ein praktischer Leitfaden – nicht nur für Führungskräfte, 2. Aufl., Frankfurt am Main 2005.

Feldmayer, J.; Seidenschwarz, W. (2005): Marktorientiertes Prozessmanagement. Wie Process Mass Customization Kundenorientierung und Prozessstandardisierung integriert, München 2005.

Fink, C. A. (2003): Prozessorientierte Unternehmensplanung. Analyse, Konzeption und Praxisbeispiele, Wiesbaden 2003.

Fischermanns, G. (2012): Praxishandbuch Prozessmanagement, 10. Aufl., Gießen 2012.

Fleischmann, A.; Schmidt, W.; Stary, C.; Obermeier, S.; Börger, E. (2011): Subjektorientiertes Prozessmanagement. Mitarbeiter einbinden, Motivation und Prozessakzeptanz steigern, München 2011.

Fraunhofer IPA (2006a): Wittenstein, A.-K. et al.: Lean Office 2006, Fraunhofer-Institut Produktionstechnik und Automatisierung IPA, Stuttgart 2006.

Fries, S.; Seghezzi, H. D. (1994): Entwicklung von Meßgrößen für Geschäftsprozesse, in: Controlling, 6 (1994) 6, S. 338 – 345.

Fürst, A. (2012): Verfahren zur Messung der Kundenzufriedenheit im Überblick, in: Homburg, C. (Hrsg.): Kundenzufriedenheit. Konzepte – Methoden – Erfahrungen, 8. Aufl., Wiesbaden 2012, S. 123 – 153.

Gadatsch, A.; Juszczak, J.; Krupp, A. (Hrsg.) (2008): Prozesscontrolling in Forschung und Praxis, Tagungsband zur 1. Fachtagung Prozesscontrolling, Schriftreihe des Fachbereiches Wirtschaft der Fachhochschule Bonn-Rhein-Sieg, Band 23, St. Augustin 2008.

Gaitanides, M. (2002): Processonomics – Prozessmanagement ist Wertmanagement, in: Zeitschrift Führung + Organisation (zfo), 71 (2002) 4, S. 196 – 200.

Gaitanides, M. (2012): Prozessorganisation. Entwicklung, Ansätze und Programme des Managements von Geschäftsprozessen, 3. Aufl., München 2012.

Gaitanides, M.; Scholz, R.; Vrohlings, A.; Raster, M. (Hrsg.) (1994): Prozeßmanagement: Konzepte, Umsetzungen und Erfahrungen des Reengineering, München 1994.

Gleich, R. (2011): Performance Measurement. Konzepte, Fallstudien und Grundschema für die Praxis, 2. Aufl., München 2011.

Göppel, R. (2011): Praxiswissen Prozessmanagement, 2. Aufl., Stuttgart 2011.

Götze, U. (2007): Prozesscontrolling, in: Zeitschrift für Planung & Unternehmenssteuerung, Band 18 (2007) 3, S. 323 – 332.

Götze, U. (2010): Grundlagen des Prozesscontrolling. Ansatzpunkte und Instrumente, in: Professional Process – Zeitschrift für modernes Prozessmanagement im Gesundheitswesen, 4 (2010) 1, S. 4 – 6.

Grant, R. M.; Nippa, M. (2006): Strategisches Management. Analyse, Entwicklung und Implementierung von Unternehmensstrategien, 5. Aufl., München 2006.

Günter, B. (2012): Beschwerdemanagement als Schlüssel zur Kundenzufriedenheit, in: Homburg, C. (Hrsg.): Kundenzufriedenheit. Konzepte – Methoden – Erfahrungen, 8. Aufl., Wiesbaden 2012, S. 325 – 348.

Harmon, P. (2010): The Scope and Evolution of Business Process Management, in: Brocke, J. v.; Rosemann, M. (Hrsg.): Handbook on Business Process Management 1. Introduction, Methods and Information Systems, Berlin 2010, S. 37 – 81.

Harry, M.; Schroeder, R. (2000): Six Sigma. Prozesse optimieren, Null-Fehler-Qualität schaffen, Rendite radikal steigern, Frankfurt am Main 2000.

Heckl, D. (2010): Steuerung der Performance von Dienstleistungsprozessen. Konzeption eines Frameworks zur Steuerung der Prozessperformance am Beispiel des Kreditprozesses, Berlin 2010.

Heckl, D.; Moormann, J. (2010): Process Performance Management, in: Brocke, J. v.; Rosemann, M. (Hrsg.): Handbook on Business Process Management 2. Strategic Alignment, Governance, People and Culture, Berlin 2010, S. 115 – 135.

Heinzelmann, M.; Paulus, J. (2005): Anforderungen an die IT-Systeme im Rahmen des Prozesscontrolling, in: Horváth & Partners (Hrsg.): Prozessmanagement umsetzen. Durch nachhaltige Prozessperformance Umsatz steigern und Kosten senken, Stuttgart 2005, S. 181 - 190.

Helbig, R. (2003): Prozessorientierte Unternehmensführung. Eine Konzeption mit Konsequenzen für Unternehmen und Branchen dargestellt an Beispielen aus Dienstleistung und Handel, Heidelberg 2003.

Heß, H. (2004): Marktführerschaft durch Process Performance Management, Konzepte, Trends und Anwendungsszenarien, in: Scheer, A.-W. et al.: Innovation durch Geschäftsprozessmanagement, Jahrbuch Business Process Excellence 2004/2005, Berlin 2004, S. 119 - 136.

Hirsch, B.; Wall, F.; Attorps, J. (2001): Controlling-Schwerpunkte prozessorientierter Unternehmen, in: Kostenrechnungspraxis (krp), 45 (2001) 2, S. 73 - 79.

Homburg, C. (Hrsg.) (2012): Kundenzufriedenheit. Konzepte - Methoden - Erfahrungen, 8. Aufl., Wiesbaden 2012.

Homburg, C.; Bucerius, M. (2012): Kundenzufriedenheit als Managementherausforderung, in: Homburg, C. (Hrsg.): Kundenzufriedenheit. Konzepte - Methoden - Erfahrungen, 8. Aufl., Wiesbaden 2012, S. 53 - 91.

Homburg, C.; Rudolph, B. (1995): Wie zufrieden sind Ihre Kunden tatsächlich?, in: Harvard Businessmanager, (1995) 1, S. 43 - 50.

Horváth & Partners (Hrsg.) (1998): Prozesskostenmanagement. Methodik und Anwendungsfelder, 2. Aufl., München 1998.

Horváth, P. (2008): Controlling, 11. Aufl., München 2008.

Hummel, T.; Malorny, C. (1996): Total Quality Management. Tips für die Einführung, München 1996.

IDS Scheer (2006): Business Process Report 2006, Saarbrücken 2006.

IDS Scheer (2007): Business Process Report 2007, Saarbrücken 2007.

INIFES (2006): Internationales Institut für Empirische Sozialökonomie: Was ist gute Arbeit? - Anforderungen aus der Sicht von Erwerbstätigen, Forschungsbericht an die Bundesanstalt für Arbeitsschutz und Arbeitsmedizin, Stadtbergen 2006.

ISO 9000:2005: Deutsches Institut für Normung e. V. (Hrsg.): DIN EN ISO 9000:2005, Qualitätsmanagementsysteme - Grundlagen und Begriffe, Berlin 2005.

ISO 9001:2008: Deutsches Institut für Normung e. V. (Hrsg.): DIN EN ISO 9001:2008, Qualitätsmanagementsysteme, Berlin 2008.

ISO 9004:2009: Deutsches Institut für Normung e. V. (Hrsg.): DIN EN ISO 9001:2009, Leiten und Lenken für den nachhaltigen Erfolg einer Organisation - Ein Qualitätsmanagementansatz, Berlin 2009.

ITIL (2007): IT Infrastructure Library (ITIL), unter: http://www.itil-officialsite.com, Zugriff am 28.12.2009.

Jeston, J.; Nelis, J. (2008): Business Process Management. Practical Guidelines to Successful Implementations, 2nd ed., Amsterdam et al. 2008.

Jost, W. (2008): Geschäftsprozessmanagement steuert Business Performance, in: Information Management & Consulting, 23 (2008) 2, S. 57 - 59.

Keil, C. et al. (2005): Geschäftsprozessmanagement bei Knorr-Bremse AG, München 2005, in: Ellringmann, H.; Schmelzer, H. J. (Hrsg.): Geschäftsprozessmanagement inside, München 2004.

Kirchmer, M. (2011): High Performance Through Process Excellence. From Strategy to Execution with Business Process Management, 2nd ed., Berlin 2011.

Knuppertz, T. (2008): Konzeption des Prozesscontrolling, in: Gadatsch, A.; Juszczak, J.; Krupp, A. (Hrsg.): Prozesscontrolling in Forschung und Praxis, Tagungsband zur 1. Fachtagung Prozesscontrolling, Schriftreihe des Fachbereiches Wirtschaft der Fachhochschule Bonn-Rhein-Sieg, Band 23, St. Augustin 2008, S. 40 - 51.

Knuppertz, T.; Feddern, U. (2011): Prozessorientierte Unternehmensführung. Prozessmanagement ganzheitlich einführen und verankern, Stuttgart 2011.

Kohl, G. (2001): Prozessbenchmarking, in: Wagner, K.W. (Hrsg.): PQM - Prozessorientiertes Qualitätsmanagement, München 2001, S. 253 - 262.

Kohlbacher, M.; Gruenwald, S. (2011a): Process ownership, process performance measurement and firm performance, in: International Journal of Productivity and Performance Management, 60 (2011) 7, pp. 709 - 720.

Komus, A. (2011): BPM Best Practice - Erfolgsfaktoren der Prozessorientierung, in: Komus, A. (Hrsg.): BPM Best Practice. Wie führende Unternehmen ihre Geschäftsprozesse managen, Berlin 2011, S. 3 - 57.

Koreimann, D.S. (2003): Führung durch Zielvereinbarung. Erfolgreiche Verbesserung der Geschäftsprozesse, Heidelberg 2003.

Kostka, C.; Kostka, S. (2011): Der Kontinuierliche Verbesserungsprozess. Methoden des KVP, 5. Aufl., München 2011.

Krause, O. (2006): Performance Management. Eine Stakeholder-Nutzen-orientierte und Geschäftsprozess-basierte Methode, Wiesbaden 2006.

Kremin-Buch, B. (2007): Strategisches Kostenmanagement. Grundlagen und moderne Instrumente, 4. Aufl., Wiesbaden 2007.

Kronz, A. (2005): Management von Prozesskennzahlen im Rahmen der ARIS-Methodik, in: Scheer, A.-W. et al. (Hrsg.) (2005): Corporate Performance Management, ARIS in der Praxis, Berlin 2005, S. 31 - 44.

Kütz, M. (2009): Kennzahlen in der IT. Werkzeuge für Controlling und Management, 3. Aufl., Heidelberg 2009.

Lacher, M. (1998): Vom Einzelvorschlag zum System der Mitarbeiterbeteiligung bei VW, in: Howaldt, J.; Kopp, R.; Winther, M. (Hrsg.): Kontinuierlicher Verbesserungsprozeß. KVP als Motor lernender Organisation, Köln 1998, S. 85 - 116.

Leistert, O. (2006): Führungskoordinierendes Geschäftsprozesscontrolling, Hamburg 2006.

Liebert, T. (2012): Prozessorientierung in der Unternehmensorganisation: Eine empirische Untersuchung in deutschen Industrieunternehmen, Wiesbaden 2012.

Liker, J.K. (2006): Der Toyota-Weg. 14 Managementprinzipien des weltweit erfolgreichsten Automobilkonzerns, München 2006.

Loos, P.; Balzert, S.; Werth, D. (2010): Controlling von Geschäftsprozessen, in: Jochem, R.; Mertins, K.; Knothe, T. (Hrsg.): Prozessmanagement. Strategien. Methoden, Umsetzung, Düsseldorf 2010, S. 443 - 472.

Madison, D. (2005): Process Mapping, Process Improvement and Process Management. A Practical Guide for Enhancing Work and Information Flow, Chicago, California 2005.

Magnusson, K.; Kroslid, D.; Bergman, B. (2001): Six Sigma umsetzen. Die neue Qualitätsstrategie für Unternehmen, München 2001.

Mayer, R. (2005): Das Process Performance Management-Konzept - Realisierungsbeispiele und Nutzenaspekte, in: Horváth, P. (Hrsg.): Organisationsstrukturen und Geschäftsprozesse wirkungsvoll steuern, Stuttgart 2005, S. 95 - 115.

Mayer, R.; Brenner, M. (2009): Prozessmanagement als Controlleraufgabe, in: Controlling - Zeitschrift für erfolgsorientierte Unternehmenssteuerung, 21 (2009) 3, S. 153 - 160.

Mayer, R.; Conders, A.; Hardt, G. v.d. (2005): Anwendungsfelder und Aufbau einer Prozesskostenrechnung, in: Horváth & Partners (Hrsg.): Prozessmanagement umsetzen. Durch nachhaltige Prozessperformance Umsatz steigern und Kosten senken, Stuttgart 2005, S. 123 - 140.

Meister, U.; Meister, H. (2010): Prozesse kundenorientiert gestalten. Der Weg zur Customer-Driven Company, München 2010.

Mühlen, M. z.; Shapiro, R. (2010): Business Process Analytics, in: Brocke, J. v.; Rosemann, M. (Hrsg.): Handbook on Business Process Management 2. Strategic Alignment, Governance, People and Culture, Berlin 2010, S. 137 - 157.

Naujoks, O.; Gogoll, A. (2006): Geschäftsprozessmanagement in der Siemens AG. Konzept - Umsetzung - Assessment, in: Ellringmann, H.; Schmelzer, H.J. (Hrsg.): Geschäftsprozessmanagement inside, München 2006.

Oehler, K. (2006): Corporate Performance Management mit Business Intelligence Werkzeugen, München 2006.

Österle, H. (1995): Business Engineering. Prozeß- und Systementwicklung, Band 1. Entwurfstechniken, 2. Aufl., Berlin 1995.

Pfläging, N. (2007): Ziele und Leistung im Steuerungsmodell Beyond Budgeting - Eine Neudefinition, 16.03.2007, unter: http://www.controllingportal.de, Zugriff am 16.07.0212.

Picot, A.; Liebert, T. (2011): Stand von Prozesscontrolling und -management in deutschen Großunternehmen - Ergebnisse einer empirischen Untersuchung bei Industrieunternehmen, in: ZfCM - Zeitschrift für Controlling & Management, 55 (2011) Sonderheft 2, S. 89 - 98.

PwC (2011a): PricewaterhouseCooper und Universität Würzburg: Zukunftsthema Geschäftsprozessmanagement. Studie zum Status quo des Geschäftsprozessmanagements in deutschen und österreichischen Unternehmen, o.O. 2011.

Rehbehn, R.; Yurdakul, Z.B. (2005): Mit Six Sigma zu Business Excellence. Strategien, Methoden, Praxisbeispiele, 2. Aufl., Erlangen 2005.

Reichheld, F.F. (2003): The number one you need to grow, in: Harvard Business Review, (2003) 12, S. 47 - 54.

Renner, A. (2005): Potenzialermittlung durch Benchmarking, in: Horváth & Partners (Hrsg.): Prozessmanagement umsetzen. Durch nachhaltige Prozessperformance Umsatz steigern und Kosten senken, Stuttgart 2005, S. 69 - 86.

Rummler, G.A.; Brache, A.P. (1995): Improving Performance. How to Manage the White Space on the Organization Chart, 2nd ed., San Francisco 1995.

Rummler, G.A.; Ramias, A.J.; Rummler, R.A. (2010): White Space Revisited. Creating Value through Process, San Francisco 2010.

Schäffer, U. (2012): Beyond Budgeting, in: Gabler Wirtschaftslexikon, unter: http://wirtschaftslexikon.gabler.de, Zugriff am 16.07.2012.

Scheer, A.-W. (2008a): Geschäftsprozesse optimieren durch Business Performance und Business Process Management, Teil 1, in: Information Management & Consulting, 23 (2008) 3, S. 56 - 65.

Scheer, A.-W. (2008b): Geschäftsprozesse optimieren durch Business Performance und Business Process Management, Teil 2, in: Information Management & Consulting, 23 (2008) 4, S. 72 - 79.

Scheer, A.-W.; Heß, H. (2009): Business Process/Performance Management im Rahmen eines ganzheitlichen Controlling-Ansatzes, in: Controlling - Zeitschrift für erfolgsorientierte Unternehmenssteuerung, 21 (2009) 3, S. 145 - 151.

Schmelzer, H.J. (1990): Steigerung der Effektivität und Effizienz durch Verkürzung der Entwicklungszeiten, in: Reichwald, R.; Schmelzer, H.J.: Durchlaufzeiten in der Entwicklung. Praxis des industriellen F&E-Managements, München 1990, S. 27 - 63.

Schmelzer, H.J. (1999b): Kennzahlen in der Produktentwicklung, in: Boutellier, R.; Völker, R.; Voit, E.: Innovationscontrolling, München 1999, S. 172 - 190.

Schmelzer, H.J.; Friedrich, W. (1997): Integriertes Prozeß-, Produkt- und Projektcontrolling, in: Controlling, 9 (1997) 5, S. 334 - 344.

Schmitt, R.; Pfeifer, T. (2010): Qualitätsmanagement. Strategien, Methoden, Techniken, 4. Aufl., München 2010.

Scholz, R.; Vrohlings, A. (1994c): Prozeß-Leistungs-Transparenz, in: Gaitanides, M. et al.: Prozeßmanagement. Konzepte, Umsetzungen und Erfahrungen des Reengineering, München 1994, S. 57 - 98.

Schwalb, S. (2004): Zielvereinbarungen und flexible Vergütung - brandheißes Thema in Controller-Kreisen, in: Der Controller Berater (CB), 20 (2004) 5, S. 683 - 696.

Seidel, W.; Stauss, B. (2007): Beschwerdemanagement. Unzufriedene Kunden als profitable Zielgruppe, 4. Aufl., München 2007.

Seidenschwarz & Comp. (2004): Marktorientiertes Prozessmanagement. Der from idea to value®-Ansatz zu wettbewerbsüberlegenen Prozessen, Value Paper Nr. 1, Starnberg 2004.

Siebert, G. (1998): Prozeß-Benchmarking. Methode zum branchenunabhängigen Vergleich von Prozessen, Dissertation TU Berlin, Berlin 1998.

Slama, D.; Nelius, R. (2011): Enterprise BPM. Erfolgsrezepte für unternehmensweites Prozessmanagement, Heidelberg 2011.

Snabe, J.H.; Rosenberg, A.; Moeller, Ch.; Scavillo, M. (2009): Business Process Management: The SAP Roadmap, Galileo Press, Boston (M) 2009.

Spanyi, A. (2007): More for Less. The Power of Process Management, Tampa, Florida 2007.

Stähler, D.; Meier, I.; Scheuch, R.; Schmülling, Ch.; Somssich, D. (2009): Enterprise Architecture, BPM und SOA für Business-Analysten. Leitfaden für die Praxis, München 2009.

Stalk, G.; Hout, T.M. (1990): Zeitwettbewerb, Frankfurt am Main/New York 1990.

Teufel, P. (2009): Der Prozess der ständigen Verbesserung (Kaizen) und dessen Einführung, in: Bullinger, H.-J. et al. (Hrsg.) (2009): Handbuch Unternehmensorganisation. Strategien, Planung, Umsetzung (VDI-Buch), Berlin et al. 2009, S. 676 - 695.

Texas Instruments Europe (1995): Application for the European Quality Award 1995, 1995.

Thomas, P.R. (1990): Competitiveness through Total Cycle Time. An Overview for CEOs, New York et al. 1990.

Thomas, P.R. (1991): Getting Competitive. Middle Managers and the Cycle Time Ethic, New York et al. 1991.

Töpfer, A. (Hrsg.) (1999): Kundenzufriedenheit messen und steigern, 2. Aufl., Neuwied 1999.

Töpfer, A. (Hrsg.) (2007): Six Sigma. Konzeption und Erfolgsbeispiele für praktizierte Null-Fehler-Qualität, 4. Aufl., Berlin 2007.

Vahs, D. (2012): Organisation. Ein Lehr- und Managementbuch, 8. Aufl., Stuttgart 2012.

VDA 6.7 (2005): Verband der Automobilindustrie (VDA): Qualitätsmanagement in der Automobilindustrie, Band 6, Teil 7: Prozessaudit - Einzelproduktion, Oberursel 2005.

Vogt, W.; Junker, G. (2001): Den Wandel im Griff. Mit geeigneten Führungsinstrumenten eine Veränderungskultur schaffen, in: Qualität und Zuverlässigkeit (QZ), 46 (2001) 1, S. 41 - 45.

Voormanns, K. (2008): Prozess-Monitoring und -Controlling. Praktische Beispiele aus unterschiedlichen Branchen, in: Gadatsch, A.; Juszczak, J.; Krupp, A. (Hrsg.) (2008): Prozesscontrolling in Forschung und Praxis, Tagungsband zur 1. Fachtagung Prozesscontrolling, Schriftreihe des Fachbereiches Wirtschaft der Fachhochschule Bonn-Rhein-Sieg, Band 23, St. Augustin 2008, S. 52 - 65.

Wagner, K.W.; Käfer, R. (2008): PQM - Prozessorientiertes Qualitätsmanagement. Leitfaden zur Umsetzung der neuen ISO 9001, 4. Aufl., München 2008.

Wagner, K.W.; Patzak, G. (2007): Performance Excellence. Der Praxisleitfaden zum effektiven Prozessmanagement, München 2007.

Wall, F.; Hirsch, B.; Attorps, J. (2000): Umsetzung eines prozessbezogenen Controlling. Ergebnisse einer empirischen Umfrage, in: Controlling, 12 (2000) 4/5, S. 243 - 250.

Walter, J. (2009): Geschäftsprozessmanagement umsetzen. Prozesse am Kunden orientieren, transparent und flexibel gestalten, München 2009.

Wappis, J.; Jung, B. (2006): Taschenbuch Null-Fehler-Management. Umsetzung von Six Sigma, München 2006.

Waxer, C. (2002): Six Sigma Costs And Savings. The financial benefits of implementing Six Sigma at your company can be significant, unter: www.iSixSigma.com.

Wildemann, H. (1995): Controlling von Geschäftsprozessen reorganisierter Industrieunternehmen, in: Kostenrechnungspraxis (krp), 39 (1995) 6, S. 305 - 312.

Wildemann, H. (2000): Qualitätssicherung von Geschäftsprozessen, in: Qualität und Zuverlässigkeit (QZ): Q-Jahrbuch 2000/01, München 2000, S. 49 - 64.

Wildemann, H. (2010): Logistik-Prozeßmanagement. Organisation und Methoden, 5. Aufl., München 2010.

Wilhelm, R. (2007): Prozessorganisation, 2. Aufl., München 2007.

Zollondz, H.-D. (2011): Grundlagen Qualitätsmanagement. Einführung in Geschichte, Begriffe, Systeme und Konzepte, 3. Aufl., München 2011.

7 Wie werden Geschäftsprozesse und Geschäftsprozessmanagement bewertet?

In diesem Kapitel werden folgende Fragen beantwortet:

- Welchen Zweck und Nutzen haben Prozessbewertungen?
- Was sagen Prozessreifegrade aus?
- Welche Reifegradmodelle gibt es und wie unterscheiden sich diese?
- Wie werden Prozessassessments durchgeführt?
- Welche Assessmentauswertungen haben eine hohe Aussagekraft?
- Welche Fragen enthält eine Reifegrad-Checkliste?

7.1 Prozessassessments mit Reifegradmodellen

Prozessassessments[1] haben die Aufgabe, die Reife einzelner Geschäftsprozesse oder des gesamten Geschäftsprozessmanagementsystems in einer Organisation zu bewerten. Ihr Ziel ist es, Stärken und Schwächen festzustellen und über gezielte Maßnahmen die Reife der Geschäftsprozesse bzw. des Geschäftsprozessmanagementsystems zu erhöhen. Vielfach werden Prozessassessments als **Selbstbewertungen** durchgeführt. „Die Selbstbewertung ist eine umfassende und systematische Bewertung der Tätigkeiten der Organisation und ihrer Leistung in Bezug auf den Reifegrad" (ISO 9004:2009, Abschnitt 8.3.4).

Die in Prozessassessments ermittelte Prozessreife gibt Auskunft über Entwicklungsstand und Entwicklungspotenzial von Geschäftsprozessen bzw. des Geschäftsprozessmanagementsystems. Prozessassessments beantworten die Fragen nach der Breite und Tiefe des Geschäftsprozessmanagements: Wie breit wird Geschäftsprozessmanagement in einer Organi-

[1] CMMI verwendet den Begriff Appraisal und versteht darunter ein geschultes Team von Fachleuten, das auf der Grundlage eines Appraisal-Referenzmodells (z. B. CMMI-Modell) Prozesse untersucht, um Stärken, Schwächen, Probleme und Prozessverbesserungsmöglichkeiten zu identifizieren (vgl. Chrissis/Konrad/Shrum 2012, S. 394 f. und 706 f.; vgl. auch Kapitel 7.2.1.3).

sation angewendet? Wie vollständig ist Geschäftsprozessmanagement in einer Organisation umgesetzt? Inwieweit erfüllen Geschäftsprozesse und Geschäftsprozessmanagementsysteme die Voraussetzungen für eine hohe Leistungsfähigkeit und das Erreichen der Geschäftsziele?

Assessmentergebnisse werden verwendet für:

- Kontrolle des Implementierungsfortschritts bei der Einführung von Geschäftsprozessen,
- Abschätzung des Einführungsrisikos des Geschäftsprozessmanagements,
- Ermittlung von Verbesserungspotenzialen,
- Initiierung und Priorisierung von Verbesserungsmaßnahmen,
- Ermittlung des Verbesserungsfortschritts durch wiederholte Reassessments,
- Identifizierung kritischer Geschäftsprozesse,
- Identifizierung kritischer Komponenten des Geschäftsprozessmanagementsystems,
- Feststellung des Erfolgsrisikos von Geschäftsprozessen und des Geschäftsprozessmanagementsystems,
- Steigerung des Prozesswissens und Förderung des organisatorischen Lernens.

Prozessassessments sind besonders in der Einführungs- und Anlaufphase des Geschäftsprozessmanagements von hohem Nutzen. Ihre regelmäßige Durchführung ermöglicht es, den Implementierungsfortschritt des Geschäftsprozessmanagements zu messen.

Die Aussagefähigkeit von Prozessassessments hängt von mehreren Faktoren ab:

- Eignung des zugrunde liegenden Reifegradmodells,
- Professionalität und Objektivität der bewertenden Personen (Assessoren),
- Bewertungsmethode,
- Qualität der verwendeten Checklisten,
- Häufigkeit der Durchführung.

Wichtig ist, **Zweck und Ziele** von Prozessassessments klar zu definieren und in der Organisation zu kommunizieren (vgl. Jeston/Nelis 2008, S. 314; ISO 9004:2009, Abschnitt 8.3.4 und Anhang A; Bergsmann 2012, S. 220 f.). Ziele können sein:

- Aufzeigen von Stärken und Schwächen der Geschäftsprozesse,
- Ableiten und Priorisieren von Verbesserungsmaßnahmen und Verbesserungsprogrammen,
- Fortschrittskontrolle durch Vergleich mit früheren Assessmentergebnissen,
- Reifegradvergleich mit anderen Organisationen oder Standards (z. B. CMMI).

Bei der Durchführung von Prozessassessments sollten die Regeln in Abbildung 7.1 beachtet werden (vgl. auch ISO/IEC 15504-5:2006; Bush/Dunaway 2005; Walter 2009, S. 217 f.; ISO 9004:2009, Anhang A; Snabe et al. 2009, S. 181 ff.).

Prozessassessments erfüllen nur dann ihren Zweck, wenn aus den Bewertungsergebnissen Verbesserungsmaßnahmen abgeleitet und diese umgesetzt werden. Die **Wirksamkeit von Prozessassessments** hängt wesentlich vom Verhalten der Geschäftsleitung, des Chief Process Officer und der Geschäftsprozessverantwortlichen ab. Sie haben es in der Hand, ob Prozessassessments nur als Berichts- oder als wirkungsvolles Verbesserungsinstrument genutzt werden.

- ❑ Vor dem ersten Prozessassessment ausführlich über Zweck, Umfang, Vorgehen, Verantwortlichkeiten und Rollen der Bewertung informieren
- ❑ Das Assessmentteam aus ein bis zwei prozessinternen sowie ein bis zwei prozessexternen Prozessexperten zusammensetzen
- ❑ Den Geschäftsprozessverantwortlichen in das Team einbinden
- ❑ Die Moderation einem erfahrenen prozessexternen Assessor übertragen
- ❑ Für offene und kommunikative Atmosphäre Sorge tragen
- ❑ Der Bewertung ein Reifegradmodell zugrunde legen
- ❑ Standardisierte Checklisten verwenden
- ❑ Auf schriftliche Nachweise Wert legen
- ❑ Prozessmitarbeiter interviewen
- ❑ Ergebnisse grafisch darstellen
- ❑ Im Abschlussbericht neben Schwächen und Stärken auch Handlungsempfehlungen und Verbesserungsmaßnahmen aufzeigen
- ❑ Die Ergebnisse des Assessments gemeinsam vertreten

Abb. 7.1 Regeln für die Durchführung von Prozessassessments

7.2 Reifegradmodelle

Prozessassessments stützen sich auf Reifegradmodelle ab, die zumeist auf bewährten Praxiserfahrungen basieren. **Reifegradmodelle** dienen als Vergleichsbasis für die Bewertung des jeweiligen Bewertungsobjektes (siehe Abbildung 7.2). Durch den Vergleich mit dem Reifegradmodell werden Schwachstellen des Bewertungsobjektes aufgedeckt und Möglichkeiten zur Steigerung seiner Reife aufgezeigt. Reifegradmodelle sind ein wichtiges Hilfsmittel, den Standort zu bestimmen, Prozessfähigkeiten und Prozessreife zu steuern und damit die Erfolgswahrscheinlichkeit des Geschäftsprozessmanagements zu erhöhen.

Reifegradmodelle können sich auf unterschiedliche **Bewertungsobjekte** beziehen:

- **Bewertung einzelner Geschäftsprozesse:** Gegenstand der Bewertung ist die Ausprägung von Konzept und Umsetzung der Ziele, Aufgaben (Führung, Organisation, Controlling, Optimierung) und Ergebnisse des jeweiligen Geschäftsprozesses.
- **Bewertung des gesamten Geschäftsprozessmanagementsystems:** Gegenstand der Bewertung ist die summarische Ausprägung von Konzept und Umsetzung aller Geschäftsprozesse in einer Organisation.
- **Bewertung der Organisation:** Gegenstand der Bewertung ist die Prozessfähigkeit einer Organisation. Darunter werden Rahmenbedingungen verstanden (Befähiger, core elements), die den Erfolg aller Geschäftsprozesse maßgeblich beeinflussen. Dazu zählen Prozessstrategie, Prozesskultur, Mitarbeiter, IT und Prozessmethoden (vgl. Kapitel 1.3).

Reifegradmodelle unterscheiden verschiedene **Stufen der Reife**. Hohe Reife bedeutet, dass die Voraussetzungen für hohe Prozesseffektivität und -effizienz günstig bzw. erfüllt sind. Jede erreichte Reifegradstufe legt die Basis für weitere Verbesserungen.

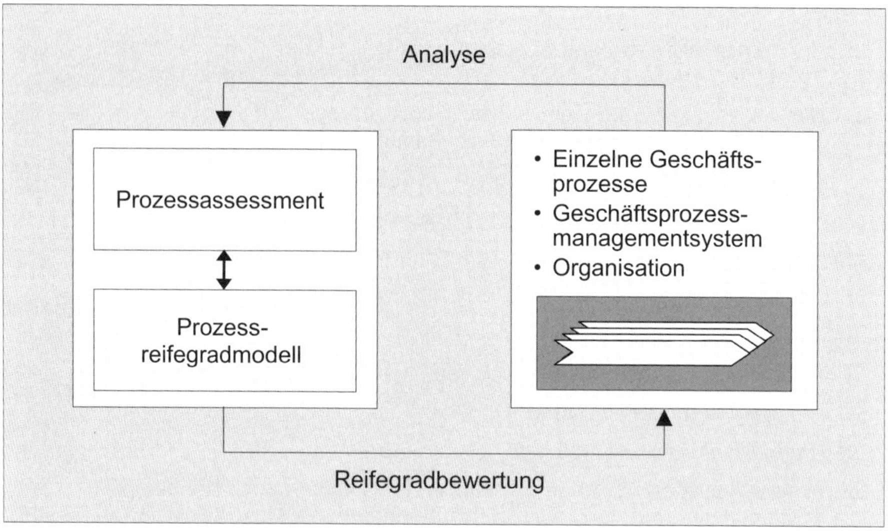

Abb. 7.2 Verbindung von Bewertungsobjekten, Prozessassessment und Reifegradmodell

Crosby hat bereits 1979 ein Bewertungsmodell aus fünf Stufen zur Bestimmung der Reife des Qualitätsmanagements vorgeschlagen (Crosby 1979, S. 25 – 40). Die Zahl der Reifegradmodelle wird heute auf über 200 geschätzt. Die Modelle unterscheiden sich durch den Anwendungsbereich und die Kriterien, die zur Bewertung herangezogen werden. **International bekannte Reifegradmodelle** zur Bewertung von Geschäftsprozessen sind (vgl. auch Fraunhofer IAO 2008, S. 79 ff.; Harmon 2009):

- CMMI-Modell (Capability Maturity Model Integration) (vgl. CMMI 2010),
- SPICE-Modell (Software Process Improvement and Capability Determination) in Verbindung mit ISO 15504 (vgl. SPICE 2009),
- ITIL (IT Infrastructure Library) (vgl. ITIL 2007),
- BPMM-Modell (Business Process Maturity Model) (vgl. BPMM 2009),
- ISO-Reifegradmodell nach ISO 9004 (vgl. ISO 9004:2009, Anhang A),
- PEM-Modell (Process and Enterprise Maturity Model) (vgl. Hammer 2007).

Abbildung 7.3 zeigt Merkmale dieser Reifegradmodelle. CMMI, SPICE/ISO 15504, ITIL und BPMM sind für spezielle Anwendungsbereiche von Geschäftsprozessen konzipiert. ISO 9004:2009 und PEM-Modell (PEMM) können dagegen generell eingesetzt werden. Das bisherige Reifegradmodell COBIT fehlt in der Auflistung. Mit der Version COBIT 5 wurde es von einem an ISO/IEC 15504 angelehnten Prozessbewertungsprozess abgelöst.

Die Prozessreifegradmodelle werden nachfolgend kurz beschrieben. Das CMMI-Modell wird ausführlicher dargestellt, weil es international die größte Verbreitung hat und viele andere Reifegradmodelle auf diesem aufbauen. Ergänzend zu obiger Übersicht wird noch auf die Reifegradmodelle EDEN und GPM eingegangen. Das EDEN-Reifegradmodell ist noch jung. Es wurde vom Arbeitskreis „BPM Excellence" des BPM Clubs Deutschland entwickelt und 2009 veröffentlicht. Das GPM-Reifegradmodell haben die Autoren dieses Buches zum ersten Mal 2001 veröffentlicht. Es dient in diesem Buch als Anwendungsbeispiel für Prozessassessments (vgl. Kapitel 7.3.1).

Kriterien / Modelle	Anwendungsbereich	Objekt	Detaillierungsgrad	Bewertungsmethode
CMMI	Entwicklung, Beschaffung, Service	Organisation	hoch	SCAMPI
SPICE / ISO 15504	Software-entwicklung	einzelne Prozesse	hoch	SCAMPI
ITIL	IT-Services	Organisation	mittel	Checklisten
BPMM (OMG)	Industrie	Prozessmanagement-system	hoch	Checklisten
PEMM (Hammer)	generell	Organisation, einzelne Prozesse	mittel	Checklisten
ISO 9004:2009	generell	Prozessmanagement-system	niedrig	–

Abb. 7.3 International bekannte Reifegradmodelle (SCAMPI = Standard CMMI Appraisal Method for Process Improvement, vgl. Kapitel 7.2.1.3)

7.2.1 Reifegradmodell CMMI (Capability Maturity Model Integration)

7.2.1.1 Konzept

Das Capability Maturity Model Integration (CMMI) wurde vom Software Engineering Institute (SEI) der Carnegie Mellon University in Pittsburgh entwickelt. Der ersten Version aus dem Jahr 1991 lag das IBM-Reifegradmodell von W. S. Humphrey für Softwareentwicklungen zugrunde (CMM für Software). 1993 folgten weitere CMM-Versionen für Produkt- und Systementwicklung. 2002 wurde das Capability Maturity Model Integration (CMMI) veröffentlicht, das aus einem Satz integrierter Modelle für unterschiedliche Anwendungen besteht:

- **CMMI for Acquisition** (CMMI-ACQ) für die Beschaffung von Produkten und Leistungen,
- **CMMI for Development** (CMMI-DEV) für die Software- und Systementwicklung,
- **CMMI for Services** (CMMI-SVC) für die Erbringung von Dienstleistungen.

CMMI-Reifegradmodelle finden weltweit Anwendung (vgl. Bush/Dunaway 2005; Tarnowski 2006; Harmon 2007). Viele andere Reifegradmodelle orientieren sich inzwischen an CMMI und haben dessen Reifegradstufung übernommen.

Ziel der CMMI-Modelle ist es, Prozesse in Organisationen zu verbessern. Die Modelle zeigen bewährte Praktiken auf, bieten das Rüstzeug zur Analyse von Stärken und Schwächen der Prozesse an und helfen, Maßnahmen zur Verbesserung der Prozesse zu definieren. CMMI beschreibt einen „evolutionären Verbesserungsweg von unreifen Ad-hoc-Arbeitsabläufen hin zu reifen und disziplinierten Prozessen mit verbesserter Qualität und Wirksamkeit“ (Chrissis/Konrad/Shrum 2012, S. 11).

Die CMMI-Modelle enthalten Qualitätskriterien zur Beurteilung und Verbesserung der in einer Organisation vorhandenen Prozesse. Die Beurteilung bezieht sich nicht auf einzelne Prozesse, sondern auf den **Reifegrad einer Organisation** in Bezug auf ihre Prozesse. Der CMMI-Rahmen umfasst 22 Prozessgebiete. 16 davon sind Kernprozessgebiete, die in allen drei CMMI-Modellen (CMMI for Acquisition, CMMI for Development und CMMI for Services) enthalten sind. Durch den gemeinsamen Kern und die einheitliche Struktur können die drei Modelle gut miteinander kombiniert werden.

Die Prozessgebiete beziehen sich auf wichtige prozessrelevante Themen. Sie werden in vier Kategorien eingeteilt (siehe Abbildung 7.4; vgl. Chrissis/Konrad/Shrum 2012, S. 58 f.):

- Unterstützung,
- Prozessmanagement,

Prozessgebiet	Kategorie
• Konfigurationsmanagement	• Unterstützung
• Messung und Analyse	• Unterstützung
• Prozess- und Produktqualitätssicherung	• Unterstützung
• Entscheidungsfindung	• Unterstützung
• Ursachenanalyse und -beseitigung	• Unterstützung
• Organisationsweite Aus- und Weiterbildung	• Prozessmanagement
• Organisationsweite Prozessentwicklung	• Prozessmanagement
• Organisationsweite Prozessausrichtung	• Prozessmanagement
• Organisationsweite Prozessleistung (Process Performance)	• Prozessmanagement
• Organisationsweites Leistungsmanagement (Performance Management)	• Prozessmanagement
• Anforderungsmanagement	• Projektmanagement
• Projektplanung	• Projektmanagement
• Projektverfolgung und -steuerung	• Projektmanagement
• Zulieferungsmanagement	• Projektmanagement
• Risikomanagement	• Projektmanagement
• Fortgeschrittenes Projektmanagement	• Projektmanagement
• Quantitatives Projektmanagement	• Projektmanagement
• Anforderungsentwicklung	• Entwicklung
• Technische Umsetzung	• Entwicklung
• Produktintegration	• Entwicklung
• Verifizierung	• Entwicklung
• Validierung	• Entwicklung

Abb. 7.4 Kategorien der CMMI-Prozessgebiete (Beispiel CMMI-DEV für die Entwicklung)

- Projektmanagement,
- spezielle Prozessgebiete in Abhängigkeit vom jeweiligen CMMI-Modell (Entwicklung, Beschaffung oder Service).

Die Kategorie Prozessmanagement umfasst z.B. Aktivitäten zur Definition, Standardisierung, Planung, Umsetzung, Messung, Überwachung, Analyse, Steuerung und Verbesserung von Prozessen.

Jedes Prozessgebiet enthält eine Reihe von Praktiken, die sich in der Praxis bewährt haben. Mit der Umsetzung dieser oder entsprechender Praktiken lassen sich die Ziele erreichen, die für jedes Prozessgebiet ausgewiesen sind. Die Erfüllung der Ziele trägt wesentlich zur Verbesserung des Prozessgebietes teil.

7.2.1.2 Fähigkeits- und Reifegrade

CMMI unterstützt zwei Wege der Prozessverbesserung (siehe Abbildung 7.5):

- Verbesserung einzelner Prozessgebiete. Der Grad der Verbesserung wird über **Fähigkeitsgrade** beurteilt.
- Verbesserung einer Gruppe zusammenhängender Prozessgebiete. Der Grad der Verbesserung wird über **Reifegrade** beurteilt.

Grad	**Fähigkeitsgrade** (Capability Levels) beziehen sich auf jeweils ein Prozessgebiet	**Reifegrade** (Maturity Levels) beziehen sich auf die Prozesse der Organisation
0	Incomplete	–
1	Performed	Initial
2	Managed	Managed
3	Defined	Defined
4	–	Quantitativ ely Managed
5	–	Optimizing

Abb. 7.5 Fähigkeits- und Reifegrade von CMMI (vgl. CMMI-DEV 2010, S. 23)

Zum Beispiel beinhaltet der Fähigkeitsgrad 2 „Managed“ das Ziel „Geführte Prozesse institutionalisieren“. Dieses Ziel ist mit folgenden Praktiken unterlegt:

- organisationsweite Leitlinien etablieren,
- Arbeitsabläufe planen,
- Ressourcen bereitstellen,
- Rechte und Pflicht zuweisen,
- Aus- und Weiterbildung durchführen,

- Arbeitsergebnisse verwalten,
- relevante Stakeholder identifizieren und steuern,
- Arbeitsabläufe überwachen und steuern,
- Prozesseinhaltung objektiv bewerten,
- Umsetzung mit dem höheren Management prüfen.

Soll Fähigkeitsgrad 2 erreicht werden, sind diese Praktiken nachzuweisen.

Jedes Prozessgebiet wird separat bewertet. Welche Prozessgebiete eine Organisation zur Verbesserung auswählt und welchen Fähigkeitsgrad sie jeweils anstrebt, hängen von ihren Geschäftszielen und ihrer Prozesssituation ab.

Der **Reifegrad** bewertet das Niveau der Prozesse in einer Organisation. Jedem Reifegrad sind bestimmte Prozessgebiete zugeordnet, die bestimmte Fähigkeitsgrade erfüllen müssen

Prozessgebiet	Reifegrad	Fähigkeitsgrad 1 | 2 | 3
• Anforderungsmanagement	2	Zielprofil Reifegrad 2
• Zulieferungsmanagement	2	
• Konfigurationsmanagement	2	
• Messung und Analyse	2	
• Prozess- und Produktqualitätssicherung	2	
• Projektplanung	2	
• Projektverfolgung und -steuerung	2	
• Entscheidungsfindung	3	Zielprofil Reifegrad 3
• Fortgeschrittenes Projektmanagement	3	
• Risikomanagement	3	
• Organisationsweite Prozessentwicklung	3	
• Organisationsweite Prozessausrichtung	3	
• Organisationsweite Aus- und Weiterbildung	3	
• Anforderungsentwicklung (Entwicklung)	3	
• Technische Umsetzung (Entwicklung)	3	
• Produktintegration (Entwicklung)	3	
• Verifizierung (Test) (Entwicklung)	3	
• Validierung (Entwicklung)	3	
• Quantitatives Projektmanagement	4	Zielprofil Reifegrad 4
• Organisationsweite Prozessleistung (Process Performance)	4	
• Ursachenanalyse und -beseitigung	5	Zielprofil Reifegrad 5
• Organisationsweites Leistungsmanagement (Performance Management)	5	

Abb. 7.6 Zuordnung der CMMI-Prozessgebiete zu CMMI-Reifegraden (Beispiel CMMI-DEV für die Entwicklung, vgl. CMMI-DEV 2010, S. 36)

(siehe Abbildung 7.6). Es werden fünf Reifegrade unterschieden: 1 = Initial, 2 = Managed, 3 = Defined, 4 = Quantitatively Managed, 5 = Optimizing.

Jeder Reifegrad basiert auf dem vorgehenden:

- Reifegrad 2 erfordert, dass alle zugehörigen Prozessgebiete (Anforderungsmanagement, Projektplanung, Projektverfolgung und -steuerung, Zulieferungsmanagement, Messung und Analyse, Prozess- und Produktqualitätssicherung) den Fähigkeitsgrad 2 oder 3 erreichen.
- Reifegrad 3 erfordert, dass alle Prozessgebiete, die den Reifegraden 2 und 3 zugeordnet sind, den Fähigkeitsgrad 3 aufweisen.
- Reifegrad 4 erfordert, dass alle Prozessgebiete, die den Reifegraden 2, 3 und 4 zugeordnet sind, den Fähigkeitsgrad 3 aufweisen.
- Reifegrad 5 erfordert, dass alle Prozessgebiete, die den Reifegraden 2, 3, 4 und 5 zugeordnet sind, den Fähigkeitsgrad 3 aufweisen (vgl. Chrissis/Konrad/Shrum 2012, S. 52 f.).

Die einzelnen Reifegrade haben folgende Merkmale (siehe Abbildung 7.7):

- Reifegrad 1: Initial

  Auf Reifegradstufe 1 laufen Prozesse „chaotisch" ab. Es fehlen Prozessvorgaben. Der Erfolg hängt vom Know-how einzelner Personen ab. Die Prozesse liefern keine vorhersagbaren Ergebnisse. Die Ressourcen sind stark mit der Behebung von Krisen belastet. Deshalb ist die Effizienz bzw. Performance der Prozesse niedrig.
- Reifegrad 2: Managed

  Auf Reifegradstufe 2 gibt es erste Ansätze eines Prozessmanagements. Die Prozesse werden geplant, überwacht und gesteuert und liefern kontrollierte Ergebnisse. Es gibt jedoch keine einheitlichen Vorgaben für Organisation und Controlling der Prozesse. Dadurch fehlt die Basis für systematische Prozessverbesserungen und einen organisationsweiten Know-how-Transfer.

Stufe	Reife	Charakteristiken
5	Optimizing	• Prozesse werden kontinuierlich und systematisch auf Basis von Metriken verbessert
4	Quantitatively Managed	• Die Steuerung der Prozesse basiert auf detaillierten Messungen • Prozessergebnisse sind vorhersagbar
3	Defined	• Prozesse basieren auf organisationsweit gültigen Standardprozessen und sind ausführlich dokumentiert • Prozesserfahrungen werden organisationsweit genutzt
2	Managed	• Prozesse werden geplant, überwacht und gesteuert • Prozesse liefern kontrollierte Ergebnisse
1	Initial	• Prozesse werden durchgeführt, aber ad hoc gesteuert • Die Ergebnisse hängen stark von einzelnen Know-how-Trägern ab

Abb. 7.7 CMMI-Reifegradmodell (Capability Maturity Model Integration)

- Reifegrad 3: Defined

  Mit Reifegradstufe 3 beginnt das systematische und aktive Prozessmanagement. Auf dieser Stufe werden einheitliche Geschäftsprozesse für die gesamte Organisation eingeführt. So existiert z. B. ein standardisierter Entwicklungsprozess, aus dem alle Entwicklungsprojekte nach vorgegebenen Regeln ihre projektspezifischen Prozesse ableiten. Die Standards für Struktur, Planung und Steuerung der Prozesse unterstützen den Know-how-Transfer und Prozessverbesserungen.

- Reifegrad 4: Quantitatively Managed

  Auf Reifegradstufe 4 wird die Performance der Prozesse quantitativ gemessen, analysiert und anhand vorgegebener Zielwerte überwacht. Die Performancekontrolle ermöglicht es, notwendige Korrekturen zu erkennen sowie Maßnahmen zur Zielerreichung und Prozessverbesserung einzuleiten. Die Prozesse liefern vorhersagbare Ergebnisse.

- Reifegrad 5: Optimizing

  Auf Reifegradstufe 5 verbessern Organisationen ihre Prozessperformance kontinuierlich. Verbesserungen werden systematisch ausgewählt und umgesetzt. Sie basieren auf Analysen und Auswertungen der in Reifegrad 4 gewonnenen Informationen.

Nach den Auswertungen des SEI benötigten Organisationen, die mit ihren Bemühungen zur Steigerung des Reifegrades im Jahr 2002 oder später begannen:

- von Stufe 1 nach Stufe 2 im Durchschnitt vier Monate,
- von Stufe 2 nach Stufe 3 im Durchschnitt 18,5 Monate,
- von Stufe 3 nach Stufe 4 im Durchschnitt 19 Monate,
- von Stufe 4 nach Stufe 5 im Durchschnitt 13 Monate.

7.2.1.3 Appraisals

Die Bewertung von Reifegraden wird im Rahmen von Appraisals durchgeführt. Die **Aufgaben von Appraisals** sind (vgl. Schmied et al. 2008, S. 67 ff.):

- Beurteilung der Prozessreife,
- Erstellung von Fähigkeitsprofilen,
- Ermittlung von Prozessstärken und -schwächen,
- Aufzeigen des Verbesserungsbedarfs,
- Ableitung von Verbesserungszielen und -maßnahmen,
- Kontrolle des Verbesserungsfortschritts,
- Standortbestimmung durch internationalen Vergleich.

Als Bewertungsverfahren wird **SCAMPI** (Standard CMMI Appraisal Method for Process Improvement) angewendet. SCAMPI erfüllt die Anforderungen der Norm ISO/IEC 15504. SCAMPI-Appraisals werden als interne Selbstbewertungen, aber auch zur Bewertung der Prozessreife von Auftragnehmern durchgeführt. Die Begutachtung basiert auf dem Vergleich der Prozesse einer Organisation mit den Praktiken (Best Practices) von CMMI.

Kunden fordern immer häufiger einen bestimmten CMMI-Reifegrad, der über ein Appraisal nachgewiesen werden muss. Viele Automobilhersteller verlangen z. B. von ihren Elektroniklieferanten mindestens einen CMMI-Reifegrad der Stufe drei.

7.2.2 Reifegradmodell SPICE/ISO 15504

Das Reifegradmodell SPICE (Software Process Improvement and Capability Determination) wurde 1993 vom britischen Institute of Electrical & Electronics Engineering als **Standard für Softwareentwicklungsprozesse** veröffentlicht und in die ISO-Norm 15504 übernommen (vgl. Thamm/Kollmar 2004, Tarnowski 2006; Wagner/Dürr 2008; SPICE 2009). ISO 15504 ist ein allgemeiner Standard zur Durchführung von Assessments in IT-Prozessen. Schwerpunkte von ISO 15504 sind die Verbesserung von Prozessen der eigenen Organisation (Process Improvement) sowie die Bestimmung der Prozessfähigkeit von Lieferanten (Capability Determination).

SPICE/ISO 15504 **bewertet einzelne Prozesse** unabhängig voneinander nach ihren Fähigkeitsgraden. Das Modell unterscheidet sechs Fähigkeitsstufen (siehe Abbildung 7.8). Die Fähigkeitsstufen geben darüber Auskunft, wie gut ein Prozess funktioniert. Die Stufen bauen aufeinander auf. Eine höhere Stufe kann nur erreicht werden, wenn die Bewertungsanforderungen der vorhergehenden Stufe erfüllt sind.

Stufe	Fähigkeit	Charakteristiken
5	Optimizing	• Prozess ist auf Geschäftsziele abgestimmt • Prozess wird kontinuierlich verbessert und innoviert
4	Predictable	• Prozess ist umfassend und konsistent eingeführt • Prozess erreicht Ergebnisse innerhalb definierter Grenzen
3	Established	• Prozess ist etabliert • Prozess beruht auf einem Prozessstandard
2	Managed	• Prozess wird geplant und überwacht • Prozessverantwortlichkeiten sind definiert
1	Performed	• Prozess ist implementiert und wird durchgeführt • Ergebnisse sind erkennbar
0	Incomplete	• Prozess ist nicht eingeführt • Ergebnisse sind nicht erkennbar

Abb. 7.8 SPICE/ISO-15504-Reifegradmodell

Jeder Prozess wird anhand von neun Prozessattributen bewertet, die bestimmten Fähigkeitsstufen zugeordnet sind (siehe Abbildung 7.9). Sie dienen dazu, die Fähigkeitsstufen zu präzisieren.

Stufe	Fähigkeit	Prozessattribute
5	Optimizing	• Prozessoptimierung (Process Optimization) • Prozessinnovation (Process Innovation)
4	Predictable	• Prozesssteuerung (Process Control) • Prozessmessung (Process Measurement)
3	Established	• Prozessanwendung (Process Deployment) • Prozessdefinition (Process Definition)
2	Managed	• Management der Arbeitsprodukte (Work Product Mgmt.) • Management der Prozessdurchführung (Performance Management)
1	Performed	• Prozessdurchführung (Process Performance)
0	Incomplete	

Abb. 7.9 Prozessattribute der Fähigkeitsstufen

Der Fähigkeitsgrad wird für jeden Prozess einzeln bestimmt. Die Bewertung jedes Prozessattributs erfolgt anhand einer vierstufigen Skala (siehe Abbildung 7.10). Bewertungsregeln legen fest, welchen Wert die einzelnen Attribute haben müssen, um eine bestimmte Fähigkeitsstufe zu erreichen.

0–15% erfüllt	16–50% erfüllt	51–85% erfüllt	86–100% erfüllt
nicht erfüllt	teilweise erfüllt	weitgehend erfüllt	vollständig erfüllt

Abb. 7.10 Bewertung der Prozessattribute

SPICE/ISO 15504 hat europäische Wurzeln und ist deshalb **in Europa weit verbreitet**. Die Verbreitung profitiert von der engen Verbindung mit der Norm ISO 12207, die ein Prozessmodell für Softwareentwicklungsprozesse enthält. Auch trägt die enge Abstimmung zwischen ISO 15504, ISO 12207 und der ISO-9000-Familie zur Verbreitung bei.

SPICE wurde an die Bedürfnisse verschiedener Branchen angepasst. Inzwischen gibt es SPICE für Raumfahrt (SPICE4Space), Medizintechnik (MediSPICE), Automobilindustrie (Automotive SPICE), Banken (BankingSPICE), komponentenbasierte Entwicklung (OOSPICE) und IT Infrastructure SPICE. Seit 2007 werden Assessments in der Automobilindustrie zur Bewertung und Qualifizierung von Elektroniklieferanten nach Automotive SPICE durchgeführt.

Zwischen SPICE/ISO 15504 und CMMI besteht ein hoher Überdeckungsgrad. Beide verfolgen jedoch unterschiedliche Schwerpunkte. Bei CMMI liegt der Fokus auf der gesamten Organisation mit ihren Prozessen, während SPICE das Gewicht auf die einzelnen Prozesse legt. Die Detaillierungstiefe und Ausführlichkeit ist bei CMMI größer als bei SPICE/ISO

15504. Insgesamt fällt eine vergleichende Bewertung wie folgt aus. Im Vergleich zu CMMI ist SPICE (vgl. Wirsing 2007; Siebert 2008):

- ISO-Standard,
- terminologisch und konzeptuell reifer,
- umfassender,
- konsistent mit ISO 12207,
- präziser in der Erfassung des Standes und der Ziele,
- auch für kleine Firmen (bedingt) geeignet,
- ebenfalls wie CMMI anspruchsvoll,
- erfordert wie CMMI erhebliche Sachkenntnis,
- Einführung kostet wie bei CMMI viel Zeit und Ressourcen.

7.2.3 Reifegradmodell ITIL

Das Prozessmodell ITIL (Infrastructure Library für den **IT-Betrieb**) wurde bereits in Kapitel 5.2.2.2.4 beschrieben. ITIL bietet das Reifegradmodell **Process Maturity Framework (PMF)** an (siehe Abbildung 7.11; vgl. Beims 2012, S. 216 ff.). Das Modell orientiert sich an dem CMMI-Modell für IT-Services (CMMI-SVC). Die Reifegrade **beziehen sich auf die Organisation** und nicht auf einzelne Geschäftsprozesse. In der Bewertung stehen folgende Aspekte im Vordergrund, die zugleich Treiber bzw. Erfolgsfaktoren des Geschäftsprozessmanagements sind:

- Vision und Steuerung,
- Prozesse,
- Mitarbeiter,
- Technologien/Tools,
- Kultur.

Das Erreichen einer Stufe setzt voraus, dass die Kriterien der vorhergehenden Stufe erfüllt sind.

Neben PMF gibt es für IT-Services weitere Reifegradmodelle (vgl. Beims 2012, S. 220 ff.):

- Reifegradmodell IT Service CMM,
- CMMI for Services (CMMI-SVC).

	Vision and Steering	Processes	People	Techno-logy	Prozess-kultur
5 Optimizing	strategische Prozessziele	proaktive Prozesse, systematische Prozessverbesserungen	hohe Motivation, Rollen in Unternehmenskultur integriert	integrierte IT-Architektur, IT in Prozesse integriert	durchgehend gelebte Prozessorientierung und Verbesserung
4 Managed	zielbasierte Steuerung, Management Reporting	Prozessstandards, kontinuierliche Prozessverbesserung	prozessinterne und -externe Zusammenarbeit	integrierte IT-Tools, durchgängiges Monitoring	Businessorientierung, hohe Prozessakzeptanz
3 Defined	vereinbarte formale Ziele, adäquate Budgets	definierte, veröffentlichte und dokumentierte Prozesse	klare Rollen, formale persönliche Ziele, strukturierte Ausbildung	durchgängige Datenerfassung, konsolidierte Daten	Kundenorientierung, Prozessakzeptanz
2 Repeatable	keine klaren und formalen Ziele	definierte, aber unkoordinierte und nicht gesteuerte Prozesse	definierte Rollen und Verantwortlichkeiten	verchiedene eigenständige IT-Tools	Produktorientierung, beginnende Prozessakzeptanz
1 Initial	nicht wiederholbare Ergebnisse, sporadische Steuerung	einzelne, reaktive Prozesse	lose definierte Rollen	vereinzelte Insellösungen	Technologieorientierung, geringe Prozessakzeptanz

Abb. 7.11 Reifegradmodell des Process Maturity Framework (PMF)

7.2.4 Reifegradmodell BPMM (Business Process Maturity Model)

Das BPMM-Modell wurde von der Object Management Group (OMG), einem Industriekonsortium, als herstellerunabhängiger Standard entwickelt. Das Modell steht seit Juni 2008 zur Verfügung (vgl. Harmon 2007; Rosemann/Bruin/Power 2008, S. 313 ff.; Curtis/Alden 2007; Hogrebe/Nüttgens 2009, S. 17 ff.; BPMM 2009). Den Anwendungsschwerpunkt bilden **Geschäftsprozesse in Industrieunternehmen**. Das Modell ist komplex, erfordert einen relativ hohen Durchführungsaufwand und verlangt die Einschaltung externer Modellexperten.

BPMM umfasst fünf Reifegradstufen (siehe Abbildung 7.12), die aufeinander aufbauen. Die Reifegrade korrespondieren mit jeweils mehreren Prozessbereichen (process areas). Die Prozessbereiche der Reifegradstufe 5 sind z. B.:

- unternehmensweite Verbesserungsplanung (Organizational Improvement Planning),
- unternehmensweite Leistungsausrichtung (Organizational Performance Alignment),

- Fehler- und Problemvermeidung (Defect and Problem Prevention),
- kontinuierliche Kompetenzsteigerung (Continuous Capability Improvement),
- unternehmensweite Innovationssteigerung (Organizational Innovative Improvement),
- unternehmensweit optimierter Ressourceneinsatz (Organizational Improvement Deployment).

Stufe	Reife	Charakteristiken
5	Innovating	• Prozesse werden proaktiv gesteuert, innoviert und kontinuierlich verbessert; sie erfüllen interne und externe Anforderungen (Change Management)
4	Predictable	• Prozessergebnisse und -performance werden quantitativ gesteuert; sie liefern vorhersagbare Ergebnisse (Capability Management)
3	Standardized	• Standardisierte Prozesse und Prozessmessungen sind eingeführt; Mitarbeiter haben das notwendige Prozess-Know-how (Process Management)
2	Managed	• Prozesse existieren auf Arbeitsebene; Management sorgt für stabile Arbeitsbedingungen; Prozessmanagement ist geplant (Work Unit Management)
1	Initial	• Prozesse sind kaum definiert; keine Prozess- oder Organisationsunterstützung; schwer vorhersagbare Ergebnisse (Firefighting Management)

Abb. 7.12 BPMM-Reifegradmodell (vgl. BPMM 2009)

Eine Reifegradstufe ist erreicht, wenn die Ziele/Aktivitäten und der geforderte Umsetzungsgrad dieser Stufe erfüllt sind. Um die nächste Stufe zu erreichen, muss die vorhergehende Stufe voll abgedeckt sein.

Die Reifegradbewertung wird in Appraisals unter der Leitung eines externen Lead Appraiser durchgeführt. Gegenstand der Überprüfung ist die Übereinstimmung mit den Zielen, Aktivitäten und dem Umsetzungsgrad der Prozessbereiche. Aus den Ergebnissen werden die Reifegradstufen ermittelt sowie Stärken und Schwächen der Umsetzung ausgewiesen. Diese dienen der Ableitung von Maßnahmen zur Erhöhung der Prozessreife und zur Steigerung der Prozesseffektivität und -effizienz.

Allweyer kommt zu folgender Gesamtbeurteilung des BPMM-Modells: „Das BPMM stellt nützliche Anregungen für Unternehmen bereit, die die Reife ihres Prozessmanagements überprüfen wollen. Insbesondere wenn es darum geht, stabile, ordnungsmäßige Prozesse nachzuweisen, sie zu messen und zu überwachen, lohnt sich eine Beschäftigung mit dem BPMM. Von einer unveränderten Anwendung des BPMM ist aufgrund seiner Komplexität, vieler nicht für alle Unternehmen gleichermaßen relevanten Kriterien sowie einiger fehlender Aspekte abzuraten“ (Allweyer 2007).

7.2.5 Reifegradmodell ISO 9004:2009

Die Norm ISO 9004:2009 empfiehlt, Reifegradbewertungen durchzuführen, und bietet ein Reifegradmodell als Selbstbewertungswerkzeug an. „Die Organisation sollte ihre Leistung anhand festgelegter Kriterien bewerten, die gegenwärtigen Reifegrade ermitteln und ihre Stärken und Schwächen feststellen" (ISO 9004:2009, Anhang A.2).

ISO 9004:2009 unterscheidet fünf Reifegradstufen, die sich von 1 (Anfänger) bis 5 (nachhaltiger Erfolg) erstrecken (siehe Abbildung 7.13; vgl. ISO 9004:2009, Anhang Tabelle A.5). Das Erreichen eines bestimmten Reifegrades setzt voraus, dass sämtliche Attribute der niedrigeren Reifegrade erfüllt sind. Das Modell stellt ein Grundgerüst dar, das um weitere Grade ergänzt oder anderweitig angepasst werden kann.

Stufe	Reife	Charakteristiken
5	Nachhaltiger Erfolg	• Prozessleistung ist im Vergleich gut, bei Schlüsselprozessen überdurchschnittlich • Lernmöglichkeiten werden genutzt
4	Progressiv	• Prozessinnovationen verbessern Prozesse • Stakeholder werden in Prozessplanung einbezogen • Prozessverantwortliche haben hohe Kompetenz
3	Flexibel	• Es findet eine strategische Prozessplanung statt • Prozessverbesserungen werden nachgewiesen • Prozessmanagementsystem wird bewertet
2	Proaktiv	• Schlüsselprozesse sind definiert und gesteuert • Die Wirksamkeit von Prozessen wird gemessen • Prozessverantwortung ist klar geregelt
1	Anfänger	• Prozesse werden ad hoc geplant und gesteuert • Prozessverantwortliche werden ad hoc ernannt

Abb. 7.13 Reifegradmodell der ISO 9004:2008

ISO 9004:2009 Anhang A.5 enthält eine Beurteilungstabelle für das Prozessmanagement. Darin sind als Bewertungskriterien Prozessmanagement allgemein, Prozessplanung und -lenkung sowie Prozessverantwortung und -befugnis aufgeführt. Diese werden für die einzelnen Reifegrade mit Hinweisen konkretisiert.

Für die Reifegradbestimmung von Prozessen sind weitere Kriterien wichtig, die in ISO 9004:2009, Anhang Tabelle A.6 unter Überwachung, Messung, Analyse und Bewertung sowie in ISO 9004:2009, Anhang Tabelle A.7 unter Verbesserung, Innovation und Lernen aufgeführt sind. Dasselbe gilt für die Tabellen A.2 Leiten und Lenken, A.3 Strategie und Politik sowie A.4 Ressourcenmanagement. Für eine umfassende Reifegradbewertung von Prozessen sind die prozessrelevanten Kriterien aus den Tabellen A.2, A.3, A.4, A.6 und A.7 zu selektieren und den Reifegradstufen zuzuordnen. Dieses dürfte nur erfahrenen Prozesskennern gelingen.

Neben dieser grundsätzlichen Schwachstelle sind als weitere **Kritikpunkte** zu nennen:

- keine Orientierung an einem Prozessmodell,

- keine Best-Practice-Vergleiche,
- keine Bewertungsmethodik,
- keine Checklisten.

Der Vorteil des Reifegradmodells ist seine Allgemeingültigkeit.

7.2.6 Process and Enterprise Maturity Model (PEM-Modell)

Das von M. Hammer entwickelte Reifegradmodell PEM dient der **Bewertung einzelner Prozesse und von Organisationen**. Das Modell besteht aus zwei Merkmalsgruppen. Die erste Gruppe bezieht sich auf Prozesse und enthält fünf Prozessdeterminanten. Nach diesen wird beurteilt, wie gut ein Prozess funktioniert. Je ausgeprägter die Prozessdeterminanten realisiert sind, umso reifer und leistungsfähiger ist der Prozess (vgl. Hammer 2007; Power 2007). Die fünf **Prozessdeterminanten** sind:

- Prozessdesign: Ist der Prozess ausreichend definiert, beschrieben (Zweck, Inputs, Outputs etc.) und dokumentiert?
- Mitarbeiter: Haben die Mitarbeiter, die den Prozess ausführen, das nötige Wissen und die nötigen Fähigkeiten?
- Verantwortung: Ist der Prozessverantwortliche in der Hierarchie hoch angesiedelt? Hat er ausreichende Befugnisse?
- Infrastruktur: Unterstützen die IT- und Managementsysteme den Prozess hinreichend?
- Kennzahlen: Existieren geeignete Kennzahlen zur Bewertung der Prozesse?

Die Prozessdeterminanten werden in fünf Entwicklungsstufen (Reifegrade) unterteilt (P-0 bis P-4) (siehe Abbildung 7.14). Jede Stufe baut auf der vorhergehenden auf. Die Bewertung wird anhand einer Matrix vorgenommen, in der die Entwicklungsstufen P-1 bis P-4 mit Fragen unterlegt sind. Die Analyse und Bewertung wird durch eine Checkliste unterstützt, die im Netz abrufbar ist (Checkliste unter: http://hbr.org/hbrg-main/resources/pdfs/hbr-articles/2007/04/hammer-assessing-worksheet.pdf). Die Fragen der Checkliste werden in einem Workshop beantwortet und führen zum Bewertungsergebnis.

Die zweite Merkmalsgruppe bezieht sich auf die Organisation. Sie beinhaltet vier Unternehmenskomponenten, welche die Prozessdeterminanten beeinflussen. Die Erfüllung der Unternehmenskomponenten ist Voraussetzung für reife und leistungsfähige Prozesse. Unternehmenskomponenten und Prozessdeterminanten sind jeweils in 13 Elemente unterteilt. Die vier **Unternehmenskomponenten** umfassen:

- Leadership: Unterstützt das Topmanagement die Prozessorientierung?
- Unternehmenskultur: Wie stark ausgeprägt sind Kundenorientierung, Teamarbeit, Verantwortungsbewusstsein und Veränderungsbereitschaft?
- Erfahrung: Welche Erfahrungen hat das Unternehmen mit der Neugestaltung von Prozessen?
- Steuerung: Mit welchen Systemen und Strukturen wird das Management von komplexen Projekten und Veränderungen unterstützt?

Für die vier Unternehmenskomponenten sind ebenfalls fünf Entwicklungsstufen festgelegt (E-0 bis E-4). Auch hier werden für die Bewertung eine Matrix und eine Checkliste angeboten (Checkliste unter: http://hbr.org/hbrg-main/resources/pdfs/hbr-articles/2007/04/hammer-evaluating-worksheet.pdf).

Stufe	Reife	Charakteristiken
P-4	Erstklassig	• Der Prozess ist erstklassig und erstreckt sich über die Grenzen des Unternehmens hinaus
P-3	Optimale Leistung	• Der Prozess hat eine hohe Leistung und optimiert die Gesamtleistung des Unternehmens
P-2	Überdurch-schnittliche Ergebnisse	• Der Prozess ist als End-to-End-Prozess definiert und implementiert, er liefert überdurchschnittliche Ergebnisse
P-1	Stabil	• Der Prozess ist zuverlässig, berechenbar und stabil
P-0	Zufällig	• Prozesse funktionieren nach dem Zufallsprinzip

Abb. 7.14 Entwicklungsstufen der Prozessdeterminanten im PEM-Modell (in Anlehnung an Hammer 2007)

Dem PEM-Modell liegt kein Prozessmodell zugrunde und es werden keine bestimmten Prozessmerkmale sowie Best-Practice-Prozesse in die Bewertung einbezogen. Stattdessen werden die Voraussetzungen beurteilt, die für erstklassige Prozesse erfüllt sein müssen. Das Modell ist **generell für alle Geschäftsprozesse und Organisationen anwendbar**. Sein Differenzierungsgrad ist relativ gering. Dafür zeichnet es sich durch geringen Einarbeitungsaufwand, einfache Anwendung und niedrigen Durchführungsaufwand aus. Es ist gut für Selbstbewertungen geeignet.

7.2.7 Reifegradmodell EDEN

Das Reifegradmodell wurde 2006 bis 2008 vom Arbeitskreis „BPM-Excellence" des BPM Club Deutschland entwickelt. EDEN steht für „erfolgreich, durchgängig, effizient und nachhaltig" (vgl. BPM Maturity Model EDEN 2009; Knuppertz/Feddern 2011, S. 189 ff.).

Die **Ziele** des Reifegradmodells EDEN sind:

- Standortbestimmung einzelner Geschäftsprozesse sowie des Prozessmanagements in einer Organisation,
- Zielbestimmung,
- Aufzeigen des Handlungsbedarfs,
- Entwicklung einer Roadmap zur Weiterentwicklung des Prozessmanagements.

Das Modell besteht aus zwei Ebenen:

- **Organisationsebene**, um den Status quo des Prozessmanagements im Unternehmen festzustellen.
- **Prozessebene**, um den Reifegrad einzelner Geschäftsprozesse zu ermitteln.

Das EDEN-Reifegradmodell deckt neun Dimensionen des Prozessmanagements ab und umfasst 150 Einzelkriterien. Die Prozessdimensionen sind:

- Strategie,
- Ziele,
- Organisation,
- Methoden,
- Dokumentation,
- IT,
- Kompetenzen,
- Messen,
- Kommunikation.

Die Reifegradstufen von EDEN gehen aus Abbildung 7.15 hervor. Das Modell ist **branchenunabhängig** einsetzbar. Mithilfe von Komplementärmodulen besteht die Möglichkeit, andere Reifegradmodelle wie z. B. CMMI in EDEN zu integrieren.

Stufe	Reife	Charakteristiken
5	Nachhaltig	• Die Prozesskultur ist Bestandteil der Unternehmenskultur
4	Gesteuert	• Prozessmanagement wird zielorientiert und effizient im Unternehmen angewendet
3	Durch-gängig	• Prozessmanagement ist im ganzen Unternehmen etabliert
2	Fortge-schritten	• Umfangreiche Aktivitäten zum Aufbau eines unternehmensweiten Prozessmanagements sind durchgeführt
1	Ansatzweise	• Initiativen zum Aufbau eines Prozessmanagements sind durchgeführt
0	Chaotisch	• Ergebnisse des Prozessmanagements sind unvollständig und zufällig

Abb. 7.15 Reifegradmodell EDEN zur Bewertung des Prozessmanagements

Reifegradanalysen mit EDEN geben Auskunft über die gegenwärtige Situation sowie das mittelfristige und langfristige Ziel von einzelnen Geschäftsprozessen bzw. des gesamten Geschäftsprozessmanagements. Die Analyseergebnisse werden in einer Positionierungsmatrix mit den Achsen „Fortschritt" und „Vorgehen" sowie den vier Feldern „Sumpf", „Wiese", „Feld" und „Garten" eingetragen. Die Positionierungsmatrix zeigt Handlungsempfehlungen auf, aus denen konkrete Maßnahmen abgeleitet werden können. Viele Unternehmen stecken noch im „Sumpf". Das Reifegradmodell EDEN will aufzeigen, wie sie langfristig von dort in den „Garten EDEN" gelangen können (vgl. BPM Maturity Model EDEN 2009, S. 9).

7.2.8 GPM-Reifegradmodell

Das GPM-Reifegradmodell basiert auf Praxiserfahrungen, die beim Einsatz des in diesem Buch beschriebenen GPM-Konzeptes gesammelt wurden. Das GPM-Reifegradmodell unterscheidet zwischen der **Bewertung einzelner Geschäftsprozesse und des gesamten Geschäftsprozessmanagementsystems** in einer Organisation. Business Excellence lässt sich nur erreichen, wenn das gesamte Geschäftsprozessmanagementsystem eine hohe Reife hat und nicht nur einzelne Geschäftsprozesse.

Das GPM-Reifegradmodell ist kompatibel mit dem EFQM-Modell (EFQM = European Foundation for Quality Management). Die Ergebnisse können direkt in EFQM-Selbstbewertungen (EEA-Assessments) verwendet werden.

Die **Ziele und Aufgaben** des GPM-Reifegradmodells sind:

- Feststellen des Reifegrades einzelner Geschäftsprozesse bzw. des Geschäftsprozessmanagementsystems,
- Messen des Fortschritts von GPM-Einführungsprojekten,
- Aufzeigen von Defiziten, Schwachstellen und Verbesserungsmöglichkeiten in Geschäftsprozessen und im Geschäftsprozessmanagementsystem,
- Festlegen von Verbesserungsmaßnahmen und -programmen mit Prioritäten.

Das GPM-Reifegradmodell besteht aus den zwei Teilmodellen:

- RGP-Modell: Reifegradmodell für Geschäftsprozesse (siehe Abbildung 7.16),
- RGPM-Modell: Reifegradmodell für das Geschäftsprozessmanagementsystem (siehe Abbildung 7.17).

Beide Modelle bestehen aus fünf Reifegradstufen. Die Reifegradstufen des RGP-Modells lehnen sich an die Vorgehensstufen bei der Einführung von Geschäftsprozessen an. Den Reife-

Stufe	Reife	Charakteristiken
5	Prozess-optimierung	• Der Geschäftsprozess wird kontinuierlich verbessert • Fallweise werden Prozesserneuerungen vorgenommen • Das Management unterstützt wirksam den Geschäftsprozess • Es werden deutliche Leistungssteigerungen nachgewiesen
4	Prozess-steuerung	• Der Geschäftsprozess wird laufend gemessen • Zielabweichungen werden laufend analysiert und führen zu Korrekturmaßnahmen • Prozessberichte informieren über Zielerreichung u. Prozessperformance
3	Prozess-zielplanung	• Prozessziele werden aus den Geschäftszielen abgeleitet • Für die Prozessziele sind Prozesskennzahlen (Performance Process Indicators) festgelegt
2	Prozess-verantwortung	• Verantwortung und Rollen des Geschäftsprozesses sind festgelegt und etabliert • Jeder Mitarbeiter hat über ein Prozessportal Zugriff auf Prozessdaten • Der Geschäftsprozess ist effizient in der Organisation verankert
1	Prozess-definition	• Der Geschäftsprozess ist identifiziert, dokumentiert, abgestimmt und freigegeben • Die Prozessdokumentation erfüllt die regulatorischen Anforderungen

Abb. 7.16 Reifegradmodell für Geschäftsprozesse (RGP-Modell)

	Prozess-strategie	Geschäfts-prozesse	Prozess-mitarbeiter, -organisation	IT, Methoden	Prozess-kultur
Optimizing 5	integrierte Geschäfts-, Prozess- und IT-Strategie	nachhaltige Prozess-optimierung, proaktive Prozesse Prozessreife 5	hohe Prozess-qualifikation und -identifikation der Mitarbeiter	integrierte IT-Architektur, BPM-System/SOA	durchgehend gelebte Prozess- und Kundenorien-tierung, Kompetenz-denken
Managed 4	Process Governance	Prozess messung und -verbes-serung Prozessreife 4	Prozess-organisation, CPO, GPM-Office	PPM-System, Prozessplatt-form, TCT, Kaizen, Six Sigma	wachsende Prozess- und Kundenorien-tierung, Leistungs-denken
Defined 3	strategische Prozess-gewichtung	standardi-sierte, unterneh-mensweite Prozesse Prozessreife 3	definierte Prozessrollen, Prozess-verantwort-liche, Prozess-, Kaizen-Teams	Prozess-modell, GPM-Tools, Prozessportal	parallele Funktions- und Prozess-orientierung
Repeatable 2	Strategie-planungs-prozess	dokumen-tierte und im-plementierte Prozesse, Prozessreife 2	Prozess-training	integrierte Anwendungs-software, Modellie-rungstools	singuläre Prozess-orientierung
Initial 1	unzurei-chende Geschäfts-strategie	einzelne unkoordinierte Prozess-aktivitäten Prozessreife 1	geringes Prozess-wissen	Isolierte Awendungs-software, keine Prozess-methoden	Abteilungs- und Funktions-orientierung, Kosten-denken

Abb. 7.17 Reifegradmodell für Geschäftsprozessmanagementsysteme (RGPM-Modell)

gradstufen des RGPM-Modells liegen die Hauptbefähiger bzw. Erfolgsfaktoren des Geschäftsprozessmanagements in einer Organisation zugrunde.

Für die Bewertung werden Checklisten verwendet, die sich auf die einzelnen Reifegradstufen in beiden Modellen beziehen. Kapitel 17.1 enthält die Checkliste für das RGP-Modell.

7.2.9 Einsatz von Reifegradmodellen in der Praxis

Die Umfrage „Status Quo Prozessmanagement 2010/2011" stellt zur Verbreitung von Reifegradmodellen in der Praxis fest: „Reifegradmodelle zur Messung des Einführungsfortschritts auf der Organisationsebene spielen in den Aussagen der teilnehmenden Unternehmen immer noch eine untergeordnete Rolle. Im Schwerpunkt überwiegen prozessbezogene Reifegradmodelle oder der völlige Verzicht einer regelmäßigen Fortschrittsprüfung. Was nicht gemessen wird, wird auch nicht gesteuert" (BPM&O 2011, S. 4; siehe Abbildung 7.18).

Nach der Umfrage werden überwiegend keine Reifegradanalysen durchgeführt. Überraschend ist der relativ hohe Grad eigenentwickelter Reifegradmodelle. Diese sind mit Kosten verbunden, nutzen nicht das Leistungsangebot der auf dem Markt frei verfügbaren Reifegradmodelle und auch nicht die vorteilhaften Möglichkeiten des Prozess-Benchmarkings, das einige dieser Modelle anbieten. Bei den international bekannten Reifegradmodellen ist CMMI am stärksten verbreitet, gefolgt von BPMM und SPICE/ISO 15504.

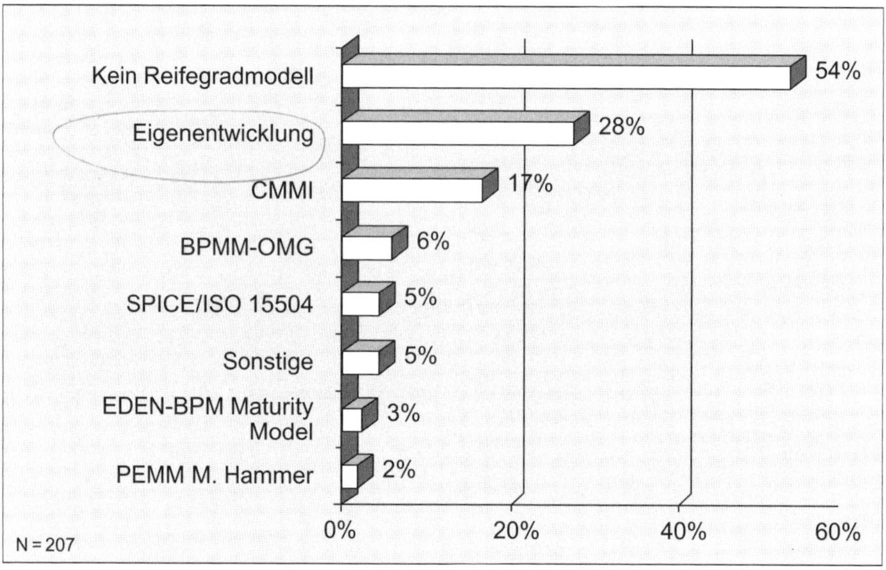

Abb. 7.18 Verbreitung von Reifegradmodellen (vgl. BPM&O 2011, S. 9)

7.3 Anwendung von Prozessassessments

7.3.1 Beispiel: Prozessassessment anhand des RGP-Reifegradmodells

7.3.1.1 Vorgehen

Das prinzipielle Vorgehen bei der Durchführung von Prozessassessments wird am Beispiel des RGP-Modells erläutert, das für die Ermittlung des Reifegrades einzelner Geschäftsprozesse entwickelt wurde (siehe Abbildung 7.16).

Mit dem RGP-Modell können maximal 100 Punkte für einen Geschäftsprozess über alle fünf Reifegradstufen hinweg erreicht werden. Dieser Wert stimmt mit der maximalen Punktzahl überein, die das EFQM-Modell 2010 den Prozessen zuordnet (vgl. EFQM 2009). Zunächst ist zu Beginn des Prozessassessments festzulegen, welches Gewicht die einzelnen Reifegradstufen im RGP-Modell haben sollen. Das Gewicht kann gleich verteilt oder je nach Gegebenheiten und Zielen der Organisation unterschiedlich festgelegt werden. In dem Anwendungsbeispiel in Abbildung 7.19 ist eine unterschiedliche Gewichtung ausgewiesen, z. B. 30 % für Reifegradstufe 5 (Prozessoptimierung). Die Gewichtungen sollten über einen längeren Zeitraum konstant bleiben, um eine stabile Vergleichsbasis sicherzustellen.

Geschäftsprozess Reifegrad		Gewichtung (%)	Maximale Punktzahl	Bewertungsergebnis (%)	Erreichte Punktzahl	Zielvorgabe Punktzahl
5	Prozessoptimierung	30	30	40	12	20
4	Prozesssteuerung	20	20	70	14	18
3	Prozesszielplanung	20	20	60	12	18
2	Prozessverantwortung	15	15	80	12	15
1	Prozessdefinition	15	15	90	13,5	15
Gesamtpunktzahl Geschäftsprozess (maximal 100 Punkte)					63,50	86
Erfüllungsgrad Geschäftsprozess					63,5 %	86 %

Abb. 7.19 Bewertung eines Geschäftsprozesses nach dem RGP-Reifegradmodell

Im nächsten Schritt wird anhand einer Checkliste der Erfüllungsgrad der einzelnen Reifegradstufen bewertet. Die Checkliste gewährleistet eine nachvollziehbare und vergleichbare Bewertung. In der Checkliste ist jede Reifegradstufe mit mehreren Kriterien beschrieben (vgl. Kapitel 17.1). Jedes Kriterium wird im Hinblick auf Konzept/Lösung (Methoden, Werkzeuge, Techniken, Hilfsmittel) und Umsetzung (Vorgehen, Grad der Umsetzung, dokumentierte Ergebnisse) betrachtet. Die Bewertung lehnt sich an die Bewertungsmethodik des EFQM-Modells an (siehe Abbildung 7.20).

unzureichende Lösung	ansatzweise Lösung	teilweise Lösung	weitgehende Lösung	umfassende Lösung
0 | 5 | 10	15 | 20 | 25 | 30 | 35	40 | 45 | 50 | 55 | 60	65 | 70 | 75 | 80 | 85	90 | 95 | 100
0 %	25 %	50 %	75 %	100 %
nicht evident oder anektodisch	in **1/4** der relevanten Bereiche umgesetzt	in **1/2** der relevanten Bereiche umgesetzt	in **3/4** der relevanten Bereiche umgesetzt	in **allen** relevanten Bereichen umgesetzt

Abb. 7.20 Bewertung der Reifegradkriterien

Der Erfüllungsgrad ist für jedes Kriterium in Prozent anzugeben. Der Erfüllungsgrad einer Reifegradstufe wird als arithmetisches Mittel aller Kriterien dieser Stufe ermittelt.

Bei der Einführung der Geschäftsprozesse werden in der Regel parallele Aktivitäten auf unterschiedlichen Reifegradstufen angestoßen. Beispielsweise können gleichzeitig Geschäftsprozesse definiert und Prozessverantwortliche ernannt werden. In der Praxis wird zumeist nicht eine Reifegradstufe abgeschlossen, bevor mit der nächsten begonnen wird. Deshalb werden im RGP-Modell die fünf Reifegradstufen unabhängig voneinander bewertet.

Die Punktzahl je Reifegradstufe wird durch Multiplikation des Erfüllungsgrades dieser Stufe mit der Gewichtung errechnet. Die Punktzahl pro Geschäftsprozess ergibt sich aus der Addition der Punktzahlen der fünf Stufen. Um den Gesamtreifegrad zu ermitteln, wird die erreichte Gesamtpunktzahl mit der Maximalzahl von 100 Punkten in Beziehung gesetzt. In dem Beispiel werden 63,5 Punkte von maximal 100 Punkten erreicht, also 63,5 %. Der Gesamtreifegrad ist ein Maß für die Qualität des Geschäftsprozesses. Er weist auf Defizite und Risiken hin. Auch lässt er Handlungsbedarf erkennen und bietet die Möglichkeit des Vergleichs mit anderen Geschäftsprozessen in der Organisation oder in anderen Organisationen.

Die Selbstbewertung wird in Interviews mit dem jeweiligen Geschäftsprozessverantwortlichen und den Teilprozessverantwortlichen durchgeführt. Auch Mitarbeiter werden einbezogen. In die Interviews fließen Empfehlungen der Assessoren zum weiteren Vorgehen ein. Die Dauer des Assessments beträgt etwa drei bis vier Stunden pro Geschäftsprozess (vgl. auch Zich/Resch 2000, S. 197).

7.3.1.2 Auswertungen

Die Ergebnisse des Prozessassessments werden in einem Assessmentbericht zusammengefasst. Inhalte des Berichtes sind Reifegradaussagen, identifizierte Schwachstellen, festgestellter Handlungsbedarf sowie die in der gemeinsamen Diskussion gefundenen Verbesserungsmaßnahmen. Die Freigabe des Berichtes erfolgt mit Zustimmung und Unterschrift des Geschäftsprozessverantwortlichen.

Aufgabe des Geschäftsprozessverantwortlichen ist es, die Assessmentergebnisse weiter aufzubereiten und daraus zusammen mit dem Prozessteam ein Maßnahmenprogramm abzuleiten. Die Aufbereitung umfasst:

- Stärken-Schwächen-Profil des Geschäftsprozesses,
- Erstellen eines Handlungsbedarfsportfolios mit Priorisierung der „defizitären" Prozessthemen (siehe Abbildung 7.21),
- Erarbeitung von Verbesserungsmaßnahmen,
- Bündelung der Verbesserungsmaßnahmen zu einem Maßnahmenprogramm,
- Umsetzung des Maßnahmenprogramms.

Die Wirkung der umgesetzten Maßnahmen wird im nächsten Prozessassessment anhand der vorhergehenden und aktuellen Bewertungsergebnisse gemessen.

Die Prozessverantwortlichen und -mitarbeiter sollten Prozessassessments als Möglichkeit betrachten, „ihren" Prozess zu verbessern. Falsch wäre es, das Assessment als Kontrollinstrument zu benutzen. Dann wäre der Schaden größer als der Nutzen.

Die Abbildungen 7.22 bis 7.24 zeigen weitere Darstellungen von Assessmentergebnissen (vgl. auch die Anwendungsbeispiele in Kapitel 13). Abbildung 7.22 gibt Auskunft über den Abdeckungsgrad der einzelnen Reifegradstufen eines Geschäftsprozesses. In die Darstellung können die Ergebnisse von Folgeassessments eingetragen werden. Die Grafik ermöglicht es, Fort- bzw. Rückschritte schnell zu erkennen.

Abbildung 7.23 zeigt die Assessmentergebnisse aller primären Geschäftsprozesse einer Geschäftseinheit, dargestellt auf einer Skala von 0 bis 100 %. Die Ergebnisse der zwei Assessments zeigen, dass zwischenzeitlich deutliche Fortschritte erzielt wurden. Trotzdem haben einige Geschäftsprozesse noch eine niedrige Reife. Liegt die Reife unter 60 %, kann nicht mit signifikanten Performance- und Produktivitätssteigerungen gerechnet werden. In diesen Geschäftsprozessen sollten die Defizite schnell beseitigt werden, um in den Bereich nachhaltiger Leistungssteigerungen zu gelangen.

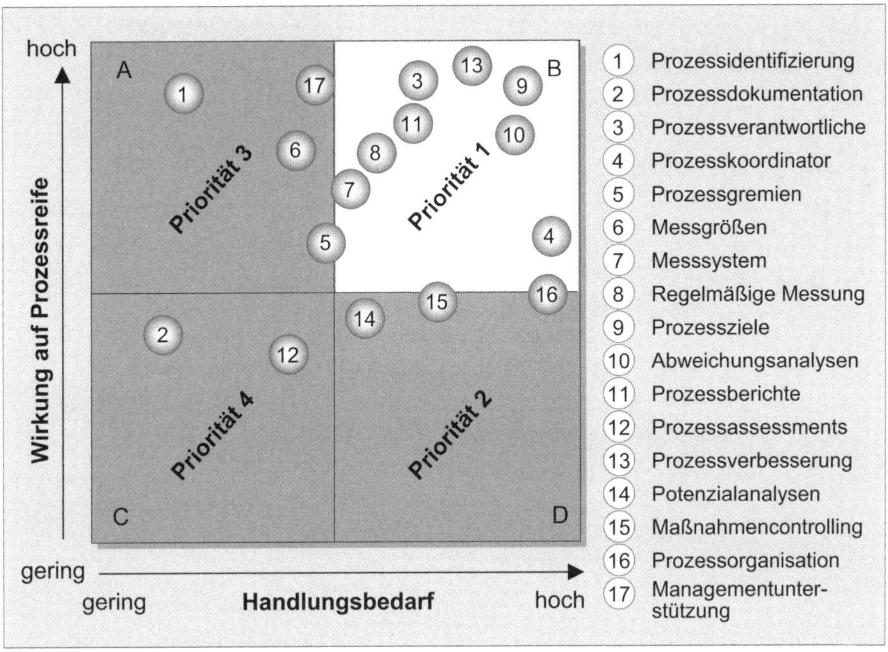

Abb. 7.21 Handlungsbedarfsportfolio

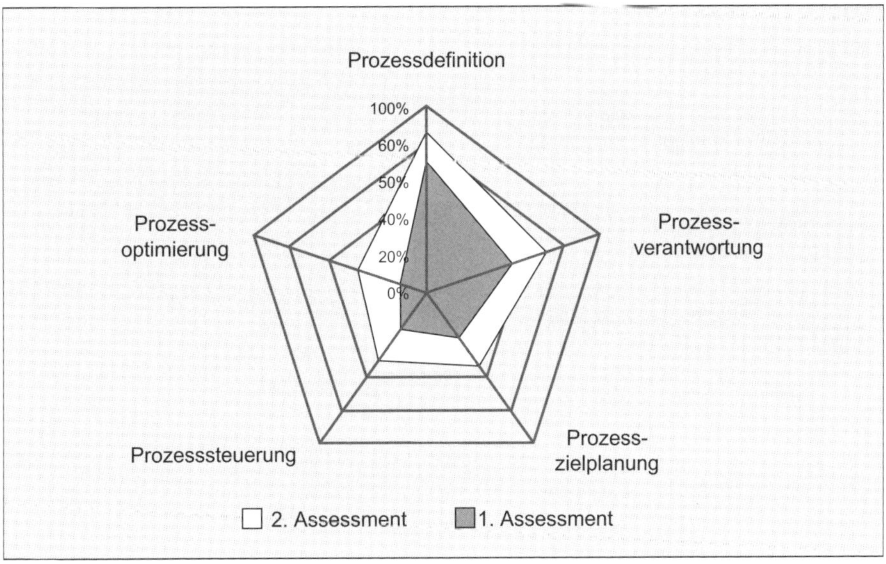

Abb. 7.22 Bewertung eines Geschäftsprozesses

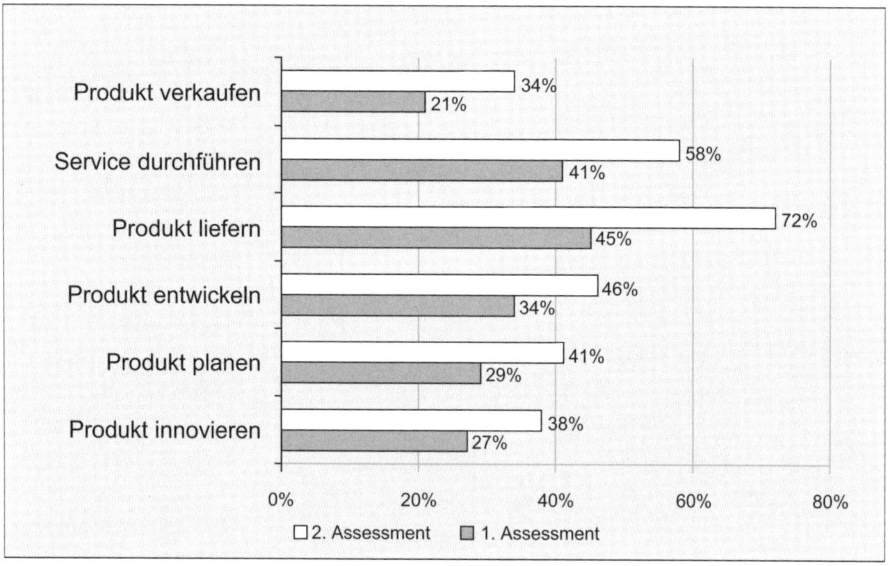

Abb. 7.23 Vergleichende Bewertung mehrerer Geschäftsprozesse

Zusätzlich hat sich die Auswertung in Abbildung 7.24 bewährt. Bei ihr wird über alle Geschäftsprozesse der Erfüllungsgrad der einzelnen Reifegradstufen in Prozent ermittelt. Aus der Auswertung lassen sich Stärken und Schwächen der eingeführten Geschäftsprozesse bzw. des Geschäftsprozessmanagements ablesen.

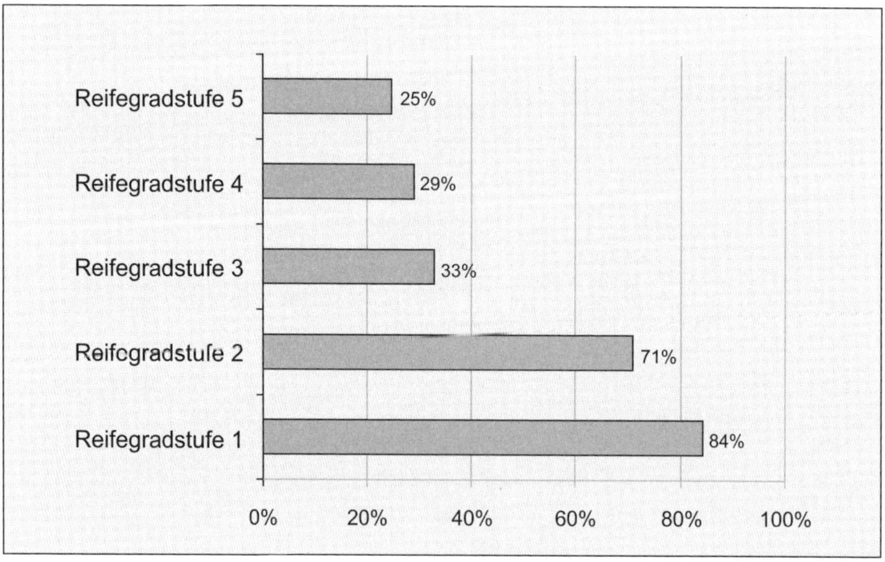

Abb. 7.24 Bewertung der Reifegradstufen über alle Geschäftsprozesse einer Geschäftseinheit (Mittelwert über alle Geschäftsprozesse)

Es wird empfohlen, während der Einführung des Geschäftsprozessmanagements Prozessassessments quartalsweise durchzuführen. Über die Assessmentergebnisse sollten alle Prozessmitarbeiter informiert werden, um ihnen die Prozesssituation bewusst zu machen.

7.3.1.3 Erfahrungen

Das Prozessassessment auf Basis des GPM-Reifegradmodells zeichnet sich durch folgende Vorteile aus:

- Es basiert auf einem strukturierten Ansatz, der alle wichtigen Aspekte des Geschäftsprozessmanagements berücksichtigt.
- Es zeigt Stärken und Schwächen einzelner Geschäftsprozesse und des Geschäftsprozessmanagementsystems insgesamt auf.
- Es bildet die Basis für Prozessverbesserungsprogramme und Fortschrittsmessungen.
- Es erfüllt die Anforderungen an leichte Verständlichkeit und gute Darstellbarkeit der Ergebnisse.
- Es zeichnet sich durch zeit- und kostengünstige Durchführung aus.
- Es ist kompatibel mit dem EFQM-Modell bzw. EEA-Assessment.
- Es hat hohe Aussagekraft durch den Vergleich mit EFQM-Bewertungsprofilen.
- Es ist in jedem Geschäftsprozess und in jeder Organisation anwendbar.
- Es lässt sich gut für Trainingszwecke des Geschäftsprozessmanagements einsetzen.
- Es erzielt in der Praxis hohe Akzeptanz.

7.3.1.4 Checkliste für das RGP-Reifegradmodell

Eine wichtige Voraussetzung für eine umfassende, transparente und nachprüfbare Durchführung von Prozessassessments sind Checklisten. Jede Organisation sollte eine Checkliste entwickeln, die ihren spezifischen Gegebenheiten, Zielen und Anforderungen gerecht wird. Die Checkliste enthält Fragen zu den einzelnen Reifegradstufen und deckt insgesamt das komplette Themenfeld des Geschäftsprozessmanagements ab. Die Bewertung der Kriterien erfolgt nach der in Abbildung 7.20 dargestellten Methodik. Der Erfüllungsgrad wird als arithmetisches Mittel aus den Bewertungen von Konzept/Lösung und Umsetzung errechnet. Eine Checkliste für das RGP-Reifegradmodell enthält Kapitel 17.1.

■ Das Wichtigste in Kürze

Die Reife einzelner Geschäftsprozesse oder des gesamten Geschäftsprozessmanagementsystems kann mit Hilfe von Prozessassessments bewertet werden.

Ziel von Prozessassessments ist es, Stärken und Schwächen festzustellen und über gezielte Maßnahmen die Reife der Geschäftsprozesse bzw. des Geschäftsprozessmanagementsystems zu erhöhen.

Prozessassessments stützen sich zumeist auf Reifegradmodelle ab, die als Vergleichsbasis für die Bewertung dienen. Dabei werden verschiedene Stufen der Reife unterschieden. Hohe Reife bedeutet, dass die Voraussetzungen für hohe Prozesseffektivität und -effizienz günstig bzw. erfüllt sind. Jede erreichte Reifegradstufe bildet die Basis für weitere Verbesserungen.

Die Zahl der Reifegradmodelle wird heute auf über 200 geschätzt. Die Modelle unterscheiden sich durch ihren Anwendungsbereich und die Kriterien, die zur Bewertung herangezogen werden. International bekannte Reifegradmodelle sind z. B. CMMI-Modell (Capability Maturity Model Integration), SPICE-Modell (Software Process Improvement and Capability Evaluation), BPMM-Modell (Business Process Maturity Model) und PEM-Modell (Process and Enterprise Maturity Model).

Vorteilhaft ist, wenn der Erfüllungsgrad der einzelnen Reifegradstufen anhand von Checklisten bewertet wird. Checklisten gewährleisten eine nachvollziehbare und vergleichbare Bewertung. In den Checklisten wird jede Reifegradstufe mit Kriterien beschrieben.

Die Ergebnisse eines Prozessassessments bzw. einer Reifegradbewertung werden in einem Assessmentbericht zusammengefasst. Inhalte des Berichtes sind z. B. Reifegradaussagen, identifizierte Schwachstellen, festgestellter Handlungsbedarf sowie relevante Verbesserungsmaßnahmen.

Prozessassessments sind besonders in der Einführungs- und Anlaufphase des Geschäftsprozessmanagements von hohem Nutzen. Ihre regelmäßige Durchführung ermöglicht es, den Implementierungsfortschritt des Geschäftsprozessmanagements zu messen.

Die Wirksamkeit von Prozessassessments hängt wesentlich vom Management und den Verantwortlichen im Geschäftsprozessmanagement ab. Sie haben es in der Hand, ob Prozessassessments nur als Berichts- oder als wirkungsvolles Verbesserungsinstrument genutzt werden.

7.4 Literatur zu Kapitel 7

Allweyer, T. (2007): Das Business Process Maturity Model (BPMM), in: Kurze Prozesse, 8. November 2007, unter: http://kurze-prozesse.de, Zugriff am 20. 08. 2012.

Beims, M. (2012): IT Service Management in der Praxis mit ITIL®. ITIL Edition 2011, ISO 20000:2011 und PRINCE2® in der Praxis, 3. Aufl., München 2012.

Bergsmann, S. (2012): End-to-End-Geschäftsprozessmanagement. Organisationselement – Integrationsinstrument – Managementansatz, Wien 2012.

BPM&O (2011): Knuppertz, T.; Schnägelberger, S.; Clauberg, K.: Umfrage Status Quo Prozessmanagement 2010/2011, März 2011, BPM&O GmbH in Zusammenarbeit mit Fachhochschule Bonn-Rhein-Sieg und European Business School (EBS), Köln 2011, unter: http://www.bpmo.de/bpmo/export/sites/default/de/know_how/downloads/Status_Quo_Prozessmanagement_2011.pdf, Zugriff am 07. 12. 2012.

BPM Maturity Model EDEN (2009): EDEN – Reifegradmodell, Prozessorientierung in Unternehmen, unter: http://www.bpm-maturitymodel.com, Zugriff am 10. 02. 2010.

BPMM (2009): unter: http://www.omg.org/spec/BPMM/, Zugriff am 21. 12. 2009.

Bush, M.; Dunaway, D. (2005): CMMI® Assessments. Motivating Positive Change, Addison-Wesley 2005.

Chrissis, M.B.; Konrad, M.; Shrum, S. (2012): CMMI® Version 1.3 für die Entwicklung. Richtlinien für Prozessintegration und Produktverbesserung, München et al. 2012.

CMMI (2010): Capability Maturity Model Integration, unter: http://www.sei.cmu.edu/cmmi/solutions/info-center.cfm, Zugriff am 10.02.2012.

CMMI-DEV (2010): CMMI® for Development, Version 1.3, Improving processes for developing better products and services, November 2010, unter: http://www.sei.cmu.edu/reports/10tr033.pdf, Zugriff am 10.02.2012.

Crosby, P. (1979): Quality is Free. The Art of Making Quality Certain, New York et al. 1979.

Curtis, B.; Alden, J. (2007): The Business Process Maturity Model (BPMM): What, Why and How, BPTrends, A BPTrends Column, February 2007, unter: http://www.bptrends.com, Zugriff am 05.11.2009.

Daniel, K. (2008): Managementprozesse und Performance. Ein Konzept zur reifegradbezogenen Verbesserung des Managementhandelns, Wiesbaden 2008.

EFQM (2009): EFQM Transition Guide. How to upgrade to the EFQM Excellence Model 2010, Brüssel 2009.

Fischermanns, G.; Völpel, M. (2006): Der Reifegrad des Prozessmanagements, in: Zeitschrift Führung + Organisation (zfo), 75 (2006) 5, S. 284 – 290.

Hammer, M. (2007): Der große Prozess-Check, in: Harvard Businessmanager, (2007) 5, S. 35 – 52.

Harmon, P. (2003): CMMI: Guidelines for Process Integration and Product Improvement, A BPT Book Review, 2003, unter: http://www.bptrends.com, Zugriff am 05.11.2009.

Harmon, P. (2007): Process Maturity Models, BPTrends, Email Advisor, Vol. 5, No. 5, March 20, 2007, unter: http://www.bptrends.com, Zugriff am 05.11.2009.

Harmon, P. (2009): Process Maturity Models, BPTrends, Spotlights, Vol. 2, No. 5, May 19, 2009, unter: http://www.bptrends.com, Zugriff am 05.11.2009.

Hogrebe, F.; Nüttgens, M. (2009): Business Process Maturity Model (BPMM): Konzeption, Anwendung und Nutzenpotenziale, in: Reinheimer, S. (Hrsg.): Prozessmanagement, HMD – Praxis der Wirtschaftsinformatik, Heft 266, Heidelberg 2009, S. 17 – 25.

ISO 9004:2009: Deutsches Institut für Normung e.V. (Hrsg.): DIN EN ISO 9001:2009, Leiten und Lenken für den nachhaltigen Erfolg einer Organisation – Ein Qualitätsmanagementansatz, Berlin 2009.

ISO/IEC 15504-5:2006: ISO/IEC 15504: Information technology – Process Assessment – Part 5: An exemplar Process Assessment Model, unter: http://www.iso.org/iso/iso_catalogue.htm, Zugriff am 20.11.2009.

ITIL (2007): IT Infrastructure Library (ITIL), unter: http://www.itil-officialsite.com, Zugriff am 28.12.2009.

Jeston, J.; Nelis, J. (2008): Business Process Management. Practical Guidelines to Successful Implementations, 2nd ed., Amsterdam et al. 2008.

Kneuper, R. (2007): CMMI. Verbesserung von Softwareprozessen mit Capability Maturity Model Integration, 3. Aufl., Heidelberg 2007.

Knuppertz, T. (2009): Prozessmanagement für Dummies, Weinheim 2009.

Knuppertz, T.; Feddern, U. (2011): Prozessorientierte Unternehmensführung. Prozessmanagement ganzheitlich einführen und verankern, Stuttgart 2011.

Power, B. (2007): Michael Hammer's Process and Enterprise Maturity Model, BPTrends, July 2007, unter: http://www.bptrends.com, Zugriff am 05.11.2009.

Rosemann, M.; Bruin, T. d.; Power, B. (2008): BPM Maturity, in: Jeston, J.; Nelis, J.: Business Process Management. Practical Guidelines to Successful Implementations, 2nd ed., Amsterdam et al. 2008, S. 313 – 329.

Schmelzer, H.J.; Sesselmann, W. (1998): Assessment von Geschäftsprozessen, in: Qualität und Zuverlässigkeit (QZ), 43 (1998) 1, S. 39 – 42.

Schmied, J.; Wentzel, P.-R.; Gerdom, M.; Hehn, U. (2008): Mit CMMI Prozesse verbessern! Umsetzungsstrategien am Beispiel Requirements Engineering, Heidelberg 2008.

Siebert, H. G. (2008): Prozessverbesserung mit SPICE – ein Überblick, in: WissenHeute, 61 (2008) 6, S. 22–27.

Snabe, J. H.; Rosenberg, A.; Moeller, Ch.; Scavillo, M. (2009): Business Process Management: The SAP Roadmap, Galileo Press, Boston (M) 2009.

SPICE (2009): Software Process Improvement and Capability Determination, unter: http://www.sqi.gu.edu.au/spice, Zugriff am 10.10.2009.

Tarnowski, M. (2006): Ausweg aus der Sandwich-Falle. Bessere Software-Produkte mit SPiCE und CMMI, in: Qualität und Zuverlässigkeit (QZ), 51 (2006) 6, S. 20–23.

Thamm, J.; Kollmar, C. (2004): Assessments nach der ISO 15504, in: Information Management & Consulting, 19 (2004) 4, S. 62–69.

Wagner, K. W.; Dürr, W. (2008): Reifegrad nach ISO/IEC 15504 (SPiCE) ermitteln, München 2008.

Walter, J. (2009): Geschäftsprozessmanagement umsetzen. Prozesse am Kunden orientieren, transparent und flexibel gestalten, München 2009.

Widua, K.; Gumbold, M. (2006): ITIL „out of the box" – Welcher CobiT-Reifegrad ist möglich?, itSMF-Kongress, Stuttgart, 06.12.2006, unter: http://www.alignability.com/Events/, Zugriff am 10.10.2009.

Wirsing, M. (2007): Projektmanagement: Prozessverbesserung, Ludwig-Maximilians-Universität München, Institut für Informatik, unter: http://www.pst.ifi.lmu.de/lehre/WS0607/, Zugriff am 12.12.2009.

Zich, C.; Resch, H.-P. (2000): Prozessorientierung ist messbar. Methode der Prozessreifegradbestimmung macht Fortschritte deutlich, in: Qualität und Zuverlässigkeit (QZ), 45 (2000) 2, S. 196 ff.

8 Wie werden Risiken in Geschäftsprozessen erkannt und gesteuert?

In diesem Kapitel werden folgende Fragen beantwortet:

- Warum ist Risikomanagement in Geschäftsprozessen notwendig?
- Welche Risiken treten in Geschäftsprozessen auf?
- Welche Aufgaben hat das Risikomanagement in Geschäftsprozessen?
- Welche Methoden der Risikoanalyse und -überwachung finden in Geschäftsprozessen Anwendung?
- Wie werden Prozessrisiken erkannt?
- Wie wird über Prozessrisiken berichtet?
- Wie können Schadenserwartungswerte der Risiken in Geschäftsprozessen ermittelt werden?

8.1 Risiken in Geschäftsprozessen

An Geschäftsprozesse werden vielfältige Anforderungen gestellt: Die Ergebnisse sollen Kunden zufriedenstellen, die Prozessqualität soll hoch, die Prozesszeiten sollen kurz und die Prozesskosten niedrig sein. Mit steigenden Anforderungen wachsen die Risiken, diese Prozessziele zu erreichen. Risiken in Geschäftsprozessen sind auch Risiken für das Geschäft. Deshalb ist es notwendig, vorausschauend und systematisch Prozessrisiken zu identifizieren, zu überwachen, zu steuern und zu beherrschen.

Von **Risiko** wird gesprochen, wenn das Ergebnis einer Handlung ungewiss ist und die Zielsetzung nicht oder nicht vollständig erfüllt werden kann. Das Maß des Risikos ist der erwartete Verlust oder Schaden. Dieser wird aus der Multiplikation von möglichen Verlusten/Schäden mit den Wahrscheinlichkeiten ihres Eintretens ermittelt. Das Risiko ist umso größer, je höher die Eintrittswahrscheinlichkeit und das Ausmaß des potenziellen Verlustes oder Schadens sind. In Geschäftsprozessen können Schäden finanzieller oder nicht finanzieller Natur sein. Besonderes Gewicht haben finanzielle Verluste, die durch ein Verfehlen der Prozessziele verursacht werden (vgl. International Group of Controlling 2005, S. 224).

Risiken können **in Geschäftsprozessen** entstehen durch:

- Unternehmensexterne Einflüsse
  - Veränderungen der Wettbewerber, des Absatzmarktes, des Beschaffungsmarktes, des Arbeitsmarktes, der Umwelt,
  - technologischer Wandel, insbesondere der Informationstechnologie,
  - mangelhafte Qualität externer Zulieferungen.
- Unternehmensinterne Einflüsse
  - mangelhafte Geschäfts- und Prozessstrategie,
  - unzureichende finanzielle, personelle oder technische Prozessressourcen,
  - mangelhafte Qualität interner Zulieferungen.
- Prozessinterne Einflüsse
  - niedrige Prozessreife,
  - mangelhafte Ziel- und Durchführungsplanung,
  - Zielabweichungen bei der Prozessausführung bezogen auf Kundenzufriedenheit, Prozesszeiten, -termine, -qualität, -kosten.

8.2 Risikomanagement in Geschäftsprozessen

8.2.1 Risikomanagement nach ISO 31000:2009

Risikomanagement umfasst alle Aufgaben zur Identifikation, Analyse, Bewertung, Steuerung, Überwachung und Reporting von Risiken (vgl. Knuppertz/Ahlrichs 2007, S. 494 f.; ISO 31000:2009; Meier 2011; Schmitt/Pfeifer 2010, S. 358 ff.; CMMI-Prozessgebiet „Risikomanagement", in: Chrissis/Konrad/Shrum 2012, S. 591 ff.).

Die zentralen Fragen des Risikomanagements sind:

- Welche Risiken können auftreten?
- Wie hoch sind die Risiken und mit welcher Wahrscheinlichkeit treten sie auf?
- Wie können Risiken beeinflusst und gesteuert werden?

Ziel des Risikomanagements ist es, Risiken auf ein vertretbares Maß zu begrenzen, um Verluste und Schäden zu minimieren. Dabei geht es nicht darum, Risiken auszuschließen. Ein Ausschluss von Risiken bedeutet, Chancen zu vergeben. Das Risikomanagement soll Risiken so steuern, dass Chancen gewahrt und nicht vertretbare Verluste vermieden werden. Risikomanagement ist gleichzeitig auch Chancenmanagement. ■

Die internationale **Norm ISO 31000:2009** (Risk Management – Principles and Guidelines) ist der weltweite gültige **Leitfaden für Risikomanagementsysteme** (vgl. ISO 31000:2009; Meier 2011). Der Standard integriert Richtlinien und Anleitungen des Risikomanagements, die in diversen Regularien wie z.B. Sarbanes-Oxley Act, ONR 49001, OHSAS 18001, die ISO-Normen 22000, 22301, 27001, KonTraG, Basel II und ArbSichG enthalten sind.

IEC/ISO 31000:2009 enthält generell gültige Prinzipien und Grundsätze des Risikomanagements. Sie wird unterstützt durch die Norm IEC/ISO 31010:2009 (Risk Management – Risk Assessment Techniques). Beide Normen zusammen

- beschreiben Anforderungen an Risikobeurteilungen,
- geben Hinweise auf Auswahl und Anwendung von Methoden zur Risikobeurteilung,
- erläuterten den Risikobeurteilungsprozess mit den Schritten Identifikation, Analyse und Bewertung von Risiken,
- unterstützen Konzeption und Einführung eines Risikomanagementsystems.

ISO 31000:2009 bietet die Möglichkeit, auf Basis der Rahmenempfehlungen, Praktiken (Beste Practice) und Handlungsanleitungen ein Risikomanagement zu konzipieren und zu implementieren, das auf die jeweilige Organisation zugeschnitten ist. ISO 31000:2009 kann im öffentlichen und privaten Bereich angewendet werden. Die Norm deckt eine große Bandbereite von Anwendungsfeldern ab, wie z.B. Strategien, Strukturen, Prozesse, Funktionen, Produkte und Dienstleistungen. Der Standard bietet Grundlagen für die Entscheidung, welches Konzept sich für den Umgang mit bestimmten Risiken am besten eignet.

Ziel von ISO 31000:2009 ist es, den Risikomanagementprozess in heutigen und zukünftigen Standards zu harmonisieren. Die Norm versteht sich als Empfehlung und Richtschnur, sie stellt keine Zertifizierungsbasis dar.

8.2.2 Ziele und Aufgaben des Risikomanagements in Geschäftsprozessen

Ein an der ISO 31000:2009 ausgerichtetes Risikomanagement stellt eine enge Verbindung zwischen Zielen, Prozessen und Ergebnissen her. Ziele beziehen sich auf Prozesse, welche Ergebnisse liefern, die möglichst den Zielen entsprechen. Risiko gemäß der Norm ISO 31000:2009 ist immer ein Zielrisiko (vgl. Meier 2011, S. 32f.). Das Risikomanagement in Geschäftsprozessen dient dazu, das Risiko so zu steuern, dass die Zielerreichung innerhalb des vorgegebenen Toleranzbereiches liegt.

Folgende Merkmale charakterisieren das Risikomanagementsystem in Geschäftsprozessen.

- Es stellt ein Frühwarnsystem dar, das Risiken in Geschäftsprozessen und im Geschäftsprozessmanagementsystem identifiziert, analysiert, bewertet und steuert.
- Es erhöht den Zielerreichungsgrad von Geschäftsprozessen und sichert den Erfolg des Geschäftsprozessmanagements.
- Es verhindert unvorhergesehene Risikosituationen, ermöglicht ein proaktives Handeln und schützt vor prozessbedingten Verlusten.
- Es gewährleistet die Beachtung und Umsetzung von internen und externen Risikoanforderungen.

- Es erkennt Verbesserungsmöglichkeiten und zeigt Wege zur Performancesteigerung der Geschäftsprozesse und der Organisation auf.
- Es verbessert die Kommunikation sowie den Umgang mit Risiken und Chancen in Geschäftsprozessen.

In Anlehnung an ISO 31000:2009 werden die **Aufgaben des Risikomanagements** in Geschäftsprozessen in folgende Aufgabenblöcke unterteilt (siehe Abbildung 8.1; vgl. Meier 2011, S. 55 ff.):

- **Risikobeurteilung**
  - Risikoidentifikation
    - Suche und Identifizierung potenzieller Prozessrisiken.
  - Risikoanalyse
    - Analyse der Risikoursachen,
    - Ermitteln der Eintrittswahrscheinlichkeit des Prozessrisikos.
  - Risikobewertung
    - Priorisierung der Prozessrisiken und ihre Bewertung im Hinblick auf das Erreichen der Prozessziele.
- **Risikosteuerung**
  - Planen und Umsetzen von Maßnahmen zur Begrenzung des Prozessrisikos.
  - Maßnahmen können sein:
    - Neugestaltung von Geschäftsprozessen mit sehr hohen Risiken (Vermeiden von Prozessrisiko),

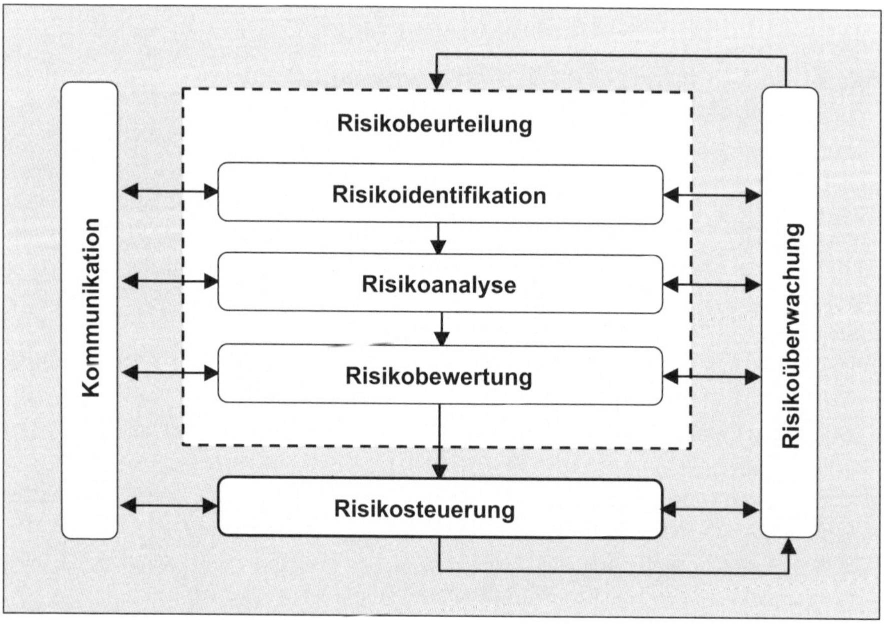

Abb. 8.1 Aufgaben des Risikomanagements in Anlehnung an ISO 31000:2009 (vgl. Meier 2011, S. 65)

- Senken der Eintrittswahrscheinlichkeit von Prozessrisiken und/oder Reduzieren des wirtschaftlichen Verlustes im Eintrittsfall (Mindern von Prozessrisiko),
- Streuen von Prozessrisiko,
- Überwälzen des Prozessrisikos auf Dritte bzw. Versichern von Prozessrisiken (Übertragen von Prozessrisiko),
- Akzeptieren von Prozessrisiko.

- **Risikoüberwachung**
  - Kontrolle der Entstehung und Entwicklung von Prozessrisiken,
  - Kontrolle der Umsetzung von Maßnahmen zur Risikosteuerung.

Bei der Festlegung von Risikomaßnahmen bietet die **Risikomatrix** nach Nohl Hilfestellung. In dieser werden Risiken nach zwei Dimensionen bewertet (siehe Abbildung 8.2). Auf der senkrechten Achse wird die Wirkung des Risikos und auf der horizontalen Achse seine Eintrittswahrscheinlichkeit aufgetragen (vgl. Meier 2011, Zusammenfassung S. 4f.; vgl. auch Hanschke/Lorenz 2012, S. 106ff. und 137ff.). Anhand der Matrix können Risiken beurteilt, bewertet, priorisiert sowie Maßnahmen zur Risikosteuerung festgelegt werden. Abbildung 8.2 zeigt eine Risikomatrix mit folgenden Aussagen:

- Feld A enthält signifikante Risiken mit großer Wirkung und niedriger Eintrittswahrscheinlichkeit. Als Steuerungsmaßnahme bietet sich das Übertragen der Prozessrisiken an.
- Feld B enthält hohe Risiken mit großer Wirkung und hoher Eintrittswahrscheinlichkeit. Als Steuerungsmaßnahmen sind Risiken im Feld B dringend zu vermeiden bzw. zu reduzieren.
- Feld C enthält geringe Risiken mit kleiner Wirkung und niedriger Eintrittswahrscheinlichkeit. Als Steuerungsmaßnahme ist die Übernahme der Risiken zu diskutieren.

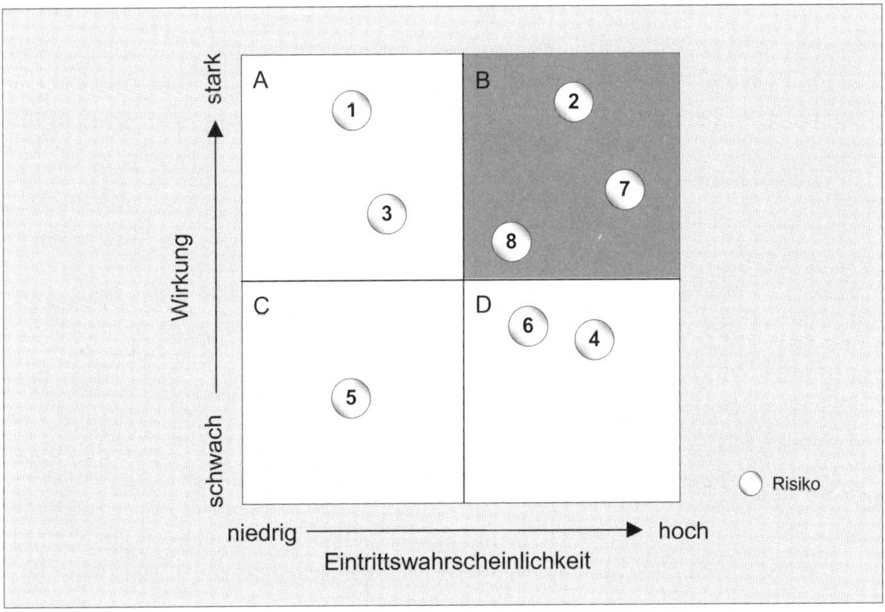

Abb. 8.2 Risikomatrix eines Geschäftsprozesses

- Feld D enthält signifikante Risiken mit kleiner Wirkung und hoher Eintrittswahrscheinlichkeit. Als Steuerungsmaßnahmen sind Risiken im Feld C zu reduzieren.

Die Anzahl der Spalten und Zeilen in der Risikomatrix ist in Abhängigkeit vom gewünschten Detaillierungsgrad der Risikobewertung festzulegen, wie z. B. Fünf-mal-fünf- oder Neun-mal-neun-Matrix. In einer Fünf-mal-fünf-Matrix können beispielsweise die Eintrittswahrscheinlichkeiten in „sehr unwahrscheinlich“, „unwahrscheinlich“, „gelegentlich“, „wahrscheinlich“ und „sehr wahrscheinlich“ unterteilt sowie die Auswirkungen eines Risikos in „zu vernachlässigen“, „gering“, „mäßig“, „hoch“ und „sehr hoch“ dargestellt werden.

8.2.3 Phasen der Risikobeurteilung, -überwachung und -steuerung in Geschäftsprozessen

Die Risikobeurteilung, -überwachung und -steuerung erstreckt sich über die gesamte Lebenszeit der Geschäftsprozesse.

- Bereits vor Einführung des Geschäftsprozessmanagements sind die Risiken des Einführungsprojektes (GPM-Projekt) zu identifizieren, zu analysieren zu bewerten.
- Während der Einführung ist das Risiko der zielgerechten Umsetzung des GPM-Projektes laufend zu überwachen.
- Nach dem Ende der GPM-Einführung sind die Prozessausführungen einer laufenden Risikoüberwachung im Hinblick auf die Zielerreichung der Geschäftsprozesse zu unterziehen.
- Auch die Effektivität und die Effizienz des Risikomanagements sind periodisch zu analysieren, um daraus Verbesserungen für die Zukunft abzuleiten.

Abbildung 8.3 zeigt die Phasen der Einführung und Durchführung von Geschäftsprozessen (vgl. Kapitel 12.3). Auf diese Phasen beziehen sich Risikobeurteilung, -überwachung und -steuerung. In jeder Phase liegen **Kontroll- und Entscheidungspunkte (Gates)**, in denen über den weiteren Verlauf entschieden wird. In jedem Gate ist über folgende Optionen zu entscheiden:

- fortsetzen: Go-Entscheidung,
- stoppen: No-Entscheidung,
- wiederholen der Phase: Back-Entscheidung,
- anhalten/unterbrechen: Hold-Entscheidung.

In **Phase 1** wird die strategische Ausrichtung der Organisation überprüft und gegebenenfalls neu definiert (vgl. Kapitel 12.4). Aus Risikosicht wird beurteilt, ob Vorgehen und Ergebnisse der strategischen Positionierung ausreichen, um eine fundierte Entscheidung über die Einführung des Geschäftsprozessmanagements treffen zu können. Sind die Informationen unzureichend, besteht das Risiko einer Fehlentscheidung. Um dieses Risiko zu reduzieren, sind die strategischen Analysen zu wiederholen bzw. zu verbessern (Back-Entscheidung). Als Methoden kommen in Phase 1 u. a. SWOT-Analysen (Strengths, Weaknesses, Opportunities, Threats), Benchmarking und EEA-Assessments (EEA = EFQM Excellence Award) zum Einsatz.

Aus Risikosicht sind in Phase 1 insbesondere die Rahmenbedingungen des GPM-Projektes zu beurteilen, dem die Einführung des Geschäftsprozessmanagements übertragen wird. Die Risikoabschätzung wird mithilfe eines Projektassessments vorgenommen (vgl. Kapitel

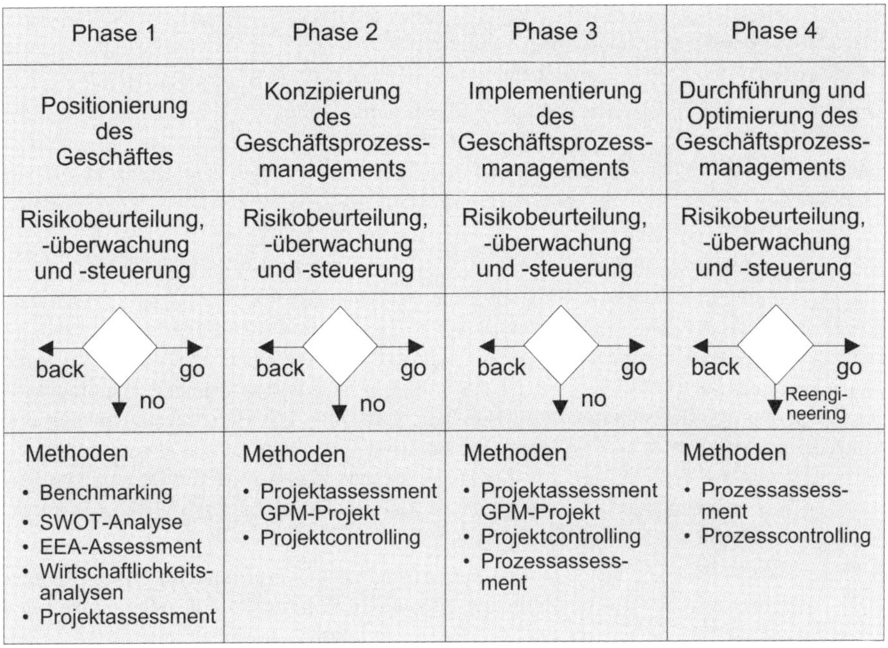

Abb. 8.3 Risikomanagement in Geschäftsprozessen

8.3.3). Wirtschaftliche Risiken können mithilfe von Wirtschaftlichkeitsanalysen (z.B. Business Analysis, Break-Even Analysis, Net Present Value Analysis) beurteilt werden. Die Entscheidung über die Einführung des Geschäftsprozessmanagements wird je nach Risikoeinschätzung mit ja (go), nein (no), wiederholen (back) oder unterbrechen (hold) gefällt. Wird die Einführung trotz hoher Risiken bejaht, sind Risikovorsorgen zu treffen.

In **Phase 2** wird das Geschäftsprozessmanagement konzipiert (Identifizierung der Geschäftsprozesse, Konzeption von Prozessorganisation und Prozesscontrolling) (vgl. Kapitel 12.5). Dabei ist u.a. eine strategische Gewichtung der Geschäftsprozesse vorzunehmen. Geschäftsprozesse mit hohem Gewicht erfordern eine intensivere Überwachung und Steuerung der Prozessrisiken als andere. Zur Risikoabschätzung des laufenden GPM-Projektes werden sukzessive Projektassessments durchgeführt. Deren Ergebnisse dienen zusammen mit den Ergebnissen des laufenden Projektcontrollings (Qualitäts-, Termin-, Kosten-, Meilensteincontrolling) dazu, den Risikograd des GPM-Projektes zu bestimmen bzw. zu überprüfen. In den Meilensteinen, spätestens am Ende der Phase 2 ist eine Go-, No-, Back- oder Hold-Entscheidung zu treffen. Sind die Projektergebnisse unbefriedigend und ist das Risiko der Projektumsetzung hoch, ist zu entscheiden, die Einführung entweder ganz oder teilweise zu wiederholen oder aber das Projekt zu stoppen.

In **Phase 3** werden die Geschäftsprozesse in der Aufbauorganisation verankert und die Rollen im Geschäftsprozessmanagement etabliert, und die IT-Unterstützung wird festgelegt (vgl. Kapitel 12.6). Ergänzend wird das Prozesscontrolling mit dem Performance Measurement implementiert. In Phase 3 helfen wie in Phase 2 Projektassessments und das Projektcontrolling, die Risiken zu beurteilen und zu überwachen. Ergänzend kommen erste Prozessassessments zur Anwendung (vgl. Kapitel 7.3). Am Ende von Phase 3 ist das Geschäftsprozessmanagement eingeführt. Dies ist der Zeitpunkt für eine Ex-post-Analyse des GPM-Projektes. Hier leisten Projektassessments wieder gute Dienste. Wie in Phase 2 ist spätestens am Ende der Phase 3 eine Go-, No-, Back- oder Hold-Entscheidung zu treffen.

Phase 4 beinhaltet die laufende Prozessausführung und -optimierung (vgl. Kapitel 12.7). In dieser Phase liefert das laufende Prozesscontrolling quantitative Risikodaten. Die Performance der Geschäftsprozesse wird laufend über Prozesskennzahlen gemessen und mit den vorgegebenen Zielwerten der Prozessziele verglichen. Bei Zielabweichungen ist das jeweilige Prozessrisiko abzuschätzen.

Während der Prozessausführungen verändert sich die Risikosituation laufend. Deshalb ist eine permanente Risikoüberwachung auf Basis der Daten des Prozesscontrollings erforderlich. Frühzeitiges Erkennen von Prozessrisiken und schnelles Reagieren erfordern Prozesskontrollen in relativ kurzen Zeitabständen. Die Entscheidungsoptionen sind ebenfalls wieder go, no, back oder hold. Go heißt hier, dass die kontinuierliche Verbesserung und Optimierung der Geschäftsprozesse weitergeführt wird. Back stößt eine intensivere Verbesserung der Geschäftsprozesse bzw. des Geschäftsprozessmanagementsystems an. Hold kann ein Reengineering-Projekt zur Folge haben, d. h. eine grundlegende Erneuerung von Geschäftsprozessen oder des Geschäftsprozessmanagements. No kann im Extremfall das vollständige Aufgeben des Geschäftsprozessmanagements bedeuten.

In Phase 4 ist das Risikomanagement selbst auch Objekt der Überprüfung und Verbesserung. Ziele, Aufgaben, Verantwortung, Methoden, Effizienz und besonders die Wirksamkeit des Risikomanagements sind kritisch zu hinterfragen, um daraus Anhaltspunkte für Verbesserungen zu gewinnen.

8.2.4 Integration des Risikomanagements in das Geschäftsprozessmanagement

Das Risikomanagement in Geschäftsprozessen ist integraler Bestandteil des Geschäftsprozessmanagements. Es umfasst das gesamte Geschäftsprozessmanagementsystem und spielt für die Zielerreichung in allen Geschäftsprozessen eine wichtige Rolle. Besonders eng ist die Verzahnung mit dem Prozesscontrolling, das die Ausgangsdaten für das Risikomanagement bereitstellt und mit dem Prozessberichtswesen eine wichtige Kommunikationsplattform liefert.

Risikomanagement erfordert eine **Risikokultur**, die eine sachliche, offene und vertrauliche Auseinandersetzung mit Risiken kennzeichnet. Die Prozesskultur liefert dazu essenzielle Beiträge. Insgesamt erfüllen Prozesskultur, Prozessrollen und Prozesscontrolling wichtige Voraussetzungen für die erfolgreiche Durchführung des Risikomanagements in Geschäftsprozessen.

Verantwortlich für das Risikomanagement in Geschäftsprozessen sind die Geschäftsprozessverantwortlichen. Sie entscheiden über prozessinterne Maßnahmen zur Risikogestaltung. Notwendige prozessexterne Maßnahmen stimmen sie mit dem übergeordneten Management bzw. dem GPM-Control-Board ab (vgl. Kapitel 4.3.3.1). Während der Einführung des Geschäftsprozessmanagements liegt die Verantwortung für das Risikomanagement bei dem GPM-Projektleiter und geht dann im Zuge der Implementierung auf den Geschäftsprozessverantwortlichen über. Verantwortlich für das Risikomanagement des gesamten Geschäftsprozessmanagementsystems in einem Unternehmen ist der Chief Process Officer.

8.3 Ausgewählte Methoden zur Risikobeurteilung und -überwachung in Geschäftsprozessen

8.3.1 Prozessportfolio

Mit dem Prozessportfolio in Form des Attraktivitäts-Risiko-Portfolios lassen sich Chancen und Risiken der Geschäftsprozesse darstellen und Gestaltungsmaßnahmen ableiten.

Das **Attraktivitäts-Risiko-Portfolio** besteht aus einer Matrix mit vier Feldern (siehe Abbildung 8.4). Die Geschäftsprozesse werden anhand der Kriterien Attraktivität und Risiko bewertet und die Bewertungsergebnisse in eine Matrix übertragen. Geschäftsprozesse in Feld A sind problematisch. Sie sind durch hohes Risiko und geringe Attraktivität gekennzeichnet. Sie erfordern Maßnahmen, um die Attraktivität zu steigern und das Risiko zu reduzieren bzw. zu streuen. Geschäftsprozesse im Feld B sind attraktiv, allerdings gleichzeitig riskant. Hier ist zu prüfen, ob durch Neugestaltung (Business Process Reengineering) Prozessrisiken vermieden bzw. vermindert werden können. Geschäftsprozesse im Feld C sind weder attraktiv noch riskant. Sie erfordern eine Risikosteuerung, um das Risiko gering zu halten. Geschäftsprozesse im Feld D weisen eine hohe Attraktivität bei niedrigem Risiko auf. Sie sind am besten positioniert. Strategisches Ziel sollte sein, möglichst viele Geschäftsprozesse in Feld D zu platzieren. Gelingt es nicht, die Geschäftsprozesse in den Feldern A und C besser zu positionieren, sind die Möglichkeiten der Verlagerung (Business Process Outsourcing) zu prüfen.

Für eine differenzierte Beurteilung der Risikosituation in Geschäftsprozessen ist es notwendig, die Risiko- und Attraktivitätskriterien jeweils in Unterkriterien aufzuspalten und im Verhältnis zueinander zu gewichten. Die Unterkriterien sind unternehmensspezifisch festzulegen (siehe Abbildung 8.4).

Die Erstellung von Attraktivitäts-Risiko-Portfolios setzt einen engen Dialog zwischen Geschäftsprozessverantwortlichen, Teilprozessverantwortlichen, Prozesskunden, Prozesslieferanten und Prozesscontrolling voraus. Günstig ist, die Attraktivitäts- und Risikobewertung in interdisziplinären Teams durchzuführen. Durch die Einbeziehung strategischer Überlegungen werden die Aspekte einer strategieorientierten Risikosteuerung berücksichtigt.

Zu empfehlen ist, die Attraktivitäts-Risiko-Portfolios periodisch zu erstellen. Der Zeitvergleich zeigt, ob sich Risiken und Attraktivität positiv oder negativ verändert haben. Abbildung 8.5 zeigt ein **dynamisches Attraktivitäts-Risiko-Portfolio**.

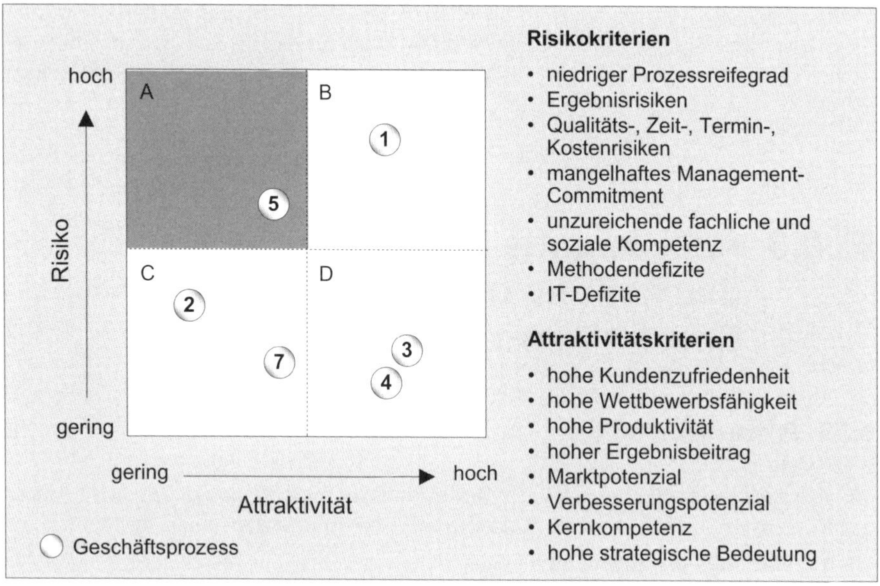

Abb. 8.4 Attraktivitäts-Risiko-Portfolio

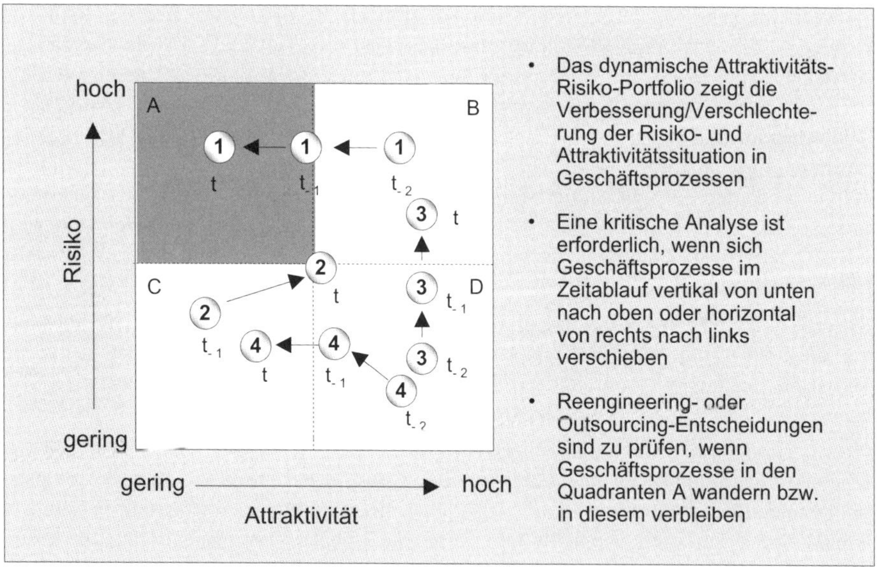

Abb. 8.5 Dynamisches Attraktivitäts-Risiko-Portfolio

Die **Vorteile** der Anwendung von Attraktivitäts-Risiko-Portfolios sind:

- strategieorientierte Bewertung der Geschäftsprozesse,
- kollektive Beurteilung in interdisziplinären Teams,
- relativ einfache, nachvollziehbare und übersichtliche Darstellung,
- hohe Informationsverdichtung.

Als **kritische Punkte** sind zu nennen:

- Während der Einführung des Geschäftsprozessmanagements ist nur eine qualitative Bewertung möglich. Erst in der Durchführungsphase kann die Risikobetrachtung auf quantitative Kriterien ausgeweitet werden.
- Auswahl, Abhängigkeit, Gewichtung, zeitliche Wirkung und Aggregation der Bewertungskriterien erfordern Erfahrung.

8.3.2 Risikomanagementworkshop

Risikomanagementworkshops lassen sich methodisch einfach und aufwandsarm durchführen. Sie haben sich besonders in Einführungsprojekten des Geschäftsprozessmanagements (GPM-Projekten) bewährt.

In **Risikomanagementworkshops** werden Projektrisiken identifiziert, analysiert, bewertet und priorisiert sowie Maßnahmen zur Ursachenvermeidung bzw. Schadensbegrenzung abgeleitet. Ein Team aus Projektbeteiligten diskutiert die in Abbildung 8.6 enthaltenen Punkte des Risikomanagements und erarbeitet einen **Risikomanagementplan**. Der Workshop dauert einen halben bis einen Tag. Für die Umsetzung der Maßnahmen ist der GPM-Projektleiter verantwortlich. Zweckmäßig ist es, nur Priorität-A-Risiken (Eintrittswahrscheinlichkeit hoch, Tragweite hoch) anzugehen. Abhängig von der Dringlichkeit der identifizierten Risiken, jedoch mindestens einmal monatlich, führen die Workshopmitglieder einen Review des Risikomanagementplans durch. In diesem Review werden die Vollständigkeit der identifizierten Risiken, ihre Bewertung sowie die Wirksamkeit der durchgeführten Maßnahmen

GPM-Projekt/ Geschäftsprozess	Risiko	Eintrittswahrscheinlichkeit für das Risikoereignis (hoch, mittel, niedrig)	Tragweite für den Projekt-, Prozesserfolg (hoch, mittel, niedrig)	Ursachen für das Auftreten des Risikoereignisses	Maßnahmen zur Ursachenvermeidung (Was? Wer? Wann?)	Maßnahmen zur Schadensbegrenzung (Was? Wer? Wann?)

Abb. 8.6 Risikomanagementplan

überprüft. Das Vorgehen ist nicht nur in GPM-Projekten, sondern auch im laufenden Geschäftsprozessmanagement anwendbar. In diesem Fall führt das Prozessteam die Risikomanagementworkshops durch.

8.3.3 Projektassessment

Häufig werden Entscheidungen über die Einführung des Geschäftsprozessmanagements ohne Risikoanalyse des GPM-Projektes getroffen. So bleiben z. B. Fragen unbeantwortet, wie solide und vollständig die angenommenen Zielprämissen sind oder ob die Ausstattung des GPM-Projektes ausreicht, die Einführungsziele zu realisieren. Vor und zu Beginn eines GPM-Projektes können die Projektrisiken noch mit relativ geringem Zeit- und Kostenaufwand beeinflusst werden. Je weiter ein Projekt fortschreitet, umso schwieriger wird die Risikosteuerung. Deshalb sollte bereits vor dem Start eines GPM-Projektes eine umfassende Risikobeurteilung durchgeführt werden. Als Methode eignet sich dafür das Projektassessment.

Das **Projektassessment** beinhaltet die Überprüfung der Erfolgsvoraussetzungen eines GPM-Projektes. Unter Erfolg wird die Erreichung der vorgegebenen Ziele verstanden. In den Assessments werden die **Befähiger** analysiert und beurteilt, von denen der Erfolg abhängt. Befähiger sind Mittel (Ressourcen, Methoden, Werkzeuge, Techniken), Wege (Ziele, Organisation, Verantwortung, Vorgehen, Planung, Kontrolle) und Fähigkeiten (Erfahrung, Wissen, Motivation), die ausschlaggebend für den Erfolg sind. Die Befähiger sind Risikoindikatoren. Sie sind mittelbar an dem Entstehen von Risiken beteiligt. Die Assessmentergebnisse liefern Aussagen über das Niveau der Befähiger und damit über die Reife eines Projektes sowie sein Risiko. Ein hoher Reife- bzw. Erfüllungsgrad der Befähiger bedeutet, dass eine höhere Erfolgswahrscheinlichkeit und ein geringeres Risiko bestehen, die Ziele zu erreichen.

Das Projektassessment wird in Kapitel 12.2.2 näher beschrieben. Die Risikobewertung anhand eines Projektassessments kann am Anfang eines GPM-Projektes zur Abschätzung des Gesamtrisikos, während der Projektdurchführung zur Kontrolle der laufenden Risiken und am Ende für die rückschauende Beurteilung des Projektes und des Risikomanagements bei der GPM-Einführung eingesetzt werden. Abbildung 8.7 zeigt die Ergebnisse eines Projektassessments vor Beginn des GPM-Projektes.

Der Erfüllungsgrad in Abbildung 8.7 gibt Hinweise auf das Projektrisiko. Die Zuordnung von Erfüllungsgrad zur Risikohöhe hängt von unternehmensspezifischen Rahmenbedingungen und Einschätzungen ab (siehe untere Zeile in Abbildung 8.7). Erfüllungsgrade unter 80 % signalisieren ein hohes bis sehr hohes Projektrisiko.

Hohes **Projektrisiko** bedeutet, dass das Erreichen der Projektziele stark gefährdet ist. Hohe Projektrisiken verlangen schnelle Entscheidungen über Maßnahmen zur Risikogestaltung. Lassen sich bei einem hohen bzw. sehr hohen Gesamtrisiko die Rahmenbedingungen des GPM-Projektes nicht deutlich verbessern und lässt sich das Risiko nicht erheblich reduzieren, sollte das GPM-Projekt nicht begonnen bzw. abgebrochen werden.

Projektmanagement Bewertungskriterien	Gewichtung (%)	Maximale Punktzahl	Bewertungsergebnis (%)	Erreichte Punktzahl	Risiko
1. Projektziele	30	150	60	90,00	hoch
2. Projektführung	20	100	50	50,00	sehr hoch
3. Projektmitarbeiter	20	100	70	70,00	hoch
4. Projektressourcen	10	50	80	40,00	mittel
5. Projektablauf, -controlling	20	100	70	70,00	hoch
Gesamtpunktzahl Projektmanagement (maximal 500 Punkte)				320,00	Gesamtrisiko hoch
Erfüllungsgrad Projektmanagement (Gesamtpunktzahl : 500) · 100				64 %	

Erfüllungsgrad Risiko	bis 59 % sehr hoch	von 60 bis 79 % hoch	von 80 bis 89 % mittel	von 90 bis 100 % gering

Abb. 8.7 Risikoermittlung in GPM-Projekten

Obwohl das Schadensausmaß in dem frühen Projektstadium nur schwierig zu ermitteln ist, sind die Assessmentergebnisse von großem **Nutzen**, da sie

- frühzeitig Hinweise auf Art und Höhe der Risiken geben,
- frühzeitig Handlungsbedarf aufzeigen,
- das Risikobewusstsein schärfen,
- die Ausgangsbasis für die sich anschließende laufende Risikoüberwachung bilden.

Weisen die Assessmentergebnisse auf Risiken hin, sind Maßnahmen zur Risikosteuerung festzulegen. Dabei ist zu beschließen, wer für die Umsetzung der Maßnahmen verantwortlich ist und wie die Wirksamkeit der Umsetzung kontrolliert werden soll.

8.3.4 Prozessassessment

Das Prozessassessment wurde bereits in Kapitel 7.3 dargestellt. Es ist methodisch wie das Projektassessment aufgebaut. Seine Ergebnisse geben darüber Auskunft, inwieweit die betrachteten Geschäftsprozesse und das Geschäftsprozessmanagementsystem die Voraussetzungen für einen Erfolg erfüllen (siehe Abbildung 8.8). In Analogie zum Projektassessment gibt der Erfüllungsgrad des Prozessassessments Hinweise auf das Prozessrisiko. Auch hier signalisieren Erfüllungsgrade unter 80 % ein hohes bis sehr hohes Risiko. Hohe und sehr hohe Prozessrisiken verlangen schnelle Entscheidungen über Maßnahmen zur Risikosteuerung.

Geschäftsprozess Reifegrad		Gewichtung (%)	Maximale Punktzahl	Bewertungsergebnis (%)	Erreichte Punktzahl	Risiko
5	Prozessoptimierung	30	30	40	12	sehr hoch
4	Prozessüberwachung	20	20	70	14	hoch
3	Prozesszielplanung	20	20	60	12	hoch
2	Prozessverantwortung	15	15	80	12	mittel
1	Prozessdefinition	15	15	90	13,5	gering
Gesamtpunktzahl Geschäftsprozess (maximal 100 Punkte)					63,5	Gesamtrisiko hoch
Erfüllungsgrad Geschäftsprozess					63,5 %	

Erfüllungsgrad	bis 59 %	von 60 bis 79 %	von 80 bis 89 %	von 90 bis 100 %
Risiko	sehr hoch	hoch	mittel	gering

Abb. 8.8 Risikoermittlung in Geschäftsprozessen

8.3.5 Prozesscontrolling

Im Mittelpunkt des Prozesscontrollings steht die quantitative Messung der Prozesskennzahlen. Die Messergebnisse geben Auskunft über die Zielerreichung und Performance der Geschäftsprozesse (vgl. Kapitel 6).

Zielabweichungen stellen Risikofaktoren dar, die unmittelbar die Effektivität und Effizienz und damit den Erfolg des Geschäftes tangieren. Über Grenzwerte ist festzulegen, wie viel Risiko in den einzelnen Geschäftsprozessen akzeptiert wird. ■

Zum Beispiel ist das Risiko als hoch anzusehen, wenn die Abweichung eines Prozesszieles (Kundenzufriedenheit, Prozesszeit, Prozesstermine, Prozessqualität, Prozesskosten) über 10 % liegt. Sehr kritisch ist die Risikosituation, wenn mehrere Prozessziele Abweichungen von über 10 % aufweisen. Die Risiken bei den einzelnen Prozesszielen sowie das Gesamtrisiko der Geschäftsprozesse sind in einem **Prozessrisikobericht** auszuweisen (siehe Abbildung 8.9). Die Prozessrisikoberichte bauen auf den Prozessberichten des Prozesscontrollings auf (vgl. Kapitel 6.6.2).

Die Risikoabschätzung auf Basis von quantitativen Zielabweichungen ist aussagefähiger als die qualitative Beurteilung der Prozesssituation im Rahmen von Prozessassessments. Performancemessungen liefern aktuellere, differenziertere und objektivere Informationen. Messungen in kurzen Zeitabständen (z. B. wöchentlich oder zweiwöchentlich) ermöglichen es, Prozessrisiken frühzeitig zu erkennen. Je früher diese erkannt werden, umso schneller kann

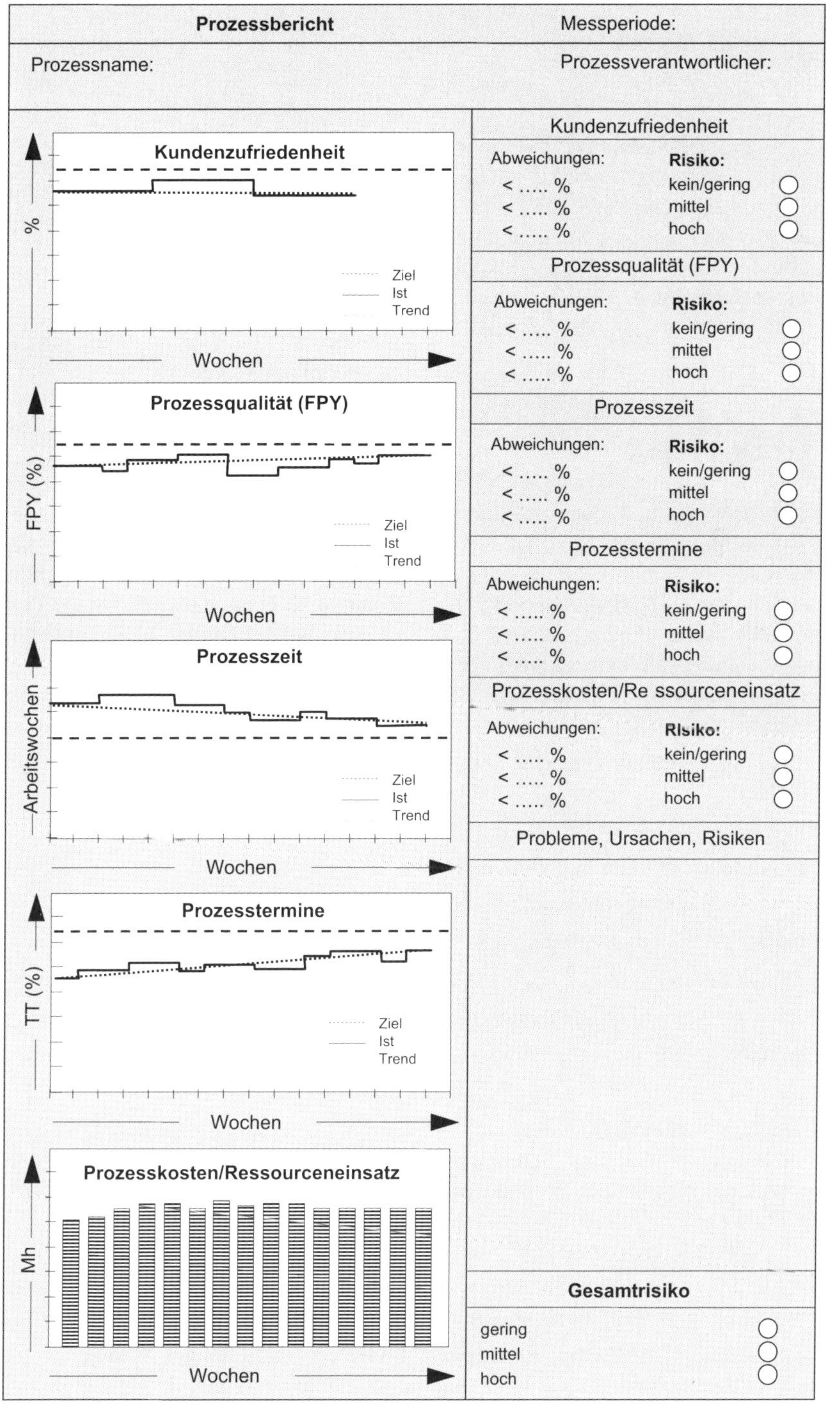

Abb. 8.9 Prozessrisikobericht

gegengesteuert werden. Ferner zeigen die Prozessmessungen, wie sich durchgeführte Maßnahmen auf die Reduzierung von Zielabweichungen bzw. von Prozessrisiken ausgewirkt haben.

Es ist zu empfehlen, neben den laufenden Performancemessungen und -kontrollen weiterhin Prozessassessments in größeren Zeitabständen durchzuführen (z. B. halbjährlich). Wie bereits ausgeführt geben sie Auskunft über strukturelle Prozessrisiken. Über die Kombination von Performance- und Strukturdaten können Prozessrisiken besser erkannt, Risikoursachen schneller identifiziert und Maßnahmen zur Risikosteuerung bzw. -verminderung oder -vermeidung gezielter festgelegt werden. ■

8.3.6 Prozess-FMEA

Die **Prozess-FMEA** (Failure Mode and Effects Analysis; Fehlermöglichkeits- und -einflussanalyse) ist eine Methode zur Risikoabschätzung in Prozessen. „FMEA ist ein Werkzeug, das sowohl Auswirkung als auch Auftreten und Vermeidbarkeit potenzieller Fehler bewerten hilft und daraus eine Risikoprioritätszahl (RPZ) ermittelt, aus deren Größe das Gesamtrisiko eingeschätzt werden kann" (Kaufmann 2012, S. 198; vgl. auch Schmitt/Pfeifer 2010, S. 176 ff.). Die Methode kommt bei Änderungen bestehender Prozesse zum Einsatz. Sie basiert auf Vorgaben von Normen, wie z. B. VDA 6.1, DIN EN 60812 und DIN/TS 16949. FMEA zählt im Qualitätsmanagement zu den am häufigsten eingesetzten Methoden.

Die Prozess FMEA wird in folgenden **Vorgehensschritten** durchgeführt (vgl. Kaufmann 2012, S. 198 ff.):

- Bestimmen kritischer Teilprozesse, Prozess- oder Arbeitsschritte,
- Ableiten potenzieller Fehler in diesen Prozessabschnitten,
- Analyse der potenziellen Fehler mit Abschätzen möglicher Fehlerfolgen,
- Bewerten der Bedeutung der Fehlerfolgen,
- Ermittlung denkbarer Fehlerursachen z. B. mithilfe des Ursache-Wirkungs-Diagramms,
- Abschätzen der Auftretens- und Entdeckungswahrscheinlichkeit für die Fehlerursachen,
- Ableiten von Maßnahmen zur Fehlervermeidung,
- Berechnen der Risikoprioritätszahl (RPZ) mit Risikobeurteilung und -bewertung.

Die **Risikoprioritätszahl (RPZ)** dient dazu, eine Rangfolge der Risiken zu erstellen. Sie wird aus den Risikofaktoren (Rz) für Bedeutung (B), Auftretungswahrscheinlichkeit (A) und Entdeckungswahrscheinlichkeit (E) ermittelt ($RPZ = RzB \cdot RzA \cdot RzE$). Jeder Risikofaktor wird auf einer Skala von 1 bis 10 bewertet, sodass das Gesamtrisiko im Bereich zwischen 1 und maximal 1000 liegt.

Die Prozess-FMEA wird in Teamsitzungen durchgeführt, an denen Mitarbeiter aus dem jeweiligen Prozess, aber auch prozessexterne Experten teilnehmen.

An der Aussagekraft der RPZ wird Kritik geübt. Toyota verwendet bei der Anwendung der FMEA keine Risikokennzahlen wie RPZ, sondern legt mehr Wert auf die Ergebnisse der Teamdiskussionen.

8.4 Integrierte Risikosteuerung in Geschäftsprozessen

Mithilfe des Prozesscontrollings (laufende Performancemessungen plus Prozessassessments) können Prozessrisiken identifiziert und deren Eintrittswahrscheinlichkeiten ermittelt werden. Eine wichtige Frage ist, welche Schadenshöhe bei Eintritt von Prozessrisiken zu erwarten ist. Um diese Frage zu beantworten, sind die möglichen wirtschaftlichen Verluste abzuschätzen.

Ein Hauptziel von Geschäftsprozessen besteht darin, den wirtschaftlichen Erfolg sicherzustellen. Dieser wird an finanziellen Kennzahlen wie Umsatz, Deckungsbeitrag, Net Present Value und/oder Gewinn gemessen, die zentrale Größen der Geschäftsziele sind. Aussagen über den wirtschaftlichen Erfolg bzw. wirtschaftlichen Verlust eines Geschäftsprozesses erfordern deshalb einen Abgleich der Prozessziele mit den zugehörigen Geschäftszielen. Dieser Abgleich ist bei Planung der Prozessziele und während der Ausführung der Geschäftsprozesse vorzunehmen. Denn jede Zielabweichung und jedes Risiko in Geschäftsprozessen hat Auswirkungen auf die Erreichung der korrespondierenden Geschäftsziele.

Immer wenn hohe Prozessrisiken den Toleranzbereich überschreiten, ist das Geschäftscontrolling einzuschalten. In enger **Abstimmung zwischen Geschäfts- und Prozesscontrolling** ist dann die Frage zu beantworten, wie sich die Prozessrisiken auf das Geschäftsergebnis auswirken und wie hoch ein möglicher wirtschaftlicher Verlust zu beziffern ist. Das Maß des Risikos ist der **Schadenserwartungswert.** Er wird durch die Multiplikation von Eintrittswahrscheinlichkeit des Prozessrisikos mit der erwarteten Schadenshöhe ermittelt. Auf Basis dieser Maßzahl ist dann zu entscheiden, mit welchen Maßnahmen Prozessrisiken vermindert und Schadenserwartungswerte reduziert werden können.

Neben prozessinduzierten Risiken können marktinduzierte Risiken auftreten. Unerwartete Kunden-, Markt- und Wettbewerbsveränderungen oder auch externe Auflagen können dazu führen, dass die Geschäftsziele und damit die Prozessziele verändert werden müssen. Die Notwendigkeit eines integrierten Prozess-/Geschäftscontrollings hat deshalb nicht nur aus Prozesssicht (Zielabweichungen in Geschäftsprozessen), sondern besonders auch aus Geschäftssicht (Änderung der Ergebnisprognosen des Geschäftes) hohe Priorität.

Abbildung 8.10 zeigt ein Berichtsblatt, das die Ergebnisse der Abstimmung zwischen Prozess- und Geschäftscontrolling ausweist. In der Auswertung wird die Risikosituation der Geschäftsprozesse mit ihren Auswirkungen auf die Risikosituation des Geschäftes dargestellt. Die Gegenüberstellung zeigt, ob und wie stark Geschäftsziele durch Zielabweichungen in den Geschäftsprozessen gefährdet sind. Die Aussagekraft des Berichtsblattes wird gesteigert, wenn anstelle der qualitativen Risikostufen Schadenserwartungswerte eingetragen werden. Die quantitativen Daten für die Prozessseite liefert der Prozessrisikobericht (siehe Abbildung 8.9). Die korrespondierenden Daten auf der Geschäftsseite stellt das Geschäftscontrolling bereit.

Geschäfts-prozesse	Prozesscontrolling →			Geschäftscontrolling		
	Termin-risiko	Qualitäts-risiko	Kosten-risiko	Umsatz-risiko	Kosten-risiko	Ergebnis-risiko
Produkt planen	●	◐	◐	●	○	○
Produkt entwickeln	●	◐	◐	●	◐	●
Produkt vertreiben	◐	◐	●	◐	◐	◐
Produkt liefern	○	○	○	○	○	○
Service durchführen	◐	○	◐	○	◐	○
Wirtschaftliche Zielerreichung Geschäftseinheit				●	◐	◐

● Risiko hoch bis sehr hoch ◐ Risiko mittel ○ Risiko niedrig, kein Risiko

Abb. 8.10 Risikoreporting Prozesse/Geschäft

■ Das Wichtigste in Kürze

Risiken stellen wichtige Entscheidungsparameter bei der Einführung und Ausführung von Geschäftsprozessen dar. Bei der Einführung können Risiken nur qualitativ abgeschätzt werden. Geeignete Methoden sind hier das Attraktivitäts-Risiko-Portfolio, das Projektassessment und das Prozessassessment. Diese Methoden beurteilen Projektrisiken anhand von Risikoindikatoren, die mittelbar an dem Entstehen von Risiken beteiligt sind.

Während der Prozessausführung stehen quantitative Daten zur Verfügung. Sie ermöglichen eine differenzierte Abschätzung der Prozessrisiken. Die dafür notwendigen Daten liefert das Prozesscontrolling. Die Risiken werden aus den Abweichungen der Prozessziele abgeleitet, die laufend im Prozesscontrolling ermittelt werden.

Aussagen über den zu erwartenden wirtschaftlichen Verlust von Prozessrisiken setzen die Integration von Prozess- und Geschäftscontrolling voraus. Nur über eine enge Abstimmung zwischen Geschäftsprozessverantwortlichen und Geschäftscontrollern können die Auswirkungen prozess- und marktinduzierter Risiken beurteilt und die notwendigen Entscheidungen zur Reduktion der Risiken getroffen werden.

■

8.5 Literatur zu Kapitel 8

Chrissis, M. B.; Konrad, M.; Shrum, S. (2012): CMMI® Version 1.3 für die Entwicklung. Richtlinien für Prozessintegration und Produktverbesserung, München et al. 2012.

Hanschke, I.; Lorenz, R. (2012): Strategisches Prozessmanagement – einfach und effektiv. Ein praktischer Leitfaden, München 2012.

International Group of Controlling (Hrsg.) (2005): Controller Wörterbuch, 3. Aufl., Stuttgart 2005.

ISO 31000:2009: International Organization for Standardization: ISO 3100:2009, Risk Management – Principles and Guidelines, Genf 2009.

ISO 31010:2009: International Organization for Standardization; International Electrotechnical Commission: IEC/ISO 31010:2009, Risk Management – Risk Management Techniques, Genf 2009.

Kaufmann, U. H. (2012): Praxisbuch Lean Six Sigma. Werkzeuge und Beispiele, München 2012.

Knuppertz, T.; Ahlrichs, F. (2007): Prozessorientiertes Risikomanagement, in: Controlling, 19 (2007) 8/9, S. 491–499.

Meier, P. (2011): Risikomanagement nach der internationalen Norm ISO 31000:2009. Konzept und Umsetzung im Unternehmen, Renningen 2011.

Schmelzer, H. J. (2001b): Methoden der Risikoanalyse und -überwachung in Entwicklungsprojekten, in: Gassmann, O.; Kobe, C.; Voit, E. (Hrsg.): High-Risk-Projekte, Berlin 2001, S. 169–190.

Schmitt, R.; Pfeifer, T. (2010): Qualitätsmanagement. Strategien, Methoden, Techniken, 4. Aufl., München 2010.

9 Wie wird die Performance von Geschäftsprozessen gesteigert?

In diesem Kapitel werden folgende Fragen beantwortet:

- Mit welchen Methoden kann die Performance in Geschäftsprozessen gesteigert werden?
- Welche Merkmale, Vor- und Nachteile charakterisieren das Business Process Reengineering?
- Worin unterscheiden sich die Verbesserungsmethoden Total Cycle Time (TCT), Kaizen und Six Sigma?
- Ist Lean Management eine Alternative zum Geschäftsprozessmanagement?
- Wie ist Lean Six Sigma als Verbesserungsmethode im Geschäftsprozessmanagement zu beurteilen?
- Wann und wo sollten die Verbesserungsmethoden eingesetzt werden?
- Wie ist bei einem integrierten Einsatz der Methoden vorzugehen?

9.1 Vorgehen und Methoden der Performancesteigerung

Geschäftsprozessmanagement verfolgt das Ziel, die Performance (Effektivität + Effizienz) der Geschäftsprozesse nachhaltig zu steigern und damit das Erreichen der strategischen und operativen Unternehmensziele zu unterstützen. Es gibt zwei unterschiedliche Ansätze zur Performancesteigerung in Geschäftsprozessen (siehe Abbildung 9.1; vgl. Neumann/Probst/Wernsmann 2008, S. 299 f.; Kosturiak/Debnár/Boledovic 2009, S. 15; ISO 9004:2009, Abschnitt 9; Snabe et al. 2009, S. 219 ff.; Knuppertz/Feddern 2011, S. 110 ff. und 178 f.; CMMI-Praktiken, in: Chrissis/Konrad/Shrum 2012, S. 389 ff.; Vahs 2012, S. 396 ff.):

- Prozesserneuerung (Revolution) und
- Prozessverbesserung (Evolution).

Merkmal	Prozess-erneuerung	Prozess-verbesserung
Methoden	Business Process Reengineering (BPR)	Total Cycle Time (TCT), Kaizen, Six Sigma, Lean Management
Auslöser	hoher Problemdruck, dringender Erneuerungsbedarf	Stabilisierung und schrittweise Steigerung der Performance
Ziele der Veränderung	Quantensprung der Effizienz	kontinuierliche Steigerung von Effektivität und Effizienz, organisationales Lernen
Umfang der Veränderung	neuer Geschäftsprozess	Verbesserung des bestehenden Geschäftsprozesses
Art der Veränderung	radikaler großer Schritt	inkrementelle kleine Schritte
Häufigkeit der Durchführung	fallweise, befristet, im Rahmen von Projekten	kontinuierlich als permanente Aufgabe aller Mitarbeiter
Anstoß / Träger der Veränderung	von oben / Management, Experten, Projektteam	besonders von unten / alle Mitarbeiter
Wirkung	kurzfristige Ergebnissteigerungen	nachhaltige Verbes-serungen, Verbes-serungs- und Lernkultur
Aufwand	hoch, befristet	gering, fortlaufend
Risiko	hoch	gering

Abb. 9.1 Merkmale von Prozesserneuerung und -verbesserung

Bei **Prozesserneuerungen** werden bestehende Geschäftsprozesse grundlegend verändert bzw. durch neue ersetzt. Ziel ist, strategisch kritische Performancelücken zu schließen und die Performance sprunghaft zu steigern. Das Vorgehen birgt erhebliche Chancen, aber auch Risiken in sich und wird als Projekt in relativ kurzer Zeit durchgeführt.

Prozessverbesserungen beinhalten schrittweise Performancesteigerungen, um Zielabweichungen zu korrigieren und Performancedefizite auszugleichen. Die Geschäftsprozesse bleiben dabei in ihrer Grundstruktur erhalten. Prozessverbesserungen werden in Geschäftsprozessen kontinuierlich durchgeführt, beziehen viele Mitarbeiter ein und zeichnen sich durch geringes Umsetzungsrisiko aus. Sie stärken das organisationale Lernen und tragen zu einer permanenten Verbesserung der Problemlösungskompetenz der Organisation bei. ■

Vereinzelt wird Kritik an kontinuierlichen Prozessverbesserungen geübt, weil sie „alle Prozesse ständig und immer weiter verbessern" und dieses „einer der wesentlichen Irrwege des etablierten Prozessmanagements" ist. Im Geschäftsprozessmanagement sind Prozessverbesserungen kein Selbstzweck, sondern dienen dazu, die Prozessziele zu erreichen. Die Ausrichtung und die Intensität der Verbesserungsaktivitäten hängen von den Prozesszielen und der Prozesssituation ab. Die Höhe der Zielabweichungen bestimmt den Verbesserungsbedarf und das Verbesserungsausmaß. Über ihre Zielorientierung tragen Prozessverbesserungen wesentlich zur Optimierung der Geschäftsprozesse bei und sind „im Sinne eines fokussierten Managementansatzes sinnvoll und zielführend" (vgl. Bergsmann 2012, S. 207).

Prozesserneuerung und -verbesserung ergänzen sich (siehe Abbildung 9.2). Die durch Prozesserneuerung erreichten Performancesprünge werden über kontinuierliche Verbesserungen konsolidiert, stabilisiert und weiter ausgebaut. Stabilität allein bedeutet Rückschritt,

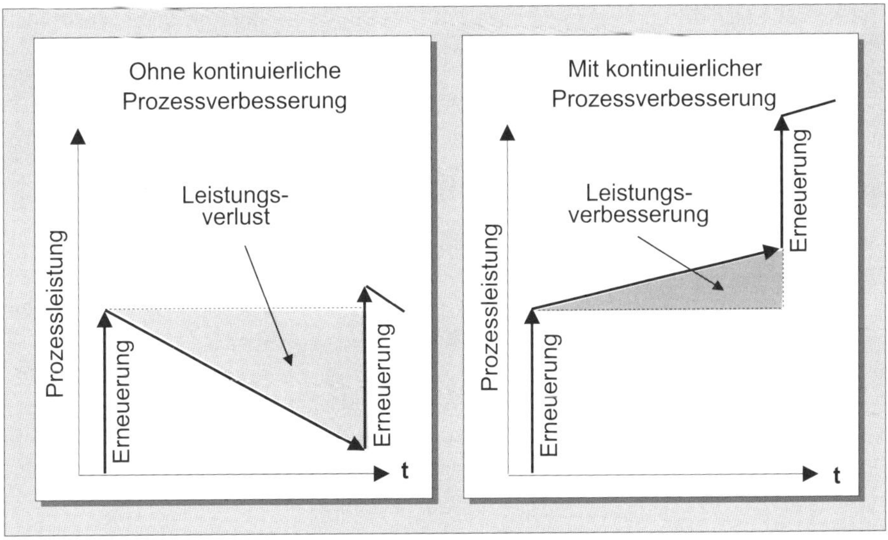

Abb. 9.2 Zusammenspiel von Prozesserneuerung und -verbesserung (in Anlehnung an Imai 1992, S. 47ff.)

wenn das Erreichte nur erhalten und nicht weiterentwickelt wird. Laufende Veränderungen des Umfeldes (Veränderungen Kunden, Markt, Wettbewerber, Zulieferer, Partner, Technologien, Geschäftsmodell etc.) erfordern laufende Anpassungen der Geschäftsprozesse. Dies kann Reengineering nicht leisten. Reengineering kommt wegen des großen Aufwandes und Erfolgsrisikos nur in Ausnahmefällen für ausgewählte Geschäftsprozesse infrage.

Erneuerung und Verbesserung von Geschäftsprozessen werden durch verschiedene **Methoden** und Vorgehensweisen unterstützt. Die bekannteste Methode der Prozesserneuerung ist das **Business Process Reengineering** (BPR). Die in der Praxis angewandten Methoden der Prozessverbesserung sind **Total Cycle Time** (TCT)[1], **Kaizen** und **Six Sigma**. BPR wird angewandt, um die Prozessperformance sprunghaft zu steigern. Die Stabilisierung und kontinuierliche Steigerung der Prozessperformance werden durch die Methoden TCT, Kaizen und Six Sigma unterstützt. Ergänzend kommen viele Einzelmethoden im Rahmen von TCT, Kaizen und Six Sigma zum Einsatz. **Lean Management** bedient sich bestimmter Aspekte des Geschäftsprozessmanagements, kann aber weder als Methode der Prozesserneuerung noch der Prozessverbesserung angesehen werden. **Lean-Methoden** lassen sich jedoch effektiv und nutzbringend in Kaizen bzw. in das Geschäftsprozessmanagement integrieren und entwickeln in dieser Kombination zusätzliche positive Wirkungen (vgl. Kapitel 1.4.17 und 9.3.6).

Business Process Reengineering geht auf Davenport, Hammer und Champy zurück (vgl. Davenport 1993; Hammer/Champy 1993 bzw. 1994). Die TCT-Methode wurde von der Thomas Group Inc. entwickelt und hat sich in vielen Projekten bewährt (vgl. Thomas 1990 und 1991). Kaizen ist durch Imai bekannt geworden und hat weltweite Verbreitung gefunden (vgl. Imai 1992 und 1997). In Deutschland wird Kaizen zumeist als KVP (Kontinuierlicher Verbesserungsprozess) bezeichnet. Six Sigma wurde in der zweiten Hälfte der 1980er-Jahre von Motorola entwickelt und wird heute weltweit eingesetzt (vgl. Harry/Schroeder 2000; Magnusson/Kroslid/Bergman 2001; Töpfer 2007).

Business Process Reengineering, TCT, Kaizen und Six Sigma schließen sich nicht aus, sondern ergänzen sich. Wegen ihrer engen Beziehungen ist es wichtig, diese Methoden nicht isoliert einzusetzen, sondern im Rahmen des Geschäftsprozessmanagements abgestimmt anzuwenden.

■ 9.2 Business Process Reengineering (BPR)

9.2.1 Ziele und Konzept

Starke und abrupte Veränderungen des unternehmerischen Umfeldes (z. B. Märkte, Wettbewerber, Partner, Kundenanforderungen, Technologien), tief greifende Änderungen der Unternehmensstrategie (z. B. Geschäftsmodell, Geschäftsfelder, Kernkompetenzen) oder gravierende Änderungen der Unternehmensstruktur (z. B. durch Zusammenschlüsse, Akquisitionen, Kooperationen) wie auch ein „Reorganisationsstau" können dazu führen, dass bisherige Geschäftsprozesse nicht mehr strategiekonform ausgerichtet und wettbewerbsfähig

[1] TCT = Total Cycle Time ist ein geschützter Begriff der Thomas Group Inc.

sind. In solchen Fällen kann es notwendig sein, Geschäftsprozesse grundlegend zu erneuern. Als Methode bietet sich dafür das Business Process Reengineering (BPR) an. Für BPR werden in Literatur und Praxis zahlreiche Synonyme verwendet: Business Process Redesign, Process Innovation, Neukonstruktion, Rekonfiguration.

„Business Reengineering bedeutet, altbekannte Vorgehensweisen aufzugeben und die Arbeit, die in den Produkten oder Dienstleistungen steckt, aus einem neuen Blickwinkel zu betrachten sowie dem Kunden einen neuen Wert zu bieten“ (Hammer/Champy 1994, S. 47).

Wichtige **Merkmale von BPR** sind:

- Kunden- und Prozessfokussierung,
- fundamentales Überdenken aller Aufgaben und Abläufe,
- radikales Redesign aller Strukturen und Verfahrensweisen,
- Empowerment der Mitarbeiter,
- Nutzung der Möglichkeiten der Informationstechnologie,
- Quantensprünge der Prozessperformance (Kundenzufriedenheit, Prozesszeit, -qualität, -kosten).

BPR verlangt große Anstrengungen, bindet erhebliche Personalressourcen, erfordert intensive Koordination und unterliegt einem hohen Erfolgsrisiko. Deshalb ist BPR auf Geschäftsprozesse zu beschränken, die hohe strategische Bedeutung besitzen und gleichzeitig strategische Risiken und gravierende Performancedefizite aufweisen. Treffen diese Voraussetzungen nicht zu, sollte den Methoden der kontinuierlichen Prozessverbesserung der Vorzug gegeben werden. ■

Hohe strategische Bedeutung haben Kernprozesse, da sie maßgeblich den Aufbau und Ausbau von Kernkompetenzen beeinflussen (vgl. Kapitel 3.3.2). Strategische Risiken liegen vor, wenn notwendige Kernkompetenzen nicht ausreichend vorhanden oder gesichert sind. Gravierende Performancedefizite sind gegeben, wenn in einem Kernprozess die Diskrepanz zwischen Performanceziel und vorhandenem Performanceniveau so groß ist, dass sie durch kontinuierliche Prozessverbesserungen nicht beseitigt werden kann.

Zur Klärung des Handlungsbedarfs in Bezug auf BPR kann die Beantwortung folgender Fragen beitragen:

- Welche Geschäftsprozesse sind von einer strategischen Neuorientierung tangiert?
- Welche Geschäftsprozesse haben den größten Einfluss auf Kernkompetenzen, zukünftige Wettbewerbsvorteile und zukünftigen Unternehmenserfolg?
- Welche dieser Geschäftsprozesse haben die Grenze ihrer Performance erreicht oder weisen gravierende Performancedefizite auf?
- In welchen dieser Geschäftsprozesse sind die Wettbewerber erfolgreicher und leistungsstärker?
- Wie hoch sind in diesen Geschäftsprozessen der Aufwand und die Erfolgschancen einer Prozesserneuerung?

Die Beantwortung dieser Fragen setzt eine aktuelle Geschäfts- und Prozessstrategie voraus. Wichtige Hinweise geben zusätzlich die im Kapitel 3.3.4 beschriebenen Methoden der Prozessgewichtung, die aktuellen Performancedaten aus den Prozessberichten sowie die Ergebnisse eines Prozess-Benchmarkings.

Der Fokus von BPR liegt auf innovativen Lösungen. Dabei können externe Berater helfen, die bereits in anderen Unternehmen an wegweisenden Lösungen mitgewirkt haben. Eigene Mitarbeiter stoßen oft auf Widerstände, neue Wege zu gehen und das Bestehende grundsätzlich infrage zu stellen.

9.2.2 Beurteilung des BPR

BPR war in den 1990er-Jahren ein viel beachtetes Thema. Die hochgesteckten Erwartungen hat damals ein Großteil der BPR-Projekte nicht erfüllt. Hauptgründe waren kulturelle Faktoren, wie z. B. starke Widerstände, falsches Verhalten und unzureichendes Engagement des Managements (siehe Abbildung 9.3).

„It was the challenge of dealing with change that often caused reengineering to fail. It has been estimated that 80 % of the reengineering efforts that failed were caused by the inability to address the social issues" (Smith 2007, S. 17). Einen negativen Ruf erhielt BPR auch dadurch, dass viele BPR-Projekte entgegen der BPR-Intention primär dem „cost cutting" und „downsizing" dienten (vgl. Rummler/Ramias/Rummler 2010, S. 12).

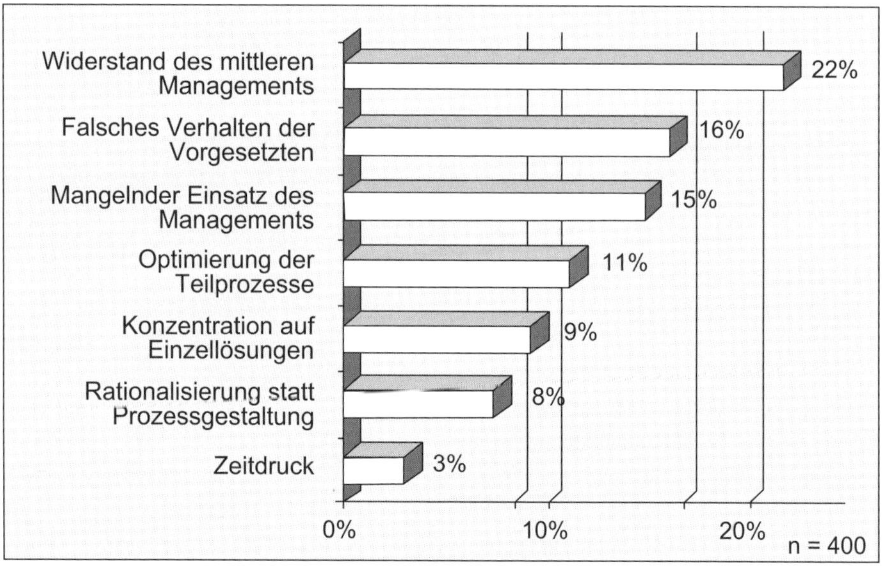

Abb. 9.3 Gründe für das Scheitern von BPR-Projekten (vgl. Perlitz et al. 1995)

Es gibt viele BPR-Kritiker und nur relativ wenige BPR-Befürworter. Als **positiv** wird hervorgehoben, dass BPR trotz vieler Fehlschläge das Bewusstsein für die Bedeutung von Geschäftsprozessen geschärft und viele Veränderungsprozesse angestoßen hat (vgl. Gaitanides 1998,

S. 369 ff.). Eine Untersuchung aus dem Jahr 2004 kommt zu dem Ergebnis, dass in der Praxis BPR auch nach zehn Jahren noch einen hohen Stellenwert hat, wenn auch nicht alle BPR-Ideen im vollen Umfang übernommen worden sind (vgl. Hess/Schuller 2005, S. 359 ff.). Hohe Akzeptanz finden auch heute noch:

- die abteilungsübergreifende sowie unternehmensübergreifende Definition von Geschäftsprozessen,
- IT als Treiber neuer organisatorischer Lösungen,
- Beurteilung und Steuerung der Geschäftsprozesse über nicht finanzielle Kennzahlen.

Eine reservierte Haltung besteht gegenüber der

- radikalen Neugestaltung der Geschäftsprozesse,
- prozessorientierten Gestaltung der Aufbauorganisation.

Der Erneuerungsansatz von BPR hat eine Reihe von Vorteilen. Er

- unterstützt innovative und integrierte Lösungen („Wandel aus einem Guss"),
- führt zu einer schnellen Konzeptfindung,
- beinhaltet eine schnelle Umsetzung,
- überwindet organisatorische Hemmnisse.

In Krisensituationen ist BPR oft der einzige Weg, um erstarrte Traditionen, Strukturen und Machtpositionen aufzubrechen, welche die Wettbewerbsfähigkeit und das Überleben eines Unternehmens gefährden. Viele kleine Änderungen dauern in derartigen Situationen oft zu lange und haben keine vergleichbare Wirkung. ■

Geschäftsprozesse von Zeit zu Zeit grundlegend zu erneuern kann eine Frage des Überlebens sein. Im Kapitel 12.7.2 wird ein praxiserprobtes Vorgehen zur Umsetzung von BPR vorgestellt.

Vgl. zur Beschreibung und Beurteilung von BPR: Hall/Rosenthal/Wade 1993; Bullinger/Wiedmann/Niemeier 1995, S. 11; Hess/Brecht/Österle 1995; Kieser 1996, S. 182 ff.; Theuvsen 1996, S. 65 ff.; Horváth 1997, S. 114; Bogaschewsky/Rollberg 1998, S. 252 ff.; Homburg/Hocke 1998, S. 297 ff.; Schober 2002, S. 26 ff.; Alt 2008, S. 129 f.; Smith 2007, S. 16 ff.; Vahs 2012, S. 400 ff.; Gaitanides 2012, S. 49 ff.

9.3 Schwerpunkte und Methoden der Prozessverbesserung

9.3.1 Total Cycle Time (TCT), Kaizen und Six Sigma im Vergleich

9.3.1.1 Ziele und Vorgehen der Verbesserungsmethoden

Gemeinsamkeiten und Unterschiede von TCT, Kaizen und Six Sigma zeigt Abbildung 9.4. Da die Methoden aus verschiedenen Kulturkreisen stammen (USA, Japan), ist ihre Terminologie ebenfalls unterschiedlich.

TCT	KVP / Kaizen	Six Sigma
• Anwendungsbereich: Geschäftsprozess, Teilprozesse	• Anwendungsbereich: Teilprozesse, Prozess-, Arbeitsschritte	• Anwendungsbereich: Teilprozesse, Prozess-, Arbeitsschritte
• Ziel: Beseitigung von „Barrieren“, Reduzierung der Zykluszeit	• Ziel: Beseitigung von „Verschwendungen“, hohe Wertschöpfung	• Ziel: Reduzierung der Variation, Erreichung Six Sigma = 3,4 FpMM
• Werkzeuge / Methoden: AIP-Steuerung (AIP = Action in Process), Barrierenportfolio ...	• Werkzeuge / Methoden: 7 alte und neue Werkzeuge, Visualisierung, Policy Deployment ...	• Werkzeuge / Methoden: 7 Qualitätswerkzeuge, QFD, FMEA, SPC, DoE ...
• Organisation: Managementteam, Prozessteam, Barrierenbeseitigungsteam	• Organisation: Managementteam, Prozessteam, Kaizen-Team	• Organisation: Projekte mit Experten: z. B. Schwarzer Meistergürtel
• Voraussetzungen: Anleitung / Empowerment Mitarbeiter	• Voraussetzungen: Anleitung / Empowerment Mitarbeiter	• Voraussetzungen: intensives Methodentraining

Abb. 9.4 Vergleich von TCT, Kaizen und Six Sigma

Ziele von TCT, Kaizen und Six Sigma sind, Prozesse zu verbessern und ihre Performance kontinuierlich zu steigern. Alle drei Methoden legen den Schwerpunkt auf die Identifizierung und Beseitigung von Problemen (Fehler, Missstände, Unzulänglichkeiten, Schwachstellen, Barrieren), welche die Effektivität und Effizienz der Geschäftsprozesse mindern. Die Probleme können sich auf Führung, Inhalt, Struktur, Ablauf, Rollen, organisatorische Integration, Controlling, Ressourcen, Methoden, Tools (z. B. IT) oder das Umfeld der Geschäftsprozesse beziehen.

Unterschiede von TCT, Kaizen und Six Sigma liegen im Anwendungsfeld, im Vorgehen und in den Akteuren der Verbesserung. TCT betrachtet den gesamten Geschäftsprozess und die Teilprozesse. Kaizen konzentriert sich auf einzelne Prozess- und Arbeitsschritte. Six Sigma ist auf die Lösung komplexer Probleme fokussiert, die auf allen Prozessebenen auftreten können. Bei TCT und Kaizen werden Verbesserungsaktivitäten von Prozessteams bzw. Kaizen-Teams initialisiert und realisiert. Komplexere Verbesserungen, die einen längeren Zeitraum und Expertenwissen erfordern, werden im Rahmen von Six-Sigma-Projekten umgesetzt. Auswahl und Leitung der Projekte liegen bei Six-Sigma-Experten (Black oder Green Belt), die in Abstimmung mit dem jeweiligen Geschäftsprozessverantwortlichen aktiv werden.

Bei TCT stehen die Beseitigung von Prozessbarrieren und die Eliminierung nicht wertschöpfender Prozesse (= Ersatzprozesse) im Vordergrund. Bei Kaizen ist das Vorgehen ähnlich. Kaizen verfolgt das Ausmerzen von Verschwendungen, d.h. von Aktivitäten, die keinen Wertzuwachs und Nutzen erzeugen. Der Ansatzpunkt für Prozessverbesserungen bei Six Sigma ist, die Faktoren zu eliminieren, die eine Streuung bzw. Variation der Prozessergebnisse verursachen. Der Zielanspruch von Six Sigma ist deutlich höher als der von TCT und Kaizen.

Der Schwerpunkt von Six-Sigma-Projekten ist die Lösung komplexer Prozessprobleme, mit denen hohe finanzielle Einsparungen verbunden sind. Diese erfordern eine differenzierte Ursachenanalyse, methodische Expertise und eine projektgesteuerte Ursachenbehebung. Demgegenüber eignen sich TCT und Kaizen gut für die Lösung von Prozessproblemen mit geringer bis mittlerer Komplexität. Ihre Anwendung erfordert im Unterschied zu Six Sigma einen relativ geringen Aufwand und setzt kein Expertenwissen voraus. TCT und Kaizen haben eine starke Breitenwirkung und aktivieren viele bzw. alle Mitarbeiter für die permanente Verbesserung der Prozesse. ■

Tendenziell liegen die Einsatzschwerpunkte von TCT und Kaizen in Organisationen mit einem Qualitätsniveau unter 4 σ (Sigma), während die Stärken von Six Sigma bei einem Qualitätsniveau über 4 σ liegen (vgl. Kapitel 6.3.2.4.3; Hutwelker 2006).

Bei allen drei Methoden werden „Ersatzprozesse" bzw. „verborgene Prozesse" aufgedeckt und eliminiert. Charakteristisch für Ersatzprozesse bzw. verborgene Prozesse ist, Fehler zu korrigieren und vorhandene Probleme zu umgehen. Ersatzprozesse lösen keine Probleme, sondern verdecken und konservieren sie. Ein Ersatzprozess ist z.B. das Fehlermeldewesen. Gäbe es keine Fehler, könnte auf das Fehlermeldewesen verzichtet werden. Auch das Lagerwesen stellt in vielen Fällen einen Ersatzprozess dar. Würden die Lagerbestände abgesenkt, kämen viele Prozessprobleme ans Tageslicht. Die Lösung dieser Probleme würde die Lagerhaltung und die damit verbundenen Kosten minimieren. Mit ansteigenden Fehler- und Änderungsraten breiten sich Ersatzprozesse aus, was zu einer Eskalierung der Kosten führen kann.

TCT, Kaizen und Six Sigma wenden zum Teil identische **Methoden** an, wie z.B. den PDCA-Zyklus, das Ursache-Wirkungs-Diagramm (Ishikawa-Diagramm) oder die Pareto-Analyse, mit deren Hilfe die Ursachen und Wirkungen von Schwachstellen (Barrieren, Verschwendungen, Variation) festgestellt und analysiert werden. Ergänzend kommen viele andere Methoden zum Einsatz. Six-Sigma-Projekte zeichnen sich durch die Anwendung anspruchsvoller statistischer Werkzeuge aus. Bei Six Sigma wird auch die Messung und Analyse der Prozessperformance systematischer und differenzierter als bei den anderen Methoden durchgeführt. Dafür sind die Anwendungskosten von Six Sigma deutlich höher als die von TCT und Kaizen.

Alternative bzw. ergänzende Vorgehensweisen zur Prozessverbesserung und -optimierung werden dargestellt in: Ahlrichs/Knuppertz 2010, S. 289 ff. sowie Fischermanns 2012, S. 283 ff.

9.3.1.2 Verbesserungskreislauf

In der Praxis sind die Wirkungen von Verbesserungen oft nur von kurzer Dauer, da Symptome kuriert, aber die Problemursachen nicht behoben. Die Verbesserungsmethoden TCT, Kaizen und Six Sigma legen den Schwerpunkt auf die nachhaltige Beseitigung von Problemen statt auf punktuelle „Problemlösungen" und Ad-hoc-Aktionen zur Senkung der Kosten. ■

Ihr Ziel ist es, die Effektivität und Effizienz der Geschäftsprozesse zu steigern, d. h. gleichzeitig die Kundenzufriedenheit zu stärken, Prozessqualität zu erhöhen, Prozesszeiten zu reduzieren, Termintreue zu verbessern und, aber nicht nur, die Prozesskosten zu senken. Die Performancesteigerungen orientieren sich dabei an den Zielvorgaben der Geschäftsprozesse und dienen dem Erreichen der Geschäftsziele.

TCT, Kaizen und Six Sigma folgen der Problemlösungstechnik des PDCA-Zyklus bzw. des DMAIC-Zyklus bei Six Sigma (vgl. Kapitel 9.3.4.3). Der **PDCA-Zyklus** (auch Deming-Zyklus genannt) umfasst die Schritte (siehe Abbildung 9.5):

- Plan: Analysieren der Ist-Situation und Planen der Verbesserung,
- Do: Ausführen der geplanten Verbesserung,
- Check: Überprüfen der Wirkung der durchgeführten Verbesserung,
- Act: Wiederholen des Zyklus bei Nichterfüllung der Ziele bzw. Standardisieren der Verbesserung bei Erfüllung der Ziele.

Nach dem erfolgreichen Durchlauf des PDCA-Zyklus wird die wirksame Verbesserung **als Standard festgeschrieben**, um Wiederholungen des ursprünglichen Problems auszuschließen.[2] Die Standardisierung bezieht sich auf Inhalt, Abfolge, Dauer und Ergebnisse der Prozessschritte bzw. -aktivitäten. Die Standards werden ständig überprüft. Bei ihrer Verifizierung werden neue Probleme identifiziert, deren Lösung zu neuen, verbesserten Standards führt (vgl. Imai 1997, S. 67 ff.; Kostka/Kostka 2011, S. 39 ff.). Wird eine Standardisierung der Verbesserung unterlassen, stellen sich schnell wieder alte Fehler und Missstände ein. Zudem werden keine Lernerfahrungen gesammelt, die weitere Verbesserungen bewirken.

Der **PDCA-Zyklus endet nie**. Sobald eine Verbesserung realisiert ist, werden darauf aufbauend neue Ziele gesetzt und weitere Verbesserungen in Angriff genommen. Der PDCA-Zyklus sollte auf allen Ebenen einer Organisation angewendet werden und sich nicht nur auf die Arbeitsebene beschränken. „Der PDCA-Zyklus gehört heute zum Standard-Denk- und Handlungsschema jeglicher Verbesserungsaktivität. Er verkörpert einen systematischen Ansatz zur Problemlösung" (Zollondz 2011, S. 297).

Abbildung 9.5 visualisiert das Zusammenwirken von Prozessorganisation, Prozesscontrolling und Verbesserungsmethoden bei der kontinuierlichen Prozessverbesserung auf Basis des PDCA-Zyklus. Die Prozessorganisation legt die Geschäftsprozesse als Objekte der Verbesserung sowie die Verantwortlichen und Akteure für die Durchführung der Prozessverbesserung fest. Die wichtigsten Akteure sind Prozessteams, Kaizen-Teams und Six-Sigma-Projektteams. Das Prozesscontrolling stellt den Akteuren Prozessziele, Messergebnisse und Zielabweichungen zur Verfügung, über die sie Abweichungsursachen sowie Prozesspro-

[2] Standards sind Handlungsleitfäden, die aus Handlungsanweisungen, Regeln, Direktiven oder Richtlinien bestehen können.

bleme identifizieren und analysieren können. Die Ziel- und Messdaten des Prozesscontrollings ermöglichen es den Akteuren, den Erfolg und die Wirkungen durchgeführter Verbesserungsmaßnahmen zu überprüfen und notfalls schnell zusätzliche Verbesserungsmaßnahmen in die Wege zu leiten. Die methodischen Hilfsmittel für das Erkennen, Analysieren und Gewichten der Probleme sowie das Finden, Auswählen und Umsetzen von Problemlösungen liefern die Verbesserungsmethoden TCT, Kaizen und Six Sigma.

Vgl. zu den Themen PDCA-Zyklus, DMAIC-Zyklus und Problemlösungszyklus: Liker 2006, S. 356 ff.; Schmied et al. 2008, S. 24 ff.; ISO 9004:2009, Abschnitt 9.2; Teufel 2009, S. 681 f.; Zollondz 2011, S. 89 ff. und 297 ff.; Gorecki/Pautsch 2011, S. 93 ff.; Kostka/Kostka 2011, S. 33 ff.; CMMI-Prozessgebiete in: Chrissis/Konrad/Shrum 2012, S. 285 ff., 387 ff. und 414 ff.

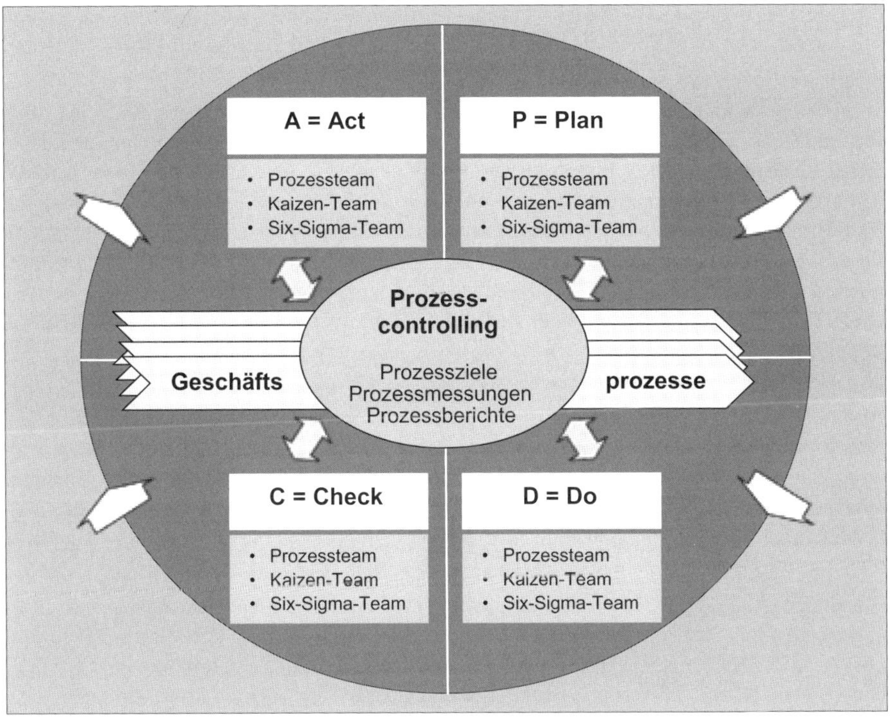

Abb. 9.5 Zusammenspiel von PDCA-Zyklus mit Prozessorganisation und -controlling

9.3.1.3 Teamarbeit als Basis von Prozessverbesserungen

Neben dem PDCA-Zyklus ist Teamarbeit eine weitere wichtige Komponente der kontinuierlichen Verbesserung. Prozessteams, Kaizen-Teams oder Six-Sigma-Projektteams spüren Probleme auf, analysieren sie, suchen Lösungen, setzen sie um, kontrollieren die Wirkungen und führen erfolgreiche Lösungen als Standards ein.

Die **Vorteile der Teamarbeit** sind (Doppler/Lauterburg 2008, S. 289 ff.; Kostka/Mönch 2009, S. 101 ff.):

- Aktivieren der Stärken und Kompensierung der Schwächen der einzelnen Teammitglieder,
- Erzielen besserer Ergebnisse durch Kombination unterschiedlicher Fähigkeiten der Teammitglieder,

- Zeitgewinn durch direkte Zusammenarbeit,
- Befriedigung individueller Bedürfnisse, wie z. B. Sicherheitsgefühl, sozialer Kontakt und Wohlbefinden der Teammitglieder,
- Einflussnahme auf Einstellungen und Verhaltensweisen,
- Intensivierung des individuellen Lernens,
- Erweiterung des organisationalen Wissens (lernende Organisation),
- Selbststeuerung und damit Entlastung der Führungskapazität,
- Stärkung der innovativen Unternehmenskultur,
- Akzeptanz der Ergebnisse.

Über Teams gelingt es, Individuen zusammenzuführen und an gemeinsamen Zielen und Kunden auszurichten. Ein wichtiger Integrationsfaktor ist, Teamziele auf Prozessziele und damit auf Geschäftsziele abzustimmen (vgl. Kapitel 6.3.2.6 und 6.3.2.7).

Erfolgreiche Teamarbeit hängt von bestimmten **Voraussetzungen** ab. Dazu zählen positive Grundhaltung, Offenheit und Fairness, gegenseitiges Vertrauen, Kommunikation und Kooperation sowie gemeinsame Zielsetzung und Orientierung der Teammitglieder. Besonders die Fähigkeit zur Kommunikation, Kooperation sowie zum ständigen Lernen und das kritische Hinterfragen sind erfolgsentscheidend. Prägenden Einfluss auf diese Erfolgsfaktoren hat die **Prozesskultur**, für deren Gestaltung die Führungskräfte in der Prozessorganisation verantwortlich sind (vgl. Liker 2006, S. 10 und 264 ff.; Wagner/Patzak 2007, S. 228 ff.; Doppler/Lauterburg 2008, S. 455 ff.; Gaitanides 2012, S. 194 ff.).

Eine Schlüsselrolle nimmt in der Teamarbeit der **Moderator** ein. Er hat im Team eine Vertrauensbasis zu schaffen, Verständigung zu fördern, Kontakte zu verstärken, Ausgleich herzustellen, für Übersicht zu sorgen, Konfliktsituationen zu meistern und Feedback zu geben. Neben der Steuerung der Teamsitzungen stellt er die Vorbereitung (Einladung, Tagesordnung, Raumreservierung etc.) und Nachbereitung (Ergebnisprotokoll, Aktionsplan, Maßnahmenveranlassung) der Zusammenkünfte sicher (vgl. Wahren 1998, S. 84 ff.; Witt/Witt 2006, S. 60 ff. und 101 ff.; Doppler/Lauterburg 2008, S. 297 ff. und 457; Kostka/Kostka 2011, S. 55 ff.).

Die Mitarbeit in Verbesserungsteams bedeutet eine Erweiterung und Bereicherung des Aufgabenfeldes (Job Enlargement und Job Enrichment) der Beteiligten. Die Mitarbeiter führen nicht nur Prozessaufgaben durch, sondern verbessern auch eigenständig die sie betreffenden Prozessabläufe. Die Teams koordinieren und steuern sich selbst. Voraussetzungen dafür sind (vgl. Osterloh/Frost 2006, S. 116 ff.; Nicolai 2009, S. 74 f.; Kotter 2011, S. 87 ff. und 141 ff.):

- ausreichende Handlungsspielräume (Empowerment),
- Verlagerung von Verantwortung auf Mitarbeiter, Delegation von Entscheidungen,
- Verringerung hierarchischer Kontrolle,
- die erforderliche Qualifizierung und Befähigung der Mitarbeiter.

Erfolgreiche Teamarbeit zur Verbesserung und Optimierung von Geschäftsprozessen ist eine Kernkompetenz, die für Konkurrenten eine hohe Imitationsbarriere darstellt (vgl. Gaitanides 2012, S. 202).

9.3.2 Total Cycle Time (TCT)

Ziel von TCT ist es, die Prozessperformance auf der Ebene der Geschäftsprozesse permanent zu steigern. Das Augenmerk wird dabei auf die Prozesszeit gelegt. Prozesszeiten werden so verkürzt, dass damit zugleich Steigerungen der Qualität, Erhöhungen der Termintreue und Senkungen der Prozesskosten verbunden sind. Wesentliche **Merkmale der TCT-Methode** sind:

- Ermitteln von Barrieren, die den Prozessablauf behindern,
- Beseitigen von Barrieren und Ersatzprozessen durch Prozessteams und Barrierenbeseitigungsteams,
- Messen der Wirkungen der Barrierenbeseitigung über die Prozesskennzahlen für die Prozessziele Prozesszeit, Termintreue und Prozessqualität,
- Vergleich der Messergebnisse mit den Zielwerten für Prozesszeit, Termintreue und Prozessqualität.

TCT unterscheidet zwischen **Sach-, Prozess- und Kulturbarrieren** (Thomas 1991, S. 11 ff.). Beispiele sind:

- Sachbarrieren
  - fehlende Teile,
  - fehlende Informationen,
  - fehlerhaftes Material.
- Prozessbarrieren
  - Doppelarbeiten,
  - komplexe Abläufe,
  - Wartezeiten.
- Kulturbarrieren
  - unklare Ziele,
  - wechselnde Prioritäten,
  - mangelhafte Kundenorientierung,
  - Probleme in der Zusammenarbeit.

Anzahl und Hebelwirkung der Barrieren sowie ihrer Überwindung und Beseitigung sind unterschiedlich (siehe Abbildung 9.6).

Sachbarrieren treten in großer Zahl auf. Sie können durch Fachexperten beseitigt werden. Ihre Wirkung auf die Prozessperformance ist relativ gering. Bei Prozessbarrieren ist die Anzahl geringer, die Hebelwirkung aber größer. Sie werden durch Prozessteams oder Barrierenbeseitigungsteams eliminiert. Die größte Wirkung geht von Kulturbarrieren aus. Ihre Beseitigung ist in der Regel schwierig. In vielen Fällen gelingt sie nur, wenn sich das Management aktiv einschaltet. Problematisch ist, wenn die Führungskultur eine Barriere darstellt. Dies ist z. B. der Fall, wenn das Management nicht darauf drängt, erreichte Verbesserungen zu stabilisieren. ■

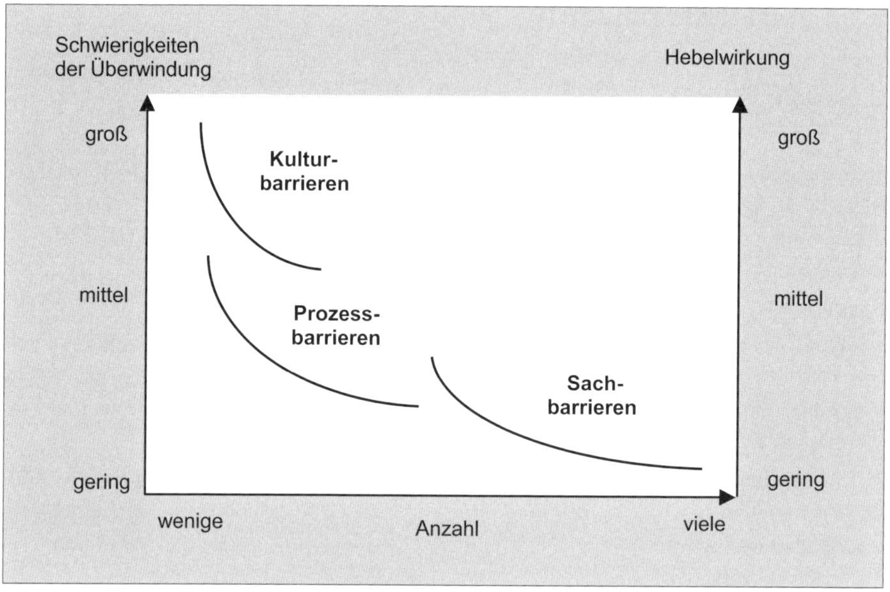

Abb. 9.6 Merkmale von Barrieren in Geschäftsprozessen

Die Barrieren werden vom Prozessteam gesammelt und bewertet. Dazu dient das **Barrierenportfolio**. In dem Portfolio werden die gesammelten Barrieren, nach den Kriterien „Einfluss auf Prozesszeit" und „Schwierigkeit der Beseitigung" ausgewiesen (siehe Abbildung 9.7). Das Kriterium „Schwierigkeit der Beseitigung" berücksichtigt Aspekte wie Widerstände, Erfolgswahrscheinlichkeit, benötigte personelle, technische und finanzielle Ressourcen, vorhandenes Know-how, erforderliche Zeit sowie Unterstützung des Managements. Das Kriterium „Einfluss auf Prozesszeit" kann auch durch ein anderes Prozessziel (Kundenzufriedenheit, Prozessqualität, Prozesskosten) ersetzt werden. Die Wahl hängt von der Gewichtung der Prozessziele ab. Zu empfehlen ist, das Prozessziel mit dem höchsten Gewicht als Kriterium auszuwählen.

Anhand des Barrierenportfolios entscheidet das Prozessteam, welche Barrieren beseitigt werden sollen. Dabei wird den Barrieren im Quadranten D (siehe Abbildung 9.7) die höchste Priorität zugewiesen. Sie zeichnen sich durch hohe Zielwirkung und relativ geringen Beseitigungsaufwand aus (= low hanging fruits).

An die Barrierenauswahl schließt sich die Analyse der Barrierenursachen sowie die Erarbeitung von Maßnahmen zur Barrierenbeseitigung an. Anschließend werden die Maßnahmen umgesetzt und die Wirkungen über die Prozesskennzahlen des Prozesscontrollings gemessen. Je nach Art der Barriere liegt die Verantwortung für die Barrierenbeseitigung beim Geschäftsprozessverantwortlichen, bei einem Teilprozessverantwortlichen oder bei einem temporären Projektteam, das speziell eingesetzt wird (= Barrierenbeseitigungsteam). Das Vorgehen wird im Kapitel 12.7.3 näher beschrieben.

Ein weiteres Instrument von TCT ist die AIP-Steuerung (AIP = Action in Process). Darunter wird die gezielte Einsteuerung der Bearbeitungsobjekte in einen Geschäftsprozess verstanden. Das Vorgehen wird in Kapitel 6.7.1 im Rahmen der operativen Prozesssteuerung beschrieben. Auf die Wirkungen und Ergebnisse von TCT geht Kapitel 15.1.2 ein.

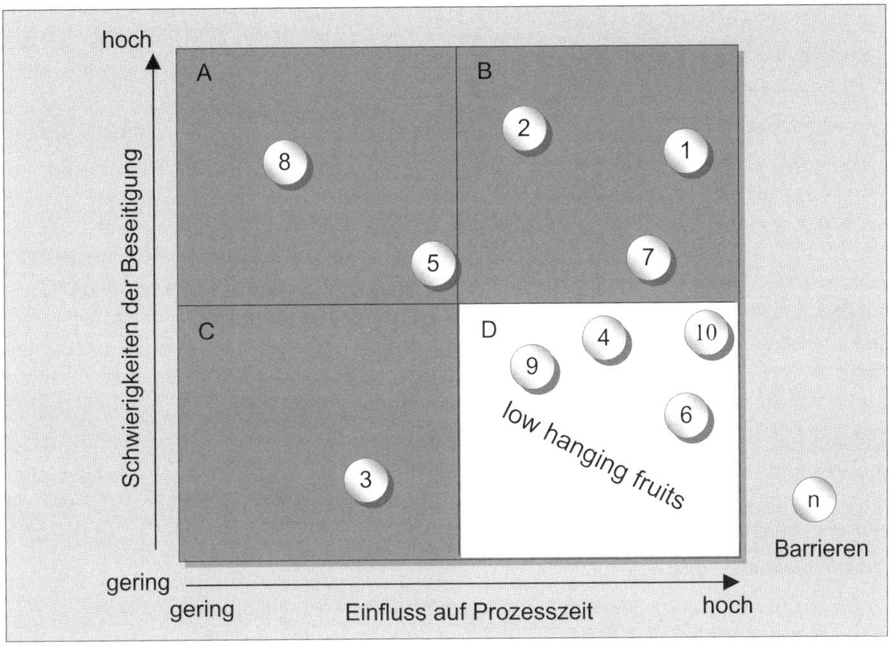

Abb. 9.7 Barrierenportfolio

9.3.3 Kaizen

9.3.3.1 Konzept und Ziele von Kaizen

„Kaizen ist eine japanische Führungsphilosophie, die eine kontinuierliche Weiterentwicklung anstrebt. Dabei geht es jedoch nicht lediglich um Produktverbesserungen, sondern neben einer expliziten Ausrichtung auf den Kunden auch um die Verbesserung und Änderung im Denken und Handeln aller in die Organisationsabläufe (Prozesse) eingebundenen Mitarbeiter" (Zollondz 2011, S. 289). Kaizen wird als „bedeutendste Methode des inkrementellen Ansatzes" gesehen (vgl. Burger 2009, S. 57).

Das japanische Wort **Kaizen** setzt sich aus „Kai = Veränderung, Wandel" und „Zen = zum Besseren" zusammen und bedeutet systematische und kontinuierliche Verbesserung in kleinen Schritten. „Diesem Streben liegen zwei Erkenntnisse zugrunde. Zum einen unterliegt die Welt fortlaufender Veränderung, und es bedarf einer ständigen Anpassung an diese. Zum anderen wird kein Zustand als so gut angesehen, dass man ihn nicht verbessern könnte" (Teufel 2009, S. 676; vgl. auch Kostka/Kostka 2011, S. 5 ff.). Im deutschen Sprachgebiet hat sich für Kaizen der Begriff „Kontinuierlicher Verbesserungsprozess = KVP" und im englischen „Continuous Improvement Process = CIP" eingebürgert.

Die **Grundorientierungen von Kaizen** sind (vgl. Imai 1992, S. 39 ff.; Imai 1997, S. 16 ff.; Wahren 1998, S. 7 ff.; Witt/Witt 2006, S. 15 ff.; Teufel 2009, S. 676 ff.; Knuppertz 2009, S. 257 ff.; Zollondz 2011, S. 106 ff. und 286 ff.; Kostka/Kostka 2011, S. 16 ff.):

- Kundenorientierung,
- Problemorientierung,

- Prozessorientierung,
- Mitarbeiterorientierung.

Kundenorientierung

Das oberste Ziel von Kaizen ist die stetige Verbesserung der Kundenzufriedenheit. Zentraler Bezugspunkt sind die Kunden. „Nur was dem Kunden nutzt, hat Wert."

Kaizen betrachtet den nächsten Prozess- und Arbeitsschritt als internen Kunden und den vorgelagerten als internen Lieferanten. Jeder Mitarbeiter versteht sich zugleich als interner Lieferant und interner Kunde. Der interne Kunde spezifiziert seine Anforderungen. Der interne Lieferant verpflichtet sich gegenüber seinen internen Kunden, die gewünschten Leistungen anforderungsgerecht, d. h. qualitäts-, mengen- und termingerecht zu erbringen. Fehlerhafte Leistungen weisen die internen Kunden zurück. „Das Zurückweisen [...] setzt veränderte Denk- und Verhaltensweisen voraus, die Probleme nicht als Belastung sehen, sondern als die Möglichkeit zur Verbesserung erkennen" (Teufel 2009, S. 677).

Die internen Kunden-Lieferanten-Beziehungen zwischen allen Mitarbeitern steigern das Verantwortungsbewusstsein jedes einzelnen und der gesamten Organisation. Jeder Mitarbeiter sieht sich als Unternehmer im Unternehmen. Das Unternehmertum beginnt nicht erst auf den oberen Managementebenen.

Problemorientierung

Kernpunkt von Kaizen ist das Erkennen und Lösen von Problemen. Kaizen betrachtet Probleme wie z. B. **Fehler als „Schätze"**, die Verbesserungen und Fortschritte anstoßen. Der offene Umgang mit ihnen erschließt erhebliche Verbesserungspotenziale. Wo Probleme und Fehler nicht offengelegt werden, kann es auch keine Verbesserung und keinen Fortschritt geben. Es gilt das Motto: „Suche nicht nach dem Schuldigen, sondern löse das Problem." „Unternehmen mit einer offenen Fehlerkultur fördern ihre Wandlungsfähigkeit" (KPMG 2009, S. 12). Toyota betrachtet es als größtes Zeichen der Stärke, wenn ein Mitarbeiter offen Fehler anspricht, dafür die Verantwortung übernimmt und Maßnahmen vorschlägt, wie das nächste Mal Fehler vermieden werden können (vgl. Liker 2006, S. 351 f.).

Probleme wie Fehler, Abweichungen, Mängel, Behinderungen, Schwachstellen, Missstände, Leerlauf bezeichnet Kaizen als Verschwendung (Muda). **Verschwendung** ist alles, was für die Kunden keinen Wert hat und wofür sie nicht bereit sind, zu zahlen (siehe Abbildung 9.8; Kostka/Kostka 2011, S. 64 ff.). Jede Verschwendung bietet Raum für Verbesserungen. Nicht wenige Verschwendungen haben ihre Ursache in Führungsdefiziten, wie z. B.:

- Verschwendung durch fehlende Fokussierung: z. B. unklare Ziele, fehlende Zielvereinbarungen, mangelhafte Information, falsche Ressourcenzuordnung.
- Verschwendung durch fehlende Struktur: z. B. unklare Organisation, Koordinationsmängel, fehlende Transparenz, fehlende Kommunikation, keine geeigneten Prozesskennzahlen, unzureichende Performancemessungen, Doppelarbeiten.
- Verschwendung durch fehlende Verantwortungszuordnung: z. B. unklare Rollen, unklare und unzureichende Befugnisse, Machtkämpfe, keine Aufgabendelegation, kein Empowerment.
- Verschwendung durch fehlende Mitarbeiterführung: z. B. Unzufriedenheit, keine Anerkennung, keine Wertschätzung, Demotivation, ungenutzte Kreativitätspotenziale.
- Verschwendung durch fehlende Kompetenzentwicklung: z. B. unzureichende Schulung, unzureichendes Training, kein Erfahrungsaustausch.

Nr.	Verschwendungen
1.	Zu viele Vorschriften
2.	Protokolle: Manches wird bis zu dreimal abgefragt
3.	Unzureichender Kontakt von oben nach unten
4.	Logistik der Linie zuordnen
5.	Wir-Gefühl ist gestorben
6.	Unzuverlässiger Zulieferer
7.	Zu lange Zeitstrecke von Abruf bis zur Anlieferung der Verpackung
8.	Falsch geklärte Bestellungen
9.	Zu wenig Prüfmittel
10.	Zu lange Wege
11.	Teile nicht komplett bei Anlieferung
12.	Unpünktliche und unvollständige technische Unterlagen
13.	Viele Nachfragen
14.	Zu wenig Fachschulungen

Abb. 9.8 Auflistung von Verschwendungen durch ein Kaizen-Team

Prozessorientierung

„Als fundamentales Prinzip von Kaizen kann die Prozessorientierung angesehen werden. Prozesse, die als Transformationsaktivitäten zu verstehen sind, sind das Bindeglied zwischen den Ressourcen als Input und dem Leistungsprogramm als Output. Damit ist Prozessorientierung gleichbedeutend mit Wertschöpfungsorientierung" (Teufel 2009, S. 677).

Im Blickpunkt von Kaizen stehen Prozesse, nicht Ergebnisse. Die Prozesse sind die Objekte der Verbesserung. Die Kernfrage lautet: Wie lassen sich die Prozesse verbessern, um die Prozessziele und optimale Ergebnisse zu erreichen?

Im Rahmen des Geschäftsprozessmanagements dienen Kaizen-Verbesserungen der Zielerreichung der Geschäftsprozesse. Kaizen-Ziele werden unmittelbar aus den Prozesszielen abgeleitet, sodass Kaizen-Maßnahmen Beiträge zur Erreichung der Prozess- und Geschäftsziele leisten. ■

Kaizen-Verbesserungsvorschläge werden selektiert und priorisiert. Je nach Prozesssituation werden sie auf Verkürzung von Prozesszeiten, Steigerung von Prozessqualität, Erhöhung von Termintreue, Senkung von Prozesskosten oder direkt auf die Steigerung der Kundenzufriedenheit gerichtet. Mit diesem Fokus unterscheidet sich Kaizen wesentlich von anderen Verbesserungsmethoden, die zumeist Kostensenkungen verfolgen, um „besser zu werden". „In vielen Unternehmen werden oft zu viele Verbesserungen durchgeführt, die aufgrund begrenzter Ressourcen überflüssig sind oder eigentlich auf der Prioritätenliste weniger weit oben stehen sollten" (Knuppertz/Feddern 2011, S. 134 f.).

Mitarbeiterorientierung

Die Akteure der Verbesserung sind die Mitarbeiter. „Wie keine andere Managementpraxis bündelt das Kontinuierliche Verbesserungsmanagement (KVP) die Potenziale der Mitarbeiter aller Hierarchieebenen zur Überprüfung, Reflexion und Verbesserung erreichter Standards“ (Zollondz 2011, S. 286). ■

Kaizen befähigt, bevollmächtigt und motiviert alle Prozessmitarbeiter, selbständig die Ursachen von Verschwendungen zu erkennen und zu beseitigen. Die Mitarbeiter bringen ihr Wissen und ihre Fähigkeiten ein, um „mitzuwissen, mitzudenken, mitzugestalten und mitzuverantworten“. „Diese [...] Wesensmerkmale verdeutlichen, dass Kaizen die Wertvorstellungen und Verhaltensweisen der Mitarbeiter und Führungskräfte eines Unternehmens prägt und somit zum Bestandteil der Unternehmungskultur wird“ (Teufel 2009, S. 676).

Kaizen betrachtet Mitarbeiter nicht als Ausführende, sondern als selbstverantwortlich Handelnde. Die Prozessmitarbeiter gestalten die Prozessorganisation und die Prozesskultur aktiv mit. Damit geht Kaizen weit über eine Verbesserungsmethode hinaus und hat einen deutlich größeren Wirkungsbereich als andere Instrumente zur Steigerung der Effizienz. ■

9.3.3.2 Kaizen-Teams

Die Prozessmitarbeiter arbeiten in Kaizen-Teams zusammen, um eigenständig Verschwendungen zu identifizieren, zu analysieren sowie Verbesserungsmaßnahmen zu erarbeiten und umzusetzen. Sie folgen dabei dem PDCA-Zyklus. Der Schwerpunkt der Aktivitäten liegt auf der Verbesserung des eigenen Arbeitsbereiches (Prozess-, Arbeitsschritte). Die Teams disponieren, koordinieren und kontrollieren die Prozessaufgaben selbst, ebenso die Zusammenarbeit mit internen Kunden und Lieferanten. Dadurch werden Entscheidungszeiträume und Koordinationsaufwendungen reduziert. Die Kaizen-Teams erzielen höhere Effizienz, wenn sich ihre Verbesserungen auf ganze Prozessschritte beziehen. Bereits bestehende Teams wie teilautonome Arbeitsgruppen, Fertigungsgruppen, Entwicklungsgruppen oder Qualitätszirkel sollten mit der Kaizen-Methodik vertraut gemacht und als Kaizen-Teams eingesetzt werden.

Überschreitet die Umsetzung eines Lösungsvorschlags die zeitlichen und kapazitiven Möglichkeiten eines Kaizen-Teams, haben die Teilprozessverantwortlichen eine geeignete Lösung zu finden, wie z. B. die Installation eines Ad-hoc-Kaizen-Teams, eines Kaizen-Workshops bzw. eines temporären Kaizen-Teams. **Temporäre Kaizen-Teams** sind Projektgruppen, die komplexere Probleme innerhalb eines kurzen Zeitraums lösen (vgl. Teufel 2009, S. 680; Kostka/Kostka 2011, S. 98 ff.). Die Projektform wird gewählt, wenn die Lösung von hoher Dringlichkeit und Tragweite ist sowie eine spezifische Kapazitätsausstattung erfordert. Dies ist z. B. bei Durchbruchsverbesserungen der Fall (Durchbruchs-Kaizen, Kaikaku). Häufig sind temporäre Kaizen-Teams auch interdisziplinär zusammengesetzt, wenn die Lösungen über einen Teilprozess oder Geschäftsprozess hinausreichen. Über die Priorisierung und Auswahl von Kaizen-Projekten entscheidet der Geschäftsprozessverantwortliche. Ein hilfreiches Instrument ist dabei das Projektportfolio (siehe Abbildung 9.13; vgl. Gareis/Stummer 2007, S. 98 ff.; Habermann/Doch 2009, S. 235 ff.).

Temporäre Kaizen-Teams (Ad-hoc-Kaizen-Teams, Durchbruchs-Kaizen, Blitz-Kaizen) haben im Vergleich zu **permanenten Kaizen-Teams** eine stark abgeschwächte Wirkung auf Prozess- und Verbesserungskultur, organisationales Lernen sowie Wissensgenerierung und Wissensaustausch (vgl. Kapitel 9.5 und 9.6). Insgesamt beeinflussen permanente Kaizen-Teams die Organisationseffizienz (Prozess-, Ressourcen-, Anpassungs-, Delegations-, Motivations- und Markteffizienz) stärker als temporäre Teams.

Die Gründung von Kaizen-Teams liegt in der Hand der Teilprozessverantwortlichen. Erfahrene Teilprozessverantwortliche sind in der Lage, mehrere Kaizen-Teams zu betreuen und zu koordinieren. Die Teamgröße besteht je nach Situation aus vier bis sechs Prozessmitarbeitern. Jedes Team hat einen Teamsprecher. Die Kaizen-Teams treffen sich wöchentlich ein bis zwei Stunden während der Arbeitszeit.

Teamarbeit ist zu belohnen. Mit Einführung von Kaizen sollte die Entgeltfindung an Kaizen-Zielvereinbarungen gekoppelt und sollten finanzielle **Anreize** für Teamarbeit geschaffen werden. Geld allein verhilft jedoch Kaizen nicht zum Erfolg. Eine stärkere Motivation geht häufig von anspruchsvollen Zielen, Eigenverantwortung und Anerkennung aus (vgl. Kapitel 11.2.4).

9.3.3.3 Kaizen-Vorschlagswesen

Das Kaizen-Vorschlagswesen unterscheidet sich in wesentlichen Punkten vom betrieblichen Vorschlagswesen (siehe Abbildung 9.9). „Bei den Kaizen-Verbesserungsvorschlägen steht zunächst nicht der wirtschaftliche Nutzen im Vordergrund, sondern die motivierende Wirkung auf das Mitarbeiterverhalten, mit dem Ziel, die Mitarbeiter ständig zum Nachdenken über Möglichkeiten zur Verbesserung ihrer eigenen Arbeit zu bewegen. Die Intention, mit der Verbesserungsvorschläge in Europa im Gegensatz zu Japan verfolgt werden, liegt darin, die mit den Verbesserungen erzielten Einsparungen als entscheidendes Kriterium zu sehen" (Teufel 2009, S. 680).

Das herkömmliche **betriebliche Vorschlagswesen** hat häufig folgende Schwächen:

- Die Umsetzung der Vorschläge dauert zu lange.
- Die Wirkungen der Verbesserungen sind nicht nachhaltig.
- Das Vorschlagswesen verursacht einen hohen Verwaltungsaufwand.
- Die Honorierung der Vorschläge ist nicht transparent und dauert zu lange.
- Verbesserungsvorschläge werden als Kritik empfunden und negativ beurteilt.

Das **Kaizen-Vorschlagswesen** überwindet diese Schwächen. Es ist durch folgende Merkmale gekennzeichnet (vgl. auch Schober 2002, S. 204 f.):

- Das Kaizen-Vorschlagswesen ist integraler Bestandteil des Geschäftsprozessmanagements bzw. der prozessorientierten Organisation.
- Die Verbesserungsziele (= Kaizen-Ziele) werden aus den Prozesszielen abgeleitet.
- Verbesserungsvorschläge beziehen sich auf die Arbeitsumgebung (Prozess- und Arbeitsschritt) des Kaizen-Teams.
- Verbesserungsvorschläge werden im Kaizen-Team eigenständig erarbeitet und umgesetzt.
- Die Umsetzung der Vorschläge und die Nachhaltigkeit ihrer Wirkung werden über den PDCA-Zyklus gesteuert.
- Nur erfolgreich umgesetzte Vorschläge bzw. Verbesserungen werden prämiert.

- Prämien werden am Umsetzungserfolg gemessen.
- Der Teilprozessverantwortliche bewertet die Vorschläge und veranlasst eine schnelle Auszahlung von Prämien.

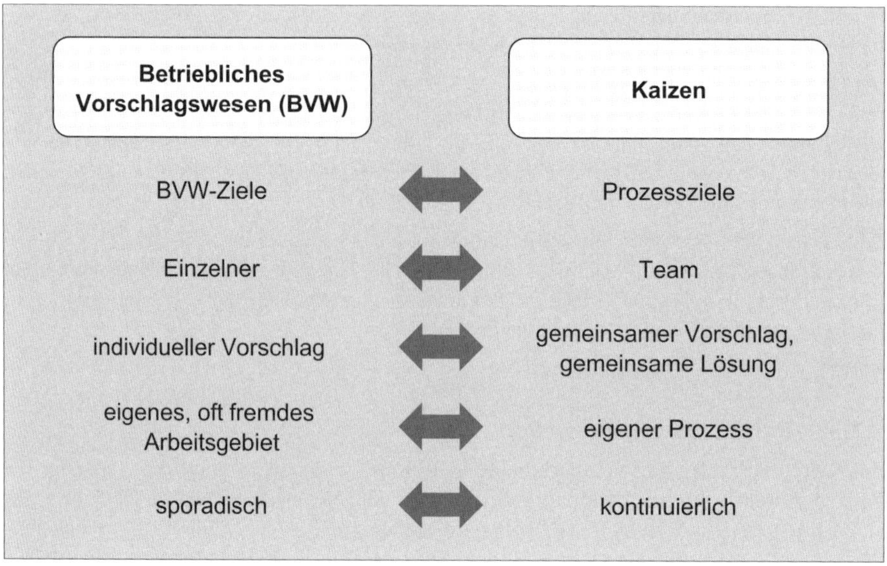

Abb. 9.9 Unterschiede zwischen betrieblichem Vorschlagswesen und Kaizen

9.3.3.4 Kaizen-Werkzeuge

Kaizen stellt eine Reihe bewährter Methoden und Werkzeuge bereit (siehe Abbildung 9.10). Über ihre Auswahl und Anwendung entscheidet das Kaizen-Team. Kaizen-Methoden und -Werkzeuge unterstützen das Kaizen-Team bei der Lokalisierung, Beschreibung, Kommunikation, Analyse, Bewertung und Beseitigung von Verschwendungen (vgl. Imai 1992 und 1997; Ebeling 2000, S. 277 ff.; Gogoll/Theden 2000, S. 308 ff.; Gogoll 2000, S. 346 ff.; Teufel 2009, S. 683 ff.; Koch 2011, S. 136 ff.). Wichtiger als Kaizen-Werkzeuge sind für den Kaizen-Erfolg Denkhaltung, Wissen und Fähigkeiten, Motivation der Teammitglieder sowie das Eingestehen von Fehlern (Fehlerkultur), Lernen durch Erfahrung und die Steigerung der Problemlösungsfähigkeit.

Die **sieben alten Werkzeuge** basieren auf mathematischen statistischen Grundlagen. Sie umfassen grafische Hilfsmittel, um Probleme zu erkennen, zu verstehen und zu lösen. Sie kommen zum Einsatz, wenn Probleme auf Basis von statistischen Daten analysiert werden können.

Bei den **sieben neuen Werkzeugen** handelt es sich um Problemlösungstechniken, die zum Zuge kommen, wenn numerische Daten nicht oder nicht ausreichend zur Verfügung stehen. Die Werkzeuge bauen aufeinander auf und unterstützen die Phasen des Problemlösungsprozesses.

Sieben alte Werkzeuge	Sieben neue Werkzeuge	5-A-Vorgehen	8-V-Regel (Verschwendungen)
• Fehlersammelliste • Prüfformulare • Histogramm • Korrelationsdiagramm (Streudiagramm) • Qualitätsregelkarte • Pareto-Diagramm (ABC-Analyse) • Ursache-Wirkungs-Diagramm	• Beziehungsdiagramm • Affinitätsdiagramm • Baumdiagramm • Matrixdiagramm • Matrixdiagramm mit Datenanalyse • Entscheidungsdiagramm • Netzplan	• Aussortieren unnötiger Dinge • Aufräumen, Ordnung halten • Arbeitsplatz sauber halten • Anordnungen einhalten • Alle Punkte ständig verbessern	• Überproduktion • Bestände • Transport • Wartezeit • Verschwendungen innerhalb der Tätigkeit • Bewegung • Fehler • Ungenutzte Kreativität

Abb. 9.10 Kaizen-Werkzeuge

Das **5-A-Vorgehen** ist ein einfacher Ansatz, schnell Verbesserungen zu erreichen. Das Vorgehen ist nicht nur in der Produktion, sondern in allen Aufgabenbereichen bzw. Geschäftsprozessen anwendbar. So sind z. B. das Aussortieren unnötiger Unterlagen sowie das Selektieren unnötiger Informationen auf elektronischen Speichern Themen, die in allen Bereichen und Prozessen aktuell sind (vgl. Imai 1997, S. 77 ff.; Kostka/Kostka 2011, S. 73 ff.).

Die **8-V-Regel** weist auf weitverbreitete Verschwendungen hin. Auch diese Regel gilt für alle Geschäftsprozesse. Beispiele sind:

- unklare Prozessziele und Prozessaufgaben,
- falsch geplante oder unnötige Projekte,
- unzureichende Information und Kommunikation,
- Überforderung, Unterforderung oder Demotivation der Prozessmitarbeiter,
- aufwendige Abstimmungs- und Genehmigungsverfahren,
- nicht ausgelastete Ressourcen wie z. B. Besprechungszimmer oder IT-Geräte,
- instabile Geschäftsprozesse,
- fehlerhafte Prozessergebnisse.

Weitere Methoden sind der PDCA-Kreislauf (vgl. Kapitel 9.3.1.2) und die Visualisierung. Die **Visualisierung** bezieht sich auf die transparente Darstellung von Zielen, aufgedeckte Verschwendungen, Maßnahmen, Lösungen, Standards und Ergebnisse der Kaizen-Teams. Die visuelle Dokumentation bildet eine ausgezeichnete Basis für die Entscheidungsfindung und Selbstkontrolle der Teams, aber auch für den Informationsaustausch zwischen Prozessmitarbeitern sowie zwischen Führung und Kaizen-Teams. Sie ermöglicht es, sich schnell ein Bild über Arbeit und Erfolge eines Kaizen-Teams zu verschaffen (vgl. Imai 1997, S. 104 ff.; Wahren 1998, S. 94 ff.; Gorecki/Pautsch 2011, S. 46 ff.; Kostka/Kostka 2011, S. 118 ff.). Toyota verwendet den „A3-Bericht“, der auf einem DIN-A3-Blatt alle für eine Entscheidung notwendigen Informationen enthält und ein Schlüssel für die Konsenserzielung bei komplexen Entscheidungen ist (vgl. Liker 2006, S. 342 ff.; Gorecki/Pautsch 2011, S. 99 ff.).

9.3.3.5 Voraussetzungen für erfolgreiches Kaizen

Der Hauptfokus von Kaizen ist, Fähigkeiten und Potenziale der Mitarbeiter zu nutzen. Damit stellt Kaizen eine Reihe von **Anforderungen an Personalführung und -entwicklung** (vgl. Teufel 2009, S. 678 ff.).

- Personalführung
  - Sich an Mitarbeitern orientieren anstatt an Aufgaben.
  - Kooperativ führen: Offen kommunizieren, Kritik zulassen und wünschen, Aufgaben delegieren, an Entscheidungen beteiligen, Eigeninitiative fördern, gegenseitig respektieren, unterstützen und helfen, motivieren, Leistungen anerkennen.
  - Klare Ziele vereinbaren.
  - Verbesserungskultur aktiv vorleben,
  - Kaizen-orientierte Anreizsysteme schaffen.
- Personalentwicklung
  - Leistungsfähigkeit und -bereitschaft der Führungskräfte und Mitarbeiter in Geschäftsprozessen entwickeln bzw. verbessern.
  - Teamfähigkeit entwickeln.
  - Kaizen-Methoden und -Werkzeuge schulen.

Die Erfüllung dieser Anforderungen setzt in vielen Fällen veränderte Denk- und Verhaltensweisen voraus.

9.3.3.6 Kaizen-Anwendung

Haupteinsatzfelder von Kaizen waren Anfang der 1990er-Jahre Fertigungs- und Logistikprozesse. Seit dieser Zeit wenden vor allem Automobilhersteller Kaizen intensiv an (vgl. Wildemann 2010, S. 322 ff.). Inzwischen hat sich Kaizen auch in indirekten Bereichen (Entwicklung, Verwaltung, Vertrieb) über alle Branchen hinweg fest etabliert (vgl. Schwager 1997, S. 64; Kelle/Stern 2006, S. 278 ff.).

VW schreibt im Geschäftsbericht 2008 über den Einsatz von Kaizen bzw. KVP: „Das Produktionssystem basiert auf der Methode des Kontinuierlichen Verbesserungsprozesses (KVP): Mit der Vorgabe, effektiver zu sein als der Wettbewerb, zielt der KVP darauf ab, Verschwendungen dauerhaft zu beseitigen und Arbeitsmethoden zu optimieren. Dabei nutzt dieses Instrument das Erfahrungswissen und die Fähigkeiten aller beteiligten Mitarbeiter, um die Geschäftsabläufe im Sinne der Unternehmensziele ständig zu verbessern. Bei der KVP-Kaskade werden im Verlauf von vier Phasen im direkten und indirekten Bereich die Prozesse optimiert – das gilt in der frühen Projektphase auch für die Produktkonstruktion und die Investitionen“ (vgl. VW 2009, S. 155).

Die **Verbreitung von Kaizen** im Geschäftsprozessmanagement ist hoch. Nach der Umfrage „Status Quo Prozessmanagement 2010/2011“ wenden 69 % der befragten Unternehmen Kaizen im deutschsprachigen Raum an (siehe Abbildung 9.21).

Anzumerken ist, dass Kaizen oft als Gruppenarbeit, als ein Instrument zur kurzfristigen Kostensenkung oder als Vorschlagswesen missverstanden wird. „Die strategische Ausrichtung von Kaizen und seine ganzheitliche Konzeption werden in theoretischen Abhandlungen nicht oder nur in Ausnahmefällen dargestellt. Diese in der Literatur vorherrschende begrenzte Sichtweise lässt sich in entsprechender Form ebenfalls in der Praxis feststellen" (Teufel 2009, S. 694).

Mit der Einführung von Geschäftsprozessen wird der Boden bereitet, Kaizen in allen Bereichen des Unternehmens anzuwenden und die enormen Leistungsreserven, die besonders in den indirekten Bereichen verborgen sind, freizusetzen. Kaizen ist hervorragend geeignet, eine **Verbesserungskultur** im gesamten Unternehmen zu schaffen, welche die kontinuierliche Entwicklung von Kompetenzen und die Steigerung der Anpassungsfähigkeit ermöglicht.

Wie notwendig diese Verbesserungskultur ist, zeigen z.B. die Ergebnisse einer Kaizen-Studie, die 58 kleine und mittelständische Unternehmen (KMU) sowie 65 Produktionsstandorte internationaler Konzerne in Europa umfasst. Die Untersuchung kommt zu folgenden Ergebnissen (vgl. Kosturiak/Debnár/Boledovic 2009, S. 14 ff.):

- Viele Unternehmen haben keine Organisation für Problemlösungs- und Verbesserungsprozesse (68 % KMU, 32 % Konzerne).
- Die Projektliste der ungelösten Probleme wächst ständig.
- Probleme werden oberflächlich unter Stress und ohne systematische Lösungssuche beseitigt.
- Es gibt keine Verbesserungskultur, in der Probleme offen kommuniziert werden. Ebenfalls fehlen Zusammenarbeit und Vertrauen.
- Kaizen wird als ein System für individuelle Verbesserungsvorschläge verstanden, das aus einem Handbuch, einem Koordinator und Richtlinien besteht.
- Die Schwerpunkte von Kaizen liegen zumeist auf Kostensenkung oder Zeitreduzierung in Produktionsprozessen.

Als **Schwachstellen von Kaizen-Anwendungen** werden gesehen:

- fehlende Organisation, Zeit und Kapazität für Verbesserungen,
- Instabilität der Prozesse durch ständige Veränderungen im Unternehmen,
- überlastete, wenig motivierte und für Kaizen unzureichend geschulte Mitarbeiter,
- keine Stabilisierung und Standardisierung von durchgeführten Verbesserungen,
- Orientierung der Führung an kurzfristigen Ergebnissen und nicht an einer langfristigen Entwicklung der Mitarbeiter sowie einer Verbesserungskultur.

Geschäftsprozessmanagement ist zusammen mit Kaizen in der Lage, die aufgezeigten Defizite zu beseitigen. Wie dabei vorzugehen ist, wird im Kapitel 12.7.4 beschrieben. Auf die Wirkungen von Kaizen geht Kapitel 15.1.2 ein.

9.3.3.7 Kaizen als Methode des Lean Management

Kaizen hat in den USA eine deutlich geringere Bedeutung als in Japan und in den deutschsprachigen Ländern Europas. In den USA wird Kaizen neben vielen anderen Methoden und Tools dem Lean Management zugeschlagen und zur Steigerung der Arbeitsproduktivität eingesetzt (vgl. Womack/Jones 2004, S. 111 ff.). Als Führungsphilosophie und Methodik zur Förderung des organisationalen Lernens sowie der Verbesserungskultur spielt Kaizen im Lean Management jedoch keine Rolle. Auch deutsche Vertreter von Lean bzw. Lean Six Sigma sehen Kaizen als ein Lean-Tool und nehmen dabei die erheblichen Einschränkungen seines potenziellen Wirkungsbereiches in Kauf (vgl. Töpfer 2009, S. 60; Leyendecker 2009, S. 105).

Am häufigsten wird Kaizen in den USA im Rahmen des Lean Management als **Blitz-Kaizen** oder als **Kaizen-Event** angewendet. Blitz-Kaizen ermöglicht, in der Produktion messbare Erfolge „binnen einer Woche" mit geringem Aufwand zu erzielen (vgl. Laraia/Moody/Hall 1999). Die Merkmale von Blitz-Kaizen sind (vgl. Burton 2009):

- Quick Strike,
- 1 - 6 days,
- Simple Tactical Focus,
- Obvious Quick Fixes,
- Containment,
- Plug Holes in Dike.

Blitz-Kaizen und Kaizen-Event stellten eine **starke Reduzierung und Abwertung von Kaizen** dar. Kritikpunkte sind (vgl. auch Corrigan 2005):

- isolierter und punktueller Einsatz,
- lokale Optimierung,
- unzureichende systematische Problemanalyse,
- keine kontinuierliche Verbesserung,
- kein kontinuierliches Lernen sowie keine systematische Erfahrungsakkumulation,
- kein Kulturwandel,
- Kurzfristerfolge, aber keine nachhaltigen Performancesteigerungen.

Eine lernende Organisation erfordert eine permanente Reflexion und kontinuierliche Verbesserung. Blitz-Kaizen oder Kaizen-Event erzielen diese Lerneffekte nicht (vgl. Zollondz 2011, S. 408 f.).

Auch ist die Gefahr groß, dass wegen der fehlenden übergeordneten Steuerung Blitz-Kaizen oder Kaizen-Event Probleme mit niedriger Priorität bearbeiten oder kontraproduktive Lösungen mit negativen Wirkungen umsetzen. „The problem is that results happen in sporadic bursts due to the intermittent nature of the Kaizen events. Because decisions are made quickly to accommodate the timeframe of the Kaizen event, root causes are often not thoroughly analyzed in order to optimize the results" (Tripp 2010).

In deutschen Veröffentlichungen über Lean Six Sigma wird Kaizen ebenfalls auf Blitz-Kaizen und Kaizen-Event reduziert. „Kaizen ist als Methode ein Werkzeug, um kleine, fokussierte Aufgabenstellungen von hoher Dringlichkeit in kurzer Zeit mit hohem Ressourceneinsatz in einem Workshop zu bearbeiten" (Leyendecker 2009, S. 103).

> Die Einengungen von Kaizen auf Blitz-Kaizen und Kaizen-Event lassen den Hauptaspekt von Kaizen außer Acht, nämlich eine Kultur der kontinuierlichen Verbesserung zu schaffen, das Lernen in einer Organisation nachhaltig zu etablieren sowie die Veränderungsfähigkeit einer Organisation „von innen heraus" zu erhöhen (vgl. Kapitel 9.5 und 9.6; auch Liker/Hoseus 2009, S. 61 ff.). „Unfortunately, most North American organizations do not apply Kaizen in this context" (Tripp 2010).

„Many manufacturers incorrectly assume that Japanese management methods and Kaizen are effective in Japanese companies because of their unique culture, but this is not true. It is ironic that although U.S. industry developed the methods that form much of the basis of Japanese management and lean philosophies, the United States has struggled over the last twenty years to fully implement these philosophies in our present-day systems“ (Huntzinger 2006, S. 30).

9.3.4 Six Sigma

9.3.4.1 Six-Sigma-Ziele

Six Sigma ist eine auf Daten gestützte Methodik zur Vermeidung von Fehlern und zur Steigerung der Prozessperformance. Auf einen Prozess wirken viele verschiedene Einflussfaktoren, die zu Fehlern, d. h. Abweichungen von den Zielwerten führen. Mithilfe von Six Sigma können Prozesse so gestaltet und gesteuert werden, dass ihre Zielwerte nur sehr gering streuen und sich ihr Mittelwert verbessert. Geschäftsprozesse bieten günstige Voraussetzungen, Six Sigma anzuwenden (vgl. Rehbehn/Yurdakul 2005, S. 77 ff.; Leyendecker/Komus 2009, S. 19 ff.).

Die **Streuung** ist eine wichtige Ursache von Fehlern. Sie wird über die Standardabweichung σ gemessen. „Je kleiner die Streubreite im Verhältnis zur Breite des Toleranzfeldes ist, also je öfter Sigma (σ) in das Toleranzfeld passt, desto geringer ist die Fehlerhäufigkeit bzw. das Fehlerrisiko. Mit steigendem Sigma-Wert nimmt der Anteil der Toleranzüberschreitungen stark ab“ (Zollondz 2011, S. 395; vgl. auch Töpfer 2007, S. 53 ff.).

Jede Streuung der Zielwerte wirkt sich negativ auf Prozessqualität, Produktqualität, Prozesszeiten, Prozesskosten und insbesondere auf die Kundenzufriedenheit aus. Die Messung der Streuung bzw. der Standardabweichung σ gibt mehr Aufschluss über die Performance eines Prozesses als die Messung von „Durchschnitten“, wie z. B. die Messung der durchschnittlichen Prozesszeit oder der durchschnittlichen Prozessqualität. „Often, our inside-out view of the business is based on average or mean-based measures of our recent past. Customers don't judge us on averages, they feel the variance in each transaction, each product we ship. Six Sigma focuses first on reducing process variation and then on improving the process capability“ (www.iSix-Sigma.com).

Six Sigma stellt eine enge Verbindung zwischen Kundenanforderungen und Prozessqualität her. Zusammen mit den Kunden werden pro Prozess die **kritischen Qualitätsmerkmale** (CTQ = Critical to Quality) ausgewählt, gewichtet und quantifiziert. In ihrer Summe bestimmen die CTQs die Prozessqualität aus Kundensicht und sind für die Kundenzufriedenheit ausschlaggebend. Für jedes kritische Qualitätsmerkmal wird ein Soll-Wert vorgegeben, auf den sich die Messung der Fehler bzw. der Streuung bezieht. Bei der Übersetzung der Kundenanforderungen in CTQs spielt die Methode Quality Function Deployment (QFD) eine wichtige Rolle (vgl. Zollondz 2011, S. 128 ff.).

Six Sigma formuliert als Ziel, eine Variation von 6 σ bezogen auf die festgelegten kritischen Qualitätsmerkmale zu erreichen (vgl. Kapitel 6.3.2.4.3). 6 σ bedeutet, dass bei einer Million Möglichkeiten nur 3,4 Fehler auftreten dürfen. Mit einer Ausbeute von 99,99966 % kommt Six Sigma dem Null-Fehler-Ziel, d. h. einem fehlerfreien Prozess sehr nahe. Ein derart anspruchsvolles Ziel beschleunigt wesentlich Prozessverbesserungen in einer Organisation. ■

6 σ zu erreichen ist möglich, aber nicht einfach. Häufig stoßen Unternehmen ab einem Niveau von etwa 4,5 σ auf erhebliche Widerstände, die unter Umständen eine Erneuerung von Geschäftsprozessen im Sinne des Design for Six Sigma erforderlich machen.

Das Erreichen von 6 σ setzt voraus, dass der jeweilige Prozess vorhersagbar bzw. beherrscht ist. In einem **beherrschten Prozess** sind die „besonderen Ursachen" (= ungewöhnlichen Ereignisse) der Streuung ausgeschaltet. Die Streuung hängt nur noch von „allgemeinen Ursachen" (= normalen Bedingungen) ab.

Ein unbeherrschter Prozess ist nur schwer zu verbessern und zu steuern. Deshalb müssen zunächst die „besonderen Ursachen" eliminiert und dann die „allgemeinen Ursachen" der Streuung systematisch behoben werden (vgl. Kapitel 6.7.2).

9.3.4.2 Six-Sigma-Konzept

Der **konzeptionelle Rahmen** von Six Sigma ist in Abbildung 9.11 dargestellt (vgl. Magnusson/Kroslid/Bergman 2001, S. 35 ff.; vgl. auch Harry/Schroeder 2000, S. 129 ff.; Rehbehn/Yurdakul 2005, S. 98 ff.; Töpfer 2007, S. 45 ff.).

Die Einführung von Six Sigma basiert auf einer strategischen Entscheidung und erfordert eine aktive und wahrnehmbare Beteiligung des Managements bei der Umsetzung des Programms.

Die Stakeholder (Kunden, Mitarbeiter, Lieferanten, Eigentümer und Gesellschaft) sind in das Six-Sigma-Programm einzubeziehen, da sie Leistungen in einer bestimmten Qualität von dem Unternehmen erwarten. Inhalte und Ziele der Verbesserungen haben sich an der erwarteten Qualität zu orientieren.

Die Umsetzung von Six Sigma setzt **spezifische Kenntnisse** über statistische Werkzeuge, Verbesserungsmethodik und Projektmanagement voraus. Dieses Wissen wird in Trainings vermittelt, die sich im Detaillierungsgrad und Anspruchsniveau unterscheiden. Sie legen die Basis für die unterschiedlichen Rollen in einer Six-Sigma-Organisation (siehe Abbildung 9.12; vgl. Harry/Schroeder 2000, S. 215; Hagen 2004, S. 188 ff.; Rehbehn/Yurdakul 2005, S. 71 ff.; Töpfer 2007, S. 250 ff.).

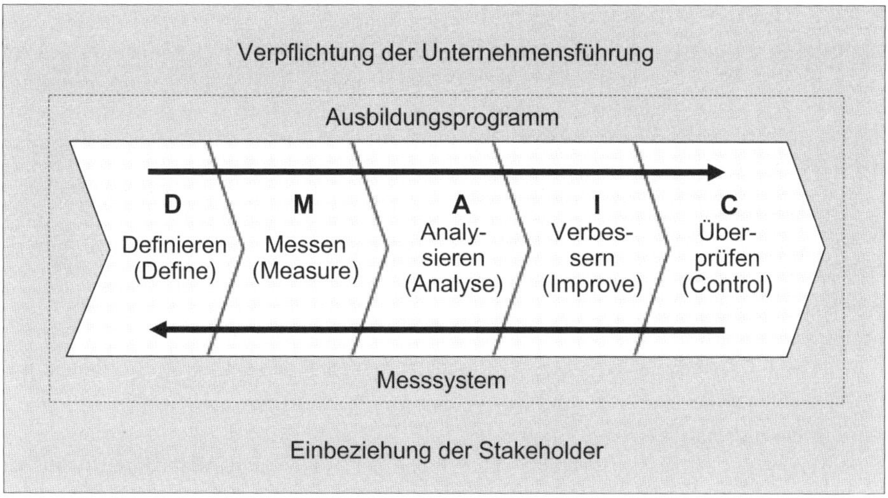

Abb. 9.11 Rahmenkonzept von Six Sigma (Quelle: Magnusson/Kroslid/Bergman 2001)

Champion (Macht-promotor)	Senior-Führungskraft. Initialisiert und unterstützt Einführung von Six Sigma in einer Organisation. Entscheidet über Durchführung von Six-Sigma-Projekten. Ein Champion pro Geschäftsbereich.
Master Black Belt (System-promotor)	Six-Sigma-Experte. Interner Berater und Trainer für Six-Sigma-Methoden und -Werkzeuge. Koordiniert Projektauswahl und Know-how-Transfer. Mentor und Coach der Black Belts. Vollzeit. Ein Master Black Belt führt etwa zehn Black Belts.
Black Belt (Prozess-promotor	Hohe Fach- und Sozialkompetenz. Sicher in Six-Sigma-Methoden und -Werkzeugen. Identifiziert und leitet große und schwierige Six-Sigma-Projekte. Vollzeit für mindestens zwei Jahre. Ein Black Belt ist für ca. 100 Mitarbeiter tätig.
Green Belt	Fachlich versiert. Kennt Six-Sigma-Methoden und -Werkzeuge. Leitet kleinere Six-Sigma-Projekte und unterstützt Black Belts in großen Projekten. Teilzeit (ca. 25 %). Ein Green Belt arbeitet mit ca. fünf Mitarbeitern zusammen.
Yellow Belt	Besitzt Six-Sigma-Grundkenntnisse. Erkennt Verbesserungs-potenziale. Arbeitet in Six-Sigma-Projekten mit. Alle Mitarbeiter, die an einem eintägigen Seminar teilgenommen haben.

Abb. 9.12 Rollen in einer Six-Sigma-Organisation

Das Messsystem basiert auf den Maßeinheiten Fehler pro Million Möglichkeiten (FpMM) und Streuung (σ). Ein Fehler ist eine Abweichung vom Zielwert eines kritischen Qualitätsmerkmals. Ist die Zahl der Fehler in einem Prozess bekannt, kann über eine Umrechnungstabelle der Wert für σ ermittelt werden.

9.3.4.3 DMAIC-Verbesserungszyklus

Das Kernstück von Six Sigma ist der **DMAIC-Verbesserungszyklus** (vgl. Rehbehn/Yurdakul 2005, S. 71 ff.; Bornhöft/Faulhaber 2007, S. 34 ff.; Töpfer 2009, S. 45 ff.; Töpfer/Günther 2009, S. 75 ff.; Leyendecker 2009, S. 102 ff.; Schmitt/Pfeifer 2010, S. 93 ff.; Dahm/Haindl 2011, S. 89 ff.; Kaufmann 2012, S. 11 ff.). Er lehnt sich an den PDCA-Kreislauf an (vgl. Kapitel 9.3.1.2) und besteht aus den Phasen:

- Definieren (Define)
  Bestimmen der Prozesse, die wertentscheidend sind und ein niedriges Sigma-Niveau aufweisen; Identifizieren der Kunden und deren kritischer Qualitätsmerkmale; Benchmarking; Definieren der Performancestandards.
- Messen (Measure)
  Messen von FpMM und Streuung für die kritischen Qualitätsmerkmale; Bestimmen der Prozessfähigkeit.
- Analysieren (Analyse)
  Beurteilen der Prozessperformance; Bestimmen der Fehler- und Abweichungsursachen mithilfe statistischer Methoden und Werkzeuge; Bestimmen der Faktoren mit dem größten Einfluss auf die kritischen Qualitätsmerkmale; Aufdecken besonderer und allgemeiner Ursachen für Variation; Festlegen der Verbesserungsziele; Einstellen der finanziellen Verbesserungsziele in das Budget.
- Verbessern (Improve)
  Identifizieren der Verbesserungsmöglichkeiten; Auswählen von Verbesserungsprojekten, welche die höchste Wirkung auf Kundenzufriedenheit und das wirtschaftliche Ergebnis haben; Durchführen der Verbesserungsprojekte.
- Überprüfen (Control)
  Kontrollieren, ob die Verbesserungsziele erreicht werden; dauerhafte Verankerung der Verbesserungen in den Prozessen; Standardisieren erfolgreicher Verbesserungsmaßnahmen; Bestimmen der Prozessfähigkeit; Überprüfen des Messsystems.

Der DMAIC-Zyklus ist auf die Verbesserung bestehender Prozesse ausgerichtet. Zusätzlich verfügt Six Sigma über „radikalere" Methoden, die sich auf das (Re-)Design von Prozessen beziehen (**Design for Six Sigma = DFSS**). Sie kommen zur Anwendung, wenn das gewünschte Six-Sigma-Performanceniveau nicht über DMAIC-Verbesserungen erreicht werden kann. Eine dieser Methoden ist der **DMADV-Zyklus** (Define, Measure, Analyse, Design, Verify) (vgl. Töpfer/Günther 2009, S. 69 ff.). In der Design-Phase wird auf Grundlage der in der Analyse-Phase bewerteten Designalternativen das Prozessdesign entworfen, das die Kundenanforderungen am besten erfüllt und gleichzeitig wirtschaftlich ist. In der Verify-Phase wird die Performancefähigkeit des neuen bzw. veränderten Prozessdesigns überprüft.

9.3.4.4 Six-Sigma-Vorgehen und -Werkzeuge

Six Sigma wird im Rahmen von Projekten durchgeführt. Die Laufzeit der Projekte liegt im Durchschnitt zwischen zwei und sechs Monaten. Voraussetzungen für den Erfolg sind klare Projektziele, klare Aufgabenabgrenzung, systematische Vorgehensweise, ausreichender Ressourceneinsatz und zügiger Projektfortschritt.

Die **Auswahl der Six-Sigma-Projekte** basiert auf einer Portfolioanalyse. Die Projektvorschläge werden nach den Kriterien „Aufwand der Durchführung" und „Einfluss auf Kundenzufriedenheit" eingeordnet und priorisiert (siehe Abbildung 9.13). Auch andere Bewertungskriterien sind verbreitet, wie z. B. „Erfolgswahrscheinlichkeit" und „strategische Bedeutung der Projekte" oder „Kundennutzen" und „Projektlaufzeit" (vgl. Leyendecker 2004, S. 374; Bornhöft/Faulhaber 2007, S. 128; Gareis/Stummer 2007, S. 98 ff.; Töpfer 2007, S. 71 ff.; Habermann/Doch 2009, S. 235 ff.).

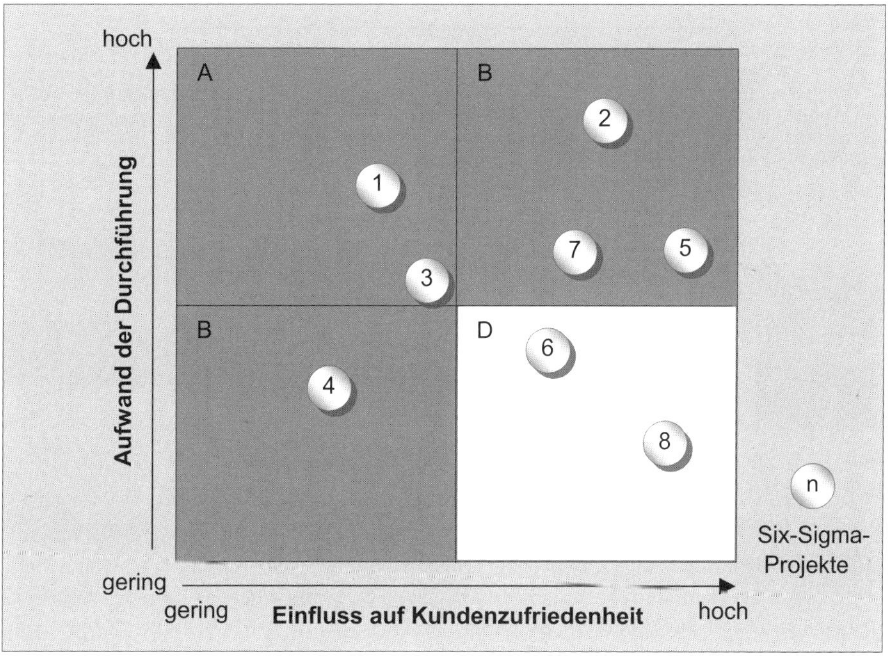

Abb. 9.13 Six-Sigma-Projektportfolio

In allen Phasen der Verbesserung kommen statistische **Six-Sigma-Werkzeuge** zur Anwendung (siehe Abbildung 9.14; vgl. Magnusson/Kroslid/Bergman 2001, S. 93 ff.; Pande/Neumann/Cavanagh 2001, S. 236 ff.; Rehbehn/Yurdakul 2005, S. 98 ff. und 266 f.; Hutwelker 2006; Schmitt/Pfeifer 2010, S. 95 ff.; Conger 2010, S. 131 ff.; Johannsen/Leist/Zellner 2010, S. 361 ff.). Darunter befinden sich die sieben (alten) Qualitätswerkzeuge, die auch bei Kaizen eine wichtige Rolle spielen, sowie nachfolgende Methoden:

- Quality Function Deployment,
- Failure Mode and Effects Analysis (Fehlermöglichkeits- und -einflussanalyse),
- Korrelations- und Regressionsanalyse,
- Tests zur statistischen Signifikanz (Chi-Quadrat, T-Test, Analysis of Variance),
- faktorielle Versuche, statistische Versuchsplanung (DoE = Design of Experiments).

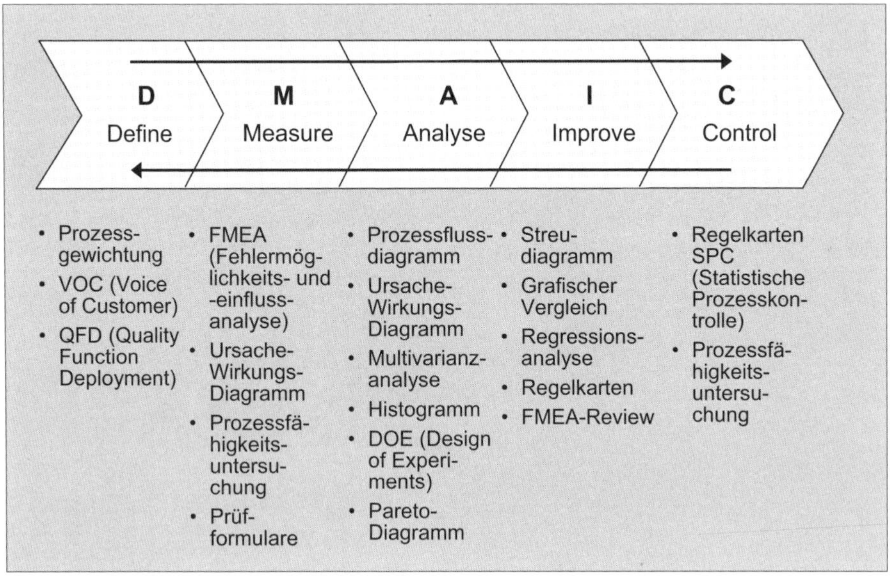

Abb. 9.14 Six-Sigma-Werkzeuge

9.3.4.5 Six-Sigma-Anwendung

Six Sigma wurde von Motorola entwickelt und 1987 eingeführt. Bereits 1991 erreichte Motorola 6 σ. Als Anerkennung für seine herausragenden Leistungen hat das Unternehmen 1989 den Malcolm Baldrige National Quality Award und den japanischen Nikkei Award gewonnen. Inzwischen wird Six Sigma weltweit in vielen Branchen zur Performancesteigerung von Prozessen eingesetzt. In den USA wenden heute mehr Dienstleistungs- als Produktionsunternehmen Six Sigma an. Dort ist Six Sigma die am stärksten verbreitete Methode für Prozessverbesserungen (vgl. Spanyi 2007, S. 156).

Unter Six-Sigma-Anwendern befinden sich kleine, mittlere und große Unternehmen. Allerdings gibt es bisher kaum ein Unternehmen, das 6 σ flächendeckend erreicht hat. Eine noch intensivere Verbreitung von Six Sigma ist bisher auf Schwierigkeiten gestoßen. „Der Grund liegt vor allem darin, dass der Nutzen nicht genügend erkannt wurde und dass diese Breakthrough-Strategie als zu aufwendig beurteilt wird" (Töpfer 2009, S. V). ■

„*Das Entscheidende bei Six Sigma:* Eigentlich geht es bei Six Sigma [...] nicht darum, ob ein Prozess nun in die Lage versetzt wird, um bei einer Million nur 3,4 Fehler zu produzieren. Das Entscheidende ist das systematische Vorgehen, das angewandt wird, um dieses Ziel anzupeilen. Und dieses Vorgehen berücksichtigt zuvorderst den Mitarbeiter" (Zollondz 2011, S. 403).

Auf die Wirkungen von Six Sigma wird in Kapitel 15.1.3 eingegangen.

9.3.5 Integration von Kaizen und Six Sigma in das Geschäftsprozessmanagement

Wie Abbildung 9.15 zeigt, bestehen enge Verbindungen zwischen Geschäftsprozessmanagement, Kaizen und Six Sigma. Diese gewährleisten eine effektive und effiziente Anwendung beider Methoden und wirken sich positiv auf die Zielerreichung des Geschäftsprozessmanagements aus. Die Verbindungen und **Vorteile** sind:

- Kaizen-Ziele und Six-Sigma-Ziele werden aus den übergeordneten Geschäfts- und Prozesszielen abgeleitet.
- Kaizen-Aktivitäten und Six-Sigma-Projekte werden an den Zielen, Gegebenheiten und Notwendigkeiten der Geschäftsprozesse ausgerichtet.
- Organisation und Rollen von Kaizen und Six Sigma sind in die Prozessorganisation integriert.
- Die Personalressourcen für Kaizen-Aktivitäten und Six-Sigma-Projekte stellen die Geschäftsprozesse bereit.
- Kaizen- und Six-Sigma-Ergebnisse werden laufend vom Prozesscontrolling überwacht.
- Die Prozesskultur unterstützt und fördert die Kaizen- und Six-Sigma-Kultur. Umgekehrt leistet die Kaizen-Kultur wesentliche Beiträge zur Entwicklung der Prozesskultur.
- Das auf Belohnung und Anerkennung beruhende Führungssystem des Geschäftsprozessmanagements schließt Kaizen-Aktivitäten und Six-Sigma-Projekte mit ein.

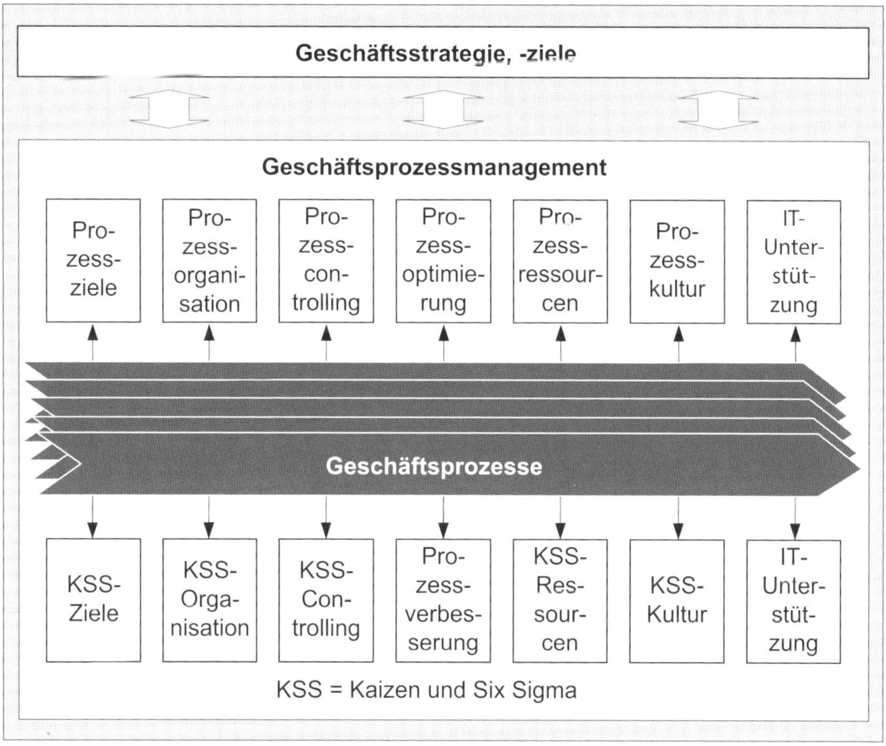

Abb. 9.15 Integration von Kaizen und Six Sigma (KSS) in das Geschäftsprozessmanagement

- Über Best Practice Transfer des Geschäftsprozessmanagements werden Prozess-, Kaizen- und Six-Sigma-Erfahrungen systematisch weitergegeben und dadurch Prozesskompetenz und Problemlösungskompetenz kontinuierlich gesteigert.
- Durch die intensive Anwendung der IT im Geschäftsprozessmanagement werden die Einsatzmöglichkeiten der IT bei Kaizen und Six Sigma gefördert.

Durch die enge Kopplung von Kaizen, Six Sigma und Geschäftsprozessmanagement werden die Verbesserungsaktivitäten in einer Organisation stärker auf die Geschäftsstrategie und -ziele ausgerichtet. Dadurch werden gleichzeitig Effektivität und Effizienz der Organisation gesteigert. ■

Die Integration von Kaizen und Six Sigma in das Geschäftsprozessmanagement hat zusätzlich den Vorteil, dass häufig genannte Kritikpunkte an dem Einsatz von Six Sigma gemildert bzw. ausgeräumt werden (vgl. Morris 2006; Spanyi 2007, S. 158 ff.; Liker/Hoseus 2009, S. 623 ff.; Rummler/Ramias/Rummler 2010, S. 13; Spanyi 2010b, S. 44 ff.). Diese Kritikpunkte sind:

- Six Sigma wird sehr häufig funktionsorientiert und ohne Vorteile für die Prozesse eingesetzt.
- Viele Six-Sigma-Projekte laufen isoliert ab und sind nicht in Verbesserungsprogramme für Geschäftsprozesse eingebunden.
- Der starke Einfluss der Six-Sigma-Parallelorganisation (Black, Green, Yellow, White Belts) geht zulasten der Deming-Maxime „quality is everyone's responsibility".
- Die hohen Six-Sigma-Kosten erzeugen einen monetären Ergebnisdruck und eine kurzfristig-monetäre Ausrichtung (Kostendenken).
- Six-Sigma-Projekte dienen wegen ihrer Kostenausrichtung nicht der nachhaltigen Leistungssteigerung und dem nachhaltigen organisatorischen Lernen.
- Eine zu starke Fokussierung des Topmanagements auf Six Sigma als „breakthrough strategy" führt zu einer Vernachlässigung des „common sense" und der kontinuierlichen Verbesserung.

Die Umfrage „Status Quo Prozessmanagement 2010/2011" stellt zur Integration von Verbesserungsmethoden in das Geschäftsprozessmanagement fest: „Teilweise konkurrierende Methoden mit dem Prozessmanagement wie z. B. Six Sigma sollten strukturiert in das Prozessmanagement integriert werden. Hier ist eher ein Rückschritt erkennbar, was für eine zukünftige effiziente Vorgehensweise Defizite aufzeigt. Klare Herausforderung ist: Vorhandene Ansätze mit Prozessbezug identifizieren und im Sinne eines nachhaltigen Ansatzes in Prozessmanagement integrieren" (BPM&O 2011, S. 4).

9.3.6 Lean Management und Geschäftsprozessmanagement

9.3.6.1 Herkunft, Methoden und Ausrichtung des Lean Management

Der Begriff Lean geht zurück auf eine Studie des Massachusetts Institute of Technology (MIT), die in der zweiten Hälfte der 1980er-Jahre die Erfolge der japanischen Automobilindustrie im Vergleich mit europäischen und amerikanischen Automobilherstellern untersuchte.

Im Fokus stand dabei das Toyota Production System (TPS), dessen Vater der Japaner Taiichi Ohno war und dessen Entstehung der Amerikaner Deming ab 1950 beeinflusste (vgl. Zollondz 2011, S. 104 ff. und 403 ff.). Im TPS liegt auch der Ursprung der kontinuierlichen Verbesserung (= Kaizen).

Die Ergebnisse der MIT-Studie wurden 1992 veröffentlicht (vgl. Womack/Jones/Roos 1992). Darin wird ein Konzept unter dem Begriff **Lean Production** vorgestellt, das sich an die damaligen japanischen, amerikanischen und europäischen Produktionskonzepte anlehnt. Die Schwerpunkte von Lean Production sind (vgl. Osterloh/Frost 2006, S. 153 ff.):

- Modulare Organisation,
- Teamfertigung,
- Outsourcing,
- Zulieferintegration.

Lean Production umfasst eine Vielzahl produktionsorientierter Prinzipien und Methoden, wie z.B. Just in Time, One-Piece-Flow, Kanban, Cells, Pull System, Poka Joke, SMED (Single Minute Exchange of Die), Jidōka (Autonomation), 5-S-Methode und Visual Controls. Intensiv wird die Wertstromanalyse angewendet, um Verschwendungen in Prozessen aufzudecken und zu eliminieren.

Lean Production ist nicht gleichzusetzen mit dem Toyota-Produktionssystem (TPS), aus dem zwar die meisten Lean-Methoden und -Werkzeuge stammen, bei dem aber Denk- und Verhaltensweisen der Mitarbeiter im Vordergrund stehen, denen sich die Arbeitsmethoden, -praktiken und -prinzipien unterordnen (vgl. Liker 2006; Rother/Kinkel 2009; Liker/Hoseus 2009). ■

Der Begriff Lean wurde schon bald von der Produktion auf das gesamte Unternehmen unter der Bezeichnung **Lean Management** ausgedehnt. „Die Folgen sind bekannt: Eine verkürzte Verwendung des Konzepts, indem dieses unreflektiert und umstandslos in Lean Management übersetzt wird und in der Praxis und Fachliteratur geradezu eine unübersehbare Schwemme an unverdauten Konzepten erzeugt hat. Noch heute leiden viele Organisationen an diesem konzeptionellen und praktischen Wirrwarr an „Schlankmacherei“ (Zollondz 2011, S. 110). „Jedes Unternehmen, das etwas auf sich hält, meint, ein ‚Lean-Programm‘ haben zu müssen“ (Liker/Hoseus 2009, S. 604).

Ziel von Lean Management ist die ganzheitliche Ausrichtung der Unternehmensführung und -organisation an der Wertschöpfungskette, um eine größere Marktnähe, erhöhte Kundenzufriedenheit, Optimierung des menschlichen Arbeitseinsatzes und eine laufende Verbesserung der Produkt- und Prozessqualität zu erreichen (vgl. Womack/Jones 2004, S. 8 ff.; Vahs 2012, S. 296 f.; siehe auch Abbildung 9.16). Lean Management richtet sich über den direkten Bereich der Produktion hinaus an die indirekten Bereiche. Damit spricht Lean alle Geschäftsprozesse eines Unternehmens an (vgl. Womack/Jones 2004, S. 9).

Die Studie „Lean Office 2010“ beurteilt die gegenwärtige Anwendung von Lean Management in den indirekten Bereichen wie folgt: „Kleinster gemeinsamer Nenner der Initiativen ist dabei von ‚Lean‘ die Eliminierung jeglicher Verschwendung mit dem Ziel der Effizienzsteigerung. [...] Weitere Dimensionen des ‚Lean Thinking‘ wie

- Wertschätzung und Ausbau des Humanvermögens (beispielsweise die konsequente Einbeziehung der Mitarbeiter in die Verbesserungsmaßnahmen, die Schulung der Mitarbeiter in Problemlösungstechniken, die Installation eines KVP),
- Orientierung an der Sachebene (beispielsweise Zeit- vor Kostenoptimierung), Prozessoptimierung (beispielsweise abteilungsintern versus abteilungsübergreifend),
- Perfektion auch im Detail (einmalig, wellenartig versus stetige Optimierung)

bilden bei den Aktivitäten weniger häufig den Brennpunkt" (Fraunhofer IPA 2011, S. 7 f.). Als **Ausbaustufen** von Lean nennt die Studie:

- Stufe 1: Einsatz der gängigen Verbesserungsmethoden wie Wertstromdesign oder 5 S im Rahmen von Einzelprojekten. Kein gemeinsames Konzept.
- Stufe 2: Lean-Programme bestehend aus Adaption von Lean-Methoden, Anwendung der Lean-Prinzipien (Fluss-, Takt-, Null-Fehler-Prinzip) sowie Beachtung der Lean-Grundeinstellungen wie Wertorientierung als Leitmotive für einen Kulturwandel. Ferner Einsatz geeigneter Management- und Führungsstrukturen wie beispielsweise Kennzahlensysteme, institutionalisierte Regelkreise und Prozessverantwortliche. Fokussierung auf spezifische Belange der indirekten Bereiche.
- Stufe 3: wie Stufe 2, jedoch Fokussierung auf ein einheitliches Managementsystem (vgl. Fraunhofer IPA 2011, S. 8 f.).

Die Ausführungen wie auch die Lean-Literatur zeigen, dass Lean Management neben vielen Methoden auch Elemente des Geschäftsprozessmanagements einbezieht. Hinter der „Allzweckwaffe" Lean Management „verbirgt sich eine Vielzahl von Methoden, Instrumenten, Werkzeugen und Philosophien. Fasst man alle zu Lean Management gehörenden zusammen, kommt man auf eine Anzahl von 30 bis 40 (je nach Standpunkt des Autors). Gerade dies macht die Umsetzung in der Praxis schwierig" (Gorecki/Pautsch 2011, S. 19 f.; vgl. auch Dahm/Haindl 2011, S. 112).

9.3.6.2 Ist Lean Management eine Alternative zum Geschäftsprozessmanagement?

Geschäftsprozessmanagement ist wie bereits in Kapitel 1.3 ausgeführt ein integriertes System aus Führung, Organisation und Controlling, das eine zielgerichtete Steuerung der Geschäftsprozesse ermöglicht. Geschäftsprozesse bestehen aus der abteilungs- und organisationsübergreifenden Folge wertschöpfender Aktivitäten und erstrecken sich vom Kunden zum Kunden (End-to-End-Prozesse). Aufgabe des Geschäftsprozessmanagements ist es, die Geschäftsprozesse so zu optimieren, dass sie die Kundenerfordernisse und -erwartungen sowie die aus der Geschäftsstrategie und den Geschäftszielen abgeleiteten Prozessziele erfüllen. Die Optimierung wird über kontinuierliche Verbesserung und durch Reengineering (Neugestaltung) der Geschäftsprozesse erreicht. Beide Vorgehensweisen werden aufeinander abgestimmt.

Das Geschäftsprozessmanagement verfolgt im Unterschied zum Lean Management keine isolierten Teilziele, wie z. B. Durchlaufzeiten verkürzen, Prozessfehler minimieren oder Kosten senken, sondern Prozessziele, die sich aus gewichteten Teilzielen (Kundenzufriedenheit, Prozesszeit, Prozessqualität, Termintreue, Prozesskosten) zusammensetzen und aus den Geschäftszielen ableiten. Von den Prozesszielen und der jeweiligen Prozesssituation hängt es u. a. ab, welche Verbesserungsmethoden, wie z. B. Kaizen oder Six Sigma, wann zum Einsatz kommen und wann ein Geschäftsprozess erneuert wird. Die dafür notwendige Transparenz stellt das Prozesscontrolling her. Über die Prozessorganisation ist geregelt, wer auf den unterschiedlichen Prozessebenen bis hin zu den Prozessmitarbeitern für die Umsetzung der Prozessziele verantwortlich ist.

Lean Management deckt nur Ausschnitte des Geschäftsprozessmanagements ab. Es baut nicht auf Geschäftsprozessen auf, die sich aus der Strategie ableiten und auf Kunden ausgerichtet sind. ■

Zwar orientiert sich Lean Management auch an Prozessen und wendet dabei intensiv Value Stream Mapping zu deren Analyse und Verbesserung an (vgl. Womack/Jones 2004, S. 28 ff. und 50 ff.; Schmitt/Pfeifer 2010, S. 87 f.; Kapitel 4.2.6). Die von Lean angesprochenen Prozesse sind aber keine Geschäftsprozesse (vgl. u.a. Töpfer 2009). An sie wird nicht die Forderung gestellt, dass sie aus der funktions- und organisationsüberschreitenden Abfolge wertschöpfender Aktivitäten bestehen, von Kunden erwartete Leistungen komplett erstellen und aus der Geschäftsstrategie abgeleitete Prozessziele umsetzen. „Im Lean Management spielt die Idee der kundenorientierten Rundumbearbeitung in Prozessen und insbesondere die Gestaltung von Kernprozessen nicht [...] die zentrale Rolle" (Osterloh/Frost 2006, S. 157).

Lean Management umfasst ebenfalls kein mit dem Geschäftsprozessmanagement vergleichbares, übergeordnetes Ziel- und Steuerungssystem. Es kann deshalb nicht gewährleisten, dass seine Aktivitäten direkte Beiträge zur Erfüllung der Geschäftsstrategie und -ziele leisten. Das gilt ebenso für die Auswahl und Anwendung der Lean-Methoden und -Tools. Ein weiteres Defizit von Lean Management ist, dass es nicht wie das Geschäftsprozessmanagement eine enge Verbindung zum Qualitäts-, Compliance- und Risikomanagement sowie zur Informationstechnologie (IT) herstellt. ■

Lean Management weist Defizite, Unschärfen sowie einen großen Interpretationsspielraum bei Zielen, Konzept, Inhalten, Methoden, Vorgehen und Ausbaustufen auf. „Es existieren keine einheitlichen Aussagen darüber, welche Elemente und Konzepte unter Lean Management zu subsumieren sind" (Schmitt/Pfeifer 2010, S. 88).

Ein ganzheitliches, durchgängiges an der Geschäftsstrategie und an Kunden ausgerichtetes Gesamtkonzept wie beim Geschäftsprozessmanagement ist beim Lean Management nicht zu erkennen. Da sich Lean Management nicht eindeutig positionieren lässt, Geschäftsprozesse nicht voraussetzt und keine Verbindung zu ihnen herstellt, stellt es keine begründbare Alternative zum Geschäftsprozessmanagement dar. ■

Vertreter des Lean Management gehen den umgekehrten Weg und ordnen Prozessmanagement als eine von vielen Methoden dem Lean Management zu (vgl. Töpfer 2009). Dazu meint SAP: „Regardless of the method a company chooses, it needs to be part of the overall business process management approach. This is because BPM is about more than just improving processes; it's about managing processes through their entire lifecycle" (Snabe et al. 2009, S. 199).

9.3.6.3 Ist Lean Six Sigma eine Alternative zu Kaizen Six Sigma im Geschäftsprozessmanagement?

Seit einigen Jahren wird Lean Six Sigma als neues Konzept zur Prozessverbesserung propagiert. Damit stellt sich die Frage, ob die Kombination von Lean und Six Sigma (Lean Six Sigma) der im Geschäftsprozessmanagement verbreiteten Kombination von Kaizen und Six Sigma (Kaizen Six Sigma) überlegen ist.

Lean Six Sigma ist Anfang der 2000er-Jahre als **neuer Verbesserungsansatz** bekannt geworden. Die Kombination wird als innovative Lösungsmethodik für Performancesteigerungen in Unternehmen empfohlen und findet in den USA starke Beachtung. Auch in Deutschland stößt Lean Six Sigma auf Resonanz (vgl. u. a. Bornhöft/Faulhaber 2007; George/Rowlands/Kastle 2007; Bertels 2009; Springer 2009; Töpfer 2009; Schmitt/Töpfer 2010, S. 101 ff.; Zollondz 2011, S. 416 f.; Dahm/Haindl 2011, S. 109 ff.).

In Lean Six Sigma steht Lean für schlanke und effiziente Prozesse und Six Sigma für robuste, d. h. möglichst fehlerfreie Prozesse. Die Verbindung der beiden Methoden bietet sich an, weil Lean allein die Prozesse nicht unter statistische Kontrolle (Ziel Null-Fehler-Qualität) bringt und allein über Six Sigma die gewünschte umfassende Beschleunigung und Flexibilisierung der Prozesse nicht zu erreichen ist. Töpfer spricht vom **„Königsweg der Prozessoptimierung“**. „Es geht einerseits darum, durch Lean Management die Prozesse schlanker und wirkungsvoller, also schneller und effektiver, zu machen. Andererseits steht im Fokus, durch Six Sigma die dann erreichten Prozessabläufe qualitativ besser zu gestalten“ (Töpfer 2009, Vorwort; vgl. auch Dahm/Haindl 2011, S. 109 f.; Gorecki/Pautsch 2011, S. 17 f.). Vergleichende Merkmale von Lean, Kaizen und Six Sigma zeigt Abbildung 9.16.

Lean Management bringt in Lean Six Sigma ein:

- Prozessanalyse durch Value Stream Mapping,
- Beseitigung von Verschwendung bzw. von nicht wertschöpfenden Aktivitäten,
- Verkürzung der Durchlaufzeiten,
- Reduzierung der Komplexitätskosten.

Von Six Sigma fließen in Lean Six Sigma ein:

- Reduktion der Variation und Verbesserung der Prozessfähigkeit,
- Reduzierung von Fehlerquellen und Fehlerkosten,
- Erhöhung der Kundenzufriedenheit,
- Verbesserungen durch Problemlösungszyklus DMAIC (Define, Measure, Analyse, Improve, Control).

Bei dem Vergleich von Lean Six Sigma und Kaizen Six Sigma steht in beiden Fällen die Anwendung von Six Sigma außer Frage. Es ist deshalb zu prüfen, ob Lean gegenüber Kaizen als Verbesserungsmethodik im Geschäftsprozessmanagement vorteilhafter ist. Dabei wird Kaizen als eigenständige Methode betrachtet und nicht als Lean-Methode.

Zunächst ist festzustellen, dass eine **Übereinstimmung von Lean und Kaizen** in wichtigen Punkten besteht. Diese sind:

- Ausrichtung auf Kunden,
- Konzentration auf wertschöpfende Aktivitäten bzw. Eliminierung von Verschwendung (Muda) und
- Prozessorientierung und -verbesserung.

	Lean	Kaizen	Six Sigma
Ziel	Schlanke Organisation, Verkürzung Prozesszeiten	aus Prozesszielen abgeleitete Kaizen-Ziele	Senkung Prozessfehler, Steigerung Kundenzufriedenheit
Fokus	Beseitigung Verschwendung, Steigerung Wertschöpfung	Beseitigung Verschwendung, kontinuierliche Verbesserung	Reduzierung Variation
Anwendung	alle Geschäftsprozesse, Schwerpunkte Produktions-, Serviceprozesse	alle Geschäftsprozesse	alle Geschäftsprozesse
Orientierung	Wertschöpfungsorientierung	Kunden-, Wertschöpfungs-, Lernorientierung	Qualitäts-, Kundenorientierung
Vorgehen	Ad-hoc-Aktivitäten oder kleine Projekte: Dauer 1 Woche bis 3 Monate	PDCA-Zyklus, permanente Aktivität	DMAIC-Zyklus, Projekte: Dauer 1 bis 6 Monate
Methoden	Value Stream Mapping, produktionsspezifische Methoden	7 alte, 7 neue und andere Werkzeuge, 5-A- und 8-V-Regel, Visualisierung	anspruchsvolle statistische Methoden
Organisation	ad hoc, keine spezielle Organisation	Kaizen-Teams im Rahmen der Prozessorganisation	Six-Sigma-Projekte mit Experten im Rahmen der Prozesse
Infrastruktur	Methodentraining	Methodentraining, Kaizen-Vorschlagswesen, Entgeltsystem	aufwendiges Methodentraining

Abb. 9.16 Merkmale von Lean, Kaizen und Six Sigma

Unterschiede zwischen Lean und Kaizen bestehen bei Zielen und im Vorgehen. Ziel von Kaizen ist es, Prozesse kontinuierlich zu verbessern. Lean ist auf die Lösung einzelner Prozessprobleme fokussiert. Bei Kaizen arbeiten Mitarbeiter dauerhaft in kleinen Teams zusammen. Lean bedient sich temporärer Teams, die im Rahmen von Workshops und Projekten schnell Probleme lösen.

Bei Kaizen steht der „nicht endende" Verbesserungszyklus PDCA im Mittelpunkt. Bei Lean endet die jeweilige Aktivität mit der schnellen Lösung des Problems. Kaizen ist in das Zielsystem und die Infrastruktur des Geschäftsprozessmanagements integriert. Lean fehlen ein übergeordnetes Zielsystem und ein Strukturrahmen, der mit dem Geschäftsprozessmanagement vergleichbar ist. ■

Die kontinuierlich arbeitenden Kaizen-Teams steigern stetig ihr Erfahrungswissen und erhöhen permanent ihre Problemlösungs- und Handlungskompetenz. Sie bilden damit die Basis für eine lernende Organisation und das prozessorientierte Wissensmanagement. Durch Einbeziehung vieler Mitarbeiter und intensive Teamarbeit fördert Kaizen zudem die Prozesskultur. Diese zeichnet sich durch Systemdenken, Prozessdenken, Kundenorientierung, Wir-Gefühl, Solidarität, gemeinsame Lernerfahrung und gemeinsames Engagement aus. Kaizen ist eine innere Haltung und wird von jedem Mitarbeiter und jedem Team gelebt.

Mit Kaizen vergleichbare, für den Unternehmenserfolg wichtige kulturelle Wirkungen kann Lean nicht erzeugen, da es nur punktuell Probleme mit temporären Projektteams bearbeitet. ■

Lean Management wie auch Lean Six Sigma bestehen im Wesentlichen aus einer Sammlung von Werkzeugen, um kurzfristig Kosten zu senken. Diese Ausrichtung kommt der Kultur amerikanischer und auch vieler deutscher Unternehmen entgegen. Sie legen den Schwerpunkt auf Methoden und Instrumente, mit denen **kurzfristige Ergebnisse (Gewinn)** zu erzielen sind. Als Erfolgsdeterminanten sehen diese Unternehmen formale Regeln und Werkzeuge, aber nicht Kultur und Menschen. „Der typische Lean-Six-Sigma-Ansatz kommt der westlichen Denkweise entgegen, die von einfachen Ursache-Wirkungs-Beziehungen ausgeht und das Unternehmen im Wesentlichen als technisches System begreift, das mit den richtigen Werkzeugen geschickt manipuliert werden muss, um finanzielle Erträge abzuwerfen" (Liker/Hoseus 2009, S. 61 ff.). Für **nachhaltige Erfolge** ist es aber unabdingbar, Kultur, Menschen, Regeln, Methoden und Instrumente ganzheitlich zu sehen und aufeinander abzustimmen. Diesem Erfolgsfaktor wird Kaizen, aber nicht Lean gerecht.

Lean ist wie Kaizen darauf ausgerichtet, Verschwendungen in Prozessen zu eliminieren, und wendet dabei die **Wertstromanalyse** als Kernmethode an. Die Wertstromanalyse ist jedoch kein Alleinstellungsmerkmal von Lean. Sie wurde von Rother und Shook aus Toyotas „Diagramm über den Material- und Informationsfluss" abgeleitet (vgl. Rother/Shook 2004). Toyota setzt diese Methode von Anfang an im Rahmen von Kaizen ein (vgl. Liker 2006, S. 379 ff.). Zudem wurde bereits weiter oben darauf hingewiesen, dass Lean sich nicht an Geschäftsprozessen orientiert, die bei Kaizen eine zentrale Rolle spielen.

Insgesamt gibt es keine erkennbaren Gründe, warum im Geschäftsprozessmanagement Lean Six Sigma der Kombination von Kaizen Six Sigma überlegen ist. Im Gegenteil: **Die Vorteile von Kaizen Six Sigma überwiegen gegenüber Lean Six Sigma.** „But if a company has a combined system of Six Sigma, a strict adherence to established processes, and local resources who are constantly looking for ways to make their processes better (Kaizen), the situation becomes the best" (Choudhury 2010). ■

Damit wird keine Kritik an Lean-Methoden geübt, die besonders im Produktions- und Servicebereich von großem Nutzen sind (vgl. Spanyi 2010b, S. 41 f.). Lean-Methoden lassen sich effektiv und nutzbringend in Kaizen bzw. in das Geschäftsprozessmanagement integrieren und entwickeln in dieser Kombination zusätzliche positive Wirkungen.

9.3.7 Controlling von Verbesserungsmaßnahmen

In der Praxis gibt es oft Diskrepanzen zwischen den prognostizierten Effekten geplanter Prozessverbesserungen auf der einen Seite und den tatsächlich erreichten Ergebnissen auf der anderen Seite. Deshalb sind Prozessverbesserungen systematisch zu verfolgen und von einem Maßnahmencontrolling zu überwachen.

Als Methode des Maßnahmencontrollings hat sich die **Härtegradsystematik** bewährt (siehe Abbildung 9.17; vgl. Feldmayer/Seidenschwarz 2005, S. 40; Bornhöft/Faulhaber 2007, S. 129 ff.). Dabei werden die Maßnahmen in Abhängigkeit von ihrem Realisierungsstand und ihrer Ergebniswirkung in fünf Härtegrade eingeteilt:

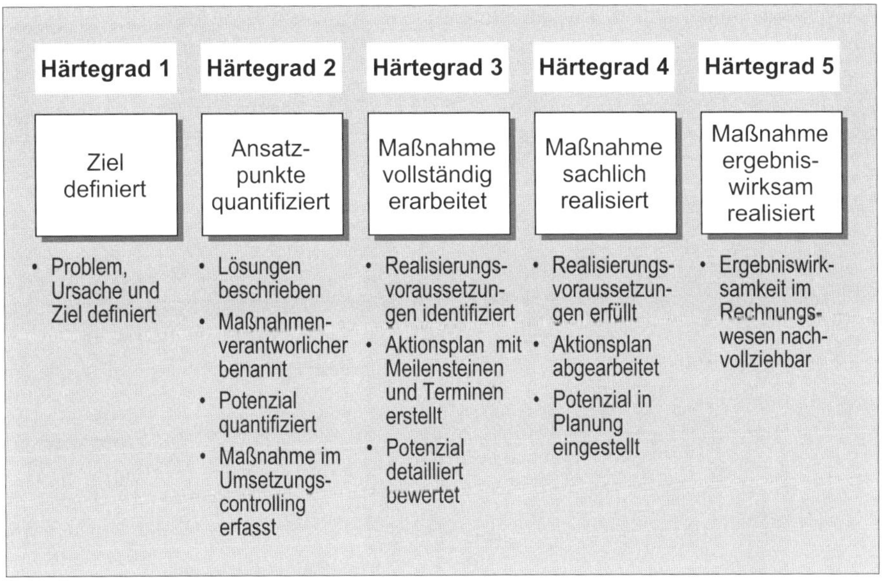

Abb. 9.17 Härtegradmodell

Härtegrad 1 = Ziel ist definiert,

Härtegrad 2 = Ansatzpunkte sind quantifiziert,

Härtegrad 3 = Maßnahme ist vollständig erarbeitet,

Härtegrad 4 = Maßnahme ist sachlich realisiert,

Härtegrad 5 = Maßnahme ist ergebniswirksam realisiert.

Ab Härtegrad 2 werden die Maßnahmen in das Maßnahmencontrolling aufgenommen und weiterverfolgt. Besteht für eine Maßnahme noch Klärungsbedarf, bleibt sie bis zur Klärung im Härtegrad 2. Maßnahmen sind nur dann erfolgreich, wenn sie den Härtegrad 5 erreicht haben. Härtegrad 5 entspricht der Standardisierung im PDCA-Zyklus (vgl. Kapitel 9.3.1.2).

Häufig haben umgesetzte Maßnahmen nur eine kurzfristige Wirkung. Nach einiger Zeit stellt sich der Ausgangszustand wieder ein. Mit der Härtegradmethodik steht ein Instrument zur

Verfügung, das nicht nur den Umsetzungsgrad feststellt, sondern auch die nachhaltige Ergebniswirkung überprüft.

Der Härtegrad bzw. Erfüllungsgrad aller Verbesserungsmaßnahmen sollte periodisch, z. B. monatlich, ermittelt und im Prozessbericht ausgewiesen werden. Die Übersicht zeigt die **Erfolgsquote der Maßnahmenumsetzung** und lässt Rückschlüsse auf realistisch zu erwartende Ergebnisbeiträge zu. Da nicht alle Maßnahmen die geplante Ergebniswirkung erzielen, sind von vornherein 15 bis 20 % mehr Maßnahmen einzuplanen. Auch sollten für aufgekündigte oder nicht realisierte Maßnahmen neue Maßnahmen geplant und eingesteuert werden.

Das Maßnahmencontrolling ergänzt das Prozesscontrolling. Da es alle Verbesserungsmaßnahmen umfasst, weist es frühzeitig auf die voraussichtliche Umsetzungsrate und die zu erwartenden Wirkungen der Verbesserungsmaßnahmen hin (siehe Abbildung 9.18). Daraus können Rückschlüsse auf das Erreichen der Prozessziele und das Risiko der Zielerreichung gezogen werden. Die Anwendung der Härtegradsystematik liefert wichtige Risiko- sowie Steuerungsinformationen und erhöht die Qualität der Umsetzung von Verbesserungsmaßnahmen.

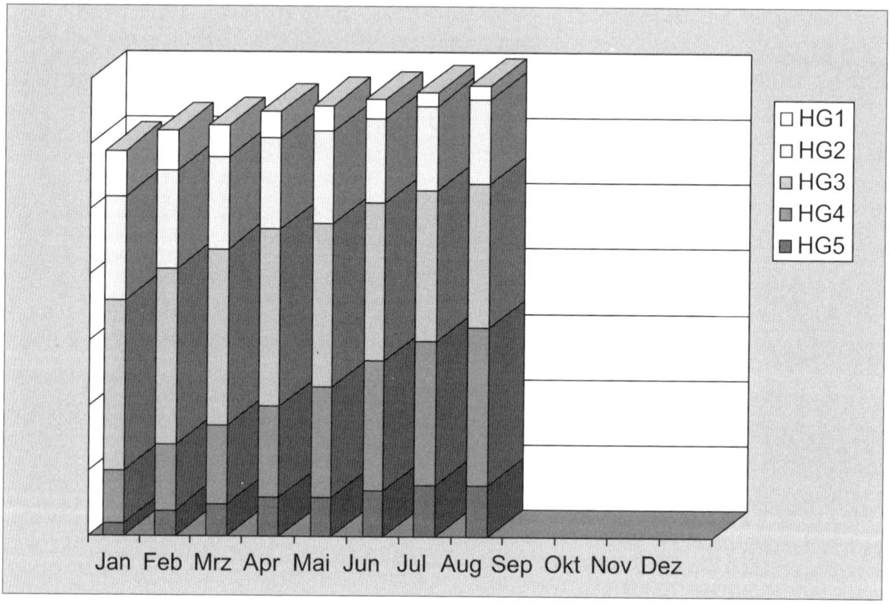

Abb. 9.18 Kontrolle der Maßnahmenumsetzung über Härtegrade (HG)

9.4 Prozesssimulation

Die Prozesssimulation bildet das dynamische Verhalten von Geschäftsprozessen ab und dient dazu, Maßnahmen zur Performancesteigerung „im Probebetrieb auf dem Rechner" zu analysieren, quantitativ zu bewerten und abzusichern. Die Methode kann sowohl bei der Prozesserneuerung als auch bei der Prozessverbesserung eingesetzt werden.

Prozesssimulationen ermöglichen es, alternative Prozessabläufe durchzuspielen und zu vergleichen. Dabei werden Wirkungszusammenhänge zwischen Prozessen aufgezeigt und die Auswirkungen auf wichtige Prozessparameter analysiert, wie z. B. auf Prozessauslastung, kritische Pfade, Prozessengpässe, Puffergrößen, Ressourcenbedarf, Prozesszeiten und Prozesskosten.

Die **Simulationsergebnisse dienen dazu:**

- die Funktionsfähigkeit neuer oder veränderter Geschäftsprozesse vor ihrer Einführung zu überprüfen,
- alternative Prozessdesigns oder Verbesserungsmaßnahmen zu bewerten,
- den Einfluss bestimmter Prozessparameter zu quantifizieren,
- die Effekte von Prozessstandardisierungen zu erkennen,
- den Nutzen geplanter Redesigns oder Verbesserungsmaßnahmen aufzuzeigen,
- die Wirksamkeit geplanter Redesigns oder Verbesserungsmaßnahmen abzusichern,
- die Schwachstellen und Grenzen existierender Prozesse zu demonstrieren,
- die Prozessbeherrschung zu verbessern,
- die Notwendigkeit von Prozessänderungen durch den Vergleich von „as is process" und „to be process" zu begründen,
- Akzeptanz, Motivation und Engagement für geplante Redesigns oder Verbesserungsmaßnahmen zu erhöhen,
- die Auswirkungen der Übergangsstufen auf einen neuen Prozess darzustellen und die Durchführbarkeit der Transformation abzusichern,
- Risiken und Stress bei der Umsetzung von Redesigns oder Verbesserungsmaßnahmen abzubauen,
- Prozessvalidierungen besser und schneller durchzuführen,
- Prozesswissen zu erhöhen,
- Prozesswissen zu vermitteln (Training, Erfahrungsaustausch).

Prozesssimulationen liefern zwar keine unmittelbaren Lösungen, erlauben aber, verschiedene **Was-wäre-wenn-Szenarien** durchzuspielen, ohne dass die Prozesse real ablaufen müssen. Die Ergebnisse dienen der Entscheidungsunterstützung. Der Entscheidungsprozess wird transparenter, sicherer und schneller.

Günstige **Anwendungsfelder** für Simulationen sind strukturierte Prozesse mit einem hohen Wiederholungs- und Standardisierungsgrad. Dies trifft z. B. auf die Geschäftsprozesse „Produkt liefern" und „Service durchführen" sowie deren Teilprozesse zu. Weniger geeignet sind Geschäftsprozesse, die nicht so häufig ablaufen oder deren Ablauf und Ergebnisse stark von der Qualifikation der Mitarbeiter abhängen wie z. B. bei den Geschäftsprozessen „Produkt innovieren" und „Produkt planen".

Der **Ablauf von Prozesssimulationen** besteht aus folgenden Schritten (vgl. Gadatsch 2012, S. 203 f.):

- Simulationseignung von Geschäftsprozessen überprüfen,
- Zielsetzung festlegen,

- Informationen beschaffen,
- Simulationsmodell erstellen,
- Modell validieren,
- Simulation durchführen,
- Ergebnisse analysieren und bewerten,
- Verbesserungsmaßnahmen vorschlagen.

Den Kern einer Simulation bildet das **Simulationsmodell**. Dieses muss in seinen dynamischen Eigenschaften hinreichend genau mit dem realen Prozessmodell übereinstimmen. Voraussetzung dafür ist, das reale System und seine Wirkungszusammenhänge gut zu kennen. Im Rahmen der Modellvalidierung wird überprüft, ob die bei der Modellbildung getroffenen Annahmen zulässig sind. Je weiter das dynamische Verhalten des Simulationsmodells von der Wirklichkeit entfernt ist, umso problematischer sind die Simulationsergebnisse. Neben der Exaktheit des Simulationsmodells sind weitere **Problempunkte** von Prozesssimulationen die Verfügbarkeit ausreichend guter Simulationsdaten, das erforderliche Expertenwissen sowie der Aufwand für Erstellung und Validierung des Simulationsmodells. Falsch angewendet können Prozesssimulationen zu Fehlentscheidungen mit weitreichenden Folgen führen.

Für Prozesssimulationen werden BPM-Tools eingesetzt (vgl. Kapitel 10.2). Sie setzen eine formale und präzise Beschreibung der betrachteten Geschäftsprozesse voraus. Eine Produktübersicht enthält u.a. Fraunhofer IAO 2011. Nach dem BPTrends Business Process Modeling Survey setzten 28 % von 559 Teilnehmern Prozesssimulationstools ein, 72 % führten keine Simulationen durch (BPTrends 2011b, S. 15).

Vgl. zum Thema Prozesssimulation: Madison 2005, S. 213 ff.; Allweyer 2005a, S. 243 ff.; Rosenkranz 2006, S. 125 ff.; BPTrends 2007c, S. 7 ff.; Neumann/Rosemann/Schwegmann 2008, S. 436 ff.; Wolf/Müller 2009; EABPM 2009, S. 82 f.; Gadatsch 2012, S. 198 ff.; Rabe/Knothe 2010, S. 473 ff.; Ahlrichs/Knuppertz 2010, S. 264 ff.; Mühlen/Shapiro 2010, S. 150 ff.; Aalst et al. 2010, S. 313 ff.

9.5 Organisationales Lernen

Ziel des organisationalen Lernens ist, die Wissens- und Erfahrungsbasis einer Organisation zu erweitern und für die Lösung von Problemen zu nutzen. „**Organisationales Lernen** (organizational learning) lässt sich als Fähigkeit definieren, Fehler zu entdecken, zu korrigieren und die organisationale Werte- und Wissensbasis so zu verändern, dass neue Problemlösungs- und Handlungskompetenzen entstehen“ (Vahs 2012, S. 460).

Die konsequente Umsetzung des organisationalen Lernens macht eine Organisation zu einer lernenden Organisation. Eine **lernende Organisation** erweitert laufend ihre organisatorische Wissensbasis durch Erfahrungslernen (Lernen aus erster Hand), vermitteltes Wissen (Lernen aus zweiter Hand) und Generierung neuen Wissens (vgl. Schober 2002, S. 139 ff.). Dadurch steigert sie ihre Kompetenzen, ist anpassungsfähig und reagiert schnell auf interne und externe Signale. Hat eine Organisation die Fähigkeit, schnell zu lernen und das Gelernte schnell anzuwenden, ist sie Wettbewerbern überlegen. „Die Fähigkeit aus organisationalen Lernprozessen handlungsrelevantes Wissen zu generieren, wird [...] in Zukunft zum wichtigsten und nachhaltigsten Wettbewerbsvorteil" (Osterloh/Frost 2006, S. 182). Es ist Aufgabe der Führung, die Lernfähigkeit der Organisation gezielt zu fördern (vgl. auch ISO 9004:2009, Abschnitt 9.4).

Folgende **Merkmale** zeichnen eine lernende Organisation aus:

- gemeinsame Vision und gemeinsame Ziele,
- „Könnerschaft" (Professionalität, Konzentration, Engagement, Persönlichkeitsentwicklung) der Organisationsmitglieder,
- Lernen im Team,
- Offenheit, wechselseitiges Vertrauen und Teamfähigkeit,
- Kooperations- und Konfliktlösungsfähigkeit,
- partizipativer Führungsstil,
- Prozessorientierung und Verbesserungszyklus,
- Fehlertoleranz,
- Belohnung von Engagement,
- Wandel als Kompetenz aller Organisationsmitglieder,
- Systemdenken als ganzheitliche, integrative Disziplin.

„Nur wenn Teams lernfähig sind, kann die Organisation lernen" (Senge 2011, S. 21). Folgende Merkmale kennzeichnen das **Teamlernen** (Senge 2011, S. 260 ff.; vgl. auch Schober 2002, S. 174 f.):

- Dialog und Diskussion,
- Annahmen aufgeben,
- einander als gleichberechtigte Gesprächspartner sehen,
- ein helfender Begleiter, der den Dialog „zusammenhält",
- Dialog und Diskussion in ein ausgewogenes Verhältnis bringen.
- Reflexion, Erkundung, Dialog und Aktion.

Nach Senge und Argyris zählen **Managementteams** nicht zu den lernfähigen Teams. Sie würgen Unstimmigkeiten zu oft ab, einigen sich auf verwässerte Kompromisse, tragen Meinungsverschiedenheiten in Form polemischer Angriffe aus und kämpfen um ihr Revier (vgl. auch Spanyi 2007, S. 17). „Das verhindert, dass die Teammitglieder gemeinsam die tiefer liegenden Unterschiede in Bezug auf ihre jeweiligen Annahmen und Erfahrungen entdecken und etwas daraus lernen können" (Senge 2011, S. 37).

„Einen besonders hohen Wirkungsgrad und Lernerfolg weisen teilautonome Arbeitsteams in prozessorientierten Strukturen auf. Dies erklärt sich aus den umfangreichen Möglichkeiten des direkten Wissensaustauschs und der Vielzahl an Wissenskombinationsmöglichkeiten, die in einer Arbeitsgruppe schnell in die Praxis umgesetzt werden können" (Schober 2002, S. 148; auch S. 161 ff.). **Teilautonome Arbeitsteams** leisten einen entscheidenden Beitrag zur Ressourcen- und Kernkompetenzentwicklung und bilden eine ideale Voraussetzung für die Wissensübertragung. „In den Kernkompetenzen spiegelt sich der einzigartige Wissensstand eines Unternehmens wider, der die Grundlage für nachhaltige Wettbewerbsvorteile bildet" (Schober 2002, S. 139).

Die Eigenschaften und Wirkungen teilautonomer Teams treffen auch für **Kaizen-Teams** zu. Sie setzen die unterschiedlichen Fähigkeiten eines jeden Teammitglieds zur Problemlösung ein und erweitern diese Fähigkeiten kontinuierlich. Gemeinsames Ziel ist, Verschwendung zu eliminieren, den Prozess effizienter zu gestalten und die Prozessziele sicherer zu erreichen. Das Team deckt gemeinsam Probleme (Verschwendung) auf, analysiert sie gemeinsam, sucht gemeinsam Lösungen, setzt sie um, kontrolliert den Umsetzungserfolg und standardisiert erfolgreiche Lösungen. Die gesammelten Erkenntnisse und Erfahrungen werden kommuniziert und sind allen zugänglich. Die Effizienzsteigerung der Prozesse durch Kaizen-Teams ist ein kontinuierlicher Prozess, der aus vielen Lernzyklen besteht und dadurch permanent das Wissen erneuert und erweitert.

Die Mitarbeit in Kaizen-Teams steigert die Entscheidungs-, Problemlösungs- und Teamfähigkeit der Beteiligten. Die Prozessmitarbeiter entwickeln sich zu Experten und Wissensträgern der Veränderung und Verbesserung (vgl. Suter 2004, S. 237 ff.; Jeston/Nelis 2008, S. 187). Nicht nur die einzelnen Mitarbeiter profitieren von der Persönlichkeitsentwicklung, sondern auch die **Prozesskultur** durch die Erweiterung der sozialen Fähigkeiten der Mitarbeiter. Beispielhaft sind die verbesserte interne Kommunikation und Kooperation. Dies ist wohl auch ein Grund, warum Kaizen eine hohe Akzeptanz bei Betriebsräten und Mitarbeitern findet (vgl. Kopp 1998, S. 36 f.).

Für **Toyota** hat unternehmensweites Lernen in Verbindung mit kontinuierlicher Verbesserung überragende Bedeutung: „Die kontinuierliche Verbesserung, auch als *Kaizen* bekannt, definiert Toyotas grundlegenden Geschäftsansatz. Das heißt, alles wird ständig infrage gestellt. Unabhängig von den konkreten Verbesserungen, die jeder Einzelne zum Gesamtsystem beiträgt, liegt der wahre Wert der kontinuierlichen Verbesserung jedoch in der Schaffung einer Atmosphäre kontinuierlichen *Lernens* und einer Umgebung, die Veränderung nicht nur akzeptiert, sondern ausdrücklich *fördert*“ (Liker 2006, S. 10).

Eine lernende Organisation wie z. B. bei Toyota zu schaffen ist langwierig und erfordert im obersten Management langfristiges Denken, Kontinuität, Konsequenz, Förderung der Mitarbeiter und Prozessorientierung (vgl. Liker 2006, S. 400 f.).

Vgl. zum Thema organisationales Lernen: Osterloh/Frost 2006, S. 202 ff.; Argyris/Schön 2008; Krüger 2009, S. 269 f.; Kramp 2011, S. 146 f.; Zollondz 2011, S. 415 f.; Senge 2011; Knuppertz/Feddern 2011, S. 62 ff.; Vahs 2012, S. 467 f.; Klimmer 2012, S. 182 ff.

9.6 Prozessorientiertes Wissensmanagement

9.6.1 Ziele und Aufgaben

Einen wichtigen Beitrag zum organisationalen Lernen wie auch zur Kompetenzentwicklung in der Organisation leistet das prozessorientierte Wissensmanagement. Wissen wird definiert als „die Gesamtheit der Kenntnisse und Fähigkeiten, die Individuen zur Lösung von Problemen einsetzen“ (Probst/Raub/Romhardt 2003, S. 23; vgl. auch Gronau 2009, S. 4 ff.).

Das **prozessorientierte Wissensmanagement** „umfasst alle Verfahren, Methoden, Instrumente und Werkzeuge, die einen systematischen Umgang mit Wissen in allen Bereichen des Unternehmens unterstützen, um die Leistungsfähigkeit der Geschäftsprozesse zu verbessern und somit zur Erreichung der Unternehmensziele beizutragen“ (Kohl/Orth 2010, S. 176).

Prozessorientiertes Wissensmanagement entwickelt das individuelle und organisationale Prozesswissen systematisch weiter. Gleichzeitig nutzt es das Prozesswissen, um die Prozesseffektivität und -effizienz der Geschäftsprozesse zu steigern, sie an Veränderungen anzupassen und ihre Wettbewerbsfähigkeit zu erhöhen. ■

Die Lern- und Wissenskomponente ist Voraussetzung für erfolgreiche organisatorische Veränderungen. „Erst aus dem Zusammenspiel von Prozess- und Wissensmanagement können Wettbewerbsvorteile erwachsen“ (Gaitanides 2012, S. 61; vgl. auch Schober 2002, S. 170 ff.; Vahs 2012, S. 468 f.; Davenport 2010, S. 17 ff.; Atzert 2011, S. 167 ff.).

9.6.2 Methoden und Vorgehen des Wissensmanagements in Geschäftsprozessen

9.6.2.1 Wissens-Scorecard

Die **Wissens-Scorecard** dient dazu, Prozesswissen gezielt zu entwickeln, die Nutzungsmöglichkeiten aufzuzeigen und konkrete Personalentwicklungsmaßnahmen abzuleiten (vgl. Helm et al. 2004, S. 133 ff.; Atzert 2011, S. 325 ff.).

Die Wissens-Scorecard stellt eine Variante der Balanced Scorecard dar. Sie richtet die vier Perspektiven der Balanced Scorecard auf Wissensaktivitäten aus. Es werden Wissensziele aus der Geschäfts- und Prozessstrategie abgeleitet, Kennzahlen für die Überprüfung der Zielerreichung definiert und Maßnahmen festgelegt, die für die Entwicklung, Verteilung, Anwendung sowie Bewahrung von Prozesswissen durchzuführen sind.

Der Fokus der Wissens-Scorecard liegt auf der Kunden-, Prozess- und Entwicklungsperspektive. In der Kundenperspektive stehen Erhalt und Anwendung von Wissen über Kunden wie z. B. Kundenbedürfnisse, Kundenzufriedenheit, Kundenloyalität im Vordergrund. Das Kundenwissen kommt in der Prozess- und Entwicklungsperspektive zum Tragen. In der Prozessperspektive wird Wissen über Struktur, Ablauf, Methoden, Controlling, Optimierung und IT-Unterstützung der Geschäftsprozesse adressiert. Prozesswissen und Kundenwissen sind Determinanten einer hohen Prozesseffektivität und -effizienz. Die Entwicklungsperspektive konzentriert sich auf das Mitarbeiterwissen, das für die Prozessinnovationen und die Entwicklung von Kernkompetenzen in Geschäftsprozessen ausschlaggebend ist.

Die Wissens-Scorecard kann einen nützlichen Beitrag liefern, das Wissensmanagement gezielt bei Aufbau und Nutzung von Prozesswissen und prozessbezogenen Erfolgspotenzialen zu unterstützen. Allerdings ist die Komplexität dieses Instruments relativ hoch (vgl. Atzert 2011, S. 334 f.). ■

9.6.2.2 Geschäftsprozessorientiertes Wissensmanagement (GPO-WM)

Für die Schaffung und Verbreitung von Prozesswissen sind Wissensangebot und -nachfrage zusammenzuführen (siehe Abbildung 9.19). Dies erfordert:

- das richtige Prozesswissen zu erzeugen,
- das vorhandene Prozesswissen zu sichern bzw. zu speichern,
- das Prozesswissen zur richtigen Zeit den Bedarfsträgern bereitzustellen,
- das Prozesswissen zielgerichtet zur Aufgabenerfüllung anzuwenden.

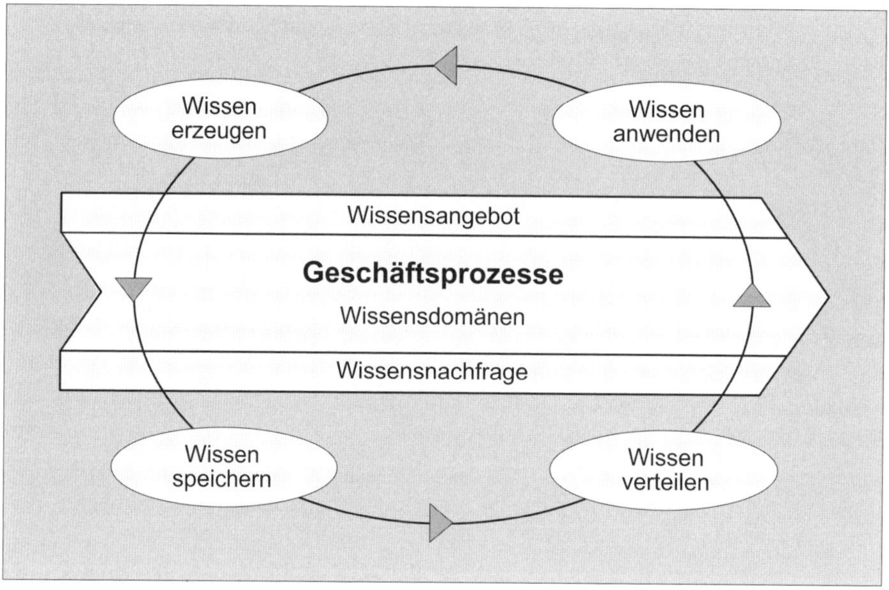

Abb. 9.19 Referenzmodell Wissensmanagement (vgl. Heisig 2005, S. 55; Fraunhofer IPK 2011, S. 11)

Die Methode des geschäftsprozessorientierten Wissensmanagements hilft, diese Anforderungen zu erfüllen (vgl. Heisig 2005, S. 52 ff.; Kohl/Orth 2010, S. 178 ff.; Gronau 2009, S. 66 ff.; Krcmar 2010, S. 640 ff.; Fraunhofer IPK 2011, S. 29). **Ziel** von GPO-WM ist, konkrete Ansatzpunkte zur Optimierung des Umgangs mit Wissen in Geschäftsprozessen zu identifizieren. Der **Ablauf des GPO-WM** besteht aus drei Schritten:

1. Auswahl und Beschreibung der Geschäftsprozesse,
2. Analyse von Stärken und Schwächen im Umgang mit Wissen,
3. Einführung der prozessorientierten Wissensmanagementlösungen.

Schritt 1: Zunächst werden die wissensorientierten Geschäftsprozesse wie „Produkt innovieren", „Produkt planen", „Produkt entwickeln", „Produkt liefern", „Service durchführen" bestimmt. Dann wird ein Geschäftsprozess ausgewählt, der hohe strategische Wichtigkeit hat.

Schritt 2: Der Umgang mit Wissen in dem ausgewählten Geschäftsprozess wird konkret beschrieben und bewertet. Dabei werden prozessspezifische Wissensdomänen bestimmt, Wissensträger definiert sowie die vier Kernaktivitäten Wissen erzeugen, speichern, verteilen und anwenden auf die Wissensdomänen projiziert.

Unter **Wissensdomänen** werden zentrale Wissensgebiete des Unternehmens verstanden. „Standardwissensdomänen" sind:

- Wissen über Kunden,
- Wissen über Produkte und Technologien,
- Wissen über Märkte und Wettbewerber,
- Wissen über Technologien und Produkte,
- Wissen über die eigene Organisation, Geschäftsprozesse und Kompetenzen,
- Fach- und Methodenwissen,
- Wissen über Partner,
- Wissen über Normen und Gesetze.

Pro Geschäftsprozess werden zusammen mit dem Prozessverantwortlichen die Wissensdomänen ausgewählt, die von strategischer Bedeutung für den Geschäftsprozess sind. Hilfestellung können dabei die Ergebnisse einer Wissensbilanz oder eines Wissensmanagementaudits geben. Mit Kenntnis der Wissensdomänen können die Wissensträger bestimmt werden, auf die sich die Wissensinhalte verteilen. Daran schließt sich die Analyse der Wissensdomänen an, wobei der Bezug zu den vier Kernaktivitäten (Wissen erzeugen, speichern, verteilen, anwenden) herzustellen ist. Das Ergebnis ist ein **Wissensaktivitätsprofil** für den jeweiligen Geschäftsprozess. Das Profil zeigt den Ist-Zustand der ausgewählten Wissensdomänen und liefert konkrete Ansatzpunkte zur Verbesserung der Wissensaktivitäten in dem Geschäftsprozess (vgl. Abbildung 9.20). Grüne Ampel in Abbildung 9.20 bedeutet: kein Verbesserungsbedarf; gelbe Ampel: mittlerer Verbesserungsbedarf; rote Ampel: hoher Verbesserungsbedarf.

Schritt 3: Aus dem identifizierten Verbesserungsbedarf werden in Schritt 3 konkrete Maßnahmen zur Verbesserung des Prozesswissens abgeleitet, priorisiert und umgesetzt. Da sich die Maßnahmen konkret auf den Geschäftsprozess beziehen, bringen sie den Mitarbeitern direkten Nutzen bei der Durchführung ihrer Prozessaufgaben und bei der Verbesserung des Prozesses.

Wissensdomäne	Kernaktivitäten des Wissensmanagements			
	Wissen erzeugen	Wissen speichern	Wissen verteilen	Wissen anwenden
Wissen über Kunden	gelb	rot	rot	rot
Wissen über Produkte	gelb	gelb	rot	gelb
Wissen über Märkte	grün	gelb	gelb	grün

Abb. 9.20 Visualisierung des Wissensaktivitätsprofils mit drei Wissensdomänen (vgl. Kohl/Orth 2010, S. 184 f.; Fraunhofer IPK 2011, S. 34)

Die GPO-WM-Analyse wird in Rahmen von Workshops durchgeführt, an denen der jeweilige Prozessverantwortliche, ausgewählte Prozessmitarbeiter sowie ein GPO-WM-Methodenkenner teilnehmen. Dank Checklisten und eines formularbasierten Leitfadens ist der Analyseaufwand relativ gering. „Innerhalb von 90 Minuten lässt sich so eine komplette Wissensdomäne bewerten" (Kohl/Orth 2010, S. 184 f.).

Die GPO-WM-Methode liefert konkrete Hinweise auf Stärken und Schwächen des vorhandenen Prozesswissens und zeigt, wo welche Wissensaktivitäten verbessert werden können, um Geschäftsprozesse zu optimieren. ■

9.6.2.3 Wissensgenerierung und -nutzung durch Kaizen-Teams

Der Optimierungserfolg in Geschäftsprozessen hängt maßgeblich vom Prozesswissen der Prozessmitarbeiter ab. Dieses zu erzeugen, zu speichern, bereitzustellen und zu nutzen zählt zu den Schwerpunktaufgaben von Kaizen.

Kaizen-Teams bilden Communities of Practice (CoPs), in denen die kollektive Wissensbasis verbreitert, das organisationale Lernen beschleunigt und die Wandlungsfähigkeit gesteigert wird (Krüger 2009, S. 108 ff.; Gerhards/Trauner 2010, S. 69 ff.). ■

In Kaizen-Teams erzeugen Mitarbeiter Wissen, indem sie ihre Fähigkeiten und Erfahrungen kombinieren. Die Wissensverbreitung wird durch Prozessportale unterstützt. Über diese können sich die Mitarbeiter unmittelbar über umgesetzte Lösungen und deren Erfolg informieren. Zusätzlich unterstützen Dialogmöglichkeiten des Social BPM (z. B. Web-2.0-Technologien oder Social Media Services, vgl. Kapitel 10.8.4) den Wissenstransfer und die Wissensanwendung.

Bei der Wissensgenerierung und dem Wissensaustausch spielt der **PDCA-Zyklus** eine wichtige Rolle (vgl. Kapitel 9.3.1.2). Er dient dazu, Probleme zu lösen und erfolgreich umgesetzte Verbesserungen als Standards einzuführen. Über die Standards wird das Erfahrungswissen verankert und gespeichert. Es steht allen Prozessmitarbeitern zur Verfügung. Die laufende Verbesserung der Standards baut auf dem dokumentierten Erfahrungswissen auf und erzeugt neues Wissen. Jeder Durchlauf des PDCA-Zyklus vermehrt das Prozesswissen.

Bezogen auf systematische Wissensgenerierung und -nutzung ist Kaizen anderen Verbesserungs- und Optimierungsmethoden überlegen.

Die Prozess-, Team- und Verbesserungskultur im Geschäftsprozessmanagement motivieren die Mitarbeiter, laufend, gemeinsam und kontinuierlich Prozesswissen zu entwickeln und zu teilen. „The most desirable forms of process improvement for knowledge work are participative, incremental and continuous" (Davenport 2010, S. 27).

Der Austausch und die gemeinsame Nutzung von Prozesswissen setzen eine **Vertrauenskultur** voraus. Das Vertrauen muss in der ganzen Organisation erfahrbar sein (vgl. Krcmar 2010, S. 629 f.). Merkmale einer Vertrauenskultur sind Teamfähigkeit, Offenheit, Kooperations- und Konfliktlösungsfähigkeit sowie partizipativer Führungsstil, Anreizsysteme und Belohnung von Engagement.

Prozesswissen „entfaltet seinen Wert erst in der Bündelung und Verknüpfung, die durch die Prozessorganisation explizit vollzogen werden" (Gaitanides 2012, S. 4). Erfolgreiches Prozessmanagement wendet Wissen nicht nur an, sondern generiert und transportiert darüber hinaus neues Wissen.

Prozesswissen wird auf allen Prozessebenen erzeugt, gespeichert, bereitgestellt und angewendet. In den Teilprozessen und Prozessschritten sind Kaizen-Teams sowie Prozessmitarbeiter Erzeuger und Nutzer von Prozesswissen. Auf der Ebene des Geschäftsprozesses erzeugen und nutzen Prozessteams das Prozesswissen. Zusätzlich wird Prozesswissen in Verbesserungs- und Anpassungsprojekten erzeugt und genutzt. Das Wissen fließt in das Managementteam ein, welches das Wissen anwendet, um Problemlösungen und Anpassungen durchzuführen, die alle Geschäftsprozesse und die gesamte Geschäftseinheit betreffen. ■

9.7 Stand der Performancesteigerung und Prozessoptimierung in der Praxis

In Deutschland spielt Kaizen als Verbesserungsmethode im Geschäftsprozessmanagement eine dominante Rolle (siehe Abbildung 9.21). Six Sigma liegt an zweiter Stelle, gefolgt von Lean Management.

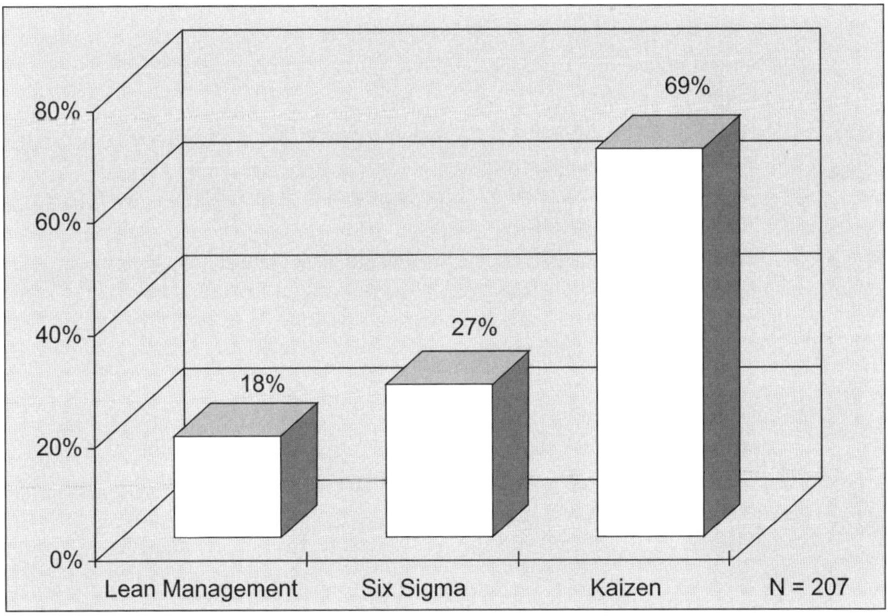

Abb. 9.21 Verbreitung von Lean Management, Six Sigma und Kaizen im Prozessmanagement (vgl. BPM&O 2011, S. 8)

Aus der hohen Verbreitung von Kaizen könnte gefolgert werden, Prozessverbesserung und -optimierung sei gängige Praxis. Studien stellen jedoch das Gegenteil fest.

Von den im „CMMI Process Maturity Profile 2012“ erfassten 5159 Organisationen weisen nur 5,8 % den Reifegrad 5 „Optimizing“ auf (vgl. CMMI 2012). Danach hat die Prozessoptimierung in der Praxis nur eine geringe Verbreitung. Prozessoptimierung ist auf das Prozesscontrolling angewiesen. Da dieses ebenfalls einen sehr niedrigen Verbreitungsgrad hat, fehlt in den meisten Fällen die Basis für eine wirksame Prozessverbesserung und -optimierung.

Eine Erklärung für die hohe Verbreitung von Kaizen könnte sein, dass Kaizen in den meisten Fällen isoliert eingesetzt oder mit dem weitverbreiteten betrieblichen Vorschlagswesen gleichgesetzt wird.

Das Wichtigste in Kürze

Es gibt zwei unterschiedliche Ansätze zur Steigerung der Performance in Geschäftsprozessen:

- Prozesserneuerung (Revolution) und
- Prozessverbesserung (Evolution).
  Prozesserneuerungen lassen sich als durchgreifende Veränderungen in Ausnahmesituationen, Prozessverbesserungen als kleine kontinuierliche Veränderungen im laufenden Betrieb charakterisieren.

Die bekannteste Methode der Erneuerung ist das Business Process Reengineering (BPR). Seine Hauptmerkmale sind:

- fundamentales Überdenken aller Aufgaben und Abläufe,
- radikales Redesign aller Strukturen und Verfahrensweisen,
- Empowerment der Mitarbeiter,
- Nutzung der Möglichkeiten der Informationstechnologie,
- Quantensprünge der Prozessperformance (Kundenzufriedenheit, Prozesszeit, -qualität, -kosten).

BPR verlangt große Anstrengungen, bindet erhebliche Personalressourcen und unterliegt einem hohen Erfolgsrisiko. Deshalb ist BPR auf Geschäftsprozesse zu beschränken, die hohe strategische Bedeutung und gleichzeitig gravierende Performancedefizite aufweisen.

Die Stabilisierung von Performancesprüngen und die kontinuierliche Steigerung der Prozessperformance sind Aufgaben der Prozessverbesserung. Bekannte Methoden der Prozessverbesserung sind Total Cycle Time (TCT), Kaizen, Six Sigma und Lean Management.

TCT ist auf die Verbesserung von Teilprozessen fokussiert. Die Prozessverbesserungen werden durch die Eliminierung nicht wertschöpfender Prozesse (= Ersatzprozesse) sowie die Beseitigung von Prozessbarrieren erreicht.

Kaizen konzentriert sich auf einzelne Prozess- und Arbeitsschritte. Es verbessert Prozesse durch das Ausmerzen von Verschwendung (Muda), d. h. von Aktivitäten, die keinen Wertzuwachs bzw. keinen Nutzen für Kunden erzeugen.

- Kaizen ist hervorragend geeignet, eine Verbesserungskultur im gesamten Unternehmen zu schaffen, Fähigkeiten und Kompetenzen weiterzuentwickeln, das Lernen in einer Organisation zu stärken sowie die Veränderungsfähigkeit einer Organisation „von innen heraus“ zu erhöhen. Erforderlich dafür sind permanente Kaizen-Teams. Temporäre Kaizen-Aktivitäten wie Blitz-Kaizen oder Kaizen-Event können diese nachhaltigen Effekte nicht erzielen.
- Six Sigma dient der Lösung komplexer Prozessprobleme, die auf allen Prozessebenen auftreten können. Bei Six Sigma werden Prozessverbesserungen über die Reduzierung der Variation, d. h. von Abweichungen der Prozessergebnisse vom Zielwert erreicht. Die Analyse der Probleme und Umsetzung von Verbesserungen erfolgt in Six-Sigma-Projekten unter Einbeziehung von Six-Sigma-Experten.
- TCT, Kaizen und Six Sigma orientieren sich an dem PDCA-Zyklus. Dieser Verbesserungskreislauf wird immer wiederholt. Erfolgreich umgesetzte Verbesserungsmaßnahmen werden als Standard eingeführt und weiter kontinuierlich verbessert.
- Lean Management ist aus Lean Production hervorgegangen. Es baut nicht auf Geschäftsprozessen auf, die sich aus der Strategie ableiten, und verfügt nicht über ein mit dem Geschäftsprozessmanagement vergleichbares, übergeordnetes Ziel- und Steuerungssystem. Lean Management stellt damit keine Alternative zum Geschäftsprozessmanagement dar. Lean-Methoden lassen sich jedoch effektiv und nutzbringend in Kaizen bzw. in das Geschäftsprozessmanagement integrieren und entwickeln in dieser Kombination zusätzliche positive Wirkungen.
- Die Kombination von Lean und Six Sigma (Lean Six Sigma), die seit einigen Jahren als Verbesserungsmethode im Geschäftsprozessmanagement propagiert wird, weist keine Überlegenheit gegenüber der Kombination von Kaizen und Six Sigma auf. Insbesondere kann Lean Six Sigma nicht wie Kaizen Six Sigma eine Prozesskultur entwickeln, die sich durch kontinuierliche Verbesserungen, permanente Steigerung von Problemlösungs- und Handlungskompetenz, organisationales Lernen, systematischen Aufbau von Prozess- und Organisationswissen sowie hohe Anpassungsflexibilität auszeichnet.
- Prozesssimulationen helfen, Schwachstellen in Geschäftsprozessen zu erkennen, Verbesserungsmaßnahmen zu bewerten, die Wirksamkeit geplanter Verbesserungsmaßnahmen abzusichern und das Prozesswissen zu vermehren. Ihre Durchführung erfordert die Erstellung und Validierung eines Simulationsmodells, das die reale Prozesssituation möglichst nah abbildet. ■

9.8 Literatur zu Kapitel 9

Aalst, W. M. P. v. d.; Nakatumba, J.; Rozinat, A.; Russell, N. (2010): Business Process Simulation, in: Brocke, J. v.; Rosemann, M. (Hrsg.): Handbook on Business Process Management 1. Introduction, Methods and Information Systems, Berlin 2010, S. 313 - 338.

Ahlrichs, F.; Knuppertz, T. (2010): Controlling von Geschäftsprozessen. Prozessorientierte Unternehmenssteuerung umsetzen, 2. Aufl., Stuttgart 2010.

Allweyer, T. (2005a): Geschäftsprozessmanagement. Strategie, Entwurf, Implementierung, Controlling, Herdecke 2005.

Alt, R. (2008): Überbetriebliches Prozessmanagement. Gestaltungsalternativen und Vorgehen am Beispiel integrierter Prozessportale, Berlin 2008.

Argyris, C.; Schön, D. A. (2008): Die lernende Organisation, 3. Aufl., Stuttgart 2008.

Atzert, S. (2011): Strategisches Prozesscontrolling. Koordinationsorientierte Konzeption auf der Basis von Beiträgen zur theoretischen Fundierung von strategischem Prozessmanagement, Wiesbaden 2011.

Bergsmann, S. (2012): End-to-End-Geschäftsprozessmanagement. Organisationselement - Integrationsinstrument - Managementansatz, Wien 2012.

Bertels, T. (2009): Integrating Lean and Six Sigma. The Power of an Integrated Roadmap, unter: http://www.isixsigma.com/library/; Zugriff am 10.12.2009.

Bogaschewsky, R.; Rollberg, R. (1998): Prozeßorientiertes Management, Berlin 1998.

Boom, W.; Wurst, M. (2003): Kontinuierlicher Verbesserungsprozess. Am Beispiel eines Unternehmens im Anlagenbau, in: Zeitschrift für wirtschaftlichen Fabrikbetrieb (ZWF), 98 (2003) 5, S. 247 ff.

Bornhöft, F.; Faulhaber, N. (2007): Lean Six Sigma erfolgreich implementieren, Frankfurt am Main 2007.

BPM&O (2011): Knuppertz, T.; Schnägelberger, S.; Clauberg, K.: Umfrage Status Quo Prozessmanagement 2010/2011, März 2011, BPM&O GmbH in Zusammenarbeit mit Fachhochschule Bonn-Rhein-Sieg und European Business School (EBS), Köln 2011, unter: http://www.bpmo.de/bpmo/export/sites/default/de/know_how/downloads/Status_Quo_Prozessmanagement_2011.pdf, Zugriff am 07.12.2012.

BPTrends (2007c): Hall, C.; Harmon, P.: The 2007 Enterprise Architecture, Process Modeling & Simulation Tools Report, Version 2.1, BPTrends-Report, October 2007, unter: http://www.bptrends.com/reports_toc_01.cfm, Zugriff am 15.12.2009.

BPTrends (2011b): Harmon, P.; Wolf, C.: Business Process Modeling Survey, BPTrends-Report, December 2011, unter: http://www.bptrends.com/members_surveys/deliver.cfm?report_id=1005&target=Process_Modeling_Survey-Dec_11_FINAL.pdf&return=surveys_landing.cfm, Zugriff am 05.06.2012.

Bulk, G.; Faulhaber, N. (2004): Six Sigma - The Way We Run Our Business - Umsetzungserfahrungen bei GE CompuNet, in: Töpfer, A. (Hrsg.): Six Sigma. Konzeption und Erfolgsbeispiele für praktizierte Null-Fehler-Qualität, 2. Aufl., Berlin 2004, S. 317 - 334.

Bullinger, H.-J.; Wiedmann, G.; Niemeier, J. (1995): Business Reengineering. Aktuelle Managementkonzepte in Deutschland: Zukunftsperspektiven und Stand der Umsetzung, Fraunhofer-Institut für Arbeitswirtschaft und Organisation (IAO), Stuttgart 1995.

Burger, A. (2009): Effizienzanalyse auf Prozessebene. Benchmarking von Transaktionen mit der Data Envelopment Analysis am Beispiel eines bankbetrieblichen Prozesses, Berlin 2009.

Burton, T. T. (2009): Is This a Six Sigma, Lean, or Kaizen Project?, unter: http://www.isixsigma.com/library/, Zugriff am 10.12.2009.

Choudhury, A. (2010): Kaizen with Six Sigma Ensures Continuous Improvement, in: iSixSigma, Methodology, Kaizen, 26 February 2010, unter: http://www.isixsigma.com, Zugriff am 28.02.2010.

Chrissis, M. B.; Konrad, M.; Shrum, S. (2012): CMMI® Version 1.3 für die Entwicklung. Richtlinien für Prozessintegration und Produktverbesserung, München et al. 2012.

CMMI (2012): Carnegie Mellon, Software Engineering Institute: Process Maturity Profile, 2012 Mid-Year Update, September 2012, unter: http://www.sei.cmu.edu/searchresults.cfm, Zugriff am 08.11.2012.

Conger, S. (2010): Six Sigma and Business Process Management, in: Brocke, J. v.; Rosemann, M. (Hrsg.): Handbook on Business Process Management 1. Introduction, Methods and Information Systems, Berlin 2010, S. 127 - 147.

Corrigan, S. (2005): KAIZEN BLITZ, tackling symptoms not causes, Vanguard Scotland, October 2005, unter: http://www.systemsthinking.co.uk/6-25.asp, Zugriff am 15.11.2009.

Dahm, M. H.; Haindl, C. (2011): Lean Management und Six Sigma. Qualität und Wirtschaftlichkeit in der Wettbewerbsstrategie, 2. Aufl., Berlin 2011.

Davenport, T. H. (1993): Process Innovation, Reengineering Work through Information Technology, Boston, Massachusetts 1993.

Davenport, T. H. (2010): Process Management for Knowledge Work, in: Brocke, J. v.; Rosemann, M. (Hrsg.): Handbook on Business Process Management 1. Introduction, Methods and Information Systems, Berlin 2010, S. 17 - 35.

Doppler, K.; Lauterburg, C. (2008): Change Management. Den Unternehmenswandel gestalten, 12. Aufl., Frankfurt am Main 2008.

EABPM (2009): European Association of Business Process Management EABPM (Hrsg.): Business Process Management. Common Body of Knowledge - BPM CBOK®. Leitfaden für das Prozessmanagement, Gießen 2009.

Ebeling, J. (2000): Die sieben elementaren Werkzeuge der Qualität, in: Kamiske, G. F. (Hrsg.): Unternehmenserfolg durch Excellence, München 2000, S. 277 - 307.

Feldmayer, J.; Seidenschwarz, W. (2005): Marktorientiertes Prozessmanagement. Wie Process Mass Customization Kundenorientierung und Prozessstandardisierung integriert, München 2005.

Fischermanns, G. (2012): Praxishandbuch Prozessmanagement, 10. Aufl., Gießen 2012.

Fraunhofer IAO (2008): Spath, D.; Weisbecker, A. (Hrsg.): Business Process Management Tools 2008, Fraunhofer-Institut Arbeitswirtschaft und Organisation IAO, Stuttgart 2008.

Fraunhofer IAO (2011): Spath, D.; Weisbecker, A.; Kopperger, D.; Nägele, R. (Hrsg.): Business Process Management Tools 2011, Fraunhofer-Institut Arbeitswirtschaft und Organisation IAO, Stuttgart 2011.

Fraunhofer IPA (2011): Westkämper, E.; Sihn, W. (Hrsg.): Lean Office 2010. Erfolgsfaktoren der Lean-Implementierung in indirekten Unternehmensbereichen, Fraunhofer-Institut für Produktionstechnik und Automatisierung IPA, Stuttgart 2010.

Fraunhofer IPK (2011): Mertins, K.; Seidel, H. (Hrsg.): Praxisleitfaden Wissensmanagement, Fraunhofer-Institut für Produktionsanlagen und Konstruktionstechnik IPK und Fraunhofer-Institut für Fabrikbetrieb und Automatisierung IFF, Stuttgart 2011.

Gadatsch, A. (2012): Grundkurs Geschäftsprozess-Management. Methoden und Werkzeuge für die IT-Praxis: Eine Einführung für Studenten und Praktiker, 7. Aufl., Wiesbaden 2012.

Gaitanides, M. (1998): Business Reengineering. Prozeßmanagement - von der Managementtechnik zur Theorie der Unternehmung?, in: Die Betriebswirtschaft (DBW), 58 (1998) 3, S. 369 - 381.

Gaitanides, M. (2012): Prozessorganisation. Entwicklung, Ansätze und Programme des Managements von Geschäftsprozessen, 3. Aufl., München 2012.

Gareis, R.; Stummer, M. (2007): Prozesse & Projekte, 2. Aufl., Wien 2007.

George, M.; Rowlands, D.; Kastle, B. (2007): Was ist Lean Six Sigma?, Berlin 2007.

Gerhards, S.; Trauner, B. (2010): Wissensmanagement. 7 Bausteine für die Umsetzung in der Praxis, 4. Aufl., München 2010.

Gogoll, A. (2000): Management-Werkzeuge der Qualität, in: Kamiske, G. F. (Hrsg.): Unternehmenserfolg durch Excellence, München 2000, S. 346 - 358.

Gogoll, A.; Theden, P. (2000): Techniken des Quality Engineering, in: Kamiske, G.F. (Hrsg.): Unternehmenserfolg durch Excellence, München 2000, S. 308 - 345.
Gorecki, P.; Pautsch, P. (2011): Lean Management. Auf den Spuren des Erfolges der Managementphilosophie von Toyota und Co., 2. Aufl., München 2011.
Grafmüller, M. H. (2000): Prozeßmanagement in der Automobilindustrie. Betriebliche Umsetzung am Beispiel der Volkswagen AG, Wiesbaden 2000.
Graßler, A. (2006): KVP - das europäische Kaizen, unter: http://www.bpm-guide.de/articles/print/16.
Gronau, N. (2009): Wissen prozessorientiert managen. Methode und Werkzeuge für die Nutzung des Wettbewerbsfaktors Wissen in Unternehmen, München 2009.
Habermann, T.; Doch, J. (2009): Projektauswahlprozess als Erfolgsfaktor für Business Process Excellence (BPE), in: Töpfer, A. (Hrsg.): Lean Six Sigma. Erfolgreiche Kombination von Lean Management, Six Sigma und Design for Six Sigma, Berlin 2009, S. 233 - 248.
Hagen, R. v. (2004): Rollenverteilung im Rahmen der Six Sigma Organisation von GE Capital, in: Töpfer, A. (Hrsg.): Six Sigma. Konzeption und Erfolgsbeispiele für praktizierte Null-Fehler-Qualität, 2. Aufl., Berlin 2004, S. 188 - 198.
Hall, G.; Rosenthal, J.; Wade, J. (1993): How to Make Reengineering Really Work, in: Harvard Business Review, (1993) 11/12, S. 119 - 131.
Hammer, M. (2002b): Process Management and the Future of Six Sigma, in: IEEE Engineering Management Review, 30 (2002) 4, S. 56 - 63.
Hammer, M.; Champy, J. (1993): Reengineering the Corporation, New York 1993.
Hammer, M.; Champy, J. (1994): Business Reengineering, Frankfurt am Main/New York 1994.
Harry, M.; Schroeder, R. (2000): Six Sigma. Prozesse optimieren, Null-Fehler-Qualität schaffen, Rendite radikal steigern, Frankfurt am Main 2000.
Heisig, P. (2005): Integration von Wissensmanagement in Geschäftsprozesse, Berlin 2005.
Helm, R.; Meckl, R.; Strohmayer, M.; Bernau, A. (2004): Ein Wissensmanagementansatz auf Basis der Balanced Scorecard, in: Controlling, 16 (2004) 3, S. 133 - 140.
Hess, T.; Brecht, L.; Österle, H. (1995): Stand und Defizite der Methoden des Business Process Redesign, in: Wirtschaftsinformatik, 37 (1995) 5, S. 480 - 486.
Hess, T.; Schuller, D. (2005): Business Process Reengineering als nachhaltiger Trend? Eine Analyse der Praxis in deutschen Großunternehmen nach einer Dekade, in: Zeitschrift für betriebswirtschaftliche Forschung (zfbf), 57 (2005) 6, S. 355 - 373.
Homburg, C.; Hocke, G. (1998): Change Management durch Reengineering? Eine Bestandsaufnahme, in: Zeitschrift Führung + Organisation (zfo), 67 (1998) 5, S. 294 - 299.
Honeywell (2002): Von KVP bis Six Sigma, Verbesserungsstrategien für Fortgeschrittene, Seminarunterlage „Management live“, Schönaich 2002.
Horváth, P. (Hrsg.) (1997): Die „Vorderseite“ der Prozessorientierung, in: Controlling, 9 (1997) 2, S. 114.
Huntzinger, J. (2006): The Roots of Lean. Training Within Industry: The Origin of Japanese Management and Kaizen, Juli 2006, unter: www.leaninstituut.nl/publications/Roots-of-Lean-TWI.pdf, Zugriff am 18.12.2009.
Hutwelker, R. (2006): Hard & Soft Facts zur Prozessverbesserung - Teil 2: six sigma, unter: http://www.bpm-guide.de/articles/print/32.
Imai, M. (1992): Kaizen. Der Schlüssel zum Erfolg der Japaner im Wettbewerb, 3. Aufl., München 1992.
Imai, M. (1997): Gemba Kaizen, Permanente Qualitätsverbesserung, Zeitersparnis und Kostensenkung am Arbeitsplatz, München 1997.
ISO 9004:2009: Deutsches Institut für Normung e. V. (Hrsg.): DIN EN ISO 9004:2009, Leiten und Lenken für den nachhaltigen Erfolg einer Organisation - Ein Qualitätsmanagementansatz, Berlin 2009.
Jeston, J.; Nelis, J. (2008): Business Process Management. Practical Guidelines to Successful Implementations, 2nd ed., Amsterdam et al. 2008.

Johannsen, F.; Leist, S.; Zellner, G. (2010): Implementing Six Sigma for Improving Business Processes at an Automotive Bank, in: Brocke, J. v.; Rosemann, M. (Hrsg.): Handbook on Business Process Management 1. Introduction, Methods and Information Systems, Berlin 2010, S. 361 - 382.

Kamiske, G.F. (Hrsg.) (2000): Unternehmenserfolg durch Excellence, München 2000.

Kaufmann, U.H. (2012): Praxisbuch Lean Six Sigma. Werkzeuge und Beispiele, München 2012.

Kelle, J.; Stern, C. (2006): Kann ein Produktionssystem mehr als Produktionsprozesse optimieren? Der Einsatz eines Produktionssystems im administrativen Bereich am Beispiel des Werks Mannheim der DaimlerChrysler AG, in: Zeitschrift Führung + Organisation (zfo), 75 (2006) 3, S. 278 - 283.

Kieser, A. (1996): Business Process Reengineering - neue Kleider für den Kaiser?, in: Zeitschrift Führung + Organisation (zfo), 65 (1996) 3, S. 179 - 185.

Klimmer, M. (2012): Unternehmensorganisation. Eine kompakte und praxisnahe Einführung, 3. Aufl., Herne 2012.

Knuppertz, T. (2009): Prozessmanagement für Dummies, Weinheim 2009.

Knuppertz, T.; Feddern, U. (2011): Prozessorientierte Unternehmensführung. Prozessmanagement ganzheitlich einführen und verankern, Stuttgart 2011.

Koch, S. (2011): Einführung in das Management von Geschäftsprozessen. Six Sigma, Kaizen und TQM, Berlin 2011.

Kohl, I.; Orth, R. (2010): Prozessmanagement und Wissensmanagement, in: Jochem, R.; Mertins, K.; Knothe, T. (Hrsg.): Prozessmanagement. Strategien, Methoden, Umsetzung, Düsseldorf 2010, S. 169 - 192.

Kompetenzzentrum für Prozessmanagement (2008): Status Quo Prozessmanagement 2007/2008 - Ergebniszusammenfassung, Köln 2008.

Kopp, R. (1998): KVP und lernende Organisation: Ausgangspunkte einer zukunftsweisenden Managementpraxis, in: Howaldt, J.; Kopp, R.; Winther, M. (Hrsg.): Kontinuierlicher Verbesserungsprozeß. KVP als Motor lernender Organisation, Köln 1998, S. 25 - 39.

Kostka, C.; Kostka, S. (2011). Der Kontinuierliche Verbesserungsprozess. Methoden des KVP, 5. Aufl., München 2011.

Kostka, C.; Mönch, A. (2009): Change Management. 7 Methoden für die Gestaltung von Veränderungsprozessen, 4. Aufl., München 2009.

Kosturiak, J.; Debnár, R.; Boledovic, L. (2009): Quo Vadis Kaizen? Untersuchung über Verbesserungsprozesse, in: MQ Management und Qualität, 6 (2009) 3, S. 14 - 16.

Kotter, J.P. (2011): Leading Change: Wie Sie Ihr Unternehmen in acht Schritten erfolgreich verändern, München 2011.

KPMG (2009) (Hrsg.): Ziele definieren - sicher ankommen. Professionelle Steuerung von Veränderungsprozessen und der Beitrag des Human Resource Managements, KPMG-Studie 2009, o.O.

Kramp, M. (2011): Zukunftsperspektiven für das Prozessmanagement. Der Umgang mit Komplexität, Köln 2011.

Krcmar, H. (2010): Informationsmanagement, 5. Aufl., Heidelberg 2010.

Krüger, W. (2009): Excellence in Change. Wege zur strategischen Erneuerung, 4. Aufl., Wiesbaden 2009.

Lang, G.; Reemtsema, K.-D. (2003): Leistungsversprechen einhalten. Mit Six Sigma und KVP Kundenerwartungen erfüllen, in: Qualität und Zuverlässigkeit (QZ), 48 (2003) 2, S. 118 - 121.

Laraia, A.C.; Moody, P.E.; Hall, R.W. (1999): The Kaizen Blitz: accelerating breakthroughs in productivity and performance, New York et al. 1999.

Leyendecker, B. (2004): Ableitung von Six Sigma Projekten aus den Unternehmenszielen, in: Töpfer, A. (Hrsg.): Six Sigma. Konzeption und Erfolgsbeispiele für praktizierte Null-Fehler-Qualität, 2. Aufl., Berlin 2004, S. 374 - 386.

Leyendecker, B. (2009): Das Zusammenspiel verschiedener Optimierungsmethoden in der Wertschöpfungskette, in: Töpfer, A. (Hrsg.): Lean Six Sigma. Erfolgreiche Kombination von Lean Management, Six Sigma und Design for Six Sigma, Berlin 2009, S. 99 - 111.

Leyendecker, B.; Komus, A. (2009): Zugkräftiges Gespann. Kombination von Geschäftsprozessmanagement und Six Sigma, in: Qualität und Zuverlässigkeit (QZ), 54 (2009) 11, S. 19 - 23.

Liker, J. K. (2006): Der Toyota-Weg. 14 Managementprinzipien des weltweit erfolgreichsten Automobilkonzerns, München 2006.

Liker, J. K.; Hoseus, M. (2009): Die Toyota-Kultur, München 2009.

Madison, D. (2005): Process Mapping, Process Improvement and Process Management. A Practical Guide for Enhancing Work and Information Flow, Chicago, California 2005.

Magnusson, K.; Kroslid, D.; Bergman, B. (2001): Six Sigma umsetzen. Die neue Qualitätsstrategie für Unternehmen, München 2001.

Miebach, B. (2009): Prozesstheorie. Analyse, Organisation und System, Wiesbaden 2009.

Morris, B. (2006): Six Sigma Lessons from Deming, Part 2, in Quality Digest, 02/05/2008, unter: http://www.qualitydigest.com/inside/six-sigma-article/, Zugriff am 15.12.2009.

Mühlen, M. z.; Shapiro, R. (2010): Business Process Analytics, in: Brocke, J. v.; Rosemann, M. (Hrsg.): Handbook on Business Process Management 2. Strategic Alignment, Governance, People and Culture, Berlin 2010, S. 137 - 157.

Neumann, S.; Probst, C.; Wernsmann, C. (2008): Kontinuierliches Prozessmanagement, in: Becker, J.; Kugeler, M.; Rosemann, M. (Hrsg.): Prozessmanagement. Ein Leitfaden zur prozessorientierten Organisationsgestaltung, 6. Aufl., Berlin 2008, S. 299 - 325.

Neumann, S.; Rosemann, M., Schwegmann, A. (2008): Simulation von Geschäftsprozessen, in: Becker, J.; Kugeler, M.; Rosemann, M. (Hrsg.): Prozessmanagement. Ein Leitfaden zur prozessorientierten Organisationsgestaltung, 6. Aufl., Berlin 2008, S. 435 - 453.

Nicolai, C. (2009): Betriebliche Organisation, Stuttgart 2009.

Nippa, M. (1996b): Bestandsaufnahme des Reengineering-Konzepts, in: Nippa, M.; Picot, A. (Hrsg.): Prozeßmanagement und Reengineering. Die Praxis im deutschsprachigen Raum, 2. Aufl., Frankfurt am Main/New York 1996, S. 61 - 77.

Osterloh, M.; Frost, J. (2006): Prozessmanagement als Kernkompetenz. Wie Sie Business Reengineering strategisch nutzen können, 5. Aufl., Wiesbaden 2006.

Pande, P. S.; Neumann, R. P.; Cavanagh, R. R. (2001): Six Sigma erfolgreich einsetzen. Marktanteile gewinnen, Produktivität steigern, Kosten reduzieren, Landsberg am Lech 2001.

Perlitz, M. (1995): Weit mehr möglich, in: WirtschaftsWoche, Nr. 22 vom 22.05.1995, S. 79 - 81.

Perlitz, M.; Offinger, A.; Reinhardt, M.; Schug, K.; Bufka, J. (1995): Business Process Reengineering. Ergebnisse einer empirischen Untersuchung, Universität Mannheim, Fakultät für Betriebswirtschaftslehre, Mannheim 1995.

Probst, G.; Raub, S.; Romhardt, K. (2003): Wissen managen. Wie Unternehmen ihre wertvollste Ressource optimal nutzen, 4. Aufl., Wiesbaden 2003.

Rabe, M.; Knothe, T. (2010): Geschäftsprozess-Simulation, in: Jochem, R.; Mertins, K.; Knothe, T. (Hrsg.): Prozessmanagement. Strategien. Methoden, Umsetzung, Düsseldorf 2010, S. 437 - 490.

Rehbehn, R.; Yurdakul, Z. B. (2005): Mit Six Sigma zu Business Excellence. Strategien, Methoden, Praxisbeispiele, 2. Aufl., Erlangen 2005.

Rosenkranz, F. (2006): Geschäftsprozesse. Modell- und computergestützte Planung, 2. Aufl., Berlin 2006.

Rosenstiel, L. v. (2006): Motivation - nur Aberglaube und Scharlatanerie?, in: Zeitschrift Führung + Organisation (zfo), 75 (2006) 2, S. 116 f.

Rother, M.; Kinkel, S. (2009): Die Kata des Weltmarktführers. Toyotas Erfolgsmethoden, Frankfurt am Main 2009.

Rother, M.; Shook, J. (2004): Sehen lernen. Mit Wertstromdesign die Wertschöpfung erhöhen und Verschwendung beseitigen, Aachen 2004.

Rummler, G. A.; Ramias, A. J.; Rummler, R. A. (2010): White Space Revisited. Creating Value through Process, San Francisco 2010.

Schmied, J.; Wentzel, P.-R.; Gerdom, M.; Hehn, U. (2008): Mit CMMI Prozesse verbessern! Umsetzungsstrategien am Beispiel Requirements Engineering, Heidelberg 2008.

Schmitt, R.; Pfeifer, T. (2010): Qualitätsmanagement. Strategien, Methoden, Techniken, 4. Aufl., München 2010.

Schober, H. (2002): Prozessorganisation: Theoretische Grundlagen und Gestaltungsoptionen, Wiesbaden 2002.

Schwager, M. (1997): KaiZen – Der sanfte Weg des Reengineering: eine Studie zum Entwicklungsstand in deutschen Unternehmen, Freiburg im Breisgau 1997.

Selders, J. (2006): Empowerment und Commitment durch KAIZEN. Das Toyota-Produktionssystem bei Knorr-Bremse, Saarbrücken 2006.

Senge, P.M. (2011): Die fünfte Disziplin. Kunst und Praxis der lernenden Organisation, Stuttgart 2011.

Smith, R.F. (2007): Business Process Management and the Balanced Scorecard. Using Processes as Strategic Drivers, Hoboken, New Jersey, 2007.

Snabe, J.H.; Rosenberg, A.; Moeller, Ch.; Scavillo, M. (2009): Business Process Management: The SAP Roadmap, Galileo Press, Boston (M) 2009.

Spanyi, A. (2007): More for Less. The Power of Process Management, Tampa, Florida 2007.

Spanyi, A. (2010b): Operational Leadership, in: Strategic Management Collection, New York 2010.

Springer, R. (2009): Survival of the Fittest. So verbessern Spitzenunternehmen mit Lean Management gleichzeitig ihre Prozesse und Führungskultur, München 2009.

Steinbeck, H.-H. (1994) (Hrsg.): CIP – Kaizen – KVP. Die kontinuierliche Verbesserung von Produkt und Prozeß, Landsberg am Lech 1994.

Steinbeis (2009b): KVP – Teams. Verbesserungsteams einführen, TMS-Info, unter: www.tms-ulm.de, Zugriff am 15.09.2009.

Suter, A. (2004): Die Wertschöpfungsmaschine. Wie Strategien ihre Stosskraft entwickeln, Zürich 2004.

Teufel, P. (2009): Der Prozess der ständigen Verbesserung (Kaizen) und dessen Einführung, in: Bullinger, H.-J. et al. (Hrsg.) (2009): Handbuch Unternehmensorganisation. Strategien, Planung, Umsetzung (VDI-Buch), Berlin et al. 2009, S. 676–695.

Theuvsen, L. (1996): Business Reengineering. Möglichkeiten und Grenzen einer prozeßorientierten Organisationsgestaltung, in: Zeitschrift für betriebswirtschaftliche Forschung (zfbf), 48 (1996) 1, S. 65–82.

Thomas, P.R. (1990): Competitiveness through Total Cycle Time. An Overview for CEOs, New York et al. 1990.

Thomas, P.R. (1991): Getting Competitive. Middle Managers and the Cycle Time Ethic, New York et al. 1991.

Töpfer, A. (Hrsg.) (2004): Six Sigma. Konzeption und Erfolgsbeispiele für praktizierte Null-Fehler-Qualität, 2. Aufl., Berlin 2004.

Töpfer, A. (Hrsg.) (2007): Six Sigma. Konzeption und Erfolgsbeispiele für praktizierte Null-Fehler-Qualität, 4. Aufl., Berlin 2007.

Töpfer, A. (Hrsg.) (2009): Lean Six Sigma. Erfolgreiche Kombination von Lean Management, Six Sigma und Design for Six Sigma, Berlin 2009.

Töpfer, A.; Günther, S. (2009): Design for Six Sigma: Schlanke Produktentwicklung mit dem Ziel wirtschaftlicher Null-Fehler-Qualität in Produktion und Vermarktung, in: Töpfer, A. (Hrsg.): Lean Six Sigma. Erfolgreiche Kombination von Lean Management, Six Sigma und Design for Six Sigma, Berlin 2009, S. 69–96.

Tripp, R. (2010): Kaizen and Six Sigma Together in the Quest for Lean, in: iSixSigma, Methodology, Kaizen, 26 February 2010, unter: http://www.isixsigma.com, Zugriff am 28.02.2010.

Vahs, D. (2012): Organisation. Ein Lehr- und Managementbuch, 8. Aufl., Stuttgart 2012.

Vahs, D.; Weiand, A. (2010): Workbook Change Management. Methoden und Techniken, Stuttgart 2010.

VW (2009): Volkswagen AG: Geschäftsbericht 2008, Wolfsburg 2009.

Wagner, K. W.; Patzak, G. (2007): Performance Excellence. Der Praxisleitfaden zum effektiven Prozessmanagement, München 2007.

Wahren, H. K. (1998): Erfolgsfaktor KVP. Mitarbeiter in Prozesse der kontinuierlichen Verbesserung integrieren, München 1998.

Waxer, C. (2002): Six Sigma Costs And Savings. The financial benefits of implementing Six Sigma at your company can be significant, in: www.iSixSigma.com.

Wildemann, H. (2010): Logistik-Prozeßmanagement. Organisation und Methoden, 5. Aufl., München 2010.

Witt, J.; Witt, T. (2006): Der kontinuierliche Verbesserungsprozess (KVP), 2. Aufl., Frankfurt am Main 2006.

Wolf, O.; Müller, C. (2009): Simulation von Geschäftsprozessen, unter: http://www. wi.uni-potsdam.de, Zugriff am 20.12.2009.

Womack, J. P.; Jones, D. T. (2004): Lean Thinking. Ballast abwerfen, Unternehmensgewinn steigern, Frankfurt am Main 2004.

Womack, J. P.; Jones, D. T.; Roos, D. (1992): Die zweite Revolution in der Automobilindustrie, 7. Aufl., Frankfurt am Main et al. 1992.

Zollondz, H.-D. (2011): Grundlagen Qualitätsmanagement. Einführung in Geschichte, Begriffe, Systeme und Konzepte, 3. Aufl., München 2011.

10 Wie unterstützt die Informationstechnologie (IT) das Geschäftsprozessmanagement?

In diesem Kapitel werden folgende Fragen beantwortet:

- Welchen Einfluss hat die IT auf den Erfolg des Geschäftsprozessmanagements?
- Wo und wie kann die IT das Geschäftsprozessmanagement unterstützen?
- Warum ist die IT-Unterstützung unverzichtbar?
- Welche IT-Tools und IT-Systeme werden wo eingesetzt?
- Welche kritischen Punkte sind bei der IT-Unterstützung zu beachten?
- Welche Notwendigkeiten und Möglichkeiten der engeren Zusammenarbeit zwischen Anwendungsseite (Business-BPM) und IT (IT BPM) gibt es?

10.1 IT-Applikationen

10.1.1 ERP-Systeme

Die Informationstechnologie (IT) hat starken Einfluss auf das Geschäftsprozessmanagement. Sie unterstützt nicht nur den operativen Ablauf der Geschäftsprozesse durch betriebswirtschaftliche Softwaresysteme (IT-Applikationen), sondern liefert auch Tools zur Analyse, Modellierung, Gestaltung, Dokumentation, Automatisierung, Simulation, Messung, Reporting und Optimierung von Geschäftsprozessen.

Bei **IT-Applikationen** handelt es sich um Softwaresysteme, welche die Abwicklung betriebswirtschaftlicher Aufgaben unterstützen bzw. durchführen (vgl. Gadatsch 2012, S. 255 ff.). Die Systeme sind entweder Individualsoftware, Standardanwendungssoftware (Standardsoftware) oder eine Kombination aus beiden. Weitverbreitet sind Standardsoftwaresysteme. Sie führen betriebswirtschaftliche Aufgaben aus, nutzen dabei eine gemeinsame Datenbasis, sind in vielen Organisationen und Branchen anwendbar und lassen sich individuell anpassen. Diese Systeme werden **ERP-Systeme** (ERP = Enterprise Resource Planning) genannt (vgl. Allweyer 2005a, S. 306 ff.; Scheer 2008b; Snabe et al. 2009, S. 67 ff.; 2011, S. 38 ff.;

Gadatsch 2012, S. 261 ff.). Das bekannteste und am häufigsten eingesetzte ERP-System ist SAP R/3 der SAP AG.

Standardsoftware hat die Individualsoftware wegen ihrer hohen Kosten für Entwicklung und Pflege zurückgedrängt. ERP-Systeme sind nicht nur in Großunternehmen, sondern auch in mittleren und kleinen Unternehmen verbreitet. Oft kommen auch spezielle Branchenlösungen zum Einsatz. Die **Vorteile von ERP-Systemen** sind (vgl. Gadatsch 2012, S. 294 ff.):

- integrierte Lösungen,
- Best Practice Transfer,
- Unterstützung durch professionelle Partner.

Den Vorteilen stehen **Nachteile** gegenüber:

- Abhängigkeit von Softwarelieferanten bzw. -dienstleistern,
- Einbuße an Wettbewerbsvorteilen,
- Einbuße an Flexibilität,
- fehlende Kompatibilität mit bestehenden Lösungen,
- neben Kaufpreis unter Umständen hohe Kosten für Anpassungen und Ergänzungen.

Typische **Anwendungsbereiche** von ERP-Systemen sind Materialwirtschaft (Beschaffung, Lagerhaltung, Disposition, Bewertung), Produktion, Finanz- und Rechnungswesen, Controlling, Personalwirtschaft, Entwicklung sowie Verkauf und Marketing (vgl. Eggert/Eisbrenner 2008). Traditionelle ERP-Systeme bestehen aus funktional getrennten Einzelkomponenten und verfügen über eigene Datenbasen. Die Folge sind heterogene Systemlandschaften mit redundanten Anwendungen und Daten. Eine Anpassung dieser Systeme an funktionsüberschreitende Geschäftsprozesse bereitet Schwierigkeiten. Vorteilhaftere Lösungen bieten modernere ERP-Systeme mit integrierten Anwendungen und einer integrierten Datenbasis. Die Daten werden unternehmensweit, redundanzfrei erfasst, gespeichert und verarbeitet.

Ein weiteres wichtiges Kriterium von ERP-Systemen ist die Anpassungsfähigkeit der Standardpakete an vorhandene oder geplante Geschäftsprozesse. Anpassungen sind u.a. erforderlich, weil ERP-Systeme zumeist Aufgaben von Funktionen, aber nicht von Teilprozessen oder Prozessschritten abbilden. Folgende **Anpassungsmöglichkeiten** bestehen (Hesseler/Görtz 2007, S. 223 ff.; Staud 2006, S. 35 ff.; Becker/Mathas/Winkelmann 2009, S. 8 ff.; Kirchmer 2011, S. 39 ff.; Gadatsch 2012, S. 322 ff.):

1. Die von Softwareanbietern empfohlenen Referenzprozesse für das ERP-System werden unverändert übernommen. (Auf die Möglichkeiten und die Problematik der Anwendung von Referenzprozessen bzw. IT-Referenzmodellen geht Kapitel 5.2.2 ein.)
2. Die Referenzprozesse werden durch Customizing bzw. Parametrisierung angepasst. Dabei werden die Anpassungen ohne Programmierung durch die Einstellung von Parametern durchgeführt.
3. An der ERP-Software werden Softwaremodifikationen vorgenommen.
4. Das ERP-System wird durch eigenentwickelte Software ergänzt.

Bei der Übernahme der Referenzprozesse (Möglichkeit 1) passt sich die Organisation den vordefinierten Prozessen des ERP-Systems an. Bei den Anpassungsvarianten 2 bis 4 wird das ERP-System an die Anforderungen der Geschäftsprozesse des Unternehmens angepasst. Die Varianten 3 und 4 erfüllen stärker als Variante 2 die individuellen Anforderungen, sind allerdings mit unter Umständen hohen **Anpassungskosten** verbunden. Die Anpassungen sind nicht nur bei der Erstinstallation, sondern auch bei jeder neuen Softwareversion und bei jeder neuen Geschäftsprozessversion vorzunehmen. Besondere Probleme bereitet die Anpassung bei Geschäftsprozessen, die von Referenzprozessen stark abweichen.

Treiber hoher Anpassungskosten können unzureichende Funktionalität, Prozessorientierung und Flexibilität der Standardsoftware, aber auch mangelhafte Struktur und Intransparenz der Geschäftsprozesse sein. Oft versäumte es die Praxis in der Vergangenheit, zusammen mit ERP-Systemen auch Geschäftsprozesse einzuführen. „Generell waren diejenigen Firmen am wenigsten erfolgreich, die versucht haben, ihre Altprozesse direkt in der neuen Software abzubilden" (Kagermann/Zencke 2005, S. 6). ■

Neben ERP-Systemen sind integrierte Standardsoftwaresysteme verbreitet, die spezifische Aufgaben in der Wertschöpfungskette übernehmen. Hierzu zählen (vgl. Kapitel 1.4.10 bis 1.4.12 und 4.2.2):

- **Customer Relationship Management** (CRM): integrierte Planung, Steuerung und Kontrolle der Kundenbeziehungen; Integration aller kundenbezogenen Prozesse in Marketing, Vertrieb und Service.
- **Supply Chain Management** (SCM): integrierte Planung, Steuerung und Kontrolle der innerbetrieblichen und zwischenbetrieblichen Lieferkette; Integration von Beschaffung, Herstellung und Lieferung von Produkten, Systemen, Anlagen und Dienstleistungen.
- **Product Lifecycle Management** (PLM): integrierte Planung, Steuerung und Kontrolle von Produkten über ihren gesamten Lebenszyklus; Integration von Produktplanung, Produktentwicklung, Produktfertigung, Produktservice bis zur Produktausphasung.

10.1.2 EAI-Plattformen und -Portale

In der Praxis kommen neben ERP-, CRM-, SCM- und PLM-Systemen zusätzliche Applikationen wie eigenentwickelte Software zum Einsatz. Der Datenaustausch zwischen den unterschiedlichen Systemen wird über Electronic-Data-Interchange-Schnittstellen (EDI-Schnittstellen) durchgeführt. Hierfür ist zusätzliche Software für die Interpretation und Kommunikation der Daten erforderlich.

Flexiblere und kostengünstigere Lösungen bieten **Enterprise-Application-Integration-Systeme (EAI-Systeme)** bzw. **EAI-Plattformen**. Sie sind in der Lage, verschiedene Anwendungssysteme auf Applikationsebene miteinander zu verbinden. „Derartige Plattformen bieten die ideale Möglichkeit zur Standardisierung und Harmonisierung von Schnittstellen sowie für die Verteilung und Verfolgung von Informationen über Applikationsgrenzen hinweg" (Molter 2005, S. 154; vgl. auch Alt 2008, S. 197 ff.). Das **EAI-Portal** stellt eine gemeinsame Benutzeroberfläche bereit, über die flexibel auf die einzelnen Anwendungen zugegriffen werden kann.

Daten, die in einem Anwendungssystem anfallen, werden je nach Anforderung automatisch an andere Anwendungssysteme weitergeleitet. Die Datenadministration in jedem einzelnen Anwendungssystem entfällt. Für die Datentransformation der unterschiedlichen Datenstrukturen in den jeweiligen Anwendungen hat sich ein standardisiertes Datenformat durchgesetzt, die **eXtensible Markup Language (XML)** (vgl. Freund/Götzer 2008, S. 78 ff.; Alt 2008, S. 203 ff.). XML wird auch für den plattform- und implementationsunabhängigen Austausch von Daten im Rahmen von SOA verbreitet eingesetzt (vgl. Kapitel 10.4). Das EAI-Portal bündelt die Anwendungen in einer gemeinsamen Benutzeroberfläche. Voraussetzung für den integrierten Ablauf ist, dass jede Applikation die Schnittstelle der EAI-Plattform bedient.

Über EAI können nicht nur unternehmensintern, sondern auch unternehmensübergreifend verschiedene Applikationen miteinander verbunden werden. „Ist eine EAI-Plattform unternehmensintern erfolgreich mit branchenrelevanten Standards umgesetzt, so ist auch die Integration über Unternehmensgrenzen hinweg zu Dienstleistern und Kunden stark vereinfacht" (Molter 2005, S. 154; vgl. auch Alt 2008, S. 200). Um externe Partner in ein dynamisches Wertschöpfungsnetzwerk einzubeziehen und eine unternehmensübergreifende Kollaboration zu ermöglichen, bedarf es einer Erweiterung der Softwarearchitektur, die als ERP II bezeichnet wird.

EAI-Plattformen sind ein wichtiger Schritt zur Integration, Standardisierung und Harmonisierung von Applikationen. Sie sind jedoch nicht in der Lage, die kostentreibende Systemvielfalt und Komplexität der Applikationslandschaft zu reduzieren und zu konsolidieren. Erst wenn dieses gelingt, können die Forderungen nach höherer IT-Flexibilität (z. B. schnellere Umsetzung der Anforderungen der Fachbereiche) und zugleich niedrigeren IT-Kosten (z. B. IT-Infrastruktur-, SW-Beschaffungs-, SW-Wartungs-, SW-Anpassungs-, SW-Schulungskosten) erfüllt werden. Möglichkeiten dazu bieten Prozessportale, Prozessplattformen sowie Business-Process-Management-Systeme (BPM-Systeme) in Verbindung mit Web Services und serviceorientierter Architektur (SOA) (vgl. Kapitel 10.3 bis 10.7).

10.2 BPM-Tools

10.2.1 Überblick

Die IT unterstützt den gesamten **Prozesslebenszyklus** (Business Process Lifecycle) mit Werkzeugen, der aus den Phasen Design, Modeling, Execution, Monitoring und Optimization besteht (siehe Abbildung 10.1; vgl. Weske 2007, S. 11 ff.; EABPM 2009, S. 43 f.; Scheer/Brabänder 2010, S. 241 f.).

Die in den Lebenszyklusphasen eingesetzten Werkzeuge werden zumeist **BPM-Tools** (BPM = Business Process Management) genannt. BPM-Tools und ihre Integration in BPM-Systeme decken entweder ausschnittsweise oder vollständig die Phasen des Prozesslebenszyklus ab.

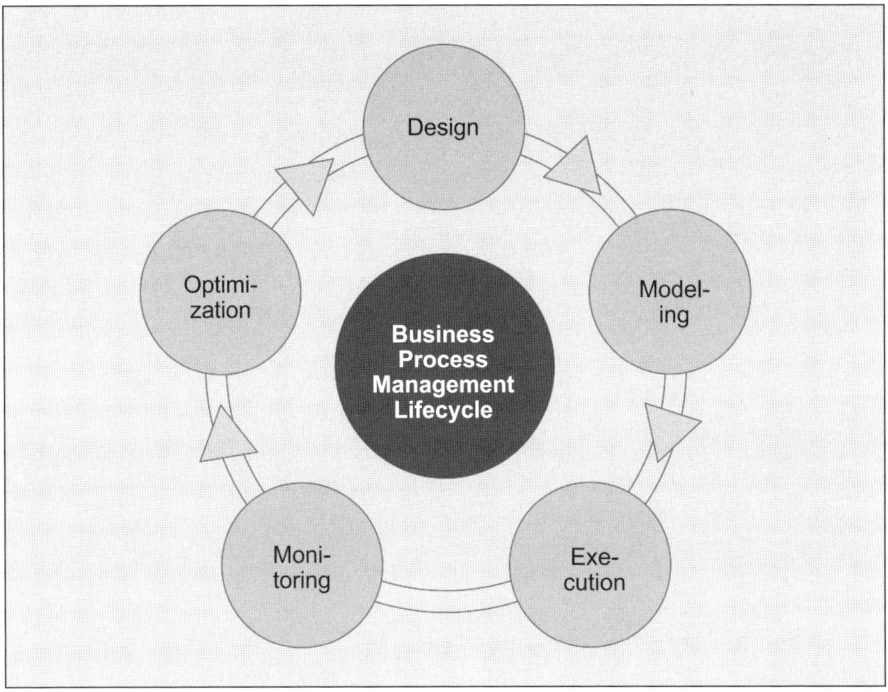

Abb. 10.1 Business Process Lifecycle

Das Fraunhofer-Institut IAO unterscheidet drei Gruppen von BPM-Tools (siehe Abbildung 10.2):

- Modellierung/Dokumentation,
- Analyse/Simulation,
- Monitoring/Automatisierung.

Unterstützt werden diese Gruppen durch die Funktionen Ausgabe/Publishing und Verwaltung/Ablage.

In Kapitel 1.3.1 wurde bereits zwischen Business-BPM und IT-BPM unterschieden. **Business-BPM** umfasst das fachliche bzw. betriebswirtschaftliche Geschäftsprozessmanagement und **IT-BPM** die technischen Lösungen (z.B. Applikationen, BPM-Tools und -Systeme) zur Unterstützung des Business-BPM. Abbildung 10.3 zeigt die Verbindung der BPM-Tools (IT-BPM) mit den Aufgaben des Geschäftsprozessmanagements (Business-BPM). Auf der obersten Ebene werden Prozessstrategie und IT-Strategie aus der Geschäftsstrategie abgeleitet. Auf der zweiten Ebene erfolgen die Top-down-Identifizierung der Geschäftsprozesse aus der Geschäftsstrategie und dem Geschäftsmodell, die Definition des Prozessmodells sowie die Gestaltung und Beschreibung der Geschäftsprozesse. Inhalte der dritten Ebene sind Gestaltung und Implementierung von Prozessführung, -organisation und -controlling. Ebene vier umfasst die laufende Ausführung und Optimierung der Geschäftsprozesse. Die Schwerpunkte der IT-Unterstützung liegen heute auf der Ebene zwei (BPM-Tools für Modellierung und Dokumentation) und auf Ebene vier (BPM-Tools für Automatisierung und Monitoring).

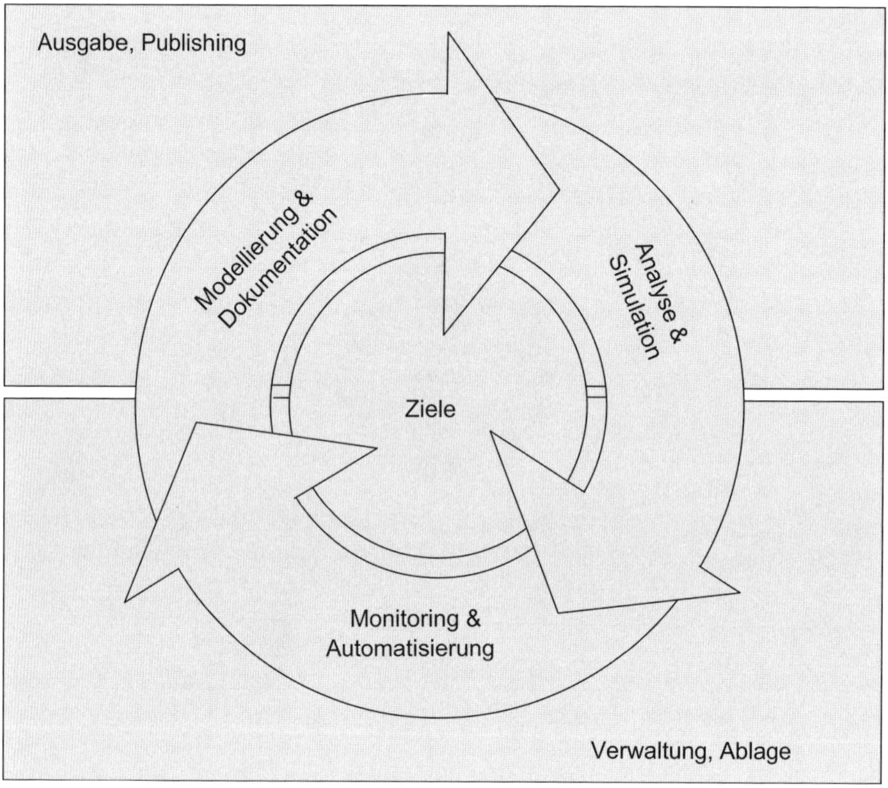

Abb. 10.2 Einsatzbereiche von BPM-Tools (vgl. Fraunhofer IAO 2011, S. 8)

Einen Überblick über BPM-Tools/-Systeme geben folgende Marktstudien:

- Böhn: Prozessmodellierungswerkzeuge (vgl. Böhn/Burkhardt/Gantner 2010).
- Fraunhofer IAO: Business Process Modeling 2010. Acht Werkzeuge zur Modellierung von ausführbaren Geschäftsprozessen (vgl. Fraunhofer IAO 2010).
- Fraunhofer IAO: Business Process Management Tools 2011 (vgl. Fraunhofer IAO 2011).
- Binner/Schnägelberger: Prozessmanagement-Tools (vgl. Binner/Schnägelberger 2011).

Auf dem deutschsprachigen Markt werden heute weit über 100 BPM-Tools/-Systeme angeboten. Abbildung 10.4 zeigt den Verbreitungsgrad bekannter BPM-Tools/-Systeme.

Hinweise auf die **Einsatzschwerpunkte** der BPM-Tools/-Systeme gibt Abbildung 10.5 (vgl. auch Minone 2011, S. 40ff.). Die vorderen Plätze nehmen mit großem Abstand fachliche Prozessmodellierung und Prozesspublikation ein. Oft geben sich Organisationen mit diesen Anwendungen zufrieden, ohne das eigentliche Ziel des Geschäftsprozessmanagements weiterzuverfolgen, die Geschäftsprozesse laufend zu verbessern und zu optimieren. ■

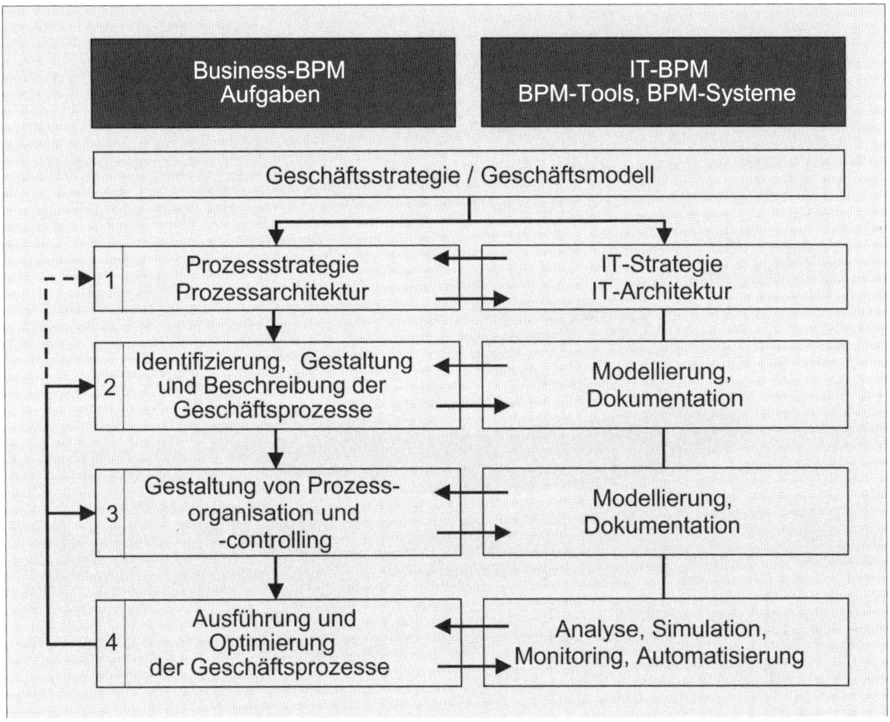

Abb. 10.3 Unterstützung des Geschäftsprozessmanagements durch BPM-Tools und -Systeme

BPM-Tools werden in Unternehmen aller Größenordnungen eingesetzt. Kleinere Unternehmen bevorzugen einfache Tools, z.B. für die Prozessvisualisierung. In großen Unternehmen kommen komplexere BPM-Tools bzw. BPM-Systeme mit umfangreichen Funktionalitäten zum Einsatz.

Der Markt für BPM-Tools/-Systeme ist heterogen. Es ist nicht einfach, auf dem unübersichtlichen Markt das Tool auszuwählen, das den eigenen Anforderungen am besten gerecht wird. Deshalb ist auf eine systematische **Auswahl von BPM-Tools/-Systemen** Wert zu legen (vgl. Freund/Götzer 2008, S. 181 ff.; Becker et al. 2009, S. 7 ff.; Davies/Reeves 2010, S. 339 ff.; Knuppertz/Feddern 2011, S. 254 ff.; Gadatsch 2012, S. 106 ff.; Kapitel 14). Der Auswahlprozess durchläuft mehrere Phasen:

- Bedarfsermittlung
  - Festlegung der Anwendungsfelder und Einsatzziele,
  - Erstellung eines Kriterienkatalogs.
- Vorauswahl
  - Sichtung des Anbietermarktes über Studien, Veranstaltungen, Internet,
  - Ausschreibungen mit Anforderungskatalog,
  - Auswahl von ca. fünf Anbietern.

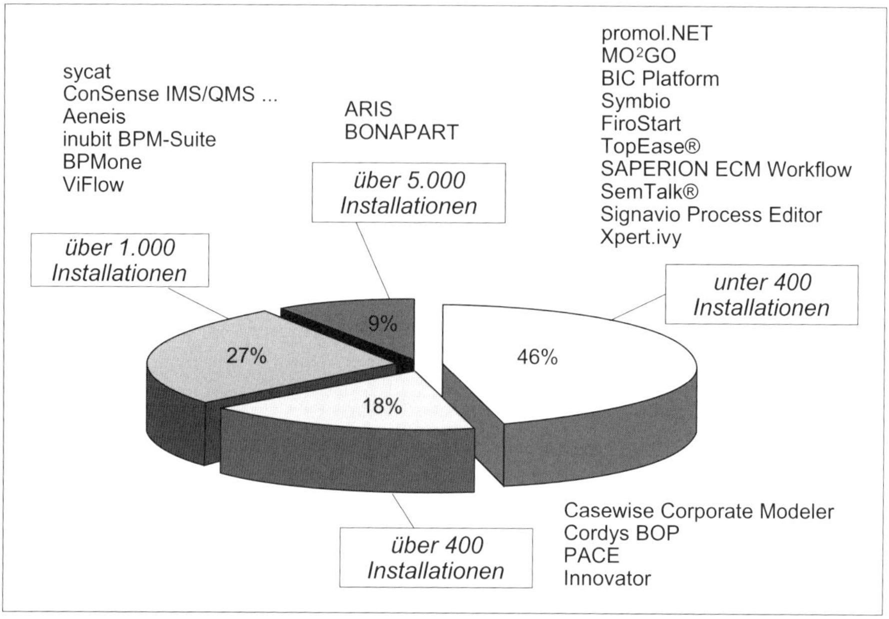

Abb. 10.4 Einsatzhäufigkeit von BPM-Tools/-Systemen im deutschsprachigen Raum (vgl. Fraunhofer IAO 2011, S. 28)3

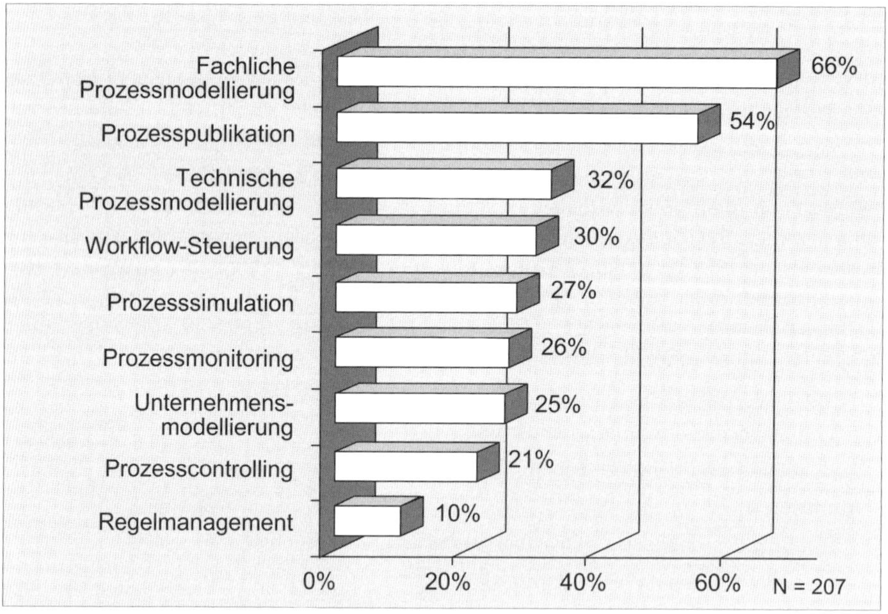

Abb. 10.5 Einsatzbereiche der BPM-Tools (vgl. BPM&O 2011, S. 21)

- Evaluierung
  - Prüfung der Angebote anhand des Kriterienkatalogs und mithilfe einer Testversion,
  - Test eines anwendungsspezifischen Prototyps.
- Entscheidung.

Vor Beginn des Auswahlprozesses sollte Klarheit über den Einsatzzweck der BPM-Tools/-Systeme sowie die geforderten (heutigen sowie zukünftigen) Funktionalitäten bestehen. Wichtig ist auch, einen **Kriterienkatalog für die Bewertung der BPM-Tools/-Systeme** zu erstellen (vgl. Jeston/Nelis 2008, S. 425 ff.; Schmietendorf 2008; Fraunhofer ISST 2009, S. 9 ff.). Nüttgens empfiehlt folgende Evaluationskriterien, die mit einer Vielzahl von Unterkriterien detailliert sind (vgl. Nüttgens 2008, S. 26 ff.):

- Produkt- und Preismodell,
- Hersteller und Kundenbasis,
- Technologie und Schnittstellen,
- Methodik und Modellierung,
- Anwendung und Integration.

Bei den Kriterien spielen nicht zuletzt die **Kosten der BPM-Tools/-Systeme** eine wichtige Rolle. Sie beziehen sich auf Anschaffungskosten (Kaufpreis, Auswahl, Adaption, Rollout, Einarbeitung, Schulung, Consulting) und Betriebskosten (Systempflege, Updates, Wartung, Administration, Aktualisierung).

Die IT zeichnet sich durch große Dynamik aus. Notwendig ist deshalb, die IT-Entwicklungen und ihre Auswirkungen auf das Geschäftsprozessmanagement aufmerksam zu beobachten. Hierbei können IT-Assessment, IT-Roadmap oder BPM Application Wheel und Technology Wheel methodische Hilfe geben. Sie zeigen Entwicklungsstand und technologische Trends von BPM-Tools und -Systemen auf (Brecht 2002, S. 416 ff.; Scheer 2008a). Über diese Informationen besteht die Möglichkeit, neue oder verbesserte Anwendungsmöglichkeiten der IT frühzeitig zu erkennen und zu berücksichtigen.

10.2.2 Prozessmodellierung

10.2.2.1 Modellierungssprachen und -werkzeuge

Einen Schwerpunkt von BPM-Tools bildet die **Prozessmodellierung** (vgl. EABPM 2009, S. 56 ff.; Slama/Nelius 2011, S. 81 ff.; Gadatsch 2012, S. 57 ff.). Im engeren Sinne wird darunter die vollständige, formale, präzise und konsistente Beschreibung von Geschäftsprozessen verstanden. Die Prozessmodellierung ist vor allem dann notwendig, wenn Aufgaben im Geschäftsprozessmanagement mit Unterstützung der IT ausgeführt werden. Der **Nutzen** der Prozessmodellierung liegt in der:

- Schaffung von Transparenz über die betrieblichen Abläufe,
- Förderung des Prozessverständnisses und der Kommunikation über Geschäftsprozesse,
- eindeutigen und vollständigen Dokumentation der Geschäftsprozesse. Diese ist Voraussetzung für:
  - Automatisierung von Geschäftsprozessen,
  - Simulation von Geschäftsprozessen,

- Analyse, Messung und Optimierung von Geschäftsprozessen,
- Auditierung und Zertifizierung von Geschäftsprozessen,
- Process Governance,
- Risiko- und Compliance-Management in Geschäftsprozessen,
- Auswahl und Implementierung von IT-Applikationen,
- Training und Erfahrungsaustausch.

Abbildung 10.6 zeigt die Verbreitung von Darstellungsmethoden bzw. Notationen im deutschsprachigen Europa.[1] Zur weltweiten Verbreitung macht der BPTrends-Report 2012 folgende Angaben: Grafiktools 71 %, BPMN 60 %, UML 14 % und EPK 14 % (vgl. BPTrends 2012a, S. 34 ff.).

Nach Abbildung 10.6 werden **Flussdiagramme** am häufigsten angewendet. Flussdiagramme zeichnen sich durch hohe Verständlichkeit und Aussagefähigkeit aus (vgl. Wilhelm 2007, S. 44 ff. und 226 ff.; EABPM 2009, S. 61 ff.; Klimmer 2012, S. 159 ff.). Für eine genaue Darstellung von Prozessen mit allen relevanten Aspekten reichen Flussdiagramme ebenso wie textuelle oder tabellarische Prozessbeschreibungen und Visualisierungen des Prozessablaufs jedoch nicht aus.

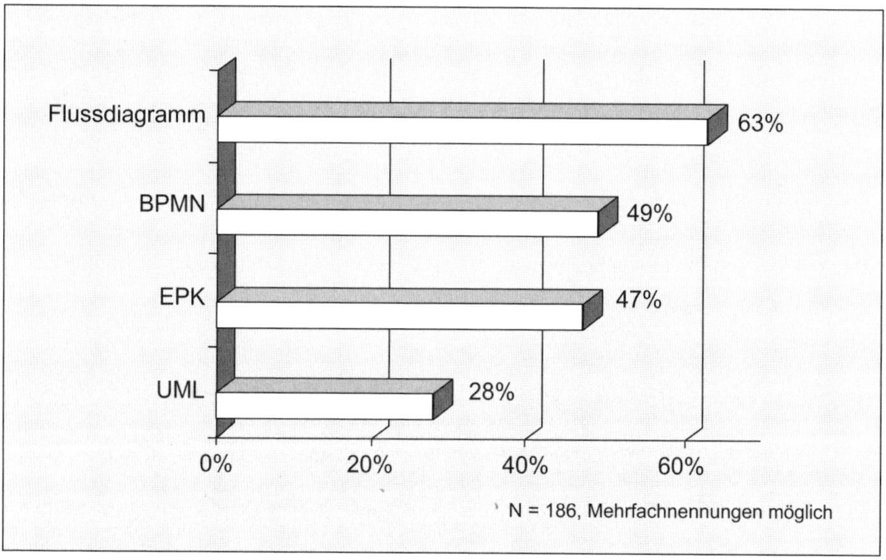

Abb. 10.6 Verbreitung von Methoden zur Prozessdarstellung und -modellierung im deutschsprachigen Europa (vgl. Minone 2011, S. 30)

Prozesse, die automatisch oder mit Unterstützung der IT ausgeführt werden, erfordern eine Modellierung auf Basis formaler bzw. semiformaler Modellierungssprachen. Formale Modellierungssprachen verwenden bestimmte **Notationen**. Jede Notation umfasst Symbole und Syntaxregeln, mit denen Prozesse beschrieben und grafisch dargestellt werden. Notationen sollen eine formale, einheitliche, vollständige, präzise, konsistente und gut verständliche

[1] Eine ausführliche Übersicht über Darstellungsmethoden bzw. Notationen von Prozessen enthält u. a.: Gadatsch 2012, S. 63 ff.

Beschreibung und Darstellung von Geschäftsprozessen gewährleisten. Sie beinhaltet u. a. die Beschreibung von IT-relevanten **Sichten von Prozessen**, wie z. B. (vgl. Allweyer 2005a, S. 140 ff.; Fraunhofer IAO 2011, S. 51 ff.; Fischermanns 2012, S. 288 ff.: Gadatsch 2012, S. 61 ff. und 118 ff.):

- Prozesssicht: sachlogische und zeitliche Abfolge der Prozessaktivitäten.
- Ergebnis-/Leistungssicht: die zu erstellenden Prozessergebnisse.
- Organisationssicht: beteiligte Organisationseinheiten und Rollen.
- Ressourcensicht: benutzte/benötigte Ressourcen.
- Daten- und Informationssicht: verarbeitete und erzeugte Daten, Informationen, Dateien, Dokumente.
- Business-Rules-Sicht: die zu berücksichtigenden Geschäftsregeln.
- Kontrollfluss: Beziehungen zwischen den Sichten, z. B. zwischen Prozessaktivitäten, Ressourcen, Organisationseinheiten und Daten.

Die bekanntesten Notationen sind:

- **BPMN – Business Process Modeling Notation**
  - Formale Modellierungssprache.
  - Wurde 2001 von Stephen A. White (IBM) entwickelt, 2004 von der Business Process Management Initiative (BPMI) übernommen und wird seit 2005 von der Object Management Group (OMG) gepflegt und weiterentwickelt.
  - Kann fachliche und technische Prozessmodelle abbilden.
  - Ist durch Swimlane-Darstellung gut verständlich und anschaulich.
  - BPMN-Prozessmodelle können in XML-basierte Sprachen wie BPEL (BPEL = Business Process Execution Language) übersetzt und in Process Engines ausgeführt werden.
  - BPMN-Prozessmodelle erfüllen die Anforderungen der Prozessausführung mit Workflow-Management-Systemen oder BPM-Systemen.
  - Seit 2006 OMG-Standard. Im Februar 2011 wurde Version 2.0 freigegeben.
- **EPK – Ereignisgesteuerte Prozesskette**
  - Semiformale Modellierungssprache.
  - Wurde 1992 unter Leitung von Prof. Scheer an der Universität des Saarlandes entwickelt.
  - Ist zentrale Komponente des ARIS-Konzepts und des SAP-R/3-Systems.
  - In der Praxis zur Erstellung fachlicher Prozessmodelle weitverbreitet.
  - Verfügt über eine umfangreiche Toolunterstützung.
  - Ist Bestandteil einer Reihe von Referenzmodellen.
  - Kein Standard.
- **UML – Unified Modeling Language**
  - Formale Modellierungssprache.
  - Wird von der OMG entwickelt.
  - Schwerpunktanwendungen sind Entwurf, Spezifikation und Dokumentation von Software.
  - Heute dominierende Sprache für die Softwaresystemmodellierung.

- Hohe Komplexität.
- Ist ein OMG-Standard und ISO-Standard (ISO/IEC 19505).

Bei den Notationen hat **BPMN in kurzer Zeit weltweit den ersten Platz** eingenommen (vgl. BPTrends 2011b, S. 19f.; BPTrends 2012a, S. 34f.). „Mit BPMN (Business Process Modeling Notation) scheint sich nun erstmals ein Standard für die Prozessmodellierung auf breiter Basis durchzusetzen“ (Allweyer 2009, S. 9). Die meisten Anbieter von BPM-Plattformen übernehmen BPMN als Standard ihrer Modellierungstools. BPMN löst zunehmend die Notation EPK ab. „Weil die EPK jedoch für eine Prozessmodellierung im Kontext der Prozessautomatisierung vergleichsweise ungeeignet ist, sollte man sie für moderne BPM-Projekte nicht mehr in Erwägung ziehen“ (Freund/Rücker 2012, S. 109). Die Transformation von EPK-Prozessmodellen in BPMN-Prozessmodelle ist möglich (vgl. Slama/Nelius 2011, S. 91; Freund/Rücker 2012, S. 108ff.; Gadatsch 2012, S. 89).

Die Prozessmodellierung mit einer Notation erfordert einen deutlich höheren Aufwand als textliche, tabellarische oder einfache grafische Darstellungen von Prozessen. Deswegen sollten Ziele, Zweck und Grundsätze der Prozessmodellierung vor Beginn geklärt sein. „Oftmals werden mit großem Aufwand sehr umfangreiche Modelle erstellt, ohne dass diese anschließend tatsächlich für die Umsetzung von Prozessverbesserungen oder die automatische Prozessunterstützung mittels Informationssystemen genutzt werden“ (Allweyer 2005a, S. 139; vgl. auch Snabe et al. 2009, S. 343; Becker et al. 2009, S. 35 ff.). ■

Bei der **Auswahl von Notationen** sind folgende Kriterien zu beachten (vgl. Allweyer 2005c, S. 179ff.; Bergsmann 2012, S. 102f.):

- Einsatzzweck: Eignung der Notation für Einsatzzweck, wie z.B. Einführung Standardsoftware, Softwareentwicklung, Zielplattform.
- Mächtigkeit: z.B. Art und Anzahl der in der Notation berücksichtigten Prozesssichten.
- Integration: z.B. Integration der Prozesssichten oder Integration der Notation mit anderen Notationen.
- Modellierungs- bzw. Entwicklungstool: Diese unterstützen häufig nur eine bestimmte Notation. Mit der Auswahl des Tools ist die Entscheidung über die Notation verbunden.
- Standard: Ein Auswahlkriterium ist, ob die Notation standardisiert ist und wie hoch die Akzeptanz und Verbreitung des Standards sind.
- Referenzmodell: Wenn Referenzmodelle eine bestimmte Notation nutzen, ist mit der Auswahl des Referenzmodells auch die Entscheidung über die Notation verbunden.
- Kenntnisse, Erfahrungen, Präferenzen der Mitarbeiter bezogen auf bestimmte Notationen.
- Verständlichkeit: Je nach Notation haben Nichtexperten oft Probleme, die Modellierungsergebnisse zu verstehen. Daraus können Widerstände gegen eine bestimmte Notation erwachsen, die sich auch gegen das Prozessmanagement wenden können.

Das **subjektorientierte Prozessmanagement** verwendet die natürliche Sprache zur Beschreibung und Modellierung von Geschäftsprozessen. „Mit einer durch ein präzises logisches Modell definierten Semantik und den an der natürlichen Sprache orientierten Strukturen können alle Geschäftsprozesse beschrieben, modelliert, validiert und auch optimiert werden. Damit steigt die Prozessakzeptanz und Motivation der Mitarbeiterinnen und Mitarbeiter, da ihr Wissen in die Gestaltung von Arbeitsabläufen unmittelbar einfließt, und die Prozesse ohne weitere Transformation ausführbar und somit direkt erfahrbar sind" (Fleischmann et al. 2011, rückseitiger Klappentext). Das Konzept umfasst Rollen im Prozessmanagement, Vorgehensmodell, Prozessanalyse, -controlling, -optimierung sowie die IT-Implementierung. „SBPM [= subjektorientiertes Prozessmanagement, d. Verf.] hat zweifellos eine Reihe von Vorteilen. Die Forderung, den Menschen stärker in den Mittelpunkt des Prozessmanagements zu rücken, lässt sich nur unterstützen. Dennoch wird nicht erkennbar, wodurch SBPM die bisher im Prozessmanagement vorhandenen Defizite grundlegend beheben könnte" (Allweyer 2011b). Es bleibt abzuwarten, wie der Ansatz von der Praxis aufgenommen wird und wie er sich durchsetzt.

Die Anwendung von Notationen erfordert die Festlegung von **Modellierungskonventionen** (vgl. Kapitel 12.6.5). Diese beschreiben, wie bei der Modellierung vorzugehen ist (z.B. Namenskonventionen, Modellierungsebenen, Definition von Modellattributen, Definition von Objektattributen, Layoutfestlegungen, Verfahrensanweisungen, Detaillierungsgrad) und welche Grundsätze ordnungsmäßiger Modellierung (Richtigkeit, Relevanz, Wirtschaftlichkeit, Klarheit, Vergleichbarkeit, systematischer Aufbau) zu beachten sind (vgl. Becker/Rosemann/Schütte 1995, S. 435 ff.; Freund/Rücker 2012, S. 261 ff.). „Modellierungskonventionen sollen eine einheitliche Verwendung der herangezogenen Modellierungstechniken seitens der Modellierer gewährleisten und durch Reduktion der möglichen Varietät in der Modellausgestaltung die Modellqualität erhöhen" (Rosemann/Schwegmann/Delfmann 2008, S. 76). Durch die Einschränkung der Freiheitsgrade werden Inkonsistenzen reduziert, die Vergleichbarkeit der Modellierungsergebnisse wird erhöht und modellübergreifende Analysen werden erleichtert. Zudem wird die Modellierung beschleunigt und die Anzahl nachträglicher Modellanpassungen vermindert. Beim Einsatz verschiedener Notationen geben die Konventionen vor, an welchen Stellen welche Notation anzuwenden und wie der Transfer von Inhalten zwischen den Notationen vorzunehmen ist.

Zur Erstellung und Verwaltung von Prozessmodellen mithilfe von Notationen werden **Modellierungswerkzeuge** eingesetzt. „Das geeignete Modellierungstool zu finden ist keine einfache Aufgabe. Die verfügbaren Tools unterscheiden sich hinsichtlich Herkunft und Einsatzschwerpunkt deutlich" (Allweyer 2008). Die Auswahl hängt besonders von der Abbildung der gewünschten Notation in dem Werkzeug und von den spezifischen Einsatzanforderungen ab (vgl. Freund/Rücker 2012, S. 270 f.; Gadatsch 2012, S. 106 ff.).

International führende BPM-Tools, die ihren Schwerpunkt auf die Modellierung legen, sind (vgl. Fraunhofer IAO 2011, S. 19 f. und 43 ff.; vgl. auch Eggert/Meier 2009; Gadatsch 2012, S. 105 ff.):

- ARIS — Software AG (früher IDS Scheer)
- ProVision — Metastorm
- Mega Suite — Mega
- Enterprise Modeler — iGrafx
- System Architect — Telelogic
- WebSphere Business Modeler — IBM
- Visio — Microsoft

Der Einsatz von Modellierungswerkzeugen setzt eine Vorbereitungsphase voraus, in der die Modellierungsnotation festgelegt, das Modellierungswerkzeug ausgewählt, Modellierungskonventionen spezifiziert und das ausgewählte Modellierungswerkzeug angepasst und gegebenenfalls erweitert wird (vgl. Rosemann/Schwegmann/Delfmann 2008, S. 45 ff.; vgl. Kapitel 10.2.1).

10.2.2.2 Fachliche und technische Prozessmodellierung

Bei der Prozessmodellierung wird zwischen fachlichen (betriebswirtschaftlichen) und technischen Prozessmodellen unterschieden (siehe Abbildung 10.7). **Fachliche Prozessmodelle**, auch Fachkonzepte genannt, beschreiben Prozessabläufe und -elemente aus Anwendungssicht, wie z. B. Prozessaktivitäten, Ablaufstruktur, Prozessergebnisse, Geschäftsregeln, Daten, Dokumente, Rollen, beteiligte Organisationseinheiten und Prozessressourcen. Sie stellen das betriebswirtschaftliche Anwendungskonzept formal dar. Die Umsetzung des fachlichen Prozessmodells in einen ausführbaren Prozess setzt ein technisches Prozessmodell (DV-Konzept) voraus. **Technische Prozessmodelle** enthalten die zur IT-Unterstützung der Prozessabläufe notwendigen Detailinformationen, wie z. B. Dienste, Eingabe- und Ausgabedaten und Schnittstellen.

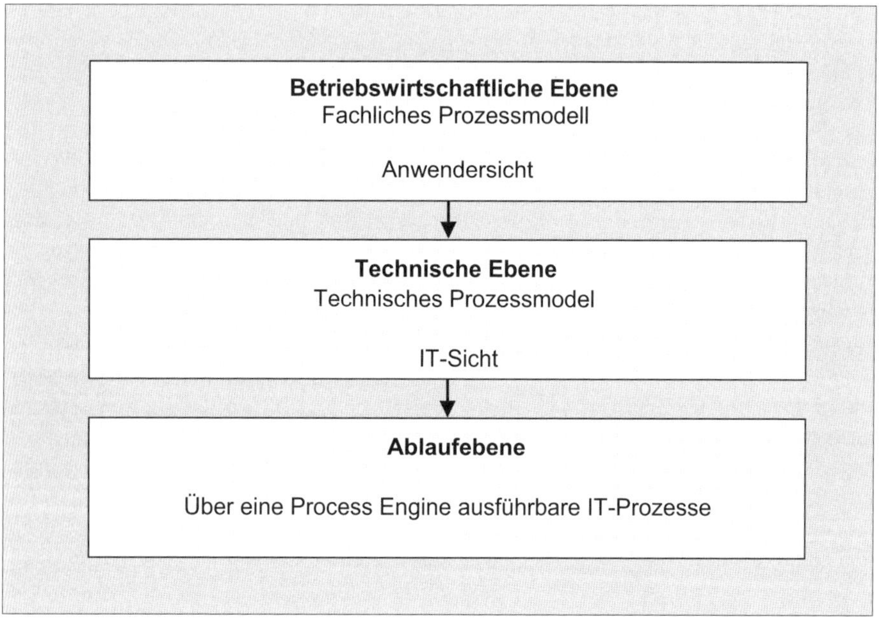

Abb. 10.7 Modellierungsebenen

Die **direkte Ausführung** des technischen Prozessmodells kann über Process Engines von Workflow-Management-Systemen oder BPM-Systeme erfolgen. So kann z. B. ein mit BPMN erstelltes technisches Prozessmodell in BPEL übersetzt und dann direkt in Process Engines ausgeführt werden (vgl. Allweyer 2005a, S. 148 ff.: Stähler et al. 2009; S. 137 ff.; Becker et al. 2009, S. 8 ff.; Allweyer 2011a, S. 220 ff.; Freund/Rücker 2012, S. 14 ff.). Die direkte Ausführung erfordert eine exakte und detaillierte technische Prozessmodellierung (vgl. Freund/Rücker 2012, S. 185 ff.). Daneben gibt es weitere Wege der Überführung von fachlichen bzw. technischen Prozessmodellen in ausführbare Software (vgl. Allweyer 2005c, S. 176 ff.):

- Customizing von Standardsoftware mithilfe von Parametern,
- Ableitung von Geschäftsregeln und Ausführung durch eine Business Rules Engine,
- Generierung der IT-Applikation aus einem plattformunabhängigen oder plattformabhängigen Modell (Model Driven Architecture = MDA),
- Entwicklung individueller Anwendersoftware.

Zwischen fachlichen und technischen Prozessmodellen sowie deren Überführung in ausführbare Prozesse bestehen enge Abhängigkeiten. Änderungen an einem Modell erfordern jeweils Änderungen an dem anderen Modell. „In der Praxis führt dies meist dazu, dass in den Modellen mit der Zeit immer mehr Unterschiede zwischen den beiden Modellebenen entstehen – die fachliche Sicht und die technische Sicht auf die Prozesse weichen zunehmend voneinander ab" (Fraunhofer IAO 2010, S. 11).

Die Idealvorstellung ist, automatisch aus fachlichen Prozessmodellen ausführbare Prozesse zu generieren. „Falls diese gelänge, so könnten Fachabteilungen die IT-Implementierung ihrer Prozesse selbst durchführen. [...] Jede fachliche Veränderung würde automatisch die Software anpassen, fachliches Modell und Implementierung wären immer synchron" (Allweyer 2011a, S. 220).

Die direkte Ausführung fachlicher Prozessmodelle hat große wirtschaftliche Bedeutung, da Änderungen in den Geschäftsprozessen häufig auftreten. Unternehmen, die in der Lage sind, Anforderungen an Geschäftsprozesse schnell in ausführbare Software umzusetzen, haben Wettbewerbsvorteile. Sie können schneller auf Änderungen (z. B. Markt-, Kundenbedarfs-, Produktprogrammänderungen) reagieren, von denen die Geschäftsprozesse betroffen sind. ■

Einen Schritt in Richtung des Ideals geht die Modellierungssprache BPMN. Wie bereits erwähnt ermöglicht es BPMN grundsätzlich, aus fachlichen BPMN-Prozessmodellen BPEL-Code zu generieren, der durch eine Process Engine ausführbar ist. In der Praxis kann jedoch nicht ohne Weiteres auf die Trennung von fachlichen und technischen Prozessmodellen verzichtet werden, da beide unterschiedliche Adressaten mit unterschiedlichen Zielsetzungen und Ansprüchen an die Modellierung haben. Die zunehmende Akzeptanz von BPMN bei Anwendern und der IT bedeutet deshalb nicht, „dass ein mit BPMN erstelltes Modell die fachliche Sicht und die IT-Sicht in gleichem Maße abdecken kann" (Allweyer 2011a, S. 227; vgl. auch Fraunhofer IAO 2010, S. 225; Freund/Rücker 2012, S. 11 f.).

Bei der Transformation von fachlichen Prozessmodellen über technische Prozessmodelle zu ausführbaren Prozessen handelt es sich nicht nur um ein technisches, sondern auch um ein **semantisches Problem**. Denkweisen und Sprache von betriebswirtschaftlichen Anwendern und IT-Spezialisten divergieren. Sachverhalte werden unterschiedlich verstanden und interpretiert. Auch verfolgen beide Seiten unterschiedliche Ziele. „Stabilität, Beherrschbarkeit, geringer Wartungsaufwand treiben die Techniker, schnelle Reaktion auf Marktanforderungen und Flexibilität sind elementar für den Erfolg der Fachseite" (Jost/Wagner 2005, S. 21; vgl. auch Allweyer 2005c, S. 174 f.). Die Verständnis- und Kommunikationsprobleme sind nur über einen engen Dialog zwischen Anwendern und IT zu lösen. Hilfestellung können dabei die Darstellung verschiedener Prozesssichten bei der Prozessmodellierung sowie die in einem Process Repository abrufbaren Prozessparameter und das dort abrufbare Prozesswissen geben (vgl. Kapitel 10.7.3).

10.2.3 Prozessautomatisierung

Für die Prozessautomatisierung werden Workflow-Management-Systeme eingesetzt. Dabei handelt es sich um anwendungsunabhängige Softwaresysteme. Eine Übersicht enthält Fraunhofer IAO 2011, S. 140 ff.

Workflows bestehen aus formal beschriebenen Arbeitsanweisungen, die sich auf die operative Durchführungsebene (Arbeitsschritte, Aktivitäten) von Geschäftsprozessen beziehen (vgl. Gadatsch 2012, S. 40 ff.). Die Modellierung, Ausführung und das Monitoring der Workflows übernehmen **Workflow-Management-Systeme**. Sie veranlassen, koordinieren, steuern und führen Vorgänge aus. Dabei stoßen sie Arbeitsschritte bzw. Aktivitäten an, stellen die notwendigen Daten bereit, prüfen die Ergebnisse, reichen sie weiter und überwachen den Ablauf.

Die Automatisierung umfasst nicht zwangsläufig alle Arbeitsschritte eines Prozesses oder Prozessabschnitts. Oft ist der Mensch in den Automatisierungsprozess eingebunden und erhält vom System Anweisungen sowie Informationen zur Durchführung von Prozessaufgaben. Bei einer Beteiligung von Mitarbeitern an Automatisierungsprozessen wird von **Human Workflow Management** gesprochen. ■

Die Aufgabenzuweisung, -koordination und -kontrolle übernimmt in teil- oder voll automatisierten Prozessen eine Process Engine. Sie ist für die Gesamtsteuerung verantwortlich. Process Engines können selbst entwickelt, gekauft oder geleast werden. Eine Eigenentwicklung scheidet zumeist wegen des hohen Aufwands aus. Zum Teil verfügen BPM-Tools über Process Engines oder bieten Schnittstellen zu Workflow-Management-Systemen an. Process Engines werden auch von externen Dienstleistern über Server bereitgestellt (Process as a Service = PaaS).

Günstige **Voraussetzungen für die Prozessautomatisierung** bieten Prozesse bzw. Prozessschritte, die

- stark strukturiert sind,
- sich häufig wiederholen,
- ein hohes Volumen an (informationslastigen) Transaktionen aufweisen,
- nach einem festen Muster ablaufen,
- aus automatisierbaren Aufgaben bestehen,
- kostenintensiv und zeitkritisch sind.

Die **Vorteile** von Workflow-Management-Systemen sind höhere Prozessqualität, kürzere Prozesszeiten, weniger Medienbrüche und höhere Datenkonsistenz. Mithilfe der Prozessautomatisierung lassen sich erhebliche Effizienzsteigerungen erreichen. Voraussetzung ist allerdings, dass gleichzeitig alle anderen Hebel der Effizienzsteigerungen, insbesondere die der kontinuierlichen Verbesserung, eingesetzt werden.

Vgl. zum Thema Prozessautomatisierung und Workflow-Management-Systeme: Allweyer 2005a, S. 322 ff.; Weske 2007, S. 49 ff.; Freund/Götzer 2008, S. 55 ff.; Mühlen/Hansmann 2008, S. 373 ff.; Becker et al. 2009, S. 131 ff.; Freund/Rücker 2012, S. 6 ff. und 190 ff.; Gadatsch 2012, S. 47 ff.

10.3 BPM-Systeme

Business-Process-Management-Systeme (BPM-Systeme oder BPMS) kombinieren die Eigenschaften von EAI-Systemen und Workflow-Management-Systemen. Sie übernehmen nicht nur die Datentransformation und -übertragung, sondern decken den gesamten BPM-Lebenszyklus vom Entwurf über Definition, fachliche und technische Modellierung, Integration, Steuerung, Ausführung, Monitoring, Analyse bis zur Optimierung ab (siehe Abbildungen 10.1 und 10.8). BMP-Tools und BPM-Systeme wachsen immer stärker zu integrierten Lösungen zusammen.

Vorhandene Softwaresysteme (z. B. Standardsoftware, Eigenentwicklungen) lassen sich in ein BPMS einbinden. Darüber hinaus bieten BPMS in Verbindung mit Web Services und der **serviceorientierten Architektur (SOA)** die Möglichkeit, benötigte Services abzurufen, sie zu einem Gesamtprozess zusammenzusetzen und dessen Ausführung zu steuern. Die Architektur eines BPM-Systems zeigt Abbildung 10.9 (vgl. auch Garimella/Lees/Williams 2008, S. 36 ff.).

Der **Anwendungsbereich von BPMS-Systemen** liegt zwischen Geschäftsprozessen, die sehr häufig ablaufen (Massenprozesse), und Geschäftsprozessen, die relativ selten durchgeführt und wegen fehlender Standardisierbarkeit nicht wirtschaftlich automatisiert werden können. „Typische Anwendungsfelder für BPMS entstehen ‚zwischen' den klassischen betrieblichen Informationssystemen und Groupware-Systemen. Hier können BPMS-Stärken wie Prozessorientierung, einfache Systemparametrisierung, Monitorfunktionalitäten u. a. bei relativ geringen Kosten einen großen Nutzen entfalten" (Komus 2011, S. 32).

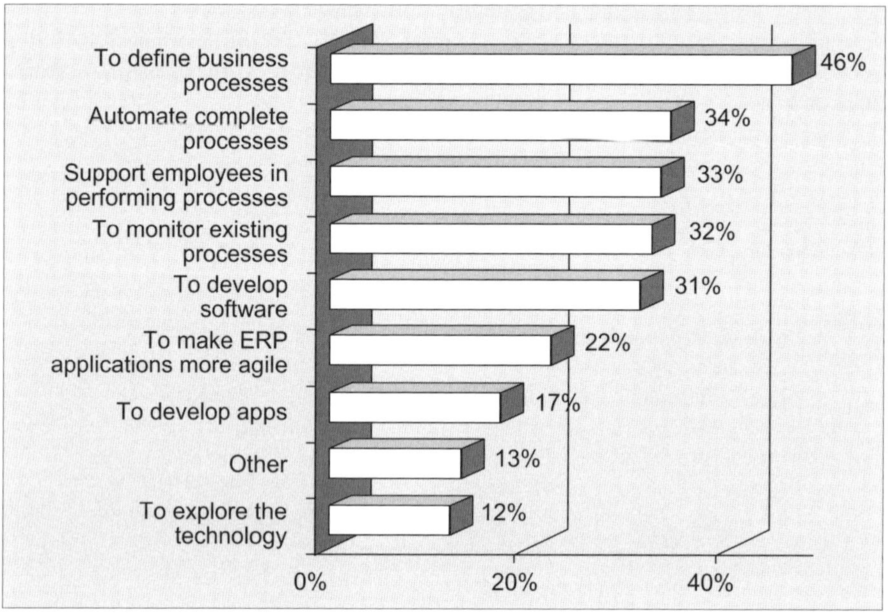

Abb. 10.8 Einsatzfelder von BPM-Systemen (vgl. BPTrends 2012a, S. 41)

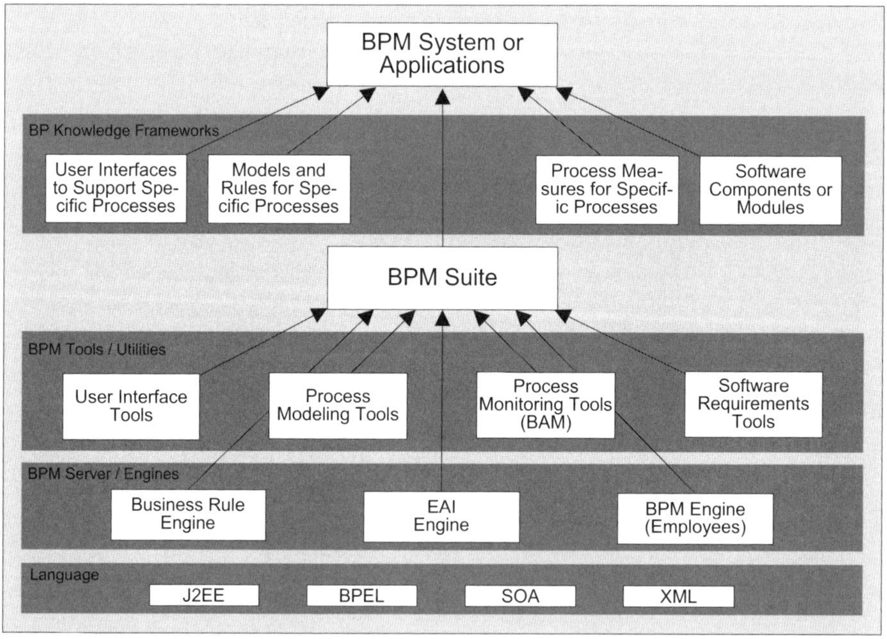

Abb. 10.9 Architektur eines BPM-Systems mit Prozessplattform (vgl. BPTrends 2007b, Introduction S. 10)

10.4 Serviceorientierte Architektur (SOA)

Das zentrale Konstruktionselement von SOA sind Services (Dienste). Unter **Services** werden in sich abgeschlossene (autarke) Softwaremodule verstanden, die eigenständig nutzbar sind und im Netz (Internet oder Intranet) über standardisierte Schnittstellen allen interessierten Benutzern zur Verfügung stehen (Software as a Service = SaaS). Sie bilden Anwendungsfunktionen auf niedriger Abstraktionsebene ab und können flexibel zu Funktionalitäten höherer Abstraktionsebene zusammengesetzt werden. Dadurch bieten sie die Möglichkeit, Applikationssoftware auf den jeweiligen Geschäftsprozess zuzuschneiden. Ändert sich ein Prozessablauf, lassen sich neue Funktionalitäten verknüpfen sowie veränderte oder zusätzliche Inhalte ergänzen. Services können in unterschiedlichen Programmiersprachen auf verschiedenen Plattformen realisiert werden. Ihre Nutzung setzt keine Kenntnisse über Details der Implementierung voraus.

Web Services werden von **Serviceanbietern** (service provider) in Serviceverzeichnissen (registry) publiziert. Die Veröffentlichung umfasst Schnittstelle, Adresse und Metadaten pro Service. Der Servicenutzer (service consumer) sucht den gewünschten Service im Verzeichnis aus, erhält vom Verzeichnis die Referenz (Adresse) des Serviceanbieters und kann dann über die vom Serviceanbieter definierte Schnittstelle den Service aufrufen. Beispiele für Services sind Angebotserstellung, Auftragsannahme und Kundenverwaltung.

Die Anwendung von SOA erfordert ein durchgängiges Prozessdesign mit korrekter semantischer und syntaktischer Prozessmodellierung, entsprechende Modellierungsmethoden und -sprachen wie BPEL sowie Standards für Web Services. BPEL bietet die Möglichkeit, Web Services in einer bestimmten Ablaufreihenfolge zu einem Geschäftsprozess zusammenzustellen. Dieser Vorgang wird **Orchestrierung** genannt. Das Ergebnis der Orchestrierung ist ein ausführbarer BPEL Prozess, der gleichzeitig auch selbst einen Web Service darstellt. Bei der Orchestrierung übernimmt eine BPEL-Engine die Ausführung eines BPEL-Prozesses.

Neben der Orchestrierung ist die **Choreografie** eine weitere Technik, Web Services im Rahmen von SOA zu verknüpfen. Bei der Choreografie kommunizieren die beteiligten Prozesse untereinander über Nachrichtenaustausch, ohne dass eine zentrale Einheit sie steuert. Eine bekannte Choreografiesprache ist die WS-CDL (Web Services Choreography Description Language). Auch die Modellierungssprache BPMN bietet die Möglichkeit, Choreografien darzustellen (vgl. Allweyer 2008, S. 45 ff.).

Die **Vorteile von SOA** in Verbindung mit BPM-Systemen sind (siehe Abbildung 10.10; vgl. auch Stähler et al. 2009, S. 167 ff.; Kirchmer 2011, S. 43 ff.):

- SOA-Prozesse sind einfach und schnell anzupassen. Dadurch können sie Anforderungen der Fachbereiche an die IT schneller realisieren.
- SOA erhöht nicht nur die Agilität, sondern fördert auch Prozessinnovationen. Beide Eigenschaften sind strategisch bedeutsam.
- Die Wiederverwendung der Services führt zu einer schnelleren, einfacheren und kostengünstigeren Entwicklung, Wartung, Anpassung und Erweiterung von Applikationen.
- Durch weitgehend standardisierte Protokolle können Prozesse leichter miteinander verbunden und Medienbrüche reduziert werden.
- SOA ermöglicht die Kombination von bestehenden Applikationen mit neuen Applikationen (composite applications). Das Integrationsproblem konventioneller Applikationen wird dadurch reduziert.

- Die technische Abhängigkeit von Anwendungssystemen und einzelnen Softwareanbietern wird verringert.
- Die Kosten der Services können einzelnen Kostenstellen zugeordnet werden, was eine verursachungsgerechtere Verrechnung der IT-Kosten ermöglicht.

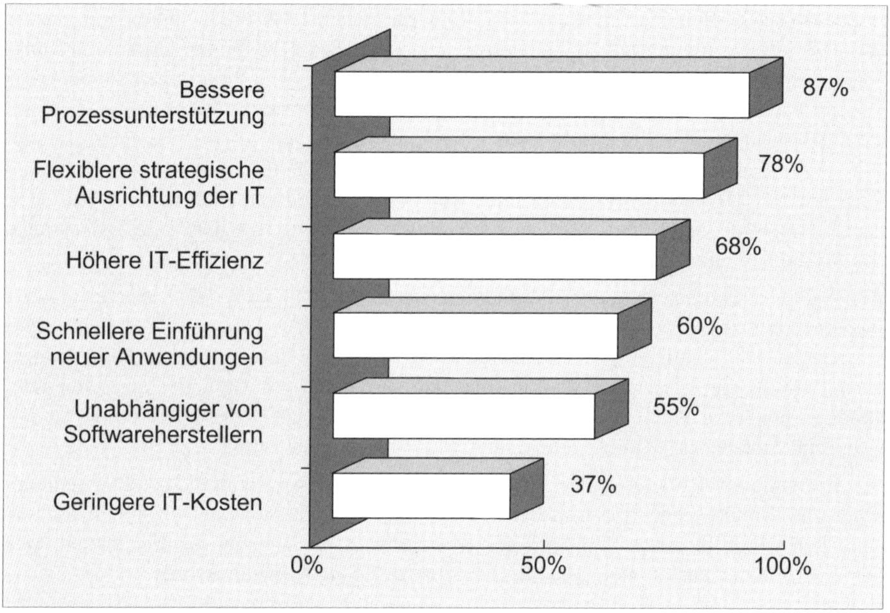

Abb. 10.10 Vorteile von SOA aus Anwendersicht (vgl. IDS Scheer 2007)

Die positiven Wirkungen von SOA zeigt das Beispiel United States Military Entrance Processing Command (USMEPCOM). USMEPCOM hat 2009 die OMG-Auszeichnung (Object Management Group) für „Best BPM Demonstration of ROI (Return on Investment)" erhalten. In einem umfangreichen BPM/SOA-Projekt konnte USMEPCOM nicht nur Kosten reduzieren, sondern besonders auch Risiken senken. Je mehr SOA-Komponenten einbezogen wurden, umso sicherer und besser wurden Kosten und Termine wie auch Abweichungen, die durch neue Leistungsanforderungen bedingt waren, geschätzt. Die erhöhte Planungssicherheit ist bei USMEPCOM besonders wichtig, da die Projektkomplexität immer stärker ansteigt und immer mehr Leistung für weniger Geld gefordert wird (more with less). Die durch SOA verbesserte Ressourcenallokation (nicht zu viel und nicht zu wenig) ist dabei der entscheidende Erfolgsfaktor (vgl. Maravola 2009).

Eine serviceorientierte Architektur lässt sich nicht von heute auf morgen aufbauen und erfordert **hohe Kosten**. „Wenn wirklich alle Prozesse konsequent und durchgängig durch SOA unterstützt werden sollen, sind enorme, langfristige Investments nötig. Im Normalfall werden Web Services eher ergänzend wirken. [...] Eine Ablösung funktionierender Systeme, nur um auf eine technologisch bessere Plattform zu migrieren, wird sich kaum lohnen" (Pohland 2009, S. 217).

Im Wege stehen der SOA-Verbreitung besonders die Altsysteme. Die vorhandenen IT-Landschaften sind gekennzeichnet durch die Kombination von Standardsoftware, ERP-Systemen und Individualsoftware. Zusätzlich kommen unterschiedliche Modellierungswerkzeuge und unterschiedliche Ausführungsumgebungen zum Einsatz. Diese können nur langsam abgelöst werden. Der Schwerpunkt von SOA-Anwendungen wird deshalb zunächst auf der Konzeption neuer Systeme liegen. Kandidaten für SOA sind besonders Geschäftsprozesse, bei denen Anpassungsflexibilität und Innovation hohe strategische Bedeutung haben. ■

Die Mehrzahl der Geschäftsprozesse (etwa 70 %), wie z. B. die sekundären Geschäftsprozesse, fallen nicht in diese Kategorie (vgl. Kirchmer 2011, S. 46 f.). Bei diesen bietet SOA die Möglichkeit, bestehende Applikationen mit neuen Web Services zu ergänzen. Es überrascht daher nicht, wenn SOA zwar hohes Interesse, aber noch keine große Verbreitung gefunden hat.

Nach einer Forrester-Studie aus dem Jahr 2010 halten 59,2 % der Befragten SOA für sehr und extrem wichtig. 23,2 % bewerten ihre SOA-Anwendung als signifikanten Erfolg, 42,4 % als akzeptablen Erfolg und 13,3 % als erfolglos (vgl. TechTarget/Forrester Research 2010). „Die allgemeine Einschätzung bezüglich SOA scheint heute zu sein, dass SOA nicht mehr ‚sexy' ist, aber eine dringend notwendige Investition, um die Komplexitätsprobleme in der Unternehmens-IT zu bewältigen" (Slama/Nelius 2011, S. 49).

Vgl. zum Thema BPM-Systeme und serviceorientierte Architektur (SOA): Allweyer 2005a, S. 338 ff.; Freund/Götzer 2008, S. 81 ff.; Scheer 2008b; Snabe et al. 2009, S. 80 f. und 252 ff.; Stähler et al. 2009, S. 153 ff.; Becker et al. 2009, S. 147 ff.; Slama/Nelius 2011, S. 41 ff.; Allweyer 2011a, S. 221 ff.; Fraunhofer IAO 2011, S. 144 ff.; Ahlrichs/Knuppertz 2010, S. 170 f.; Fleischmann et al. 2011, S. 238 ff.; Kirchmer 2011, S. 42 ff.; BPTrends 2011b, S. 21 ff.

■ 10.5 Cloud Computing

Eine Stufe weiter als SOA geht Cloud Computing („Rechnen in der Wolke"). Beim **Cloud Computing** stellt der Anwender nicht mehr Hardware und Software selbst bereit, sondern mietet die IT-Infrastruktur (Rechner, Speicher, Netze, Betriebssystem, Middleware) und Anwendungen (z. B. Customer Relationship Management [CRM], Business Intelligence [BI]) von Dienstanbietern im Internet (vgl. BPTrends 2010, S. 38 f.; Krcmar 2010, S. 692 ff.). Die Kosten werden nutzungsbezogen ermittelt und abgerechnet. Der Anwender kann dadurch Kosten-, Qualitäts-, Flexibilitäts- und Kompetenzvorteile erzielen und die Ressourcen flexibel seinem jeweiligen Bedarf anpassen.

Aus Sicherheits- und Compliance-Gründen haben heute eigene Clouds eine stärkere Verbreitung als Public Clouds (Services von Dritten). Eigene Clouds sind mit geringeren Risiken verbunden und lassen sich leichter kontrollieren. Am weitesten verbreitet ist der Einsatz von Cloud Services im Infrastrukturbereich (vgl. Capgemini 2012, S. 27).

Als Trend zeichnet sich ab, dass in Zukunft IT-Services verstärkt aus der Cloud bzw. von extern bezogen und auf unternehmenseigenen Plattformen integriert werden. Für die Technologie wird zunehmend der Dienstleister und nicht mehr die IT zuständig sein. Die IT-Einheit wird hauptsächlich die Anforderungen definieren und die Services integrieren (vgl. Capgemini 2012, S. 15). ■

10.6 Prozessportale und Prozessplattformen

10.6.1 Prozessportale

Prozessportale eröffnen einen webbasierten, interaktiven, personalisierten sowie integrierten Zugang zu Geschäftsprozessen und deren Anwendungen. Sie integrieren Informationen, Dienste und Applikationen aus unterschiedlichen Geschäftsprozessen auf einer Benutzeroberfläche am Arbeitsplatz eines Nutzers. Prozessportale bedienen sich dabei der Verknüpfungen und des Datenaustauschs, die Portalplattformen zwischen heterogenen Anwendungen herstellen. **Nutzer** von Prozessportalen sind nicht nur Prozessverantwortliche und -mitarbeiter, sondern alle Interessenten (Stakeholder) wie z. B. Kunden, Partner und Lieferanten, die Prozessinformationen für ihre Aufgaben benötigen. Über Kundenprozessportale werden Kundenprozesse mit internen Geschäftsprozessen verbunden, um z. B. Leistungen anzubieten und Informationen auszutauschen. In der Zusammenarbeit mit Partnern und Lieferanten verbinden die Prozessportale die externen Kooperationsprozesse mit den internen Geschäftsprozessen.

Prozessportale ermöglichen eine einfache Navigation und schnelle Suche nach Prozessinformationen. Jede Rolle im Geschäftsprozessmanagement hat individuelle Informationsbedürfnisse. Deshalb werden Zugang und Nutzung auf die spezifischen Bedürfnisse der Rollen abgestimmt. So können personenspezifische Inhalte auf **Portlets** (Unterfenster) aus unterschiedlichen Geschäftsprozessen auf einer Portalseite zusammengestellt werden. Die nutzerfreundliche Bereitstellung und Visualisierung von Prozessinformationen trägt u. a. dazu bei, die Akzeptanz des Geschäftsprozessmanagements zu erhöhen.

Neben der Informationsbereitstellung ist die Prozessunterstützung ein wichtiges Anwendungsfeld von Prozessportalen. Das Prozessportal vermittelt den Benutzern einen schnellen und gezielten Zugang zu ihren Arbeitsprozessen, damit sie diese modellieren, implementieren, anstoßen, ausführen und überwachen sowie bei Bedarf steuern können. ■

Prozessportale können den Übergang von einer funktionsorientierten auf eine prozessorientierte Organisation erleichtern. Sie helfen Widerstände abzubauen, indem sie jeweils aktuelle Informationen über Prozessstand und Prozessfortschritte bereitstellen. Dabei kommt zugute, dass Prozessportale flexibel und dynamisch an Veränderungen der Prozesse angepasst werden können.

Die Integration von Applikationen in einem gemeinsamen Portal hat folgende **Vorteile:**

- einheitliche Benutzeroberfläche,
- Verknüpfung von Informationen über Applikationsgrenzen hinweg,
- benutzerorientierte Informationsbereitstellung,
- reduzierter Zeitaufwand für die Informationsbeschaffung,
- erhöhte Akzeptanz des Geschäftsprozessmanagements beim Anwender,
- Aktualität durch „Echtzeitdaten",
- reduzierter Schulungsaufwand.

Abbildung 10.11 zeigt schematisch Aufgaben, Anwendungen und Systemeinbettung des Prozessportals.

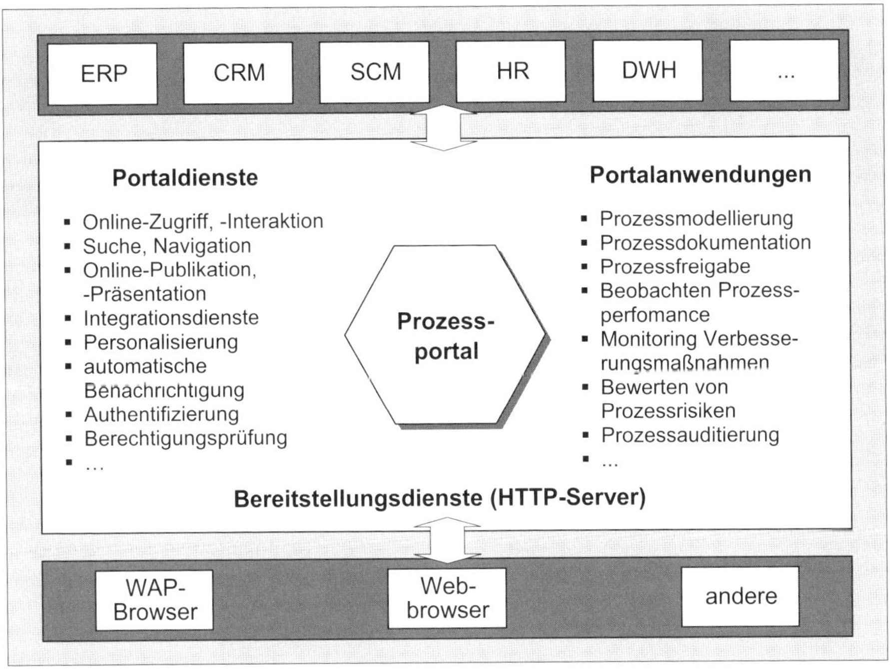

Abb. 10.11 Aufgaben und Anwendungen des Prozessportals (in Anlehnung an Brewing 2005)

Vgl. zum Thema Prozessportale: Puschmann 2004; Oehler 2006, S. 100 ff.; Alt 2008, S. 10 f., 147 ff. und 274; Krcmar 2010, S. 658 f.; Slama/Nelius 2011, S. 202 f.

10.6.2 Prozessplattformen

Der Anspruch von **Prozessplattformen** ist, alle **Hauptfunktionalitäten** eines BPM-Systems integriert anzubieten (siehe Abbildung 10.9):

- Prozessmodellierung,
- Prozessanalyse und -simulation,

- Prozessimplementierung,
- Prozessausführung automatisierter und manueller Tasks,
- Prozessmonitoring.

Ergänzende Leistungsmerkmale sind in vielen Fällen (Snabe et al. 2009, S. 78 ff.):

- Event Management durch Real-Time Enterprise,
- Business Rule Management,
- serviceorientierte Architektur (SOA) (vgl. Kapitel 10.4).

Prozessplattformen werden insbesondere von großen Applikationsanbietern angeboten. **International bekannte Prozessplattformen** (BPM-Suiten = BPMS) sind wie folgt verbreitet (vgl. Becker et al. 2009, S. 191 ff.; BPTrends 2010, S. 36 f.):

- IBM WebSphere BPM 15 %
- Oracle BPEL Process Manager 9 %
- TIBCO iProcess Suite 9 %
- SAP NetWeaver 8 %
- Pegasystems Smart BPM Suite 5 %
- Metastorm BPM 5 %
- Lombardi5 5 %
- EMC/Documentum 5 %

Event Management durch Real-Time Enterprise

Real-Time Enterprise ermöglicht, interne und externe Daten ohne Zeitverzögerungen zu speichern, zu verarbeiten und abzurufen. Dank der „Echtzeitdaten" kann auf Ereignisse schnell reagiert werden (Event-Base-Management). Anwendungsbeispiele sind die schnelle Behebung von Störungen, die schnelle Reaktion auf Kundenwünsche und -anfragen oder die schnelle Versorgung mit Material und Ersatzteilen. Das Thema hat hohe Aktualität bei Finanzdienstleistern, in Medienunternehmen, im Handel, in der Automobilindustrie, im Verkehrswesen und bei Energieversorgern. Komponenten von Real-Time Enterprise sind EAI-Systeme, BPM-Systeme und E-Business (vgl. zum Event-Base-Management: Allweyer 2005a, S. 400 ff.; Kuhlin/Thielmann 2005; Scheer 2008b).

Business Rule Management

ERP-Systemen liegen Referenzmodelle zugrunde. Mit der Implementierung der Software wird das angepasste Referenzmodell als Prozessmodell festgeschrieben. Nachträgliche Anpassungen sind zeit- und kostenaufwendig. Gewünscht wird ein dynamisches, flexibles und wirtschaftliches Reagieren auf Anwendungsänderungen. Diese Möglichkeiten bietet das Business Rule Management.

Geschäftsregeln (Business Rules) enthalten Richtlinien und Geschäftspraktiken, die sich auf die Strategie, Struktur und Durchführung von Geschäftsprozessen beziehen. Sie bilden die Basis vieler Entscheidungen im operativen Prozessablauf. Änderungen in Geschäftsprozessen beziehen sich oft nur auf einzelne Entscheidungen, ohne dass sich die Prozesslogik verändert. Es hat Vorteile, Entscheidungslogik und Prozesslogik zu trennen. Die Entscheidungslogik ist in den Geschäftsregeln verankert. Die Regeln werden von den Anwendern definiert und modelliert. Einfache Geschäftsregeln können von BPM-Systemen verwaltet werden. Komplexere Geschäftsregeln erfordern eine Modellierung, sodass ihre Ausführung und Überwachung von einer **Business Rule Engine** übernommen werden kann. Business Rule Engines sind Komponenten von BPM-Suiten. Mit der Modellierung komplexer Geschäftsregeln sollte auch eine Visualisierung wie z. B. über Regeltabellen oder Entscheidungsbäume verbunden sein, um die Abhängigkeiten der komplexen Sachverhalte sichtbar zu machen.

Voraussetzung für Business Rule Management ist, die Prozess- und Entscheidungslogik auf der Modellierungs- und Umsetzungsebene so zu trennen, dass Geschäftsregeln den Prozessablauf nicht direkt beeinflussen. Diese Forderung ist in der Praxis nicht immer leicht zu realisieren.

Mit der Änderung von Geschäftsregeln durch die Fachabteilungen können innerhalb kurzer Zeit (Stunden) Prozessabläufe verändert oder erweitert werden. Das Vorgehen birgt Risiken in sich, wenn Änderungen unkontrolliert durchgeführt werden und es zu Verstößen gegen regulatorische bzw. Governance-Anforderungen kommt. Die Einhaltung von Richtlinien sowie die Abschätzung von Risiken sind bei der Aufstellung und Veränderung von Geschäftsregeln besonders aufmerksam zu beachten.

Die Verwendung von Geschäftsregeln hat folgende **Vorteile:**

- Entkopplung des Prozessmodells und der Applikation von Anwendungsanforderungen, die in Geschäftsregeln hinterlegt sind,
- Automatisierung von Entscheidungen und dadurch schnellere, effizientere, einheitliche und fehlerfreiere Entscheidungsfindung,
- flexible und schnellere Anpassung der Prozessabläufe an neue Anforderungen ohne Änderung von Applikationen,
- Durchführung von Anpassungen durch die Fachabteilungen ohne Applikationsänderungen durch die IT.

Vgl. zum Business Rule Management: Scheer/Werth 2005; Allweyer 2005a, S. 190 ff.; Freund/Götzer 2008, S. 104 ff.; Scheer 2008b; Becker et al. 2009, S. 142 ff.; EABPM 2009, S. 257 f.; IBM Software Group 2010; Slama/Nelius 2011, S. 132 ff.; Freund/Rücker 2012, S. 178 ff. und 245 ff.

Anwendung von Prozessplattformen

Mit der Anwendung von Prozessplattformen sind folgende **Vorteile** verbunden (vgl. BPTrends 2007b, Introduction, S. 2 ff.; vgl. auch Vorteile von BPM-Systemen/SOA in Kapitel 10.4):

- stärkere Orientierung an Geschäftsprozessen,
- höhere Flexibilität bei der IT-Ausrichtung,
- höhere Flexibilität und Effizienz bei Prozessänderungen,
- geringere Kosten für Systementwicklung und -support,
- schnellere Systementwicklung und -anpassung,
- geringeres Entwicklungsrisiko,
- Automatisierung bisher manuell durchgeführter Prozessschritte,
- größere Unabhängigkeit von vorhandenen Applikationen und Softwareherstellern,
- höhere Agilität von Organisationen bzw. Unternehmen.

Die Anwender von Prozessplattformen sind neben Prozessnutzern auch Entwickler von Softwareapplikationen.

Ein Beispiel für die Kombination von Prozessplattform und Prozessportal ist die Informations- und Serviceplattform „Audi mynet" (vgl. Quack 2007). „Audi mynet" erzeugt für jeden Mitarbeiter quasi ein individuelles Portal in Abhängigkeit von seiner Rolle im Prozess. Es macht Prozessinformationen und -wissen zur richtigen Zeit an der richtigen Stelle der richtigen Person zugänglich. Ziel von „Audi mynet" ist es, alle Mitarbeiter mit Informationen so zu versorgen, dass sie ihre individuellen Arbeitsprozesse mithilfe eines Cockpits gestalten, verwalten, planen und steuern können. Das Portal stellt ferner Management und Mitarbeitern Analyseinstrumente sowie Entscheidungs- und Planungshilfen bereit, die auf den jeweiligen Verantwortungsbereich abgestimmt sind. „Audi mynet" dient folgenden Zwecken:

- Modellierung von Geschäftsprozessen aus Sicht der Beteiligten,
- Orchestrierung von Services und Generierung neuer Anwendungen bzw. Composite Applications durch die Nutzer,
- Validierung von Prozessmodellen durch interaktive Tests vor der Implementierung,
- Überführung der Prozessmodelle in unmittelbar ablauffähige Arbeitsplatzsoftware ohne Programmierung.

Systemtechnisch basiert „Audi mynet" auf WebSphere, der Prozessplattform der IBM.

10.7 Data Warehouse System und Repository

10.7.1 Data Warehousing

Eine wichtige Komponente der Integration von Anwendungssystemen ist Data Warehousing. **DWH-Systeme** sind datenbankbasierte Speichersysteme, die Daten aus unterschiedlichen Quellen extrahieren, verwalten, verdichten, aufbereiten und bereitstellen (vgl. Allweyer 2005a, S. 90 ff.; Oehler 2006, S. 19 ff.; Scheer 2008b; Gadatsch 2012, S. 281 ff.). Den Kern eines DWH-Systems bildet das Data Warehouse (DWH), das zentrale Datenlager bzw. die zentrale Datenbank, die eine integrierte Sicht auf die Datenquellen ermöglicht. Die Daten werden über den ETL-Prozess (Extract, Transform, Load) aus verschiedenen internen und externen Quellen extrahiert, transformiert und in die Datenbank geladen. Die Datenspeicherung erfolgt in anwendungsneutraler Form, um sie flexibel nach Benutzer- und Analyseanforderungen auswerten zu können. Funktionen des DWH-Systems sind neben dem Extrahieren, Transformieren und Laden das Bereinigen, Zusammenführen, Verteilen und Auswerten der Daten.

Eng verbunden mit Data Warehousing sind **Business Intelligence (BI)** und Data Mining. BI umfasst Verfahren und Prozesse zur systematischen Analyse (Sammlung, Auswertung und Darstellung) von Daten. In der Praxis versteht man unter BI in vielen Fällen die Automatisierung bzw. IT-Unterstützung des Berichtswesens (Reporting).

Ziel von BI ist, aus der Analyse Erkenntnisse zu gewinnen, welche die strategische und operative Entscheidungsfindung unterstützen bzw. verbessern. Dabei werden die Daten des Data Warehouse nach unterschiedlichen Gesichtspunkten analysiert und bewertet. BI-Techniken werden insbesondere für die Analyse von Prozessechtzeitdaten eingesetzt (Business Process

Intelligence). Einen Schwerpunkt bildet die Analyse kritischer Kennzahlen, um daraus Informationen für den effizienten Ablauf der Prozesse zu erhalten (vgl. Jost 2008, S. 58; Hess/Blickle/Driesch 2009).

Bei der Analyse kommen statistisch-mathematisch Methoden des **Data Mining** zur Anwendung. Darunter wird das automatische Auswerten großer Datenbestände verstanden, um Muster bzw. statistische Auffälligkeiten bestimmter Regelmäßigkeiten, Gesetzmäßigkeiten und verborgener Zusammenhänge zu erkennen. Die Ergebnisse erhöhen u. a. den Aussagewert von Abweichungsanalysen und Wirkungsprognosen. Data Mining wird für anspruchsvolle Ad-hoc-Analysen eingesetzt. Bezieht sich das Data Mining auf Prozessdaten, wird von **Process Mining** gesprochen (vgl. Stähler et al. 2009, S. 227 f.).

BI und Data Mining sind wichtige Komponenten des Business Performance Management und damit des Process Performance Management (vgl. Oehler 2006, S. 37 ff.; Mühlen/Shapiro 2010, S. 154 ff.; Kapitel 6.6.3).

Die grafische Aufbereitung der Auswertungsergebnisse des BI in Verbindung mit Data Mining wird einem Anzeigeportal (**Dashboard**) übertragen, das in einer Funktionsbibliothek unterschiedliche Darstellungsformen anbietet (siehe Abbildung 10.12). Neben vordefinierten Auswertungen können über **OLAP (Online Analytical Processing)** auch Ad-hoc-Anfragen an das DWH-System gestellt werden (vgl. Oehler 2006, S. 24 ff.). OLAP ist ein Analysekonzept, das Daten wie z. B. Kennzahlen mehrdimensional analysiert und daraus entscheidungsunterstützende Informationen gewinnt.

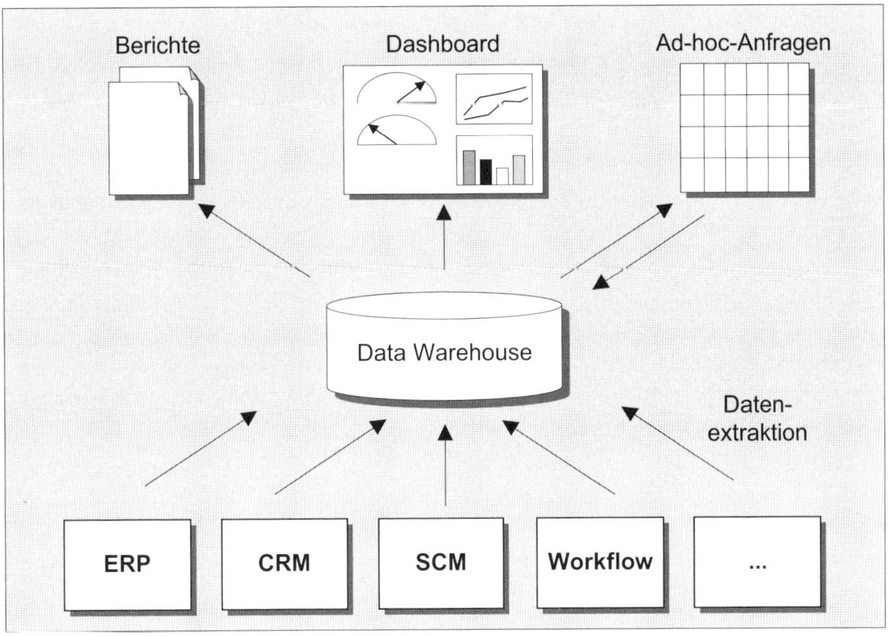

Abb. 10.12 Auswertungen mit Data-Warehouse-Systemen (vgl. Allweyer 2005a, S. 391)

Für die Bereitstellung von bereichs- oder auswertungsspezifischen Sichten ist es notwendig, die dafür erforderlichen Metadaten in einem Repository zu speichern und mit dem DWH zu koppeln. Metadaten werden nicht nur für den ETL-Prozess (Extract, Transform,

Load), sondern auch für Analyse, Datenzugriff, Dokumentation und Benutzerführung verwendet.

Die **Vorteile von Data-Warehouse-Systemen** in Verbindung mit BI und Data Mining sind:

- Zugriff auf Daten ist jederzeit, aktuell und schnell möglich,
- komplexe Fragestellungen werden beantwortet,
- der laufende Betrieb wird nicht beeinträchtigt,
- historische Daten stehen zur Verfügung,
- Auswertungen werden automatisch erstellt,
- Ergebnisse sind zuverlässig und nachprüfbar.

10.7.2 Process Warehousing

Die Anwendung eines DWH-Systems im Geschäftsprozessmanagement wird als **Process Warehousing** bezeichnet. Process Warehousing umfasst die integrierte, aktuelle und umfassende Speicherung aller Performanceinformationen zu den betrieblichen Geschäftsprozessen. Es zeigt frühzeitig Engpässe und Schwachstellen der Prozesse auf und ermöglicht ein tiefer gehendes Verständnis für Zielabweichungen und Schwankungen der Prozessergebnisse (vgl. Becker/Chamoni 2008; Stähler et al. 2009, S. 227 ff.).

Das Process Warehousing **unterstützt folgende Prozessaufgaben:**

- Ermittlung und Bereitstellung aktueller Messwerte von Prozesskennzahlen,
- Durchführung von Trend- und Abweichungsanalysen bezogen auf Ist-Leistung und Zielwerte,
- Identifikation von Prozessschwachstellen und Verbesserungspotenzialen,
- Bereitstellung von Daten für die Prozesskostenrechnung, wie z. B. Leistungsmengen, Ressourcenverbrauch,
- Unterstützung von Prozesssimulation und Prozess-Benchmarking durch Bereitstellung von Basisdaten.

Abbildung 10.13 zeigt vereinfacht Komponenten und Datenflüsse des Data Warehousing und Process Warehousing. Wie bereits beschrieben spielen bei der Auswertung der Daten Data Mining und OLAP eine wichtige Rolle. Bezieht sich das Data Mining auf Prozessdaten, wird von Process Mining gesprochen (vgl. Stähler et al. 2009, S. 227 f.).

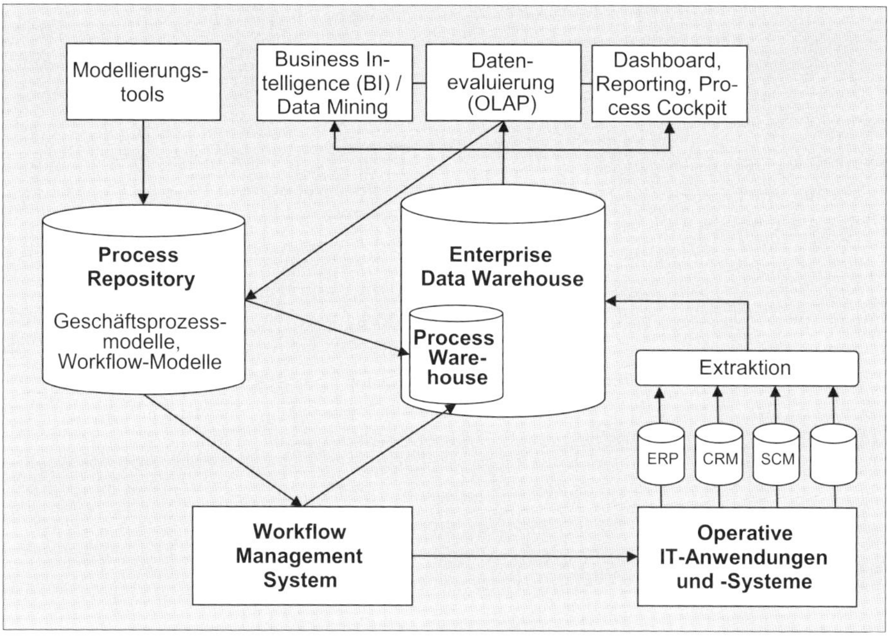

Abb. 10.13 Zusammenspiel von Data Warehouse, Process Warehouse und Process Repository (in Anlehnung an Becker/Chamoni 2008, S. 159)

10.7.3 Process Repository

Unternehmensweite Geschäftsprozesse tangieren viele Organisationen und Personen. Um sie auf die Unternehmensziele auszurichten, ist eine einheitliche Gesamtsicht auf die Geschäftsprozesse notwendig. Voraussetzung dafür ist eine zentrale Informationsressource, die einen einfachen, vollständigen, aktuellen und sicheren Zugang zu den Prozessinformationen ermöglicht. Diese Forderung erfüllt das **Process Repository**. Process Repositories versorgen die Mitarbeiter und Verantwortlichen auf allen Ebenen mit umfassenden Informationen zur Situation der Geschäftsprozesse und unterstützen sie so bei ihren Aufgaben und Entscheidungen.

Ein Process Repository ist ein zentraler Ort für die **Speicherung des gesamten Prozesswissens** bezogen auf alle Geschäftsprozesse (vgl. Lusk 2007; Becker/Chamoni 2008; EABPM 2009, S. 230f. und 259ff.). Unter Prozesswissen fallen z.B. die Regeln und Leitfäden der Process Governance (vgl. Kapitel 1.6 und 3.3.8), das Unternehmens- bzw. Geschäftsprozessmodell, fachliche und technische Prozessmodelle, Prozessdokumentation, Prozessobjekte, Workflows, Prozessinputs, Prozessoutputs, Prozessbeziehungen, Process Performance Indicators, Prozessrollen, Geschäftsregeln, Prozessmethoden, BPM-Tools etc.

Neben der Speicherung umfassen die Aufgaben des Process Repository die Steuerung, Aktualisierung, Validierung und Kontrolle des Prozesswissens sowie die Wartung und Administration des Repository. Die Kontrolle bezieht sich u.a. auf Zugriffs-, Abfrage- und Änderungsberechtigungen. Das Repository gewährleistet Aktualität, Integrität und Konsistenz der Inhalte.

Über Sichtenbildung können die Informationen zielgruppengerecht ausgewählt, aufbereitet, präsentiert und ausgetauscht werden. Das Repository gibt Auskunft über jeden Prozess, wie er ablaufen soll, wer für seinen Erfolg verantwortlich ist, von welchen Inputs er abhängt und welche Ergebnisse zu erwarten sind. Ferner werden Informationen bereitgestellt, die für Messung, Analyse, Änderung, Verbesserung und Kontrolle der Geschäftsprozesse benötigt werden. Das Process Repository kann für die Dokumentation, Analyse, Simulation oder das Reporting von Geschäftsprozessen genutzt werden. Eine Herausforderung ist die effiziente und konsistente Verwaltung des Process Repository.

Process Repositories können aktiv oder passiv sein. Passive fungieren als zentrale Speicher für das Prozesswissen. Aktive beteiligen sich an Prozessmanagementaufgaben wie Prozessausführung, -messung, -analyse, -simulation und -berichtswesen. Process Repositories werden als Komponenten von Dokumentationssystemen, BPM-Systemen oder BPM-Tools bereitgestellt. Sie können eigenständig eingesetzt oder mit DWH-Systemen gekoppelt werden, wie Abbildung 10.13 zeigt. Erst durch die Integration mit DWH-Systemen wird das Wissen umfassend eingesetzt und das Potenzial von Process Repositories genutzt.

10.8 Electronic Business und Unternehmensnetzwerke

10.8.1 Formen und Anwendungsbereiche

Während der Fokus von Standardsoftwaresystemen auf den innerbetrieblichen Geschäftsprozessen liegt, gewinnen unternehmensübergreifende Geschäftsprozesse immer größere Bedeutung (vgl. Kapitel 3.3.7). Forciert wird die Entwicklung durch neue Möglichkeiten der elektronischen Geschäftsabwicklung (Electronic Business). Darunter wird die Anbahnung, Vereinbarung und Abwicklung zwischenbetrieblicher Geschäftsprozesse verstanden, die sich der multimedialen Informationstechnologie, insbesondere des Internets bedienen (vgl. Allweyer 2005a, S. 348 ff.; Snabe et al. 2009, S. 77 f.; Werth et al. 2010, S. 291 ff.; Gadatsch 2012, S. 335 ff.).

Electronic Business unterstützt den Austausch von Geschäftsinformationen, die Pflege von Geschäftsbeziehungen und die Abwicklung von Geschäftstransaktionen. Ziel ist die Optimierung der Geschäftsprozesse zwischen Geschäftspartnern und gleichzeitig die Stärkung von Kernkompetenzen. Voraussetzung für Electronic Business ist die unternehmensübergreifende Standardisierung von Geschäftsprozessen (vgl. Kapitel 5.1). Im Electronic Business können die in Abbildung 10.14 aufgezeigten Formen unterschieden werden.

Electronic Business spielt u. a. im Customer Relationship Management (CRM) und im Supply Chain Management (SCM) eine wichtige Rolle. Viele IT-Provider bieten Softwarepakete für **eCRM (electronic Customer Relationship Management)** an, welche die Abwicklung kun-

	Internet weltweit	**Intranet** firmenintern	**Extranet** spezielle Benutzergruppen
B2B Business-to-Business	zwischenbetriebliche Geschäftsprozesse mit Geschäftskunden (z. B. Marktplätze, Börsen)	interne Geschäftsprozesse (z. B. interne Prozesslieferanten)	Zwischenbetriebliche Geschäftsprozesse mit enger Kooperation (z. B. Beschaffungsprozesse)
B2C Business-to-Customer	zwischenbetriebliche Geschäftsprozesse mit Endkunden (z. B. Marktplätze, Auktionen)		Geschäftsprozesse mit speziellen Endkunden (z. B. Online-Versand)
B2E Business-to-Employee	Geschäftsprozesse mit potenziellen Mitarbeitern (z. B. Jobbörse)	interne Geschäftsprozesse mit Mitarbeitern (z. B. Weiterbildung)	

Abb. 10.14 Grundformen des Electronic Business (vgl. Gadatsch 2012, S. 337)

dennaher Prozesse unterstützen (z.B. Vertriebs- und Serviceprozesse), die Kundeninformationen analysieren und auswerten (z.B. Data Warehouse zusammen mit Online Analytical Processing [OLAP] oder Data Mining) sowie die Kommunikationskanäle zu den Kunden steuern und koordinieren (z.B. Callcenter-Systeme).

Die Unterstützung des Supply Chain Management durch Internetlösungen wird als **eSCM (electronic Supply Chain Management)** bezeichnet. Internetlösungen, wie z.B. Intra- und Extranets, offene bilaterale Netzwerke, Auktionsplattformen und Marktplätze stellen SCM-Systemanbieter zur Verfügung. eSCM unterstützt die Gestaltung und Steuerung von Planungs-, Sourcing-, Contracting-, Fulfillment- und Serviceprozessen. Besonders in Unternehmen mit einem hohen Anteil fremdbezogener Leistungen wird eSCM bei der Zusammenarbeit mit externen Partnern eingesetzt.

10.8.2 Electronic Collaboration (E-Collaboration)

Eine Erweiterung des Electronic Business ist **Electronic Collaboration (E-Collaboration)**. Darunter wird die internetbasierte, vernetzte direkte Zusammenarbeit geografisch verteilter Mitarbeiter, Gruppen, Teams, Unternehmen oder Partner verstanden. In die E-Collaboration werden unterschiedliche Kommunikationsplattformen und E-Services einbezogen, wie z.B. stationäre Arbeitsplatzlösungen, mobile Lösungen und Online-Kommunikationsservices wie E-Mail, Multimedia Messaging Service (MMS), Unified Messaging (UM), Instant Messaging (IM), Videokonferenzen und Webkonferenzen, die mittels Unified Communication and Collaboration (UCC) in der Kommunikation und Information vereinheitlicht werden. E-Collaboration bezieht sich jedoch nicht nur auf kommunikations-, sondern auch auf transaktionsorientierte Aktivitäten, wie z. B. die Ausführung unternehmensübergreifender Geschäftsprozesse, an denen verschiedene Organisationen bzw. Unternehmen beteiligt sind. In diesem Fall wird auch von Collaborative Business (C-Business) gesprochen.

E-Collaboration bzw. C-Business spielen wegen der zunehmenden Bedeutung von Unternehmenskooperationen und **Unternehmensnetzwerken** eine immer wichtigere Rolle (vgl. Kapitel 3.3.7). Automobilfirmen nutzen z. B. E-Collaboration für die gemeinsame Entwicklung von Komponenten mit ihren Zulieferfirmen. Schon heute sind Zulieferer Hauptproduzenten von Fahrzeugen. Kleinere Zulieferer partizipieren von E-Collaboration, indem sie ihre Entwicklungskompetenz ausbauen. Auch in der Aus- und Weiterbildung, in der Teamarbeit, in der Kundenbetreuung, im Online Analytical Processing und in vielen unternehmensübergreifenden Aufgaben findet E-Collaboration verstärkt Anwendung. In Abbildung 10.15 werden Merkmale, Notwendigkeit und Konsequenzen der E-Collaboration aufgezeigt.

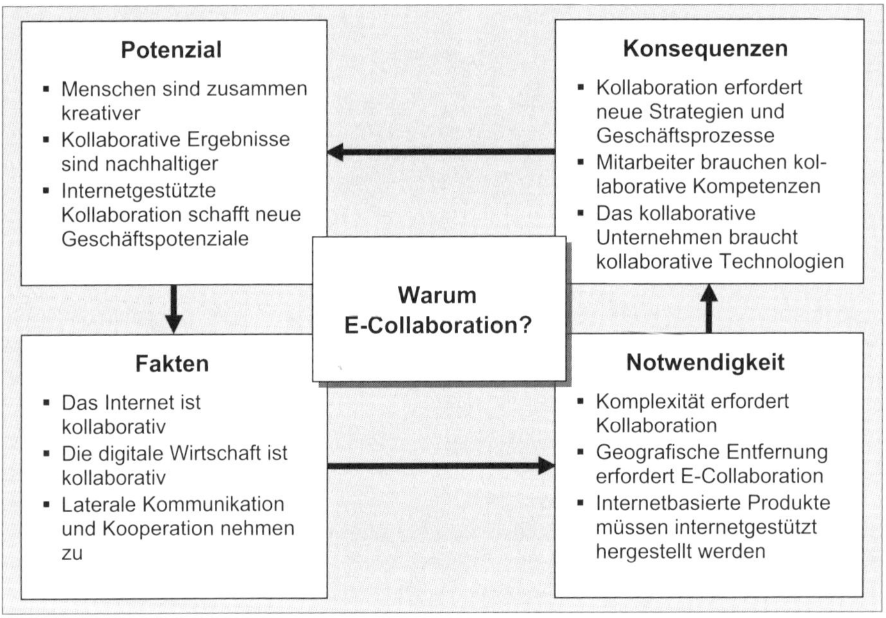

Abb. 10.15 Charakterisierung der Electronic Collaboration (vgl. Stoller-Schai 2003)

10.8.3 Groupware

Als **Groupware** bzw. Gruppensoftware (auch kollaborative Software) wird Software bezeichnet, welche die Kommunikation und Koordination und das Datenmanagement einer Gruppe von Personen bei der Zusammenarbeit unterstützt. Die Personengruppe (virtuelles Team) besteht aus Mitgliedern, die Aufgaben gemeinsam bearbeiten, aber räumlich/geografisch getrennt sind. Groupware verbessert die Information, Kommunikation, Koordination und Kooperation in virtuellen Teams (vgl. Fischermanns 2012, S. 325 ff.).

10.8.4 Social BPM

Gegenstand von **Social BPM** ist die Kollaboration von Personen, die sich an der Einführung, Durchführung und Optimierung von Geschäftsprozessen beteiligen und dabei das Internet sowie soziale Medien nutzen. Social BPM unterstützt jede Art von interner und externer Information, Kommunikation, Kooperation und Koordination. Beteiligte können z. B. Prozessmitarbeiter, Prozessteams, Kaizen-Teams, Projektteams, Prozessgremien oder andere Stakeholder sein. Die Schwerpunkte von **Social-Media-Anwendungen** liegen bei informations-, kommunikations- und wissensintensiven Aufgaben und Prozessen. Anwendungsbeispiele sind (vgl. Komus/Wauch 2008, S. 236 ff.; Krüger 2009, S. 102 ff.; Kurze Prozesse 2011; Komus 2011, S. 32 f.; Capgemini 2011, S. 48 ff.):

- kollaboratives Entwickeln von Prozessen, z. B. durch Nutzung einer gemeinsamen Modellierungsplattform mit Kommentierungs- und Diskussionsmöglichkeiten,
- Zusammenarbeit bei der Prozessdurchführung, z. B. Diskussion mit Mitarbeitern und Experten mit Zugriff auf die relevanten Informationen des betreffenden Falls,
- Zusammenarbeit von Mitarbeitern in Kaizen-Teams und zwischen Kaizen-Teams bei der kontinuierlichen Verbesserung von Geschäftsprozessen,
- Interaktion mit (internen und externen) Kunden und Lieferanten sowie mit Geschäftspartnern im Rahmen von Prozessen wie z. B. in Entwicklungspartnerschaften,
- Aufbau von **Communities of Practice (CoP)**, in denen Prozesserfahrungen, Lösungsideen und Best Practices ausgetauscht werden, z. B. zwischen Kaizen-Teams. CoP verbreitern die kollektive Wissensbasis, beschleunigen das organisationale Lernen und steigern die Wandlungsfähigkeit der Organisation.

Die technische Basis von Social BPM bilden **Web-2.0-Technologien** (vgl. Komus/Wauch 2008, S. 1 ff.; Komsley 2010, S. 565 f.; Kirchmer 2011, S. 47 ff.). Mithilfe von Web-2.0-Technologien erstellen, bearbeiten und verteilen Nutzer selbst aktiv Inhalte des Internets. Sie sind zugleich Produzenten und Konsumenten (Prosumer). Die Nutzer werden dabei von sozialer Software und sozialen Netzwerken unterstützt. Die Inhalte werden nicht mehr nur von Spezialisten erstellt und verändert, sondern durch die Gemeinschaft der Nutzer. Die Interaktion zwischen den Nutzern findet über Social-Media-Plattformen statt. Sie regen die Nutzer an, sich zu engagieren, sich auszutauschen, ihr Wissen einzubringen und das kollektive Wissen zu nutzen. Durch die Vernetzung der Nutzer verbreiten sich veröffentlichte Aussagen, Meinungen und Kommentare sehr schnell. Die Spielregeln der Nutzung legen die Nutzer fest.

Beispiele für soziale Medien sind:

- Individual Weblog (Blog): Webseite von Einzelpersonen oder Teams mit Themenbeiträgen, die kommentiert werden können und dem Wissensaustausch dienen.
- Corporate Weblog (Blog): Webseite mit Informationen, die der internen oder externen Unternehmenskommunikation dienen.
- Microblogging (z. B. Twitter): Länge der Beiträge ist auf eine bestimmte Zeichenzahl begrenzt.
- Social Networking (z. B. Facebook): Social-Media-Plattform mit eigenen Nutzerprofilen, um Kontakt mit anderen Personen herzustellen.
- Wiki: Inhalte, die von einer großen Anzahl von Nutzern erstellt, veröffentlicht und bearbeitet werden.

- Forum: virtueller Platz zum Austausch und zur Archivierung von Informationen, Meinungen und Erfahrungen zu bestimmten Themenbereichen.
- Instant Messaging: interaktiver Informationsaustausch, bei dem sich zwei oder mehr Teilnehmer per Textnachrichten unterhalten (chatten).

Der Einsatz sozialer Medien hat im Geschäftsprozessmanagement organisatorische, technische und kulturelle Auswirkungen. Besonders stark sind die **kulturellen Veränderungen**. „As the technology advances to allow business users to take greater control over their work environment, the users must adapt to a participatory culture. Instead of being passive consumers of business processes designed by management and codified in enterprise software, they are expected to help design their own business processes, configure their working environment to fit their own needs, and collaborate with others in order to achieve business goals" (Kemsley 2010, S. 574; vgl. auch Komus/Wauch 2008, S. 252 f.).

Heute haben Social Media im Geschäftsprozessmanagement noch eine relativ geringe Verbreitung. Die Schwerpunkte liegen bei Wikis und Foren. „Angesichts der hohen Wissensintensität, der Diskrepanz zu den Zielen gelebter Prozesse und Mitarbeiter-Einbindung erscheint eine Zunahme der Social-Media-Nutzung plausibel" (Komus 2011, S. 33; vgl. auch Capgemini 2012, S. 31).

Kemsley nennt folgende Gründe, die zu einer stärkeren **Verbreitung von sozialen Medien** im Geschäftsprozessmanagement führen werden (vgl. Kemsley 2010, S. 567 f.):

- Erwartungen der Mitarbeiter: Für die „Net-Generation" sind soziale Medien eine Selbstverständlichkeit, die sie im privaten Bereich intensiv nutzen und deren Einsatz sie auch im beruflichen Umfeld fordern.
- Intensivierung der Zusammenarbeit innerhalb der Organisation bzw. innerhalb und zwischen Geschäftsprozessen: Die funktions-, prozess- und unternehmensübergreifende Zusammenarbeit ist stark zu verbessern, wie z. B. zwischen Business-BPM und IT-BPM. Soziale Medien können dazu einen Beitrag leisten.
- Diskrepanz zwischen Vision und Umsetzung von BPM-Systemen: Die Möglichkeiten von BPM-Systemen werden bei Weitem nicht ausgeschöpft. BPM-Systeme werden häufig als Grafiktool eingesetzt, aber nicht für modellgetriebene IT-Lösungen verwendet. Voraussetzung dafür sind neue Formen der Kollaboration mit Prozessanwendern, die soziale Medien ermöglichen.

Diese positiven Perspektiven von Social Media werden dadurch getrübt, dass die Integration sozialer Medien in das Geschäftsprozessmanagement nicht einfach zu realisieren ist. Social-Media-Anwendungen sind nicht für Unternehmensumgebungen geschaffen und müssen erst in diese integriert werden (vgl. Capgemini 2012, S. 30 f.).

10.9 Integration von IT-BPM und Business-BPM

10.9.1 Unterschiede zwischen IT-BPM und Business-BPM

Wie die obigen Ausführungen zeigen, unterstützt die IT das Geschäftsprozessmanagement bei vielen Aufgaben. Trotz großer Fortschritte bei der technischen Prozessintegration wie z. B. durch Prozessportale, Prozessplattformen, Process Warehousing, BPM-Systeme und SOA bereitet die Integration von Business-BPM und IT-BPM in der Praxis weiterhin Schwierigkeiten (vgl. Komus 2011, S. 44 f.; Knuppertz/Feddern 2011, S. 157 f.). Sie resultieren aus unterschiedlichen Denkweisen, Fachsprachen (Semantik), Problemsichten und Zielsetzungen.

Business-BPM betrachtet Geschäftsprozesse aus betriebswirtschaftlicher und mitarbeiterbezogener Sicht, während sich das IT-BPM mit Geschäftsprozessen aus technik- und systemorientierter Sicht auseinandersetzt. Beide verfolgen unterschiedliche Ziele, Gestaltungsbereiche, Aufgaben und Rollen (siehe Abbildung 10.16). Zielsetzung des Business-BPM ist

	Business-BPM	**IT-BPM**
Zielsetzung	▪ Befriedigung der Kundenbedürfnisse ▪ Erfüllung strategischer und operativer Geschäftsziele	▪ Steigerung der Effizienz der Geschäftsprozesse und des Geschäftsprozessmanagements
Gestaltungsbereiche	▪ Prozessstrategie ▪ Prozessarchitektur ▪ Geschäftsprozesse ▪ Prozesspotenziale ▪ Prozessressourcen ▪ Prozesskultur	▪ IT-Strategie ▪ IT-Architektur ▪ IT-Applikationen ▪ BPM-Tools ▪ BPM-Systeme ▪ Plattformen, Portale
Aufgaben	▪ Prozessführung ▪ Prozessorganisation ▪ Prozesscontrolling (Prozessplanung, -kontrolle, -steuerung, -reporting) ▪ Prozessoptimierung	▪ SW-Design ▪ SW-Entwicklung ▪ SW-Pflege ▪ Customizing ▪ Modellierung ▪ Automatisierung
Rollen	▪ Chief Process Officer ▪ Prozessverantwortliche ▪ Prozessmitarbeiter ▪ Process Office ▪ Prozessteams ▪ Verbesserungsteams	▪ SW-Architekt ▪ SW-Entwickler ▪ Prozessanalyst ▪ Lösungsarchitekt ▪ BPMS-Entwickler ▪ Backend-Service

Abb. 10.16 Unterschiede zwischen Business-BPM und IT-BPM

die Optimierung der Geschäftsprozesse, um die Kundenbedürfnisse zu befriedigen und die strategischen sowie operativen Geschäftsziele zu erfüllen. **IT-BPM** hat das Ziel, die Effizienz der Geschäftsprozesse und des Geschäftsprozessmanagements durch BPM-Tools und -Systeme zu steigern. Im Mittelpunkt des Business-BPM steht der Mensch als zentraler Akteur. Der Fokus des IT-BPM liegt auf der Technik.

Bei der Betonung der IT als Effizienztreiber wird oft übersehen, dass eine Verbesserungskultur in Geschäftsprozessen zusammen mit der Anwendung mitarbeiterorientierter Verbesserungsmethoden wie z. B. TCT, Kaizen oder Six Sigma hohe und von der IT nicht erreichbare Verbesserungspotenziale ausschöpft (vgl. Kapitel 9). „Much BPM hype can lead us to think that workflow and related BPM software solutions can provide the most important benefits. While they can provide an appropriate and beneficial enabler, it is the culture and people aspects that can be significant constraints if not handled correctly, or significant enablers if handled well" (Jeston/Nelis 2008, S. 160).

Die **Unterschiede zwischen Business-BPM und IT-BPM** beginnen bereits in Forschung und Lehre. IT-BPM ist ein Schwerpunkt der Informationstechnologie, mit dem sich viele Lehrstühle der Informatik und Wirtschaftsinformatik auseinandersetzen. Dank neuer IT-Technologien entwickelt sich die IT-BPM rasant. Business-BPM ist dagegen eine fachübergreifende betriebswirtschaftliche Disziplin, für die es so gut wie keine eigenständigen Lehrstühle an Universitäten gibt. Auch Teilgebiete des Business-BPM wie Prozessorganisation oder Prozesscontrolling werden an klassischen universitären Lehrstühlen der Organisationslehre und des Controllings nur am Rande behandelt (vgl. Kapitel 1.9; auch Komus 2011, S. 60). Die Defizite des Business-BPM in Forschung und Lehre kann die Wirtschaftsinformatik nur schwer kompensieren, die sich sowohl mit Themen des Business-BPM als auch des IT-BPM beschäftigt. Erfreulicher ist die Situation an Fachhochschulen, von denen sich viele intensiv mit Business-BPM auseinandersetzen. Das Ungleichgewicht zwischen Business-BPM und IT-BPM wird auch sichtbar, wenn die Anzahl von Hochschul-/Universitätsabsolventen und die Anzahl von Veröffentlichungen bezogen auf Business-BPM und IT-BPM betrachtet werden. Business-BPM spielt in beiden Fällen eine untergeordnete Rolle.

Die Praxis spiegelt das Ungleichgewicht ebenfalls wider. IT-BPM ist in Organisationen seit vielen Jahren fest in den IT-Abteilungen etabliert. Diese engagieren sich stark, verfügen über ein beachtliches Budget und haben Gewicht in der Geschäftsleitung. Für das Business-BPM fehlen dagegen in der Regel eine klare organisatorische Zuständigkeit und auch ein Budget. Chief Process Officer, welche das Business-BPM verantworten, sind eher die Ausnahme als die Regel. Die Weichenstellungen des Business-BPM hängen maßgeblich von Entscheidungen des obersten Managements ab. Dieses räumt jedoch dem Geschäftsprozessmanagement in vielen Fällen nicht die erste Priorität ein.

Resümee: Business-BPM ist nicht nur in Forschung und Lehre, sondern auch in der Praxis deutlich unterrepräsentiert. Für den Erfolg des Geschäftsprozessmanagements als Ganzes sowie für den Erfolg des IT-BPM ergeben sich daraus ungünstige Voraussetzungen.

■

10.9.2 Problemzonen zwischen IT-BPM und Business-BPM

Das Verhältnis zwischen Business-BPM und IT-BPM machen folgende Aussagen deutlich:

- „Zu viel Technik, zu wenig Business: Auf diesen einfachen Nenner lässt sich die Nutzung neuer Informationstechnologien (IT) innerhalb von Unternehmen zusammenfassen. Es gilt, das Übermaß an Technik zu Gunsten einer besseren Verzahnung von Business und IT zu wandeln, wobei die konsequente prozessorientierte Ausrichtung der Organisationsstrukturen die entscheidende Rolle spielt“ (Jost/Wagner 2005, S. 17).
- „There's too much technology for its own sake, and the relationship between IT users and IT practitioners is often reported to be dysfunctional“ (Spanyi 2007, S. 120).
- „It is far more important to get your processes right *before* you consider the implementation of technology“ (Jeston/Nelis 2008, S. 15).
- „An organization must first focus on the business processes to be implemented and, only then, on actual implementation and IT systems“ (Scheer/Brabänder 2010, S. 247).
- „There continues to be a fixation with bringing in the latest technology that fascinates the technologists, rather than starting with the organization's strategies and then figuring out how technology can enhance or improve the organization's ability to accomplish work and deliver results“ (Rummler et al. 2010, S. 17).
- „Aus Sicht eines Unternehmens ist der Einsatz des technischen BPM nur dann gerechtfertigt, wenn es das fachliche BPM möglichst gut unterstützt“ (Allweyer 2011a, S. 220).
- Heute bleibt zumeist unbeantwortet, inwieweit die IT das Erreichen von Geschäftszielen bzw. Prozesszielen unterstützt. Nach der Studie „IT-Trends 2012“ überprüfen 18 % der Befragten den IT-Erfolg überhaupt nicht, 68 % messen lediglich IT-bezogene Key Performance Indicators (KPIs) und nur 14 % erheben Business-KPIs (vgl. Capgemini 2012, S. 13).

10.9.3 Vorgehen und Hindernisse der Integration

Die IT-Unterstützung ist bei der Einführung und Ausführung des Business-BPM von großem Nutzen und in den meisten Fällen unentbehrlich. IT kann aber nicht dem Management die grundsätzlichen Entscheidungen des Business-BPM abnehmen, wie z. B. Definition funktionsübergreifender kundenorientierter (End-to-End-)Geschäftsprozesse, Festlegung der Rollen im Geschäftsprozessmanagement, Ausstattung der Rollen mit ausreichenden Befugnissen, wirksame Integration der Geschäftsprozesse in die Aufbauorganisation, Einführung eines prozessorientierten Controllings mit Prozesszielen und Prozesskennzahlen sowie Aufbau einer Prozesskultur mit kontinuierlicher Verbesserung der Geschäftsprozesse.

Zunächst sollten die Grundsatzfragen des Business-BPM geklärt werden. Im Anschluss daran ist zu entscheiden, wie die IT am wirksamsten die zielgerichtete Durchführung und Optimierung des Geschäftsprozessmanagements bzw. der Geschäftsprozesse unterstützen kann.

Management und IT wählten **in der Vergangenheit zumeist den umgekehrten Weg**. Zuerst wurde über IT-Applikationen entschieden und anschließend folgte die Anpassung der Ist-

Prozesse an die Referenzprozesse der Softwaresysteme. Bei diesem Vorgehen sind Misserfolge vorprogrammiert. Nur wenn End-to-End-Geschäftsprozesse die Ausgangsbasis bilden und die IT diese Geschäftsprozesse flexibel unterstützt, bestehen Erfolgschancen. „Neue Geschäftsmodelle und -konzepte erfordern flexible IT-Lösungen und Anwendungsarchitekturen, die sich den Geschäftsprozessen anpassen und nicht umgekehrt“ (Scheer/Jost/Wagner 2005, S. V).

Heutige IT-Systeme haben eine Reihe von Schwächen. Sie sind zumeist funktions- und nicht prozessorientiert ausgerichtet und ihre Anpassungsfähigkeit ist begrenzt. „Current IT systems do not really meet the needs of business. They are fragmented, duplicated, poorly understood, not responsive to change“ (TOGAF 2011, S. 11). Ein Hindernis für den wirksamen Einsatz von IT-Lösungen ist andererseits der geringe Reifegrad vieler Geschäftsprozesse. Bei einem niedrigen betriebswirtschaftlichen bzw. fachlichen Niveau der Geschäftsprozesse bleiben Effizienzpotenziale der IT ungenutzt. Dann besteht die Gefahr, dass die Ineffizienz der Abläufe durch hohe Kosten der IT-Unterstützung noch gesteigert wird. ■

10.9.4 Business-IT-Alignment durch Unternehmensarchitekturen

Die Bedeutung der IT-BPM wird durch immer leistungsfähigere, flexiblere und einfacher zu bedienende IT-Systeme sowie die Ausweitung der Prozessautomatisierung zunehmen. Deshalb ist es notwendig, dass sich Business-BPM und IT-BPM stärker aufeinander zubewegen, sich intensiver abstimmen und gemeinsam die Weichen für die Optimierung der IT im Geschäftsprozessmanagement stellen (Business-IT-Alignment). ■

Business-IT-Alignment sehen CIOs als wichtigstes Thema für die Zukunftssicherung ihrer Unternehmen. „Sie gehen davon aus, dass die IT-Abteilung das Geschäft nur dann optimal unterstützen kann, wenn beide Seiten wirklich an einem Strang ziehen und sowohl die technologischen Gegebenheiten als auch die Bedürfnisse der Fachabteilungen bei Entscheidungen berücksichtigt werden“ (Capgemini 2012, S. 29).

Eine hilfreiche Basis für die Abstimmung und Integration von Business-BPM und IT-BPM bieten **Unternehmensarchitekturen** (Enterprise Architecture). Sie stellen Unternehmen in ihrer Gesamtheit (Organisation + IT) als Informationssystem dar und zeigen, wie Geschäftsstrategie, Geschäftsstrukturen, Geschäftsprozesse, IT-Strategie sowie die Ausgestaltung der IT miteinander verbunden sind. Abbildung 10.17 zeigt die Unternehmensarchitektur TOGAF (The Open Group Architecture Framework), welche die Open Group zur Nutzung anbietet. Die TOGAF-Unternehmensarchitektur besteht aus:

- **Geschäftsarchitektur:** beschreibt den fachlichen Rahmen für die IT-Anwendung, wie z. B. Geschäftsprozesse, Aufbauorganisation und Geschäftsfähigkeiten (Business Capabilities).
- **Informationsarchitektur:** ist unterteilt in Daten- und Anwendungsarchitektur.
  - Datenarchitektur: beschreibt die Daten mit ihren Beziehungen, die für die Ausführung der Geschäftsprozesse benötigt werden.

- Anwendungsarchitektur: beschreibt die informationstechnischen Lösungen wie z. B. Applikationen und Portale für die Ausführung der Geschäftsprozesse sowie die Beziehungen und Schnittstellen zwischen den Anwendungen.

- **Technologiearchitektur:** beschreibt die Infrastrukturelemente für den Betrieb der Anwendungsarchitektur:
  - Technische Systeme: Hardware, Systemsoftware, Datenbanksysteme, Plattformen, Netzwerke, Server.
  - Systemmanagement: Konfigurierung, Datensicherung, Lastverteilung, Verfügbarkeit etc.

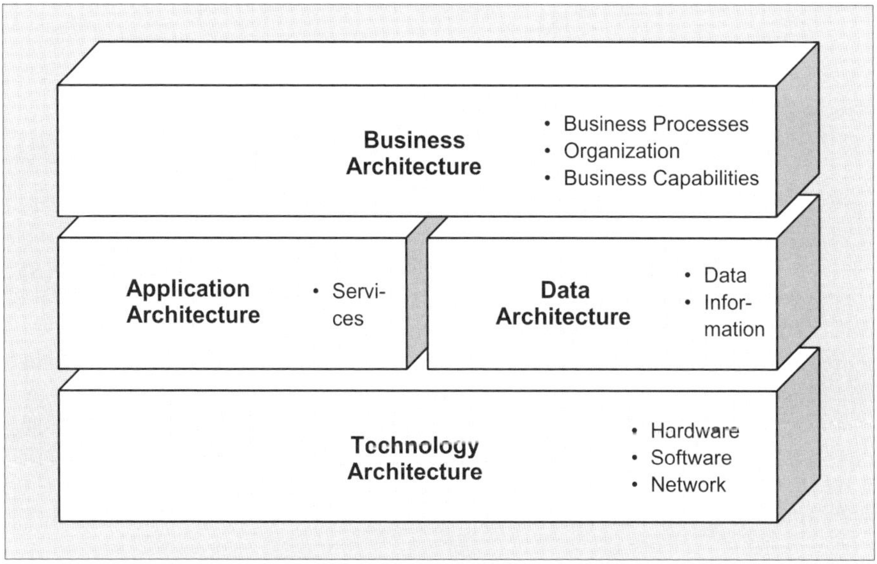

Abb. 10.17 Unternehmensarchitektur TOGAF (vgl. TOGAF 2011, S. 11)

Die Unternehmensarchitektur legt Grundstrukturen fest und definiert Vorgaben für das Zusammenwirken und die Wiederverwendung von IT-Komponenten in Geschäftsprozessen. Sie umfasst alle Funktions- und Leistungsmerkmale dieser Komponenten und gewährleistet deren Funktionalität und Nutzbarkeit in Geschäftsprozessen. **Ziel** der Unternehmensarchitektur ist, eine Entscheidungsbasis für die optimale (effektive, robuste, flexible und wirtschaftliche) Nutzung der IT im Geschäftsprozessmanagement bereitzustellen.

Mit der Anwendung von Unternehmensarchitekturen sind folgende **Vorteile** und Nutzeffekte verbunden (vgl. Rohloff 2009, S. 264 ff.; Slama/Nelius 2011, S. 66 ff.; Büdingen/Schlaf 2011, S. 85 f.; Hanschke 2012, S. 16 ff. und 28 ff.):

- Einheitliche Nomenklatur: einheitliche Begriffe und gemeinsame Sprachbasis zwischen Business und IT.
- Effizientere Kommunikation zwischen Business und IT und besseres Verstehen und Erkennen der gegenseitigen Zusammenhänge und Abhängigkeiten.
- Effizientere Planung, Abstimmung, Steuerung und Umsetzung der Geschäfts-, Prozess- und IT-Strategie.

- Transparenz über vorhandene IT-Systeme und den IT-Einsatz in Geschäftsprozessen.
- Erkennen der Auswirkungen von Systemwechseln auf die Geschäftsprozesse oder von Organisations-, Prozessänderungen auf die Systemlandschaft.
- Erkennen von Schwachstellen, Potenzialen (z.B. Standardisierung, IT-Konsolidierung, IT-Sourcing, IT-Prozessoptimierung) und Handlungsbedarf in Geschäftsprozessen und IT.
- Beschleunigung von IT-Projekten.
- Unterstützung bei der Umsetzung von BPMS/SOA-Projekten.

Vgl. zum Thema Unternehmensarchitektur: Garimella/Lees/Williams 2008, S. 23ff. und 35ff.; Alt 2008, S. 114ff.; Stähler et al. 2009, S. 11f.; Rohloff 2009, S. 233ff.; Krcmar 2010, S. 44ff.; Rummler et al. 2010, S. 218f.; Slama/Nelius 2011, S. 62f.; TOGAF 2011; Hanschke 2012, S. 168ff.

10.9.5 Business-IT-Alignment durch organisatorische Maßnahmen

Ziele und Vorteile von Unternehmensarchitekturen lassen sich realisieren, wenn Business-BPM und IT-BPM ausreichend miteinander kommunizieren. Auf der Business-BPM-Seite sind der Chief Process Officer mit dem GPM-Office wichtige Kommunikationspartner. Als oberstes Abstimmungsgremium für die Unternehmensarchitektur und das IT-Business-Alignment kann das GPM-Control-Board dienen, in dem Business und IT vertreten sind.

Existiert keine Business-BPM-Organisation, fehlt der IT der Kommunikationspartner. Wie die Praxis zeigt, nimmt die IT dann häufig die Aufgaben des Business-BPM selbst wahr. Dieser Trend scheint sich zu verstärken. 43% der Befragten in der Studie „IT-Trends 2012" gehen davon aus, dass es in zehn Jahren eine Zweiteilung des IT-Bereiches geben wird: „Einen technischen und einen, der sich um die Geschäftsprozesse kümmert" (Capgemini 2012, S. 15). Laut der Studie haben diese Trennung bereits 16% der Befragten vollzogen.

Ob IT die Rolle des Business-BPM abdecken kann, hängt von der jeweiligen Situation ab. Zweifel sind angebracht, wenn weiterhin Funktions- und nicht Geschäftsprozessverantwortliche Auftrag- und Geldgeber der IT sind. Es ist anzunehmen, dass sich die IT in diesen Fällen mehr für funktionsorientierte Prozesslösungen (resource/budget and function view) und weniger für ein funktionsübergreifendes, unternehmensweites Geschäftsprozessmanagement (value and corporate view) engagieren wird (vgl. Rummler et al. 2010, S. 216ff.). ■

Komus empfiehlt, Business-BPM und IT-BPM in der Aufbauorganisation zentral zusammenzufassen (vgl. Komus 2011, S. 50ff.; vgl. auch Gadatsch 2012, S. 8f.), um Businessaspekte enger mit der IT-Ausrichtung zu verknüpfen. Die Zusammenführung in einer zentralen Stelle sollte umfassen:

- Aufgaben des zentralen Organisationsbereiches,
- zentralisierte Business-BPM-Aufgaben, z.B. BPM-Methodik, übergeordnete Prozessarchitektur, BPM-Training, BPM-Beratung,

- zentralisierte IT-BPM-Aufgaben, z. B. strategische, grundlegend konzeptionelle sowie übergeordnete Steuerungs- und Controllingaufgaben der IT, technische BPM-Infrastruktur, Mitarbeit an der Entwicklung der IT-Architektur.

„Gelingt eine Organisation, wie sie hier dargestellt wurde, ist sie ein wichtiger Beitrag zu einer Abstimmung zwischen Unternehmensstrategie, übergeordneten Fachprozessen und IT-Umsetzung. Die Chancen verbesserter technologischer Leistungsfähigkeit und erhöhter Flexibilität können wettbewerbswirksam genutzt werden“ (Komus 2011, S. 53).

Eine intensive Zusammenarbeit zwischen Business-BPM und IT-BPM setzt voraus, dass das oberste Management nicht nur die Notwendigkeit einer engen Partnerschaft erkennt, sondern auch entsprechende Rollen mit den erforderlichen Fähigkeiten schafft und Business-IT-Alignment aktiv fördert. „If this relationship is not established, the full potential of BPM will never be realized“ (Rummler et al. 2010, S. 219). ■

■ Das Wichtigste in Kürze

Die Informationstechnologie (IT) hat starken Einfluss auf die Effizienz des Geschäftsprozessmanagements. Sie unterstützt nicht nur den operativen Ablauf der Geschäftsprozesse durch betriebswirtschaftliche Softwaresysteme (IT-Applikationen), sondern liefert auch Tools für Analyse, Modellierung, Gestaltung, Dokumentation, Automatisierung, Simulation, Messung, Reporting und Optimierung der Geschäftsprozesse.

Trotz ihrer großen Bedeutung hat die IT im Geschäftsprozessmanagement nur instrumentellen Charakter. Sie sollte sich den Geschäftsprozessen anpassen und nicht umgekehrt.

Einsatzschwerpunkte von BPM-Tools sind Prozessmodellierung, -dokumentation und -publikation. Oft geben sich Unternehmen mit diesen Anwendungen zufrieden, ohne das eigentliche Ziel des Geschäftsprozessmanagements weiterzuverfolgen, nämlich Geschäftsprozesse zu verbessern und zu optimieren. Prozessmodellierungen reichen nicht aus, um die Performance von Geschäftsprozessen zu steigern.

Der Engpass ist an vielen Stellen nicht die IT, sondern das niedrige betriebswirtschaftliche bzw. fachliche Niveau der Geschäftsprozesse und des Geschäftsprozessmanagements. Effizienzpotenziale der IT bleiben ungenutzt, wenn Geschäftsprozesse nicht vorhanden, nicht eindeutig definiert sind oder eine niedrige Reife haben. Dann besteht die Gefahr, dass die Ineffizienz der Abläufe durch hohe Kosten der IT-Unterstützung noch gesteigert wird.

Business-BPM (fachliches bzw. betriebswirtschaftliches BPM) ist im Vergleich zu IT-BPM (technisches BPM) in Forschung und Lehre wie auch in der Praxis deutlich unterrepräsentiert. Für den Erfolg des Geschäftsprozessmanagements als Ganzes wie auch für den Erfolg des IT-BPM ergeben sich daraus ungünstige Voraussetzungen.

Trotz großer Fortschritte bei der technischen Prozessintegration z. B. durch Prozessportale, Prozessplattformen, BPM-Systeme und SOA (serviceorientierte Architektur) bereitet die Integration von Business-BPM und IT-BPM in der Praxis nach wie vor Schwierigkeiten.

Eine hilfreiche Basis für die Abstimmung und Integration von Business-BPM und IT-BPM bietet die Unternehmensarchitektur (Enterprise Architecture). Sie stellt das Unternehmen in seiner Gesamtheit (Organisation + IT) als Informationssystem dar und zeigt, wie Geschäftsstrategie, Geschäftsstrukturen, Geschäftsprozesse, IT-Strategie sowie Ausgestaltung der IT miteinander verbunden sind. Ziel der Unternehmensarchitektur ist, eine Entscheidungsbasis für die optimale (effektive, robuste, flexible und wirtschaftliche) Nutzung der IT im Geschäftsprozessmanagement bereitzustellen.

Die Unternehmensarchitektur dient als Kommunikationsbasis und Bebauungsplan. Sie macht deutlich, auf welchen Ebenen und zwischen welchen Instanzen Abstimmungen zwischen IT und Geschäftsprozessen notwendig sind. Die Kommunikation zwischen Business-BPM und IT-BPM erfordert gleichrangige Kooperationspartner. Eine fehlende Gesamtverantwortung für das Business-BPM, wie z. B. kein Chief Process Officer, stellt ein großes Hindernis für die Integration von Business-BPM und IT-BPM dar.

10.10 Literatur zu Kapitel 10

Ahlrichs, F.; Knuppertz, T. (2010): Controlling von Geschäftsprozessen. Prozessorientierte Unternehmenssteuerung umsetzen, 2. Aufl., Stuttgart 2010.

Allweyer, T. (2005a): Geschäftsprozessmanagement. Strategie, Entwurf, Implementierung, Controlling, Herdecke 2005.

Allweyer, T. (2005c): Maßgeschneiderter Methodeneinsatz für die Entwicklung betriebswirtschaftlicher Software, in: Scheer, A.-W.; Jost, W.; Wagner, K. (Hrsg.): Von Prozessmodellen zu ablauffähigen Anwendungen, ARIS in der Praxis, Berlin 2005, S. 173 - 195

Allweyer, T. (2008): Welches Modellierungswerkzeug?, in: Kurze Prozesse, 16. Juli 2008, unter: http://www.kurze-prozesse.de, Zugriff am 20. 08. 2012.

Allweyer, T. (2009): BPMN 2.0 - Business Process Model and Notation: Einführung in den Standard für die Geschäftsprozessmodellierung, 2. Aufl., Norderstedt 2009.

Allweyer, T. (2011a): BPM-Round-Trip: Wunsch oder Wirklichkeit?, in: Komus, A. (Hrsg.): BPM Best Practice. Wie führende Unternehmen ihre Geschäftsprozesse managen, Berlin 2011, S. 219 - 234.

Allweyer, T. (2011b): Alles über Subjektorientiertes BPM, in: Kurze Prozesse, 25. September 2011, unter: http://www.kurze-prozesse.de, Zugriff am 08. 07. 2012.

Allweyer, T. (2012): Modellierung für das strategische Prozessmanagement, in: Kurze Prozesse, 26. April 2012, unter: http://www.kurze-prozesse.de, Zugriff am 02. 08. 2012.

Alt, R. (2008): Überbetriebliches Prozessmanagement. Gestaltungsalternativen und Vorgehen am Beispiel integrierter Prozessportale, Berlin 2008.

Becker, J.; Mathas, C.; Winkelmann, A. (2009): Geschäftsprozessmanagement, Informatik im Fokus, Berlin Heidelberg 2009.

Becker, J.; Rosemann, M.; Schütte, R. (1995): Grundsätze ordnungsmäßiger Modellierung, in: Wirtschaftsinformatik, 37 (1995) 5, S. 435 - 445.

Becker, M.; Chamoni, P. (2008): Ein modellbasierter, integrierter Ansatz zur Gestaltung und Nutzung eines Process Warehouse, in: Multikonferenz Wirtschaftsinformatik, MKWI 2008, München, 26. bis 28.02.2008, Proceedings 2008, S. 155 - 166.

Beims, M. (2012): IT Service Management in der Praxis mit ITIL®. ITIL Edition 2011, ISO 20000:2011 und PRINCE2® in der Praxis, 3. Aufl., München 2012.

Bergsmann, S. (2012): End-to-End-Geschäftsprozessmanagement. Organisationselement - Integrationsinstrument - Managementansatz, Wien 2012.

Bergsmann, S.; Grabek, A.; Brenner, M. (2005): Transparenz durch Prozessanalyse und -modellierung, in: Horváth & Partners (Hrsg.): Prozessmanagement umsetzen. Durch nachhaltige Prozessperformance Umsatz steigern und Kosten senken, Stuttgart 2005, S. 47 - 68.

Binner, H. F.; Schnägelberger, S. (2011): Prozessmanagement-Tools. Große Marktübersicht über den BPM-Software-Markt, in: Zeitschrift für Organisation (zfo), 80 (2011) 2, S. 121 - 124.

BIT (2010): Bundesstelle für Informationstechnik (BIT): Geschäftsprozessmodellierung in der öffentlichen Verwaltung, Arbeitshilfe, Version 2.0, Bonn 2010.

Böhn, M.; Burkhardt, A.; Gantner, M. (2010): Prozessmodellierungswerkzeuge. Systeme für Dokumentation, Entwurf, Simulation und Analyse, BARC-Studie, 2. Aufl., München 2010.

BPM&O (2011): Knuppertz, T.; Schnägelberger, S.; Clauberg, K.: Umfrage Status Quo Prozessmanagement 2010/2011, März 2011, BPM&O GmbH in Zusammenarbeit mit Fachhochschule Bonn-Rhein-Sieg und European Business School (EBS), Köln 2011, unter: http://www.bpmo.de/bpmo/export/sites/default/de/know_how/downloads/Status_Quo_Prozessmanagement_2011.pdf, Zugriff am 07.12.2012.

BPTrends (2007a): Harmon, P.; Wolf, C.: Business Process Management and Service Oriented Architecture, BPTrends-Report, June 2007, unter: http://www.bptrends.com/reports_toc_01.cfm, Zugriff am 10.12.2009.

BPTrends (2007b): Miers, D.; Harmon, P.; Hall, C.: The 2007 BPM Suites Report, Version 2.1, BPTrends-Report, July 2007, unter: http://www.bptrends.com/reports_toc_01.cfm, Zugriff am 15.12.2009.

BPTrends (2010): Wolf, C.; Harmon, P.: The State of Business Process Management - 2010, BPTrends-Report, February 2010, unter: http://www.bptrends.com/surveys_landing.cfm, Zugriff am 05.02.2010.

BPTrends (2011b): Harmon, P.; Wolf, C.: Business Process Modeling Survey, BPTrends-Report, December 2011, unter: http://www.bptrends.com/members_surveys/deliver.cfm?report_id=1005&target=Process_Modeling_Survey-Dec_11_FINAL.pdf&return=surveys_landing.cfm, Zugriff am 05.06.2012.

BPTrends (2012a): Wolf, C.; Harmon, P.: The State of Business Process Management 2012, BPTrends-Report, March 2012, unter: http://www.bptrends.com/surveys_landing.cfm, Zugriff am 05.12.2012.

Brecht, L. (2002): Process Leadership. Methode des informationsgestützten Prozessmanagement, Hamburg 2002.

Brewing, J. (2005): Just in Time in Verwaltung und Dienstleistung: Prozessportale als Schlüssel zur Rationalisierung, 13.10.2005, unter: http://www.ecin.de, Zugriff am 18.12.2009.

Büdingen, G. v.; Schlaf, S. (2011): BPM-Methoden und -Tools als Basis für wirtschaftliche und compliancegerechte Abläufe im E.ON-Energie-Konzern, in: Komus, A. (Hrsg.): BPM Best Practice. Wie führende Unternehmen ihre Geschäftsprozesse managen, Berlin 2011, S. 77 - 89.

Capgemini (2011): Capgemini Consulting: HR-Barometer 2011. Bedeutung, Strategien, Trends in der Personalarbeit. Schwerpunkt: Organisationsdesign und -entwicklung, München 2011.

Capgemini (2012): Capgemini Consulting: Studie IT-Trends 2012. Business-IT-Alignment sichert die Zukunft, Berlin 2012.

Davenport, T. H. (1993): Process Innovation. Reengineering Work through Information Technology, Boston, Massachusetts 1993.

Davies, I.; Reeves, M. (2010): BPM Tool Selection: The Case of the Queensland Court of Justice, in: Brocke, J. v.; Rosemann, M. (Hrsg.): Handbook on Business Process Management 1. Introduction, Methods and Information Systems, Berlin 2010, S. 339 - 360.

Dombrowski, B. (2011): Business Capability Management. Gezielte Ausrichtung der Artefakte einer Unternehmensarchitektur, Juni 2011, unter: http://www.generate-value.com/wp-content/uploads/2011/06/Business_Capabilities_Dombrowski_300_t.pdf, Zugriff am 05. 08. 2012.

EABPM (2009): European Association of Business Process Management EABPM (Hrsg.): Business Process Management. Common Body of Knowledge - BPM CBOK®. Leitfaden für das Prozessmanagement, Gießen 2009.

Eggert, S.; Eisbrenner, T. (2008): Aktueller Marktüberblick zum Funktionsumfang von ERP-Systemen, in: ERP Management, 4 (2008) 1, S. 50 - 60.

Eggert, S.; Meier, S. (2009): Aktuelle Marktübersicht zum Funktionsumfang von Modellierungswerkzeugen, in: ERP Management, 5 (2009) 2, S. 56 - 62.

Ehlers, S. (Hrsg.) (2006): BPM - Business Prozessmanagement in Praxis und Anwendung, München 2006.

Fiegler, M. (2008a): Was ist SOA?, Reihe SOA (Teil I), ORDIX News 3/2008, unter: http://www.ordix.de/ORDIXNews, Zugriff am 06.10.2009.

Fiegler, M. (2008b): SOA-Governance - Braucht SOA eine neue Regierung?, Reihe SOA (Teil II), ORDIX News 4/2008, unter: http://www.ordix.de/ORDIXNews, Zugriff am 06.10.2009.

Fiegler, M. (2009): Programmierung im Großen (BPEL), Reihe SOA (Teil IV), ORDIX News 2/2009, unter: http://www.ordix.de/ORDIXNews, Zugriff am 06.10.2009.

Fischermanns, G. (2012): Praxishandbuch Prozessmanagement, 10. Aufl., Gießen 2012.

Fleischmann, A.; Schmidt, W.; Stary, C.; Obermeier, S.; Börger, E. (2011): Subjektorientiertes Prozessmanagement. Mitarbeiter einbinden, Motivation und Prozessakzeptanz steigern, München 2011.

Fraunhofer IAO (2010): Spath, D.; Weisbecker, A., Drawehn, J. (Hrsg.): Business Process Modeling 2010. Modellierung von ausführbaren Geschäftsprozessen mit der Business Process Modeling Notation, Fraunhofer-Institut Arbeitswirtschaft und Organisation IAO, Stuttgart 2010.

Fraunhofer IAO (2011): Spath, D. et al. (Hrsg.): Business Process Management Tools 2011, Fraunhofer-Institut Arbeitswirtschaft und Organisation IAO, Stuttgart 2011.

Fraunhofer ISST (2009): Weißenberg, N.; Stemmer, M.: Moderne IT-Plattformen für Geschäftsprozessmanagement und Portale. Vergleichende Bewertung der Toolsuiten von IBM, IDS Scheer & SAP, sowie Intalio & Liferay, Kurzfassung, Fraunhofer-Institut für Software- und Systemtechnik ISST und Brücker GmbH, Dortmund 2009.

Freund, J.; Götzer, K. (2008): Vom Geschäftsprozess zum Workflow. Ein Leitfaden für die Praxis, München 2008.

Freund, J.; Rücker, B. (2012): Praxishandbuch BPMN 2.0, 3. Aufl., München 2012.

Gadatsch, A. (2012): Grundkurs Geschäftsprozess-Management. Methoden und Werkzeuge für die IT-Praxis: Eine Einführung für Studenten und Praktiker, 7. Aufl., Wiesbaden 2012.

Gadatsch, A.; Juszczak, J.; Krupp, A. (Hrsg.) (2008): Prozesscontrolling in Forschung und Praxis, Tagungsband zur 1. Fachtagung Prozesscontrolling, Schriftreihe des Fachbereiches Wirtschaft der Fachhochschule Bonn-Rhein-Sieg, Band 23, St. Augustin 2008.

Garimella, K.; Lees, M.; Williams, B. (2008): BPM Basics for Dummies, Software AG Special Edition, Indianapolis, Indiana 2008.

Hanschke, I. (2012): Enterprise Architecture Management - einfach und effektiv. Ein praktischer Leitfaden für die Einführung von EAM, München 2012.

Hanschke, I.; Lorenz, R. (2012): Strategisches Prozessmanagement - einfach und effektiv. Ein praktischer Leitfaden, München 2012.

Hess, H.; Blickle, T.; Driesch, M. v. d. (2009): Von der Business Intelligence zur Process Intelligence, in: Computerworld.ch, 27.04.2009, unter: http://www.computerworld.ch, Zugriff am 10.11.2009.

Hesseler, M.; Görtz, M. (2007): Basiswissen ERP-Systeme. Auswahl, Einführung & Einsatz betriebswirtschaftlicher Standardsoftware, Herdecke 2007.

IBM Software Group (2010): Einsparpotenzial gesichert – Business Rule Management als Instrument für Flexibilisierung und Qualitätssteigerung, unter: ftp://public.dhe.ibm.com/software/ch/de, Zugriff am 06.06.2012.

IDS Scheer (2005): Business Process Report 2005, Saarbrücken 2005.

IDS Scheer (2007): Business Process Report 2007, Saarbrücken 2007.

Jeston, J.; Nelis, J. (2008): Business Process Management. Practical Guidelines to Successful Implementations, 2nd ed., Amsterdam et al. 2008.

Jost, W. (2002): Geschäftsprozessmanagement gewinnt zunehmend an Bedeutung, in: Information Management & Consulting (IM), 17 (2002) 10 Sonderausgabe, S. 102 ff.

Jost, W. (2008): Geschäftsprozessmanagement steuert Business Performance, in: Information Management & Consulting (IM), 23 (2008) 2, S. 57 – 59.

Jost, W.; Wagner, K. (2005): Der Weg vom Prozess zu Anwendung, in: Scheer, A.-W.; Jost, W.; Wagner, K. (Hrsg.): Von Prozessmodellen zu ablauffähigen Anwendungen, ARIS in der Praxis, Berlin 2005, S. 17 – 31.

Kagermann, H.; Zencke, P. (2005): Die Renaissance des Geschäftsprozess-Managements. Vom Modellierungswerkzeug zur Prozessplattform für den Wandel, in: Information Management & Consulting (IM), 20 (2005) Sonderausgabe, S. 6 – 12.

Kemsley, S. (2010): Enterprise 2.0 Meets Business Process Management, in: Brocke, J. v.; Rosemann, M. (Hrsg.): Handbook on Business Process Management 2. Strategic Alignment, Governance, People and Culture, Berlin 2010, S. 565 – 574.

Kirchmer, M. (2011): High Performance Through Process Excellence. From Strategy to Execution with Business Process Management, 2nd ed., Berlin 2011.

Klimmer, M. (2012): Unternehmensorganisation. Eine kompakte und praxisnahe Einführung, 3. Aufl., Herne 2012.

Knuppertz, T.; Feddern, U. (2011): Prozessorientierte Unternehmensführung. Prozessmanagement ganzheitlich einführen und verankern, Stuttgart 2011.

Kompetenzzentrum für Prozessmanagement (2008): Status Quo Prozessmanagement 2007/2008 – Ergebniszusammenfassung, Köln 2008.

Komus, A. (2011): BPM Best Practice – Erfolgsfaktoren der Prozessorientierung, in: Komus, A. (Hrsg.): BPM Best Practice. Wie führende Unternehmen ihre Geschäftsprozesse managen, Berlin 2011, S. 3 – 57.

Komus, A.; Wauch, F. (2008): Wikimanagement. Was Unternehmen von Social Software und Web 2.0 lernen können, München 2008.

Krcmar, H. (2010): Informationsmanagement, 5. Aufl., Heidelberg 2010.

Krüger, W. (2009): Excellence in Change. Wege zur strategischen Erneuerung, 4. Aufl., Wiesbaden 2009.

Kuhlin, B.; Thielmann, H. (Hrsg.) (2005): Real-Time Enterprise in der Praxis, Berlin 2005.

Kurze Prozesse (2011): Das BPM-Blog. Rezension des Sammelbandes über Social BPM, 03.08.2011, unter: http://www.kurze-prozesse.de/2011/08/03/sammelband-uber-social-bpm/, Zugriff am 10.06.2012.

Lusk, S. (2007): The Value of a Formal Business Process Repository, BPMInstitute.org, June 5, 2007, unter: http://www.bpminstitute.org/articles/, Zugriff am 05.12.2009.

Maravola, T. (2009): US Military Entrance Command (USMEPCOM), OMG Winner – Best BPM Demonstration of ROI, BPTrends, Case Study April 2009, unter: http://www.bptrends.com, Zugriff am 05.11.2009.

Minone, C. (Hrsg.) (2011): Zürcher Hochschule für Angewandte Wissenschaften (ZHAW): Business Process Management 2011 – Status quo und Zukunft. Eine empirische Studie im deutschsprachigen Europa, Zürich 2011.

Molter, M. (2005): Die prozessorientierte Applikationslandschaft, in: Scheer, A.-W.; Jost, W.; Wagner, K. (Hrsg.): Von Prozessmodellen zu ablauffähigen Anwendungen, ARIS in der Praxis, Berlin 2005, S. 151 - 172.

Mühlen, M. z.; Hansmann, H. (2008): Workflowmanagement, in: Becker, J.; Kugeler, M.; Rosemann, M. (Hrsg.): Prozessmanagement. Ein Leitfaden zur prozessorientierten Organisationsgestaltung, 6. Aufl., Berlin 2008, S. 373 - 407.

Mühlen, M. z.; Shapiro, R. (2010): Business Process Analytics, in: Brocke, J. v.; Rosemann, M. (Hrsg.): Handbook on Business Process Management 2. Strategic Alignment, Governance, People and Culture, Berlin 2010, S. 137 - 157.

Nüttgens, M. (2008): Evaluation und Auswahl von BPM-Werkzeugen: Rahmenkonzept, Vorgehensmodell und Werkzeugunterstützung, in: Gadatsch, A.; Juszczak, J.; Krupp, A. (Hrsg.): Prozesscontrolling in Forschung und Praxis, Tagungsband zur 1. Fachtagung Prozesscontrolling, Schriftreihe des Fachbereiches Wirtschaft der Fachhochschule Bonn-Rhein-Sieg, Band 23, St. Augustin 2008, S. 26 - 39.

Oehler, K. (2006): Corporate Performance Management mit Business Intelligence Werkzeugen, München 2006.

Pohland, S. (Hrsg.) (2009): Flexibilisierung von Geschäftsprozessen. Konzepte und Praxisbeispiele, München 2009.

Puschmann, T. (2004): Prozessportale - Architektur zur Vernetzung mit Kunden und Lieferanten, Berlin 2004.

Quack, K. (2007): Portale: Comeback im Zeichen der SOA, Computerwoche, 08.11.2007, unter: http://www.computerwoche.de, Zugriff am 19.12.2009.

Rohloff, M. (2009): Integrierte Gestaltung von Unternehmensorganisation und IT, Berlin 2009.

Rosemann, M. (2006a): Potential pitfalls of process modeling: part A, in: Business Process Management Journal, Vol. 12 (2006) Iss. 2, pp. 249 - 254.

Rosemann, M. (2006b): Potential pitfalls of process modeling: part B, in: Business Process Management Journal, Vol. 12 (2006) Iss. 3, pp. 377 - 384.

Rosemann, M.; Schwegmann, A.; Delfmann, P. (2008): Vorbereitung der Prozessmodellierung, in: Becker, J.; Kugeler, M.; Rosemann, M. (Hrsg.): Prozessmanagement. Ein Leitfaden zur prozessorientierten Organisationsgestaltung, 6. Aufl., Berlin 2008, S. 45 - 103.

Rummler G.A.; Ramias, A.J.; Rummler, R.A. (2010): White Space Revisited. Creating Value through Process, San Francisco 2010.

Scheer, A.-W. (2008a): Geschäftsprozesse optimieren durch Business Performance und Business Process Management, Teil 1, in: Information Management & Consulting (IM), 23 (2008) 3, S. 56 - 65.

Scheer, A.-W. (2008b): Geschäftsprozesse optimieren durch Business Performance und Business Process Management, Teil 2, in: Information Management & Consulting (IM), 23 (2008) 4, S. 72 - 79.

Scheer, A.-W.; Kruppke, H.; Jost, W.; Kindermann, H. (Hrsg.) (2006): Agilität durch ARIS Geschäftsprozessmanagement, Jahrbuch Business Process Excellence 2006/2007, Berlin 2006.

Scheer, A.-W.; Brabänder, E. (2010): The Process of Business Process Management, in: Brocke, J. v.; Rosemann, M. (Hrsg.): Handbook on Business Process Management 2. Strategic Alignment, Governance, People and Culture, Berlin 2010, S. 239 - 265.

Scheer, A.-W.; Jost, W.; Erbach, F. (2005): Prozessmanagement durch Geschäftsregeln, in: Controlling, 17 (2005) 8/9, S. 459 - 465.

Scheer, A.-W.; Jost, W.; Wagner, K. (Hrsg.) (2005): Von Prozessmodellen zu ablauffähigen Anwendungen, ARIS in der Praxis, Berlin 2005.

Scheer, A.-W.; Werth, D. (2005): Geschäftsprozessmanagement und Geschäftsregeln, Heft 183, Institut für Wirtschaftsinformatik im Deutschen Forschungszentrum für Künstliche Intelligenz (DFKI), Saarbrücken 2005.

Scheer, A.-W.; Zimmermann, V. (1996): Geschäftsprozeßmanagement und integrierte Informationssysteme: Prozeßmodellierung, Referenzmodelle und Softwaretechnologien, in: Töpfer, A. (Hrsg.): Geschäftsprozesse analysiert & optimiert, Neuwied 1996, S. 267 - 286.

Schmietendorf, A. (2008): Auswahl geeigneter Werkzeuge zur Geschäftsprozessmodellierung unter Berücksichtigung der Aufgaben des Business Process Management, in: Gesellschaft für Informatik e. V. (Hrsg.): Fachausschuss Management der Anwendungsentwicklung und -wartung (WI-MAW) im FB Wirtschaftsinformatik, März 2008, S. 35 – 45.

Schönthaler, F.; Vossen, G.; Oberweis, A.; Karle, Th. (2011): Geschäftsprozesse für Business Communities. Modellierungssprachen, Methoden, Werkzeuge, München 2011.

Slama, D.; Nelius, R. (2011): Enterprise BPM. Erfolgsrezepte für unternehmensweites Prozessmanagement, Heidelberg 2011.

Snabe, J. H.; Rosenberg, A.; Moeller, Ch.; Scavillo, M. (2009): Business Process Management: The SAP Roadmap, Galileo Press, Boston (M) 2009.

Spanyi, A. (2007): More for Less: The Power of Process Management, Tampa, Florida 2007.

Spath, D.; Renner, T.; Weisbecker, A. (2005): Unternehmensübergreifende Geschäftsprozesse und E-Collaboration, in: Kuhlin, B.; Thielmann, H. (Hrsg.): Real-Time Enterprise in der Praxis, Berlin 2005, S. 13 – 30.

Stahl, Th.; Völter, M.; Efftinge, S.; Haase, A. (2007): Modellgetriebene Softwareentwicklung: Techniken, Engineering, Management, 2. Aufl., Heidelberg 2007.

Stähler, D.; Meier, I.; Scheuch, R.; Schmülling, Ch.; Somssich, D. (2009): Enterprise Architecture, BPM und SOA für Business-Analysten. Leitfaden für die Praxis, München 2009.

Starke, G.; Tilkov, S. (Hrsg.) (2007): SOA-Expertenwissen: Methoden, Konzepte und Praxis serviceorientierter Architekturen, Heidelberg 2007.

Staud, J. (2006): Geschäftsprozessanalyse. Ereignisgesteuerte Prozessketten und objektorientierte Geschäftsprozessmodellierung für Betriebswirtschaftliche Standardsoftware, 3. Aufl., Berlin 2006.

Stiehl, V. (2009): BPMN – Vermittler zwischen den Welten, August 2009, unter: http://it-republik.de/jaxenter/bpm/, Zugriff am 05. 10. 2010.

Stoller-Schai, D. (2003): E-Collaboration: Die Gestaltung internetgestützter kollaborativer Handlungsfelder, Bamberg 2003.

TechTarget/Forrester Research (2010): State of SOA Survey for 2010, unter: http://cdn.ttgtmedia.com/searchSOA/, Zugriff am 06. 06. 2012.

TOGAF (2011): The Open Group Architecture Framework. TOGAF Version 9.1 Enterprise Edition, Module 1- Management Overview, unter: http://www.togaf.org/, Zugriff am 10. 05. 2012.

Wagner, J. (2007): Agile Geschäftsprozesse durch Integration von Geschäftsregeln, ARIS Expert Paper, Saarbrücken 2007.

Werth, D.; Kupsch, F.; Vanderhaeghen, D.; Walter, Ph.; Loos, P. (2010): Unternehmensübergreifendes Prozessmanagement, in: Jochem, R.; Mertins, K.; Knothe, Th. (Hrsg.): Prozessmanagement. Strategien. Methoden, Umsetzung, Düsseldorf 2010, S. 291 – 319.

Weske, M. (2007): Business Process Management. Concepts, Languages, Architectures, Berlin 2007.

Wilhelm, R. (2007): Prozessorganisation, 2. Aufl., München 2007.

11 Wie wird Geschäftsprozessmanagement eingeführt?

In diesem Kapitel werden folgende Fragen beantwortet:

- Welche Widerstände sind bei der Einführung des Geschäftsprozessmanagements zu erwarten?
- Wie können Widerstände verhindert werden?
- Wie sollte mit Widerständen umgegangen werden?
- Welche Rolle spielen Führungskräfte bei der Einführung?
- Von welchen Faktoren hängt die erfolgreiche Einführung des Geschäftsprozessmanagements ab?

11.1 Change Management im Geschäftsprozessmanagement: Der Umgang mit Veränderungen und Widerständen

11.1.1 Ziele und Aufgaben des Change Management

„Change Management gehört in Unternehmen zu den Königsdisziplinen – und wird doch immer wieder vernachlässigt. Das führt zur Verunsicherung, manchmal gar zur inneren Kündigung von Mitarbeitern. Dabei müssen die Führungskräfte doch nur eines sein: ehrlich" (Hoffmeyer 2012).

Organisationen stehen immer wieder vor der Herausforderung, Veränderungsbedarf (Wandlungsbedarf) zu erkennen, notwendige Veränderungen zu bejahen (Wandlungsbereitschaft) und Veränderungen erfolgreich durchzuführen (Wandlungsfähigkeit), wie z. B. bei der Einführung des Geschäftsprozessmanagements. Wandlungsbedarf, -bereitschaft und -fähigkeit (**3-W-Modell**) müssen vorhanden sein, wenn Veränderungen gelingen sollen (vgl. Krüger 2009, S. 30 ff.; Vahs 2012, S. 404 ff.; Bach et al. 2012, S. 354 ff.).

Der **Erfolg von Veränderungsprozessen** hängt von vielen Komponenten ab:

- Erfolgsbestimmende Faktoren
  - Vision und Ziele und des Wandels bestimmen,
  - Topmanagement als Promotor und Enabler (Befähiger) des Wandels gewinnen,
  - Wissen, Fähigkeiten, Werte und Verhaltensmuster bei Führung und Mitarbeitern mit dem Wandel in Einklang bringen,
  - eine wandlungsfähige Organisation schaffen.
- Erfolgsunterstützende Faktoren
  - einheitliches Verständnis für den Wandel und das Bewusstsein für seine Dringlichkeit durch Kommunikation erzeugen,
  - Wandlungsbereitschaft und -fähigkeit bei Führung und Mitarbeitern erreichen,
  - Ablauf und Ergebnisse des Wandlungsprozesses über ein Veränderungscontrolling planen, kontrollieren und steuern.

Bei der Umsetzung von Veränderungen (= Transformationsprozess) spielt Change Management eine wichtige Rolle. **Change Management** umfasst die Analyse, Planung, Realisierung, Evaluierung und laufende Weiterentwicklung von ganzheitlichen Veränderungsmaßnahmen (vgl. Vahs 2012, S. 302; vgl. auch Klimmer 2012, S. 219 ff.). Ganzheitlich bedeutet, alle Handlungsfelder des Change Management einzubeziehen. Diese sind: Strategie (Vision, Ziele), Kultur (Führung, Kommunikation), Organisation (Strukturen, Prozesse), Menschen (Wissen, Fähigkeiten, Motivation) und Technologien (eingesetzte Systeme, IT, Verfahren, Methoden). „Die simultane Betrachtung des Gesamtzusammenhanges dieser Faktoren macht letztendlich den Erfolg oder Misserfolg von Transformationsprozessen aus“ (Vahs 2012, S. 355; vgl. auch Baumöl 2010, S. 492 ff.). Es ist Aufgabe des Managements, geeignete Rahmenbedingungen für das Change Management und damit für die Veränderungsfähigkeit einer Organisation zu schaffen (vgl. KPMG 2009, S. 24; Picot et al. 2012, S. 547; Vahs 2012, 283 ff.).

Change Management unterstützt Führung und Mitarbeiter, die Notwendigkeit von Veränderungen zu erkennen, zu akzeptieren, aktiv mitzugestalten, effektiv und effizient umzusetzen sowie zu stabilisieren. Change Management ist nicht nur bei der Einführung, sondern auch bei der Durchführung des Geschäftsprozessmanagements unentbehrlich. Bejahen des Geschäftsprozessmanagements eröffnet Spielräume für eigenverantwortliche, aktive Gestaltung. Hinausschieben oder Ablehnen erhöht die Gefahr, dass Geschäftsprozessmanagement von außen aufgezwungen und fremdgesteuert durchgesetzt wird.

11.1.2 Veränderungen und Widerstände bei der Einführung des Geschäftsprozessmanagements

Im Geschäftsprozessmanagement spielen ganzheitliche Veränderungsprozesse und damit Change Management eine zentrale Rolle. Das Geschäftsprozessmanagement bewirkt Veränderungen und unterliegt gleichzeitig Veränderungen (vgl. auch Madison 2005, S. 181 ff.; Ahlrichs/Knuppertz 2010, S. 51 f. und 326 f.; Knuppertz/Feddern 2011, S. 53 ff.; Kirchmer 2011, S. 56 ff.; Fischermanns 2012, S. 170 f.).

Veränderungen durch Geschäftsprozessmanagement sind:

- Nicht mehr Abteilungen, sondern Geschäftsprozesse stehen im Mittelpunkt der Organisation.
  - Die Organisation ändert sich.
- Nicht mehr Funktions-, sondern Prozessverantwortliche sind die Träger des Geschäftes.
  - Die Positionen, Verantwortungen, Befugnisse und Spielregeln ändern sich.
- Nur das, was dem Kunden nutzt, hat Wert; alles andere ist Verschwendung.
  - Die Abläufe und Arbeitsinhalte ändern sich.
- Die Mitarbeiter steuern und verbessern die Geschäftsprozesse selbst.
  - Die Rollen von Management, Führung und Mitarbeitern ändern sich.
- Nicht mehr Kostenstellenbudgets, sondern Zeiten, Qualität und Kosten der Geschäftsprozesse sind die wesentlichen operativen Steuerungsgrößen.
  - Die Ziele, Kennzahlen und das Controlling ändern sich.

Diese Veränderungen erfordern eine Neuorientierung des Geschäfts-, Kunden-, Führungs-, Mitarbeiter-, Organisations- und Controllingverständnisses. Sie stellen insgesamt einen Kulturwandel dar. Status, Anweisungen und Kontrolle verlieren an Bedeutung. Die Selbständigkeit der Mitarbeiter gewinnt an Bedeutung. „Changemanagement arbeitet an einem Bewusstseins- oder Paradigmenwechsel und muss sich daher nicht nur der Änderung in der Führungsstruktur und -kultur widmen, sondern genauso dafür sorgen, dass für alle Mitarbeiter und Mitarbeiterinnen Prozessdenken zu einem selbstverständlichen Teil des Tagesgeschäfts wird, denn jeder Einzelne ist ein Wissensträger hinsichtlich Geschäftsabläufen" (Bühler, Lufthansa AG, in: Slama/Nelius 2011, S. 360).

Veränderungen schaffen Neues. Neues wirkt bedrohlich und erzeugt Bedenken, Befürchtungen und Ängste. Diese lösen **Widerstände** aus. Widerstände können zu einer aktiven oder passiven Ablehnung von Veränderungen führen (vgl. Madison 2005, S. 172 ff.; Senden/Dworschak 2012, S. 17 ff.; Vahs 2012, S. 356 ff.). Besonders ausgeprägt sind Widerstände gegenüber Veränderungen in hierarchischen Organisationen. Mit diesen Widerständen hat besonders das Geschäftsprozessmanagement zu kämpfen.

Um Widerstände richtig zu beurteilen, sind folgende Grundsätze zu beachten (vgl. Doppler/Lauterburg 2008, S. 345 f.):

- Es gibt keine Veränderungen ohne Widerstand!
- Widerstand enthält immer eine „verschlüsselte Botschaft"!
- Nichtbeachtung von Widerstand führt zu Blockaden!
- Mit dem Widerstand, nicht gegen ihn gehen!

Indizien für Widerstände können sein (vgl. Doppler/Lauterburg 2008, S. 338 f.; Vahs 2012, S. 365 f.):

- Widerspruch: Gegenargumentation, Vorwürfe, Aggressivität, Polemik, Formalismus.
- Unruhe: Streit, Intrigen, Gerüchte, Cliquenbildung.

- Ausweichen: Schweigen, Bagatellisieren, Unwichtiges debattieren.
- Lustlosigkeit: Unaufmerksamkeit, Müdigkeit, Fernbleiben, innere Emigration, Krankheit.

Widerstände kommen häufig dadurch zum Ausdruck, dass:

- hohe Priorität auf kurzfristige Profitabilität gelegt,
- auf die Erfolge der Vergangenheit verwiesen,
- der einzigartige Wert bisheriger Erfahrungen herausgestellt,
- die notwendige Kontinuität in der Stellenbesetzung betont,
- auf das Scheitern ähnlicher Ansätze in der Vergangenheit oder in anderen Organisationen verwiesen wird.

Um auf Widerstände richtig zu reagieren, muss bekannt sein, wer von der Einführung des Geschäftsprozessmanagements am stärksten betroffen ist und von wem welche Widerstände zu erwarten sind. Diese Fragen können über eine Stakeholder-Analyse in Verbindung mit einer **Betroffenheitsanalyse** beantwortet werden. Die Stakeholder-Analyse gibt Auskunft

Betroffene Personengruppe / Kriterien der Betroffenheit	A	B	C	D	C	E	F
Ansehen	–	o					
Einfluss	+	+					
Berufschancen	o	+					
Anforderungen	+	–					
Aufgabenerweiterung	++	++					
Arbeitsbereicherung	++	o					
Eigenverantwortung	+	+					
Erfolgsrisiko	–	– –					
Entlohnung	o	O					
Belastung / Arbeitszeit	+	– –					
Arbeitsplatzsicherheit	+	o					
Summe Betroffenheit	+	+ / –					

Grad der Betroffenheit: **++** = stark positiv **+** = positiv **o** = kein Einfluss – – = stark negativ – = negativ

Abb. 11.1 Betroffenheitsanalyse (vgl. Brehm/Petry 2009, S. 383)

über den Einfluss der relevanten Stakeholder auf die Einführung des Geschäftsprozessmanagements und ermittelt ihre Beeinflussbarkeit (vgl. Kapitel 2.3). Die Betroffenheitsanalyse macht deutlich, wie stark die in der Stakeholder-Analyse identifizierten Anspruchsgruppen von der Einführung des Geschäftsprozessmanagements betroffen sind. „Daraus ergeben sich Hinweise, von welcher Seite Widerstände zu erwarten sind, aber auch, wer Interesse an einer Mitarbeit haben oder Vorhaben aktiv unterstützen könnte" (Brehm/Petry 2009, S. 383; siehe Abbildung 11.1). Sind die betroffenen Personengruppen und der Grad ihrer Betroffenheit ermittelt, können Betroffenheitsgruppen wie z.B. Gegner, Bremser, Skeptiker und Promotoren gebildet werden. Für diese sind dann Maßnahmen festzulegen, um die Einstellungen in der gewünschten Richtung zu verändern.

Ergänzende Informationen liefert das Resistance Radar, mit dessen Hilfe Veränderungswiderstände identifiziert werden können. Deren Kenntnis ermöglicht es, spezifische Maßnahmen für den Umgang mit Widerständen zu entwickeln und umzusetzen. Allerdings ist der Aufwand für die Anwendung dieses Instrumentes hoch (vgl. Vahs/Weiand 2010, S. 370 ff.).

In vielen Fällen führt die Auseinandersetzung mit Widerständen zu Hinweisen, wie Konzept und Vorgehen des Veränderungsprozesses verbessert werden können. Deshalb sollten Widerstände nicht ignoriert, unterdrückt oder bekämpft, sondern als Quelle wertvoller Ideen und Anregungen genutzt werden (vgl. Strake/Techt/Kuhls 2010, S. 233 ff.).

Bevor Maßnahmen ins Auge gefasst werden, sind zunächst die **Ursachen der Widerstände** zu ergründen. Die Ursachen können personen- oder organisationsbezogener Natur sein (siehe Abbildung 11.2). Entsprechend können auch die Maßnahmen in personen- und organisationsbezogene unterteilt werden (vgl. Best/Weth 2003, S. 173 ff.; Kelle/Stern 2006, S. 281 ff.; Wagner/Patzak 2007, S. 335 ff.; Doppler/Lauterburg 2008, S. 339 ff.; Vahs/Weiand 2010, S. 374 ff.; Strake/Techt/Kuhls 2010, S. 233 ff.; Vahs 2012, S. 369 ff.; Klimmer 2012, S. 205 ff.).

Personenbezogene Widerstände	Organisationsbezogene Widerstände
• Notwendigkeit der Veränderung wird nicht erkannt • Ziele, Vorgehen und Ergebnisse der Veränderung werden missverstanden oder angezweifelt • Angst vor dem Unbekannten und vor Überforderung • Angst vor Statusverlust • Bedrohung bestehender Beziehungen • Bedrohung bestehender Arbeitsabläufe und Gewohnheiten • Arbeitsplatz-, Einkommensrisiko	• Anreizsystem verstärkt bestehende Zustände • Bedrohung des bestehenden Machtgleichgewichtes • Konflikte zwischen Gruppen verhindern Zusammenarbeit • Unvereinbarkeit von Veränderungsprozess und Organisationskultur • Ressourcen sind durch frühere Entscheidungen gebunden

Abb. 11.2 Ursachen von Widerständen gegenüber Veränderungen

Personenbezogene Maßnahmen haben die Veränderung von Sichtweisen und Einstellungen zum Ziel und sprechen den emotionalen Bereich an. Bei organisationsbezogenen Maßnahmen geht es um strukturelle Änderungen, die sich auf Verhaltensänderungen auswirken.

Beispiele für **personenbezogene Maßnahmen** zum Abbau von Widerständen sind:

- Information und Kommunikation,
- Beteiligung der Betroffenen,
- Entlastung und Unterstützung (Begleitung, Coaching, Konfliktmoderation, Mediation),
- Verhandlung und Kompromissbildung,
- Zwang und Druck.

In vielen Fällen können Information, Kommunikation, Beteiligung, Entlastung und Unterstützung Widerstände abbauen. Beteiligung hat im Geschäftsprozessmanagement eine besonders hohe Priorität. Beispiele sind das Workshopkonzept der Einführung, Zielvereinbarungen über Policy Deployment, dezentrales Controlling und Prozessverbesserungen durch Prozessteams und selbststeuernde Kaizen-Teams. Ob Verhandeln und Kompromissbildung geeignete Wege sind, hängt von den Beteiligten ab. Positiv ist zu werten, wenn die Ergebnisse dazu beitragen, einen abgestimmten und gemeinsamen Weg zu finden. Zwang und Druck sind Mittel, die in Extremfällen zur Anwendung kommen. Beispiele sind Opponenten, die zusammen mit ihren „Seilschaften" offenen Widerstand leisten und Indifferente negativ beeinflussen. „Ist davon auszugehen, dass man sie weder ändern oder überzeugen noch umgehen kann, wird man ihren Einfluss auf die eine oder andere Weise brechen oder beseitigen müssen, bis hin zu personellen Konsequenzen" (Krüger 2009, S. 165).

Beispiele für **organisationsbezogene Maßnahmen** sind:

- Dialogprozess über Ausgangssituation, Ziele, Vorgehen, Chancen und Risiken des Geschäftsprozessmanagements in Gang setzen,
- Prozess- und Methodenwissen vermitteln,
- schnell sichtbare Einführungserfolge erreichen,
- Ziel- und Anreizsysteme auf Prozesse ausrichten, z. B. Kopplung von Zielvereinbarungen mit Prozesszielen, Kopplung von Kaizen-Zielen mit dem Anreizsystem,
- Aufgaben delegieren, z. B. Selbststeuerung und Aufgabenerweiterung in Prozessteams und Kaizen-Teams.

Bei den organisationsbezogenen Maßnahmen geht es um organisatorische Neuorientierungen, höhere organisatorische Transparenz, Abbau von sachlichen, prozessualen sowie kulturellen Hindernissen, neue Anreizsysteme sowie größere Eigenständigkeit und Einflussmöglichkeit der Mitarbeiter. Diese mit dem Geschäftsprozessmanagement verbundenen Veränderungen beeinflussen Motivation, Zufriedenheit und Verhalten der Mitarbeiter positiv.

Einfluss auf die Veränderungsbereitschaft hat die Dringlichkeit bzw. der Grund für die Einführung des Geschäftsprozessmanagements. Auslöser können sein:

- aktuelle Krise,
- absehbare Krise,
- proaktive Zukunftssicherung.

In Notsituationen ist zumeist größere Bereitschaft vorhanden, Geschäftsprozessmanagement zu akzeptieren und zu unterstützen. „Sichtbare Krisen können enorm hilfreich sein, um die Aufmerksamkeit der Menschen zu gewinnen und die Dringlichkeitsstufe zu erhöhen" (Kotter 2011, S. 39; vgl. auch Jeston/Nelis 2008, S. 285; Klimmer 2012, S. 225 f.). Bei nachlassendem Leidensdruck besteht die Gefahr, dass das Geschäftsprozessmanagement „versandet" und die alten Verhaltensmuster wieder Platz greifen. Der Erfolg ist nur dann von Dauer, wenn es der Führung gelingt, bei den Mitarbeitern eine positive Einstellung zum Geschäftsprozessmanagement zu erzeugen.

Schwieriger ist es, Akzeptanz zu erreichen, wenn es einer Organisation gut geht. In dieser Situation besteht eher die Tendenz, die Früchte zu ernten und sich nicht neuen Herausforderungen zu stellen. Die Führung muss in guten Zeiten die Mitarbeiter viel stärker überzeugen und motivieren, Veränderungen mitzutragen.

11.1.3 Die Rolle von Management, Führung und Mitarbeitern bei der Einführung des Geschäftsprozessmanagements

Zunächst ist auf den Unterschied zwischen Management und Führung (Leadership) hinzuweisen. Aufgaben des **Managements** sind Zielsetzung, Organisation, Planung, Kontrolle und Steuerung. Management „schafft ein bestimmtes Maß an Vorhersagbarkeit und Ordnung und hat das Potenzial, konsistent [...] Erfolge zu schaffen, die von verschiedenen Stakeholdern erwartet werden" (Kotter 2011, S. 22; auch S. 108 f.). **Führung** bedeutet, die Richtung (Vision) vorzugeben, Strategien zum Erreichen der Vision zu entwickeln, den Mitarbeitern Vision, Strategie, Ziele und Vorgehen zu vermitteln und sie zu motivieren, die Ziele umzusetzen. **Führung erzeugt Wandel und bewirkt Veränderungen**. Erfolgreiche Veränderungen basieren zu 90 % auf Führung und zu 10 % auf Management. Veränderungsprozesse erfordern gleichzeitig kompetentes Management und Führung. Management hält den Veränderungsprozess unter Kontrolle und Führung treibt den Wandel voran. Dabei ist Führung die größere Herausforderung. Nur über Führung lassen sich Verhaltensänderungen herbeiführen und kann der Wandel in der Organisationskultur verankert werden (vgl. Spanyi 2010b, 1 ff.; Kotter 2011, S. 22 ff.).

In der Praxis wird der Managementkompetenz mehr Gewicht als Führungsverhalten und -leistung beigemessen. So wird in deutschen Unternehmen z. B. schlechtes Führungsverhalten in der Regel nicht sanktioniert, „sofern und solange das operative Ergebnis stimmt". Auf der anderen Seite wird gutes Führungsverhalten nicht belohnt. In Zielvereinbarungen spielt Führung eine eher untergeordnete Rolle. „Eine notwendige Führungskultur kann so nicht entstehen" (Halstrup/Steinert 2011).

Mit einer **Überbetonung des Managements** ist die Gefahr von Innensicht, Bürokratie und Arroganz verbunden. Innensicht und bürokratische Kultur haben Schwierigkeiten, Bedrohungen sowie Chancen zu erkennen, und reagieren ablehnend auf Veränderungen. „Arrogante Manager tendieren dazu, ihre eigene Leistung und ihre Wettbewerbsposition zu überschätzen, sie hören schlecht zu und lernen nur langsam. [...] Die Kombination von Kulturen, die sich dem Wandel widersetzen, und Managern, die nicht gelernt haben zu führen, ist verheerend" (Kotter 2011, S. 23).

Die Einführung des Geschäftsprozessmanagements verlangt, dass Manager umdenken und ihre funktionalen Orientierungen und Gewohnheiten aufgeben. Geschäftsprozessmanagement entlastet das Management vom Tagesgeschäft. Die operative Steuerung der Geschäftsprozesse übernehmen weitgehend die Mitarbeiter. Dadurch können sich Manager stärker ihrer Führungsrolle widmen (vgl. Suter 2004, S. 234 ff.). ■

Die **Führung** muss Geschäftsprozessmanagement vorleben. Es ist ihre Verantwortung, zuerst sich zu verändern und dann das Vorbild für die Organisation zu sein (vgl. Jeston/Nelis 2008, S. 286). Führung kann nur durch Authentizität und Glaubwürdigkeit überzeugen, nicht durch Macht und Taktik. Vorbildlich ist eine Führungskraft, wenn Worte und Taten übereinstimmen, authentisch, wenn sie sich so gibt, wie sie tatsächlich ist, und glaubwürdig, wenn sie Vertrauen schafft und Akzeptanz für geplante Veränderungen erreicht (vgl. Krüger 2009, S. 147 ff.; Kotter 2011, S. 53 ff.).

Besonders gefordert ist das **Topmanagement** als Promotor und Enabler. Als Promotor initiiert es die Einführung des Geschäftsprozessmanagements und organisiert, steuert und überwacht den Veränderungsprozess. Als Enabler schafft es die Rahmenbedingungen für das Gelingen der Einführung. Das Topmanagement muss den Veränderungsprozess „anführen". Dafür ist es erforderlich, das von dem Soziologen Ulrich Beck in einem anderen Zusammenhang beschriebene Verhaltensmuster der „verbalen Aufgeschlossenheit bei weitgehender Verhaltensstarre" aufzugeben.

Auch an die **Prozessmitarbeiter** stellt der Wandel durch Geschäftsprozessmanagement höhere Anforderungen. Prozessmitarbeiter sind die eigentlichen Leistungsträger in Geschäftsprozessen. Sie erzeugen nicht nur Werte für Kunden (Wertschöpfung), sondern auch Werte für die Organisation, wie z. B. durch organisationales Lernen sowie durch permanente Steigerung von Effektivität und Effizienz der Geschäftsprozesse (vgl. Suter 2004, S. 234 ff.). Der Aufgabenbereich der Mitarbeiter wird vielseitiger und anspruchsvoller. Höhere Anforderungen werden an eigenverantwortliches Handeln, Teamarbeit, Zielorientierung, offenen Umgang mit Problemen, kreative Problemlösungen und Eigeninitiative gestellt. Mitarbeiter sehen höhere Anforderungen positiv, wenn sie mit den Aufgaben wachsen und die größere Verantwortung ihre Zufriedenheit erhöht. 65 % der Mitarbeiter halten es für wichtig, verantwortungsvolle Aufgaben zu übernehmen (vgl. INIFES 2006). „Wer seinen Mitarbeitern Gestaltungsfreiheit und eigenverantwortliches Handeln bieten kann, wird vom Drang der Menschen nach Selbstverwirklichung im Beruf profitieren" (Nußbaum 2011, S. 18).

11.2 Erfolgs- und Misserfolgsfaktoren der Einführung des Geschäftsprozessmanagements

11.2.1 Merkmale erfolgreicher Veränderungsprojekte

Die Einführung des Geschäftsprozessmanagements ist ein komplexes Vorhaben des organisatorischen Wandels, das im Rahmen eines Veränderungsprojektes (GPM-Projekt) durchgeführt wird (vgl. Kapitel 12.1). Nach der IBM-Studie „Making Change Work" sind im Durchschnitt nur 38 % der Veränderungsprojekte voll erfolgreich, 46 % verfehlen die Ziele und 16 % scheitern (vgl. IBM 2007, S. 12).

Der **Erfolg von Veränderungsprojekten** kann an folgenden Wirkungen gemessen werden (vgl. KPMG 2009, S. 27 ff.):

- Nachhaltigkeit der gewünschten Veränderung
  - von den Menschen angenommene, unterstütze und gelebte Umsetzung,
  - kultureller Wandel,
  - Steigerung von Umsatz und Ergebnis.
- Zufriedenheit von Kunden, anderen wichtigen Stakeholdern und vor allem von Mitarbeitern
  - positive Feedbacks,
  - hohe Mitarbeiterzufriedenheit, hohe Motivation, geringe Fluktuation.
- Vorbildfunktion, die das Projekt aufgrund positiver Erfahrungen für die Zukunft hat
  - Anreize für weitere Veränderungsprojekte,
  - neue Qualität der Zusammenarbeit und offener Umgang miteinander,
  - stärkeres Zusammenwachsen in den Führungsebenen,
  - höheres Verständnis für Veränderungen und neue Ziele.

11.2.2 Der Einfluss des Topmanagements

Um Veränderungsprojekte erfolgreich zu steuern, müssen die Einflussfaktoren des Erfolges bekannt sein. Der BPTrends-Report 2012 nennt folgende Faktoren, die den Einführungserfolg des Geschäftsprozessmanagements negativ beeinflussen (vgl. BPTrends 2012a, S. 44 f.; vgl. auch Hansmann/Laske/Luxem 2008, S. 275 f.; Baumöl 2010, S. 492 ff.; Chrissis/Konrad/Shrum 2012, S. 108 ff.; Senden/Dworschak 2012, S. 11 ff.; Klimmer 2012, S. 239 ff.):

- Es gibt mehrere konkurrierende Prozessprojekte (42 %).
- Das oberste Management ist nicht am Geschäftsprozessmanagement interessiert (37 %).
- Das Management wünscht einen nicht erreichbaren ROI (Return on Investment) durch Einführung des Geschäftsprozessmanagements (23 %).
- Das Management hat andere zeitliche Prioritäten als die Einführung des Geschäftsprozessmanagements (22 %).

- Erfolglose Prozessprojekte in der Vergangenheit belasten das Vertrauen in den Erfolg (12 %).

Die genannten Punkte liegen alle im unmittelbaren Einflussbereich des Topmanagements. Auch andere Studien dokumentieren, dass das Topmanagement den stärksten Einfluss auf den Einführungserfolg des Geschäftsprozessmanagements hat (vgl. Baumöl 2010, S. 493). In vielen Fällen ist das Topmanagement nicht ausreichend bereit (Nicht-Wollen) oder fähig (Nicht-Können), Geschäftsprozessmanagement konsequent ein- und durchzuführen. „The absolute sine qua non for effective deployment of process management is engaged, knowledgeable, and passionate senior executive leadership of the effort“ (Hammer 2010, S. 9; vgl. auch Spanyi 2007, S. 18 f.; Doppler/Lauterburg 2008, S. 501 ff.; EABPM 2009, S. 142).

Die individuelle **Veränderungsbereitschaft des Topmanagements** „entspricht ziemlich genau“ der Veränderungsbereitschaft der Organisation (vgl. Capgemini 2010, S. 38). Grundvoraussetzung für die erfolgreiche Einführung des Geschäftsprozessmanagements ist deshalb, dass das Topmanagement

- Geschäftsprozessmanagement will,
- von dessen Notwendigkeit überzeugt ist,
- die Dringlichkeit allen Mitarbeitern kommuniziert und verständlich macht,
- klare Zielperspektiven vermittelt,
- die Akzeptanz der Mitarbeiter erreicht,
- die Voraussetzungen für die erfolgreiche Umsetzung schafft und
- Durchhaltevermögen beweist (vgl. auch Vahs 2012, S. 437 und 455 f.).

Die drei wichtigsten Erfolgsfaktoren in Veränderungsprojekten, die alle einen starken Bezug zum Topmanagement haben, sind nach der Studie „Change Management 2010“ (vgl. Capgemini 2010, S. 19 ff.):

- Mobilisierung und Commitment sicherstellen (bei 66 % der Befragten):
  - Glaubwürdiges Commitment zum Veränderungsprozess durch die obere Führungsriege geschlossen und spürbar demonstrieren.
  - Mitarbeiter (bzw. Multiplikatoren) einbinden und am Veränderungsprozess aktiv beteiligen (Mitnehmen der Menschen).
  - Handlungsmotivation der Mitarbeiter stärken. Identifikation mit dem Veränderungsprozess bzw. dem Unternehmen fördern.
- Situation und Umfeld analysieren und verstehen (bei 61 % der Befragten):
  - Diagnose der Ausgangssituation. Risiken, Auswirkungen und Handlungsfelder im Veränderungsprozess entwickeln.
  - Befürchtungen bzw. Erwartungen der unterschiedlichen Anspruchsgruppen erkennen und bearbeiten.
- Führung fördern (bei 35 % der Befragten):
  - Gemeinsames Führungsverständnis für die veränderte Zukunft entwickeln.
  - Führungsgrundsätze/-leitlinien konkretisieren und in erforderliche Personalinstrumente integrieren.
  - Führungskräfte im Rahmen der neuen Anforderungen fordern und fördern.

Oft neigt das Topmanagement dazu, Geschäftsprozessmanagement nicht als seine Aufgabe, sondern als Aufgabe der mittleren und unteren Managementebenen zu betrachten. Geschäftsprozessmanagement lässt sich jedoch nicht delegieren oder „nebenbei" einführen, sondern verlangt „sicht- und spürbare" Führung vom Topmanagement. Dieser Führungsrolle wird das Topmanagement gerecht, wenn es von folgenden Leitlinien überzeugt ist (Spanyi 2007, S. 113):

- „Customer requirements should be a principle driver of strategy.
- Strategy is best executed through the improvement of the organizations business processes.
- Process improvement creates insights on the best form of organization design.
- Organization design encompasses not only structural forms but also includes alignment of recognition and reward systems."

Ist das Topmanagement vom Geschäftsprozessmanagement nicht überzeugt, hat es andere Prioritäten oder fühlt es sich den personellen und organisatorischen Widerständen gegenüber nicht gewachsen, sollte es von der Einführung des Geschäftsprozessmanagements absehen. Eine missglückte Einführung kann großen wirtschaftlichen und nachhaltigen kulturellen Schaden anrichten. ■

Wichtig ist auch, dass sich das Topmanagement von Anfang an engagiert und nicht erst später auf den Zug aufspringt. Die frühe Führungsrolle des Topmanagements bei der Einführung

- signalisiert die strategische Bedeutung des Geschäftsprozessmanagements,
- fördert die Akzeptanz bei den Mitarbeitern,
- gewährleistet die Bereitstellung der erforderlichen Ressourcen und
- lässt erwarten, dass Geschäftsprozessmanagement als Managementinstrument genutzt und in Strategie, Ziele und tägliches Handeln integriert wird (vgl. Kramp 2011, S. 220 f.).

Neben dem Topmanagement kommt allen Führungskräften eine Schlüsselrolle bei der Einführung des Geschäftsprozessmanagements zu. „Sie bilden die Schnittstelle zu den betroffenen Mitarbeitern und sind für die Projektleitung und das Management Multiplikatoren, die deren Botschaften glaubwürdig und abgestimmt in die operative Fläche tragen und deren Reaktionen kompetent auffangen müssen" (KPMG 2009, S. 37).

Bei **Führungskräften** ist häufig eine **relativ niedrige Wandlungsbereitschaft** („Wollen") und Wandlungsfähigkeit („Können") festzustellen.[1] Hauptgründe dafür sind mangelnde Einsicht für notwendige Veränderungen, Angst vor schwierigen Entscheidungen sowie der Verlust an Einfluss (siehe Abbildung 11.3). Diese sind besonders im **mittleren Management** ausgeprägt. Es befürchtet, durch Geschäftsprozessmanagement Position, Ansehen und Einfluss zu verlieren oder mit den neuen Rollen nicht klarzukommen. Das mittlere Management steht vielfach unter erheblichem Druck, sowohl von oben als auch von unten. Nicht selten ist es mit der Fülle und Komplexität seiner Aufgaben überlastet. Eine reservierte Haltung gegenüber Veränderungen ist deshalb nachvollziehbar (vgl. Prognos AG 2011, S. 16 ff.).

---

[1] Zur Diagnose der Wandlungsbereitschaft und -fähigkeit von Personen und Organisationen eignet sich das „Excellence in Change-Barometer" (vgl. Brehm/Petry 2009, S. 385 ff.).

„Wenn es dem Top Management des Unternehmens schon nicht gelingt, seine ‚direct reports' zum Aufbruch in neue Welten zu bewegen, dann ist im mittleren und unteren Management sowie in der Belegschaft erst recht keine Bewegung zu erwarten" (Capgemini 2010, S. 45; vgl. auch Kotter 2011, S. 40 ff.; Vahs 2012, S. 454 ff.). Notwendig ist, das mittlere Management frühzeitig und intensiv auf die Veränderungen vorzubereiten, um Ängste und Befürchtungen abzubauen.

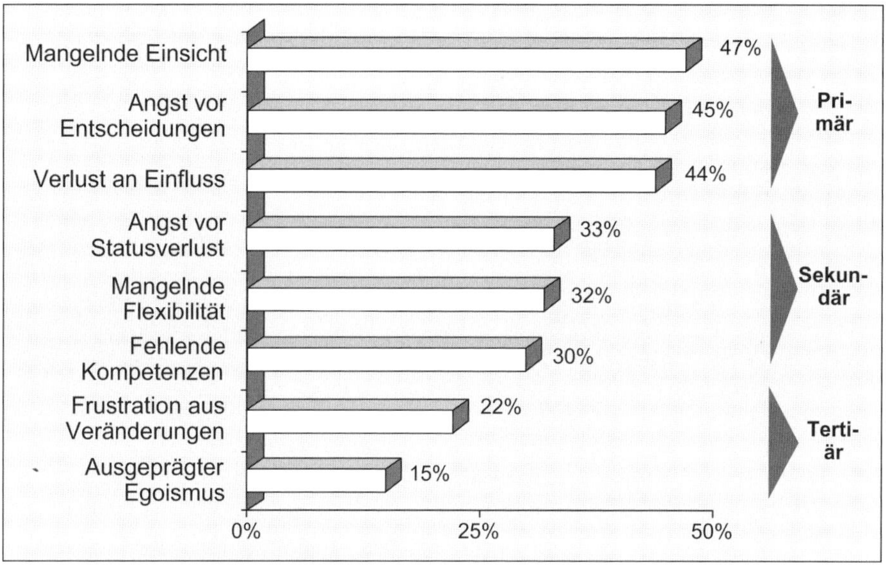

Abb. 11.3 Hauptgründe für mangelnde Veränderungsbereitschaft von Führungskräften (vgl. Capgemini 2010, S. 49)

Die Studie „Prozessorientierung in deutschen Industrieunternehmen" stellt fest, dass in stark prozessorientierten Unternehmen das Topmanagement Geschäftsprozessmanagement „zu 100 %" unterstützt. In diesen Unternehmen sind die Mitarbeiter gegenüber dem Geschäftsprozessmanagement positiv eingestellt (90 %). Gleichzeitig ist die Strategieorientierung des Geschäftsprozessmanagements stark ausgeprägt (75 %). ■

In Unternehmen mit teilweiser oder sehr niedriger Prozessorientierung fallen diese Werte deutlich ab. Auch bei der prozessorientierten Ausrichtung der Anreizsysteme liegen stark prozessorientierte Unternehmen mit 38,9 % deutlich höher als der Durchschnitt mit 13,2 %. Die Untersuchungsergebnisse untermauern den entscheidenden Einfluss, den das Topmanagement auf die Umsetzung des Geschäftsprozessmanagements hat (vgl. Picot/Liebert 2011, S. 89; Liebert 2012, S. 84 ff.).

11.2.3 Ziele und Ausrichtung des Geschäftsprozessmanagements

Problematisch ist, wenn das Topmanagement **Geschäftsprozessmanagement als Kostensenkungsinstrument** einsetzt. Geschäftsprozessmanagement verfolgt keine schnellen Kostensenkungen, sondern nachhaltige Performancesteigerungen. Viele quantitative und qualitative Verbesserungspotenziale lassen sich erst mittel- bis langfristig realisieren. Sie erfordern kontinuierliche und kulturelle Weiterentwicklungen (vgl. KPMG 2009, S. 28.). Es können drei bis fünf Jahre vergehen, bis sich die positiven Effekte des Geschäftsprozessmanagements *flächendeckend* ausbreiten, die kulturellen Veränderungen greifen und sich im finanziellen Ergebnis niederschlagen (vgl. auch Teufel 2009, S. 687).

Das heißt nicht, dass sich Erfolge erst nach drei Jahren einstellen. Punktuelle Verbesserungen lassen sich von Anfang an durch Ernten der „low hanging fruits" erzielen. Von diesen **Quick Wins** geht eine starke Signalwirkung aus. Sie sollten deshalb bei der Einführung des Geschäftsprozessmanagements gezielt geplant und kommuniziert werden. Schnelle Erfolge, die bereits nach einem halben Jahr vorliegen, wirken aus folgenden Gründen überaus positiv (vgl. Kotter 2011, S. 99 ff; Spanyi 2010b, S. 16 f.). Die Ergebnisse

- stellen einen Realitätstest dar,
- sind eindeutig und nachprüfbar,
- überzeugen Skeptiker,
- verwandeln Neutrale in Unterstützer,
- schwächen Gegner,
- zeigen, dass sich der Einsatz lohnt,
- sichern die Unterstützung des Managements.

Ein neuralgischer Punkt ist das **Festhalten des Managements am funktionalen Denken, Führen und Handeln**. Dieses bewirkt einen „resistance to change" (vgl. Spanyi 2010a, S. 224 f.; Rummler/Ramias/Rummler 2010, S. 214 f.; Kirchmer 2011, S. 79 ff.). Deutlich sichtbar wird dieses Festhalten bei der Übertragung von disziplinarischen Weisungsbefugnissen auf Geschäftsverantwortliche. In deutschen Unternehmen mit Geschäftsprozessmanagement haben nur 7,3 % eine disziplinarische Führung in den Prozessen (siehe Abbildung 11.4). Ein weiterer Indikator für die Beibehaltung der Funktionsorientierung ist die Planung eines Prozessbudgets, die nur in 3,6 % der befragten Unternehmen erfolgt (vgl. Liebert 2012, S. 84 f.).

Die fest etablierte Funktionsorientierung ist auch ausschlaggebend dafür, dass Geschäftsprozesse zumeist nicht als kundenbezogene Prozesse (End-to-End-Prozesse) „quer zu den Funktionen" (crossfunktional), sondern als abteilungsinterne Abläufe definiert werden. „Accordingly, instead of focusing on a shared understanding and the deliberate improvement of the firm's large cross-functional processes, managers tend to view processes at a micro level as ‚procedures', which represents the bias of their traditional functional management" (Spanyi 2007, S. 16). „By placing processes within functions we are doing little more than linking sets of activities within existing functions. Not a lot of added value there." [...] „It makes it easier to align efforts and resources to the needs of individual functional stakeholders. [...] It avoids questions of what's in the best interest of the business and longer-term business impacts and runs the risk of making functional sub-optimization easier" (Rummler/Ramias/Rummler 2010, S. 215 und 216).

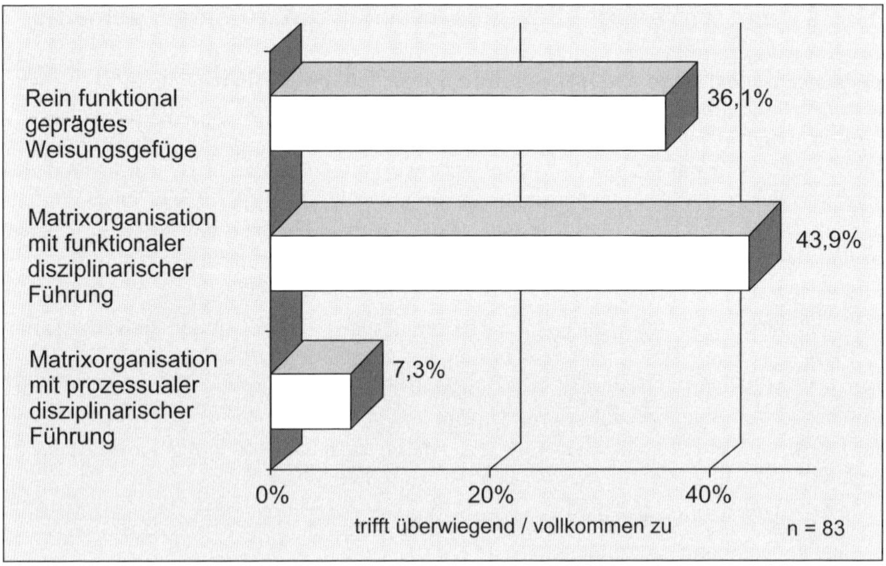

Abb. 11.4 Weisungsgefüge in deutschen Industrieunternehmen (vgl. Liebert 2012, S. 76)

11.2.4 Motivation und Anreize

„Die Menschen sind ein entscheidender Teil des Erfolges eines jeden GPM-Projektes. Wenn Sie diesen Aspekt nicht richtig behandeln, wird das Projekt entweder scheitern oder nur begrenzten Erfolg haben" (Jeston/Nelis 2008, S. 284).

Identifikation, Motivation und Engagement der Mitarbeiter werden durch Anerkennung, Feedback, offene Kommunikation, Aufgabendelegation sowie aktive Unterstützung der Führung beeinflusst. Nicht selten beklagt die Führung mangelndes Engagement der Mitarbeiter. Sie übersieht dabei, dass sie selbst es in der Hand hat, die Voraussetzungen für ein hohes Mitarbeiterengagement zu schaffen. „In allen Organisationen, die wir über die Jahre beraten haben, haben wir meistens erlebt, dass die Menschen, welche die Prozesse ausführen, willig sind und ihr Bestes geben mit den Systemen und Prozessen, die sie von ihrem Management zur Verfügung gestellt bekommen. [...] Es ist die Verantwortung des Managements, den Menschen das Arbeitsumfeld und die Mittel (Prozesse, Infrastruktur, Systeme) an die Hand zu geben, dass sie ihre Aufgabe effektiv und effizient durchführen können" (Jeston/Nelis 2008, S. 181).

Motivation und Verhalten der Mitarbeiter werden nicht nur während der Einführung, sondern auch bei der laufenden Ausführung des Geschäftsprozessmanagements durch anspruchsvolle Ziele, Übertragung von Verantwortung, Selbstorganisation, Anerkennung sowie Anreize positiv beeinflusst. **Anreize** wirken positiv auf das Engagement (Wollen) und fördern die persönliche Weiterentwicklung (Können). „Possibly the toughest hurdle to implementing business process thinking at the top is the need to modify senior management rewards. [...] What gets measured gets done - what gets rewarded gets done consistently" (Spanyi 2007, S. 128; vgl. auch Theuvsen 1996, S. 71; Leistert 2006, S. 187 ff. und 199 ff.; EABPM 2009, S. 143; Atzert 2011, S. 323 ff.).

Es gibt eine breite Palette von Anreizmöglichkeiten: finanzielle Anreize (Entgelt), soziale Anreize (Kontakte, Gruppenzugehörigkeit, Mitgestaltung, Anerkennung, Unterstützung), Anreize der Tätigkeit selbst (Arbeitsziele, -inhalte und -bedingungen, Aufstiegschancen) und Anreize des organisatorischen Umfeldes (Image des Unternehmens, Führungsstil) (vgl. Becker 2009, S. 300 ff.; Liker/Hoseus 2009, S. 486 ff.; Kramp 2011, S. 186 f.; Vahs 2012, S. 445 f.).

Geld alleine ist als Anreiz nicht ausreichend. „Finanzielle Anreize können leistungsfördernd wirken, freilich nicht in jeder Situation und keineswegs bei allen Aufgaben und bei allen Menschen" (Rosenstiel 2006, S. 117; vgl. auch KPMG 2009, S. 37). Häufig üben anspruchsvolle und akzeptierte Ziele, eigenverantwortliche Mitgestaltung, aufrichtige Anerkennung, Auszeichnungen und Erfolgsgeschichten eine stärkere Motivation aus. Kritisch ist, an bereits funktionsorientierten Leistungsanreizen festzuhalten, die nicht im Einklang mit der Kultur, den Zielen und Inhalten des Geschäftsprozessmanagements stehen. Von Leistungsanreizen dürfen keine missverständlichen Signale ausgehen. „Bei monetären Anreizsystemen sind adäquate Bemessungsgrundlagen sowie Kriteriums-Anreiz-Relationen bzw. Entlohnungsfunktionen festzulegen, damit eine prozesszielorientierte Verhaltenssteuerung bei den jeweiligen Geführten erfolgt" (Leistert 2006, S. 190).

Anreizsysteme sind im Geschäftsprozessmanagement noch nicht weitverbreitet. Nach der Studie „Prozessorientierung in deutschen Industrieunternehmen" haben nur 32,1 % der an der Studie teilnehmenden Unternehmen Anreizsysteme mit der Erreichung der Prozessziele verbunden (vgl. Picot/Liebert 2011, S. 93; Liebert 2012, S. 86).

11.2.5 Kommunikation

„Ehrliche, klare und rechtzeitige Kommunikation darüber, was sich ändern wird, gilt als wichtigster Grundsatz im Change Management" (Hoffmeyer 2012). Von der Kommunikation hängt ab, ob, wie und mit welchem Erfolg Geschäftsprozessmanagement ein- und durchgeführt wird. Die **Kommunikation** hat folgende **Wirkungen** (vgl. Brehm 2009, S. 314 f.):

- Information und Transparenz, sodass Wandlungsbedarf erkannt und verdeutlicht wird.
- Überzeugung, sodass Veränderungslösungen gefunden und Wandlungswiderstände überwunden werden.
- Emotionalisierung und Motivation, sodass positive Einstellungen erreicht werden und die Wandlungsbereitschaft erhöht wird.
- Vertrauensaufbau, sodass Unsicherheit und Angst abgebaut werden.
- Visualisierung, sodass komplexe Zusammenhänge übermittelt und verstanden werden.

Potenziale zur Verbesserung der Kommunikation in Veränderungsprojekten sind in der Praxis (vgl. KPMG 2009, S. 38 f.):

- systematische Planung eines projektspezifischen Kommunikationskonzeptes,
- klare Vermittlung von Notwendigkeit, Zielsetzung und Inhalten des Veränderungsprojekts mit deutlicher Herausstellung von Dringlichkeit, Vorteilen, Chancen und Risiken,
- Einsatz zielgruppen- und phasenbezogener Kommunikationsformen und -techniken (vgl. Brehm 2009, S. 330 ff.),
- gezielte Auseinandersetzung mit Betroffenen, wie z. B. kritischer Dialog, Zeit für individuelle Probleme, mehr Unterstützung, mehr Geduld, Schulung, Verantwortungsdelegation.

Vgl. zur Bedeutung der Kommunikation in Veränderungsprojekten und im Geschäftsprozessmanagement: Spanyi 2007, S. 70 f.; Doppler/Lauterburg 2008, S. 224 f. und 380 ff.; Hansmann/Laske/Luxem 2008, S. 276 ff.; Snabe et al. 2009, S. 236 ff.; Knuppertz/Feddern 2011, S. 225 f. und 257 ff.; Kirchmer 2011, S. 58 ff.; CMMI-Best Practice, in: Chrissis/Konrad/Shrum 2012, S. 447 ff.; Vahs 2012, S. 453 ff.

11.2.6 Vorgehen der Einführung

Auch das Vorgehen bei der Einführung des Geschäftsprozessmanagements hat starken Einfluss auf den Erfolg. Es bieten sich zwei gegensätzliche Vorgehensweisen an, die **Bombenwurf- bzw. Revolutionsstrategie und die Evolutionsstrategie** (vgl. Osterloh/Frost 2006, S. 243 ff.; vgl. Kapitel 12.1). Die Vor- und Nachteile beider Strategien wurden bereits im Zusammenhang mit Business Process Reengineering und der kontinuierlichen Prozessverbesserung aufgezeigt (vgl. Kapitel 9.1, 9.2 und 9.3). Die Revolutionsstrategie sollte nur in Ausnahmesituationen zur Anwendung kommen, da große und schlagartige Veränderungen große Widerstände erzeugen. Die „Revolution von oben" löst häufig eine „Gegenrevolution von unten" aus. Unkritischer ist eine evolutionäre Organisationsentwicklung, bei der die Betroffenen eingebunden werden. „Besonders erfolgreich sind die Grundprinzipien der Organisationsentwicklung, die im Ansatz der kontinuierlichen Verbesserung (Kaizen) umgesetzt wurden" (Osterloh/Frost 2006, S. 247). Eine Verbindung zwischen Revolutions- und die Evolutionsstrategie lässt sich dadurch herstellen, dass Erstere die Zielperspektive vorgibt, die dann evolutionär unter Einbeziehung der Betroffenen umgesetzt wird (vgl. Osterloh/Frost 2006, S. 251 ff.).

Besonderes Gewicht ist auf die **Partizipation der Mitarbeiter** zu legen. Projekte zur Einführung des Geschäftsprozessmanagements, die sich primär auf Organisationsspezialisten sowie externe Berater abstützen und die Mitarbeiter nicht ausreichend beteiligen, sind riskant. Das Vorgehen widerspricht „den Prinzipien der Organisationsentwicklung [...] und grundlegenden Erkenntnissen der Motivationstheorie" (Gaitanides 2012, S. 61). Der Grad der Partizipation hängt von der Befähigung der Mitarbeiter ab, die über entsprechende Trainingsmaßnahmen zu vermitteln ist (vgl. Vahs 2012, S. 452 ff.). Mit der Mitarbeiterpartizipation sind viele positive Effekte verbunden (vgl. Doppler/Lauterburg 2008, S. 174 f.; Klimmer 2012, S. 232 f.):

- Betroffene werden zu Beteiligten
  - Die Mitarbeiter sind nicht Objekte, sondern Gestalter der Veränderung. Die Beteiligung führt zu praxisgerechteren Lösungen und erzeugt hohe Motivation.
- Akzeptanz statt Widerstand
  - Die Mitgestaltung der organisatorischen Veränderungen erhöht die Akzeptanz der Betroffenen.
- Lernen durch Erfahrung
  - Ideen und Erfahrungen der Mitarbeiter werden eingebracht. Auf der anderen Seite lernen Mitarbeiter die Widerstände der Umsetzung kennen und bringen diese als Erfahrungen in spätere Umsetzungen ein.

11.2.7 Projektmanagement der Einführung

Die Einführung des Geschäftsprozessmanagements ist als Projekt (**GPM-Projekt**) durchzuführen (vgl. Kapitel 12.1). Auf den Projekterfolg haben die in Abbildung 11.5 genannten Faktoren Einfluss. Besonderes Gewicht hat die Kompetenz des **Projektleiters** (91 %). Auch der Nutzung von Erfahrungen aus anderen Veränderungsprojekten (80 %) sowie der Unterstützung durch professionelle Projektmitarbeiter und Berater (77 %) kommt starke Bedeutung zu (vgl. KPMG 2009, S. 32 ff.). Bei der geforderten Kompetenz des Projektleiters (Change Managers) stehen Kommunikationsfähigkeit (64 %), Zielorientierung (49 %), Konfliktfähigkeit (45 %), Motivationsfähigkeit (44 %), Durchsetzungsfähigkeit (38 %) und Kenntnisse im Projektmanagement (36 %) an den vordersten Stellen (vgl. Capgemini 2005, S. 26; Vahs 2012, S. 385 ff.).

Erfolgsfaktoren	Misserfolgsfaktoren
+ strategieorientierte GPM-Ziele und Projektziele	– unrealistische GPM-Ziele und -Erwartungen
+ integriertes GPM-Konzept (Führung/Organisation/Controlling/Optimierung/IT)	– Hauptziel Kostensenkung
+ „sichtbare" GPM-Überzeugung und Beteiligung der Leitung	– unzureichendes Prozesswissen
+ Einbindung von Stakeholdern	– kein fundiertes GPM-Konzept
+ Beteiligung der Mitarbeiter an GPM-Einführung	– starke IT-Orientierung bei schwacher strategischer / organisatorischer Ausrichtung
+ kompetenter und erfahrener GPM-Projektleiter	– komplette Übernahme eines Standardprozessmodells
+ Change-Management-, Projektmanagement- und GPM-Expertise und -Erfahrungen	– mangelnde Topmanagementbeteiligung am GPM-Projekt
+ kompetente Prozessberater	– pessimistische Grundhaltung
+ intensive Projektkommunikation über Ziele, Vorgehen, Erfolge, Probleme	– Vernachlässigung von Mitarbeiterbefürchtungen
+ umfassende GPM-Einführung	– starke GPM-Widerstände in der Organisation, besonders im mittleren Management
+ ausreichende Projektressourcen	– Begrenzung der GPM-Einführung auf Teile der Organisation
+ starkes Projektmanagement	– niedrige Priorität des GPM-Projektes
+ konsequente GPM-Umsetzung; relativ kurze Projektdauer (ca. ein Jahr)	– schwaches Projektmanagement
+ „Quick Wins"	– lange Projektdauer
	– späte Projekterfolge

Abb. 11.5 Erfolgs- und Misserfolgsfaktoren von GPM-Einführungsprojekten

Vgl. zu Erfolgs- bzw. Misserfolgsfaktoren des GPM-Projektes: Doppler/Lauterburg 2008, S. 501 ff.; EABPM 2009, S. 164 f. und 182 f.; Hansmann/Laske/Luxem 2008, S. 275 ff.; Garimella/Lees/Williams 2008, S. 53 ff.; Ahlrichs/Knuppertz 2010, S. 322 ff.; Baumöl 2010, S. 493; Spanyi 2010b, S. 19 ff.; BPM&O 2011, S. 15; Minone 2011, S. 16.

Bevor Geschäftsprozessmanagement eingeführt wird, sollte das Management die Erfolgs- und Misserfolgsfaktoren analysieren und gewichten. Nur mit Kenntnis dieser Faktoren können die Weichen richtig gestellt werden. Die Checkliste in Kapitel 17.4 hilft, die Situation zu beurteilen und die Voraussetzungen für den Projekterfolg zu überprüfen.

11.3 Erfolgs- und Misserfolgsfaktoren der Durchführung des Geschäftsprozessmanagements

Mit der erfolgreichen Einführung des Geschäftsprozessmanagements ist das Engagement des Managements nicht beendet. Prozessmanagement lebt nur so lange, wie es vom Management unterstützt und als Führungsinstrument genutzt wird. Abbildung 11.6 zeigt, welche **Erfolgsfaktoren bei der Durchführung** des Geschäftsprozessmanagements zu beachten sind (vgl. Fachhochschule Koblenz 2009).

Zu vergleichbaren Ergebnissen kommt die Studie „Business Process Management 2011 – Status quo und Zukunft" (vgl. Minone 2011, S. 16 ff.). Als die **größten Hindernisse** für ein erfolgreiches Geschäftsprozessmanagement werden genannt:

- mangelnde Unterstützung seitens der Führung (50 %),
- fehlende bzw. ungenügende Vorgaben aus der Unternehmensstrategie (46 %),
- fehlender Ausweis des finanziellen Nutzens (43 %),
- fehlende Fachkompetenz (42 %),
- ungenügende Festlegung von Verantwortlichkeiten (40 %),
- zu geringe Ressourcen (38 %).

Viele Erfolgs- und Misserfolgsfaktoren der Einführung gelten auch für die Durchführung des Geschäftsprozessmanagements. Die erfolgreiche Durchführung setzt die Erfüllung folgender **Anforderungen** voraus (vgl. Spanyi 2007, S. 94):

- „An agreed upon set of performance metrics to be used in monitoring process performance.
- A designated process owner or steward who is accountable for the performance of the process and therefore continuously monitors and takes action to improve it.
- A standing cross-functional process team which acts to continuously improve the performance of the process.
- Clear accountability for process/sub-process performance.
- A standing program for executive and management training on the selected approach to process improvement.
- Visible and meaningful incentives to work cross-functionally."

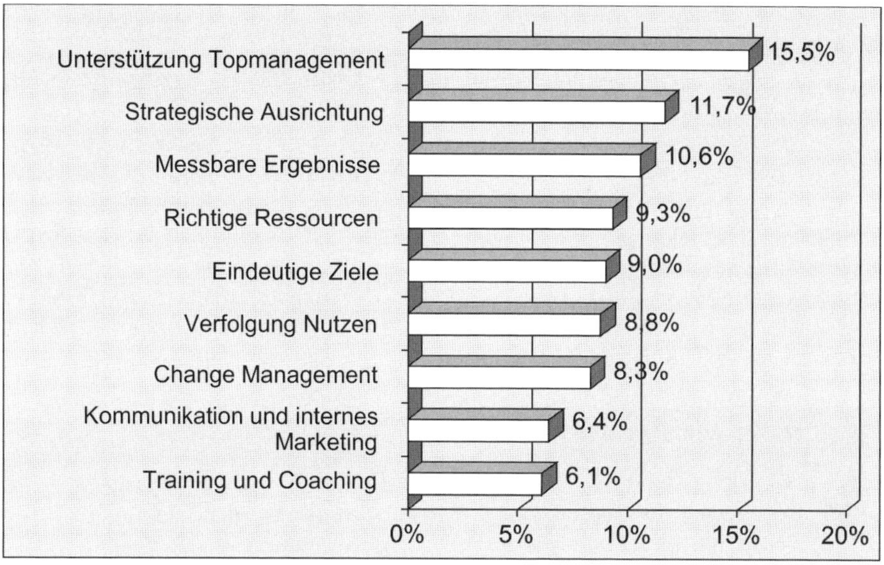

Abb. 11.6 Erfolgsfaktoren bei der Anwendung des Geschäftsprozessmanagements (vgl. Fachhochschule Koblenz 2009, S. 43f.)

Eine kritische Situation für das Geschäftsprozessmanagement tritt bei einem **Wechsel im Topmanagement** ein, wenn die neue Leitung dem Geschäftsprozessmanagement kritisch bis ablehnend gegenübersteht. „Eine einzige falsche Nachfolgeentscheidung im Topmanagement kann ein ganzes Jahrzehnt harter Arbeit zunichtemachen" (Kotter 2011, S. 13; vgl. auch Spanyi 2007, S. 95). Ein Stabilisierungsfaktor ist in solchen Situationen die Prozesskultur, allerdings nur dann, wenn sie eine ausreichende Reife aufweist. Mit ihrer Hilfe kann es gelingen, Geschäftsprozessmanagement am Leben zu erhalten, bis das neue Management von den strategischen und operativen Vorteilen überzeugt ist. Bei einer unterentwickelten Prozesskultur ist das Geschäftsprozessmanagement in solchen Situationen akut gefährdet.

11.4 Vorgehenskonzepte zur Einführung des Geschäftsprozessmanagements

In Literatur und Praxis existieren viele **Vorgehenskonzepte** zur Ein- und Durchführung des Geschäftsprozessmanagements. Zeiler und Koch haben in einer Studie sieben Vorgehenskonzepte aus den Jahren 2000 bis 2007 analysiert und miteinander verglichen (vgl. Zeiler/Koch 2010). Die Vergleichsmodelle wurden zwischenzeitlich teilweise weiterentwickelt und/oder ausführlicher beschrieben. Gleichzeitig sind viele neue hinzugekommen, sodass die Bewertungsergebnisse nicht mehr aktuell sind. Hilfreicher für die Bewertung und Auswahl von Vorgehensmodellen ist der von Zeiler und Koch entwickelte Kriterienkatalog.

Die Autoren dieses Buches haben den Kriterienkatalog von Zeiler und Koch erweitert. Er ist im Anhang, Kapitel 17.2 enthalten. Der **Kriterienkatalog** kann als Checkliste bei der Einführung des Geschäftsprozessmanagements verwendet werden, um den Planungsumfang sowie die Vollständigkeit des Vorgehens zu überprüfen.

In Kapitel 12 wird ein von den Autoren entwickeltes, praxisbewährtes Vorgehen zur Einführung des Geschäftsprozessmanagements detailliert beschrieben.

Vgl. zu Vorgehenskonzepten: Scholz/Vrohlings 1994d, S. 117; Rummler/Brache 1995, S. 115 ff.; Gierhake 2000; Schober 2002, S. 184 ff.; Helbig 2003; Petersen/Witschi 2006, S. 281 ff.; Schuh 2006, S. 12 ff.; Snabe et al. 2009, S. 98 ff.; Wagner/Patzak 2007, S. 83 ff.; Ellringmann 2007; Becker/Kugeler/Rosemann 2008, S. 17 ff.; EABPM 2009, S. 43 ff.; Krüger 2009, S. 68 ff.; Schulte-Zurhausen 2010; Hiller/Minar-Hödel/Zahradnik 2010, S. 96 ff.; Ahlrichs/Knuppertz 2010, S. 316 ff.; Göppel 2011, S. 105 ff.; Knuppertz/Feddern 2011, S. 185 ff.; Senden/Dworschak 2012, S. 95 ff.; Fischermanns 2012, S. 175 ff.; Vahs 2012, S. 253 ff.; Bach et al. 2012, S. 202 ff.; Klimmer 2012, S. 130 ff.

■ Das Wichtigste in Kürze

- Die Einführung des Geschäftsprozessmanagements ist mit tief greifenden Veränderungen verbunden. Diese erfordern eine Neuorientierung des Geschäfts-, Kunden-, Mitarbeiter-, Führungs- und Organisationsverständnisses.
- Veränderungen stoßen auf Widerstände. Die Ursachen können personen- oder organisationsbezogener Natur sein. Nur mit Kenntnis der Ursachen lassen sich Widerstände abbauen. Information, Kommunikation, Beteiligung und Unterstützung sind geeignet, Widerstände zu reduzieren.
- Change Management spielt bei der Einführung des Geschäftsprozessmanagements eine zentrale Rolle. Es unterstützt Führung und Mitarbeiter, die Notwendigkeit von Veränderungen zu erkennen und zu akzeptieren sowie Veränderungen umzusetzen und zu stabilisieren.
- Ein reines Top-down-Vorgehen bei der Einführung, das sich auf Organisationsspezialisten und externe Berater abstützt, erzeugt große Widerstände. Ohne aktive Einbindung der Mitarbeiter in den Reorganisations- und Wandlungsprozess gelingt die Einführung des Geschäftsprozessmanagements nicht.
- Die Mitarbeiter sind so früh wie möglich über Vision, Gründe, Ziele, Inhalte und Konsequenzen des Geschäftsprozessmanagements zu informieren und durch Training und Qualifizierung auf ihre neuen Rollen vorzubereiten.
- Anspruchsvolle Ziele, Übertragung von Verantwortung, Selbstorganisation, Anerkennung sowie Anreize beeinflussen Motivation und Verhalten der Mitarbeiter positiv, nicht nur während der Einführung, sondern auch bei der laufenden Ausführung des Geschäftsprozessmanagements.
- Häufig ist das mittlere Management der Hemmschuh bei der Einführung von Geschäftsprozessen. Es befürchtet, Position, Ansehen und Einfluss zu verlieren oder mit den neuen Rollen nicht klarzukommen.
- Problematisch ist, wenn das Topmanagement Geschäftsprozessmanagement als Kostensenkungsinstrument einsetzt. Geschäftsprozessmanagement verfolgt keine schnellen Kostensenkungen, sondern nachhaltige Performancesteigerungen. Viele quantitative und qualitative Verbesserungspotenziale las-

sen sich erst mittelfristig ausschöpfen. Punktuelle Verbesserungen können von Anfang an durch Ernten der „low hanging fruits“ erzielt werden. Von diesen Quick Wins geht eine starke Signalwirkung aus.

Ein neuralgischer Punkt ist das Festhalten des Managements am funktionalen Denken, Führen und Handeln. Dieses bewirkt einen „resistance to change“ und verhindert die erfolgreiche Einführung des Geschäftsprozessmanagements.

Vor Einführung des Geschäftsprozessmanagements sollte sich das Topmanagement Klarheit über die Erfolgs- und Misserfolgsfaktoren verschaffen. Ist das Topmanagement von der Notwendigkeit des Geschäftsprozessmanagements nicht „sicht- und spürbar“ überzeugt, hat es andere Prioritäten oder fühlt es sich den sachlichen und personellen Widerständen gegenüber nicht gewachsen, sollte es Geschäftsprozessmanagement nicht einführen. Eine missglückte Einführung kann großen wirtschaftlichen und vor allem kulturellen Schaden anrichten. ■

11.5 Literatur zu Kapitel 11

Ahlrichs, F.; Knuppertz, T. (2010): Controlling von Geschäftsprozessen. Prozessorientierte Unternehmenssteuerung umsetzen, 2. Aufl., Stuttgart 2010.

Atzert, S. (2011): Strategisches Prozesscontrolling. Koordinationsorientierte Konzeption auf der Basis von Beiträgen zur theoretischen Fundierung von strategischem Prozessmanagement, Wiesbaden 2011.

Bach, N.; Brehm, C.; Buchholz, W.; Petry, T. (2012): Wertschöpfungsorientierte Organisation. Architekturen – Prozesse – Strukturen,Wiesbaden 2012.

Baumöl, U. (2010): Cultural Change in Process Management, in: Brocke, J. v.; Rosemann, M. (Hrsg.): Handbook on Business Process Management 2. Strategic Alignment, Governance, People and Culture, Berlin 2010, S. 487 – 514.

Becker, J. (2002): Projektmanagement für Prozessmanagement. Ein Vorgehensmodell für prozessorientierte Reorganisationsprojekte, in: Information, Management & Consulting, Sonderausgabe 17 (2002), S. 93 – 101.

Becker, J.; Kugeler, M.; Rosemann, M. (Hrsg.) (2008): Prozessmanagement. Ein Leitfaden zur prozessorientierten Organisationsgestaltung, 6. Aufl., Berlin 2008.

Becker, L. (2009): Human Resource Management im Wandel, in: Krüger, W.: Excellence in Change. Wege zur strategischen Erneuerung, 4. Aufl., Wiesbaden 2009, S. 275 – 395.

Bergsmann, S. (2012): End-to-End-Geschäftsprozessmanagement. Organisationselement – Integrationsinstrument – Managementansatz, Wien 2012.

Best, E.; Weth, M. (2003): Geschäftsprozesse optimieren. Der Praxisleitfaden für erfolgreiche Reorganisation, Wiesbaden 2003.

BPM&O (2011): Knuppertz, T.; Schnägelberger, S.; Clauberg, K.: Umfrage Status Quo Prozessmanagement 2010/2011, März 2011, BPM&O GmbH in Zusammenarbeit mit Fachhochschule Bonn-Rhein-Sieg und European Business School (EBS), Köln 2011, unter: http://www.bpmo.de/bpmo/export/sites/default/de/know_how/downloads/Status_Quo_Prozessmanagement_2011.pdf, Zugriff am 07.12.2012.

BPTrends (2012a): Wolf, C.; Harmon, P.: The State of Business Process Management 2012, BPTrends-Report, March 2012, unter: http://www.bptrends.com/surveys_landing.cfm, Zugriff am 05.12.2012.

Brehm, S.R. (2009): Kommunikation im Wandel, in: Krüger, W.: Excellence in Change. Wege zur strategischen Erneuerung, 4. Aufl., Wiesbaden 2009, S. 307 - 335.

Brehm, S.R.; Petry, Th. (2009): Toolbox - Denkwerkzeuge für Change Manager, in: Krüger, W.: Excellence in Change. Wege zur strategischen Erneuerung, 4. Aufl., Wiesbaden 2009, S. 367 - 404.

Capgemini (2005): Capgemini Consulting: Change Management 2005, Veränderungen erfolgreich gestalten, Bedeutung, Strategien, Trends, o. O.

Capgemini (2010): Capgemini Consulting: Change Management Studie 2010, Business Transformation - Veränderungen erfolgreich gestalten, München 2010.

Chrissis, M.B.; Konrad, M.; Shrum, S. (2012): CMMI® Version 1.3 für die Entwicklung. Richtlinien für Prozessintegration und Produktverbesserung, München et al. 2012.

Curtis, B. (2012): Verantwortung der Geschäftsführung für die Prozessverbesserung, in: Chrissis, M.B.; Konrad, M.; Shrum, S.: CMMI® Version 1.3 für die Entwicklung. Richtlinien für Prozessintegration und Produktverbesserung, München et al. 2012, S. 108 - 113.

Doppler, K.; Lauterburg, C. (2008): Change Management. Den Unternehmenswandel gestalten, 12. Aufl., Frankfurt am Main 2008.

EABPM (2009): European Association of Business Process Management EABPM (Hrsg.): Business Process Management. Common Body of Knowledge - BPM CBOK®. Leitfaden für das Prozessmanagement, Gießen 2009.

Ellringmann, H. (2007): Vom Qualitätsmanagement zum strategischen Geschäftsprozessmanagement, in: Pfeifer, T.; Schmitt, R. (Hrsg.): Masing Handbuch Qualitätsmanagement, 5. Aufl., München S. 69 - 92.

Fachhochschule Koblenz (2009): Brechtel, S. et al.: Empirische Erhebung Praxis und Erfolgsfaktoren im Zusammenspiel von Six Sigma und BPM, Koblenz 2009.

Fischermanns, G. (2012): Praxishandbuch Prozessmanagement, 10. Aufl., Gießen 2012.

Gaitanides, M. (2012): Prozessorganisation. Entwicklung, Ansätze und Programme des Managements von Geschäftsprozessen, 3. Aufl., München 2012.

Garimella, K.; Lees, M.; Williams, B. (2008): BPM Basics for Dummies, Software AG Special Edition, Indianapolis, Indiana 2008.

Gierhake, O. (2000): Integriertes Geschäftsprozeßmanagement. Effektive Organisationsgestaltung mit Workflow-, Workgroup- und Dokumentenmanagement-Systemen, 3. Aufl., Braunschweig 2000.

Göppel, R. (2011): Praxiswissen Prozessmanagement, 2. Aufl., Stuttgart 2011.

Halstrup, D.; Steinert, C. (2011): Zum Stellenwert der Personalführung in deutschen Unternehmen. Studie der Hochschule Osnabrück 2010, in: HR Round Table News, 2. Halbjahr 2011, unter: http://www.hr-roundtable.de/aktuell/magazin-hr-news/news-2-halbjahr-2011, Zugriff am 05.12.2012.

Hammer, M. (2010): What is Business Process Management?, in: Brocke, J. v.; Rosemann, M. (Hrsg.): Handbook on Business Process Management 1. Introduction, Methods and Information Systems, Berlin 2010, S. 3 - 16.

Hansmann, H.; Laske, M.; Luxem, R. (2008): Einführung der Prozesse - Prozess-Roll-out, in: Becker, J.; Kugeler, M.; Rosemann, M. (Hrsg.): Prozessmanagement. Ein Leitfaden zur prozessorientierten Organisationsgestaltung, 6. Aufl., Berlin 2008, S. 269 - 298.

Helbig, R. (2003): Prozessorientierte Unternehmensführung. Eine Konzeption mit Konsequenzen für Unternehmen und Branchen dargestellt an Beispielen aus Dienstleistung und Handel, Heidelberg 2003.

Hiller, C.; Minar-Hödel, P.; Zahradnik, H. (2010): Prozessmanagement. Komplexe Prozesse einfach steuern, Wien 2010.

Hoffmeyer, M. (2012): Immer dieser Widerstand, in: Süddeutsche Zeitung, 18.08./19.08.2012, S. V2/9.

IBM (2007): Jørgensen, H. H.; Albrecht, J.; Neus, A.: Making Change Work. Erfolgsfaktoren für die Einführung von Innovationen, Studie der IBM Global Business Services in Kooperation mit dem Zentrum für Evaluation und Methoden (ZEM) der Rheinischen Friedrich-Wilhelms-Universität Bonn, Stuttgart 2007.

INIFES (2006): Internationales Institut für Empirische Sozialökonomie: Was ist gute Arbeit? – Anforderungen aus der Sicht von Erwerbstätigen, Forschungsbericht an die Bundesanstalt für Arbeitsschutz und Arbeitsmedizin, Stadtbergen 2006.

ISO 9004:2009: Deutsches Institut für Normung e. V. (Hrsg.): DIN EN ISO 9001:2009, Leiten und Lenken für den nachhaltigen Erfolg einer Organisation – Ein Qualitätsmanagementansatz, Berlin 2009.

Jeston, J.; Nelis, J. (2008): Business Process Management. Practical Guidelines to Successful Implementations, 2nd ed., Amsterdam et al. 2008.

Kelle, J.; Stern, C. (2006): Kann ein Produktionssystem mehr als Produktionsprozesse optimieren? Der Einsatz eines Produktionssystems im administrativen Bereich am Beispiel des Werks Mannheim der DaimlerChrysler AG, in: Zeitschrift Führung + Organisation (zfo), 75 (2006) 3, S. 278 – 283.

Kirchmer, M. (2011): High Performance Through Process Excellence. From Strategy to Execution with Business Process Management, 2nd ed., Berlin 2011.

Klimmer, M. (2012): Unternehmensorganisation. Eine kompakte und praxisnahe Einführung, 3. Aufl., Herne 2012.

Knuppertz, T.; Feddern, U. (2011): Prozessorientierte Unternehmensführung. Prozessmanagement ganzheitlich einführen und verankern, Stuttgart 2011.

Komus, A. (2011): BPM Best Practice – Erfolgsfaktoren der Prozessorientierung, in: Komus, A. (Hrsg.): BPM Best Practice. Wie führende Unternehmen ihre Geschäftsprozesse managen, Berlin 2011, S. 3 – 57.

Kotter, J. P. (2011): Leading Change: Wie Sie Ihr Unternehmen in acht Schritten erfolgreich verändern, München 2011.

KPMG (2009) (Hrsg.): Ziele definieren – sicher ankommen. Professionelle Steuerung von Veränderungsprozessen und der Beitrag des Human Resource Managements, KPMG-Studie 2009, o. O.

Kramp, M. (2011): Zukunftsperspektiven für das Prozessmanagement. Der Umgang mit Komplexität, Köln 2011.

Krüger, W. (1994): Organisation der Unternehmung, 3. Aufl., Stuttgart 1994.

Krüger, W. (2009): Excellence in Change. Wege zur strategischen Erneuerung, 4. Aufl., Wiesbaden 2009.

Leistert, O. (2006): Führungskoordinierendes Geschäftsprozesscontrolling, Hamburg 2006.

Liebert, T. (2012): Prozessorientierung in der Unternehmensorganisation. Eine empirische Untersuchung in deutschen Industrieunternehmen, Wiesbaden 2012.

Liker, J. K.; Hoseus, M. (2009): Die Toyota-Kultur, München 2009.

Madison, D. (2005): Process Mapping, Process Improvement and Process Management. A Practical Guide for Enhancing Work and Information Flow, Chicago, California 2005.

Minone, C. (Hrsg.) (2011): Zürcher Hochschule für Angewandte Wissenschaften (ZHAW): Business Process Management 2011 – Status quo und Zukunft. Eine empirische Studie im deutschsprachigen Europa, Zürich 2011.

Nußbaum, A. (2011): Auf die Führungskultur kommt es an. Unternehmen können es sich nicht leisten, dass ein Teil ihrer Mitarbeiter innerlich gekündigt hat, in: Süddeutsche Zeitung, 02. 03. 2011, S. 18.

Osterloh, M.; Frost, J. (2006): Prozessmanagement als Kernkompetenz. Wie Sie Business Reengineering strategisch nutzen können, 5. Aufl., Wiesbaden 2006.

Petersen, D.; Witschi, U. (2006): Ganzheitliche Geschäftsprozessoptimierung. Beispiel einer Krisenbewältigung und Neuorientierung, in: Zeitschrift Führung + Organisation (zfo), 75 (2006) 5, S. 278 – 284.

Picot, A.; Dietl, H.; Franck, E.; Fiedler, M.; Royer, S. (2012): Organisation. Theorie und Praxis aus ökonomischer Sicht, 6. Aufl., Stuttgart 2012.

Picot, A.; Liebert, T. (2011): Stand von Prozesscontrolling und -management in deutschen Großunternehmen – Ergebnisse einer empirischen Untersuchung bei Industrieunternehmen, in: ZfCM – Zeitschrift für Controlling & Management, 55 (2011) Sonderheft 2, S. 89 – 98.

Prognos AG (2011): Dr. Jürgen Meyer Stiftung (Hrsg.): Das mittlere Management. Die unsichtbaren Leistungsträger, Berlin 2011.

Rosenstiel, L. v. (2006): Motivation – nur Aberglaube oder Scharlatanerie?, in: Zeitschrift Führung + Organisation (zfo), 75 (2006) 2, S. 116 – 117.

Rummler, G. A.; Brache, A. P. (1995): Improving Performance. How to Manage the White Space on the Organization Chart, 2nd ed., San Francisco 1995.

Rummler, G. A.; Ramias, A. J.; Rummler, R. A. (2010): White Space Revisited. Creating Value through Process, San Francisco 2010.

Schober, H. (2002): Prozessorganisation: Theoretisch Grundlagen und Gestaltungsoptionen, Wiesbaden 2002.

Scholz, R.; Vrohlings, A. (1994d): Prozeß-Redesign und kontinuierliche Verbesserung, in: Gaitanides, M. et al.: Prozeßmanagement: Konzepte, Umsetzungen und Erfahrungen des Reengineering, München 1994, S. 99 – 122.

Schuh, G. (2006): Change-Management. Prozesse strategiekonform gestalten, Berlin 2006.

Schulte-Zurhausen, M. (2010): Organisation, 5. Aufl., München 2010.

Senden, M. J.; Dworschak, J. (2012): Erfolg mit Prozessmanagement. Nicht warten, bis die „Gurus“ kommen, Freiburg im Breisgau 2012.

Slama, D.; Nelius, R. (2011): Enterprise BPM. Erfolgsrezepte für unternehmensweites Prozessmanagement, Heidelberg 2011.

Snabe, J. H.; Rosenberg, A.; Moeller, Ch.; Scavillo, M. (2009): Business Process Management: The SAP Roadmap, Galileo Press, Boston (M) 2009.

Spanyi, A. (2007): More for Less. The Power of Process Management, Tampa, Florida 2007.

Spanyi, A. (2010a): Business Process Management Governance, in: Brocke, J. v.; Rosemann, M. (Hrsg.): Handbook on Business Process Management 2. Strategic Alignment, Governance, People and Culture, Berlin 2010, S. 223 – 238.

Spanyi, A. (2010b): Operational Leadership, in: Strategic Management Collection, New York 2010.

Strake, J.; Techt, U.; Kuhls, L. (2010): Widerstände in strategischen Veränderungsvorhaben erkennen und konstruktiv nutzen, in: Klein, A. (Hrsg.): Strategische Controlling-Instrumente, Freiburg im Breisgau 2010, S. 231 – 254.

Suter, A. (2004): Die Wertschöpfungsmaschine. Wie Strategien ihre Stosskraft entwickeln, Zürich 2004.

Teufel, P. (2009): Der Prozess der ständigen Verbesserung (Kaizen) und dessen Einführung, in: Bullinger, H.-J. et al. (Hrsg.) (2009): Handbuch Unternehmensorganisation. Strategien, Planung, Umsetzung (VDI-Buch), Berlin et al. 2009, S. 676 – 695.

Theuvsen, L. (1996): Business Reengineering. Möglichkeiten und Grenzen einer prozeßorientierten Organisationsgestaltung, in: Zeitschrift für betriebswirtschaftliche Forschung (zfbf), 48 (1996) 1, S. 65 – 82.

Vahs, D. (2012): Organisation. Ein Lehr- und Managementbuch, 8. Aufl., Stuttgart 2012.

Vahs, D.; Weiand, A. (2010): Workbook Change Management. Methoden und Techniken, Stuttgart 2010.

Wagner, K. W.; Patzak, G. (2007): Performance Excellence. Der Praxisleitfaden zum effektiven Prozessmanagement, München 2007.

Weilkiens, T.; Weiss, C.; Grass, A. (2010): Basiswissen Geschäftsprozessmanagement: Aus und Weiterbildung zum OMG Certified Expert in Business Process Management (OCEB) – Fundamental Level, Heidelberg 2010.

Zeiler, F.; Koch, O. (2010): Geschäftsprozessmanagement. Eine State-of-the-Art Analyse bestehender Vorgehensmodelle zum Geschäftsprozessmanagement und ihre Anwendung in der Praxis, Kassel 2010.

12 Praxiserprobter Vorschlag zur Einführung des Geschäftsprozessmanagements

In diesem Kapitel werden folgende Fragen beantwortet:

- Welche Vorgehensalternativen zur Einführung des Geschäftsprozessmanagements gibt es?
- Wie sind Aufbau und Ablauf des Projektes zur Einführung des Geschäftsprozessmanagements zu gestalten?
- Welche Aufgaben sind in den Einführungsphasen durchzuführen und welche Ergebnisse zu erzielen?
- Welche Methoden kommen bei der Einführung des Geschäftsprozessmanagements zum Einsatz?

12.1 Einführungsstrategie

Vor der Einführung des Geschäftsprozessmanagements ist die Einführungsstrategie festzulegen. In der **Einführungsstrategie** werden der zukünftige Anwendungsbereich des Geschäftsprozessmanagements sowie das grundsätzliche Vorgehen der Einführung definiert (vgl. Osterloh/Frost 2006, S. 243 ff.; Hansmann/Laske/Luxem 2008, S. 270 ff.; Snabe et al. 2009, S. 108 ff.; Knuppertz/Feddern 2011, S. 232 f.).

Um die Projektkomplexität und das Projektrisiko zu reduzieren, werden in der Praxis zunächst die primären und erst danach die sekundären Geschäftsprozesse eingeführt. Wie in Kapitel 3.1.3 ausgeführt erfordern primäre Geschäftsprozesse eine relativ homogene strategische Ausgangsbasis. In Unternehmen mit mehreren Geschäftseinheiten stellen deshalb die Geschäftseinheiten die Bezugsbasis für die primären Geschäftsprozesse dar.

Nachfolgend werden drei **Einführungsvarianten** beschrieben, die sich auf Unternehmen mir mehreren Geschäftseinheiten beziehen (siehe Abbildung 12.1). In kleinen Unternehmen mit einer Geschäftseinheit sind nur die in Abbildung 12.1 dargestellten Varianten A und B relevant. Welche Variante gewählt wird, hängt besonders von folgenden Faktoren ab (vgl. auch Checkliste in Kapitel 17.3 und 17.4):

- Commitment der Geschäftsleitung,
- Dringlichkeit des Geschäftsprozessmanagements,
- Ressourcen des GPM-Projektes,
- Umsetzungsdauer der Einführung,
- Widerstände gegen Geschäftsprozessmanagement,
- Umsetzungsrisiken.

Variante		Vorteile	Nachteile
A	Pilotierung eines primären Geschäftsprozesses in einer Geschäftseinheit	▪ geringe Projektkomplexität ▪ niedriger Abbruchschaden ▪ Erfahrungsgewinn für weitere Einführungen	▪ Schnittstellenprobleme ▪ isolierte Prozessorientierung ▪ punktueller Nutzen
B	Parallele Implementierung aller primären Geschäftsprozesse in einer Geschäftseinheit	▪ Ziel- und Organisationsklarheit sowie durchgehende Prozessorientierung in Geschäftseinheit ▪ hoher Nutzen für Geschäftseinheit	▪ relativ hohe Projektkomplexität ▪ mehr Projektressourcen ▪ hoher Abbruchschaden
C	Parallele Implementierung aller primären Geschäftsprozesse in allen Geschäftseinheiten des Unternehmens	▪ unternehmensweite Ziel- und Organisationsklarheit sowie Prozessorientierung ▪ geringe Reibungsverluste ▪ hoher Nutzen für das Gesamtunternehmen	▪ hohe Projektkomplexität ▪ umfangreiche Projektressourcen ▪ sehr hoher Abbruchschaden

Abb. 12.1 Einführungsstrategien primärer Geschäftsprozesse in Unternehmen mit mehreren Geschäftseinheiten

Einführungsvariante A

Bei Variante A wird **zunächst in einer Geschäftseinheit ein primärer Geschäftsprozess implementiert**. Die weiteren primären Geschäftsprozesse folgen sukzessive, wenn die Pilotierung des ersten erfolgreich abgeschlossen ist.

Der Vorteil dieser Variante ist, dass die nachfolgenden Prozessimplementierungen aus den Erfahrungen der vorhergehenden profitieren können. Oft sind jedoch Ausgangssituation, Inhalt, Führung, Mitarbeiter, Ressourcen und Umfeld der einzelnen Geschäftsprozesse so unterschiedlich, dass dem Erfahrungstransfer Grenzen gesetzt sind.

Der größte Nachteil von Variante A ist, dass es lange dauert, bis alle Geschäftsprozesse eingeführt sind. Während dieser Zeit besteht die Gefahr von organisatorischen Inkompatibilitäten, Ineffizienzen und Konflikten, die Unruhe und Unzufriedenheit auslösen können. Das Risiko ist hoch, dass durch diese Negativwirkungen die Ablehnung des Geschäftsprozessmanagements mit zunehmender Projektdauer wächst.

Eine Erweiterung von Variante A ist, einen primären Geschäftsprozess in allen Geschäftseinheiten des Unternehmens einzuführen und dann sukzessive die weiteren Geschäftsprozesse zu implementieren. Bei dieser Vorgehensweise werden die Nachteile und Risiken von Variante A noch verstärkt und auf das gesamte Unternehmen ausgeweitet.

Einführungsvariante B

Variante B beinhaltet die **parallele Einführung der primären Geschäftsprozesse in einer Geschäftseinheit** des Unternehmens. Das Vorgehen ermöglicht gegenüber Variante A eine deutliche Verkürzung der Einführungszeit. Das Nebeneinander von neuen Geschäftsprozessen und bisheriger Funktionsorganisation erstreckt sich über einen relativ kurzen Zeitraum. Damit wird das Gefahrenpotenzial eines Scheiterns reduziert. In der Übergangsphase bestehen aber auch hier organisatorische Instabilitäten und Ineffizienzen. Es ist deshalb wichtig, die Umstellung zügig vorzunehmen (vgl. Hansmann/Laske/Luxem 2008, S. 271). Ein weiterer Vorteil der Variante B ist, dass die Prozessorientierung die gesamte Organisation umfasst und damit Nutzen und Wirkungen des Geschäftsprozessmanagements voll zum Tragen kommen.

Im Vergleich zu Variante A ist die Projektkomplexität bei Variante B höher. Damit verbunden sind höhere Anforderungen an Projektmanagement und Projektressourcen.

Auch bei Variante B werden die Geschäftsprozesse in der Regel nicht zeitgleich, sondern **zeitlich überlappend eingeführt**. Dabei wird die Reihenfolge der Geschäftsprozesse nach folgenden Kriterien priorisiert:

- Dringlichkeit der Einführung,
- erwarteter Nutzen,
- Komplexität des Prozesses,
- vorhandenes Prozesswissen,
- Einführungsaufwand,
- Einführungswiderstände.

Begonnen werden sollte mit Geschäftsprozessen, die im Vergleich eine geringe Komplexität, einen niedrigen Aufwand und ein begrenztes Risiko aufweisen, um schnell Erfolge vorweisen zu können (Quick Wins).

Einführungsvariante C

Variante C umfasst die **parallele Einführung aller primären Geschäftsprozesse in einem Unternehmen** in allen Geschäftseinheiten (Bombenwurf). Der potenzielle Nutzen ist bei dieser Variante am höchsten. Allerdings ist das Vorgehen deutlich komplexer, aufwendiger und risikoreicher als bei Variante B. Wegen des hohen Ressourcenbedarfs und hohen Risikos, scheidet Variante C in den meisten Fällen aus.

Vorteilhafter als die Variante A oder C ist es, Geschäftsprozessmanagement in einem Unternehmen entkoppelt einzuführen. Dabei geht jede Geschäftseinheit eigenständig nach Variante B vor. Hierbei ist mit den Geschäftseinheiten zu beginnen, welche die günstigsten Einführungsvoraussetzungen aufweisen. Bei den schwierigeren Fällen können Erfahrungen und Erfolge aus vorangegangenen Einführungsprojekten genutzt werden. Von der Erfahrungsakkumulation profitiert nicht nur das Projektmanagement der Einführung, sondern besonders auch vergleichbare Geschäftsprozesse in den verschiedenen Geschäftseinheiten. Diese Step-by-Step-Variante ist besser beherrschbarer und weniger riskant als das Big-Bang-Vorgehen.

12.2 Einführungsprojekt (GPM-Projekt)

12.2.1 Aufgaben, Organisation und Erfolgsfaktoren des Einführungsprojektes

Die Einführung des Geschäftsprozessmanagements ist im Rahmen eines Projektes durchzuführen, welches im Folgenden **GPM-Projekt** genannt wird (vgl. auch Gareis/Stummer 2007, S. 155 ff.; Jeston/Nelis 2008, S. 106 ff. und 260 ff.; EABPM 2009, S. 174 ff.; Knuppertz/Feddern 2011, S. 214 ff.; Vahs 2012, S. 423 ff.).

Wesentliche **Aufgaben des GPM-Projektes** sind:

- Festlegung der Projektziele,
- Analyse der Erfolgsfaktoren des Projektes,
- Bildung des Projektteams,
- Beschaffung der Budgetmittel,
- Festlegung der Projektstruktur (Teilprojekte),
- Festlegung des Projektablaufs unter Berücksichtigung der Phasen des Geschäftsprozessmanagements (vgl. Kapitel 12.3),
- Festlegung von Meilensteinen und Gates,
- Planung der Projektinhalte (Arbeitspakete), Termine und Kosten,
- Kontrolle des Projektablaufs (Ergebnisse, Termine, Kosten),
- Projektrisikoanalyse,
- Berichterstattung (Projektergebnisse, Zielabweichungen, Projektrisiken),
- Projektkommunikation.

Zur Planung und Durchführung der Projektaufgaben sind Checklisten hilfreich (vgl. Reinmuth/Voß 2008, S. 61 ff.).

Abbildung 12.2 zeigt die **Organisation des GPM-Projektes**. Oberste Instanz ist der GPM-Steuerungsausschuss. In dem Gremium werden alle grundsätzlichen Projektentscheidungen getroffen, wie Start, Stop, Hold oder Go, Ressourcenausstattung, Abnahme der Projektergebnisse und Beendigung des Projektes. Der GPM-Steuerungsausschuss ist direkt der Geschäftsleitung verantwortlich. Mitglieder des Ausschusses sind der Leiter der IT, des Qualitätsmanagements, des Controllings und Leiter ausgewählter Funktionen. Es hängt vom Einzelfall ab, ob weitere Stakeholder mitwirken. Das Gremium wird vom Chief Process Officer geleitet. Wenn dieser noch nicht benannt ist, leitet ein Mitglied der Geschäftsleitung das Gremium, wie z. B. der Projektsponsor.

Die Leitung des Projektes wird dem **GPM-Projektleiter** übertragen, der dem GPM-Steuerungsausschuss angehört und diesem berichtet. Der GPM-Projektleiter wird unterstützt von einem Projektteam, dem jeweils ein Vertreter der IT, des Qualitätsmanagements, des Controllings, ausgewählter Funktionen und ein (gegebenenfalls externer) Prozessberater angehören.

Das GPM-Projekt ist ein umfassendes Geschäftsprojekt und kein IT- oder QM-Projekt. Der GPM-Projektleiter sollte sich deshalb im Geschäft auskennen und möglichst kein IT- oder QM-Experte sein (vgl. Kapitel 4.3.2.1; Jeston/Nelis 2008, S. 261 ff.). Vorteilhaft ist, wenn der

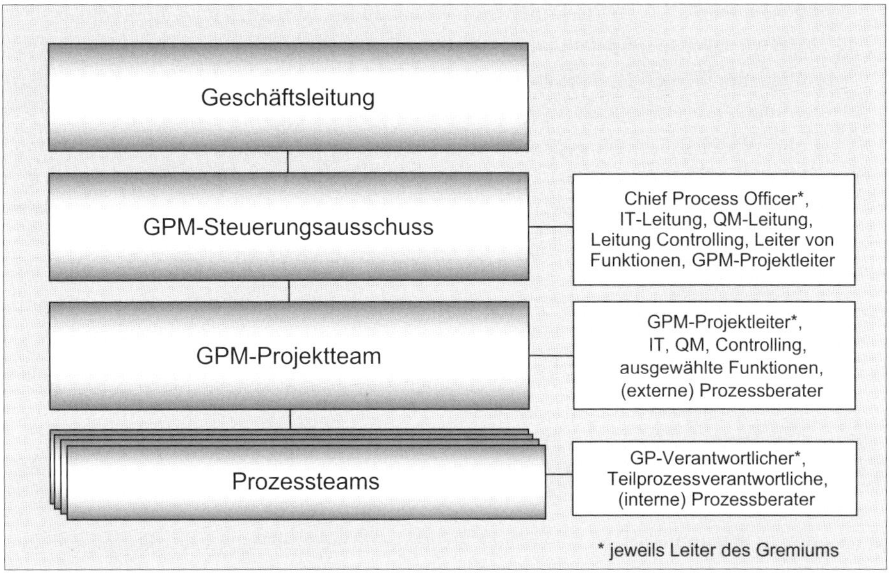

Abb. 12.2 Beispiel für die Organisation eines GPM-Projektes

GPM-Projektleiter von einem **externen Prozessberater** unterstützt wird. Dieser transferiert externe Prozesserfahrungen, ist in kritischen Situationen ein neutraler Ratgeber, erkennt frühzeitig Projektrisiken und weiß, welche Methoden wann und wo eingesetzt werden sollten. Externe Prozessberater können wegen ihrer Expertise auch Bedenken von Stakeholdern schneller ausräumen und besser in Konfliktsituationen vermitteln als Organisationsmitglieder. „Unsere Erfahrung ist es, dass unabhängige Berater oft Urteile abgeben und Meinungen äußern können, die politisch schwierig für eine interne Person sind" (Jeston/Nelis 2008, S. 125).

Die Realisierung der Teilprojekte des GPM-Projektes übernehmen **Prozessteams**. Die Teams setzen sich jeweils aus dem Geschäftsprozessverantwortlichen und den Teilprozessverantwortlichen zusammen (vgl. Kapitel 4.3.3.3). Die Prozessteams werden von internen oder externen Prozessberatern begleitet.

Um den **Projekterfolg** zu gewährleisten, sind vor Projektbeginn und während der Projektdurchführung folgende Punkte zu beachten (vgl. siehe auch Abbildung 11.5):

- Der GPM-Projektleiter ist sorgfältig auszuwählen; gefordert werden neben guten Kenntnissen des Gesamtgeschäftes Projekterfahrung, Führungserfahrung, soziale Kompetenz, Entschlossenheit und hohe Akzeptanz.
- Bei der Planung, Durchführung und Kontrolle des Projektes sind die Methoden des Projektmanagements anzuwenden, wie z.B. Phasenkonzept, Meilensteine (gates), Projektstrukturplan und Arbeitspakete.
- Das Einführungsprojekt ist mit ausreichenden Ressourcen auszustatten.
- Die Dauer des Projektes sollte eineinhalb Jahre nicht überschreiten.
- Das oberste Management ist in das Einführungsprojekt einzubinden.
- Wichtig sind Erfolge in der Einführungsphase (Quick Wins). Sie überzeugen, bauen Widerstände ab und motivieren.

- Betroffene sollten aktiv in die Einführung eingebunden werden. Neben den Mitarbeitern sind externe Kunden und Lieferanten einzubeziehen.
- Unzureichende Erfahrungen mit Geschäftsprozessmanagement sollten durch Prozessberater und intensives Training ausgeglichen werden.
- Besonderes Gewicht ist auf das Projekt- und Prozesscontrolling zu legen. Es macht Nutzen und Erfolg des Geschäftsprozessmanagements sichtbar, gibt Feedback über interne und externe Veränderungen und bietet die Möglichkeit, den Einführungs- und Änderungsprozess gezielt zu steuern.
- Dem Einführungsprojekt muss es zusammen mit der Geschäftsleitung gelingen, alle Ebenen für die Prozessorientierung zu gewinnen und das Fundament für eine Prozesskultur zu legen.
- Der Kommunikation ist innerhalb und außerhalb des Projektes hohe Priorität einzuräumen.

12.2.2 Assessment des Einführungsprojektes

Vor Start des GPM-Projektes ist zu überprüfen, ob das Projekt die Voraussetzungen für einen Erfolg erfüllt. Als geeignete Methode bietet sich dafür das **Projektassessment** an.

Das Projektassessment lehnt sich an das **Modell für Project Excellence** an, das von der Deutschen Gesellschaft für Projektmanagement (GPM) in Kooperation mit der International Project Management Association (IPMA) entwickelt wurde (vgl. GPM 2012). Das Modell dient sowohl der Selbstbewertung von Projekten als auch dem Assessment im Rahmen einer Bewerbung um den Deutschen Project Excellence Award. Es besteht aus neun Kriterien, die den zwei Bewertungsbereichen Projektmanagement und Projektergebnisse zugeordnet sind. In jedem der beiden Bewertungsbereiche können maximal 500 Punkte erreicht werden (siehe Abbildung 12.3). Jedes der neun Kriterien besteht aus einer Reihe von Teilkriterien.

Abb. 12.3 Project-Excellence-Modell (vgl. GPM 2012)

Vor dem Start des GPM-Projektes werden nur die fünf Kriterien des Projektmanagements betrachtet, die wichtige Erfolgs- und Risikoindikatoren darstellen. Für die Beurteilung der **Erfolgsvoraussetzungen** des GPM-Projektes sind folgende Fragen zu beantworten:

1. Zielorientierung (Projektziele)
   - Wie wurden die Bedürfnisse, Erwartungen und Anforderungen der Stakeholder des GPM-Projektes identifiziert?
   - Wie wurden die Projektziele ermittelt, priorisiert, dokumentiert und bekannt gemacht?
   - Wie und mit wem wurden die Projektziele geklärt, abgestimmt und überprüft?
2. Führung (Projektführung)
   - Wird das GPM-Projekt von der Geschäftsleitung unterstützt und gefördert?
   - Hat der GPM-Projektleiter ausreichende Führungsfähigkeiten und -erfahrungen?
   - Ist der GPM-Projektleiter für das Projekt freigestellt?
   - Besitzt der GPM-Projektleiter ausreichende Entscheidungs- und Weisungsbefugnisse?
3. Prozesse (Projektablauf, -controlling)
   - Wie ist der Projektablauf geplant (Phasen, Meilensteine, Gates)?
   - Wie werden Qualität, Termine und Kosten des GPM-Projektes geplant, kontrolliert und gesteuert?
   - Welche Methoden werden dafür eingesetzt?
   - Wie wird über den Projektfortschritt berichtet?
   - Wie werden in dem GPM-Projekt eine ausreichende interne und externe Information und Kommunikation sichergestellt?
4. Ressourcen (Projektressourcen)
   - Stehen ausreichende finanzielle und technische Ressourcen zur Verfügung?
   - Wie werden die Finanzmittel geplant und gesteuert?
   - Wie werden die Informationen geplant und gesteuert?
   - Wie werden externe Leistungen geplant und gesteuert?
5. Mitarbeiter (Projektmitarbeiter)
   - Stehen ausreichende Personalressourcen (quantitativ und qualitativ) zur Verfügung?
   - Werden die Projektmitarbeiter nach ihrer fachlichen und sozialen Kompetenz ausgewählt?
   - Sind für die Projektmitarbeiter ausreichende Qualifizierungsmaßnahmen vorgesehen?
   - Werden die Projektmitarbeiter an Projektentscheidungen beteiligt und zum selbständigen Handeln angeregt?

Vor der Durchführung des Projektassessments werden zunächst die fünf **Beurteilungskriterien** des Bewertungsbereiches Projektmanagement gewichtet. Eine vordefinierte Gewichtung bietet das Modell für Project Excellence durch die Aufteilung der 500 Punkte auf die einzelnen Kriterien an. Die Gewichtung kann jedoch auch anwendungsspezifisch vorgenommen werden. In dem nachfolgenden Beispiel werden den fünf Bewertungskriterien folgende Gewichte zugeordnet:

- Projektziele 30 % = 150 Punkte maximal
- Projektführung 20 % = 75 Punkte maximal

- Projektmitarbeiter 20 % = 75 Punkte maximal
- Projektressourcen 10 % = 50 Punkte maximal
- Projektablauf, -controlling 20 % = 150 Punkte maximal

Das Projektassessment wird in Form von Interviews mit dem Projektleiter und ausgewählten Projektmitarbeitern durchgeführt. Die Interviewer sollten über Projektmanagement- und Prozessmanagementerfahrungen verfügen. Der Zeitaufwand für das Projektassessment beträgt wenige Stunden und hängt von der Projektgröße ab. Den Interviews ist eine Checkliste zugrunde zu legen, in der die fünf vorgenannten Bewertungskriterien näher spezifiziert sind. Die Checkliste gewährleistet eine nachvollziehbare Bewertung.

In den Interviews wird anhand konkreter Nachweise für jeden Unterpunkt der Checkliste der prozentuale Erfüllungsgrad bestimmt. Bewertet werden dabei Methodik und Vorgehen sowie die Umsetzung des Vorgehens (vgl. Bewertung bei Prozessassessments in Kapitel 7.3.1.1). Durch Multiplikation von maximaler Punktzahl pro Kriterium mit dem Bewertungsergebnis ergibt sich die erreichte Punktzahl pro Kriterium. Durch Addition der erreichten Punktzahlen der fünf Kriterien wird die Gesamtpunktzahl und daraus der Erfüllungsgrad des Projektmanagements ermittelt. Im Beispiel in Abbildung 12.4 wird ein Erfüllungsgrad von 64 % erreicht.

Projektmanagement Bewertungskriterien	Gewichtung (%)	maximale Punktzahl	Bewertungsergebnis (%)	erreichte Punktzahl	Zielvorgabe Punktzahl
1. Projektziele	30	150	60	90,00	120
2. Projektführung	20	100	50	50,00	80
3. Projektmitarbeiter	20	100	70	70,00	80
4. Projektressourcen	10	50	80	40,00	50
5. Projektablauf, -controlling	20	100	70	70,00	90
Gesamtpunktzahl Projektmanagement (maximal 500 Punkte)				320,00	420
Erfüllungsgrad Projektmanagement (Gesamtpunktzahl : 500) · 100				64 %	84 %

Abb. 12.4 Ergebnisse des Assessments eines GPM-Projektes

Der Erfüllungsgrad gibt Hinweise auf das **Projektrisiko** (vgl. Kapitel 8.3.3). Hohes Risiko bedeutet, dass das Erreichen der Projektziele gefährdet ist. Lassen sich bei einem hohen Gesamtrisiko die Rahmenbedingungen des GPM-Projektes nicht deutlich verbessern und die Risiken nicht erheblich reduzieren, sollte das GPM-Projekt nicht begonnen bzw. bei späteren Projektassessments abgebrochen werden. Besser ist es, die Einführung zu stoppen, um erheblichen wirtschaftlichen sowie kulturellen Schaden zu vermeiden, den ein Misserfolg zur Folge hat.

Um sich schnell einen ersten Eindruck über das Gesamtrisiko und die Erfolgschancen eines GPM-Projektes zu verschaffen, dienen die Checklisten in Kapitel 17.3 und 17.4. Die Beantwortung der Fragen ermöglicht nur eine pauschale Beurteilung. Die Antworten haben geringeren Aussagewert als die Ergebnisse eines Projektassessments. Vorteilhaft ist, dass die Fragen wichtige Erfolgsfaktoren ansprechen und damit die Aufmerksamkeit auf Kernpunkte eines erfolgreichen Vorgehens lenken.

12.3 Ablaufphasen des Geschäftsprozessmanagements

Der Ablauf des GPM-Projektes besteht aus den **Phasen** (siehe Abbildung 12.5):

- Positionierung,
- Konzipierung,
- Implementierung,
- Optimierung.

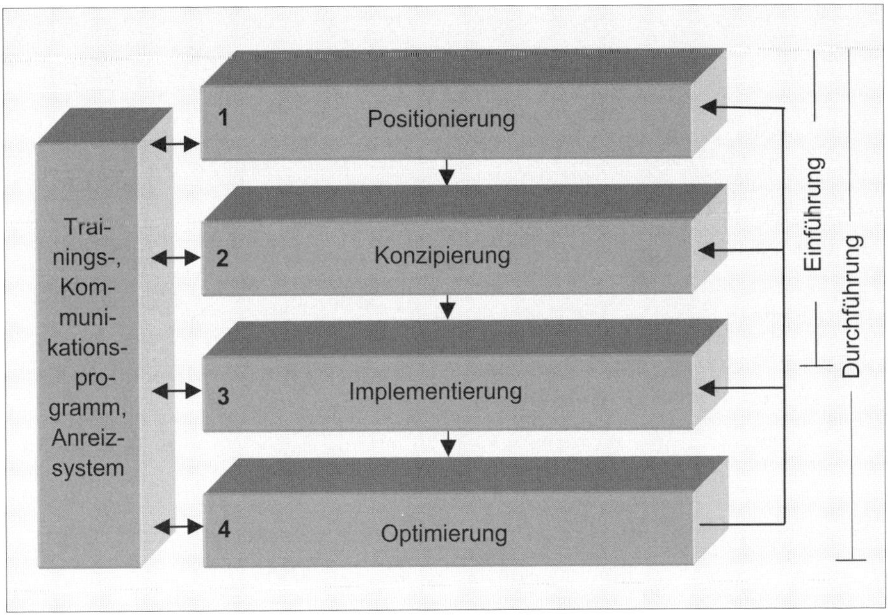

Abb. 12.5 Ablaufphasen des Geschäftsprozessmanagements

Zwischen den Projektphasen bestehen Abhängigkeiten mit Rückkopplungen. Diese beziehen sich nicht nur auf die Einführung, sondern auch auf die Durchführung des Geschäftsprozessmanagements. Auch die Positionierung muss periodisch überprüft werden. Je nach Ergebnis können sich daraus Auswirkungen auf nachfolgende Phasen ergeben.

In Phase 1 **Positionierung** wird zunächst die strategische Ausrichtung der Organisation überprüft und gegebenenfalls neu definiert (siehe Abbildung 12.6). Hierzu zählt, die Vision der zukünftigen Organisation zu entwickeln, die Geschäftssituation zu analysieren, den Handlungsbedarf für das Geschäftsprozessmanagement aufzuzeigen, die Entscheidung über die Einführung des Geschäftsprozessmanagements zu treffen sowie die Ziele des Geschäftsprozessmanagements und des GPM-Projektes festzulegen. Vision, strategische Zielsetzung, Status quo sowie Begründung und Zielsetzung des Geschäftsprozessmanagements bilden die notwendige Orientierungs- und Identifikationsbasis für die Mitarbeiter. Die Argumentationskette sollte die Mitarbeiter überzeugen und dem Entstehen von Widerständen vorbeugen.

Den Schwerpunkt der Phase 2 **Konzipierung** bildet die Identifizierung der Geschäftsprozesse. Hier ist die Frage zu beantworten, welche Geschäftsprozesse zur Erfüllung der Geschäftsstrategie sowie der Kundenanforderungen bzw. Stakeholder-Anforderungen erforder-

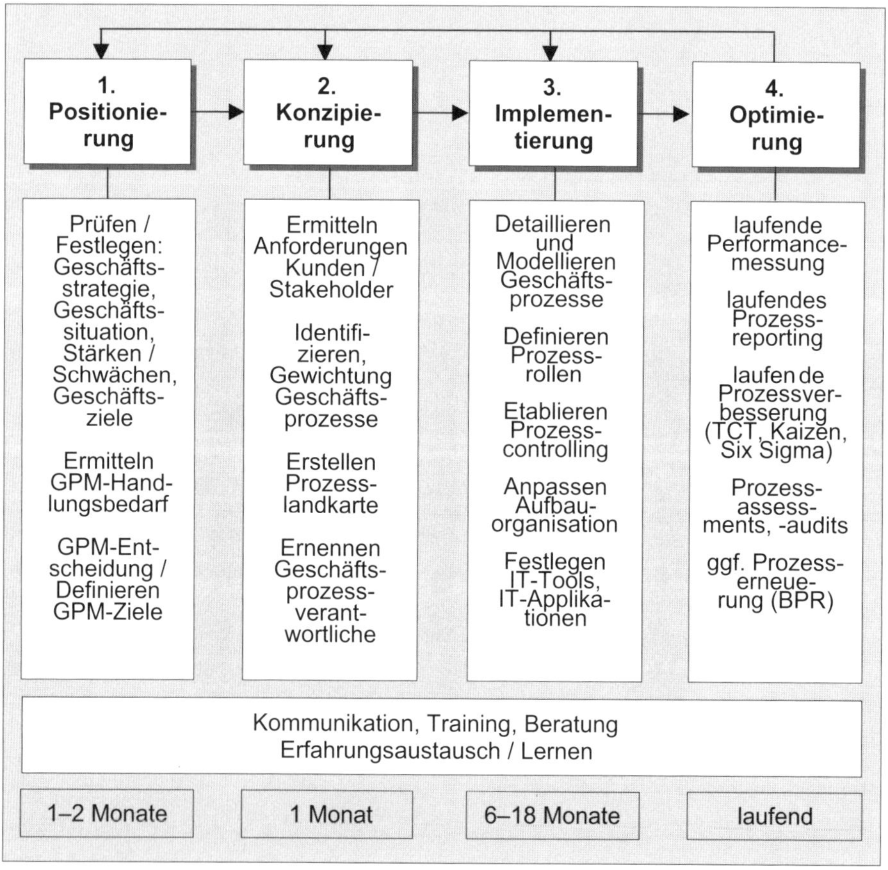

Abb. 12.6 Inhalte und Dauer der Ablaufphasen

lich sind. Die Phase beinhaltet die Definition, Abgrenzung, Gestaltung und Gewichtung der Geschäftsprozesse, die Bestimmung der Prozessziele und der korrespondierenden Prozesskennzahlen sowie die Ernennung der Prozessverantwortlichen und die Festlegung der übrigen Rollen des Geschäftsprozessmanagements.

In Phase 3 **Implementierung** werden die identifizierten Geschäftsprozesse durch Dekomposition im Detail festgelegt und implementiert. Die Schwerpunkte liegen neben der Prozessmodellierung auf der Ausstattung der Geschäftsprozesse mit Ressourcen (Budget, Personal, Equipment), der Anpassung der vorhandenen Aufbauorganisation an die Geschäftsprozesse, der Implementierung des Prozesscontrollings mit Prozesszielen, Prozesskennzahlen, Messsystem und des Prozessberichtswesens sowie der Implementierung der IT-Unterstützung. Mit Ende der Phase 3 ist die Infrastruktur für den operativen Einsatz des Geschäftsprozessmanagements umgesetzt und die Einführung des Geschäftsprozessmanagements und damit das GPM-Projekt abgeschlossen.

In Phase 4 **Optimierung** folgt die operative Durchführung, d. h. die laufende Bearbeitung der Geschäftsfälle in den Geschäftsprozessen. Kernaufgaben in dieser Phase sind die Planung, Steuerung und Überwachung der Prozessziele (Kundenzufriedenheit, Prozesszeit, Termintreue, Prozessqualität, Prozesskosten) sowie die kontinuierlichen Verbesserungen der Geschäftsprozesse mithilfe der Methoden Total Cycle Time, Kaizen und Six Sigma. In Ausnahmenfällen werden in dieser Phase auch einzelne Geschäftsprozesse erneuert.

Das GPM-Projekt erstreckt sich von Ende der Phase Positionierung bis Ende der Phase Implementierung. Die Phase Positionierung wird zumeist als Vorprojekt durchgeführt.

Die in Abbildung 12.6 angegebene Dauer für die Einführungsphasen 1 bis 3 beruht auf durchschnittlichen Erfahrungswerten (vgl. auch Petersen/Witschi 2006, S. 281 f.). Sie hängt von verschiedenen Faktoren ab:

- Einführungsstrategie,
- Größe des Unternehmens bzw. der Geschäftseinheit,
- Engagement der Geschäftsleitung und der Führungskräfte,
- Priorität des Themas Geschäftsprozesse,
- Kompetenz des für die Einführung verantwortlichen Projektleiters,
- verfügbare finanzielle und personelle Ressourcen für die Einführung,
- Qualität des Einführungskonzeptes.

Parallel zu den Phasen 1 bis 4 läuft ein **Kommunikations- und Trainingsprogramm**, das den Mitarbeitern alle relevanten Informationen und das notwendige Prozesswissen vermittelt. Das Kommunikationsprogramm hat die Aufgabe, den Informationsbedarf der Mitarbeiter zu decken, um Ängsten und Befürchtungen vorzubeugen und Widerstände zu überwinden. Das Trainingsprogramm dient der Wissensvermittlung. Ziel beider Programme ist es, die Mitarbeiter vom Geschäftsprozessmanagement zu überzeugen und zu motivieren, sich aktiv am Veränderungsprozess zu beteiligen (vgl. Kapitel 11.2.5; Hansmann/Laske/Luxem 2008, S. 276 ff.; Doppler/Lauterburg 2008, S. 350 ff.; Snabe et al. 2009, S. 236 ff.; Brehm 2009, S. 330 ff.; CMMI-Best Practice, in: Chrissis/Konrad/Shrum 2012, S. 447 ff.).

Um Widerständen vorzubeugen bzw. entgegenzuwirken, sind am besten Information und Kommunikation geeignet. Sie beeinflussen maßgeblich den Einführungserfolg des Geschäftsprozessmanagements. Deshalb sollte noch vor der Grundsatzentscheidung ein Kommunikationsprogramm entwickelt werden, um bei einer positiven Entscheidung sofort mit der gezielten Information über Ziele, Inhalte, Vorgehen und Konsequenzen der Einführung des Geschäftsprozessmanagements beginnen zu können. ■

Das Kommunikations- und Trainingsprogramm besteht aus einer Kette von Trainingseinheiten, Informationsveranstaltungen, Workshops, Assessments und Teamarbeiten, welche die Phasen der Einführung begleiten (siehe Abbildung 12.7). Unterstützend wirken verschiedene Medien, wie z.B. Hauszeitschrift, Videos, wöchentliche E-Mails der Leitung, webgestützte Trainingskurse (Webinare), Projektinformationen im Intranet, Prozessdarstellungen im Intranet, Prozessnavigator im Intranet, Infomarkt, Newsletter, Plakate, Projektinfotafeln, Frequently Asked Questions (FAQ) sowie dialogunterstützende Einrichtungen wie Away Day, monatliches Mitarbeiterforum, Chat, Prozessstammtische sowie Anlaufstelle für persönliche Fragen (vgl. Vahs/Weiand 2010, S. 302 ff.).

Adressaten der Informationen sind nicht nur die Prozessmitarbeiter, sondern ebenso die verschiedenen Führungsebenen und andere Stakeholder. Der Wirkungsgrad der Kommunikation kann durch den Einsatz von Web-2.0-Technologien gesteigert werden, deren Einsatz die Informationsdichte und Partizipationsrate erhöhen und damit die Akzeptanz positiv beeinflussen (vgl. Vahs/Weiand 2011, S. 48 ff.).

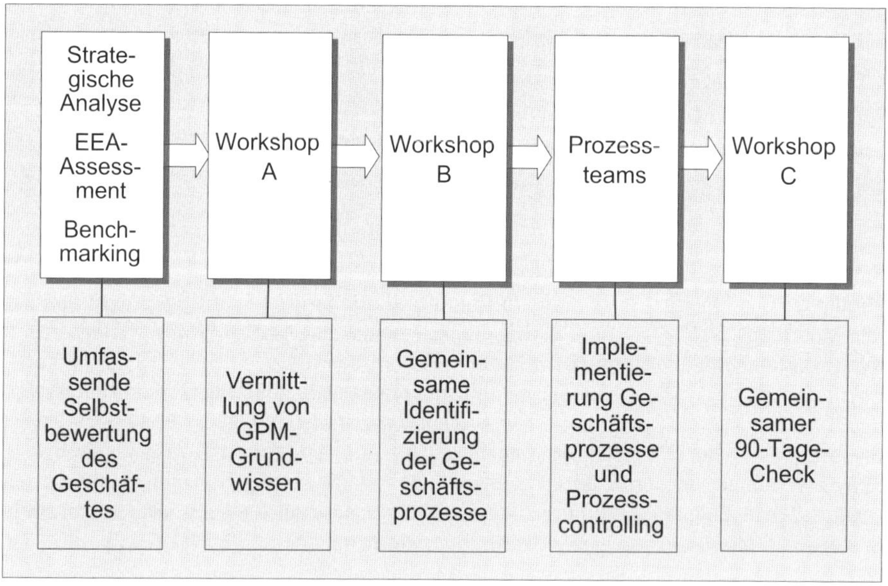

Abb. 12.7 Workshops in den Ablaufphasen 1 bis 3 der Einführung des Geschäftsprozessmanagements

Für **Trainings** sollte **externes Know-how** genutzt werden. Beim Einsatz externer Trainer ist zu empfehlen, den Schwerpunkt auf „train the trainer" zu legen. Herausfordernd und effizient ist es, die Führungskräfte für die Weitergabe des grundlegenden Prozesswissens an die Mitarbeiter zu engagieren. Dadurch wird die Führungsmannschaft angeregt, sich intensiv mit Geschäftsprozessmanagement auseinanderzusetzen und den Bezug zur eigenen Organisation herstellen.

Abbildung 12.8 zeigt die Gliederung eines **Trainingsprogramms**, das modular aufgebaut ist und sich an unterschiedliche Zielgruppen im Unternehmen wendet (vgl. auch Knuppertz/Feddern 2011, S. 238 ff.; Kirchmer 2011, S. 63 ff.; Fischermanns 2012, S. 434 ff.).

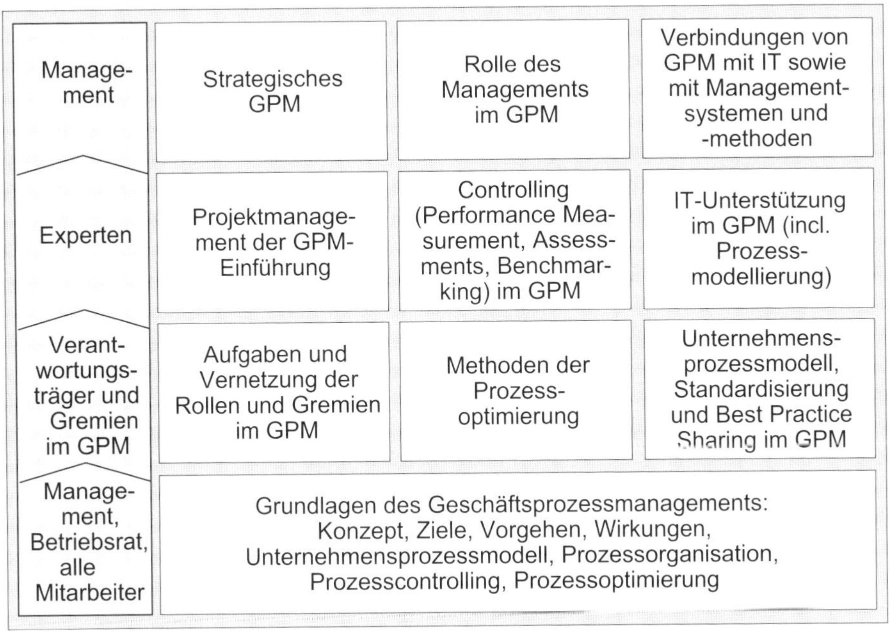

Abb. 12.8 Trainingsprogramm Geschäftsprozessmanagement (GPM)

Folgende Themen sollten das Training ergänzen:

- Change Management,
- Stakeholder-Management,
- Teamarbeit und Moderationstechnik,
- Problemlösungstechniken,
- Konflikthandhabungstechniken.

Trainings- und Ausbildungsprogramme für Geschäftsprozessmanagement werden von zahlreichen Anbietern angeboten. Prozessmitarbeiter können im Haus oder außerhalb des Hauses an entsprechenden Seminaren teilnehmen. Ausgewählten Mitarbeitern sollte auch die Möglichkeit gegeben werden, **Prozessmanagementzertifikate** zu erwerben. CBPP® (Certified Business Process Professional®) ist z. B. ein international anerkanntes Zertifikat für einen geprüften Prozessmanagementexperten (vgl. http://www.eabpm.org). Es basiert auf einem weltweit standardisierten Zertifizierungsprogramm. Die Verantwortung für die Zertifizierung zum CBPP® liegt bei der Association of Business Process Management Professionals (ABPMP). In Europa wird die Zertifizierung über die EABPM (European Association of Business Process Management) durchgeführt. Die EABPM ist eine europäische Vereinigung rechtlich selbständiger nationaler Gesellschaften zur Förderung des Business Process Management (BPM). Dazu gehören die Gesellschaft für Organisation (gfo) in Deutschland, die Schweizerische Gesellschaft für Organisation und Management (SGO) und die Österreichische Vereinigung für Organisation und Management (ÖVO). CBPP® fordert den Nachweis von BPM-Praxiserfahrung.

Ein anderes Zertifikat ist OCEB (OMG-Certified Expert in Business Process Management) der Object Management Group (OMG) (vgl. http://www.omg.org/oceb/ und Weilkiens/Weiss/Grass 2010).

Information und Kommunikation sind nicht nur bei der Einführung, sondern auch bei der laufenden Ausführung der Geschäftsprozesse wichtig. Die Kommunikationskampagne am Anfang sollte deshalb der Start für eine systematische und permanente Prozessinformation und -kommunikation sein, die eine wichtige Basis für internes „Good and Best Practice Sharing" sowie organisationales Lernen sind. Zur Planung und Durchführung der Kommunikationskampagne und auch für Workshops sind Checklisten hilfreich (vgl. Reinmuth/Voß 2008, S. 49 ff., 86 ff. und 180 ff.).

Ein ebenso wichtiges Thema wie Training und Kommunikation sind **Leistungsanreize**. Motivation, Verhalten und Wandelbereitschaft von Führungskräften und Mitarbeitern werden durch Belohnung und Anerkennung positiv beeinflusst. Wichtige Motivationsfaktoren sind anspruchsvolle Ziele, die Übertragung von Verantwortung sowie die Selbstorganisation. In den Einführungsphasen 1 bis 3 sind entsprechende Anreize zu schaffen. In der Durchführungsphase 4 ist das finanzielle Anreizsystem auf die Prozessziele und Prozesskennzahlen umzustellen (vgl. Kapitel 11.2.4).

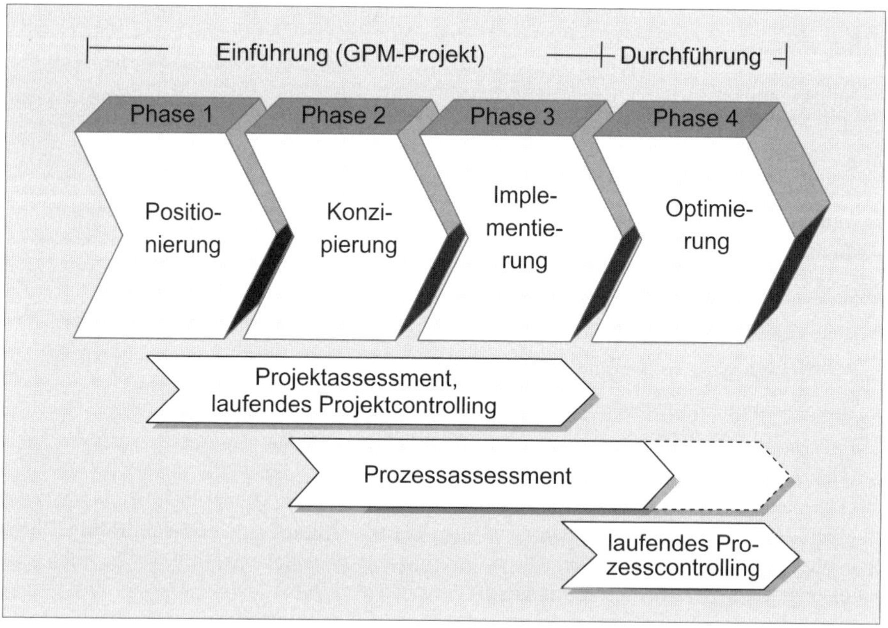

Abb. 12.9 Methoden zur Überwachung in den Phasen der GPM-Einführung und -Durchführung

Unerlässlich ist das **Controlling der GPM-Einführung**. Wie Abbildung 12.9 zeigt, kommen dabei neben den üblichen Instrumenten des Projektcontrollings das Projektassessment (vgl. Kapitel 12.2.2), Prozessassessment (vgl. Kapitel 7.1 und 7.3) und bei der Durchführung die Messungen des laufenden Prozesscontrollings (vgl. Kapitel 6.5.2) zur Anwendung.

12.4 Positionierung

12.4.1 Vorgehen

In der Phase Positionierung wird die Ausgangssituation analysiert, die strategische Ausrichtung der Organisation überprüft und gegebenenfalls neu definiert. Ferner wird die Entscheidung über die Einführung des Geschäftsprozessmanagements getroffen und es werden seine Vision und Ziele festgelegt.

Wesentliche Schritte der Phase Positionierung sind:

- strategische Analyse,
- Benchmarking,
- EEA-Assessment,
- Stakeholder-Analyse (vgl. Kapitel 2.3),
- Feststellung des Handlungsbedarfs,
- Erarbeiten von Vision und Zielen des Geschäftsprozessmanagements (vgl. Kapitel 3.1.2),
- Entscheidung über die Einführung,
- Festlegung der Einführungsstrategie (vgl. Kapitel 12.1),
- Assessment des GPM-Projektes (vgl. Kapitel 12.2.2),
- Trainingsworkshop (Workshop A),
- Festlegung der Vorgehensschritte für die nachfolgenden Einführungsphasen.

Die Mitarbeiter werden unmittelbar nach der Entscheidung über die Einführung des Geschäftsprozessmanagements informiert. Wichtig ist, die Entscheidung ausreichend zu begründen, warum welche Ziele in welchem Umfang und bis wann angestrebt werden. Dabei ist zu verdeutlichen, was mit Geschäftsprozessmanagement in der Zukunft erreicht werden soll (Vision).

Bereits in der Positionierungsphase sind Führungskräfte, Betriebsrat und Mitarbeiter mit Inhalten, Vorgehen und Methoden des Geschäftsprozessmanagements vertraut zu machen. Besonderer Wert ist auf eine offene Kommunikation und enge Abstimmung mit dem **Betriebsrat** in allen Einführungsphasen zu legen. Der Betriebsrat sollte auch dann eingeschaltet werden, wenn keine Mitbestimmungsrechte (Zustimmungs-, Widerspruchs-, Initiativrecht) und Mitwirkungsrechte (Beratungs-, Anhörungs-, Informationsrecht) tangiert werden (vgl. Schober 2002, S. 179 ff.; Vahs/Weiand 2010, S. 41 ff.; Klimmer 2012, S. 237 ff.). Eine ablehnende Haltung des Betriebsrats kann die Einführung nicht nur erschweren, sondern zu Fall bringen. „Gegen den Betriebsrat wird sich wenig bewegen lassen, mit seiner Unterstützung sehr viel“ (Krüger 2009, S. 162).

12.4.2 Strategische Analyse

Geschäftsprozesse sind auf die Geschäftsstrategie auszurichten. Deshalb ist vor der Identifizierung und Strukturierung der Geschäftsprozesse zunächst die Geschäftsstrategie zu überprüfen. Wenn die Geschäftsstrategie nicht ausreichend transparent ist, sollte sie in einem **Strategieworkshop** geklärt werden, an dem die Mitglieder des Leitungskreises teilnehmen.

Ziel des Strategieworkshops ist es, Klarheit über die Geschäftsstrategie und die zukünftige Ausrichtung des Geschäftes zu schaffen, sodass diese gemeinsam verstanden, getragen und kommuniziert werden. „Wenn es keine Einigkeit über die Strategie gibt, ist es unmöglich, Einigkeit zu erzielen, wie Prozesse am besten zu modellieren sind“ (Jeston/Nelis 2008, S. 346).

In dem Strategieworkshop sind folgende Punkte zu überprüfen bzw. festzulegen (vgl. Kapitel 3.4; vgl. auch Schuh/Friedli/Kurr 2007, S. 14 ff.; Doppler/Lauterburg 2008, S. 192 ff.; Senden/Dworschak (2012), S. 102 ff.):

- Abgrenzung der Geschäftseinheit,
- Geschäftsvision,
- Kernkompetenzen und kritische Erfolgsfaktoren,
- Märkte, Kunden und Kundenbedürfnisse,
- Wettbewerbssituation und -strategie,
- Stärken und Schwächen sowie Chancen/Risiken der Geschäftseinheit,
- Geschäftsziele,
- Leistungsangebot,
- Trends: Märkte, Kunden, Technologien, Produkte, Personal, Prozesse, Struktur,
- zukünftige unternehmerische Aktivitätsfelder (strategische Erfolgspositionen).

Der Aufwand für die Bereitstellung der strategischen Ausgangsdaten für die Projektphase Positionierung ist gering, wenn halbjährlich oder jährlich eine strategische Planung durchgeführt wird und damit eine aktuelle Geschäftsstrategie vorliegt. Ist das nicht der Fall, müssen die Ausgangsdaten speziell erarbeitet werden, was je nach Situation kosten- und zeitaufwendig sein kann.

Bei einer periodisch durchgeführten Strategieplanung reicht es zumeist aus, ein Strategieassessment durchzuführen. Ziel ist, herauszufinden, inwieweit die Geschäftsstrategie den Verantwortungsträgern und Mitarbeitern bekannt ist und wie der Bekanntheitsgrad erhöht werden kann.

12.4.3 EEA-Assessment

Neben der Strategie ist vor Einführung des Geschäftsprozessmanagements die Gesamtsituation des Unternehmens bzw. der Geschäftseinheit zu klären. Als Methode bietet sich dafür das EEA-Assessment an, dem die Kriterien und Maßstäbe des **EFQM Excellence Award (EEA)** zugrunde liegen. Es basiert auf dem Modell für Excellence der European Foundation for Quality Management (EFQM-Modell) (vgl. Kapitel 1.4.7; EFQM 2012). Im Rahmen des EEA-Assessments wird ein Unternehmen bzw. eine Geschäftseinheit anhand der Kriterien des EFQM-Modells bewertet. Besondere Aufmerksamkeit ist dabei auf die Bewertung des Kriteriums „Prozesse" zu legen (siehe Abbildung 12.10).

Das EEA-Assessment zeigt Stärken und Schwächen der für das Geschäft entscheidenden Faktoren auf und gibt u. a. Auskunft über die Reife der Geschäftsprozesse. Die Bestandsaufnahme weist auf vorhandene Prozessprobleme hin und zeigt die Dringlichkeit ihrer Behebung auf. Vor Einführung des Geschäftsprozessmanagements ist deshalb die Durchführung eines EEA-Assessments von großem Vorteil.

Ein EEA-Assessment bewertet die Ausgangsbasis für die Einführung des Geschäftsprozessmanagements. Diese Baseline bietet die Möglichkeit, die Fortschritte des GPM-Projektes aufzuzeigen.

Texas Instruments Europe berichtet über folgende Erfahrungen mit der EEA-Selbstbewertung: „Unser jährliches Assessment auf Basis der EFQM-Kriterien zeigte uns deutlich die Notwendigkeit radikaler Veränderungen in unseren Prozessen und Strukturen. [...] Die An-

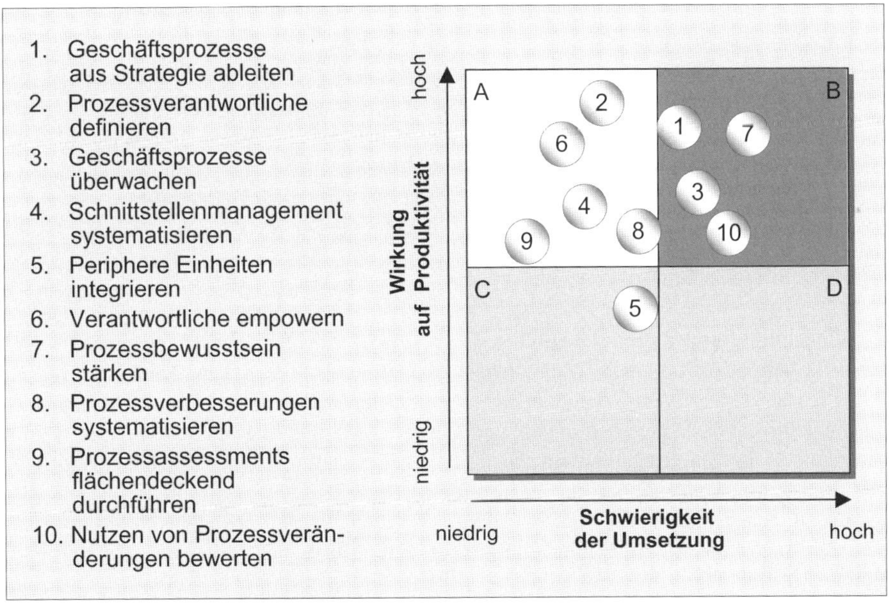

Abb. 12.10 Ergebnisse eines EEA-Assessments zum Kriterium Prozesse

wendung des EFQM-Modells veränderte nicht nur Art und Weise, wie wir strukturiert sind und wie wir arbeiten – viel wichtiger, es hat uns geholfen, das Unternehmen grundlegend umzugestalten“ (Texas Instruments Europe 1995, S. 3).

EEA-Assessments werden in folgenden Schritten ausgeführt:

- Entscheidung des Managements über Durchführung des EEA-Assessments,
- Bekanntgabe der Entscheidung mit Hinweis auf Anlass, Ziel, Art der Durchführung und Ergebnisverwendung,
- Bildung von Teams, die das Assessment durchführen,
- Schulung der Teams in der Bewertungsmethodik,
- Erarbeiten der Bewertung durch die Teams,
- Präsentation und Konsolidierung der Bewertung mit Maßnahmenvorschlägen durch die Teams,
- Entscheidung des Managements über vorgeschlagene Maßnahmen,
- Umsetzung und Kontrolle der Maßnahmen.

12.4.4 Entscheidung über die Einführung des Geschäftsprozessmanagements

Strategische Analyse, Benchmarking, EEA-Assessment und Stakeholder-Analyse liefern die Informationsbasis, um den Handlungsbedarf für Geschäftsprozessmanagement zu erkennen sowie dessen Vision und Ziele festzulegen. Es ist Aufgabe der Geschäftsleitung, daraus die Entscheidung für oder gegen die Einführung des Geschäftsprozessmanagements abzuleiten. Vor der endgültigen Entscheidung ist zu empfehlen, die Risiken der Einführung über ein Assessment des GPM-Projektes abzuschätzen (vgl. Kapitel 8.3.3 und 12.2.2).

Die **Entscheidung über die Einführung des Geschäftsprozessmanagements** ist den Mitarbeitern zeitnah mitzuteilen. Dabei sollten die Gründe genannt werden, warum Geschäftsprozessmanagement eingeführt und welche Vision und Ziele damit verfolgt werden. Mit Bekanntgabe der Entscheidung sollten auch der für die Einführung des Geschäftsprozessmanagements verantwortliche Projektleiter sowie die Einführungsstrategie vorgestellt werden. ■

Zur Darstellung und Kommunikation der Ziele des Geschäftsprozessmanagements bietet sich das bereits in Kapitel 3.1.2 beschriebene **Zielportfolio** an (siehe Abbildung 12.11). Seine Erarbeitung erfordert, sich intensiv mit den Zielen des Geschäftsprozessmanagements auseinanderzusetzen, die Meinungen und Forderungen der Stakeholder einzuholen, die Ziele zu priorisieren sowie die Zielerreichung zu terminieren. Das Zielportfolio ermöglicht eine Umsetzungskontrolle der kurz- und mittelfristigen Ziele des Geschäftsprozessmanagements. Zur Unterstützung der Kontrolle dienen während der Einführung das GPM-Projektassessment (vgl. Kapitel 12.2.2) und während der Durchführung das Prozessassessment (vgl. Kapitel 7.1 und 7.3).

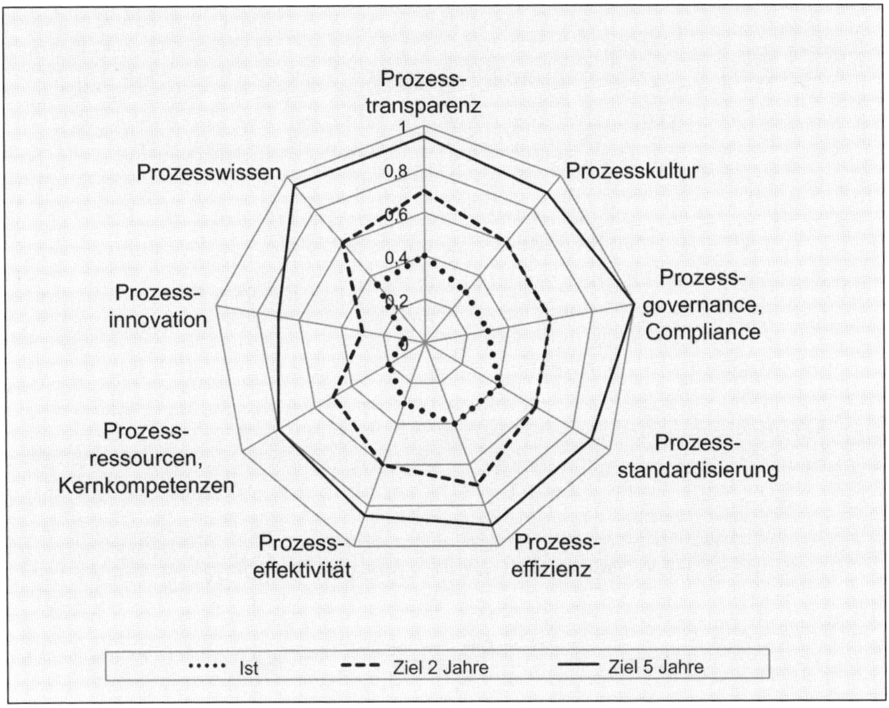

Abb. 12.11 Beispiel eines Zielportfolios für das Geschäftsprozessmanagement (in Anlehnung an Bergmann 2012, S. 206)

12.4.5 Geschäftsprozesstraining (Workshop A)

Nach der Einführungsentscheidung sind **Trainings- und Qualifizierungsmaßnahmen** einzuleiten (vgl. Jeston/Nelis 2008, S. 222). Sie haben den Zweck, allen Mitarbeitern das notwendige Grundwissen über das Geschäftsprozessmanagement zu vermitteln. Der erste Schritt ist, einen eintägigen Trainingsworkshop (Workshop A) in den von der Einführung tangierten Organisationsbereichen durchzuführen (siehe Abbildung 12.12). Das Geschäftsprozesstraining deckt die Schwerpunkte des Geschäftsprozessmanagements ab:

- System des Geschäftsprozessmanagements,
- Identifikation und Gestaltung von Geschäftsprozessen,
- Organisation und Controlling von Geschäftsprozessen,
- Verbesserung und Erneuerung von Geschäftsprozessen,
- IT und Qualitätsmanagement in Geschäftsprozessen,
- Vorgehen zur Einführung des Geschäftsprozessmanagements.

Am Ende des Workshops wird mit den Beteiligten das terminliche Vorgehen zur Identifizierung und Implementierung der Geschäftsprozesse abgestimmt.

- Die Teilnehmer sollen
  - Prozesse und Geschäftsprozesse besser verstehen
  - die Notwendigkeit des Geschäftsprozessmanagements erkennen
  - Methoden der Prozesserneuerung und der Prozessverbesserung kennenlernen
  - sich intensiver mit der Anwendung des Geschäftsprozessmanagements in ihrem Bereich auseinandersetzen
  - sich über eine gemeinsame Sprache zum Themenfeld Geschäftsprozessmanagement besser verständigen
  - sich ihrer Verantwortung im Rahmen des Geschäftsprozessmanagements bewusst werden
- Teilnehmer: oberes und mittleres Management sowie möglichst viele Mitarbeiter eines Organisationsbereiches
- Methode: Referate und Diskussion
- Dauer: ein Tag
- Voraussetzungen: zwei Referenten, die über profunde Erfahrungen im Geschäftsprozessmanagement verfügen und das Thema gut vermitteln können

Abb. 12.12 Ziele und Teilnehmer des Geschäftsprozesstrainings (Workshop A)

12.5 Konzipierung

12.5.1 Vorgehen

In der Phase Konzipierung werden Geschäftsprozesse mit ihren Teilprozessen identifiziert, definiert und beschrieben sowie Rahmenentscheidungen für die Phase Implementierung getroffen.

Schwerpunkte dieser Phase sind:

- Festlegung der geschäftspolitischen Ausgangsdaten,
- Identifizierung der Geschäftsprozesse,
- Strukturierung, Beschreibung und Gewichtung der Geschäftsprozesse,
- Festlegung der Prozessziele, Prozesskennzahlen und des Berichtswesens,
- Ernennung der Geschäftsprozessverantwortlichen.

12.5.2 Managementworkshop (Workshop B)

Bewährt hat sich, primäre Geschäftsprozesse, Prozessstruktur, Aufgaben der Prozessverantwortlichen, Prozessziele und Prozesskennzahlen in einem Managementworkshop (Workshop B) gemeinsam zu erarbeiten (siehe Abbildung 12.13). Der Workshop schließt mit einem 90-Tage-Aktionsplan ab, in dem u.a. die Ergebnisse, Termine und Verantwortlichen der Implementierungsphase vereinbart werden. Pro Geschäftseinheit ist ein Workshop durchzuführen.

- ❑ Die Teilnehmer sollen
  - sich ihrer geschäftlichen Situation und der geschäftspolitischen Ziele bewusst werden
  - die für das Geschäft notwendigen Geschäftsprozesse gemeinsam identifizieren und gewichten
  - Basisentscheidungen für die Einführung des Geschäftsprozessmanagements treffen
  - sich Klarheit über vorhandene Widerstände gegen das Geschäftsprozessmanagement verschaffen
  - das Vorgehen zur Einführung des Geschäftsprozessmanagements festlegen
- ❑ Teilnehmer: 21 bis 24 Mitarbeiter (drei Gruppen); oberes und mittleres Management und ausgewählte Fachkenner
- ❑ Methode: Kurzreferate und intensive Gruppenarbeit
- ❑ Dauer: zwei Tage
- ❑ Voraussetzung: drei erfahrene Moderatoren, die die Methoden des Geschäftsprozessmanagements gut kennen

Abb. 12.13 Ziele und Teilnehmer des Managementworkshops (Workshop B)

Teilnehmer des Managementworkshops sind der obere Führungskreis, Vertreter des mittleren Führungskreises sowie Fachkenner aus den einzelnen Funktionen. Es empfiehlt sich, die Anzahl der Teilnehmer auf maximal 24 und die Anzahl der Teams auf maximal drei zu begrenzen. Mehr als drei parallel arbeitende Teams mit jeweils ca. acht Mitgliedern erhöhen den Aufwand erheblich. Organisator des Managementworkshops ist der GPM-Projektleiter. Notwendig ist, dass die Geschäftsleitung und der oberste Führungskreis in dem Workshop eine aktive Rolle spielen.

Der **Ablauf des Workshops** unterteilt sich in folgende Schritte:

1. Bestimmung von Kundengruppen, Leistungen, Geschäftszielen, Erfolgsfaktoren,
2. Identifizierung der primären Geschäftsprozesse,
3. Identifizierung der Teilprozesse,
4. Festlegen der Prozesskennzahlen,
5. Ernennung der Geschäftsprozessverantwortlichen,
6. 90-Tage-Aktionsplan.

Der Detaillierungsgrad der Ergebnisse des Workshops ist dabei weniger wichtig als das gemeinsam entwickelte Verständnis für die Identifizierung und Strukturierung der Geschäftsprozesse. „Modellieren Sie einen Prozess durchgängig unter gleichzeitiger Beteiligung aller Teilnehmer in den Workshops. Manchmal ist der ‚Weg' wichtiger als das dokumentierte Ergebnis" (Jeston/Nelis 2008, S. 139).

Im Managementworkshop (Workshop B) fallen Entscheidungen, die richtungsweisend für die zukünftige Organisation sind und den Erfolg des Geschäftsprozessmanagements bestimmen. Deshalb ist auf die Zusammensetzung, Gestaltung und Durchführung des Managementworkshops großer Wert zu legen. Es ist unbedingt notwendig, dass die für das operative Geschäft Verantwortlichen aus dem Leitungskreis der Geschäftseinheit an dem Workshop teilnehmen. ■

12.5.2.1 Klärung der geschäftspolitischen Ausgangsdaten

Im ersten Teil des Workshops B werden die primären Geschäftsprozesse anhand folgender Daten identifiziert:

- Leistungsprogramm,
- Kundengruppen,
- Kundenanforderungen,
- kritische Erfolgsfaktoren,
- Stärken/Schwächen des Geschäftes.

Wichtig für die Identifizierung und Gestaltung der Geschäftsprozesse ist es, dass die geschäftspolitischen Ausgangsdaten den Teilnehmern des Managementworkshops ausreichend bekannt sind und einheitlich interpretiert werden (siehe Abbildung 4.1; vgl. Kapitel 4.1). ■

Um dies sicherzustellen, wird ca. zwei Wochen vor dem Managementworkshop ein kurzer **Startworkshop** („Kick-off") von ca. 60 Minuten Dauer durchgeführt. Dieser Workshop hat zwei Funktionen:

- Die Teilnehmer werden mit Ablauf und Zielsetzung des Managementworkshops vertraut gemacht.
- Die Teilnehmer erhalten die Aufgabe, die wesentlichen geschäftspolitischen Daten (Kundengruppen, Leistungen, Geschäftsmerkmale, geschäftspolitische Ziele, Erfolgsfaktoren und Wettbewerbsstrategie) der Geschäftseinheit anzugeben.

Die Ergebnisse der Abfrage werden zu Beginn des Managementworkshops vorgestellt und diskutiert.

Die Erfahrungen zeigen, dass die Teilnehmer die geschäftspolitischen Daten recht gut kennen und darin übereinstimmen. Bei Zielen, Erfolgsfaktoren und Wettbewerbsstrategie gibt es häufig Meinungs- und Auffassungsunterschiede, die im Managementworkshop zu klären sind. ■

Das beschriebene Vorgehen trägt dazu bei, im Führungskreis ein gemeinsames Verständnis über die wesentlichen Eckdaten und Ziele des Geschäftes zu erzielen.

12.5.2.2 Identifizierung der Geschäftsprozesse

Im nächsten Schritt werden im Managementworkshop die primären Geschäftsprozesse der Geschäftseinheit gemeinsam identifiziert. Es werden dafür je nach Teilnehmerzahl zwei bis drei Teams gebildet, die zunächst dieselbe Aufgabenstellung (siehe Abbildung 12.14) bearbeiten.

Ausgangspunkt der Teamarbeit sind die gemeinsam verabschiedeten Kundengruppen und Leistungen. Für diese sind die Geschäftsprozesse festzulegen. Dabei sind folgende **Gestaltungsregeln** anzuwenden:

- Jeder Geschäftsprozess beginnt und endet bei externen Kunden.
- Jeder Geschäftsprozess bearbeitet ein Objekt.

- ☐ Identifizieren Sie die primären Geschäftsprozesse auf Basis der externen Kunden und der von ihnen geforderten/erwarteten Produkte/ Leistungen
- ☐ Bestimmen Sie jeweils Anfang (von) und Ende (bis) der Geschäftsprozesse
- ☐ Legen Sie jeweils Objekt und Ergebnisse der Geschäftsprozesse fest

Abb. 12.14 Aufgabenstellung der Teamarbeit: Identifizierung der primären Geschäftsprozesse

„Die beste Methode zu Beginn ist es, die Teilnehmer des Workshops den Prozess aus der Kundensicht modellieren zu lassen – wie der Kunde mit Ihrer Organisation interagiert. Kunden kümmern sich nicht darum, was in Ihrer Organisation abläuft. Sie kümmern sich nur darum, wie sie mit Ihnen interagieren, um die Produkte und Dienstleistungen zu erhalten, die sie benötigen“ (Jeston/Nelis 2008, S. 165).

Am Ende des **ersten Durchlaufs** präsentiert jedes Team einen Vorschlag für die primären Geschäftsprozesse der betrachteten Geschäftseinheit (siehe Abbildung 12.15).

Im **zweiten Durchlauf** werden die verschiedenen Vorschläge des ersten Durchlaufs konsolidiert und auf Relevanz und Praktikabilität überprüft. Die Teams des zweiten Durchlaufs werden neu zusammengestellt und bearbeiten jeweils eine Prozessgruppe, wie z. B. „Produkt planen“/„Produkt verkaufen“, „Produkt innovieren“/„Produkt entwickeln“, „Produkt liefern“/„Service durchführen“. Jedes der neuen Teams prüft für seine Prozessgruppe, welcher der im ersten Durchlauf vorgeschlagenen Geschäftsprozesse am besten den geschäftlichen Anforderungen gerecht wird, und erarbeitet daraus den Geschäftsprozess.

Für jeden identifizierten primären Geschäftsprozess wird eine formale Kurzbeschreibung (Steckbrief) erstellt (siehe Abbildung 12.16).

	Geschäftsprozessbezeichnung von ...	Prozess-name	... bis	Leistung/ Ergebnis	Objekt
1.1	Markt-analyse	Produkt planen	Lasten-heft/ Angebot	freigegebenes Lastenheft	Produkt-planungsprojekt
1.2	Lasten-heft/ Angebot	Produkt entwickeln	Liefer-freigabe	verkaufs-fähiges Produkt	Entwicklungs-projekt
1.3	Kunden-bedarf	Produkt verkaufen	Kunden-auftrag	unterschrie-bener Kunden-auftrag	Akquisition
1.4	Kunden-auftrag	Produkt liefern	bezahlte Rechnung	vom Kunden abgenom-menes Produkt	Kundenauftrag

Abb. 12.15 Identifizieren der primären Geschäftsprozesse: Ergebnisse eines der Teams im ersten Durchlauf

Prozessname: Produkt liefern **von:** Kundenauftrag **bis:** geliefertes Produkt	**Prozessverantwortlicher:** Name
Objekt: Kundenauftrag	
Prozessinputs: Kundenauftrag, Entwicklungs-, Fertigungs-, Servicedokumentation, Umsatzplanung	**Lieferanten:** Geschäftsprozesse: Produkt verkaufen, Produkt entwickeln, Produkt planen, Service durchführen, Teilprozess: Rechnung erstellen und buchen
Prozessergebnisse: geliefertes und installiertes Produkt, Produktdokumentation, bezahlte Rechnung	**Kunden:** externe Kunden Geschäftsprozesse: Produkt verkaufen, Service durchführen, Produkt planen

Abb. 12.16 Beschreibung Geschäftsprozess am Beispiel des Geschäftsprozesses „Produkt liefern“

Mit den Ergebnissen der zweiten Teamarbeit sind die primären Geschäftsprozesse festgelegt. Die Identifizierung der sekundären Geschäftsprozesse wird in einem späteren Workshop vorgenommen. Das Vorgehen entspricht dem für die primären Geschäftsprozesse, wobei die Kunden jeweils die primären Geschäftsprozesse sind. Bei der Identifizierung der sekundären Geschäftsprozesse ist es wichtig, sich zunächst ein Bild über deren Erfolgsfaktoren sowie Stärken und Schwächen zu machen. Auch sollte Klarheit darüber bestehen, welche Anforderungen die primären Geschäftsprozesse an die sekundären Geschäftsprozesse stellen. Für den Erfolg der Teamarbeit ist entscheidend, dass jedes Team von einem unabhängigen und fachkompetenten Moderator gelenkt wird. Wichtig ist ferner, dass die Teams nach einem einheitlichen Schema vorgehen, um vergleichbare Ergebnisse zu erzielen. ■

12.5.2.3 Strukturierung der Geschäftsprozesse

Nach der Identifizierung der Geschäftsprozesse wird im nächsten Schritt des Managementworkshops die Unterteilung des Geschäftsprozesses in Teilprozesse vorgenommen (vgl. Kapitel 4.2.3). Dabei wird der Soll-Zustand erarbeitet. Abbildung 12.17 sagt, wie dabei vorzugehen ist.

- ❑ Legen Sie die Teilprozesse fest, aus denen sich der Geschäftsprozess zusammensetzt
- ❑ Definieren Sie zunächst den ersten und letzten Teilprozess eines Geschäftsprozesses
- ❑ Benennen Sie jeden Teilprozess mit Substantiv und Verb
- ❑ Definieren Sie pro Teilprozess Objekt, Ergebnisse (Outputs) und Inputs
- ❑ Unterscheiden Sie nicht mehr als fünf bis acht Teilprozesse

Abb. 12.17 Aufgabenstellung der Teamarbeit „Festlegung der Teilprozesse"

Bei der Ableitung der Teilprozesse kommen die Teams zumeist mit konventionellen Hilfsmitteln wie Flipcharts, Posterwänden und Moderationskarten sowie Grafiksoftware aus. Für die Nachbearbeitung können einfache Dokumentationswerkzeuge hilfreich sein (vgl. Schwab 2006; Friedli/Kurr/Stich 2007, S. 36 ff.). Modellierungs- oder Simulationstools kommen bei der späteren Prozessdetaillierung in der Implementierungsphase zum Einsatz (vgl. Kapitel 4.2.3, 4.2.5 und 10.2.2). ■

Zusammen mit den Teilprozessen sind auch deren Bearbeitungsobjekte festzulegen. Sie bilden die Bezugsbasis für die Messung der Prozessleistungen in den Teilprozessen. Ferner erstellen die Teams für jeden Geschäftsprozess ein **Prozess-Organisations-Diagramm** (PO-Diagramm), das im Kapitel 4.2.9.2 näher beschrieben wird. PO-Diagramme geben Hinweise auf den Handlungsbedarf zur Optimierung der Organisation und der Geschäftsprozesse. Abbildung 12.18 zeigt das bei der Erstellung des PO-Diagramms verwendete Formular.

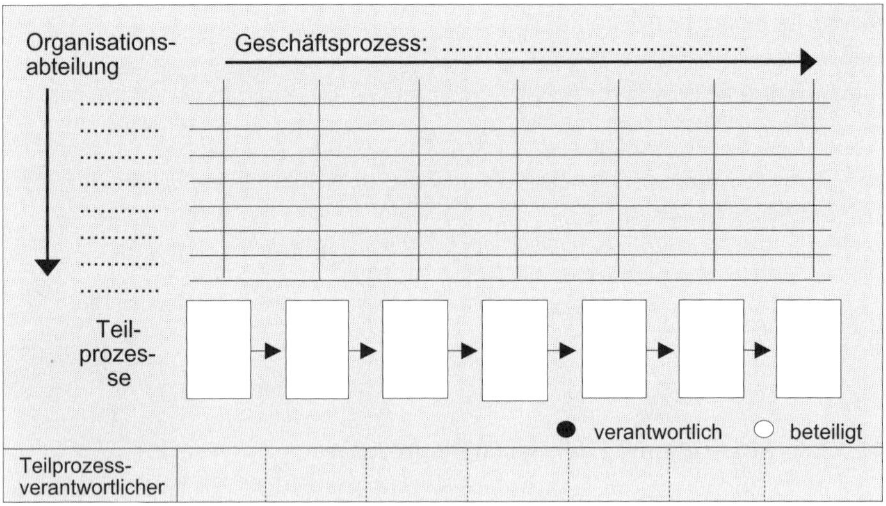

Abb. 12.18 Formblatt zur Erstellung des PO-Diagramms

Im Managementworkshop werden die Geschäfts- und Teilprozesse nur grob strukturiert. Sie werden in der Implementierungsphase nochmals überprüft, weiter vereinfacht und in ihrer Anzahl zumeist noch reduziert. Die weitere Detaillierung (Prozessschritte, Arbeitsschritte, Prozessablauf) findet ebenfalls in der Implementierungsphase mithilfe von Modellierungstools statt.

Das aufgezeigte Vorgehen zur Top-down-Identifizierung und Strukturierung der Geschäftsprozesse hat sich in der Praxis bewährt. Die **Vorteile des Top-down-Vorgehens** sind:

- Es werden Lösungen gefunden, die der Geschäftsstrategie, den Geschäftszielen und der spezifischen Geschäftssituation gerecht werden.
- Mit der Kundenorientierung als Gestaltungsschwerpunkt der Geschäftsprozesse wird die Organisation auf Kunden ausgerichtet.
- Das Vorgehen deckt Aktivitäten ohne Wertschöpfung auf und zeigt, wo Potenziale zur Produktivitätssteigerung liegen.
- Die schrittweise Überprüfung und Verfeinerung der Geschäftsprozesse bezieht das Management und die Mitarbeiter ein.
- Die Ergebnisse werden durch breite Kompetenz abgesichert und finden hohe Akzeptanz.
- Das Top-down-Vorgehen erfordert einen relativ geringen zeitlichen und personellen Aufwand.

Mit der Identifizierung der Geschäftsprozesse und ihrer Unterteilung in Teilprozesse werden die Weichen für das Geschäftsprozessmanagement und die zukünftige Organisation der Geschäftseinheit gestellt.

12.5.2.4 Festlegung von Prozesszielen und -kennzahlen

Der nächste Themenschwerpunkt des Managementworkshops ist die Festlegung von Prozesszielen und Prozesskennzahlen. Bei den Prozesszielen liegt der Fokus auf den **Kernzielen** Kundenzufriedenheit (hohe Kundenzufriedenheit), Prozesszeit (kurze Prozesszeit), Termintreue (hohe Termintreue), Prozessqualität (hohe Prozessqualität) und Prozesskosten (niedrige Prozesskosten), welche die Prozesseffektivität und -effizienz ganzheitlich abdecken (vgl. Kapitel 6.3.2.2). Für diese Kernziele oder ausgewählte Kernziele spezifizieren die Teams Prozesskennzahlen, anhand derer die Zielerreichung der Prozessziele sowie die Prozessperformance gemessen werden.

Die Teams arbeiten in derselben Zusammensetzung wie im zweiten Durchlauf bei der Definition der Teilprozesse. Die Aufgabenstellung der Teams enthält Abbildung 12.19. Die Festlegungen werden in der anschließenden Implementierungsphase nochmals auf Vollständigkeit, Konsistenz, Praktikabilität und Wirtschaftlichkeit überprüft.

- ❑ Legen Sie für jeden Geschäftsprozess die Prozessziele auf Basis der Kernprozessziele (Kundenzufriedenheit, Prozesszeit, Termintreue, Prozessqualität und Prozesskosten) fest
- ❑ Definieren Sie für jedes Prozessziel eine Prozesskennzahl
- ❑ Achten Sie bei der Festlegung der Prozesskennzahlen auf ihre Messbarkeit
- ❑ Beachten Sie, dass die Prozesskennzahlen auf der Ebene der Teilprozesse oder der Prozessschritte gemessen werden

Abb. 12.19 Aufgabenstellung der Teamarbeit: Festlegung der Prozesskennzahlen

Abbildung 12.20 enthält Beispiele für **Prozesskennzahlen** und zeigt das in der Teamarbeit verwendete Formblatt.

Prozessziele / Geschäftsprozess	Kundenzufriedenheit	Prozesszeit	Termintreue (TT)	Prozessqualität	Prozesskosten
	Kennzahlen	Kennzahlen	Kennzahlen	Kennzahlen	Kennzahlen
Produkt entwickeln	Erfüllungsgrad Lastenheft	DLZ vom Lastenheft bis Fertigungsfreigabe	kumulierte TT Arbeitspakete	First Pass Yield Teilprozess	Kosten Entwicklungsprojekt
Produkt verkaufen	Kundenzufriedenheitsindex Vertrieb	DLZ vom Start Akquisition bis Auftrag	TT Bedarfserfüllung	First Pass Yield Teilprozess	Kosten Auftragsanbahnung
Produkt liefern	Termintreue, Kurzbefragung	DLZ vom Bestelleingang bis Zahlung	TT Auslieferung	First Pass Yield Teilprozess	Kosten Auftragsabwicklung
Service durchführen	Kundenzufriedenheitsindex Service, Kurzbefragung	DLZ vom Servicecall bis Problemlösung	TT Terminvereinbarung	First Pass Yield Teilprozess	Kosten Supportleistung

Abb. 12.20 Beispiele für Prozesskennzahlen in Geschäftsprozessen

12.5.2.5 Ernennung der Geschäftsprozessverantwortlichen

Die Ernennung der Geschäftsprozessverantwortlichen ist **eine der schwierigsten und richtungsweisendsten Entscheidungen** des Geschäftsprozessmanagements (vgl. Kapitel 4.2.10 und 4.3.2.6). Bei der Entscheidung ist zu berücksichtigen, dass ein Geschäftsprozessverantwortlicher wegen der Komplexität seiner Aufgaben und möglicher Interessenkonflikte nur die Verantwortung für einen Geschäftsprozess tragen kann.

Eine verzögerungsfreie Einführung des Geschäftsprozessmanagements erfordert die frühzeitige Ernennung der Geschäftsprozessverantwortlichen, möglichst in dem Managementworkshop. Ohne diese Festlegung müssen Einführungsentscheidungen aufgeschoben oder ohne Zustimmung der Geschäftsprozessverantwortlichen getroffen werden. Beide Fälle wirken sich negativ auf den weiteren Verlauf aus.

Der GPM-Projektleiter sollte sein Veto einlegen, wenn Geschäftsprozessverantwortliche nur pro forma ernannt und ihre Aufgaben de facto von anderen Personen wahrgenommen werden. Auch sollte der GPM-Projektleiter Einspruch erheben, wenn die Ernennung der Geschäftsprozessverantwortlichen zu weit hinausgezögert wird.

12.5.2.6 Aktionsplan zur Implementierung des Geschäftsprozessmanagements

In der letzten Phase des Managementworkshops wird ein **Aktionsplan** zur Implementierung der Geschäftsprozesse und des Geschäftsprozessmanagements erarbeitet (siehe Abbildung 12.21). Die Eckpunkte des Planes werden im Plenum diskutiert, sodass die Meinungen und Vorschläge aller Teilnehmer zur Sprache kommen. In der Diskussion sind besonders die Geschäftsprozessverantwortlichen angesprochen, da sie die Verantwortung für die Implementierung des Geschäftsprozessmanagements tragen.

	Maßnahmen	Verantwortlicher	Termin
1	• Alle Mitarbeiter informieren	Geschäftsleitung	
2	• Prozessteams (Geschäftsprozess- und Teilprozessverantwortliche) gründen	Geschäftsprozess-verantwortlicher	
3	• Teilprozesse (von ... bis ..., Objekt, Input, Output) abstimmen	Geschäftsprozess-verantwortlicher	
4	• Kennzahlen komplettieren und Messpunkte festlegen	Geschäftsprozess-verantwortlicher	
5	• Prozesse messen und Prozessberichte (Prozess-Cockpit-Chart) erstellen	Geschäftsprozess-verantwortlicher	
6	• Zielwerte für Prozessziele festlegen	Geschäftsprozess-verantwortlicher	
7	• Prozessbarrieren ermitteln und bezüglich Zeit, Qualität, Kosten, Umsatz bewerten	Geschäftsprozess-verantwortlicher	
8	• Messergebnisse und Maßnahmen im Managementteam diskutieren	Geschäftsprozess-verantwortlicher	
9	• Workshop C durchführen	GPM-Projektleiter	

Abb. 12.21 Beispiel eines Aktionsplans zur Geschäftsprozessimplementierung

Ein wichtiger Punkt des Aktionsplanes ist, alle Mitarbeiter unmittelbar nach Beendigung des Workshops über die Ergebnisse und Beschlüsse des Managementworkshops zu informieren. Verantwortlich dafür ist die Geschäftsleitung. In den Informationsveranstaltungen stellen die ernannten Geschäftsprozessverantwortlichen ihre Geschäftsprozesse sowie den Aktionsplan zur Implementierung vor.

12.6 Implementierung

12.6.1 Vorgehen

Das Vorgehen in der Implementierungsphase folgt den Meilensteinen des im Managementworkshop verabschiedeten Aktionsplanes.

Die Schwerpunkte in der Phase Implementierung liegen auf (vgl. auch Snabe et al. 2009, S. 203 ff.):

- Ernennen der Teilprozessverantwortlichen und Einrichten der Prozessgremien,
- Überprüfen, Detaillieren, Dokumentieren und Implementieren der Geschäftsprozesse,
- Konzipieren, Detaillieren und Implementieren des Prozesscontrollings,
- Anpassen der Aufbauorganisation an die Geschäftsprozesse,
- Zuordnen der Prozessressourcen,
- Festlegung der Unterstützung durch die IT,
- Durchführen Workshop C.

12.6.2 Implementierung der Geschäftsprozesse

12.6.2.1 Gründung des Prozess- und Managementteams

Die ersten Aktivitäten des Geschäftsprozessverantwortlichen nach dem Managementworkshop sind, die **Teilprozessverantwortlichen** zu **ernennen** und das Prozessteam ins Leben zu rufen. Bei der Ernennung ist darauf zu achten, dass eine Person möglichst nur für einen Teilprozess die Verantwortung übernimmt. Aufgaben, Verantwortung, Pflichten und Befugnisse von Teilprozessverantwortlichen entsprechen bis auf den Verantwortungsbereich denen der Geschäftsprozessverantwortlichen (vgl. Kapitel 4.3.2.6). Teilprozessverantwortliche sind Mitglieder des Prozessteams.

Aufgabe des **Prozessteams** ist es, den Geschäftsprozess mit seinen Teilprozessen zu implementieren und später zusammen mit den Prozessmitarbeitern das Prozesscontrolling und die Prozessoptimierung durchzuführen (vgl. Kapitel 4.3.3.3).

Das Prozessteam trifft sich in der Anfangsphase der Implementierung jeden zweiten Tag und ab Beginn der Prozessmessungen wöchentlich oder zweiwöchentlich.

Spätestens mit dem Start der Prozessteams nimmt auch das **Managementteam** seine Tätigkeit auf. Es setzt sich aus der Geschäftsleitung und den Geschäftsprozessverantwortlichen zusammen und wird von der Geschäftsleitung ins Leben gerufen. Aufgabe des Managementteams ist es, die Gesamtheit der Geschäftsprozesse einer Geschäftseinheit während der Implementierungsphase und später während der laufenden Optimierung zu steuern (vgl. Kapitel 4.3.3.2). Zum Startzeitpunkt des Managementteams ist auch das GPM-Control-Board ins Leben zu rufen (vgl. Kapitel 4.3.3.1). ■

12.6.2.2 Überprüfung und Detaillierung der Teilprozesse

Als eine der ersten Aufgaben überprüft, verfeinert, verbessert und dokumentiert das Prozessteam die Struktur seines vom Managementworkshop vorgeschlagenen Geschäftsprozesses.

Zunächst wird das PO-Diagramm aus dem Managementworkshop überprüft und anschließend jeder Teilprozess anhand des Formblattes in Abbildung 12.22 beschrieben. Angegeben werden neben dem Teilprozessverantwortlichen das Teilprozessobjekt, die Inputs mit den Lieferanten sowie die Outputs mit den Kunden. Mit der Angabe „Vorschriften und Richtlinien“ wird der Bezug zum Qualitäts-, Compliance- und Umweltmanagement sowie zu Organisationsrichtlinien und Arbeitsvorschriften hergestellt. Im Zuge dieser Festlegung sind Relevanz, Vollständigkeit und Konsistenz der Vorschriften zu überprüfen. Die Angabe „Einrichtungen und Hilfsmittel“ bezieht sich u. a. auf IT-Tools und -Systeme sowie auf Maschinen und Anlagen. Unter der Rubrik „Dokumentation“ werden die Aufzeichnungen, die in diesem Prozessschritt entstehen, aufgeführt. Dabei sollte kritisch überprüft werden, welche Dokumente wirklich notwendig sind.

Teilprozesse	1	2	3	4	5
Verantwortlicher					
Objekt					
Prozessschritte					
Inputs					
Lieferanten					
Ergebnisse					
Kunden					
Einrichtungen, Hilfsmittel					
Methoden, Tools					
Vorschriften, Richtlinien					
Dokumentation					

Abb. 12.22 Formblatt zur Beschreibung von Teilprozessen

Die nächste Detaillierungsstufe beinhaltet die Aufteilung der Teilprozesse in Prozessschritte. Spätestens zu diesem Zeitpunkt ist die Entscheidung über die **Modellierungsmethode und das Modellierungstool** zu fällen (vgl. Kapitel 10.2.2).

Wie Praxiserfahrungen zeigen, reicht für Prozessverbesserungen im ersten Schritt zumeist die Beschreibung der Geschäfts- und Teilprozesse sowie Prozessschritte aus. Eine weitere Detaillierung ist notwendig, wenn Prozess- und Arbeitsschritte automatisiert werden. Die Detaillierung und Beschreibung des Geschäftsprozesses bzw. der Teilprozesse beziehen sich auf den **Soll-Zustand**. Der Soll-Zustand ist dabei auf einen überschaubaren Realisierungszeitraum, z. B. ein Jahr, zu projizieren.

Die Phase der Überprüfung, Detaillierung und Dokumentation der Geschäftsprozesse ist zügig durchzuführen, um möglichst schnell die Phase der Prozessmessung und -verbesserung zu erreichen. Denn erst mit der Prozessverbesserung kommt der Nutzen des Geschäftsprozessmanagements zum Tragen.

12.6.2.3 Prozessdokumentation

Die Prozessdokumentation setzt sich aus den in Kapitel 4.2.9 beschriebenen Unterlagen zusammen. Verantwortlich für ihre Erstellung und Aktualisierung sind die Geschäftsprozessverantwortlichen, die diese Aufgabe an ihre Teilprozessverantwortlichen delegieren. Die komplette Dokumentation wird vom Geschäftsprozessverantwortlichen freigegeben.

Erfahrungen zeigen, dass bei einer zügigen Arbeit der Prozessteams die Definition und Dokumentation der Geschäftsprozesse bis auf Teilprozessebene in zwei bis drei Wochen abgeschlossen werden können. Hierbei handelt es sich um die Anwendungsdokumentation, also nicht um die Erstellung detaillierter Fachmodelle für die IT-Unterstützung.

12.6.2.4 Unterstützung durch Prozessberater

Um zügig professionelle Ergebnisse zu liefern, sollten Prozessteams die Unterstützung von Prozessberatern in Anspruch nehmen (vgl. Kapitel 4.3.2.3). Von Prozessberatern werden nicht nur exzellente Methodenkenntnisse, sondern auch Anwendungserfahrungen mit Geschäftsprozessmanagement erwartet. Darüber hinaus müssen sie das Geschäft, die Organisation und „Sprache" des Unternehmens verstehen.

Günstig ist, wenn interne Prozessberater zur Verfügung stehen. Diese sind frühzeitig so zu schulen, dass sie den GPM-Projektleiter bereits bei der Durchführung des Workshops A unterstützen können. Im Managementworkshop (Workshop B) übernehmen sie die Moderation der Teams. Danach betreuen sie die Prozessteams während der Implementierung und in der Anfangsphase der Optimierung. Hier ist ihre Aufgabe, neben der Moderation methodische Unterstützung zu geben.

12.6.3 Implementierung des Prozesscontrollings

12.6.3.1 Messsystem

Sobald die Geschäfts- und Teilprozesse festgelegt und dokumentiert sind, kann mit der Implementierung des Prozesscontrollings begonnen werden. Eine zentrale Aufgabe ist dabei die Messung der Prozesskennzahlen. Dafür ist zunächst das Messsystem festzulegen (vgl. Kapitel 6.4.8).

In der Implementierungsphase werden die zuvor festgelegten Prozesskennzahlen für die einzelnen Geschäftsprozesse nochmals überprüft und auf die Ebene der Teilprozesse heruntergebrochen. Die **Messpunkte** liegen in der Regel am Ende eines jeden Teilprozesses. Messobjekte sind die Bearbeitungsobjekte der Teilprozesse. Die jeweilige **Messstrecke** wird durch zwei aufeinanderfolgende Messpunkte definiert, sodass der gesamte Geschäftsprozess lückenlos erfasst wird.

Eine wichtige Festlegung des Prozessteams ist, wann und wie oft die Messung der einzelnen Prozesskennzahlen erfolgen soll. Es hat sich bewährt, die Prozesskennzahlen für Prozesszeit, Prozessqualität und Termintreue wöchentlich, die für Prozesskosten monatlich zu erfassen. ■

Die **Messung** sollte zu einem festen Zeitpunkt, z. B. am Freitag jeder Woche 16 Uhr bzw. am letzten Arbeitstag im Monat, vorgenommen werden. Dieses Vorgehen gewährleistet die Vergleichbarkeit der Messergebnisse und unterstützt die Regelmäßigkeit der Messungen.

Zuständig für die Messungen sind die Teilprozessverantwortlichen. Für die Durchführung der Messungen sind Messverantwortliche zu ernennen. Sie überwachen die Regelmäßigkeit der Messungen, führen die Messergebnisse der Teilprozesse zusammen und überführen sie in die Prozessberichte.

Nach drei bis vier Messperioden liegt eine ausreichende Datenbasis vor, um die Ausgangswerte für die einzelnen Prozesskennzahlen zu bestimmen. Sie können z. B. durch das arithmetische Mittel der Messwerte aus den vergangenen drei Messperioden ermittelt werden.

Die Implementierung des Messsystems ist ein wichtiger Meilenstein bei der Einführung des Geschäftsprozessmanagements. Ohne Messungen sind keine zielgerichteten Verbesserungen möglich.

12.6.3.2 Prozessbericht

In Prozessberichten werden für jedes Prozessziel, der Zielwert, der Ist-Wert aus der Prozessmessung, der zeitliche Verlauf der Ist-Werte über mehrere Perioden sowie der Entwicklungstrend visualisiert (vgl. Kapitel 6.6.2; siehe Abbildung 12.23). Die Berichtsdaten geben Auskunft über Stand und Entwicklung der Performance eines Geschäftsprozesses oder Teilprozesses. Sie zeigen, inwieweit die vereinbarten Ziele erreicht worden sind bzw. welche Defizite noch behoben werden müssen.

Prozessberichte sind für die Steuerungsaufgaben der Kaizen-, Prozess- und des Managementteams unentbehrlich (vgl. Kapitel 6.7). In den Prozessteams dienen sie als Basis für die Bewertung abgeschlossener und die Vereinbarung neuer Verbesserungsmaßnahmen. ■

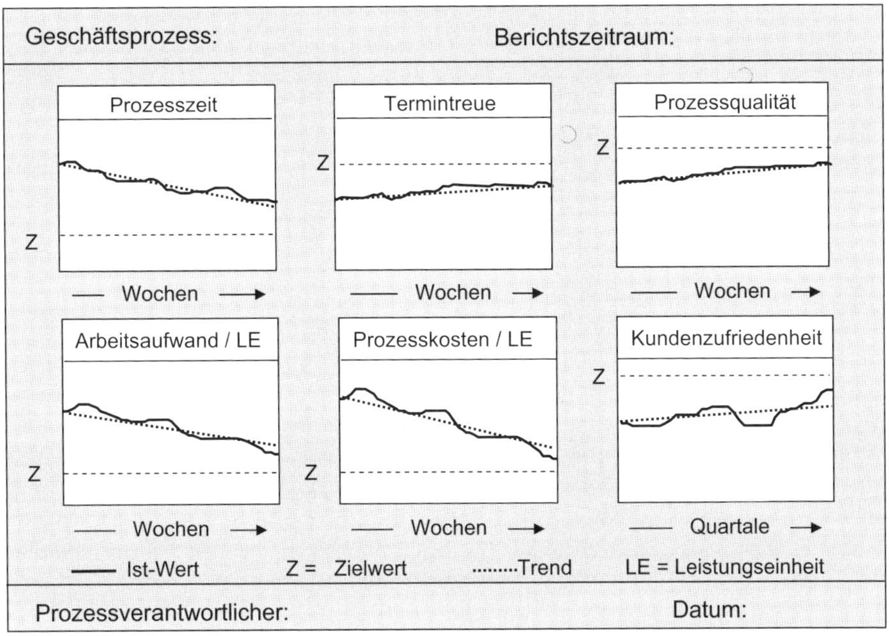

Abb. 12.23 Prozessbericht zur Messung und Steuerung von Geschäftsprozessen bzw. Teilprozessen

12.6.4 Anpassung der Aufbauorganisation

Ergänzend zur Ernennung der Geschäftsprozess- und Teilprozessverantwortlichen hat die Geschäftsleitung bzw. das Managementteam eine Reihe organisatorischer Fragen zu klären:

- Wem unterstehen die Geschäftsprozess- und Teilprozessverantwortlichen?
- Wem sind die Mitarbeiter in den Geschäftsprozessen disziplinarisch zugeordnet?
- Welche Rolle haben in Zukunft die Funktionsverantwortlichen?
- Welche Funktionen werden aufgelöst?
- Welche Funktionen sind in Zukunft Dienstleister bzw. Lieferanten der Geschäftsprozesse?
- Wie und durch wen werden Konflikte zwischen Funktionen und Geschäftsprozessen gelöst?
- Aus welchen Teilnehmern setzt sich in Zukunft der Leitungskreis zusammen?
- Wer berichtet in Zukunft wem?

Praxiserfahrungen zeigen, dass sich mit Einführung von Geschäftsprozessen die Gewichte von der Funktionsorganisation zur Prozessorganisation verschieben. Auch bei einer vorübergehenden Beibehaltung der funktionalen Aufbauorganisation sind organisatorische Anpassungen der Funktionen unvermeidlich (vgl. Kapitel 4.4).

Die Anpassung der Aufbauorganisation ist spätestens dann erforderlich, wenn den Geschäfts- und Teilprozessen Ressourcen zugeordnet werden. Bei „relativ unkomplizierten" Geschäftsprozessen, wie „Produkt liefern" oder „Service durchführen" erfolgt der Übergang auf die Prozessorganisation zumeist relativ schnell. In mehreren Anwendungsfällen fand der Übergang bereits ein halbes Jahr nach der Geschäftsprozessimplementierung statt. In Geschäftsprozessen, deren Objekte Projekte sind (z. B. „Produkt innovieren" und „Produkt entwickeln"), nimmt der Übergang längere Zeit in Anspruch.

12.6.5 Unterstützung durch IT

In den bisherigen Phasen der Einführung wurden die konzeptionellen Grundlagen des Geschäftsprozessmanagements gelegt und Rahmenentscheidungen bezogen auf Prozessorganisation und -controlling getroffen (Definition, Strukturierung und Dokumentation der Geschäftsprozesse, Festlegung der Rollen und Verantwortlichkeiten, Anpassung der Aufbauorganisation, Festlegung der Prozessziele, Prozesskennzahlen und des Messsystems). Damit ist die Basis für den effizienten Einsatz der IT gelegt.

Wie in Kapitel 10 dargestellt bietet die IT Geschäftsprozessen und dem Geschäftsprozessmanagement vielfältige **Unterstützungsmöglichkeiten:**

- Modellierung und Dokumentation von Geschäftsprozessen,
- Analyse und Simulation von Geschäftsprozessen,
- Monitoring und Automatisierung von Geschäftsprozessen,
- Process Performance Management,
- Prozessberichtswesen,
- Prozesskommunikation,
- Prozesstraining.

In der Phase Konzipierung wurden die Geschäftsprozesse bis auf die Ebene der Teilprozesse definiert. In der Implementierungsphase folgt die weitere Detaillierung bis auf die Ebene der Prozessschritte und Arbeitsschritte. Diese Detaillierungen erfordern wegen des großen Datenvolumens und der Komplexität der Verknüpfungen den Einsatz der IT. Spätestens ab diesem Zeitpunkt sollten die anzuwendende **Modellierungsmethode** und das **Modellierungstool** zur Verfügung stehen. Da die Auswahlentscheidung gründlich vorbereitet und Modellierungsmethode und Modellierungstool einsatzbereit sein müssen, ist ein entsprechender zeitlicher Vorlauf erforderlich. Die Vorlaufphase umfasst:

- Anforderungen an die Modellierungsmethode und das Prozessmodellierungstool definieren und in einer Checkliste zusammenfassen,
- anhand der Checkliste die angebotenen Tools bewerten,
- zwei oder drei ausgewählte Tools erproben,
- Auswahlentscheidung treffen,
- Piloterfahrungen mit der ausgewählten Modellierungsmethode und dem ausgewählten Modellierungstool sammeln,
- Modellierungskonventionen festlegen.

Die **Modellierungskonventionen** definieren die Struktur und Regeln für die einheitliche Modellierung und Dokumentation der Geschäftsprozesse. Bewährt hat sich, Modellierungskonventionen in einem Modellierungshandbuch zusammenzufassen, das den Prozessmodellierern als Leitfaden dient (vgl. KDV NRW 2010). Das Handbuch legt fest, wie die Geschäftsprozesse im Unternehmen modelliert und dokumentiert werden. Dazu gehören u. a.:

- Prozessebenen, die zu beschreiben und zu dokumentieren sind,
- Rollenbeschreibungen,
- Modellierungsnotation,
- Symbole, Attribute und Namenskonventionen der Prozessmodellierung,
- Layout der Dokumente,
- Dokumentensteuerung und Dokumentenablage,
- Vorgehensweise zur Evaluierung und Freigabe der Prozesse,
- Modellierungstool.

In Verbindung mit der Auswahl des Modellierungstools ist der weitere IT-Einsatz in dem Geschäftsprozessmanagementsystem zu planen. Hierfür ist ein übergreifender IT-Bebauungsplan zu erstellen. Die Basis dafür kann die **Unternehmensarchitektur** (Enterprise Architecture) liefern (vgl. Kapitel 10.9.4). Aus dieser werden die Inhalte und Vorgehensschritte für die IT-Unterstützung im gesamten Geschäftsprozessmanagement abgeleitet. Dabei handelt es sich um ein umfassendes **IT-BPM-Projekt**, das in folgenden Vorgehensstufen geplant und durchgeführt werden sollte (siehe Abbildung 12.24; vgl. detaillierte Beschreibung in: Slama/Nelius 2011, S. 291 ff.):

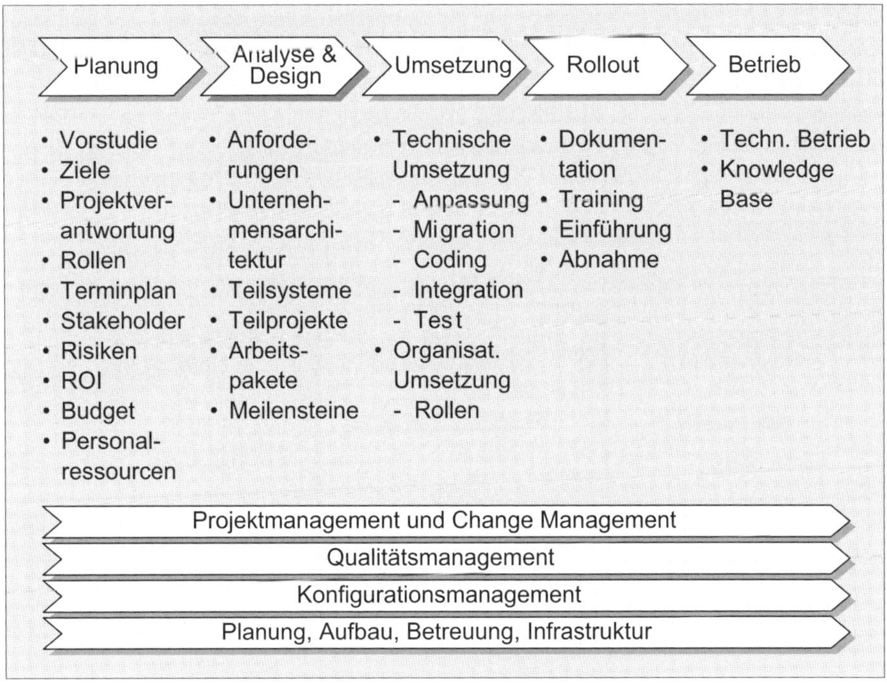

Abb. 12.24 Einführungsprojekt IT-BPM (vgl. Slama/Nelius 2011, S. 291)

- Planung,
- Analyse und Design,
- Umsetzung,
- Rollout,
- Betrieb.

12.6.6 Zuordnung von Prozessressourcen

Zusammen mit der Anpassung der Aufbauorganisation ist über die Ressourcenausstattung der Geschäftsprozesse zu entscheiden (siehe Abbildung 12.25). Für den operativen Ablauf sind die Geschäftsprozesse auf ausreichende Ressourcen angewiesen. Eine Verzögerung dieser Entscheidung blockiert den Start des Geschäftsprozessmanagements.

Wichtig ist, Geschäftsprozesse mit einem Budget zu versehen, über das sie eigenständig verfügen können. Das **Prozessbudget** versetzt Geschäftsprozesse in die Lage, Prozessaufgaben an Linienstellen oder externe Zulieferer zu übertragen bzw. eigene Personalressourcen mit entsprechender Ausstattung zu finanzieren. Ohne eigenes Budget hat ein Geschäftsprozess keinen Handlungsspielraum und ist nicht lebensfähig.

Die **Zuordnung personeller Prozessressourcen** ist abhängig von der Organisationsform (vgl. Kapitel 4.4.2). Bei der Einfluss-Prozessorganisation und der Matrix-Prozessorganisation verbleibt der Großteil der Personalressourcen in den Linienstellen. In der Matrix-Prozessorganisation erhalten Linienstellen von den Geschäftsprozessen Aufträge, Prozessaufgaben durchzuführen (leistungsorientierte Matrix-Prozessorganisation) bzw. benötigte Personalressourcen bereitzustellen (ressourcenorientierte Matrix-Prozessorganisation). In der reinen Prozessorganisation sind die Personalressourcen den Geschäftsprozessen zugeordnet.

Ähnlich ist die Situation bei **technischen Prozessressourcen** (z. B. Equipment, IT, Tools). Diese bleiben in der Einfluss-Prozessorganisation sowie in der leistungsorientierten Matrix-Prozessorganisation in den Stellen, welche die Prozessaufgaben operativ durchführen. Bei der ressourcenorientierten Matrix-Prozessorganisation liegt die Durchführung in den Geschäftsprozessen. Hier sind die Geschäftsprozesse mit dem erforderlichen Equipment auszustatten.

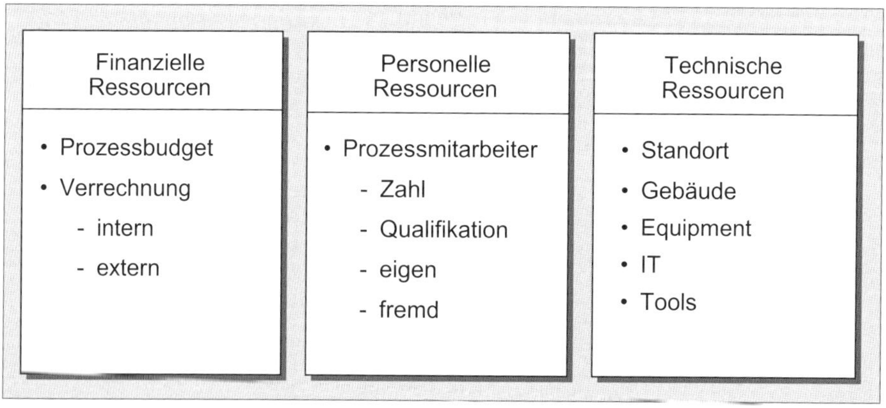

Abb. 12.25 Prozessressourcen

Die Prozessressourcen sind zunächst für die primären Geschäftsprozesse zu planen. Erst im zweiten Schritt folgt die Budgetplanung für die sekundären Geschäftsprozesse, deren Ressourcenausstattung von den Anforderungen der primären Geschäftsprozesse abhängt (vgl. auch Senden/Dworschak 2012, S. 67 ff.).

12.6.7 Workshop C

Zu empfehlen ist, 90 Tage nach dem Managementworkshop (Workshop B) in einem Workshop C den Fortschritt bei der Einführung des Geschäftsprozessmanagements gemeinsam zu überprüfen.

Ziele und Aufgaben des Workshops C sind:

- Stand der Implementierung der Geschäftsprozesse darzustellen,
- Aktivitäten und Ergebnisse der Prozessteams abzugleichen,
- Implementierungsbarrieren und Problembereiche aufzuzeigen,
- Verbesserungsmaßnahmen und Verbesserungsprojekte zu beschließen,
- die Prozesslandkarte zu überprüfen und gegebenenfalls zu überarbeiten,
- Erfahrungen zwischen den Prozessteams auszutauschen.

Teilnehmer sind die Geschäftsleitung, der GPM-Projektleiter und die Geschäftsprozessverantwortlichen mit ihren Prozessteams. Abbildung 12.26 zeigt das Beispiel einer Tagesordnung für den Workshop C.

1.	Begrüßung und Zielsetzung des Workshops	Geschäftsleitung
2.	Ablauf des Workshops	GPM-Projektleiter
3.	Präsentation der bisherigen Ergebnisse Implementierung der Geschäftsprozesse	Prozessteams
4.	Überprüfung der Prozesslandkarte	Teamarbeit und Plenum
5.	Gewichtung der Geschäftsprozesse	Teamarbeit und Plenum
6.	Verabschiedung der Rollenbeschreibungen für Prozessverantwortliche und -gremien	Geschäftsleitung
7.	Neue Maßnahmen und Projekte zur Prozessverbesserung	Teamarbeit und Plenum
8.	Entlastung des GPM-Projektleiters	Geschäftsleitung
9.	Zusammenfassung und Ausblick	Geschäftsleitung, GPM-Projektleiter

Abb. 12.26 Tagesordnung für Workshop C

Workshop C ist ein wichtiger Meilenstein bei der Implementierung der Geschäftsprozesse. Ab diesem Zeitpunkt ist es sinnvoll, den weiteren Implementierungsfortschritt über Prozessassessments (vgl. Kapitel 7.1 und 7.3) zu kontrollieren. Anfangs sollten Prozessassessments alle vier Wochen durchgeführt werden. Die Ergebnisse werden im Prozess- und Managementteam vorgestellt und diskutiert. Bei einem unzureichenden Fortschritt sind vom Prozessteam bzw. Managementteam Maßnahmen zur Beschleunigung und Stabilisierung der Implementierung einzuleiten.

12.7 Optimierung

12.7.1 Bedeutung

In den Phasen Positionierung, Konzipierung und Implementierung wird die Basis für die Optimierung der Geschäftsprozesse gelegt. Die Prozessoptimierung ist der eigentliche Zweck des Geschäftsprozessmanagements. Geschäftsprozesse optimieren heißt, ihre Performance kontinuierlich zu verbessern oder/und über radikale Erneuerungen sprunghaft zu steigern. Ziel der Prozessoptimierung ist es, die Prozessperformance so zu steigern, dass die strategischen und operativen Prozessziele und damit die Geschäftsziele erreicht werden.

Wie bereits im Kapitel 9 ausgeführt kann die Optimierung von Geschäftsprozessen über Prozesserneuerung oder Prozessverbesserung erfolgen. Als Methode der Prozesserneuerung kommt Business Process Reengineering (BPR) zur Anwendung. Für die Prozessverbesserung werden als Methoden Total Cycle Time (TCT), Kaizen und Six Sigma eingesetzt.

12.7.2 Radikale Steigerung der Prozessleistung durch BPR

12.7.2.1 BPR-Vorgehen

Die BPR-Grundlagen wurden bereits im Kapitel 9.2 behandelt. In diesem Kapitel wird beschrieben, wie BPR-Projekte durchgeführt werden. Ein BPR-Projekt bezieht sich in der Regel nur auf einen Geschäftsprozess. Bei diesem bestehen gravierende Performancedefizite, die durch kontinuierliche Prozessverbesserungen nicht mehr beseitigt werden können.

Das BPR-Vorgehen unterteilt sich in drei **Phasen** (siehe Abbildung 12.27; vgl. auch Madison 2005, S. 65 ff.):

1. Definition des BPR-Projektes,
2. Redesign des Geschäftsprozesses,
3. Implementierung des neuen Geschäftsprozesses.

Die **Zeitdauer** eines BPR-Projektes sollte sechs Monate nicht überschreiten. Erfahrungsgemäß verhindern langwierige und detaillierte Analysen innovative Lösungen. Bei einer langen Zeitdauer nimmt zudem das Interesse des Managements ab und nehmen die Widerstände zu.

Projektvorbereitung		Redesign des Geschäftsprozesses		Implementierung des neuen Geschäftsprozesses	
Projekt-definition	Projekt-anstoß	Grob-konzept	Fein-konzept	Planung	Um-setzung
	BPR-Kick-off	BPR-Workshop	Team-arbeit	Implemen-tierungs-workshop	Team-arbeit
ca. 1 Monat	1/2 Tag	2 Tage	ca. 1 Monat	2 Tage	ca. 3 Monate

◄—— maximal 6 Monate ——►

Abb. 12.27 Vorgehen des Business Process Reengineering

1. Definition des BPR-Projektes

In der Phase Projektdefinition werden Umfang, Zielsetzung, Organisation, Aufgaben und Termine des BPR-Projektes festgelegt. Die **Zielsetzung** des Projektes ist in der Regel sehr herausfordernd, um die erheblichen Performancedefizite des betroffenen Geschäftsprozesses zu beseitigen. Wichtig ist, die Mitarbeiter von der Notwendigkeit der radikalen Veränderung zu überzeugen. Dies setzt voraus, dass Klarheit über die Ausgangssituation, die zukünftigen Herausforderungen und die strategischen Ziele des betroffenen Geschäftsprozesses besteht.

Am Ende der Phase Projektdefinition liegt der offizielle Start des BPR-Projektes, der im Rahmen einer Kick-off-Veranstaltung durchgeführt wird. In dem **Kick-off** wird das BPR-Projekt mit Zielen, Vorgehen und Organisation vorgestellt. Teilnehmer sind die Mitglieder des Reengineering-Ausschusses und des Reengineering-Teams (vgl. Kapitel 12.7.2.2) sowie wichtige Entscheidungsträger, die direkt oder indirekt von dem BPR-Projekt tangiert sind.

2. Redesign des Geschäftsprozesses

Im Mittelpunkt der Redesignphase steht der **BPR-Workshop**, in dem gemeinsam das **Grobkonzept** des neuen Prozesses erarbeitet wird. Der Workshop dauert zwei Tage. Es folgen dann die Verfeinerung des Entwurfes und die Überprüfung seiner Machbarkeit durch das Reengineering-Team. Madison erläutert Prinzipien, die beim Redesign beachtet werden sollten (vgl. Madison 2005, S. 151 ff.). Das **Feinkonzept** umfasst:

- Detaillierung der Prozessstruktur und des Prozessablaufs,
- Detaillierung der Prozessziele, Prozesskennzahlen und des Messsystems,
- Spezifizierung der Ressourcenanforderungen (Personal, Sachmittel, IT).

Für die Erarbeitung des Feinkonzeptes ist ein Zeitraum von ca. einem Monat vorzusehen. In der zweiten Hälfte der Feinkonzeptphase sollten Mitarbeiter, die später an der Implementierung mitwirken, hinzugezogen werden. Dadurch wird eine größere Bandbreite an Ideen und

Erfahrungen eingebracht, werden die Reife und Akzeptanz der Lösung erhöht sowie Klärungen durchgeführt, die sonst die Implementierung verzögern würden.

Spätestens nach dem BPR-Workshop, wenn das Grobkonzept des neuen Geschäftsprozesses vorliegt, ist aktiv mit der **Projektinformation und -kommunikation** zu beginnen. Adressaten sind Management, Projektmitarbeiter, Kunden, Lieferanten, andere Geschäftsprozesse und interne Dienstleister.

Ziel der Information ist es, Transparenz über Anlass, Ziele, Umfang, Aufgaben, Fortschritt, Probleme und Ergebnisse des BPR-Projektes herzustellen. Information und Kommunikation sind die besten Mittel, Gerüchten, Verunsicherungen, Ängsten und Widerständen entgegenzuwirken. Besonders wichtig ist es, die Ergebnisse und Erfolge des BPR-Projektes zu publizieren. Erfolge sind starke Motivatoren und überzeugen auch Skeptiker. ■

3. Implementierung des neuen Geschäftsprozesses

Die Phase der Implementierung unterteilt sich in die Schritte Planung und Umsetzung. Bei der Planung und Kontrolle des BPR-Projektes kommen die Methoden des Projektmanagements zur Anwendung. Der neue Geschäftsprozess ist zügig zu implementieren. Die Umsetzung sollte nicht wesentlich länger als drei Monate dauern. Hohe Priorität hat dabei die Verfügbarkeit der Mitarbeiter in den Implementierungsteams.

Die Planung der Implementierung wird in einem Implementierungsworkshop durchgeführt. Teilnehmer an diesem Workshop sind das Reengineering-Team und die an der Erarbeitung des Feinkonzeptes beteiligten Mitarbeiter der zukünftigen Implementierungsteams. Die Dauer des Workshops beträgt zwei Tage.

Aufgabe des **BPR-Implementierungsworkshops** ist es, eine Einführungsstrategie für den neuen Prozess festzulegen, aus dem Feinkonzept Projektaufträge für die Implementierungsteams zu definieren und den organisatorischen und zeitlichen Ablauf der Implementierung zu planen. Die Implementierungsprojekte orientieren sich an den Teilprozessen des neuen Geschäftsprozesses. Die Projektaufträge an die Implementierungsteams sollten nur Rahmenvorgaben enthalten. Die Implementierungsteams legen das detaillierte Vorgehen in eigener Regie fest.

Nach Abschluss der Implementierung läuft in den meisten Fällen der neue Geschäftsprozess noch nicht optimal. Um dies zu erreichen, ist unmittelbar nach Abschluss der Implementierung mit der kontinuierlichen Verbesserung (siehe TCT, Kaizen, Six Sigma) zu beginnen. ■

12.7.2.2 BPR-Organisation

Die Organisation eines BPR-Projektes setzt sich zusammen aus (siehe Abbildung 12.28):

- Reengineering-Ausschuss,
- BPR-Projektleiter/Geschäftsprozessverantwortlicher,
- Reengineering-Team,
- Implementierungsteams.

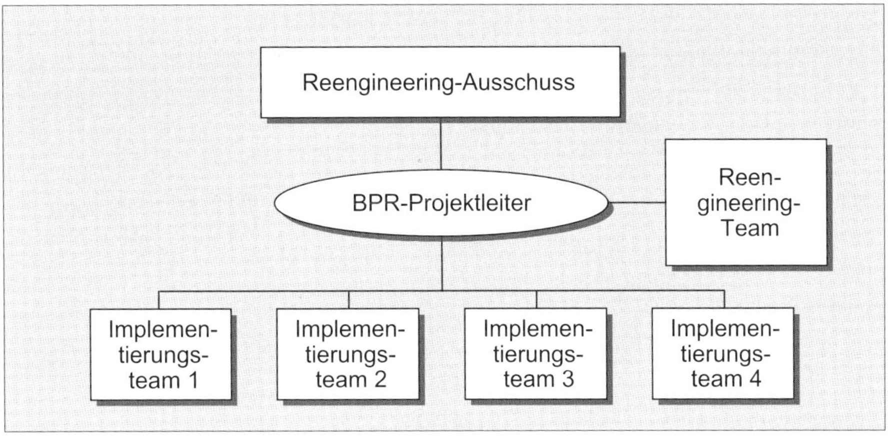

Abb. 12.28 BPR-Organisation

Reengineering-Ausschuss

Der Reengineering-Ausschuss wird von der Geschäftsleitung eingesetzt. Seine Mitglieder sind:

- Geschäftsleiter,
- Geschäftsprozessverantwortlicher,
- BPR-Projektleiter (falls nicht mit Geschäftsprozessverantwortlichem identisch),
- BPR-Experte.

Der BPR-Experte kann z. B. ein externer Berater mit einschlägigen BPR-Erfahrungen sein. Er fungiert als Moderator in den BPR-Workshops und als Coach des Reengineering-Teams und der Implementierungsteams.

Die Aufgaben des Reengineering-Ausschusses sind:

- Bereitstellung der erforderlichen finanziellen, personellen und technischen Projektressourcen,
- Überprüfung der Projektplanung und -durchführung,
- Beseitigung projektübergreifender Probleme,
- Treffen von projektübergreifenden Entscheidungen.

BPR-Projektleiter/Geschäftsprozessverantwortlicher

Dringend zu empfehlen ist, dem Geschäftsprozessverantwortlichen die Leitung des BPR-Projektes zu übertragen. Nur dann wird er sich mit den Ergebnissen des Projektes identifizieren.

Die Aufgaben des Geschäftsprozessverantwortlichen/BPR-Projektleiters in einem BPR-Projekt sind:

- Planung, Kontrolle und Steuerung des Projektes,
- Disposition der Projektressourcen,

- regelmäßige Berichterstattung an den Reengineering-Ausschuss,
- Vertretung der Projektinteressen nach außen,
- Projektkommunikation,
- Motivation der Implementierungsteams.

Reengineering-Team

Das Reengineering-Team stellt den Kern des BPR-Projektes dar. Folgende Teamzusammensetzung hat sich bewährt:

- Geschäftsprozessverantwortlicher,
- Teilprozessverantwortliche,
- BPR-Experte,
- mindestens ein externer Kunde des Geschäftsprozesses,
- gegebenenfalls weitere externe Stakeholder.

Zu empfehlen ist, externe Experten in das Projekt einzubeziehen. Sie erweitern den Erfahrungshorizont, erhöhen die Problemlösungskompetenz und bringen Vergleichsdaten im Sinne von Benchmarks ein. „Es ist unsere Erfahrung, dass der Einsatz externer Moderatoren mit guter GPM-Erfahrung die besten Ergebnisse in der innovativen Phase liefert" (Jeston/Nelis 2008, S. 163). Die Mitarbeit externer Kunden ist ebenfalls wichtig, um eine starke Fokussierung des Geschäftsprozesses auf Kundenanforderungen und -erwartungen zu erreichen. ■

Die Aufgaben des Reengineering-Teams sind:

- Unterstützung des Geschäftsprozessverantwortlichen bei Planung und Kontrolle des BPR-Projektes,
- Design des neuen Prozesses (Grob- und Feinkonzept),
- Aufzeigen und Beseitigen von Projektproblemen,
- Projektkommunikation.

Das Reengineering-Team benötigt die volle Rückendeckung der Geschäftsleitung. Vorgesetzte Stellen sollten sich nicht über die Entscheidungen des Teams hinwegsetzen. ■

BPR-Implementierungsteam

Das BPR-Projekt wird in Teilprojekte aufgespalten. Für die Realisierung der Teilprojekte ist jeweils ein Implementierungsteam verantwortlich. Die Leiter der Implementierungsteams sind Mitglieder des Reengineering-Teams. Dadurch wird die Implementierung des vom Reengineering-Team entworfenen Prozessdesigns sichergestellt.

Die Aufgaben des Implementierungsteams sind:

- Mitarbeit am Feinkonzept des Prozessdesigns,
- Planung, Kontrolle und Steuerung des Teilprojektes,
- regelmäßige Berichterstattung des Projektfortschritts und der Probleme an das Reengineering-Team,
- laufende Projektkommunikation.

Die Implementierungsteams müssen die volle Rückendeckung des Reengineering-Teams haben. Entscheidungen, welche die Teams im Rahmen ihrer Kompetenzen treffen, sollten bindend sein. Alle Teammitglieder sind gleichberechtigt.

12.7.3 Kontinuierliche Steigerung der Prozessleistung durch TCT

12.7.3.1 TCT-Vorgehen

Die Grundlagen von TCT wurden bereits im Kapitel 9.3.2 behandelt. In diesem Kapitel wird die Einführung von TCT dargestellt.

Das TCT-Vorgehen besteht aus fünf Stufen:

1. Prozesse darstellen,
2. Ziele und Kennzahlen festlegen,
3. Barrieren ermitteln und bewerten,
4. Barrieren beseitigen,
5. Verbesserungen messen.

1. Prozesse darstellen

Die Ableitung und Darstellung der Geschäftsprozesse ist deckungsgleich mit der Prozessidentifizierung, -strukturierung und -dokumentation (vgl. Kapitel 12.5.2.2 und 12.5.2.3).

2. Ziele und Kennzahlen festlegen

Die TCT-Ziele sind identisch mit den Prozesszielen. Aufgrund der Bewertung der Prozessbarrieren kann das Verbesserungspotenzial abgeschätzt und der Beitrag zur Prozessoptimierung prognostiziert werden.

TCT konzentriert sich auf die Prozessziele Prozesszeit (Zykluszeit), Prozessqualität (First Pass Yield) und Termintreue. Der Schwerpunkt liegt auf der Prozesszeit. Gleichzeitig werden die Abhängigkeiten zu den beiden anderen Prozesszielen aufgezeigt.

3. Barrieren ermitteln und bewerten

Prozessbarrieren sind auf allen Ebenen des Geschäftsprozesses anzutreffen. Zum Auffinden von Barrieren werden verschiedene Methoden eingesetzt:

- Brainstorming im Prozessteam,
- Interviews mit den Mitarbeitern des Geschäftsprozesses,
- Analyse der Messwerte von Prozesszeit, Prozessqualität (First Pass Yield) und Termintreue,
- Befragung der Kunden des Geschäftsprozesses,
- Prozess-Benchmarking.

Bereits im Vorfeld bei der Identifikation, Definition und Beschreibung der Geschäftsprozesse werden Barrieren erkannt. Deshalb sollte der Geschäftsprozessverantwortliche frühzeitig einen sogenannten **Barrierenspeicher** einrichten. Darin werden alle erkannten Prozessschwachstellen und -probleme hinterlegt und die Maßnahmen gesammelt, die nicht sofort umgesetzt werden können. Der „Barrierenspeicher" ist eine wichtige Fundgrube für Maßnahmen zur Performancesteigerung und zur Abschätzung des Verbesserungspotenzials. ■

Als Hilfsmittel zur Barrierenbewertung hat sich das **Barrierenbewertungsblatt** (siehe Abbildung 12.29) bewährt. In ihm werden je Barriere die geplanten und realisierten Zeit- und Kosteneinsparungen sowie Maßnahmen zur Beseitigung, Termine und Verantwortliche eingetragen. Das Blatt dient neben der Bewertung auch als Basis für die Ableitung von TCT-Maßnahmenprogrammen und der Abschätzung von Verbesserungspotenzialen.

Nr.	Barrierenbezeichnung	Verantwortlicher	Maßnahmen abgeschlossen bis	Potenzial gehoben bis (Plan)	Einsparung Zykluszeit (ZZ) (Plan)	Einsparung € (Plan)	Bearbeitungsstatus	Realisierte Einsparung Zykluszeit (ZZ)	Realisierte Einsparung €

Abb. 12.29 Barrierenbewertungsblatt

Aus dem Barrierenbewertungsblatt werden die Barrieren in ein **Barrierenportfolio** übertragen und nach den Kriterien „Wirkung auf Prozesszeit" und „Schwierigkeiten der Beseitigung" bewertet (vgl. Kapitel 9.3.2; siehe Abbildung 9.7). Das Portfolio vermittelt einen schnellen Überblick über die Barrieren und ermöglicht deren Priorisierung.

4. Barrieren beseitigen

Das Prozessteam wählt anhand des Barrierenportfolios die Barrieren aus, die beseitigt werden sollen. Hohe Priorität haben die Barrieren im Feld D des Barrierenportfolios in Abbildung 9.7. Das Prozessteam entscheidet, wer die einzelnen Barrieren beseitigt: es selbst, einzelne Prozessmitarbeiter oder ein spezielles Team **(Barrierenbeseitigungsteam)**.

Bei der Analyse und Beseitigung der Prozessbarrieren gilt die Leitlinie, nicht nach Schuldigen zu suchen, sondern die Ursachen festzustellen. Um die Ursachen zu finden, werden Ursache-Wirkungs-Diagramme erstellt. Je detaillierter die Ursachen ermittelt werden, desto leichter lassen sich Lösungen und Maßnahmen zur Beseitigung der Barrieren finden.

Es sollten nicht zu viele Barrieren gleichzeitig in Angriff genommen werden. Sonst besteht die Gefahr der Überlastung und Demotivation. Es ist wichtig, klare Prioritäten zu setzen und selektiv vorzugehen.

Zudem sollte auf eine schnelle Beseitigung der Barrieren Wert gelegt werden. Quick Wins stärken das Vertrauen in den Erfolg des Vorgehens. Bei zu langen Umsetzungszeiten sinken die Motivation der Mitarbeiter und das Interesse der Leitung. Die Gefahr besteht dann, dass das Tagesgeschäft die Prozessverbesserungen verdrängt.

5. Verbesserungen messen

Neben der Kontrolle der Barrierenbeseitigung ist die Wirkung der Prozessverbesserung zu messen. Die Messungen werden im Rahmen der laufenden Prozessmessungen des Prozesscontrollings durchgeführt. Das Prozessteam koordiniert die Messungen und beurteilt anhand der Messergebnisse die summarische Wirkung der durchgeführten Prozessverbesserungen. Reichen die Ergebnisse für die Erreichung der Prozessziele nicht aus, haben das Prozessteam und gegebenenfalls das Managementteam ergänzende Maßnahmen zu veranlassen.

12.7.3.2 TCT-Organisation

TCT erfordert keine eigene Organisation, sondern greift auf das Managementteam und Prozessteam der Prozessorganisation zurück. Ergänzend dazu werden fallweise Barrierenbeseitigungsteams eingesetzt (siehe Abbildung 12.30).

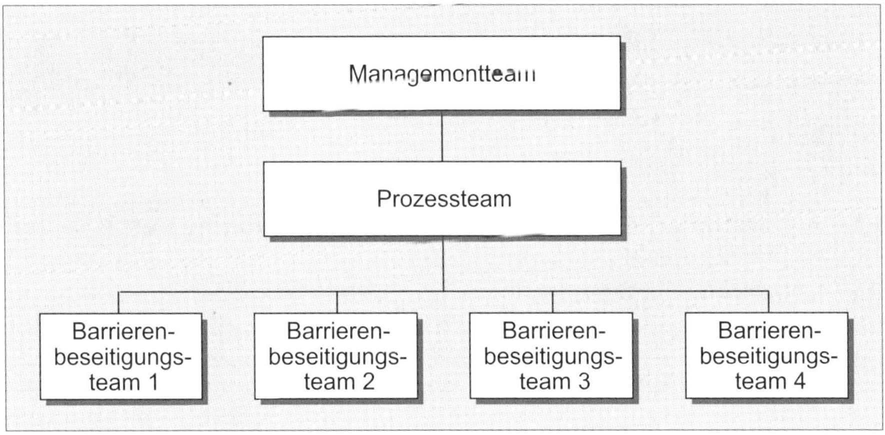

Abb. 12.30 TCT-Organisation

Die Aufgaben der Gremien im Rahmen von TCT sind:

Managementteam

- veranlasst, TCT in den Geschäftsprozessen einzuführen,
- baut die erforderliche TCT-Infrastruktur auf (Anpassung Entgeltsystem, TCT-Training),
- bewertet die Ergebnisse von TCT aus Geschäftssicht,

- beseitigt schwerwiegende Barrieren (kulturelle Barrieren) und prozessübergreifende Barrieren,
- unterstützt und fördert die Prozessteams.

Prozessteam

- ermittelt, bewertet und priorisiert Barrieren im Geschäftsprozess (Sachbarrieren, Prozessbarrieren, kulturelle Barrieren) und führt den aktuellen Barrierenspeicher,
- beseitigt eigenständig Barrieren,
- stößt die Beseitigung von Barrieren an,
- initiiert, gründet und steuert Barrierenbeseitigungsteams,
- unterstützt und fördert die Barrierenbeseitigungsteams,
- adressiert schwerwiegende Barrieren (kulturelle Barrieren) und prozessübergreifende Barrieren an das Managementteam,
- misst die Ergebnisse der Barrierenbeseitigung über das Prozesscontrolling.

Barrierenbeseitigungsteam

- analysiert Barrieren und stellt deren Ursachen fest,
- erstellt einen Maßnahmen- und Zeitplan für die Beseitigung der Barriere,
- beseitigt eigenständig Barrieren,
- kontrolliert die Maßnahmenumsetzung,
- misst die Wirkung der Barrierenbeseitigung über das Prozesscontrolling,
- berichtet dem Prozessteam über die Messergebnisse,
- führt Prozessverbesserungen ein und stabilisiert sie.

12.7.4 Kontinuierliche Steigerung der Prozessleistung durch Kaizen

12.7.4.1 Kaizen-Vorgehen

Die Grundlagen von Kaizen wurden bereits im Kapitel 9.3.3 behandelt. In diesem Kapitel wird die Einführung von Kaizen beschrieben (vgl. auch Grafmüller 2000, S. 140 ff. und 195 ff.; Fischer/Scheibeler 2003, S. 251 ff.; Liker 2006, S. 384 ff.; Witt/Witt 2006, S. 39 ff. und 76 ff.; Teufel 2009, S. 687 ff.; Kostka/Kostka 2011, S. 43 ff.). Kaizen sollte in allen Geschäftsprozessen angewendet werden. Damit Kaizen kontinuierlich und nachhaltig lebt, ist es in die Prozessorganisation und das Prozesscontrolling zu integrieren.

Die Einführung von Kaizen gliedert sich in die Stufen:

1. Kaizen planen,
2. Kaizen starten,
3. Kaizen-Ziele vereinbaren,
4. Verschwendungen ermitteln und beseitigen,
5. Verbesserungen messen.

1. Kaizen planen

Für die Einführung ist ein Kaizen-Projektleiter zu ernennen. Dieser hat einen Vorgehensplan zu erstellen, der folgende Punkte enthält:

- Ziele von Kaizen,
- Vorgehensstufen der Einführung inklusive Anpassung des Verbesserungsvorschlagswesens und des Entgeltsystems,
- Konzeption von Kaizen-Trainings und -Workshops,
- Einführung von Kaizen in den einzelnen Geschäftsprozessen,
- Festlegung der Rollen des Managementteams, der Prozessteams, der Kaizen-Teams sowie der Geschäftsprozess- und Teilprozessverantwortlichen in Verbindung mit Kaizen (vgl. Kapitel 12.7.4.2).

2. Kaizen starten

Der Schwerpunkt in der Startphase liegt auf dem Kaizen-Training und dem Kaizen-Startworkshop. Teilnehmer sind die Kaizen-Teams des ausgewählten Geschäftsprozesses, der Geschäftsprozessverantwortliche und die Teilprozessverantwortlichen. Bei dem eintägigen **Kaizen-Training** sind u. a. folgende Punkte hervorzuheben:

- Kaizen findet am Arbeitsplatz statt und ist Bestandteil der täglichen Arbeit.
- Probleme sind „Schätze", da sie Verbesserungen ermöglichen.
- Jeder Fehler und jede Verschwendung darf auftreten, aber nur einmal.
- Kaizen sucht und analysiert die Fehlerursachen und beseitigt sie selbständig.

In dem Kaizen-Training wird als Beispiel ein Problem des Geschäftsprozesses mithilfe des Ursache-Wirkungs-Diagramms analysiert. Es werden die Problemursachen festgestellt und geeignete Maßnahmen zur Problembeseitigung erarbeitet.

Dem Kaizen-Training folgt ein **Kaizen-Startworkshop**, der zwei Tage dauert und von einem externen Kaizen-Experten moderiert wird. In dem Workshop wird demonstriert und gemeinsam praktiziert, wie innerhalb kurzer Zeit Verschwendungen in Geschäftsprozessen identifiziert und beseitigt sowie Verbesserungen erzielt werden können. Die Kaizen-Teams arbeiten im Workshop sofort an der Verbesserung ihres Prozesses (Learning by Doing). Darüber hinaus wird Teamarbeit trainiert und werden erste Erfahrungen mit Kaizen-Werkzeugen gesammelt. Ziel des Kaizen-Startworkshops sollte auch sein, Kaizen-Regeln aufzustellen (siehe Beispiel VW in Abbildung 12.31). Sie fordern auf, ermuntern, geben die Richtung vor, verhindern Abschweifungen und kürzen Diskussionen ab.

Am Ende des Startworkshops präsentieren die Kaizen-Teams ihre Ergebnisse direkt am Arbeitsplatz mit einer Bewertung der Einsparungen. An dieser Abschlusspräsentation sollte auch die Geschäftsleitung teilnehmen, um die Bedeutung von Kaizen zu unterstreichen und die Ergebnisse des Workshops zu würdigen.

In der Startphase von Kaizen sind das Entgeltsystem und das Verbesserungsvorschlagswesen auf die Anforderungen von Kaizen auszurichten (vgl. Kapitel 9.3.3.3).

Die Planungs- und die Startphase sollten von einem professionellen **Kaizen-Berater** begleitet werden. Besonders der Startworkshop erfordert hohe Expertise und Professionalität.

3. Kaizen-Ziele vereinbaren

Der Kaizen-Startworkshop schließt mit einer Vereinbarung über die Kaizen-Ziele ab. Die Kaizen-Ziele werden aus den Prozesszielen abgeleitet (vgl. Kapitel 6.3.2.6 und 6.3.2.7). Die vereinbarten Ziele müssen erreichbar sein, um die Mitarbeiter nicht zu entmutigen.

1. Sei bereit, dein herkömmliches Denken aufzugeben
2. Denke darüber nach, wie etwas gemacht werden kann, und nicht, warum etwas nicht gemacht werden kann
3. Kein Ausreden! Stelle alles Bisherige infrage
4. Eine 50 %-Lösung ist meist besser als eine kaum zu erreichende 100 %-Lösung
5. Korrigiere Fehler sofort
6. Gib für KVP möglichst kein Geld aus
7. Die Fähigkeit zur Problemlösung entwickelt sich erst durch Probleme selbst
8. Frage fünfmal „Warum?“ und finde so die wahren Problemursachen heraus
9. Zehn Leute lösen ein Problem besser als ein einziger Spezialist
10. KVP hat kein Ende

Abb. 12.31 Kaizen-Regeln von VW (vgl. Grafmüller 2000, S. 1457ff.)

4. Verschwendungen ermitteln und beseitigen

Das Finden und Beseitigen von Verschwendungen ist die kontinuierliche Aufgabe der Kaizen-Teams. Das Kaizen-Team trifft sich regelmäßig zu einem festen Termin während der Arbeitszeit für jeweils ca. eine Stunde. Wichtig ist, dass die Zusammenkünfte regelmäßig, mindestens zweimal im Monat, besser wöchentlich stattfinden. Die optimale Größe der Teams liegt zwischen vier und sechs Personen.

Alle Aktionen, Ergebnisse, Analysen und Entscheidungen des Teams werden offen, am besten an einer Pinnwand am Arbeitsplatz „protokolliert“ und visualisiert. Die Informationen sind allen Mitarbeitern und Besuchern zugänglich und geben Auskunft über:

- Ziele des Kaizen-Teams,
- Verschwendungen und deren Ursachen,
- Verbesserungsvorschläge und Maßnahmen,
- Umsetzungsverantwortliche,
- Stand der Umsetzung,
- bisherige Ergebnisse,
- Zielerreichung.

Für die **Kaizen-Teamsitzungen** sind Spielregeln zu vereinbaren, die u.a. den Ablauf, die Protokollierung der Ergebnisse sowie den Umgang miteinander festlegen. Wichtiger als Regeln sind für die erfolgreiche Teamarbeit jedoch gegenseitige Toleranz, Akzeptanz und Respekt. Sehr negativ wirken sich unzureichende Kommunikation, Missverständnisse, persönliche Konflikte und unausgewogene Gesprächsbalance aus. Diese Störfaktoren zu minimieren ist Aufgabe des Moderators. Der **Moderator** kann Mitglied des Kaizen-Teams sein oder von außen kommen. Wichtig ist, dass er die Moderation beherrscht, Vertrauen schafft und überzeugt (vgl. Kapitel 9.3.1.3).

5. Verbesserungen messen

Die Wirkungen der Kaizen-Verbesserungen machen die wöchentlichen Messungen der Prozesskennzahlen für Prozesszeit, Termintreue und Prozessqualität der Teilprozesse sichtbar.

Die Messungen werden im Rahmen des Prozesscontrollings durchgeführt. Es entsteht also kein zusätzlicher Messaufwand durch Kaizen. Deckt ein Kaizen-Team nur einen Prozessschritt ab, sind die Messungen auf den jeweiligen Prozessschritt auszudehnen. Im Rahmen des Prozesscontrollings werden die Messergebnisse mit den Werten der vereinbarten Kaizen-Ziele verglichen. Der Vergleich zeigt, ob die bisherigen Kaizen-Anstrengungen ausreichen, die vereinbarten Ziele zu erreichen. Das Ergebnis wird visualisiert. Die Transparenz über die Wirkungen der Maßnahmen und den Grad der Zielerreichung ist ein wichtiger Motivationsfaktor (vgl. Grafmüller 2000, S. 138).

Neben der laufenden Messung der Prozesskennzahlen ist das **Kaizen-Review** ein nützliches Instrument der Kaizen-Kontrolle. Ziel von Kaizen-Reviews ist es, das Management und die Mitarbeiter über die Kaizen-Fortschritte zu informieren. Kaizen-Reviews sollten quartalsweise oder halbjährlich durchgeführt werden. Sie geben Aufschluss darüber, wie ernsthaft und mit welchem Erfolg Kaizen praktiziert wird. Aussagefähige Informationen über Verbreitung, Intensität und Wirksamkeit von Kaizen liefern auch folgende **Kaizen-Kennzahlen:**

- Zahl der Kaizen-Teams pro Geschäftsprozess,
- Zahl der Kaizen-Sitzungen pro Jahr,
- Zahl der benannten und der aktiven Mitarbeiter in den Kaizen-Teams,
- Dauer der Kaizen-Sitzungen, Zeitbedarf pro Jahr,
- Kosten für Kaizen pro Jahr (Training, Sitzungen, Koordination etc.),
- Zahl der dokumentierten Verbesserungsvorschläge im Jahr/Quartal,
- Rate der umgesetzten Verbesserungsvorschläge im Jahr/Quartal,
- Zeitdauer für die Umsetzung der Verbesserungsvorschläge,
- Zahl ausgebildeter Moderatoren pro 100 Mitarbeiter,
- erzielte wirtschaftliche Ergebnisse pro Jahr.

12.7.4.2 Kaizen-Organisation

Im Geschäftsprozessmanagement stützt sich Kaizen auf die vorhandenen Rollen in der Prozessorganisation ab:

Managementteam

- entscheidet, Kaizen in den Geschäftsprozessen einzuführen,
- legt Kaizen-Infrastruktur fest (Ernennung des Kaizen-Projektleiters und -Koordinators, Anpassung des Entgeltsystems und des betrieblichen Vorschlagswesens),
- bewertet die Ergebnisse von Kaizen aus Geschäftssicht,
- löst prozessübergreifende Probleme,
- entscheidet über Vorschläge zur Effektivitäts- und Effizienzsteigerung von Kaizen.

Prozessteam

- trifft Zielvereinbarungen mit den Kaizen-Teams,
- informiert sich regelmäßig vor Ort bei den Kaizen-Teams,
- bewertet die Ergebnisse von Kaizen aus Prozesssicht,
- entscheidet über die Einführung von Standards,
- löst teamübergreifende Kaizen-Probleme,

- adressiert prozessübergreifende Kaizen-Probleme an das Managementteam,
- unterstützt und fördert Kaizen-Teams,
- veranlasst Kaizen-Reviews.

Kaizen-Team

- erarbeitet und implementiert eigenverantwortlich Verbesserungen im Rahmen der Zielvereinbarungen,
- identifiziert und analysiert Verschwendungen, erarbeitet Problemlösungen und Verbesserungsvorschläge, führt Verbesserungsmaßnahmen durch,
- wertet Prozessmessungen aus und analysiert die Ergebnisse durchgeführter Verbesserungen,
- berichtet über den Stand der Maßnahmenumsetzung,
- schlägt bewährte Lösungen als Standard vor,
- visualisiert Probleme, Maßnahmen und Ergebnisse,
- adressiert teamübergreifende Kaizen-Probleme an das Prozessteam,
- tauscht Wissen und Erfahrungen aus.

Geschäftsprozessverantwortlicher

- stellt die Verbindung zwischen Managementteam und Prozessteam her,
- informiert die Kaizen-Teams über Kaizen-relevante Entscheidungen und Maßnahmen des Managementteams,
- übermittelt prozessübergreifende Kaizen-Probleme an das Managementteam,
- bewertet die Kaizen-Ergebnisse aus Sicht des Geschäftsprozesses.

Teilprozessverantwortlicher

- coacht das Kaizen-Team,
- standardisiert erfolgreiche Verbesserungsmaßnahmen,
- stellt die Verbindung zwischen Kaizen-Team und Prozessteam her,
- löst so weit wie möglich die an ihn herangetragenen Probleme des Kaizen-Teams,
- adressiert teamübergreifende Kaizen-Probleme an das Prozessteam,
- beobachtet, unterstützt und prämiert die Umsetzung von Prozessverbesserungen,
- kontrolliert das Erreichen der Kaizen-Ziele,
- sorgt für Anerkennung und Motivation der Kaizen-Teams,
- gewährleistet den Kaizen-Teams einen hohen Grad an Selbstorganisation und -steuerung,
- veranlasst Weiterbildungsmaßnahmen,
- bewertet die Kaizen-Ergebnisse aus Sicht des Teilprozesses.

Kaizen-Projektleiter

- plant die Einführung von Kaizen als Projekt,
- kontrolliert und steuert das Einführungsprojekt,
- berichtet über den Fortschritt des Einführungsprojektes,
- organisiert Kaizen-Trainings und -Workshops,
- informiert das Managementteam über Ergebnisse und gravierende Probleme.

Kaizen-Koordinator (Kaizen-Beauftragter)

- koordiniert und lenkt Kaizen im Unternehmen,
- bietet Kaizen-Beratung, -Training und -Moderation an,
- führt Kaizen-Reviews durch,
- erfasst und bewertet Kaizen-Kennzahlen,
- zeigt den realisierten wirtschaftlichen Nutzen von Kaizen auf,
- sammelt und bewertet Kaizen-Probleme,
- berichtet über Stand, Fortschritt und Probleme von Kaizen in der Geschäftseinheit/im Unternehmen,
- bewertet die Kaizen-Ergebnisse aus Sicht des Unternehmens,
- schlägt Maßnahmen zur Effektivitäts- und Effizienzsteigerung von Kaizen vor,
- vertritt Kaizen innerhalb und außerhalb der Geschäftseinheit/des Unternehmens.

Der Kaizen-Koordinator ist Mitarbeiter des GPM-Office und berichtet direkt an den Chief Process Officer.

12.7.5 Kontinuierliche Steigerung der Prozessleistung durch Six Sigma

12.7.5.1 Six-Sigma-Vorgehen

Auf die Grundlagen von Six Sigma wurde bereits im Kapitel 9.3.4 eingegangen. In diesem Kapitel wird die Einführung von Six Sigma behandelt.

Für die Einführung von Six Sigma werden verschiedene Vorgehensweisen empfohlen. Pande, Neumann und Cavanagh schlagen folgende Stufen vor (vgl. Pande/Neumann/Cavanagh 2001, S. 69 ff.; vgl. auch Magnusson/Kroslid/Bergman 2001, S. 69 ff.; Rehbehn/Yurdakul 2005, S. 68 ff. und 96 ff.; Töpfer 2007, S. 207 ff.):

1. Identifizieren der Kernprozesse und Schlüsselkunden,
2. Definieren der Kundenanforderungen,
3. Messen der gegenwärtigen Prozessleistungen,
4. Analysieren und Implementieren von Verbesserungen nach Dringlichkeit,
5. Erweitern und Integrieren des Six-Sigma-Systems.

1. Identifizierung der Kernprozesse und Schlüsselkunden

- Identifizieren der Kernprozesse,
- Bestimmen der Prozessergebnisse und Schlüsselkunden,
- Erstellen von Kernprozesskarten.

2. Definieren der Kundenanforderungen

- Sammeln von Kundendaten; Entwickeln einer „Voice of the Customer“-Strategie,
- Entwickeln von Leistungsstandards und Anforderungsprofilen,
- Analysieren und Priorisieren von Anforderungen.

3. Messen der gegenwärtigen Prozessleistungen

- Durchführen von Performancemessungen,
- Entwickeln der grundlegenden Messverfahren,
- Identifizieren von Verbesserungsmöglichkeiten.

4. Analysieren und Implementieren von Verbesserungen nach Dringlichkeit

- Auswählen und Definieren von Verbesserungsprojekten,
- Analysieren, Entwickeln und Implementieren von Lösungen für grundlegende Probleme,
- wenn notwendig, Neu- bzw. Umgestalten und Einführen neuer Prozesse.

5. Erweitern und Integrieren des Six-Sigma-Systems

- Kontinuierliche Maßnahmen zur Aufrechterhaltung des Erfolges,
- Festlegen der Verantwortlichkeiten,
- Einführen eines Regelkreismanagements.

Die Stufen 1, 2 und 5 sind wesentliche Bestandteile des Geschäftsprozessmanagements. Six-Sigma-Schwerpunkte liegen in den Stufen 3 und 4, wobei auch hier das Geschäftsprozessmanagement Teilaufgaben übernimmt. Die Performancemessungen bei Six Sigma gehen zumeist über die Standardmessungen des Prozesscontrollings hinaus.

12.7.5.2 Integration von Six Sigma und Geschäftsprozessmanagement

Six Sigma und Geschäftsprozessmanagement stimmen in wichtigen Punkten überein:

- kundenorientierte Gestaltung der Geschäftsprozesse,
- Messen der Prozessleistung,
- Verbessern der Prozesse,
- Überprüfen der Verbesserungen anhand der Messergebnisse.

Wegen der engen Verbindungen ist ein integrierter Einsatz beider Methoden zu empfehlen (vgl. auch Bulk/Faulhaber 2004, S. 317 ff.; Rehbehn/Yurdakul 2005, S. 25 ff.). Die Einsatzschwerpunkte von Six Sigma liegen dabei in der Analyse der Prozessleistungen und -probleme sowie in der Auswahl, Durchführung und Überprüfung von Verbesserungsprojekten.

Für die integrierte Einführung von Six Sigma und Geschäftsprozessmanagement eignet sich das im Kapitel 12.3 beschriebene Vorgehensmodell des Geschäftsprozessmanagements. Es besteht aus den Phasen:

- Positionierung,
- Konzipierung,
- Implementierung,
- Optimierung.

Auf die Phasen Positionierung und Konzipierung hat Six Sigma geringen Einfluss. In die Phase Implementierung sind das Six-Sigma-Ausbildungsprogramm und das Six-Sigma-Messsystem zu integrieren. Ferner sind in dieser Phase die Rollen von Six Sigma mit den Rollen des Geschäftsprozessmanagements abzugleichen (vgl. Kapitel 4.3). Der Six Sigma Champion sollte gleichzeitig als Machtpromotor für Geschäftsprozessmanagement und Six Sigma fungieren. Diese Rolle nimmt der Chief Process Officer wahr. Der Master Black Belt arbeitet eng mit den Geschäftsprozessverantwortlichen bei der Planung der Prozess- und

Verbesserungsziele sowie bei der Six-Sigma-Ausbildung von Prozessmitarbeitern zusammen. Er sollte wie die Prozessberater in das GPM-Office integriert werden.

Die Black Belts stimmen sich bei der Auswahl und Durchführung der Six-Sigma-Projekte eng mit den jeweiligen Geschäftsprozessverantwortlichen ab bzw. sie agieren auf Veranlassung der Geschäftsprozessverantwortlichen. Es ist sicherzustellen, dass Six-Sigma-Projekte nur dann durchgeführt werden, wenn sie aus Geschäftsprozesssicht notwendig sind und signifikante Beiträge zur Zielerreichung und Optimierung der Geschäftsprozesse leisten.

In Six-Sigma-Trainings ist die Integration von Six Sigma in das Geschäftsprozessmanagement ein zentraler Punkt. Die Interaktion zwischen Six Sigma und den übrigen Methoden des Geschäftsprozessmanagements muss deutlich herausgestellt werden.

Anzustreben ist, dass möglichst viele Geschäftsprozessverantwortliche Black Belts oder Green Belts sind. Damit kann am besten die Integration von Six Sigma in das Geschäftsprozessmanagement erreicht werden.

12.7.6 Flankierende Maßnahmen zur kontinuierlichen Steigerung der Prozessleistung

Die Erfahrungen zeigen, dass Energie und Enthusiasmus der Führungskräfte und der Mitarbeiter im Laufe der Zeit abnehmen.

> Eine kritische Phase ist, wenn die einfachen Probleme gelöst sind und die Behebung schwieriger Probleme auf Hindernisse und Widerstände stößt.
> In einer derartigen Situation ist die Unterstützung der Geschäftsleitung besonders gefordert.

Ihr muss es gelingen, die Rückkehr zum „business as usual" zu verhindern. Die Mitarbeiter sind davon zu überzeugen, dass die laufende Prozessoptimierung wesentlich dazu beiträgt, ihre berufliche Zukunft und die Zukunft des Unternehmens zu sichern. **Widerstände lassen sich minimieren, wenn das Management rechtzeitig und ausreichend informiert, kommuniziert, motiviert und Leistungen honoriert.** Dazu zählen:

- **Anreizsysteme** (Incentives) für Prozessverantwortliche und Prozessmitarbeiter zu schaffen, die das Erreichen der Geschäftsprozess- und Teilprozessziele finanziell honorieren (General Electric hat z.B. 40% der variablen Vergütung jeder Führungskraft mit dem Erfolg von Six Sigma verknüpft).
- Die Arbeit der Prozess- und Kaizen-Teams sowie der Barrierenbeseitigungsteams und Six-Sigma-Projekte zu unterstützen.
- Erfolge bekannt zu machen und entsprechend zu würdigen.
- In ca. halbjährlichen Abständen Follow-up-Workshops durchzuführen.

Die **Follow-up-Workshops** laufen ähnlich wie der Workshop C ab (vgl. Kapitel 12.6.7). Teilnehmer sind die Geschäftsleitung, der Geschäftsprozessverantwortliche mit seinem Prozessteam und alle Mitarbeiter des Geschäftsprozesses. Zentrale Themen sind die durchgeführten und geplanten Prozessverbesserungen sowie Hindernisse bei der Prozessoptimierung.

In dem Workshop ist die Eigenständigkeit von Prozess- und Kaizen-Teams zu betonen. Wenn die Teams erkennen, dass sie die notwendige Unterstützung vom Management erhalten, werden sie ihre Arbeit motiviert fortsetzen. Am Ende des Workshops sollte die Geschäftsleitung einen Ausblick geben, welche Ziele mittel- und langfristig verfolgt und welche Beiträge von der Prozessoptimierung zur Erreichung der Geschäftsziele erwartet werden.

Ferner ist es wichtig, dass sich Prozessteams und Kaizen-Teams alle zwei Wochen für eine bis eineinhalb Stunden treffen, um auf Basis der wöchentlichen Performancemessungen die Prozesssituation zu analysieren sowie Verbesserungsmaßnahmen zu initialisieren und zu überwachen.

Weitere Maßnahmen zur Stärkung der kontinuierlichen Prozessverbesserung sind Erfahrungsaustausch mit anderen Unternehmen sowie die Durchführung von Prozess-Benchmarking-Projekten.

Nicht zuletzt ist eine laufende ehrliche Information über die bisher erzielten Erfolge, aber auch über die Schwierigkeiten und Hindernisse des Geschäftsprozessmanagements wichtig. Offenheit und Glaubwürdigkeit sind starke Impulsgeber, den eingeschlagenen Weg fortzusetzen.

12.8 Literatur zu Kapitel 12

Bergsmann, S. (2012): End-to-End-Geschäftsprozessmanagement. Organisationselement – Integrationsinstrument – Managementansatz, Wien 2012.

Brehm, S. R. (2009): Kommunikation im Wandel, in: Krüger, W.: Excellence in Change. Wege zur strategischen Erneuerung, 4. Aufl., Wiesbaden 2009, S. 307–335.

Bulk, G.; Faulhaber, N. (2004): Six Sigma – The Way We Run Our Business – Umsetzungserfahrungen bei GE CompuNet, in: Töpfer, A. (Hrsg.): Six Sigma. Konzeption und Erfolgsbeispiele für praktizierte Null-Fehler-Qualität, 2. Aufl., Berlin 2004, S. 317–334.

Capgemini (2011): Capgemini Consulting: HR-Barometer 2011. Bedeutung, Strategien, Trends in der Personalarbeit. Schwerpunkt: Organisationsdesign und -entwicklung, München 2011.

Chrissis, M. B.; Konrad, M.; Shrum, S. (2012): CMMI® Version 1.3 für die Entwicklung. Richtlinien für Prozessintegration und Produktverbesserung, München et al. 2012.

Doppler, K.; Lauterburg, C. (2008): Change Management. Den Unternehmenswandel gestalten, 12. Aufl., Frankfurt am Main 2008.

EABPM (2009): European Association of Business Process Management EABPM (Hrsg.): Business Process Management. Common Body of Knowledge – BPM CBOK®. Leitfaden für das Prozessmanagement, Gießen 2009.

EFQM (2012): European Foundation for Quality Management, unter: http://www.efqm.org/en/tabid/132/default.aspx, Zugriff am 05.12.2012.

Fischer, F.; Scheibeler, A. A. W. (2003): Handbuch Prozessmanagement. Effizienzsteigerung mit ISO 9001+9004. 1000 Beispiele aus der Praxis, München 2003.

Fischermanns, G. (2012): Praxishandbuch Prozessmanagement, 10. Aufl., Gießen 2012.

Friedli, T.; Kurr, M. A.; Stich, V. (2007): Tools des Prozessmanagements, in: Schuh, G.; Friedli, T.; Kurr, M. A.: Prozessorientierte Reorganisation, München 2007, S. 23–79.

Gareis, R.; Stummer, M. (2007): Prozesse & Projekte, 2. Aufl., Wien 2007.

GPM (2012): GPM Deutsche Gesellschaft für Projektmanagement e. V.: Der Deutsche Project Excellence Award, unter: http://www.gpm-ipma.de/ueber_uns/gpm_awards/deutscher_pe_award.html, Zugriff am 05.12.2012.

Grafmüller, M.H. (2000): Prozeßmanagement in der Automobilindustrie. Betriebliche Umsetzung am Beispiel der Volkswagen AG, Wiesbaden 2000.

Graßler, A. (2006): KVP – das europäische Kaizen, unter: http://www.bpm-guide.de/articles/print/16.

Hansmann, H.; Laske, M.; Luxem, R. (2008): Einführung der Prozesse – Prozess-Roll-out, in: Becker, J.; Kugeler, M.; Rosemann, M. (Hrsg.): Prozessmanagement. Ein Leitfaden zur prozessorientierten Organisationsgestaltung, 6. Aufl., Berlin 2008, S. 269 - 298.

Imai, M. (1992): Kaizen. Der Schlüssel zum Erfolg der Japaner im Wettbewerb, 3. Aufl., München 1992.

Imai, M. (1997): Gemba Kaizen, München 1997.

Jeston, J.; Nelis, J. (2008): Business Process Management. Practical Guidelines to Successful Implementations, 2nd ed., Amsterdam et al. 2008.

KDV NRW (2010): Kompetenzzentrum Digitale Verwaltung Nordrhein-Westfalen: Modellierungshandbuch FaMoS 2.0. Standards und Regeln zur Fachmodellierung kommunaler Geschäftsprozesse, Bochum 2010.

Kirchmer, M. (2011): High Performance Through Process Excellence. From Strategy to Execution with Business Process Management, 2nd ed., Berlin 2011.

Klimmer, M. (2012): Unternehmensorganisation. Eine kompakte und praxisnahe Einführung, 3. Aufl., Herne 2012.

Knuppertz, T.; Feddern, U. (2011): Prozessorientierte Unternehmensführung. Prozessmanagement ganzheitlich einführen und verankern, Stuttgart 2011.

Kostka, C.; Kostka, S. (2011): Der Kontinuierliche Verbesserungsprozess. Methoden des KVP, 5. Aufl., München 2011.

Krüger, W. (2009): Excellence in Change. Wege zur strategischen Erneuerung, 4. Aufl., Wiesbaden 2009.

Liker, J.K. (2006): Der Toyota-Weg. 14 Managementprinzipien des weltweit erfolgreichsten Automobilkonzerns, München 2006.

Madison, D. (2005): Process Mapping, Process Improvement and Process Management. A Practical Guide for Enhancing Work and Information Flow, Chicago, California 2005.

Magnusson, K.; Kroslid, D.; Bergman, B. (2001): Six Sigma umsetzen. Die neue Qualitätsstrategie für Unternehmen, München 2001.

Mundwiler, W. (2003): Von innen heraus gesund. Ein Spital orientiert sich an Kunden und Prozessen, in: OrganisationsEntwicklung, (2003) 3, S. 14 - 25.

Osterloh, M.; Frost, J. (2006): Prozessmanagement als Kernkompetenz. Wie Sie Business Reengineering strategisch nutzen können, 5. Aufl., Wiesbaden 2006.

Pande, P.S.; Neumann, R.P.; Cavanagh, R.R. (2001): Six Sigma erfolgreich einsetzen. Marktanteile gewinnen, Produktivität steigern, Kosten reduzieren, Landsberg am Lech 2001.

Petersen, D.; Witschi, U. (2006): Ganzheitliche Geschäftsprozessoptimierung. Beispiel einer Krisenbewältigung und Neuorientierung, in: Zeitschrift Führung + Organisation (zfo), 75 (2006) 5, S. 278 - 284.

Rehbehn, R.; Yurdakul, Z.B. (2005): Mit Six Sigma zu Business Excellence. Strategien, Methoden, Praxisbeispiele, 2. Aufl., Erlangen 2005.

Reinmuth, S.; Voß, S.C. (2008): Die 120 besten Checklisten zum Prozessmanagement. Prozessanalyse und -steuerung, Kommunikation und Projektmarketing, Prozesscontrolling und Balanced Scorecard, München 2008.

Schober, H. (2002): Prozessorganisation: Theoretisch Grundlagen und Gestaltungsoptionen, Wiesbaden 2002.

Schuh, G.; Friedli, T.; Kurr, M.A. (2007): Prozessorientierte Reorganisation, München 2007.

Schwab, J. (2006): Geschäftsprozessmanagement mit Visio, ViFlow und MS Project. Prozessoptimierung als Projekt, 2. Aufl., München 2006.

Senden, M.J.; Dworschak, J. (2012): Erfolg mit Prozessmanagement. Nicht warten, bis die „Gurus" kommen, Freiburg im Breisgau et al. 2012.

Slama, D.; Nelius, R. (2011): Enterprise BPM. Erfolgsrezepte für unternehmensweites Prozessmanagement, Heidelberg 2011.

Snabe, J.H.; Rosenberg, A.; Moeller, Ch.; Scavillo, M. (2009): Business Process Management: The SAP Roadmap, Galileo Press, Boston (M) 2009.

Teufel, P. (2009): Der Prozess der ständigen Verbesserung (Kaizen) und dessen Einführung, in: Bullinger, H.-J. et al. (Hrsg.) (2009): Handbuch Unternehmensorganisation. Strategien, Planung, Umsetzung (VDI-Buch), Berlin et al. 2009, S. 676 – 695.

Texas Instruments Europe (1995): Application for the European Quality Award 1995, 1995.

Töpfer, A. (Hrsg.) (2007): Six Sigma. Konzeption und Erfolgsbeispiele für praktizierte Null-Fehler-Qualität, 4. Aufl., Berlin 2007.

Vahs, D. (2012): Organisation. Ein Lehr- und Managementbuch, 8. Aufl., Stuttgart 2012.

Vahs, D.; Weiand, A. (2010): Workbook Change Management. Methoden und Techniken, Stuttgart 2010.

Wahren, H.K. (1998): Erfolgsfaktor KVP. Mitarbeiter in Prozesse der kontinuierlichen Verbesserung integrieren, München 1998.

Weilkiens, T.; Weiss, C.; Grass, A. (2010): Basiswissen Geschäftsprozessmanagement. Aus- und Weiterbildung zum OMG Certified Expert in Business Process Management (OCEB) – Fundamental Level, Heidelberg 2010.

Witt, J.; Witt, T. (2006): Der kontinuierliche Verbesserungsprozess (KVP), 2. Aufl., Frankfurt am Main 2006.

Zeiler, F.; Koch, O. (20102): Geschäftsprozessmanagement. Eine State-of-the-Art Analyse bestehender Vorgehensmodelle zum Geschäftsprozessmanagement und ihre Anwendung in der Praxis, Kassel 2010.

13 Acht Jahre Geschäftsprozessmanagement im mittelständischen Unternehmen Scansonic

13.1 Kurzprofil Scansonic

Das Unternehmen Scansonic wurde im Jahr 2000 gegründet. Die Scansonic-Gruppe gehört zu den weltweit führenden Unternehmen in der Laserfertigungstechnik und beschäftigt 130 Mitarbeiter. Innovationen von Scansonic bestimmen die Richtung bei Laserbearbeitungssystemen für das Fügen im Automobilbau, insbesondere in den Segmenten Karosseriebau oder Powertrain. Im Bereich industrieller Laserbearbeitungsköpfe mit taktiler Nahtführung ist Scansonic Weltmarkt- und Technologieführer. Hauptkunden sind renommierte Anbieter für die Fertigungsautomatisierung und Automobilkonzerne weltweit. Das Produktportfolio umfasst verschiedene Laserbearbeitungssysteme mit taktiler und optischer Nahtführung für 3-D-Teile sowie Sensorsysteme für die Abstandsmessung und Geometrieerkennung.

13.2 Gründe für die Einführung des Geschäftsprozessmanagements

Scansonic war nach der Gründung innerhalb von vier Jahren auf über 50 Mitarbeiter gewachsen und der Umsatz auf 7,5 Millionen Euro gestiegen. Mit diesem rasanten Wachstum konnte die Organisation nicht Schritt halten, sodass planerische und organisatorische Defizite im Unternehmen entstanden. Nach anfänglichen Optimierungsversuchen wurde deutlich, dass das gesamte Unternehmen neu organisiert und ausgerichtet werden musste.

Bei der Suche nach einem Lösungskonzept und Vorgehensmodell stieß Scansonic Ende 2003 auf das Geschäftsprozessmanagement. Die Geschäftsführung konnte davon überzeugt werden, dass Geschäftsprozessmanagement das geeignete Konzept sei, die Probleme bei Scansonic umfassend zu lösen.

Hinzu kam Ende 2003 die Forderung, das Unternehmen nach ISO 9001 zu zertifizieren. Die Geschäftsführung entschied, die Zertifizierung nicht als isoliertes Projekt anzugehen, sondern sie mit der Einführung des Geschäftsprozessmanagements zu koppeln. Dadurch sollte sichergestellt werden, die Effektivität und Effizienz des gesamten Unternehmens zu verbessern und nicht nur die Zertifizierungsanforderungen der ISO 9001:2000 zu erfüllen.

13.3 Einführung und Status des Geschäftsprozessmanagementsystems

Im September 2004 gab die Geschäftsführung im Rahmen eines Managementworkshops den offiziellen Startschuss zur Einführung des Geschäftsprozessmanagements. In diesem Workshop, an dem alle Führungskräfte teilnahmen, wurden die Ziele des Einführungsprojektes festgelegt und die Kompetenzen, Befugnisse und Pflichten der Geschäftsprozessverantwortlichen definiert.

Dem Projekt zur Einführung des Geschäftsprozessmanagements (GPM-Einführungsprojekt) gab die Geschäftsführung folgende Ziele vor:

- Erfüllen der Anforderungen ISO 9001, VDA 6.4 und Zertifikat 6/2005,
- Aufbau einer Informationsplattform im Intranet,
- Schaffung der Voraussetzungen für die kontinuierliche Verbesserung der Geschäftsprozesse,
- Steigerung der Effektivität und Effizienz in allen Geschäftsprozessen,
- Sicherung und Ausbau der Kundenbeziehungen,
- dauerhafte Leistungssteigerung der gesamten Organisation,
- Erhöhung der Anpassungsfähigkeit an Veränderungen (Märkte, Wettbewerber, Technologien),
- Aufbau von Kernkompetenzen durch GPM.

Die Leitung des GPM-Einführungsprojektes wurde einem Diplomanden der Fachrichtung Maschinenbau übertragen, der bereits bei der Vorklärung des Projektes und bei der Auswahl des Geschäftsprozessmanagements als Lösungskonzept eine maßgebliche Rolle gespielt hatte. Die Vorplanung des Projektes begann im Juni 2004. Das Projekt wurde analog der in diesem Buch empfohlenen Vorgehensweise durchgeführt. Über Details des GPM-Einführungsprojektes wurde bereits in der sechsten Auflage dieses Buches berichtet.

Der Zeitplan der Einführung konnte ohne Verzögerungen eingehalten werden. Die Zertifizierung wurde im ersten Anlauf erreicht. Es wurden keine Abweichungen festgestellt. Das Projekt war nach 18 Monaten abgeschlossen und die Verbesserungsaktivitäten gingen in einen kontinuierlichen Prozess und in weitere Verbesserungsprojekte über. Die Entwicklung der Prozessreife nach dem Ende des GPM-Einführungsprojektes (Jahr 2005) ist in Abbildung 13.1 dargestellt.

Die Reifegrade werden gemäß dem GPM-Reifegradmodell (vgl. Kapitel 7.2.8) bewertet. In fast allen Geschäftsprozessen konnte die Prozessreife in den vergangenen Jahren weiter erhöht werden. Sowohl bei der Geschäftsprozessdefinition als auch bei der Prozessabgrenzung wurden Änderungen vorgenommen. Der Innovations- und Vermarktungsprozess wurde als neuer, eigenständiger Geschäftsprozess definiert. Auf die Weiterentwicklung der Geschäftsprozesse bzw. des Geschäftsprozessmanagements wird in den nachfolgenden Kapiteln eingegangen.

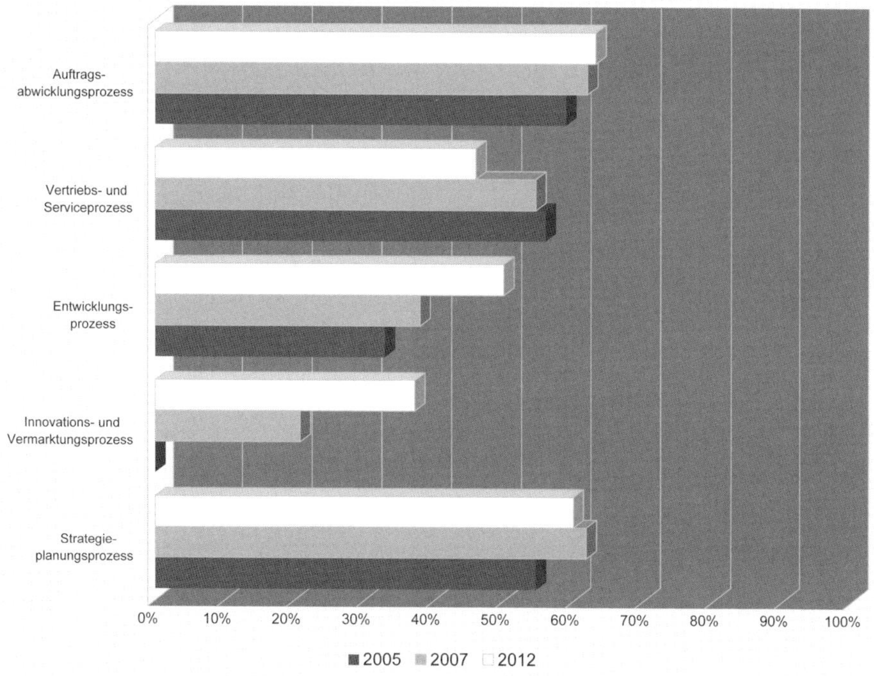

Abb. 13.1 Entwicklung der Prozessreife seit dem Jahr 2005

13.4 Scansonic-Prozessmodell

Das Scansonic-Prozessmodell besteht aus fünf primären Geschäftsprozessen, die nach dem Prinzip „vom Kunden zum Kunden" funktionsübergreifend definiert wurden (siehe Abbildungen 13.2 und 13.3):

- Innovations- und Vermarktungsprozess,
- Entwicklungsprozess,
- Vertriebsprozess,
- Auftragsabwicklungsprozess.
- Serviceprozess.

Als sekundäre Geschäftsprozesse bzw. Kompetenzzentren wurden festgelegt:

- Strategieplanungsprozess,
- Controllingprozess,
- Personalmanagementprozess,
- Prozess- und Qualitätsmanagement,
- IT-Management,

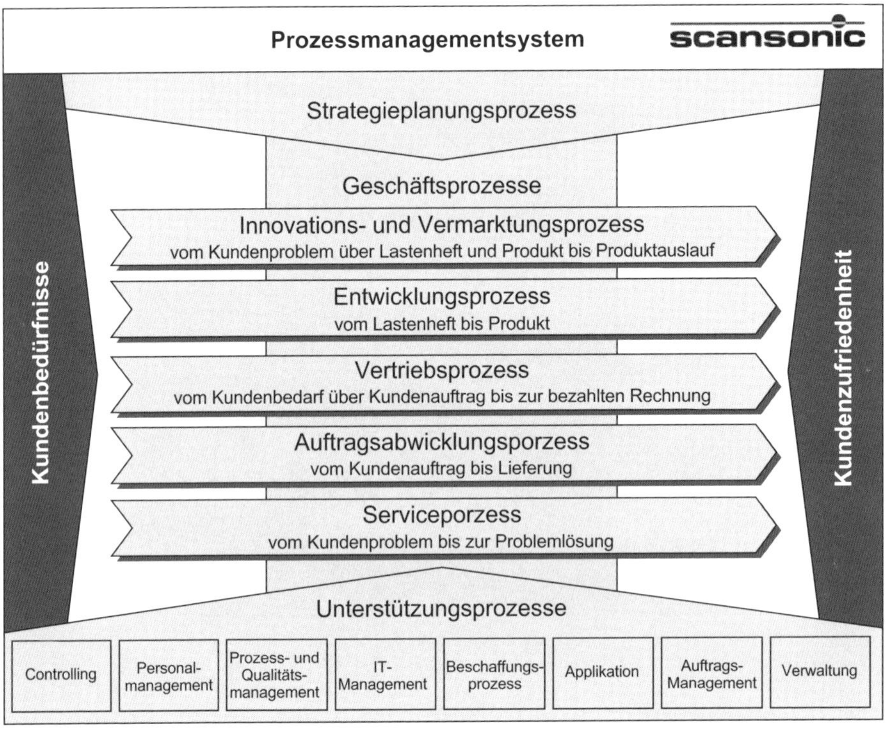

Abb. 13.2 Scansonic-Prozessmodell

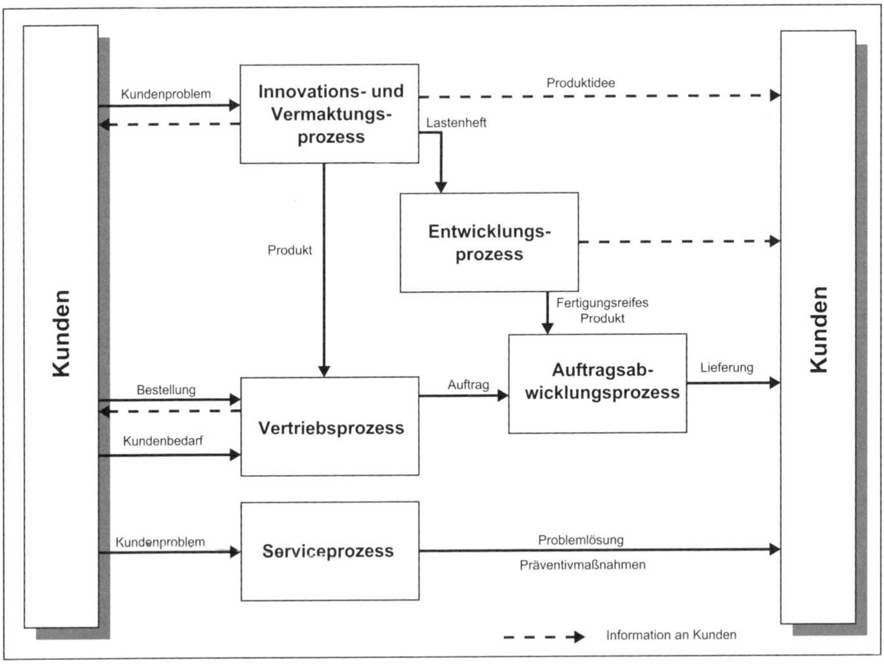

Abb. 13.3 Scansonic-Prozesslandkarte

- Beschaffungsprozess,
- Applikation,
- Auftragsmanagement,
- Verwaltung.

13.5 Geschäftsprozesse bei Scansonic

13.5.1 Innovations- und Vermarktungsprozess

Im Rahmen der Weiterentwicklung des GPM-Systems wurde 2007 die Entscheidung getroffen, den bisherigen Produktentstehungsprozess in zwei primäre Geschäftsprozesse, den Innovations- und Vermarktungsprozess, zu trennen. Die Gründe waren:

- Die Entwicklungs- und Markteinführungszeiten waren zu hoch.
- Die Orientierung lag zu sehr auf Produkten und zu wenig auf Kunden.
- Bemühungen, neue Geschäftsfelder zu identifizieren und aufzubauen, waren zu wenig erfolgreich.
- Erforderliche Qualifikationen, Prozesse und innovative Produkte, um ein kontinuierliches, profitables Wachstum über das Bestandsgeschäft hinaus zu generieren, waren noch nicht ausreichend vorhanden.
- Die Wachstumsvorgaben aus dem Strategieplanungsprozess wurden nicht erreicht.
- Im Innovations- und im Vermarktungsprozess werden unterschiedliche Objekte bearbeitet.

Die Teilprozesse des Innovationsprozesses sind (siehe Abbildung 13.4):

- Ideen finden und auswählen,
- Ideen bewerten,
- Ideen konkretisieren.

Im Innovationsprozess werden interne und externe Faktoren analysiert. Schwerpunkt bildet die Analyse von Marktdaten, Technologien und Kundenprozessen. Aus den gewonnenen Informationen werden Ideen generiert und bewertet. Nach einer positiven Bewertung werden die Ideen sowohl technisch als auch wirtschaftlich konkretisiert. Parallel zu diesen Aktivitäten werden die Produktstrategie und das Produktprogramm kontinuierlich weiterentwickelt, um die strategischen Ziele zu erreichen. Der Innovationsprozess endet mit einer aussichtsreichen Produktidee.

Als Teilprozesse des Vermarktungsprozesses wurden festgelegt (siehe Abbildung 13.5):

- Anforderungsprofil (Businessplan und Lastenheft) erstellen,
- Produkteinführung planen,
- Produkteinführung starten,
- Pilotprojekt planen,
- Pilotprojekt durchführen,

- Lieferfähigkeit herstellen,
- Produkteinführung abschließen,
- Wirtschaftlichkeit nachweisen und erhöhen.

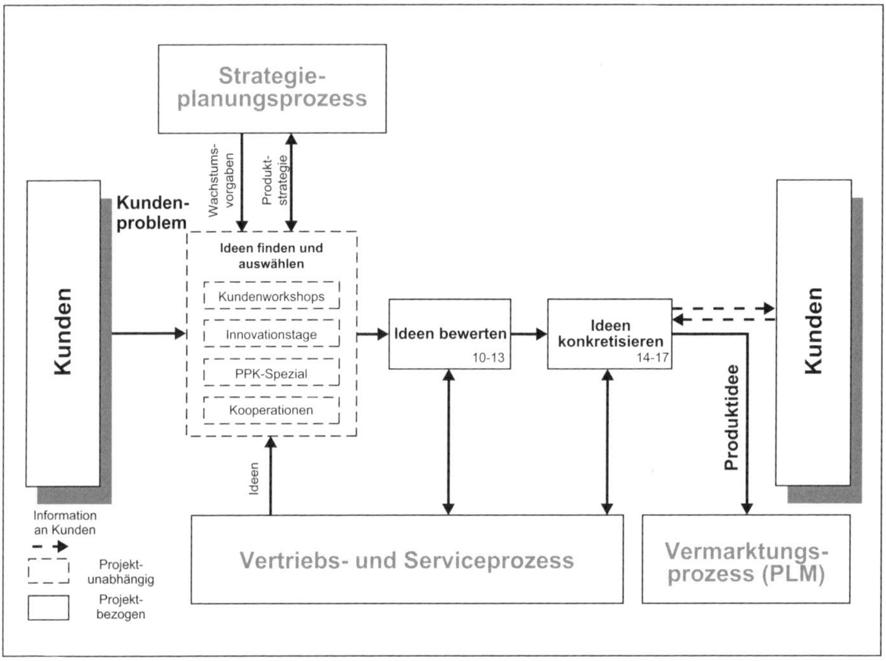

Abb. 13.4 Prozesslandkarte Innovationsprozess

Nach dem Input der Produktidee aus dem Innovationsprozess wird diese, gegebenenfalls im Rahmen einer Vorentwicklung, für die Erstellung von Businessplan und Lastenheft konkretisiert.

Mit dem freigegebenen Businessplan und Lastenheft stößt der Vermarktungsprozess den Entwicklungsprozess und weitere Schritte zur Markteinführung an. Nach Abschluss der Markteinführung wird die Wirtschaftlichkeit der Produkte in einem festgelegten Turnus überprüft. Mit dem Auslauf des Produkts endet der Prozess, der den gesamten Produktlebenszyklus steuert. Am Ende aller Teilprozesse sind Meilensteine definiert. Dort werden Plan-Ist-Vergleiche, insbesondere zu Umsatz, Kosten und Terminen, durchgeführt. Bei Abweichungen werden Gegenmaßnahmen initiiert, koordiniert und überwacht.

Im Rahmen der Umstrukturierung wurde die Aufbauorganisation angepasst. Der Geschäftsprozessverantwortliche des Innovations- und Vermarktungsprozesses hat fachliche und disziplinarische Weisungsbefugnisse. Das Prozessobjekt im Vermarktungsprozess sind Produktprojekte, die durch Produktmanager geplant, organisiert und gesteuert werden. Die Schnittstellen zum Entwicklungsprozess bzw. zum Vertriebs- und Serviceprozess werden durch zwei interdisziplinär zusammengesetzte Gremien (Produktplanungs- und Vertriebsplanungskreis) koordiniert. Im Teilprozess „Wirtschaftlichkeit nachweisen und erhöhen" werden die Schnittstellen zum Vertriebs- und Serviceprozess sowie zum Auftragsabwicklungsprozess u.a. über ein Ticketsystem geregelt. Die gemeldeten Produktprobleme bzw.

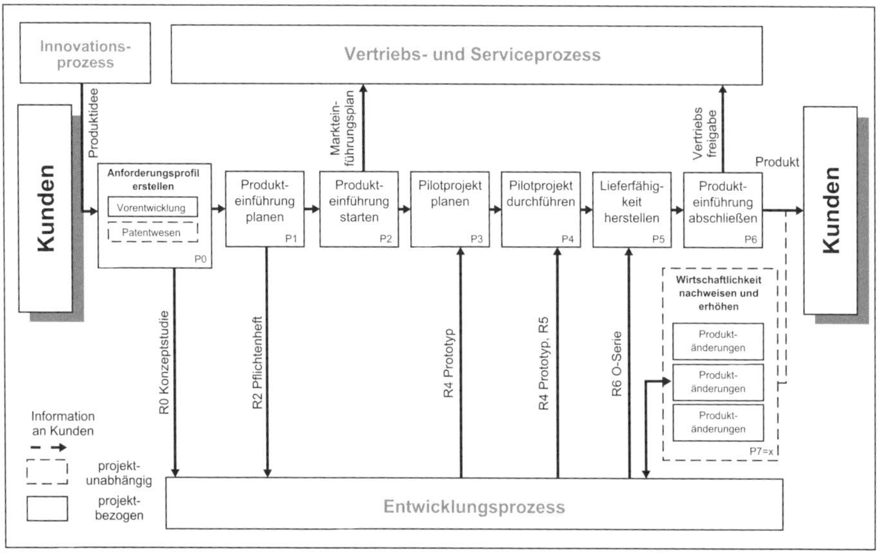

Abb. 13.5 Prozesslandkarte Vermarktungsprozess

Verbesserungswünsche werden in einer zentralen Stelle gegebenenfalls in Abstimmung mit dem Produktmanager priorisiert. Während der Implementierung der neuen Prozesse wurden viele Fortschritte erzielt.

Die Reifegrade wurden 2012 wie folgt bewertet:

- Reifegradebene 1: zufriedenstellende Definition und Dokumentation des Geschäftsprozesses. Erfüllung der Anforderungen der ISO 9001; verbesserte Prozessdokumente (Lastenheft, Businessplan, Finanzplan).
- Reifegradebene 2: klare Definition der Verantwortung. Geschäftsprozessverantwortlicher ist mit fachlicher und disziplinarischer Weisungsbefugnis ausgestattet.
- Reifegradebene 3: bestehende Defizite bei der systematischen Planung der Ziele.
- Reifegradebene 4: Leistungsmessung erfolgt über Termintreue und finanzielle Messgrößen, jedoch ohne integriertes Messkonzept. Defizite bei Zielplanung beeinflussen negativ Zielkontrolle. Noch kein ausgereifter Prozessbericht. Bisher wird die Termintreue der Meilensteine gemessen und analysiert. Messwerkzeuge und -methode wurden vom Entwicklungsprozess übernommen.
- Reifegradebene 5: Erstellung von Maßnahmenplänen zur Leistungssteigerung des Prozesses. Kontrolle der Maßnahmenumsetzung. Wegen Lücken in den Reifegradebenen 3 und 4 besteht bei Planungs- und Kontrollmechanismen für Verbesserungen noch Optimierungspotenzial. Das Prozessteam trifft sich regelmäßig. Teilnehmer sind die Produktmanager. Starkes Engagement der Geschäftsführung bei Gestaltung und Verbesserung des Prozesses.

Insbesondere in Reifegradebene 1 (Prozessdefinition), 2 (Prozessverantwortung) und in Reifegradebene 3 (Prozesszielplanung) konnte die Prozessreife verbessert werden (siehe Abbildung 13.6). Vermehrte Prozesserfahrungen und eine objektivere Einschätzung der Geschäftsprozesse führten dazu, dass die Bewertung von einigen Reifegraden im Vergleich zu den

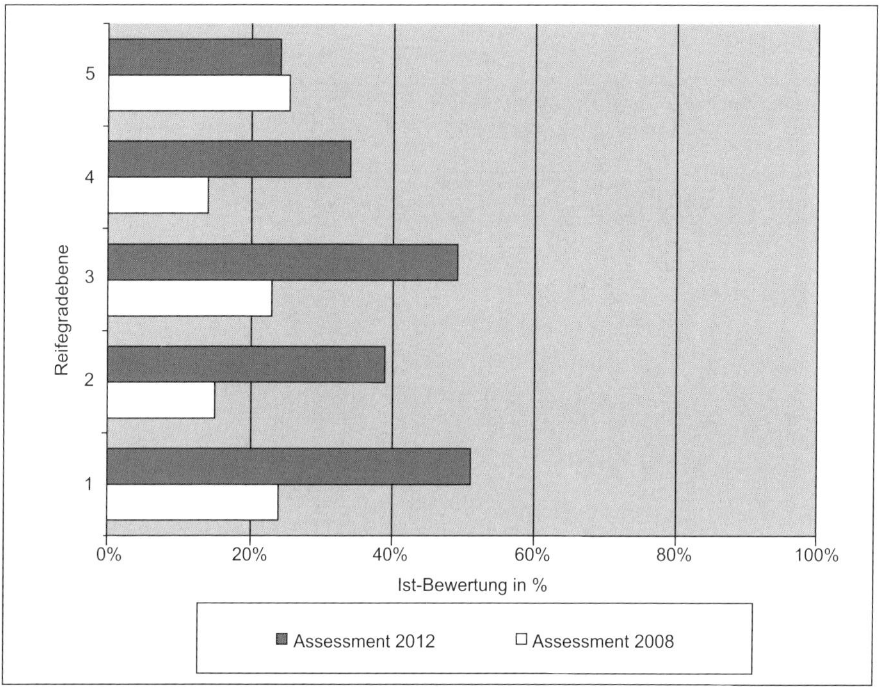

Abb. 13.6 Assessmentergebnisse Innovations- und Vermarktungsprozess

Vorjahren nach unten korrigiert wurde (z. B. in Abbildung 13.6 bei Reifegrad 5). Der Grund dafür sind keine inhaltlichen Rückschritte, sondern strengere Bewertungsmaßstäbe.

Schwachpunkte bilden noch Reifegradebene 4 (Prozessüberwachung) und Reifegradebene 5 (Prozessoptimierung). Die Struktur des Innovations- und Vermarktungsprozesses konnte wesentlich verbessert werden, ist zurzeit jedoch noch zu komplex. Da der Prozess erheblichen Einfluss auf die Kundenzufriedenheit und den Unternehmenserfolg hat, wird intensiv an seiner Verbesserung gearbeitet.

13.5.2 Entwicklungsprozess

Innerhalb des GPM-Einführungsprojektes wurden viele Defizite im Entwicklungsprozess beseitigt. In den letzten Jahren konnte die Komplexität der Teilprozesse weiter reduziert werden. Die Prozessstruktur und die Prozessdokumente konnten verbessert werden. Die Teilprozesse sind (siehe Abbildung 13.7):

- Pflichtenheft erstellen,
- Komponenten entwickeln,
- Prototyp entwickeln und testen,
- Nullserie entwickeln und testen.

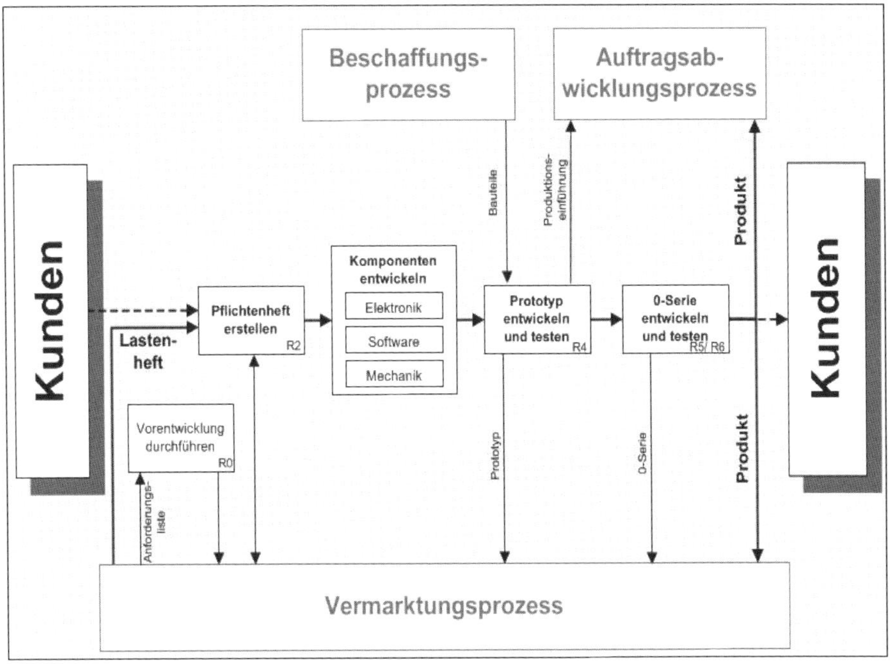

Abb. 13.7 Prozesslandkarte Entwicklungsprozess

Bei einigen Produkteinführungsprojekten stellt der Entwicklungsprozess Dienstleistungen für den Innovations- und Vermarktungsprozess in Form von Vorentwicklungen bereit.

Der überarbeitete Entwicklungsprozess bietet günstige Voraussetzungen, das integrierte Prozess- und Projektcontrolling in der Entwicklung weiter auszubauen. Ein wichtiger Punkt ist dabei die bessere Planung und Kontrolle der Meilensteine. Die Kontrolle der Meilensteine übernimmt der Projektleiter bzw. der Prozessverantwortliche. Die Projektleiter sind Mitglieder des Prozessteams. Dem Gremium fallen im Entwicklungsprozess Koordinations-, Entscheidungs- und Kontrollaufgaben zu. Ein wichtiges Steuerungsinstrument ist die Projektübersicht (siehe Abbildung 13.8). Die Übersicht ist Grundlage für die Prozessplanung und Leistungsmessung.

			Start		Ende		Gesamtkosten Teilprozess / Projekt			Abweichungen			
Projekt	PL	Phase	Soll	Ist	Soll	Ist	Soll	Ist	Differenz	TT Start	TT Ende	Kosten	Dauer Kapazität
Projekt 1	SW	R2	22.10.07	22.10.07	07.11.07	07.11.07	13.200 €	13.200 €	0 €				
Projekt 1	SW	R4	14.11.07	01.06.08	31.08.08	31.08.08	98.100 €	98.100 €	0 €	x			
Projekt 1	SW	R5	01.07.08	01.05.08	31.10.08	31.10.08	13.000 €	6.337 €	6.663 €				
Projekt 1	SW	R6	16.07.08	16.07.08	01.03.09	02.03.09	9.000 €	-12.768 €	21.768 €		x		x
Projekt 1	SW	Ges	22.10.07	22.10.07	01.03.09	02.03.09	18.900 €	17.669 €	1.231 €		x		

Abb. 13.8 Projektübersicht im Entwicklungsprozess (Prinzipbild)

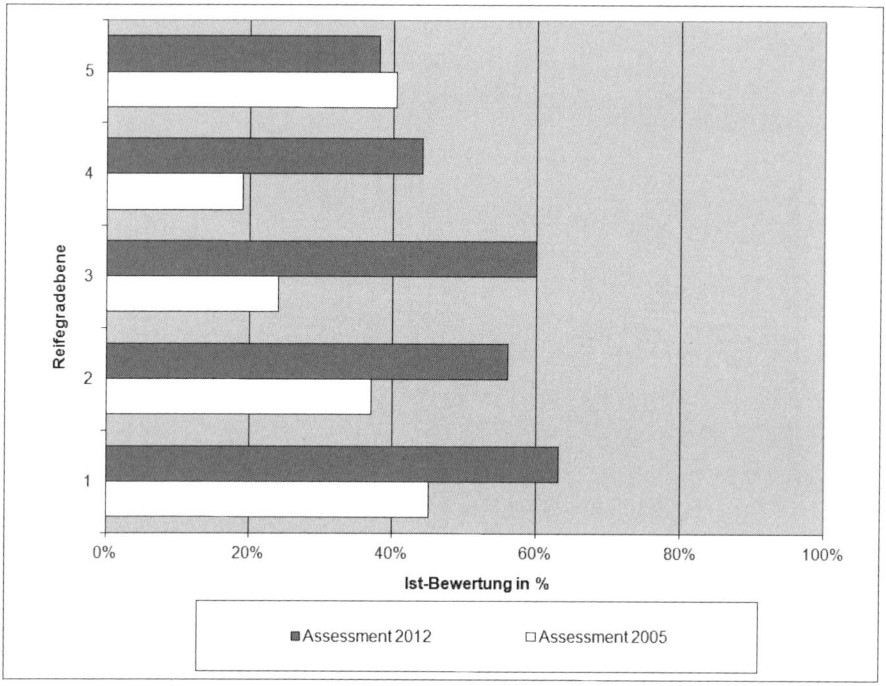

Abb. 13.9 Assessmentergebnisse Entwicklungsprozess

Das Ergebnis des Prozessassessments im Jahre 2012 zeigt, dass der Entwicklungsprozess gute Fortschritte gemacht hat (siehe Abbildung 13.9). Diese betreffen:

- Reifegradebene 1: klare Identifizierung, Abgrenzung und Beschreibung des Geschäftsprozesses und seiner Teilprozesse; Erfüllung der Anforderungen der ISO 9001; prozessspezifische Prozesslandkarte vorhanden; Defizite bei der Teilprozessdefinition und der Schnittstelle zum Innovations- und Vermarktungsprozess; verbesserte Prozesse und Vorlagen für Anforderungsdefinition/Lastenheft- und Pflichtenhefterstellung und Test; verbessertes Wissensmanagement (entwicklungsbegleitende Dokumentation durch Wiki-System); Methodik Softwareentwicklung verbessert (Ticketsystem Releasemanagement, Methoden).
- Reifegradebene 2: Ernennung eines Geschäftsprozessverantwortlichen mit Rollenbeschreibung (Aufgaben, Verantwortung, Befugnisse). Der Geschäftsprozessverantwortliche hat fachliche und disziplinarische Weisungsbefugnisse.
- Reifegradebene 3: systematische, prozessbezogene Zielvorgaben zu Termin- und Kostentreue.
- Reifegradebene 4: Messung von Termintreue, Durchlaufzeit und Prozesskosten in den Entwicklungsprojekten; Defizite bei der Messung der Prozessqualität; systematische Überwachung der Meilensteine und Prozessleistung.
- Reifegradebene 5: KVP durch das Prozessteam.

Die Trennung des Produktenstehungsprozesses in den Innovations-/Vermarktungsprozess und den Entwicklungsprozess brachte einige Vorteile. Die Qualität der Inputs in den Entwicklungsprozess hat sich verbessert. So konnte die Prozesseffizienz gesteigert und die Durchlaufzeit reduziert werden. Um die Leistungsfähigkeit weiter zu steigern, werden die Reduzierung der Schnittstellen, die Optimierung der Teilprozesse und die Verbesserung der Inputqualität aus dem Innovations- und Vermarktungsprozess im Fokus zukünftiger Verbesserungsmaßnahmen stehen.

13.5.3 Vertriebs- und Serviceprozess

Der Vertriebsprozess startet mit dem Kundenbedarf. Im Vertriebsprozess werden Kunden gewonnen, betreut und Aufträge bzw. Folgeaufträge akquiriert. Als Teilprozesse sind festgelegt:

- Kundenanfragen initiieren,
- Kundenanfragen bearbeiten,
- Angebot erstellen,
- Angebot nachverfolgen und Auftrag klären,
- Markt analysieren.

Der Serviceprozess hat die Aufgabe, den Kunden nach Auslieferung der Produkte bei Problemen zu helfen, Produktmängel und -fehler abzustellen und den stabilen Einsatz der Produkte zu gewährleisten. Der Serviceprozess beginnt bei Scansonic mit dem Kundenproblem und endet mit der Problemlösung (siehe Abbildung 13.10).

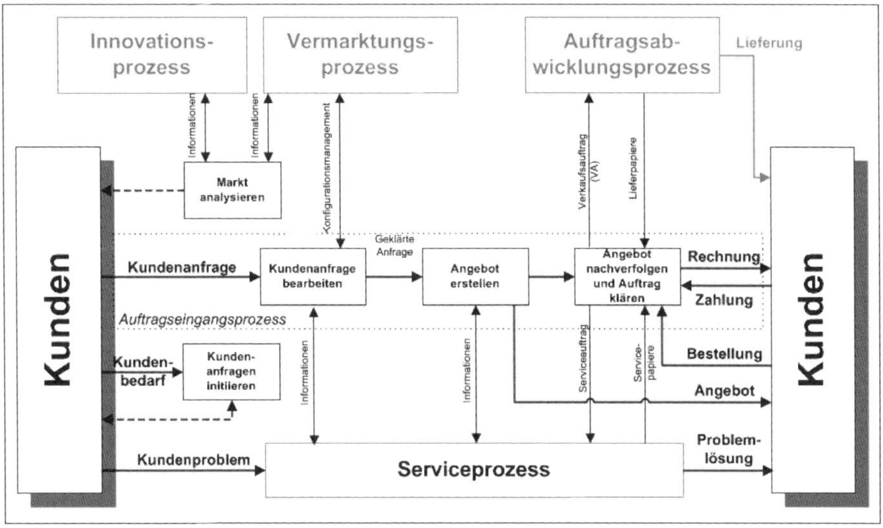

Abb. 13.10 Prozesslandkarte Vertriebs- und Serviceprozess

Nach Abschluss des GPM-Einführungsprojektes wurde im Jahre 2006 beschlossen, die Aufbauorganisation der Abteilungen Vertrieb und Service zusammenzuführen. Die Ziele waren:

- Verbesserung der Kundenbetreuung durch gebündelte Verkaufs- und Servicequalifikationen.

- Verbesserung der Lösungskompetenz gegenüber dem Kunden durch frühzeitige Integration der Servicekompetenzen in den Verkaufsprozess.
- Reduzierung der Ansprechpartner für Kunden.
- Reduzierung der internen Koordinations-, Abstimmungs- und Verantwortungsprobleme zwischen Vertrieb und Service.

Die Ablauforganisation des Vertriebs- und Serviceprozesses blieb weitgehend unverändert. Die Prozessverantwortung für beide Geschäftsprozesse wurde dem Vertriebs- und Serviceleiter übertragen.

Der Serviceprozess greift auf viele Teilprozesse des Vertriebsprozesses zurück. Die Abwicklung von Produktreparaturen erfolgt im Auftragsabwicklungsprozess. Dienstleistungen werden durch die Vertriebsmitarbeiter bzw. durch speziell qualifiziertes Servicepersonal erbracht. Der Serviceprozess wird durch Beanstandungen, Wünsche, Mängel, Fehler oder Änderungen angestoßen, die von Kunden, aber auch von Mitarbeitern gemeldet werden können. Die Sichtung, Priorisierung und Einsteuerung dieser Anforderungen in den Serviceprozess werden vom zuständigen Kundenbetreuer vorgenommen. Bei Scansonic hat dieser Geschäftsprozess hohes Gewicht, da er bedeutende Auswirkungen auf die Zufriedenheit der Kunden, die Kundenloyalität und die Kundenbindung hat. Um der bedeutenden Auswirkung gerecht zu werden, wurde der Teilprozess „Beschwerdemanagement" überarbeitet. Beschwerden bzw. Reklamationen können von jedem Mitarbeiter gemeldet werden. Die Beschwerden werden in einer zentralen Datenbank aufgenommen und bearbeitet (siehe Abbildung 13.11).

Nr.	Datum	MA	Kunde	Baureihe	S/N	Problem	Ursache	Maßnahmen	Status	Termin
1	30.07.09	RL	Kunde 1	ALO3	11000156				in Arbeit	[redacted]
2	15.08.09	HM	Kunde 2	ALO1	10200356				erledigt	27.08.09
3	10.09.09	BL	Kunde 3	ALO3	11000221				[redacted]	31.11.09
4										
5										
6										

Abb. 13.11 Reklamationsbearbeitung (Prinzipbild)

In diesem Prozess werden sowohl Beschwerden als auch deren Ursachen analysiert. Nach Auswertung werden Abweichungsmaßnahmen definiert und umgesetzt. Für den Prozess gibt es Zielvereinbarungen und ein Controllingsystem.

Die Bewertung des Vertriebs- und Serviceprozesses wurde 2012 innerhalb eines Assessments vorgenommen. Wie die Ergebnisse zeigen, konnten nur in Reifegradebene 3 Verbesserungen realisiert werden (siehe Abbildung 13.12). Im Vertriebsprozess wurden viele operative Verbesserungen erfolgreich umgesetzt. Allerdings lässt die nachhaltige Verankerung der Verbesserungen noch Wünsche offen. Die Struktur des Vertriebsprozesses ist weiter zu verbessern. Besonders der Teilprozess „Kundenanfragen initiieren", der den Schwerpunkt der Akquisition bildet, ist noch besser zu strukturieren. Wichtigste Kennzahl im Vertriebs- und Serviceprozess ist die Ermittlung der Kundenzufriedenheit mit Vertriebs- und Serviceleistungen. Als finanzielle Messgrößen werden u. a. der Auftragseingang bezogen auf die einzelnen Produkte und Dienstleistungen sowie die Außenstände erfasst.

Die Bewertung des Vertriebs- und Serviceprozesses sank u. a. durch die Integration der Assessmentergebnisse des Serviceprozesses, welcher eine niedrigere Reife als der Vertriebsprozess aufwies. Vermehrte Prozesserfahrungen und eine objektivere Einschätzung der Geschäftsprozesse führten auch in diesem Prozess dazu, dass die Bewertung von einigen Reife-

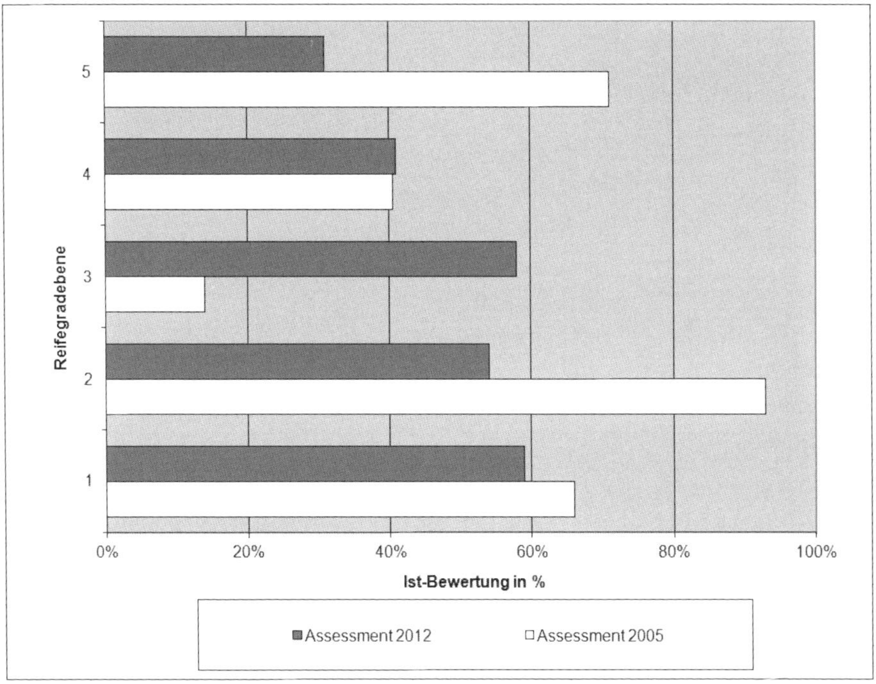

Abb. 13.12 Assessmentergebnisse Vertriebs- und Serviceprozess

graden im Vergleich zu den Vorjahren nach unten korrigiert wurde (z.B. in Abbildung 13.3 bei Reifegrad 1, 2 und 5). Der Grund dafür sind auch hier keine inhaltlichen Rückschritte, sondern strengere Bewertungsmaßstäbe.

13.5.4 Auftragsabwicklungsprozess

Der Auftragsabwicklungsprozess (AAP) hatte bereits zu Beginn des GPM-Einführungsprojektes, verglichen mit den übrigen Geschäftsprozessen von Scansonic, eine relativ hohe Reife. Am Ende des GPM-Einführungsprojektes im Jahr 2005 betrug das Assessmentergebnis ca. 59 %. Verbesserungspotenzial bestand bei der Prozessverantwortung, Zielsetzung und Prozessverbesserung. Positiv war, dass eine Reihe wichtiger Kennzahlen erfasst wurde. Weniger stark ausgeprägt war die systematische Planung, Konzeption und Kontrolle von Verbesserungsmaßnahmen.

Der Auftragsabwicklungsprozess hat zwei unterschiedliche Ausprägungen, da zwei unterschiedliche Objekte bearbeitet werden. Zum einen werden Reparaturen, zum andern Neuprodukte abgewickelt. Deshalb wird zwischen den Prozessvarianten AAP-Neuprodukte und AAP-Reparaturen unterschieden. Die Teilprozesse und ihre Verknüpfungen sind in der Prozesslandkarte in Abbildung 13.13 dargestellt.

Sowohl durch neue komplexere Produkte, die kundenindividuell konfiguriert werden, als auch durch starke Schwankungen im Auftragseingang (Projektgeschäft) sowie durch sin-

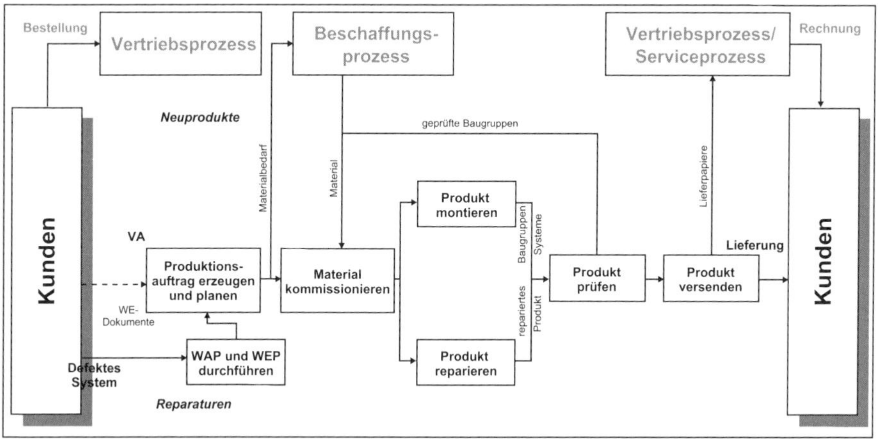

Abb. 13.13 Prozesslandkarte Auftragsabwicklungsprozess

kende Stückzahlen in den alten Produktgruppen haben sich die Anforderungen an den Auftragsabwicklungsprozess seit 2006 erhöht. Instabile Prozesse und unzureichende Performance bei Zuliefern wirkten sich negativ auf die Prozessergebnisse aus. Die Folgen waren:

- sinkende Produktivität,
- sinkende Prozessqualität,
- längere Lieferzeiten,
- sinkende Kundenzufriedenheit.

Einzelne Verbesserungsaktivitäten konnten die Prozessergebnisse nicht genügend steigern. Deshalb beschloss Scansonic im Jahr 2008, den Auftragsabwicklungsprozess zu reengineeren. Die Reduzierung der Durchlaufzeit wurde als oberstes Ziel festgelegt. Zusätzlich sollte auch eine Steigerung der übrigen Leistungsparameter wie Termintreue, Prozessqualität und Prozesskosten erreicht werden. Durch ergänzenden Einsatz der Methoden des Lean Management wurde folgender Lösungsansatz gefunden:

- Einführung einer ziehenden Fertigung nach dem Pull-Prinzip und Umsetzung vom „One-Piece-Flow“,
- Reorganisation des Bestandsmanagements (Einführung von Supermarkt und Kanban-Systemen),
- Reduzierung von Verschwendungen in allen Teilprozessen,
- Eliminierung von Fertigungsstufen,
- stärkerer Fokus auf Prozessorientierung durch stärkere Ausrichtung der Aufbauorganisation an der Ablauforganisation,
- Maßnahmen zur Erhöhung der Flexibilität bei starken Auftragsschwankungen.

Die Projektergebnisse zeigen, dass die Prozessleistung signifikant verbessert werden konnte.

Nach der Implementierung konnte die Durchlaufzeit der ersten Aufträge um bis zu 85% reduziert werden. Ergänzend zu den in Abbildung 13.14 dargestellten Ergebnissen wurden folgende Verbesserungen erreicht:

- schnellere, flexiblere Reaktion auf Kundenanforderungen,

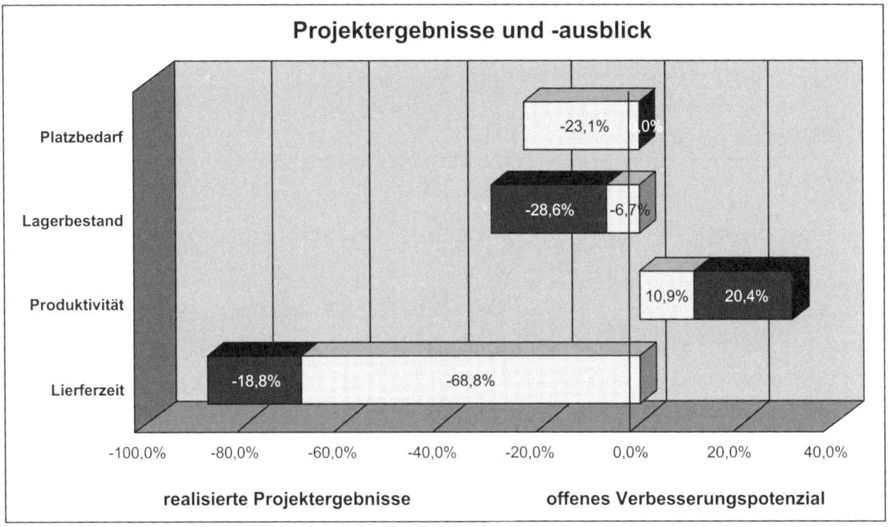

Abb. 13.14 Projektergebnisse Auftragsabwicklungsprozess

- reduzierte Komplexität in der Produktionsplanung und -steuerung,
- Produktion nach Kundenbedarf.

Die einzelnen Kundenaufträge durchlaufen den Prozess in einem Fluss ohne unnötige Wartezeiten und Zwischenlagerung. Mit der Verbesserung des Auftragsabwicklungsprozesses wurde auch das Controlling weiterentwickelt. Es umfasst nun die Messung von Prozesszeit, Termintreue, Prozesskosten und Prozessqualität in wichtigen Teilprozessen sowie die Messung der Kundenzufriedenheit. Die Messergebnisse werden in einem Prozessbericht zusammengefasst, der alle vier Wochen erstellt und den Prozessmitarbeitern über das Intranet zugänglich gemacht wird. Der Prozessbericht bildet eine wichtige Basis für die Analyse des Prozesses und die Initialisierung von Verbesserungsmaßnahmen.

Die zwischenzeitlich durchgeführte Datenerfassung mithilfe mehrerer Excel-Tabellen wurde wegen des hohen Pflegeaufwandes und der damit verbundenen Akzeptanzbarrieren bei den Prozessmitarbeitern wieder eingestellt. Die Messung ist nun beschränkt auf Teilprozesse und Leistungsparameter mit hohem Verbesserungspotenzial. Angestrebt wird die vollständige und automatisierte Messung aller Teilprozesse. Bisher konnte diese über das ERP-System noch nicht erreicht werden.

Der aktuelle Prozessbericht wurde im Rahmen des Verbesserungsprojektes überarbeitet. Abbildung 13.15 zeigt, dass Termintreue, Durchlaufzeit, Prozesskosten und Prozessqualität gemessen werden. Eine Messperiode beträgt bei der Termintreue eine Woche. Bei den restlichen Kennzahlen einen Monat. Auf Geschäftsprozessebene wird die Prozessqualität im AAP über die Anzahl der Reklamationen erfasst. Die Summe der Tage, die ein Kundenauftrag zu spät ausgeliefert wurde, bildet den Indikator für die Termintreue. Beide Kennzahlen werden als kumulierte Werte je Geschäftsjahr im Prozessbericht geführt. Das Geschäftsjahr beginnt bei Scansonic im Oktober. Deswegen fallen Termintreue und Prozessqualität im Oktober auf null zurück.

Um rechtzeitig zu erkennen, wo Zielabweichungen und Probleme auftreten, ist die Erfassung und Analyse auf Teilprozessebene notwendig. Das im Jahre 2012 durchgeführte Prozess-

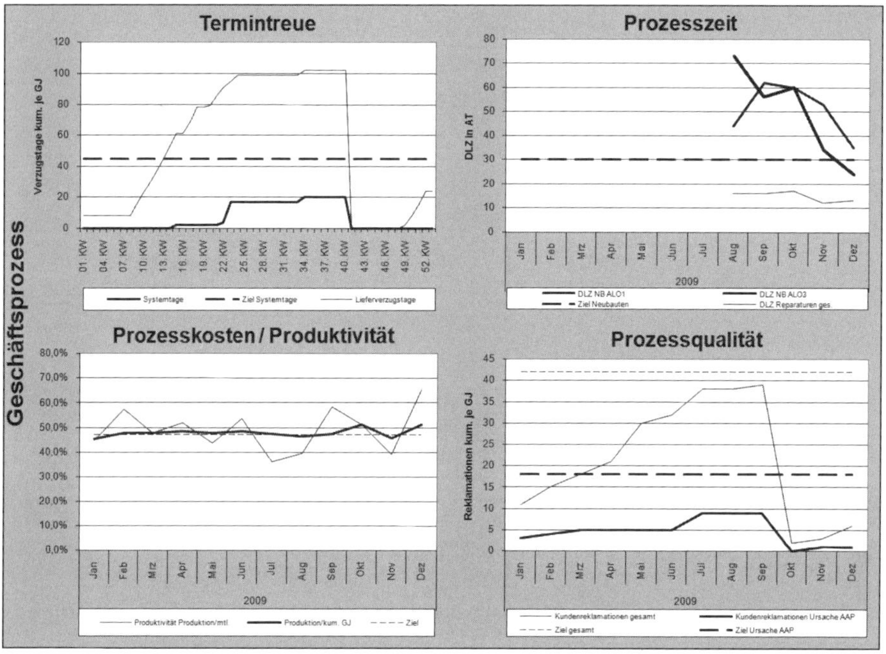

Abb. 13.15 Prozessbericht des Auftragsabwicklungsprozesses (Prinzipbild)

assessment belegte die Verbesserung des Auftragsabwicklungsprozesses (siehe Abbildung 13.16). Insbesondere in den Reifegraden 1, 3 und 4 konnten Fortschritte erzielt werden.

- Reifegradebene 1: Prozessdefinition und -beschreibung haben ein hohes Niveau.
- Reifegradebene 2: Die Prozessverantwortung ist klar geregelt.
- Reifegradebene 3: Die Zielplanung erfolgt über das unternehmensweit standardisierte Zielvereinbarungssystem. Basis sind die Prozessleistungsparameter.
- Reifegradebene 4: Ein integriertes Messkonzept, das die Messgrößen Termintreue, Prozesszeit, Prozessqualität und Kundenzufriedenheit umfasst, liegt vor. Die Zielkontrolle wurde durch das Zielvereinbarungssystem standardisiert und erfolgt regelmäßig. Der Prozessbericht wird monatlich im Prozessteam analysiert. Es sind alle Prozessziele integriert. Der Vergleich zwischen Ist- und Soll-Zustand ist transparent und wird regelmäßig im Prozessteam durchgeführt.
- Reifegradebene 5: Problemlisten und Maßnahmenpläne zur Leistungssteigerung des Prozesses sind vorhanden. Die Verbesserungen sind aber noch nicht genügend organisatorisch verankert und basieren zu sehr auf Projekten. Die Geschäftsführung nimmt Einfluss auf die Gestaltung und Verbesserung des Prozesses.

Um künftig die Prozessreife weiter zu steigern, gibt es zwei wesentliche Hebel:

- stärkere KVP-Aktivitäten in den Teilprozessen,
- Reduzierung der Verschwendungen im Prozess durch die ergänzende Anwendung von Lean-Management-Methoden.

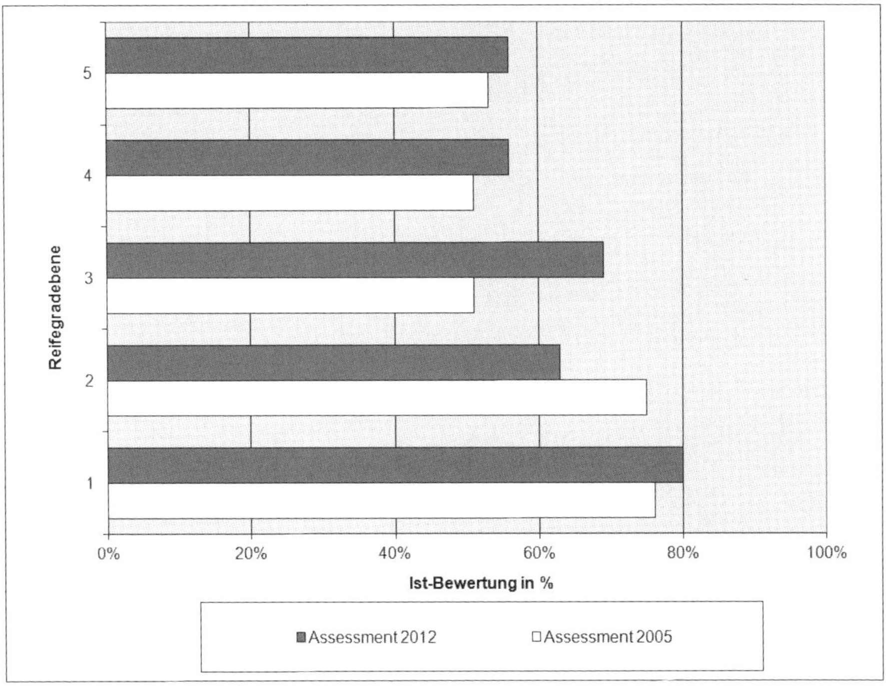

Abb. 13.16 Assessment des Auftragsabwicklungsprozesses

Je höher die Prozessreife ist, desto schwieriger wird es, Verbesserungsansätze zu finden. Durch die Anwendung des Staufen Exzellenz Modells (SEM) (siehe Abbildung 13.17) konnte in Reifegradebene 1 und Reifegradebene 5 weiteres Verbesserungspotenzial festgestellt und die Prozessreife noch objektiver beurteilt werden. Das SEM-Modell bewertet in je zwei Auditbereichen (AB) wie die Prozesse hinsichtlich der vier Hauptmerkmale der schlanken Produktion gestaltet sind. Die Auditbereiche sind:

- Störungsfreiheit (AB1 Ordnung und Sauberkeit + AB2 Robuste Prozesse),
- Fluss (AB3 Verkettung + AB4 Schlanke Liniengestaltung),
- Rhythmus (AB5 Austaktung + AB6 Standardarbeit),
- Sog (AB7 Materialbereitstellung + AB8 Supermarkt/Kanban).

Der Auftragsabwicklungsprozess dient als positives Beispiel für andere Geschäftsprozesse bei Scansonic. Methoden des Lean Management können auch für die Verbesserung anderer Geschäftsprozesse wie z. B. den Innovations- und Vermarktungsprozess oder den Produktentwicklungsprozess interessant sein, wenn ihre Auswahl und ihr Einsatz gezielt durch das Geschäftsprozessmanagement gesteuert werden. Sie kommen dann nicht pauschal zur Anwendung, „um besser zu werden", sondern werden gezielt eingesetzt, um in spezifischen Prozesssituationen das Erreichen der Prozessziele zu unterstützen.

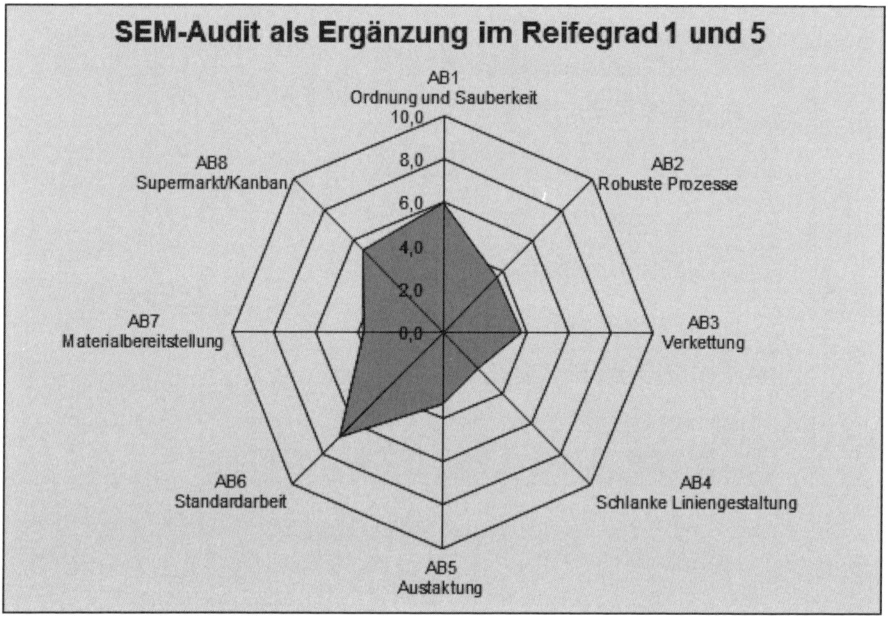

Abb. 13.17 Staufen Exzellenz Modell

13.5.5 Strategieplanungsprozess

Bereits zu Beginn des GPM-Einführungsprojektes wurde der Strategieplanungsprozess wegen seiner hohen Priorität neu konzipiert und eingeführt. Folgende Teilprozesse sind definiert:

- übergeordnete Unternehmensziele festlegen,
- Geschäftsfelder festlegen,
- Status quo ermitteln,
- Geschäftsziele und -strategie entwickeln,
- Geschäftsplan erstellen,
- Strategieumsetzung kontrollieren.

Der Strategieplanungsprozess läuft jährlich revolvierend ab und umfasste einen Planungszeitraum von ursprünglich drei Jahren. Der Planungszeitraum wurde kontinuierlich erweitert und beträgt heute fünf Jahre. Wichtige Ergebnisse sind die Balanced Scorecard und die Strategy Map sowie eine Liste priorisierter strategischer Maßnahmen. Die Balanced Scorecard dient Scansonic nicht nur als Planungs- und Kontrollinstrument, sondern auch als Frühwarnsystem. Wenn sich das Erreichen von Kunden-, Prozess-, Innovations- und Lernzielen verzögert, verzögert sich auch das Erreichen der Finanzziele. Es wurde ein interdisziplinäres Gremium gegründet, welches die Strategie entwickelt und bei Abweichungen eingreift.

Mithilfe des Strategieplanungsprozesses konnte die Basis für die systematische Planung und Weiterentwicklung der Unternehmensstrategie geschaffen werden. Für die schnelle und nachhaltige Umsetzung der Strategie wurde ein unternehmensweites Zielvereinbarungssystem konzipiert und implementiert. Im Strategieplanungsprozess werden aus den kurzfristigen Unternehmenszielen, die in einer Balanced Scorecard verankert sind, die Ziele für die Geschäfts- und Unterstützungsprozesse abgeleitet. In weiteren Zyklen werden die Ziele bis auf die Team- und Mitarbeiterebene heruntergebrochen. Durch die Verwaltung der Ziele in einer zentralen Datenbank ist sichergestellt, dass alle Ziele spezifisch, messbar, ausführbar, relevant und terminiert sind. Das Prinzip ist vereinfacht in Abbildung 13.18 dargestellt.

Ziel	100 % Zielerreichung	100 % Zielerreichung	100 % Zielerreichung	Termin
Termintreue Projekte steigern	> 95 %	> 93 %	> 91 %	30.09.2009

Abb. 13.18 Standardisierte Methodik der Zielvereinbarung und -bewertung

Durch die Einführung der Zielvereinbarungen ist jedem Mitarbeiter besser bewusst, wie er seinen Beitrag zur Erfüllung der Strategie leisten kann. Die regelmäßige, quartalsweise erfolgende Kommunikation von Plan- und Ist-Zustand bezieht die Mitarbeiter intensiv ein. Um die Mitarbeiter am Geschäftserfolg nach Umsetzung der Strategie zu beteiligen, wurde ein unternehmensweites Anreizsystem eingeführt. Die Mitarbeiter können eine variable Erfolgsbeteiligung zusätzlich zum Grundgehalt erhalten. Die Höhe ist abhängig von der Erreichung des finanziellen Unternehmensziels sowie dem Grad der persönlichen Zielerreichung des Mitarbeiters am Geschäftsjahresende. Unabhängig von den finanziellen Anreizen, stellt die persönliche Zielerreichung eine wichtige Komponente dar, um die Mitarbeiterleistungen zu bewerten und in Mitarbeitergesprächen die Mitarbeiter zu beurteilen.

Gegenüber der Situation im Jahr 2005 konnten im Strategieplanungsprozess insbesondere in den Reifegradebenen drei und vier Verbesserungen erreicht werden (siehe Abbildung 13.19).

Eine stärkere Fokussierung auf Prozessqualität beeinflusste die Bewertungen positiv. Die Verbesserungen sind u. a. zurückzuführen auf:

- die durchgängig implementierten Prozesse für das Zielvereinbarungssystem,
- das daran gekoppelte Anreizsystem und
- die verbesserte Methodik der Strategie- und Zielkommunikation anhand der Balanced Scorecard und Strategy Map.

Inhaltliche Fortschritte konnten auch in Reifegradebene 1 erreicht werden. Die reduzierte Punktzahl resultiert aus strengeren Bewertungsmaßstäben und gewachsenen Anforderungen an den Prozess.

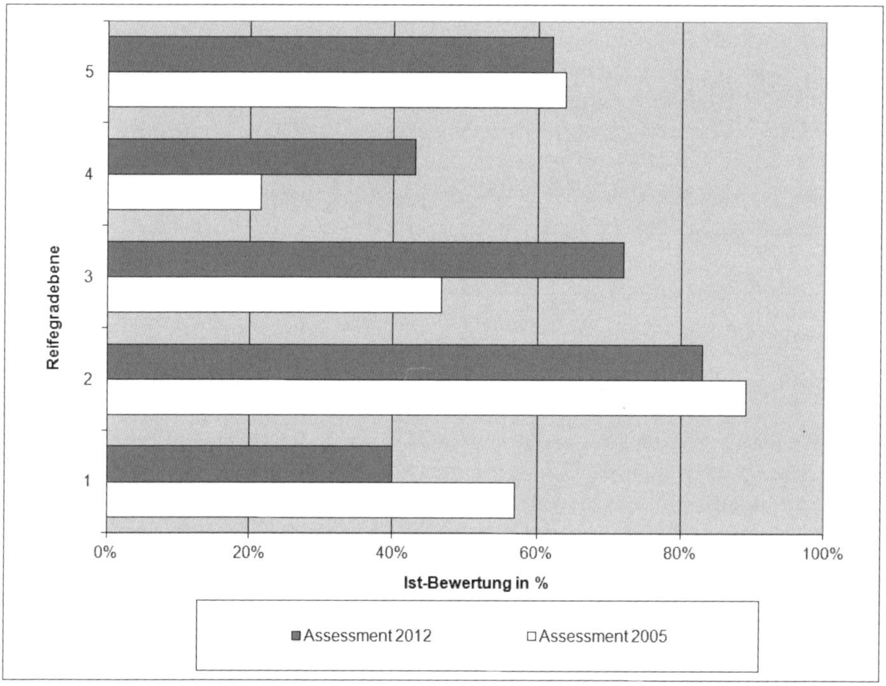

Abb. 13.19 Assessmentergebnisse Strategieplanungsprozess

13.6 Herausforderungen bei der Weiterentwicklung des GPM-Systems

Die Verbesserung des Geschäftsprozessmanagementsystems bei Scansonic ist noch im vollen Gange. Wie die Ergebnisse der Prozessassessments zeigen, konnten innerhalb der letzten Jahre Fortschritte erzielt werden und dies mit einem relativ geringen Personalaufwand.

Folgende Faktoren haben zu der positiven Entwicklung des GPM-Systems beigetragen:

- Erfahrungsaustausch mit externen Beratern und Erfahrungsträgern,
- Prozessassessments als Bewertungs- und Kontrollinstrument,
- Integration von Methoden des Lean Management in das Geschäftsprozessmanagement,
- anspruchsvolle Vorgaben zur Prozessverbesserung aus der Strategieplanung,
- Engagement, Aufgeschlossenheit und Flexibilität der Mitarbeiter.

Folgende Faktoren führten zu Herausforderungen bei der Weiterentwicklung des GPM-Systems:

- keine kontinuierlichen Trainings zum Geschäftsprozessmanagement nach dem Abschluss des GPM-Einführungsprojektes,

- häufiges Zurückfallen in das funktionale und hierarchische Organisationsdenken,
- Spannungen im Unternehmen, bedingt durch erhebliche Unterschiede in der Prozessreife,
- die Umsetzung von Verbesserungen wird schwieriger u. a. durch steigende Prozesskomplexität,
- geringe Erfahrungen des Managements mit Change-Projekten,
- zu wenig zentrale und dezentrale Kapazitäten für Prozessverbesserungen und hohe operative Belastungen im Tagesgeschäft durch starkes Wachstum,
- geringe Aktivitäten im Benchmarking, um die eigene Leistungsposition der Geschäftsprozesse eindeutig einzuordnen.

13.7 Wirkungen des Geschäftsprozessmanagements bei Scansonic

Das Geschäftsprozessmanagement hat sich nach seiner Einführung positiv auf das Unternehmen ausgewirkt. Hervorzuheben sind:

- Der Prozessgedanke ist im Unternehmen verankert.
- Dank der Prozessorientierung wurde ein schlankes QM-System eingeführt und nach ISO 9001:2000 erfolgreich zertifiziert.
- Organisations- und Verantwortungsstrukturen haben an Klarheit und Effizienz gewonnen.
- Die systematische Suche nach Verbesserungspotenzialen erfolgt permanent. Es herrscht eine verbesserte Prozessleistungstransparenz.
- Die Neuorientierung des gesamten Controllings wurde angestoßen. Die Standardprozessparameter Kundenzufriedenheit, Prozesszeit, Prozessqualität und Prozesskosten bilden eine wichtige Grundlage.
- Eine systematische Strategieplanung unter Einbeziehung der Balanced Scorecard wurde erfolgreich umgesetzt.
- Das Generieren und Beherrschen von Wachstum werden durch das Geschäftsprozessmanagement deutlich unterstützt.
- Die Ergebnisse der Geschäftsprozesse konnten hinsichtlich Zeit, Qualität, Kosten und Kundenzufriedenheit gesteigert werden, und damit konnte das Geschäftsergebnis verbessert und stabilisiert werden.

Mithilfe des GPM-Systems ist es gelungen, Organisation, Geschäft und Wachstum erfolgreicher zu steuern. Die konsequente Entwicklung von Strategieplanungsprozess, Innovations- und Vermarktungsprozess sowie Vertriebs- und Serviceprozess tragen wesentlich zur Steigerung der Effektivität bei. Insbesondere konnten so in den letzten Jahren Wachstumsraten von durchschnittlich 50% generiert werden (siehe Abbildung 13.20). Auch in allen anderen Teilen des Unternehmens hat das GPM-System durch etablierte Prozessorganisation, -optimierung und -führung wesentlich dazu beigetragen, das Wachstum zu bewältigen.

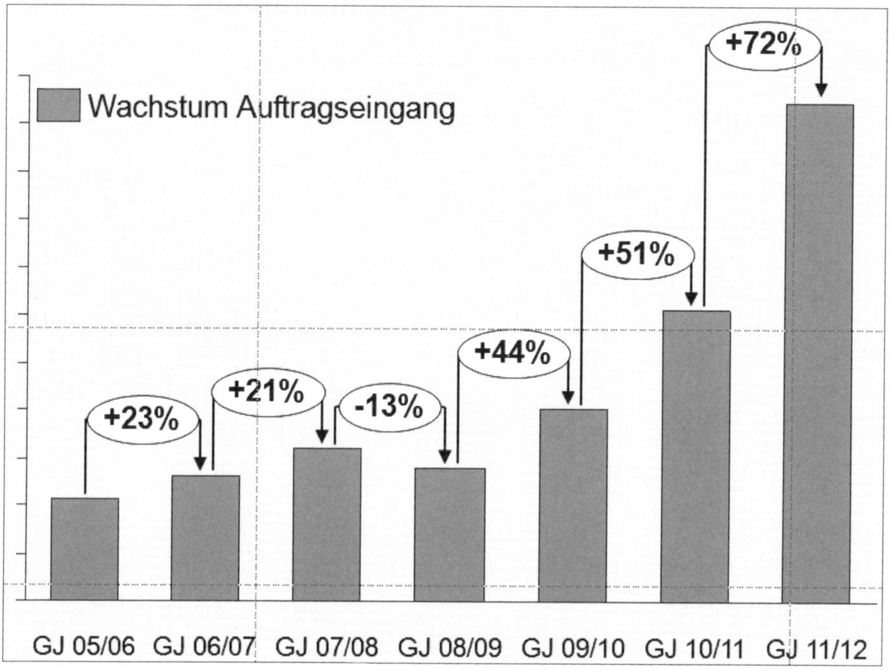

Abb. 13.20 Auftragsentwicklung bei Scansonic

Die Steigerung der Wettbewerbsfähigkeit und die Anpassung an interne und externe Veränderungen sind Daueraufgaben. Mit der Weiterentwicklung des GPM-Systems hat Scansonic gute Voraussetzungen geschaffen, diese Daueraufgaben erfolgreich zu lösen. Voraussetzung dafür ist, dass das Geschäftsprozessmanagement und die Geschäftsprozesse weiter ausgebaut und kontinuierlich verbessert werden. Diese Herausforderung haben sich Management und Mitarbeiter zu eigen gemacht.

14 Einführung des Geschäftsprozessmanagements bei Brainlab am Beispiel des Auftragsabwicklungsprozesses (Deliver Product)

14.1 Kurzporträt Brainlab AG

Brainlab entwickelt, produziert und vertreibt computergestützte Medizintechnik für gezielte, minimalinvasive Eingriffe. Zu den Hauptprodukten des Unternehmens zählen bildgestützte Systeme und Softwarelösungen, die Echtzeitinformationen für chirurgische Navigation sowie die radiochirurgische Planung und Behandlung liefern. Die Technologie von Brainlab trägt zur Zusammenarbeit zwischen Krankenhäusern und Kliniken aus einer großen Bandbreite an Fachrichtungen und Spezialisierungen bei – von der Neurochirurgie und Onkologie hin zur Orthopädie, HNO-Heilkunde, Mund-Kiefer-Gesichts-, Unfall- und Wirbelsäulen-Chirurgie. Diese Integration bietet einen leichteren Zugang zu verbesserten und effizienteren Behandlungsmethoden. Mit mehr als 5000 installierten Systemen in über 80 Ländern ist Brainlab ein führender Anbieter bildgestützter Technologie. Die nicht börsennotierte, 1989 gegründete Unternehmensgruppe mit Hauptsitz in München beschäftigt derzeit weltweit 1070 Mitarbeiter an 17 Standorten (Stand: Oktober 2012).

14.2 Gründe für die Einführung des Geschäftsprozessmanagements

Als mittelständisches Unternehmen, dessen Mitarbeiterzahl in den letzten Jahren stark gewachsen ist, war Brainlab in der Vergangenheit großen strukturellen Veränderungen ausgesetzt. Dem teilweise rasanten Wachstum konnte die Organisation nicht adäquat folgen. Die heutige, rein funktionsorientierte Aufbauorganisation ist gekennzeichnet durch viele Schnittstellen, fragmentierte Prozesse sowie fehlende Transparenz und Durchgängigkeit der Prozessdokumentation. Gleichzeitig nimmt die Dynamik des Medizinproduktmarktes zu, steigen die Kundenbedürfnisse und verschärfen sich die regulatorischen Anforderungen. Als Hersteller von Medizinprodukten ist Brainlab gemäß ISO 13485 verpflichtet, ein prozessorientiertes Managementsystem nachzuweisen, in dem die Prozesse nicht nur vollständig dokumentiert sind, sondern auch gemessen und verbessert werden.

Ende 2008 entschied der Vorstand, Geschäftsprozessmanagement schrittweise einzuführen, um die Prozessschwächen zu beseitigen und gleichzeitig die Effektivität und Effizienz des Unternehmens zu erhöhen. Die Einführung des Geschäftsprozessmanagements übertrug der Vorstand einem Projekt (GPM-Projekt), das von Vorstandsassistenten geleitet und mit Ressourcen aus verschiedenen Fachdisziplinen (Operations, QM, IT) durchgeführt wird. Der Beitrag beschreibt, wie im Projekt vorgegangen wurde, welche Ergebnisse bisher erreicht wurden und welche weiteren Einführungs- und Ausbaustufen geplant sind.

14.3 Vorgehen bei der Einführung des Geschäftsprozessmanagements (GPM)

14.3.1 Vorgehensstufen

Das Projektteam erarbeitete zunächst einen Vorgehensvorschlag. Der Vorstand stimmte zu, Geschäftsprozessmanagement bei Brainlab in folgenden Stufen einzuführen:

- Bewertung der Prozesssituation anhand von Kriterien des EFQM-Modells,
- Erarbeitung eines Prozessmodells für Brainlab,
- Beschaffung und Erprobung eines GPM-Tools,
- Modellierung eines Pilotprozesses mit Sammlung von Implementierungserfahrungen sowie Erstellung von Rahmenvorgaben,
- Ausweitung der Einführung auf weitere Geschäftsprozesse.

14.3.2 Bewertung der Prozesssituation anhand von Kriterien des EFQM-Modells

Im ersten Schritt wurde die bestehende Prozesslandschaft anhand des EFQM-Modells analysiert. Ziel war herauszufinden, welche Reife die vorhandenen Prozesse hatten. Dazu dienten fünf prozessrelevante Kriterien aus den Bereichen Führung, Strategie und Prozesse des EFQM-Modells. Als Bewertungsmethode wurde das RADAR-Vorgehen (Results, Approach, Deployment, Assessment, Review) der EFQM (European Foundation for Quality Management) gewählt. Mithilfe dieses methodischen Rüstzeugs fanden Interviews mit 27 Mitarbeitern aus unterschiedlichen Bereichen und Hierarchiestufen statt. Die Auswertung der Interviews verdeutlichte die Schwachstellen der Prozesse bei Brainlab und ließ ein erhebliches Verbesserungspotenzial in der bestehenden Prozesslandschaft erkennen. Abbildung 14.1 zeigt eine Aggregation der Auswertungsergebnisse. Sie ermöglicht eine Standortbestimmung von Brainlab anhand des Auswertungsprofils der EFQM. Bei Prozessen, Leadership und Strategie liegt Brainlab etwas über Reifegrad 2, aber noch deutlich unter Reifegrad 3, der den durchschnittlichen Reifegrad repräsentiert.

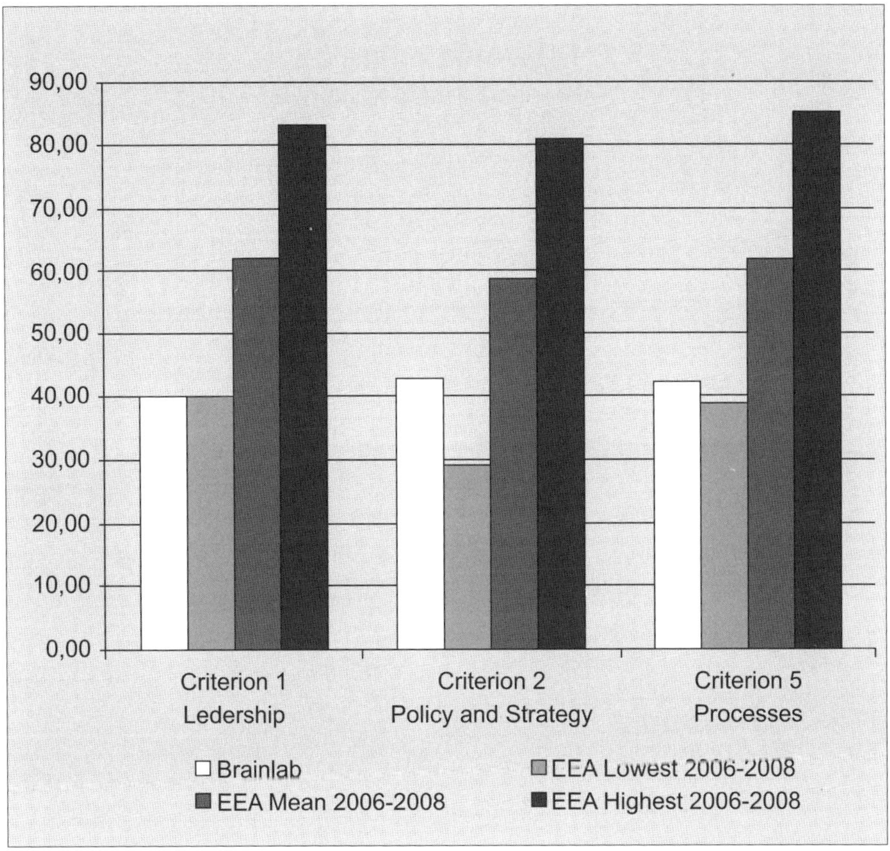

Abb. 14.1 Ergebnisse der Ist-Analyse der Brainlab-Prozesse anhand von Kriterien des EFQM-Modells (EEA = EFQM Excellence Award)

Die Ergebnisse zeigten die Notwendigkeit, die Prozesssituation bei Brainlab zu verbessern, und unterstrichen die Dringlichkeit des vom Vorstand initiierten Projektes, Geschäftsprozessmanagement einzuführen.

14.3.3 Erarbeitung eines Prozessmodells für Brainlab

Im nächsten Schritt wurde das Prozessmodell für Brainlab erarbeitet. Dabei kam ein kombiniertes Top-down- und Bottom-up-Vorgehen zur Anwendung. Als Ausgangsbasis dienten zunächst das Standardmodell „Process Classification Framework" des American Productivity & Quality Center (APQC) und das Referenzmodell der Automobilindustrie (VDA 6.2). Die ersten konzeptionellen Überlegungen wurden dann einer Top-down-Ableitung der Geschäftsprozesse gegenübergestellt. Als Ergebnis wurde das in Abbildung 14.2 dargestellte Brainlab-Prozessmodell verabschiedet.

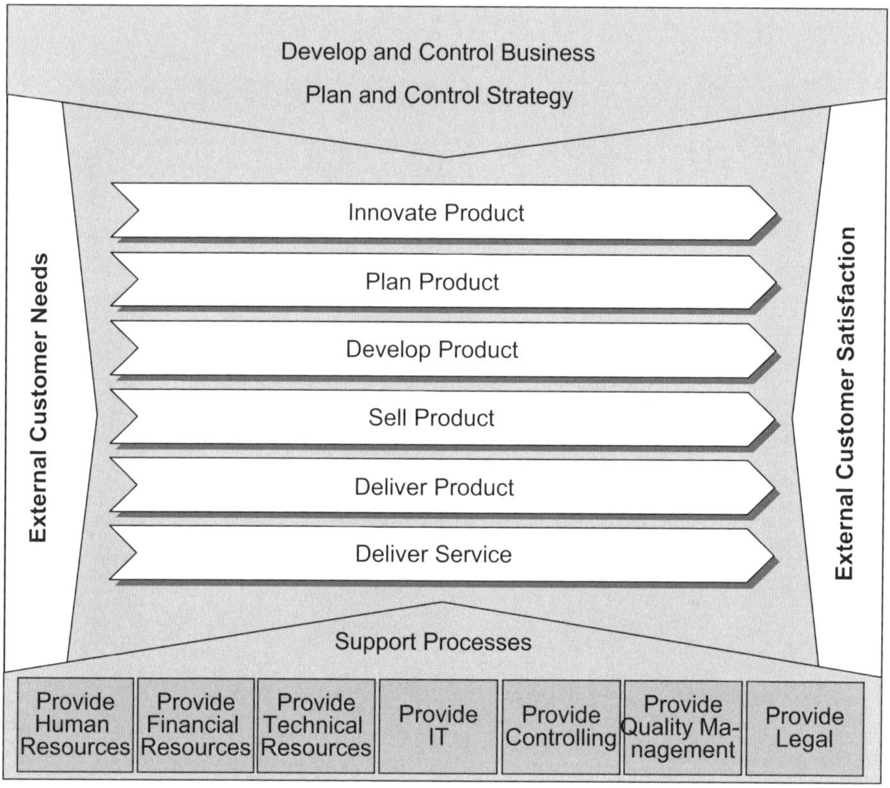

Abb. 14.2 Brainlab-Prozessmodell

Das Brainlab-Prozessmodell umfasst folgende primäre Geschäftsprozesse (Hauptprozesse):

- Innovate Product,
- Plan Product,
- Develop Product,
- Sell Product,
- Deliver Product,
- Deliver Service.

Die sekundären Geschäftsprozesse bestehen aus folgenden Unternehmenssteuerungs- und Bereitstellungsprozessen:

- Develop and Control Business,
- Plan and Control Strategy,
- Provide Human Resources,
- Provide Financial Resources,
- Provide Technical Resources,
- Provide IT,
- Provide Controlling,

- Provide Quality Management,
- Provide Legal.

Die primären Geschäftsprozesse beginnen und enden bei externen Kunden. Ihre Aufgabe ist es, die Bedürfnisse, Erwartungen und Forderungen der externen Kunden zu erfüllen. Die sekundären haben die Aufgabe, den Bedürfnissen, Erwartungen und Forderungen der internen Kunden, insbesondere der primären Geschäftsprozesse, gerecht zu werden.

Im Rahmen von Interviews mit GPM-Stakeholdern wurden die primären Geschäftsprozesse des Brainlab-Prozessmodells an den vorhandenen Prozessen und der bestehenden Organisation gespiegelt. Dabei ergab sich folgendes Bild:

- Die vorhandenen Prozesse sind keine End-to-End-Geschäftsprozesse, da sie nicht bei externen Kunden beginnen und enden. Sie sind nicht durchgängig, werden durch Abteilungsgrenzen unterbrochen und existieren nur fragmentarisch. Viele der vorhandenen Prozesse erfüllen Merkmale von Teilprozessen oder Prozessschritten.
- 43 % der Prozesse haben eine hohe Zertifizierungsrelevanz.
- 65 % der Prozesse fehlt eine klare Verantwortung, sie existiert nur informell.

Die Bestandsaufnahme machte deutlich, dass die bestehende Prozesslandschaft zwar nicht im Widerspruch zu den Geschäftsprozessen des Brainlab-Prozessmodells steht, die vorhandenen Prozesse aber den Anforderungen von Geschäftsprozessen im Hinblick auf Kundenbezug (vom Kunden zum Kunden), organisatorische Durchgängigkeit (funktionsüberschreitend), Verantwortungszuordnung (Geschäftsprozessverantwortliche), Dokumentation, Messung, Prozessziele sowie zielgerichtete und kontinuierliche Leistungsverbesserung nicht gerecht werden.

14.3.4 Beschaffung und Erprobung eines GPM-Tools

Sehr früh setzte sich das Projektteam mit der Beschaffung eines GPM-Tools für die Modellierung, Dokumentation, Freigabe und Publikation der Geschäftsprozesse bei Brainlab auseinander. Ziel war es, mithilfe des GPM-Tools die bisherige papierbasierte Erstellung und Verwaltung von Prozessdokumenten durch zum Teil automatisch generierte Dokumente abzulösen, um die Transparenz, Konsistenz, Einheitlichkeit und Änderungsfreundlichkeit der Prozessdokumentation zu erhöhen sowie den Dokumentationsaufwand zu reduzieren. Eine wichtige Forderung war, den bisher manuellen Freigabeprozess von Qualitätsdokumenten weitgehend zu „automatisieren". Großer Wert wurde auch auf ein leistungsfähiges Prozessportal gelegt, das einen interaktiven, personalisierten sowie integrierten Zugriff auf die Geschäftsprozesse und deren Applikationen ermöglicht.

Im Zuge der Toolauswahl wurde auch die Entscheidung über die zu verwendende Modellierungssprache getroffen. Die beiden gängigsten Modellierungsnotationen zur Darstellung von Prozessabläufen sind die Ereignisgesteuerte Prozesskette (EPK) und die Business Process Modeling Notation (BPMN), wobei die EPK eine deutlich höhere Popularität aufweist als die noch relativ neue BPMN. Nach Abwägung der Vor- und Nachteile entschied sich Brainlab für BPMN. Ausschlaggebend dafür waren u. a. OMG-Standard (OMG = Object Management Group), Eignung für fachliche und technische Prozessmodellierung sowie Vorteile bei der Darstellung unterschiedlicher Arten von Zusammenarbeit zwischen Organisationseinheiten mithilfe sogenannter Pools und Lanes.

Das Vorgehen zur Auswahl des BPM-Tools umfasste folgende Schritte:

- Bedarfsermittlung
  - Festlegung der Anwendungsfelder,
  - Erstellung eines Kriterienkatalogs (siehe Abbildung 14.3) mit folgenden Kriterien:
    - process modeling,
    - process analysis,
    - process publishing,
    - scalability,
    - look and feel,
    - IT requirements,
    - company presentation,
    - costs,
    - maturity/references
- Vorauswahl
  - Sichtung des Anbietermarktes,
  - Auswahl von sieben Kandidaten für eine Präsentation vor Ort.
- Evaluierung
  - Prüfung der Angebote anhand des Kriterienkatalogs,
  - Installation einer Testversion der top drei Kandidaten,
  - Test eines anwendungsspezifischen Prototyps.
- Entscheidung.

Ausschlaggebende Kriterien für die Auswahl des BPM-Tools waren:

- BPMN,
- Daten- und Dokumentenmanagement (inklusive Prozessreport),
- look and feel,
- leistungsfähiges Prozessportal,
- zukunftssicheres Funktionsangebot im Hinblick auf Erweiterungen des
- Brainlab-Geschäftsprozessmanagements.

Tool aspect	Requirement	Ful-filled?	Assess-ment
Process modeling	It shall be possible to have multiple levels of processes and process categories (main process, support process, ...).	Yes	5
Process modeling	It shall be possible to centrally manage formatting of process layout or individual objects such as shapes, e.g. via a customizable style sheet.	Yes	5
Process modeling	A process description shall be available for each process and shall be customizable with additional fields.	Yes	4
Process modeling	It shall be possible to assign attributes to each process.	Yes	4
Process modeling	It shall be possible to assign KPI to each process and set goal values.	Yes	3
Process modeling	It shall be possible to link external documents to each process from e.g. SharePoint. Alternatively, an internal Document Management feature shall be available.	Yes	4
Process modeling	It shall be possible to generate a process map, showing relationships and dependencies between the various processes.	Yes	4

Abb. 14.3 Ausschnitt aus dem Kriterienkatalog zur Auswahl des BPM-Tools

14.3.5 Modellierung und Einführung eines Pilotprozesses

Als Pilotprozess für die Einführung und Modellierung wurde der Geschäftsprozesses „Deliver Product" ausgewählt. Ziel war es, zunächst Modellierungserfahrungen mit diesem Geschäftsprozess zu sammeln und daraus Empfehlungen bzw. Regeln für die Modellierung der anderen Brainlab-Geschäftsprozesse abzuleiten. Beginnend mit der Modellierung wurden auch Rollen und Verantwortlichkeiten des Pilotprozesses festgelegt sowie eine für das Gesamtunternehmen gültige Prozessmanagementmethodik entwickelt. Dieses Prozessrahmenwerk enthält Definitionen wichtiger Prozessbegriffe, Festlegungen von GPM-Rollen sowie Rahmenrichtlinien für Prozessdefinition, -strukturierung, -dokumentation, -controlling und -verbesserung. Das Rahmenwerk bildet die Basis für die Process Governance.

14.3.6 Einführung weiterer Geschäftsprozesse

Nach der erfolgreichen Modellierung und Implementierung des Pilotprozesses sollen in Folgeprojekten weitere Geschäftsprozesse sukzessive modelliert, Prozessleistungen über Prozesskennzahlen kontinuierlich gemessen und gezielt Prozessverbesserungen durchgeführt werden. Zudem ist geplant, die organisatorische Etablierung des GPM-Supports zu klären, dessen Aufgaben Process Governance, Weiterentwicklung und Koordination des Brainlab-Geschäftsprozessmanagementsystems sowie die Bereitstellung von erforderlichen Serviceleistungen wie z.B. Prozesstraining umfassen sollen.

14.4 Umsetzung des Pilotprozesses

14.4.1 Auswahl des Pilotprozesses

Als Einführungsstrategie legte der Vorstand fest, zunächst einen Pilotprozess zu implementieren und die dabei gewonnenen Erfahrungen auf nachfolgende Prozessimplementierungen zu übertragen. Wie bereits erwähnt wurde als Pilotprozess der Geschäftsprozess „Deliver Product" ausgewählt. Hauptgründe für diese Entscheidung waren die relativ geringe Prozesskomplexität, die hohe Wiederholhäufigkeit, die relativ kurzen Durchlaufzeiten, das Vorhandensein prozessaffiner Experten sowie die bereits vorhandenen Messerfahrungen in Teilen dieses Geschäftsprozesses.

14.4.2 Definition und Strukturierung des Pilotprozesses

Vor der Definition und Strukturierung des Pilotprozesses wurden zunächst den Mitarbeitern und Stakeholdern die Grundkenntnisse des Geschäftsprozessmanagements im Rahmen eines GPM-Trainings vermittelt. Dann folgten zwei eintägige Prozessworkshops, in denen wesentliche Definitions- und Strukturierungsentscheidungen getroffen wurden. Teilnehmer der Workshops waren das zuständige Vorstandsmitglied sowie Abteilungsleiter und Mitarbeiter aus den operativen Fachbereichen der Auftragsabwicklung. Themen und Ergebnisse der Workshops gehen aus Abbildung 14.4 hervor. Im Mittelpunkt der Workshops stand die Dekomposition des Geschäftsprozesses, d.h. das Ableiten bzw. Herunterbrechen der Teilprozesse und Prozessschritte.

Der erste Workshop beinhaltete die Beschreibung des Gesamtprozesses, die Definition der Teilprozesse, die Erstellung eines Prozess-Organisations-Diagramms (PO-Diagramm) sowie Diskussionsrunden zu den Themen „Aufgaben, Verantwortung und Befugnisse von Prozessverantwortlichen" und „KPIs" (Key Performance Indicators). Im zweiten Workshop wurden Prozessbeschreibungen der Teilprozesse erarbeitet, Prozessschritte definiert sowie PO-Diagramme für die Teilprozesse erstellt. Am Ende der Workshops fand jeweils eine Diskussion der offenen Punkte, die Festlegung von Maßnahmen sowie die Erstellung eines 90-Tage-Aktionsplans statt. Zu den Maßnahmen zählten z.B. die Klärung der Prozessverantwortung für Geschäfts- und Teilprozesse sowie die Einrichtung eines Modellierungsoffice.

Prozessworkshop 1 Geschäftsprozess „Deliver Product“	
Themen ▪ Definition und Beschreibung Geschäftsprozess ▪ Ableitung der Teilprozesse ▪ Erstellung des PO-Diagramms für den Geschäftsprozess ▪ Brainstorming Key Performance Indicators (KPIs) für Geschäftsprozess ▪ Brainstorming Aufgaben und Verantwortung der Geschäfts- und Teilprozessverantwortlichen ▪ Diskussion offener Punkte	**Ergebnisse** ▪ Steckbrief Geschäftsprozess ▪ Definition Teilprozesse ▪ PO-Diagramm Geschäftsprozess ▪ Vorschlag KPIs ▪ Vorschlag für Rollenbeschreibung Geschäfts- und Teilprozessverantwortliche ▪ 90-Tage-Aktionsprogramm
Prozessworkshop 2 Geschäftsprozess „Deliver Product“	
Themen ▪ Beschreibung Teilprozesse ▪ Ableitung der Prozessschritte ▪ Beschreibungsattribute für Prozessschritte ▪ Erstellung der PO-Diagramme für Teilprozesse ▪ Diskussion offener Punkte	**Ergebnisse** ▪ Steckbrief Teilprozesse ▪ Definition Prozessschritte ▪ Beschreibungssystematik Prozessschritte ▪ PO-Diagramme Teilprozesse ▪ 90-Tage-Aktionsprogramm

Abb. 14.4 Themen und Ergebnisse der Prozessworkshops

Die Abbildungen 14.5, 14.6 und 14.7 zeigen Ergebnisse der Prozessworkshops. Besonders aussagefähig sind die PO-Diagramme, welche die Beziehungen zwischen Teilprozessen und der bestehenden Aufbauorganisation aufzeigen (vgl. Kapitel 4.2.9.2). Sie geben Aufschluss über die Notwendigkeit von organisatorischen Anpassungen und helfen, prozessorientierte Lösungen zu finden.

4.1 Check, schedule & confirm customer purchase order	
From	**To**
Received customer purchase order	Signed order confirmation
Process object	
Customer purchase order	
Process inputs	**Process suppliers**
• Quote • Customer purchase order received	Sales process
Process output	**Process customers**
• Sent order confirmation to customer • Created downpayment if applicable • Scheduled sales order	• Purchasing process • Produce (sub process 1.3) • Integrated operation room process • Service process • Cash collection process

Abb. 14.5 Steckbrief eines Teilprozesses

Ablauf und Ergebnisse der beiden Prozessworkshops wurden von allen Beteiligten als sehr positiv beurteilt. Einfluss auf den Erfolg hatten die aktive Teilnahme des Vorstandsmitglieds sowie die überschaubare Teilnehmerzahl von acht Personen, welche in zwei parallel arbeitende Gruppen aufgeteilt waren. So konnten die unterschiedlichen Standpunkte in den Diskussionsrunden ausführlich erörtert und konnte daraus eine gemeinsame Zielperspektive erarbeitet werden. Vor allem erwies sich die Erstellung von PO-Diagrammen als sehr hilfreich. Durch sie konnten Verantwortungsüberschneidungen aufgedeckt und Inkonsistenzen zwischen bestehenden Abteilungen und Teilprozessen erkannt werden. Erfreulich war ferner, dass bereits in den Workshops konkrete Möglichkeiten der Prozessverbesserung erkannt und anschließend zügig realisiert wurden. Die Pfeile in Abbildung 14.7 stellen organisatorische Anpassungsvorschläge des Workshopteams dar, die vom Vorstand genehmigt und inzwischen auch umgesetzt wurden.

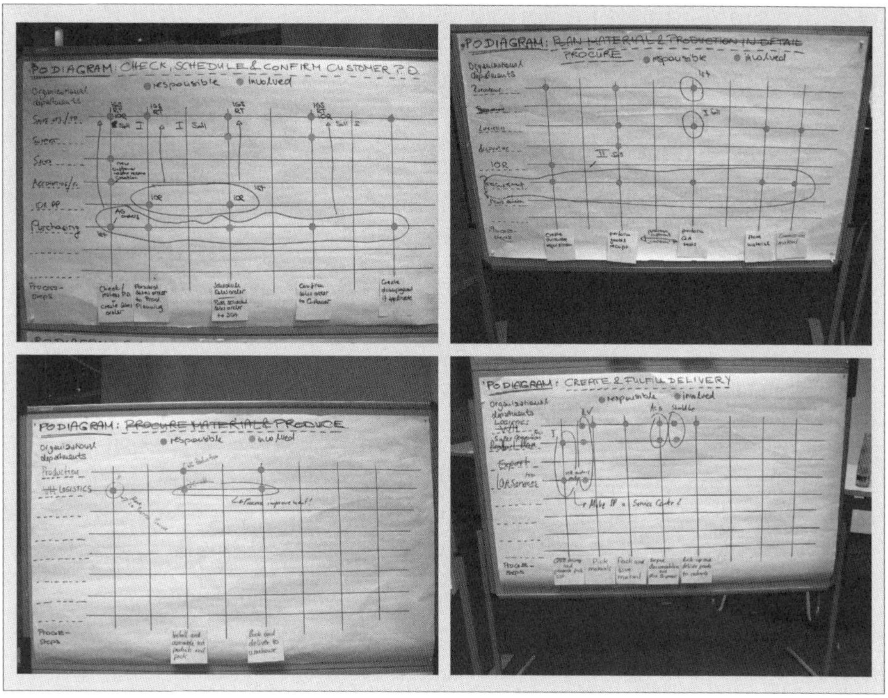

Abb. 14.6 Erarbeitung von PO-Diagrammen im Prozessworkshop

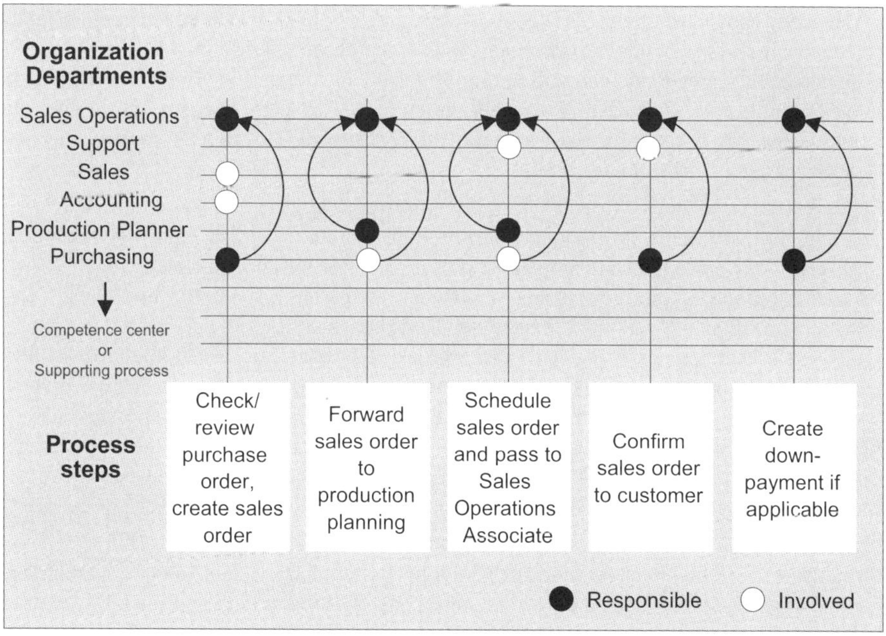

Abb. 14.7 PO-Diagramm eines Teilprozesses

14.4.3 Organisatorische Verankerung

Die Integration der Geschäftsprozesse in die Aufbauorganisation zählt zu den schwierigsten und gleichzeitig erfolgsentscheidenden Weichenstellungen des Geschäftsprozessmanagements. Als Organisationsform hat sich Brainlab für eine Matrix-Prozessorganisation entschieden. In dieser bleiben die funktionalen Abteilungsstrukturen weitgehend bestehen, gleichzeitig wird jedoch den Geschäftsprozessen ein autonomer Status mit eigenständiger Verantwortung eingeräumt. Dieses Konzept wurde nicht sofort umgesetzt, sondern soll in Stufen realisiert werden.

Schon in den Prozessworkshops zeichnete sich ab, dass auf Teilprozessebene des Pilotprozesses eine hohe Übereinstimmung zwischen bestehenden Abteilungen und zukünftigen Teilprozessen bestand. Es bot sich deshalb an, den Abteilungsleitern Aufgaben und Verantwortung der Teilprozessverantwortlichen zu übertragen. Auf diese Weise blieben die bestehenden Abteilungen und Verantwortlichkeiten mit ihren Aufgaben, Ressourcen und Befugnissen grundsätzlich erhalten. Vorteilhaft bei diesem Vorgehen ist u. a., dass die Zuständigkeiten für die Einhaltung normativer Anforderungen beibehalten werden konnten.

Können Aufgaben eines Teilprozesses nicht mit eigenen Ressourcen abgedeckt werden, hat der Teilprozessverantwortliche Zielvereinbarungen (Service Level Agreements) mit den zuliefernden Abteilungen zu treffen. In den Service Level Agreements wird geregelt, welche Leistungen bis wann und in welcher Qualität dem Teilprozess bereitzustellen sind.

Deutlich schwieriger gestaltete sich die Ernennung des Geschäftsprozessverantwortlichen bzw. die Festlegung der Verantwortung für den gesamten Geschäftsprozess. Grundsätzlich ist der Geschäftsprozessverantwortliche für die Prozessergebnisse und das Erreichen der Prozessziele verantwortlich. Voraussetzung dafür ist, dass er mit Befugnissen und Ressourcen (personell und finanziell) ausgestattet wird, die dieser Verantwortung entsprechen. Die Etablierung so ausgestatteter Geschäftsprozessverantwortlicher bedeutet, eine neue Hierarchieebene in die bestehende Aufbauorganisation einzuführen. Zum gegenwärtigen Zeitpunkt bestehen bei Brainlab Bedenken und Einwände gegen eine derartig weitreichende Organisationsänderung. Als Lösung wurde deshalb ein stufenweises Vorgehen gewählt, in dem die Befugnisse des Geschäftsprozessverantwortlichen schrittweise an seine Verantwortung angepasst werden (siehe Abbildung 14.8).

In der ersten Phase übt der Geschäftsprozessverantwortliche eine rein koordinierende Funktion aus, unterstützt die Prozessmodellierung und vermittelt bei Schnittstellenproblemen. Nach dem Go-live des Geschäftsprozesses (Phase 2) hat er die Aufgabe, als Bindeglied zwischen den Teilprozessverantwortlichen und dem Vorstand ein Konzept für die Messung von Prozesskennzahlen in dem Geschäftsprozess zu erarbeiten. Erst wenn belastbare Messergebnisse auf Geschäftsprozessebene vorliegen, werden Prozessziele festgelegt und prozessübergreifende Verbesserungsaktivitäten geplant und durchgeführt. Die Priorisierung der Verbesserungsvorschläge erfolgt durch ein übergeordnetes Gremium, bestehend aus einem Vorstandsmitglied und den Verantwortlichen für den Geschäftsprozess und die Teilprozesse. Die Realisierung der Verbesserungen liegt in der Hand des Geschäftsprozessverantwortlichen. Die dafür erforderlichen Ressourcen werden ihm aus den Fachabteilungen über Service Level Agreements zur Verfügung gestellt (Phase 3).

Obwohl der Geschäftsprozessverantwortliche zunächst keine fachlichen Weisungsbefugnisse über Prozessressourcen hat, ist er bei der gefundenen Lösung in der Lage, die nötigen Maßnahmen zu veranlassen, um die gemeinsam vereinbarten Prozessziele zu erreichen (Phase 1).

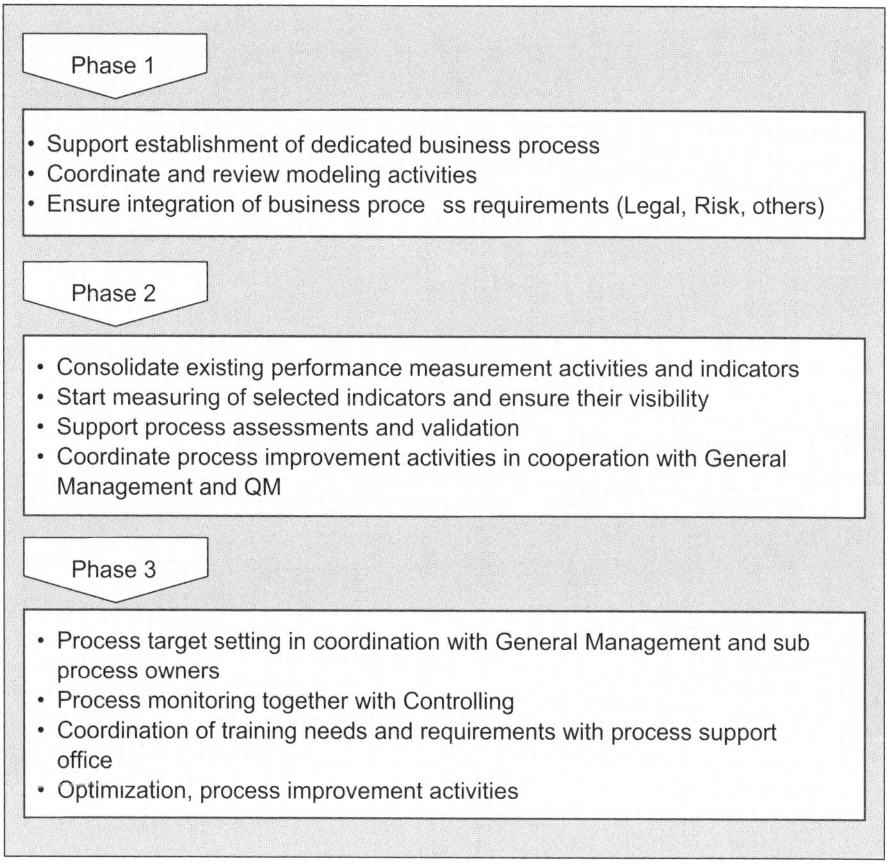

Abb. 14.8 Ausbaustufen der Prozessverantwortung bei Brainlab

Mit steigendem Reifegrad des Geschäftsprozesses ist geplant, sukzessive die Befugnisse des Geschäftsprozessverantwortlichen auszuweiten (Phase 2 und 3).

14.4.4 Modellierung des Pilotprozesses

Als Grundlage für die fachliche Modellierung des Geschäftsprozesses „Deliver Product“ dienten die in den Workshops definierten Teilprozesse und Prozessschritte. Mit der fachlichen Modellierung wurden ausgewählte Fachkenner und Prozessexperten aus den Teilprozessen beauftragt, die sich zwei Nachmittage pro Woche treffen und gemeinsam den Geschäftsprozess modellieren (siehe Abbildung 14.9). Durch die regelmäßigen Modellierungstermine und die enge Zusammenarbeit konnten rasch Fortschritte erzielt und intensiv Erfahrungen ausgetauscht werden. Wichtige „lessons learned“ wurden umgehend umgesetzt. Die schnelle Erfahrungsakkumulation ermöglichte, neben der fachlichen Modellierung des Pilotprozesses „Deliver Product“ bereits mit der Modellierung des Geschäftsprozesses „Develop Product“ zu beginnen, der als nächster Geschäftsprozess eingeführt wird.

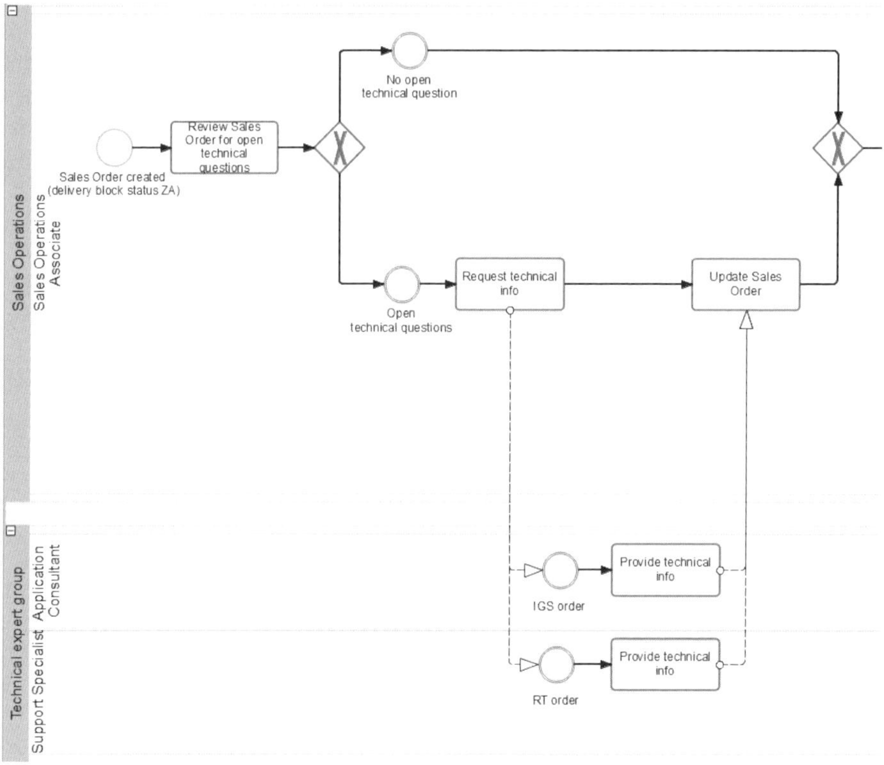

Abb. 14.9 Ausschnitt aus einer BPMN-Prozessmodellierung

Die Modellierungserfahrungen fließen in Modellierungskonventionen ein, die das Modellierungsteam parallel erarbeitet. Die Modellierungskonventionen sollen eine einheitliche Vorgehensweise bei zukünftigen Prozessmodellierungen und die Vergleichbarkeit von Modellierungsergebnissen gewährleisten. Aus diesem Grunde wurde z. B. die Verwendung der verfügbaren Symbole in der BPMN stark eingeschränkt. Dies gilt besonders für die Event- und Gateway-Typen. Ferner wurde eine Guideline erarbeitet, um Prozessinhalte aus der bestehenden Dokumentation korrekt in das Prozesstool zu übertragen.

Die Modellierungskonventionen bei Brainlab umfassen folgende Gliederungspunkte:

- Ordnerstruktur und Autorisierungskonzept,
- Prozessebenenkonzept,
- Modellierungsregelwerk
  - Übersicht und Beschreibung von Modellierungssymbolen,
  - Modellierungsregeln,
  - Sprache und Namenskonvention,
  - Regeln zur Anreicherung prozessrelevanter Informationen,
- Arbeitsprozesse im GPM-Tool
  - Erstellung,

- Review,
- Freigabe eines Prozessmodells.

14.5 Erfahrungen bei der Umsetzung

Basierend auf den Projekterfahrungen werden nachfolgend einige Beispiele genannt, die den Erfolg der bisherigen Prozesseinführung stark beeinflussten.

Organisatorische Verankerung des Pilotprozesses

Ein zentraler Erfolgsfaktor ist die richtige Auswahl des Geschäftsprozessverantwortlichen. Er muss über eine gewisse Seniorität und fundiertes Fachwissen verfügen, damit er von den Verantwortlichen und Mitarbeitern der Teilprozesse anerkannt wird. Das gegenseitige Verstehen und Anerkennen ist notwendig, um gemeinsam erfolgreiche Implementierungslösungen zu erarbeiten und umzusetzen. In der Anfangsphase ist es für den Geschäftsprozessverantwortlichen nicht einfach, nur koordinierend sowie unterstützend tätig zu sein, ohne sich auf besondere Befugnisse berufen zu können. Diese Herausforderung gelingt nur, wenn alle Beteiligten an einem Strang ziehen und das Geschäftsprozessmanagement sowie den Geschäftsprozessverantwortlichen bejahen.

Geschäftsprozessmanagement und QM

Die enge Zusammenarbeit zwischen QM (Qualitätsmanagement) und dem GPM-Einführungsprojekt hat sich ebenfalls als erfolgsentscheidend herausgestellt. QM wurde von Anfang an in das GPM Projekt eingebunden und hat es kapazitiv, fachlich und emotional stark unterstützt.

Das Eigeninteresse von QM am Geschäftsprozessmanagement ist hoch. Dies gilt besonders für das GPM-Tool, da jede Steigerung der Prozesstransparenz die Erfüllung regulatorischer Anforderungen sowie die Einhaltung von Compliance-Regelungen unterstützt und damit die QM-Aufgaben erleichtert.

Das GPM-Tool wird u. a. dafür verwendet, die bisher manuell gesteuerte Dokumentenfreigabe mithilfe des Dokumentenmanagementsystems „zu automatisieren“. Bevor ein modellierter Prozess freigegeben wird, erfolgt zunächst eine Kontrolle durch die Qualitätsabteilung und anschließend die Freigabe durch den jeweiligen Geschäftsprozessverantwortlichen. Danach wird der Prozess publiziert und kann auf dem Prozessportal von allen Mitarbeitern eingesehen werden. QM ist also in die Prozessfreigabe voll involviert und kann so die Einhaltung von Richtlinien überprüfen. Das Vorgehen trägt dazu bei, den Qualitätsstandard zu erhöhen und zu stabilisieren.

Wegen der vielen QM-Prozessschnittstellen war es eine Herausforderung, die QM- und GPM-Anforderungen in Einklang zu bringen. Dies galt insbesondere für die Inhalte und Darstellung von Prozessinformationen (Auditsicht versus Prozesssicht).

Modellierungsoffice

Der systematische Erfahrungsaustausch der Modellierer hat sich als äußerst hilfreich und produktiv erwiesen. Die regelmäßigen Meetings gewährleisten, dass die Mitarbeiter neben dem Tagesgeschäft die notwendige Zeit und Ruhe finden, um sich auf die Modellierung zu konzentrieren. Startschwierigkeiten zu Beginn der Modellierung konnten schnell überwunden und „good practices" schnell umgesetzt werden.

Quick Wins

Schon in den Prozessworkshops wurden zahlreiche Prozessschwachstellen aufgedeckt. Dank der Unterstützung durch den Vorstand konnten die meisten schnell behoben werden. Die schnellen Erfolge überzeugten auch Skeptiker bei Brainlab. Das gemeinsame Erarbeiten von umsetzbaren Prozessverbesserungen hat besonders die Workshopbeteiligten stark motiviert und Energie für die nächsten Ausbaustufen des Geschäftsprozessmanagements freigesetzt.

Organisation des GPM-Projektes

Die interdisziplinäre Zusammensetzung des Projektteams, die Nähe zum Vorstand sowie das Engagement der beteiligten Mitarbeiter haben wesentlich zum bisherigen Erfolg des GPM-Einführungsprojektes bei Brainlab beigetragen. Die aktive Rolle des Vorstands in den Prozessworkshops signalisierte allen Mitarbeitern die Bedeutung des Themas Geschäftsprozessmanagement für Brainlab. Die Einbindung der Bereiche QM, Operations und IT in das Projektteam stellte sicher, dass sowohl qualitätsrelevante Belange als auch operative und informationstechnische Aspekte zu jedem Zeitpunkt berücksichtigt wurden.

14.6 Weitere Ausbaustufen des GPM bei Brainlab

Im Rahmen des GPM-Einführungsprojektes ist als erster Geschäftsprozess „Deliver Product" definiert, strukturiert, modelliert und organisatorisch umgesetzt worden. Zeitlich versetzt wurde mit der Definition, Strukturierung und Modellierung des bei Brainlab sehr komplexen Geschäftsprozesses „Develop Product" begonnen. Beide Geschäftsprozesse decken zusammen ca. 50 % des Prozessdatenvolumens ab. Zurzeit wird geplant, in welcher Reihenfolge und mit welchen Ressourcen weitere primäre und sekundäre Geschäftsprozesse in die GPM-Einführung einbezogen werden.

Wie bereits erwähnt ist ein wichtiger nächster Meilenstein die Erarbeitung des Kennzahlen- und Messkonzeptes für den Pilotprozess „Deliver Product". Ziel ist, nicht nur geeignete Prozesskennzahlen zu definieren, sondern gleichzeitig vorhandene Kennzahlen und Messaktivitäten zu konsolidieren. Insgesamt soll keine Ausweitung, sondern eine Reduktion der Kennzahlen und des Messaufwandes erreicht werden. Als erste Prozesskennzahlen wurden in den Prozessworkshops für den Pilotprozess die Durchlaufzeit und die Prozessqualität (First Pass Yield) festgelegt. Das Kennzahlen- und Messkonzept des Geschäftsprozesses „Deliver Product" dient als Rahmenvorgabe für nachfolgende Geschäftsprozesse.

Ein offener Punkt ist, den GPM-Support organisatorisch zu etablieren. Auch hier wird stufenweise vorgegangen. Zunächst hat es die QM-Abteilung übernommen, als zentrale Anlaufstelle für Prozessfragen zu fungieren, bis mehrere Geschäftsprozesse modelliert und implementiert sind. Im Zuge des weiteren Ausbaus ist dann über eine zentrale Prozessstelle (Process Support Office) zu entscheiden, die für Process Governance, Koordination, Support und Weiterentwicklung des ganzheitlichen Geschäftsprozessmanagements bei Brainlab zuständig ist.

14.7 Bisheriger Nutzen

Mit der Piloteinführung des Geschäftsprozesses „Deliver Product“ wurde die Startphase für den Aufbau eines umfassenden Geschäftsprozessmanagements erfolgreich abgeschlossen. Die Pilotimplementierung hat wichtige Erfahrungen vermittelt, die den weiteren Aufbau des ganzheitlichen Geschäftsprozessmanagements bei Brainlab absichern. Als positive Effekte der Pilotierung sind besonders zu nennen:

- Bessere Abschätzung von Chancen, Risiken und Aufwendungen für ein umfassendes Geschäftsprozessmanagementsystem bei Brainlab.
- Erfolgreicher Test der Vorgehensweise zur Definition, Strukturierung, Modellierung und Dokumentation der Geschäftsprozesse bei Brainlab.
- Erfolgreicher Test des GPM-Tools.
- Schaffung einer soliden Erfahrungsbasis für die fachliche Modellierung von Geschäftsprozessen mit BPMN und dem GPM-Tool.
- Erprobung und Festlegung des Vorgehens zur Integration der Qualitätsanforderungen in die Geschäftsprozesse.
- Schaffung einer hohen Prozesstransparenz durch Bereitstellung von Prozessdokumenten und -daten im Prozessportal.
- IT-unterstützte „automatisierte“ Dokumentenverwaltung und -freigabe.
- Umsetzung erster Prozessverbesserungen (Quick Wins).
- Deutliche Steigerung des Prozessverständnisses und der Kundenorientierung im operativen Alltag bei Brainlab.

15 Was bringt Geschäftsprozessmanagement?

15.1 Wirkungen von Einzelmethoden des Geschäftsprozessmanagements

15.1.1 Wirkungen des Business Process Reengineering (BPR)

Es existieren mehrere Studien, welche die quantitativen Ergebnisse von BPR-Projekten analysieren (vgl. Guba/Kettinger/Teng 1993, S. 17; CSC Index 1994, S. 3 ff.; Perlitz et al. 1995, S. 1; Homburg/Hocke 1998).

An oberster Stelle der positiven Ergebnisse steht die Verkürzung der Durchlaufzeiten. Dann folgen etwa gleichauf die Steigerung der Qualität sowie die Erhöhung der Kundenzufriedenheit. Etwas abgeschlagen liegt die Senkung der Kosten. Deutschland weist bei Durchlaufzeiten, Qualität und Kosten im Durchschnitt bessere Ergebnisse als die USA auf. Demgegenüber wird in den USA eine höhere Kundenzufriedenheit in BPR-Projekten erreicht.

BPR-Projekte lohnen sich, wenn sehr ehrgeizige Ziele verfolgt werden, wie z. B. Durchlaufzeitverkürzungen von über 50 %. Bei nicht aggressiven Zielen besteht dagegen die Gefahr, die Ziele zu verfehlen (vgl. Bullinger/Wiedmann/Niemeier 1995, S. 13). Empirische Untersuchungen der Hochschule St. Gallen zeigen, dass 50 % der abgeschlossenen BPR-Projekte die erhofften Verbesserungen von mindestens 30 % bei Durchlaufzeiten, Kosten oder anderen Zielgrößen erreichten (vgl. Hess/Brecht/Österle 1995, S. 480).

15.1.2 Wirkungen von Total Cycle Time (TCT) und Kaizen

Die **qualitativen Wirkungen von TCT und Kaizen** sind:

- zielorientierte und permanente Steigerung der Prozessperformance,
- Stärkung der internen und externen Kundenorientierung,
- Verbesserung der kooperativen Zusammenarbeit,

- aktives Lernen der Organisation,
- Erweiterung und Nutzung des Problemlösungspotenzials der Mitarbeiter,
- Steigerung der Motivation der Mitarbeiter.

Die **quantitativen Wirkungen von TCT** vermittelt Abbildung 15.1 (vgl. Thomas 1991, S. 12 f.). Die Verbesserungsraten von Kaizen liegen in vergleichbaren Größenordnungen (vgl. Imai 1997, S. 175).

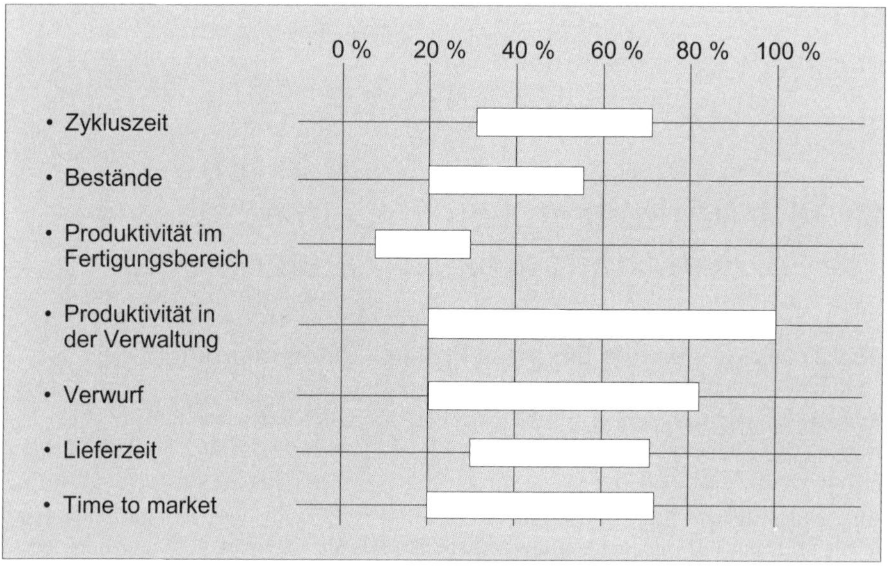

Abb. 15.1 Leistungssteigerungen durch TCT (vgl. Thomas 1991, S. 13)

Die KVP-Studie der Agamus Consult, die 1996 in deutschen Unternehmen durchgeführt wurde, weist niedrigere Verbesserungsraten auf. Insgesamt liegen aber auch hier **die wirtschaftlichen Vorteile deutlich über den Kosten.** Nicht selten amortisieren sich die Aufwendungen für Kaizen bereits innerhalb eines Jahres. Hinzu kommen sehr positive Auswirkungen auf die „weichen Faktoren" Teamfähigkeit, Motivation, Engagement, Zusammenarbeit, Arbeitsqualität, Identifikation mit dem Unternehmen und Betriebsklima (vgl. Steinbeck 1994; Fröschle/Geiger/Weck 1996; Wahren 1998, S. 34 ff.; Grafmüller 2000, S. 178 f.; Witt/Witt 2006, S. 29 ff.).

Laraia, Moody und Hall berichten von folgenden Ergebnissen in Kaizen-Projekten, die in über 50 US-Unternehmen durchgeführt wurden (vgl. Laraia/Moody/Hall 1999, S. 3):

- Reduktion der Prozesszeit 40 bis 80 %,
- Steigerung der Produktivität 20 bis 60 %,
- Reduktion der Umlaufbestände um 30 bis 70 %.

VW hat Kaizen in das Prozessmanagement integriert. Bereits mit der Durchführung von KVP-Workshops konnten folgende Verbesserungen erzielt werden (vgl. Grafmüller 2000, S. 168 f.; vgl. auch VW 2009, S. 155):

- Erhöhung der Prozessqualität um 52 %,
- Steigerung des Wirkungsgrades der Prozesse um 21 %,

- Reduzierung der Durchlaufzeit um 20 %,
- Senkung des Umlaufbestandes in den Prozessen um 24 %,
- Verminderung der Prozesskomplexität um 21 %,
- Umsetzungsgrad der Verbesserungsmaßnahmen in Höhe von 68 %.

Kaizen ist neben dem Respekt vor dem Menschen der Hauptpfeiler des Toyota-Managementsystems. Die Erfolge, die **Toyota** in der Vergangenheit erzielt hat, sind beeindruckend (vgl. Liker 2006, S. 10, S. 26 ff.):

- Gesamtkapitalrendite, die achtmal so hoch ist wie der Branchendurchschnitt.
- Kürzester Produktentwicklungsprozess der Welt bei der Entwicklung von Pkws.
- „Best in Class" bezogen auf Produktqualität und Flexibilität.

Laut dem dib-report 2012 wurden 2011 in 163 befragten deutschen Unternehmen insgesamt 1.426.000 Verbesserungsvorschläge von 554.233 Mitarbeitern eingereicht (vgl. dib-report 2012). Der rechenbare Nutzen betrug knapp 1,27 Milliarden Euro. Die insgesamt ausgezahlten Prämien beliefen sich auf 129 Millionen Euro. Der Report nennt neben dem rechenbaren Nutzen die in Abbildung 15.2 aufgeführten **qualitativen Wirkungen** der Verbesserungen. An oberster Stelle stehen Prozessverbesserungen, Nutzen des Wissens und der Kreativität der Mitarbeiter sowie Steigerung der Mitarbeiterzufriedenheit.

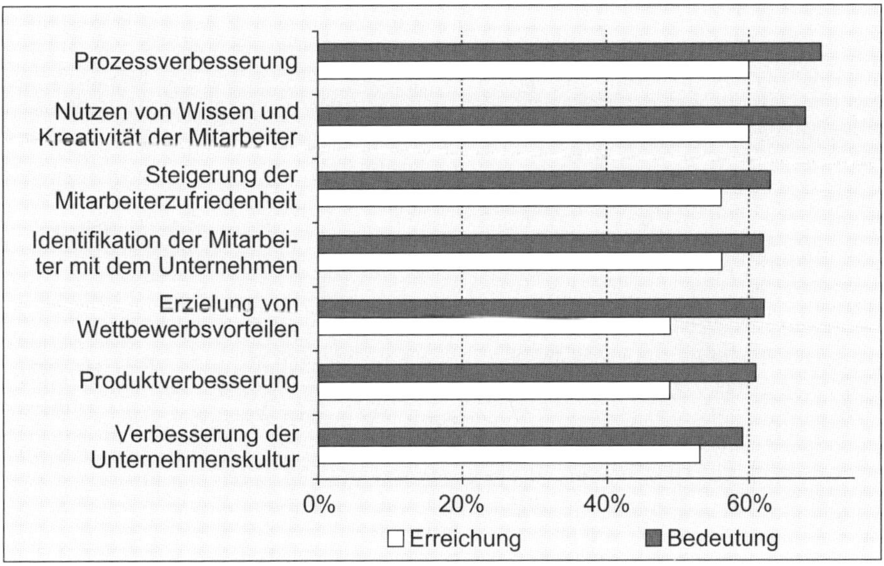

Abb. 15.2 Qualitative Wirkungen des Ideenmanagements (vgl. dib-report 2012)

Der quantitative und qualitative Nutzen des Verbesserungswesens bzw. Ideenmanagements lässt sich durch die Kombination von Kaizen und Geschäftsprozessmanagement aus folgenden Gründen deutlich steigern:

- Ideen und Verbesserungen werden nicht von einzelnen Personen, sondern in Kaizen-Teams generiert.
- Die Verbesserungsvorschläge werden priorisiert. Die Prioritäten richten sich nach der jeweiligen Prozesssituation und dem Stand der Zielerreichung des Prozesses.

- Die Kaizen-Teams setzen die ausgewählten Verbesserungen selbst um und überprüfen ihre Wirkung.
- Erfolgreiche Verbesserungen werden als Standard eingeführt.
- Verbesserungen beziehen sich auf den Arbeitsbereich der Kaizen-Teams, in dem die Teammitglieder Erfahrungsträger sind.
- Verbesserungen werden auf das Erreichen der Prozessziele und damit der Geschäftsziele ausgerichtet.
- Der Verbesserungskreislauf (PDCA-Zyklus) ist standardisiert, wird kontinuierlich durchlaufen und führt so zu weiteren Verbesserungen.
- Den Kaizen-Teams steht ein Methodenbaukasten zur Aufdeckung und Analyse von Problemen sowie zum Finden, Umsetzen und zur Wirkungskontrolle von Verbesserungen zur Verfügung.
- Das Vorgehen ist eingebettet in die Prozessorganisation und in das Prozesscontrolling, welche die notwendige Infrastruktur bereitstellen.

TCT und Kaizen haben **nachhaltige Verbesserungen** mit kulturellen Veränderungen zum Ziel. Nachhaltige Erfolge benötigen längere Zeiträume als kurzfristige Erfolge. „Entwicklungen der ‚weichen' Seite der Organisationsentwicklung folgen einer anderen Zeitstruktur als Veränderungen in vielen ‚harten' Feldern. Ob es sich um die Weiterentwicklung von Führungskräften handelt oder um Mitarbeiterengagement – ohne einen ausreichend ‚langen Atem' sind wirksame Verbesserungen kaum zu erreichen" (Roghé/Strack 2010, S. 15). Für den flächendeckenden und nachhaltigen Einsatz von TCT und Kaizen sind mindestens zwei bis drei Jahre zu veranschlagen (vgl. auch Schwager 1997, S. 218 ff.; EFQM 1999, S. 73; Harry/Schroeder 2000, S. 301; Töpfer 2007, S. 94 f.).

TCT und Kaizen schließen kurzfristige Erfolge nicht aus. Sie können über projektorientierte Vorgehensweisen im Rahmen von Barrierenbeseitigungsteams, Ad-hoc-Kaizen-Teams, Durchbruchs-Kaizen-(Kaikaku), Blitz-Kaizen- oder Lean-Six-Sigma-Projekten erzielt werden. Diese punktuellen und kurzfristorientierten Verbesserungsaktivitäten tragen jedoch wenig dazu bei, Erfahrungswissen zu akkumulieren sowie die Problemlösungs- und Handlungskompetenz der Organisation permanent zu steigern. Dafür ist die kontinuierliche Anwendung von TCT und Kaizen in Prozess- und Kaizen-Teams erforderlich. Nur diese permanente Anwendung aktiviert das organisationale Lernen und fördert die Wandlungsbereitschaft und -fähigkeit der Mitarbeiter sowie der Organisation. ■

15.1.3 Wirkungen von Six Sigma

Mit Six-Sigma-Projekten sind folgende Wirkungen verbunden (siehe Abbildung 15.3; vgl. Töpfer 2007, S. 90 ff.):

- direkte kurzfristige Ergebniswirkungen durch Vermeidung operativer Fehlerkosten und Senkung der Qualitätskosten,

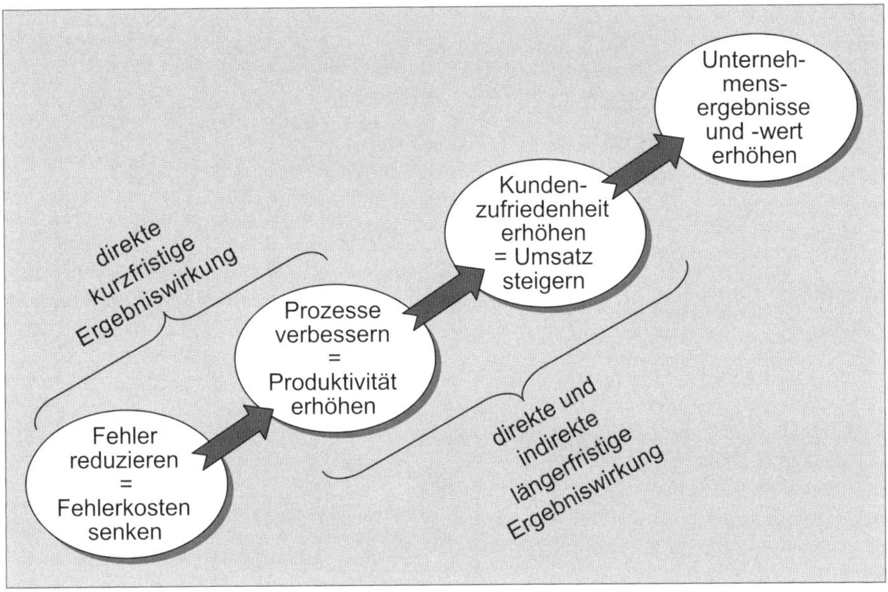

Abb. 15.3 Ergebniswirkungen von Six-Sigma-Projekten (Quelle: Töpfer 2007, S. 91)

- direkte und indirekte kurzfristige Ergebniswirkungen durch Steigerung der Prozesseffizienz (höhere Prozessqualität, geringere Prozesskosten, kürzere Prozesszeiten; höhere Termintreue),
- indirekte längerfristige Ergebniswirkungen durch Steigerung der Prozesseffizienz und Erhöhung der Kundenzufriedenheit.

Die Qualitätskosten liegen in Unternehmen mit einem Qualitätsniveau von 3 σ zwischen 25 und 40 % des Umsatzes. Bei einem Niveau von 5 σ betragen sie noch 5 bis 15 % und bei einem Niveau von 6 σ liegen sie unter 1 % des Umsatzes. Im Bereich zwischen 3 und 5 σ wächst die Gewinnspanne um 20 %, wenn σ um eine Einheit gesteigert wird (vgl. Harry/Schroeder 2000, S. 32 ff.; Magnusson/Kroslid/Bergman 2001, S. 82 ff.; Töpfer 2007, S. 12). Eine jährliche Verbesserung der Fehlerquote um 70 % entspricht einer Steigerung von ungefähr 0,5 σ. Diese enorme Steigerung ist erreichbar, wie Six-Sigma-Anwendungen zeigen.

Harry und Schroeder beziffern die Wirkungen von Six-Sigma-Projekten mit (vgl. Harry/Schroeder 2000, S. 2):

- 20 % Erhöhung der Gewinnmarge,
- 12 bis 18 % Erhöhung der verfügbaren Kapazität,
- 12 % Reduzierung der Mitarbeiterzahl,
- 10 bis 30 % Reduzierung des eingesetzten Kapitals.

General Electric begann Mitte der 1990er-Jahre, Six Sigma einzuführen. Abbildung 15.4 zeigt die Kosten und die Einsparungen der durchgeführten Six-Sigma-Projekte im Zeitraum 1996 bis 2000. Zunächst waren die Kosten höher als die Einsparungen. In den Folgejahren stiegen dann die Einsparungen überproportional an, sodass ein kumuliertes Ergebnis von über 1,5 Milliarden Dollar erreicht wurde (vgl. Töpfer 2007, S. 93).

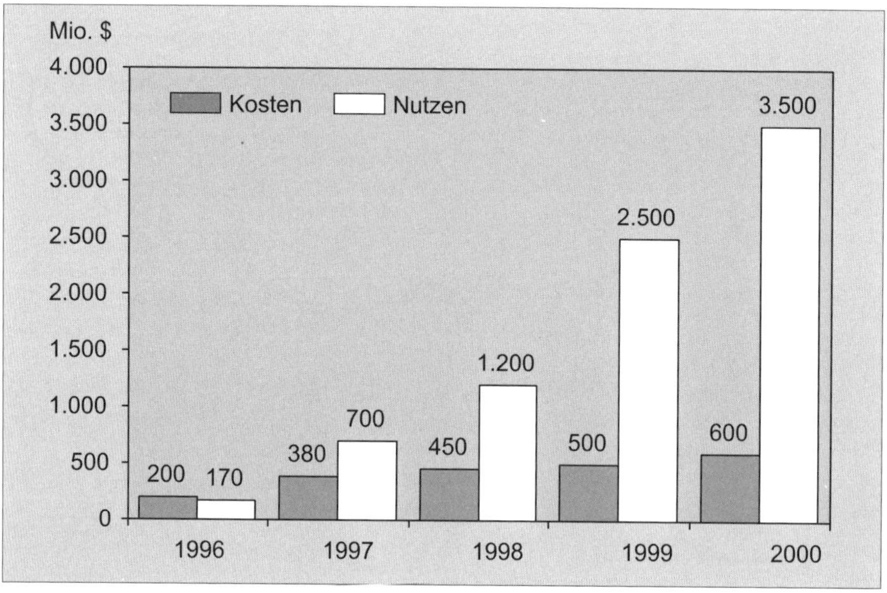

Abb. 15.4 Six-Sigma-Ergebnisse bei General Electric (vgl. Töpfer 2007, S. 93)

Von vielen Six-Sigma-Anwendern ragen zwei heraus: Caterpillar und Xerox. Beide Unternehmen haben eine enge Verbindung zwischen Geschäftsprozessen, kontinuierlicher Verbesserung und Six Sigma hergestellt. Sie konnten bereits nach zwei Jahren außergewöhnlich hohe Kostenreduzierungen, Qualitätsverbesserungen, Steigerungen der Kundenzufriedenheit und des Umsatzes sowie eine deutliche Anhebung der finanziellen Ergebnisse erreichen (vgl. Spanyi 2007, S. 249 ff.).

15.2 Wirkungen und Nutzen des integrierten Geschäftsprozessmanagements

Im Rahmen des Geschäftsprozessmanagements werden die Methoden der Prozessoptimierung BPR, TCT, Kaizen und Six Sigma integriert eingesetzt. Die Integration gewährleistet, dass ihre Anwendung zeitlich und inhaltlich abgestimmt wird. Ein weiterer Vorteil ist, dass der Einsatz der Methoden auf das Erreichen der Geschäftsziele ausgerichtet wird. Dabei zielt Geschäftsprozessmanagement nicht auf spektakuläre, kurzfristig wirksame Einzeleffekte ab, sondern auf die nachhaltige Steigerung von Effektivität und Effizienz des gesamten Unternehmens.

Die Wirkung des Geschäftsprozessmanagements wird am Beispiel BPR deutlich. BPR wird angewendet, um in besonders kritischen Fällen kurzfristige und „dramatische" Leistungssteigerungen zu erreichen. Diese Leistungssprünge sind jedoch nur nachhaltig, wenn sie durch kontinuierliche Verbesserungen im Rahmen des Geschäftsprozessmanagements stabilisiert und ausgebaut werden.

Den Einsatz von Six Sigma im Geschäftsprozessmanagement (GPM) hat die Fachhochschule Koblenz in der Studie „Praxis und Erfolgsfaktoren im Zusammenspiel von Six Sigma und GPM" untersucht (vgl. Leyendecker/Komus 2009, S. 19 ff.). An der Erhebung haben über 400 Teilnehmer aus Unternehmen verschiedener Branchen im deutschsprachigen Raum mitgewirkt. 62 % der Teilnehmer setzen GPM und 34 % Six Sigma in ihren Unternehmen ein. Der Anteil der Unternehmen, die sowohl GPM als auch Six Sigma anwenden, beträgt 22 %. Nur 12 % kombinieren gezielt die Anwendung beider Methoden.

Abbildung 15.5 zeigt die Verbesserungen, welche die kombinierte Anwendung von GPM und Six Sigma im Vergleich zur isolierten Anwendung von Six Sigma bzw. GPM aufweist. Die meisten Unternehmen profitieren deutlich von der kombinierten Anwendung: niedrigere Fehlerquote +22 %, niedrigere Prozesskosten +20 %, höhere Ergebnisqualität der Prozesse +12 %, höhere Kundenzufriedenheit +10 %, kürzere Durchlaufzeiten +9 %, höhere Prozessflexibilität +8 % und höhere Umsatzrendite +2 %. „Die Studie zeigt, dass die Kombination von Six Sigma und GPM beträchtliche Potenziale bietet und diese von einigen Unternehmen auch bereits genutzt werden" (Leyendecker/Komus 2009, S. 23; vgl. auch Fachhochschule Koblenz 2009).

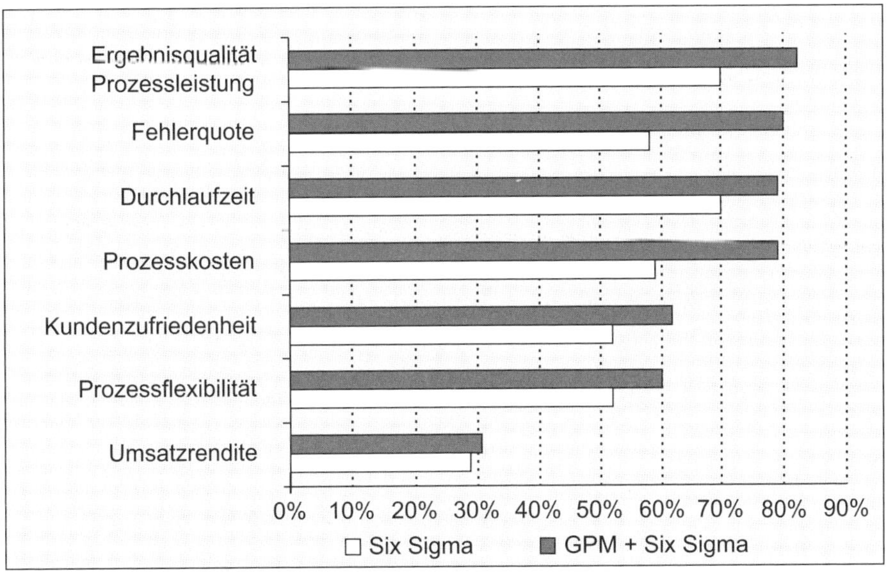

Abb. 15.5 Verbesserungen bei einem kombinierten Einsatz von Six Sigma und GPM im Vergleich zu einem isolierten Einsatz (vgl. Leyendecker/Komus 2009, S. 22)

Mit der Einführung des Geschäftsprozessmanagements sind qualitative und quantitative Wirkungen verbunden. Über die **qualitativen Wirkungen des Geschäftsprozessmanagements** gibt Abbildung 15.6 Auskunft.

- Höhere Transparenz im Unternehmen
- Höhere Anpassungsfähigkeit der Organisation
- Höhere Lernfähigkeit der Organisation
- Positive Wirkungen auf die Unternehmenskultur
- Stärkere Synchronisation zwischen strategischer und operativer Ebene
- Gezielterer Aufbau und Ausbau von Kernkompetenzen
- Stärkere Kunden-, Wertschöpfungs- und Mitarbeiterorientierung
- Höhere Mitarbeitermotivation und -zufriedenheit
- Stärkere Integration von IT und Betriebswirtschaft
- Stärkere Integration der Managementsysteme: Prozessmanagement, Qualitätsmanagement, Risikomanagement, Compliance Management
- Kontinuierliche und nachhaltige Nutzensteigerungen

Abb. 15.6 Qualitativer Nutzen des Geschäftsprozessmanagements

Die **quantitativen Wirkungen des Geschäftsprozessmanagements** haben mehrere Studien untersucht. In der Umfrage „Geschäftsprozessmanagement in Deutschland" der Universität Gießen wird als stärkster Beitrag die Verbesserung der Prozessqualität ausgewiesen (siehe Abbildung 15.7; vgl. Bach 2004; Bach/Bieman 2004). Dann folgen höhere Kundenzufriedenheit, höhere Termintreue und kürzere Durchlaufzeiten (jeweils Bewertung sehr hoch und hoch).

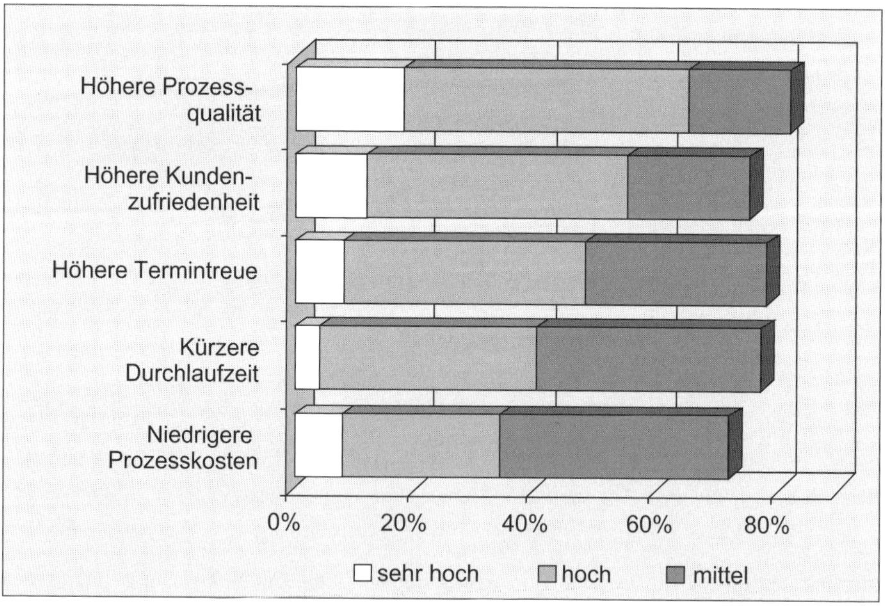

Abb. 15.7 Beiträge des Geschäftsprozessmanagements zur Zielerreichung, Umfrage der Universität Gießen

Abbildung 15.8 zeigt die Ergebnisse des Business Process Report der IDS Scheer AG aus dem Jahr 2006 (vgl. IDS Scheer 2006). Den Nutzen des Geschäftsprozessmanagements sehen die befragten Unternehmen am stärksten in verbesserter Produktqualität, höherer Kundenzufriedenheit und in niedrigeren Kosten.

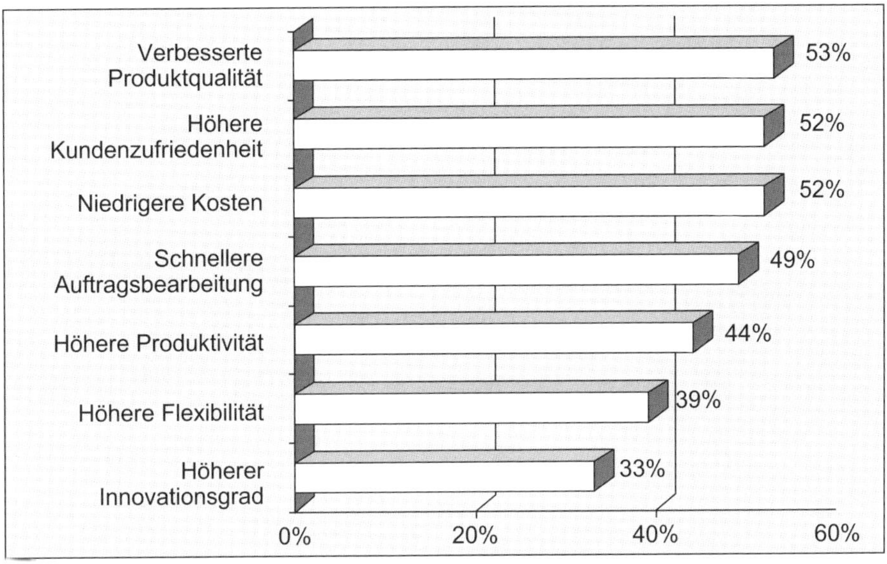

Abb. 15.8 Nutzen des Geschäftsprozessmanagements, IDS Business Process Report 2006

Zu ähnlichen Ergebnissen kommt die Umfrage „Status Quo Prozessmanagement 2010/2011" (siehe Abbildung 15.9; vgl. BPM&O 2011, S. 18). Auch hier nehmen höhere Qualität, kürzere Durchlaufzeiten und niedrigere Kosten vordere Plätze ein. Niedriger eingestuft wird die Auswirkung auf die Kundenzufriedenheit. Hoch bewertet werden daneben die qualitativen Aspekte besseres Verständnis des Geschäftsmodells und bessere Risikobeherrschung.

In der Studie „BPM-Best-Practice" der Fachhochschule Koblenz erhält die Wirkung des Geschäftsprozessmanagements auf die Transparenz die stärkste Zustimmung (siehe Abbildung 15.10; vgl. Komus 2011, S. 20). Bei den quantitativen Wirkungen belegen Kundenorientierung, Qualität und Durchlaufzeit vordere Ränge und etwas abgeschlagen Termintreue und Kostenreduktion.

Die Studie „Business Process Management 2011 – Status quo und Zukunft" weist auf den vorderen Plätzen Qualitätsverbesserung, Produktivitätssteigerung und höhere Kundenorientierung aus (siehe Abbildung 15.11; vgl. Minone 2011, S. 12). In der Studie wird eine Reihe weiterer Aspekte genannt, die sich auf qualitative Wirkungen beziehen.

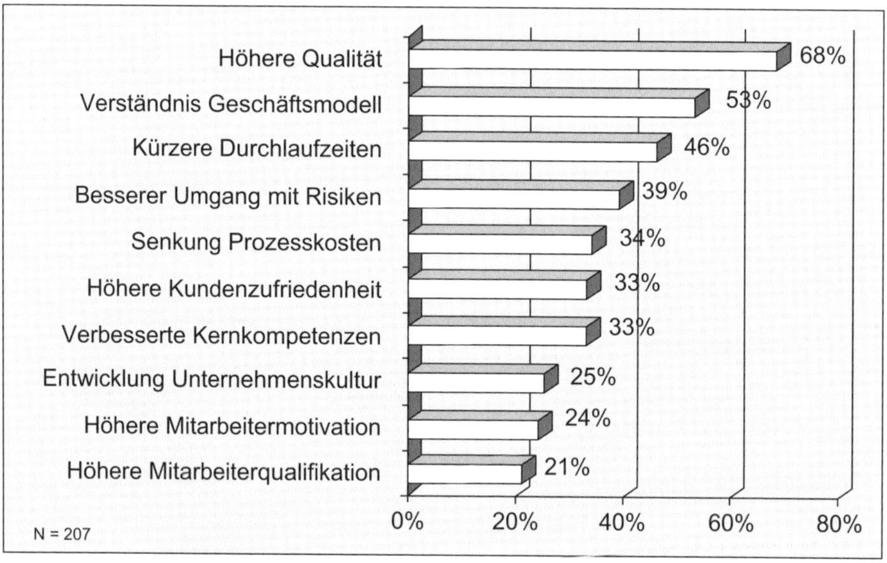

Abb. 15.9 Realisierter Nutzen des Geschäftsprozessmanagements, Umfrage „Status Quo Prozessmanagement 2010/2011“

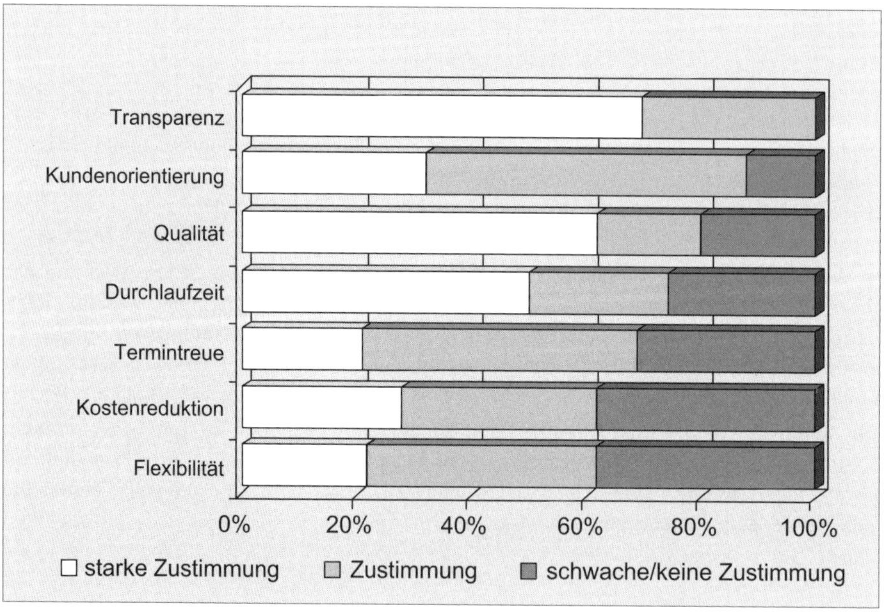

Abb. 15.10 Wirkungen des Geschäftsprozessmanagements, Studie „BPM-Best-Practice“

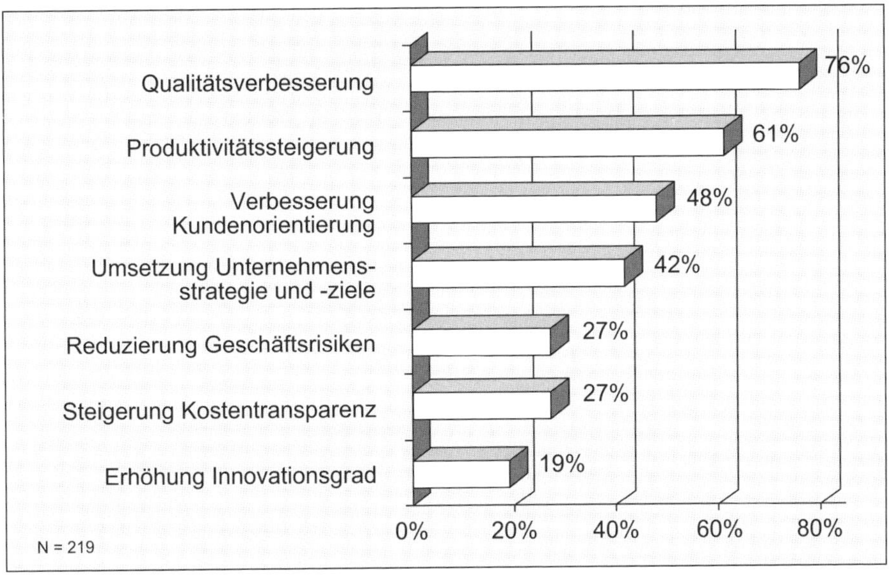

Abb. 15.11 Ergebnisse, die mit dem Einsatz des Geschäftsprozessmanagements erreicht werden (Auswahl); Studie „Business Process Management 2011 – Status quo und Zukunft“

Bei dem BPTrends-Report „The State of Business Process Management 2012“ ist auffallend, dass die Reduzierung der Kosten den ersten Platz bei den Gründen für die Anwendung des Geschäftsprozessmanagements einnimmt (siehe Abbildung 15.12; vgl. BPTrends 2012a, S. 14). In Unternehmen, die ihr Geschäftsprozessmanagement strategisch und ihre Geschäftsprozesse funktionsübergreifend (End-to-End-Prozesse) ausrichten, steht die Reduzierung der Kosten zumeist nicht im Vordergrund. Diese Unternehmen legen größeres Gewicht auf die nachhaltige Steigerung der Wettbewerbsfähigkeit, die über einseitige Kostensenkungen nicht zu erreichen ist.

Kohlbacher hat 26 Studien ausgewertet, um die Wirkungen des Geschäftsprozessmanagements bzw. der Prozessorientierung zu analysieren (vgl. Kohlbacher 2010). Am häufigsten werden Zeitverkürzungen angegeben (14 Nennungen). An zweiter Stelle folgt die Steigerung der Kundenzufriedenheit mit elf Nennungen. Auf Qualitätssteigerung und Kostenreduzierung verweisen jeweils zehn Studien. Die Steigerung der Profitabilität wird in acht und die der Produktivität in vier Studien angegeben. Werden die Auswertungen von Kohlbacher ergänzt um die Studienergebnisse in den Abbildungen 15.7 bis 15.12, lässt sich das in Abbildung 15.13 dargestellte Wirkungsprofil des Geschäftsprozessmanagements erkennen.

Die summarische Betrachtung der Studienergebnisse zeigt, dass sich Geschäftsprozessmanagement besonders positiv auf Reduzierung der Prozesszeit, Steigerung der Kundenzufriedenheit, Steigerung der Qualität und Reduzierung der Kosten auswirkt. Geschäftsprozessmanagement hat damit starken Einfluss auf wichtige Stellhebel des Unternehmenserfolges. ■

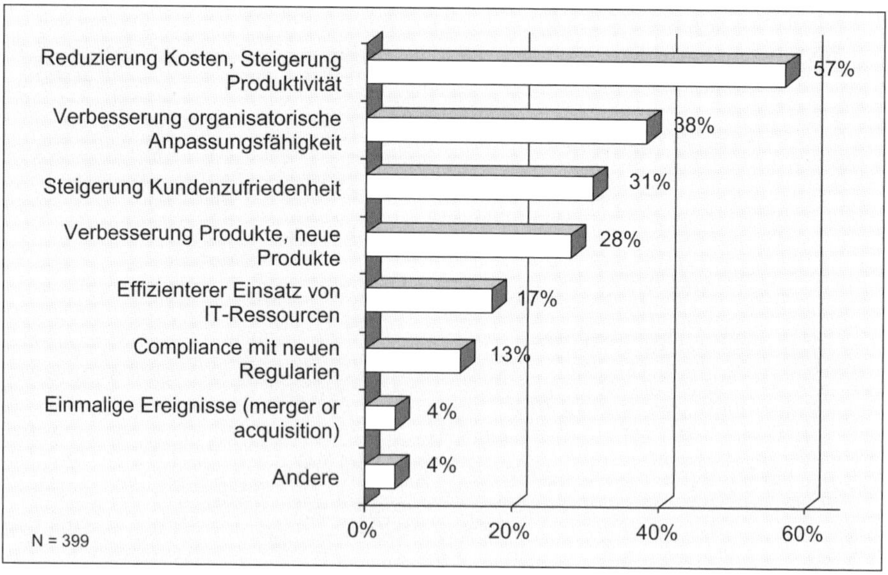

Abb. 15.12 Gründe für die Anwendung des Geschäftsprozessmanagements, BPTrends-Report „The State of Business Process Management 2012"

Das **Wirkungsprofil des Geschäftsprozessmanagements** in Abbildung 15.13 bestätigt die in Kapitel 6.3.2.2 abgeleiteten fünf Kernziele des Geschäftsprozessmanagements: Kundenzufriedenheit (hohe Kundenzufriedenheit), Prozesszeit (kurze Prozesszeit), Termintreue (hohe

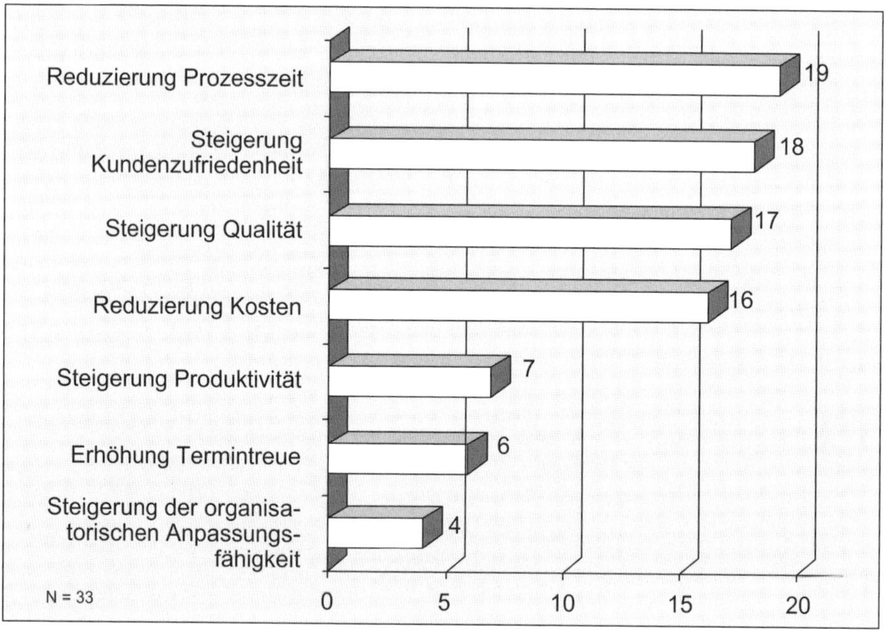

Abb. 15.13 Auswertung von 33 Studien zum Geschäftsprozessmanagement

Termintreue), Prozessqualität (hohe Prozessqualität) und Prozesskosten (niedrige Prozesskosten). Diese Kernziele decken ganzheitlich die Prozesseffektivität und -effizienz ab. Niedrige Prozesskosten stellen dabei nur ein Teilziel, aber nicht das dominierende Ziel dar.

Die Wirkungen des Geschäftsprozessmanagements bzw. der Prozessorientierung hat Liebert in einer empirischen Untersuchung anhand von Regressionsanalysen ergründet. Dabei weist er folgende Zusammenhänge nach (vgl. Liebert 2012, S. 115 ff.):

- Ein höherer Prozessorientierungsgrad führt zu einer signifikant höheren Organisationseffizienz. Diese betrifft alle Effizienzdimensionen: Prozess-, Ressourcen-, Anpassungs-, Delegations-, Motivations- und Markteffizienz.
- Eine positive Ausgestaltung der Prozessverantwortung hat auf alle sechs Dimensionen der Organisationseffizienz einen signifikant positiven Einfluss. Im Vergleich dazu haben Struktur und Ablauf von Prozessen negative oder schwach positive Effektstärken. Die Rolle des Prozessverantwortlichen ist deshalb mit entsprechenden Kompetenzen und Verantwortungen auszustatten.
- Die Prozesskultur fördert maßgeblich die Prozessorientierung und hat einen signifikant positiven Einfluss auf die Ressourceneffizienz. Zur Prozesskultur zählen z. B. die Unterstützung durch das Topmanagement, die Verankerung des Prozessmanagements in der Geschäftsstrategie sowie prozessuale Anreizsysteme.
- „Zusammenfassend geben die Analysen Anlass zur Vermutung, dass der Einfluss ablauf- und strukturorganisatorischer Maßnahmen der Prozessorientierung auf die organisationale Effizienz eines Unternehmens geringer ist als die Verankerung prozessualer Aspekte in Kultur und Handeln der Organisationsmitglieder" (Liebert 2012, S. 119).

Bei allen Aussagen und Studienergebnissen über die Wirkungen des Geschäftsprozessmanagements ist zu berücksichtigen, dass heute viele Anwendungen des Geschäftsprozessmanagements erst eine niedrige Reife aufweisen und in den meisten Fällen noch keine systematischen Prozessmessungen und -optimierungen durchgeführt werden. Mit zunehmender Reife der Geschäftsprozessanwendungen werden sich die Wirkungen und Nutzeffekte voraussichtlich deutlich verstärken. ■

15.3 Literatur zu Kapitel 15

Agamus Consult (1996): Fröschle, U.; Geiger, W.; Weck, L.: Die KVP-Studie. Lagefeststellung und -beurteilung, Starnberg 1996.

Bach, N. (2004): Damit der Kurs stimmt. Mängel im Geschäftsprozessmanagement deutscher Hersteller, in: Qualität und Zuverlässigkeit (QZ), 49 (2004) 1, S. 21 – 25.

Bach, N.; Biemann, T. (2004): Geschäftsprozessmanagement in Deutschland, Ergebnisse einer Befragung im April 2004, in: Ellringmann, H.; Schmelzer, H. J. (Hrsg.): Geschäftsprozessmanagement inside, München 2004.

BPM&O (2011): Knuppertz, T.; Schnägelberger, S.; Clauberg, K.: Umfrage Status Quo Prozessmanagement 2010/2011, März 2011, BPM&O GmbH in Zusammenarbeit mit Fachhochschule Bonn-Rhein-Sieg und European Business School (EBS), Köln 2011, unter: http://www.bpmo.de/bpmo/

export/sites/default/de/know_how/downloads/Status_Quo_Prozessmanagement_2011.pdf, Zugriff am 07.12.2012.

BPTrends (2012a): Wolf, C.; Harmon, P.: The State of Business Process Management 2012, BPTrends-Report, March 2012, unter: http://www.bptrends.com/surveys_landing.cfm, Zugriff am 05.12.2012.

Bullinger, H.-J.; Warschat, J.; Berndes, S.; Stanke, A. (1995): Simultaneous Engineering, in: Zahn, E. (Hrsg.): Handbuch Technologiemanagement, Stuttgart 1995, S. 377 - 394.

CSC Index (1994): State of Reengineering Report: North America, Europe. Executive Summary, Cambridge, Massachusetts 1994.

dib-report (2012): Deutsches Institut für Betriebswirtschaft: dib-Benchmark-Studie Ideenmanagement 2012, Frankfurt am Main 2012.

EFQM (1999): Business Process Management, How to embrace Process Management, EFQM Good Practice and Benchmarking Services, Brüssel 1999.

Fachhochschule Koblenz (2009): Brechtel, S.; Enting, C.; Hellwig, A.; Kup, K.; Röttjes, M.; Schliestedt, R.: Empirische Erhebung Praxis und Erfolgsfaktoren im Zusammenspiel von Six Sigma und BPM, Koblenz 2009.

Fleischmann, A.; Schmidt, W.; Stary, C.; Obermeier, S.; Börger, E. (2011): Subjektorientiertes Prozessmanagement. Mitarbeiter einbinden, Motivation und Prozessakzeptanz steigern, München 2011.

Fröschle, U.; Geiger, W.; Weck, L. (1996): Die KVP Studie: Teil 1 - Lagefeststellung; Teil 2 - Lagebeurteilung. Eine Studie der Agamus Consult im Auftrag von Otto Wolff von Amerongen, Starnberg 1996.

Grafmüller, M.H. (2000): Prozeßmanagement in der Automobilindustrie. Betriebliche Umsetzung am Beispiel der Volkswagen AG, Wiesbaden 2000.

Guba, S.; Kettinger, W.J.; Teng, T.C. (1993): Business Process Reengineering, in: Information Systems Management, Summer Issue, 1994, S. 1 - 22.

Harry, M.; Schroeder, R. (2000): Six Sigma. Prozesse optimieren, Null-Fehler-Qualität schaffen, Rendite radikal steigern, Frankfurt am Main 2000.

Hess, T.; Brecht, L.; Österle, H. (1995): Stand und Defizite der Methoden des Business Process Redesign, in: Wirtschaftsinformatik, 37 (1995) 5, S. 480 - 486.

Homburg, C.; Hocke, G. (1998): Change Management durch Reengineering? Eine Bestandsaufnahme, in: Zeitschrift Führung + Organisation (zfo), 67 (1998) 5, S. 294 - 299.

IDS Scheer (2006): Business Process Report 2006, Saarbrücken 2006.

Imai, M. (1997): Gemba Kaizen, Permanente Qualitätsverbesserung, Zeitersparnis und Kostensenkung am Arbeitsplatz, München 1997.

Kohlbacher, M. (2010): The effects of process orientation. A literature review, in: Business Process Management Journal, 16 (2010) 1, pp. 135 - 152.

Komus, A. (2011): BPM Best Practice - Erfolgsfaktoren der Prozessorientierung, in: Komus, A. (Hrsg.): BPM Best Practice. Wie führende Unternehmen ihre Geschäftsprozesse managen, Berlin 2011, S. 3 - 57.

Laraia, A.C.; Moody, P.E.; Hall, R.W. (1999): The Kaizen Blitz: accelerating breakthroughs in productivity and performance, New York et al. 1999.

Leyendecker, B.; Komus, A. (2009): Zugkräftiges Gespann. Kombination von Geschäftsprozessmanagement und Six Sigma, in: Qualität und Zuverlässigkeit (QZ), 54 (2009) 11, S. 19 - 23.

Liebert, T. (2012): Prozessorientierung in der Unternehmensorganisation. Eine empirische Untersuchung in deutschen Industrieunternehmen, Wiesbaden 2012.

Liker, J.K. (2006): Der Toyota-Weg. 14 Managementprinzipien des weltweit erfolgreichsten Automobilkonzerns, München 2006.

Magnusson, K.; Kroslid, D.; Bergman, B. (2001): Six Sigma umsetzen. Die neue Qualitätsstrategie für Unternehmen, München 2001.

Minone, C. (Hrsg.) (2011): Zürcher Hochschule für Angewandte Wissenschaften (ZHAW): Business

Process Management 2011 – Status quo und Zukunft. Eine empirische Studie im deutschsprachigen Europa, Zürich 2011.

Perlitz, M.; Offinger, A.; Reinhardt, M.; Schug, K.; Bufka, J. (1995): Business Process Reengineering. Ergebnisse einer empirischen Untersuchung, Universität Mannheim, Fakultät für Betriebswirtschaftslehre, Mannheim 1995.

Roghé, F.; Strack, R. (2010): Die Organisation der Zukunft. Wettbewerbsvorteil: „weiche" Faktoren, in: MQ Management und Qualität, (2010) 4, S. 14 – 16.

Schwager, M. (1997): KaiZen – Der sanfte Weg des Reengineering: eine Studie zum Entwicklungsstand in deutschen Unternehmen, Freiburg im Breisgau 1997.

Spanyi, A. (2007): More for Less. The Power of Process Management, Tampa, Florida 2007.

Steinbeck, H.-H. (1994) (Hrsg.): CIP – Kaizen – KVP. Die kontinuierliche Verbesserung von Produkt und Prozeß, Landsberg am Lech 1994.

Thomas, P. R. (1991): Getting Competitive. Middle Managers and the Cycle Time Ethic, New York et al. 1991.

Töpfer, A. (Hrsg.) (2007): Six Sigma. Konzeption und Erfolgsbeispiele für praktizierte Null-Fehler-Qualität, 4. Aufl., Berlin 2007.

VW (2009): Volkswagen AG: Geschäftsbericht 2008, Wolfsburg 2009.

Wahren, H. K. (1998): Erfolgsfaktor KVP. Mitarbeiter in Prozesse der kontinuierlichen Verbesserung integrieren, München 1998.

Witt, J.; Witt, T. (2006): Der kontinuierliche Verbesserungsprozess (KVP), 2. Aufl., Frankfurt am Main 2006.

16 Stand und Zukunft des Geschäftsprozessmanagements in der Praxis

16.1 Umfragen und Studien zum Geschäftsprozessmanagement

Es gibt eine Reihe neuerer Studien, die das gesamte Themenfeld des Geschäftsprozessmanagements beleuchten und seine Anwendung in der Praxis aufzeigen. Die Ergebnisse dieser Studien werden nachfolgend komprimiert dargestellt. In Kapitel 16.2 folgt dann eine zusammenfassende Beurteilung des heutigen Geschäftsprozessmanagements in der Praxis.

16.1.1 Studie „Zukunftsthema Geschäftsprozessmanagement“

Studie „Zukunftsthema Geschäftsprozessmanagement“ (siehe Abbildung 16.1; vgl. PwC 2011a):

- Durchführung: PricewaterhouseCoopers in Kooperation mit der Universität Würzburg,
- Erhebung: Oktober/November 2010,
- Teilnehmer: 239 Führungskräften aus deutschen und österreichischen Unternehmen verschiedener Branchen.

- Bei 95 % der Befragten spielt GPM im eigenen Unternehmen eine wichtige oder sehr wichtige Rolle. Bei 54 % leistet GPM einen hohen, bei 13 % einen sehr hohen Beitrag zum Unternehmenserfolg.
- Für 87 % steigt die Bedeutung des GPM in der Zukunft. 71 % sehen eine direkte Abhängigkeit zwischen der Umsetzung des GPM und dem zukünftigen Unternehmenserfolg.
- GPM ist in allen Branchen ein wichtiges Thema.
- Die Reifegrade (RG) des umgesetzten GPM werden wie folgt beurteilt: RG 1: weit entwickelt (5 %), RG 2: fortgeschritten (22 %), RG 3: mittel (51 %), RG 4: unterdurchschnittlich (14 %), RG 5: nicht ausreichend (6 %), RG 6: nicht vorhanden (2 %).
- 40 % der GP sind dokumentiert, Kennzahlen werden aber nur bei Bedarf ausgewertet (trifft sehr zu oder trifft zu). Nur eine Minderheit hat alle GP dokumentiert, wertet regelmäßig Kennzahlen aus und verbessert die GP.
- Prozessorientierte Kennzahlen werden selten zur Überwachung, Steuerung sowie Analyse der GP und des Verbesserungserfolges eingesetzt. Sie dienen nur zur Überwachung aktueller Schwachstellen. „Hier müssen Unternehmen kräftig aufholen."
- Die Definition von Prozesskennzahlen liegt bei 56 % der Befragten beim Leiter des Controllings und bei 44 % bei der Geschäftsleitung. Dadurch besteht die Gefahr, Prozesskennzahlen zu sehr aus finanzieller Sicht und nicht im Hinblick auf die kontinuierliche Verbesserung der GP zu betrachten.
- Prozesskennzahlen werden in der Praxis halb automatisch (61 %) oder automatisch (30 %) erhoben und ausgewertet. Dafür werden Tabellenkalkulation (85 %), ERP-Systeme (83 %) und Business-Intelligence-Systeme (45 %) eingesetzt.
- Die Mehrheit der Unternehmen nutzt GPM zur einmaligen Verbesserung der Ist-Situation der Prozesse und weniger als nachhaltige iterative Aufgabe.
- Zukünftige Schwerpunkte des GPM sind (sehr stark oder stark): GP kontinuierlich verbessern (84 %), GP aufeinander abstimmen (74 %), Transparenz der Prozessperformance herstellen (67 %), Prozessperformance überwachen (67 %), Prozessreifegrade ermitteln (62 %), Vergleichbarkeit der GP herstellen (50 %).
- Ausrichtung des GPM: Konzentration auf primäre GP (45 %), primäre und sekundäre GP (38 %), nur auf sekundäre GP (14 %).
- Nur 11 % haben einen CPO etabliert, was äußerst kritisch zu beurteilen ist
- 72 % sind der Meinung, dass sich GP nur über Standardisierung und Harmonisierung verbessern lassen.
- 83 % sind der Meinung, dass in den kommenden zehn Jahren Unternehmen im Wettbewerb bestehen werden, wenn sie ihr GP kontinuierliche verbessern.

GPM = Geschäftsprozessmanagement GP = Geschäftsprozesse

Abb. 16.1 Zusammenfassung der Studie „Zukunftsthema Geschäftsprozessmanagement"

16.1.2 Studie „BPM-Best-Practice“

Studie „BPM-Best-Practice“ (siehe Abbildung 16.2; vgl. Komus 2011, S. 3 ff.):

- Durchführung: Fachhochschule Koblenz,
- Erhebung: 2010,
- Teilnehmer: 17 BPM-Best-Practice-Unternehmen in Deutschland.

- ❑ Systematisches BPM korreliert positiv mit dem Unternehmenserfolg.
- ❑ Die BPM-Strategieentwicklung folgt nur selten (18 %) einem expliziten systematischen Prozess.
- ❑ 94 % haben Prozesslandkarten und 100 % modellierte Kernprozesse.
- ❑ Geschäftsprozesse mit erhöhter Bedeutung haben eine End-to-End-Ausrichtung, welche die Basis für organisatorische (z. B. Prozessverantwortliche) und technische Entscheidungen (z. B. BPM-System) sind.
- ❑ Zentrale BPM-Stellen sind weitverbreitet. Sie sind Treiber der BPM-Methodik und dienen zugleich als Servicestelle für BPM.
- ❑ Prozessverantwortliche sind zum Großteil eingesetzt. Sie sind für die End-to-End-Sicht zuständig, aber nicht Vorgesetzte der Mitarbeiter in den beteiligten Bereichen.
- ❑ CPOs sind eher die Ausnahme.
- ❑ Die systematische Definition und Verfolgung prozessorientierter Kennzahlen leistet einen wichtigen Beitrag zur Prozessoptimierung.
- ❑ Die systematische und enge Einbindung von Kunden und Lieferanten in das BPM scheint keine verbreitete Praxis zu sein.
- ❑ Stärken, Schwächen und Anwendungsfelder der BPM-Methoden und -Werkzeuge werden gut verstanden und mit Blick auf die geschäftlichen Ziele und Rahmenbedingungen pragmatisch eingesetzt.
- ❑ Zwischen technischem und Business-BPM klafft in der Praxis eine Lücke.
- ❑ Enterprise Architecture ist inzwischen ein relevantes Thema.
- ❑ Anwendungsfelder für BPM-Systeme entstehen oft zwischen den klassischen betrieblichen Informationssystemen und Groupware-Systemen.
- ❑ Social Media sind noch gering verbreitet.
- ❑ Erfolgreiches BPM wird wesentlich durch Verständnis und Kultur gestützt. Umfassende Schulungen sind wichtige Erfolgsfaktoren.
- ❑ BPM-Aktivitäten werden zum Großteil durch das Topmanagement gestützt.
- ❑ BPM-Verantwortliche verstehen es sehr gut, die Vorteilhaftigkeit des BPM verständlich zu machen.
- ❑ Stärken, Schwächen und Anwendungsfelder der BPM-Methoden und -Werkzeuge werden gut verstanden und mit Blick auf die geschäftlichen Ziele und Rahmenbedingungen pragmatisch eingesetzt.

BPM = Business Process Management

Abb. 16.2 Zusammenfassung der Studie „BPM-Best-Practice“

16.1.3 Studie „Prozessorientierung in deutschen Industrieunternehmen“

Studie „Prozessorientierung in deutschen Industrieunternehmen“ (siehe Abbildung 16.3; vgl. Picot/Liebert 2011; Liebert 2012):

- Durchführung: Forschungsprojekt an der Ludwig-Maximilians-Universität München,
- Erhebung: Februar bis Juli 2010,
- Teilnehmer: 83 Teilnehmer aus Industrieunternehmen, davon 80 % Großunternehmen.

- ❑ 22,9 % der befragten Unternehmen sind kaum prozessorientiert (Level 2), 55,4 % nur in Teilen prozessorientiert (Level 3) und 21,7 % stark prozessorientiert (Level 4).
- ❑ In der Aufbauorganisation und im Weisungsgefüge bleibt die Funktionsorientierung das dominierende Prinzip: 36,1 % haben rein funktionale Führung, 43,9 % Matrixorganisation mit funktionaler disziplinarischer Führung und nur 7,2 % eine Matrixorganisation mit prozessualer Führung.
- ❑ Nur 12 % der Unternehmen orientieren ihre Kostenstellen und nur 3,6 % das Budget an Prozessen, die übrigen halten an der Funktionsorientierung fest.
- ❑ Ziele, die mit prozessualen Organisationsanpassungen verbunden werden, sind: Prozessverbesserungen (73 %), strategische Unternehmensziele (72,3 %), Schnittstellenreduzierung (50,6 %), schnellere Entscheidungen (39,4 %), Reduzierung Strukturstellen (32,8 %), personalpolitische Ziele (25,0 %).
- ❑ 67,5 % haben Prozessverantwortliche und 14,5 % planen diese.
- ❑ Prozessverantwortliche haben in 67,8 % der befragten Unternehmen Ergebnisverantwortung, in 35,8 % Verantwortung für das Prozessbudget, in 30,3 % disziplinarische Weisungsbefugnisse und in 32,7 % an Prozessziele gekoppelte Anreize.
- ❑ Zwei Drittel haben ihre Geschäftsprozesse in einem Unternehmensprozessmodell dokumentiert, das in 90,8 % der Fälle hohe Transparenz, in 66,7 % hohe Detaillierung und in 62,9 % Aktualität aufweist.
- ❑ 59,6 % haben das Prozessmanagement institutionalisiert.
- ❑ Nur bei 39,8 % ist Prozessmanagement in der Strategie verankert.
- ❑ Die Unterstützung des Topmanagements ist bei 62,7 % der Unternehmen gegeben.
- ❑ In 13,2 % der Unternehmen ist das Anreizsystem an Prozesszielen ausgerichtet, in 53,2 % an funktionalen Aspekten.
- ❑ Die Diskrepanzen zwischen stark prozessorientierten und der Gesamtheit aller befragten Unternehmen sind sehr ausgeprägt. Beispiele: Unterstützung durch das Topmanagement (100 % gegenüber 62,7 %), gelebte Prozessorientierung (72,3 % gegenüber 59 %), Strategieorientierung (77 % gegenüber 39,8 %), prozessuale Anreizsysteme (38,9 % gegenüber 13,2 %).
- ❑ Als wichtigste organisatorische Trends werden genannt: stärkere Kundenorientierung (64 %), stärkere Prozessorientierung (43 %), Stärkung funktionaler Kompetenzzentren (Shared Services) (34 %), stärkere Projektorientierung (31 %), stärkere Zentralisierung (25 %).
- ❑ Die wichtigsten Barrieren der Prozessorientierung stellen dar (trifft vollkommen und überwiegend zu): politische Widerstände (40,9 %), Zielkonflikte (38,5 %), fehlende disziplinarische Zuordnung von Mitarbeitern zu Prozessen (37,3 %), fehlende Unterstützung (30,1 %), fehlendes Prozess-Know-how (22,9 %).

GPM = Geschäftsprozessmanagement GP = Geschäftsprozesse

Abb. 16.3 Zusammenfassung der Studie „Prozessorientierung in deutschen Industrieunternehmen“

16.1.4 Umfrage „Status Quo Prozessmanagement 2010/2011"

Umfrage „Status Quo Prozessmanagement 2010/2011" (siehe Abbildung 16.4; vgl. BPM&O 2011). Die Umfrage wurde auch in den Jahren 2004, 2005, 2007 und 2009 durchgeführt, sodass Entwicklungstrends erkennbar sind:

- Durchführung: BPM&O GmbH in Zusammenarbeit mit Fachhochschule Bonn-Rhein-Sieg und European Business School (EBS),
- Erhebung: 2010,
- Teilnehmer: 211 Unternehmen aus Industrie, Handel, Finanzbranche; Konzerne und KMU; Geschäftsführer, interne Berater.

- ❑ GPM halten 98 % der Befragten für wichtig bzw. sehr wichtig; 78 % sehen eine zunehmende Bedeutung von GPM.
- ❑ Eine strategische Ausrichtung des GPM ist bei 30 % vollständig oder mehrheitlich gegeben.
- ❑ An realisierten GPM-Vorteilen werden am häufigsten genannt: höhere Qualität (68 %), besseres Verständnis des Geschäftsmodells (53 %), kürzere Durchlaufzeiten (46 %), niedrigere Prozesskosten (39 %).
- ❑ Rollen im GPM sind wie folgt verbreitet: Prozessverantwortliche (61 %), Prozessmanager (46 %), Prozessberater (40 %), Chief Process Officer (21 %), Prozesscontroller (12 %).
- ❑ Über ein vollständiges Prozessmodell verfügen 25 % der Unternehmen; 40 % konzentrieren das GPM auf wichtige Leistungsprozesse und 25 % auf einzelne Prozesse.
- ❑ Budgetverantwortung für Prozesse haben Prozessverantwortliche in 25 % und Funktionsverantwortliche in 66 % der befragten Unternehmen.
- ❑ Als Methoden werden in Prozessen bzw. im Prozessmanagement am häufigsten KVP (69 %), TQM (27 %), Six Sigma (27 %), Balanced Scorecard (26 %), Benchmarking (24 %) und Lean Management (18 %) verwendet.
- ❑ Als Reifegradmodell setzen 28 % Eigenentwicklungen, 17 % CMMI, 6 % BPMM-OMG, 5 % SPICE/ISO 15504 ein; 53 % der Befragten verwenden kein Reifegradmodell.
- ❑ Die größten Umsetzungshemmnisse sind: schwaches Projektmanagement, fehlende Moderation bei Zielkonflikten, unzureichende Kommunikation mit IT, ungenügende Einbindung betroffener Mitarbeiter, fehlende Unterstützung des Topmanagements, keine eindeutigen Ziele, kulturelle Widerstände.
- ❑ IT-Tools werden insbesondere eingesetzt: für fachliche Prozessmodellierung (66 %), Prozesspublikation (54 %), technische Prozessmodellierung (32 %), Workflow-Steuerung (30 %), Prozesssimulation (27 %).
- ❑ Change Management basiert auf der Initiative Einzelner (67 %), ist etabliert, wird aber nicht gelebt (25 %), ist verankert (11 %).

GPM = Geschäftsprozessmanagement

Abb. 16.4 Zusammenfassung der Umfrage „Status Quo Prozessmanagement 2010/2011"

16.1.5 Studie „Business Process Management 2011 – Status quo und Zukunft"

Studie „Business Process Management 2011 – Status quo und Zukunft" (siehe Abbildung 16.5; vgl. Minone 2011):

- Durchführung: Zürcher Hochschule für Angewandte Wissenschaften (ZHAW),
- Erhebung: November 2010 bis Februar 2011,
- Teilnehmer: 219 Teilnehmer aus über 200 Unternehmen im deutschsprachigen Europa.

- ❑ Die wichtigsten Zielsetzungen des GPM sind: Qualitätsverbesserung, standardisierte Arbeitsabläufe, Produktivitätssteigerung, höhere Prozesssicherheit, unternehmensübergreifende Prozesse.
- ❑ Bei vier Reifegradstufen liegen 38 % auf Stufe 1, 23 % auf Stufe 2, 32 % auf Stufe 3 und 7 % auf Stufe 4.
- ❑ Haupthindernisse bei der Einführung des GPM sind: kein Interesse der Führung (50 %), keine strategischen Vorgaben (46 %), kein Ausweis des finanziellen Nutzens (43 %), zu wenig Fachkompetenz (42 %), unklare Verantwortlichkeiten (40 %), unzureichende Ressourcen (38 %).
- ❑ Besonders kritische Erfolgsfaktoren bei der Einführung und Umsetzung des GPM sind: Unterstützung oberste Führung, klare Verantwortlichkeiten, Anpassung Unternehmenskultur, GPM-Methodik, IT-Unterstützung.
- ❑ Nur 14 % der Befragten leiten die Geschäftsprozesse aus der Strategie ab.
- ❑ Verbreitung der Rollen im GPM: Prozessverantwortliche (65 %), Prozessmanager (45 %), Prozessdesigner (29 %), Business Analyst (25 %), Enterprise Architect (19 %), Prozessanalyst (19 %), Prozessarchitekt (19 %).
- ❑ Verwendete Notationen: Flussdiagramm (69 %), BPMN (49 %), eEPK (47 %), UML (29 %).
- ❑ Auswirkungen von Veränderungen des Geschäftsmodells auf Geschäftsprozesse betrachten 38 % als wichtig und sehr wichtig.
- ❑ Business Process Outsourcing (BPO) wird wie folgt genutzt: bereits durchgeführt (27 %), konkrete Pläne (7 %), keine Pläne (49 %), Ablehnung (5 %).
- ❑ BPO-Kandidaten: Informatik (54 %), Human Resources Management (36 %), Beratung (35 %), Logistik (32 %), Finanzen/Controlling (28 %), Einkauf (28 %).
- ❑ Gründe für BPO: Konzentration auf Kernkompetenzen (3,02 %), Kostenreduktion (2,87 %), Produktivitätssteigerung (2,84), Qualitätsverbesserung (2,63 %).
- ❑ Gründe gegen BPO: Unternehmenskultur (63 %),unreife eigene Prozesse (50 %), erwartete Schnittstellenprobleme (45 %), fehlende Erfahrung (38 %).
- ❑ Einsatz von IT-Tools im GPM: ja (57 %), nein (37 %).
- ❑ Hauptzweck eingesetzter IT-Tools: Modellierung (81 %),Prozessanalyse (55 %), Governance/Compliance (46 %), Automatisierung (41 %).

GPM = Geschäftsprozessmanagement

Abb. 16.5 Zusammenfassung der Studie „Business Process Management 2011 – Status quo und Zukunft"

16.1.6 BPTrends-Report „The State of Business Process Management 2012“

Report „The State of Business Process Management 2012“ (siehe Abbildung 16.6; vgl. BPTrends 2012a). Der Report wurde auch 2005, 2007 und 2009 herausgegeben, sodass Entwicklungstrends erkennbar sind.

- Durchführung: BPTrends (Business Process Trends, http://www.bptrends.com/),
- Erhebung: Oktober/November 2011,
- Teilnehmer: 399 Teilnehmer aus Industrieunternehmen verschiedener Größe (large 35 %, medium 38 % und small 27 %), Branchen und Länder (Nordamerika 27 %, Europa 38 %, Südamerika 16 %, Asien/Australien 14 %).

- Unter BPM verstehen 41 % der Unternehmen eine Top-down-Methodologie, um Organisationen auf der Basis von Kernprozessen zu gestalten, zu managen und zu messen (Definition A).
- 27 % der Unternehmen betrachten BPM als ein systematisches Vorgehen, um einen spezifischen Prozess zu analysieren, zu erneuern, zu verbessern und zu steuern (Definition B).
- 15 % der Unternehmen sehen in BPM eine Kostensenkungsinitiative zur Steigerung der Produktivität spezifischer Prozesse (Definition C).
- Nur 31 % der Unternehmen haben BPM strategisch ausgerichtet. Von stimmen 55 % der Definition A, 23 % der Definition B und 5 % der Definition C zu. Europäische Unternehmen tendieren stärker zur Definition A (46 %) als nordamerikanische (39 %).
- 61 % der Unternehmen legen den Schwerpunkt auf abteilungsinterne Prozesse, 34 % auf unternehmensweite Prozesse. Bei einer strategischen BPM-Ausrichtung liegt der Anteil unternehmensweiter Prozesse bei 42 %.
- Hauptgründe für die Ausrichtung der Organisation auf Geschäftsprozesse sind: Kostenreduzierung (57 %), Verbesserung von Koordination und Reaktionsfähigkeit (38 %), Steigerung der Kundenzufriedenheit (31 %).
- 48 % wenden eine Verbesserungsmethodik an, wobei 27 % Lean, 22 % Six Sigma und 26 % Lean Six Sigma einsetzen (Kaizen wurde nicht erfasst).
- Grafische Darstellungsmethoden (Visio, PowerPoint) sind mit 71 % und Notationen mit BPMN (60 %), ARIS EPC (14 %) und UML (14 %) vertreten.
- Der Einsatz von Business-Process-Management-Systemen (BPMS) hat von 16 % im Jahr 2009 auf 28 % im Jahr 2011 stark zugenommen.
- 64 % der Unternehmen haben eine zentrale BPM-Group, deren Prozessexperten die Geschäftsprozesse unterstützen.
- Für 10 % ist SOA und für 5 % Cloud Computing sehr wichtig. 45 % sind nicht interessiert oder beginnen erst mit der Prüfung von Einsatzmöglichkeiten.
- Der Reifegrad der Geschäftsprozesse liegt in den meisten Unternehmen auf CMMI-Level 2 oder 3 und bewegt sich auf Level 3 zu.

	Never	Occasionally (1–30 %)	Frequently (31–60 %)	Most Times (61–99 %)	Always (100 %)
Processes Documented	3 %	38 %	31 %	22 %	5 %
Standard Processes	5 %	39 %	29 %	22 %	5 %
Value Chains Modeled	9 %	31 %	25 %	24 %	10 %
Measures for Major Processes	10 %	42 %	24 %	18 %	6 %
Consistent IT Support	9 %	39 %	25 %	20 %	6 %
Skills Defined	8 %	41 %	26 %	20 %	6 %
Process Managers are Trained	19 %	40 %	19 %	15 %	7 %
Process Managers Use Performance Data	13 %	40 %	24 %	20 %	3 %
Process Improvement	9 %	39 %	29 %	17 %	5 %
Outsourced Processes Modeled	23 %	41 %	18 %	11 %	7 %
Average for 2011 Survey	**10,8 %**	**39,0 %**	**25,0 %**	**18,9 %**	**6,0 %**
Average for 2009 Survey	9,7 %	46,1 %	23,9 %	16,5 %	3,9 %

Abb. 16.6 Zusammenfassung des BPTrends-Report „The State of Business Process Management 2012“

Aus der Tabelle im unteren Teil der Abbildung 16.6 leitet BPTrends Aussagen über den Reifegrad ab. Nur 6% der Teilnehmer wenden 2011 die aufgeführten Praktiken des Geschäftsprozessmanagements immer an und erreichen damit den höchsten Reifegrad. Dieser entspricht dem CMMI-Reifegrad 5.

16.2 Gesamtbeurteilung des Geschäftsprozessmanagements

16.2.1 Heutiger Stand

„Today, business process management (BPM) is a hot topic“ (Kirchmer 2011, S. 1).

Das Interesse am Geschäftsprozessmanagement ist sehr hoch. In der Umfrage „Status Quo Prozessmanagement 2010/2011“ messen 80,7% der Teilnehmer dem Prozessmanagement eine sehr wichtige und 17% eine wichtige Bedeutung bei. Im Vergleich zur Bedeutung fällt die Umsetzung des Geschäftsprozessmanagements jedoch stark ab (vgl. BPM&O 2011, S. 23 und 5f.).

Über den **Stand der Umsetzung** des Geschäftsprozessmanagements geben Reifegradanalysen Auskunft. Das in der Welt am stärksten verbreitete Prozessreifegradmodell ist das Capability Maturity Model Integration (CMMI). Das Modell unterscheidet fünf Reifegrade von Reifegradstufe 1 mit „chaotischen“ Prozessen bis zur Reifegradstufe 5 mit Prozessen hoher Reife (vgl. Kapitel 7.2.1).

Abbildung 16.7 zeigt das Process Maturity Profile von 5.159 Organisationen, Stand September 2012 (vgl. CMMI 2012, S. 5). Das Profil wird vom Software Engineering Institute (SEI) der Carnegie Mellon University halbjährlich veröffentlicht. Im September 2012 lagen die meisten Organisationen auf Stufe 2 (22,1%) und Stufe 3 (66,8%) der CMMI-Reifegradskala. Die Stufe 4 erreichten 1,6% und die höchste Stufe 5,4%. Zu vergleichbaren Ergebnissen kommen auch andere Studien (siehe Abbildung 16.6; vgl. PwC 2011a, S. 18ff.; Minone 2011, S. 11f.; BPTrends 2012a, S. 16f. und 23f.; Liebert 2012, S. 71f.).

Wie Abbildung 16.7 zeigt, begnügt sich die überwiegende Anzahl der Organisationen mit der Dokumentation ihrer Prozesse (Reifegrade 2 und 3). Diese Unternehmen investieren einen hohen Aufwand, um ihre Prozesse zu modellieren, ernten aber die Nutzeffekte des Geschäftsprozessmanagements nicht (siehe Abbildung 16.8). Nur relativ wenige Unternehmen setzen Geschäftsprozessmanagement ein, um effektiver und effizienter zu werden (Reifegrade 4 und 5).

Das niedrige Niveau des Geschäftsprozessmanagements hängt besonders von zwei Problemzonen ab, dem GPM-Konzept und der GPM-Umsetzung.

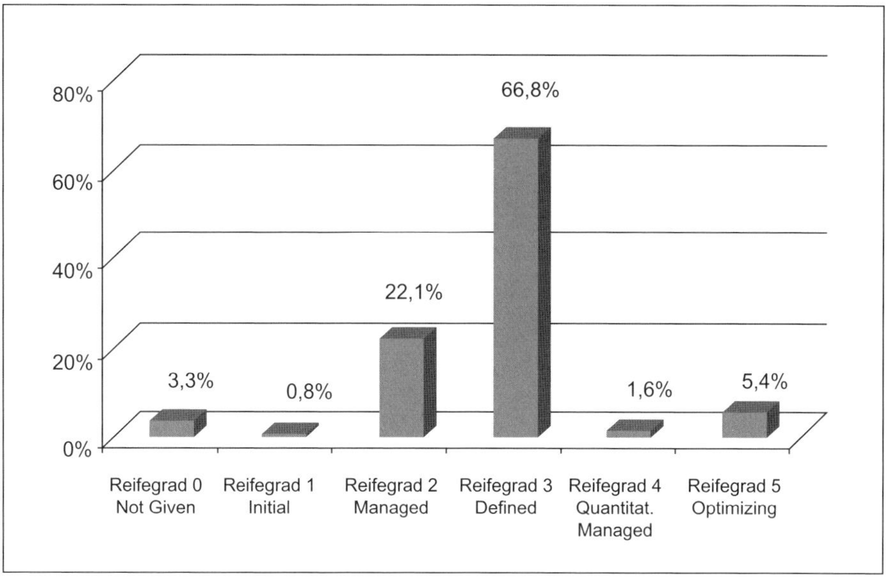

Abb. 16.7 CMMI-Reifegradprofil 2012 (N = 5.159)

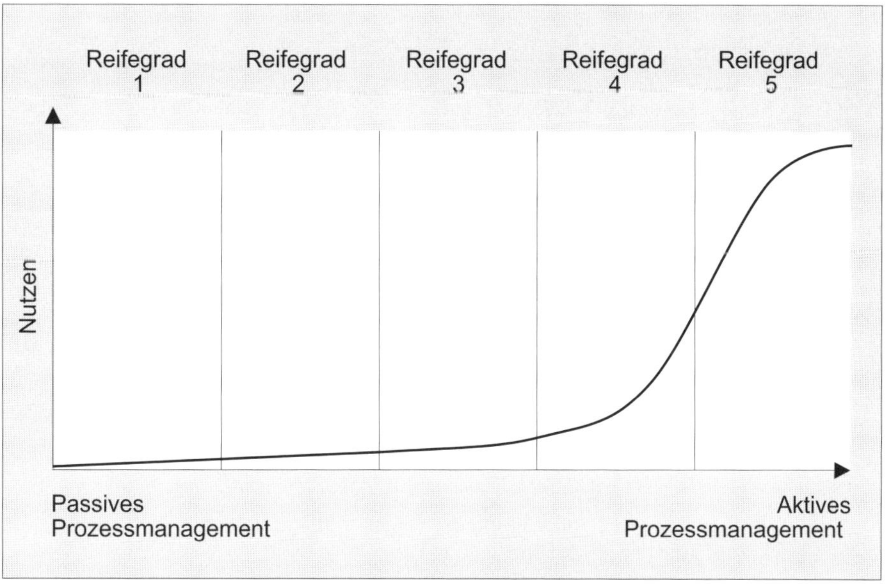

Abb. 16.8 Prozessreife und Nutzen des Geschäftsprozessmanagements (in Anlehnung an Heberling 2011, S. /4)

- **GPM-Konzept**

Nur etwa ein Drittel der GPM-Anwendungen verfolgt einen ganzheitlichen und strategieorientierten GPM-Ansatz (vgl. u.a. BPTrends 2012a, S. 12 ff.). Die Mehrzahl der Prozesskonzepte gibt sich mit Teilaspekten des GPM zufrieden.

Ein **ganzheitliches GPM-Konzept** zeichnet sich durch folgende Merkmale aus:

- abgestimmte Prozess- und IT-Strategie,
- Geschäftsprozesse, die aus der Geschäftsstrategie abgeleitet, auf Kunden bezogen und funktionsübergreifend definiert sind (End-to-End-Prozesse),
- Prozessziele, die sich auf die Geschäftsziele beziehen,
- Kontrolle der Zielerreichung über laufende Messungen der Prozessperformance mithilfe von Prozesskennzahlen,
- Eigenständigkeit der Geschäftsprozesse in der Aufbauorganisation,
- Ausstattung der Geschäftsprozessverantwortlichen mit Befugnissen, die ihrer Verantwortung gerecht werden,
- weitgehend eigenständige Steuerung und Verbesserung der Geschäftsprozesse durch Prozess- und Kaizen-Teams,
- Institutionalisierung des Geschäftsprozessmanagements (z.B. Chief Process Officer, GPM-Office),
- Ausrichtung der Anreizsysteme auf Prozessziele,
- prozessorientierte Kultur und eine adäquate mitarbeiterorientierte Führung.

- **GPM-Umsetzung**

> Im Geschäftsprozessmanagement besteht ein Umsetzungsstau. Die Barriere liegt zwischen Reifegrad 3 und 4. Die Reifegrade 2 und 3 können auf Fachebene ohne richtungsweisende Managemententscheidungen von Prozess- und IT-Experten realisiert werden. Ab Reifegrad 4 muss das Management „Farbe bekennen“. Die Stufen 4 und 5 erfordern strategische Perspektive, Management Commitment, Führung, Sensibilität für kulturelle Faktoren und Konsequenz. Viele Manager haben Schwierigkeiten, diese Voraussetzungen zu erfüllen. ■

Bei der GPM-Umsetzung sind **folgende Faktoren erfolgsentscheidend:**

- Geschäftsprozessmanagement im Rahmen eines strategischen Unternehmensprojektes einführen.
- Topmanagement, das Geschäftsprozessmanagement versteht, will und vorlebt.
- Kulturelle Aspekte beachten, wie intensive Kommunikation, Beteiligung, Befähigung und Unterstützung der Mitarbeiter.
- Change Management systematisch anwenden.
- Nicht bei Modellierung und Visualisierung stehen bleiben (Reifegrade 2 und 3), sondern gezielt und forciert das Messen und Optimieren der Geschäftsprozesse in Angriff nehmen (Reifegrade 4 und 5).

16.2.2 Zukünftige Bedeutung des Geschäftsprozessmanagements

Die zukünftige Bedeutung des Geschäftsprozessmanagements wird **als hoch bis sehr hoch eingestuft**. „Befragt nach der [...] künftigen Bedeutung von Prozessorientierung geben 84,4 % der Unternehmen an, dass einer stärkeren Institutionalisierung von Prozessen in Struktur, Controlling und Kultur zur Bewältigung künftiger strategischer Herausforderungen eine große/sehr große Bedeutung zukommen wird. Von der Gruppe der stark prozessorientierten Unternehmen messen hingegen alle Teilnehmer der Prozessorientierung eine große bis sehr große Bedeutung bei" (Liebert 2012, S. 86; vgl. auch BPM&O 2011, S. 23 und 5 f.; PwC 2011a, S. 15 ff).

Die Einschätzung wird unterstützt durch die in Abbildung 16.9 dargestellten **Trends**. An erster und zweiter Position stehen stärkere Kunden- und Prozessorientierung. Beide sind zentrale Themen des Geschäftsprozessmanagements. Auch die dritte Position, die Stärkung funktionaler Kompetenzzentren, tangiert direkt das Geschäftsprozessmanagement, wie z. B. Shared-Service-Center-Lösungen oder Kompetenzzentren im Rahmen der Matrix-Prozessorganisation. An letzter Stelle steht in der Darstellung die Funktionsorientierung, die mit 6 % deutlich gegenüber der Prozessorientierung mit 43 % abfällt. Dies lässt den Schluss zu, dass Unternehmen das Entwicklungspotenzial in prozessorientierten und nicht in funktionalen Organisationen sehen.

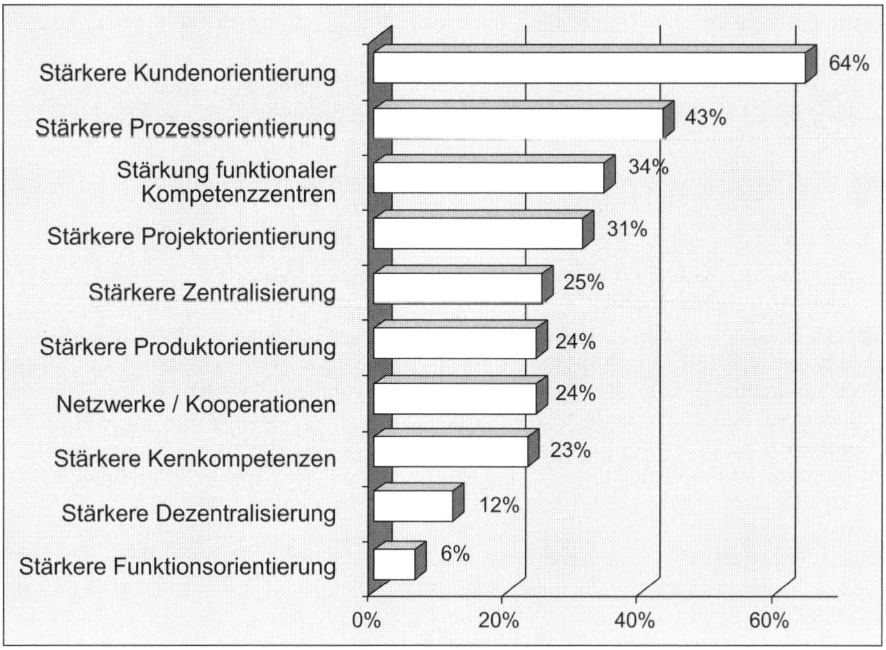

Abb. 16.9 Zukünftige organisatorische Trends (vgl. Liebert 2012, S. 88)

16.3 Resümee

„In der heutigen Zeit stellt sich für Unternehmen nicht mehr die Frage, ob sie durch zielgerichtetes Prozessmanagement ihre Ressourcen im Hinblick auf die vom Markt abgeleiteten Anforderungen optimieren wollen, sondern vielmehr wann und wie schnell sich ein solches System an die eigenen Bedürfnisse anpassen und in der eigenen Organisation implementieren lässt“ (Feldmayer/Seidenschwarz 2005, S. 121).

Geschäftsprozessmanagement ist für Unternehmen bzw. Organisationen ein Erfolg versprechender Weg, heutige und zukünftige Herausforderungen zu bewältigen. Mit seiner konsequenten Anwendung sind nachhaltige Steigerungen der Effektivität und Effizienz sowie der Aufbau zukunftssichernder Erfolgspotenziale verbunden. Besonders durch seine hohe Anpassungsflexibilität trägt Geschäftsprozessmanagement dazu bei, die zukünftigen Herausforderungen zu meistern.

Viele Unternehmen bzw. Organisationen sind gut beraten, konsequenter die Möglichkeiten des Geschäftsprozessmanagements zu nutzen, um ihre Wettbewerbsposition zu stärken und ihre Zukunft zu sichern. Ohne Process Excellence lässt sich Business Excellence in Zukunft nicht mehr erreichen.

16.4 Literatur zu Kapitel 16

Ahlrichs, F.; Knuppertz, T. (2010): Controlling von Geschäftsprozessen. Prozessorientierte Unternehmenssteuerung umsetzen, 2. Aufl., Stuttgart 2010

BPM&O (2011): Knuppertz, T.; Schnägelberger, S.; Clauberg, K.: Umfrage Status Quo Prozessmanagement 2010/2011, März 2011, BPM&O GmbH in Zusammenarbeit mit Fachhochschule Bonn-Rhein-Sieg und European Business School (EBS), Köln 2011, unter: http://www.bpmo.de/bpmo/export/sites/default/de/know_how/downloads/Status_Quo_Prozessmanagement_2011.pdf, Zugriff am 07.12.2012.

BPTrends (2012a): Wolf, C.; Harmon, P.: The State of Business Process Management 2012, BPTrends-Report, March 2012, unter: http://www.bptrends.com/surveys_landing.cfm, Zugriff am 05.12.2012.

CMMI (2012): Carnegie Mellon, Software Engineering Institute: Process Maturity Profile, 2012 Mid-Year Update, September 2012, unter: http://www.sei.cmu.edu/searchresults.cfm, Zugriff am 08.11.2012.

Feldmayer, J.; Seidenschwarz, W. (2005): Marktorientiertes Prozessmanagement. Wie Process Mass Customization Kundenorientierung und Prozessstandardisierung integriert, München 2005.

Heberling, C. (2011): Über's Malen zum Managen, in: Komus, A. (Hrsg.): BPM Best Practice. Wie führende Unternehmen ihre Geschäftsprozesse managen, Berlin 2011, S. 61 – 75.

Kirchmer, M. (2011): High Performance Through Process Excellence. From Strategy to Execution with Business Process Management, 2nd ed., Berlin 2011.

Kohlbacher, M. (2008): Process orientation of Manufacturing Companies, in: Proceedings of the GBDI Tenth International Conference, Global Business Development Institute, Las Vegas 2008, pp. 142 - 149.

Komus, A. (2011): BPM Best Practice - Erfolgsfaktoren der Prozessorientierung, in: Komus, A. (Hrsg.): BPM Best Practice. Wie führende Unternehmen ihre Geschäftsprozesse managen, Berlin 2011, S. 3 - 57.

Liebert, T. (2012): Prozessorientierung in der Unternehmensorganisation: Eine empirische Untersuchung in deutschen Industrieunternehmen, Wiesbaden 2012.

Minone, C. (Hrsg.) (2011): Zürcher Hochschule für Angewandte Wissenschaften (ZHAW): Business Process Management 2011 - Status quo und Zukunft. Eine empirische Studie im deutschsprachigen Europa, Zürich 2011.

Picot, A.; Liebert, T. (2011): Stand von Prozesscontrolling und -management in deutschen Großunternehmen - Ergebnisse einer empirischen Untersuchung bei Industrieunternehmen, in: ZfCM - Zeitschrift für Controlling & Management, 55 (2011) Sonderheft 2, S. 89 - 98.

PwC (2011a): PricewaterhouseCooper und Universität Würzburg: Zukunftsthema Geschäftsprozessmanagement. Studie zum Status quo des Geschäftsprozessmanagements in deutschen und österreichischen Unternehmen, o. O. 2011.

Schmelzer, H. J. (2011): Ganzheitliches Geschäftsprozessmanagement erfolgreich umsetzen, in: ZfCM - Zeitschrift für Controlling & Management, 55 (2011) Sonderheft 2, S. 69 - 79.

17 Anlagen

17.1 Checkliste zur Ermittlung des Reifegrades von Geschäftsprozessen

Die Checkliste dient der Ermittlung des Reifegrades von Geschäftsprozessen auf Basis des RGP-Reifegradmodells (vgl. Kapitel 7.3.1.4).

Checkliste Reifegradmodell RPG	Konzept / Lösung %	Umsetzungsgrad %	Erfüllungsgrad %
Reifegradstufe 1: Prozessdefinition			
• Ist der Geschäftsprozess identifiziert und vollständig dokumentiert (von … bis, Objekt, Inputs, Lieferanten, Outputs, Kunden)? • Sind die Teilprozesse definiert und zusammen mit den Prozessschritten ebenfalls vollständig dokumentiert? • Hat der Geschäftsprozess einen direkten Kundenbezug und erstreckt er sich über Abteilungen hinweg (crossfunktional, End-to-End)? • Wird die Prozessdokumentation bei Änderungen bzw. Verbesserungen des Prozesses stets aktualisiert? • Entspricht die Prozessdokumentation den relevanten Qualitätsvorschriften? • Werden zwischen Geschäftsprozess und den wichtigsten Lieferanten schriftliche Leistungsvereinbarungen getroffen?			
Summe Bewertung Reifegradstufe 1			
Reifegradstufe 2: Prozessverantwortung			
• Ist der Geschäftsprozessverantwortliche benannt? • Sind Aufgaben, Verantwortung und Befugnisse in einer Rollenbeschreibung ausreichend geregelt? • Sind Teilprozessverantwortliche benannt? • Hat der Geschäftsprozessverantwortliche ausreichende Befugnisse und Kompetenzen? • Haben die Teilprozessverantwortlichen ausreichende Befugnisse und Kompetenzen? • Ist der Geschäftsprozessverantwortliche ausreichend qualifiziert? • Sind die Teilprozessverantwortlichen ausreichend qualifiziert? • Ist der Geschäftsprozess mit ausreichenden (personellen, finanziellen, technischen) Ressourcen ausgestattet?			
Summe Bewertung Reifegradstufe 2			

Checkliste Reifegradmodell RPG	Konzept / Lösung %	Umsetzungsgrad %	Erfüllungsgrad %
Reifegradstufe 3: Prozesszielplanung			
• Beziehen sich die Prozessziele auf Kundenzufriedenheit, Termintreue, Prozesszeit, Prozessqualität und Prozesskosten? • Werden Zielwerte für die Prozessziele festgelegt? • Werden die Zielwerte aus den Geschäftszielen abgeleitet? • Werden aus den Prozesszielen für den Geschäftsprozess systematisch Ziele für die Teilprozesse und gegebenenfalls Prozessschritte abgeleitet? • Sind die Prozessziele Gegenstand von Zielvereinbarungen? • Werden die Prozessziele und die Zielerreichung als Basis für Incentives verwendet? • Wird zwischen strategischen und operativen Geschäftsprozesszielen unterschieden? • Wird eine Balanced Scorecard für den Geschäftsprozess erstellt? • Werden die Prozessziele mindestens einmal jährlich überprüft und angepasst?			
Summe Bewertung Reifegradstufe 3			

Checkliste Reifegradmodell RPG	Kon- zept / Lösung %	Umset- zungs- grad %	Erfül- lungs- grad %
Reifegradstufe 4: Prozesssteuerung			
• Werden Prozesskennzahlen für Kundenzufriedenheit, Prozesszeit, Termintreue, Prozessqualität und Prozesskosten festgelegt und regelmäßig gemessen? • Werden die Prozesskennzahlen regelmäßig auf Zweckmäßigkeit und Effizienz überprüft und angepasst? • Sind Messobjekte, Messpunkte, Messzeitpunkte, Messzyklen, Messmethoden, Messvorschriften und Messverantwortliche definiert? • Werden Prozesskosten erfasst? • Wird regelmäßig das Erreichen der Prozessziele (Geschäftsprozess, Teilprozesse) kontrolliert? • Werden Zielabweichungen regelmäßig analysiert, die Abweichungsursachen festge stellt und ausgewertet? • Werden bei Zielabweichungen Korrekturmaßnahmen eingeleitet? • Wird die Umsetzung von Korrekturmaßnahmen systematisch überwacht? • Werden regelmäßig Prozessberichte mit Angaben über Ziel, Ist, Abweichungen und Trend der Performance ausgewiesen? • Besteht Klarheit über Stand und Entwicklung der Prozessperformance? • Erhalten alle Prozessmitarbe iter die Prozessberichte? • Werden die Prozessmitarbeiter über Abweichungsursachen und Korrekturmaßnahmen informiert? • Sind die Prozessberichte eine wichtige Informationsbasis in den Sitzungen der Kaizen-Teams, und Prozessteams? • Werden regelmäßig Prozessassessments durchgeführt, ausgewertet und für Prozessverbesserungen genutzt?			
Summe Bewertung Reifegradstufe 4			

Checkliste Reifegradmodell RPG	Kon-zept / Lösung %	Umset-zungs-grad %	Erfül-lungs-grad %
Reifegradstufe 5: Prozessoptimierung			
• Werden die Prozessziele erreicht? • Zeigen die Messergebnisse einen positiven Trend in Richtung Zielerreichung? • Liegen aktuelle Problemlisten (z. B. Barrieren-, Verschwendungslisten) vor? • Werden Verbesserungspotenziale für den Geschäftsprozess systematisch ermittelt und laufend aktualisiert? • Werden die Verbesserungspotenziale finanziell bewertet und in das Budget eingestellt? • Wird die Umsetzung der Verbesserungsmaßnahmen systematisch kontrolliert? • Gibt es ein Prozessteam, das regelmäßig die Prozessberichte analysiert und Verbesserungsmaßnahmen einleitet? • Gibt es Kaizen-Teams, die regelmäßig Probleme (Verschwendungen) aufdecken, Lösungen erarbeiten und eigenständig umsetzen? • Schafft das Management die Voraussetzungen (finanziell, personell, organisatorisch, technisch) für Performancesteigerungen in dem Geschäftsprozess? • Ist für Verbesserungsmaßnahmen ein Prozessbudget vorhanden? • Wird die Prozesssituation anhand des Prozessberichtes regelmäßig im Managementteam mit der Geschäftsleitung diskutiert? • Unterstützt die Geschäftsleitung die Geschäftsprozesse bei der Realisierung schwieriger Prozessverbesserungen und bei der Ausräumung schwieriger Prozessprobleme?			
Summe Bewertung Reifegradstufe 5			
Gesamtbewertung			

17.2 Checkliste zur Einführung des Geschäftsprozessmanagements

Die Checkliste dient als Planungshilfe bei der Einführung des Geschäftsprozessmanagements. Sie soll sicherstellen, dass alle wichtigen Aspekte bei der Einführung berücksichtigt werden. Sie kann ferner dafür verwendet werden, Vorgehensmodelle zur Einführung des Geschäftsprozessmanagements zu beurteilen (vgl. Kapitel 11.4).

	Beurteilungskriterien	++	+	0	-
1	**Allgemeine Merkmale**				
1.1	Praxisbezug				
1.2	Methodische Fundierung				
1.3	Ausführlichkeit der Darstellung				
2	**Strategische Analyse (Klärung der Ausgangssituation)**				
2.1	Überprüfung / Neudefinition der Geschäftsstrategie				
2.2	Geschäftsmodell mit Zielmärkten, Kundengruppen, Produktprogramm				
2.3	Marktposition, Wettbewerbsstrategie				
2.4	Strategische Erfolgsfaktoren, Kernkompetenzen				
2.5	Vision, Mission, Geschäftsziele, Balanced Scorecard				
2.6	Geschäftsanalyse (EEA-Assessment)				
2.7	Stärken-Schwächen-Analyse (SWOT)				
2.8	Stakeholder-Analyse				
2.9	Aufzeigen des GPM-Handlungsbedarfs				
2.10	Festlegung der strategischen und operativen GPM-Ziele				
2.11	Festlegung der GPM-Erfolgsfaktoren				
2.12	Festlegung der GPM-Einführungsstrategie				
3	**GPM-Einführungsprojekt**				
3.1	Festlegung der Projektziele und Projekterfolgsfaktoren				
3.2	Ernennung des Projektverantwortlichen mit Festlegung von Aufgaben, Verantwortung und Befugnissen				
3.3	Festlegung der Projektphasen (siehe Punkte 4.1, 4.2, 4.3, 5.1, 5.2, 5.3) und Meilensteine				
3.4	Festlegung und Durchführung des Projektcontrollings (Planung und Kontrolle von Projektergebnissen, -terminen, -kosten)				
3.5	Festlegung und Durchführung von Projektassessments				
3.6	Zuordnung von Projektressourcen				
3.7	Konzeption und Durchführung eines Kommunikations- und Trainingsprogramms				

++ starke Ausprägung + mittlere Ausprägung o schwache Ausprägung – nicht berücksichtigt

Beurteilungskriterien	++	+	0	-
4 Konzipierung (Erstellung des GPM-Konzepts)				
4.1 Definition der Geschäftsprozesse				
4.1.1 A) Top-down-Identifikation der Geschäftsprozesse aus der Geschäftsstrategie ▪ Ableiten von Soll-Prozessen aus der Geschäftsstrategie ▪ Erstellen von Prozessmodell und Prozesslandkarte ▪ Dekomposition und Modellierung von Teilprozessen, Prozessschritten und ggf. Arbeitsschritten, Aktivitäten ▪ Orientierung an Referenzmodellen 4.1.2 B) Bottom-up-Identifikation der Geschäftsprozesse auf Basis vorhandener Ist-Pozesse ▪ Modellierung der Ist-Prozesse ▪ Schwachstellenanalyse der Ist-Prozesse ▪ Entwicklung und Modellierung von Soll-Prozessen aus den verbesserten Ist-Prozessen ▪ Erstellen von Prozessmodell und Prozesslandkarte ▪ Definition und Modellierung von Teilprozessen, Prozessschritten und ggf. Arbeitsschritten, Aktivitäten ▪ Orientierung an Referenzmodellen 4.1.3 Gewichtung der Geschäftsprozesse 4.1.4 Integration der Anforderungen des Qualitäts-, Compliance-, Risiko-, Sicherheits- und Umweltmanagements in die Prozesse 4.1.5 Vollständige Erstellung der Prozessdokumentation (Prozessmodell, Prozesslandkarte, Prozessbeschreibungen) 4.1.6 Organisation der Lenkung von Prozessdokumenten				
++ starke Ausprägung + mittlere Ausprägung o schwache Ausprägung – nicht berücksichtigt				

Beurteilungskriterien	++	+	0	-
4.2 Konzeption der Prozessorganisation				
4.2.1 Festlegung der Prozessrollen (Chief Process Officer, Geschäftsprozess-, Teilprozessverantwortlicher, Prozessteams, Verbesserungsteams ...) 4.2.2 Beschreibung der Prozessrollen mit Aufgaben, Verantwortung, Befugnissen 4.2.3 Erstellung von Prozess-Organisations-Diagrammen 4.2.4 Festlegung des Vorgehens zur Integration der Geschäftsprozesse in die Aufbauorganisation bzw. zur Anpassung der Aufbauorganisation an die Geschäftsprozesse				
4.3 Konzeption des Prozesscontrollings				
4.3.1 Festlegung des Vorgehens zur Planung der Prozessziele • top-down aus Geschäftszielen • bottom-up aus Prozessanalysen, Prozess-Benchmarking 4.3.2 Festlegung von Prozesskennzahlen (Process Performance Indicators) • Kundenzufriedenheit • Prozesszeit, Termintreue • Prozessqualität • Prozesskosten 4.3.3 Konzeption des Messsystems: Messobjekte, -zyklen ... 4.3.4 Konzeption des Prozessberichtswesens • Ermittlung des Informationsbedarfs der Empfänger • adressatengerechte Berichtsgestaltung • automatische Erstellung, Online-Zugriff 4.3.5 Festlegung der Verantwortungen für Zielplanung, Zielüberwachung, Messsystem, Messdurchführung, Prozessberichtswesen				
++ starke Ausprägung + mittlere Ausprägung o schwache Ausprägung – nicht berücksichtigt				

Beurteilungskriterien	++	+	0	-
5 Implementierung des GPM-Systems				
5.1 Implementierung der Prozessorganisation				
5.1.1 Besetzung der Prozessrollen: Chief Process Officer, Verantwortliche für Geschäftsprozesse und Teilprozesse, Managementteam, Prozessteams, Verbesserungsteams ... 5.1.2 Anpassung der Aufbauorganisation an die Geschäftsprozesse 5.1.3 Implementierung eines GPM-Office 5.1.4 Implementierung des Online-Zugriffs auf Prozessdokumente 5.1.5 Implementierung der Lenkung von Prozessdokumenten 5.1.6 Implementierung der Lenkung von Service Level Agreements 5.1.7 Implementierung eines prozessorientierten Anreizsystems 5.1.8 Organisation des Know-how-Transfers in und zwischen Geschäftsprozessen 5.1.9 Zuordnung von Prozessmitarbeitern				
5.2 Implementierung des Prozesscontrollings				
5.2.1 Ausstattung der Geschäftsprozesse mit Ressourcen: • Prozessbudget • Prozesspersonal • Prozessequipment 5.2.2 Implementierung des Messsystems 5.2.3 Implementierung des Prozessberichtswesens				
++ starke Ausprägung + mittlere Ausprägung o schwache Ausprägung – nicht berücksichtigt				

Beurteilungskriterien	++	+	0	-
5.3 Implementierung der IT-Unterstützung				
5.3.1 Abstimmung IT-Strategie mit Prozessstrategie 5.3.2 Festlegung der IT-Infrastruktur: Prozessportal, Prozessplattform, Process Warehousing, Process Repository, BPM-System, serviceorientierte Softwarearchitektur (SOA) 5.3.3 Auswahl der Modellierungssprache (EPK, BPMN, UML ...) und des Modellierungswerkzeugs 5.3.4 Festlegung von Modellierungskonventionen, Erstellung des Modellierungshandbuchs 5.3.5 Auswahl von IT-Tools für: • Prozessanalyse und -simulation • Monitoring • Workflow-Management 5.3.6 Auswahl eines Process- Performance-Management-Systems 5.3.7 Integration von IT-Tools und IT-Systemen 5.3.8 Auswahl, Customizing und Wartung von IT-Applikationen				
6 Durchführung und Optimierung				
6.1 Durchführung des Prozessmanagements				
6.1.1 Laufende Aktualisierung des Prozessmodells 6.1.2 Laufende Aktualisierung und Lenkung der Prozessdokumentation 6.1.3 Standardisierung von Geschäftsprozessen 6.1.4 Standardisierung des GPM-Systems 6.1.5 Outsourcing von Geschäftsprozessen,Teilprozessen oder Prozessschritten 6.1.6 Unternehmensinternes und -externes Best Practice Sharing 6.1.7 Weiterbildung der Prozessmitarbeiter 6.1.8 Integration von Managementsystemen (Qualität, Risiko, Compliance, Sicherheit, Umwelt) 6.1.9 Durchführung strategischer Prozessprojekte				

++ starke Ausprägung + mittlere Ausprägung o schwache Ausprägung – nicht berücksichtigt

Beurteilungskriterien	++	+	0	-
6.2 Durchführung des Prozesscontrollings				
6.2.1 Abgleich von Geschäfts-, Prozess- und IT-Strategie 6.2.2 Periodische Planung der Prozessziele • Top-down-Zielplanung • Bottom-up-Zielplanung 6.2.3 Periodische Erstellung und Aktualisierung von Prozess-Balanced-Scorecards 6.2.4 Herunterbrechen (Dekomposition) der Prozessziele auf Teilprozesse, Prozessschritte und Mitarbeiter 6.2.5 Laufende Ressourcenplanung, -allokation und -kontrolle • Prozessbudget • Prozesspersonal • Prozessequipment 6.2.6 Regelmäßige Messung der Prozessperformance anhand der Prozesskennzahlen 6.2.7 Regelmäßige Ermittlung der Abweichungen von Prozesszielen 6.2.8 Regelmäßige Analyse von Abweichungsursachen 6.2.9 Regelmäßige Veranlassung und Kontrolle von Korrekturmaßnahmen 6.2.10 Regelmäßige Erstellung von Prozessberichten (Prozessreporting) 6.2.11 Periodische Durchführung von Prozessassessments 6.2.12 Periodische Durchführung von Prozessaudits 6.2.13 Durchführung von Prozess-Benchmarking				
6.3 Prozessverbesserung und -erneuerung				
6.3.1 Prozesssimulationen 6.3.2 Prozessverbesserungen • Kaizen, KVP • TCT • Six Sigma 6.3.3 Prozesserneuerungen • Business Process Reengineering				
++ starke Ausprägung + mittlere Ausprägung o schwache Ausprägung – nicht berücksichtigt				

17.3 Checkliste zur Beurteilung der Erfolgschancen bei der Einführung des Geschäftsprozessmanagements

Die Checkliste beinhaltet Fragen, die der groben Beurteilung der Erfolgschancen einer Einführung des Geschäftsprozessmanagements dienen. Die Checkliste sollte zusammen mit der Checkliste in Kapitel 17.4 beantwortet werden, die sich auf wichtige Aspekte des Change Management bezieht.

	1. Commitment der Geschäftsleitung
++ + o - --	Welche geschäftspolitische Aktualität und Priorität misst die Geschäftsleitung dem Geschäftsprozessmanagement bei?
++ + o - --	Wie stark ist die Geschäftsleitung vom Nutzen des Geschäftsprozessmanagements überzeugt?
++ + o - --	Ist die Geschäftsleitung willens und in der Lage, auftretende Schwierigkeiten bei der Einführung des Geschäftsprozessmanagements zu überwinden?
	2. Dringlichkeit
++ + o - --	Wie dringlich betrachtet die Geschäftsleitung die Einführung des Geschäftsprozessmanagements aus strategischer und operativer Sicht?
++ + o - --	Bestehen gravierende Wettbewerbsnachteile bzw. strategische und operative Schwächen?
++ + o - --	Gibt es Probleme mit Kundenzufriedenheit und Produktivität?
++ + o - --	Machen Regularien bezogen auf Qualitäts-, Risiko- und Compliance-Management die Einführung von Geschäftsprozessen erforderlich?
++ + o - --	Fordern Stakeholder die Einführung des Geschäftsprozessmanagements?
	3. GPM-Projekt (Einführung Geschäftsprozessmanagement)
++ + o - --	Sind die Prozessziele fundiert ermittelt, priorisiert und dokumentiert?
++ + o - --	Stehen ein ausreichend qualifizierter Projektleiter und ein ausreichend qualifiziertes Projektteam zur Verfügung?
++ + o - --	Hat der Projektleiter ausreichende Befugnisse? Ist er für das Projekt freigestellt?
++ + o - --	Liegt eine fundierte Projektplanung vor (Phasen, Meilensteine, Ergebnisse, Termine, Kosten, Qualität)?
++ + o - --	Werden ausreichende Projektressourcen (Budget, Personal) bereitgestellt?
++ + o - --	Werden Erfahrungs - und Wissensdefizite durch qualifizierte Prozessberater kompensiert?
++ + o - --	Ist die Organisation ausreichend auf die Einführung des Geschäftsprozessmanagements vorbereitet?
	4. Widerstände
++ + o - --	Ist mit erheblichen Widerständen im oberen oder mittleren Management zu rechnen?
++ + o - --	Ist mit erheblichen Widerständen der Mitarbeiter zu rechnen?
++ + o - --	Ist mit Widerständen sonstiger Stakeholder zu rechnen (z. B. Betriebsrat)?
++ + o - --	Sind Maßnahmen geplant, Widerstände zu reduzieren bzw. ihnen entgegenzuwirken?

17.4 Checkliste zur Beurteilung des Change Management bei der Einführung des Geschäftsprozessmanagements

Die Checkliste beinhaltet Fragen zum Change Management, das bei der Einführung des Geschäftsprozessmanagements eine zentrale Rolle spielt (Quelle: IBM 2007, S. 15). Die Checkliste sollte zusammen mit der Checkliste in Kapitel 17.3 verwendet werden, um die Erfolgschancen einer Einführung des Geschäftsprozessmanagements abzuklären.

Bewertung	Frage
	Vorbereitende Maßnahmen
++ + o - --	Gibt es eine klar kommunizierte Vision mit konkreten Zielvorgaben?
++ + o - --	Sind die Verantwortungsbereiche für die Veränderung klar definiert und für alle transparent?
++ + o - --	Ist die Komplexität der Projektumgebung berücksichtigt; sind die wichtigsten Abhängigkeiten erfasst und die Risiken dokumentiert?
++ + o - --	Ist das Change Management integraler Teil der Projektsteuerung und methodisch eng mit dem Projektmanagement verzahnt?
++ + o - --	Sind zu erwartende kulturelle Widerstände bekannt und ist eine entsprechende Strategie entwickelt?
++ + o - --	Wurden Veränderungsfähigkeit und -bereitschaft in der betroffenen Organisationseinheit ermittelt und daraus entsprechende Maßnahmen abgeleitet?
++ + o - --	Wurden Change Agents aus der Organisation identifiziert und proaktiv eingebunden?
	Begleitende Maßnahmen
++ + o - --	Ist das Commitment des Topmanagements für die Veränderung vorhanden?
++ + o - --	Wird Sponsorship vom Topmanagement vorgelebt (statt an Vertreter, Newsletter oder Frontalveranstaltungen delegiert)?
++ + o - --	Erfolgt die Kommunikation – auch schlechter Nachrichten – rechtzeitig, ehrlich und offen?
++ + o - --	Sind persönliche Kommunikation und individuelles Feedback zentrale Bestandteile der Kommunikationsstrategie?
++ + o - --	Ist die informelle Kommunikation Teil der Kommunikationsstrategie; wird sie aktiv unterstützt und für Feedback genutzt?
++ + o - --	Werden die Mitarbeiter aktiv in den Veränderungsprozess eingebunden oder wird eine Einbindung nur nach außen „zelebriert"?
++ + o - --	Sind der Projektverlauf und die Arbeit der Projektgruppe für die Betroffenen ausreichend transparent?
++ + o - --	Werden fachliche Experten eingebunden und wird bei externen Experten der beidseitige Wissenstransfer sichergestellt?
++ + o - --	Wurde der individuelle Nutzen für jeden Beteiligten formuliert und klar kommuniziert?
	Best Practice – Erfolgsfaktoren für die Veränderung
++ + o - --	Existiert in der Organisation ein ausreichendes Bewusstsein für die mit einer Veränderung einhergehende Herausforderung?
++ + o - --	Werden mindestens 10 % des Projektbudgets für Change Management eingesetzt?
++ + o - --	Wird eine konkrete, formale Vorgehensweise für Change Management konsistent angewendet?

17.5 Informationsquellen zum Themenfeld Prozessmanagement

- Blog Column 2: Blog of Sandy Kemsley about BPM, Enterprise 2.0 and technology trends in business

  http://www.column2.com/

- BPM-Blog „Kurze Prozesse", verantwortlich Prof. Dr. Thomas Allweyer, News, ausführliche Buchbesprechungen, Kommentare, Diskussionsbeiträge

  http://kurze-prozesse.de

- bpm.com: white papers, articles, news

  http://www.bpm.com

- BPM-Expo Informationsportal zum Thema Geschäftsprozessmanagement/BPM

  http://www.bpm-expo.com

- BPM-Guide: Der Praxis-Blog zu BPM

  http://www.bpm-guide.de

- BPMinstitute: reviews, articles, exchange for business process management

  http://www.bpminstitute.org

- BPM-Netzwerk: unabhängige Networking-Plattform für Geschäftsprozessmanagement in Deutschland, Österreich und der Schweiz

  http://www.bpm-netzwerk.de

- BPTrends – Business Process Trends: reports, white papers and articles

  http://www.bptrends.com/

- Competence Center zum Thema Geschäftsprozessmanagement

  http://www.competence-site.de/gpm.nsf/

- GFO/SGO Portal: Portal für Organisation und Management

  http://www.org-portal.org

18 Literatur

Aalst, W. M. P. v. d.; Nakatumba, J.; Rozinat, A.; Russell, N. (2010): Business Process Simulation, in: Brocke, J. v.; Rosemann, M. (Hrsg.): Handbook on Business Process Management 1. Introduction, Methods and Information Systems, Berlin 2010, S. 313 – 338.

Abholhassan, F. (2005): Vom CIO zum Chief Process Officer, in: Kuhlin, B.; Thielmann, H. (Hrsg.): Real-Time Enterprise in der Praxis, Berlin 2005, S. 371 – 381.

Agamus Consult (1996): Fröschle, U.; Geiger, W.; Weck, L.: Die KVP-Studie. Lagefeststellung und -beurteilung, Starnberg 1996.

Ahlrichs, F.; Knuppertz, T. (2010): Controlling von Geschäftsprozessen. Prozessorientierte Unternehmenssteuerung umsetzen, 2. Aufl., Stuttgart 2010.

Aier, S.; Riege, C.; Winter, R. (2008): Unternehmensarchitektur – Literaturüberblick und Stand der Praxis, in: Wirtschaftsinformatik, 50 (2008) 4, S. 292 – 303.

Allweyer, T. (2005): Geschäftsprozessmanagement. Strategie, Entwurf, Implementierung, Controlling, Herdecke 2005.

Allweyer, T. (2005b): Systeme für Prozessmanager, in: Managementkompass Prozessmanagement, Frankfurt am Main/Hamburg 2005, S. 10 – 15.

Allweyer, T. (2005c): Maßgeschneiderter Methodeneinsatz für die Entwicklung betriebswirtschaftlicher Software, in: Scheer, A.-W.; Jost, W.; Wagner, K. (Hrsg.): Von Prozessmodellen zu ablauffähigen Anwendungen, ARIS in der Praxis, Berlin 2005, S. 173 – 195

Allweyer, T. (2007): Das Business Process Maturity Model (BPMM), in: Kurze Prozesse, 8. November 2007, unter: http://kurze-prozesse.de, Zugriff am 20. 08. 2012.

Allweyer, T. (2008): Welches Modellierungswerkzeug?, in: Kurze Prozesse, 16. Juli 2008, unter: http://www.kurze-prozesse.de, Zugriff am 20. 08. 2012.

Allweyer, T. (2009): BPMN 2.0 – Business Process Model and Notation: Einführung in den Standard für die Geschäftsprozessmodellierung, 2. Aufl., Norderstedt 2009.

Allweyer, T. (2011a): BPM-Round-Trip: Wunsch oder Wirklichkeit?, in: Komus, A. (Hrsg.): BPM Best Practice. Wie führende Unternehmen ihre Geschäftsprozesse managen, Berlin 2011, S. 219 – 234.

Allweyer, T. (2011b): Alles über Subjektorientiertes BPM, in: Kurze Prozesse, 25. September 2011, unter: http://www.kurze-prozesse.de, Zugriff am 08. 07. 2012.

Allweyer, T. (2012): Modellierung für das strategische Prozessmanagement, in: Kurze Prozesse, 26. 04. 2012, unter: http://www.kurze-prozesse.de, Zugriff am 02. 08. 2012.

Alt, R. (2008): Überbetriebliches Prozessmanagement. Gestaltungsalternativen und Vorgehen am Beispiel integrierter Prozessportale, Berlin 2008.

Appelfeller, W.; Buchholz, W. (2011): Supplier Relationship Management. Strategie, Organisation und IT des modernen Beschaffungsmanagements, 2. Aufl., Wiesbaden 2011.

Argyris, C.; Schön, D. A. (2008): Die lernende Organisation, 3. Aufl., Stuttgart 2008.

Atzert, S. (2011): Strategisches Prozesscontrolling. Koordinationsorientierte Konzeption auf der Basis von Beiträgen zur theoretischen Fundierung von strategischem Prozessmanagement, Wiesbaden 2011.

Bach, N. (2004): Damit der Kurs stimmt. Mängel im Geschäftsprozessmanagement deutscher Hersteller, in: Qualität und Zuverlässigkeit (QZ), 49 (2004) 1, S. 21 - 25.

Bach, N. (2006): Geschäftsprozesse als Geschäftstreiber, in: Qualität und Zuverlässigkeit (QZ), 51 (2006) 3, S. 24.

Bach, N.; Brehm, C.; Buchholz, W.; Petry, T. (2012): Wertschöpfungsorientierte Organisation. Architekturen - Prozesse - Strukturen,Wiesbaden 2012.

Bach, N.; Biemann, T. (2004): Geschäftsprozessmanagement in Deutschland, Ergebnisse einer Befragung im April 2004, in: Ellringmann, H.; Schmelzer, H.J. (Hrsg.): Geschäftsprozessmanagement inside, München 2004.

Bach, V.; Österle, H. (Hrsg.) (2000): Customer Relationship in der Praxis, Berlin 2000.

BAM (2009): BAM Business Activity Model, MIT Process Handbook, unter: ccs.mit.edu/ph/, Zugriff am 10.10.2009.

Baumöl, U. (2010): Cultural Change in Process Management, in: Brocke, J. v.; Rosemann, M. (Hrsg.): Handbook on Business Process Management 2. Strategic Alignment, Governance, People and Culture, Berlin 2010, S. 487 - 514.

Bayer. Wirtschaftsministerium (2011): Bayerisches Staatsministerium für Wirtschaft, Infrastruktur, Verkehr und Technologie: Aktuelle normierte Managementsysteme. Qualitäts-, Umwelt-, Energie-, Arbeitsschutz-, Risiko- und Nachhaltigkeitsmanagement. Ein Überblick für kleine und mittlere Unternehmen, München 2011.

Bea, F. X.; Haas, J. (2009): Strategisches Management, 5. Aufl., Stuttgart 2009.

Becker, J. (2002): Projektmanagement für Prozessmanagement. Ein Vorgehensmodell für prozessorientierte Reorganisationsprojekte, in: Information, Management & Consulting, Sonderausgabe 17 (2002), S. 93 - 101.

Becker, J.; Kugeler, M.; Rosemann, M. (Hrsg.) (2008): Prozessmanagement. Ein Leitfaden zur prozessorientierten Organisationsgestaltung, 6. Aufl., Berlin 2008.

Becker, J.; Mathas, C.; Winkelmann, A. (2009): Geschäftsprozessmanagement, Informatik im Fokus, Berlin/Heidelberg 2009.

Becker, J.; Meise, V. (2008): Strategie und Ordnungsrahmen, in: Becker, J.; Kugeler, M.; Rosemann, M. (Hrsg.): Prozessmanagement. Ein Leitfaden zur prozessorientierten Organisationsgestaltung, 6. Aufl., Berlin 2008, S. 105 - 154.

Becker, J.; Rosemann, M.; Schütte, R. (1995): Grundsätze ordnungsmäßiger Modellierung, in: Wirtschaftsinformatik, 37 (1995) 5, S. 435 - 445.

Becker, J.; Schütte, R. (2004): Handelsinformationssysteme, 2. Aufl., Landsberg am Lech 2004

Becker, L. (2009): Human Resource Management im Wandel, in: Krüger, W.: Excellence in Change. Wege zur strategischen Erneuerung, 4. Aufl., Wiesbaden 2009, S. 275 - 395.

Becker, M.; Chamoni, P. (2008): Ein modellbasierter, integrierter Ansatz zur Gestaltung und Nutzung eines Process Warehouse, in: Multikonferenz Wirtschaftsinformatik, MKWI 2008, München, 26. bis 28.02.2008, Proceedings 2008, S. 155 - 166.

Becker, R.; Schmidt, H. (2005): Teamorientierte Geschäftsprozessoptimierung, in: Horváth & Partners (Hrsg.): Prozessmanagement umsetzen. Durch nachhaltige Prozessperformance Umsatz steigern und Kosten senken, Stuttgart 2005, S. 107 - 122.

Becker, S. (2007): Innovationsprozessmanagement. Ein fachkonzeptionelles Referenzmodell, Münster 2007.

Beims, M. (2012): IT Service Management in der Praxis mit ITIL®. ITIL Edition 2011, ISO 20000:2011 und PRINCE2® in der Praxis, 3. Aufl., München 2012.

Bergsmann, S. (2012): End-to-End-Geschäftsprozessmanagement. Organisationselement - Integrationsinstrument - Managementansatz, Wien 2012.

Bergsmann, S.; Grabek, A.; Brenner, M. (2005): Transparenz durch Prozessanalyse und -modellierung, in: Horváth & Partners (Hrsg.): Prozessmanagement umsetzen. Durch nachhaltige Prozessperformance Umsatz steigern und Kosten senken, Stuttgart 2005, S. 47 – 68.

Bernhard, M. G.; Mann, H.; Lewandowski, W.; Schrey, J. (Hrsg.) (2006): Praxishandbuch Service-Level-Management. Die IT als Dienstleistung organisieren, 2. Aufl., Düsseldorf 2006.

Bertels, T. (2009): Integrating Lean and Six Sigma. The Power of an Integrated Roadmap, unter: http://www.isixsigma.com/library/, Zugriff am 10. 12. 2009.

Best, E.; Weth, M. (2003): Geschäftsprozesse optimieren. Der Praxisleitfaden für erfolgreiche Reorganisation, Wiesbaden 2003.

Binner, H. F. (2003): Prozessorientierte Arbeitsorganisation. Kernkompetenz des REFA-Verbands, in: Zeitschrift für wirtschaftlichen Fabrikbetrieb (ZWF), 98 (2003) 1 – 2, S. 37 – 40.

Binner, H. F. (2010): Prozessmanagement von A–Z, REFA Fachbuchreihe Unternehmensentwicklung, München 2010.

Binner, H. F.; Schnägelberger, S. (2011): Prozessmanagement-Tools. Große Marktübersicht über den BPM-Software-Markt, in: Zeitschrift für Organisation (zfo), 80 (2011) 2, S. 121 – 124.

BIT (2010): Bundesstelle für Informationstechnik (BIT): Geschäftsprozessmodellierung in der öffentlichen Verwaltung, Arbeitshilfe, Version 2.0, Bonn 2010.

Bleidt, P.; Weidt, T. (2003): Controller in prozessorientierten Unternehmen. Servicemanager in Sachen Effizienz und Effektivität, in: Controller Magazin (CM), 28 (2003) 3, S. 593 ff.

Bogaschewsky, R.; Rollberg, R. (1998): Prozeßorientiertes Management, Berlin 1998.

Böhn, M.; Burkhardt, A.; Gantner, M. (2010): Prozessmodellierungswerkzeuge. Systeme für Dokumentation, Entwurf, Simulation und Analyse, BARC-Studie, 2. Aufl., München 2010.

Bohulskyy, Y.; Erlinghagen, M.; Scheller, F. (2011): Arbeitszufriedenheit in Deutschland sinkt langfristig, Universität Duisburg-Essen, IAQ-Report 2011-3, 02. 08. 2011, unter: http://www.iaq.uni-due.de/iaq-report/2011/report2011-03.pdf, Zugriff am 22. 07. 2012.

Boom, W.; Wurst, M. (2003): Kontinuierlicher Verbesserungsprozess. Am Beispiel eines Unternehmens im Anlagenbau, in: Zeitschrift für wirtschaftlichen Fabrikbetrieb (ZWF), 98 (2003) 5, S. 247 ff.

Bornhöft, F.; Faulhaber, N. (2007): Lean Six Sigma erfolgreich implementieren, Frankfurt am Main 2007.

BPM Maturity Model EDEN (2009): EDEN – Reifegradmodell, Prozessorientierung in Unternehmen, unter: http://www.bpm-maturitymodel.com, Zugriff am 10. 02. 2010.

BPM&O (2011): Knuppertz, T.; Schnägelberger, S.; Clauberg, K.: Umfrage Status Quo Prozessmanagement 2010/2011, März 2011, BPM&O GmbH in Zusammenarbeit mit Fachhochschule Bonn-Rhein-Sieg und European Business School (EBS), Köln 2011, unter: http://www.bpmo.de/bpmo/export/sites/default/de/know_how/downloads/Status_Quo_Prozessmanagement_2011.pdf, Zugriff am 07. 12. 2012.

BPMM (2009): unter: http://www.omg.org/spec/BPMM/, Zugriff am 21. 12. 2009.

BPTrends (2007a): Harmon, P.; Wolf, C.: Business Process Management and Service Oriented Architecture, BPTrends-Report, June 2007, unter: http://www.bptrends.com/reports_toc_01.cfm, Zugriff am 10. 12. 2009.

BPTrends (2007b): Miers, D.; Harmon, P.; Hall, C.: The 2007 BPM Suites Report, Version 2.1, BPTrends-Report, July 2007, unter: http://www.bptrends.com/reports_toc_01.cfm, Zugriff am 15. 12. 2009.

BPTrends (2007c): Hall, C.; Harmon, P.: The 2007 Enterprise Architecture, Process Modeling & Simulation Tools Report, Version 2.1, BPTrends-Report, October 2007, unter: http://www.bptrends.com/reports_toc_01.cfm, Zugriff am 15. 12. 2009.

BPTrends (2010): Wolf, C.; Harmon, P.: The State of Business Process Management – 2010, BPTrends-Report, February 2010, unter: http://www.bptrends.com/surveys_landing.cfm, Zugriff am 05. 02. 2010.

BPTrends (2011a): Paim, R.; Flexa, R. (2011): Process Governance: Definitions and Framework, Part I and Part II, BPTrends-Report, November 2011 and December 2011, unter: http://www.bptrends.com/publicationfiles/11-01-2011, Zugriff am 10. 11. 2012.

BPTrends (2011b): Harmon, P.; Wolf, C.: Business Process Modeling Survey, BPTrends-Report, December 2011, unter: http://www.bptrends.com/members_surveys/deliver.cfm?report_id=1005&target=Process_Modeling_Survey-Dec_11_FINAL.pdf&return=surveys_landing.cfm, Zugriff am 05.06.2012.

BPTrends (2012a): Wolf, C.; Harmon, P.: The State of Business Process Management 2012, BPTrends-Report, March 2012, unter: http://www.bptrends.com/surveys_landing.cfm, Zugriff am 05.12.2012.

BPTrends (2012b): Harmon, P.; Wolf, C.: Business Process Centers of Excellence, BPTrends-Report, December 2012, unter: http://www.bptrends.com/surveys_landing.cfm, Zugriff am 05.12.2012.

Brecht, L. (2002): Process Leadership. Methode des informationsgestützten Prozessmanagement, Hamburg 2002.

Brehm, S. R. (2009): Kommunikation im Wandel, in: Krüger, W.: Excellence in Change. Wege zur strategischen Erneuerung, 4. Aufl., Wiesbaden 2009, S. 307 – 335.

Brehm, S. R.; Petry, T. (2009): Toolbox – Denkwerkzeuge für Change Manager, in: Krüger, W.: Excellence in Change. Wege zur strategischen Erneuerung, 4. Aufl., Wiesbaden 2009, S. 367 – 404.

Brenner, M.; Mayer, R. (2005): Aufbau eines permanenten Prozesscontrolling, in: Horváth & Partners (Hrsg.): Prozessmanagement umsetzen. Durch nachhaltige Prozessperformance Umsatz steigern und Kosten senken, Stuttgart 2005, S. 159 – 179.

Brewing, J. (2005): Just in Time in Verwaltung und Dienstleistung: Prozessportale als Schlüssel zur Rationalisierung, 13.10.2005, unter: http://www.ecin.de, Zugriff am 18.12.2009.

Broß, P.; Krumey, M. (2010): Organisation des strategischen Planungs- und Umsetzungsprozesses bei Giesecke & Devrient – eine Fallstudie, in: Klein, A. (Hrsg.): Strategische Controlling-Instrumente, Freiburg im Breisgau 2010, S. 177 – 190.

Bucher, T.; Winter, R. (2009): Geschäftsprozessmanagement – Einsatz, Weiterentwicklung und Anpassungsmöglichkeiten aus Methodiksicht, in: Reinheimer, S. (Hrsg.): Prozessmanagement, HMD – Praxis der Wirtschaftsinformatik, Heft 266, Heidelberg 2009, S. 5 – 16.

Buchholz, L. (2009): Strategisches Controlling. Grundlagen – Instrumente – Konzepte, Wiesbaden 2009.

Büdingen, G. v.; Schlaf, S. (2011): BPM-Methoden und -Tools als Basis für wirtschaftliche und compliancegerechte Abläufe im E.ON-Energie-Konzern, in: Komus, A. (Hrsg.): BPM Best Practice. Wie führende Unternehmen ihre Geschäftsprozesse managen, Berlin 2011, S. 77 – 89.

Bulk, G.; Faulhaber, N. (2004): Six Sigma – The Way We Run Our Business – Umsetzungserfahrungen bei GE CompuNet, in: Töpfer, A. (Hrsg.): Six Sigma. Konzeption und Erfolgsbeispiele für praktizierte Null-Fehler-Qualität, 2. Aufl., Berlin 2004, S. 317 – 334.

Bullinger, H.-J. (2010): Schnell sein ist alles, in: Süddeutsche Zeitung 05./06.01.2010, S. 2.

Bullinger, H.-J. (Hrsg.) (2001): Knowledge meets Process. Wissen und Prozesse managen im Intranet, Stuttgart 2001.

Bullinger, H.-J.; Warschat, J.; Berndes, S.; Stanke, A. (1995): Simultaneous Engineering, in: Zahn, E. (Hrsg.): Handbuch Technologiemanagement, Stuttgart 1995, S. 377 – 394.

Bullinger, H.-J.; Kühner, M. (2002): Supply Chain Management. Stand und Entwicklungsrichtungen, in: Qualität und Zuverlässigkeit (QZ), 47 (2002) 5, S. 254 – 258.

Bullinger, H.-J.; Wiedmann, G.; Niemeier, J. (1995): Business Reengineering. Aktuelle Managementkonzepte in Deutschland: Zukunftsperspektiven und Stand der Umsetzung, Fraunhofer-Institut für Arbeitswirtschaft und Organisation (IAO), Stuttgart 1995.

Bundesministerium des Innern (2012): Regierungsprogramm Vernetzte und transparente Verwaltung. Projekt Prozessmanagement. Reifegradanalyse, 23.02.2012, unter: http://www.verwaltung-innovativ.de, Zugriff am 16.06.2012

Bünting, F. (2004): Prozessorientierte Managementsysteme. Prozesse richtig definieren, beschreiben und steuern, Frankfurt am Main 2004.

Burger, A. (2009): Effizienzanalyse auf Prozessebene. Benchmarking von Transaktionen mit der Data Envelopment Analysis am Beispiel eines bankbetrieblichen Prozesses, Berlin 2009.

Burlton, R. (2010): Delivering Business Strategy Through Process Management, in: Brocke, J. v.; Rosemann, M. (Hrsg.): Handbook on Business Process Management 2. Strategic Alignment, Governance, People and Culture, Berlin 2010, S. 5 – 37.

Burlton, R. T. (2001): Business Process Management. Profiting from Process, Indianapolis, Indiana 2001.

Burr, W. (2006): Service-Level-Agreements, in: Bernhard, M. G. et al. (Hrsg.): Praxishandbuch Service-Level-Management. Die IT als Dienstleistung organisieren, 2. Aufl., Düsseldorf 2006, S. 29 – 43.

Burton, T. T. (2009): Is This a Six Sigma, Lean, or Kaizen Project?, unter: http://www.isixsigma.com/library/, Zugriff am 10.12.2009.

Bush, M.; Dunaway, D. (2005): CMMI® Assessments. Motivating Positive Change, Boston, Massachusetts 2005.

Camp, R. C. (1994): Benchmarking, München et al. 1994.

Capgemini (2005): Capgemini Consulting: Change Management 2005, Veränderungen erfolgreich gestalten, Bedeutung, Strategien, Trends, o. O.

Capgemini (2010): Capgemini Consulting: Change Management Studie 2010, Business Transformation – Veränderungen erfolgreich gestalten, München 2010.

Capgemini (2011): Capgemini Consulting: HR-Barometer 2011. Bedeutung, Strategien, Trends in der Personalarbeit. Schwerpunkt: Organisationsdesign und -entwicklung, München 2011.

Capgemini (2012): Capgemini Consulting: Studie IT-Trends 2012. Business-IT-Alignment sichert die Zukunft, Berlin 2012.

Choudhury, A. (2010): Kaizen with Six Sigma Ensures Continuous Improvement, in: iSixSigma, Methodology, Kaizen, 26 February 2010, unter: http://www.isixsigma.com, Zugriff am 28.02.2010.

Chrissis, M. B.; Konrad, M.; Shrum, S. (2012): CMMI® Version 1.3 für die Entwicklung. Richtlinien für Prozessintegration und Produktverbesserung, München et al. 2012.

CMMI (2010): Capability Maturity Model Integration, unter: http://www.sei.cmu.edu/cmmi/solutions/info-center.cfm, Zugriff am 10.02.2012.

CMMI (2012): Carnegie Mellon, Software Engineering Institute: Process Maturity Profile, 2012 Mid-Year Update, September 2012, unter: http://www.sei.cmu.edu/searchresults.cfm, Zugriff am 08.11.2012.

CMMI-DEV (2010): CMMI® for Development, Version 1.3, Improving processes for developing better products and services, November 2010, unter: http://www.sei.cmu.edu/reports/10tr033.pdf, Zugriff am 10.02.2012

COBIT (2012): Control Objectives for Information and related Technology, COBIT 5, IT Governance Institute, unter: http://www.isaca.org/COBIT, Zugriff am 25.08.2012.

Coenen, C.; Stauss, B. (2006): Nicht nur drüber reden! Kundenzufriedenheitsmanagement in Deutschland, in: Qualität und Zuverlässigkeit (QZ), 51 (2006) 9, S. 22 – 27.

Computerwoche (2009): Shared Services senken die Kosten. Einsparungen bis zu 60 Prozent, 09.03.2009, unter: http://www.computerwoche.de/management/it-services/1889464/, Zugriff am 20.11.2012.

Conger, S. (2010): Six Sigma and Business Process Management, in: Brocke, J. v.; Rosemann, M. (Hrsg.): Handbook on Business Process Management 1. Introduction, Methods and Information Systems, Berlin 2010, S. 127 – 147.

Corrigan, S. (2005): KAIZEN BLITZ, tackling symptoms not causes, Vanguard Scotland, October 2005, unter: http://www.systemsthinking.co.uk/6-25.asp, Zugriff am 15.11.2009.

Crosby, P. (1979): Quality is Free. The Art of Making Quality Certain, New York et al. 1979.

CSC Index (1994): State of Reengineering Report: North America, Europe. Executive Summary, Cambridge, Massachusetts 1994.

Currle, M.; Lusebrink, P. (2003): Strategisch Prozesse verbessern. Mit der Balanced Scorecard gemeinsam Strategien finden und umsetzen, in: Qualität und Zuverlässigkeit (QZ), 48 (2003) 12, S. 1178 – 1182.

Currle, M.; Schwertner, K. (2005): Ausrichtung der Prozesse an der Unternehmensstrategie, in: Horváth & Partners (Hrsg.): Prozessmanagement umsetzen. Durch nachhaltige Prozessperformance Umsatz steigern und Kosten senken, Stuttgart 2005, S. 29 - 46.

Curtis, B. (2012): Verantwortung der Geschäftsführung für die Prozessverbesserung, in: Chrissis, M. B.; Konrad, M.; Shrum, S.: CMMI® Version 1.3 für die Entwicklung. Richtlinien für Prozessintegration und Produktverbesserung, München et al. 2012, S. 108 - 113.

Curtis, B.; Alden, J. (2007): The Business Process Maturity Model (BPMM): What, Why and How, BPTrends, A BPTrends Column, February 2007, unter: http://www.bptrends.com, Zugriff am 05.11.2009.

Dahm, M. H.; Haindl, C. (2011): Lean Management und Six Sigma. Qualität und Wirtschaftlichkeit in der Wettbewerbsstrategie, 2. Aufl., Berlin 2011.

Daniel, K. (2008): Managementprozesse und Performance. Ein Konzept zur reifegradbezogenen Verbesserung des Managementhandelns, Wiesbaden 2008.

Daum, J. H. (2003): Von der Budgetsteuerung zum Beyond Budgeting: Motivation, Fallbeispiele der Pioniere und Zukunftsperspektiven, in: Controlling & Management/Kostenrechnungspraxis (krp), Sonderheft (2003) 1, S. 77 - 93.

Davenport, T. H. (1993): Process Innovation, Reengineering Work through Information Technology, Boston, Massachusetts 1993.

Davenport, T. H. (2010): Process Management for Knowledge Work, in: Brocke, J. v.; Rosemann, M. (Hrsg.): Handbook on Business Process Management 1. Introduction, Methods and Information Systems, Berlin 2010, S. 17 - 35.

Davies, I.; Reeves, M. (2010): BPM Tool Selection: The Case of the Queensland Court of Justice, in: Brocke, J. v.; Rosemann, M. (Hrsg.): Handbook on Business Process Management 1. Introduction, Methods and Information Systems, Berlin 2010, S. 339 - 360.

DCGK (2012): Deutscher Corporate Governance Kodex, Fassung vom 15.05.2012, unter: http://www.corporate-governance-code.de, Zugriff am 05.07.2012.

Deimel, K.; Quante, S. (2003): Prozessoptimierung durch Shared Service Center, in: Controlling, 15 (2003) 6, S. 301 - 307.

Delfmann, P.; Herwig, S.; Stein, A. (2007): Prozessorientierte Organisationsgestaltung. Überblick und Einordnung des Themas Workflow Management, Lehrveranstaltung am 23.10.2007, Universität Münster, ERCIS (European Research Center for Information Systems), unter: http://www.wi.uni-muenster.de/, Zugriff am 22.08.2012.

Deming, W. E. (1994): Out of the crisis, 19. Aufl., Cambridge, Massachusetts 1994.

dib-report (2012): Deutsches Institut für Betriebswirtschaft: dib-Benchmark-Studie Ideenmanagement 2012, Frankfurt am Main 2012.

DIN 55350-11 (2008): DIN 55350-11:2008-05, Begriffe zum Qualitätsmanagement - Teil 11: Ergänzung zu DIN EN ISO 9000:2005, Berlin 2008.

DIN ISO 10011-1 (1990): Deutsches Institut für Normung e. V. (Hrsg.): DIN ISO 10011-1, Leitfaden für das Audit von Qualitätssicherungssystemen - Teil 1: Auditdurchführung, Berlin 1990.

Dittrich, J.; Braun, M. (2004): Business Process Outsourcing. Entscheidungs-Leitfaden für das Out- und Insourcing von Geschäftsprozessen, Stuttgart 2004.

Dombrowski, B. (2011): Business Capability Management. Gezielte Ausrichtung der Artefakte einer Unternehmensarchitektur, Juni 2011, unter: http://www.generate-value.com/wp-content/uploads/2011/06/Business_Capabilities_Dombrowski_300_t.pdf, Zugriff am 04.08.2012

Doppler, K.; Lauterburg, C. (2008): Change Management. Den Unternehmenswandel gestalten, 12. Aufl., Frankfurt am Main 2008.

Dressler, S. (2007): Shared Services, Business Process Outsourcing und Offshoring. Die moderne Ausgestaltung des Back Office - Wege zur Kostensenkung und mehr Effizienz im Unternehmen, Wiesbaden 2007.

Driesch, M. v.; Blickle, T. (2005): Operatives, toolgestütztes Corporate Performance Management mit dem ARIS Process Performance Manager, in: Scheer, A.-W. et al. (Hrsg.) (2005): Corporate Performance Management, ARIS in der Praxis, Berlin 2005, S. 45 - 63.

EABPM (2009): European Association of Business Process Management EABPM (Hrsg.): Business Process Management. Common Body of Knowledge – BPM CBOK®. Leitfaden für das Prozessmanagement, Gießen 2009.

Ebeling, J. (2000): Die sieben elementaren Werkzeuge der Qualität, in: Kamiske, G.F. (Hrsg.): Unternehmenserfolg durch Excellence, München 2000, S. 277 – 307.

EFQM (1999): Business Process Management, How to embrace Process Management, EFQM Good Practice and Benchmarking Services, Brüssel 1999.

EFQM (2009): EFQM Transition Guide. How to upgrade to the EFQM Excellence Model 2010, Brüssel 2009.

EFQM (2012): European Foundation for Quality Management, unter: http://www.efqm.org/en/tabid/132/default.aspx, Zugriff am 05.12.2012.

Eggert, S.; Eisbrenner, T. (2008): Aktueller Marktüberblick zum Funktionsumfang von ERP-Systemen, in: ERP Management, 4 (2008) 1, S. 50 – 60.

Eggert, S.; Meier, S. (2009): Aktuelle Marktübersicht zum Funktionsumfang von Modellierungswerkzeugen, in: ERP Management, 5 (2009) 2, S. 56 – 62.

Ehlers, S. (Hrsg.) (2006): BPM – Business Prozessmanagement in Praxis und Anwendung, München 2006.

El Emam (2012): Prozessverbesserung in kleinen Unternehmen, in: Chrissis, M.B.; Konrad, M.; Shrum, S.: CMMI® Version 1.3 für die Entwicklung. Richtlinien für Prozessintegration und Produktverbesserung, München et al. 2012, S. 122 – 126.

Ellringmann H. (2000): Geschäftsprozesse ganzheitlich managen, Neuwied 2000.

Ellringmann, H. (2007): Vom Qualitätsmanagement zum strategischen Geschäftsprozessmanagement, in: Pfeifer, T.; Schmitt, R. (Hrsg.): Masing Handbuch Qualitätsmanagement, 5. Aufl., München S. 69 – 92.

Ellringmann, H.; Schmelzer, H.J. (Hrsg.) (2004): Geschäftsprozessmanagement inside, München 2004.

Engelhardt, C.; Hall, K.; Ortner, J. (Hrsg.) (2004): Prozesswissen als Erfolgsfaktor. Effiziente Kombination von Prozessmanagement und Wissensmanagement, Frankfurt am Main 2004.

Erlach, P. (2007): Wertstromdesign. Der Weg zur schlanken Fabrik, Berlin 2007.

eTOM (2009): enhanced Telecom Operations Map (eTOM), unter: www.tmforum.org, Zugriff am 28.12.2009.

Eversheim, W.; Bochtler, W.; Laufenberg, L. (1995): Simultaneous Engineering, Erfahrungen aus der Industrie für die Industrie, Berlin 1995.

Eyer, E.; Haussmann, T. (2005): Zielvereinbarung und variable Vergütung. Ein praktischer Leitfaden – nicht nur für Führungskräfte, 2. Aufl., Frankfurt am Main 2005.

Fachhochschule Koblenz (2007): Geschäftsprozessmanagement Umfrage 2007, Betreuung Prof. Komus, Koblenz 2009.

Fachhochschule Koblenz (2009): Brechtel, S.; Enting, C.; Hellwig, A.; Kup, K.; Röttjes, M.; Schliestedt, R.: Empirische Erhebung Praxis und Erfolgsfaktoren im Zusammenspiel von Six Sigma und BPM, Koblenz 2009.

Faßhauer, R. (1995): Die Bedeutung von Benchmarking-Analysen für die Gestaltung von Geschäftsprozessen, in: Mertins, K.; Siebert, G.; Kempf, S.: Benchmarking. Praxis in deutschen Unternehmen, Berlin 1995, S. 29 – 47.

Feldbrügge, R.; Brecht-Hadraschek, B. (2008): Prozessmanagement leicht gemacht: Geschäftsprozesse analysieren und gestalten, 2. Aufl., München 2008.

Feldmayer, J.; Seidenschwarz, W. (2005): Marktorientiertes Prozessmanagement. Wie Process Mass Customization Kundenorientierung und Prozessstandardisierung integriert, München 2005.

Fettke, P.; Loos, P. (2004): Referenzmodellierungsforschung, in: Wirtschaftsinformatik, 46 (2004) 5, S. 331 – 340.

Fettke, P.; Loos, P. (2005): Der Beitrag der Referenzmodellierung zum Business Engineering, in: HMD – Praxis der Wirtschaftsinformatik, Heft 241, Heidelberg 2005, S. 18 – 26.

Fiegler, M. (2008a): Was ist SOA?, Reihe SOA (Teil I), ORDIX News 3/2008, unter: http://www.ordix.de/ORDIXNews, Zugriff am 06.10.2009.

Fiegler, M. (2008b): SOA-Governance – Braucht SOA eine neue Regierung?, Reihe SOA (Teil II), ORDIX News 4/2008, unter: http://www.ordix.de/ORDIXNews, Zugriff am 06.10.2009.

Fiegler, M. (2009): Programmierung im Großen (BPEL), Reihe SOA (Teil IV), ORDIX News 2/2009, unter: http://www.ordix.de/ORDIXNews, Zugriff am 06.10.2009.

Fink, C. A. (2003): Prozessorientierte Unternehmensplanung. Analyse, Konzeption und Praxisbeispiele, Wiesbaden 2003.

Fischer, F.; Scheibeler, A. A. W. (2003): Handbuch Prozessmanagement. Effizienzsteigerung mit ISO 9001+9004. 1000 Beispiele aus der Praxis, München 2003.

Fischer, H.; Fleischmann, A.; Obermeier, S. (2006): Geschäftsprozesse realisieren. Ein praxisorientierter Leitfaden von der Strategie bis zur Implementierung, Wiesbaden 2006.

Fischermanns, G. (2012): Praxishandbuch Prozessmanagement, 10. Aufl., Gießen 2012.

Fischermanns, G.; Völpel, M. (2006): Der Reifegrad des Prozessmanagements, in: Zeitschrift Führung + Organisation (zfo), 75 (2006) 5, S. 284 – 290.

Fleischmann, A.; Schmidt, W.; Stary, C.; Obermeier, S.; Börger, E. (2011): Subjektorientiertes Prozessmanagement. Mitarbeiter einbinden, Motivation und Prozessakzeptanz steigern, München 2011.

Fließ, S. (2006): Prozessorganisation in Dienstleistungsunternehmen, Stuttgart 2006.

Förnges, J. (2006): Strategisches Prozessmanagement in der Praxis. Grundlagen, Methodik, Umsetzung, Saarbrücken 2006.

Fraunhofer IAO (2008): Spath, D.; Weisbecker, A. (Hrsg.): Business Process Management Tools 2008, Fraunhofer-Institut Arbeitswirtschaft und Organisation IAO, Stuttgart 2008.

Fraunhofer IAO (2010): Spath, D.; Weisbecker, A., Drawehn, J. (Hrsg.): Business Process Modeling 2010. Modellierung von ausführbaren Geschäftsprozessen mit der Business Process Modeling Notation, Fraunhofer-Institut Arbeitswirtschaft und Organisation IAO, Stuttgart 2010.

Fraunhofer IAO (2011): Spath, D. et al. (Hrsg.): Business Process Management Tools 2011, Fraunhofer-Institut Arbeitswirtschaft und Organisation IAO, Stuttgart 2011.

Fraunhofer IPA (2006a): Wittenstein, A.-K. et al.: Lean Office 2006, Fraunhofer-Institut Produktionstechnik und Automatisierung IPA, Stuttgart 2006.

Fraunhofer IPA (2006b): Wittenstein, A.-K. et al.: Wertstromdesign – Schlanke Prozesse in der Administration, Fraunhofer-Institut für Produktionstechnik und Automatisierung IPA, Stuttgart 2006.

Fraunhofer IPA (2011): Westkämper, E.; Sihn, W. (Hrsg.): Lean Office 2010. Erfolgsfaktoren der Lean-Implementierung in indirekten Unternehmensbereichen, Fraunhofer-Institut für Produktionstechnik und Automatisierung IPA, Stuttgart 2010.

Fraunhofer IPK (2011): Mertins, K.; Seidel, H. (Hrsg.): Praxisleitfaden Wissensmanagement, Fraunhofer-Institut für Produktionsanlagen und Konstruktionstechnik IPK und Fraunhofer-Institut für Fabrikbetrieb und Automatisierung IFF, Stuttgart 2011.

Fraunhofer ISI (2009): Lay, G.; Schat, H.-D.; Jäger, A.: Mit EFQM zu betrieblicher Exzellenz, PI-Mitteilung Nr. 49, Fraunhofer-Institut für System- und Innovationsforschung ISI, Karlsruhe 2009.

Fraunhofer ISST (2009): Weißenberg, N.; Stemmer, M.: Moderne IT-Plattformen für Geschäftsprozessmanagement und Portale. Vergleichende Bewertung der Toolsuiten von IBM, IDS Scheer & SAP sowie Intalio & Liferay, Kurzfassung, Fraunhofer-Institut für Software- und Systemtechnik ISST und Brücker GmbH, Dortmund 2009.

Freund, J.; Götzer, K. (2008): Vom Geschäftsprozess zum Workflow. Ein Leitfaden für die Praxis, München 2008.

Freund, J.; Rücker, B. (2012): Praxishandbuch BPMN 2.0, 3. Aufl., München 2012.

Friedberg, G. B.; Schrödter, R. (2005): Komplexität beherrschen ist kein Kinderspiel. Mit dem Prozesswirkungsgrad Prozesse objektiv bewerten, in: Qualität und Zuverlässigkeit (QZ), 50 (2005) 12, S. 29 – 33.

Friedli, T.; Kurr, M. A.; Stich, V. (2007): Tools des Prozessmanagements, in: Schuh, G.; Friedli, T.; Kurr, M. A.: Prozessorientierte Reorganisation, München 2007, S. 23 - 79.

Friedrichsen, U. (2010): Darf's ein bisschen weniger sein? Nutzen und Grenzen von Geschäftsprozessmanagement, in: Business Technology, (2010) 3, S. 2 - 7, unter: http://www.codecentric.de/kompetenzen/publikationen/nutzen-und-grenzen-von-geschaeftsprozessmanagement-darfs-ein-bisschen-weniger-sein/, Zugriff am 10.10.2012.

Fries, S.; Seghezzi, H. D. (1994): Entwicklung von Meßgrößen für Geschäftsprozesse, in: Controlling, 6 (1994) 6, S. 338 - 345.

Fröschle, U.; Geiger, W.; Weck, L. (1996): Die KVP Studie: Teil 1 - Lagefeststellung; Teil 2 - Lagebeurteilung. Eine Studie der Agamus Consult im Auftrag von Otto Wolff von Amerongen, Starnberg 1996.

Füermann, T.; Dammasch, C. (2003): Prozessmanagement. Anleitung zur Steigerung der Wertschöpfung, 2. Aufl., München 2003.

Fürst, A. (2012): Verfahren zur Messung der Kundenzufriedenheit im Überblick, in: Homburg, C. (Hrsg.): Kundenzufriedenheit. Konzepte - Methoden - Erfahrungen, 8. Aufl., Wiesbaden 2012, S. 123 - 153.

Gadatsch, A. (2009): Integriertes Geschäftsprozess- und Workflow-Management - Konzeption, Rollen und organisatorische Einbindung, in: Reinheimer, S. (Hrsg.): Prozessmanagement, HMD - Praxis der Wirtschaftsinformatik, Heft 266, Heidelberg 2009, S. 35 - 42.

Gadatsch, A. (2010): Grundkurs Geschäftsprozess-Management. Methoden und Werkzeuge für die IT-Praxis: Eine Einführung für Studenten und Praktiker, 6. Aufl., Wiesbaden 2010.

Gadatsch, A. (2012): Grundkurs Geschäftsprozess-Management. Methoden und Werkzeuge für die IT-Praxis: Eine Einführung für Studenten und Praktiker, 7. Aufl., Wiesbaden 2012.

Gadatsch, A.; Juszczak, J.; Krupp, A. (Hrsg.) (2008): Prozesscontrolling in Forschung und Praxis, Tagungsband zur 1. Fachtagung Prozesscontrolling, Schriftreihe des Fachbereiches Wirtschaft der Fachhochschule Bonn-Rhein-Sieg, Band 23, St. Augustin 2008.

Gadatsch, A.; Knuppertz, T.; Schnägelberger, S. (2004): Geschäftsprozessmanagement - Umfrage zur aktuellen Situation in Deutschland, in: Schriftenreihe des Fachbereiches Wirtschaft der Fachhochschule Bonn-Rhein-Sieg, Band 9, St. Augustin 2004.

Gaitanides, M. (1983): Prozeßorganisation. Entwicklung, Ansätze und Programme prozeßorientierter Organisationsgestaltung, München 1983.

Gaitanides, M. (1998): Business Reengineering. Prozeßmanagement - von der Managementtechnik zur Theorie der Unternehmung?, in: Die Betriebswirtschaft (DBW), 58 (1998) 3, S. 369 - 381.

Gaitanides, M. (2002): Processonomics - Prozessmanagement ist Wertmanagement, in: Zeitschrift Führung + Organisation (zfo), 71 (2002) 4, S. 196 - 200.

Gaitanides, M. (2006): Prozessmanagement zwischen Engineering und Reengineering?, in: Zeitschrift Führung + Organisation (zfo), 75 (2006) 5, S. 305 - 306.

Gaitanides, M. (2007): Prozessorganisation. Entwicklung, Ansätze und Programme des Managements von Geschäftsprozessen, 2. Aufl., München 2007.

Gaitanides, M. (2012): Prozessorganisation. Entwicklung, Ansätze und Programme des Managements von Geschäftsprozessen, 3. Aufl., München 2012.

Gaitanides, M.; Scholz, R.; Vrohlings, A. (1994): Prozeßmanagement - Grundlagen und Zielsetzungen, in: Gaitanides, M. et al.: Prozeßmanagement. Konzepte, Umsetzungen und Erfahrungen des Reengineering, München 1994, S. 1 - 19.

Gaitanides, M.; Scholz, R.; Vrohlings, A.; Raster, M. (Hrsg.) (1994): Prozeßmanagement: Konzepte, Umsetzungen und Erfahrungen des Reengineering, München 1994.

Gaitanides, M; Sjurts, I. (1995): Wettbewerbsvorteile durch Prozeßmanagement. Eine ressourcenorientierte Analyse, in: Corsten, H.; Will, T. (Hrsg.): Unternehmungsführung im Wandel, Stuttgart/Berlin/Köln 1995, S. 61 - 82.

Gänßlen, S. (2010): Strategisches Controlling: Best-Practice-Konzept der Hansgrohe AG, in: Klein, A. (Hrsg.): Strategische Controlling-Instrumente, Freiburg im Breisgau 2010, S. 21 - 34.

Gareis, R.; Stummer, M. (2007): Prozesse & Projekte, 2. Aufl., Wien 2007.

Garimella, K.; Lees, M.; Williams, B. (2008): BPM Basics for Dummies, Software AG Special Edition, Indianapolis, Indiana 2008.

Gausemeier, J.; Fink, A. (1999): Führung im Wandel. Ein ganzheitliches Modell zur zukunftsorientierten Unternehmensgestaltung, München 1999.

Gausemeier, J.; Plass, C.; Wenzelmann, C. (2009): Zukunftsorientierte Unternehmensgestaltung. Strategien, Geschäftsprozesse und IT-Systeme für die Produktion von morgen, München 2009.

George, M.; Rowlands, D.; Kastle, B. (2007): Was ist Lean Six Sigma?, Berlin 2007.

Gerhards, S.; Trauner, B. (2010): Wissensmanagement. 7 Bausteine für die Umsetzung in der Praxis, 4. Aufl., München 2010.

Geschäftsprozessmanagement (2012): Blog zur Prozessorientierten Organisationsgestaltung der Technischen Universität Graz, unter: http://de.processorientation.com/?p=65, Zugriff am 12.11.2012.

Gierhake, O. (2000): Integriertes Geschäftsprozeßmanagement. Effektive Organisationsgestaltung mit Workflow-, Workgroup- und Dokumentenmanagement-Systemen, 3. Aufl., Braunschweig 2000.

Glass, D. (2005): Auslegung eines Prozessmanagement-Systems, in: Hirzel, M.; Kühn, F. (Hrsg.): Prozessmanagement in der Praxis. Wertschöpfungsketten planen, optimieren und erfolgreich steuern, Wiesbaden 2005, S. 221 - 236.

Gleich, R. (2011): Performance Measurement. Konzepte, Fallstudien und Grundschema für die Praxis, 2. Aufl., München 2011.

Gleich, R.; Schneider, Ch.; Sommer, L. P.; Tyssen, M. (2010): Corporate Foresight: Organisation der Zukunftsorientierung im strategischen Controlling, in: Klein, A. (Hrsg.): Strategische Controlling-Instrumente, Freiburg 2010, S. 35 - 54.

Gogoll, A. (2000): Management-Werkzeuge der Qualität, in: Kamiske, G. F. (Hrsg.): Unternehmenserfolg durch Excellence, München 2000, S. 346 - 358.

Gogoll, A. (2006): Funktionen oder Prozesse? Die Siemens AG, in: Qualität und Zuverlässigkeit (QZ), 51 (2006) 8, S. 22 f.

Gogoll, A.; Theden, P. (2000): Techniken des Quality Engineering, in: Kamiske, G. F. (Hrsg.): Unternehmenserfolg durch Excellence, München 2000, S. 308 - 345.

Göppel, R. (2011): Praxiswissen Prozessmanagement, 2. Aufl., Stuttgart 2011.

Gorecki, P.; Pautsch, P. (2011): Lean Management. Auf den Spuren des Erfolges der Managementphilosophie von Toyota und Co., 2. Aufl., München 2011.

Götze, U. (2007): Prozesscontrolling, in: Zeitschrift für Planung & Unternehmenssteuerung, Band 18 (2007) 3, S. 323 - 332.

Götze, U. (2010): Grundlagen des Prozesscontrolling. Ansatzpunkte und Instrumente, in: Professional Process - Zeitschrift für modernes Prozessmanagement im Gesundheitswesen, 4 (2010) 1, S. 4 - 6.

GPM (2012): Deutsche Gesellschaft für Projektmanagement e. V.: Der Deutsche Project Excellence Award, unter: http://www.gpm-ipma.de/ueber_uns/gpm_awards/deutscher_pe_award.html, Zugriff am 05.12.2012.

Grafmüller, M. H. (2000): Prozeßmanagement in der Automobilindustrie. Betriebliche Umsetzung am Beispiel der Volkswagen AG, Wiesbaden 2000.

Grant, R. M.; Nippa, M. (2006): Strategisches Management. Analyse, Entwicklung und Implementierung von Unternehmensstrategien, 5. Aufl., München 2006.

Graßler, A. (2006): KVP - das europäische Kaizen, unter: http://www.bpm-guide.de/articles/print/16.

Greischel, P. (2003): Balanced Scorecard. Erfolgsfaktoren und Praxisberichte, München 2003.

Griese, J.; Sieber, P. (1999): Betriebliche Geschäftsprozesse: Grundlagen, Beispiele, Konzepte, Bern et al. 1999.

Gronau, N. (2009): Wissen prozessorientiert managen. Methode und Werkzeuge für die Nutzung des Wettbewerbsfaktors Wissen in Unternehmen, München 2009.

Grönke, K. (2005): Prozesstransformation durch Restrukturierung, in: Horváth & Partners (Hrsg.): Prozessmanagement umsetzen. Durch nachhaltige Prozessperformance Umsatz steigern und Kosten senken, Stuttgart 2005, S. 87 - 105.

Grönke, K.; Höhner, M. A.; Sima, T. (2005): Management der Internal-Services-Prozesse, in: Horváth & Partners (Hrsg.): Prozessmanagement umsetzen. Durch nachhaltige Prozessperformance Umsatz steigern und Kosten senken, Stuttgart 2005, S. 277 - 292.

Guba, S.; Kettinger, W. J.; Teng, T. C. (1993): Business Process Reengineering, in: Information Systems Management, Summer Issue, 1994, S. 1 - 22.

Gulledge, T. R. et al. (2005): Automatisierung von Logistikprozessen bei der U.S. Army auf Grundlage von SAP NetWeaver, in: Scheer, A.-W.; Jost, W.; Wagner, K. (Hrsg.): Von Prozessmodellen zu ablauffähigen Anwendungen, ARIS in der Praxis, Berlin 2005, S. 49 - 67.

Günter, B. (2012): Beschwerdemanagement als Schlüssel zur Kundenzufriedenheit, in: Homburg, C. (Hrsg.): Kundenzufriedenheit. Konzepte - Methoden - Erfahrungen, 8. Aufl., Wiesbaden 2012, S. 325 - 348.

Günther, T. (1997): Unternehmenswertorientiertes Controlling, München 1997.

Habermann, T.; Doch, J. (2009): Projektauswahlprozess als Erfolgsfaktor für Business Process Excellence (BPE), in: Töpfer, A. (Hrsg.): Lean Six Sigma. Erfolgreiche Kombination von Lean Management, Six Sigma und Design for Six Sigma, Berlin 2009, S. 233 - 248.

Hagen, R. v. (2004): Rollenverteilung im Rahmen der Six Sigma Organisation von GE Capital, in: Töpfer, A. (Hrsg.): Six Sigma. Konzeption und Erfolgsbeispiele für praktizierte Null-Fehler-Qualität, 2. Aufl., Berlin 2004, S. 188 - 198.

Hall, G.; Rosenthal, J.; Wade, J. (1993): How to Make Reengineering Really Work, in: Harvard Business Review, (1993) 11/12, S. 119 - 131.

Hall, J. M.; Johnson, M. E. (2009): Wie standardisiert müssen Prozesse sein?, in: Harvard Businessmanager, (2009) 5, S. 78 - 87.

Halstrup, D.; Steinert, C. (2011): Zum Stellenwert der Personalführung in deutschen Unternehmen. Studie der Hochschule Osnabrück 2010, in: HR Round Table News, 2. Halbjahr 2011, unter: http://www.hr-roundtable.de/aktuell/magazin-hr-news/news-2-halbjahr-2011, Zugriff am 05.12.2012.

Hamel, G.; Prahalad, C. (1995): Wettlauf um die Zukunft. Wie Sie mit bahnbrechenden Strategien die Kontrolle über Ihre Branche gewinnen und die Märkte von morgen schaffen, Wien 1995.

Hammer, M. (2002a): Der Weg zum supereffizienten Unternehmen, in: Harvard Businessmanager, (2002) 2, S. 40 - 52.

Hammer, M. (2002b): Process Management and the Future of Six Sigma, in: IEEE Engineering Management Review, 30 (2002) 4, S. 56 - 63.

Hammer, M. (2007): Der große Prozess-Check, in: Harvard Businessmanager, (2007) 5, S. 35 - 52.

Hammer, M. (2010): What is Business Process Management? in: Brocke, J. v.; Rosemann, M. (Hrsg.): Handbook on Business Process Management 1. Introduction, Methods and Information Systems, Berlin 2010, S. 3 - 16.

Hammer, M.; Champy, J. (1993): Reengineering the Corporation, New York 1993.

Hammer, M.; Champy, J. (1994): Business Reengineering, Frankfurt am Main/New York 1994.

Hanschke, I. (2012): Enterprise Architecture Management - einfach und effektiv. Ein praktischer Leitfaden für die Einführung von EAM, München 2012.

Hanschke, I.; Lorenz, R. (2012): Strategisches Prozessmanagement - einfach und effektiv. Ein praktischer Leitfaden, München 2012.

Hansmann, H.; Laske, M.; Luxem, R. (2008): Einführung der Prozesse - Prozess-Roll-out, in: Becker, J.; Kugeler, M.; Rosemann, M. (Hrsg.): Prozessmanagement. Ein Leitfaden zur prozessorientierten Organisationsgestaltung, 6. Aufl., Berlin 2008, S. 269 - 298.

Harmon, P. (2003): CMMI: Guidelines for Process Integration and Product Improvement, A BPT Book Review, 2003, unter: http://www.bptrends.com, Zugriff am 05.11.2009.

Harmon, P. (2007): Process Maturity Models, BPTrends, Email Advisor, Vol. 5, No.r 5, March 20, 2007, unter: http://www.bptrends.com, Zugriff am 05.11.2009.

Harmon, P. (2009): Process Maturity Models, BPTrends, Spotlights, Vol. 2, No. 5, May 19, 2009, unter: http://www.bptrends.com, Zugriff am 05.11.2009.

Harmon, P. (2010): The Scope and Evolution of Business Process Management, in: Brocke, J. v.; Rosemann, M. (Hrsg.): Handbook on Business Process Management 1. Introduction, Methods and Information Systems, Berlin 2010, S. 37 - 81.

Harmon, P.; Wolf, C. (2012): Business Process Centers of Excellence, BPTrends-Report, December 2012, unter: http://www.bptrends.com/surveys_landing.cfm, Zugriff am 05.12.2012.

Harrington, H.J. (1991): Business Process Improvement - The Breakthrough Strategy for Total Quality Management, Productivity and Competitiveness, New York et al. 1991.

Harry, M.; Schroeder, R. (2000): Six Sigma. Prozesse optimieren, Null-Fehler-Qualität schaffen, Rendite radikal steigern, Frankfurt am Main 2000.

Heberling, C. (2011): Über's Malen zum Managen, in: Komus, A. (Hrsg.): BPM Best Practice. Wie führende Unternehmen ihre Geschäftsprozesse managen, Berlin 2011, S. 61 - 75.

Heckl, D. (2010): Steuerung der Performance von Dienstleistungsprozessen. Konzeption eines Frameworks zur Steuerung der Prozessperformance am Beispiel des Kreditprozesses, Berlin 2010.

Heckl, D.; Moormann, J. (2010): Process Performance Management, in: Brocke, J. v.; Rosemann, M. (Hrsg.): Handbook on Business Process Management 2. Strategic Alignment, Governance, People and Culture, Berlin 2010, S. 115 - 135.

Heinzelmann, M.; Paulus, J. (2005): Anforderungen an die IT-Systeme im Rahmen des Prozesscontrolling, in: Horváth & Partners (Hrsg.): Prozessmanagement umsetzen. Durch nachhaltige Prozessperformance Umsatz steigern und Kosten senken, Stuttgart 2005, S. 181 - 190.

Heinzle, S. (2002): Strategie und Prozessmanagement: Die X-Matrix, in: Reichart, M. (Hrsg.): Prozessmanagement mit System, Berlin 2002, S. 169 - 191.

Heisig, P. (2005): Integration von Wissensmanagement in Geschäftsprozesse, Berlin 2005.

Helbig, R. (2003): Prozessorientierte Unternehmensführung. Eine Konzeption mit Konsequenzen für Unternehmen und Branchen dargestellt an Beispielen aus Dienstleistung und Handel, Heidelberg 2003.

Helm, R.; Meckl, R.; Strohmayer, M.; Bernau, A. (2004): Ein Wissensmanagementansatz auf Basis der Balanced Scorecard, in: Controlling, 16 (2004) 3, S. 133 - 140.

Hennig, K.W. (1934): Einführung in die betriebswirtschaftliche Organisationslehre, Berlin 1934.

Heß, H. (2004): Marktführerschaft durch Process Performance Management, Konzepte, Trends und Anwendungsszenarien, in: Scheer, A.-W. et al.: Innovation durch Geschäftsprozessmanagement, Jahrbuch Business Process Excellence 2004/2005, Berlin 2004, S. 119 - 136.

Heß, H. (2005): Von der Unternehmensstrategie zur Prozess-Performance - Was kommt nach Business Intelligence?, in: Scheer, A.-W. et al. (Hrsg.) (2005): Corporate Performance Management, ARIS in der Praxis, Berlin 2005, S. 7 - 28.

Hess, H.; Blickle, T.; Driesch, M. v. d. (2009): Von der Business Intelligence zur Process Intelligence, in: Computerworld.ch, 27.04.2009, unter: http://www.computerworld.ch, Zugriff am 10.11.2009.

Hess, T.; Brecht, L.; Österle, H. (1995): Stand und Defizite der Methoden des Business Process Redesign, in: Wirtschaftsinformatik, 37 (1995) 5, S. 480 - 486.

Hess, T.; Schuller, D. (2005): Business Process Reengineering als nachhaltiger Trend? Eine Analyse der Praxis in deutschen Großunternehmen nach einer Dekade, in: Zeitschrift für betriebswirtschaftliche Forschung (zfbf), 57 (2005) 6, S. 355 - 373.

Hesseler, M.; Görtz, M. (2007): Basiswissen ERP-Systeme. Auswahl, Einführung & Einsatz betriebswirtschaftlicher Standardsoftware, Herdecke 2007.

Hilgert, T. (2010): Verortung von Unternehmensgrenzen auf Prozessebene, Berlin 2010.

Hiller, C.; Minar-Hödel, P.; Zahradnik, H. (2010): Prozessmanagement. Komplexe Prozesse einfach steuern, Wien 2010.

Hinterhuber, H.H. (1992): Strategische Unternehmensführung, I. Strategisches Denken, 5. Aufl., Berlin/New York 1992.

Hinterhuber, H. H. (2004): Strategische Unternehmensführung, II. Strategisches Handeln, 7. Aufl., Berlin/New York 2004.

Hippner, H.; Wilde, K. H. (2002): CRM – Ein Überblick, in: Helmke, S.; Uebel, M.; Dangelmaier, W. (Hrsg.): Effektives Customer Relationship Management, 2. Aufl., Wiesbaden 2002, S. 3 – 37.

Hirzel, M.; Kühn, F. (Hrsg.) (2005): Prozessmanagement in der Praxis. Wertschöpfungsketten planen, optimieren und erfolgreich steuern, Wiesbaden 2005.

Hodel, M.; Berger, A.; Risi, P. (2004): Outsourcing realisieren. Vorgehen für IT und Geschäftsprozesse. Nachhaltige Steigerung des Unternehmenserfolgs, Wiesbaden 2004.

Hoffmeyer, M. (2012): Immer dieser Widerstand, in: Süddeutsche Zeitung, 18. 08./19. 08. 2012, S. V2/9.

Hogrebe, F.; Nüttgens, M. (2009): Business Process Maturity Model (BPMM): Konzeption, Anwendung und Nutzenpotenziale, in: Reinheimer, S. (Hrsg.): Prozessmanagement, HMD – Praxis der Wirtschaftsinformatik, Heft 266, Heidelberg 2009, S. 17 – 25.

Hollekamp, M. (2005): Strategisches Outsourcing von Geschäftsprozessen. Eine empirische Analyse der Wirkungszusammenhänge und der Erfolgswirkungen von Outsourcingprojekten am Beispiel von Großunternehmen in Deutschland, München 2005.

Homburg, C. (Hrsg.) (2012): Kundenzufriedenheit. Konzepte – Methoden – Erfahrungen, 8. Aufl., Wiesbaden 2012.

Homburg, C.; Bucerius, M. (2012): Kundenzufriedenheit als Managementherausforderung, in: Homburg, C. (Hrsg.): Kundenzufriedenheit. Konzepte – Methoden – Erfahrungen, 8. Aufl., Wiesbaden 2012, S. 53 – 91.

Homburg, C.; Hocke, G. (1998): Change Management durch Reengineering? Eine Bestandsaufnahme, in: Zeitschrift Führung + Organisation (zfo), 67 (1998) 5, S. 294 – 299.

Homburg, C.; Rudolph, B. (1995): Wie zufrieden sind Ihre Kunden tatsächlich?, in: Harvard Businessmanager, (1995) 1, S. 43 – 50.

Honeywell (2002): Von KVP bis Six Sigma, Verbesserungsstrategien für Fortgeschrittene, Seminarunterlage „Management live“, Schönaich 2002.

Horváth & Partners (2008): Vierte Balanced-Scorecard-Studie von Horváth & Partners, unter: http://www.competencesite.de/Geschaeftsprozessmanagement/ vom 26. 08. 2008.

Horváth & Partners (Hrsg.) (1998): Prozesskostenmanagement. Methodik und Anwendungsfelder, 2. Aufl., München 1998.

Horváth & Partners (Hrsg.) (2001): Balanced Scorecard umsetzen, Stuttgart 2001

Horváth & Partners (Hrsg.) (2004): Performance-Steigerung durch Verbesserung der strategischen Führungsprozesse, Studienergebnisse und Handlungsempfehlungen, Düsseldorf 2004.

Horváth & Partners (Hrsg.) (2005): Prozessmanagement umsetzen. Durch nachhaltige Prozessperformance Umsatz steigern und Kosten senken, Stuttgart 2005.

Horváth, P. (2008): Controlling, 11. Aufl., München 2008.

Horváth, P. (Hrsg.) (1994): Kunden und Prozesse im Fokus – Controlling und Reengineering, Stuttgart 1994.

Horváth, P. (Hrsg.) (1997): Die „Vorderseite“ der Prozessorientierung, in: Controlling, 9 (1997) 2, S. 114.

Horváth, P. (Hrsg.) (2005): Organisationsstrukturen und Geschäftsprozesse wirkungsvoll steuern, Stuttgart 2005.

Horváth, P.; Gaiser, B. (2000): Implementierungserfahrungen mit der Balanced Scorecard im deutschen Sprachraum – Anstöße zur konzeptionellen Weiterentwicklung, in: Betriebswirtschaftliche Forschung und Praxis (BFuP), (2000) 1, S. 17 – 35.

Horváth, P.; Mayer, R. (1989): Prozeßkostenrechnung. Der neue Weg zu mehr Kostentransparenz und wirkungsvolleren Unternehmensstrategien, in: Controlling, 1 (1989) 4, S. 214 – 219.

Hruschka, P. (2012): Requirements Engineering, in: Tiemeyer, E.: Handbuch IT-Projektmanagement. Vorgehensmodelle, Managementinstrumente, Good Practices, München 2010, S. 411 – 444.

Hummel, T.; Malorny, C. (1996): Total Quality Management. Tips für die Einführung, München 1996.

Huntzinger, J. (2006): The Roots of Lean. Training Within Industry: The Origin of Japanese Management and Kaizen, Juli 2006, unter: www.leaninstituut.nl/publications/Roots-of-Lean-TWI.pdf, Zugriff am 18.12.2009.

Hutwelker, R. (2006): Hard & Soft Facts zur Prozessverbesserung – Teil 2: six sigma, unter: http://www.bpm-guide.de/articles/print/32.

IBM (2007): Jørgensen, H.H.; Albrecht, J.; Neus, A.: Making Change Work. Erfolgsfaktoren für die Einführung von Innovationen, Studie der IBM Global Business Services in Kooperation mit dem Zentrum für Evaluation und Methoden (ZEM) der Rheinischen Friedrich-Wilhelms-Universität Bonn, Stuttgart 2007.

IBM (2010): IBM Deutschland GmbH: Unternehmensführung in einer komplexen Welt. Global CEO Study, Ehningen 2010.

IBM Software Group (2010): Einsparpotenzial gesichert – Business Rule Management als Instrument für Flexibilisierung und Qualitätssteigerung, unter: ftp://public.dhe.ibm.com/software/ch/de, Zugriff am 06.06.2012.

IDS Scheer (2005): Business Process Report 2005, Saarbrücken 2005.

IDS Scheer (2006): Business Process Report 2006, Saarbrücken 2006.

IDS Scheer (2007): Business Process Report 2007, Saarbrücken 2007.

Imai, M. (1992): Kaizen. Der Schlüssel zum Erfolg der Japaner im Wettbewerb, 3. Aufl., München 1992.

Imai, M. (1997): Gemba Kaizen, München 1997.

Imai, M. (1997): Gemba Kaizen, Permanente Qualitätsverbesserung, Zeitersparnis und Kostensenkung am Arbeitsplatz, München 1997.

Imai, M. (2002): Kaizen. Der Schlüssel zum Erfolg im Wettbewerb, 2. Aufl., München 2002.

INIFES (2006): Internationales Institut für Empirische Sozialökonomie: Was ist gute Arbeit? – Anforderungen aus der Sicht von Erwerbstätigen, Forschungsbericht an die Bundesanstalt für Arbeitsschutz und Arbeitsmedizin, Stadtbergen 2006.

International Group of Controlling (Hrsg.) (2005): Controller Wörterbuch, 3. Aufl., Stuttgart 2005.

ISC (2009): Improvement Skills Consulting: Routine vs. Emergent Processes, unter: http://ianjseath.files.wordpress.com/2009/09/routine-vs-emergent-processes.pdf, Zugriff am 21.10.2012.

ISO 10011-1 (1990): Deutsches Institut für Normung e.V. (Hrsg.): DIN ISO 10011-1, Leitfaden für das Audit von Qualitätssicherungssystemen – Teil 1: Auditdurchführung, Berlin 1990.

ISO 31000:2009: International Organization for Standardization: ISO 3100:2009, Risk Management – Principles and Guidelines, Genf 2009.

ISO 31010:2009: International Organization for Standardization; International Electrotechnical Commission: IEC/ISO 31010:2009, Risk Management – Risk Management Techniques, Genf 2009.

ISO 9000:2005: Deutsches Institut für Normung e.V. (Hrsg.): DIN EN ISO 9000:2005, Qualitätsmanagementsysteme – Grundlagen und Begriffe, Berlin 2005.

ISO 9001:2008: Deutsches Institut für Normung e.V. (Hrsg.): DIN EN ISO 9001:2008, Qualitätsmanagementsysteme, Berlin 2008.

ISO 9004:2009: Deutsches Institut für Normung e.V. (Hrsg.): DIN EN ISO 9001:2009, Leiten und Lenken für den nachhaltigen Erfolg einer Organisation – Ein Qualitätsmanagementansatz, Berlin 2009.

ISO/IEC 12207 (1995): International Standard ISO/IEC 12207: Information Technology – Software life cycle processes, 1995, S. 7ff.

ISO/IEC 15504-5:2006: ISO/IEC 15504: Information technology – Process Assessment – Part 5: An exemplar Process Assessment Model, unter: http://www.iso.org/iso/iso_catalogue.htm, Zugriff am 20.11.2009.

ISO/IEC 20000 (2005): IT-Service-Management, ISO/IEC 20000-1:2005 und ISO/IEC 20000-2:2005, unter: http://www.iso.org/iso/iso_catalogue.htm, Zugriff am 10.11.2009.

ISO/TS 16949:2002: Verband der Automobilindustrie (VDA): Qualitätsmanagementsysteme. Besondere Anforderungen bei Anwendung von ISO 9001:2000 für die Serien- und Ersatzteil-Produktion in der Automobilindustrie, Oberursel 2002.

ITIL (2007): IT Infrastructure Library (ITIL), unter: http://www.itil-officialsite.com, Zugriff am 28.12.2009.

ITIL (2012): IT Infrastructure Library (ITIL): ITIL 2011, unter: http://www.itil-officialsite.com/Publications/, Zugriff am 25.08.2012.

Jankulik, E.; Kuhlang, P.; Piff, R. (2005): Projektmanagement und Prozessmessung. Die Balanced Scorecard im projektorientierten Unternehmen, Erlangen 2005.

Jankulik, E.; Piff, R. (2009): Praxishandbuch Prozessoptimierung. Management- und Kennzahlensysteme für den Geschäftserfolg, Erlangen 2009.

Jeston, J.; Nelis, J. (2008): Business Process Management. Practical Guidelines to Successful Implementations, 2nd ed., Amsterdam et al. 2008.

Johannsen, F.; Leist, S.; Zellner, G. (2010): Implementing Six Sigma for Improving Business Processes at an Automotive Bank, in: Brocke, J. v.; Rosemann, M. (Hrsg.): Handbook on Business Process Management 1. Introduction, Methods and Information Systems, Berlin 2010, S. 361 - 382.

Jost, W. (2002): Geschäftsprozessmanagement gewinnt zunehmend an Bedeutung, in: Information Management & Consulting (IM), 17 (2002) 10 Sonderausgabe, S. 102 ff.

Jost, W. (2004): Vom CIO zum CPO, in: Harvard Businessmanager, (2004) September, S. 88 f.

Jost, W. (2008): Geschäftsprozessmanagement steuert Business Performance, in: Information Management & Consulting, 23 (2008) 2, S. 57 - 59.

Jost, W.; Wagner, K. (2005): Der Weg vom Prozess zu Anwendung, in: Scheer, A.-W.; Jost, W.; Wagner, K. (Hrsg.): Von Prozessmodellen zu ablauffähigen Anwendungen, ARIS in der Praxis, Berlin 2005, S. 17 - 31.

Jung, B. (2006): Prozessmanagement in der Praxis. Vorgehensweisen, Methoden, Erfahrungen, 2. Aufl., Köln 2006.

Käfer, R.; Wagner, K. W. (2006): ISO 9000:2000-Prozessmodell, in: Wagner, K. W. (Hrsg.): PQM - Prozessorientiertes Qualitäts-Management. Leitfaden zur Umsetzung der ISO 9001:2000, 3. Aufl., München 2006.

Kagermann, H.; Zencke, P. (2005): Die Renaissance des Geschäftsprozess-Managements. Vom Modellierungswerkzeug zur Prozessplattform für den Wandel, in: Information Management & Consulting (IM), 20 (2005) Sonderausgabe, S. 6 - 12.

Kamiske, G. F. (Hrsg.) (2000): Unternehmenserfolg durch Excellence, München 2000.

Kamiske, G. F.; Füermann, T. (1995): Reengineering versus Prozeßmanagement. Der richtige Weg zur prozeßorientierten Organisationsgestaltung, in: Zeitschrift Führung + Organisation (zfo), 64 (1995) 3, S. 142 - 148.

Kano, N.; Seraku, N.; Takahashi, F.; Tsuji, S. (1984): Attractive Quality and Must-be Quality, in: Hinshitsu, The Journal of the Japanese Society for Quality Control, Vol. 14 (1984) No. 2, S. 39 - 48.

Kaplan, R. B.; Murdock, L. (1991): Core process redesign, in: The McKinsey Quarterly, (1991) 2, S. 27 - 43.

Kaplan, R. S.; Norton, D. P. (1997): Balanced Scorecard - Strategien erfolgreich umsetzen, Stuttgart 1997.

Kaplan, R. S.; Norton, D. P. (2001): Die strategiefokussierte Organisation, Stuttgart 2001.

Kaplan, R. S.; Norton, D. P. (2004a): Strategy Maps. Converting Intangible Assets into Tangible Outcomes, Boston, Massachusetts 2004.

Kaplan, R. S.; Norton, D. P. (2004b): Strategy Maps. Der Weg von immateriellen Werten zum materiellen Erfolg, Stuttgart 2004.

Kaufmann, U. H. (2012): Praxisbuch Lean Six Sigma. Werkzeuge und Beispiele, München 2012.

KDV NRW (2010): Kompetenzzentrum Digitale Verwaltung Nordrhein-Westfalen: Modellierungshandbuch FaMoS 2.0. Standards und Regeln zur Fachmodellierung kommunaler Geschäftsprozesse, Bochum 2010.

Keil, C.; Reiners, F. G.; Leierseder, M.; Prem, B. (2005): Geschäftsprozessmanagement bei Knorr-Bremse AG, in: Ellringmann, H.; Schmelzer, H. J. (Hrsg.): Geschäftsprozessmanagement inside, München 2005.

Kelle, J.; Stern, C. (2006): Kann ein Produktionssystem mehr als Produktionsprozesse optimieren? Der Einsatz eines Produktionssystems im administrativen Bereich am Beispiel des Werks Mannheim der DaimlerChrysler AG, in: Zeitschrift Führung + Organisation (zfo), 75 (2006) 3, S. 278 - 283.

Kemsley, S. (2010): Enterprise 2.0 Meets Business Process Management, in: Brocke, J. v.; Rosemann, M. (Hrsg.): Handbook on Business Process Management 2. Strategic Alignment, Governance, People and Culture, Berlin 2010, S. 565 - 574.

Kieser, A. (1996): Business Process Reengineering - neue Kleider für den Kaiser?, in: Zeitschrift Führung + Organisation (zfo), 65 (1996) 3, S. 179 - 185.

Kirchmer, M. (2010): Management of Process Excellence, in: Brocke, J. v.; Rosemann, M. (Hrsg.): Handbook on Business Process Management 2. Strategic Alignment, Governance, People and Culture, Berlin 2010, S. 39 - 56.

Kirchmer, M. (2011): High Performance Through Process Excellence. From Strategy to Execution with Business Process Management, 2nd ed., Berlin 2011.

Klein, A. (Hrsg.) (2010): Strategische Controlling-Instrumente, Freiburg im Breisgau 2010.

Klimmer, M. (2012): Unternehmensorganisation. Eine kompakte und praxisnahe Einführung, 3. Aufl., Herne 2012.

Kneuper, R. (2007): CMMI. Verbesserung von Softwareprozessen mit Capability Maturity Model Integration, 3. Aufl., Heidelberg 2007.

Knuppertz, T. (2008): Konzeption des Prozesscontrolling, in: Gadatsch, A.; Juszczak, J.; Krupp, A. (Hrsg.): Prozesscontrolling in Forschung und Praxis, Tagungsband zur 1. Fachtagung Prozesscontrolling, Schriftreihe des Fachbereiches Wirtschaft der Fachhochschule Bonn-Rhein-Sieg, Band 23, St. Augustin 2008, S. 40 - 51.

Knuppertz, T. (2009): Prozessmanagement für Dummies, Weinheim 2009.

Knuppertz, T.; Ahlrichs, F. (2007): Prozessorientiertes Risikomanagement, in: Controlling, 19 (2007) 8/9, S. 491 - 499.

Knuppertz, T.; Feddern, U. (2011): Prozessorientierte Unternehmensführung. Prozessmanagement ganzheitlich einführen und verankern, Stuttgart 2011.

Koch, D.; Hess, T. (2003): Business Process Redesign als nachhaltiger Trend? Eine empirische Studie zu Aktualität, Inhalten und Gestaltung in deutschen Großunternehmen, Arbeitsbericht Nr. 6/2003 des Instituts für Wirtschaftsinformatik und Neue Medien (WIM), Ludwig-Maximilians-Universität München, München 2003.

Koch, S. (2011): Einführung in das Management von Geschäftsprozessen. Six Sigma, Kaizen und TQM, Berlin 2011.

Kohl, G. (2001): Prozessbenchmarking, in: Wagner, K. W. (Hrsg.): PQM - Prozessorientiertes Qualitätsmanagement, München 2001, S. 253 - 262.

Kohl, I.; Orth, R. (2010): Prozessmanagement und Wissensmanagement, in: Jochem, R.; Mertins, K.; Knothe, T. (Hrsg.): Prozessmanagement. Strategien. Methoden, Umsetzung, Düsseldorf 2010, S. 169 - 192.

Kohlbacher, M. (2008): Process orientation of Manufacturing Companies, in: Proceedings of the GBDI Tenth International Conference, Global Business Development Institute, Las Vegas 2008, pp. 142 - 149.

Kohlbacher, M. (2010): The effects of process orientation. A literature review, in: Business Process Management Journal, 16 (2010) 1, pp. 135 - 152.

Kohlbacher, M.; Gruenwald, S. (2011a): Process ownership, process performance measurement and firm performance, in: International Journal of Productivity and Performance Management, 60 (2011) 7, pp. 709 - 720.

Kohlbacher, M.; Gruenwald, S. (2011b): Process orientation. Conceptualization and measurement, in: Business Process Management Journal, 17 (2011) 2, pp. 267 - 283.

Kohlbacher, M.; Gruenwald, S.; Kreuzer, E. (2011): Corporate Culture in Line with Business Process Orientation and Its Impact on Organizational Performance, in: Muehlen, M. z.; Jianwen, S. (Hrsg.): Business Process Management 2010 Workshops, Berlin/Heidelberg 2011, pp. 16 - 24.

Kohlbacher, M.; Weitlaner, D. (2011): Process Cascade- and Segmentation-Based Organizational Design. A Case Study, in: Proceedings of the IEEE International Conference on Industrial Engineering and Engineering Management, Singapore, December 6-9, 2011, pp. 1343 - 1347.

Kohlöffel, K. M. (2000): Strategisches Management, München 2000.

Kompetenzzentrum für Prozessmanagement (2008): Status Quo Prozessmanagement 2007/ 2008 - Ergebniszusammenfassung, Köln 2008.

Komus, A. (2011): BPM Best Practice - Erfolgsfaktoren der Prozessorientierung, in: Komus, A. (Hrsg.): BPM Best Practice. Wie führende Unternehmen ihre Geschäftsprozesse managen, Berlin 2011, S. 3 - 57.

Komus, A. (Hrsg.) (2011): BPM Best Practice. Wie führende Unternehmen ihre Geschäftsprozesse managen, Berlin 2011.

Komus, A.; taraneon Process TestLab (2012): Zukunftsthema Qualität im Geschäftsprozessmanagement. Die Studie zur Qualität im Geschäftsprozessmanagement von deutschen und internationalen Unternehmen, Koblenz/Bad Homburg 2012.

Komus, A.; Wauch, F. (2008): Wikimanagement. Was Unternehmen von Social Software und Web 2.0 lernen können, München 2008.

Kopp, R. (1998): KVP und lernende Organisation: Ausgangspunkte einer zukunftsweisenden Managementpraxis, in: Howaldt, J.; Kopp, R.; Winther, M. (Hrsg.): Kontinuierlicher Verbesserungsprozeß. KVP als Motor lernender Organisation, Köln 1998, S. 25 - 39.

Koreimann, D. S. (2003): Führung durch Zielvereinbarung. Erfolgreiche Verbesserung der Geschäftsprozesse, Heidelberg 2003.

Kostka, C.; Kostka, S. (2011): Der Kontinuierliche Verbesserungsprozess. Methoden des KVP, 5. Aufl., München 2011.

Kostka, C.; Mönch, A. (2009): Change Management. 7 Methoden für die Gestaltung von Veränderungsprozessen, 4. Aufl., München 2009.

Kosturiak, J.; Debnár, R.; Boledovic, L. (2009): Quo Vadis Kaizen? Untersuchung über Verbesserungsprozesse, in: MQ Management und Qualität, 6 (2009) 3, S. 14 - 16.

Kotter, J. P. (2011): Leading Change. Wie Sie Ihr Unternehmen in acht Schritten erfolgreich verändern, München 2011.

KPMG (2007): Shared Service Center Controlling. Ergebnisse einer empirischen Studie, Hamburg und Nürnberg 2007.

KPMG (Hrsg.) (2009): Ziele definieren - sicher ankommen. Professionelle Steuerung von Veränderungsprozessen und der Beitrag des Human Resource Managements, KPMG-Studie 2009, o. O.

Kramp, M. (2011): Zukunftsperspektiven für das Prozessmanagement. Der Umgang mit Komplexität, Köln 2011.

Kratz, C. (2002): In vier Phasen zur Produktivität, in: Süddeutsche Zeitung, 15. 04. 2002, S. 24.

Krause, O. (2006): Performance Management. Eine Stakeholder-Nutzen-orientierte und Geschäftsprozess-basierte Methode, Wiesbaden 2006.

Krcmar, H. (2010): Informationsmanagement, 5. Aufl., Heidelberg 2010.

Kremin-Buch, B. (2007): Strategisches Kostenmanagement. Grundlagen und moderne Instrumente, 4. Aufl., Wiesbaden 2007.

Kronz, A. (2005): Management von Prozesskennzahlen im Rahmen der ARIS-Methodik, in: Scheer, A.-W. et al. (Hrsg.) (2005): Corporate Performance Management, ARIS in der Praxis, Berlin 2005, S. 31 - 44.

Krüger, W. (1983): Grundlagen der Organisationsplanung, Gießen 1983.

Krüger, W. (1993): Organisation der Unternehmung, 2. Aufl., Stuttgart 1993.

Krüger, W. (1994): Organisation der Unternehmung, 3. Aufl., Stuttgart 1994.

Krüger, W. (2009): Excellence in Change. Wege zur strategischen Erneuerung, 4. Aufl., Wiesbaden 2009.

Krüger, W.; Homp, C. (1997): Kernkompetenz-Management. Steigerung von Flexibilität und Schlagkraft im Wettbewerb, Wiesbaden 1997.

Kugeler, M.; Vieting, M. (2008): Gestaltung einer prozessorientierte(er)en Aufbauorganisation, in: Becker, J.; Kugeler, M.; Rosemann, M. (Hrsg.): Prozessmanagement. Ein Leitfaden zur prozessorientierten Organisationsgestaltung, 6. Aufl., Berlin 2008, S. 221 - 267.

Kuhlin, B.; Thielmann, H. (Hrsg.) (2005): Real-Time Enterprise in der Praxis, Berlin 2005.

Kümmel, G.; Watterott, R. (2005): Neue Entwicklungen im internationalen Konzerncontrolling am Beispiel Bosch - Durchgängige Konzernsteuerung, in: Horváth, P. (Hrsg.): Organisationsstrukturen und Geschäftsprozesse wirkungsvoll steuern, Stuttgart 2005, S. 11 - 32.

Kurze Prozesse (2011): Das BPM-Blog. Rezension des Sammelbandes über Social BPM, 03. 08. 2011, unter: http://www.kurze-prozesse.de/2011/08/03/sammelband-uber-social-bpm/, Zugriff am 10. 06. 2012.

Kütz, M. (2009): Kennzahlen in der IT. Werkzeuge für Controlling und Management, 3. Aufl., Heidelberg 2009.

Lacher, M. (1998): Vom Einzelvorschlag zum System der Mitarbeiterbeteiligung bei VW, in: Howaldt, J.; Kopp, R.; Winther, M. (Hrsg.): Kontinuierlicher Verbesserungsprozeß. KVP als Motor lernender Organisation, Köln 1998, S. 85 - 116.

Langenbahn, S. (2006): Erfolgsrezept für das regulierte Wirtschaftsumfeld - Sicherheit durch Compliance Management, in: Scheer, A.-W. et al. (Hrsg.): Agilität durch ARIS Geschäftsprozessmanagement, Jahrbuch Business Process Excellence 2006/2007, Berlin 2006, S. 151 - 161.

Laraia, A.C.; Moody, P.E.; Hall, R.W. (1999): The Kaizen Blitz: accelerating breakthroughs in productivity and performance, New York et al. 1999.

Leistert, O. (2006): Führungskoordinierendes Geschäftsprozesscontrolling, Hamburg 2006.

Leyendecker, B. (2004): Ableitung von Six Sigma Projekten aus den Unternehmenszielen, in: Töpfer, A. (Hrsg.): Six Sigma. Konzeption und Erfolgsbeispiele für praktizierte Null-Fehler-Qualität, 2. Aufl., Berlin 2004, S. 374 - 386.

Leyendecker, B. (2009): Das Zusammenspiel verschiedener Optimierungsmethoden in der Wertschöpfungskette, in: Töpfer, A. (Hrsg.): Lean Six Sigma. Erfolgreiche Kombination von Lean Management, Six Sigma und Design for Six Sigma, Berlin 2009, S. 99 - 111.

Leyendecker, B.; Komus, A. (2009): Zugkräftiges Gespann. Kombination von Geschäftsprozessmanagement und Six Sigma, in: Qualität und Zuverlässigkeit (QZ), 54 (2009) 11, S. 19 - 23.

Liebert, T. (2012): Prozessorientierung in der Unternehmensorganisation. Eine empirische Untersuchung in deutschen Industrieunternehmen, Wiesbaden 2012.

Liker, J.K. (2006): Der Toyota-Weg. 14 Managementprinzipien des weltweit erfolgreichsten Automobilkonzerns, München 2006.

Liker, J.K.; Hoseus, M. (2009): Die Toyota-Kultur, München 2009.

Lindner, A.; Becker. P. (2010): Wertstromdesign. Praxiswissen erfolgreich anwenden, München 2010.

Loos, P.; Balzert, S.; Werth, D. (2010): Controlling von Geschäftsprozessen, in: Jochem, R.; Mertins, K.; Knothe, T. (Hrsg.): Prozessmanagement. Strategien. Methoden, Umsetzung, Düsseldorf 2010, S. 443 - 472.

Loos, P.; Fettke, P. (2005): Referenzmodellierung - Entwicklungsstand und Perspektiven, in: Information Management & Consulting (IM), 20 (2005) Sonderausgabe, S. 21 - 26.

Lusk, S. (2007): The Value of a Formal Business Process Repository, BPMInstitute.org, June 5, 2007, unter: http://www.bpminstitute.org/articles/, Zugriff am 05. 12. 2009.

Lutterbeck, M. (2011): Von der ICS Compliance zum gelebten Mehrwert - Business Process Management bei Bayer HealthCare, in: Komus, A. (Hrsg.): BPM Best Practice. Wie führende Unternehmen ihre Geschäftsprozesse managen, Berlin 2011, S. 123 - 141.

Madison, D. (2005): Process Mapping, Process Improvement and Process Management. A Practical Guide for Enhancing Work and Information Flow, Chicago, California 2005.

Magnusson, K.; Kroslid, D.; Bergman, B. (2001): Six Sigma umsetzen. Die neue Qualitätsstrategie für Unternehmen, München 2001.

Majchrzak, A.; Logan, D.; McCurdy R.; Kirchmer, M. (2006): Managing Emergent Work. Revisiting Jazz Lessons, http://flexiblelearning.net.au/knowledgetree, February 2006.

Maravola, T. (2009): US Military Entrance Command (USMEPCOM), OMG Winner - Best BPM Demonstration of ROI, BPTrends, Case Study April 2009, unter: http://www.bptrends.com, Zugriff am 05.11.2009.

Marjanovic, O. (2005): Towards IS supported coordination in emergent business processes, in: Business Process Management Journal, 11 (5), pp. 476 - 487.

Markus, M. L.; Jacobson, D. D. (2010): Business Process Governance, in: Brocke, J. v.; Rosemann, M. (Hrsg.): Handbook on Business Process Management 2. Strategic Alignment, Governance, People and Culture, Berlin 2010, S. 201 - 238.

Matzler, K.; Rier, M.; Renzl, B.; Hinterhuber, H. H. (2004): Die wichtigsten Managementkonzepte und -methoden: Die Sicht der Unternehmensberater, in: ZfCM - Zeitschrift für Controlling & Management, 47 (2004) 2, S. 82 - 85.

Mayer, R. (1996): Prozeßkostenrechnung und Prozeß(kosten)optimierung als integrierter Ansatz - Methodik und Anwendungsempfehlungen, in: Berkau, C.; Hirschmann, P. (Hrsg.): Kostenorientiertes Geschäftsprozeßmanagement, München 1996, S. 43 - 67.

Mayer, R. (2005): Das Process Performance Management-Konzept - Realisierungsbeispiele und Nutzenaspekte, in: Horváth, P. (Hrsg.): Organisationsstrukturen und Geschäftsprozesse wirkungsvoll steuern, Stuttgart 2005, S. 95 - 115.

Mayer, R.; Brenner, M. (2009): Prozessmanagement als Controlleraufgabe, in: Controlling - Zeitschrift für erfolgsorientierte Unternehmenssteuerung, 21 (2009) 3, S. 153 - 160.

Mayer, R.; Conders, A.; Hardt, G. v. d. (2005): Anwendungsfelder und Aufbau einer Prozesskostenrechnung, in: Horváth & Partners (Hrsg.): Prozessmanagement umsetzen. Durch nachhaltige Prozessperformance Umsatz steigern und Kosten senken, Stuttgart 2005, S. 123 - 140.

Meier, P. (2011): Risikomanagement nach der internationalen Norm ISO 31000:2009. Konzept und Umsetzung im Unternehmen, Renningen 2011.

Meister, U.; Meister, H. (2010): Prozesse kundenorientiert gestalten. Der Weg zur Customer-Driven Company, München 2010.

Melbinger, W. (2010): Stakeholdermanagement für IT-Projekte, in: Tiemeyer, E.: Handbuch IT-Projektmanagement. Vorgehensmodelle, Managementinstrumente, Good Practices, München 2010, S. 589 - 604.

Mercer Management Consulting; TU München (2005): Management von Unternehmensnetzwerken in der Automobilindustrie, Ergebnisdokumentation, München, 28.07.2005

Merzenich, M. (2005): Prozessmanagement im Customer Relationship Management. Gestaltung und Implementierung kundenorientierter Geschäftsprozesse, Berlin.

Miebach, B. (2009): Prozesstheorie. Analyse, Organisation und System, Wiesbaden 2009.

Minone, C. (Hrsg.) (2011): Zürcher Hochschule für Angewandte Wissenschaften (ZHAW): Business Process Management 2011 - Status quo und Zukunft. Eine empirische Studie im deutschsprachigen Europa, Zürich 2011.

Mittermaier, G.; Braun, M. (2004): Geschäftsprozessmanagement bei Infineon, in: Ellringmann, H.; Schmelzer, H. J. (Hrsg.): Geschäftsprozessmanagement inside, München 2004.

Mogilensky, J. (2012): Erste Schritte zur Prozessverbesserung. Tipps und Warnungen, in: Chrissis, M. B.; Konrad, M.; Shrum, S.: CMMI® Version 1.3 für die Entwicklung. Richtlinien für Prozessintegration und Produktverbesserung, München et al. 2012, S. 168 - 173.

Molter, M. (2005): Die prozessorientierte Applikationslandschaft, in: Scheer, A.-W.; Jost, W.; Wagner, K. (Hrsg.): Von Prozessmodellen zu ablauffähigen Anwendungen, ARIS in der Praxis, Berlin 2005, S. 151 - 172.

Morris, B. (2006): Six Sigma Lessons from Deming, Part 2, in Quality Digest, 02/05/2008, unter: http://www.qualitydigest.com/inside/six-sigma-article/, Zugriff am 15.12.2009.

Mühlen, M. z.; Hansmann, H. (2008): Workflowmanagement, in: Becker, J.; Kugeler, M.; Rosemann, M. (Hrsg.): Prozessmanagement. Ein Leitfaden zur prozessorientierten Organisationsgestaltung, 6. Aufl., Berlin 2008, S. 373 - 407.

Mühlen, M. z.; Shapiro, R. (2010): Business Process Analytics, in: Brocke, J. v.; Rosemann, M. (Hrsg.): Handbook on Business Process Management 2. Strategic Alignment, Governance, People and Culture, Berlin 2010, S. 137 - 157.

Müller-Stewens, G.; Lechner, C. (2003): Strategisches Management, 2. Aufl., Stuttgart 2003.

Mundwiler, W. (2003): Von innen heraus gesund. Ein Spital orientiert sich an Kunden und Prozessen, in: OrganisationsEntwicklung, (2003) 3, S. 14 - 25.

Naujoks, O.; Gogoll, A. (2006): Geschäftsprozessmanagement in der Siemens AG. Konzept - Umsetzung - Assessment, in: Ellringmann, H.; Schmelzer, H. J. (Hrsg.): Geschäftsprozessmanagement inside, München 2006.

Nettesheim, C.; Grebe, M.; Kottmann, D. (2003): Business Process Outsourcing - aber richtig!, in: Information Management & Consulting (IM), 18 (2003) 3, S. 24 - 30.

Neubürger, H. J. (2000): Wertorientierte Unternehmensführung bei Siemens, in: Zeitschrift für betriebswirtschaftliche Forschung (zfbf), 52 (2000) 3, S. 188 - 196.

Neumann, S.; Probst, C.; Wernsmann, C. (2008): Kontinuierliches Prozessmanagement, in: Becker, J.; Kugeler, M.; Rosemann, M. (Hrsg.): Prozessmanagement. Ein Leitfaden zur prozessorientierten Organisationsgestaltung, 6. Aufl., Berlin 2008, S. 299 - 325.

Neumann, S.; Rosemann, M., Schwegmann, A. (2008): Simulation von Geschäftsprozessen, in: Becker, J.; Kugeler, M.; Rosemann, M. (Hrsg.): Prozessmanagement. Ein Leitfaden zur prozessorientierten Organisationsgestaltung, 6. Aufl., Berlin 2008, S. 435 - 453.

Nicolai, C. (2009): Betriebliche Organisation, Stuttgart 2009.

Nippa, M. (1996a): Anforderungen an das Management prozessorientierter Unternehmen, in: Nippa, M.; Picot, A. (Hrsg.): Prozeßmanagement und Reengineering. Die Praxis im deutschsprachigen Raum, 2. Aufl., Frankfurt am Main/New York 1996, S. 39 - 60.

Nippa, M. (1996b): Bestandsaufnahme des Reengineering-Konzepts, in: Nippa, M.; Picot, A. (Hrsg.): Prozeßmanagement und Reengineering. Die Praxis im deutschsprachigen Raum, 2. Aufl., Frankfurt am Main/New York 1996, S. 61 - 77.

Nippa, M.; Picot, A. (Hrsg.) (1996): Prozeßmanagement und Reengineering. Die Praxis im deutschsprachigen Raum, 2. Aufl., Frankfurt am Main/New York 1996.

Nissen, V.; Bayraktar, O. (2009): Informationsmanagement bei Kundenbeschwerden, in: Reinheimer, S. (Hrsg.): Prozessmanagement, HMD - Praxis der Wirtschaftsinformatik, Heft 266, Heidelberg 2009, S. 80 - 89.

Nordsieck, F. (1932): Die schaubildliche Erfassung und Untersuchung der Betriebsorganisation, Stuttgart 1932.

Nordsieck, F. (1934): Grundlagen der Organisationslehre, Stuttgart 1934.

Nußbaum, A. (2011): Auf die Führungskultur kommt es an. Unternehmen können es sich nicht leisten, dass ein Teil ihrer Mitarbeiter innerlich gekündigt hat, in: Süddeutsche Zeitung, 02. 03. 2011, S. 18.

Nüttgens, M. (2008): Evaluation und Auswahl von BPM-Werkzeugen: Rahmenkonzept, Vorgehensmodell und Werkzeugunterstützung, in: Gadatsch, A.; Juszczak, J.; Krupp, A. (Hrsg.): Prozesscontrolling in Forschung und Praxis, Tagungsband zur 1. Fachtagung Prozesscontrolling, Schriftreihe des Fachbereiches Wirtschaft der Fachhochschule Bonn-Rhein-Sieg, Band 23, St. Augustin 2008, S. 26 - 39.

Oehler, K. (2005): Business Process Outsourcing: Betriebswirtschaftlicher Rahmen und Prozessauswahl, in: Der Controlling Berater (CB), 2005 (3), S. 365 - 400.

Oehler, K. (2006): Corporate Performance Management mit Business Intelligence Werkzeugen, München 2006.

Oehme, O. (2005): Effizienz- und Akzeptanzsteigerung durch personalisierte Sichten auf Geschäftsprozesse, in: BPM-Guide.de, Mai 2005.

OSBC (2009): Open Standards Benchmarking Collaborative, American Productivity & Quality Center (APQC), www.apqc.org/portal/apqc/site?path=/research/bmm/osbc/index.html, Zugriff am 05. 11. 2009.

Österle, H. (1995): Business Engineering. Prozeß- und Systementwicklung, Band 1. Entwurfstechniken, 2. Aufl., Berlin 1995.

Osterloh, M.; Frost, J. (2006): Prozessmanagement als Kernkompetenz. Wie Sie Business Reengineering strategisch nutzen können, 5. Aufl., Wiesbaden 2006.

Pande, P. S.; Neumann, R. P.; Cavanagh, R. R. (2001): Six Sigma erfolgreich einsetzen. Marktanteile gewinnen, Produktivität steigern, Kosten reduzieren, Landsberg am Lech 2001.

PCF (2009): Process Classification Framework (PCF) des American Productivity & Quality Center (APQC), unter: www.apqc.org/portal/apqc/site, Zugriff am 28.12.2009.

Perlitz, M. (1995): Weit mehr möglich, in: WirtschaftsWoche, Nr. 22 vom 22.05.1995, S. 79 - 81.

Perlitz, M.; Offinger, A.; Reinhardt, M.; Schug, K.; Bufka, J. (1995): Business Process Reengineering. Ergebnisse einer empirischen Untersuchung, Universität Mannheim, Fakultät für Betriebswirtschaftslehre, Mannheim 1995.

Peters, P.; Bloch, M. (2002): Erfolgsfaktoren beim Outsourcing von Geschäftsprozessen, in: Information Management & Consulting (IM), 17 (2002) 10 Sonderausgabe, S. 31 - 35.

Petersen, D.; Witschi, U. (2006): Ganzheitliche Geschäftsprozessoptimierung. Beispiel einer Krisenbewältigung und Neuorientierung, in: Zeitschrift Führung + Organisation (zfo), 75 (2006) 5, S. 278 - 284.

Pfläging, N. (2007): Ziele und Leistung im Steuerungsmodell Beyond Budgeting - Eine Neudefinition, 16.03.2007, unter: http://www.controllingportal.de, Zugriff am 16.07.2012.

Picot, A.; Dietl, H.; Franck, E.; Fiedler, M.; Royer, S. (2012): Organisation. Theorie und Praxis aus ökonomischer Sicht, 6. Aufl., Stuttgart 2012.

Picot, A.; Hess, T. (2005): Geschäftsprozessmanagement im Echtzeitunternehmen, in: Kuhlin, B.; Thielmann, H. (Hrsg.): Real-Time Enterprise in der Praxis, Berlin 2005, S. 31 - 48.

Picot, A.; Liebert, T. (2011): Stand von Prozesscontrolling und -management in deutschen Großunternehmen - Ergebnisse einer empirischen Untersuchung bei Industrieunternehmen, in: ZfCM - Zeitschrift für Controlling & Management, 55 (2011) Sonderheft 2, S. 89 - 98.

Picot, A.; Maier, M. (1992). Analyse und Gestaltungskonzepte für das Outsourcing, in: Information Management, (1992) 4, S. 14 - 27.

Platz, J.; Schmelzer, H. J. (1986): Projektmanagement in der industriellen Forschung und Entwicklung, Berlin 1986.

Pohland, S. (Hrsg.) (2009): Flexibilisierung von Geschäftsprozessen. Konzepte und Praxisbeispiele, München 2009.

Porter, M. E. (1986): Wettbewerbsvorteile - Spitzenleistungen erreichen und behaupten, Frankfurt am Main/New York 1986.

Porter, M. E. (1999): Wettbewerbsvorteile, 10. Aufl., Frankfurt am Main 2000.

Power, B. (2007): Michael Hammer's Process and Enterprise Maturity Model, BPTrends, July 2007, unter: http://www.bptrends.com, Zugriff am 05.11.2009.

Prahalad, C. K.; Hamel, G. (1990): The Core Competence of the Corporation, in: Harvard Business Review, 68 (1990) 3, S. 79 - 91.

Probst, G.; Büchel, B. (1994): Organisationales Lernen. Wettbewerbsvorteil der Zukunft, Wiesbaden 1994

Probst, G.; Raub, S.; Romhardt, K. (2003): Wissen managen. Wie Unternehmen ihre wertvollste Ressource optimal nutzen, 4. Aufl., Wiesbaden 2003.

Prognos AG (2011): Dr. Jürgen Meyer Stiftung (Hrsg.): Das mittlere Management. Die unsichtbaren Leistungsträger, Berlin 2011.

Puschmann, T. (2004): Prozessportale Architektur zur Vernetzung mit Kunden und Lieferanten, Berlin 2004.

PwC (2011a): PricewaterhouseCooper und Universität Würzburg: Zukunftsthema Geschäftsprozessmanagement. Studie zum Status quo des Geschäftsprozessmanagements in deutschen und österreichischen Unternehmen, o. O. 2011.

PwC (2011b): PricewaterhouseCooper: Shared service centres - the 2nd generation. A global PwC survey on how SSCs are currently performing and their future potentials, o. O. 2011.

PwC (2012): PricewaterhouseCoopers: Shared Service Center. Besser, günstiger, schneller. Durch Bündelung von Kompetenzen schneller und besser ans Ziel kommen, unter: http://www.pwc.com/at/de/publikationen/global-best-practices/shared-service-center-deutsch.pdf, Zugriff am 10.11.2012.

Quack, K. (2007): Portale: Comeback im Zeichen der SOA, Computerwoche, 08.11.2007, unter: http://www.computerwoche.de, Zugriff am 19.12.2009.

Quinn, B.; Cooke, R.; Kris, A. (2000): Shared Services – mining for corporate gold, London 2000.

Rabe, M.; Knothe, T. (2010): Geschäftsprozess-Simulation, in: Jochem, R.; Mertins, K.; Knothe, T. (Hrsg.): Prozessmanagement. Strategien. Methoden, Umsetzung, Düsseldorf 2010, S. 437 – 490.

Rausse, G. (2008): Das Managementhandbuch zur Dokumentation der Prozesse, in: Kamiske, G.F. (Hrsg.): Managementsysteme. Begutachtung, Auditierung, Zertifizierung, Düsseldorf 2008, S. 175 – 210.

Rehbehn, R.; Yurdakul, Z.B. (2005): Mit Six Sigma zu Business Excellence. Strategien, Methoden, Praxisbeispiele, 2. Aufl., Erlangen 2005.

Reichheld, F.F. (2003): The number one you need to grow, in: Harvard Business Review, (2003) 12, S. 47 – 54.

Reinheimer, S. (Hrsg.) (2009): Prozessmanagement, HMD – Praxis der Wirtschaftsinformatik, Heft 266, Heidelberg 2009.

Reinmuth, S.; Voß, S.C. (2008): Die 120 besten Checklisten zum Prozessmanagement. Prozessanalyse und -steuerung, Kommunikation und Projektmarketing, Prozesscontrolling und Balanced Scorecard, München 2008.

Reiß, M. (2009): Management von Wettbewerbsprozessen, in: Controlling – Zeitschrift für erfolgsorientierte Unternehmenssteuerung, 21 (2009) 3, S. 161 – 166.

Remme, M. (1997): Konstruktion von Geschäftsprozessen. Ein modellgestützter Ansatz durch Montage generischer Prozeßpartikel, Wiesbaden 1997.

Renner, A. (2005): Potenzialermittlung durch Benchmarking, in: Horváth & Partners (Hrsg.): Prozessmanagement umsetzen. Durch nachhaltige Prozessperformance Umsatz steigern und Kosten senken, Stuttgart 2005, S. 69 – 86.

Renner, A. (2005): Potenzialermittlung durch Benchmarking, in: Horváth & Partners (Hrsg.): Prozessmanagement umsetzen. Durch nachhaltige Prozessperformance Umsatz steigern und Kosten senken, Stuttgart 2005, S. 69 – 86.

Richardson, C. (2006): Process Governance Best Practices: Building a BPM Center of Excellence, September 2006, unter: http://ww.w.bptrends.com/publicationfiles/09-06-ART-ProcessGovernanceBestPractices-Richardson1.pdf, Zugriff am 10.09.2010.

Ritz, S. (2005): IT Quality Engineering bei Exchanging, Vortrag auf dem gfo-Forum Prozessmanagement am 02.09.2005 in Bad Nauheim.

Roghé, F.; Strack, R. (2010): Die Organisation der Zukunft. Wettbewerbsvorteil: „weiche" Faktoren, in: MQ Management und Qualität, (2010) 4, S. 14 – 16.

Rohloff, M. (2009): Integrierte Gestaltung von Unternehmensorganisation und IT, Berlin 2009.

Rohm, C. (1998): Prozeßmanagement als Fokus im Unternehmungswandel, Gießen 1998.

Rosemann, M. (2006a): Potential pitfalls of process modeling: part A, in: Business Process Management Journal, Vol. 12 (2006) Iss. 2, pp. 249 – 254.

Rosemann, M. (2006b): Potential pitfalls of process modeling: part B, in: Business Process Management Journal, Vol. 12 (2006) Iss. 3, pp. 377 – 384.

Rosemann, M. (2010): BPM Center of Excellence, in: Brocke, J. v.; Rosemann, M. (Hrsg.): Handbook on Business Process Management 2. Strategic Alignment, Governance, People and Culture, Berlin 2010, S. 267 – 284.

Rosemann, M.; Brocke, J. v. (2010): The Six Core Elements of Business Process Management, in: Brocke, J. v.; Rosemann, M. (Hrsg.): Handbook on Business Process Management 1. Introduction, Methods and Information Systems, Berlin 2010, S. 107 – 122.

Rosemann, M.; Bruin, T. d.; Power, B. (2008): BPM Maturity, in: Jeston, J.; Nelis, J.: Business

Process Management. Practical Guidelines to Successful Implementations, 2nd ed., Amsterdam et al. 2008, S. 313 - 329.

Rosemann, M.; Schwegmann, A.; Delfmann, P. (2008): Vorbereitung der Prozessmodellierung, in: Becker, J.; Kugeler, M.; Rosemann, M. (Hrsg.): Prozessmanagement. Ein Leitfaden zur prozessorientierten Organisationsgestaltung, 6. Aufl., Berlin 2008, S. 45 - 103.

Rosenkranz, F. (2006): Geschäftsprozesse. Modell- und computergestützte Planung, 2. Aufl., Berlin 2006.

Rosenstiel, L. v. (2006): Motivation - nur Aberglaube oder Scharlatanerie?, in: Zeitschrift Führung + Organisation (zfo), 75 (2006) 2, S. 116 - 117.

Rother, M.; Kinkel, S. (2009): Die Kata des Weltmarktführers. Toyotas Erfolgsmethoden, Frankfurt am Main 2009.

Rother, M.; Shook, J. (2004): Sehen lernen. Mit Wertstromdesign die Wertschöpfung erhöhen und Verschwendung beseitigen, Aachen 2004.

Rummler, G. A.; Brache, A. P. (1995): Improving Performance. How to Manage the White Space on the Organization Chart, 2nd ed., San Francisco 1995.

Rummler, G. A.; Ramias, A. J. (2010): A Framework for Defining and Designing the Structure of Work, in: Brocke, J. v.; Rosemann, M. (Hrsg.): Handbook on Business Process Management 1. Introduction, Methods and Information Systems, Berlin 2010, S. 83 - 106.

Rummler, G. A.; Ramias, A. J.; Rummler, R. A. (2010): White Space Revisited. Creating Value through Process, San Francisco 2010.

Rupp, C.; Sophist Group (2004): Requirements-Engineering und -Management. Professionelle, iterative Anforderungsanalyse für die Praxis, München 2004.

Sadiq, S.; Governatori, G. (2010): Managing Regulatory Compliance in Business Processes, in: Brocke, J. v.; Rosemann, M. (Hrsg.): Handbook on Business Process Management 2. Strategic Alignment, Governance, People and Culture, Berlin 2010, S. 159 - 175.

SAP (2009): unter: http://www.sap.com/germany/plattform/netweaver/businessmaps/index.epx, Zugriff am 02.12.2009

SAP (2012): unter: http://www.sap-press.de/download/dateien/232/, Zugriff am 20.10.2012.

Sauerwein, E. (2002): Das Kano-Modell der Kundenzufriedenheit, Wiesbaden 2002.

Schäffer, U. (2012): Beyond Budgeting, in: Gabler Wirtschaftslexikon, unter: http://wirtschaftslexikon.gabler.de, Zugriff am 16.07.2012.

Scheer, A.-W. (2002): ARIS - Vom Geschäftsprozess zum Anwendungssystem, 4. Aufl., Berlin 2002.

Scheer, A.-W. (2008a): Geschäftsprozesse optimieren durch Business Performance und Business Process Management, Teil 1, in: Information Management & Consulting, 23 (2008) 3, S. 56 - 65.

Scheer, A.-W. (2008b): Geschäftsprozesse optimieren durch Business Performance und Business Process Management, Teil 2, in: Information Management & Consulting, 23 (2008) 4, S. 72 - 79.

Scheer A.-W.; Jost, W.; Heß, H.; Kronz, A. (Hrsg.) (2005): Corporate Performance Management, ARIS in der Praxis, Berlin 2005.

Scheer A.-W.; Kruppke, H.; Jost, W.; Kindermann, H. (Hrsg.) (2006): Agilität durch ARIS Geschäftsprozessmanagement, Jahrbuch Business Process Excellence 2006/2007, Berlin 2006.

Scheer, A.-W.; Brabänder, E. (2010): The Process of Business Process Management, in: Brocke, J. v.; Rosemann, M. (Hrsg.): Handbook on Business Process Management 2. Strategic Alignment, Governance, People and Culture, Berlin 2010, S. 239 - 265.

Scheer, A.-W.; Heß, H. (2009): Business Process/Performance Management im Rahmen eines ganzheitlichen Controlling-Ansatzes, in: Controlling - Zeitschrift für erfolgsorientierte Unternehmenssteuerung, 21 (2009) 3, S. 145 - 151.

Scheer, A.-W.; Jost, W.; Erbach, F. (2005): Prozessmanagement durch Geschäftsregeln, in: Controlling, 17 (2005) 8/9, S. 459 - 465.

Scheer, A.-W.; Jost, W.; Wagner, K. (Hrsg.) (2005): Von Prozessmodellen zu ablauffähigen Anwendungen, ARIS in der Praxis, Berlin 2005.

Scheer, A.-W.; Werth, D. (2005): Geschäftsprozessmanagement und Geschäftsregeln, Heft 183,

Institut für Wirtschaftsinformatik im Deutschen Forschungszentrum für Künstliche Intelligenz (DFKI), Saarbrücken 2005.

Schewe, G.; Kett, I. (2007): Business Process Outsourcing. Geschäftsprozesse kontextorientiert auslagern, Berlin 2007.

Schmelzer, H.J. (1986): Einführung in das Projektmanagement von Forschungs- und Entwicklungsprojekten, in: Platz, J.; Schmelzer, H.J.: Projektmanagement in der industriellen Forschung und Entwicklung, Berlin 1986, S. 1 - 54.

Schmelzer, H.J. (1990): Steigerung der Effektivität und Effizienz durch Verkürzung der Entwicklungszeiten, in: Reichwald, R.; Schmelzer, H.J.: Durchlaufzeiten in der Entwicklung. Praxis des industriellen F&E-Managements, München 1990, S. 27 - 63.

Schmelzer, H.J. (1999a): Prozeßmanagement in der Produktentwicklung, in: Tintelnot, C.; Meißner, D.; Steinmeier, I. (Hrsg.): Innovationsmanagement, Festschrift für Prof. H. Sabisch, Berlin 1999, S. 205 - 217.

Schmelzer, H.J. (1999b): Kennzahlen in der Produktentwicklung, in: Boutellier, R.; Völker, R.; Voit, E.: Innovationscontrolling, München 1999, S. 172 - 190.

Schmelzer, H.J. (2000): Performance Measurement in F&E, in: Zeitschrift für Organisation (zfo), 6 (2000) Heft 6, S. 332 - 339.

Schmelzer, H.J. (2001a): Gestaltungsregeln des Geschäftsprozessmanagements, in: Zeitschrift für wirtschaftlichen Fabrikbetrieb (ZWF), 96 (2001) 10, S. 547 - 549.

Schmelzer, H.J. (2001b): Methoden der Risikoanalyse und -überwachung in Entwicklungsprojekten, in: Gassmann, O.; Kobe, C.; Voit, E. (Hrsg.): High-Risk-Projekte, Berlin 2001, S. 169 - 190.

Schmelzer, H.J. (2004a): Berufsbild im Aufwind. Die Praxis des Geschäftsprozessmanagements unter der Lupe, in: Qualität und Zuverlässigkeit (QZ), 49 (2004) 5, S. 178 f.

Schmelzer, H.J. (2004b): Grundlagen des Geschäftsprozessmanagements, in: Ellringmann, H.; Schmelzer, H.J. (Hrsg.): Geschäftsprozessmanagement inside, München 2004.

Schmelzer, H.J. (2004c): Methoden und Rollen des Geschäftsprozessmanagements, in: Ellringmann, H.; Schmelzer, H.J. (Hrsg.): Geschäftsprozessmanagement inside, München 2004.

Schmelzer, H.J. (2005a): Wer sind die Akteure im Geschäftsprozessmanagement?, in: Zeitschrift Führung + Organisation (zfo), 74 (2005) Heft 5, S. 273 - 277.

Schmelzer, H.J. (2005b): Prozessorientiertes F&E-Management in der Industrie, in: Amelingmeyer, J.; Harland, P.E. (Hrsg.): Technologiemanagement & Marketing, Herausforderungen eines integrierten Innovationsmanagements, Wiesbaden 2005, S. 45 - 62.

Schmelzer, H.J.; Friedrich, W. (1997): Integriertes Prozeß-, Produkt- und Projektcontrolling, in: Controlling, 9 (1997) 5, S. 334 - 344.

Schmelzer, H.J.; Sesselmann, W. (1998): Assessment von Geschäftsprozessen, in: Qualität und Zuverlässigkeit (QZ), 43 (1998) 1, S. 39 - 42.

Schmelzer, H.J.; Sesselmann, W. (2001a): Nachhaltiger Erfolg: Prozessorientierung mit Leitlinien konsequent und sicher umsetzen, in: Qualität und Zuverlässigkeit (QZ), 46 (2001) 11, S. 1410 - 1413.

Schmelzer, H.J.; Sesselmann, W. (2001b): Controlling in Geschäftsprozessen: Erfahrungen und Empfehlungen aus der Praxis, in: Kostenrechnungspraxis (krp), 45 (2001) 6, S. 329 - 335.

Schmelzer, H.J.; Sesselmann, W. (2002): Leistungsmessung in Geschäftsprozessen, in: Controller Magazin, 27 (2002) 1, S. 31 - 34.

Schmelzer, H.J.; Sesselmann, W. (2008): Geschäftsprozessmanagement in der Praxis, 6. Aufl., München 2008.

Schmelzer, H.J.; Sesselmann, W. (2010): Geschäftsprozessmanagement in der Praxis, 7. Aufl., München 2010.

Schmelzer, H.J. (2011): Ganzheitliches Geschäftsprozessmanagement erfolgreich umsetzen, in: ZfCM - Zeitschrift für Controlling & Management, 55 (2011) Sonderheft 2, S. 69 - 79.

Schmidt, G. (2009): Organisation und Business Analysis. Methoden und Techniken, 14. Aufl., Gießen 2009.

Schmied, J.; Wentzel, P.-R.; Gerdom, M.; Hehn, U. (2008): Mit CMMI Prozesse verbessern! Umsetzungsstrategien am Beispiel Requirements Engineering, Heidelberg 2008.

Schmietendorf, A. (2008): Auswahl geeigneter Werkzeuge zur Geschäftsprozessmodellierung unter Berücksichtigung der Aufgaben des Business Process Management, in: Gesellschaft für Informatik e. V. (Hrsg.): Fachausschuss Management der Anwendungsentwicklung und -wartung (WI-MAW) im FB Wirtschaftsinformatik, März 2008, S. 35 - 45.

Schmitt, R.; Pfeifer, T. (2010): Qualitätsmanagement. Strategien, Methoden, Techniken, 4. Aufl., München 2010.

Schnaitmann, H. (2000): Prozeßorientierte Unternehmensführung, Frankfurt am Main 2000.

Schober, H. (2002): Prozessorganisation. Theoretische Grundlagen und Gestaltungsoptionen, Wiesbaden 2002.

Scholderer, R. (2011): Management von Service Level Agreements. Methodische Grundlagen und Praxislösungen mit COBIT, ISO 20000 und ITIL, Heidelberg 2011.

Scholz, R. (1994): Geschäftsprozeßoptimierung, Bergisch Gladbach 1994.

Scholz, R.; Vrohlings, A. (1994a): Realisierung von Prozeßmanagement, in: Gaitanides, M. et al.: Prozeßmanagement. Konzepte, Umsetzungen und Erfahrungen des Reengineering, München 1994, S. 21 - 36.

Scholz, R.; Vrohlings, A. (1994b): Prozeß-Struktur-Transparenz, in: Gaitanides, M. et al.: Prozeßmanagement. Konzepte, Umsetzungen und Erfahrungen des Reengineering, München 1994, S. 37 - 56.

Scholz, R.; Vrohlings, A. (1994c): Prozeß-Leistungs-Transparenz, in: Gaitanides, M. et al.: Prozeßmanagement. Konzepte, Umsetzungen und Erfahrungen des Reengineering, München 1994, S. 57 - 98.

Scholz, R.; Vrohlings, A. (1994d): Prozeß-Redesign und kontinuierliche Verbesserung, in: Gaitanides, M. et al.: Prozeßmanagement: Konzepte, Umsetzungen und Erfahrungen des Reengineering, München 1994, S. 99 - 122.

Schönthaler, F.; Vossen, G.; Oberweis, A.; Karle, Th. (2011): Geschäftsprozesse für Business Communities. Modellierungssprachen, Methoden, Werkzeuge, München 2011.

Schuh, G. (2006): Change-Management. Prozesse strategiekonform gestalten, Berlin 2006.

Schuh, G.; Friedli, T.; Kurr, M. A. (2007): Prozessorientierte Reorganisation, München 2007.

Schulte-Zurhausen, M. (2010): Organisation, 5. Aufl., München 2010.

Schwab, J. (2006): Geschäftsprozessmanagement mit Visio, ViFlow und MS Project. Prozessoptimierung als Projekt, 2. Aufl., München 2006.

Schwager, M. (1997): KaiZen - Der sanfte Weg des Reengineering: eine Studie zum Entwicklungsstand in deutschen Unternehmen, Freiburg im Breisgau 1997.

Schwalb, S. (2004): Zielvereinbarungen und flexible Vergütung - brandheißes Thema in Controller-Kreisen, in: Der Controller Berater (CB), 20 (2004) 5, S. 683 - 696.

Schwegmann, A.; Laske, M. (2008): Istmodellierung und Istanalyse, in: Becker, J.; Kugeler, M.; Rosemann, M. (Hrsg.) (2008): Prozessmanagement. Ein Leitfaden zur prozessorientierten Organisationsgestaltung, 6. Aufl., Berlin 2008, S. 155 - 184.

SCOR (2012): Supply Chain Operations Reference, unter: http://supply-chain.org/resources/scor, Zugriff am 20.10.2012.

Seidel, W.; Stauss, B. (2007): Beschwerdemanagement. Unzufriedene Kunden als profitable Zielgruppe, 4. Aufl., München 2007.

Seidenschwarz & Comp. (2004): Marktorientiertes Prozessmanagement. Der from idea to value®-Ansatz zu wettbewerbsüberlegenen Prozessen, Value Paper Nr. 1, Starnberg 2004.

Selders, J. (2006): Empowerment und Commitment durch KAIZEN. Das Toyota-Produktionssystem bei Knorr-Bremse, Saarbrücken 2006.

Senden, M. J.; Dworschak, J. (2012): Erfolg mit Prozessmanagement. Nicht warten, bis die „Gurus" kommen, Freiburg im Breisgau 2012.

Senge, P. M. (2011): Die fünfte Disziplin. Kunst und Praxis der lernenden Organisation, Stuttgart 2011.

Siebert, G. (1998): Prozeß-Benchmarking. Methode zum branchenunabhängigen Vergleich von Prozessen, Dissertation TU Berlin, Berlin 1998.

Siebert, G.; Kempf, S. (1998): Mit Benchmarking die Prozesse optimieren, in: Qualität und Zuverlässigkeit (QZ), 43 (1998) 8, S. 935 - 938.

Siebert, H.G. (2008): Prozessverbesserung mit SPICE - ein Überblick, in: WissenHeute, 61 (2008) 6, S. 22 - 27.

Siemens (2003a): Stark durch Standards, in: SiemensWelt, (2003) 5, S. 36.

Siemens (2004b): Kontinuität und Wandel, in: SiemensWelt, (2004) 11 - 12, S. 8 - 11.

Siemens (2005a): Gemeinsam stark, in: SiemensWelt, (2005) 1, S. 14 ff

Siemens (2005b): Siemens Prozess Rahmenwerk. Grundsätze des Prozess-Managements, Siemens-interne Veröffentlichung, 2005.

Siemens (2006): Schlüssel zum Erfolg, in: SiemensWelt, (2006) 6 - 7, S. 18 f.

SiemensWelt (2009): Compliance-Performance-Index wurde verbessert, in: SiemensWelt, 11-2009, S. 2.

Slama, D.; Nelius, R. (2011): Enterprise BPM. Erfolgsrezepte für unternehmensweites Prozessmanagement, Heidelberg 2011.

Smith, H.; Fingar, P. (2002): Business Process Management. The Third Wave, Tampa, Florida 2002.

Smith, R.F. (2007): Business Process Management and the Balanced Scorecard. Using Processes as Strategic Drivers, Hoboken, New Jersey 2007.

Snabe, J.H.; Rosenberg, A.; Moeller, Ch.; Scavillo, M. (2009): Business Process Management: The SAP Roadmap, Galileo Press, Boston (M) 2009.

Spanyi, A. (2007): More for Less. The Power of Process Management, Tampa, Florida 2007.

Spanyi, A. (2010a): Business Process Management Governance, in: Brocke, J. v.; Rosemann, M. (Hrsg.): Handbook on Business Process Management 2. Strategic Alignment, Governance, People and Culture, Berlin 2010, S. 223 - 238.

Spanyi, A. (2010b): Operational Leadership, in: Strategic Management Collection, New York 2010.

Spath, D.; Renner, T.; Weisbecker, A. (2005): Unternehmensübergreifende Geschäftsprozesse und E-Collaboration, in: Kuhlin, B.; Thielmann, H. (Hrsg.): Real-Time Enterprise in der Praxis, Berlin 2005, S. 13 - 30.

Speck, M.; Schnetgöke, N. (2008): Sollmodellierung und Prozessoptimierung, in: Becker, J.; Kugeler, M.; Rosemann, M. (Hrsg.) (2008): Prozessmanagement. Ein Leitfaden zur prozessorientierten Organisationsgestaltung, 6. Aufl., Berlin 2008, S. 185 - 220.

SPICE (2009): Software Process Improvement and Capability Determination, unter: http://www.sqi.gu.edu.au/spice, Zugriff am 10.10.2009.

Springer, R. (2009): Survival of the Fittest. So verbessern Spitzenunternehmen mit Lean Management gleichzeitig ihre Prozesse und Führungskultur, München 2009.

Stahl, Th.; Völter, M.; Efftinge, S.; Haase, A. (2007): Modellgetriebene Softwareentwicklung: Techniken, Engineering, Management, 2 Aufl., Heidelberg 2007.

Stähler, D.; Meier, I.; Scheuch, R.; Schmülling, Ch.; Somssich, D. (2009): Enterprise Architecture, BPM und SOA für Business-Analysten. Leitfaden für die Praxis, München 2009.

Stahlknecht, P.; Hasenkamp, U. (2005): Einführung in die Wirtschaftsinformatik, 11. Aufl., Berlin/Heidelberg 2005.

Stalk, G.; Hout, T.M. (1990): Zeitwettbewerb, Frankfurt am Main/New York 1990.

Starke, G.; Tilkov, S. (Hrsg.) (2007): SOA-Expertenwissen: Methoden, Konzepte und Praxis serviceorientierter Architekturen, Heidelberg 2007.

Staud, J. (2006): Geschäftsprozessanalyse. Ereignisgesteuerte Prozessketten und objektorientierte Geschäftsprozessmodellierung für Betriebswirtschaftliche Standardsoftware, 3. Aufl., Berlin 2006.

Stauss, B.; Schöler, A. (2003): Beschwerdemanagement mangelhaft. Studie: Handlungsdefizite der Unternehmen beim Beschwerdemanagement, in: Qualität und Zuverlässigkeit (QZ), 48 (2003) 9, S. 878 - 883.

Steinbeck, H.-H. (1994) (Hrsg.): CIP - Kaizen - KVP. Die kontinuierliche Verbesserung von Produkt und Prozeß, Landsberg am Lech 1994.

Steinbeis (2007): Göppel, R.: Managementsysteme aus heutiger Sicht, in: Tagungsband, Nuclearforum November 2007, unter: http://www.tms-ulm.de, Zugriff am 10.10.2009.

Steinbeis (2008): Prozessverbesserung Methoden zur Verbesserung von Geschäftsprozessen, unter: http://www.tms-ulm.de, Zugriff am 05.12.2008.

Steinbeis (2009a): Integrierte prozessorientierte Managementsysteme, TMS-Info, unter: http://www.tms-ulm.de, Zugriff am 10.10.2009.

Steinbeis (2009b): KVP – Teams. Verbesserungsteams einführen, TMS-Info, unter: www.tms-ulm.de, Zugriff am 15.09.2009.

Stern, J.M.; Shiely, J.S.; Ross, I. (2002): Wertorientierte Unternehmensführung mit E(conomic) V(alue) A(dded) (EVA). Strategie, Umsetzung, Praxisbeispiele, München 2002.

Stiehl, V. (2009): BPMN – Vermittler zwischen den Welten, August 2009, unter: http://it-republik.de/jaxenter/bpm/, Zugriff am 05.10.2010.

Stöger, R. (2005): Geschäftsprozesse erarbeiten – gestalten – nutzen, Stuttgart 2005.

Stoller-Schai, D. (2003): E-Collaboration: Die Gestaltung internetgestützter kollaborativer Handlungsfelder, Bamberg 2003.

Strake, J.; Techt, U.; Kuhls, L. (2010): Widerstände in strategischen Veränderungsvorhaben erkennen und konstruktiv nutzen, in: Klein, A. (Hrsg.): Strategische Controlling-Instrumente, Freiburg im Breisgau 2010, S. 231–254.

Striening, H.-D. (1988): Prozess-Management, Frankfurt am Main 1988.

Striening, H.-D. (1995): Möglichkeiten und Grenzen des Prozeßmanagements, in: Corsten, H.; Will, T. (Hrsg.): Unternehmungsführung im Wandel, Stuttgart/Berlin/Köln 1995, S. 161–178.

Striening, H.-D. (1996): Prozeßmanagement, in: Schulte, C. (Hrsg.): Lexikon des Controlling, München/Wien 1996, S. 633–638.

Suter, A. (2004): Die Wertschöpfungsmaschine. Wie Strategien ihre Stosskraft entwickeln, Zürich 2004.

Suter, A. (2012): Das Prinzip „Wertschöpfungsmaschine" – Grazer Ansatz für Prozess- und Organisationsgestaltung, Gastvorlesung TU Graz am 12.03.2012, Graz 2012.

Sydow, J. (2006): Management von Netzwerkorganisationen, 4. Aufl., Wiesbaden 2006.

Tarnowski, M. (2006): Ausweg aus der Sandwich-Falle. Bessere Software-Produkte mit SPiCE und CMMI, in: Qualität und Zuverlässigkeit (QZ), 51 (2006) 6, S. 20–23.

TechTarget/Forrester Research (2010): State of SOA Survey for 2010, unter: http://cdn.ttgtmedia.com/searchSOA/, Zugriff am 06.06.2012.

Teufel, P. (2009): Der Prozess der ständigen Verbesserung (Kaizen) und dessen Einführung, in: Bullinger, H.-J. et al. (Hrsg.) (2009): Handbuch Unternehmensorganisation. Strategien, Planung, Umsetzung (VDI-Buch), Berlin et al. 2009, S. 676–695.

Texas Instruments Europe (1995): Application for the European Quality Award 1995, 1995.

Thamm, J.; Kollmar, C. (2004): Assessments nach der ISO 15504, in: Information Management & Consulting, 19 (2004) 4, S. 62–69.

Theuvsen, L. (1996): Business Reengineering. Möglichkeiten und Grenzen einer prozeßorientierten Organisationsgestaltung, in: Zeitschrift für betriebswirtschaftliche Forschung (zfbf), 48 (1996) 1, S. 65–82.

Thomas, P.R. (1990): Competitiveness through Total Cycle Time. An Overview for CEOs, New York et al. 1990.

Thomas, P.R. (1991): Getting Competitive. Middle Managers and the Cycle Time Ethic, New York et al. 1991.

Tietmeyer, E. (2005): Projektumfeldanalyse – Stakeholdermanagement, in: Litke, H.-D. (Hrsg.): Projektmanagement. Handbuch für die Praxis. Konzepte, Instrumente, Umsetzung, München 2005, S. 622–639.

TOGAF (2011): The Open Group Architecture Framework. TOGAF Version 9.1 Enterprise Edition, Module 1 – Management Overview, unter: http://www.togaf.org/, Zugriff am 10.05.2012.

Tomys, A.-K. (1995): Kostenorientiertes Qualitätsmanagement. Qualitätscontrolling zur ständigen Verbesserung der Unternehmensprozesse, München 1995.

Töpfer, A. (2001): Harmonisch im Dreiklang. Six Sigma, Balanced Score Card und EFQM-Modell im Wirkungsverbund, in: Qualität und Zuverlässigkeit (QZ), 46 (2001) 8, S. 1023 - 1027.

Töpfer, A. (Hrsg.) (1999): Kundenzufriedenheit messen und steigern, 2. Aufl., Neuwied 1999.

Töpfer, A. (Hrsg.) (2007): Six Sigma. Konzeption und Erfolgsbeispiele für praktizierte Null-Fehler-Qualität, 4. Aufl., Berlin 2007.

Töpfer, A. (Hrsg.) (2009): Lean Six Sigma. Erfolgreiche Kombination von Lean Management, Six Sigma und Design for Six Sigma, Berlin 2009.

Töpfer, A.; Günther, S. (2009): Design for Six Sigma: Schlanke Produktentwicklung mit dem Ziel wirtschaftlicher Null-Fehler-Qualität in Produktion und Vermarktung, in: Töpfer, A. (Hrsg.): Lean Six Sigma. Erfolgreiche Kombination von Lean Management, Six Sigma und Design for Six Sigma, Berlin 2009, S. 69 - 96.

Tregear, R. (2010): Business Process Standardization, in: Brocke, J. v.; Rosemann, M. (Hrsg.): Handbook on Business Process Management 2. Strategic Alignment, Governance, People and Culture, Berlin 2010, S. 307 - 327.

Triller, C.; Schwiderski, H. v.; Schatte, M. (2006): Sarbanes-Oxley Act (SOA), Controlling, Strategiemanagement: unterschiedliche Baustellen oder integrierter Ansatz?, in: CM Controller Magazin, 31 (2006) 5, S. 456 - 461.

Tripp, R. (2010): Kaizen and Six Sigma Together in the Quest for Lean, in: iSixSigma, Methodology, Kaizen, 26 February 2010, unter: http://www.isixsigma.com, Zugriff am 28.02.2010.

Vahs, D. (2012): Organisation. Ein Lehr- und Managementbuch, 8. Aufl., Stuttgart 2012.

Vahs, D.; Weiand, A. (2010): Workbook Change Management. Methoden und Techniken, Stuttgart 2010.

VDA 6.2 (2004): Verband der Automobilindustrie (VDA): Qualitätsmanagement in der Automobilindustrie, Band 6 Teil 2, QM-Systemaudit - Dienstleistungen. Besondere Anforderungen analog ISO/TS 16949:2002 für Dienstleister rund um das Automobil, Oberursel 2004.

VDA 6.7 (2005): Verband der Automobilindustrie (VDA): Qualitätsmanagement in der Automobilindustrie, Band 6, Teil 7: Prozessaudit - Einzelproduktion, Oberursel 2005.

Vogt, W.; Junker, G. (2001): Den Wandel im Griff. Mit geeigneten Führungsinstrumenten eine Veränderungskultur schaffen, in: Qualität und Zuverlässigkeit (QZ), 46 (2001) 1, S. 41 - 45.

Voormanns, K. (2008): Prozess-Monitoring und -Controlling. Praktische Beispiele aus unterschiedlichen Branchen, in: Gadatsch, A.; Juszczak, J.; Krupp, A. (Hrsg.) (2008): Prozesscontrolling in Forschung und Praxis, Tagungsband zur 1. Fachtagung Prozesscontrolling, Schriftreihe des Fachbereiches Wirtschaft der Fachhochschule Bonn-Rhein-Sieg, Band 23, St. Augustin 2008, S. 52 - 65.

VRM (2012):Value Reference Model der Value Chain Group (VCG); unter: http://www.value-chain.org/en/cms/1960/; Zugriff am 20.10.2012.

VW (2009): Volkswagen AG: Geschäftsbericht 2008, Wolfsburg 2009.

Wagner, J. (2007): Agile Geschäftsprozesse durch Integration von Geschäftsregeln, ARIS Expert Paper, Saarbrücken 2007.

Wagner, K.W.; Dürr, W. (2008): Reifegrad nach ISO/IEC 15504 (SPiCE) ermitteln, München 2008.

Wagner, K.W.; Käfer, R. (2008): PQM - Prozessorientiertes Qualitätsmanagement. Leitfaden zur Umsetzung der neuen ISO 9001, 4. Aufl., München 2008.

Wagner, K.W.; Klückmann, J. (2006): Prozessdesign als Grundlage von Compliance Management, Enterprise Architecture und Business Rules, in: Scheer, A.-W. et al. (Hrsg.): Agilität durch ARIS Geschäftsprozessmanagement, Jahrbuch Business Process Excellence 2006/2007, Berlin 2006, S. 125 - 136.

Wagner, K.W.; Patzak, G. (2007): Performance Excellence. Der Praxisleitfaden zum effektiven Prozessmanagement, München 2007.

Wahren, H.K. (1998): Erfolgsfaktor KVP. Mitarbeiter in Prozesse der kontinuierlichen Verbesserung integrieren, München 1998.

Walter, J. (2009): Geschäftsprozessmanagement umsetzen. Prozesse am Kunden orientieren, transparent und flexibel gestalten, München 2009.

Walter, J. (2010): Zehn Jahre Geschäftsprozessmanagement bei Siemens Healthcare, in: Schmelzer, H.J.; Sesselmann, W.: Geschäftsprozessmanagement in der Praxis, 7. Aufl., München 2010, S. 517 - 538.

Wappis, J.; Jung, B. (2006): Taschenbuch Null-Fehler-Management. Umsetzung von Six Sigma, München 2006.

Waxer, C. (2002): Six Sigma Costs And Savings. The financial benefits of implementing Six Sigma at your company can be significant, unter: www.iSixSigma.com.

Weiler, J.; Schemel, B. (2003): ICH Value Chain Method. Actionable Architectures for Value Chains and Value Coalitions, Interoperability Clearinghouse 2003, unter: http://www.ichnet.org/, Zugriff am 20.11.2009.

Weilkiens, T.; Weiss, C.; Grass, A. (2010): Basiswissen Geschäftsprozessmanagement: Aus- und Weiterbildung zum OMG Certified Expert in Business Process Management (OCEB) - Fundamental Level, Heidelberg 2010.

Welge, M.K.; Al Laham, A. (1999): Strategisches Management. Grundlagen - Prozess - Implementierung, 2. Aufl., Wiesbaden.

Werner, H. (2002): Supply Chain Management, 2. Aufl., Wiesbaden 2002.

Werth, D.; Kupsch, F.; Vanderhaeghen, D.; Walter, Ph.; Loos, P. (2010): Unternehmensübergreifendes Prozessmanagement, in: Jochem, R.; Mertins, K.; Knothe, Th. (Hrsg.): Prozessmanagement. Strategien. Methoden, Umsetzung, Düsseldorf 2010, S. 291 - 319.

Weske, M. (2007): Business Process Management. Concepts, Languages, Architectures, Berlin 2007.

Wildemann, H. (1995): Controlling von Geschäftsprozessen reorganisierter Industrieunternehmen, in: Kostenrechnungspraxis (krp), 39 (1995) 6, S. 305 - 312.

Wildemann, H. (2000): Qualitätssicherung von Geschäftsprozessen, in: Qualität und Zuverlässigkeit (QZ): Q-Jahrbuch 2000/01, München 2000, S. 49 - 64.

Wildemann, H. (2010): Logistik-Prozeßmanagement. Organisation und Methoden, 5. Aufl., München 2010.

Wildemann, H. (Hrsg.) (2001): Wertsteigerung von Unternehmen. Mit welchen Methoden? Münchner Management Kolloquium 27./28.3.2001, München 2001.

Wilhelm, R. (2007): Prozessorganisation, 2. Aufl., München 2007.

Willeke, M. (2001): Prozeßwertanalyse, Aachen 2001.

Winkler, A. (2007): Geschäftsprozessmanagement für unterschiedliche Prozesstypen. Eine Analyse anhand der Fallstudie Lufthansa Cargo AG, Dissertation, Berlin 2007.

Wirsing, M. (2007): Projektmanagement: Prozessverbesserung, Ludwig-Maximilians-Universität München, Institut für Informatik, unter: http://www.pst.ifi.lmu.de/lehre/WS0607/, Zugriff am 12.12.2009.

Wirtschaftsinformatik (2004): Referenzmodellierung, Wirtschaftsinformatik, 46 (2004) 5 Sonderheft.

Witt, J.; Witt, T. (2006): Der kontinuierliche Verbesserungsprozess (KVP), 2. Aufl., Frankfurt am Main 2006.

Wolf, C.; Harmon, P. (2012): The State of Business Process Management, BPTrends-Report, March 2012, http://www.bptrends.com/surveys_landing.cfm; Zugriff am 05.12.2012.

Wolf, O.; Müller, C. (2009): Simulation von Geschäftsprozessen, unter: http://www.wi.uni-potsdam.de, Zugriff am 20.12.2009.

Wollmann, P. (2005): Strategieprozess im fusionierten Unternehmen, in: Hirzel, M.; Kühn, F. (Hrsg.): Prozessmanagement in der Praxis. Wertschöpfungsketten planen, optimieren und erfolgreich steuern, Wiesbaden 2005, S. 137 - 146.

Womack, J.P.; Jones, D.T. (2004): Lean Thinking. Ballast abwerfen, Unternehmensgewinn steigern, Frankfurt am Main 2004.

Womack, J.P.; Jones, D.T.; Roos, D. (1992): Die zweite Revolution in der Automobilindustrie, 7. Aufl., Frankfurt am Main et al. 1992.

Zeiler, F.; Koch, O. (2010): Geschäftsprozessmanagement. Eine State-of-the-Art Analyse bestehender Vorgehensmodelle zum Geschäftsprozessmanagement und ihre Anwendung in der Praxis, Kassel 2010.

Zich, C.; Resch, H.-P. (2000): Prozessorientierung ist messbar. Methode der Prozessreifegradbestimmung macht Fortschritte deutlich, in: Qualität und Zuverlässigkeit (QZ), 45 (2000) 2, S. 196 ff.

Zimmermann, A. (2010): Praxisorientierte Unternehmensplanung mit harten und weichen Daten. Das strategische Führungssystem, Berlin 2010.

Zink, K. J. (1995): TQM als integratives Managementkonzept. Das europäische Qualitätsmodell und seine Umsetzung, München/Wien 1995.

Zollondz, H.-D. (2011): Grundlagen Qualitätsmanagement. Einführung in Geschichte, Begriffe, Systeme und Konzepte, 3. Aufl., München 2011.

19 Die Autoren

Leopold Lederer studierte Volkswirtschaftslehre an der Ludwig-Maximilians-Universität München. Bei der Firma Brainlab wurde ihm als Assistent des Vorstands zunächst die Analyse und Verbesserung interner Prozessabläufe übertragen. Er bereitete Auswahl und Kauf eines IT-Tools für Geschäftsprozessmanagement (BPM-System) vor und war als Projektleiter maßgeblich an der Einführung des Geschäftsprozessmanagements bei Brainlab beteiligt.

E-Mail: Leopold.Lederer@brainlab.com

Georg Pauls studierte Maschinenbau an der Otto-von-Guericke-Universität in Magdeburg. Er hat das Geschäftsprozessmanagement in der Firma Scansonic eingeführt und entwickelte es danach als Leiter des Qualitätsmanagements weiter. Nach der Durchführung verschiedener strategischer Projekte wurde Herrn Pauls 2007 die Verantwortung für den Produktionsbereich übertragen. Gleichzeitig war er von 2010 bis 2012 für den Vertrieb verantwortlich. Seit 2010 ist Herr Pauls Geschäftsführer von Scansonic.

E-Mail: Georg.Pauls@scansonic.de

Dr. Hermann J. Schmelzer studierte Maschinenbau an der Fachhochschule Siegen und Betriebswirtschaftslehre an der Ludwig-Maximilians-Universität München. Er hat in der Siemens AG leitende Funktionen in Entwicklung, Logistik und Qualitätsmanagement ausgeübt. Von 1982 bis 1994 war er verantwortlich für eine Inhouse-Beratung für F&E-, Prozess- und Qualitätsmanagement. Von 1994 bis 1998 leitete er das zentrale Qualitäts- und Prozessmanagement der Siemens Medical Solutions. Seit 1999 ist er selbständiger Unternehmensberater und Lehrbeauftragter.

E-Mail: Hermann.Schmelzer@mucl.de

Dr. Wolfgang Sesselmann studierte Physik an der Technischen Universität München. Nach einem Fellowship am IBM Research Center in San Jose war er in der Siemens AG für mehrere Technologieprojekte verantwortlich. Nach mehrjähriger Tätigkeit als Berater für Qualitäts- und Prozessmanagement implementierte er in der Siemens AG Qualitäts- und Prozessmanagementsysteme. 1998 übernahm er leitende Funktionen im operativen Vertrieb der Siemens AG. Ab 2003 war er bei Siemens Learning Campus verantwortlich für Vertriebstraining, Prozess- und Projektmanagement. Seit 2010 ist er freiberuflich tätig.

E-Mail: W.Sesselmann@medionmail.com

Index

A

B

C

D

E

F

G

H

I

N

O

P

Q

R

S

T

U

V

W

X

Z